EUROPA-FACHBUCHREIHE
für elektrotechnische Berufe

Fachkunde Elektrotechnik

22., überarbeitete und erweiterte Auflage

Bearbeitet von Lehrern an beruflichen Schulen und von Ingenieuren
(siehe Rückseite)

Lektorat: Klaus Tkotz

VERLAG EUROPA-LEHRMITTEL · Nourney, Vollmer GmbH & Co.
Düsselberger Straße 23 · 42781 Haan-Gruiten

Europa-Nr.: 30138

Autoren der Fachkunde Elektrotechnik:

Bastian, Peter	Techn. Oberlehrer, Elektroinstallateur-Meister	Kirchheim-Teck
Bumiller, Horst	Oberstudienrat	Freudenstadt
Eichler, Walter	Dipl.-Ing. (FH), Oberstudienrat	Kaiserslautern
Huber, Franz	Studiendirektor	München
Jaufmann, Norbert	Staatl. gepr. Techniker	Bad Wurzach
Manderla, Jürgen	Dipl.-Ing.-Päd., Studienrat	Berlin
Spielvogel, Otto	Dipl.-Ing. (FH), Oberstudienrat	Kirchheim-Teck
Stricker, Frank-Dieter	Dipl.-Gwl., Oberstudiendirektor	Freudenstadt
Tkotz, Klaus	Dipl.-Ing. (FH)	Hof/Kronach
Winter, Ulrich	Dipl.-Ing., Oberstudienrat	Kaiserslautern

Leitung des Arbeitskreises und Lektorat:

Klaus Tkotz

Bildbearbeitung:

Zeichenbüro des Verlages Europa-Lehrmittel GmbH & Co., Leinfelden-Echterdingen

Das vorliegende Buch wurde auf der **Grundlage der neuen amtlichen Rechtschreibregeln** erstellt.

22. Auflage 1999

Druck 5 4 3 2 1

Alle Drucke derselben Auflage sind parallel einsetzbar, da bis auf die Behebung von Druckfehlern untereinander unverändert.

ISBN 3-8085-3162-2

Umschlaggestaltung unter Verwendung eines Fotos der Siemens AG, München: Hochspannungsprüfung an einem SF_6-Leistungsschalter

Satz: Satz+Layout Werkstatt Kluth GmbH, 50374 Erftstadt
Druck: IMO-Großdruckerei, 42279 Wuppertal

Vorwort

Die FACHKUNDE ELEKTROTECHNIK dient der Aus- und Weiterbildung im Berufsfeld Elektrotechnik. Sie bietet das Grundlagenwissen für das ganze Berufsfeld und das Fachwissen für die Berufe Elektroinstallateur, Energieelektroniker der Fachrichtungen Anlagentechnik und Betriebstechnik, für Elektromaschinenbauer, Elektroanlagenmonteure, Elektromaschinenmonteure und Elektromechaniker. Der Inhalt ist auf die z. Z. gültigen Ausbildungsordnungen und Rahmenlehrpläne abgestimmt, die im Zuge der Neuordnung der Elektroberufe geschaffen wurden.

Die 21. Auflage wurde gründlich überarbeitet und erweitert. Wie man von einem modernen Fachbuch erwarten kann, entspricht das Buch dem neuesten Stand der Technik und der fachbezogenen Vorschriften, insbesondere der DIN-Normen und DIN-VDE-Vorschriften. Damit kann die FACHKUNDE ELEKTROTECHNIK sowohl in der Berufsschule als auch in der betrieblichen Ausbildung, an Meister- und Technikerschulen sowie an Fachoberschulen und Technischen Gymnasien eingesetzt werden. Darüber hinaus bietet das Buch allen anderen Elektroberufen ein solides Grundwissen, z. B. dem Kommunikationselektroniker und dem Büroinformationselektroniker im Berufsgrundbildungsjahr in schulischer oder in kooperativer Form. Das Buch ist auch Facharbeitern und Meistern zur persönlichen Weiterbildung eine wertvolle Hilfe.

Die Autoren haben besonderen Wert auf eine klare und verständliche Darstellung gelegt, die sich insbesondere durch zahlreiche mehrfarbige Bilder, Schaltpläne, Diagramme und Versuchsbeschreibungen ausdrückt. In verstärktem Maße werden Funktionsabläufe und Funktionszusammenhänge dargestellt. Dadurch wird das Erfassen und Durchdringen des komplexen Stoffes der Elektrotechnik/Elektronik erleichtert.

Die FACHKUNDE ELEKTROTECHNIK bildet mit den weiteren Büchern der Fachbuchreihe Elektrotechnik/Elektronik des Verlags wie mit dem Tabellenbuch, dem Rechenbuch, der Formelsammlung sowie den Arbeitsblättern Elektrotechnik (Grund- und Fachstufe) eine Einheit. Die Bücher der Fachbuchreihe sind so aufeinander abgestimmt, dass mit ihnen methodisch fächerübergreifender Unterricht durchgeführt werden kann. Die FACHKUNDE ELEKTROTECHNIK unterstützt handlungsorientierten Unterricht.

Vorwort zur 22. Auflage

In dieser 22. Auflage wurden Fachinhalte und Lehrtext sowie Bilder verbessert. Neue DIN-Normen und VDE-Vorschriften sind selbstverständlich eingearbeitet. An Inhalten wurden neu aufgenommen, überarbeitet und auf gültige Normen abgestimmt:

- Schutz vor Gefahren des elektrischen Stromes,
- Wechsel- und Drehstromtechnik,
- Schutzmaßnahmen (DIN VDE 0100-410),
- Computertechnik,
- Speicherprogrammierbare Steuerungen und
- Gebäudesystemtechnik (EIB),
- Verlegearten und Strombelastbarkeit von Leitungen und Kabeln (DIN VDE 0298-4).

Somit entspricht das Buch dem neuesten Stand der Technik und den fachbezogenen Vorschriften.

Für Verbesserungsvorschläge sind die Autoren und der Verlag dankbar.

Frühjahr 1999

Inhaltsverzeichnis

1 Grundbegriffe der Elektrotechnik

In der Bronzezeit fanden Germanen an der samländischen Ostseeküste gelbbraune Steine (erstarrtes Harz), die ins Feuer geworfen mit heller Flamme verbrannten **(Bernstein** = Brennstein). Bernstein wurde zu Schmuck und Kämmen verarbeitet und kam auf Handelswegen nach Griechenland. Die Griechen nannten den Bernstein ελεκτρον (Elektron). Er zeigte eine geheimnisvolle Eigenschaft: Mit einem Wolltuch gerieben zog er kleine Teile an, wie z.B. Flaumfedern. Auch blitzende Funken konnte man mit ihm ziehen. Der englische Arzt William Gilbert (1544 bis 1603) untersuchte neben dem Magnetismus natürlicher Magnete auch die Reibungselektrizität von Bernstein, Glas und Schwefel. Er nannte Stoffe, die sich wie Bernstein (elektron) verhalten, electrica.

Im 18. Jahrhundert untersuchten die Wissenschaftler vor allem die Reibungselektrizität. Das 18. war das Jahrhundert der Elektrisiermaschinen, deren Energie man in der Leidener[1] Flasche (1745 erfunden), einem Kondensator[2], sammeln konnte.

Das Zeitalter der „strömenden Elektrizität" begann kurz vor 1800, als der italienische Physiker Volta seine galvanische Säule der Welt vorstellte **(Tabelle)**. Die Erfindung der dynamoelektrischen Maschine, unter anderen durch Werner von Siemens 1866, der auch den Begriff „Elektrotechnik" einführte, verhalf der neuen Technik dann endgültig zum Durchbruch.

Elektrische Energie hat gegenüber anderen Energieformen entscheidende Vorteile:

- Elektrische Energie kann sehr leicht transportiert werden und ist so praktisch überall verfügbar.
- Elektrische Energie kann man besonders einfach in andere Energieformen umwandeln, z.B. in Wärme (Elektroöfen), in Licht (Leuchtstofflampen) oder in mechanische Energie (Elektromotoren).

Elektrische Energie wird in Kraftwerken aus anderen Energieformen erzeugt. Diese Primärenergien (Ursprungsenergien) können z.B. die mechanische Energie eines Wasserfalls sein, die chemische Energie in der Steinkohle, im Öl, im Erdgas, die Strahlungsenergie der Sonne (Solarenergie) oder auch der große Energievorrat, der in den Atomkernen steckt.

[1] Leiden, niederländische Universitätsstadt

[2] von condensare (lat.) = verdichten

Tabelle: Wichtige Daten der Elektrotechnik

1672	Otto von Guericke untersucht die Reibungselektrizität
1729	Stephen Gray unterteilt die Stoffe in Leiter und Nichtleiter
1779	Benjamin Franklin erfindet den Blitzableiter
1786	Luigi Galvani entdeckt „Kräfte der Elektrizität" bei Froschschenkel-Versuchen
1799	Alessandro Volta bildet aus Silber- und Zinkscheiben seine „galvanische Säule"
1820	Hans Christian Oersted entdeckt den Elektromagnetismus
	André Marie Ampère findet das Prinzip des Elektromagneten
1826	Georg Simon Ohm veröffentlicht das nach ihm benannte Gesetz
1831	Michael Faraday entdeckt die elektromagnetische Induktion
1834	Faraday findet die Grundgesetze der Elektrolyse
1854	Heinrich Göbel konstruiert die erste Glühlampe
1864	James Clerk Maxwell berechnet das elektromagnetische Feld
1866	Werner von Siemens entdeckt das elektrodynamische Prinzip
1880	Thomas Alpha Edison führt sein Beleuchtungssystem mit Kohlefadenlampen ein
1882	Lucien Gaulard und John Dixon Gibbs bauen den ersten Transformator
1885	Galileo Ferraris entdeckt die Erzeugung des Drehfelds
1887	Michael von Dolivo-Dobrowolsky entwickelt das Drehstromsystem
1888	Heinrich Hertz weist die Ausbreitungsgesetze elektromagnetischer Wellen nach
1898	Carl Auer von Welsbach baut eine Glühlampe mit Osmium als Metallfaden
1903	Cooper-Hewitt konstruiert den gesteuerten Quecksilberdampf-Gleichrichter
1911	Heike Kammerlingh Onnes entdeckt die Supraleitung
1938	Robert Pohl und Rudolf Hilsch führen einen Dreielektrodenkristall vor
1939	Walter Schottky erklärt die Funktion der Halbleiter-Metall-Randschicht
1942	Die Firma Bell entwickelt Halbleiterdioden für Radardetektoren
1947	J. Bardeen, W. Brattain und W. Shockley erfinden den Germanium-Punktkontakt-Transistor
1948	William Shockley entwickelt den Germanium-Flächentransistor
1951	Heinrich Welker entdeckt die III-V-Halbleiter
1954	Firma Texas Instruments entwickelt den ersten Silicium-Transistor
1958	Jack Kilby erfindet die integrierte Schaltung
1959	Die Firma Fairchild baut die Planartechnologie aus
1970	Ted Hoff entwickelt in der Firma Intel den Mikroprozessor
1980	IBM baut supraleitende Schaltelemente aus Niob
1985	Die Integration von einer Million Schaltungselementen auf einem Chip gelingt

1.1 Elektrischer Stromkreis

Versuch 1: Verbinden Sie durch zwei blanke Kupferdrähte eine Glühlampe für 2,5 V/0,3 A mit den Anschlüssen einer 3-V-Batterie, z. B. einer Duplex-Batterie 2 R 10 **(Bild 1)**.

Die Lampe leuchtet nur, wenn sie mit den Drähten und diese mit der Batterie Kontakt haben.

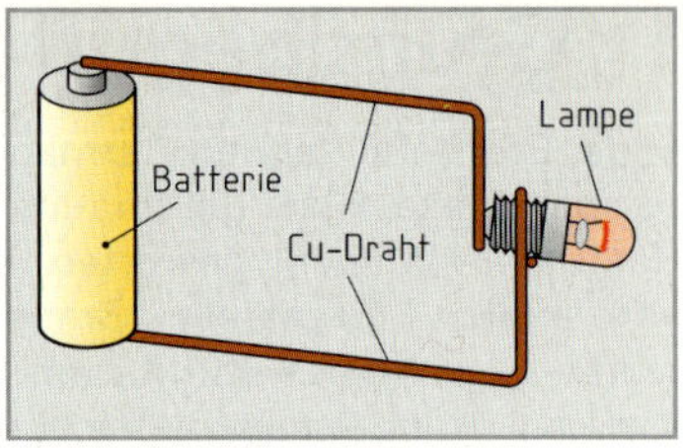

Bild 1: Einfacher Stromkreis

Die Batterie liefert die elektrische Energie, welche die Lampe zum Leuchten bringt. Die Batterie ist im Versuch der **Erzeuger,** nach DIN VDE 0100, Teil 200 auch Stromquelle genannt. Die Glühlampe ist das elektrische Verbrauchsmittel oder kurz der **Verbraucher.** (Über die Begriffe „Erzeuger" und „Verbraucher" siehe Seite 35.)

Die Lampe leuchtet, wenn sie vom **elektrischen Strom** durchflossen wird. Dieser Strom fließt von der Batterie durch den oberen Draht zum Fußkontakt der Lampe, durch den Glühfaden hindurch zum Lampengewinde und durch den unteren Draht zur Batterie zurück (Bild 1).

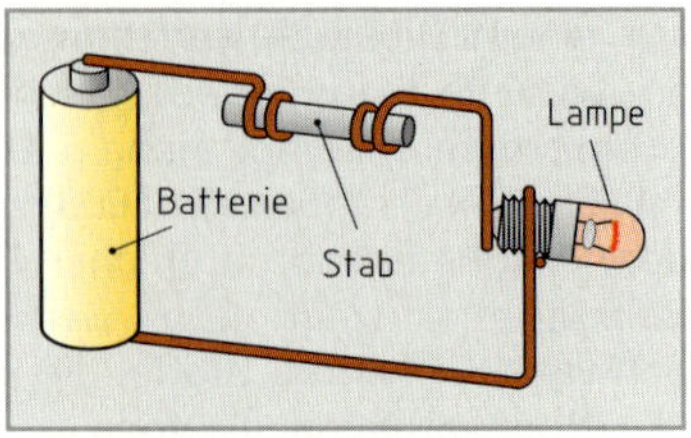

Bild 2: Leiter und Isolierstoffe im Stromkreis

Der elektrische Strom fließt in einem geschlossenen Weg vom Erzeuger zum Verbraucher und wieder zurück zum Erzeuger. Diesen in sich geschlossenen Weg nennt man einen elektrischen **Stromkreis.**

Elektrischer Strom fließt nur im geschlossenen Stromkreis.
Ein Stromkreis besteht mindestens aus Erzeuger (Batterie oder Generator), Verbraucher und aus dem Hin- und dem Rückleiter.

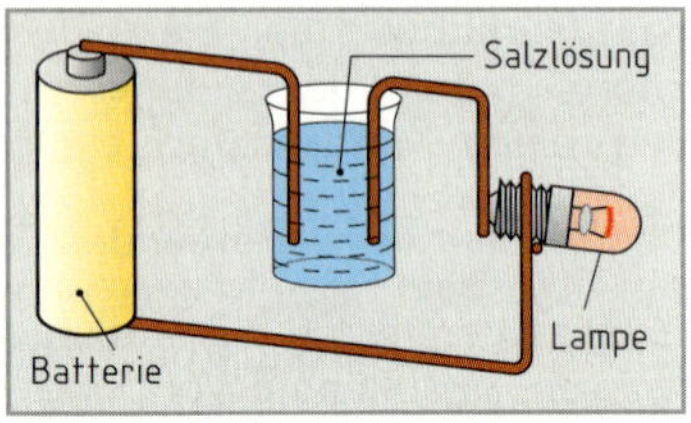

Bild 3: Salzlösung als Leiter

Versuch 2: Fügen Sie in den Stromkreis des letzten Versuchs nacheinander Stäbe aus Kupfer, Aluminium, Stahl, Kohle, Glas, Porzellan und Kunststoff ein **(Bild 2)**.

Nur bei den Metallstäben und bei dem Kohlestab leuchtet die Lampe (allerdings mit unterschiedlicher Helligkeit).

Metalle leiten den elektrischen Strom gut, Kohle schon weniger; Glas, Porzellan und Kunststoffe leiten praktisch gar nicht.

Versuch 3: Füllen sie einen Becher aus Glas mit chemisch gereinigtem Wasser und stecken Sie zwei blanke Kupferdrähte hinein. Verbinden Sie die Drähte mit der 3-V-Batterie und der Lampe. Schließen Sie den Stromkreis mit einem dritten Kupferdraht von der Lampe zur Batterie **(Bild 3)**. Geben Sie dann etwas Kochsalz in das Wasser und lösen Sie es durch Umrühren mit einem Glasstab.

Bei gereinigtem (destilliertem) Wasser bleibt die Lampe dunkel. Nach Auflösen des Salzes dagegen leuchtet sie.

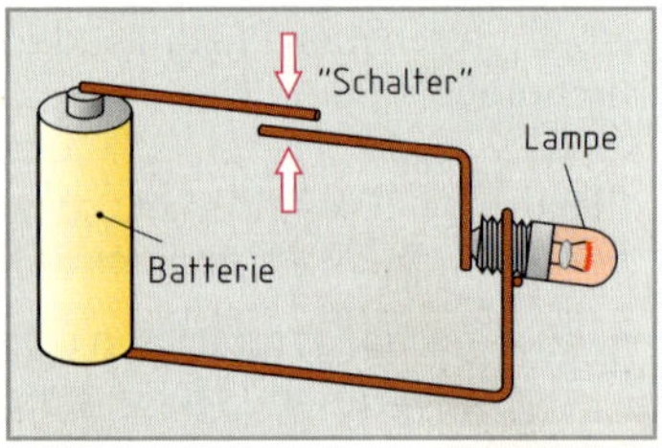

Bild 4: Unterbrechen des Stromkreises

Reines Wasser leitet den elektrischen Strom fast nicht. Die Lösung eines Salzes, einer Säure oder einer Base ist ebenso wie eine Salzschmelze stromleitend.

Die einzelnen Stoffe leiten also den elektrischen Strom mehr oder weniger gut. Metalle, z. B. Kupfer oder Aluminium, besitzen eine große Leitfähigkeit. Man verwendet sie als **Leiter.** Stoffe, die den elektrischen Strom sehr schlecht leiten, wie Luft, Gummi, Glas, Porzellan oder Kunststoffe, werden als **Isolierstoffe** benutzt; sie bezeichnet man auch als **Nichtleiter.**

Stoffe, deren elektrische Leitfähigkeit zwischen der von Leitern und von Nichtleitern (Isolierstoffen) liegt, nennt man **Halbleiter.** Sie werden für Bauelemente der Elektronik verwendet. Ihre Leitfähigkeit kann durch stoffliche Zusätze oder Energiezufuhr, z. B. von Wärme oder Licht, leicht beeinflusst werden.

Halbleiterstoffe sind z. B. Silicium und Germanium.

Leiter sind alle Metalle, Kohle, feuchte Erde und manche Flüssigkeiten.
Isolierstoffe (Nichtleiter) sind z. B. Luft, Gummi, Glas oder Kunststoffe.

Versuch 4: Bauen Sie einen Stromkreis nach **Bild 4, Seite 10,** auf. Drücken Sie die losen Enden der Drähte zusammen und öffnen Sie danach diesen improvisierten „Schalter" wieder.

Die Lampe leuchtet nur, wenn der Schalter geschlossen ist, wenn also die Drähte Kontakt miteinander haben.

Ein Schalter besteht aus einem beweglichen Metallstück (Schaltstück), das mit festen Leiterwerkstoffen verbunden werden kann. Ein Isolierstoff, meist Luft, trennt in geöffnetem Zustand die Leiterwerkstoffe voneinander. Den Schalter baut man so in die Hin- oder in die Rückleitung ein, dass er sich leicht bedienen lässt. Durch Schließen bzw. Öffnen des Schalters kann man den Verbraucher ein- bzw. wieder ausschalten.

Schaltzeichen

Schaltzeichen verwendet man zur Darstellung von Schaltplänen, hauptsächlich für Stromlaufpläne (Seite 105). Schaltzeichen **(Tabelle)** sind genormte Sinnbilder elektrischer Betriebsmittel wie Erzeuger, Verbraucher, Schalter, Widerstände oder Leiter. Schaltzeichen sollen die elektrischen Eigenschaften der Betriebsmittel zum Ausdruck bringen, über den konstruktiven Aufbau geben sie keine Auskunft. Glühlampen haben z. B. immer das gleiche Schaltzeichen, unabhängig von ihrer Größe, ihrer Leistung oder ihrer Ausführungsform.

Die Schaltzeichen können in beliebiger Lage dargestellt werden, man bevorzugt jedoch die waagerechte oder senkrechte Lage. Mit den Schaltzeichen lassen sich Stromkreise einfach und übersichtlich zeichnen. In einem Schaltplan werden die Schaltzeichen so zusammengestellt, wie die Teile der Stromkreise miteinander verbunden sind **(Bild).** Bei einer Verzweigung der Leiter kann die Verbindung der Leiter durch einen Punkt gekennzeichnet sein. Dieser Punkt darf auch weggelassen werden, wenn dadurch keine Verwechslung möglich ist (Tabelle), z. B. mit einer (nichtleitenden) Leiterkreuzung.

Tabelle: Schaltzeichen

Benennung	Bild	Schaltzeichen
Leiter		
Leiterkreuzung	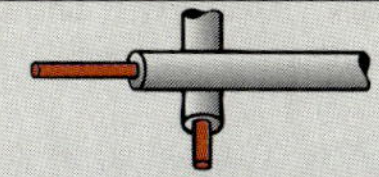	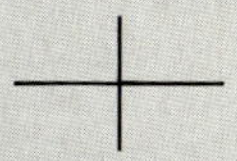
Leiterverzweigung, einfach	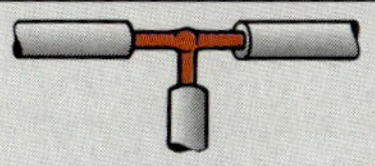	
Leiterverzweigung, doppelt	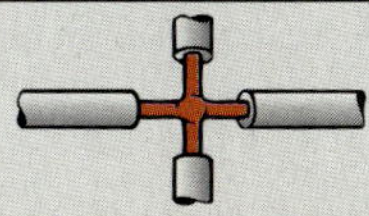	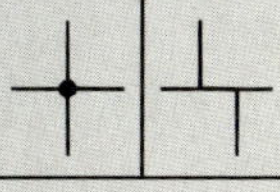
Batterie (Erzeuger)		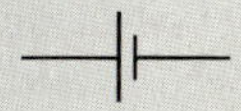
Glühlampe		
Widerstand	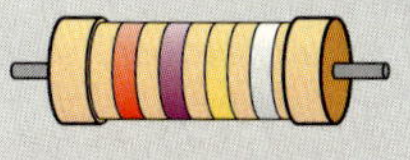	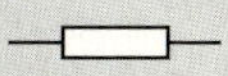
Schalter	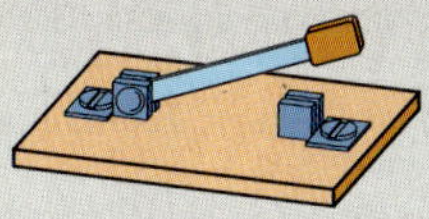	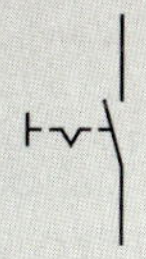

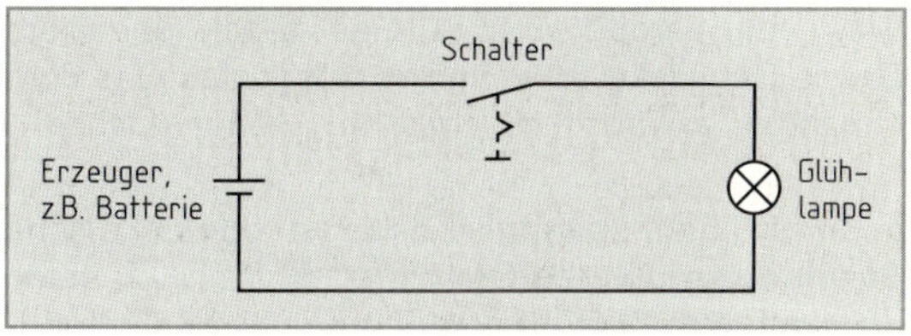

Bild: Schaltplan eines Stromkreises

Ob die einzelnen Schaltzeichen groß oder klein gezeichnet werden, hängt von der optischen Gesamtwirkung des Schaltbildes ab. Die Funktion der Schaltung muss auf alle Fälle gut erkennbar sein.

Wiederholungsfragen

1. **Aus welchen Teilen besteht ein elektrischer Stromkreis?**
2. **Unter welcher Bedingung fließt in einem Stromkreis ein elektrischer Strom?**
3. **Welche Aufgabe hat ein Schalter in einem elektrischen Stromkreis?**
4. **In welche Gruppen kann man alle Stoffe nach ihrer elektrischen Leitfähigkeit einteilen?**
5. **Wodurch unterscheiden sich elektrische Leiter von den Isolierstoffen?**
6. **Nennen Sie einige elektrische Leiter.**
7. **Zählen Sie gebräuchliche Isolierstoffe auf.**
8. **Was versteht man unter Schaltzeichen?**
9. **Wozu verwendet man Schaltzeichen?**
10. **Worauf ist bei der Darstellung der Betriebsmittel eines Schaltplanes zu achten?**

1.2 Elektrischer Strom

1.2.1 Wirkungen des elektrischen Stromes

Bei den Versuchen bisher wurde durch eine Glühlampe nachgewiesen, dass ein elektrischer Strom fließt. Den Strom selbst kann man nicht sehen.

> Der elektrische Strom lässt sich nur an seinen Wirkungen erkennen.

Versuch 1: Spannen Sie zwischen zwei Standklemmen einen Stahldraht von etwa 0,3 mm Durchmesser **(Tabelle)** und schließen Sie die Drahtenden an einen Stelltransformator an. Steigern Sie allmählich die Stromstärke.

Der Draht erwärmt sich, glüht und schmilzt schließlich durch.

> Der elektrische Strom erwärmt jeden Leiter[1] (Wärmewirkung).

Versuch 2: Schließen Sie eine Spule mit 600 Windungen an die Klemmen eines Akkumulators (6 V oder 12 V) an. Halten Sie die Spule über kleine Eisenteile, z. B. über Nägel oder Büroklammern.

Die Eisenteile werden angezogen, sobald Strom durch die Spule fließt.

> Der elektrische Strom verursacht immer in seiner Umgebung eine magnetische Wirkung.

Versuch 3: Schließen Sie eine Bienenkorb-Glimmlampe an eine Steckdose an (230 V~).

Die Glimmlampe leuchtet. Die Lichtwirkung tritt in der Umgebung der Wendeln auf. Die gewendelten Drähte selbst leuchten nicht. Beim Leuchten erwärmt sich die Glimmlampe kaum.

Die Glimmlampe enthält Gas unter geringem Druck. Der elektrische Strom bringt das Gas zum Leuchten, erwärmt es aber nur wenig (Lichtwirkung).

In einer Glühlampe erhitzt dagegen der elektrische Strom einen dünnen Draht aus Wolfram so stark, dass er hellweiß glüht und dadurch Licht abstrahlt.

Versuch 4: Schließen Sie zwei blanke Kupferdrähte an einen Akkumulator an, z. B. an eine Autobatterie von 12 V, und tauchen Sie die Enden der Drähte in einen Becher mit Natriumsulfat-Lösung oder mit verdünnter Schwefelsäure. Die Drähte dürfen sich aber nicht berühren.

An den Drahtstücken, die in die Flüssigkeit eintauchen, bilden sich Gasblasen. Das Wasser im Gefäß wird in seine Bestandteile Wasserstoff und Sauerstoff zerlegt.

> Der elektrische Strom zerlegt leitende Flüssigkeiten (chemische Wirkung).

Versuch 5: Schließen Sie an eine Batterie von z. B. 4,5 V zwei blanke Kupferdrähte an oder nehmen Sie eine Normalbatterie 3 R 12. Berühren Sie die losen Enden mit der Zunge.

Man spürt ein leichtes Zucken und empfindet einen säuerlichen Geschmack.

[1] Eine Ausnahme bilden die Supraleiter.

Tabelle: Stromwirkungen	
Wärmewirkung	Anwendungen
Tritt immer auf  	Elektroherde Bügeleisen Tauchsieder Heißwasserbereiter Lötkolben Schmelzsicherungen (Glühlampen)
Magnetische Wirkung	Anwendungen
Tritt immer auf 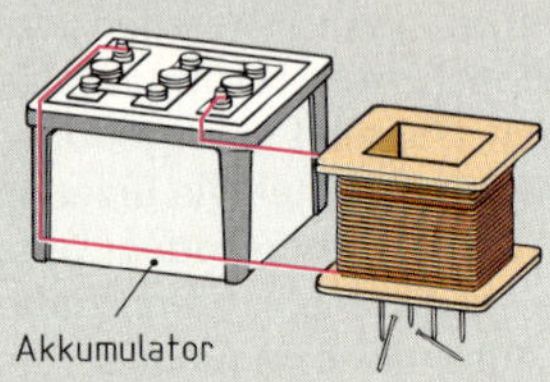 	Elektromagnete Elektromotoren Schütze, Relais Messinstrumente Klingeln Telefonhörer Lautsprecher Türöffner
Lichtwirkung	Anwendungen
Auftreten: in Gasen, in Halbleitern  	Leuchtstofflampen Leuchtröhren Glimmlampen Leuchtdioden (Glühlampen)
Chemische Wirkung	Anwendungen
Auftreten: in leitenden Flüssigkeiten 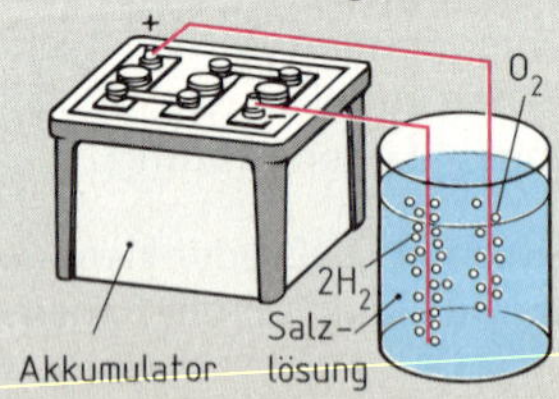 	Elektrolyse Galvanisieren Akkumulatoren
Wirkung auf Lebewesen (physiologische Wirkung)	Anwendungen
Auftreten: bei Menschen, Tieren 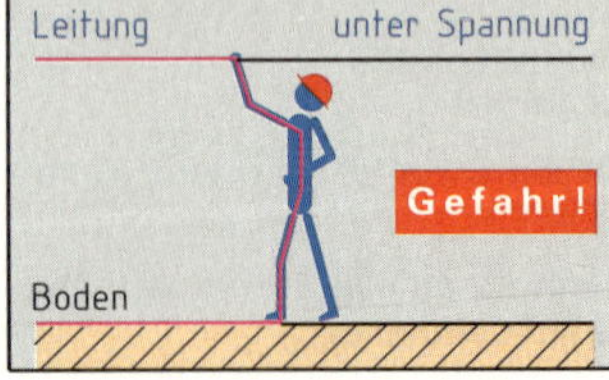 	Elektroweidezäune Viehbetäubung Elektromedizinische Geräte

Der Strom „elektrisiert" (physiologische[1] Wirkung). Beim Berühren blanker elektrischer Leitungen kann durch den menschlichen Körper ein elektrischer Strom fließen, man erhält einen „elektrischen Schlag" (Schutz vor Gefahren des elektrischen Stromes Seite 39).

1.2.2 Atombau

Elektrische Ladungen

Versuch 1: Reiben Sie einen Stab aus Kunststoff, z. B. aus Polystyrol, mit einem trockenen Wolltuch und halten Sie ihn über Papierschnitzel, die auf einen Tisch gestreut sind **(Bild 1)**.

Der Kunststoffstab zieht die Papierschnitzel an.

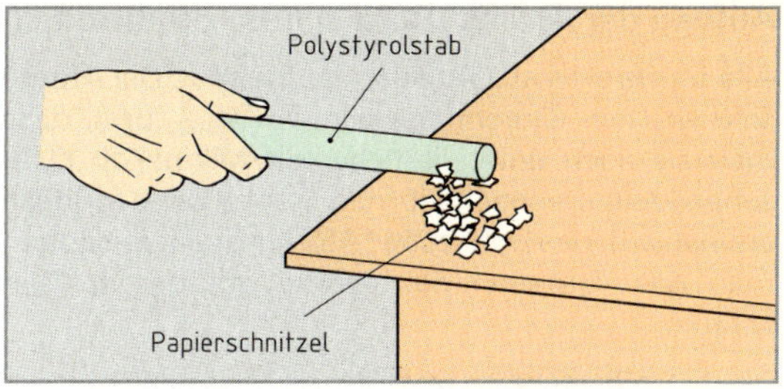

Bild 1: Elektrische Anziehung durch Reibung

Die Anziehungskraft wird durch eine **elektrische Ladung** bewirkt, die durch das Reiben mit dem Tuch auf dem Isolierstoff gebildet wurde.

> Elektrische Ladungen entstehen z. B. durch das Reiben von Isolierstoffen.

Versuch 2: Reiben Sie einen Polystyrolstab mit dem Wolltuch und hängen Sie ihn an einem dünnen Faden auf **(Bild 2)**. Bringen Sie einen zweiten mit dem Tuch geriebenen Polystyrolstab in seine Nähe.

Der drehbar aufgehängte Stab wird abgestoßen.

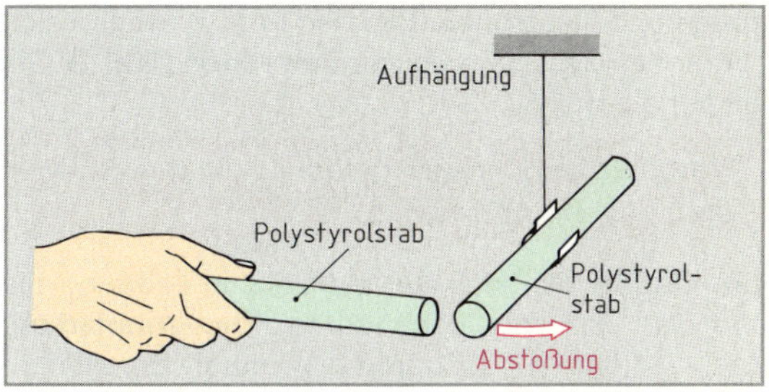

Bild 2: Abstoßung geriebener Polystyrolstäbe

Auf Stäben aus dem gleichen Werkstoff entstehen gleichartige Ladungen.

> Gleichartige elektrische Ladungen stoßen sich ab.

Versuch 3: Wiederholen Sie Versuch 2 mit Acrylglasstäben, die ebenfalls mit dem Wolltuch gerieben werden.

Geriebene Acrylglasstäbe stoßen sich ebenfalls ab.

Reiben sie mit dem Wolltuch einen Polystyrolstab und danach einen Acrylglasstab. Hängen Sie einen der Stäbe drehbar auf und nähern Sie den anderen Stab **(Bild 3)**.

Polystyrolstab und Acrylglasstab ziehen einander an.

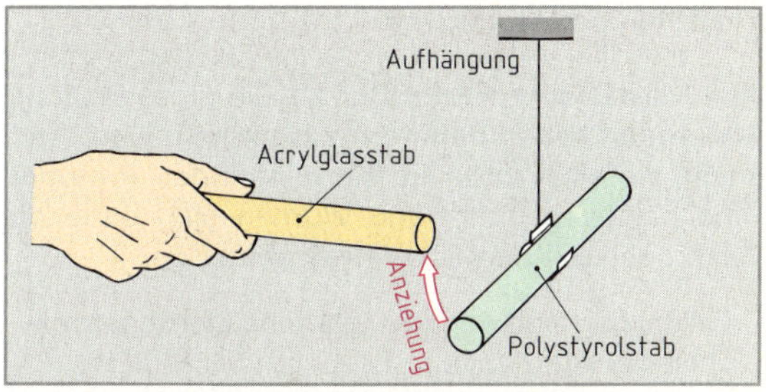

Bild 3: Anziehung von geriebenem Polystyrol- und Acrylglasstab

Die Acrylglasstäbe tragen beide gleichartige Ladungen. Ein geriebener Polystyrolstab und ein geriebener Acrylglasstab ziehen sich jedoch an. Sie können also keine gleichartigen Ladungen besitzen.

> Ungleichartige elektrische Ladungen ziehen sich an.

Die beiden unterschiedlichen Ladungsarten werden als **positiv (+)** und **negativ (–)** bezeichnet **(Tabelle)**.

Tabelle: Kraftwirkung elektrischer Ladungen

Abstoßung	Anziehung
gleichartige Ladungen	ungleichartige Ladungen
⇦ (+) (+) ⇨	(+) ⇨ ⇦ (–)
⇦ (–) (–) ⇨	

Die Begriffe positive und negative Ladung hat man festgelegt, um die beiden grundsätzlichen Ladungsarten zu unterscheiden. Danach tragen z. B. Acrylglas und Glas positive Ladungen (+), wenn sie mit einem Tuch gerieben werden. Polystyrol und Hartgummi nehmen durch Reiben negative Ladung (–) an.

Die beschriebenen Versuche zur Reibungselektrizität hat man früher mit Glasstäben anstelle der Acrylglasstäbe und mit Hartgummistäben statt der Polystyrolstäbe ausgeführt. Diese Versuche gelingen jedoch mit den Kunststoffstäben besser.

[1] Physiologie = Lehre von den Vorgängen im Körper von Lebewesen; aus physis (griech.) = das Geschaffene und logos (griech.) = Lehre.

Aufbau der Atome (Bohr'sches Atommodell)

Alle Stoffe sind aus Atomen[1] aufgebaut. Die Atome sind so klein (Durchmesser etwa $^1/_{10\,000}$ µm), dass man sie auch unter dem besten Mikroskop nicht sehen kann. Deshalb hat man theoretische Modelle erstellt, z. B. das Bohr'sche[2] Atommodell, mit denen man das Verhalten der Atome gut beschreiben kann.

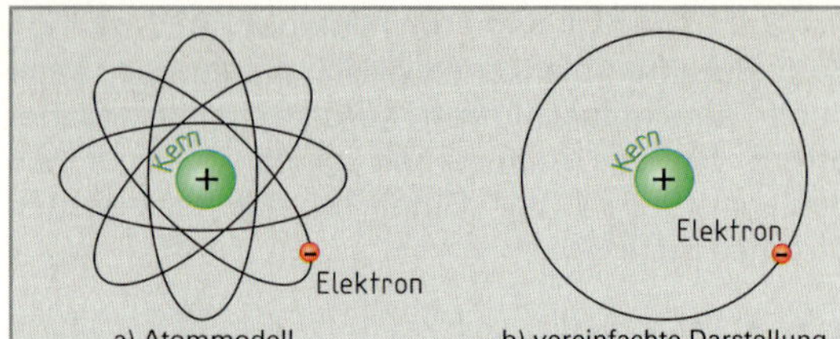

Bild 1: Aufbau eines Wasserstoff-Atoms

Ein Atom besteht im Bohr'schen Modell aus einem Kern und einer Hülle. Der Kern, im Durchmesser etwa 100 000-mal kleiner als die Hülle, enthält **Protonen** und **Neutronen.** Um den Kern bewegen sich mit hoher Geschwindigkeit **Elektronen (Bild 1).** Sie bilden die Hülle.

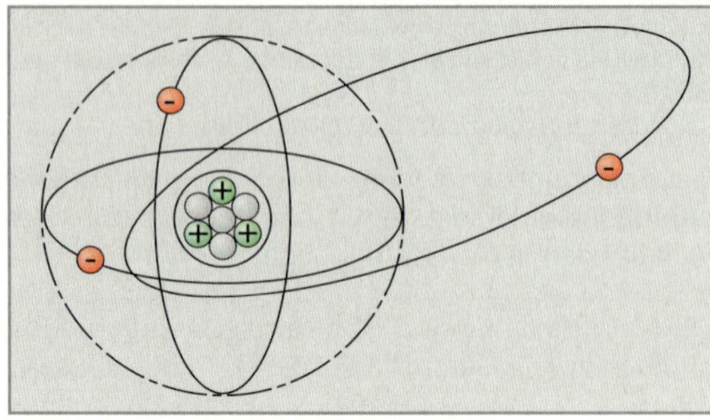

Bild 2: Aufbau eines Lithium-Atoms

Protonen sind positiv geladene Elementarteilchen des Atomkerns.

Sie tragen die kleinste elektrische Ladung, die möglich ist: Die sogenannte **Elementarladung** ($e^+ = +1{,}602 \cdot 10^{-19}$ Coulomb[3]. Einheit der elektrischen Ladung, 1 Coulomb, abgekürzt: 1 C, Seite 19).

Neutronen sind elektrisch neutrale Elementarteilchen des Atomkerns.

Ihre Masse ist etwas größer als die eines Protons. Neutronen halten den Kern zusammen, wenn sich mehr als ein Proton im Kern befindet. Protonen sind positiv geladen und würden sich ohne die Neutronen mit ziemlicher Kraft abstoßen.

Elektronen sind negativ geladene Elementarteilchen der Atomhülle.

Sie tragen eine den Protonen entgegengesetzte Elementarladung ($e^- = -1{,}602 \cdot 10^{-19}$ C). Ein Elektron besitzt nur etwa $^1/_{1840}$ der Masse eines Protons.

Elektronen und Protonen sind entgegengesetzt geladen. Sie ziehen sich also an.

Tabelle: Aufbau der Atome

	Anzahl der Protonen	Anzahl der Neutronen	Anzahl der Elektronen	
Lithium 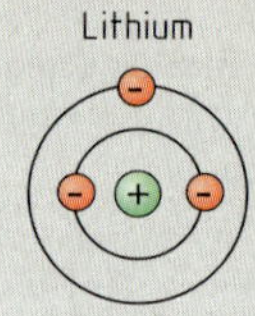	3	4	3	7
Kohlenstoff 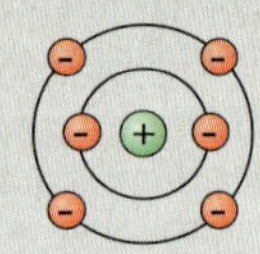	6	6	6	12
Aluminium 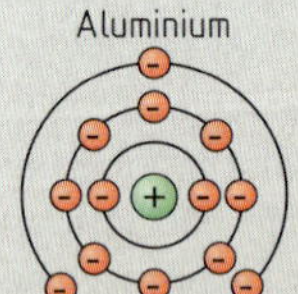	13	14	13	27
Silicium 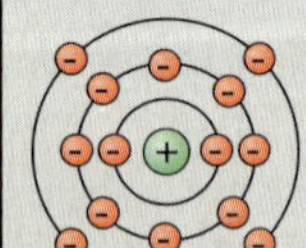	14	14	14	28

Die Elektronenschalen sind vereinfacht als Kreisbahnen dargestellt.

Die Atomhülle kann man sich aus verschiedenen Schalen zusammengesetzt denken, die wie Zwiebelschalen ineinanderliegen. Die Atome, z. B. des Lithiums **(Bild 2),** des Metalls mit dem einfachsten Atomaufbau, haben in der inneren Schale zwei Elektronen. Die äußere Schale enthält ein Elektron. Der Lithium-Atomkern besteht aus drei Protonen und vier Neutronen. Nach außen wirkt das Atom elektrisch neutral, weil sich die Ladungen der drei Protonen im Kern und die Ladungen der drei Elektronen in der Hülle ausgleichen **(Tabelle).**

Atome wirken immer dann nach außen elektrisch neutral, wenn sie ebenso viele Elektronen wie Protonen enthalten.

Fehlen einem Atom Elektronen, ist es als Ganzes positiv geladen (positives Ion[4]). Hat das Atom mehr Elektronen in der Hülle als Protonen im Kern, ist es negativ geladen (negatives Ion).

[1] atomos (griech.) = unteilbar
[2] Niels Henrick David Bohr, dänischer Physiker, 1885 bis 1962
[3] Charles Augustin de Coulomb, franz. Physiker, 1736 bis 1806
[4] ion (griech.) = gehend, wandernd

1.2.3 Elektrischer Strom in Metallen

In Metallen sind die Atome dicht aneinander gedrängt (auf die dichteste Kugelpackung, **Bild 1**). Ein Elektron auf der Außenschale eines Atoms kann dabei so nahe an ein benachbartes Atom gelangen, dass es von dessen Atomkern ebenso weit entfernt ist wie vom eigenen. Die Anziehungskräfte der Kerne auf dieses Elektron heben sich in diesem Fall auf. Das Elektron kann sich von beiden Atomen entfernen und sich frei innerhalb des Metalls bewegen **(Bild 2)**. Zwar wird ein solches **freies Elektron** wieder einmal von einem anderen Atomrumpf eingefangen, dafür entsteht aber an anderer Stelle im Metall erneut ein frei bewegliches Elektron. Im Mittel enthält ein Metall bei gleich bleibender Temperatur immer gleich viele freie Elektronen.

Sobald im Metall ein Elektron frei wird, hinterlässt es einen Atomrumpf, der positiv geladen ist, weil nun ein Elektron weniger in der Atomhülle ist als sich Protonen im Kern befinden. Die positive Ladung des Atomkerns überwiegt also. Einen solchen positiv geladenen Atomrumpf nennt man auch ein positives **Ion**.

Ein Metall enthält ein Gerüst positiv geladener Atomrümpfe (positiver Ionen), die fest an ihren Platz gebunden sind. Außerdem sind so viele frei bewegliche Elektronen im Metall, dass sich die positiven und negativen Ladungen insgesamt ausgleichen **(Bild 3)**.

Verbindet man die Enden eines Metalldrahts, z. B. den Glühfaden einer Lampe, mit einem Erzeuger **(Bild 4)**, so setzen sich die freien Elektronen im Metall fast gleichzeitig in einer Richtung in Bewegung. Der negative Pol des Erzeugers drückt freie Elektronen in den Stromkreis hinein, der positive Pol saugt Elektronen aus dem Stromkreis ab. Schließlich „pumpt" der Erzeuger die freien Elektronen in seinem Innern vom Plus- zum Minuspol.

> In Metallen besteht der elektrische Strom aus der gerichteten Fortbewegung der freien Elektronen.

Im Atomverband kommen die freien Elektronen beim Stromfluss nur mit wenigen Millimetern in der Sekunde vorwärts, aber sie setzen sich im ganzen Stromkreis fast gleichzeitig in Bewegung. Die Geschwindigkeit der Elektronen hängt von ihrer Beweglichkeit, von der Stromstärke und vom Leiterquerschnitt ab.

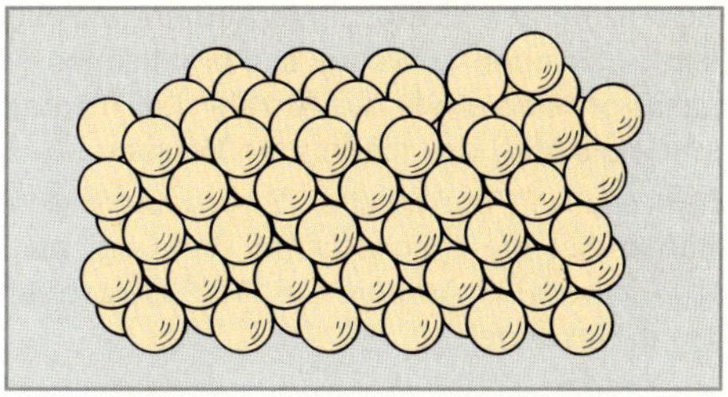

Bild 1: Dichteste Kugelpackung der Atome bei Metallen

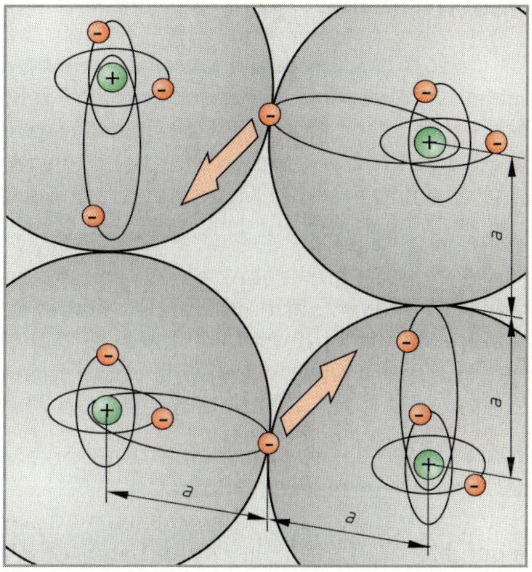

Bild 2: Entstehen freier Elektronen im Metall

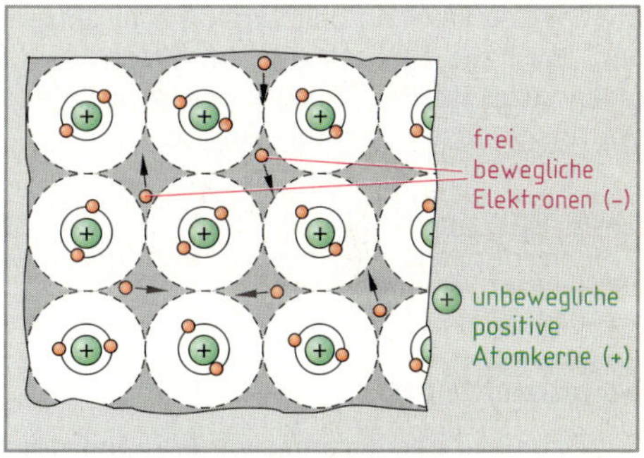

Bild 3: Freie Elektronen und positive Atomrümpfe eines Leiters

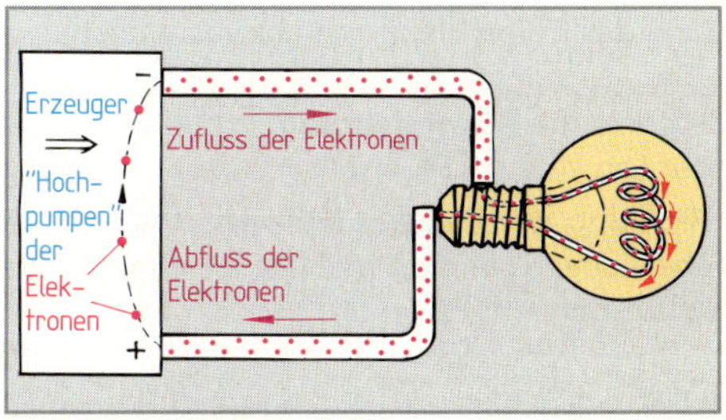

Bild 4: Fortbewegung freier Elektronen im Stromkreis

1.2.4 Messen elektrischer Stromstärke

Fließt Strom durch einen elektrischen Leiter, so ist die elektrische Stromstärke umso höher, je mehr freie Elektronen in der Sekunde durch den Leiterquerschnitt fließen **(Bild 1, Seite 16)**.

Die Anzahl der Elektronenladungen je Sekunde ist allerdings ebenso wenig ein praktisches Maß für die Stromstärke wie die Anzahl der Tropfen je Sekunde als Maß des fließenden Wassers.

Zum Messen elektrischer Stromstärke verwendet man meist die magnetische Wirkung, als Einheit das Ampere[1] (1 Ampere ≈ $6 \cdot 10^{18}$ Elektronenladungen je Sekunde).

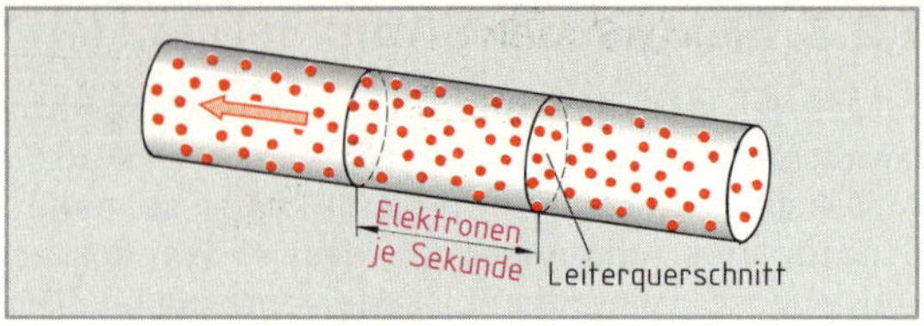

Bild 1: Elektronenbewegung im Leiter

> Die elektrische Stromstärke (Formelzeichen I) misst man in Ampere (Einheitenzeichen A).
> Die Stromstärke I hat die Einheit[2] A: $[I] = \text{A}$

Zwei stromdurchflossene Leiter üben eine magnetische Kraftwirkung aufeinander aus. Fließt durch zwei parallele Leiter, die voneinander einen Abstand von 1 m haben, eine Stromstärke von 1 A, so tritt zwischen ihnen je Meter Leiterlänge eine Kraft von $2 \cdot 10^{-7}$ Newton auf (DIN 1301 und DIN 1357).

Für sehr große oder sehr kleine Stromstärken kann man Einheitenvorsätze verwenden **(Tabelle).** Damit lassen sich die Stromstärken übersichtlicher angeben, wie bei allen physikalischen oder technischen Größen, z. B. 1 mA = 1 Milliampere = 10^{-3} A.

Zum Messen der elektrischen Stromstärke verwendet man **Strommesser (Bild 2).**

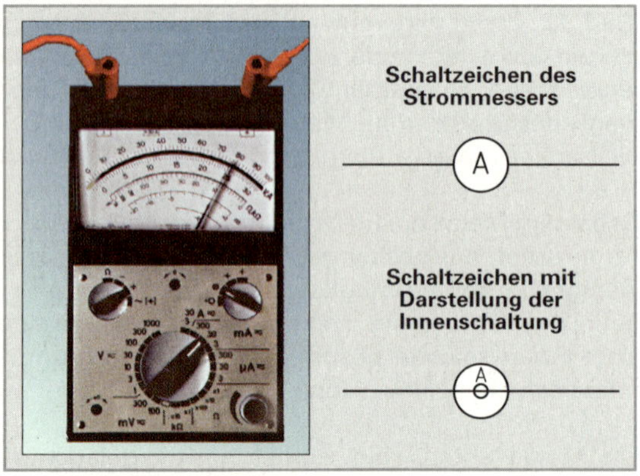

Bild 2: Vielfachinstrument, als Strommesser geschaltet

Der ganze Strom muss durch das Messinstrument fließen. Deshalb wird die Leitung aufgetrennt und der Strommesser dazwischen geschaltet.

Die Leitung kann an beliebiger Stelle getrennt werden, weil die Stromstärke im Stromkreis überall gleich groß ist. Bei Gleichstrom ist auf die Polarität der Anschlüsse zu achten **(Bild 3).**

> Der Strommesser muss **in** die Leitung geschaltet werden, also in Reihe mit dem Verbraucher.

Tabelle: Beispiele für Einheitenvorsätze

	Multiplikator	Vorsatz	Vorsatzzeichen
dezimale Teile	10^{-9} 10^{-6} 10^{-3}	Nano Mikro Milli	n µ m
dezimale Vielfache	10^{3} 10^{6} 10^{9}	Kilo Mega Giga	k M G

Stromrichtung

Die Richtung des Stromes in dem Teil des Stromkreises, der außerhalb des Erzeugers liegt (äußerer Stromkreis), hat man vom Pluspol (+) zum Minuspol (–) festgelegt (Bild 3), bevor man von der Bewegung der freien Elektronen etwas wusste.

> **Technische Stromrichtung:** Im Verbraucher fließt der Strom vom Pluspol (+) zum Minuspol (–).
> **Richtung der Elektronenbewegung:** Im Verbraucher bewegen sich die freien Elektronen vom Minuspol zum Pluspol.

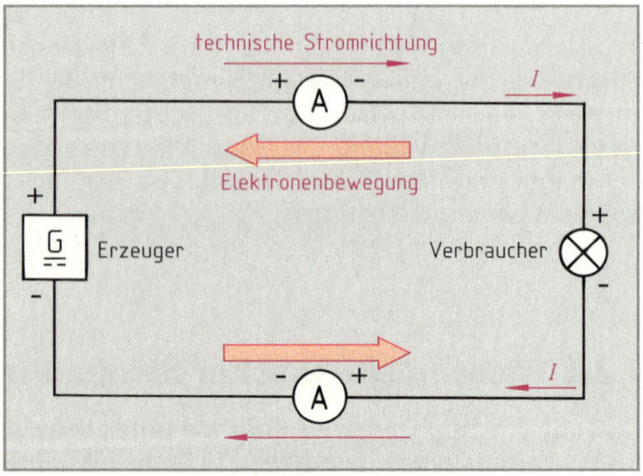

Bild 3: Technische Stromrichtung und Elektronenbewegung

[1] André Marie Ampère, französischer Physiker, 1775 bis 1836

[2] als allgemeines Zeichen für die Einheit einer Größe setzt man das Formelzeichen in eckige Klammer: $[I]$, lies: Einheit von I

1.2.5 Stromarten

Gleichstrom (DC[1], Zeichen: — oder ==)

Versuch 1: Schließen Sie eine Glühlampe über einen Strommesser (mit Drehspulmesswerk) an eine Stabbatterie an.

Der Strommesser zeigt über längere Zeit einen gleich bleibenden Strom an.

Im Stromkreis fließt ein **Gleichstrom,** wenn sich je Sekunde gleich viele freie Elektronen in gleicher Richtung bewegen. Zeichnet man die Stromstärke abhängig von der Zeit in einem Schaubild auf, ergibt sich eine Parallele zur Zeitachse **(Tabelle).**

> Gleichstrom fließt nur in einer Richtung mit gleich bleibender Stärke.

Wechselstrom (AC[2], Zeichen: ~)

Versuch 2: Schließen Sie eine Glühlampe über einen Drehspul-Strommesser (mit Zeiger in der Skalenmitte) an einen Funktionsgenerator (Wechselstrom, 1 Hz) an.

Der Zeiger des Strommessers schlägt abwechselnd nach links und nach rechts aus.

Im Stromkreis fließt ein **Wechselstrom,** wenn sich die freien Elektronen hin und her bewegen, und zwar in beiden Richtungen gleich weit. Im Stromstärke-Zeit-Schaubild erhält man eine Sinuslinie (Tabelle, Mitte).

> Wechselstrom fließt mit ständig wechselnder Richtung und Stärke.

Periodischer Strom (Mischstrom)

Versuch 3: Wiederholen Sie Versuch 2, stellen Sie aber zusätzlich einen überlagerten Gleichstrom ein.

Der Zeiger des Strommessers schlägt in einer Richtung aus und pendelt um den eingestellten Gleichstromanteil hin und her.

Tabelle: Stromarten

Bezeichnung	Bild	Beispiele
Gleichstrom (DC) = elektrischer Strom, der nur in gleicher Richtung und mit gleicher Stärke fließt.	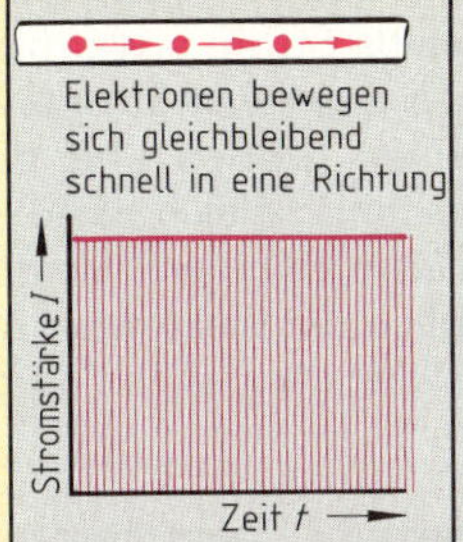	Batterie, Akkumulator, Stromversorgung elektrischer und elektronischer Geräte, Oszilloskop, Fernsehbildröhre
Wechselstrom (AC) = elektrischer Strom, der ständig seine Richtung und seine Stärke ändert.	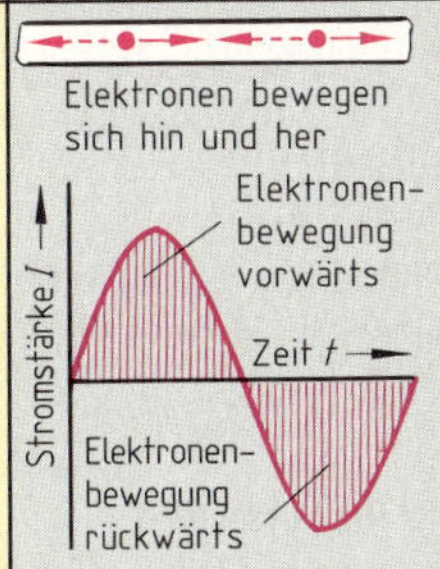	Energienetz, Fahrraddynamo, Wechselstromgeneratoren und -motoren, dynamische Mikrofone
Periodischer Strom (Mischstrom) setzt sich zusammen aus einem Wechselstromanteil und aus einem Gleichstromanteil	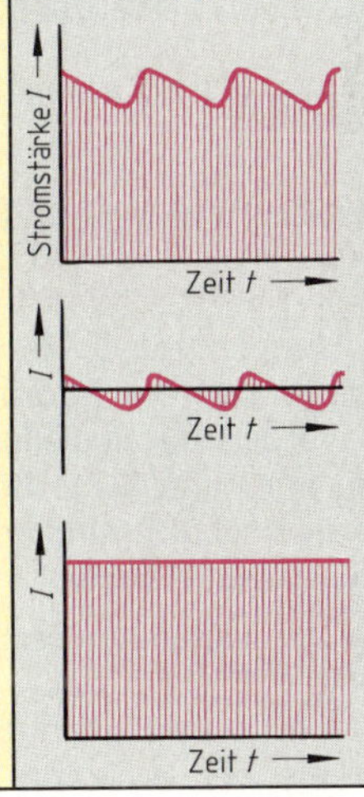	gleichgerichteter Wechselstrom, Strom in Netzteilen nach Glättungskondensator, Steuerstrom von Transistoren, „pulsierender“ Gleichstrom

Im Stromkreis fließt ein **periodischer Strom,** wenn sich in ihm gleichzeitig ein Gleich- und ein Wechselstromerzeuger auswirken können. Daher nennt man den periodischen Strom auch **Mischstrom.**

Die freien Elektronen bewegen sich beim periodischen Strom entweder mit unterschiedlicher Geschwindigkeit in einer Richtung oder in beiden Richtungen, jedoch in einer weiter als in der anderen.

> Periodisch nennt man einen Vorgang, der sich ständig in gleichen Zeitabständen wiederholt.

Ein periodischer Strom (Mischstrom) ist streng genommen keine eigenständige Stromart, weil er sich auf einen Gleichstrom zurückführen lässt, dem ein Wechselstrom überlagert ist (Tabelle, unten).

> Ein Mischstrom (periodischer Strom) setzt sich aus einem Gleichstrom- und einem Wechselstromanteil zusammen.

[1] DC von **D**irect **C**urrent (engl.) = Gleichstrom
[2] AC von **A**lternating **C**urrent (engl.) = Wechselstrom

1.2.6 Stromdichte

Der elektrische Strom, der durch eine Glühlampe fließt, erhitzt die dünne Drahtwendel der Lampe bis zur Weißglut. Derselbe Strom erwärmt jedoch die Zuleitungen kaum. Bei gleicher Stromstärke bewegen sich durch einen großen und durch einen kleinen Leiterquerschnitt gleich viele Elektronen je Sekunde. Im Leiter mit dem kleineren Querschnitt fließen folglich die Elektronen mit höherer Geschwindigkeit und erwärmen ihn durch Reibung stärker **(Bild 1)**.

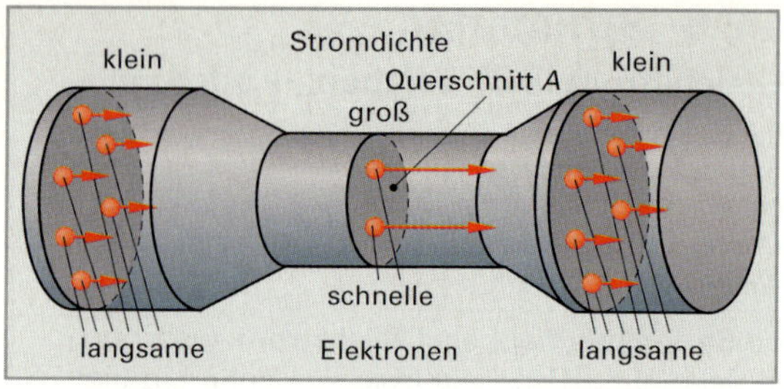

Bild 1: Elektronenbewegung in verschiedenen Leiterquerschnitten

> Die Stromstärke je mm² Querschnitt nennt man Stromdichte J (Einheit A/mm²).

$$\text{Stromdichte} = \frac{\text{Stromstärke}}{\text{Querschnitt}}$$

J Stromdichte
I Stromstärke
A Querschnitt[1]

$$[J] = \frac{\text{A}}{\text{mm}^2} \qquad J = \frac{I}{A}$$

Beispiel: Durch eine Glühlampe fließt ein Strom $I = 0{,}2\,\text{A}$. Wie groß ist die Stromdichte J a) in der Zuleitung mit 1,5 mm² Leiterquerschnitt und b) im Glühdraht mit 0,03 mm Durchmesser?

a) $J = \frac{I}{A} = \frac{0{,}2\,\text{A}}{1{,}5\,\text{mm}^2} = \mathbf{0{,}1333\,A/mm^2}$

b) $A = \pi \cdot d^2/4 = \pi \cdot 0{,}03^2\,\text{mm}^2/4 = 0{,}0007069\,\text{mm}^2$

$J = \frac{I}{A} = \frac{0{,}2\,\text{A}}{0{,}0007069\,\text{mm}^2} = \mathbf{283\,A/mm^2}$

> Ein Leiter erwärmt sich umso mehr, je größer die Stromdichte in ihm ist.

In Leitungen, in Wicklungen von Spulen, Transformatoren oder Motoren darf die Stromdichte auf Dauer nicht zu groß werden, damit die Isolation der Drähte nicht zu heiß wird und keine Brandgefahr auftritt. Für die Leiterquerschnitte sind höchstzulässige Stromstärken festgelegt **(Tabelle)**.

Bei der Verlegung in Installationsrohren oder -kanälen auf Wänden, Decken oder Fußböden (Verlegeart B2, Seite 462) sind geringere Stromdichten zugelassen als bei isolierten Leitungen oder Kabeln, die direkt auf oder in der Wand, im oder unter Putz, verlegt sind (Verlegeart C, Tabelle).

Die zulässige Stromdichte ist bei kleineren Leiterquerschnitten höher als bei großen **(Bild 2)**. Bei doppeltem Durchmesser und gleicher Leiterlänge ist die Leiteroberfläche zwar doppelt so groß, das Leitervolumen beträgt jedoch das Vierfache. Deshalb können dünne Leiter besser abkühlen. Ferner werden die Drähte der Freileitungen durch die Umgebung besser abgekühlt als Drähte in Wicklungen.

> Die zulässige Stromdichte richtet sich nach dem Leiterquerschnitt, dem Werkstoff und nach der Abkühlungsmöglichkeit.

Tabelle: Strombelastbarkeit fest verlegter, PVC-isolierter Kupferleitungen bei 30 °C Umgebungstemperatur nach DIN VDE 0298, Teil 4

Leiterquerschnitt in mm²	Zulässige Stromstärke in A			
	Verlegeart B2		Verlegeart C	
	Zahl der belasteten Adern			
	2	3	2	3
1,5	15,5	14	19,5	17,5
2,5	21	19	26	24
4	28	26	35	32
6	37	33	46	41
10	50	46	63	57
16	68	61	85	76
25	90	77	112	96

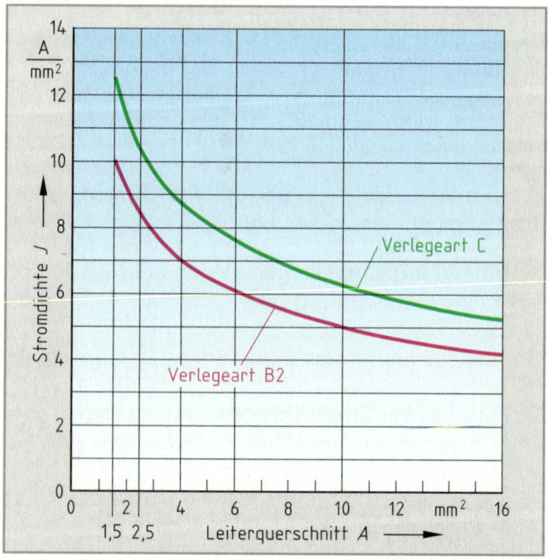

Bild 2: Zulässige Stromdichten isolierter Kupferleitungen (DIN VDE 0298, Teil 4) bei 2 belasteten Adern

[1] Statt A für die Querschnittsfläche auch S (DIN 1304)

1.2.7 Elektrische Ladung (Elektrizitätsmenge)

Versuch 1: Schließen Sie Metallpapier-Kondensatoren von 2 µF, 4 µF und 8 µF nacheinander über einen Drehspul-Strommesser (Nullpunkt in Skalenmitte, entsprechend kleiner Messbereich) und einen Umschalter an eine Batterie von 4,5 V an **(Bild 1)**.

Der Zeiger des Strommessers schlägt beim Laden kurzzeitig in die eine Richtung aus, beim Entladen gleich weit in die andere Richtung. Der Ausschlag ist umso größer, je höher die Kapazität der Kondensatoren ist.

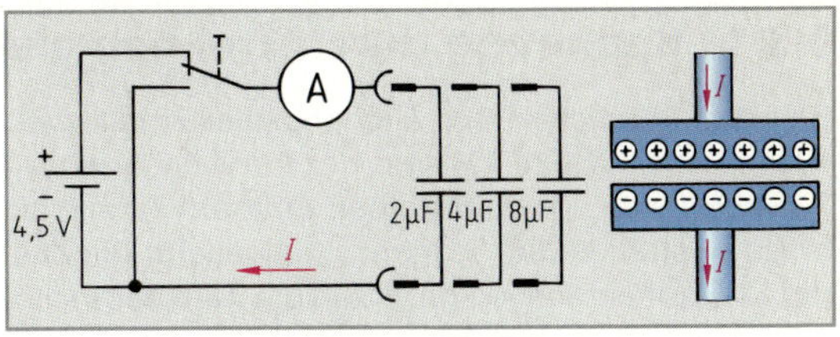

Bild 1: Speichern elektrischer Ladung mit Kondensatoren

Kondensatoren bestehen aus zwei leitenden Schichten, z. B. Metallfolien, die gegeneinander isoliert sind.

Beim Laden fließt kurzzeitig ein Strom, beim Entladen ebenfalls, aber in entgegengesetzter Richtung. Die Lade- und Entladestromstärke ist umso größer, je höher das Fassungsvermögen (die Kapazität) des Kondensators zum Speichern elektrischer Ladungen ist.

Versuch 2: Tauchen Sie zwei Bleiplatten in einen Becher mit verdünnter Schwefelsäure. Verbinden Sie die Bleiplatten über einen Strommesser mit einer Batterie von 4,5 V **(Bild 2)**. Laden Sie diesen Akkumulator etwa 1 min lang auf. Polen Sie dann den Strommessser um und ersetzen Sie die Batterie durch eine 2,5-V-Glühlampe.

Der Strommesser zeigt während der Zeit der Ladung eine nahezu gleichbleibende Stromstärke an. Beim Entladen leuchtet die Glühlampe über einige Zeit und wird dann langsam dunkler. Entsprechend lässt die Entladestromstärke nach.

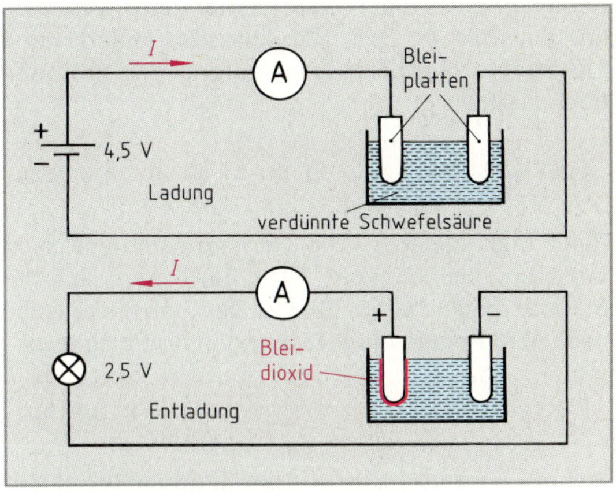

Bild 2: Speichern elektrischer Ladung mit Akkumulatoren

> Die elektrische Ladung (Formelzeichen Q), auch Elektrizitätsmenge genannt, ist umso höher, je größer die Stromstärke I ist und je länger die Zeit t der Ladung andauert.

Ladung = Stromstärke · Zeit

Q elektrische Ladung
I Stromstärke
t Zeit

$$Q = I \cdot t$$

$[Q] = \mathrm{A \cdot s = C}$

Die Einheit der Ladung ist die Amperesekunde (As) oder das Coulomb (Einheitszeichen C).

Die elektrische Ladung 1 Coulomb ist ein Vielfaches der Elementarladung e: $1\,\mathrm{C} = 6{,}242 \cdot 10^{18}\,e$. Die Stromstärke 1 A kann folglich auch über die Ladung und die Zeit erklärt werden: Die Stromstärke in einem Leiter beträgt 1 Ampere, wenn sich je Sekunde eine elektrische Ladung von 1 C durch den Leiterquerschnitt bewegt. Das ist je Sekunde die außerordentlich große Zahl von 6 242 000 000 000 000 000 Elektronen = $6{,}242 \cdot 10^{18}$ Elektronen.

Wiederholungsfragen

1. **Zählen Sie die Wirkungen des elektrischen Stromes auf.**
2. **Ordnen Sie folgende elektrische Betriebsmittel nach Stromwirkungen: Glimmlampe, Schmelzsicherung, Elektromagnet, galvanisches Bad, Lötkolben, Relais, Leuchtstofflampe, Tauchsieder, Akkumulator (Ladevorgang).**
3. **Welche Stromwirkung tritt bei elektrischen Verbrauchern meist als unerwünschte Nebenwirkung auf?**
4. **Welche Ladungsträger bilden den elektrischen Strom in Metallen?**
5. **Nennen Sie Formelzeichen und Einheit der elektrischen Stromstärke.**
6. **Wie ist im Gleichstromkreis die technische Stromrichtung festgelegt?**
7. **Welche Stromarten gibt es?**
8. **Was versteht man unter der Stromdichte?**
9. **Nennen Sie die Formel, nach der man die Stromdichte in einem Leiter berechnet.**
10. **Wonach richtet sich die zulässige Stromdichte in einem Leiter?**
11. **Mit welcher Formel berechnet man die elektrische Ladung (Elektrizitätsmenge) aus Stromstärke und Zeit?**
12. **Welches Formelzeichen und welche Einheiten verwendet man für die elektrische Ladung?**

1.3 Elektrische Spannung

1.3.1 Spannung durch Trennen elektrischer Ladungen

Bei den Versuchen zur Reibungselektrizität (Versuche 1 bis 3, Seite 13) sind der Acrylstab und der Polystyrolstab vor dem Reiben mit dem Tuch elektrisch neutral. In den Stäben ist insgesamt die Zahl der Elektronen ebenso groß wie die Zahl der Protonen. Reibt man den Acrylglasstab mit dem Wolltuch, so entfernt man unter Arbeitsaufwand Elektronen von der Oberfläche des Stabs. Diese abgeriebenen Elektronen bleiben auf dem Wolltuch hängen **(Bild 1)**. Dem Acrylglasstab fehlen somit Elektronen, die elektrische Ladung der Protonen überwiegt.

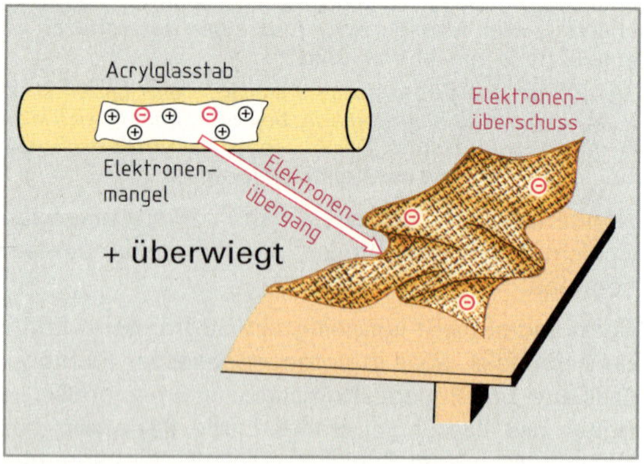

Bild 1: Entstehung positiver Ladung auf dem Acrylglasstab

Positive Ladung entsteht bei Elektronenmangel.

Reibt man dagegen den Polystyrolstab mit dem Wolltuch, bleiben vom Tuch Elektronen auf der Staboberfläche haften **(Bild 2)**. Der Stab enthält also nach dem Reiben mehr Elektronen als Protonen.

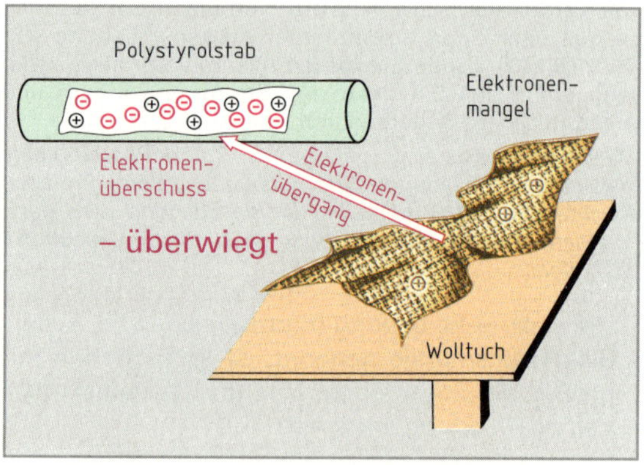

Bild 2: Entstehung negativer Ladung auf dem Polystyrolstab

Elektronenüberschuss bewirkt negative Ladung.

Trennt man verschiedenartige Ladungen voneinander, muss gegen die Anziehungskraft Arbeit verrichtet werden. Man sagt: Zwischen den getrennten Ladungen entsteht eine **elektrische Spannung.**

Je weiter die Ladungen voneinander entfernt werden, desto größer ist ihr Ausgleichsbestreben, desto höher ist also die entstandene Spannung **(Bild 3)**.

Elektrische Spannung entsteht durch Verschieben oder Trennen von Ladungen.

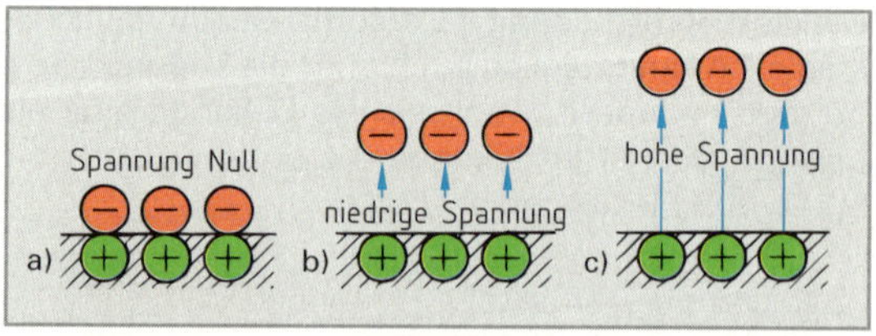

Bild 3: Elektrische Spannung durch Ladungstrennung

Auch in einem Erzeuger, z. B. in einer Batterie oder in einem Generator, werden elektrische Ladungen unter Energieaufwand voneinander getrennt. Die eine Klemme des Erzeugers erhält dadurch einen **Elektronenüberschuss** (der negative Pol), die andere einen **Elektronenmangel** (der positive Pol).

Die sogenannte **Stromquelle** (Benennung nach DIN VDE) ist also eigentlich ein **Spannungserzeuger.** Seine Spannung, auch besonders als Quellenspannung (Urspannung) bezeichnet, verursacht den Stromfluss in einem Stromkreis.

Die Energie zur Ladungstrennung stammt beim galvanischen Element und beim Akkumulator aus chemischer Energie, beim Generator aus mechanischer Energie. Im Innern eines Thermoelements ist Wärmeenergie die Ursache für das Trennen der ungleichartigen Ladungen, und im Fotoelement wird Lichtenergie in elektrische Energie umgewandelt.

Eine Spannungsquelle formt nicht elektrische Energie in elektrische Energie um.

1.3.2 Messen elektrischer Spannung

Elektrischer Strom fließt nur, wenn Spannung vorhanden ist. Die Spannung treibt die Elektronen im Stromkreis voran.

Die elektrische Spannung (Formelzeichen *U*) hat die Einheit Volt[1] (Einheitenzeichen V).

Die Einheit der elektrischen Spannung, das Volt, ist über die Ladung *Q* und die Energie (Arbeit *W*) gesetzlich festgelegt: Die elektrische Spannung beträgt 1 V, wenn mit der Energie von 1 Joule (1 Newtonmeter) die elektrische Ladung 1 Coulomb getrennt oder transportiert wird.

Die **Nennspannung** ist die auf einem Betriebsmittel angegebene Spannung. Die Spannungen von Spannungsquellen sind zum Teil genormt **(Tabelle)**.

Einheitenvorsätze für große Spannungen:

1 **Mega**volt = 1 **M**V = **10^6** V = **1 000 000** V
1 **Kilo**volt = 1 **k**V = **10^3** V = **1 000** V

Einheitenvorsätze für kleine Spannungen:

1 **Milli**volt = 1 **m**V = **10^{-3}** V = **1/1000** V
1 **Mikro**volt = 1 **µ**V = **10^{-6}** V = **1/1 000 000** V

Die elektrische Spannung wird mit dem **Spannungsmesser** gemessen **(Bild 1)**. Hierzu muss der Spannungsmesser an die zu messende Spannung angeschlossen werden. Die Verbraucherspannung misst man durch Verbinden der Klemmen des Verbrauchers mit denen des Spannungsmessers **(Bild 2)**. Der Spannungsmesser ist dabei an den Verbraucher geschaltet, also parallel im Nebenschluss. Beim Messen der Spannung an anderen Teilen des Stromkreises muss man den positiven Pol des Spannungsmessers immer an der Stelle anschließen, die näher am Pluspol der Spannungsquelle liegt **(Bild 3)**.

Der Spannungsmesser zeigt nur dann eine Spannung an, wenn durch ihn ein Strom fließt. Dieser Messstrom muss möglichst klein gehalten werden, damit er die Messung nicht verfälscht. Der Spannungsmesser enthält deshalb neben dem Messwerk hochohmige Vorwiderstände oder einen vorgeschalteten elektronischen Verstärker. Auf diese Weise erreicht man, dass die Belastung des Stromkreises durch die Spannungsmessung möglichst gering ist.

[1] nach Alessandro Volta, ital. Physiker, 1745 bis 1827
[2] früher waren 220 V und 380 V genormt

Tabelle: Spannungsquellen

Spannungsquelle	Nennspannung
Monozelle (Einzelzelle)	1,5 V
Duplexbatterie	2 · 1,5 V = 3 V
Normal-Batterie	3 · 1,5 V = 4,5 V
Bleiakkumulator	2 V je Zelle
Autobatterie	12 V
Gleichspannungsnetz	24 V, 110 V, 220 V, 440 V
Wechselspannungsnetz[2]	230 V, 400 V

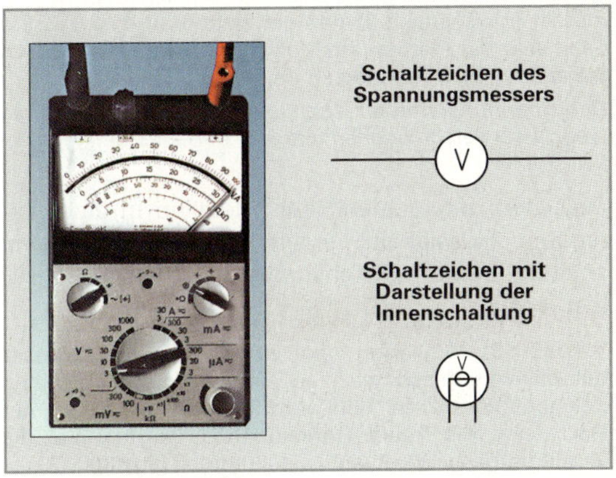

Bild 1: Vielfachinstrument, als Spannungsmesser geschaltet

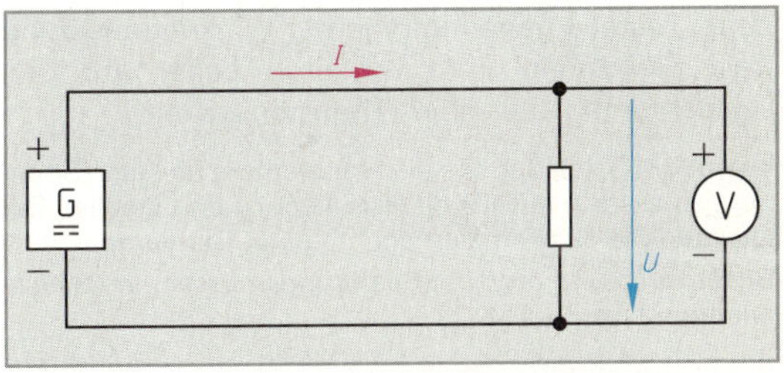

Bild 2: Spannungsmessung am Verbraucher

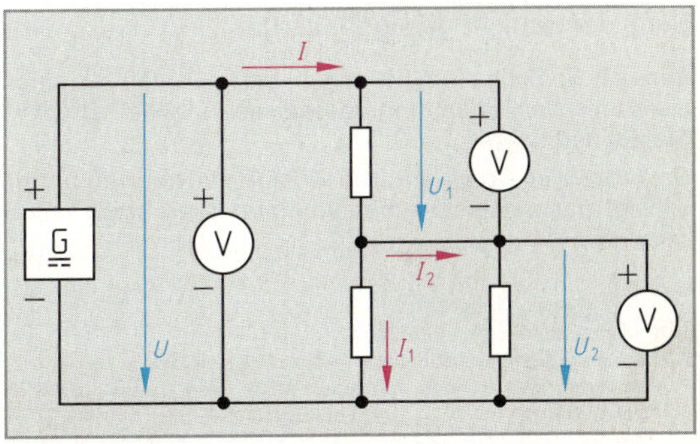

Bild 3: Spannungsmessungen im Stromkreis

1.3.3 Arten der Spannungserzeugung

Versuch 1: Schließen Sie an eine Spule mit 600 Windungen einen Spannungsmesser mit Millivolt-Messbereich (Nullpunkt in Skalenmitte) an. Führen Sie einen Dauermagneten in die Spule ein und ziehen Sie ihn wieder aus der Spule heraus **(Tabelle)**.

Bewegt sich der Dauermagnet in der Spule, schlägt der Zeiger des Spannungsmessers aus, beim Herausziehen umgekehrt wie beim Hineinschieben.

Wird ein Dauermagnet in einer Spule hin und her bewegt, ändert sich also das Magnetfeld in der Spule, so wird in ihr eine Wechselspannung **induziert**[1] (Induktion, Seite 97).

Versuch 2: Stellen Sie zwei Kupferplatten in einen Becher mit Kochsalz-Lösung. Schließen Sie einen Spannungsmesser (Meßbereich 3V) an die Platten an. Ersetzen Sie dann eine der Platten durch eine Zinkplatte und messen Sie wieder die Spannung an den Platten (Tabelle).

Der Spannungsmesser zeigt dann eine Spannung an, wenn zwei verschiedene Platten in der leitenden Flüssigkeit sind.

Zwischen unterschiedlichen Metallen in einer leitenden Flüssigkeit, einem sog. **Elektrolyten,** entsteht eine Gleichspannung **(galvanisches[2] Element).**

Versuch 3: Schließen Sie einen Spannungsmesser mit Millivolt-Messbereich an einen Kupfer- und einen Konstantandraht an und verdrillen Sie mithilfe einer Flachzange die freien Drahtenden. Erwärmen Sie die Verbindungsstelle mit einer Gasflamme (Tabelle).

Beim Erwärmen der Verbindungsstelle zeigt der Spannungsmesser eine Gleichspannung an (etwa 40 µV je K)[3].

Beim Erwärmen der Kontaktstelle zweier verschiedener Metalle gehen infolge der Wärmebewegung freie Elektronen vom besseren Leiter auf den schlechteren Leiter über **(Thermoelement**[4]**)**.

Versuch 4: Schließen Sie ein Fotoelement an einen Spannungsmesser mit Millivolt-Messbereich an (Tabelle). Beleuchten Sie das Fotoelement mit einer Glühlampe.

Bei Beleuchtung zeigt der Spannungsmesser eine Gleichspannung an.

Im **Fotoelement**[5] entstehen durch Bestrahlen mit Licht in einer dünnen Siliciumplatte freie Elektronen, die durch die Sperrschicht im Silicium auf eine Seite der Schicht gezogen werden.

Versuch 5: Schließen Sie einen Piezo-Kristall an einen elektronischen Spannungsmesser an (Tabelle). Drücken Sie auf den Kristall.

So lange der Druck auf den Kristall zu- oder abnimmt, schlägt der Zeiger des Spannungsmessers nach rechts oder nach links aus.

Tabelle: Arten der Spannungserzeugung

Erzeugen der Spannung durch	Verwendung
Induktion 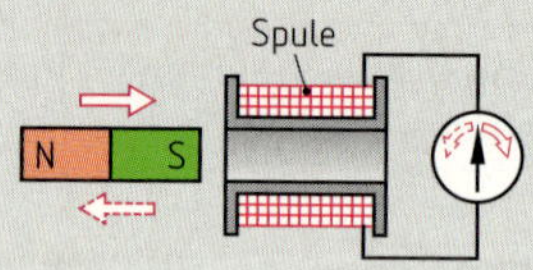	Generatoren: Fahrraddynamos, Kfz-Lichtmaschinen, Kraftwerks-generatoren, dynamische Mikrofone
chemische Wirkung 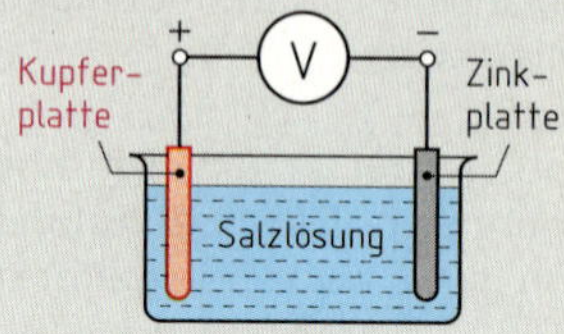	Elektrochemische Spannungsquellen: Batterien, Monozellen (galvanische Elemente), Akkumulatoren
Wärme 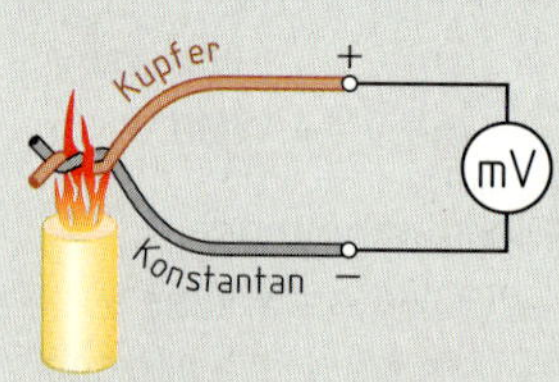	Thermoelemente zur Temperaturmessung und Temperatur-Fern-Messung, z.B. an schwer zugänglichen Stellen
Licht 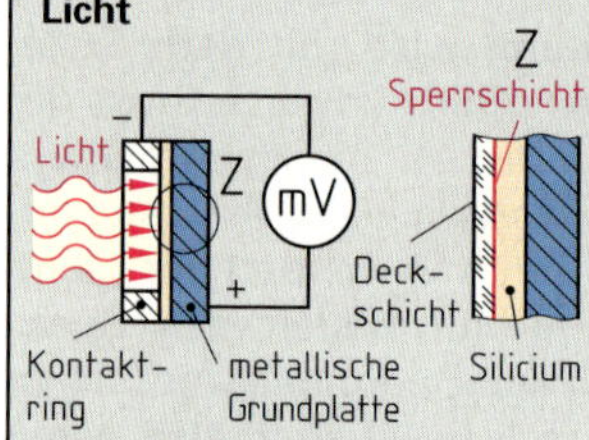	Fotoelemente zur Ausnützung der Sonnenenergie, als Stromquellen, z.B. für Satelliten, Taschenrechner, Uhren
Kristallverformung 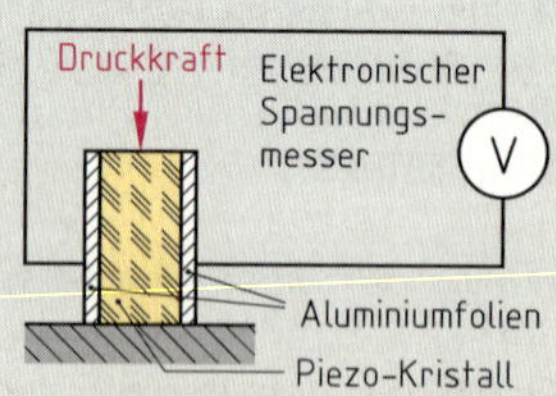	Piezo-Kristalle in Kristall-Tonabnehmern, z.B. Plattenspielern, Kristallmikrofonen, Drucksensoren
Reibung Hohe Spannungen entstehen beim Reiben von Isolierstoffen, auch bei fließenden, nicht leitenden Flüssigkeiten, z.B. Öl.	Elektrostatische Aufladung, meist ungewollt bei Kunststofffolien, Fahrzeugen

[1] von inducere (lat.) = einführen
[2] nach Luigi Galvani, italienischer Arzt, 1737 bis 1798
[3] Temperaturunterschiede werden statt in Grad Celsius meist in Kelvin (K) angegeben
[4] von thermos (griech.) = warm
[5] von phos (griech.) = Licht

Ein **Piezo-Kristall**[1] ist quer zur elektrischen Achse aus Quarz, Turmalin oder Seignette-Salz herausgeschnitten. Druckwechsel erzeugt eine Wechselspannung, die durch Metallbeläge an den Kristallseiten abgenommen werden kann.

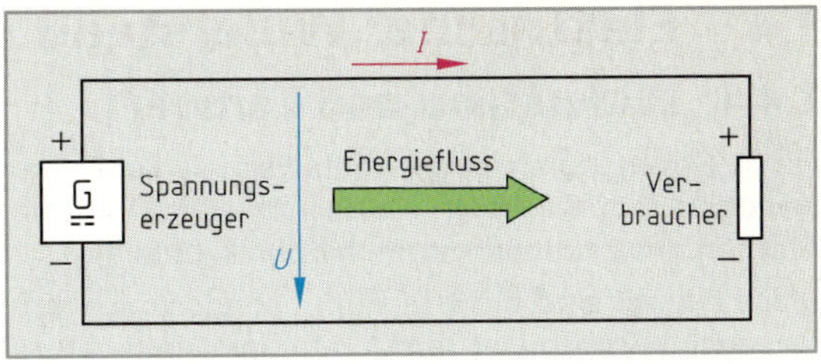

Bild 1: Bezugspfeile im Verbraucher-Zählpfeilsystem

1.3.4 Bezugspfeile

Ein elektrischer Strom kann in einem Leiter in zwei Richtungen fließen, eine elektrische Spannung ebenso in der einen Richtung wie in der anderen gepolt sein.

Es ist sinnvoll, die beiden Richtungen durch die Vorzeichen Plus (+) oder Minus (–) zu unterscheiden. Den Richtungssinn von Strömen und Spannungen gibt man durch Bezugspfeile[2] (in technischer Stromrichtung) an. Dabei orientiert man sich an der Richtung des Energieflusses **(Bild 1)**.

Strom-Bezugspfeile zeigen in die Richtung, in der die Stromstärke positiv gerechnet wird **(Bild 2)**. Man zeichnet im Schaltplan einen Strompfeil in oder neben die Leitung.

Spannungs-Bezugspfeile zeigen in die Richtung, in der die Spannung einen positiven Strom durch den Verbraucher treibt; am Verbraucher also von + nach –.

Im Schaltplan wird der Spannungspfeil zwischen zwei Punkten, zwei Leitungen oder neben das Bauelement gezeichnet **(Bild 3)**.

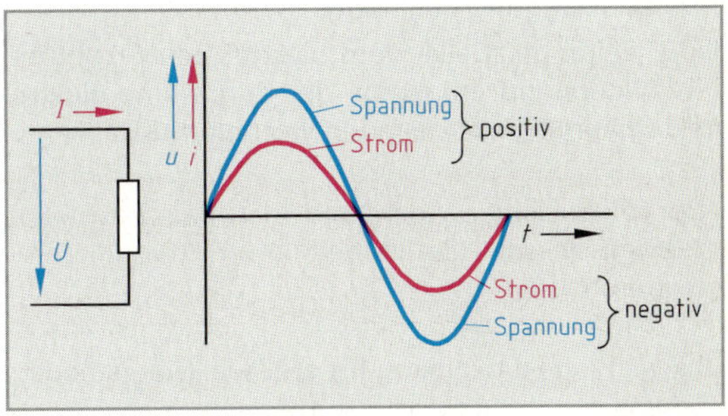

Bild 2: Bezugspfeile und Linienschaubild

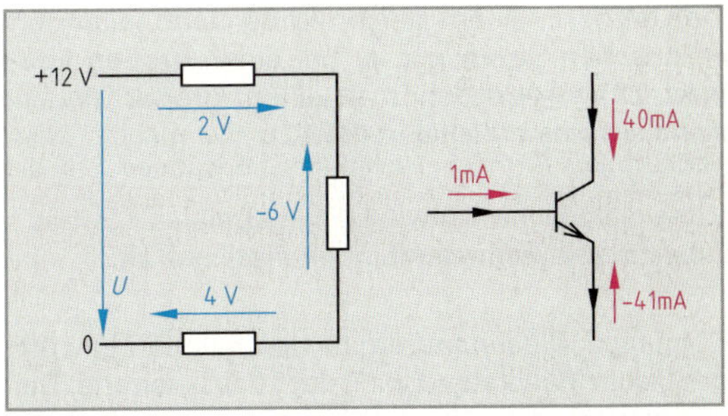

Bild 3: Beispiele für Spannungs- und Strombezugspfeile

Bezugspfeile geben die Richtung an, in der eine elektrische Größe positiv gerechnet wird.

Die dargestellte Bezugsrichtung für Strom- und Spannungspfeile nennt man **Verbraucher-Pfeilsystem.** Es wird in diesem Buch fast nur benutzt. Es gibt außerdem noch das **Erzeuger-Pfeilsystem.** In diesem zeichnet man die Strompfeile wie angegeben, die Spannungspfeile jedoch in entgegengesetzter Richtung. Das Erzeuger-Pfeilsystem wird selten verwendet und ist nur zur Darstellung von Strömen und Spannungen innerhalb elektrischer Spannungsquellen zweckmäßig.

Wiederholungsfragen

1. **Welcher Pol einer Gleichspannungsquelle, z. B. einer Batterie, weist Elektronenmangel auf?**
2. **Worauf beruht jede Art der Spannungserzeugung?**
3. **Welche Energieumwandlung findet in einer Spannungsquelle (einem Erzeuger) statt?**
4. **Nennen Sie Formelzeichen und Einheit der elektrischen Spannung.**
5. **Wie ist ein Spannungsmesser anzuschließen?**
6. **Beschreiben Sie den Aufbau eines galvanischen Elements.**
7. **Welche Spannungsquelle erzeugt elektrische Spannung aus Licht?**
8. **Was versteht man unter Induktion?**
9. **Zählen Sie Spannungsquellen auf, die den piezoelektrischen Effekt ausnützen.**
10. **Welche Auskunft geben Bezugspfeile für Strom und Spannung in einem Schaltplan?**

[1] von piezein (griech.) = drücken
[2] Nach DIN 5489 hat der Ausdruck „Bezugspfeil“ die frühere Bezeichnung „Zählpfeil“ ersetzt.

1.4 Elektrischer Widerstand

1.4.1 Widerstand und Leitwert

Fließt Strom durch einen metallischen Leiter, so bewegen sich die freien Elektronen zwischen den Atomen des Leiterwerkstoffs hindurch **(Bild 1)**.

Diese Atome sind nicht in Ruhe, sondern schwingen auch bei normaler Temperatur in allen Richtungen um ihre Ruhelage (ungeordnete Wärmebewegung). Dadurch werden aber die freien Elektronen in ihrer Bewegung behindert.

Jeder Leiter setzt also dem elektrischen Strom einen **Widerstand** entgegen, der durch eine elektrische Spannung überwunden werden muß.

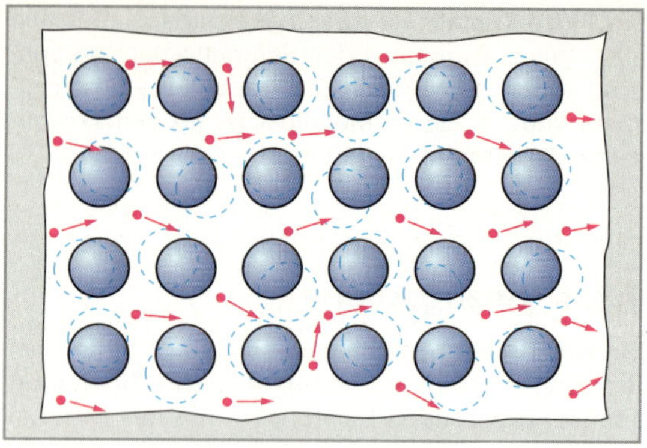

Bild 1: Elektronenbewegung im Leiter

Der elektrische Widerstand hat das Formelzeichen *R* und die Einheit Ohm[1] (Einheitenzeichen Ω).

Übliche Einheitenvorsätze für größere Widerstände:

1 **Kilo**ohm = 1 **k**Ω = **10³** Ω = **1 000** Ω

1 **Meg**ohm = 1 **M**Ω = **10⁶** Ω = **1 000 000** Ω

Ein Leiter mit einem kleinen Widerstand leitet den elektrischen Strom gut, er hat einen großen **Leitwert.** Umgekehrt gehört zu einem großen Widerstand ein kleiner Leitwert **(Bild 2)**.

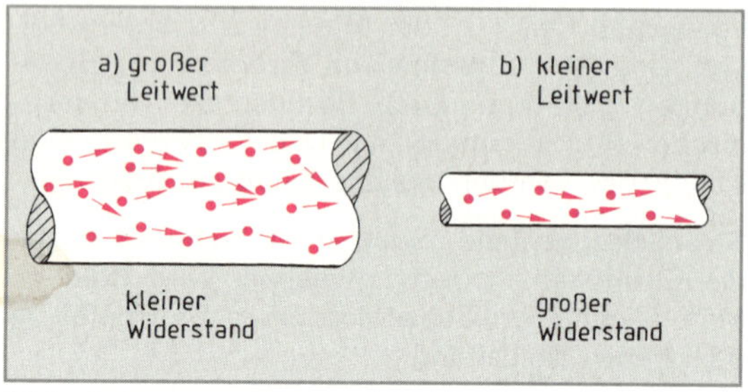

Bild 2: Leitwert und Widerstand bei a) großem und b) kleinem Querschnitt

Der elektrische Leitwert (Formelzeichen *G*) hat die Einheit Siemens[2] (Einheitenzeichen S).

$$\text{Leitwert} = \frac{1}{\text{Widerstand}} \qquad \text{Widerstand} = \frac{1}{\text{Leitwert}}$$

$$G = \frac{1}{R} \qquad R = \frac{1}{G}$$

$$[G] = \frac{1}{\Omega} = \text{S} \qquad [R] = \frac{1}{\text{S}} = \Omega$$

G Leitwert

R Widerstand

Doppelter Widerstand ergibt den halben Leitwert, dreifacher Widerstand ein Drittel des Leitwerts. Der Leitwert ist also der Kehrwert des Widerstands **(Tabelle** und **Bild 3)**.

Tabelle: Leitwert und Widerstand

Leitwert	Widerstand	Leitwert	Widerstand
0,002 S	500 Ω	2 S	0,5 Ω
0,004 S	250 Ω	5 S	0,2 Ω
0,006 S	166,66 Ω	10 S	0,1 Ω
0,008 S	125 Ω	20 S	0,05 Ω
0,1 S	10 Ω	50 S	0,02 Ω
0,5 S	2 Ω	100 S	0,01 Ω
1 S	1 Ω	200 S	0,005 Ω

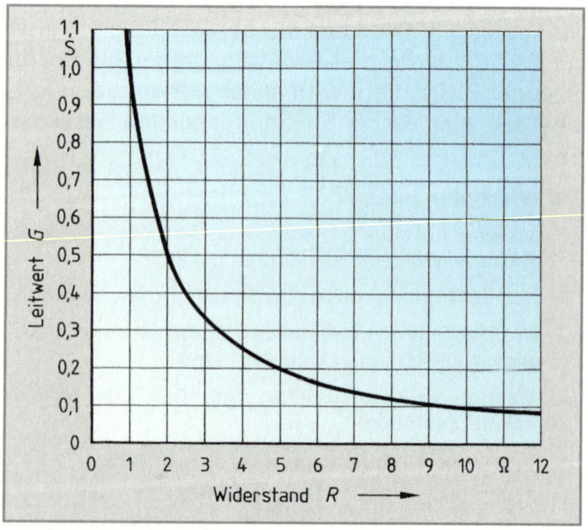

Bild 3: Zusammenhang zwischen Leitwert und Widerstand

Das Wort Widerstand wird in zweifachem Sinne verwendet: Es bezeichnet einmal das Bauelement Widerstand (Seite 28) und zum andern die Eigenschaft, dem Strom einen Widerstand entgegenzusetzen. Falls ein Irrtum entstehen kann, nennt man die in Ohm gemessene Eigenschaft Widerstandswert.

[1] nach Georg Simon Ohm, deutscher Physiker, 1787 bis 1854

[2] nach Werner von Siemens, deutscher Ingenieur, 1816 bis 1892

1.4.2 Ohm'sches Gesetz

Versuch: Schließen Sie über einen Strommesser einen einstellbaren Widerstand von 10 Ω (oder Einzelwiderstände von 2 Ω, 4 Ω, ... 10 Ω) an ein Netzgerät an, dessen Spannung zwischen 0 V und 12 V eingestellt werden kann. Legen Sie parallel zum Widerstand einen Spannungsmesser sowie in Reihe zu der Parallelschaltung einen Strommesser **(Bild 1)**. Messen Sie die Stromstärken bei verschiedenen Spannungen und Widerständen, z. B. entsprechend der Meßwertetabelle (Bild 1).

Bei gleich bleibendem Widerstand wächst die Stromstärke mit der Spannung; bei unveränderter Spannung wird die Stromstärke umso kleiner, je größer der Widerstand ist.

Die Stromstärke ist bei gleichem Widerstand proportional (verhältnisgleich) der Spannung; sie vergrößert sich also im gleichen Verhältnis wie die Spannung anwächst: $I \sim U$ **(Tabelle)**.

Bei gleich bleibender Spannung verhält sich jedoch die Stromstärke umgekehrt wie der Widerstand. Die Stromstärke ist also dem Widerstand umgekehrt proportional: $I \sim 1/R$.

Die Stromstärke I ist proportional der Spannung U und umgekehrt proportional dem Widerstand R.

Den Zusammenhang zwischen Stromstärke, Spannung und Widerstand beschreibt das **Ohm'sche Gesetz** (1826 von Georg Simon Ohm entdeckt).

Beispiele:

a) Welche Stromstärke fließt durch eine Glühlampe für 4,5 V, die im Betrieb einen Widerstand von 1,5 Ω aufweist?

b) Welche Spannung liegt an einem Widerstand von 500 Ω, durch den 0,2 A fließen?

c) Durch einen Lötkolben, der mit 230 V betrieben wird, fließen 0,27 A. Wie groß ist der Widerstand des Lötkolben-Heizkörpers?

a) $I = \frac{U}{R} = \frac{4{,}5\,\text{V}}{1{,}5\,\Omega} = \mathbf{3\,A}$

b) $U = R \cdot I = 500\,\Omega \cdot 0{,}2\,\text{A} = \mathbf{100\,V}$

c) $R = \frac{U}{I} = \frac{230\,\text{V}}{0{,}27\,\text{A}} = \mathbf{852\,\Omega}$

Trägt man die Messergebnisse des Versuchs in ein Schaubild ein (Stromstärke über Spannung), so erhält man bei Verbinden der Messpunkte für die einzelnen Widerstände gerade Linien **(Bild 2)**. Der kleinere Widerstand hat dabei die steilere Kennlinie.

Wiederholungsfragen

1 Geben Sie die Formel an, mit der man den elektrischen Leitwert aus dem Widerstand berechnet.

2 Welches Formelzeichen und welche Einheit hat der Widerstand?

3 Wie lautet das Ohm'sche Gesetz?

4 Geben Sie alle Umformungen des Ohm'schen Gesetzes an.

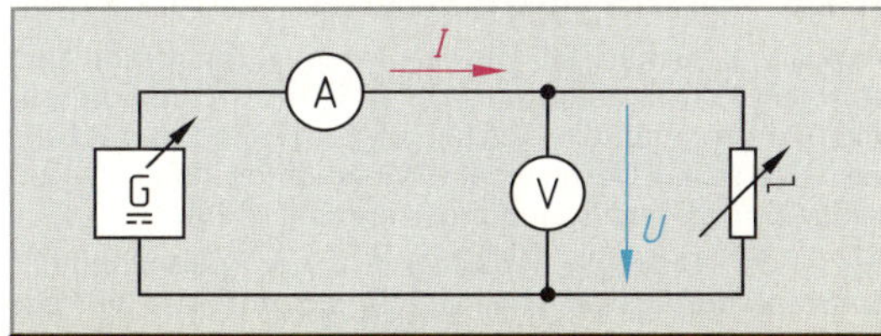

Messwertetabelle

Spannung in V	Strom in A	Widerstand in Ω	Spannung in V	Widerstand in Ω	Strom in A
2	0,5	4	12	2	6
4	1	4	12	4	3
6	1,5	4	12	6	2
8	2	4	12	8	1,5
10	2,5	4	12	10	1,2

Bild 1: Messung von Strom und Spannung an einem Widerstand

Tabelle: Ohm'sches Gesetz

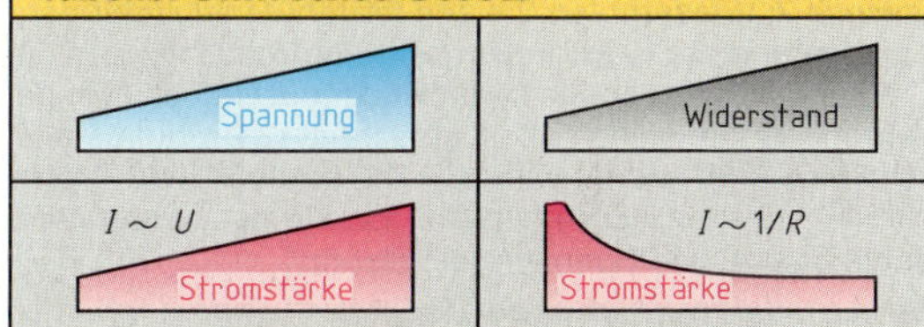

Die Stromstärke I ist umso größer, je größer die Spannung U und je kleiner der Widerstand R ist.

$$\text{Stromstärke} = \frac{\text{Spannung}}{\text{Widerstand}} \qquad I = \frac{U}{R}$$

I Stromstärke in A
U Spannung V
R Widerstand in Ω

$$I = \frac{U}{R}$$

$$[I] = \text{A} = \frac{\text{V}}{\Omega}$$

Umformungen:

$$U = R \cdot I \quad \text{und} \quad R = \frac{U}{I}$$

$$[U] = \text{V} = \Omega \cdot \text{A} \qquad [R] = \Omega = \frac{\text{V}}{\text{A}}$$

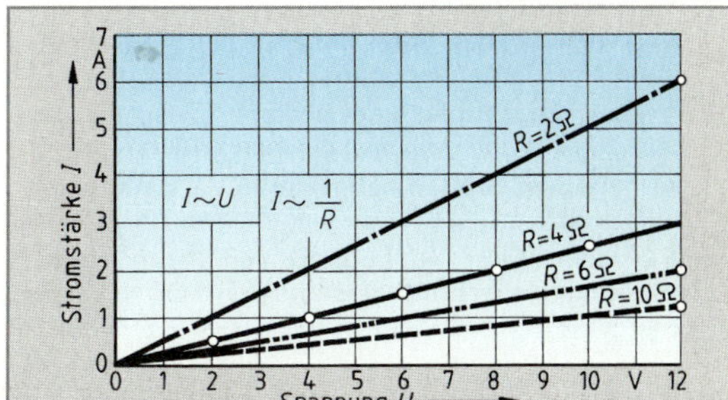

Bild 2: Ohm'sches Gesetz (Schaubild)

1.4.3 Leiterwiderstand

Versuch 1: Schließen Sie a) einen Kupferdraht und b) einen Konstantandraht von je 0,1 mm Durchmesser und 1 m Länge an ein Netzteil an. Ermitteln Sie mit Hilfe des Ohm'schen Gesetzes die Widerstände durch gleichzeitige Strom- und Spannungsmessung **(Bild).**

$R_{Cu} = 2{,}3\,\Omega$ und $R_{Konst.} = 62{,}4\,\Omega$, d. h., der Widerstand des Konstantandrahts ist etwa 27mal so groß wie der des Kupferdrahts.

Der Widerstand eines Leiters hängt vom Werkstoff ab. Der Widerstand eines Leiters von 1 m Länge und 1 mm² Querschnitt ist so groß wie der **spezifische Widerstand** ϱ (Einheit $\Omega \cdot mm^2/m$). Den Kehrwert des spezifischen Widerstands nennt man **Leitfähigkeit** γ[1] mit der Einheit $m/(\Omega \cdot mm^2)$.

$$\text{Leitfähigkeit} = \frac{1}{\text{spezifischer Widerstand}}$$

Gute Leiter, z. B. Kupfer, enthalten viele freie Elektronen und besitzen einen geringen spezifischen Widerstand sowie eine hohe Leitfähigkeit **(Tabelle).**

Versuch 2: Wiederholen Sie den letzten Versuch mit dem Konstantandraht, verdoppeln und verdreifachen Sie die Drahtlänge. Nehmen Sie dann wieder die einfache Länge, verdoppeln Sie jedoch den Querschnitt (2 Drähte parallel schalten), und verdreifachen Sie ihn schließlich (3 Drähte parallel schalten). Ermitteln Sie jeweils den Widerstand durch Strom- und Spannungsmessung.

Der Leiterwiderstand ist bei doppelter Länge doppelt so groß, dreifache Länge gibt den dreifachen Widerstand. Bei doppeltem Querschnitt ist der Leiterwiderstand nur halb so groß, dreifacher Querschnitt ergibt nur ein Drittel des Widerstands (Tabelle).

Der Leiterwiderstand R ist dem spezifischen Widerstand ϱ und der Leiterlänge l proportional, jedoch umgekehrt proportional dem Leiterquerschnitt A.

Die Einheit des elektrischen Widerstands, 1 Ohm, kann man auch durch einen Leiter aus Quecksilber (in einer Glasröhre) darstellen:

Eine 1,063 m lange Quecksilbersäule von 1 mm² Querschnitt hat bei 0 °C einen Widerstand von 1 Ω.

Wiederholungsfragen

1. **Was versteht man unter dem spezifischen Widerstand eines Leiterwerkstoffs?**
2. **Welcher Zusammenhang besteht zwischen der Leitfähigkeit und dem spezifischen Widerstand?**
3. **Von welchen Größen hängt der Widerstand eines Leiters ab?**
4. **Wie viele Meter Kupferdraht von 1 mm² Querschnitt haben einen Widerstand von 1 Ω?**

[1] Nach DIN 1304 sind anstelle von γ auch die Formelzeichen σ oder $\varkappa$ möglich.

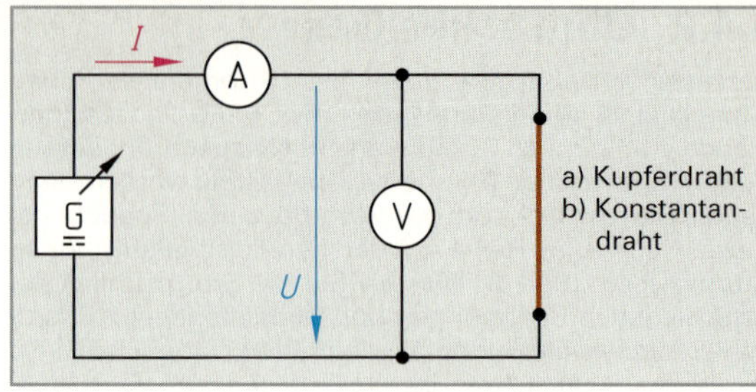

Bild : Ermitteln des Widerstands von Drähten

$$[\gamma] = \frac{m}{\Omega \cdot mm^2} = \frac{1}{\frac{\Omega \cdot mm^2}{m}} \qquad \gamma = \frac{1}{\varrho}$$

$$[\varrho] = \frac{\Omega \cdot mm^2}{m} \qquad \varrho = \frac{1}{\gamma}$$

γ Leitfähigkeit
ϱ spezifischer Widerstand

Tabelle: Leiterwiderstand

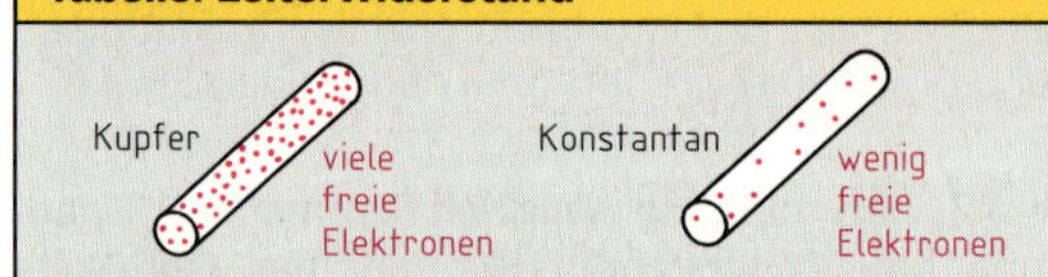

Der Leiterwiderstand hängt vom Leiterwerkstoff ab.

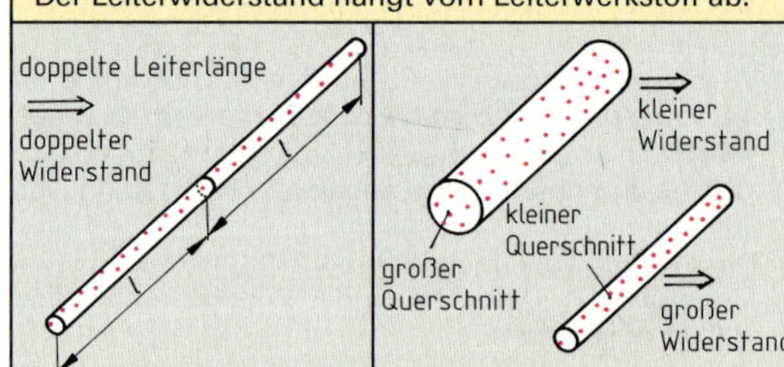

Der Leiterwiderstand ist umso größer,
je größer die Leiterlänge l und
je kleiner der Leiterquerschnitt A ist.

$R \sim l \qquad R \sim \frac{1}{A}$

$$[R] = \frac{\frac{\Omega \cdot mm^2}{m} \cdot m}{mm^2} = \Omega \qquad R = \frac{\varrho \cdot l}{A}$$

$$[R] = \frac{m}{\frac{m}{\Omega \cdot mm^2} \cdot mm^2} = \Omega \qquad R = \frac{l}{\gamma \cdot A}$$

R Leiterwiderstand
ϱ spezifischer Widerstand
γ Leitfähigkeit
l Leiterlänge
A Querschnitt

1.4.4 Temperaturabhängigkeit des Widerstands

Versuch: Schließen Sie a) eine Metallfadenlampe (230 V/60 W) und b) eine Kohlefadenlampe (230 V/60 W) einmal an eine Spannung von 10 V und einmal an 230 V an. Ermitteln Sie jeweils den Widerstand durch Strom- und Spannungsmessung **(Bild)**.

Die Lampen bleiben bei 10 V dunkel, die Temperatur des Glühdrahts ist gering. Beim Anschluß an 230 V leuchten beide Lampen hell, die Temperatur des Glühdrahts ist dabei hoch. Der Widerstand des kalten Metalldrahts ist niedrig, der des heißen ist groß. Der Widerstand des kalten Kohlefadens ist dagegen groß, der des heißen klein.

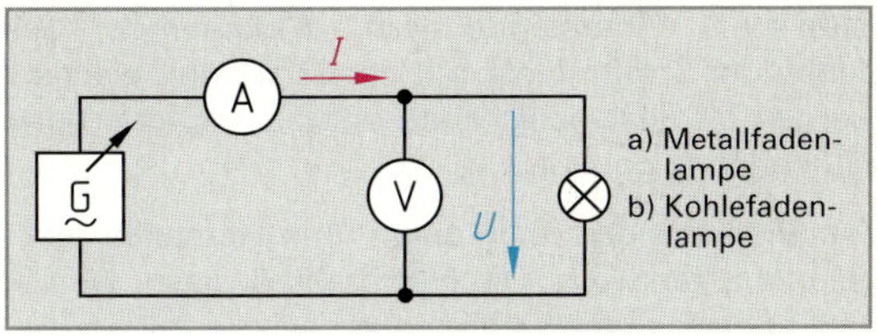

Bild: Widerstandsermittlung bei Glühlampen

> Der Widerstand von **Kaltleitern,** z. B. von Metallen, nimmt bei Temperaturerhöhung zu; der Widerstand von **Heißleitern,** z. B. Kohle und Halbleitern, nimmt dagegen bei Temperaturerhöhung ab.

Bei Erwärmung schwingen die Atome stärker um ihren Platz im Kristallgitter **(Tabelle 1).** Sind die Atome bzw. die Atomrümpfe wie in den Metallen dicht beieinander, wird die Fortbewegung der freien Elektronen durch die Wärmebewegung der Atome stärker behindert. Der Widerstand dieser Stoffe nimmt mit der Temperatur zu (Kaltleiter).

In Kohle und bei Halbleitern führen dagegen bei größerem Atomabstand die schnelleren und stärkeren Atomschwingungen zum Entstehen von mehr freien Ladungsträgern, ihr Widerstand nimmt daher bei Temperaturerhöhung ab (Heißleiter).

Die Größe der Widerstandszunahme gibt man durch den **Temperaturbeiwert** α an, der auch **Temperaturkoeffizient** genannt wird.

Tabelle 1: Temperaturabhängigkeit des Widerstands

	niedrige Temperatur	hohe Temperatur
Metalle	geringer Atomabstand	
	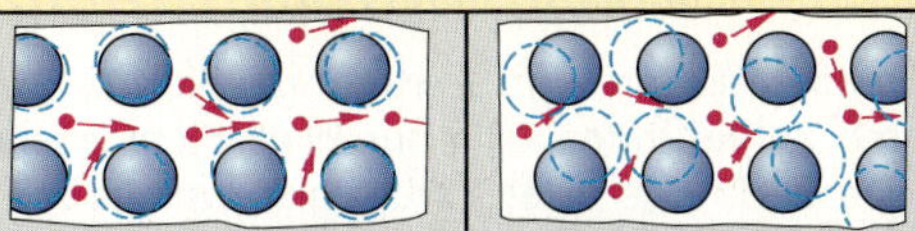	
	schwache	starke
	Behinderung der freien Elektronen	
Halbleiter	großer Atomabstand	
	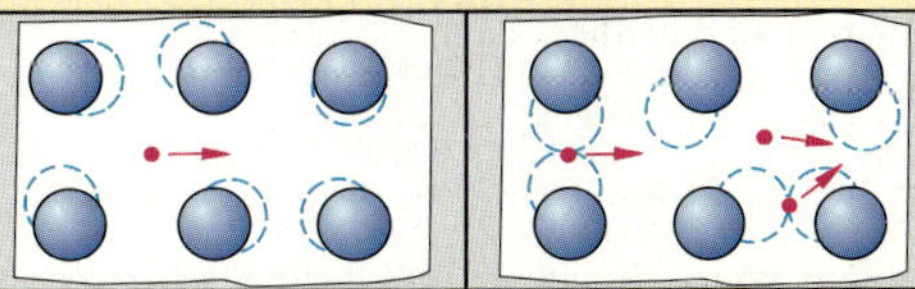	
	wenig	viele
	freie Ladungsträger entstehen	

> Der Temperaturbeiwert α gibt an, um wie viel Ohm der Widerstand von 1 Ω bei 1 K Temperaturerhöhung größer wird.

$$[\Delta R] = \frac{1}{\mathrm{K}} \cdot \Omega \cdot \mathrm{K} = \Omega$$

$$\Delta R \approx \alpha \cdot R_{20} \cdot \Delta\vartheta$$

$$R_{\vartheta} = R_{20} + \Delta R$$

$$R_{\vartheta} \approx R_{20}\,(1 + \alpha \cdot \Delta\vartheta)$$

ΔR Widerstandsänderung
R_{20} Kaltwiderstand bei 20 °C
R_{ϑ} Warmwiderstand
α Temperaturbeiwert in 1/K
$\Delta\vartheta$ Temperaturänderung in K

Kaltleiter haben einen positiven, Heißleiter einen negativen Temperaturbeiwert **(Tabelle 2).**

Beispiel: Wie groß ist der Drahtwiderstand der Kupferwicklung eines Transformators bei 80 °C, wenn bei einer Temperatur von 20 °C ein Widerstand von 30 Ω gemessen wird?

$$\Delta R \approx \alpha \cdot R_{20} \cdot \Delta\vartheta = 0{,}0039\,\frac{1}{\mathrm{K}} \cdot 30\,\Omega \cdot 60\,\mathrm{K} = 7{,}02\,\Omega$$

$$R_{\vartheta} = R_{20} + \Delta R = 30\,\Omega + 7{,}02\,\Omega = \mathbf{37{,}02\,\Omega}$$

Tabelle 2: Temperaturbeiwerte von Werkstoffen bei 20 °C Ausgangstemperatur

Werkstoff	α in 1/K	Werkstoff	α in 1/K
Eisen	0,0066	Kupfer	0,0039
Zinn	0,0046	Aluminium	0,004
Blei	0,0042	Messing	0,0015
Zink	0,0042	Manganin	0,00001
Gold	0,00398	Konstantan	0,00004
Silber	0,0041	Kohle	– 0,00045

Wiederholungsfragen

1 **Welchen Einfluss hat eine Temperaturerhöhung auf den Widerstand eines Kaltleiters?**

2 **Welche Änderung erfährt der Widerstand eines Heißleiters bei Temperaturerhöhung?**

3 **Was gibt der Temperaturbeiwert eines Leiterwerkstoffs an?**

1.4.5 Bauformen der Widerstände

Ohm'sche Widerstände, d.h. Widerstände, bei denen der Strom linear mit der Spannung wächst, werden als Festwiderstände und als veränderbare Widerstände gebaut.

Festwiderstände haben einen vom Hersteller festgelegten Nennwert. Die Normreihen dieser Nennwiderstände sind so aufgebaut, dass sie mit der zugehörigen Toleranz, z.B. ±10% bei der Reihe E12, die Widerstandsskale lückenlos abdecken **(Tabelle 1)**. Die Zahl nach dem Kennbuchstaben E bedeutet die Anzahl der Werte für eine Dekade. (Als Faktor, um einen Wert aus dem vorangegangenen zu berechnen, ergibt sich bei der Reihe E12: $\sqrt[12]{10}$.)

Für Widerstände kleinerer Leistung bevorzugt man die IEC[1]-Reihen E6, E12 und E24.

Widerstandswert und Fertigungstoleranz werden durch Zahlen oder, falls der Platz nicht ausreicht, durch Farbringe oder Farbpunkte gekennzeichnet **(Tabelle 2)**. Ein Festwiderstand mit 470 Ω und einer Toleranz von ±10% hat die Ringe in den Farben Gelb, Violett, Braun und Silber. Der erste Farbring ist näher bei einem Ende des Widerstands als der letzte (der Toleranzring) beim anderen Ende.

Falls Widerstände mit 5 Farbringen versehen sind, z.B. bei der Reihe E96, bedeuten die ersten drei Ringe drei Ziffern des Widerstandswerts, der vierte Ring gibt den Multiplikator an und der fünfte die Toleranz (siehe Tabellenbuch Elektrotechnik).

Die Belastbarkeit des Widerstands hängt davon ab, wie gut die Stromwärme an die Umgebung abgegeben werden kann. Hohe Belastbarkeit bedingt deshalb auch große Abmessungen.

Drahtwiderstände bestehen aus einem Keramikkörper, z.B. aus Porzellan, auf den ein isolierter oder oxidierter Draht gewickelt ist **(Bild)**. Anschlussfahnen, -schellen oder -kappen sorgen für die Stromzuführung. Zum Schutz vor Witterungseinflüssen werden Drahtwiderstände mit Lack, Zement oder Glas überzogen.

Schichtwiderstände enthalten als Widerstandswerkstoff eine dünne Schicht aus kristalliner Kohle, einem Edelmetall oder einem Metalloxid auf z.B. einem Keramikkörper. Bei Metallschichtwiderständen trägt man eine Paste aus Metallen, Metallverbindungen und Glaspulver auf und brennt anschließend ein (Dickschichttechnik). Sollen sehr dünne Schichten auf dem Keramikkörper entstehen, dampft man die Metalle im Vakuum durch eine Maske auf (Dünnschichttechnik).

[1] IEC = International Electrotechnical Commission (engl.)
= Internationale Elektrotechnische Kommission

Tabelle 1: IEC-Reihen E6 ... E24 für Widerstände

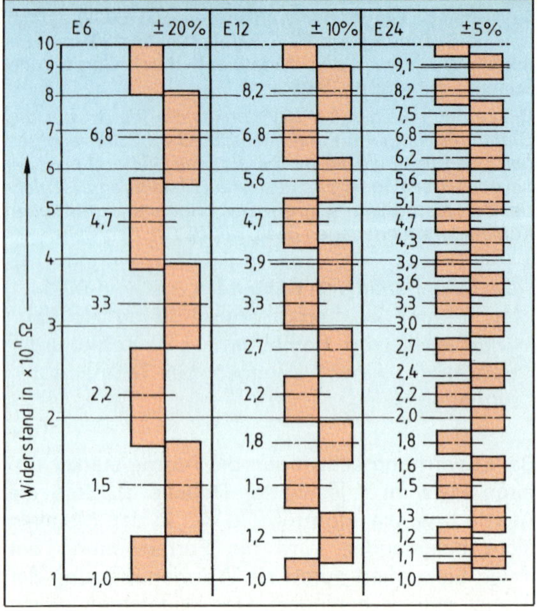

Tabelle 2: Farbschlüssel für Widerstände

$24 \cdot 10^6\ \Omega \pm 10\% =$

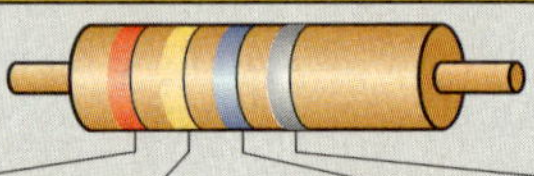

Kennfarbe	1.Ziffer	2.Ziffer	Multiplikator	Toleranz in %
	Widerstandswert in Ω			
keine	–	–	–	±20
silber	–	–	10^{-2}	±10
gold	–	–	10^{-1}	±5
schwarz	–	0	1	–
braun	1	1	10	±1
rot	2	2	10^2	±2
orange	3	3	10^3	–
gelb	4	4	10^4	–
grün	5	5	10^5	±0,5
blau	6	6	10^6	±0,25
violett	7	7	10^7	±0,1
grau	8	8	10^8	–
weiß	9	9	10^9	–

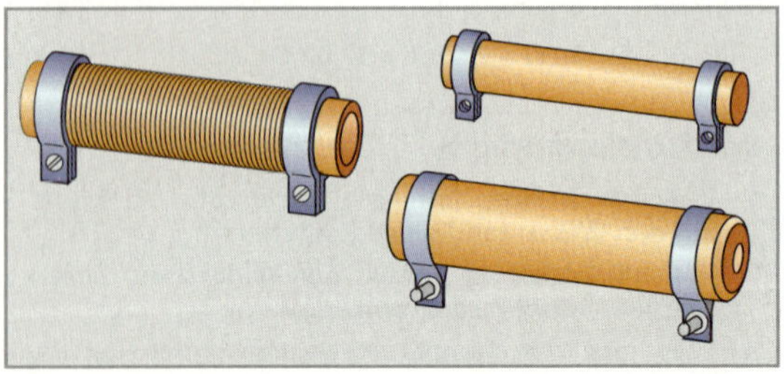

Bild: Hoch belastbare Drahtwiderstände

Durch Einschleifen von Wendeln oder durch Einbrennen eines mäanderförmigen[1] Schliffs **(Bild 1)** mit Laserstrahlen erreicht man höhere Nennwerte und hat außerdem die Möglichkeit, genau abzugleichen. Als Anschlüsse dienen Schellen, Kappen oder verzinnte Drähte an beiden Enden der Schicht.

Zum Schutz gegen Feuchtigkeit, hohe Umgebungstemperatur und vor mechanischer Beschädigung erhalten Schichtwiderstände einen Überzug aus Lack, Kunstharz oder Silikonzement. Dadurch wird gleichzeitig die Durchschlagfestigkeit erhöht.

Für die Auswahl eines bestimmten Schichtwiderstands ist zunächst die auftretende Belastung maßgebend **(Bild 2)**. Edelmetallschichtwiderstände sind bei gleichen Abmessungen höher belastbar als Widerstände mit einer Schicht aus anderen Metallen und diese belastbarer als Kohleschichtwiderstände. Die Kohleschicht ist unempfindlich gegen Impulsüberlastung. Die Metallschicht hält den Widerstandswert über lange Zeit konstant und ist wenig temperaturabhängig. Die Edelmetallschicht ist unempfindlich gegen Feuchtigkeit. Schichtwiderstände sind außerdem induktionsarm. Eine eingeschliffene Wendel bewirkt eine höhere Induktion als ein Mäanderschliff.

Für gedruckte Schaltungen und bei geringer Belastung bis 0,25 W werden besondere Schichtwiderstände, Chip-Widerstände[2], hergestellt **(Bild 3)**. Ihre Abmessungen passen zum Rastermaß gedruckter Schaltungen, z. B. zum 2,54-mm-Raster. Ein keramischer Werkstoff, z. B. Aluminiumoxid, dient als Träger für die Widerstandsschicht, die z. B. im Siebdruckverfahren aufgebracht wird. Mit dem Einbrennen von Schlitzen in die Widerstandsschicht lässt sich der Widerstand auf den Nennwert abgleichen. Zum Schutz ist der Chip mit einer Glasur überzogen.

Die Belastbarkeit aller Festwiderstände hängt von der Umgebungstemperatur ab.

Veränderbare Widerstände werden als Stellwiderstände **(Bild 4)** und als Drehwiderstände **(Bild, Seite 30)** gebaut. Der Widerstandswert kann bei diesen Bauelementen durch einen Schleifkontakt eingestellt werden. Die drei Anschlüsse bezeichnet man mit E (für Eingang), S (für Schleifkontakt) und A (für Ausgang).

Beim **Schicht-Drehwiderstand** gleitet ein Kohlekontakt, der von einer Feder gehalten wird, über eine Widerstandsschicht, die meist aus Kohle besteht (Bild, Seite 30). Je nach Aufbau dieser Schicht ergeben sich unterschiedliche Widerstandsänderungen, abhängig vom Drehwinkel.

[1] rechtwinklig oder spiralig geschwungen, schlangenförmig
[2] chip (engl.) = Span, Splitter; hier: rechteckiges Plättchen

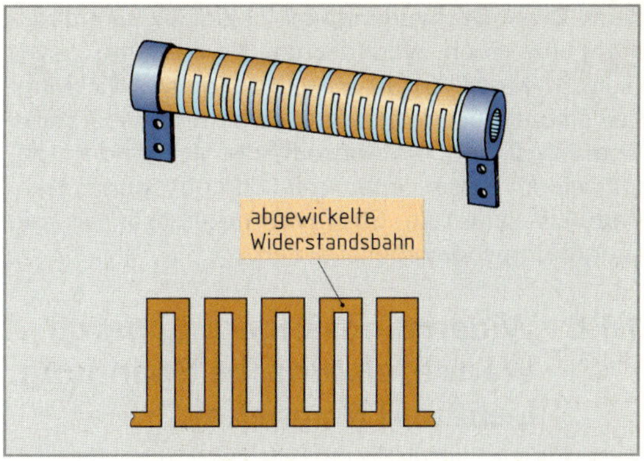

Bild 1: Kohleschichtwiderstand mit Mäanderschliff

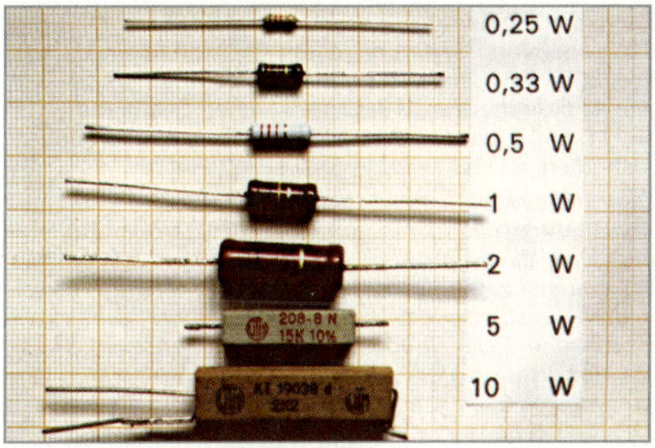

Bild 2: Belastbarkeit und Abmessungen von Schichtwiderständen

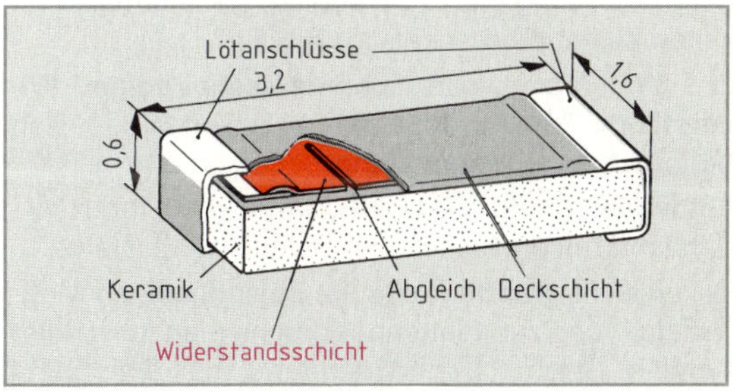

Bild 3: Aufbau eines Chip-Widerstandes

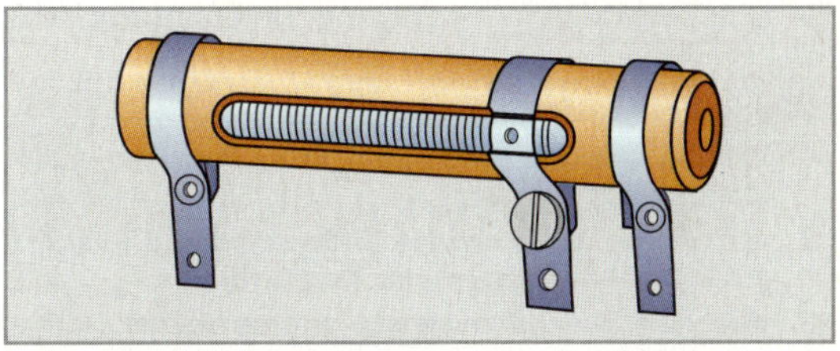

Bild 4: Einstellbarer Widerstand

Beim **Draht-Drehwiderstand** ist der Widerstandsdraht auf einen zylindrischen Keramikring gewickelt. Ein Metallkontakt schleift auf dieser Wicklung. Bei einem hochbelastbaren Drahtdrehwiderstand ist die Wicklung, die Abgreiffläche ausgenommen, mit einer Glasur oder mit Zement überzogen. Dadurch kann die Stromwärme besser an die Umgebung abgegeben werden.

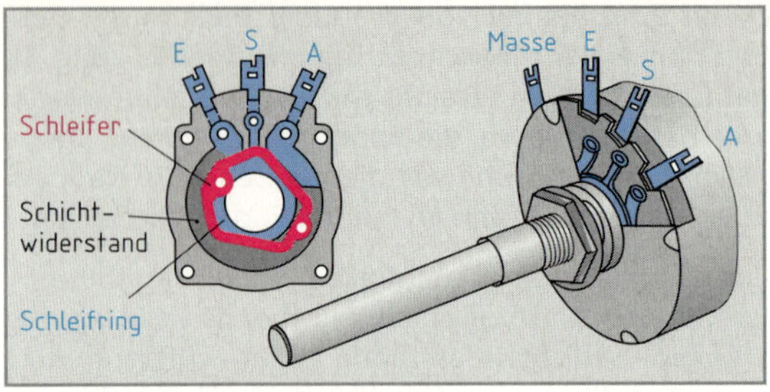

Bild: Drehwiderstand (Potentiometer)

1.4.6 Widerstandsänderung durch Wärme, elektrische Spannung, Licht und Magnetfeld

Versuch: Untersuchen Sie mit Hilfe eines Netzgerätes sowie durch Strom- und Spannungsmessung das Widerstandsverhalten eines Heißleiters, z. B. NTC 635/15k, und eines Kaltleiters, z. B. PTC 660/661/250R, bei Erwärmung mit einem Haarfön, ferner das Verhalten eines spannungsabhängigen Widerstandes, z. B. 552/10 mA/56 V, die Widerstandsänderung eines Fotowiderstands, z. B. FW9801, bei Beleuchtung mit einer Glühlampe und die Änderung des Widerstands einer Feldplatte, z. B. FP 17 D 500 E, die zwischen die Pole eines starken Dauermagneten gebracht wird.

Der Heißleiterwiderstand nimmt bei Erwärmung ab, der Kaltleiterwiderstand mit zunehmender Temperatur erst etwas ab, dann aber stark zu. Der spannungsabhängige Widerstand verringert bei zunehmender Spannung seinen Widerstandswert. Ein Fotowiderstand erhält mit wachsender Beleuchtungsstärke einen geringeren Widerstandswert und der Widerstand einer Feldplatte vergrößert sich im Feld eines Dauermagneten.

Heißleiter (Seite 162) leiten den elektrischen Strom im heißen Zustand besser als im kalten **(Tabelle).**

Der Widerstand von **Kaltleitern** (Seite 163) nimmt in einem gewissen Temperaturbereich bei steigender Erwärmung stark zu (Tabelle), sie leiten also im kalten Zustand besser als im heißen.

Der Widerstandswert **spannungsabhängiger Widerstände** (Varistoren, Seite 161) verkleinert sich bei zunehmender Spannung.

Fotowiderstände (Seite 181) verringern ihren Widerstand mit anwachsender Beleuchtungsstärke.

Bei einer **Feldplatte** (Seite 96) beeinflusst ein Magnetfeld quer zur Plattenoberfläche den durchfließenden Strom. Der Widerstand der Feldplatte steigt mit wachsender magnetischer Flussdichte.

Tabelle: Beeinflussung des Widerstands

	Kennlinie
durch Wärme: Heißleiter (ϑ) Der Widerstand des Heißleiters nimmt bei Erwärmung ab.	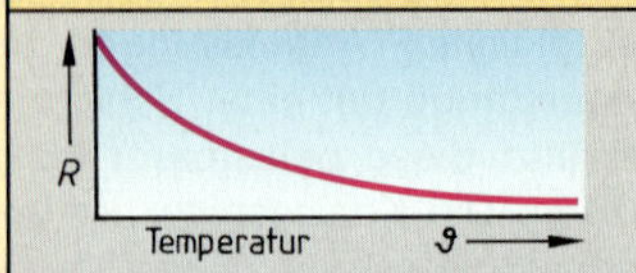
durch Wärme: Kaltleiter (ϑ) Der Widerstand des Kaltleiters nimmt in einem bestimmten Bereich bei Erwärmung zu.	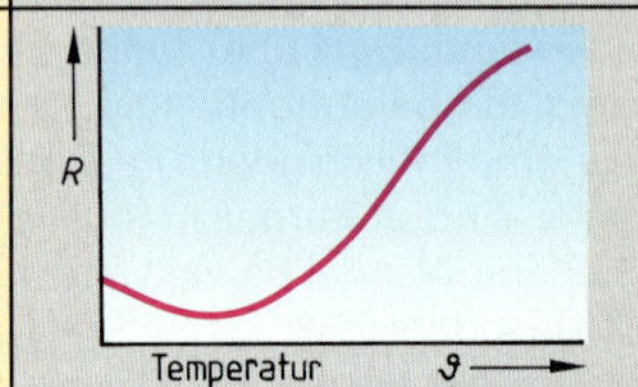
durch Spannung: (U) Der Widerstand des spannungsabhängigen Widerstands nimmt bei höherer Spannung ab.	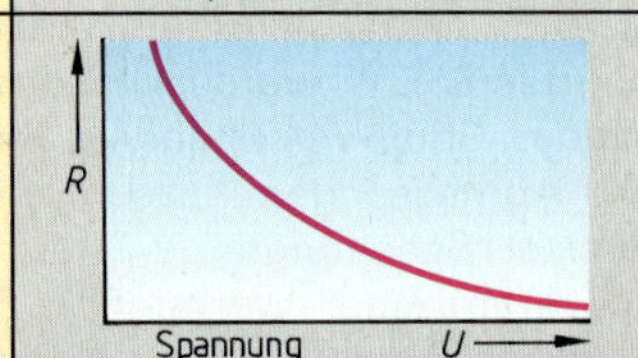
durch Licht: Der Widerstand eines Fotowiderstands nimmt bei größerer Beleuchtungsstärke ab.	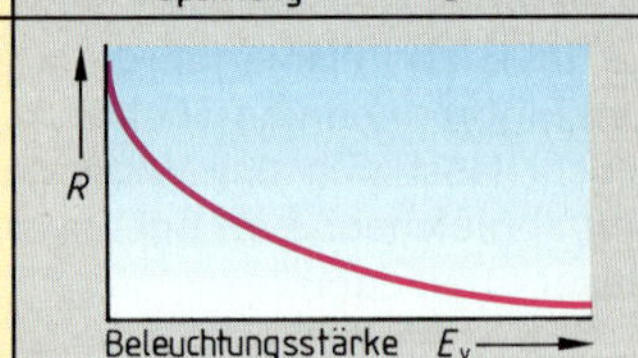
durch Magnetfeld: (B) Der Widerstand der Feldplatte nimmt mit der magnetischen Flussdichte zu.	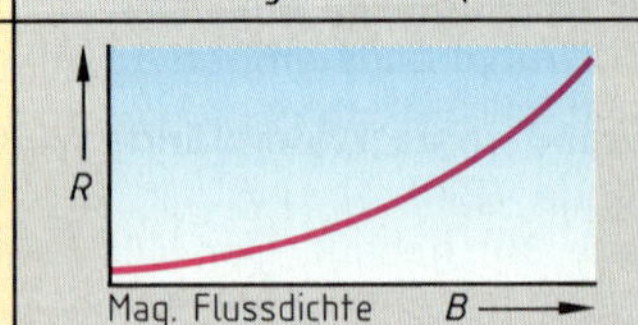

Halbleiterbauelemente ändern ihren Widerstand je nach Zusammensetzung unter dem Einfluss von Wärme, elektrischer Spannung, Beleuchtung oder durch ein Magnetfeld.

Wiederholungsfragen

1. **Welche drei grundsätzlichen Arten von Festwiderständen gibt es?**
2. **Auf welche Weise werden Widerstand und Toleranz auf Schichtwiderständen angegeben?**
3. **Wie viele Widerstandswerte gibt es bei der Normreihe E12 innerhalb einer Dekade?**
4. **Welche Widerstandsbauart ist am höchsten belastbar?**
5. **Wodurch können Schichtwiderstände genau auf den Nennwert des Widerstands abgeglichen werden?**
6. **Welche Vorteile haben Chip-Widerstände?**

1.5 Arbeit, Energie, Leistung

1.5.1 Mechanische Arbeit und Energie

Wird gegen eine Kraft, z. B. gegen die Schwerkraft, ein Weg zurückgelegt, wird **mechanische Arbeit** verrichtet. So „leistet" z. B. ein Hubstapler **(Bild 1)**, der eine schwere Kiste hochhebt, eine Arbeit gegen die Gewichtskraft der Last.

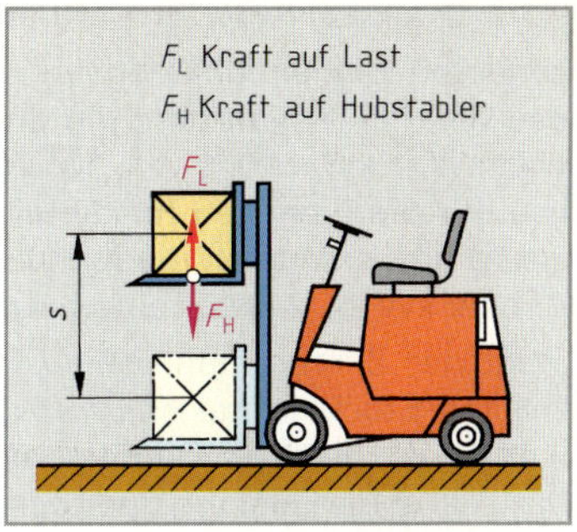

Bild 1: Verrichten einer Arbeit durch einen Hubstapler

Je größer die Kraft F_L und je länger der Weg s ist, hier der Höhenunterschied, desto mehr mechanische Arbeit wird verrichtet. Die mechanische Arbeit berechnet man also durch das Produkt aus Kraft mal Weg.

Die Kraft hat die Einheit Newton[1], den Weg misst man in der Einheit Meter. Für die mechanische Arbeit ergibt sich die zusammengesetzte Einheit Newtonmeter (Nm) mit dem besonderen Einheitennamen Joule[2] (J).

Arbeit = Kraft · Weg

$$W = F_s \cdot s$$

$$[W] = \text{N} \cdot \text{m} = \text{Nm} = \text{J}$$

W Arbeit (engl. Work)
F_s Kraft (engl. Force) in Wegrichtung
s Weg

Zeigt die Kraft nicht direkt in die Wegrichtung, darf nur der Teil der Kraft in der Berechnung der Arbeit berücksichtigt werden, der in der Richtung des Weges wirkt. Die Arbeit wird in diesem Fall mit Hilfe der Winkelfunktionen berechnet, z. B. mit dem Cosinus.

Die Kraft F, z. B. eines Schlepplifts, der einen Skifahrer den Berg hinauf zieht, wirkt sich nur zum Teil als Zugkraft F_s in Wegrichtung aus **(Bild 2)**.

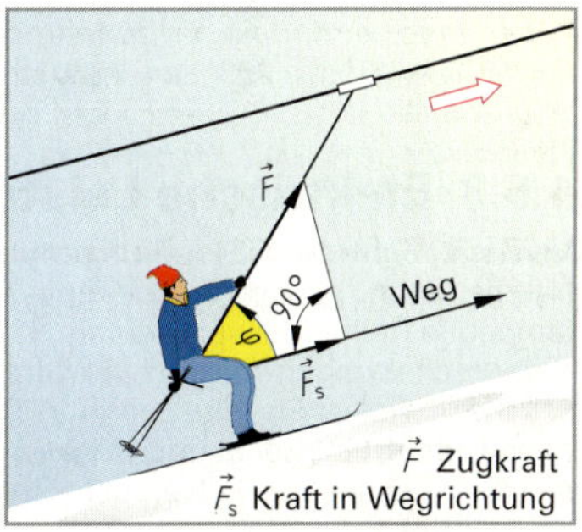

Bild 2: Verrichten einer Arbeit beim Schlepplift

$$W = F \cdot s \cdot \cos\varphi$$

F Kraft
φ Winkel[3] zwischen Kraft- und Wegrichtung

Die Kiste, hochgehoben durch den Hubstapler, oder der Skifahrer oben auf dem Berg können die an ihnen ausgeführte Arbeit wieder zurückliefern: Die Kiste, wenn sie z. B. herunterfällt, oder der Sportler bei seiner Talfahrt. Man sagt, die hochgehobene Kiste oder Skifahrer in der Höhe besitzen **mechanische Energie.** Diese Energie wird wieder frei, wenn die Kiste herabfällt oder wenn der Sportsmann talwärts fährt.

Energie ist Arbeitsvermögen.

Energie verwandelt sich durch Arbeit. Hebt man einen Körper auf eine bestimmte Höhe an, so ist hierzu Arbeit nötig. Dadurch besitzt der Körper eine entsprechende Energie. Man nennt sie Energie der Lage oder **potenzielle**[4] **Energie**.

Die Energie hat dasselbe Formelzeichen wie die Arbeit und auch dieselbe Einheit.

1.5.2 Mechanische Leistung

Von **mechanischer Leistung** spricht man, wenn Arbeit in einer gewissen Zeit verrichtet wird. Die Leistung ist umso größer, je größer die Arbeit und je kürzer ihre Zeitspanne ist.

Trägt z. B. ein Zimmermann 50 kg Bretter in einem Neubau zwei Stockwerke über 6 m hoch, verrichtet er eine Arbeit von $W = F \cdot s = 50 \cdot 9{,}81\ \text{N} \cdot 6\ \text{m} = 2943\ \text{Nm} = 2{,}943\ \text{kJ}$. Zur Ermittlung der Leistung muss man noch die Zeit berücksichtigen. Beeilt er sich, leistet er mehr als wenn er sich viel Zeit lässt.

Leistung ist Arbeit geteilt durch die Zeit.

$$\text{Leistung} = \frac{\text{Arbeit}}{\text{Zeit}}$$

$$P = \frac{W}{t}$$

$$[P] = \frac{\text{Nm}}{\text{s}} = \frac{\text{J}}{\text{s}} = \text{W}$$

P Leistung (engl. Power)
W Arbeit
t Zeit

[1] nach Isaac Newton (sprich: Njutn), englischer Mathematiker und Physiker, 1643 bis 1727
[2] nach James Prescott Joule (sprich: Dschul), englischer Physiker, 1818 bis 1889
[3] φ griech. Kleinbuchstabe phi
[4] potentia (lat.) = Vermögen, Kraft

Die Einheit der Leistung ist Nm/s oder J/s. Als besonderen Einheitennamen verwendet man meist das Watt[1] (W). Watt oder die größere Einheit Kilowatt kW (1 kW = 1000 W = 10^3 W) waren ursprünglich nur die Einheiten für die elektrische Leistung. Heute gibt man auch die mechanische Leistung in W oder kW an, z. B. bei einem Kraftfahrzeug.

Trägt der Zimmermann seine Last in 60 s in den zweiten Stock, leistet er $P = W/t$ = 2,943 kJ/60 s = = 49,05 J/s = 49,05 W. Benötigt er aber fünf Minuten dazu, ist seine Leistung nur noch $P = W/t$ = 2,943 kJ/ 300 s = 9,81 W.

Beispiel 1: Eine Motorwinde hebt 300 kg in 5 s 20 m hoch. Welche Leistung ist hierzu erforderlich?

Arbeit $W = F_s \cdot s = 300\ \text{kg} \cdot 9{,}81\ \frac{\text{N}}{\text{kg}} \cdot 20\ \text{m} = 58\,860\ \text{Nm}$

Leistung $P = \frac{W}{t} = \frac{58\,860\ \text{Nm}}{5\ \text{s}} = 11\,772\ \text{W} \approx \mathbf{11{,}8\ kW}$

Bei einer Drehbewegung, z. B. bei Motoren, wächst die mechanische Leistung mit dem Drehmoment und mit der Winkelgeschwindigkeit[2] ω.

Beispiel 2: Der Motor einer Förderpumpe liefert ein Drehmoment von 20 Nm. Er dreht sich in der Minute mit 2700 Umdrehungen. Welche Leistung gibt er ab?

$\omega = 2 \cdot \pi \cdot n = 2 \cdot \pi \cdot 2700/(60\ \text{s}) = 283\ 1/\text{s}$

$P = M \cdot \omega = 20\ \text{Nm} \cdot 283\ 1/\text{s} = 5660\ \text{Nm/s} = \mathbf{5{,}66\ kW}$

1.5.3 Elektrische Leistung

Versuch: Schließen Sie Glühlampen (12 V/5 W) an ein Netzgerät an, a) eine Glühlampe allein, b) zwei Glühlampen in Reihe, c) zwei Glühlampen parallel und d) zwei Reihenschaltungen mit je zwei Glühlampen parallel geschaltet. Stellen Sie die Spannungen am Netzgerät bei a) und c) auf 12 V, bei b) und d) dagegen auf 24 V ein. Messen Sie bei jedem Teilversuch Spannung und Stromstärke **(Bild 1)**.

Jede Glühlampe leuchtet in den Schaltungen gleich hell. Für zwei Glühlampen in Reihe braucht man die doppelte Spannung wie bei einer Glühlampe, es fließt jedoch der gleiche Strom. Sind beide Glühlampen parallel geschaltet, fließt bei einfacher Spannung der doppelte Strom.

*Vier Glühlampen brauchen doppelte Spannung und doppelte Stromstärke, um die vierfache „Leuchtkraft" einer Lampe zu entfalten **(Tabelle)**.*

Bei gleicher Stromstärke bringen zwei Glühlampen bei der doppelten Spannung die zweifache elektrische Leistung wie eine Glühlampe alleine. Doppelte Leistung erhält man auch bei einfacher Spannung und zweifacher Stromstärke. Vier Glühlampen benötigen die vierfache elektrische Leistung bei doppelter Spannung und doppelter Stromstärke.

Die elektrische Leistung (Einheit Watt) errechnet man aus Spannung mal Stromstärke.

[1] nach James Watt, englischer Ingenieur, 1736 bis 1819

[2] ω griech. Kleinbuchstabe omega

Leistung = Drehmoment · Winkelgeschwindigkeit

$[P] = \text{Nm} \cdot \frac{1}{\text{s}} = \frac{\text{Nm}}{\text{s}} = \frac{\text{J}}{\text{s}} = \text{W}$ $\qquad P = M \cdot \omega$

$[\omega] = \frac{1}{\text{s}} \qquad [n] = \frac{1}{\text{s}}$ $\qquad \omega = 2\pi \cdot n$

P Leistung
M Drehmoment
ω Winkelgeschwindigkeit
n Drehzahl, Umdrehungsfrequenz

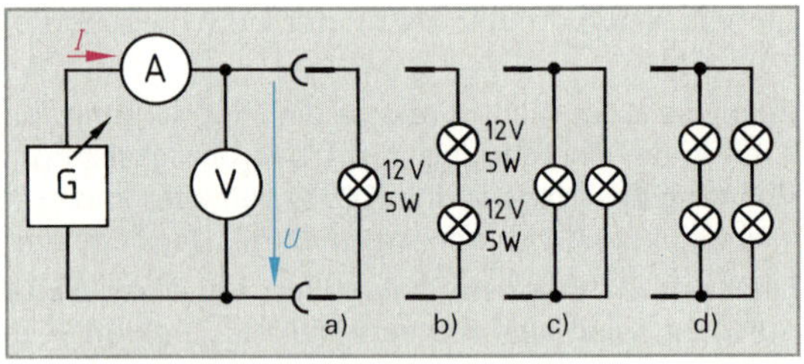

Bild 1: Strom- und Spannungsmessung an Glühlampenschaltungen

Tabelle: Messwerte der Lampenschaltungen nach Versuch (Bild 1)

Schaltung	a	b	c	d
Spannung	12 V	24 V	12 V	24 V
Stromstärke	0,42 A	0,42 A	0,83 A	0,83 A

Elektrische Leistung = Spannung · Stromstärke

$$P = U \cdot I$$

$[P] = 1\ \text{V} \cdot 1\ \text{A} = 1\ \text{W}$

P Elektrische Leistung
U Spannung
I Stromstärke

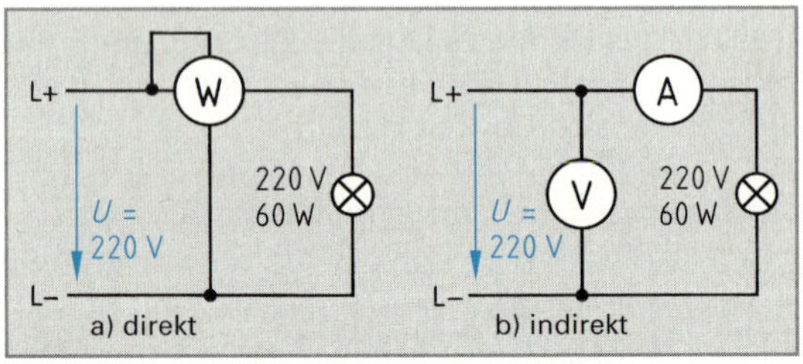

Bild 2: Direkte und indirekte Leistungsmessung

Beispiel: Ein Heizgerät für 230 V nimmt im Betrieb 8,65 A auf. Wie groß ist die aufgenommene elektrische Leistung?
$P = U \cdot I = 230\,\text{V} \cdot 8{,}65\,\text{A} = 1989{,}5\,\text{W} \approx$ **2 kW**

Bei einem elektrischen Betriebsmittel, z.B. bei einer Glühlampe, einem Heizgerät oder Lötkolben, ist die aufgenommene Leistung angegeben (Nennleistung).

Die Nennleistung eines Bauteils gibt an, welche Leistung es unter den angegebenen Betriebsbedingungen aufnehmen kann.

Bei Elektromotoren ist aber die Nennleistung, wie sie auf dem Leistungsschild steht, die **abgegebene Leistung.**

Die elektrische Leistung kann man indirekt durch Strom- und Spannungsmessung ermitteln (Bild 1, Seite 32) oder direkt mit einem Leistungsmesser messen **(Bild 2, Seite 32).** Ein Leistungsmesser besitzt vier Anschlüsse, zwei für die Spannungs- und zwei für die Strommessung. Am Spannungspfad liegt die zu messende Spannung und durch den Strompfad fließt der zu messende Strom.

Beim Leistungsmesser schließt man den Spannungspfad wie einen Spannungsmesser und den Strompfad wie einen Strommesser an.

Versuch: Schließen Sie eine Glühlampe 230 V/60 W über einen Leistungsmesser an 230 V Gleichspannung an (Bild 2, Seite 32). Ermitteln Sie danach durch Strom- und Spannungsmessung die Leistung und vergleichen Sie die beiden Ergebnisse.

Die direkte Leistungsmessung führt zum gleichen Ergebnis wie die Berechnung aus Strom und Spannung.

Bei Gleichstrom darf man die Leistung immer mit $P = U \cdot I$ berechnen, bei Wechselstrom nur bei Wärmegeräten (also nur bei Wirkwiderständen).

Die elektrische Leistung kann man auch über den Widerstandswert berechnen. Setzt man in die Formel $P = U \cdot I$ z.B. für die Spannung $U = I \cdot R$ ein, erhält man $P = I \cdot R \cdot I = I^2 \cdot R$.

Ersetzt man in $P = U \cdot I$ die Stromstärke I durch U/R, so ergibt sich $P = U \cdot U/R = U^2/R$.

$$P = I^2 \cdot R$$

$$P = \frac{U^2}{R}$$

In einem Verbraucher mit gleichbleibendem Widerstand nimmt die elektrische Leistung mit dem Quadrat des Stromes zu **(Bild 1),** ebenso mit dem Quadrat der Spannung.

In einem Strom-Spannungs-Schaubild **(Bild 2)** ist die Kurve für eine bestimmte Leistung, z.B. für 2 W, eine Hyperbel (Leistungshyperbel). An jedem Punkt der Hyperbel ist $P = U \cdot I = 2\,\text{W}$.

Eine Widerstandsgerade schneidet diese Hyperbel im Punkt der höchstzulässigen Spannung und der höchstzulässigen Stromstärke, z.B. für einen Widerstand von 2,2 kΩ/2 W in $U_{max} = 66{,}3\,\text{V}$ und $I_{max} = 30{,}2\,\text{mA}$.

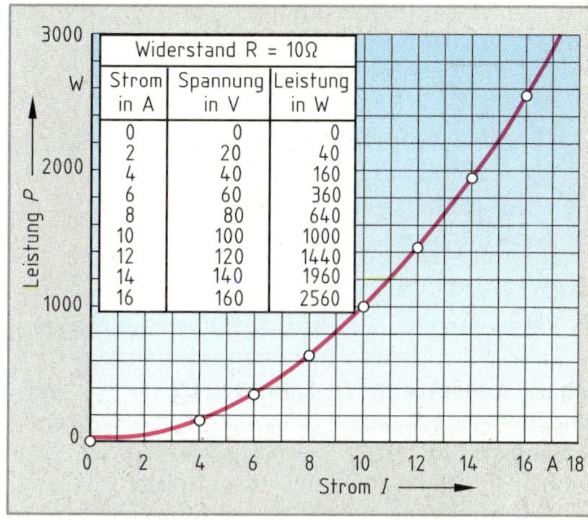

Widerstand R = 10 Ω		
Strom in A	Spannung in V	Leistung in W
0	0	0
2	20	40
4	40	160
6	60	360
8	80	640
10	100	1000
12	120	1440
14	140	1960
16	160	2560

Bild 1: Abhängigkeit der Leistung vom Strom

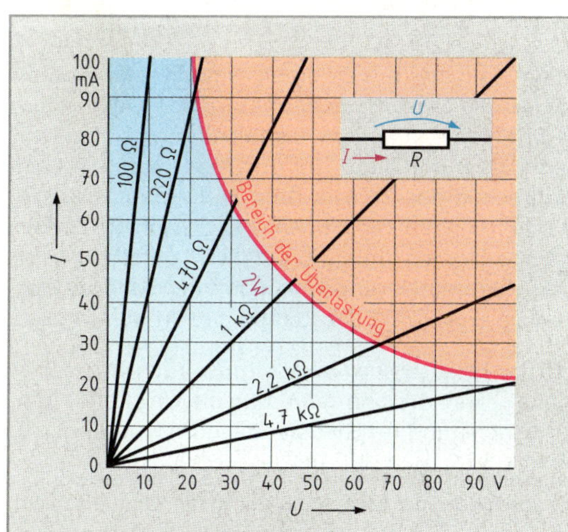

Bild 2: Leistungshyperbel für 2-W-Widerstände

1.5.4 Elektrische Arbeit und Energie

Der Abnehmer elektrischer Energie muss die verbrauchte elektrische Arbeit dem „Elektrizitätswerk“, dem Energie-Versorgungs-Unternehmen (EVU), bezahlen. Diese Arbeit hängt von der Größe der aufgenommenen elektrischen Leistung ab und von der Zeit, in der diese Leistung dem Netz entnommen wird.

Die **elektrische Arbeit** ist dabei umso größer, je größer die aufgenommene elektrische Leistung ist und je länger die Leistungsaufnahme dauert.

Die elektrische Arbeit W berechnet sich also aus der elektrischen Leistung P mal der Zeit t.

Einheiten der elektrischen Arbeit sind die Wattsekunde (Ws) oder das Joule (J) sowie als größere Einheit die Kilowattstunde (kWh).

Umrechnung:

1 kWh = 1000 Wh = 3 600 000 Ws = 3600 kJ

> Ein Elektrizitätszähler misst die elektrische Arbeit in Kilowattstunden (kWh).

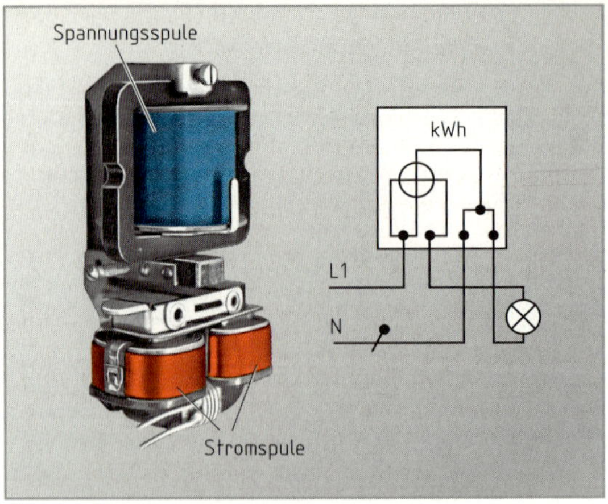

Bild 1: Spannungs- und Strompfad im Zähler, Anschluss des Zählers

Elektrische Arbeit = Elektrische Leistung · Zeit

$[W] = \mathrm{W \cdot s = Ws = J}$

$$W = P \cdot t$$

W Arbeit
P Leistung
t Zeit

Im Zähler befinden sich drei Spulen: eine Spannungsspule und zwei in Reihe geschaltete Stromspulen. Die Spulen werden wie bei einem Leistungsmesser geschaltet **(Bild 1)**. Ihre magnetischen Wirkungen versetzen die Zählerscheibe in Drehung. Ein Zählwerk zählt die Anzahl der Umdrehungen und zeigt die elektrische Arbeit direkt in kWh an. Bei Zählern für Niederspannungsanlagen ist der Anschluss noch vereinfacht. Dort sind Spannungs- und Strompfad durch eine Brücke verbunden, sodass nur drei Klemmen an die Netzzuführung und an die Verbraucherleitungen anzuschließen sind.

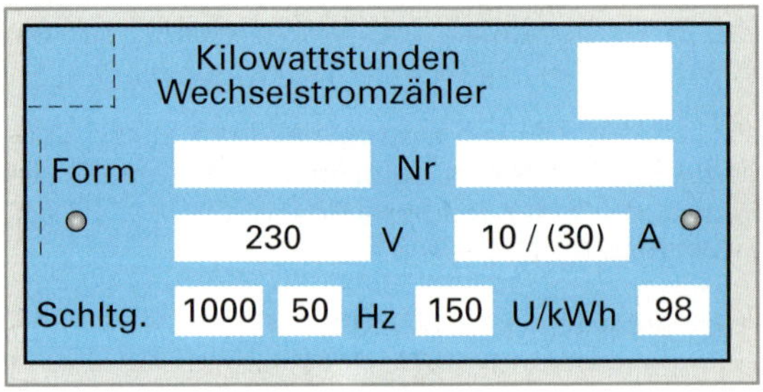

Bild 2: Leistungsschild eines Zählers

Jeder Haushalt besitzt einen eigenen elektrischen Zähler. Die Leistungsaufnahme eines elektrischen Verbrauchers kann man deshalb überall einfach mit dem Zähler und einer Uhr ermitteln. Auf dem Leistungsschild des Zählers **(Bild 2)** ist die **Zählerkonstante** zu finden. Sie gibt an, wie oft sich die Zählerscheibe drehen muss, bis 1 kWh verbraucht ist. Eine Farbmarkierung am Umfang der Zählerscheibe ermöglicht das Zählen der Umdrehungen.

$[P] = \frac{\mathrm{1/h}}{\mathrm{1/kWh}} = \mathrm{kW}$

$$P = \frac{n}{C_z}$$

P Leistung in kW
n Zählerumdrehungen je Stunde
C_z Zählerkonstante in Umdrehungen je kWh

Vor der Leistungsermittlung muss man alle übrigen Verbraucher abschalten, die noch am Zähler angeschlossen sind. Dann zählt man die Umdrehungen, die der zu messende Verbraucher z. B. in einer Minute verursacht, und rechnet die Zählerumdrehungen auf eine Stunde um.

Beispiel: Nach einem Zähler mit der Zählerkonstante C_z = 150 1/kWh (Bild 2) ist nur noch ein Heizgerät eingeschaltet. Die Zählerscheibe dreht sich 5-mal in der Minute. Welche elektrische Leistung nimmt das Heizgerät auf?

$P = \frac{n}{C_z} = \frac{5 \cdot 60\ \mathrm{1/h}}{150\ \mathrm{1/kWh}} = \mathbf{2\ kW}$

Elektrische Energie lässt sich z. B. aus mechanischer Energie gewinnen. Im Wasser eines hoch gelegenen Stausees steckt potenzielle Energie. Das Wasser vermag in den Turbinen eines tiefer gelegenen Kraftwerks Arbeit zu verrichten **(Bild 1)**. Die Turbinen treiben Generatoren an, die elektrische Energie zur Verfügung stellen.

Elektrische Energie kann auch aus Wärmeenergie, aus chemischer Energie, Lichtenergie oder aus der Energie der Atomkerne (Kernenergie) gewonnen werden **(Bild 2)**.

Ein Verbrennungsmotor wandelt die chemische Energie des Kraftstoffs zunächst in Wärmeenergie und diese dann in mechanische Energie um.

Treibt der Verbrennungsmotor einen Generator an, z. B. in einem Notstromaggregat, wird die mechanische Energie schließlich in elektrische Energie umgeformt.

Energie lässt sich nicht erzeugen, sondern nur umwandeln.

Trotzdem nennt man Einrichtungen, die eine andere Energieform in elektrische Energie umwandeln, **Erzeuger** oder Generatoren, in der Nachrichtentechnik auch Sender. Erzeuger sind z. B. Kraftwerksgeneratoren, Akkumulatoren (beim Entladen), Fotoelemente, Tonabnehmer bei Plattenspielern oder dynamische Mikrofone.

Geräte, die elektrische Energie in andere Energiearten umformen, heißen **Verbraucher** oder Empfänger. Verbraucher sind z. B. Glühlampen, Elektromotoren, Akkumulatoren (beim Laden) oder Lautsprecher. Elektrische Energie ist eine hochwertige Energieform, weil sie sich ohne große Verluste in andere Energiearten überführen lässt, z. B. in mechanische Energie oder Wärmeenergie hoher Temperatur. Weniger hochwertig ist dagegen Wärmeenergie, vor allem bei geringer Temperatur. Ihre Umwandlung, z. B. in mechanische Energie, gelingt nur mit großen Verlusten.

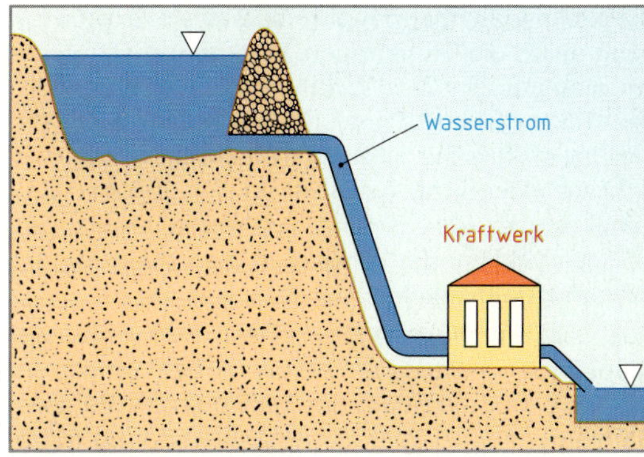

Bild 1: Wasserkraftwerk

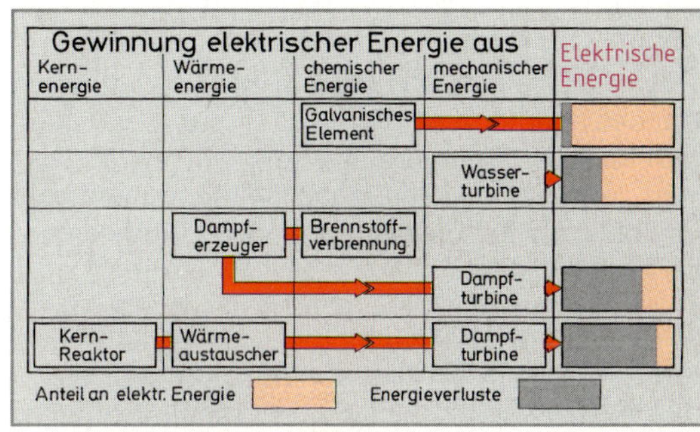

Bild 2: Beispiele für die Gewinnung elektrischer Energie

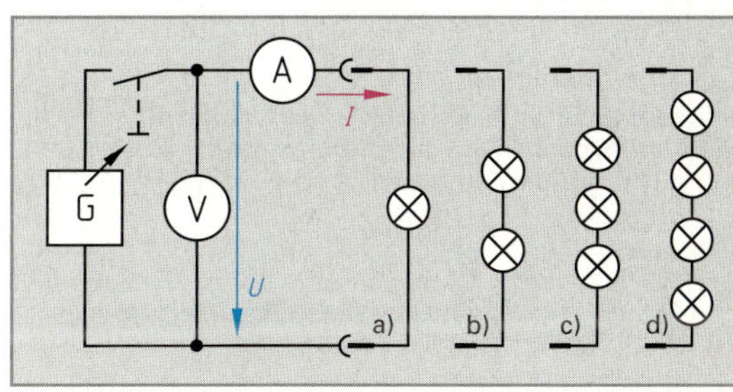

Bild 3: Spannungsmessung an mehreren Glühlampen

1.5.5 Energie und elektrische Spannung

Versuch: Schließen Sie eine Glühlampe (12 V/5 W) an ein Netzgerät an, dann in Reihenschaltung zwei, drei und schließlich vier gleichartige Glühlampen **(Bild 3)**. Stellen Sie entsprechend Spannungen von 12 V, 24 V, 36 V und 48 V am Netzgerät ein. Schalten Sie die Glühlampen jeweils 10 s lang ein und messen sie dabei die Spannung und die Stromstärke.

Tabelle: Elektrische Energie und Spannung

Zahl der in Reihe geschalteten Lampen	1	2	3	4
Spannung in V	12	24	36	48
Stromstärke in A	0,42	0,42	0,42	0,42
Elektrische Ladung in C während 10 s	4,2	4,2	4,2	4,2
Elektrische Arbeit in Ws	50	100	150	200

Berechnen Sie für jede der vier Spannungen die in 10 Sekunden transportierte elektrische Ladung und die umgesetzte elektrische Arbeit **(Tabelle)**.

Für die doppelte elektrische Arbeit (Energie) ist in der gleichen Zeit die doppelte Spannung notwendig, für die dreifache Arbeit die dreifache Spannung usw.

Die elektrische Spannung treibt eine elektrische Ladung durch die Glühlampen. Die Ladung Q berechnet man aus $Q = I \cdot t$ (Tabelle, Seite 35). Bei jedem der Teilversuche (Versuch, Seite 35) wird die gleiche elektrische Ladung transportiert. Für eine größere elektrische Arbeit ist in der gleichen Zeit dabei jedoch eine höhere Spannung notwendig. Bei gleichbleibender Ladung ist die Spannung der Arbeit verhältnisgleich: $U \sim W$.

Auch in Parallelschaltung lässt sich mit den Glühlampen elektrische Energie (Arbeit) umsetzen. Hierbei bleibt die Spannung gleich (12 V). Bei zwei Glühlampen wird aber die doppelte Ladung transportiert, bei drei Glühlampen die dreifache usw.

Die elektrische Arbeit ist also proportional der Ladung: $W \sim Q$. Die Arbeit errechnet sich aus Ladung mal Spannung.

In einem Erzeuger werden elektrische Ladungen getrennt, damit elektrische Spannung entsteht. Auch dafür ist Energie notwendig, und zwar umso mehr, je höher die Spannung des Erzeugers sein soll und je größer die zu trennenden Ladungsmengen sind.

Die elektrische Spannung gibt an, wie viel elektrische Energie für die Ladungstrennung oder für den Ladungstransport je Ladungseinheit notwendig ist.

Mit dieser Definition der elektrischen Spannung kann ihre Einheit aus den Basiseinheiten des internationalen SI-Einheitensystems[1] abgeleitet werden. Es gibt nur wenige Basiseinheiten, nämlich das Meter (1 m) für die Länge, Kilogramm (1 kg) für die Masse, die Sekunde (1 s) für die Zeit, das Ampere (1 A) für die elektrische Stromstärke, Kelvin (1 K) für die Temperatur und die Candela (1 cd) für die Lichtstärke.
Die Einheit der elektrischen Ladung z. B., das Coulomb (1 C), wird durch die Formel $Q = I \cdot t$ auf die Einheiten der elektrischen Stromstärke und der Zeit zurückgeführt:

$$1\,\text{C} = 1\,\text{A} \cdot 1\,\text{s}$$

1.5.6 Wirkungsgrad

Versuch: Schließen Sie einen Transformator über einen Leistungsmesser an das Netz an **(Bild 1)**. Belasten Sie den Transformator mit einem einstellbaren Widerstand, messen Sie die Leistungsaufnahme und ermitteln Sie die Leistungsabgabe durch Strom- und Spannungsmessung.

Die Leistungsabgabe ist kleiner als die Leistungsaufnahme.

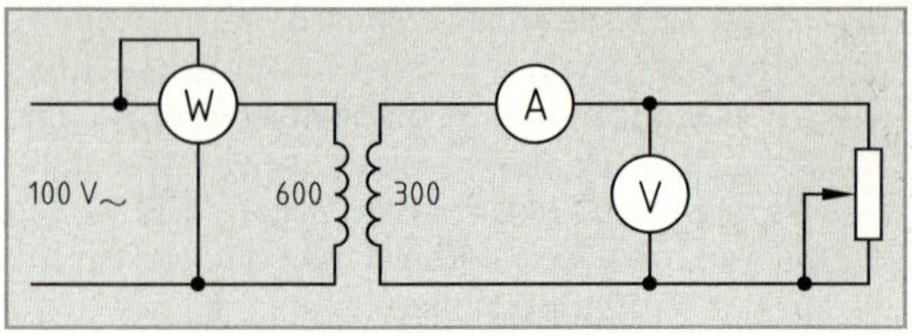

Bild 1: Ermittlung des Wirkungsgrades eines Transformators

$$\text{Spannung} = \frac{\text{Energie}}{\text{Ladung}} \qquad U = \frac{W}{Q}$$

$$[U] = 1\,\text{V} = \frac{1\,\text{J}}{1\,\text{C}} = \frac{1\,\text{Ws}}{1\,\text{C}} = \frac{1\,\text{Nm}}{1\,\text{C}}$$

U Elektrische Spannung
W Elektrische Energie (Arbeit)
Q Elektrische Ladung

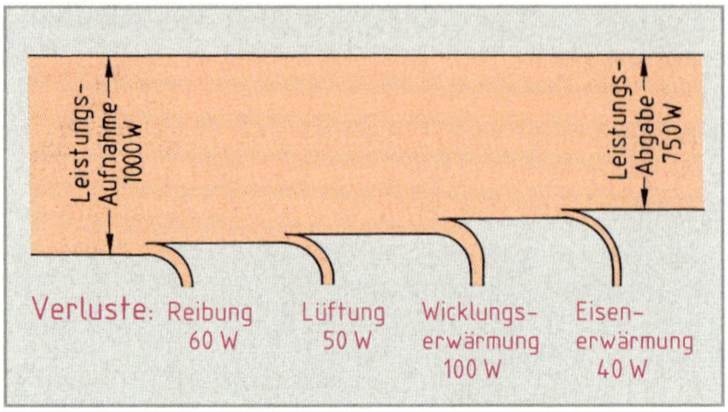

Bild 2: Leistungsflussdiagramm eines Motors

Tabelle: Wirkungsgrade (Beispiele)

Verbraucher	Wirkungsgrad
Drehstrommotor 2,2 kW	0,80
Wechselstrommotor 120 W	0,50
Transformator 1 kVA	0,90
Tauchsieder 1000 W	0,95
Glühlampe 40 W	0,15

η Wirkungsgrad[2] (Leistungsverhältnis)
P_{ab} abgegebene Leistung
P_{zu} zugeführte Leistung

$$\eta = \frac{P_{ab}}{P_{zu}}$$

In allen Energiewandlern, z. B. in Elektromotoren, entstehen unbeabsichtigte Nebenwirkungen. So erwärmt der elektrische Strom die Drähte der Motorwicklungen. Auch das Eisenblech von Läufer und Ständer wird durch die Ummagnetisierung warm. Außerdem setzt sich Lager- und Luftreibung letztlich ebenfalls in Wärme um.

Den Teil der aufgenommenen (aufgewendeten) Leistung, der für die unerwünschten Nebenwirkungen verbraucht wird, nennt man **Verlustleistung**. Das **Leistungsflussdiagramm (Bild 2)** zeigt anschaulich die abgegebene (genutzte) Leistung und die Verlustleistungen.

[1] **S**ystème **I**nternational d'Unités (franz.) = Internationales Einheitensystem
[2] η griech. Kleinbuchstabe eta

Allgemein bezeichnet man das Verhältnis von Nutzleistung zur aufgewendeten Leistung als **Wirkungsgrad η (Tabelle, Seite 36)**. Beim Vergleich von abgegebener (nutzbarer) Leistung mit der zugeführten (aufgewendeten) Leistung ist der Wirkungsgrad das Verhältnis von Leistungsabgabe zur Leistungsaufnahme. Der Wirkungsgrad kann als Dezimalbruch oder in Prozent angegeben werden. Der Wirkungsgrad ist immer kleiner als 1 bzw. 100 %, weil die Energie-Aufnahme immer größer ist als die Energie-Abgabe in der gewünschten Form.

Beispiel: Ein Motor nimmt 5 kW elektrische Leistung auf und gibt 4 kW mechanische Leistung ab. Mit welchem Wirkungsgrad arbeitet der Motor?

$$\eta = \frac{P_{ab}}{P_{zu}} = \frac{4\ \text{kW}}{5\ \text{kW}} = \mathbf{0{,}8} = \frac{0{,}8}{1} = \frac{80}{100} = \mathbf{80\ \%}$$

1.5.7 Elektrowärme

Wärme ist eine Form der Energie, nämlich die kinetische Energie der ungeordneten Bewegung von Atomen oder Molekülen. Meist wird elektrische Energie unmittelbar in Wärme umgewandelt. Diese Wärme kann erwünscht sein, z. B. in Heizgeräten, oder nicht erwünscht sein, z. B. als Verluste in Motoren oder Transformatoren. Wärme hat die Einheiten Wattsekunde (Ws), Joule[1] (J) und Kilowattstunde (kWh).

Temperatur

Die Temperatur kennzeichnet den Wärmezustand eines Körpers. Zur Messung benützt man Thermometer. Als Einheit der Temperatur ist das Grad Celsius[2] (°C) üblich. In der Physik wird meist mit der thermodynamischen Temperatur gerechnet, deren Einheit das **Kelvin**[3] (K) ist. Auch Temperaturunterschiede gibt man in Kelvin an.

Wärmeenergie und Wärmekapazität

Einem Körper muss man **Wärmeenergie** zuführen, um seine Temperatur zu erhöhen. Ein Rückgang der Temperatur bedeutet die Abgabe von Wärme. Aufgenommene und abgegebene Wärmeenergie werden häufig auch als **Wärmemenge** bezeichnet. Die Wärmemenge ist beim gleichen Stoff der Temperaturänderung und der Stoffmasse proportional. Wärmeaufnahme und Wärmeabgabe hängen außerdem von der Art des Stoffes ab. Die gleiche Wärmemenge bringt verschiedene Stoffe gleicher Masse auf unterschiedliche Temperaturen. Den Einfluss des Stoffes kann man durch eine Konstante, die **spezifische Wärmekapazität** *c*, angeben **(Tabelle)**. Sie hat die Einheit kJ/(kg · K).

Tabelle: Spezifische Wärmekapazität *c*

Stoff	Spezifische Wärmekapazität kJ/(kg · K)
Aluminium	0,92
Kupfer	0,39
Stahl	0,46
Polyvinylchlorid	0,88
Wasser	4,19

> Die spezifische Wärmekapazität *c* gibt die Wärmemenge an, die 1 kg des Stoffes um 1 K erwärmt.

Die spezifische Wärmekapazität ist auch maßgebend für das Wärmespeichervermögen eines Stoffes. Jeder Körper, z. B. eine Kochplatte, hat ein Speichervermögen für die Wärme. Für Körper einer bestimmten Masse gibt man in der Regel die **Wärmekapazität *C*** an. Sie ist gleich der Wärmemenge bei der Temperaturänderung 1 K und hat die Einheit Ws/K oder J/K.

> Die zur Erwärmung erforderliche oder bei Abkühlung eines Körpers frei werdende Wärme hängt von der Temperaturänderung, der spezifischen Wärmekapazität des Stoffes und der Masse ab.

$$C = \frac{Q}{\Delta\vartheta}$$

$$[C] = \frac{\text{Ws}}{\text{K}} = \frac{\text{J}}{\text{K}}$$

$$Q = \Delta\vartheta \cdot c \cdot m$$

$$[Q] = \text{J}$$

$$c = \frac{C}{m}$$

$$[c] = \frac{\text{kJ}}{\text{kg} \cdot \text{K}}$$

Q Wärme, Wärmeenergie
$\Delta\vartheta$ Temperaturdifferenz
c spezifische Wärmekapazität
m Masse
C Wärmekapazität

Beispiel: Welche Wärmemenge ist notwendig, um das Wasser eines 80-l-Warmwasserspeichers von 14 °C auf 65 °C zu erwärmen?

$\Delta\vartheta = \vartheta_2 - \vartheta_1 = 65\ °\text{C} - 14\ °\text{C} = \mathbf{51\ K}$

$Q = \Delta\vartheta \cdot c \cdot m = 51\ \text{K} \cdot 4{,}19\ \text{kJ/(kg} \cdot \text{K)} \cdot 80\ \text{kg} = \mathbf{17\,095\ kJ}$

[1] James Joule (sprich: dschul), englischer Physiker, 1818 bis 1889
[2] Anders Celsius, schwedischer Physiker, 1701 bis 1744
[3] Lord William Kelvin, englischer Physiker, 1824 bis 1907

Wärmeübertragung

Wärme wird immer von Stellen höherer Temperatur zu Stellen niedriger Temperatur übertragen. Dabei unterscheidet man Wärmeübertragung durch **Wärmeleitung,** z. B. in Metallen **(Bild 1),** durch **Konvektion**[1] (Wärmeströmung), z. B. mit Gasen und Flüssigkeiten, und durch **Strahlung,** z. B. bei Heizkörpern.

Metalle sind gute Wärmeleiter, Isolierstoffe schlechte.

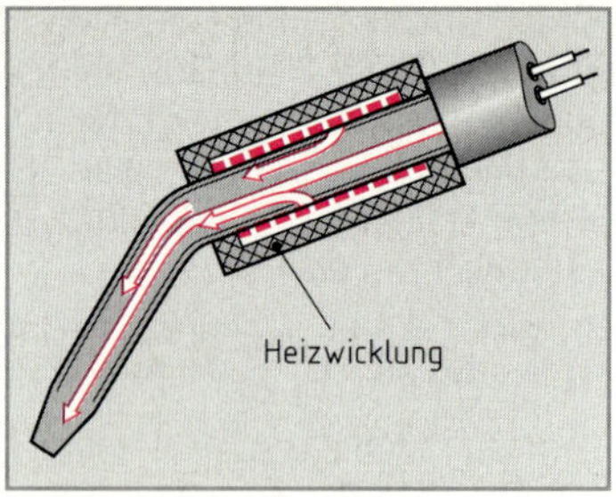

Bild 1: Wärmeleitung

Der Wärmeübertragung wird ein bestimmter Widerstand entgegengesetzt, den man **thermischen Widerstand** nennt. Mit Hilfe des thermischen Widerstandes kann man z. B. die zulässige Verlustleistung eines Bauelementes, z. B. eines Widerstandes, bestimmen, wenn die höchstzulässige Innentemperatur und die Kühlmitteltemperatur bekannt sind.

$$R_{th} = \frac{\Delta\vartheta}{P_v}$$

$$[R_{th}] = \frac{K}{W}$$

R_{th} thermischer Widerstand
$\Delta\vartheta$ Temperaturdifferenz
P_v Verlustleistung

Der thermische Widerstand gibt an, um wie viel (Kelvin) ein Bauelement sich gegenüber seiner Umgebung bei einer Verlustleistung von 1 W (Watt) erwärmt.

Bauelemente mit großer Leistung, z. B. Leistungstransistoren, entwickeln im Betrieb viel Wärme und müssen deshalb gekühlt werden.

Leistungshyperbel

Die von einem Bauelement, z. B. einem Widerstand, aufgenommene Leistung darf nicht zu groß sein, damit die entstehende Wärme abgeführt werden kann (Seite 33). Bei einem einzelnen Bauelement darf das Produkt $P = U \cdot I$ einen bestimmten Höchstwert nicht übersteigen. Dieser Zusammenhang wird in der Leistungshyperbel dargestellt **(Bild 2)**. Ein Bauelement darf nur mit Spannungen und zugehörigen Stromstärken unterhalb der Leistungshyperbel betrieben werden. Ein Betrieb oberhalb der Hyperbel erwärmt das Bauelement unzulässig stark, sodass es zerstört werden kann.

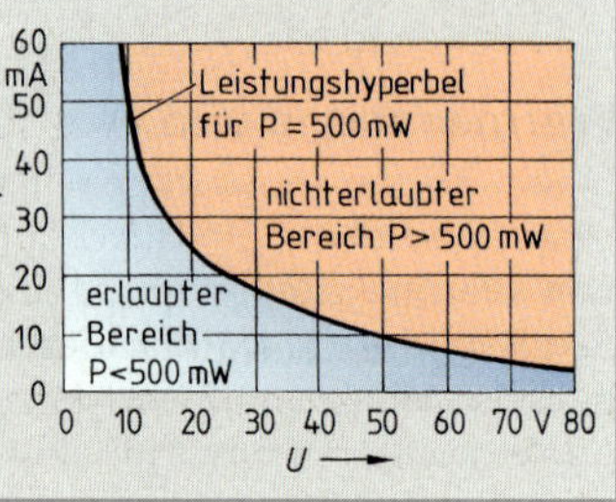

Bild 2: Leistungshyperbel

Wärmenutzungsgrad

In Elektrowärmegeräten entstehen Verluste dadurch, dass ein Teil der **Stromwärme** durch Wärmeleitung, Wärmeströmung und Wärmestrahlung verloren geht. Die an der erwünschten Stelle, z. B. in einem Kochtopf, auftretende Wärme bezeichnet man als **Nutzwärme.** Die Nutzwärme ist um die Verluste kleiner als die Stromwärme. Das Verhältnis von Nutzwärme zu Stromwärme nennt man Wärmenutzungsgrad.

$$\zeta = \frac{Q_N}{Q_S} = \frac{\Delta\vartheta \cdot c \cdot m}{P \cdot t}$$

ζ Wärmenutzungsgrad[2]
Q_N Nutzwärme
Q_S Stromwärme
$\Delta\vartheta$ Temperaturdifferenz
c spezifische Wärmekapazität
m Masse
P Leistung
t Zeit

Wiederholungsfragen

1. **In welchen Einheiten misst man die Wärme?**
2. **Was versteht man unter der spezifischen Wärmekapazität eines Stoffes?**
3. **Wie groß ist die spezifische Wärmekapazität von Wasser?**
4. **Auf welche drei Arten kann Wärme übertragen werden?**
5. **Was versteht man unter dem thermischen Widerstand?**
6. **Welcher elektrische Zusammenhang kann aus der Leistungshyperbel entnommen werden?**
7. **Wodurch entstehen bei elektrischen Wärmegeräten Verluste?**
8. **Erklären Sie den Wärmenutzungsgrad.**

[1] Konvektion = Luftbewegung
[2] nach DIN 1304 Teil 1: ζ (griech. Kleinbuchstabe zeta) früher: Wirkungsgrad

2 Schutz vor Gefahren des elektrischen Stromes

Die meisten Unfälle durch den elektrischen Strom entstehen durch Unachtsamkeit. Um eine Gefährdung zu vermeiden, ist bei der Nutzung elektrischer Energie besondere Sorgfalt erforderlich.

2.1 Schutz für Menschen und Tiere

2.1.1 Wirkungen des elektrischen Stromes im menschlichen Körper

Der elektrische Strom ist für den Menschen und für Tiere aus mehreren Gründen gefährlich. Alle Flüssigkeiten des menschlichen Körpers, z. B. Schweiß, Speichel, Blut und Zellflüssigkeit, sind Elektrolyte, d. h., sie leiten den elektrischen Strom.

Menschliche und tierische Körper leiten den elektrischen Strom.

Fast alle menschlichen Organe funktionieren aufgrund elektrischer Impulse, die vom Gehirn ausgehen. So steuern schwache elektrische Impulse von etwa 50 mV z. B. die Bewegung der Muskeln. Die Impulse werden vom Gehirn durch Nerven an die Muskeln herangeführt. Ist ein Nerv unterbrochen, arbeitet der Muskel nicht mehr, er ist gelähmt. Zwischen den Gehirnzentren, z. B. zwischen Sehzentrum, Bewegungszentrum oder Schmerzzentrum, fließen ebenfalls elektrische Ströme. Der Tod (Gehirntod) wird durch Messen dieser Gehirnströme festgestellt.

Viele Ströme im Körper (körpereigene Ströme) können über Elektroden erfasst und gemessen werden. So zeigt z. B. das EKG (Elektrokardiogramm) die elektrische Aktivität des Herzens **(Bild 1)**, das EEG (Elektro-Enzephalogramm) die elektrische Aktivität des Gehirns.

Körpereigene Ströme können gemessen werden.

Auch das Herz funktioniert durch elektrische Ströme, die es selbst erzeugt. Es ist also nicht vom Gehirn abhängig. Das Herz erzeugt je Minute etwa 80 Impulse, die der Herzmuskel mit je einer Kontraktion (Zusammenziehung) beantwortet. Wird die nötige Zahl an Impulsen je Minute nicht mehr geliefert, schlägt es zu langsam.

Von außen kommende Ströme (Fremdströme) können die Funktionen von Organen beeinflussen.

Fließt ein Strom durch den menschlichen Körper, z. B. beim Berühren eines unter Spannung stehenden Leiters, so verkrampfen sich die Muskeln, wenn der von außen kommende Strom viel größer als der körpereigene Strom ist. Der Verunglückte ist dann unfähig, die Berührungsstelle wieder loszulassen **(Bild 2)**. Fließt Wechselstrom über das menschliche Herz, so versucht es, den schnelleren und stärkeren Impulsen von außen zu folgen. Es arbeitet deshalb schneller. Dabei kommt es zu **Rhythmusstörungen** des Herzens, d. h., das Herz arbeitet unregelmäßig. Fällt der Stromfluss in die

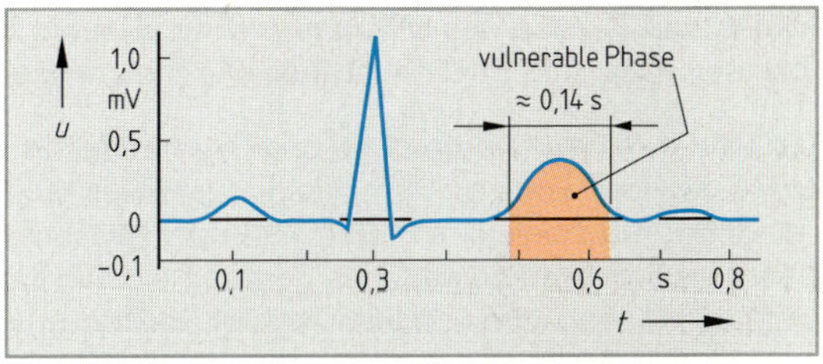

Bild 1: Elektrokardiogramm (EKG) eines gesunden Herzens mit der verletzbaren (vulnerablen) Phase

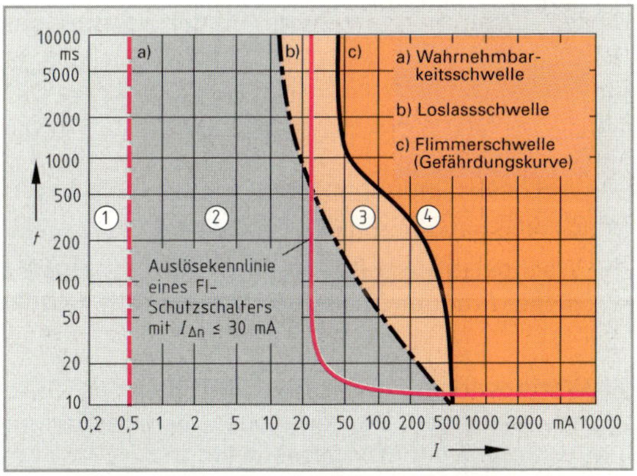

Bild 2: Wirkungsbereiche (Zonen) bei Wechselstrom von 50 Hz auf erwachsene Personen (nach IEC)

Tabelle: Körperreaktionen in den vier Wirkungsbereichen von Bild 2

Bereich	Körperreaktionen
1	keine Reaktion des Körpers
2	keine gefährliche Wirkung
3	Muskelverkrampfung, Gefahr des Herzkammerflimmerns
4	Herzkammerflimmern möglich (tödliche Stromwirkungen wahrscheinlich)

so genannte vulnerable (verletzliche) Phase (Bild 1, Seite 39), kommt es zu dem gefährlichen **Herzkammerflimmern**. Als Folge davon fällt die Herztätigkeit aus mit anschließendem Kreislaufstillstand. Aufgrund des Sauerstoffmangels kommt es bereits nach kurzer Zeit zur Schädigung der Gehirnzellen und führt im weiteren Verlauf zum Tod.

Entscheidend für die Folgen eines elektrischen Unfalles ist die Höhe des Stromes, der beim Berühren unter Spannung stehender Teile durch den Körper fließt. Aus Erfahrung weiß man, dass schon eine Stromstärke von 50 mA den Tod herbeiführen kann, wenn der Strom über das Herz fließt.

- Stromstärken ab 50 mA sind lebensgefährlich.
- Die Gefährdung nimmt mit höherer Stromstärke und längerer Einwirkungsdauer zu.

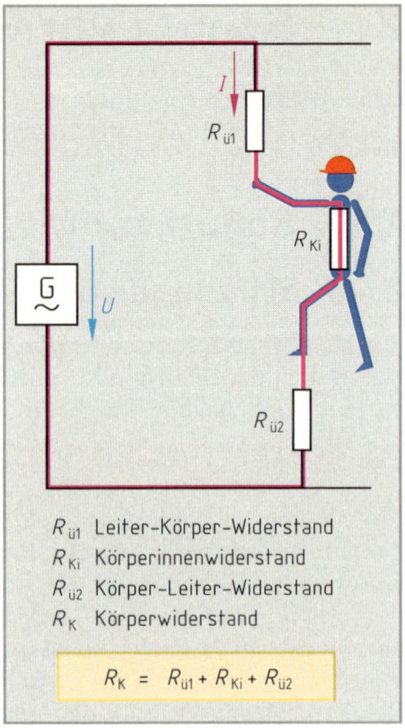

Bild: Körperwiderstände

Der durch den Körper fließende Strom hängt von der Spannung und vom Widerstand des Körpers ab. Dieser **Körperwiderstand** R_K setzt sich aus dem inneren Widerstand des Körpers (dem **Körperinnenwiderstand** R_{Ki}) und den **Übergangswiderständen** $R_{ü1}$ und $R_{ü2}$ an der Stromeintritts- und Stromaustrittsstelle zusammen **(Bild)**.

Die Übergangswiderstände hängen von äußeren Verhältnissen ab. Trockene Haut und trockene Kleidung haben einen großen Widerstand. Bei Feuchtigkeit, z. B. Schweiß oder nassem Fußboden, ist der Übergangswiderstand dagegen gering. Der Übergangswiderstand wird außerdem umso kleiner, je größer die Berührungsfläche und je höher der Berührungsdruck ist.

Bei einer Stromstärke von 50 mA durch den menschlichen Körper und einem Körperwiderstand R_K, der aus der Ersatzschaltung mit R_{Ki} und $R_ü$ zu 1000 Ω angenommen wird, beginnt die lebensgefährliche Spannung U daher bei:

$$\boldsymbol{U} = R_K \cdot I = 1000\ \Omega \cdot 50\ \text{mA} = \mathbf{50\ V}.$$

- Wechselspannungen über 50 V sind lebensgefährlich (für Tiere bereits 25 V).
- Gleichspannungen über 120 V sind lebensgefährlich (für Tiere 60 V).
- Wechselstrom mit einer Frequenz von 50 Hz ist gefährlicher als Gleichstrom, weil es bereits bei dieser Frequenz zum Herzkammerflimmern kommen kann.

Die Wärmewirkung des elektrischen Stromes führt bei großer Stromstärke an der Ein- und Austrittsstelle zu **Verbrennungen**. Dort entstehen die sogenannten **Strommarken**. Dabei kann es durch Lichtbögen bis zum Verkohlen von Körperteilen kommen (Verbrennungen 4. Grades). Die Folgen starker Verbrennungen führen zur Überlastung der Nieren und damit zum Tode.

Durch die chemische Wirkung des Stromes kann, vor allem bei längerer Einwirkungsdauer, das Blut elektrolytisch zersetzt werden. Dadurch kommt es zu schweren **Vergiftungserscheinungen**. Solche Folgeerkrankungen können auch erst nach einigen Tagen auftreten. Um sicherzugehen, sollte man daher bei elektrischen Unfällen auch dann einen Arzt aufsuchen, wenn zunächst keine Anzeichen einer Schädigung vorliegen (erste Hilfe, Seite 41).

Wegen der Unfallgefahr ist das Arbeiten an Teilen, die unter Spannung stehen, verboten!

Bei Betriebsspannungen über 50 V Wechselspannung oder 120 V Gleichspannung sind Arbeiten an Teilen, die unter Spannung stehen, nur dann gestattet, wenn diese Teile aus wichtigen Gründen nicht spannungsfrei geschaltet werden können. Solche Arbeiten dürfen jedoch nur Elektrofachkräfte mit Zusatzausbildung (Seite 246) ausführen, nicht aber Auszubildende (DIN VDE 0105).

2.1.2 Direktes und Indirektes Berühren

Nach DIN VDE 0100 Teil 200 unterscheidet man zwischen direktem und indirektem Berühren.

Beim **direkten Berühren** hat der menschliche Körper mit betriebsmäßig unter Spannung stehenden Teilen eines Betriebsmittels Kontakt, z. B. mit einem Leiter **(Bild 1a)**. Um direktes Berühren zu verhindern, müssen alle betriebsmäßig spannungsführenden Teile mit Isolierungen oder Abdeckungen versehen sein (Seite 250).

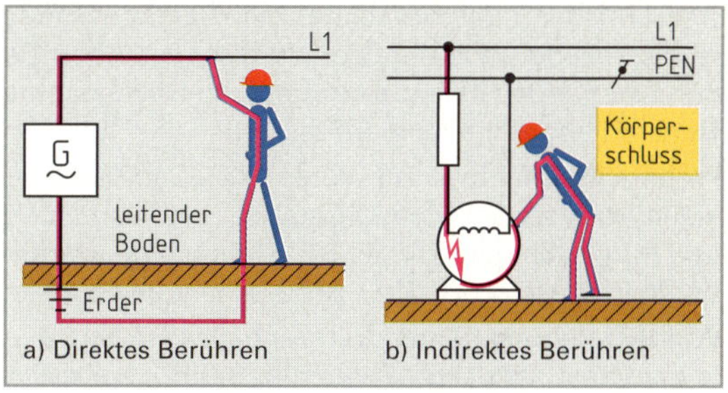

Bild 1: Direktes und indirektes Berühren

Direktes Berühren ist das Berühren unter Spannung stehender aktiver Teile durch Personen oder Nutztiere.

Indirektes Berühren ist möglich, wenn durch einen Isolationsfehler Spannung an Teile gelangt, die betriebsmäßig keine Spannung führen, z. B. an das Gehäuse (Körper) einer elektrischen Maschine **(Bild 1b)**. Die durch einen Isolationsfehler entstandene leitende Verbindung nennt man **Körperschluss**.

Indirektes Berühren ist das Berühren durch Personen oder Nutztiere von Körpern elektrischer Betriebsmittel, die infolge eines Fehlers unter Spannung stehen.

Aktives Teil ist jeder Leiter oder jedes leitfähige Teil, das bei ungestörtem Betrieb Strom führt. Dazu zählt auch der Neutralleiter (N-Leiter), jedoch nicht der PEN-Leiter.

Leiter nennt man Teile aus Metall, die der Weiterleitung des elektrischen Stromes dienen, z. B. Drähte oder Kontakte.

Elektrische Betriebsmittel sind Mittel zum Erzeugen, Umwandeln, Übertragen, Verteilen und Anwenden von elektrischer Energie, z. B. Generatoren, Transformatoren, Schaltgeräte, Messinstrumente, Schutzeinrichtungen, Leitungen und Kabel sowie Verbrauchsmittel.

Elektrische Verbrauchsmittel wandeln elektrische Energie in andere Formen der Energie um, z. B. in Licht, Wärme oder in mechanische Energie.

Nach den VDE-Bestimmungen müssen alle Anlagen und Betriebsmittel mit einer Spannung über 50 V Wechselspannung bzw. 120 V Gleichspannung mit Maßnahmen zum Schutz bei indirektem Berühren ausgerüstet sein (Sonderfälle siehe Schutzmaßnahmen). Um sicherzustellen, dass alle erforderlichen Schutzmaßnahmen getroffen werden, dürfen nur **Elektrofachkräfte** elektrische Anlagen errichten, abändern, warten oder instand setzen.

2.1.3 Erste Hilfe bei Unfällen

Häufig hängt das Leben eines Verletzten davon ab, dass ihm möglichst rasch und noch am Unfallort **erste Hilfe** geleistet wird. Dies gilt besonders für Unfälle durch den elektrischen Strom. Jede Elektrofachkraft muss daher die wichtigsten Regeln der ersten Hilfe kennen und anwenden können. In Betrieben ausgehängte Hinweistafeln informieren u. a. über Maßnahmen zur ersten Hilfe **(Bild 2)**. Zuerst muss der über den Menschen fließende Strom unterbrochen werden. In **Niederspannungsanlagen** (bis 1000 V) erfolgt eine Unterbrechung des Stromkreises z. B. durch Abschalten, Ziehen des Netz-

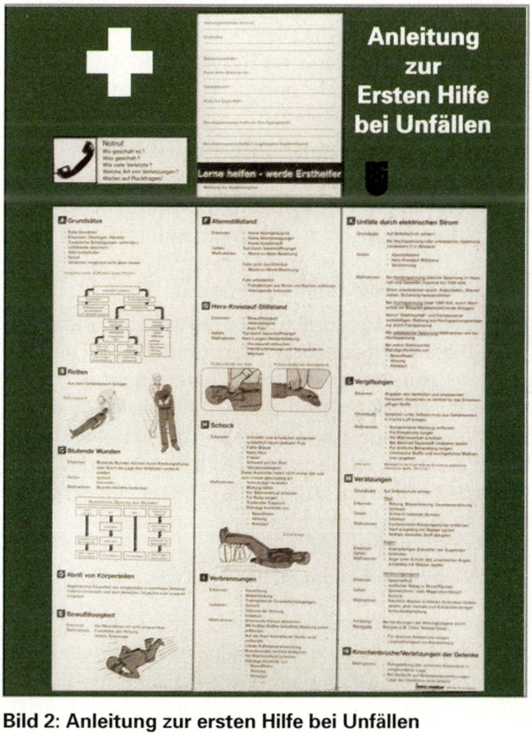

Bild 2: Anleitung zur ersten Hilfe bei Unfällen

steckers oder durch Herausnehmen der Sicherungen. Kann der Stromkreis nicht unterbrochen werden, so ist der Verunglückte durch einen nicht leitenden Gegenstand, z. B. eine Isolierstange, von den unter Spannung stehenden Teilen zu trennen. In **Hochspannungsanlagen** darf der Stromkreis nur von einer Elektrofachkraft abgeschaltet werden.

Weitere Maßnahmen zur ersten Hilfe. Den Verletzten in die stabile Seitenlage bringen und möglichst rasch einen Arzt verständigen. Die stabile Seitenlage für den Verletzten ist auch dann erforderlich, wenn Atmung und Puls nach dem Unfall in Ordnung sind. Damit die Atemwege frei sind, müssen Blut und andere Verunreinigungen sowie Zahnprothesen vorsichtig aus der Mundhöhle entfernt werden.

Wiederbelebung. Sauerstoffmangel verursacht in allen Organen das Absterben der Zellen, vor allem aber in dem besonders empfindlichen Gehirn. Für die Wiederbelebung ist daher jede Sekunde kostbar.

- Bei Atemstillstand sofort Atemspende!
- Bei Herzstillstand zusätzlich Herzdruckmassage durch unterwiesene Ersthelfer!
- Wiederbelebungsmaßnahmen sind so lange durchzuführen, bis Atmung und Puls wieder einsetzen oder ein Arzt den Tod feststellt.

2.1.4 Unfallverhütung

Elektrounfälle lassen sich auf **technische Mängel**, z. B. fehlende Schutzabdeckungen oder fehlerhafte Isolation, **organisatorische Mängel**, z. B. fehlende oder ungenügende Arbeitsanweisungen, und auf **persönliche Fehler**, z. B. auf Fehlhandlungen, zurückführen. Technische Anlagen müssen daher sicherheitsgerecht und in technisch einwandfreiem Zustand sein. Die meisten Unfälle lassen sich durch Umsicht und durch vorbeugende Maßnahmen vermeiden. Mängel an Werkzeugen, Maschinen und Anlagen müssen sofort gemeldet werden, weil sonst vielleicht der Nächste einen Unfall erleidet, bevor er den Mangel bemerkt. Die Verkehrs- und Fluchtwege sind freizuhalten.

Schutzvorrichtungen und Hinweisschilder, z. B. die Sicherheitskennzeichnung am Arbeitsplatz **(Bild)**, darf man nicht entfernen.

Sicherheitszeichen und Sicherheitsfarben erleichtern die Kennzeichnung von Gefahrenstellen (siehe auch hintere Umschlaginnenseite). Geeignete **Schutzkleidung** und **Schutzmittel**, z. B. Schutzhelme, Schutzbrillen und Sicherheitsgurte, können in vielen Fällen Unfälle verhindern.

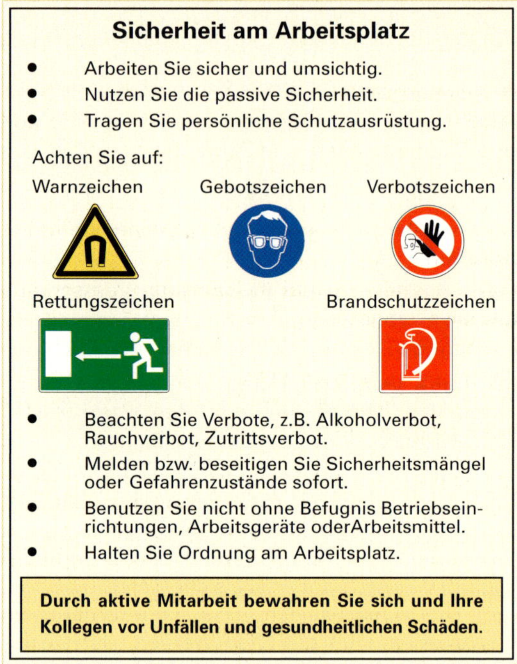

Bild: Hinweisschild zur Sicherheit am Arbeitsplatz

Unfallverhütungsvorschriften (UVV) der Berufsgenossenschaft dienen der Verhütung von Unfällen und von Berufskrankheiten. Sie verpflichten die Arbeitgeber, Einrichtungen zum Verhüten von Arbeitsunfällen zu schaffen, und die Arbeitnehmer, die vorgeschriebenen Schutzmaßnahmen zu beachten. Eine weitere wichtige Voraussetzung zur Unfallverhütung ist die regelmäßige Überwachung von elektrischen Anlagen und Geräten sowie die Verwendung von VDE-gemäßem Installationsmaterial. Von besonderer Bedeutung für den Unfallschutz ist das Gesetz über technische Arbeitsmittel (Gerätesicherheitsgesetz).

Wiederholungsfragen

1 Ab welcher Spannung besteht Lebensgefahr
a) bei Wechselspannung,
b) bei Gleichspannung?

2 Was versteht man unter indirektem Berühren?

3 Welche Maßnahmen sind bei Elektrounfällen in Niederspannungsanlagen zu treffen?

4 Wie lange müssen Wiederbelebungsversuche durchgeführt werden?

5 Worauf lassen sich Arbeitsunfälle in den meisten Fällen zurückführen?

6 Welche Aufgaben erfüllen die Unfallverhütungsvorschriften?

2.2 Schutz elektrischer Leitungen und Verbraucher

2.2.1 Überstrom-Schutzeinrichtungen (Sicherungen)

Versuch: Spannen Sie eine Aluminiumfolie von etwa 5 mm Breite zwischen zwei Klemmen. Schließen Sie die beiden Klemmen über einen Strommesser und einen Stelltransformator an das Netz an (230 V). Erhöhen Sie langsam die Stromstärke.

Je größer die Stromstärke wird, desto mehr erwärmt sich der Aluminiumstreifen. Er dehnt sich aus, glüht und brennt schließlich durch. Nach dem Schmelzen des Streifens entsteht kurzzeitig ein Lichtbogen.

Jeder stromdurchflossene Leiter erwärmt sich. Durch unzulässig große Ströme können daher Brände entstehen. Zur Vermeidung der **Brandgefahr** in elektrischen Anlagen muss ein zu hoher Strom abgeschaltet werden. Als Überstrom-Schutzeinrichtung kann man in die Leitung z. B. eine **Schmelzsicherung** einbauen. Die **Sicherung** enthält einen Leiter mit kleinem Querschnitt, der bei zu großem Strom durchschmilzt. Der Stromkreis wird unterbrochen. Dadurch werden Brand oder Zerstörung der Leitungen und der angeschlossenen Geräte verhindert.

Überstrom-Schutzeinrichtungen schützen Leitungen und Geräte vor Überlastung und Kurzschluss.

Ein **Schmelzsicherungssystem** besteht aus **Sicherungssockel, Passeinsatz** (Passschraube, Passhülse oder Passring), **Schmelzeinsatz** und **Schraubkappe (Bild 1)**.

Die vom Netz kommende Leitung ist stets mit dem Fußkontakt, die zum Verbraucher führende Leitung mit dem Gewindering des Sicherungssockels zu verbinden (Bild 1). In den Sockel wird ein **Passeinsatz** (Passschraube oder Passhülse) eingesetzt.

Schmelzeinsätze sind zylindrische Hohlkörper aus Porzellan, die mit Quarzsand gefüllt sind. Durch den Quarzsand führen ein oder mehrere **Schmelzleiter,** die den Kopfkontakt mit dem Fußkontakt des Schmelzeinsatzes verbinden **(Bild 2).** Der Schmelzleiter besteht aus Silber, Kupfer oder einer Legierung aus beiden Metallen. Neben dem Schmelzleiter wird vom Fußkontakt aus noch ein **Haltedraht,** z. B. aus Konstantan, geführt. Am Haltedraht ist über eine kleine Feder der **Unterbrechungsmelder** befestigt. Bei einem unzulässig hohen Strom wird außer dem Schmelzleiter auch der Haltedraht unterbrochen und der farbig gekennzeichnete Unterbrechungsmelder abgeworfen.

Um eine fahrlässige oder irrtümliche Verwendung von Schmelzeinsätzen für zu hohe Stromstärken zu verhindern, haben die Fußkontakte der Schmelzeinsätze je nach den Nennströmen verschiedene Durchmesser **(Bild 3).** Deshalb passen Schmelzeinsätze für höhere Nennströme nicht in Passeinsätze für niedrigere Nennströme.

Passeinsätze dürfen nicht durch Einsätze für größere Nennströme ersetzt werden.

Eine Ausnahme bilden 10-A-Schmelzeinsätze, die es auch mit dem kleineren Fußkontakt-Durchmesser des 6-A-Einsatzes gibt.

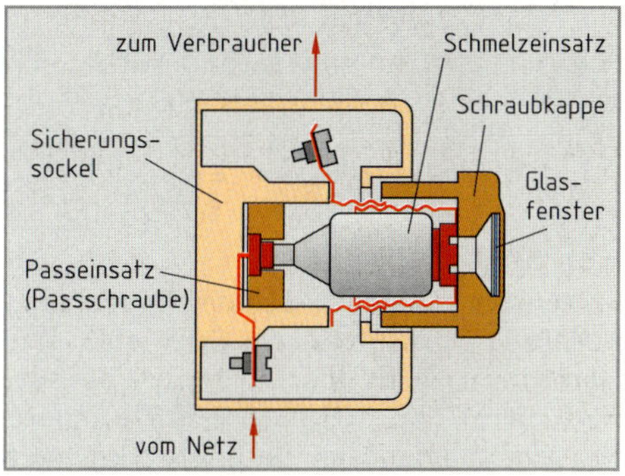

Bild 1: Schraubsicherungssystem (Schraubsicherung mit Schmelzeinsatz)

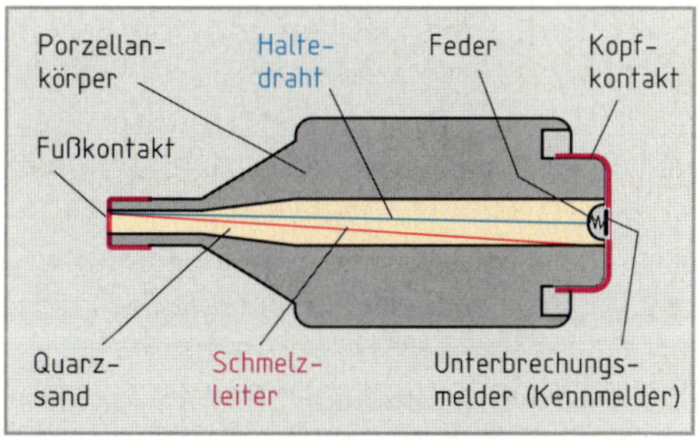

Bild 2: Aufbau des Schmelzeinsatzes

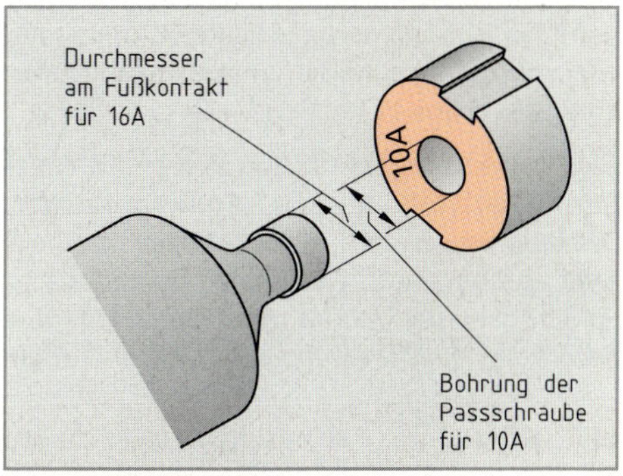

Bild 3: Unverwechselbarkeit der Schmelzeinsätze

Durchgeschmolzene Schmelzeinsätze müssen gegen neue ausgewechselt werden. Flicken oder Überbrücken von Schmelzeinsätzen ist verboten, weil dadurch der Schutz der Leitung aufgehoben wird (DIN VDE 0100). Ist ein geflickter oder überbrückter Schmelzeinsatz die Ursache eines Brandes, so kann die Brandversicherung die Zahlung der Entschädigung verweigern.

Sicherungen dürfen nicht geflickt oder überbrückt werden.

Die Nennstromstärken der Sicherungseinsätze (Schmelzeinsätze) sind genormt **(Tabelle 1)**.

Schraubsicherungssysteme. Man unterscheidet das ältere **D-System** (DIAZED-System) und das neuere, platzsparende **DO-System** (NEOZED-System). Beide Systeme sind im Prinzip gleich aufgebaut **(Bild)**. Es gibt sie entsprechend den erforderlichen Stromstärken von 2 A bis 100 A in mehreren Abstufungen (ND, D II, D III und D IV H bzw. D01, D02 und D03).

Ferner gibt es das **NH-System** (Niederspannungs-Hochleistungssicherungen, Seite 452) mit Stromstärken von 6 A bis über 1250 A in 6 Größen (NH00, NH0, NH1 bis NH4). NH-Sicherungen haben Messerkontakte. Man darf ihre Schmelzeinsätze nur mit einem isolierten Betätigungsgriff mit daran fest angebrachtem Unterarmschutz einsetzen bzw. entfernen.

DIAZED-System:	Nennspannung AC und DC 500 V.
NEOZED-System:	Nennspannung AC 400 V, DC 250 V.
NH-System:	Nennspannung AC 660 V bzw. 500 V und DC 440 V.

Geräteschutzsicherungen. Zum Absichern von Geräten der Messtechnik und Elektronik, z. B. von Netzgeräten und Messinstrumenten, werden Geräteschutzsicherungen (Feinsicherungen) verwendet. Man unterscheidet dabei das Auslöseverhalten superflink (FF), flink (F), mittelträge (M), träge (T) und superträge (TT).

Niederspannungssicherungen teilt man nach ihrem Strom-Zeit-Verhalten in **Funktionsklassen** und **Betriebsklassen** ein und kennzeichnet sie durch zwei Buchstaben. Der erste Buchstabe gibt die Funktionsklasse (a oder g) an, der zweite Buchstabe beschreibt das zu schützende Objekt **(Tabelle 2)**.

Niederspannungssicherungen sind durch Funktionsklassen und durch Betriebsklassen gekennzeichnet.

Tabelle 1: Schmelzeinsätze

Nennstrom in A	Kennfarbe	Gewinde der Schraubkappe
2	rosa	E 27 bzw. E 14, E 18 (E 18 ab 20 A)
4	braun	
6	grün	
10	rot	
16	grau	
20	blau	
25	gelb	
35	schwarz	E33 bzw. E 18
50	weiß	
63	kupfer	
80	silber	R 1¼" bzw. M 30 × 2
100	rot	

Weitere Sicherungen siehe Tabellenb. Elektrotechnik.

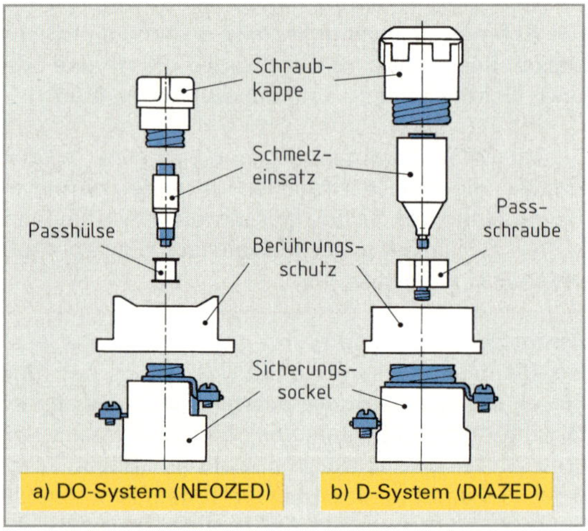

Bild: Aufbau a) des DO-Systems, b) des D-Systems

Tabelle 2: Funktionsklassen und Betriebsklassen von Niederspannungssicherungen (DIN VDE 57 636)

Funktionsklasse	Betriebsklasse	Einsatzgebiet
g Ganzbereichssicherung	gL	Ganzbereichs-Kabel- und Leitungsschutz
	gR	Ganzbereichs-Halbleiterschutz
	gB	Ganzbereichs-Bergbauanlagenschutz
	gTr	Ganzbereichs-Transformatorenschutz
a Teilbereichssicherung	aM	Teilbereichs-Schaltgeräteschutz
	aR	Teilbereichs-Halbleiterschutz

Niederspannungssicherungen der Funktionsklasse g sind **Ganzbereichssicherungen.** Sie können dauernd Ströme bis zu ihrem Nennstrom führen und schalten Ströme vom kleinsten Schmelzstrom bis zum Nennausschaltstrom zuverlässig ab.

Ganzbereichssicherungen schützen elektrische Anlagen gegen Überlastung und Kurzschluss.

Sicherungen der Funktionsklasse a sind **Teilbereichssicherungen.** Sie können ihren Nennstrom dauernd führen, aber nur Ströme oberhalb eines Vielfachen ihres Nennstromes bis zum Nennausschaltstrom abschalten.

Teilbereichssicherungen schützen elektrische Anlagen und Betriebsmittel nur gegen Kurzschluss.

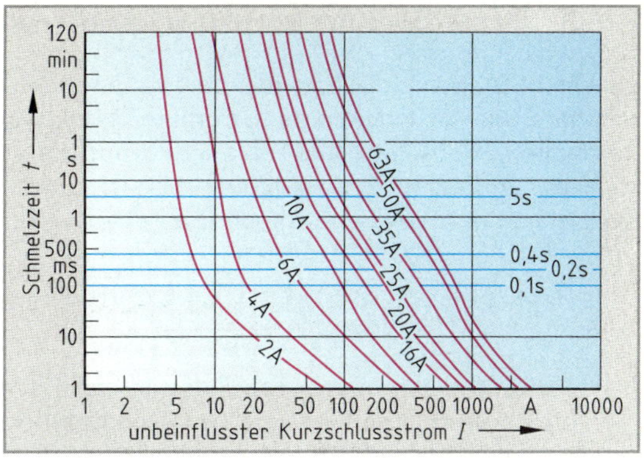

Bild: Zeit-Strom-Kennlinien für Schmelzeinsätze der Betriebsklasse gL

Teilbereichssicherungen werden immer in Verbindung mit Schutzeinrichtungen eingesetzt, die den Überlastschutz der Anlage übernehmen. Nach Tabelle 2, Seite 44, wählt man für den Überlastschutz und Kurzschlussschutz von Leitungen die Betriebsklasse gL. Das **Bild** (oben) zeigt die **Zeit-Strom-Kennlinien** für Schmelzeinsätze der Betriebsklasse gL. Die Nennstromstärke der Überstrom-Schutzeinrichtung richtet sich nach der Verlegeart und nach dem Nennquerschnitt der Leitung (Seite 463).

- Leitungen dürfen nicht höher als zulässig abgesichert werden.
- Überstrom-Schutzeinrichtungen sind überall dort einzubauen, wo sich der Leitungsquerschnitt verringert, z.B. beim Übergang von 4 mm² auf 1,5 mm², oder wo sich die Verlegeart oder die Art der Leitung ändert.
- Der Kurzschlussschutz muss am Anfang der zu schützenden Leitung liegen. Der Überlastschutz kann im unverzweigten Stromkreis an beliebiger Stelle des Stromkreises angebracht werden.

Für Halbleiterbauelemente bieten Schmelzsicherungen der Betriebsklasse gL (Ganzbereichs-Kabel- und Leitungsschutz) keinen ausreichenden Schutz. Die Bauteile werden zerstört, ehe der Schmelzeinsatz anspricht. Zum Schutz von Halbleiterbauelementen werden daher Schmelzeinsätze der Betriebsklasse gR (Ganzbereichs-Halbleiterschutz) oder aR (Teilbereichs-Halbleiterschutz) verwendet. Die Ansprechzeit dieser Schutzeinrichtungen liegt beim 5fachen Nennstrom im Bereich von wenigen Millisekunden.

Leitungsschutzschalter. An Stelle von Schmelzsicherungen 6 A bis 35 A werden in Hausinstallationen Leitungsschutzschalter (LS-Schalter, Seite 90), auch Sicherungsautomaten genannt, verwendet. Bei Überlastung löst ein thermischer Auslöser (Seite 89) verzögert aus. Bei Kurzschluss unterbricht ein elektromagnetischer Auslöser sofort (Schnellauslöser, Seite 89). Leitungsschutzschalter kann man nach dem Auslösen wieder betriebsbereit schalten.

Selektivität. In Anlagen, z.B. einem Wohnhaus, sind immer mehrere Stromkreise vorhanden, die einzeln abgesichert werden, z.B. mit 10 A, 16 A oder 25 A. Am Anfang der Verteilerzuleitung zu jeder Wohnung wird ebenfalls abgesichert, z.B. mit 35 A. Mehrere Verteilerzuleitungen werden in der Hauptleitung zusammengefasst und abgesichert, z.B. mit 63 A. Durch dieses gestufte Absichern (Selektivität[1], Seite 90) erreicht man, dass nur die Sicherung auslöst, die unmittelbar vor der Fehlerstelle eingebaut ist.

Selektivität liegt dann vor, wenn im Fehlerfall nur die Überstrom-Schutzeinrichtung abschaltet, die unmittelbar vor der Fehlerquelle liegt.

Wiederholungsfragen

1 **Welche Aufgaben haben Überstrom-Schutzeinrichtungen?**
2 **Aus welchen Teilen besteht eine Schmelzsicherung?**
3 **Warum dürfen Schmelzeinsätze weder geflickt noch überbrückt werden?**
4 **In welchem Fall liegt Selektivität vor?**

[1] von to select (engl.) = aussuchen, auswählen

2.2.2 Brandbekämpfung in elektrischen Anlagen

Bei einem Brand ist die Anlage sofort spannungsfrei zu schalten, z. B. durch Ausschalten des Stromkreisschalters oder Abschalten der Stromkreiszuleitungen im Verteiler, bei ortsveränderlichen Geräten durch Herausziehen des Netzsteckers. Es sind nur die vom Brand betroffenen Anlagenteile spannungsfrei zu schalten. Grundsatz: So wenig wie möglich abschalten. Anlagen mit Spannungen über 1 kV dürfen nur Elektrofachkräfte oder elektrotechnisch unterwiesene Personen spannungsfrei schalten.

Die Benutzung von Aufzügen ist im Brandfall verboten.

Als **Löschmittel** kommen bei Bränden in elektrischen Anlagen Kohlendioxid, Löschpulver, Schaum und ggf. auch Wasser zum Einsatz. Das Löschmittel **Halon** ist seit dem 1.1.1994 verboten und muss, falls in Löschern noch vorhanden, fachgerecht entsorgt werden.

Kohlendioxid (CO_2) ist ein farb- und geruchloses Gas. Es ist etwa 1,5mal schwerer als Luft und leitet den elektrischen Strom nicht. CO_2 wird häufig als Löschmittel in ortsfesten automatischen Löschanlagen eingesetzt, z. B. bei Druckmaschinen oder Lackierkabinen. Während des Löschvorgangs ist beim Betreten des Raumes Atemschutz zwingend erforderlich (Erstickungsgefahr). Nach den Löscharbeiten müssen die Räume gut durchlüftet werden. Weil sich CO_2 schnell verflüchtigt, ist es im Freien nur von begrenzter Wirkung.

Löschpulver ist ein Gemisch aus ungiftigen organischen Stoffen und dient zur Bekämpfung von Bränden der Brandklasse A, B und C **(Tabelle)**. Löschpulver darf bei Bränden in staubgefährdeten Anlagen nicht eingesetzt werden, z. B. EDV-, Elektronik- und Fernmeldeanlagen und in elektrischen Schalträumen.

Schaum (Luftschaum) ist ein Löschmittel aus einem Gemisch aus Luft, Wasser und einem Schaummittel. Schaum dient zur Bekämpfung von Bränden der Brandklasse A und B. Vorsicht: Luftschaum leitet den elektrischen Strom und darf daher nur in spannungsfreien Anlagen, in Anlagen bis 1 kV nur unter Einhaltung der Mindestabstände (Tabelle), eingesetzt werden.

Wasser wird im Bereich elektrischer Anlagen nur mit Zustimmung des betreffenden EVU und meist als Sprühstrahl eingesetzt. Da es den elektrischen Strom leitet, müssen die Mindestabstände eingehalten werden (Tabelle).

Metallbrände (Brandklasse D), insbesondere Brände von Leichtmetallen wie Aluminium, Magnesium, Lithium, Natrium, Kalium und ihren Legierungen, löscht man mit Löschpulver oder mit trockenem Sand.

Zum Löschen von brennender Kleidung eignet sich Wasser, jeder Handfeuerlöscher oder eine Löschdecke.

Tabelle: Mindestabstände zwischen Löschmittelaustrittsöffnung und unter Spannung stehenden Anlagenteilen (nach DIN VDE 0132)

Löschmittel	für Brandklasse	Mindestabstände in Metern bei Anlagen bis				
		1 kV	35 kV	115 kV	230 kV	400 kV
Kohlendioxid (CO_2)	B,C	1	3	3	4	5
Löschpulver	B,C	1	3	3	4	5
Luftschaum	A,B	3	Einsatz nur in spannungsfreien Anlagen zulässig			
Löschpulver	A,B,C	1				
Wasser: Sprühstrahl	A	1	3	3	4	5
Vollstrahl	A	5	5	6	7	8

Brandklassen:

A: Brände fester organischer Stoffe, z.B. Holz, Papier

B: Brände von flüssigen oder in der Hitze flüssig werdenden Stoffen, z.B. Benzin, Teer, Öle, Fette

C: Brände von Gasen, z.B. Wasserstoff, Acetylen, Erdgas

D: Brände von Metallen, z.B. Aluminium, Magnesium und seinen Legierungen

Wiederholungsfragen

1 **Welche Löschmittel werden bei elektrischen Anlagen eingesetzt?**

2 **Welche Gefahr entsteht beim Einsatz von CO_2 als Löschmittel?**

3 **Warum ist im Brandfall die Benutzung von Aufzügen verboten?**

3 Grundschaltungen

3.1 Reihenschaltung

Bei der Reihenschaltung sind die einzelnen Verbraucher, z. B. Glühlampen, so geschaltet, dass sie vom selben Strom nacheinander durchflossen werden. Die Reihenschaltung nennt man auch Hintereinanderschaltung.

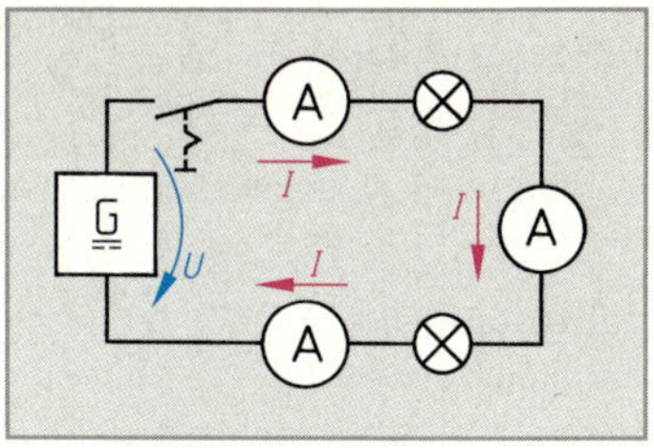

Bild 1: Reihenschaltung, Messen des Stromes

3.1.1 Gesetze der Reihenschaltung

Versuch 1: Schalten Sie zwei Glühlampen gleicher Leistung in Reihe an einen Spannungserzeuger. Messen Sie den Strom vor, zwischen und nach den beiden Verbrauchern **(Bild 1)**. Vergleichen Sie die Messergebnisse miteinander.

Alle Strommesser zeigen die gleiche Stromstärke an.

Die Stromstärke ist in der Reihenschaltung an allen Stellen gleich, weil der Strom sich bei dieser Schaltung nicht verzweigt.

In der Reihenschaltung fließt überall derselbe Strom.

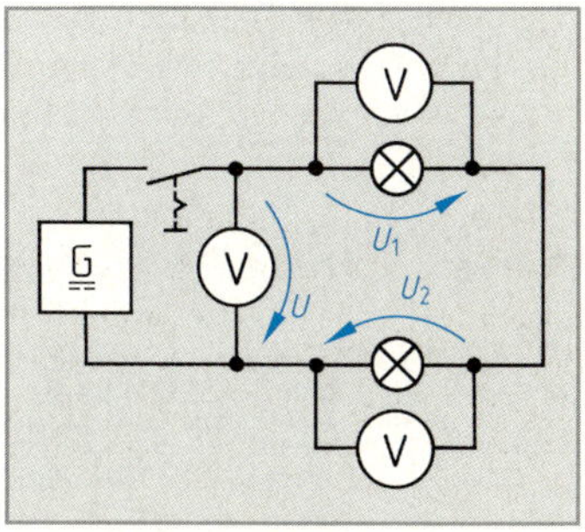

Bild 2: Reihenschaltung, Messen der Spannungen

Versuch 2: Schalten Sie zwei Verbraucher, z. B. zwei Glühlampen verschiedener Leistung, in Reihe an einen Spannungserzeuger und messen Sie alle Spannungen **(Bild 2)**. Vergleichen Sie diese Spannungen.

Die Teilspannungen an den Verbrauchern sind zusammen so groß wie die angelegte Spannung (Gesamtspannung).

$$U = U_1 + U_2 + ...$$

U angelegte Spannung
U_1, U_2 Teilspannungen

Bei der Reihenschaltung liegt an jedem Verbraucher ein Teil der Gesamtspannung. Die Gesamtspannung teilt sich an den einzelnen Widerständen auf (Spannungsteilung). Die Teilspannungen nennt man auch **Spannungsabfälle.**

Bei der Reihenschaltung ist die Summe der Teilspannungen an den Verbrauchern so groß wie die angelegte Spannung.

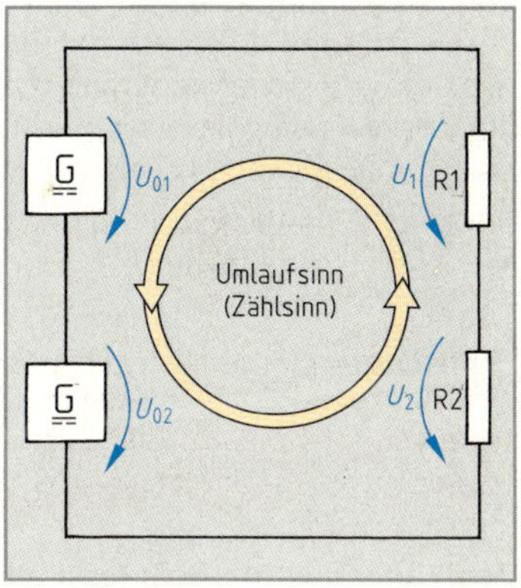

Bild 3: Masche

Erzeuger und Verbraucher in Versuch 2 sind so geschaltet, dass sie einen geschlossenen Weg, eine sogenannte Masche bilden. Allgemein können sich in einer Masche mehrere Verbraucher und mehrere Erzeuger befinden **(Bild 3)**. Auch die erzeugten Spannungen (Quellenspannungen, Seite 61) werden mit einbezogen.

Es gilt die **Maschenregel** (2. Kirchhoff'sche[1] Regel):

In einer Masche ist die Summe der Erzeugerspannungen (Quellenspannungen) und der Teilspannungen an den Verbrauchern null.

Maschenregel

$$\Sigma U = 0$$

$$U_{01} + U_{02} - U_1 - U_2 = 0$$

$$U_{01} + U_{02} + ... = U_1 + U_2 + ...$$

U_{01}, U_{02} Erzeugerspannungen
U_1, U_2 Verbraucherspannungen

Bei der Anwendung der Maschenregel sind die Vorzeichen (Zählrichtungen der Bezugspfeile) zu berücksichtigen.

Versuch 3: Wiederholen Sie Versuch 2, messen Sie aber auch die Stromstärke. Berechnen Sie aus Strom, Teilspannungen und Gesamtspannung die Widerstände der beiden Verbraucher und den Gesamtwiderstand der Reihenschaltung.

Der Gesamtwiderstand R der beiden Verbraucher ist gleich der Summe der Teilwiderstände R_1 und R_2.

$$\frac{U}{I} = \frac{U_1}{I} + \frac{U_2}{I} \quad \Rightarrow \quad R = R_1 + R_2$$

[1] Gustav R. Kirchhoff, deutscher Physiker, 1824 bis 1887

Bei der Reihenschaltung ist der Gesamtwiderstand gleich der Summe der Teilwiderstände.

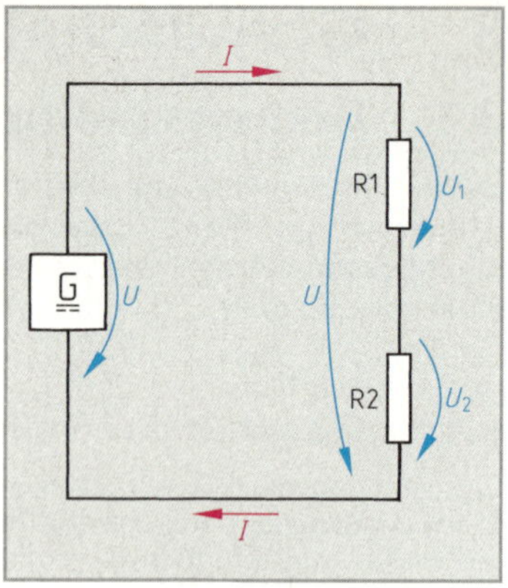

Bild: Strom, Spannungen und Widerstände in einer Reihenschaltung

Den gesamten Widerstand R einer Schaltung nennt man auch **Ersatzwiderstand.** Ein solcher Widerstand nimmt an der gleichen Spannung die gleiche Stromstärke auf wie die Teilwiderstände zusammen.

Beispiel: Zwei Widerstände, $R_1 = 27\,\Omega$ und $R_2 = 80\,\Omega$, sind in Reihe geschaltet und liegen an einer Spannung von 230 V. Berechnen Sie a) den Ersatzwiderstand, b) die Stromstärke und c) die Teilspannungen, die an den Teilwiderständen liegen.

a) $R = R_1 + R_2 = 27\ \Omega + 80\ \Omega = \mathbf{107\ \Omega}$

b) $I = \frac{U}{R} = \frac{230\ \text{V}}{107\ \Omega} = \mathbf{2{,}15\ A}$

c) $U_1 = I \cdot R_1 = 2{,}15\ \text{A} \cdot 27\ \Omega = \mathbf{58\ V}$
$U_2 = I \cdot R_2 = 2{,}15\ \text{A} \cdot 80\ \Omega = \mathbf{172\ V}$
$U = U_1 + U_2 = 58\ \text{V} + 172\ \text{V} = \mathbf{230\ V}$

$$R = R_1 + R_2 + \ldots$$

$$I_1 = I_2 \quad \Rightarrow \quad \frac{U_1}{R_1} = \frac{U_2}{R_2}$$

$$\frac{U_1}{U_2} = \frac{R_1}{R_2}$$

U	Gesamtspannung
U_1, U_2	Teilspannungen
R	Gesamtwiderstand (Ersatzwiderstand)
R_1, R_2	Teilwiderstände

Da in der Reihenschaltung überall derselbe Strom fließt, ist der Spannungsabfall am größten Widerstand am größten und der Spannungsabfall am kleinsten Widerstand am kleinsten.

Bei der Reihenschaltung fällt am größeren Widerstand auch die größere Spannung ab.

Vergleicht man die Werte der Teilspannungen und dann die der Teilwiderstände, so erkennt man, dass sich die Teilspannungen zueinander wie die Teilwiderstände verhalten **(Bild).**

$$\frac{U_1}{U_2} = \frac{R_1}{R_2}; \quad \frac{U}{U_1} = \frac{R}{R_1}$$

Diese Gesetze ergeben sich auch aus dem Gesetz für den Strom und aus dem Ohm'schen Gesetz.

Bei der Reihenschaltung verhalten sich die Spannungen wie die zugehörigen Widerstände.

Anwendungen der Reihenschaltung. Verbraucher, z. B. Glühlampen, werden selten in Reihe geschaltet. Fällt nämlich ein Verbraucher aus, so ist der Stromkreis unterbrochen. Bei Christbaumbeleuchtungen wird die Reihenschaltung jedoch angewendet. Um bei solchen Beleuchtungen zu verhindern, dass beim Durchschmelzen einer Lampenwendel der Stromkreis unterbrochen wird, überbrückt man jede Lampe mit einem Heißleiter. Beim Unterbrechen der Lampenwendel fließt dann ein größerer Strom durch den Heißleiter, der sich dadurch mehr erwärmt. Sein Widerstand verringert sich dann, sodass er als Stromweg für die ausgefallene Lampe dienen kann.

Spannungserzeuger, z. B. galvanische Elemente, können ebenfalls in Reihe geschaltet werden (Seite 61). Auch beim Fließen des elektrischen Stromes durch den menschlichen Körper liegt eine Reihenschaltung von Widerständen (Übergangs- und Durchgangswiderstände, Seite 40) vor.

Mehrere Aus-Taster, z. B. für die Sicherheitsschaltung bei Motoren, werden ebenfalls in Reihe geschaltet.

3.1.2 Vorwiderstände

Versuch: Schalten Sie eine Glühlampe 12 V/0,1 A in Reihe mit einem verstellbaren Widerstand von mindestens 150 Ω **(Bild 1)**. Achten Sie darauf, dass der gesamte Widerstandswert eingeschaltet ist. Legen Sie die Schaltung über ein Netzgerät an 24 V und stellen Sie den Widerstand so ein, dass der Strommesser 0,1 A anzeigt. Messen Sie die Spannung an der Lampe.

An der Glühlampe liegt eine Spannung von nur 12 V.

Elektrogeräte können durch Vorschalten eines Widerstandes (Vorwiderstand) an eine Spannung gelegt werden, die höher als ihre Nennspannung ist.

Man verwendet Vorwiderstände z. B. zum Herabsetzen des Anlaufstromes von Elektromotoren (Anlasser siehe Seite 319). Auch Glimmlampen, Spannungsprüfer mit eingebauter Glimmlampe sowie viele Halbleiterbauelemente, wie z. B. Z-Dioden zur Spannungsstabilisierung und Thyristoren, benötigen zur Strombegrenzung Vorwiderstände.

In Vorwiderständen wird Wärme erzeugt. Wegen dieser Nebenwirkung verwendet man die Spannungsreduzierung durch Vorwiderstände nur bei Verbrauchern mit kleiner Leistung.

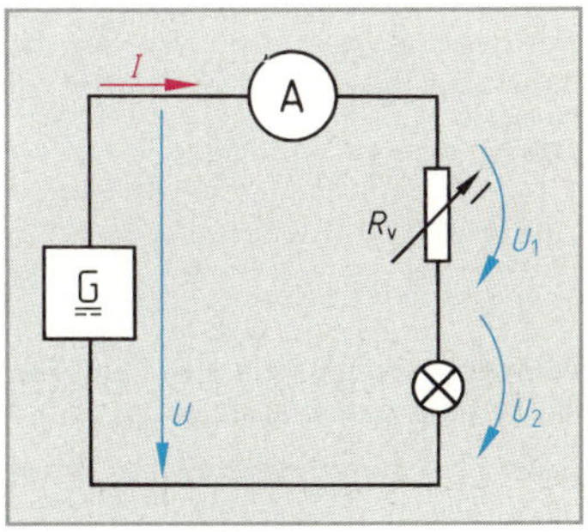

Bild 1: Vorwiderstand

3.1.3 Messbereicherweiterung bei Spannungsmessern

Spannungsmesser können Spannungen bis zum Messbereichendwert messen. Der **Messbereichendwert** ist der Messwert, bei dem der Zeiger Vollausschlag hat. Zum Messen von höheren Spannungen muss der Messbereich erweitert werden. Dem Messwerk (Seite 342) wird hierzu ein Vorwiderstand R_v vorgeschaltet **(Bild 2)**. Die Teilspannung U_m am Messwerk darf höchstens Vollausschlag bewirken. Die überschüssige Spannung U_v muss am Vorwiderstand abfallen. Die Spannung U_v ist also um die Spannung U_m kleiner als die Messspannung U.

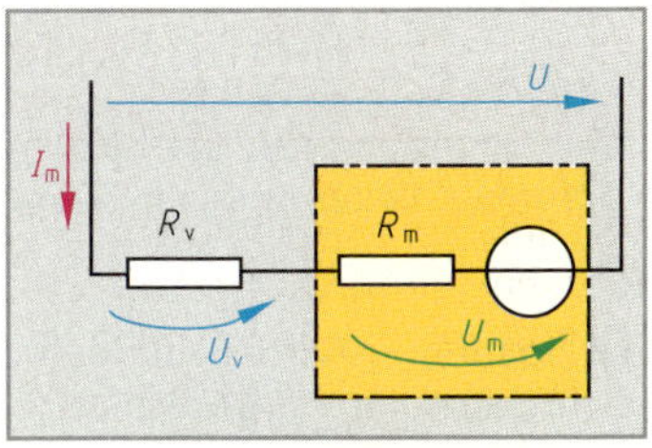

Bild 2: Messbereicherweiterung durch Vorwiderstand

Beispiel: Ein Messwerk hat bei 0,3 V und 0,6 mA Vollausschlag. Berechnen Sie den Vorwiderstand für einen Spannungsmesser mit einem Messbereich von 1,5 V.

$$R_v = \frac{U_v}{I_m} = \frac{U - U_m}{I_m} = \frac{1{,}5\,\text{V} - 0{,}3\,\text{V}}{0{,}6\,\text{mA}} = \mathbf{2\,k\Omega}$$

Bei Verdopplung des Messbereichs muss am Vorwiderstand eine gleich große Spannung wie am Messwerk abfallen. Der Vorwiderstand R_v ist dann gleich groß wie der Messwerkwiderstand R_m des Messwerks. Bei dreifachem Messbereich muss R_v doppelt so groß sein wie R_m und beim vierfachen Messbereich dreimal so groß.

Bei Erweiterung des Messbereichs auf das n-fache benötigt man also einen $(n-1)$fachen Widerstand. Der Vorwiderstand ist in diesem Fall $R_v = (n-1) \cdot R_m$.

$$R_v = \frac{U - U_m}{I_m}$$

$$R_v = (n-1) \cdot R_m$$

R_v Vorwiderstand
R_m Messwerkwiderstand
U Messspannung, zu messende Spannung
U_m Messwerkspannung bei Vollausschlag
I_m Messwerkstrom bei Vollausschlag
n Faktor der Messbereicherweiterung

3.1.4 Spannungsfall an Leitungen

Versuch 1: Schließen Sie eine Glühlampe 4,5 V/1 A über eine etwa 20 m lange Leitung aus Kupferdraht (∅ 0,6 mm) an ein Netzgerät an **(Bild)**. Messen Sie die Spannung an den Klemmen des Spannungserzeugers und die Spannung an der Glühlampe. Vergleichen Sie die Spannungen miteinander.

Die Spannung an der Lampe ist kleiner als die Spannung an den Klemmen des Spannungserzeugers.

Auch Leitungen haben einen Widerstand (Bild). Im Stromkreis sind Verbraucher und Leitung in Reihe geschaltet. Die angelegte Spannung verteilt sich auf die Hinleitung, den Verbraucher und die Rückleitung. An Hin- und Rückleitung fällt ein Teil der angelegten Spannung ab. Dieser sogenannte **Spannungsfall** ΔU an den Leitern, früher Spannungsabfall genannt (wie die Spannung an Vorwiderständen), steht dem Verbraucher nicht mehr zur Verfügung.

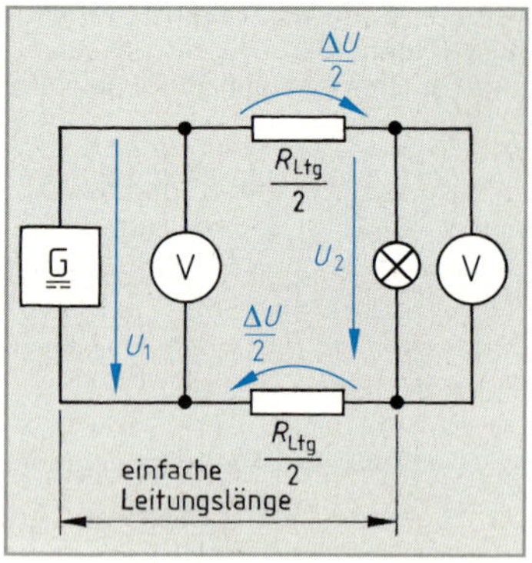

Bild: Spannungsfall in Leitungen

In jedem stromdurchflossenen Leiter fällt Spannung ab.

$$\Delta U = U_1 - U_2$$

Versuch 2: Wiederholen Sie Versuch 1 und schalten Sie parallel zu der Glühlampe eine zweite Lampe von 4,5 V/1 A.

Beim Einschalten der zweiten Lampe geht die Spannung noch weiter zurück.

$$\Delta U = I \cdot R_{Ltg}$$

$$\Delta u = \frac{\Delta U \cdot 100\,\%}{U}$$

Ein größerer Strom bewirkt in den Leitungen einen größeren Spannungsfall ΔU. Der Spannungsfall ist außer von der Stromstärke auch vom Leitungswiderstand R_{Ltg} abhängig.

Der Spannungsfall der Leitung wird umso größer, je größer der Strom im Leiter und je größer der Leiterwiderstand ist.

ΔU Spannungsfall
U_1 Spannung am Leitungsanfang
U_2 Spannung am Leitungsende
I Leiterstrom
R_{Ltg} Widerstand der Verbindungsleitungen
Δu prozentualer Spannungsfall

Der Spannungsfall in Leitungen verursacht Energieverluste, die in Wärme umgewandelt werden. Man versucht daher, ihn möglichst klein zu halten.

Der zulässige Spannungsfall in Leitungen ist vom VDE und von dem jeweiligen EVU vorgeschrieben.

Beispiel: Eine l = 10 m lange zweiadrige Leitung aus 1,5 mm² Kupfer ist mit 13 A belastet. Wie groß ist a) der Spannungsfall ΔU an dieser Leitung in V und b) der prozentuale Spannungsfall Δu in % der Netzspannung 230 V?

a) $R_{Ltg} = \frac{2 \cdot l}{\gamma \cdot A} = \frac{2 \cdot 10\text{ m}}{56\text{ m}/(\Omega \cdot \text{mm}^2) \cdot 1{,}5\text{ mm}^2} = 0{,}238\ \Omega$

$\Delta U = I \cdot R_{Ltg} = 13\text{ A} \cdot 0{,}238\ \Omega = \mathbf{3{,}1\ V}$

b) $\Delta u = \frac{\Delta U \cdot 100\,\%}{U} = \frac{3{,}1\text{ V} \cdot 100\,\%}{230\text{ V}} = \mathbf{1{,}35\ \%}$

Wiederholungsfragen

1 **Wie werden Verbraucher in Reihe geschaltet?**
2 **Vergleichen Sie bei der Reihenschaltung die Teilspannungen und die zugehörigen Widerstände.**
3 **Welcher Zusammenhang besteht bei einer Reihenschaltung zwischen Ersatzwiderstand und den Teilwiderständen?**
4 **Welche Aufgabe hat ein Vorwiderstand?**
5 **Welchen Nachteil haben Vorwiderstände?**
6 **Wie wird der Messbereich eines Spannungsmessers erweitert?**
7 **Erklären Sie den Begriff Spannungsfall.**
8 **Von welchen Größen hängt der Spannungsfall in einem Leiter ab?**

3.2 Parallelschaltung

Bei der Parallelschaltung sind jeweils alle Stromeintrittsklemmen und alle Stromaustrittsklemmen miteinander verbunden.

Versuch 1: Schalten Sie drei Verbraucher, z. B. Glühlampen, parallel an einen Spannungserzeuger. Messen Sie nacheinander die Spannungen am Spannungserzeuger und an jedem einzelnen Verbraucher **(Bild 1)** und vergleichen Sie die Messwerte miteinander.

Die Spannungen an den Verbrauchern und am Spannungserzeuger sind gleich groß.

> An parallel geschalteten Verbrauchern liegt dieselbe Spannung.

Durch die Parallelschaltung ist es möglich, gleichzeitig mehrere Verbraucher unabhängig voneinander an dieselbe Spannung anzuschließen. Daher schaltet man am Ortsnetz angeschlossene Verbraucher parallel.

Versuch 2: Schalten Sie drei parallel geschaltete Verbraucher, z. B. 3 Glühlampen 12 V/0,1 A, an einen Spannungserzeuger. Messen Sie nacheinander die Stromstärke in der Zuleitung und die Stromstärken der einzelnen Verbraucher **(Bild 2)**. Vergleichen Sie die Ströme miteinander.

Die Stromstärken in den einzelnen Verbrauchern ergeben zusammen die Stromstärke in der Zuleitung.

Der Strom in der Zuleitung verzweigt sich auf die einzelnen Verbraucher. Man nennt die Ströme in den einzelnen Verbrauchern **Zweigströme** oder Teilströme.

> Bei der Parallelschaltung ist der Gesamtstrom gleich der Summe der Teilströme (Zweigströme).

Punkte, an denen sich Ströme verzweigen, werden auch als **Knotenpunkte** bezeichnet. An einem Knotenpunkt können mehrere Ströme zufließen (positiv gezählt) und mehrere Ströme abfließen (negativ gezählt; **Bild 3**). Es gilt dann die **Knotenpunktregel** (1. Kirchhoff'sche Regel):

> An jedem Knoten ist die Summe der zufließenden Ströme so groß wie die Summe der abfließenden Ströme.

Versuch 3: Schalten Sie zwei verschieden große Widerstände parallel, z. B. 47 Ω und 100 Ω, und schließen Sie diese Widerstände an einen Spannungserzeuger an. Messen Sie nacheinander die Teilströme und vergleichen Sie die Messwerte mit den Widerständen.

Durch den größeren Widerstand fließt der kleinere Strom und durch den kleineren Widerstand der größere.

An den Widerständen liegt bei Parallelschaltung dieselbe Spannung. Deshalb verhalten sich die Teilströme umgekehrt wie die zugehörigen Widerstandswerte.

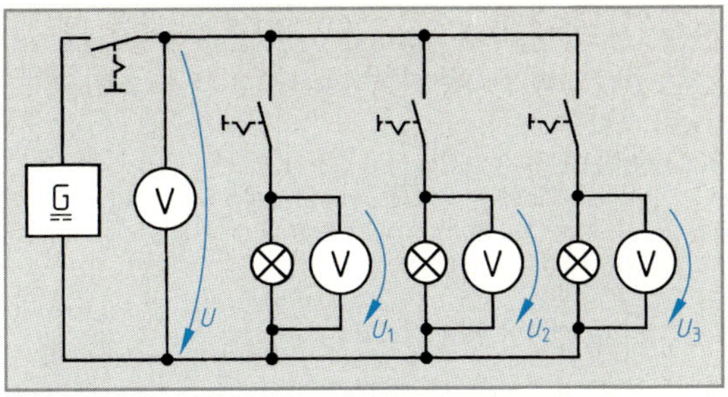

Bild 1: Parallelschaltung, Messen der Spannungen

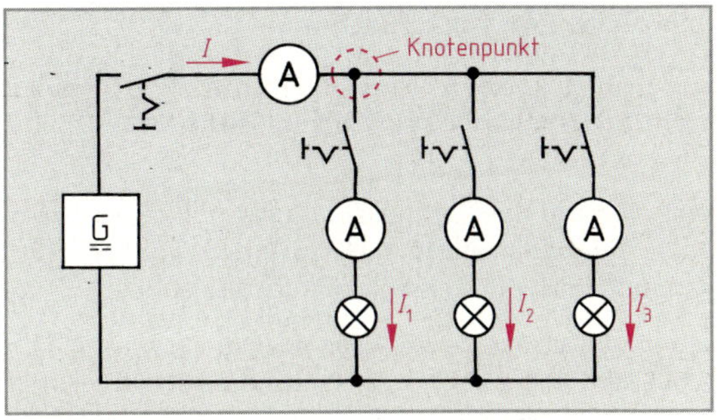

Bild 2: Parallelschaltung, Messen der Ströme

$$I = I_1 + I_2 + \dots$$

I Strom in der Zuleitung, Gesamtstrom
I_1, I_2 Zweigströme, Teilströme

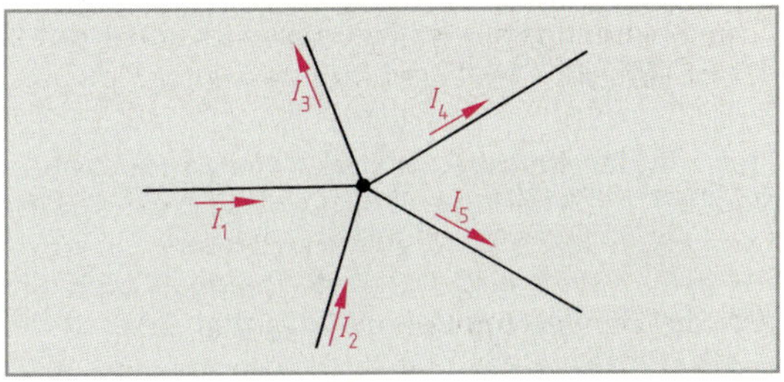

Bild 3: Knotenpunktregel

Knotenpunktregel (1. Kirchhoff'sche Regel)

$$\Sigma I = 0$$

$$\Sigma I_{zu} = \Sigma I_{ab}$$

$$I_1 + I_2 = I_3 + I_4 + I_5 + \dots$$

ΣI_{zu} Summe der zufließenden Ströme
ΣI_{ab} Summe der abfließenden Ströme

$$U_1 = U_2$$

$$I_1 \cdot R_1 = I_2 \cdot R_2$$

$$\frac{I_1}{I_2} = \frac{R_2}{R_1}$$

Bei der Parallelschaltung verhalten sich die Stromstärken umgekehrt wie die zugehörigen Widerstandswerte. Der größere Strom fließt also durch den kleineren (niederohmigeren) Widerstand.

Versuch 4: Schließen Sie einen Verbraucher, z. B. eine Glühlampe, an ein Netzgerät mit gleichbleibender (stabilisierter) Ausgangsspannung an. Messen Sie den Strom in der Zuleitung und die Spannung am Verbraucher. Schalten Sie nacheinander einen zweiten und dritten Verbraucher parallel, z. B. Glühlampen, und beobachten Sie die Anzeige von Spannungs- und Strommesser.

Bei der Parallelschaltung weiterer Verbraucher nimmt die Stromstärke in der Zuleitung zu, während die Spannung an den Verbrauchern gleich bleibt; der gesamte Widerstand der Parallelschaltung wird also kleiner.

Den gesamten Widerstand der Parallelschaltung nennt man auch **Ersatzwiderstand** R. Er kann die Teilwiderstände ersetzen. Bei gleicher Spannung nimmt er den gleichen Strom auf wie die parallel geschalteten Teilwiderstände zusammen.

Bei der Parallelschaltung ist der Ersatzwiderstand stets kleiner als der kleinste Teilwiderstand.

Wie sich bei der Parallelschaltung die Zweigströme zum Gesamtstrom summieren, so summieren sich auch die **Teilleitwerte** der einzelnen Zweige zum **Ersatzleitwert** der Parallelschaltung. Durch Parallelschalten wird der Leitwert also größer.

Bei der Parallelschaltung ist der Ersatzleitwert gleich der Summe der Teilleitwerte.

$$I = I_1 + I_2 + I_3 + \ldots$$

$$\frac{U}{R} = \frac{U}{R_1} + \frac{U}{R_2} + \frac{U}{R_3} + \ldots$$

$$\frac{1}{R} = \frac{1}{R_1} + \frac{1}{R_2} + \frac{1}{R_3} + \ldots$$

$$G = G_1 + G_2 + G_3 + \ldots$$

Beispiel 1: Berechnen Sie den Ersatzwiderstand R für $R_1 = 50\ \Omega$ und $R_2 = 100\ \Omega$ mit Hilfe der Teilleitwerte.

$$G_1 = \frac{1}{R_1} = \frac{1}{50\ \Omega} = \mathbf{20\ mS}; \quad G_2 = \frac{1}{R_2} = \frac{1}{100\ \Omega} = \mathbf{10\ mS}$$

$$G = G_1 + G_2 = 20\ \text{mS} + 10\ \text{mS} = 30\ \text{mS} = 0{,}03\ \text{S}$$

$$R = \frac{1}{G} = \frac{1}{0{,}03\ \text{S}} = \mathbf{33{,}3\ \Omega}$$

Statt mit den Kehrwerten der Widerstände rechnet man auch mit den Leitwerten.

Bei zwei verschieden großen, parallel geschalteten Widerständen lässt sich die Formel zur Berechnung des Ersatzwiderstandes R vereinfachen: $R = (R_1 \cdot R_2)/(R_1 + R_2)$.

Für 2 parallele Widerstände gilt:

$$\frac{1}{R} = \frac{1}{R_1} + \frac{1}{R_2}$$

$$\frac{1}{R} = \frac{R_1 + R_2}{R_1 \cdot R_2}$$

$$R = \frac{R_1 \cdot R_2}{R_1 + R_2}$$

Beispiel 2: Berechnen Sie den Ersatzwiderstand aus Beispiel 1 nach der Formel für zwei parallel geschaltete Widerstände.

$$R = \frac{R_1 \cdot R_2}{R_1 + R_2} = \frac{50\ \Omega \cdot 100\ \Omega}{50\ \Omega + 100\ \Omega} = \mathbf{33{,}33\ \Omega}$$

Bei n gleich großen Widerständen ist der Ersatzwiderstand der Parallelschaltung gleich dem n-ten Teil eines Teilwiderstandes, also $R = R_1/n$.

Für n gleiche parallele geschaltete Widerstände:

$$R = \frac{R_1}{n}$$

Anwendung der Parallelschaltung. Glühlampen, elektrische Haushaltsgeräte oder Elektromotoren werden für genormte Spannungen, z. B. 230 V, hergestellt. Sie werden daher parallel an das Netz geschaltet. Generatoren, Transformatoren und galvanische Elemente schaltet man parallel, wenn große Ströme geliefert werden sollen (Seite 61). Dabei muss jedoch Quellenspannung und Innenwiderstand der Spannungserzeuger beachtet werden. Zur Erweiterung des Meßbereiches von Strommessern schaltet man dem Strommesser einen Nebenwiderstand parallel (Seite 55).

G	Ersatzleitwert
G_1, G_2 ...	Teilleitwerte
R	Ersatzwiderstand
R_1, R_2 ...	Teilwiderstände
n	Anzahl gleicher Widerstände

3.3 Gemischte Schaltungen

In der Praxis kommen häufig Schaltungen vor, die Kombinationen von Reihenschaltungen und Parallelschaltungen sind. Solche Schaltungen nennt man **gemischte Schaltungen** oder Reihen-Parallel-Schaltungen. Man kann drei Widerstände z. B. nach **Bild 1 a,** schalten: In Reihe zu R1 liegt eine Parallelschaltung aus R2 und R3. Die drei Widerstände können aber auch aus einer Reihenschaltung von R1 und R2 bestehen, zu der ein Widerstand R3 parallel geschaltet ist **(Bild 2 a)**.

Man löst eine gemischte Schaltung auf, indem man zunächst die Ersatzwiderstände von Teilen einer echten Schaltung berechnet, z. B. R23 aus R2 und R3 **(Bild 1b)** bzw. R12 aus R1 und R2 **(Bild 2b)** und dann den Ersatzwiderstand *R* der ganzen Schaltung.

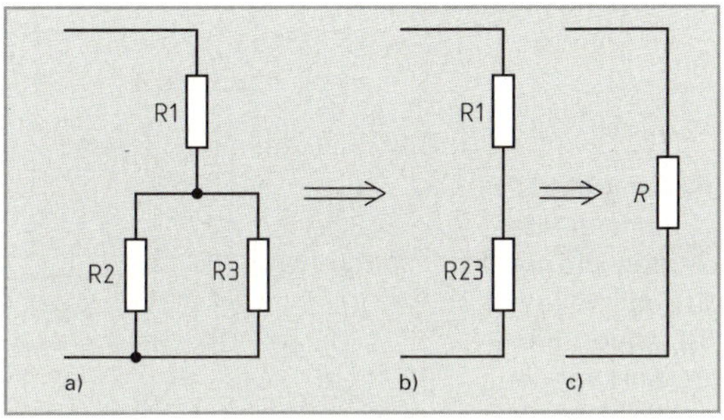

Bild 1: 1. Schaltungsmöglichkeit von drei Verbrauchern a) Grundschaltung, b) aufgelöste Schaltung, c) Ersatzschaltung

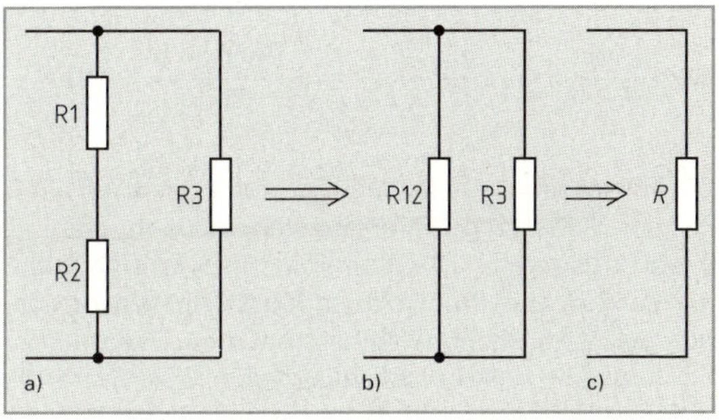

Bild 2: 2. Schaltungsmöglichkeit von drei Verbrauchern a) Grundschaltung, b) aufgelöste Schaltung, c) Ersatzschaltung

3.3.1 Spannungsteiler

Manche Elektrogeräte und elektronische Geräte benötigen eine Spannung, die von Null bis zur Höchstspannung einstellbar ist. So kann man z. B. die Helligkeit einer Glühlampe, den Arbeitspunkt eines Verstärkers oder die Drehzahl eines Gleichstrommotors durch Änderung der angelegten Spannung verstellen. Bei industriell gefertigten Geräten größerer Leistung, z. B. Lüfter, erzielt man eine nahezu verlustlose Einstellung der Spannung meist durch Thyristoren oder Stelltransformatoren. Bei Schaltungen mit kleiner Leistung, z. B. bei Verstärker-Eingängen, lässt sich die veränderbare Spannung auch durch eine Reihenschaltung von Festwiderständen **(Bild 3)** oder mit Stellwiderständen **(Potentiometer)** herstellen. Diese Schaltungen beruhen auf dem Prinzip der Spannungsteilung.

Der **Spannungsteiler** besteht aus zwei in Reihe geschalteten Widerständen R1 und R2 (Bild 3). An den beiden äußeren Anschlüssen der Reihenschaltung liegt die Spannung U; am Widerstand R2 wird die Teilspannung U_2, im Leerlauf die Leerlaufspannung U_{20} abgegriffen.

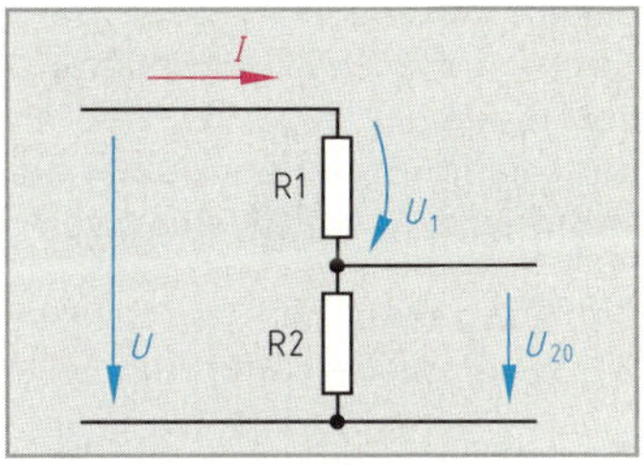

Bild 3: Fester, unbelasteter Spannungsteiler

Wird der Widerstand *R* mit einem verstellbaren Abgriff versehen, z. B. einem Schleifer, so kann man die Verbraucherspannung von Null bis zum Höchstwert stetig verändern **(Bild 4)**. Je nach Wert der Widerstände R1 und R2 bzw. der Stellung des Schleifers beim Potentiometer (Bild 4) erhält der Verbraucher eine unterschiedliche Teilspannung, z. B. in der Stellung des Schleifers bei Bild 4 ganz oben eine große Spannung, in der Schleiferstellung ganz unten jedoch keine Spannung.

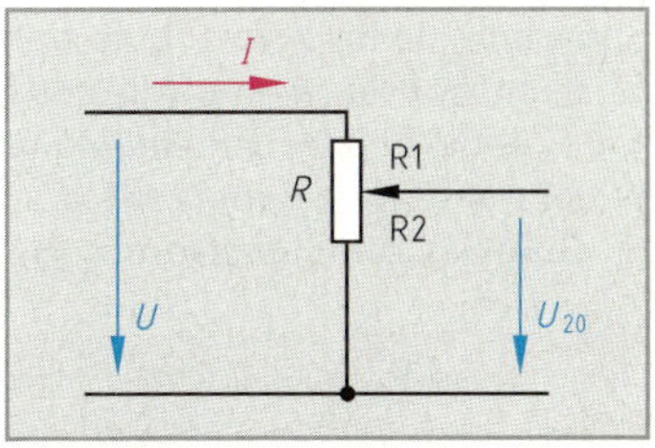

Bild 4: Stetig verstellbarer Spannungsteiler

> Mit einem stufenlos verstellbaren Widerstand (Potentiometer) kann man die Spannung am Verbraucher von Null bis zur Gesamtspannung einstellen.

Im Gegensatz zu Schaltungen mit einem Vorwiderstand kann man beim Spannungsteiler die Spannungsänderung auch im Leerlauf, d. h. ohne angeschlossenen Verbraucher, erreichen.

Man unterscheidet den unbelasteten und den belasteten Spannungsteiler.

Unbelasteter Spannungsteiler. Dem unbelasteten Spannungsteiler (Bild 3, Seite 53) wird kein Strom entnommen. Die Gesamtspannung U wird in die Teilspannung U_1 und U_{20} aufgeteilt. Die **Leerlaufspannung** U_{20} verhält sich zur Gesamtspannung U wie der Teilwiderstand R_2 zum Gesamtwiderstand $(R_1 + R_2)$.

Beispiel: Ein unbelasteter Spannungsteiler mit den Teilwiderständen $R_1 = 82\,\Omega$ und $R_2 = 220\,\Omega$ liegt an einer Gesamtspannung von $U = 40\,\text{V}$. Wie groß ist die Spannung am Widerstand R_2?

$$U_{20} = \frac{R_2}{R_1 + R_2} \cdot U = \frac{220\,\Omega \cdot 40\,\text{V}}{82\,\Omega + 220\,\Omega} = \frac{8\,800\,\Omega \cdot \text{V}}{302\,\Omega} = \mathbf{29{,}1\,V}$$

Die Teilspannungen lassen sich auch zeichnerisch bestimmen **(Bild 1)**. Für den Widerstand R_2 ergibt sich im Kennlinienfeld eine ansteigende Ursprungsgerade. Die Kennlinie für R_1 ist eine fallende Gerade, die auf der senkrechten Achse beim Kurzschlussstrom $I_k = U/R_1$ beginnt und auf der waagrechten Achse bei der Gesamtspannung endet. Der Schnittpunkt A **(Arbeitspunkt)** beider Geraden ergibt, projiziert auf die waagerechte Achse, die Spannungen U_{20} und in der Projektion auf die senkrechte Achse den Strom I.

Belasteter Spannungsteiler. Ein Spannungsteiler ist belastet, wenn ein Verbraucher angeschlossen und ein Strom entnommen wird **(Bild 2)**.

Versuch: Bauen Sie die Spannungsteilerschaltung **Bild 3** mit einem Stellwiderstand $R = 100\,\Omega$ auf. Legen Sie eine Spannung von 24 V an. Schalten Sie parallel zu R2 einen Lastwiderstand $R_L = 47\,\Omega$. Messen Sie die Spannungen und den Gesamtstrom bei geschlossenem und bei geöffnetem Schalter.

Bei geschlossenem Schalter ist die Spannung U_L kleiner und der Gesamtstrom größer als bei geöffnetem Schalter.

Durch den Lastwiderstand R_L fließt der Laststrom I_L und durch den Widerstand R2 der **Querstrom** I_q. Durch R1 fließt die Summe der beiden Ströme $I = I_L + I_q$. Bei Belastung wird der aufgenommene Strom größer, weil der Ersatzwiderstand der Parallelschaltung von R2 und R_L kleiner ist als R2. Damit wird aber auch der Ersatzwiderstand des Spannungsteilers kleiner als im unbelasteten Zustand. Der Querstrom erzeugt in R2 Verlustwärme.

Die Teilspannungen des belasteten Spannungsteilers verhalten sich wie der Vorwiderstand zum Ersatzwiderstand der Parallelschaltung.

Die Leerlaufspannung U_{20} ist die größte Ausgangsspannung des Spannungsteilers. Sie entsteht, wenn der Spannungsteiler unbelastet ist. Beim unbelasteten Spannungsteiler ergibt jede Verstellung des Schleifers eine entsprechende Leerlaufspannung U_{20}. Wird der Spannungsteiler belastet, so entspricht die Änderung der Spannung U_L nicht nur der Änderung des Schleifers. U_L hängt auch vom Lastwiderstand R_L ab. Der Stellwiderstand sollte daher etwa denselben Widerstandswert haben wie der Lastwiderstand oder kleiner sein als R_L. Dann ist der Querstrom I_q größer als der Laststrom I_L.

Die Ausgangsspannung U_L des belasteten Spannungsteilers ist umso stabiler, je größer der Querstrom I_q gegenüber dem Laststrom I_L ist (Querstromverhältnis, $q = I_q/I_L$, z. B. $q \geq 5$).

Für den unbelasteten Spannungsteiler gilt:

$$U_{20} = \frac{R_2}{R_1 + R_2} \cdot U$$

U	Gesamtspannung
U_{20}	Teilspannung bei Leerlauf (Leerlaufspannung)
R_1, R_2	Teilwiderstände

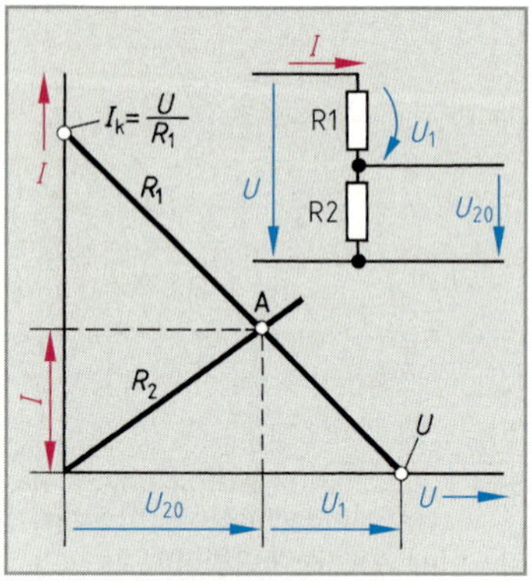

Bild 1: Bestimmung der Teilspannungen beim unbelasteten Spannungsteiler (Arbeitspunkt)

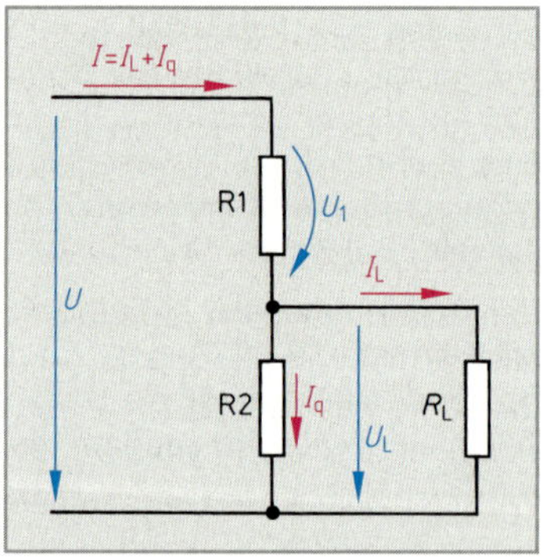

Bild 2: Belasteter Spannungsteiler

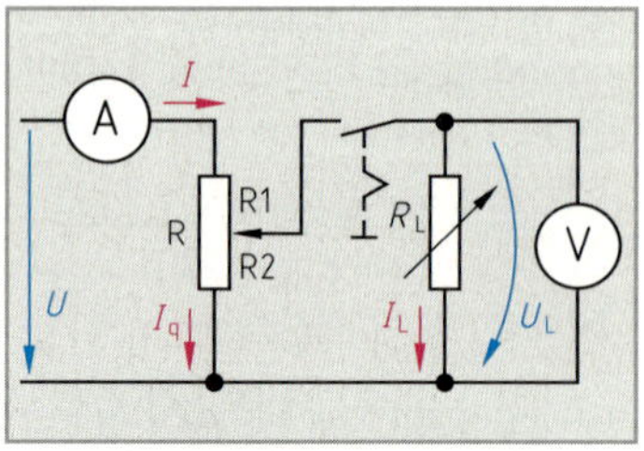

Bild 3: Messschaltung des belasteten Spannungsteilers

3.3.2 Messbereicherweiterung bei Strommessern

Soll mit einem Strommesser für z. B. 1 A ein größerer Strom gemessen werden, z. B. 3 A, so ist eine Messbereicherweiterung notwendig. Zur Messbereicherweiterung bei Strommessern wird einem Messwerk, z. B. einem Drehspulmesswerk, ein **Nebenwiderstand** R_p parallel geschaltet **(Bild 1)**. Der Nebenwiderstand soll den überschüssigen Strom I_p am Messwerk vorbeileiten. Der Strom I_p ist um den zum Vollausschlag nötigen Messwerkstrom I_m kleiner als der zu messende Strom I. Am Nebenwiderstand liegt die gleiche Spannung wie am Messwerk.

Beispiel: Ein Messwerk mit 100 Ω Widerstand hat bei einem Strom von 0,6 mA Vollausschlag. Wie groß ist der Nebenwiderstand für einen zu messenden Strom I = 6 mA, wenn am Messwerk eine Spannung $U = I_m \cdot R_m =$ = 0,6 mA · 100 Ω = 60 mV abfallen soll (Schaltung Bild 1)?

$$R_p = \frac{U}{I - I_m} = \frac{60\,\text{mV}}{6\,\text{mA} - 0{,}6\,\text{mA}} = \mathbf{11{,}1\,\Omega}$$

Zur Lösung der Aufgabe kann man auch von folgendem Ansatz ausgehen:

$$\frac{R_p}{R_m} = \frac{I_m}{I_p} = \frac{I_m}{I - I_m} \quad \Rightarrow \quad R_p = R_m \cdot \frac{I_m}{I - I_m} = 100\,\Omega \cdot \frac{0{,}6\,\text{mA}}{6\,\text{mA} - 0{,}6\,\text{mA}} = \mathbf{11{,}1\,\Omega}$$

Diese Formel verwendet man, wenn der Widerstand des Messwerks bekannt ist.

Man fertigt getrennte Nebenwiderstände für größere Ströme (6 A bis 1000 A) als Messgerätezubehör an. Sie sind so abgeglichen, dass beim Nennstrom eine Spannung von 45 mV (für Feinmessgeräte), eine Spannung von 60 mV oder 150 mV (für Betriebsmessgeräte) oder in Ausnahmefällen 300 mV abfällt. Die Nebenwiderstände sind aus temperaturunabhängigem Widerstandswerkstoff hergestellt, z. B. aus Manganin oder Nickelin.

Bei Drehspulmesswerken muss man zur Vermeidung von Temperaturfehlern dem Messwert einen Vorwiderstand in Reihe vorschalten, der mindestens dreimal so groß ist wie der Widerstand der Drehspule **(Bild 2)**.

Bei Strommessern mit mehreren Messbereichen können die Nebenwiderstände umschaltbar sein **(Bild 3)**. Diese Schaltung verwendet man jedoch selten, weil der Schalter Übergangswiderstände enthält, die zu den Nebenwiderständen in Reihe liegen. Für Mehrbereich-Strommesser benutzt man daher meist die **Ringschaltung (Bild 4)**. Dabei ist der Nebenwiderstand unterteilt und wirkt je nach Schalterstellung teils als Vor- und teils als Nebenwiderstand.

Wiederholungsfragen

1. **Wie schaltet man Verbraucher parallel?**
2. **Welchen Vorteil bietet die Parallelschaltung von Verbrauchern gegenüber der Reihenschaltung?**
3. **Wie verhalten sich bei der Parallelschaltung die Zweigströme zu den zugehörigen Widerständen?**
4. **Was versteht man unter dem Ersatzwiderstand?**
5. **Nach welcher Formel berechnet man den Ersatzwiderstand bei der Parallelschaltung?**
6. **Nennen Sie Anwendungsbeispiele für die Parallelschaltung.**
7. **Mit welcher Formel berechnet man die Teilspannungen beim unbelasteten Spannungsteiler?**
8. **Wodurch wird der Messbereich eines Strommessers erweitert?**

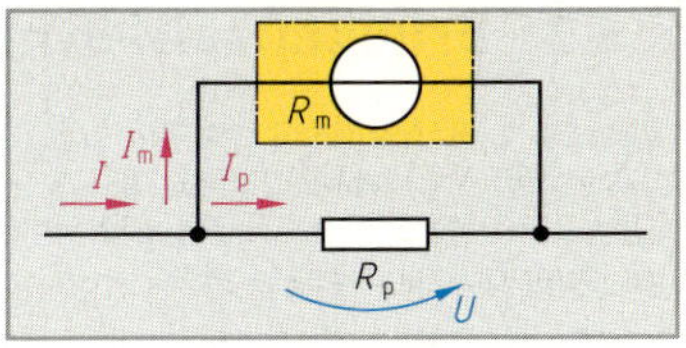

Bild 1: Messbereicherweiterung durch einen Nebenwiderstand

Für Vollausschlag:

$$R_p = \frac{U}{I_p}; \quad R_p = \frac{U}{I - I_m}$$

$$R_p = R_m \cdot \frac{I_m}{I - I_m}$$

R_p Nebenwiderstand (Parallelwiderstand)
U Spannung am Messwerk
I zu messender Strom
I_m Messwerkstrom (Strom bei Vollausschlag)
I_p Strom im Nebenwiderstand
R_m Widerstand des Messwerks

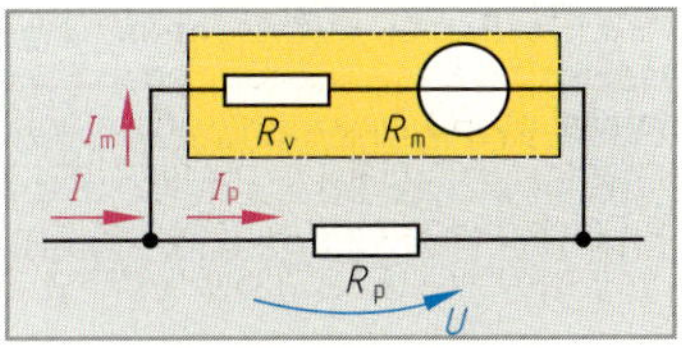

Bild 2: Drehspulmesswerk mit Vor- und Nebenwiderstand

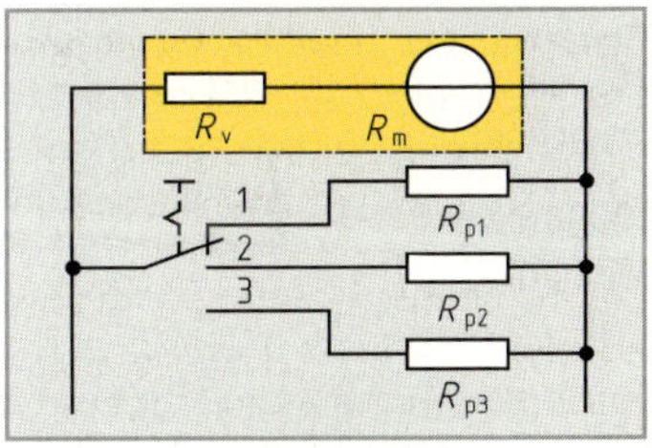

Bild 3: Strommesser mit umschaltbaren Nebenwiderständen

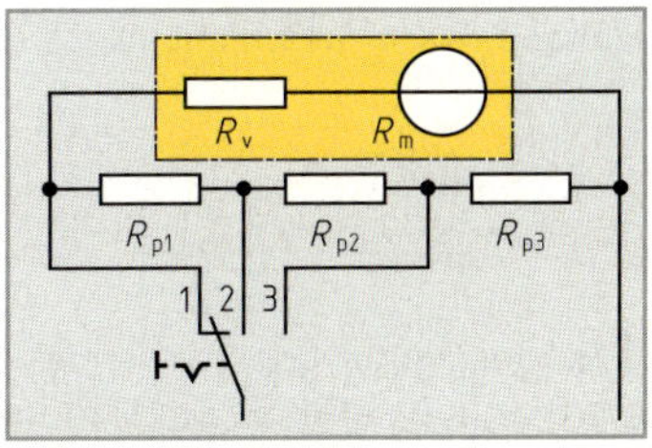

Bild 4: Strommesser in Ringschaltung

3.3.3 Brückenschaltung

Versuch 1: Schalten Sie 4 Widerstände, z. B. $R_1 = 75\,\Omega$, $R_2 = 75\,\Omega$ (einstellbarer Widerstand von max. 200 Ω), $R_3 = 50\,\Omega$ und $R_4 = 100\,\Omega$ nach **Bild 1** an eine Spannung von z. B. 10 V. Nehmen Sie als Messinstrument einen Spannungsmesser mit Nullpunkt in Skalenmitte.

Der Spannungsmesser zeigt einen Ausschlag. Es liegt also eine Spannung zwischen den Punkten C und D der Schaltung.

Versuch 2: Wiederholen Sie Versuch 1, stellen Sie aber dabei den Widerstand R2 auf den Wert 150 Ω ein.

Der Spannungsmesser zeigt keinen Ausschlag. Die Spannung zwischen den Punkten C und D ist also Null.

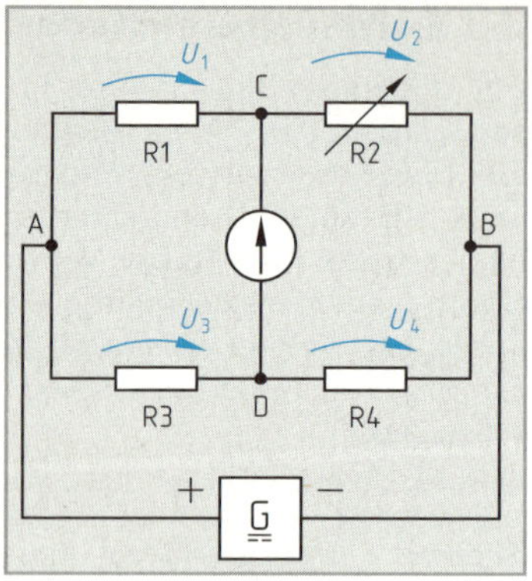

Bild 1: Grundschaltung von Messbrücken (Brückenschaltung)

Da bei Versuch 2 zwischen den Punkten C und D der Schaltung keine Spannung anliegt, muss der Spannungsabfall an R1 gleich dem Spannungsabfall an R3 und der Spannungsabfall an R2 gleich dem Spannungsabfall an R4 sein (Bild 1).

Eine Schaltung nach Bild 1 nennt man **Brückenschaltung.** Sie besteht aus der Parallelschaltung zweier Spannungsteiler. Die Verbindung der Punkte C und D der Brücke nennt man **Brückendiagonale.** Teilt der Spannungsteiler R1R2 die Spannung des Spannungserzeugers im gleichen Verhältnis auf wie der Spannungsteiler R3R4, so besteht zwischen den Punkten C und D keine Spannung (Nullpunktmethode). Die Widerstände R1 und R2 stehen also im gleichen Verhältnis zueinander wie die Widerstände R3 und R4. Man sagt, die Brücke ist abgeglichen.

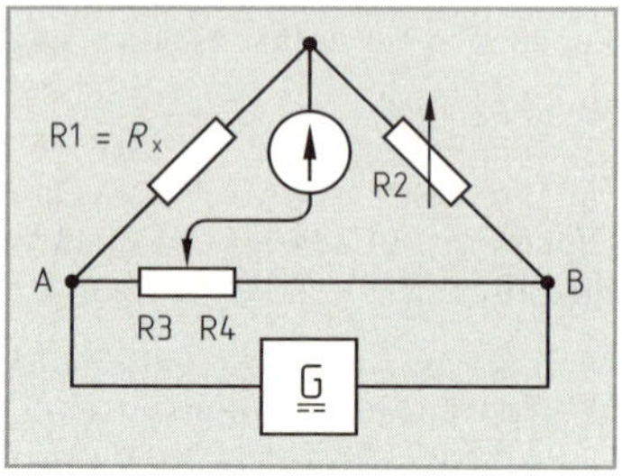

Bild 2: Schleifdraht-Messbrücke

Eine Brückenschaltung ist abgeglichen, wenn in der Brückendiagonalen kein Strom fließt, d. h. wenn das Widerstandsverhältnis in beiden Spannungsteilern gleich ist.

$$\frac{U_1}{U_2} = \frac{U_3}{U_4}$$

Abgleichbedingung:

$$\frac{R_1}{R_2} = \frac{R_3}{R_4}$$

R_1 unbekannter Widerstand (R_x)
R_2 Vergleichswiderstand (einstellbar)
R_3, R_4 Brückenwiderstände (Schleifdraht)

Mit Hilfe einer abgeglichenen Brückenschaltung kann man einen unbekannten Widerstand bestimmen.

Beispiel: Eine abgeglichene Messbrücke nach Bild 1 hat die Widerstände $R_2 = 40\,\Omega$, $R_3 = 25\,\Omega$ und $R_4 = 50\,\Omega$ sowie den unbekannten Widerstand R_x. Berechnen Sie R_x.

$$\frac{R_1}{R_2} = \frac{R_3}{R_4} \quad \Rightarrow \quad R_1 = R_x = \frac{R_2 \cdot R_3}{R_4} = \frac{40\,\Omega \cdot 25\,\Omega}{50\,\Omega} = \mathbf{20\,\Omega}$$

Zur Berechnung von R_1 genügt die Kenntnis von R_2 und dem Verhältnis von R_3 zu R_4. Man kann also die beiden Widerstände R_3 und R_4 durch einen stufenlos einstellbaren Widerstand (Drehwiderstand oder Schleifdraht mit Schleifer nach **Bild 2)** ersetzen. Diese Brückenschaltung zur Messung von Widerständen nennt man **Wheatstone'sche**[1] **Messbrücke.** Der Vergleichswiderstand R_2 (Normalwiderstand) ist meist umschaltbar. Damit kann man erreichen, dass sein Wert nicht zu stark vom Wert des unbekannten Widerstandes R_1 (R_x) abweicht. Messfehler werden dadurch verringert.

Das Ergebnis der Messung mit einer Messbrücke ist unabhängig von der Höhe der Versorgungsspannung.

Brückenschaltungen verwendet man vor allem in der Messtechnik sowie in der Steuerungs- und Regelungstechnik. Mithilfe der Widerstandsmessbrücke können Widerstände sehr genau gemessen werden.

[1] Charles Wheatstone, engl. Physiker, 1802 bis 1875

3.3.4 Widerstandsbestimmung durch Strom- und Spannungsmessung

Zur indirekten Widerstandsbestimmung mit einer Strom- und Spannungsmessung sind zwei Schaltungen möglich: die Spannungsfehlerschaltung **(Bild 1)** und die Stromfehlerschaltung **(Bild 2)**.

Bei der **Spannungsfehlerschaltung** (Bild 1) misst der Strommesser den Strom, der tatsächlich durch den Widerstand R fließt. Der Spannungsmesser zeigt aber eine Spannung an, die um den Spannungsabfall am Strommesser zu groß ist. Bei der Widerstandsberechnung nach dem Ohm'schen Gesetz erhält man daher einen zu großen Wert.

Falls der Innenwiderstand R_{iA} des Strommessers bekannt ist, lässt sich der berechnete Widerstandswert korrigieren. Der tatsächliche Wert des Widerstandes R ist um den Innenwiderstand R_{iA} des Strommessers kleiner als der berechnete Wert U/I.

Ist der zu messende Widerstand R wesentlich größer als der Innenwiderstand R_{iA} des Strommessers, so braucht man diesen Innenwiderstand nicht zu berücksichtigen.

Die Spannungsfehlerschaltung ist ohne Korrektur zur Ermittlung großer Widerstandswerte geeignet.

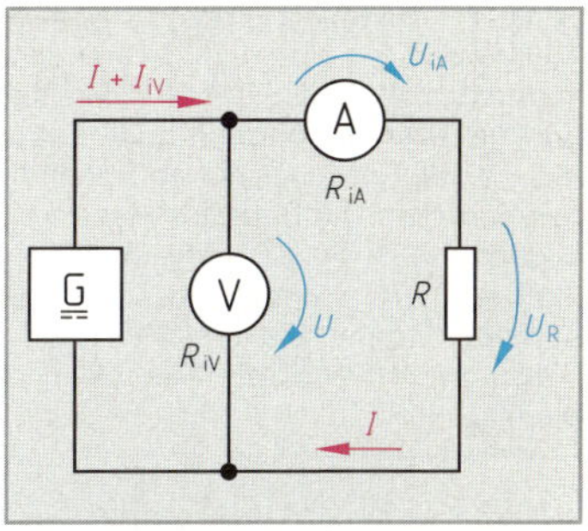

Bild 1: Spannungsfehlerschaltung (stromrichtige Schaltung)

Korrekturformel für die Spannungsfehlerschaltung:

$$R = \frac{U}{I} - R_{iA}$$

Bei der **Stromfehlerschaltung** (Bild 2) misst der Spannungsmesser die Spannung, die tatsächlich am Widerstand liegt. Der Strommesser zeigt jedoch einen Strom an, der um den Strom durch den Spannungsmesser zu groß ist. Bei der Widerstandsberechnung nach dem Ohm'schen Gesetz erhält man also einen zu kleinen Widerstandswert.

Ist der Innenwiderstand R_{iV} des Spannungsmessers bekannt, dann lässt sich der berechnete Widerstandswert korrigieren. Durch den Spannungsmesser fließt der Strom $I_{iV} = U/R_{iV}$. Durch den Widerstand fließt nur die Differenz von gemessenem Strom I und Strom I_{iV}.

Ist der Strom durch den Spannungsmesser wesentlich kleiner als der Strom durch den zu messenden Widerstand, z. B. bei digitalen Spannungsmessern, so braucht man den Strom durch den Spannungsmesser nicht zu berücksichtigen. Durch den Spannungsmesser fließt nur ein kleiner Teil des Stromes, wenn der Widerstand R viel kleiner als der Innenwiderstand R_{iV} des Spannungsmessers ist. Der Stromfehler kann in diesem Fall vernachlässigt werden.

Die Stromfehlerschaltung ist ohne Korrektur zur Ermittlung kleiner Widerstandswerte geeignet.

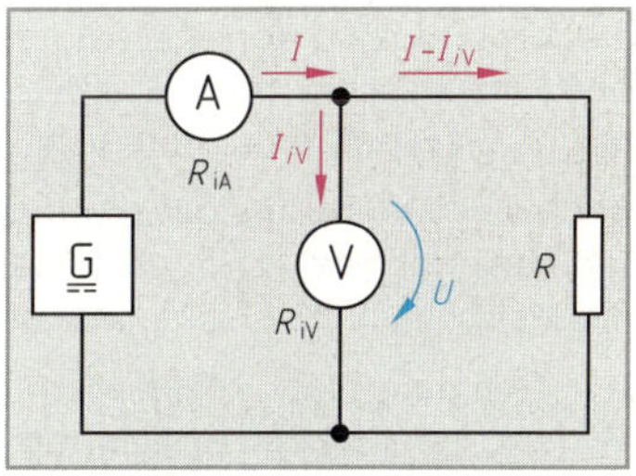

Bild 2: Stromfehlerschaltung (spannungsrichtige Schaltung)

Korrekturformel für die Stromfehlerschaltung:

$$R = \frac{U}{I - I_{iV}}$$

$$I_{iV} = \frac{U}{R_{iV}}$$

R zu bestimmender Widerstand
R_{iA} Innenwiderstand des Strommessers
R_{iV} Innenwiderstand des Spannungsmessers
I_{iV} Strom durch den Spannungsmesser
I gemessene Stromstärke
U gemessene Spannung

Wiederholungsfragen

1. **Was versteht man unter a) der Spannungsfehlerschaltung, b) der Stromfehlerschaltung?**
2. **In welchem Fall braucht man bei der Spannungsfehlerschaltung den Innenwiderstand des Strommessers nicht zu berücksichtigen?**
3. **Welche Schaltung wählt man am besten, wenn große Widerstandswerte gemessen werden sollen?**
4. **Welche Schaltung wählt man zur Ermittlung kleiner Widerstandswerte?**

3.4 Innenwiderstand von Spannungsquellen

3.4.1 Messungen an Spannungsquellen

Versuch: Schalten Sie drei 4,5-V-Normalbatterien (3 R 12) in Reihe. Messen Sie die Leerlaufspannung U_0 mit einem hochohmigen Spannungsmesser ($R_{iV} \approx 10\,M\Omega$) bei geöffnetem Schalter S1 **(Bild 1)**. Belasten Sie durch Schließen des Schalters die Batterien kurzzeitig und verschieden stark mit einem Drehwiderstand R_L (500 Ω). Messen Sie jeweils die Stromstärke I mit einem niederohmigen Strommesser ($R_{iA} \leq 0{,}1\,\Omega$) und die Spannung U an den Klemmen der Batterie. Tragen Sie die Messwerte erst in eine Tabelle und dann in ein Diagramm $U = f(I)$ ein. Berechnen Sie die abgegebene Leistung P für jede Belastung.

R_L in Ω	∞	50,1	20,1	10,1	6,1	4,1	3,1	2,1	1,1	0,6	0,1
I in A	0	0,24	0,55	0,94	1,33	1,67	1,91	2,24	2,71	3,02	3,42
U in V	13	12,1	11,0	9,5	8,1	6,8	5,9	4,7	3,0	1,8	0,34
P in W	0	2,9	6,0	8,9	10,8	11,4	11,3	10,5	8,1	5,4	1,2

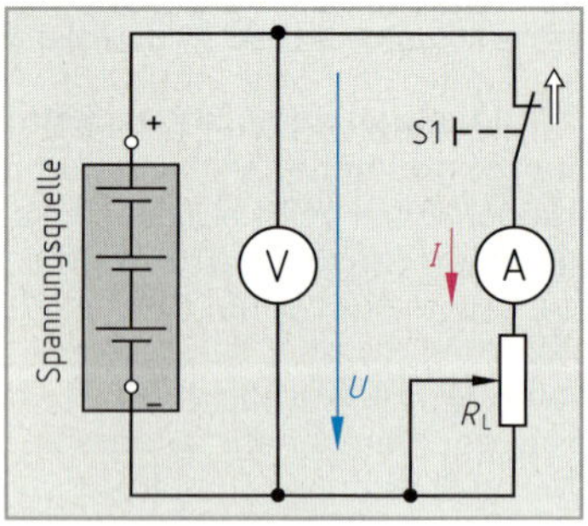

Bild 1: Messen des Innenwiderstandes

Bei wachsendem Laststrom I nimmt die Klemmenspannung U ab. Die Messpunkte der Kennlinie $U = f(I)$ liegen alle auf einer Geraden **(Bild 2)**.

Die $U(I)$-Kennlinie der Batterie beginnt mit der Leerlaufspannung U_0 an der Spannungsachse und endet mit dem Kurzschlussstrom I_k auf der Stromachse.

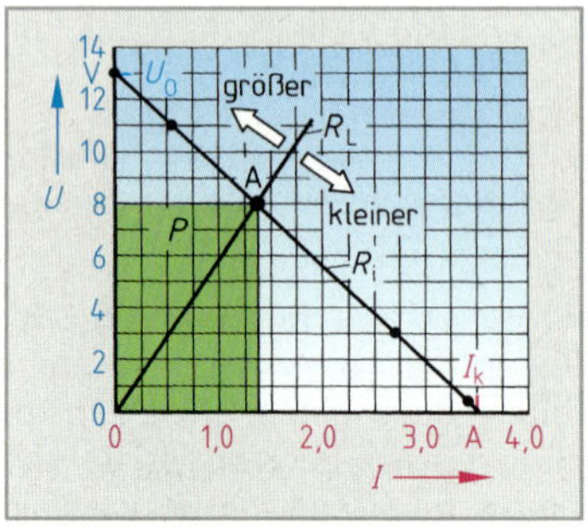

Bild 2: Lastkennlinie einer Spannungsquelle

Meist kann man den Kurzschlussstrom I_k nicht direkt messen. Überbrückt man nämlich die Klemmen der Spannungsquelle mit dem niederohmigen Strommesser, ist dessen Innenwiderstand R_{iA} immer noch im äußeren Stromkreis vorhanden. Manche, vor allem galvanische Erzeuger, kann man nicht kurzschließen, ohne sie zu schädigen.

In diesen Fällen zeichnet man die Kennlinie, sobald man sie als Gerade erkennt, und verlängert sie bis zur Stromachse. Der Schnittpunkt ist der gesuchte Kurzschlussstrom I_k.

Die Steigung der abfallenden Kennlinie ($\Delta U/\Delta I$) entspricht einem Widerstand, nämlich dem **Innenwiderstand** R_i, der Spannungsquelle.

$$R_i = \frac{U_0}{I_k}$$

R_i Innenwiderstand
U_0 Leerlaufspannung
I_k Kurzschlussstrom

Bei den galvanischen Elementen bildet der Elektrolyt den Innenwiderstand, bei Generatoren der Widerstand der Anker- bzw. Feldwicklungen.

Die Klemmenspannung von Spannungsquellen nimmt bei Belastung wegen des Innenwiderstands ab.

Im **Leerlauf** belastet kein Verbraucher die Spannungsquelle. Es fließt dabei auch kein Strom und die Quelle gibt die größtmögliche Spannung ab, die Leerlaufspannung U_0.

Bei **Kurzschluss** fließt der maximale Strom I_k. Die Spannung an den Klemmen der Spannungsquelle, die Klemmenspannung U, ist dabei null.

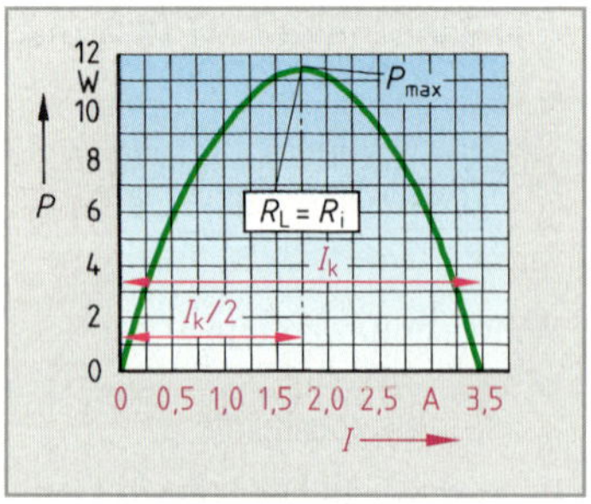

Bild 3: Leistungsabgabe einer Spannungsquelle

Bei **Belastung**, der Betriebsart zwischen Leerlauf und Kurzschluss, gibt die Quelle eine Leistung P an den Lastwiderstand R_L ab. In der Lastkennlinie (Bild 2) entspricht diese Leistung der Fläche des Rechtecks, das die Achsen und die Parallelen zu ihnen durch den Arbeitspunkt **A** begrenzen.

Mit zunehmender Belastung einer Spannungsquelle wächst die abgegebene Leistung P von null aus an, erreicht einen Höhepunkt P_{max} (bei $R_L = R_i$, Anpassung, Seite 60) und sinkt dann wieder ab **(Bild 3)**. Im Kurzschluss ist die an den Verbraucher gelieferte Leistung wieder null. Die Leistungskurve ist eine Parabel.

3.4.2 Ersatzspannungsquelle und Ersatzstromquelle

Versuch: Nehmen Sie die Lastkennlinie eines Spannungsteilers **(Bild 1)** auf. Stellen Sie hierzu mit dem Drehwiderstand verschiedene Laststromstärken I ein und messen Sie die zugehörigen Spannungen U. Zeichnen Sie mit den Werten die Kennlinie $U = f(I)$.

Alle Messpunkte liegen auf einer Geraden **(Bild 2).**

Ein Netzwerk aus Ohm'schen Widerständen, z. B. ein Spannungsteiler, hat dieselbe gerade Lastkennlinie (Bild 2) wie ein Spannungserzeuger, z. B. ein galvanisches Element oder ein Generator.

Die Steigung der Kennlinie entspricht dem Innenwiderstand $R_i = U_0/I_k$.

Ist nicht die ganze Kennlinie gezeichnet oder ist die Messung des Leerlaufs bzw. die des Kurzschlusses nicht möglich, läßt sich R_i auch aus dem Spannungsrückgang ΔU bei der Stromerhöhung ΔI berechnen: $R_i = \Delta U/\Delta I$.

Der Ersatz-Innenwiderstand eines Netzwerks (Bild 1) lässt sich durch Rechnung bestimmen. Er ist gleich dem Widerstand des Netzwerks bei kurzgeschlossener Quelle:

$$R_i = R_1 \parallel R_2 = \frac{R_1 \cdot R_2}{R_1 + R_2} = \frac{40\ \Omega \cdot 60\ \Omega}{40\ \Omega + 60\ \Omega} = \mathbf{24\ \Omega}$$

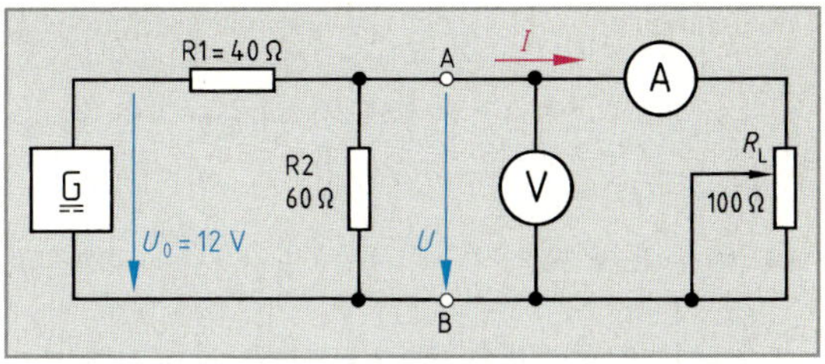

Bild 1: Messschaltung für belasteten Spannungsteiler

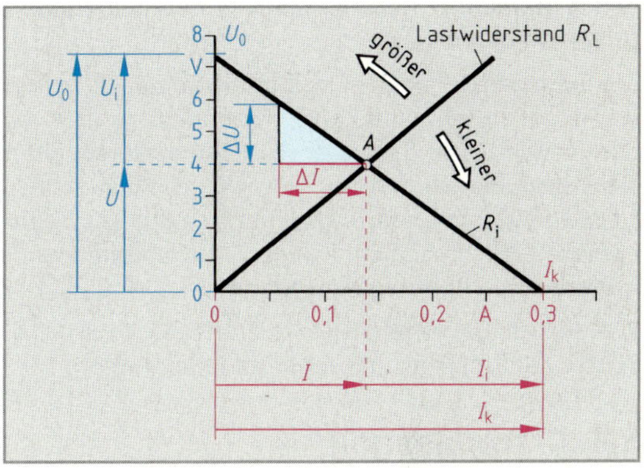

Bild 2: Lastkennlinie eines Spannungsteilers oder eines Spannungserzeugers

Das elektrische Verhalten eines Bauelements oder eines Netzwerks, dessen Klemmenspannung (zwischen A und B in Bild 1) in dem Maße zurückgeht wie die entnommene Stromstärke ansteigt, kann man durch eine Ersatzspannungsquelle oder durch eine Ersatzstromquelle deuten:

Die **Ersatzspannungsquelle (Bild 3)** liefert dauernd eine **Leerlaufspannung** U_0, die sich im Belastungsfall auf den Lastwiderstand R_L und den **in Reihe** geschalteten Innenwiderstand R_i aufteilt.

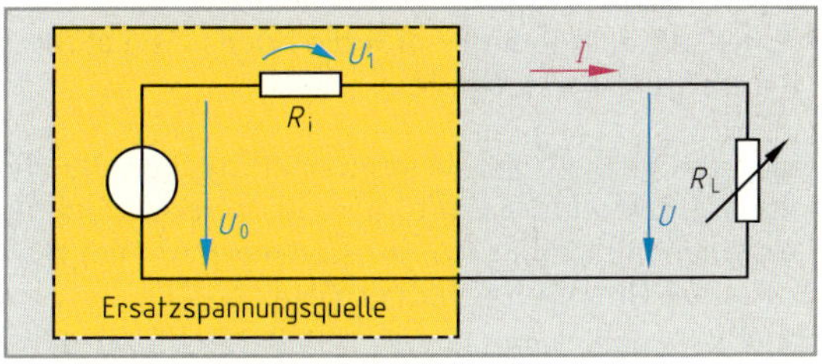

Bild 3: Ersatzspannungsquelle

Die Klemmenspannung U ist um den Spannungsabfall $U_i = I \cdot R_i$ kleiner als die Quellenspannung U_0.

$$U = U_0 - I \cdot R_i$$

U Klemmenspannung
U_0 Quellenspannung (Leerlaufspannung)
I Strom, Laststrom
R_i Innenwiderstand

Mit der Ersatzspannungsquelle zu rechnen ist sinnvoll, wenn der Lastwiderstand viel größer als der Innenwiderstand ist ($R_L \gg R_i$). Schwankungen des Lastwiderstands wirken sich dann kaum auf die Klemmenspannung aus (Konstantspannungsquelle mit „eingeprägter" Spannung). In der Energietechnik arbeitet man meist mit der Ersatzspannungsquelle.

Beispiel 1: Eine 9-V-Normalbatterie (6 F 22) gibt im Leerlauf die Spannung 9,3 V ab. Bei Kurzschluss entsteht eine Stromstärke von 2,9 A. a) Wie groß ist der Innenwiderstand? b) Auf welche Laststromstärke I ist zu begrenzen, wenn die Klemmenspannung bei Belastung um höchstens 0,8 V zurückgehen darf?

a) $R_i = \frac{U_0}{I_k} = \frac{9{,}3\ \text{V}}{2{,}9\ \text{A}} = \mathbf{3{,}2\ \Omega}$ b) $U = U_0 - I \cdot R_i \quad \Rightarrow \quad I = \frac{U_0 - U}{R_i} = \frac{0{,}8\ \text{V}}{3{,}2\ \Omega} = \mathbf{0{,}25\ A}$

Beispiel 2: Eine alkalische Zink-Braunstein-Monozelle hat eine Leerlaufspannung von 1,58 V. Bei Belastung durch einen Widerstand von 3 Ω fällt die Klemmenspannung auf 1,50 V ab. Welchen Innenwiderstand besitzt die Mono-Zelle?

$$I = \frac{U}{R_L} = \frac{1{,}50\ \text{V}}{3\ \Omega} = 0{,}5\ \text{A};$$

$$U = U_0 - I \cdot R_i \Rightarrow R_i = \frac{U_0 - U}{I} = \frac{1{,}58\ \text{V} - 1{,}50\ \text{V}}{0{,}5\ \text{A}} = \mathbf{0{,}16\ \Omega}$$

Die **Ersatzstromquelle (Bild 1)** stellt man sich vor, als liefere sie dauernd den **Kurzschlußstrom I_k**, der sich in den Laststrom I und in den Strom I_i durch den **parallel** geschalteten Innenwiderstand ($I = I_k - U/R_i$) verzweigt.

Die Ersatzstromquelle erweist sich als zweckmäßig, wenn der Innenwiderstand wesentlich größer als der Lastwiderstand ist ($R_i \gg R_L$). Dann unterscheidet sich der Laststrom kaum vom Kurzschlussstrom, Lastwiderstandsänderungen verursachen nur sehr geringe Stromschwankungen (Konstantstromquelle mit „eingeprägtem" Strom).

Das Ausgangsverhalten eines Transistors wird z. B. so mit der Ersatzstromquelle gut beschrieben.

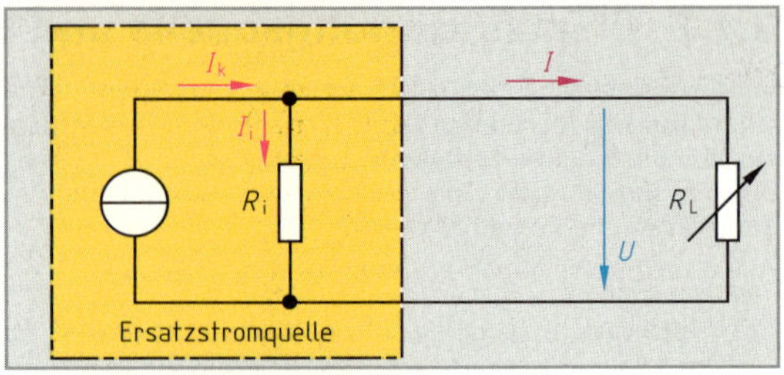

Bild 1: Ersatzstromquelle

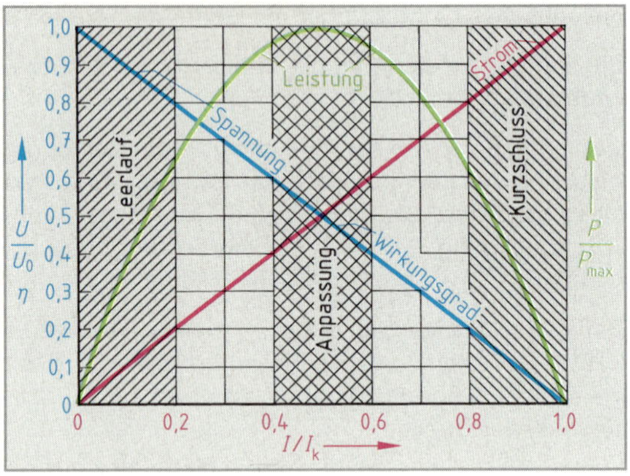

Bild 2: Anpassung des Verbrauchers an die Spannungsquelle

3.4.3 Anpassung

Leistungsanpassung

Eine Spannungsquelle gibt die höchste Leistung P_{max} ab, wenn die Lastspannung U nur halb so groß wie die Leerlaufspannung U_0 ist. Dabei fließt ein Strom I, der dem halben Kurzschlußstrom I_k entspricht **(Bild 2).**

> Eine Spannungsquelle gibt die höchste Leistung ab, wenn der Lastwiderstand ebenso groß ist wie der Innenwiderstand: $R_L = R_i$.

Die maximale Abgabeleistung beträgt nur die Hälfte der im ganzen Stromkreis umgesetzten Gesamtleistung. Die andere Hälfte wird im Innenwiderstand in Wärme umgewandelt. Der Wirkungsgrad η ist bei Leistungsanpassung 0,5. Im normierten[1] Diagramm (Bild 2) deckt sich die Wirkungsgradkurve mit der Kurve des Spannungsverhältnisses U/U_0.

Muß die maximale Leistung übertragen werden, wendet man die Leistungsanpassung an; z. B. beim Anpassen von Lautsprechern an Verstärkerausgänge.

Spannungsanpassung

Für den Anschluss von Verbrauchern in der Energietechnik verwendet man meist die Spannungsanpassung. Hierbei soll die Spannung stabil bleiben, auch wenn die Größe des Lastwiderstands schwankt. Außerdem erhält man einen hohen Wirkungsgrad.

> Eine Spannungsquelle gibt die höchste und stabilste Spannung ab, wenn der Lastwiderstand groß gegenüber ihrem Innenwiderstand ist: $R_L \gg R_i$.

Stromanpassung

Dabei ist der Lastwiderstand nur ein kleiner Teil des Gesamtwiderstandes im ganzen Stromkreis. Der Laststrom schwankt nur wenig, wenn sich der Lastwiderstand ändert.

> Eine Spannungsquelle liefert den maximalen Strom, wenn der Lastwiderstand klein gegenüber ihrem Innenwiderstand ist: $R_L \ll R_i$.

Die Stromanpassung wendet man z.B. in der Messtechnik an, wenn die Messsignale von den Widerstandsänderungen in der Übertragungsstrecke möglichst unabhängig sein sollen.

[1] normieren = vereinheitlichen, in einer bestimmten Art festlegen

3.4.4 Schaltungen von Spannungsquellen

Galvanische Primär- und Sekundärelemente schaltet man in Reihe oder parallel, um höhere Spannungen oder größere Ströme zu erhalten.

Versuch 1: Messen Sie die Leerlaufspannung und den Kurzschlussstrom einer Rundzelle, z.B. einer Mignonzelle R6, und ebenso bei einer Reihenschaltung aus drei dieser Zellen. (Der Kurzschlussstrom darf höchstens einige Sekunden lang fließen.)

Gegenüber einer Einzelzelle liefert die Reihenschaltung die dreifache Leerlaufspannung, aber den einfachen Kurzschlussstrom.

Für eine höhere Spannung schaltet man galvanische Elemente so in Reihe, dass sich immer positiver und negativer Pol abwechseln **(Bild 1)**. In der Reihenschaltung addieren sich die Leerlaufspannungen ebenso wie die Innenwiderstände.

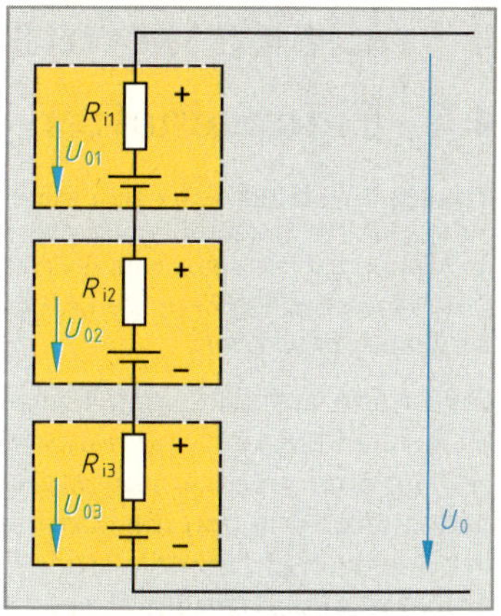

Bild 1: Reihenschaltung von Spannungsquellen

Bei der Reihenschaltung von Spannungsquellen summieren sich die Spannungen und die inneren Widerstände. Durch alle Erzeuger fließt derselbe Strom.

$$U_0 = U_{01} + U_{02} + \ldots$$

$$R_i = R_{i1} + R_{i2} + \ldots$$

U_0 Gesamt-Leerlaufspannung
U_{01}, U_{02} Teil-Leerlaufspannungen
R_i Gesamt-Innenwiderstand
R_{i1}, R_{i2} Teil-Innenwiderstände

Versuch 2: Schalten Sie die drei Zellen (Mignonzellen) aus Versuch 1 parallel und messen Sie die Leerlaufspannung und schnell den Kurzschlussstrom.

Die Parallelschaltung gibt gegenüber der Einzelzelle zwar die gleiche Leerlaufspannung, aber den dreifachen Kurzschlussstrom ab.

Bei der Parallelschaltung von galvanischen Elementen darf man immer nur gleichartige Pole miteinander verbinden **(Bild 2)**.

Bei der Parallelschaltung von Spannungsquellen summieren sich die Ströme und die inneren Leitwerte. Die Leerlaufspannungen und die Innenwiderstände der einzelnen Erzeuger müssen aber gleich groß sein.

Sind die Leerlaufspannungen parallel geschalteter Erzeuger und ihre Innenwiderstände unterschiedlich groß, fließen auch ohne Belastung der Schaltung Ausgleichsströme zu den Quellen niedrigerer Spannung. Dadurch nimmt die Lebensdauer der Zellen schnell ab. Deshalb vermeidet man in der Praxis, galvanische Elemente z. B. verschiedener Hersteller parallel zu schalten. Sollte dies doch einmal notwendig sein, müssen Dioden in Reihe zu jeder Spannungsquelle die Elemente entkoppeln.

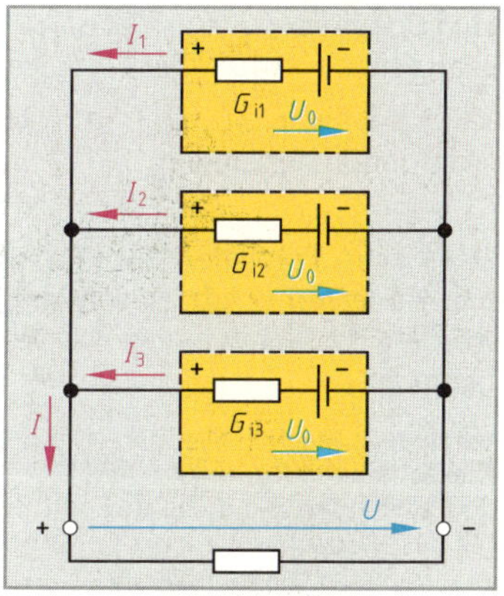

Bild 2: Parallelschaltung von Spannungsquellen

$$I_k = I_{k1} + I_{k2} + \ldots$$

$$G_i = G_{i1} + G_{i2} + \ldots$$

$$\frac{1}{R_i} = \frac{1}{R_{i1}} + \frac{1}{R_{i2}} + \ldots$$

I_k gesamter Kurzschlussstrom
I_{k1}, I_{k2} Teil-Kurzschlussströme
G_i Gesamt-Innenleitwert
G_{i1}, G_{i2} Teil-Innenleitwerte

Wiederholungsfragen

1. **Erklären Sie die Begriffe Leerlaufspannung und Quellenspannung eines Spannungserzeugers.**
2. **Welcher Zusammenhang besteht zwischen Innenwiderstand, Leerlaufspannung und Kurzschlussstrom eines Spannungserzeugers?**
3. **Wie verhält sich eine Spannungsquelle bei**
   a) Spannungsanpassung,
   b) Stromanpassung und
   c) Leistungsanpassung?
4. **Unter welchen Bedingungen ist es zweckmäßig, mit einer**
   a) Ersatzspannungsquelle oder
   b) mit einer Ersatzstromquelle zu rechnen?
5. **Nennen Sie die Gesetze für Spannungen, Ströme und Innenwiderstände bei der**
   a) Reihenschaltung und
   b) Parallelschaltung von Spannungsquellen.

4 Elektrisches Feld und Kondensator

4.1 Eigenschaften

Versuch 1: Verbinden Sie eine Metallkugel mit dem Schirm eines Bandgenerators **(Bild 1)**. Treiben Sie nun den Bandgenerator an und lassen Sie auf den geladenen Schirm einen kleinen Wattebausch fallen.

Der Wattebausch springt auf gebogenen Bahnen zwischen dem Schirm und der Kugel hin und her.

Fällt Watte auf die negativ geladene Elektrode, so wird sie dort mit Elektronen beladen und nimmt die gleiche Ladung wie die Elektrode an. Dadurch wird sie abgestoßen. Die Watte fliegt zur positiv geladenen Elektrode und transportiert hierbei Elektronen. Beim Berühren der positiven Elektrode werden Elektronen abgesaugt. Die Watte wird umgeladen und erneut abgestoßen. Sie fliegt zwischen Schirm und Kugel hin und her. Auf die Watte wirken also einmal Anziehungs- und einmal Abstoßungskräfte.

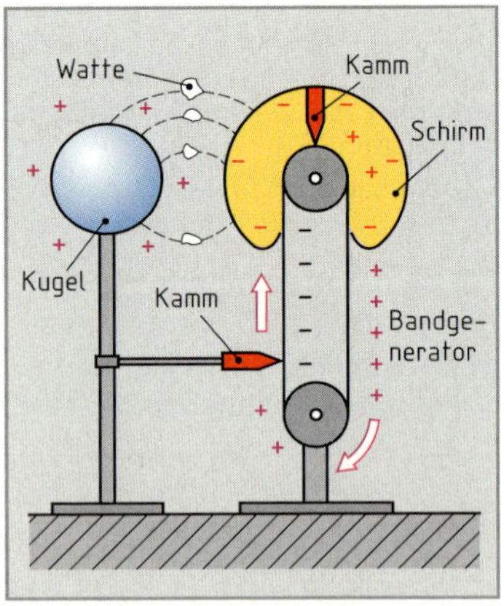

Bild 1: Hin- und herfliegende Watteflocken zeichnen Feldlinien nach

Im Raum zwischen positiv und negativ geladenen Elektroden herrscht ein elektrisches Feld, das Kräfte auf elektrische Ladungen ausübt.

Ein geladenes Teilchen bewegt sich im elektrischen Feld entlang einer Linie. Solche Linien in Richtung der auftretenden Kräfte nennt man **elektrische Feldlinien.** Ein elektrisches Feld läßt sich also durch Feldlinien darstellen. Für die elektrischen Feldlinien ist ein Richtungssinn festgelegt: Die Feldlinien zeigen in Richtung der Kraft, die auf ein positiv geladenes Teilchen wirkt.

Aus positiver Ladung treten elektrische Feldlinien aus, in negative Ladung treten sie ein.

Elektrische Feldlinien können sichtbar gemacht werden. Dazu wird z. B. Kunststoffstaub zwischen geladene Elektroden gestreut. Häufig werden Feldlinien auch mit Hilfe von Grieß in Rizinusöl sichtbar gemacht.

Versuch 2: Machen Sie ein elektrisches Feld sichtbar, indem Sie z. B. in eine Glasschale mit Rizinusöl etwas Grieß geben. Tauchen Sie zwei Elektroden ein und verbinden Sie diese mit den Polen eines Bandgenerators. Wiederholen Sie den Versuch mit anders geformten Elektroden.

Die Grießkörner ordnen sich unter dem Einfluss des elektrischen Feldes entsprechend dem Feldlinienverlauf. Sie zeigen ein Schnittbild durch das räumliche Feld **(Bild 2).**

Elektrische Felder zwischen verschieden geformten Elektroden mit unterschiedlicher elektrischer Ladung haben verschiedene Formen. Ein elektrisches Feld wird als **homogen** (gleichmäßig) bezeichnet, wenn die Feldlinien parallel verlaufen und gleiche Dichte, d. h. gleichen Abstand zueinander haben **(Bild 2a)**. Ein homogenes elektrisches Feld ist z. B. zwischen den parallelen Platten eines Kondensators vorhanden, wenn der Plattenabstand klein ist.

In vielen elektrischen Feldern verlaufen die Feldlinien nicht parallel und der Abstand zwischen den Feldlinien ist unterschiedlich **(Bild 2b)**. Dieses elektrische Feld wird **inhomogen** (ungleichmäßig) genannt. Weiterhin sind im Bild 2b in der Nähe der runden Elektrode die Feldlinien dichter als an der plattenförmigen Elektrode.

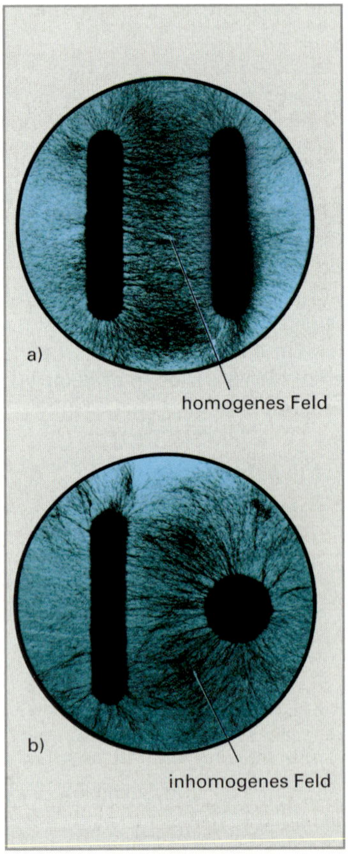

Bild 2: Arten von Feldlinienbildern

4.2 Grundbegriffe

4.2.1 Elektrische Feldstärke

Versuch 1: Bringen Sie eine an einem Seidenfaden aufgehängte und geladene, kleine Styroporkugel oder eine geladene, kleine Aluminiumkugel zwischen zwei Kondensatorplatten eines Experimentierkondensators **(Bild 1)**. Schließen Sie den Versuchskondensator an eine einstellbare Hochspannungsquelle von einigen Kilovolt an. Verändern Sie die Spannung.

Die Kugel wird umso mehr abgelenkt, je größer ihre Ladung ist.

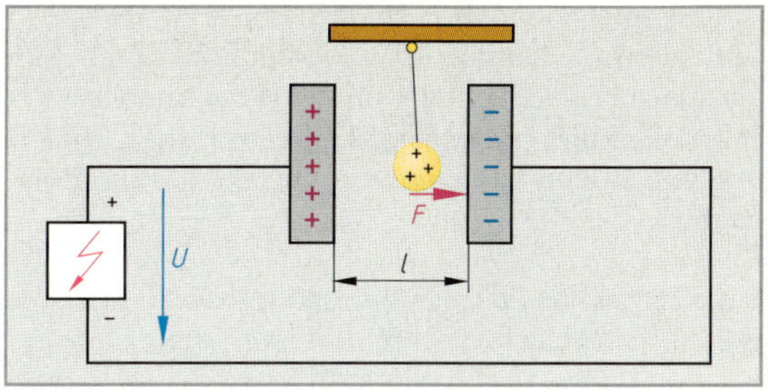

Bild 1: Kraftwirkung im elektrischen Feld

Die Kraft F auf eine Ladung Q im elektrischen Feld wächst im gleichen Maße wie die Größe der Ladung. Die Größe F/Q ist somit konstant und nur von der Stärke des elektrischen Feldes abhängig. Sie wird als elektrische Feldstärke E bezeichnet.

Die elektrische Feldstärke ist ein Maß für die Kraft auf eine Ladung im elektrischen Feld.

$$[E] = \frac{\text{N}}{\text{As}}$$

$$E = \frac{F}{Q}$$

E Elektrische Feldstärke
F Kraft
Q Elektrische Ladung

Ein elektrisches Feld entsteht z. B. zwischen entgegengesetzt geladenen Körpern. Zwischen diesen besteht auch eine Spannung. Für das homogene Feld, z. B. beim Plattenkondensator, stimmt die Größe F/Q mit der Größe U/l überein.

$$[E] = \frac{\text{V}}{\text{m}} = \frac{\frac{\text{VAs}}{\text{m}}}{\text{As}} = \frac{\frac{\text{Ws}}{\text{m}}}{\text{As}} = \frac{\text{N}}{\text{As}}$$

$$E = \frac{U}{l}$$

E Elektrische Feldstärke
U Spannung
l Plattenabstand

4.2.2 Elektrische Influenz

Versuch 2: Bringen Sie zwei dünne, metallische und elektrisch neutrale Probeplatten an Isoliergriffen zwischen die größeren Platten eines geladenen Experimentierkondensators **(Bild 2)**.

Mit einem Ladungsmesser, z. B. einem Elektroskop, wird nachgewiesen, dass die linke und die rechte Probeplatte gleich große, aber entgegengesetzte Ladungen an das Messgerät abgeben.

Solche Beeinflussung der Ladungen nennt man elektrische **Influenz**[1]. Das durch Influenz entstandene elektrische Feld wirkt dem ursprünglichen Feld entgegen.

Influenz ist das Trennen bzw. Verschieben elektrischer Ladungen durch ein elektrisches Feld.

Influenzerscheinungen gibt es bei Leiterwerkstoffen und bei Isolierstoffen.

Die Probeplatten werden unter dem Einfluss des elektrischen Feldes polarisiert **(Bild 3)**. *Berühren die Probeplatten einander im Feld, so wandern die Ladungen* **(Bild 4)**. *Nach Trennung der beiden Probeplatten im Feld bleiben ihre Ladungen erhalten* **(Bild 5)**.

Zwischen den Probeplatten entsteht ein feldfreier Raum.

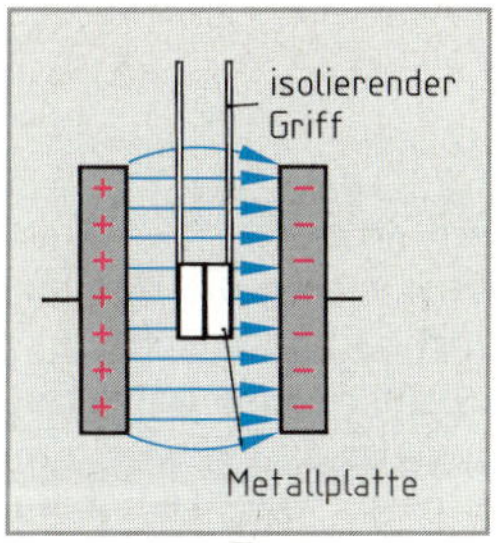

Bild 2: Metallplatten im elektrischen Feld

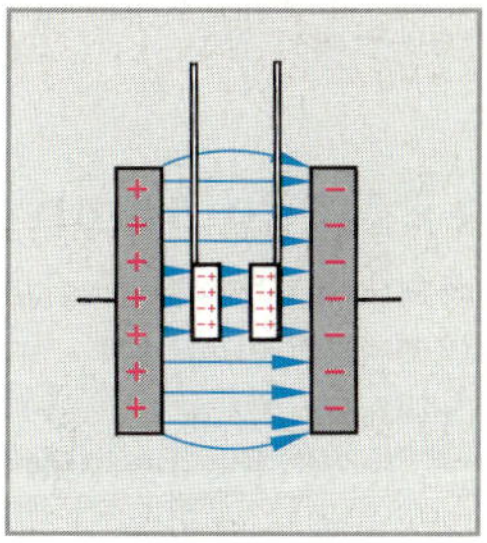

Bild 3: Influenz

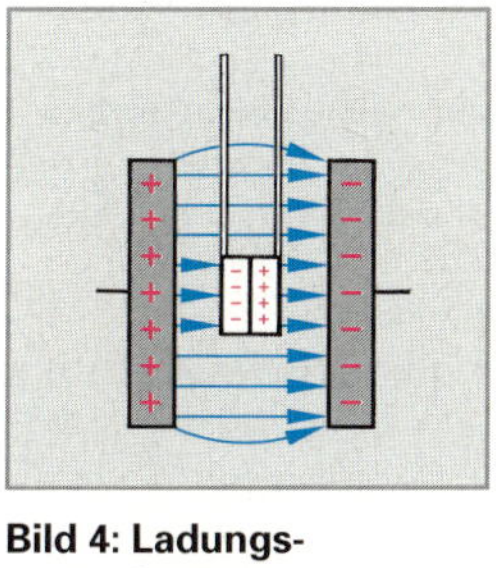

Bild 4: Ladungstrennung

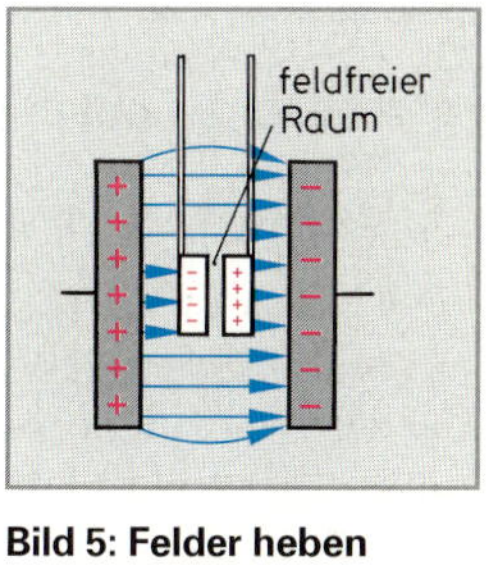

Bild 5: Felder heben sich auf

[1] von influere (lat.) = hineinströmen, hineinfließen

Isolierstoffe haben fast keine freien Elektronen. In Isolierstoffen werden die Ladungen durch ein elektrisches Feld nicht getrennt wie bei metallischen Teilen, sondern nur geringfügig verschoben **(Bild 1)** und ausgerichtet. Diesen Vorgang nennt man **Polarisation.**

Ein elektrisches Feld benötigt zum Aufbau Energie. Bei der Ladungstrennung in einem Leiter oder bei der Polarisation im Isolierstoff werden unter dem Einfluss des elektrischen Feldes die negativen elektrischen Ladungen (Elektronen) um einen Weg s mit der Kraft F gegen die Feldrichtung bewegt. In der Ladung ist dann die Arbeit $W = F \cdot s$ gespeichert. Im elektrischen Feld sind beim gleichen Material die Einflüsse durch Influenz umso größer, je größer die elektrische Feldstärke ist. Beim Entladen wird die gespeicherte Energie wieder frei.

Die Influenz wird bei Metallen benutzt, um eine Abschirmung elektrischer Felder zu erreichen **(Bild 2)**. Zur Abschirmung werden z. B. Kupfer oder Aluminium in Form von Blechen, Gittern oder Geflechten verwendet. Ein **Faraday'scher**[1] **Käfig (Bild 3)** ist im Innern feldfrei. Auch das Innere eines Autos aus Stahlblech ist feldfrei. Abgeschirmte Leitungen erhalten ein Metallgeflecht zwischen Aderisolation und Leitungsmantel.

Elektrische Felder kann man durch geerdete Drahtgitter, Drahtgeflechte oder Metallflächen abschirmen.

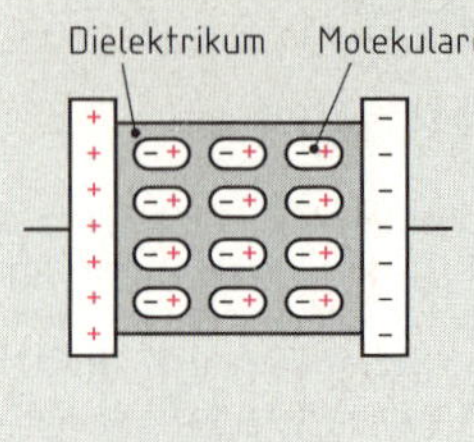

Bild 1: Polarisation im Isolierstoff

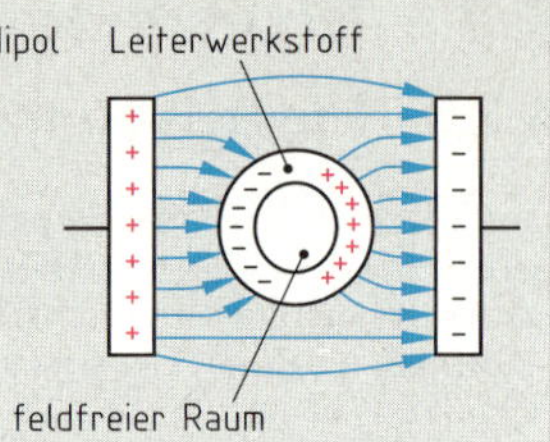

Bild 2: Abschirmung eines elektrischen Feldes

Bild 3: Faraday'scher Käfig

4.2.3 Coulomb'sches[2] Gesetz

Eine kugelförmige elektrische Ladung Q_1 übt auf eine gleichnamige, kugelförmige elektrische Ladung Q_2 eine abstoßende Kraft F aus. Die Kraft hängt von den Ladungen, vom Abstand sowie vom Werkstoff zwischen den Ladungen ab. Die Kraft wächst mit den Ladungen Q_1 und Q_2; sie verringert sich mit dem Quadrat des Abstandes r.

In Luft:

$$F = \frac{1}{4 \cdot \pi \cdot \varepsilon_0} \cdot \frac{Q_1 \cdot Q_2}{r^2}$$

$$F = K \cdot \frac{Q_1 \cdot Q_2}{r^2}$$

$$K = \frac{1}{4\pi \cdot \varepsilon_0} \approx 0{,}9 \cdot 10^{10}\,\frac{\text{Vm}}{\text{As}}$$

$$[F] = \frac{\text{Vm}}{\text{As}} \cdot \left(\frac{\text{As}}{\text{m}}\right)^2 = \frac{\text{VAs}}{\text{m}} = \frac{\text{Nm}}{\text{m}} = \text{N}$$

F Kraft
Q_1, Q_2 Ladungen
r Abstand der Ladungen
ε_0 Elektrische Feldkonstante

$$\varepsilon_0 = 8{,}85 \cdot 10^{-12}\,\frac{\text{As}}{\text{Vm}} = 8{,}85\,\frac{\text{pF}}{\text{m}}$$

Wiederholungsfragen

1. **Wodurch wird ein elektrisches Feld dargestellt?**
2. **Zeichnen Sie das Feldlinienbild eines Plattenkondensators.**
3. **Erklären Sie den Begriff homogenes elektrisches Feld.**
4. **Mit welcher Formel kann die elektrische Feldstärke im homogenen Feld berechnet werden?**
5. **Erklären Sie den Begriff Influenz.**
6. **Beschreiben Sie die Wirkung eines Faraday'schen Käfigs.**

[1] Michael Faraday, engl. Physiker, 1791 bis 1867
[2] Charles Augustin Coulomb, franz. Ingenieur, 1736 bis 1806

4.3 Kondensator im Gleichstromkreis

4.3.1 Verhalten des Kondensators

Ein Kondensator[1] besteht im Grundaufbau aus zwei elektrisch leitenden Belägen, z. B. Metallfolien, mit einem Isolierstoff dazwischen, dem **Dielektrikum (Bild 1)**.

Versuch 1: Schließen Sie einen Kondensator mit 10 μF über einen Strommesser mit Nullpunkt in Skalenmitte als Ersatz für einen Ladungsmesser an einen Umschalter **(Bild 2)**. Legen Sie die Reihenschaltung von Kondensator und Strommesser mit dem Umschalter zuerst an eine Gleichspannung von etwa 10 V (Laden). Schließen Sie dann den Kondensator und das Messinstrument durch Umlegen des Umschalters kurz (Entladen). Beobachten Sie den Zeigerausschlag des Messinstrumentes bei der Ladung und bei der Entladung.

Beim Laden schlägt der Zeiger des Strommessers kurzzeitig aus und geht dann in die Nullstellung zurück. Beim Entladen schlägt der Zeiger in entgegengesetzter Richtung kurzzeitig aus und geht dann wieder auf Null zurück.

Beim Laden fließt ein Ladestrom. Dann sperrt der Kondensator den Gleichstrom.

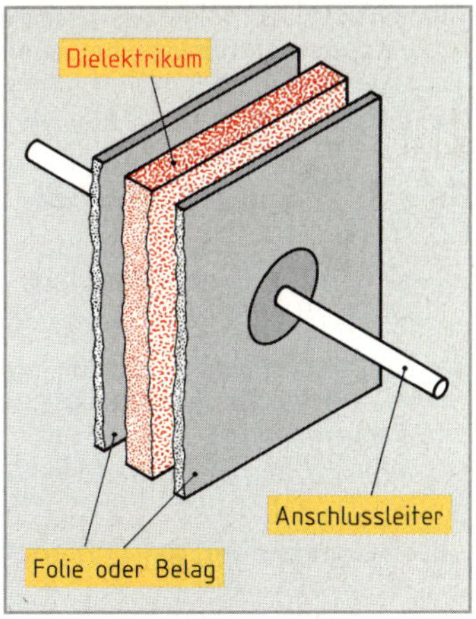

Bild 1: Grundaufbau eines Kondensators

Der Kondensator sperrt nach dem Aufladen den Gleichstrom.

Beim Laden saugt der Spannungserzeuger von einem Belag Elektronen ab und drückt sie auf den anderen Belag. Dadurch entsteht auf dem einen Belag Elektronenmangel, auf dem anderen Belag Elektronenüberschuss. Zwischen den Belägen des Kondensators besteht dann eine Spannung, die der angelegten Spannung entgegenwirkt. Beim Entladen des Kondensators fließt ein Entladestrom.

Der Kondensator kann elektrische Ladungen speichern.

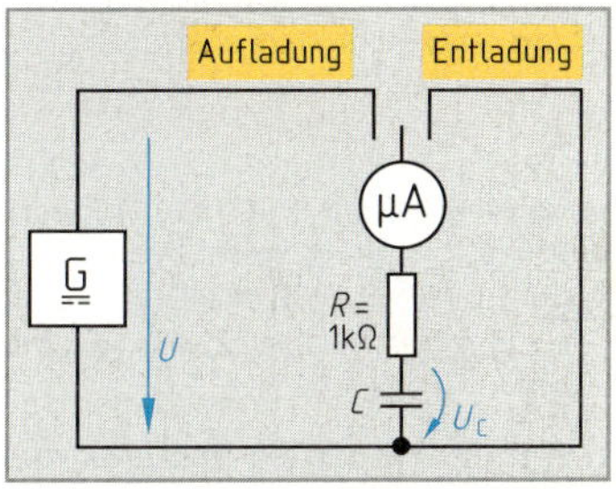

Bild 2: Laden und Entladen eines Kondensators

4.3.2 Kapazität eines Kondensators

Versuch 2: Wiederholen Sie Versuch 1, legen Sie jedoch beim Laden die doppelte Spannung an den Kondensator. Achten Sie darauf, dass der Kondensator vor dem Versuch entladen ist. Beobachten Sie die Zeigerausschläge des Strommessers.

Die Zeigerausschläge bei Ladung und Entladung verdoppeln sich.

(Hinweis: Kondensatoren sind nach Versuchen immer über Widerstände zu entladen, damit keine Restladung zurückbleibt.)

$$C = \frac{Q}{U}$$

$$[C] = \frac{\text{As}}{\text{V}} = \text{F}$$

C Kapazität
Q Ladung
U Spannung

Erhöht man die Spannung an einem Kondensator auf den doppelten Wert, so fließt auch die doppelte Ladung auf die Kondensatorplatten. Die Größe Q/U ist konstant. Sie wird Kapazität[2] C genannt.

Ein Kondensator hat die Kapazität 1 Farad (1 F), wenn er von der Ladung 1 As um 1 V aufgeladen wird.

Die Einheit Farad ist für die Praxis zu groß. Kleinere Einheiten sind:

1 Millifarad = 1 mF = 10^{-3} F
1 Mikrofarad = 1 μF = 10^{-6} F
1 Nanofarad = 1 nF = 10^{-9} F
1 Pikofarad = 1 pF = 10^{-12} F

Beispiel: Wie groß ist die Ladung eines Kondensators von 47 μF an einer Gleichspannung von 230 V?

$Q = C \cdot U = 47 \cdot 10^{-6}\,\text{F} \cdot 230\,\text{V} = \mathbf{0{,}0108\,As}$

[1] Kondensator = Verdichter, von condensare (lat.) = verdichten, zusammenpressen
[2] Kapazität = Fassungsvermögen, von capacitas (lat.) = Fassungsvermögen

Versuch 3: Wiederholen Sie Versuch 1 (Seite 65) bei konstanter Gleichspannung von etwa 10 V. Schalten Sie nacheinander Kondensatoren verschiedener Kapazität in den Stromkreis, wie z. B. 4 µF, 8 µF und 16 µF. Beobachten Sie wieder die Zeigerausschläge am Strommesser.

Der Zeigerausschlag ist bei gleicher Spannung proportional der Kapazität.

Berechnung der Kapazität

Die Kapazität eines Kondensators ist durch seinen Aufbau festgelegt.

Versuch 4: Bestimmen Sie mit einer Kapazitätsmeßbrücke (Seite 349) die Kapazität eines Plattenkondensators. Achten Sie dabei auf möglichst kurze Anschlussleitungen zur Messeinrichtung. Wiederholen Sie die Messung mit größeren Platten.

Die Vergrößerung der Plattenoberfläche bewirkt eine Vergrößerung der Kapazität.

Bei Vergrößerung der Plattenoberfläche steht den Ladungen eine größere Fläche zur Verfügung.

Versuch 5: Wiederholen Sie Versuch 4 und verkleinern Sie den Plattenabstand auf die Hälfte.

Bei Halbierung des Plattenabstandes zeigt die Kapazitätsmessbrücke eine Verdoppelung der Kapazität an.

Bei kleinerem Plattenabstand ziehen sich positive und negative Ladungen auf den Platten stärker an. Dadurch drückt die angelegte Spannung mehr Ladung in den Kondensator als bei großem Plattenabstand.

Versuch 6: Wiederholen Sie Versuch 4. Bringen Sie in den Luftraum zwischen den Platten Isolierstoffe, wie Hartpapier oder Kunststoff, z. B. Polystyrol. Bestimmen Sie die Kapazität.

Die Kapazität verändert sich je nach der Art des Isolierstoffes zwischen den Platten.

Unter dem Einfluss des elektrischen Feldes richten sich die Molekulardipole im Dielektrikum aus. Diesen Vorgang nennt man dielektrische **Polarisation.** Dadurch wird je nach Isolierstoff eine bestimmte Menge der ursprünglich vorhandenen Kondensatorladung gebunden. Die Kondensatorplatte kann deshalb eine erhöhte Ladung aufnehmen, bis wieder derselbe Spannungszustand zwischen den Platten erreicht ist wie ohne Verwendung des eingeschobenen Dielektrikums. Die Aufnahme einer größeren Ladung bedeutet eine Vergrößerung der Kapazität. Das Dielektrikum beeinflusst also die Kapazität des Kondensators.

Die Zahl, die angibt, wievielmal größer die Kapazität eines Kondensators wird, wenn statt Luft ein anderer Isolierstoff verwendet wird, heißt **Permittivitätszahl**[1] ε_r des betreffenden Isolierstoffes **(Tabelle)**.

Die Kapazität eines Kondensators wird umso größer, je größer die Permittivitätszahl, je größer die Belagsfläche und je kleiner der Plattenabstand sind.

Tabelle: Permittivitätszahlen von Isolierstoffen

Isolierstoff	ε_r
Luft	1
Isolieröl	2 ... 2,4
Silikonöl	2,8
Hartpapier	4 ... 8
Porzellan	3 ... 6
Glas	4 ... 6
Glimmer	6 ... 8
Polystyrol	2,5
Keramik	10 ... 10 000
Polyester	3,3
Polycarbonat	2,8

$$C = \varepsilon_0 \cdot \varepsilon_r \cdot \frac{A}{l}$$

$$\varepsilon = \varepsilon_0 \cdot \varepsilon_r$$

$$[C] = \frac{\text{As}}{\text{V}} = \text{F}$$

C Kapazität

ε_0 Elektrische Feldkonstante

$\varepsilon_0 = 8{,}85 \cdot 10^{-12}\,\frac{\text{As}}{\text{Vm}} = 8{,}85\ \text{pF/m}$

ε_r Permittivitätszahl (früher: Dielektrizitätszahl)

ε Permittivität (früher: Dielektrizitätskonstante)

A Plattenfläche

l Plattenabstand

Beispiel: Ein Plattenkondensator besteht aus zwei Platten mit je 30 cm² Fläche auf einer Seite der Platte. Der Plattenabstand beträgt 0,5 mm. Welche Kapazität hat der Kondensator, wenn als Dielektrikum a) Luft und b) Hartpapier ($\varepsilon_r = 4$) 0,5 mm dick, verwendet wird?

a) Für Luft: $C = \varepsilon_0 \cdot \varepsilon_r \cdot \frac{A}{l} = 8{,}85\,\frac{\text{pF}}{\text{m}} \cdot 1 \cdot \frac{30 \cdot 10^{-4}\,\text{m}^2}{0{,}5 \cdot 10^{-3}\,\text{m}} = \mathbf{53{,}1\,pF}$

b) Für Hartpapier: $C = \varepsilon_0 \cdot \varepsilon_r \cdot \frac{A}{l} = 8{,}85\,\frac{\text{pF}}{\text{m}} \cdot 4 \cdot \frac{30 \cdot 10^{-4}\,\text{m}^2}{0{,}5 \cdot 10^{-3}\,\text{m}} = \mathbf{212{,}4\,pF}$

[1] von permittere (lat.) = erlauben, zulassen; früher: Dielektrizitätszahl

4.3.3 Zeitkonstante

Versuch 1: Schließen Sie einen Kondensator von 10 µF über einen Widerstand von 1 MΩ an eine Gleichspannung von 30 V an **(Bild 1)**. Lesen Sie nach 10 s, 20 s, 30 s, 40 s, 50 s an einem sehr hochohmigen Spannungsmesser die Kondensatorspannung ab.

Die Spannung am Kondensator nimmt zuerst schnell, dann immer langsamer zu **(Bild 2)**.

Ein Maß für die Ladezeit ist die **Zeitkonstante**[1] τ. Der Kondensator ist auf etwa 63 % der angelegten Spannung aufgeladen, nachdem eine Zeitkonstante verstrichen ist.

> Die Zeitkonstante ist das Produkt aus Widerstand und Kapazität.

Theoretisch nach unendlich langer Zeit, praktisch nach $t \approx 5 \cdot \tau = 5 \cdot R \cdot C$ ist der Kondensator aufgeladen. Dann fließt kein Strom mehr.

Die Stromstärke nimmt beim Laden zunächst rasch, dann immer langsamer ab.

Das Laden eines Kondensators dauert umso länger, je größer die Kapazität und je größer der Widerstand sind.

Beispiel: Wie lange dauert der Ladevorgang des im Versuch 1 verwendeten Kondensators von 10 µF, der über 1 MΩ an 30 V Gleichspannung angeschlossen wird?

$t \approx 5 \cdot \tau = 5 \cdot R \cdot C = 5 \cdot 10^6 \Omega \cdot 10 \cdot 10^{-6} F = \mathbf{50\,s}$

Versuch 2: Entladen Sie den nach Versuch 1 geladenen Kondensator von 10 µF über einen Widerstand von 1 MΩ. Schalten Sie in den Stromkreis z. B. einen Digital-Strommesser. Lesen Sie nach 10 s, 20 s, 40 s, 50 s die Stromstärke am Messinstrument ab.

Der Kondensator entlädt sich anfangs rasch, später langsamer **(Bild 3)**. *Die Stromrichtung ist nun entgegengesetzt zur Stromrichtung beim Laden.*

Die Anfangsstromstärke I_0 wird beim Laden und Entladen vom Widerstand R im Stromkreis begrenzt.

Beim Entladen eines Kondensators ist nach der Zeit τ noch ein Strom von etwa 37 % des ursprünglichen Stromwertes vorhanden. Jeweils nach der Zeitkonstanten τ verringert sich der Strom auf 37 % des Wertes zuvor. Nach etwa 5 τ fließt fast kein Strom mehr. Der Kondensator ist dann nahezu vollständig entladen.

> Beim Laden und Entladen eines Kondensators fließt nach 5 τ fast kein Strom mehr.

[1] τ griech. Kleinbuchstabe tau

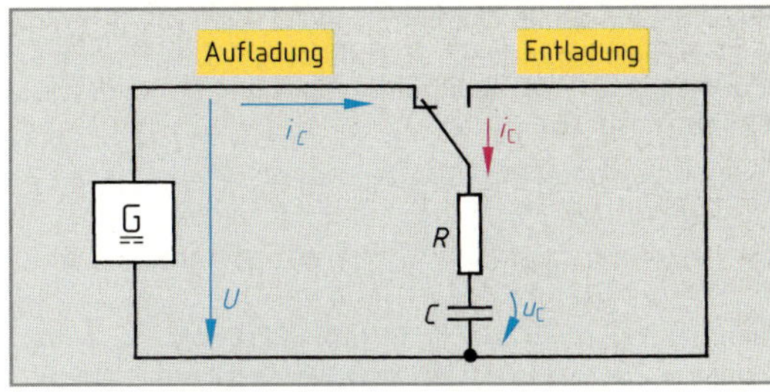

Bild 1: Schaltung zum Laden und Entladen eines Kondensators

$$[\tau] = \Omega \cdot F = \frac{V}{A} \cdot \frac{As}{V} = s$$

$$\tau = R \cdot C$$

τ Zeitkonstante
C Kapazität
R Widerstand

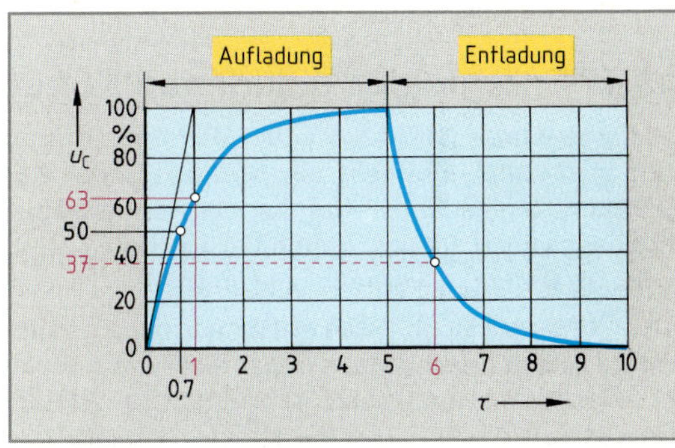

Bild 2: Spannungsverlauf beim Laden und Entladen eines Kondensators

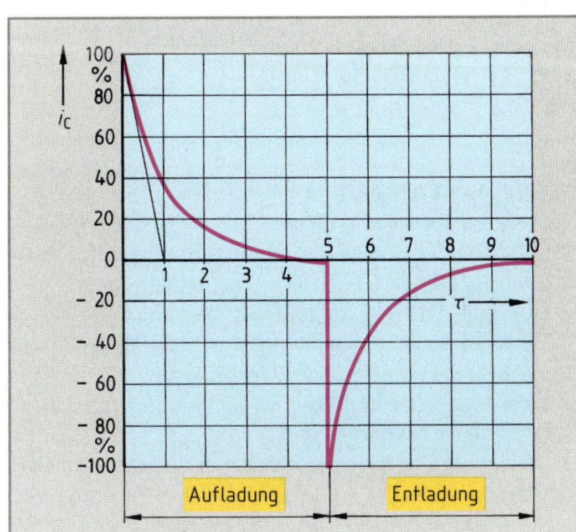

Bild 3: Stromverlauf beim Laden und Entladen eines Kondensators

Beispiel 2: Ein Kondensator von 100 µF wird parallel zu einem Relais von 1 kΩ an 60 V Gleichspannung angeschlossen. Der Haltestrom des Relais beträgt 10 mA. Nun wird die Spannung abgeschaltet. Nach wie vielen Zeitkonstanten fällt das Relais ab?

$\tau = R \cdot C = 1 \cdot 10^3\,\Omega \cdot 100 \cdot 10^{-6}\,\text{F} = 10^{-1}\,\text{s} = \mathbf{100\,ms = 0{,}1\,s}$

Bei $t = 0$: $I_0 = \frac{U_0}{R} = \frac{60\,\text{V}}{10^3\,\Omega} = 60 \cdot 10^{-3}\,\text{A} = \mathbf{60\,mA}$

Nach $t = \tau$: $i_C = 0{,}37\,\% \cdot 60\,\text{mA} = \mathbf{22{,}1\,mA}$

Nach $t = 2\,\tau$: $i_C = 0{,}37\,\% \cdot 22{,}2\,\text{mA} = \mathbf{8{,}12\,mA}$

Das Relais fällt kurz vor Verstreichen der 2. Zeitkonstanten (200 ms) ab.

Spannungen und Stromstärken beim Laden und Entladen eines Kondensators können auch berechnet werden.

Beispiel 3: Auf welche Spannung ist ein Kondensator von 4,7 µF nach 10 ms geladen? Der Kondensator liegt in Reihe mit einem Widerstand $R = 10\,\text{k}\Omega$ an der Spannung $U_0 = 12\,\text{V}$.

$u_C = U_0\,(1 - e^{-t/\tau}) = 12\,\text{V}\,(1 - e^{-10\,\text{ms}/(10\,\text{k}\Omega \cdot 4{,}7\,\mu\text{F})})$

$= 12\,\text{V}\,(1 - e^{-0{,}213}) = \mathbf{2{,}3\,V}$

Welche Ladestromstärke fließt bei dem Kondensator nach 10 ms?

$I_0 = U_0/R = 12\,\text{V}/10\,\text{k}\Omega = 1{,}2\,\text{mA}$

$i_C = I_0 \cdot e^{-t/\tau} = 1{,}2\,\text{mA} \cdot e^{-10\,\text{ms}/(10\,\text{k}\Omega \cdot 4{,}7\,\mu\text{F})} = 1{,}2\,\text{mA} \cdot e^{-0{,}213} = \mathbf{0{,}97\,mA}$

Beim Laden:

$$u_C = U_0\,(1 - e^{-t/\tau})$$

$$i_C = I_0 \cdot e^{-t/\tau}$$

Beim Entladen:

$$u_C = U_0 \cdot e^{-t/\tau}$$

$$i_C = -I_0 \cdot e^{-t/\tau}$$

$$I_0 = \frac{U_0}{R}$$

u_C Kondensatorspannung
U_0 Spannung am Spannungserzeuger
e ≈ 2,71828[1]
t Zeit
τ Zeitkonstante
i_C Lade- und Entladestromstärke
I_0 Anfangsstromstärke
R Widerstand im Stromkreis

4.3.4 Energie des geladenen Kondensators

Ein Kondensator wird über einen Widerstand R an eine Gleichspannung geschaltet. Es fließt ein Strom, bis der Kondensator auf die Spannung U geladen ist. Nun hat der Kondensator die Ladung Q und die Spannung U. Es besteht die Beziehung $Q = C \cdot U$, d. h., die Ladung ist der Spannung U verhältnisgleich **(Bild)**.

Die gerasterte Fläche (Bild) entspricht der Energie W des geladenen Kondensators. Dieses Dreieck hat die Fläche $Q \cdot U/2$. Statt Q wird in die Formel $C \cdot U$ eingesetzt. Man erhält für W dann die angegebene Formel.

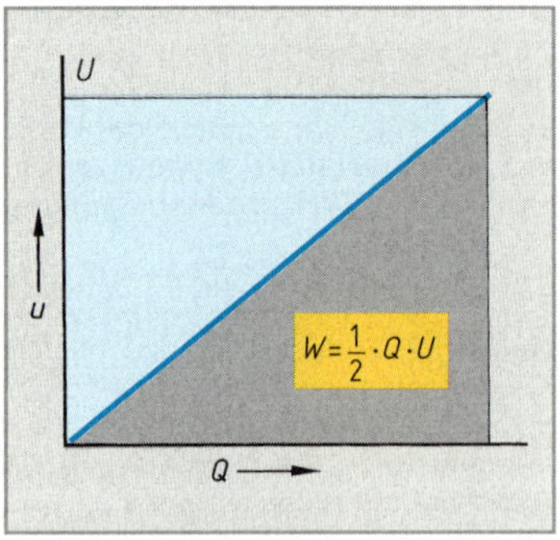

Bild: Spannung eines Kondensators in Abhängigkeit von der Ladung

> Ein Kondensator kann elektrische Energie speichern.

Beispiel 4: Ein Kondensator $C = 100\,\mu\text{F}$ wird auf $U = 110\,\text{V}$ geladen. Welche Energie hat der Kondensator gespeichert?

$W = \frac{1}{2} \cdot C \cdot U^2 = \frac{100 \cdot 10^{-6}\,\text{F} \cdot 110^2\,\text{V}^2}{2} = \mathbf{0{,}605\,Ws}$

$$Q = C \cdot U$$

$$W = \frac{1}{2} \cdot C \cdot U^2$$

$[Q] = \text{F} \cdot \text{V} = \frac{\text{As}}{\text{V}} \cdot \text{V} = \text{As}$

$[W] = \text{F} \cdot \text{V}^2 = \frac{\text{As}}{\text{V}} \cdot \text{V}^2 = \text{As} \cdot \text{V} = \text{Ws}$

Q Elektrische Ladung
W Elektrische Energie
C Kapazität
U Spannung

Wiederholungsfragen

1. **Aus welchen Teilen besteht prinzipiell ein Kondensator?**
2. **Wie berechnet man die in einem Kondensator gespeicherte Ladung?**
3. **Welche Einheit hat die elektrische Ladung?**
4. **Erläutern Sie die Begriffe a) elektrische Feldkonstante und b) Permittivitätszahl.**
5. **Wie ist die Einheit 1 Farad festgelegt?**
6. **Wie hängt die Kapazität eines Kondensators von den Abmessungen und der Permittivität ab?**
7. **Wovon hängt die Ladezeit eines Kondensators ab?**
8. **Welche Zeit vergeht ungefähr nach dem Anlegen eines Kondensators an eine Spannungsquelle, bis er geladen ist?**

[1] e ist die Basis der natürlichen Logarithmen

4.4 Schaltungen von Kondensatoren

4.4.1 Parallelschaltung

Versuch 1: Schalten Sie drei Kondensatoren von je 4 µF parallel. Legen Sie die Kondensatoren an eine Gleichspannung von z. B. 6 V. Messen Sie die Ladestromstärke mit einem Strommesser **(Bild 1)**. Wiederholen Sie den Versuch mit zwei, danach mit einem Kondensator, und lesen Sie jeweils die Stromstärke ab. Entladen Sie die Kondensatoren nach jedem Versuch.

Der Zeigerausschlag nimmt ab: Die Stromstärke beträgt bei zwei Kondensatoren noch zwei Drittel, bei einem Kondensator ein Drittel des ursprünglichen Wertes.

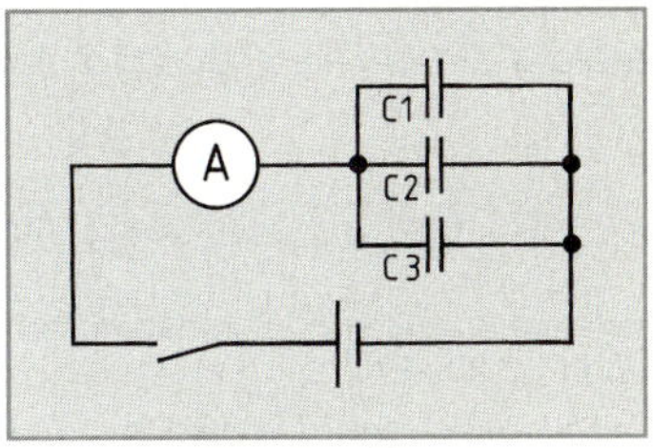

Bild 1: Parallelschaltung von Kondensatoren

Die Parallelschaltung mehrerer Kondensatoren wirkt wie eine Vergrößerung der Plattenoberfläche. Daher erhält man als Gesamtkapazität *C* die Summe der Einzelkapazitäten.

Herleitung:

Spannungen sind in der Parallelschaltung gleich groß:

$$U = U_1 = U_2 = U_3 = \ldots$$

Die Gesamtladung ist die Summe der Einzelladungen:

$$Q = Q_1 + Q_2 + Q_3 + \ldots$$

Gesamtladung und Teilladungen werden ersetzt:

$$C \cdot U = C_1 \cdot U + C_2 \cdot U + C_3 \cdot U + \ldots$$

Beide Gleichungsseiten werden durch Spannung *U* dividiert:

Für die Parallelschaltung mehrerer Kondensatoren gilt:

$$C = C_1 + C_2 + C_3 + \ldots$$

Bei Parallelschaltung mehrerer Kondensatoren ist die Gesamtkapazität gleich der Summe der Einzelkapazitäten.

Die Gesamtkapazität einer Schaltung nennt man auch Ersatzkapazität.

U	Spannung
U_1, U_2, U_3	Teilspannungen
Q	Ladung
Q_1, Q_2, Q_3	Teilladungen
C	Kapazität
C_1, C_2, C_3	Teilkapazitäten

Beispiel 1: Welche Kapazität muss ein Kondensator haben, der drei parallel geschaltete Einzelkapazitäten von 1000 pF, 0,02 µF und 5 nF ersetzen soll?

$C = C_1 + C_2 + C_3$ = 1000 pF + 0,02 µF + 5 nF
= 1000 pF + 20000 pF + 5000 pF = 26000 pF = **26 nF**

4.4.2 Reihenschaltung

Versuch 2: Schalten Sie vier Kondensatoren von je 4 µF in Reihe an z. B. 6 V **(Bild 2)**. Messen Sie den größten Ladestrom mit einem Strommesser. Wiederholen Sie den Versuch mit zwei und dann mit einem Kondensator. Entladen Sie die Kondensatoren nach jedem Versuch.

Der größte Ladestrom verdoppelt sich jeweils gegenüber dem vorherigen Versuch.

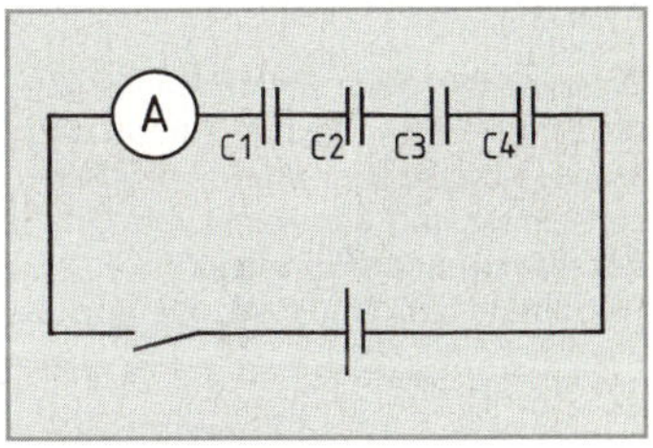

Bild 2: Reihenschaltung von Kondensatoren

Die Reihenschaltung von Kondensatoren wirkt wie eine Abstandsvergrößerung der Kondensatorplatten und führt somit zu einer Verkleinerung der Kapazität.

Herleitung:

In der Reihenschaltung ist die Gesamtspannung gleich der Summe der Einzelspannungen:

$$U = U_1 + U_2 + U_3 + \ldots$$

Gesamtspannung und Teilspannungen werden ersetzt:

$$\frac{Q}{C} = \frac{Q}{C_1} + \frac{Q}{C_2} + \frac{Q}{C_3} + \ldots$$

Beide Gleichungsseiten werden durch die Ladung *Q* dividiert:

Für die Reihenschaltung mehrerer Kondensatoren gilt:

$$\frac{1}{C} = \frac{1}{C_1} + \frac{1}{C_2} + \frac{1}{C_3} + \ldots$$

Bei der Reihenschaltung mehrerer Kondensatoren ist der Kehrwert der Ersatzkapazität gleich der Summe der Kehrwerte der Einzelkapazitäten.

Die Ersatzkapazität ist kleiner als die kleinste Einzelkapazität. Die Reihenschaltung von Kondensatoren wirkt wie eine Vergrößerung des Plattenabstandes. Da an jedem Einzelkondensator nur ein Teil der Gesamtspannung liegt, ist die Spannungsfestigkeit der gesamten Reihenschaltung höher als die Spannungsfestigkeit eines einzelnen Kondensators.

Beispiel 2: Berechnen Sie die Ersatzkapazität von drei in Reihe geschalteten Kondensatoren mit den Kapazitäten 2 µF, 6 µF, 10 µF.

$$\frac{1}{C} = \frac{1}{C_1} + \frac{1}{C_2} + \frac{1}{C_3} = \frac{1}{2\,\mu F} + \frac{1}{6\,\mu F} + \frac{1}{10\,\mu F} = \frac{23}{30\,\mu F} \quad \Rightarrow \quad C = \mathbf{1{,}3\,\mu F}$$

Für die Reihenschaltung von zwei Kondensatoren gilt:

$$C = \frac{C_1 \cdot C_2}{C_1 + C_2}$$

Beispiel 3: Welche Gesamtkapazität hat die Reihenschaltung aus $C_1 = 47\,\mu F$ und $C_2 = 33\,\mu F$?

$$C = \frac{C_1 \cdot C_2}{C_1 + C_2} = \frac{47\,\mu F \cdot 33\,\mu F}{47\,\mu F + 33\,\mu F} = \mathbf{19{,}39\,\mu F}$$

Kapazitiver Spannungsteiler. Wichtige Größen beim Kondensator sind seine Kapazität und seine Nennspannung. Die Nennspannung darf nicht überschritten werden, weil sonst das Dielektrikum durchschlagen werden könnte. Werden ungleiche Kapazitäten in Reihe geschaltet, so sind die Teilspannungen an den Kondensatoren verschieden groß **(Bild 1)**. In der Reihenschaltung nimmt jeder Kondensator die gleiche Ladung $Q = I \cdot t$ auf, weil Ladestrom und Ladezeit für alle Kondensatoren gleich sind.

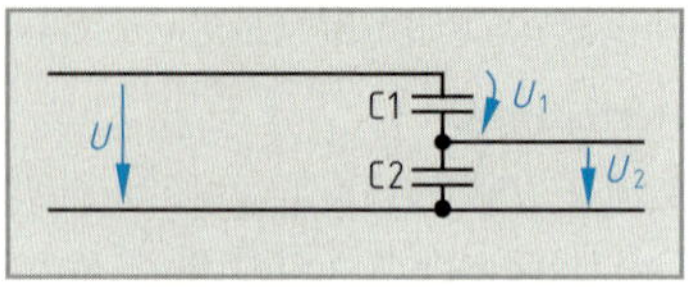

Bild 1: Kapazitiver Spannungsteiler

$$Q = Q_1 = Q_2$$

$$C \cdot U = C_1 \cdot U_1 = C_2 \cdot U_2$$

$$\frac{U_1}{U_2} = \frac{C_2}{C_1}$$

Die Spannungen an in Reihe geschalteten Kondensatoren verhalten sich umgekehrt wie die dazugehörigen Kapazitäten.

4.5 Anwendungen des elektrischen Feldes

Im **Oszilloskop** (Seite 350) lenkt ein elektrisches Feld den Elektronenstrahl ab. Die Ablenkung des Elektronenstrahls ist verhältnisgleich der Messspannung, die an ein Plattenpaar der Elektronenstrahlröhre angelegt wird.

Beispiel: Bei einer Elektronenstrahlröhre in einem Oszilloskop **(Bild 2)** beträgt die Spannung zwischen Anode und Katode 15 kV. Die Länge ist $l_1 = 10\,cm$. Ein an der Katode austretendes Elektron mit der Ladung $Q = 1{,}6 \cdot 10^{-19}$ As wird beschleunigt und abgelenkt. Die Spannung an den Ablenkplatten beträgt 100 V; der Abstand der Platten ist $l_2 = 2\,cm$. Wie groß sind die Kraft F_1 auf ein Elektron zwischen Katode und Anode und die Ablenkungskraft F_2?

$$F_1 = \frac{Q \cdot U_1}{l_1} = \frac{1{,}6 \cdot 10^{-19}\,As \cdot 15\,kV}{0{,}1\,m} = 2{,}4 \cdot 10^{-14}\,\frac{AsV}{m} = \mathbf{0{,}024\,pN}$$

$$F_2 = \frac{Q \cdot U_2}{l_2} = \frac{1{,}6 \cdot 10^{-19}\,As \cdot 100\,V}{0{,}02\,m} = 8 \cdot 10^{-16}\,\frac{AsV}{m} = \mathbf{0{,}0008\,pN}$$

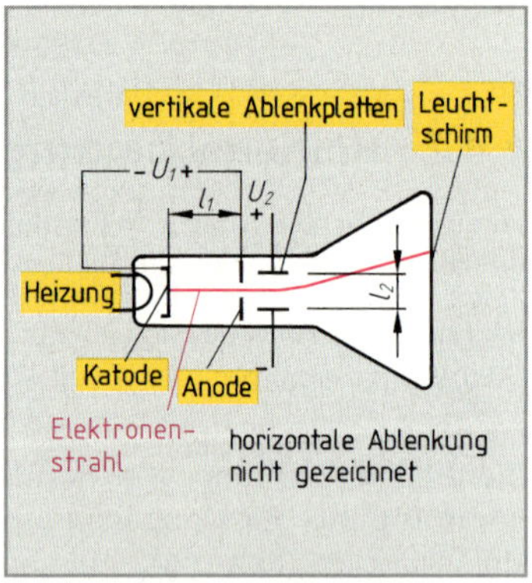

Bild 2: Elektronenstrahlröhre eines Oszilloskops

Bei **Feldeffekttransistoren** (Seite 175) wird der Laststrom durch ein elektrisches Feld gesteuert.

Elektrofilter scheiden Staub aus Gasen ab. Das Gas wird durch Kammern mit z. B. negativ geladenen Drähten geblasen. Die Staubteile laden sich auch negativ auf und werden von einer positiv geladenen Elektrode, z. B. von Blechen, angezogen.

Wiederholungsfragen

1 **Nennen Sie die Formel zur Berechnung der Gesamtkapazität von a) parallel geschalteten, b) in Reihe geschalteten Kondensatoren.**

2 **Drei in Reihe geschaltete Kondensatoren gleicher Kapazität werden an eine Gleichspannung angeschlossen. Geben Sie die Spannung am mittleren Kondensator an.**

3 **Wie verteilen sich die Spannungen beim kapazitiven Spannungsteiler im Vergleich zu den Kapazitäten der Kondensatoren?**

4.6 Kenngrößen und Bauformen von Kondensatoren

4.6.1 Kenngrößen

Die **Nennkapazität** ist auf dem Kondensator angegeben. Die Stufung der Kapazität erfolgt bis in den Mikrofaradbereich (µF) wie bei den Widerständen nach den Reihen E6 und E12. Die Nennkapazität kann vollständig oder verkürzt (z.B. p39 ≙ 0,39 pF; 3n9 ≙ 3,9 nF; 39µ ≙ 39 µF; 3m9 ≙ 3900 µF) bzw. codiert sein (Farbkennzeichnung von Kondensatoren siehe Tabellenbuch Elektrotechnik).

Die **Herstellungstoleranz** wird entweder vollständig oder codiert durch Farbkennzeichnung bzw. Kennbuchstaben (z.B. M ≙ ± 20%; K ≙ ± 10%; J ≙ ± 5%) angegeben.

Beispiel 1: 32 µK ≙ 32 µF ± 10%.

Die **Nennspannung** kann als Gleichspannung oder Wechselspannung angegeben werden. Sie wird auf die Umgebungstemperatur von 40 °C bezogen. Auch der Spannungswert kann direkt oder codiert benannt sein.

Der **Verlustfaktor** ($\tan\delta$) wird z.B. für 1 KHz ermittelt. Dieser Wert ist beim Betrieb des Kondensators an Wechselspannung von Bedeutung (Seite 138). Der Wert $\tan\delta$ soll bei Verwendung des Kondensators im Wechselstromkreis mit hoher Frequenz möglichst klein sein, damit die Wärmeverluste gering sind. Kondensatoren mit einem hohen Verlustfaktor werden in einem hochfrequenten Wechselfeld stark erwärmt.

Der **Temperaturbeiwert** α_C, auch Temperaturkoeffizient TK genannt, gibt die Kapazitätsänderung je K Temperaturänderung an. Der Temperaturbeiwert kann positiv oder negativ sein. Die Kapazitätsänderung lässt sich ähnlich wie die Widerstandsänderung mit der Formel $\Delta C \approx C_{20} \cdot \alpha_C \cdot \Delta\vartheta$ errechnen. Der Temperaturbeiwert α_C ist dem Datenblatt des Kondensators zu entnehmen. C_{20} ist die Kapazität bei 20 °C.

Beispiel 2: Für einen Kunststofffolien-Kondensator mit Polystyrol-Dielektrikum (Styroflex) ist ein Temperaturbeiwert von $\alpha_C = 10^{-6}\,K^{-1}$ angegeben. Wie groß ist die Kapazitätszunahme für einen Kondensator dieses Typs mit $C_{20} = 0{,}1\,\mu F$ bei einer Temperatur von 60 °C gegenüber 20 °C?

$\Delta C \approx C_{20} \cdot \alpha_C \cdot \Delta\vartheta = 0{,}1\,\mu F \cdot 10^{-6}\,K^{-1} \cdot 40\,K = 4 \cdot 10^{-6}\,\mu F = \mathbf{4\,pF}$

4.6.2 Festkondensatoren

Kondensatoren sollen bei möglichst geringen Abmessungen hohe Kapazitätswerte haben. Dabei ist besonders die Nennspannung wichtig. Je nach Einsatz des Kondensators ist aber auch z. B. der Verlustfaktor $\tan\delta$ beim Kondensator für Hochfrequenz von Bedeutung.

Papier- und Kunststofffolien-Kondensatoren. Kondensatorbeläge aus dünnen Metallfolien werden mit den Papierfolien zu einem Wickel gerollt. Damit beim Aufwickeln zwischen den Belägen kein Kurzschluss entsteht, trennt eine weitere Lage Isolierpapier die Beläge **(Bild 1)**. Der fertige Wickel steckt entweder in einem Rohr oder in einem Aluminiumbecher und ist mit Vergussmasse abgedichtet.

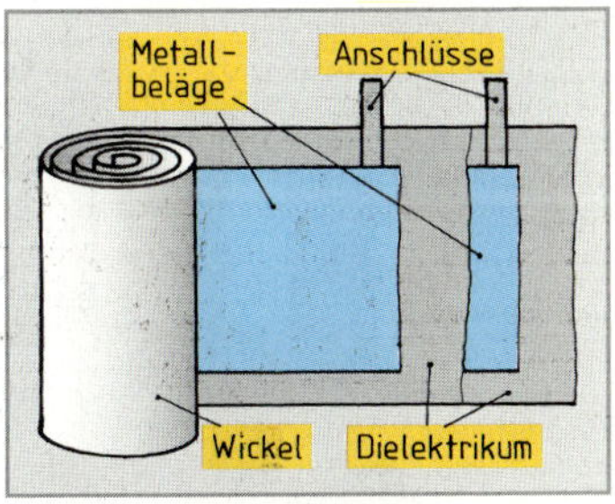

Bild 1: Aufbau eines Wickelkondensators

Metallpapierkondensatoren (MP-Kondensatoren) bestehen aus einem Papierband, auf das im Vakuum eine dünne Metallschicht, z. B. aus Zink, aufgedampft wurde. Ein MP-Wickel besteht aus zwei solchen MP-Bändern. Die Beläge des MP-Wickels sind wesentlich dünner als die üblichen Aluminiumfolien bei Papierkondensatoren. Schlägt der Kondensator durch, so verdampft der dünne Metallbelag in der Umgebung der Fehlerstelle durch den entstehenden Lichtbogen. Dadurch wird die Umgebung der Durchschlagstelle auf beiden Seiten metallfrei und die Lagen sind wieder voneinander isoliert **(Bild 2)**. Diesen Vorgang nennt man **Selbstheilung.**

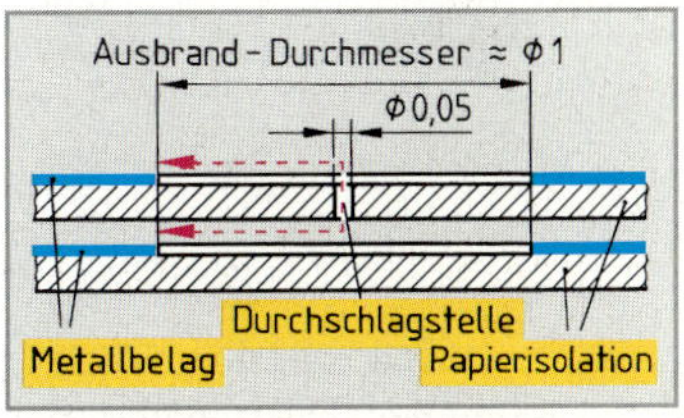

Bild 2: Selbstheilung bei MP-Kondensatoren

Kunststofffolien-Kondensatoren (Kennzeichen K) haben als Dielektrikum Kunststoff **(Bild 1, Seite 72)**. Als Beläge dienen entweder Aluminiumfolien oder Metallschichten, die auf die Kunststofffolien aufgedampft sind (Kennzeichen MK). Metallisierte Kunststofffolien-Kondensatoren sind wie MP-Kondensatoren selbstheilend.

Die Kapazitätswerte reichen von einigen pF bis in den μF-Bereich. Ihre Nennspannungen betragen 30 V bis 1 000 V. Je nach Art des verwendeten Kunststoffes als Dielektrikum werden zusätzliche Kennbuchstaben verwendet **(Tabelle)**.

Keramik-Kondensatoren haben als Dielektrikum eine keramische Masse. Die keramischen Kondensatorwerkstoffe werden in die Gruppen NDK[1]-Keramik und HDK[2]-Keramik eingeteilt. Auf die Oberfläche der dünnwandigen Keramikkörper wird beidseitig ein Belag aus einem Edelmetall aufgedampft. Es gibt Kondensatoren **(Bild 2)** mit Betriebsspannungen bis 400 V, z. B. Röhrchen- oder Scheiben-Kondensatoren.

Kondensatoren mit besonders kleinen Abmessungen werden z. B. für Leiterplatten verwendet. Die Bauelemente werden nicht mehr durch die Platine gesteckt, sondern diese Chip-Kondensatoren können einseitig, beidseitig oder in gemischter Bestückung auf die Leiterplatten gesetzt und gelötet werden. Die Keramik-Vielschicht-Chip-Kondensatoren **(Bild 3)** haben Baugrößen von z. B. 2 x 1,25 x 0,15 mm bis 5,7 x 5 x 1,9 mm bei einer Kapazität von 0,47 pF bis 1 μF und z. B. 63 V Nennspannung.

Beim **Aluminium-Elektrolyt-Kondensator (Bild 4)** besteht das Dielektrikum aus einer isolierenden Oxidschicht, die nur einige tausendstel Millimeter dick ist. Die positive Elektrode (Anode) besteht aus einer Aluminiumfolie, auf der durch elektrochemische Vorgänge die Aluminiumoxidschicht aufgebracht ist. Die andere Elektrode (Katode) ist ein Elektrolyt, der das poröse und empfindliche Dielektrikum vor direkter Berührung mit der An-

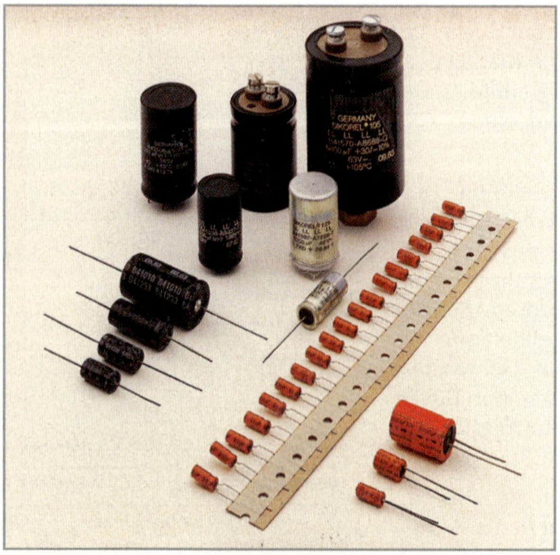

Bild 4: Aluminium-Elektrolyt-Kondensatoren

Bild 1: Kunststofffolien-Kondensatoren

Tabelle: Kunststofffolien-Kondensatoren	
Kenn-buchstaben	Aufbau
KC	Polycarbonat mit Al-Belägen
MKC	Polycarbonat, metallisiert
KT	Polyterephthal mit Al-Belägen
MKT	Polyterephthal, metallisiert
KS	Polystyrol (Styroflex)
MKS	Polystyrol, metallisiert
MKP	Polypropylen, metallisiert

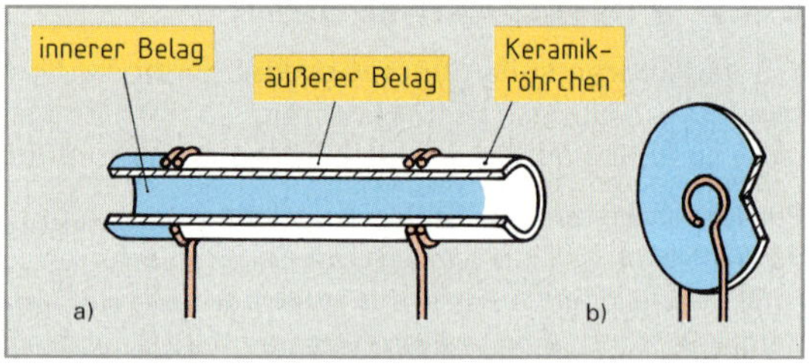

Bild 2: Aufbau von Keramik-Kondensatoren
a) Röhrchen-Kondensator
b) Scheiben-Kondensator

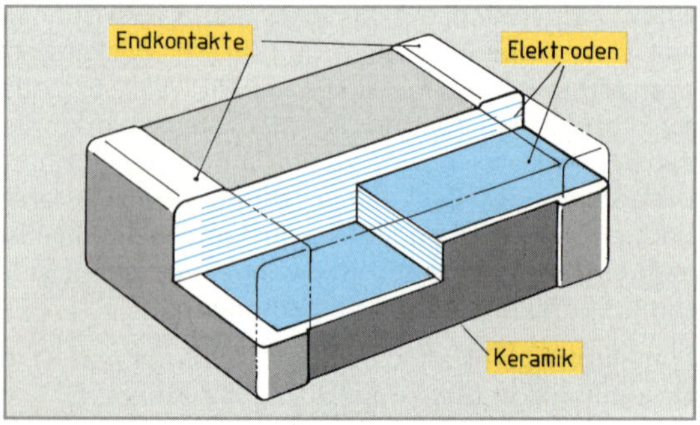

Bild 3: Keramik-Vielschicht-Chip-Kondensator

[1] NDK = niedrige Dielektrizitätskonstante; [2] HDK = hohe Dielektrizitätskonstante

schlusselektrode schützt. Als Anschlusselektrode dient der Metallbecher, in dem Anode und Elektrolyt untergebracht sind.

Am häufigsten werden so genannte trockene Elektrolytkondensatoren **(Bild 1)** gebaut. Der Elektrolyt wird von einem Spezialpapier aufgesaugt. Diese Wickel haben wegen der sehr dünnen Oxidschicht eine viel höhere Kapazität als gleich große Papierkondensatorwickel. Bei falscher Polung wird die dünne Oxidschicht abgebaut. Der Kondensator wird dann nach Anlegen der Betriebsspannung vom Strom unzulässig erwärmt und zerstört.

Gepolte Elektrolytkondensatoren dürfen nicht an Wechselspannung betrieben werden.

Tantal-Elektrolytkondensatoren (Bild 2) sind ebenfalls gepolte Kondensatoren. Ihre Kapazität ist nahezu unabhängig von der Temperatur und der Spannung. Die Anode besteht aus Tantal (Folie, Draht oder Sinterkörper), die Katode entweder aus einem Elektrolyt, z. B. Schwefelsäure, oder aus Mangandioxid. Das Dielektrikum ist Tantalpentoxid (Ta_2O_5).

Elektrolytkondensatoren mit Aluminium **(Bild 3)** oder mit Tantal **(Bild 4)** gibt es auch in Chiptechnik.

4.6.3 Kondensatoren mit veränderbarer Kapazität

Ein **Drehkondensator** besteht im einfachsten Fall aus zwei voneinander isolierten Platten, die durch Drehen verstellt werden können. Wenn sich die Platten decken, ist die Kapazität am größten. Bei Dreh-Kondensatoren größerer Kapazität taucht ein drehbares Plattenpaket (Rotor) in ein fest stehendes Plattenpaket (Stator) ein. Die Kapazität *C* hängt dabei vom Drehwinkel des Rotors ab.

Trimmerkondensatoren bestehen z. B. aus zwei Keramikscheiben mit aufgedampften halbkreisförmigen Silberbelägen, die mit einem Schraubendreher gegeneinander verdreht werden können. Sie werden zum Feinabgleich verwendet.

Wiederholungsfragen

1. **Beschreiben sie den Aufbau eines MP-Kondensators.**
2. **Was versteht man unter der Selbstheilung eines Kondensators?**
3. **Nennen Sie verschiedene Arten von Elektrolytkondensatoren.**
4. **Was versteht man unter einem Chip-Kondensator?**

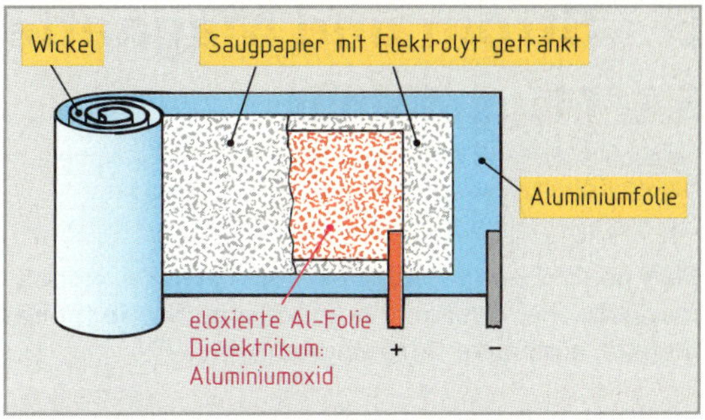

Bild 1: Aufbau eines Elektrolytkondensators

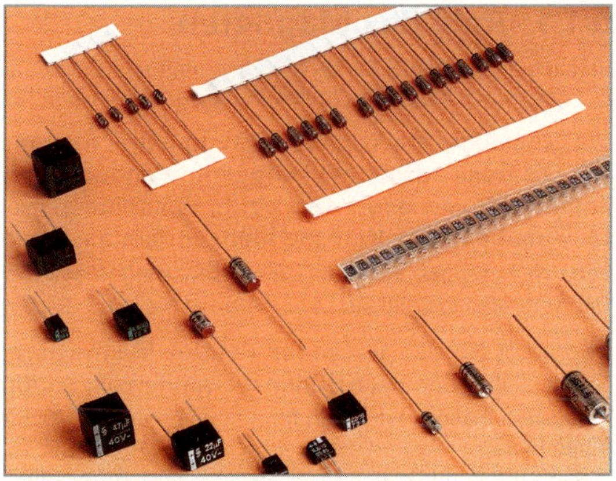

Bild 2: Tantal-Elektrolytkondensatoren

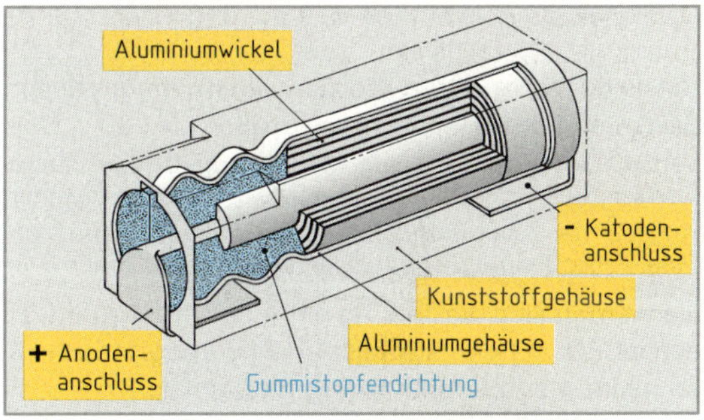

Bild 3: Aluminium-Chip-Elektrolyt-Kondensator

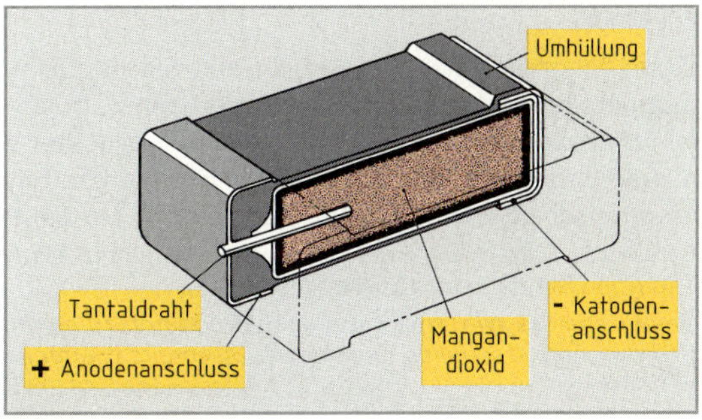

Bild 4: Tantal-Chip-Kondensator

5 Strom und Magnetfeld

5.1 Magnetismus

Versuch 1: Bringen Sie folgende Stoffe in die Nähe eines Magneten: Verschiedene Stahlsorten, Gusseisen, Kupfer, Nickel, Kobalt, Messing, Kunststoffe, Holz, Papier.

Der Magnet zieht Stahl, Gusseisen, Nickel und Kobalt an und hält sie fest.

Man nennt Eisen (Stahl, Gusseisen), Nickel, Kobalt und einige ihrer Verbindungen und Legierungen **ferromagnetische**[1] oder kurz **magnetische Stoffe** (Seite 524). Alle anderen Grundstoffe, ob Metalle oder Nichtmetalle, sind nicht ferromagnetisch.

> Ein Magnet zieht Eisen, Nickel und Kobalt an und hält sie fest.

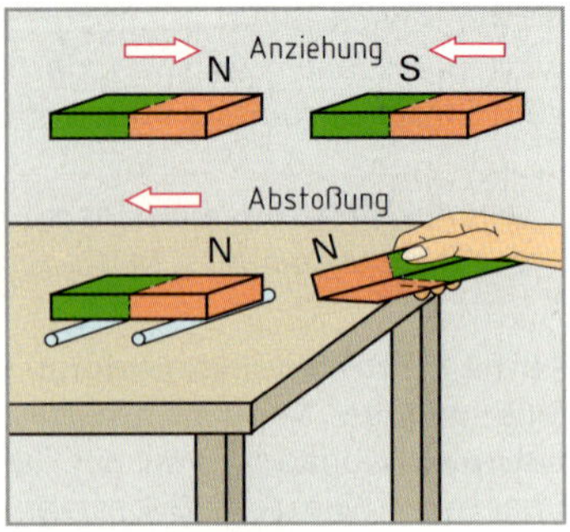

Bild 1: Kraftwirkungen magnetischer Pole

5.1.1 Pole des Magneten

Versuch 2: Tauchen Sie einen Stabmagneten in Büroklammern oder Nägel.
Die Enden des Magneten halten besonders viele Teile fest.

Die Stellen der stärksten Anziehung nennt man die **Pole** des Magneten. Die magnetische Wirkung nimmt entlang des Magneten mit der Entfernung von den Polen ab. In der Mitte zwischen den Polen ist keine magnetische Wirkung mehr vorhanden (neutrale Zone).

Versuch 3: Hängen Sie einen kleinen Stabmagneten drehbar auf.

Der Stabmagnet stellt sich annähernd in die Nord-Südrichtung ein.

Den nach Norden zeigenden Pol des Magneten bezeichnet man als Nordpol (N), den nach Süden weisenden als Südpol (S).

Versuch 4: Nähern Sie einen Magneten einem zweiten, auf Rollen liegenden Magneten.

Nord- und Südpole der Magnete ziehen sich an. Die Nordpole der beiden Magnete stoßen sich ab, ebenso die Südpole **(Bild 1).**

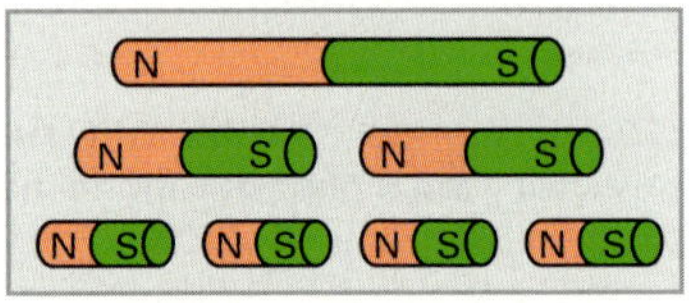

Bild 2: Zerlegung eines Magneten in Teilmagnete

> Gleichartige Pole stoßen sich ab, ungleichartige Pole ziehen sich an.

Die Erde hat also im Norden einen magnetischen Südpol und im Süden einen magnetischen Nordpol.

Versuch 5: Teilen Sie einen Magneten, z.B. eine magnetisierte Stricknadel. Bringen Sie in die Nähe der Enden der Teile eine Magnetnadel.

An jeder der zuvor unmagnetischen Trennstellen entstehen entgegengesetzte Pole. Jeder Teilmagnet hat einen Nordpol und einen Südpol **(Bild 2).**

Denkt man sich die Teilung der Magnete weiter fortgesetzt, so bleiben schließlich als kleinste Teilchen ferromagnetische Kristallbereiche, die so genannten **Elementarmagnete,** übrig.

Versuch 6: Bringen Sie entgegengesetzte Pole zweier Stabmagnete, die Eisenteile festhalten, aneinander **(Bild 3).**

An der Verbindungsstelle fallen die Eisenteile ab. Es ist ein einziger Magnet entstanden.

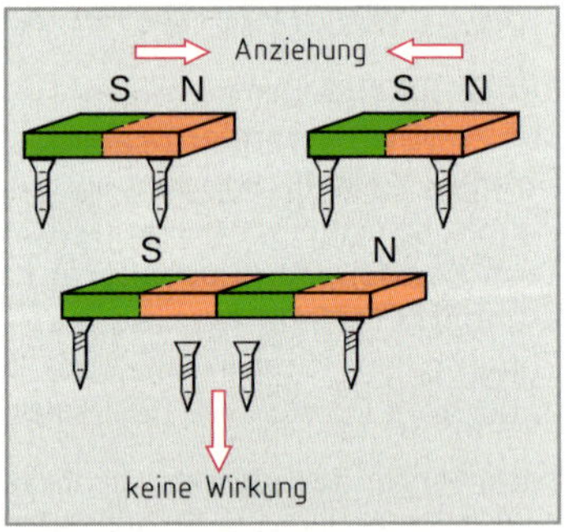

Bild 3: Aufbau eines Magneten aus Teilmagneten

Einen Magneten kann man sich aus Elementarmagneten zusammengesetzt denken. Diese Elementarmagnete entstehen durch **Elektronenspins**[2]. In ferromagnetischen Stoffen sind die Elektronenspins auch in nicht magnetisiertem Zustand innerhalb kleiner Bereiche, der sogenannten **Weiss'schen Bezirke**[3], gleich ausgerichtet (siehe Seite 81). Diese Bezirke können als Elementarmagnete angesehen werden. Nur ferromagnetische Stoffe bestehen aus solchen Elementarmagneten.

Versuch 7: Nähern Sie einen Stabmagneten einem Eisenstück und tauchen Sie das Eisenstück dann in kleine Nägel. Entfernen Sie dann den Stabmagneten.

Das Eisenstück wird magnetisiert und dadurch zu einem Magneten. Es zieht andere Eisenteile an. Entfernt man den Stabmagneten, so fallen die meisten Eisenteile wieder ab. Das Eisen hat seinen Magnetismus zum großen Teil wieder verloren.

[1] ferromagnetisch = magnetisch wie Eisen [2] spin (engl.) = Drehung; Drehimpuls [3] Weiss, franz. Physiker, 1865 bis 1940

Auch das Eisenstück und alle anderen ferromagnetischen Werkstoffe sind aus Elementarmagneten aufgebaut. Wenn das Eisen nicht magnetisiert ist, sind die Elementarmagnete ungeordnet **(Bild 1a)**. Nach außen zeigt sich keine magnetische Wirkung. Durch das **Magnetisieren** ordnen sich die Elementarmagnete so an, dass ein einziger Magnet entsteht. Ein ferromagnetischer Werkstoff kann auf diese Weise zu einem Magneten werden.

Magnetisieren ist das Ausrichten der Elementarmagnete.

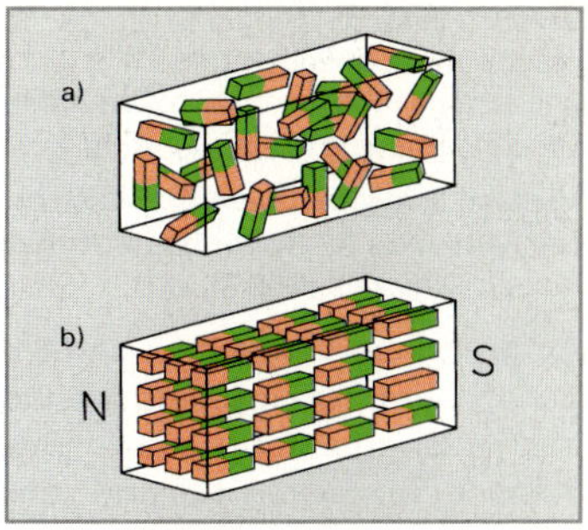

Bild 1: Elementarmagnete (Modell)
a) ungeordnet,
b) geordnet

Je mehr Elementarmagnete in einem Eisenstück ausgerichtet sind, desto größer ist seine magnetische Wirkung. Sind alle vorhandenen Elementarmagnete geordnet **(Bild 1b)**, ist eine weitere Verstärkung der magnetischen Wirkung nicht mehr möglich. Man nennt dann das Eisen **magnetisch gesättigt**.

Es gibt Stoffe, die den Magnetismus leicht verlieren, wie z. B. das Eisenstück bei Versuch 7, Seite 74. Bei ihnen fallen die ausgerichteten Elementarmagnete leicht in den ungeordneten Zustand zurück. Diese Stoffe nennt man **weichmagnetisch**. Bei Stoffen, die den Magnetismus behalten, bleiben fast alle Elementarmagnete ausgerichtet. Solche Stoffe, bei denen der Magnetismus erhalten bleibt, nennt man **hartmagnetisch**. Aus ihnen bestehen Dauermagnete (Permanentmagnete[1]). Der zurückbleibende Magnetismus wird als **Remanenzflussdichte**[2] (Restmagnetismus) bezeichnet.

Versuch 8: Hängen Sie einen Eisendraht mit etwa 0,5 mm Durchmesser bei großem Durchhang zwischen zwei Standklemmen. Lenken Sie den Draht durch einen starken Dauermagneten seitlich aus. Schließen Sie den Draht an eine Gleichspannungsquelle an und steigern Sie den Strom langsam, bis der Draht glüht.

Bei Gelbglut fällt der Draht vom Dauermagneten ab. Nach dem Abkühlen ist der Draht wieder magnetisierbar.

Ein Werkstoff verliert seine ferromagnetischen Eigenschaften bei einer für ihn charakteristischen Temperatur, der sogenannten **Curie-Temperatur**[3]. Die Curie-Temperatur beträgt bei reinem Eisen 769 °C. Bei starkem Erwärmen geht auch der **Restmagnetismus** eines Dauermagneten verloren, ebenso bei starken Erschütterungen, z. B. beim Hämmern eines Werkstoffs oder beim Ummagnetisieren in einem starken magnetischen Wechselfeld.

Werkstücke werden entmagnetisiert, indem man sie langsam aus einer wechselstromduchflossenen Spule herauszieht (Seite 84). Beim **Entmagnetisieren** werden die Elementarmagnete in Unordnung gebracht.

5.1.2 Magnetisches Feld

Versuch 1: Legen Sie einen Stabmagneten unter eine Glasplatte und streuen Sie Eisenfeilspäne oder Nickelpulver auf die Platte.[4]

Die Späne werden zu kleinen Magneten, richten sich aus und bilden bogenförmige Linien, die von Pol zu Pol verlaufen **(Bild 2)**.

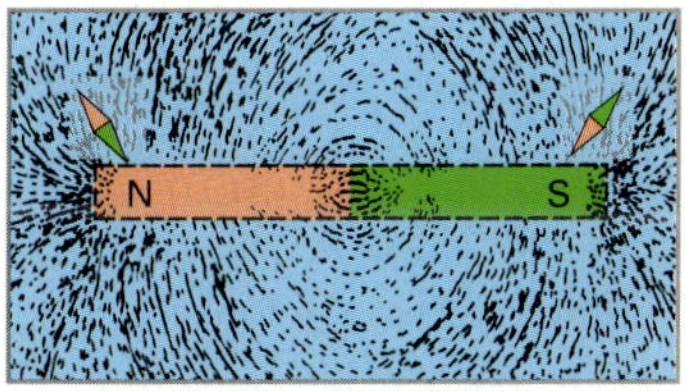

Bild 2: Verlauf der Feldlinien beim Stabmagneten

Die durch die Eisenfeilspäne dargestellten Linien heißen **magnetische Feldlinien**. Den Raum um einen Magneten, in dem magnetische Kräfte wirken und den man sich von magnetischen Feldlinien durchsetzt denkt, nennt man **magnetisches Feld**.

Üben Körper aufeinander Kräfte aus, ohne sich zu berühren, so spricht man von einem Kraftfeld zwischen diesen Körpern. Nach der Ursache der Kräfte unterscheidet man magnetische Felder, elektrische Felder und Schwerefelder.

Man hat für die magnetischen Feldlinien folgende Richtung festgelegt:

Magnetische Feldlinien verlaufen außerhalb des Magneten vom Nordpol zum Südpol, innerhalb vom Südpol zum Nordpol. Der Nordpol einer beweglichen Magnetnadel zeigt in die so festgelegte Feldlinienrichtung.

[1] von permanere (lat.) = sich erhalten
[2] von remanere (lat.) = zurückbleiben
[3] Pierre Curie und Marie Curie, franz. Physiker, 1859 bis 1906 bzw. 1867 bis 1934
[4] Die Versuche zum Magnetismus kann man mit einem Arbeitsprojektor (Schreibprojektor, Overheadprojektor) projizieren

Versuch 2: Legen Sie an Stelle des Stabmagneten in Versuch 1, Seite 75, zwei Magnete mit gleichartigen Polen (N und N oder S und S) einander gegenüber und streuen Sie Eisenfeilspäne auf die Glasplatte.

Die Feldlinien gleichartiger Pole weichen einander aus **(Bild 1).**

Versuch 3: Wiederholen Sie Versuch 2 mit ungleichartigen Polen (N und S).

Die Feldlinien verlaufen bogenförmig zwischen den ungleichartigen Polen der beiden Magnete **(Bild 2).**

Aufgrund der Versuche 2 und 3 kann man den Feldlinien folgende Eigenschaften zuschreiben: Sie wollen sich verkürzen (Längszug), streben in Querrichtung auseinander (Querdruck) und treten senkrecht aus dem Magneten aus und senkrecht wieder ein.

Versuch 4: Führen Sie den Versuch 2 mit einem Hufeisenmagneten durch.

Zwischen den Schenkeln des Hufeisenmagneten verlaufen die Feldlinien annähernd parallel und in gleichem Abstand **(Bild 3).**

Zwischen den Polen verlaufen die Feldlinien eng beieinander. Eng nebeneinander liegende Feldlinien, also große **Feldliniendichte,** bedeutet, dass dort die magnetische Kraftwirkung groß ist. Großer Abstand der Feldlinien, also kleine Feldliniendichte, heißt, dass dort nur kleine magnetische Kräfte wirken.

Ein magnetisches Feld mit parallelen Feldlinien gleicher Dichte nennt man ein homogenes (gleichmäßiges) Feld.

5.1.3 Anwendung der Dauermagnete

Dauermagnete verwendet man z. B. als Haftmagnete **(Bild 4)** zum Verschließen von Türen an Kühlschränken, zum Transport von Kleinteilen aus Stahl, zum Festhalten von Schrauben und Muttern an Werkzeugen sowie zum Befestigen der Polklemmen beim Elektroschweißen.

Mit magnetischen Spannvorrichtungen (Dauermagnetspannplatten) kann man ferromagnetische Werkstücke an Werkzeugmaschinen festhalten.

Magnetabscheider dienen zum Aussortieren von ferromagnetischen Teilen aus nichtmagnetisierbaren Stoffen, z. B. beim Trennen des erzhaltigen Gesteins bei der Eisenerzaufbereitung oder beim Reinigen von Kühl- und Schmierflüssigkeiten von Stahlspänen. Dauermagnetsysteme werden auch als schaltbare Magnete hergestellt, z. B. als schaltbaren Messuhrhalter. Dabei wird das Magnetsystem verdreht oder verschoben und dadurch der Verlauf der Feldlinien in eine andere Richtung gelenkt.

Bei kleineren Elektromotoren, z. B. für Spielzeuge, ist der Ständer des Motors oder der Läufer ein Dauermagnet, ebenso bei Kleingeneratoren, z. B. beim Fahrraddynamo oder bei Tachogeneratoren (Drehzahlsensoren). Weitere Verwendung finden Dauermagnete z. B. für elektrische Messinstrumente, für Lautsprecher und Kopfhörer sowie als Bremsmagnete in Elektrizitätszählern.

Wiederholungsfragen

1. **Nennen Sie drei ferromagnetische Grundstoffe.**
2. **Welche Kraftwirkungen üben die Pole zweier Magnete aufeinander aus?**
3. **Was versteht man unter Magnetisieren?**
4. **Wie ist die Richtung der magnetischen Feldlinien festgelegt?**
5. **Unter welchem Winkel treten magnetische Feldlinien aus dem Magneten aus und wieder ein?**
6. **Wozu werden Dauermagnete verwendet?**

Bild 1: Feldlinienverlauf zwischen gleichartigen Polen

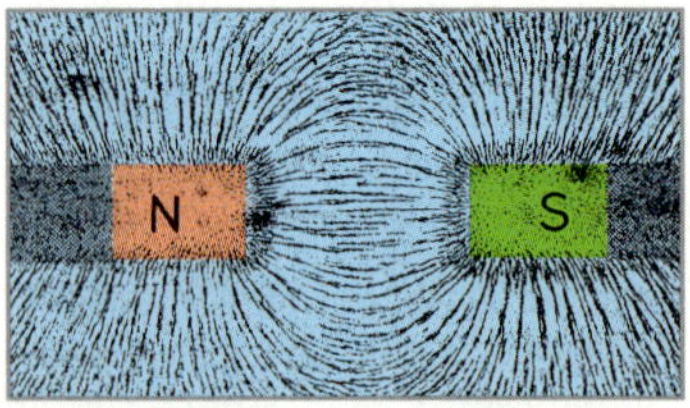

Bild 2: Feldlinienverlauf zwischen ungleichartigen Polen

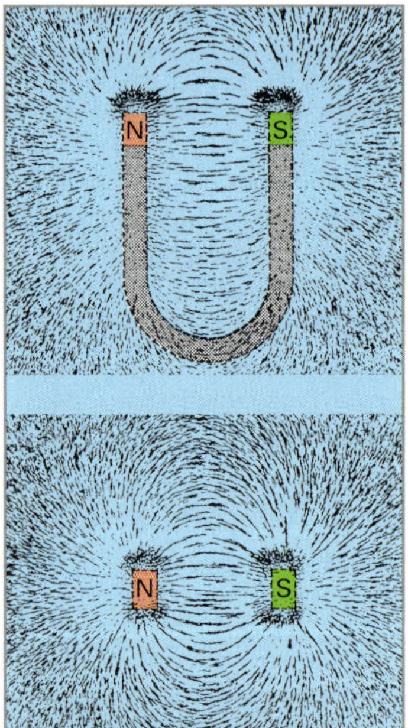

Bild 3: Feldlinienverlauf beim Hufeisenmagneten

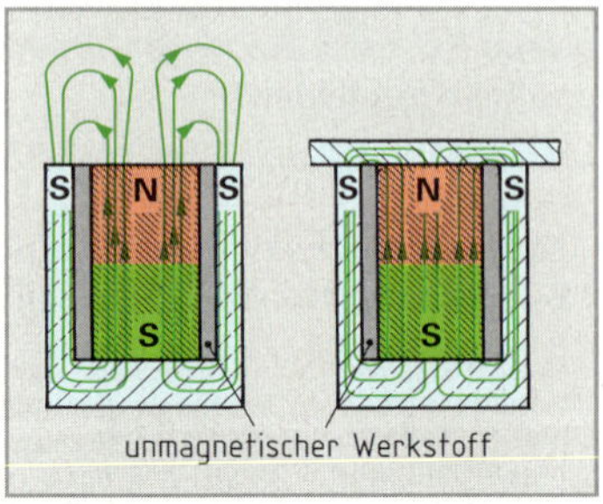

Bild 4: Haftmagnet (Schnitt)

5.2 Elektromagnetismus

5.2.1 Magnetfeld um einen vom Strom durchflossenen Leiter

Versuch 1: Schließen Sie einen senkrecht stehenden Leiter an Gleichspannung an und führen Sie eine Magnetnadel auf einer Kreisbahn um den Leiter.

Die Magnetnadel stellt sich immer in Richtung der Tangente an die Kreislinie mit dem Leiter als Mittelpunkt ein **(Bild 1)**.

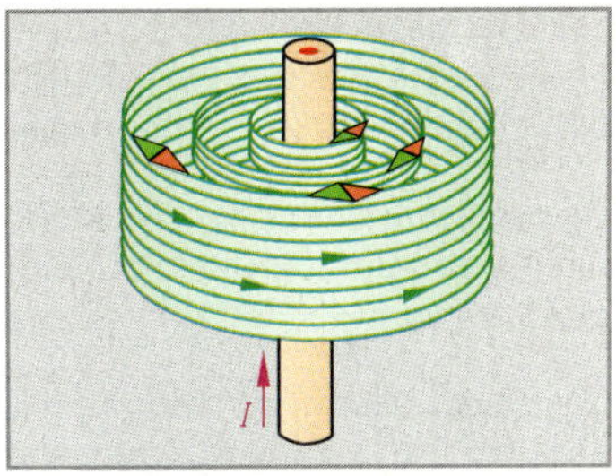

Bild 1: Feldlinien um einen vom Strom durchflossenen Leiter

Versuch 2: Kehren Sie die Stromrichtung im Leiter aus Versuch 1 um und führen Sie die Magnetnadel wie in Versuch 1 um den Leiter.

Die Magnetnadel wird auf der Kreisbahn in die entgegengesetzte Richtung abgelenkt.

Um einen vom Strom durchflossenen Leiter bildet sich ein Magnetfeld. Die Feldlinien haben dabei die Form von konzentrischen Kreisen. Die Richtung des Feldes ist abhängig von der Stromrichtung.

Die Richtung des Stromes im Leiter wird durch einen Punkt (·) oder ein Kreuz (x) gekennzeichnet. Fließt der Strom auf den Betrachter zu, so zeichnet man in den Leiterquerschnitt einen Punkt, fließt er vom Betrachter weg, so zeichnet man ein Kreuz **(Bild 2)**.

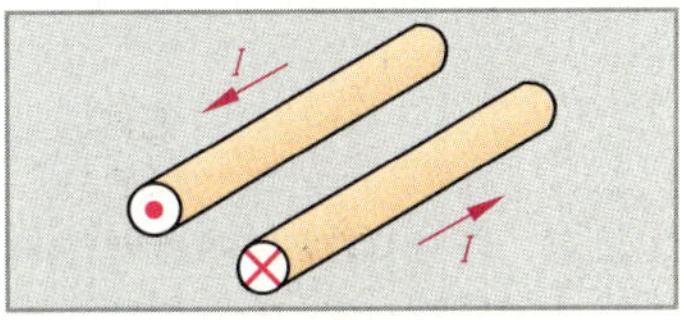

Bild 2: Stromrichtung im Leiter

Für die Richtung der Feldlinien um den vom Strom durchflossenen Leiter **(Bild 3)** gilt die **Rechtsschraubenregel** (Schraubenregel, **Bild 4**):

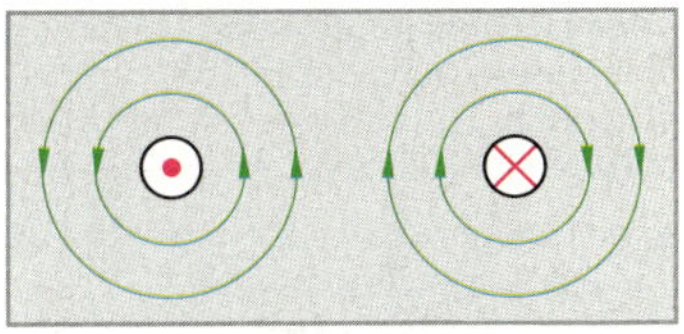

Bild 3: Richtung des Magnetfeldes

Man denkt sich eine Schraube mit Rechtsgewinde in den Leiter in Richtung des Stromes hineingeschraubt. Die Drehrichtung der Schraube gibt dann die Richtung der Feldlinien an.

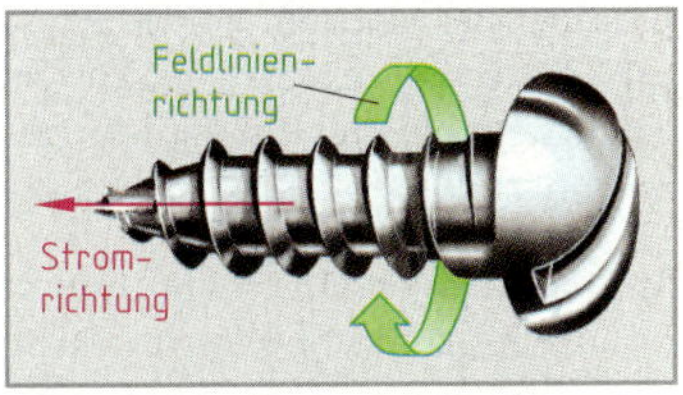

Bild 4: Schraubenregel (Drehung im Uhrzeigersinn)

Auch um vom Strom durchflossene flüssige oder gasförmige Leiter, z. B. um einen Schweißlichtbogen, bildet sich ein Magnetfeld.

Um Leiter, die von Wechselstrom durchflossen werden, bildet sich ebenfalls ein Magnetfeld. Wie der Strom ändert auch das Magnetfeld ständig seine Richtung (magnetisches Wechselfeld).

Versuch 3: Befestigen Sie zwei Metallbänder locker an isolierten Klemmen und schließen Sie diese nach **Bild 5a** und **Bild 5b** über einen Stellwiderstand an ein Netzgerät mit einem Ausgangsstrom von etwa 10 A an.

Bei gleicher Stromrichtung ziehen sich die Leiter an, bei entgegengesetzter Stromrichtung stoßen sie sich ab.

Fließt der Strom in beiden Leitern in gleicher Richtung, so umschlingt das gemeinsame Feld beide Leiter (Bild 5a). Die Feldlinien wollen sich verkürzen. Es besteht also zwischen den Leitern eine Anziehungskraft.

Fließt der Strom in beiden Leitern in entgegengesetzter Richtung, so haben die Feldlinien zwischen den Leitern gleiche Richtung (Bild 5b). Die Feldlinien gleicher Richtung üben einen Querdruck aufeinander aus. Die Leiter werden auseinandergedrückt.

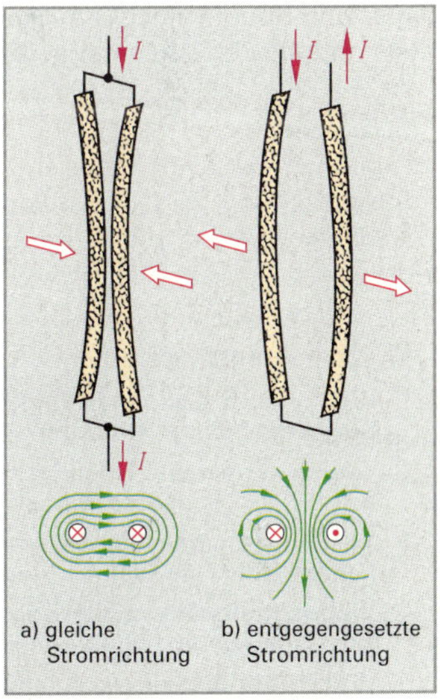

Bild 5: Kraftwirkungen zweier Leiter aufeinander

Gleiche Stromrichtung in parallelen Leitern bewirkt ein gegenseitiges Anziehen; entgegengesetzte Stromrichtung hat ein Abstoßen der Leiter zur Folge.

Die magnetische Kraftwirkung zwischen von Strom durchflossenen Leitern ist abhängig von der Stromrichtung und der Stromstärke in den Leitern, der Länge der parallelen Leiter und von deren Abstand.

Sammelschienen und Wicklungen, die große Ströme führen und nicht genügend abgestützt sind, verformen sich unter dem Einfluss der Magnetfelder. Bei Kurzschlüssen ist diese Gefahr besonders groß.

Die Kraftwirkung von Magnetfeldern wird zur Metallverformung ausgenutzt. Die dazu benötigten starken Magnetfelder erhält man, wenn man Kondensatoren großer Kapazität in sehr kurzer Zeit über eine Spule entlädt.

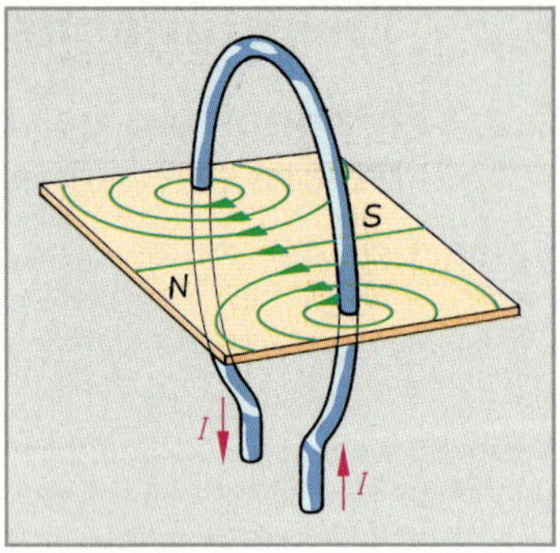

Bild 1: Magnetfeld einer Leiterschleife

5.2.2 Magnetfeld einer vom Strom durchflossenen Spule

Versuch: Biegen Sie einen Leiter zu einer Schleife und führen Sie diese durch eine dünne Kunststoffplatte. Bestreuen Sie die Platte mit Eisenfeilspänen und schließen Sie den Leiter über einen Stellwiderstand an einen Akkumulator oder an ein Netzgerät an. Prüfen Sie die Feldrichtung mit der Magnetnadel.

In der Leiterschleife entsteht ein magnetisches Feld **(Bild 1)**. *Die Schleife wirkt wie ein kurzer Stabmagnet.*

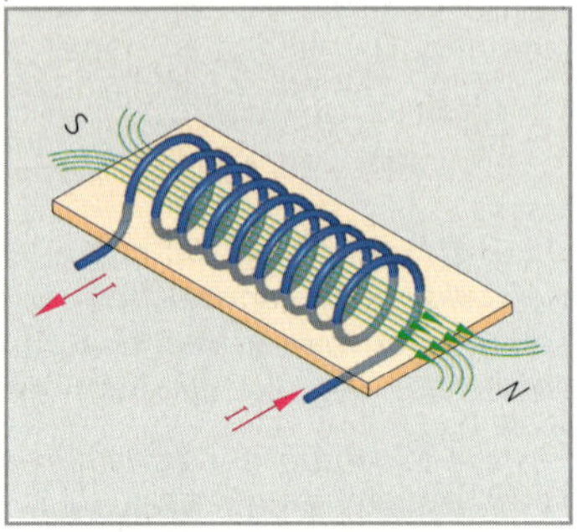

Bild 2: Magnetfeld einer Spule

Bei einer Spule ergeben die Felder der einzelnen Windungen ein gemeinsames Magnetfeld **(Bild 2)**. Die Feldlinien verlaufen im Innern der Spule parallel und in gleicher Dichte. Das Feld ist dort homogen. Die Austrittsstelle der Feldlinien aus der Spule bildet den Nordpol, die Eintrittstelle den Südpol der Spule.

Mit der Rechtsschraubenregel kann man die Richtung der Feldlinien um die einzelnen Leiter bestimmen. Daraus lassen sich die Richtung des gemeinsamen Feldes in der Spule und damit die Pole der Spule feststellen.

Nord- und Südpol einer vom Strom durchflossenen Spule lassen sich auch mithilfe der **Spulenregel (Bild 3)** bestimmen.

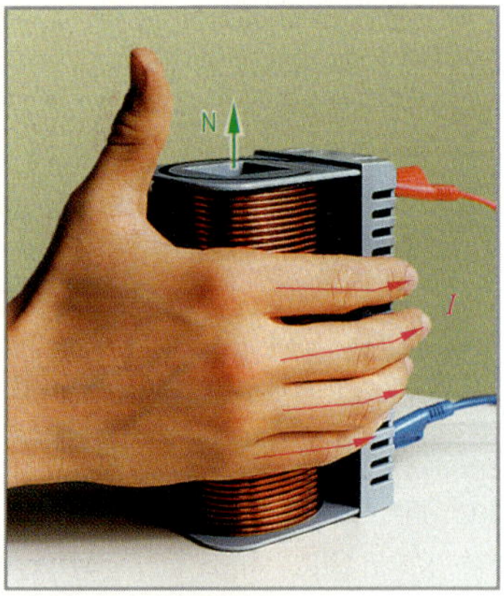

Bild 3: Spulenregel

> Spulenregel:
> Legt man die recht Hand so um eine Spule, dass die Finger in Stromrichtung zeigen, dann gibt der abgespreizte Daumen die Feldlinienrichtung zum Nordpol im Innern der Spule an.

Wiederholungsfragen

1 **Welche Form haben die Feldlinien um einen vom Strom durchflossenen Leiter?**

2 **Wie kann man die Richtung des Magnetfeldes um einen vom Strom durchflossenen Leiter feststellen?**

3 **Welcher Zusammenhang besteht zwischen Stromrichtung und Feldlinienrichtung?**

4 **Welche Kraftwirkungsrichtung entsteht durch gleiche Stromrichtung in parallelen Leitern?**

5 **Welche Kraftwirkungsrichtung entsteht durch entgegengesetzte Stromrichtung in parallelen Leitern?**

6 **Von welchen Größen hängt die Kraftwirkung zwischen vom Strom durchflossenen parallelen Leitern ab?**

7 **Beschreiben Sie das Magnetfeld im Innern einer vom Strom durchflossenen Spule.**

8 **Warum müssen Wicklungen, die große Ströme führen, mechanisch genügend befestigt sein?**

9 **Wie lässt sich die Feldlinienrichtung im Innern einer vom Strom durchflossenen Spule bestimmen?**

5.2.3 Magnetische Größen

Durchflutung Θ

Versuch 1: Hängen Sie ein Eisenstück so an einen Federkraftmesser, dass es in den Hohlraum einer Spule mit 600 Windungen hineinragt. Schließen Sie die Spule über einen Stellwiderstand und einen Strommesser an einen Gleichspannungserzeuger an. Stellen Sie die Stromstärke 2 A ein. Lesen Sie die Anzeige des Kraftmessers ab. Wiederholen Sie den Versuch mit einer Spule gleicher Form und Größe mit 1200 Windungen bei einer Stromstärke von 1 A.

Die Anzeigen des Kraftmessers sind in beiden Fällen etwa gleich groß.

Eine Spule mit 600 Windungen übt bei 2 A eine gleich große Kraft auf das Eisenstück aus wie eine gleich große Spule mit 1200 Windungen bei 1 A. Die Kräfte, die von Spulen gleicher Abmessung ausgeübt werden, sind gleich groß, wenn das Produkt Stromstärke mal Windungszahl der Spulen gleich groß ist.

> Das Produkt aus Stromstärke I und Windungszahl N nennt man Durchflutung[1] Θ.

Beispiel 1: Berechnen Sie die Durchflutung einer Spule mit 5000 Windungen bei einem Strom von 0,1 A.

$\Theta = I \cdot N = 0{,}1\,\text{A} \cdot 5000 = \mathbf{500\,A}$

$$\Theta = I \cdot N$$

$[\Theta] = \text{A}$

Θ Durchflutung
I Stromstärke
N Windungszahl

Magnetische Feldstärke H

Versuch 2: Hängen Sie ein Eisenstück so an einen Kraftmesser, dass es ins Innere einer Spule mit 600 Windungen hineinragt. Stellen Sie die Stromstärke 1 A ein und lesen Sie die Anzeige des Kraftmessers ab. Schalten Sie zu der Spule mit 600 Windungen eine zweite, gleiche Spule in Reihe. Stellen Sie die Spulen aufeinander, sodass der Eindruck einer Spule mit doppelter Länge entsteht. Stellen Sie wieder die Stromstärke 1 A ein.

Der Kraftmesser zeigt in beiden Fällen etwa die gleiche Kraft an.

Obwohl sich die Windungszahl verdoppelt hat, ist die Kraft auf das Eisenstück gleich. Maßgebend für die magnetische Wirkung ist also außer der Durchflutung noch die mittlere **Feldlinienlänge l (Bild).**

Die magnetische Wirkung ist umso größer, je größer die Durchflutung und je kleiner die wirksame (mittlere) Feldlinienlänge ist.

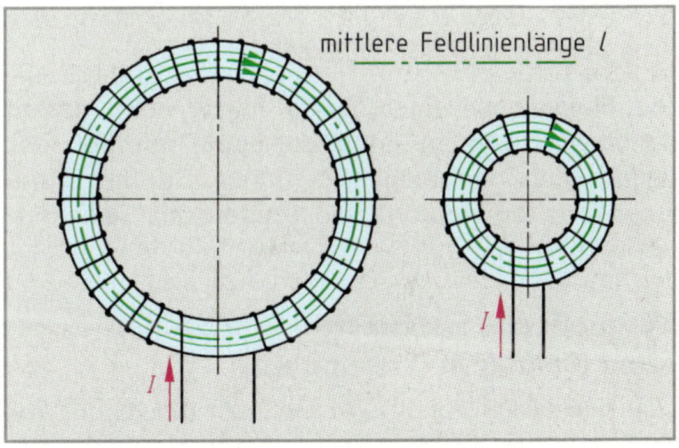

Bild: Spulen mit großer und kleiner mittlerer Feldlinienlänge

> Die magnetische Feldstärke H ist der Quotient von Durchflutung Θ durch die Feldlinienlänge l.

Die mittlere Feldlinienlänge ist bei Ringspulen gleich der Länge der neutralen Faser (Bild). Bei langgestreckten Spulen ohne Eisenkern, bei denen die Spulenlänge groß gegenüber dem Spulendurchmesser ist, darf die Spulenlänge als mittlere Feldlinienlänge gesetzt werden.

$$H = \frac{\Theta}{l}$$

$$H = \frac{I \cdot N}{l}$$

$[H] = \text{A/m}$

H magnetische Feldstärke
Θ Durchflutung
l mittlere Feldlinienlänge
I Stromstärke

Beispiel 2: Die Spule von Beispiel 1 hat eine mittlere Feldlinienlänge von 0,2 m. Wie groß ist die magnetische Feldstärke?

$H = \frac{I \cdot N}{l} = \frac{0{,}1\,\text{A} \cdot 5\,000}{0{,}2\,\text{m}} = \mathbf{2500\,A/m}$

[1] Θ griech. Großbuchstabe Theta

Magnetischer Fluss Φ

Das gesamte Magnetfeld einer Spule nennt man **magnetischen Fluss**[1] Φ. Man kann ihn sich vorstellen als die Gesamtzahl der magnetischen Feldlinien einer Spule **(Bild)**. Der magnetische Fluss hat die Einheit Voltsekunde (Vs) mit dem besonderen Einheitennamen **Weber**[2] (Wb).

Magnetische Flussdichte *B*

Ein Magnet hat eine umso größere Kraftwirkung, je größer der magnetische Fluss und je kleiner die Fläche ist, die von ihm durchsetzt wird. Der Quotient aus magnetischem Fluss Φ und der Fläche *A* heißt **Flussdichte** *B*.

Man misst die Flussdichte mit der Hallsonde (Hallgenerator, Seite 96). Die Einheit der Flussdichte ist Voltsekunde je Quadratmeter (Vs/m²). Sie hat den besonderen Einheitennamen **Tesla**[3] (T).

Beispiel 1: Eine Spule mit einer Polfläche von 25 cm² hat einen magnetischen Fluss von 0,0025 Wb. Wie groß ist die magnetische Flussdichte?

$$B = \frac{\Phi}{A} = \frac{0{,}0025\ \text{Wb}}{25\ \text{cm}^2} = \frac{0{,}0025\ \text{Vs}}{0{,}0025\ \text{m}^2} = 1\ \frac{\text{Vs}}{\text{m}^2} = \mathbf{1\ T}$$

Beispiel 2: Eine Spule mit dem Polquerschnitt 50 mm x 30 mm erzeugt eine magnetische Flussdichte $B = 0{,}8\ \text{T}$. Berechnen Sie den magnetischen Fluss Φ.

$$A = 50\ \text{mm} \cdot 30\ \text{mm} = 0{,}05\ \text{m} \cdot 0{,}03\ \text{m} = 0{,}0015\ \text{m}^2$$

$$B = \frac{\Phi}{A} \quad \Rightarrow \quad \Phi = B \cdot A = 0{,}8\ \text{T} \cdot 0{,}0015\ \text{m}^2 =$$

$$= 0{,}8\ \frac{\text{Vs}}{\text{m}^2} \cdot 0{,}0015\ \text{m}^2 = 0{,}0012\ \text{Vs} = 1{,}2\ \text{mVs} = \mathbf{1{,}2\ mWb}$$

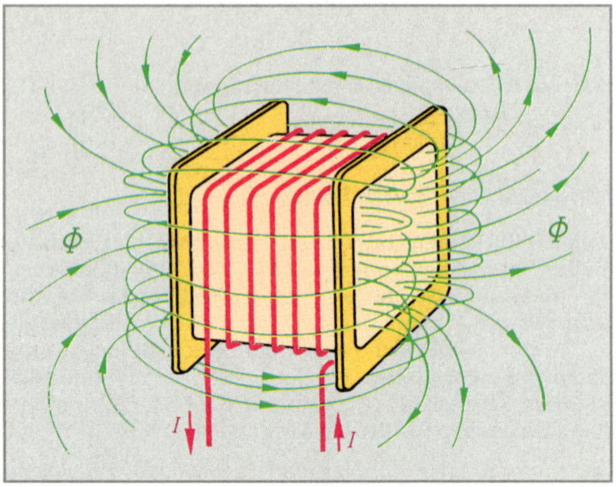

Bild: Gesamtzahl aller Feldlinien einer Spule

Starke Dauermagnete, z. B. Haftmagnete mit einer Abreißkraft von etwa 1000 N, erreichen eine Flussdichte von etwa 0,5 T bis 1 T. Das Magnetfeld der Erde beträgt ungefähr 0,05 mT.

Die Flussdichte einer Spule hängt auch davon ab, ob sich Eisen im Innern der Spule befindet oder nicht. Man unterscheidet daher Spulen ohne Eisenkern (Luftspulen) und Spulen mit Eisenkern (Seite 82).

$$B = \frac{\Phi}{A}$$

$$[B] = \frac{\text{Wb}}{\text{m}^2} = \frac{\text{Vs}}{\text{m}^2} = \text{T}$$

B magnetische Flussdichte
Φ magnetischer Fluss
A Fläche

Magnetische Flussdichte von Spulen ohne Eisenkern (Luftspulen)

Das Verhältnis von magnetischer Flussdichte zur magnetischen Feldstärke im leeren Raum ist die **magnetische Feldkonstante**[4] μ_0. Man kann sie aus Versuchen ermitteln. Sie beträgt

$$\mu_0 = 4 \cdot \pi \cdot 10^{-7}\ \text{Vs/Am} = 1{,}257 \cdot 10^{-6}\ \text{Vs/Am}.$$

Beispiel 3: Eine Luftspule mit 600 Windungen hat eine magnetische Feldstärke von 2500 A/m. Wie groß ist die magnetische Flussdichte?

$$B = \mu_0 \cdot H = 1{,}257 \cdot 10^{-6}\ \frac{\text{Vs}}{\text{Am}} \cdot 2500\ \frac{\text{A}}{\text{m}} = 0{,}00314\ \frac{\text{Vs}}{\text{m}^2} =$$

$$= 0{,}00314\ \text{T} = \mathbf{3{,}14\ mT}$$

Bei Spulen ohne Eisenkern (Luftspulen):

$$B = \mu_0 \cdot H$$

$$[\mu_0] = \frac{\frac{\text{Vs}}{\text{m}^2}}{\frac{\text{A}}{\text{m}}} = \frac{\text{Vs}}{\text{Am}}$$

B magnetische Flussdichte
μ_0 magnetische Feldkonstante
$\mu_0 = 1{,}257 \cdot 10^{-6}\ \text{Vs/Am}$
H magnetische Feldstärke

[1] griech. Großbuchstabe Phi
[2] Wilhelm Eduard Weber, deutscher Physiker, 1804 bis 1891
[3] Nikola Tesla, kroatischer Physiker, 1856 bis 1943
[4] μ griech. Kleinbuchstabe mü

5.2.4 Eisen im Magnetfeld einer Spule

Versuch 1: Halten Sie eine Spule einige cm über Nägel oder Büroklammern. Schließen Sie die Spule an einen Gleichspannungserzeuger an und stellen Sie den für die Spule zulässigen Strom ein. Führen Sie dann von oben einen Eisenkern in die Spule.

Die Strom durchflossene Spule mit Eisenkern zieht viele Eisenteile an.

Ein Eisenkern erhöht die magnetische Flussdichte einer Strom durchflossenen Spule.

Versuch 2: Legen Sie das Magnetmodell nach **Bild 1** auf einen Tageslichtprojektor und bringen Sie zwei Stabmagnete so an das Modell, dass sich zwei entgegengesetzte Pole gegenüberstehen.

Die Magnetnadeln des Modells richten sich aus und bilden bogenförmige Ketten von Pol zu Pol.

Weiss'sche Bezirke

Auch in ferromagnetischen Stoffen bewegen sich Elektronen um die Kerne der Atome. Die Elektronen drehen sich zusätzlich um ihre eigene Achse (Elektronenspin) und rufen dadurch wie Kreisströme Magnetfelder hervor, die sich bei ferromagnetischen Atomen nicht ganz aufheben.

Ferromagnetische Stoffe bestehen aus Kristallbereichen, in denen diese Spins gleiche Richtung haben. Diese Bereiche nennt man **Weiss'sche Bezirke** (Bild 1). Sie sind abgegrenzt durch die **Bloch[1]-Wände** und entsprechen den Elementarmagneten. Im nichtmagnetisierten Kern sind diese Bezirke magnetisch ungeordnet, sodass dieser nach außen magnetisch neutral ist. Durch ein Magnetfeld verschieben sich die Bloch-Wände und die Weiss'schen Bezirke werden geordnet. Ihre Magnetfelder haben dann gleiche Richtung und summieren sich.

Die Ursache für die Erhöhung der Flussdichte durch einen ferromagnetischen Kern ist das Ausrichten der Weiss'schen Bezirke.

Das Verschieben der Bloch-Wände erfolgt nicht stetig, sondern sprunghaft. Je stärker die Magnetisierung ist, umso mehr Weiss'sche Bezirke sind geordnet. Sind alle Bezirke ausgerichtet, kann der Kern das Magnetfeld nicht weiter verstärken; der Kern ist magnetisch gesättigt. Vereinfacht kann man sagen, dass durch den ferromagnetischen Kern beim Magnetisieren sehr viele zusätzliche Feldlinien entstehen. Das bedeutet, dass ein ferromagnetischer Stoff eine viel höhere magnetische Leitfähigkeit hat als Luft.

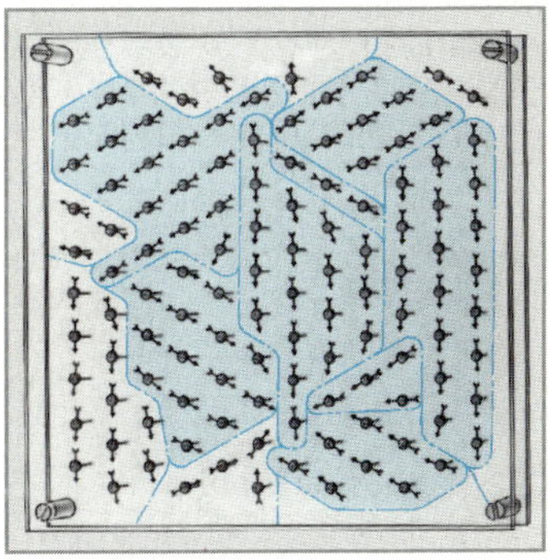

Bild 1: Magnetmodell zur Darstellung der Weiss'schen Bezirke

Magnetische Abschirmung

Wegen der hohen magnetischen Leitfähigkeit können durch ein ferromagnetisches Gehäuse z. B. empfindliche Messgeräte gegen Fremdfelder abgeschirmt werden. Im Innern dieser Abschirmung entsteht ein feldfreier Raum **(Bild 2)**. Abschirmungen für Gleichfelder stellt man aus weichmagnetischen Werkstoffen in Form von Bechern, Röhren oder als Folien her. Neben Messgeräten schirmt man auch Elektronenstrahlröhren, Magnetköpfe, Leitungen, Bauteile sowie Mess- und Prüffelder ab. Man kann durch Abschirmungen auch das Erdfeld fernhalten.

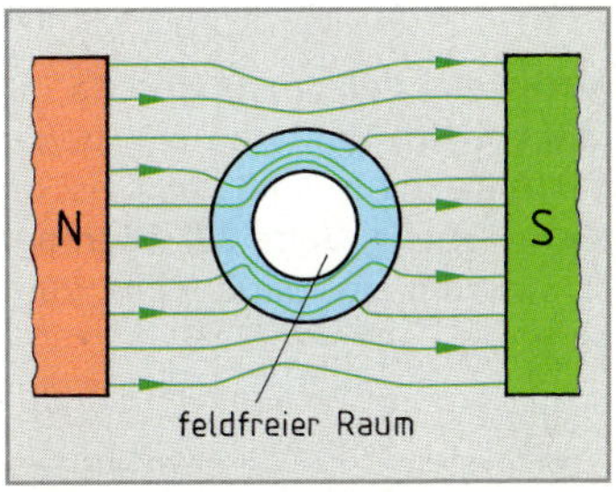

Bild 2: Abschirmung

[1] Felix Bloch, schweizerisch-amerikanischer Physiker, 1905 bis 1983

Magnetisierungskennlinien

Die magnetische Flußdichte einer eisenlosen Spule nimmt im gleichen Verhältnis wie der Spulenstrom und damit wie die Feldstärke zu **(Bild 1)**. Das ist nicht mehr der Fall, wenn man das vorhandene Spulenfeld durch Eisen verstärkt. Wird der Strom größer, so richten sich immer mehr Elementarmagnete im Eisenkern aus, bis schließlich der Kern magnetisch gesättigt ist. Dann nimmt die Flussdichte bei weiterer Stromzunahme nur noch wie bei Luft zu.

Trägt man die Feldstärke H waagrecht und die jeweils dazugehörige magnetische Flussdichte B senkrecht auf, so erhält man die **Magnetisierungskennlinie** (Bild 1).

Die Abhängigkeit der magnetischen Flussdichte B von der Feldstärke H ist bei den einzelnen magnetischen Werkstoffen sehr verschieden **(Bild 2)**. Die Magnetisierungskennlinien werden durch Versuche ermittelt.

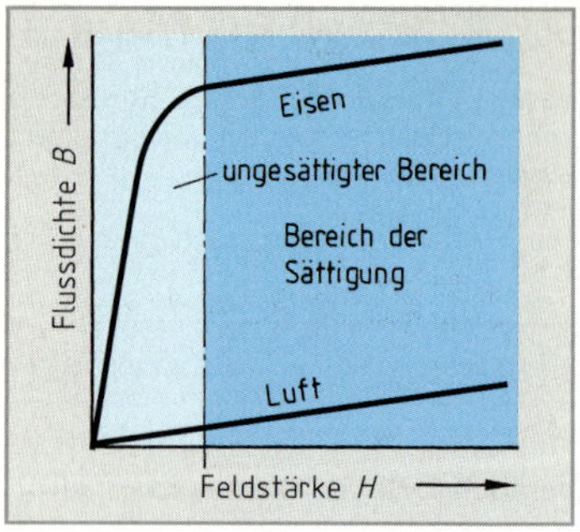

Bild 1: Magnetisierungskennlinien

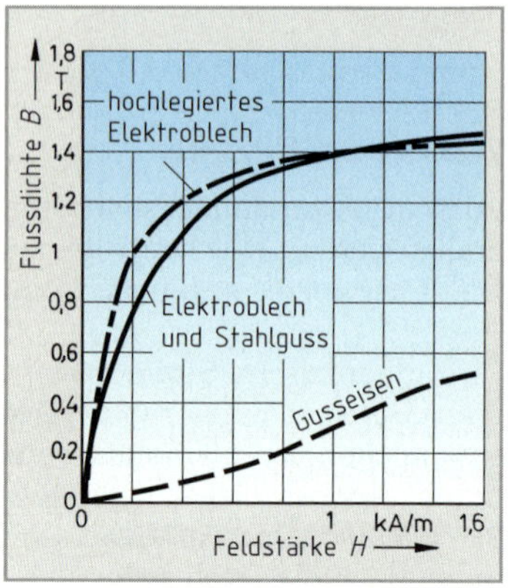

Bild 2: Magnetisierungskennlinien von Gusseisen, Elektroblech, Stahlguss und hochlegiertem Elektroblech

Magnetische Flussdichte von Spulen mit Eisenkern

Ferromagnetische Stoffe vervielfachen die magnetische Flussdichte einer Spule um den Faktor μ_r (Permeabilitätszahl[1]). Das Produkt aus dieser Zahl und aus der magnetischen Feldkonstanten μ_0 ergibt die **Permeabilität**[1] μ.

Für Luft ist die **Permeabilitätszahl** μ_r etwa 1 **(Tabelle, Seite 83)**. Die Permeabilitätszahl μ_r eines Eisenkerns ist nicht konstant. Sie verändert sich mit der Feldstärke **(Bild 3)**.

Die verstärkende Wirkung des Eisens auf das Magnetfeld ist so lange vorhanden, bis alle Elementarmagnete des Kernes ausgerichtet sind und das Eisen magnetisch gesättigt ist. Bei weiterer Erhöhung der Stromstärke nimmt die Permeabilität schnell ab (Bild 3).

$$\mu = \mu_0 \cdot \mu_r \qquad \mu = \frac{B}{H}$$

$$[\mu] = \frac{\text{Vs}}{\text{Am}} = \frac{\text{H}}{\text{m}}$$

μ Permeabilität
μ_0 magnetische Feldkonstante
$\mu_0 = 1{,}257 \cdot 10^{-6}\,\text{Vs/(Am)}$
μ_r Permeabilitätszahl (relative Permeabilität)
B magnetische Flussdichte
H magnetische Feldstärke

Beispiel: In einem Elektroblech herrscht bei einer Feldstärke von 120 A/m eine Flussdichte von etwa 1,0 T. Wie groß ist die Permeabilitätszahl μ_r des Blechs?

$$\mu = \frac{B}{H} = \frac{1\,\text{T}}{120\,\text{A/m}} = \frac{1\,\text{Vs/m}^2}{120\,\text{A/m}} = \frac{1}{120}\,\frac{\text{Vs}}{\text{Am}}$$

$$\mu = \mu_0 \cdot \mu_r \quad \Rightarrow \quad \mu_r = \frac{\mu}{\mu_0} = \frac{(1/120)\,\text{Vs/(Am)}}{1{,}257 \cdot 10^{-6}\,\text{Vs/(Am)}} = \mathbf{6630}$$

Die magnetischen Eigenschaften eines Werkstoffs sind auch von der Frequenz und von der Temperatur abhängig. Mit höherer Frequenz und mit steigender Temperatur wird die Permeabilität geringer. Da ferromagnetische Werkstoffe oberhalb ihres Curie-Punktes ihre magnetischen Eigenschaften verlieren, ergeben sich obere Anwendungstemperaturen, die je nach Werkstoff 100 °C bis 600 °C betragen.

Auch nichtferromagnetische Stoffe verändern ein vorhandenes Magnetfeld. Bei den so genannten **paramagnetischen**[2] **Stoffen,** z. B. Aluminium oder Platin, ist die Permeabilitätszahl μ_r wenig größer als 1 **(Tabelle, Seite 83)**. **Diamagnetische**[3] **Stoffe,** z. B. Blei oder Zink, schwächen ein Magnetfeld. Ihre Permeabilitätszahl ist etwas kleiner als 1.

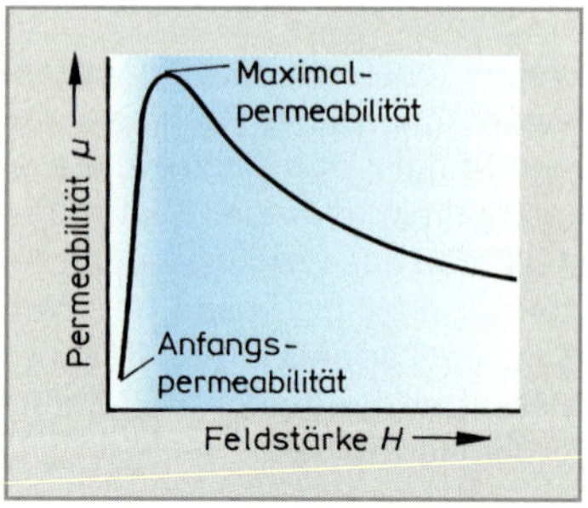

Bild 3: Permeabilitätskennlinie für ferromagnetische Stoffe

[1] von permeare (lat.) = durchwandern
[2] para (griech. Vorsilbe) = neben
[3] dia (griech. Vorsilbe) = durch

Tabelle: Permeabilitätszahlen μ_r (Beispiele)					
ferromagnetische Stoffe		paramagnetische Stoffe		diamagnetische Stoffe	
Eisen, unlegiert	bis 6000	Luft	1,0000004	Quecksilber	0,999975
Elektroblech	> 6500	Sauerstoff	1,0000003	Silber	0,999981
Eisen-Nickel-Legierungen	bis 300000	Aluminium	1,000022	Zink	0,999988
weichmagnetische Ferrite	> 10000	Platin	1,000360	Wasser	0,899991

Ummagnetisierungskennlinie (Hysteresekurve)

Versuch 1: Befestigen Sie einen U-Kern mit einer Zwinge auf der Tischplatte. Schieben Sie eine Spule (300 Windungen) auf den Kern und schließen Sie den Eisenweg durch ein Joch. Erregen Sie die Spule mit Gleichstrom bis etwa 2 A und schalten Sie wieder ab.

Das Joch „klebt" so stark am Kern, dass man es nur mit großer Kraft abheben kann.

Remanenzflussdichte. Obwohl die magnetische Feldstärke Null ist, bleibt eine restliche magnetische Flussdichte, die Remanenzflussdichte[1] B_r (remanente Flussdichte, Restmagnetismus) zurück, die das Joch festhält.

Versuch 2: Ändern Sie die Stromrichtung in der Versuchsanordnung 1 und steigern Sie *langsam* den Strom. Versuchen Sie dabei den Anker abzuheben.

Das Joch lässt sich schon bei einer geringen, entgegengerichteten Erregung abheben.

Koerzitivfeldstärke. Die entgegengesetzt gerichtete Feldstärke hat die Remanenz beseitigt. Die Spule erzeugt zwar eine Feldstärke, im Eisen ist aber keine magnetische Flussdichte mehr vorhanden. Die Feldstärke, die notwendig ist, um den Restmagnetismus zu beseitigen, nennt man Koerzitiv-Feldstärke H_c (Koerzitivkraft[2]).

Steigert man den Strom in Versuch 2 weiter und schaltet dann ab, so bleibt im Kern wieder eine Remanenz, jedoch in entgegengesetzter Richtung. Diese Remanenzflussdichte lässt sich wiederum durch eine entgegengesetzte Koerzitivfeldstärke beseitigen.

Der Zusammenhang zwischen B und H beim Ummagnetisieren von magnetischen Stoffen wird durch die **Ummagnetisierungskennlinie** (Hysteresekurve, Hystereseschleife[3], **Bild 1)** dargestellt.

Die magnetische Flussdichte bleibt hinter der magnetischen Feldstärke zurück, weil die Elementarmagnete sich nur verzögert ausrichten.

Bei Wechselstrom kippen die Elementarmagnete (Weiss'sche Bezirke) ständig um. Das Eisen wird erwärmt. Die dabei entstehenden Verluste nennt man **Hystereseverluste.** Der Flächeninhalt der Ummagnetisierungskennlinie ist ein Maß für diese Verluste **(Bild 2).**

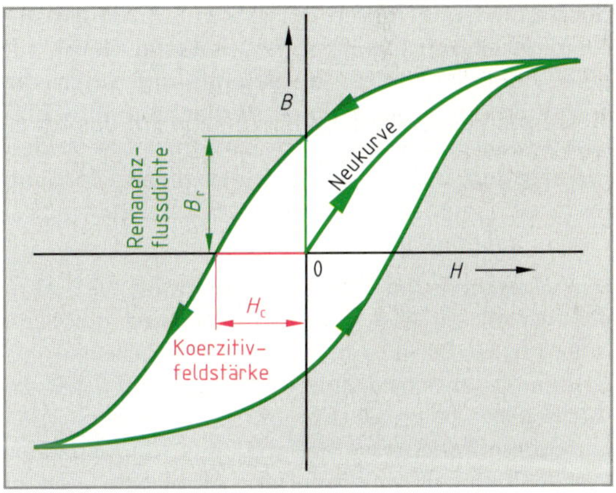

Bild 1: Ummagnetisierungskennlinie (Hystereseschleife)

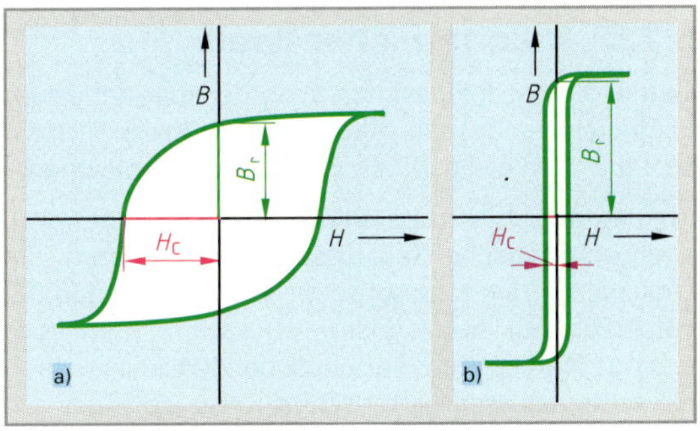

Bild 2: Hystereseschleifen
a) von hartmagnetischem Werkstoff
b) von weichmagnetischem Werkstoff

> Zum Ummagnetisieren ist elektrische Energie erforderlich, die dabei in Wärme umgewandelt wird.

Dauermagnete sollen nach einmaliger Magnetisierung eine möglichst große Remanenz B_r behalten. Diese Remanenz darf durch Einfluss von Fremd-

[1] von remanere (lat.) = zurückbleiben
[2] von coercere (lat.) = zwingen, in Schranken halten
[3] Hysterese (griech.) = das Zurückbleiben

feldern nicht verloren gehen. Dauermagnete sollen deshalb auch eine große Koerzitiv-Feldstärke H_c haben (Bild 2a, Seite 83).

Magnetwerkstoffe, die durch Wechselstrom ständig ummagnetisiert werden, z. B. Elektrobleche, sollen eine geringe Koerzitiv-Feldstärke H_c besitzen (Bild 2b, Seite 83).

Entmagnetisieren

Beim Entmagnetisieren, z. B. von Werkzeugen, Uhren und Tonbändern, muss man den ungeordneten Zustand der Elementarmagnete wieder herstellen. Dies erreicht man dadurch, dass man die Teile in eine von Wechselstrom durchflossene Spule bringt und dann entweder den Strom in der Spule langsam auf Null verkleinert oder das Werkstück langsam aus der Spule herauszieht. Dabei wechselt die magnetische Feldstärke ständig ihre Richtung und wird geringer. Die mittlere Feldlinienlänge wird beim Herausziehen aus der Spule immer größer. Die magnetische Feldstärke und damit die Magnetisierung des Eisens wird nach beiden Richtungen immer kleiner. Die Hystereseschleife ändert sich dabei entsprechend **(Bild 1)**.

Beim Entmagnetisieren mit einem Entmagnetisierungsgerät werden ferromagnetische Teile auf eine Polflächenhälfte aufgelegt und über die Trennfuge und die andere Polflächenhälfte hin- und herbewegt **(Bild 2)**. Bei magnetisch harten Werkstoffen, z. B. Ferriten, muss dieser Vorgang mehrmals wiederholt werden, bis der Restmagnetismus beseitigt ist.

Beim Löschen von Tonbandaufnahmen wird ähnlich verfahren. Die Aufzeichnung wird gelöscht, indem das Band am Spalt eines Löschkopfes vorbeigeführt wird. Durch den Löschkopf fließt ein Wechselstrom hoher Frequenz. In dem vorbeilaufenden Band wird dadurch ein magnetisches Wechselfeld mit abnehmender Amplitude erzeugt und dadurch die Aufnahme gelöscht.

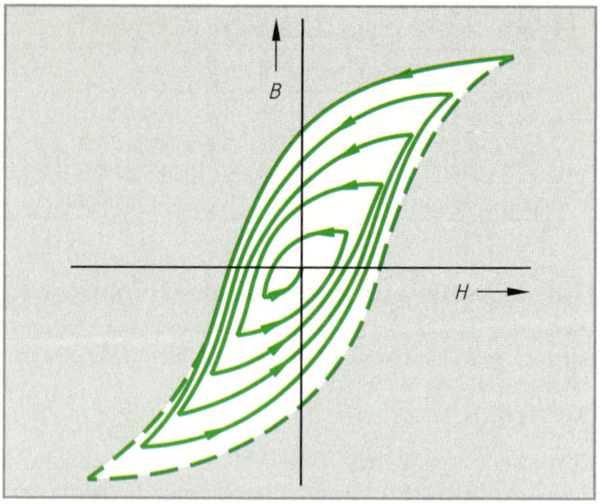

Bild 1: Hystereseschleife beim Entmagnetisieren

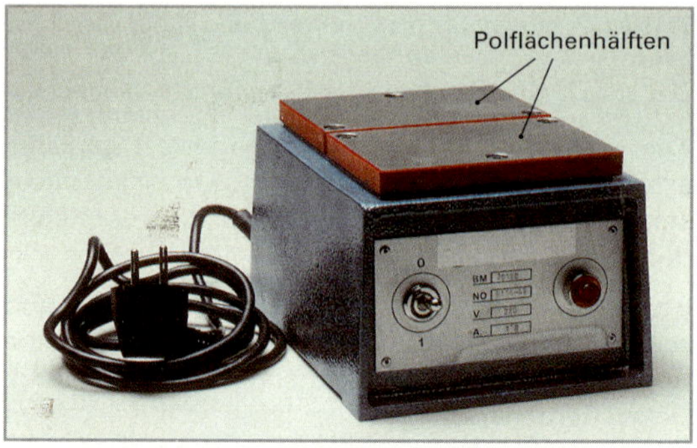

Bild 2: Entmagnetisierungsgerät

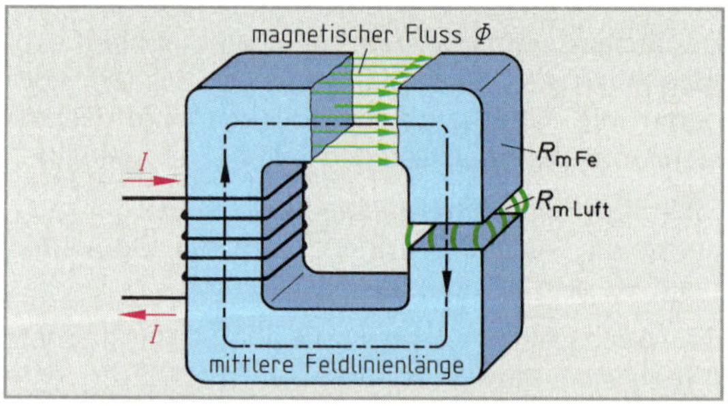

Bild 3: Magnetischer Kreis

5.2.5 Magnetischer Kreis

Den in sich geschlossenen Weg der magnetischen Feldlinien nennt man **magnetischen Kreis**. Er lässt sich mit dem elektrischen Stromkreis vergleichen.

Im magnetischen Kreis **(Bild 3)** ist die Durchflutung, auch **magnetische Gesamtspannung** genannt, die Ursache für den magnetischen Fluss. Verlaufen die Feldlinien nur durch Eisen, so spricht man vom eisengeschlossenen magnetischen Kreis; ist jedoch ein **Luftspalt** im magnetischen Kreis, so muss außer dem magnetischen Widerstand des Eisens R_{mFe} auch der magnetische Widerstand der Luft R_{mLuft} überwunden werden.

Magnetischer Kreis mit Luftspalt:

$$R_m = R_{mFe} + R_{mLuft}$$

Durchflutung:

$$\Theta = \Theta_{Fe} + \Theta_{Luft}$$

Mit $H = \Theta / l$ erhält man:

$$\Theta = H_1 \cdot l_1 + H_2 \cdot l_2 + \dots$$

$$[\Theta] = \frac{A}{m} \cdot m = A; \quad [H] = \frac{A}{m}$$

R_m magnetischer Widerstand
Θ Durchflutung
H_1, H_2 Teilfeldstärken
l_1, l_2 mittlere Feldlinienlängen

Die magnetische Spannung (Durchflutung) teilt sich im Verhältnis der beiden magnetischen Widerstände, d. h., für jeden Teilwiderstand im magnetischen Kreis ist ein Teil der Durchflutung erforderlich.

Durchflutungsgesetz: Die Gesamtdurchflutung ist gleich der Summe der Teildurchflutungen, d. h. der Durchflutungen im Luftspalt und im Magnetwerkstoff.

Beispiel: Ein Kern aus Elektroblech nach Bild 3, Seite 84, hat einen Querschnitt von 64 cm². Der Luftspalt beträgt 6 mm. Im Kern soll ein magnetischer Fluss von 8 mWb entstehen. Die mittlere Feldlinienlänge im Eisen ist 100 cm. Berechnen Sie die erforderliche Durchflutung a) im Eisenkern, b) im Luftspalt und c) die Gesamtdurchflutung.

a) Im Eisenkern:

$$B = \frac{\Phi}{A} = \frac{8\ \text{mWb}}{64\ \text{cm}^2} = \frac{0{,}008\ \text{Wb}}{0{,}0064\ \text{m}^2} = \mathbf{1{,}25\ T}$$

Aus der Magnetisierungskennlinie für Elektroblech (siehe Tabellenbuch Elektrotechnik) ist für eine Flussdichte von $B = 1{,}25$ T eine Feldstärke H_{Fe} von etwa 800 A/m zu entnehmen.

$\Theta_{Fe} = H_{Fe} \cdot l_{Fe} = 800\ \text{A/m} \cdot 1\ \text{m} = \mathbf{800\ A}$

b) Im Luftspalt:

$$B = \mu_0 \cdot H_L \quad \Rightarrow \quad H_L = \frac{B}{\mu_0} = \frac{1{,}25\ \text{T}}{1{,}257 \cdot 10^{-6}\ \text{Vs/(Am)}} \approx \mathbf{1000000\ A/m = 1000\ kA/m}$$

$\Theta_L = H_L \cdot l_L = 1000000\ \text{A/m} \cdot 0{,}006\ \text{m} = \mathbf{6000\ A}$

c) Gesamtdurchflutung:

$\Theta = \Theta_{Fe} + \Theta_L \approx 800\ \text{A} + 6000\ \text{A} \approx \mathbf{6800\ A}$

Je kleiner der Luftspalt in einem magnetischen Kreis ist, umso größer ist bei gleicher Durchflutung der magnetische Fluss.

Man versucht daher bei elektromagnetischen Geräten den Luftspalt möglichst klein zu halten.

Streufluss. Meist schließt sich ein Teil der magnetischen Feldlinien, ohne den Luftspalt zu durchdringen. Diese Feldlinien nennt man Streulinien oder **magnetische Streuung.** Für einen bestimmten Fluss im Luftspalt ist bei großer Streuung eine große Durchflutung erforderlich.

Tabelle: Magnetische Größen und Einheiten (Übersicht)

Größe	Formelzeichen	Formel bzw. Faktor	Einheiten	SI-Einheit
Durchflutung	Θ	$\Theta = I \cdot N$	A	A
Magnetische Feldstärke	H	$H = \frac{I \cdot N}{l}$	$\frac{\text{A}}{\text{m}}$	$\frac{\text{A}}{\text{m}}$
Magnetischer Fluss	Φ	$\Phi = B \cdot A$	Wb = Vs	Vs; Wb
Magnetische Flussdichte	B	$B = \frac{\Phi}{A}$	$\text{T} = \frac{\text{Wb}}{1\ \text{m}^2} = \frac{\text{Vs}}{\text{m}^2}$	T
Permeabilität	μ	$\mu = \mu_0 \cdot \mu_r = \frac{B}{H}$	$\frac{\text{Vs}}{\text{Am}} = \frac{\text{Wb}}{\text{Am}} = \frac{\Omega\text{s}}{\text{m}}$	–
Magnetische Feldkonstante	μ_0	$1{,}257 \cdot 10^{-6}$	$\frac{\text{Vs}}{\text{Am}} = \frac{\text{Wb}}{\text{Am}} = \frac{\Omega\text{s}}{\text{m}}$	$\frac{\text{Wb}}{\text{Am}}$

Wiederholungsfragen

1 **Was versteht man unter Durchflutung?**
2 **Was versteht man unter der magnetischen Feldstärke?**
3 **Was versteht man unter dem magnetischen Fluss?**
4 **Wie berechnet man die magnetische Flussdichte?**
5 **Welche Wirkung hat Eisen im Magnetfeld einer Spule?**
6 **Was versteht man unter a) der Permeabilitätszahl μ_r, b) der magnetischen Feldkonstanten μ_0?**
7 **Erklären Sie den Begriff Remanenz.**
8 **Was versteht man unter der Koerzitivfeldstärke?**
9 **Erklären Sie die Verstärkungswirkung von Eisen im Magnetfeld.**
10 **Was versteht man unter a) ferromagnetischen, b) paramagnetischen und c) diamagnetischen Stoffen?**
11 **Beschreiben Sie den Vorgang des Entmagnetisierens.**

5.3 Anwendungen von Elektromagneten

Den grundsätzlichen Aufbau eines Elektromagneten zeigt **Bild 1**. Die durch das Joch verbundenen Schenkel des U-förmigen Eisenkernes tragen die Erregerwicklung. Die Spulen sind so zu schalten, dass sich an den Enden der beiden Schenkel ungleiche Pole bilden. Den Polen gegenüber befindet sich, durch den Luftspalt getrennt, der bewegliche Anker. Elektromagnete setzt man z.B. als Lastmagnete zum Heben von Werkstücken aus Stahl ein, zum Betätigen elektromagnetischer Kupplungen oder Bremsen, bei elektromagnetischen Spannplatten zum Spannen von Werkstücken auf Werkzeugmaschinen oder als Antrieb für elektromagnetisch betätigte Schalter.

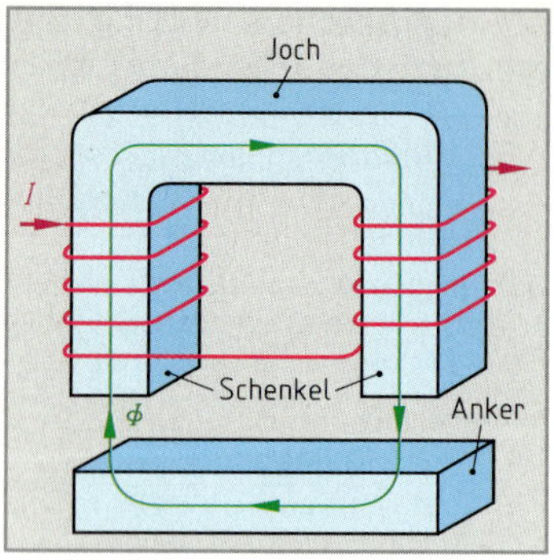

Bild 1: Elektromagnet mit U-Kern

5.3.1 Elektromagnetisch betätigte Schaltgeräte

Schaltschütze und **Relais** sind elektromagnetisch betätigte Schalter. Sie bestehen aus einer Erregerspule mit Eisenkern, dem beweglichen Anker und einem oder mehreren Kontakten **(Bild 2)**. Fließt durch die Erregerspule ein Strom, zieht sie den beweglichen Anker an und betätigt über isolierende Zwischenstücke die Kontakte.

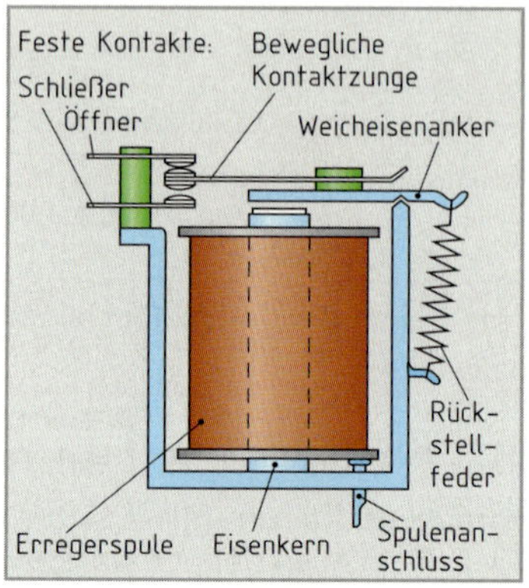

Bild 2: Aufbau eines Relais

Kontaktarten. Kontakte können als **Schließer** (Arbeitskontakt), **Öffner** (Ruhekontakt) oder als Kombination dieser Kontaktarten ausgebildet sein. Relais haben meist einfach unterbrechende Federkontakte. Bei Schaltschützen verwendet man doppelt unterbrechende Kontakte mit Schaltstücken **(Bild 3)**.

Ein betätigter Schließer schließt den Stromkreis, ein Öffner unterbricht ihn.

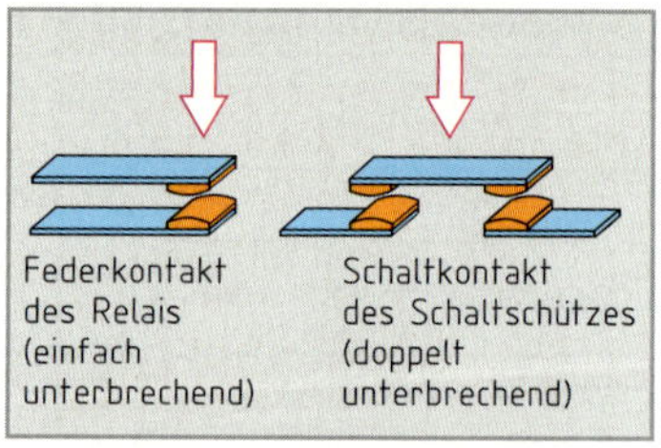

Bild 3: Schaltkontakte bei Relais und Schaltschütz

Jede Schaltung mit elektromagnetischen Schaltern besteht aus dem **Steuerstromkreis** und dem **Hauptstromkreis** oder Arbeitsstromkreis **(Bild 4)**. Steuerstromkreis und Hauptstromkreis können elektrisch getrennt sein (sogenannte galvanische Trennung).

Mit elektromagnetischen Schaltern kann man mit einem kleinen Steuerstrom einen großen Laststrom schalten.

Versuch: Legen Sie die Spule eines 24-V-Wechselstromrelais an 24 V Wechselspannung und messen Sie die Stromaufnahme der Spule. Wiederholen Sie die Messung mit einer einstellbaren Gleichspannung. Erhöhen Sie die Gleichspannung langsam, bis sich der Spulen-Nennstrom einstellt.

Bereits bei einer Gleichspannung von etwa 3 V fließt der Spulen-Nennstrom.

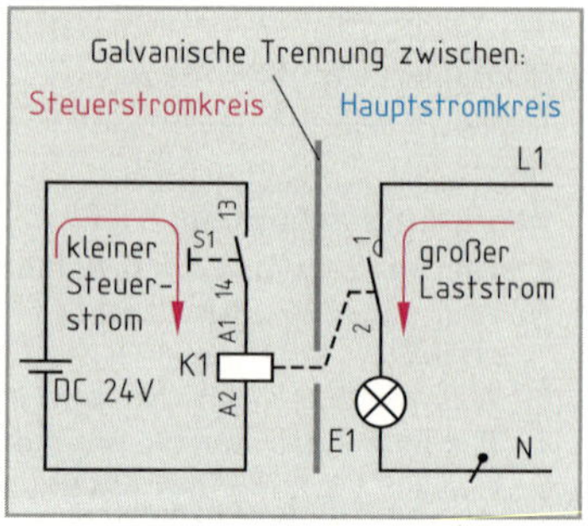

Bild 4: Stromkreise bei elektromagnetischen Schaltern

Beim Anlegen des Wechselstromrelais an 24 V Gleichspannung würde die Relaisspule zerstört, weil bei Gleichstrom nur der kleine ohmsche Wicklungswiderstand der Relaisspule den Strom begrenzt. Betreibt man aber irrtümlicherweise ein Gleichstromrelais an Wechselspannung, kann der zum sicheren Schalten notwendige Spulenstrom nicht fließen.

Bei der Auswahl elektromagnetischer Schalter ist auf die Spulennennspannung, die Stromart und auf die Strombelastbarkeit der Schaltkontakte zu achten.

Schütze (Bild 1) haben in ihrer Einschaltstellung keine mechanische Sperre. Man nennt sie deshalb auch unverklinkte elektromagnetische Schalter. Sie werden in Leistungsschütze und in Hilfs- oder Steuerschütze unterteilt.

Leistungsschütze haben meist drei Hauptstromkontakte und zusätzlich mindestens einen Steuerkontakt. Die Hauptstromkontakte schalten die Außenleiter an den Verbraucher. Sie sind in getrennten Schaltkammern angeordnet und bei größerer Schaltleistung mit Lichtbogen-Löscheinrichtungen ausgestattet. Steuerkontakte darf man deshalb nicht als Hauptstromkontakte, sondern nur zum Steuern oder Melden verwenden (Schützschaltungen Seite 112).

Steuerkontakte können defekte Hauptstromkontakte nicht ersetzen.

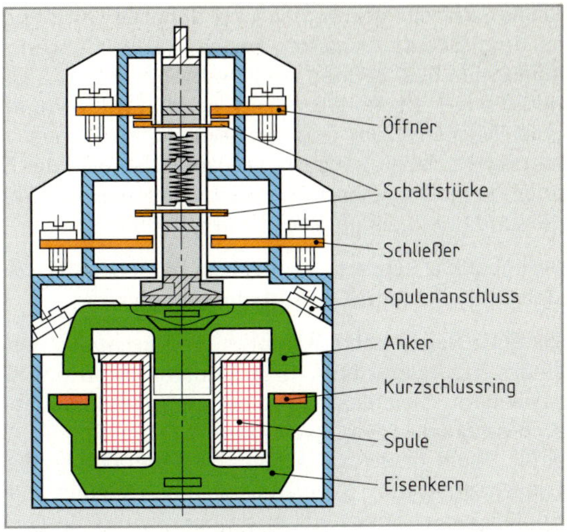

Bild 1: Aufbau des Schaltschützes

Hilfsschütze verwendet man vor allem für Steuer- und Regelungsaufgaben in Befehls-, Melde- und Verriegelungsstromkreisen.

Hauptstromkontakte bezeichnet man mit einstelligen Zahlen **(Bild 2)**. An den Klemmen mit den ungeraden Zahlen ist das Netz, an den Klemmen mit geraden Zahlen der Verbraucher anzuschließen.

Steuerkontakte haben eine zweistellige Bezeichnung. An der ersten Stelle steht die **Ordnungsziffer,** z. B. eine 1 beim Kontakt 13 – 14 (Bild 2). An zweiter Stelle folgen die **Funktionsziffern**, z. B. 1 – 2 für die Kennzeichnung des Öffnerkontaktes bzw. die Funktionsziffern 3 – 4 beim Schließer.

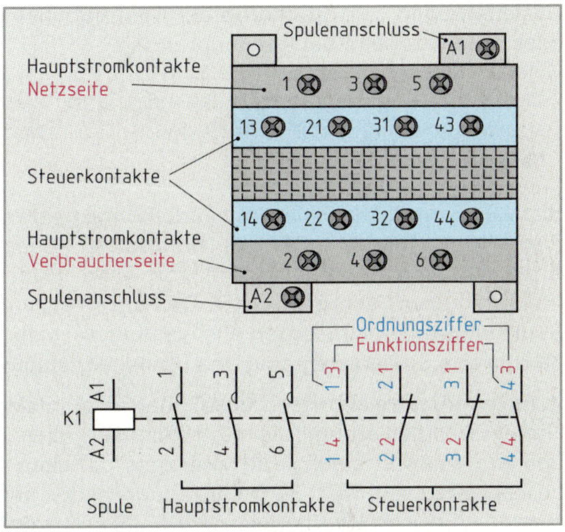

Bild 2: Kontaktbezeichnungen beim Schaltschütz

Steuerspannung. Der sichere Betrieb eines Schützes ist im Steuerspannungsbereich von 0,8 bis $1{,}1 \cdot U_n$ gewährleistet. Bevorzugte Steuerspannungen in Wechselstromkreisen sind 24 V, 48 V, 230 V und 400 V. Eine kleine Steuerspannung, z. B. AC 24 V, hat einen größeren Spulennennstrom und damit einen höheren Spannungsfall an den Steuerleitungen zur Folge. Deshalb werden Steuerstromkreise meist an AC 230 V betrieben.

Mit **Gleichstrom betätigte Schütze** haben ein größeres Volumen als Schütze mit Wechselstromantrieb. Sie ziehen zwar sanfter an als Wechselstromschütze, haben aber eine größere Einschalt- und eine größere Rückfallzeit. Gleichstrombetätigte Schütze aus dem Bereich der Hausinstallation, z. B. Schütze für Wärmespeicheranlagen, haben meist einen eingebauten Gleichrichter. Sie werden mit der Netzwechselspannung angesteuert; durch die Spule fließt jedoch Gleichstrom.

Gleichstrom betätigte Schaltschütze arbeiten nahezu geräuschfrei.

Auswahl von Schaltschützen. Das Einsatzgebiet von Schützen wird durch die Stromart und die Art der zu schaltenden Last bestimmt und durch **Gebrauchskategorien** angegeben. Ein Schaltschütz der Gebrauchskategorie AC 4 oder DC 5 kann z. B. stärker beansprucht werden als ein Schütz mit einer niedrigeren Kategorie (Gebrauchskategorien siehe Tabellenbuch Elektrotechnik).

Relais sind elektromagnetische Schalter mit meist geringer Schaltleistung **(Bild 1)**. Abhängig von Kontaktausführung und Kontaktwerkstoff (Seite 522) können sie Ströme bis etwa 10 A bei Schaltspannungen bis 250 V schalten. Relais werden mit Erregerspulen für Gleich- oder Wechselstrom und für Spulenspannungen von 2,5 V bis 230 V hergestellt. Relais setzt man meist im Bereich der Nachrichtentechnik oder zur galvanischen Trennung zwischen elektronischen Steuerungen und dem Leistungsteil (Netzseite) ein.

Monostabile Relais fallen nach dem Abschalten des Erregerstromes selbstständig in ihre Ruhestellung zurück.

Bistabile Relais behalten durch die Remanenz des Eisenkernes nach einem Ansteuerimpuls ihren Schaltzustand bei. Sie werden grundsätzlich mit Gleichspannung betrieben und können mit einer oder mit zwei getrennten Spulen ausgerüstet sein. Bei der Ausführung mit nur einer Spule bewirken Impulse mit entgegengesetzter Polarität eine Umschaltung der Kontakte. Bistabile Relais mit zwei getrennten Spulen haben meist einen gemeinsamen Spulenanschluss und jeweils einen Anschluss zum Setzen (S) bzw. Rücksetzen (R) **(Bild 2)**. Bistabile Relais verwendet man z. B. in Überwachungsschaltungen bei Gasfeuerungen, zur Steuerung der Tonfrequenz-Rundsteueranlagen oder in batteriebetriebenen Steuerungen.

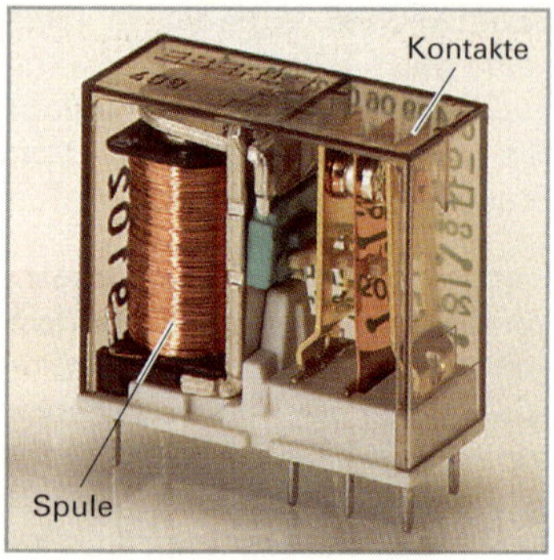

Bild 1: Kammrelais

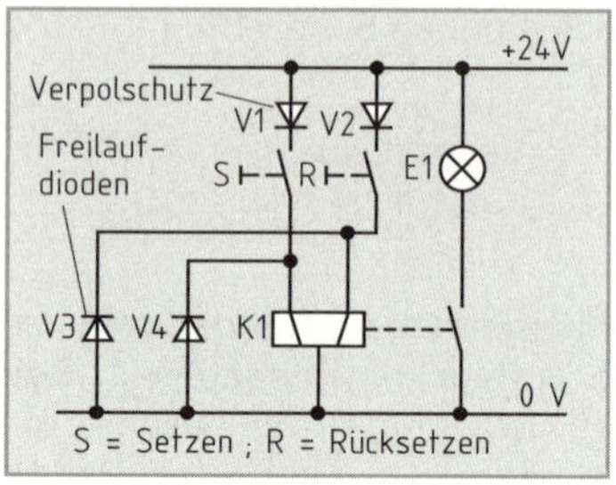

Bild 2: Bistabiles Relais

Monostabile Relais kehren nach dem Unterbrechen des Steuerstromes selbsttätig in ihre Ruhelage zurück; bistabile Relais behalten ihren Schaltzustand bei.

Bauarten von Relais. Relais mit Federkontaktsätzen werden meist als **Kammrelais** (Bild 1) oder als **Rundrelais** ausgeführt. Sie haben Ansprechzeiten (Einschaltzeiten) von etwa 10 ms und Abfallzeiten (Rückstellzeiten) von etwa 3 ms. Den zum Ansteuern erforderlichen Spulenstrom berechnet man aus der Ansprechleistung oder aus den Werten von Spulenspannung und Spulenwiderstand.

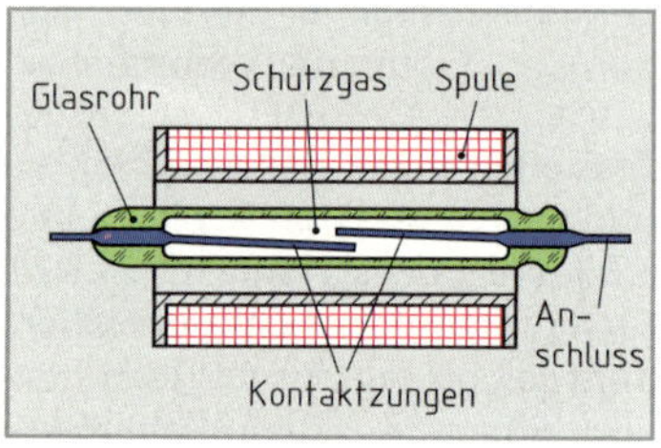

Bild 3: Zungenkontaktrelais

Zungenkontaktrelais (Reedrelais[1]) haben Kontaktzungen aus einer Nickel-Eisen-Legierung, die zum Schutz gegen Verunreinigungen und Korrosion in einem mit Schutzgas gefüllten Glasröhrchen eingeschmolzen sind **(Bild 3)**. Bei Erregung bilden sich an den Kontaktzungen ungleiche Magnetpole: der Kontakt schließt. Reedrelais haben Schaltleistungen bis etwa 10 W.

Stromstoßrelais oder Zeitrelais haben eine zusätzliche Antriebsmechanik. Stromstoßrelais (Seite 107) ändern nach jedem Impuls ihren Schaltzustand. Zeitrelais, z. B. der **Treppenhausautomat** (Seite 108), schalten Leuchten nach einer einstellbaren Zeit wieder ab.

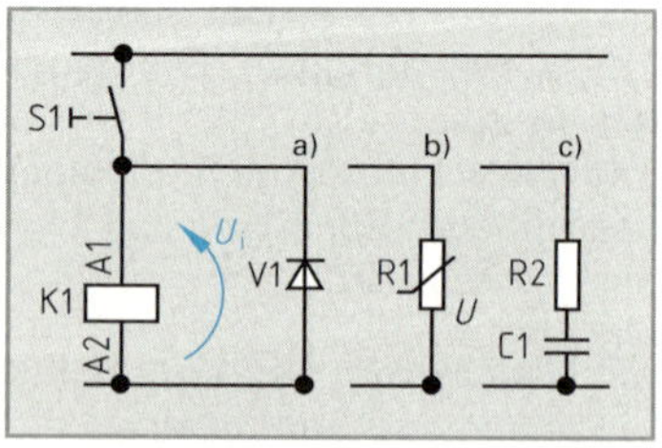

Bild 4: Begrenzen der Induktionsspannung durch
a) Freilaufdiode, b) Varistor,
c) R-C-Glied

Beim **Schalten von Induktivitäten**, z. B. von Spulen, entstehen Induktionsspannungen, die elektronische Bauelemente, z. B. Transistoren, beschädigen oder zu Kontaktabbrand führen können. In Gleichstromkreisen begrenzt man die Induktionsspannungen durch **Freilaufdioden** oder durch Varistoren, in Wechselstromkreisen durch RC-Beschaltungen oder durch Varistoren **(Bild 4)**.

Wiederholungsfragen

1 **Nennen Sie Anwendungsgebiete für Elektromagnete.**
2 **Worin unterscheidet sich ein Relais von einem Schütz?**
3 **Warum dürfen Wechselstromrelais nicht mit Gleichspannung betrieben werden?**
4 **Nennen Sie wichtige Kriterien für die Auswahl eines Relais.**

[1] von reed (engl.) = Schilfrohr, Blättchen, Zunge

5.3 Schutzschalter

Schutzschalter trennen Verbraucher oder Anlagenteile selbsttätig vom Netz, wenn eine Überlastung oder eine gefährliche Berührungsspannung auftritt (DIN VDE 0660).

Schutzschalter haben ein **Schaltschloss** mit **Freiauslösung,** d. h., man kann sie nicht wieder einschalten, solange die Ursache für die Abschaltung noch besteht, z. B. ein Kurzschluss. Das Auslösen des Schalters wird auch nicht verhindert, wenn der Schaltknebel des Schutzschalters von Hand in der „Ein-Stellung" gehalten wird.

Schutzschalter mit thermischem Auslöser

Thermische Auslöser enthalten meist einen Bimetallstreifen. Dieser besteht aus zwei aufeinandergewalzten Metallbändern mit verschiedenem Wärmeausdehnungskoeffizient. Der Strom des angeschlossenen Verbrauchers fließt über einen Widerstand und erwärmt den Bimetallstreifen, der sich dann krümmt. Ist der Krümmungsweg größer als am Auslöser eingestellt, wird eine Sperre (Verklinkung) am Schaltschloss geöffnet. Ein Kraftfederspeicher trennt dann die Schaltstücke sehr schnell.

Schutzschalter mit thermischen Auslösern unterbrechen verzögert. Sie schützen Anlagen und Betriebsmittel nur vor Überlastung, jedoch nicht vor Kurzschluss.

In Wechselstromnetzen mit Nennströmen über 1000 A können thermische Auslöser auch über Stromwandler betrieben werden. Durch diesen Sekundärauslöser fließt dann nicht der Betriebsstrom, sondern der Sekundärstrom des Stromwandlers, z. B. 5 A **(Bild 1).** Bei Überlastung öffnet der am Überstromauslöser angebaute Schaltkontakt und trennt den Ruhestromkreis des Unterspannungsauslösers auf: Der Schutzschalter löst aus.

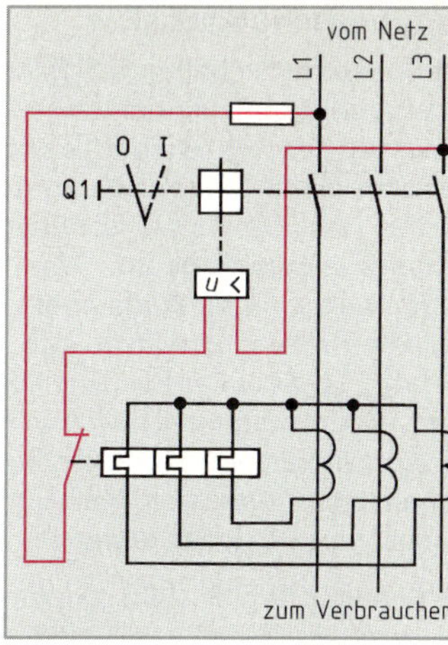

Bild 1: Thermischer Auslöser mit Stromwandler

Schutzschalter mit elektromagnetischem Auslöser

Fließt durch die Spule des elektromagnetischen Auslösers ein genügend großer Strom, so zieht der Anker an und entklinkt das Schaltschloss des Schutzschalters unverzögert.

Elektromagnetische Auslöser sind Schnellauslöser. Sie schützen Anlagen und Betriebsmittel gegen Kurzschlüsse.

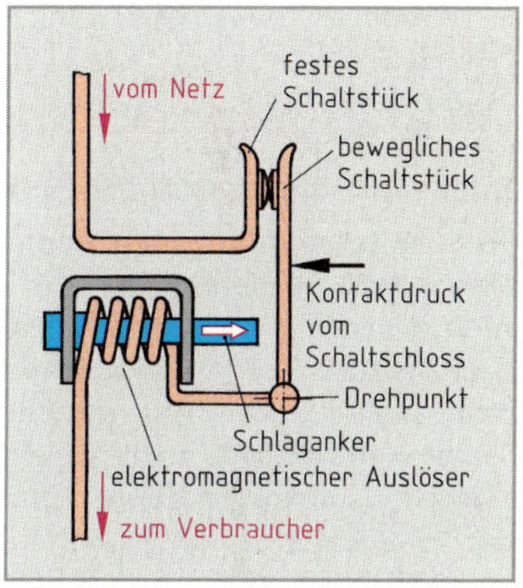

Bild 2: Kurzschlussstrombegrenzung durch Schlaganker

Eine zusätzliche Begrenzung des Kurzschlussstromes wird bei Schutzschaltern mit Nennströmen bis etwa 100 A durch den Einbau eines Schlagankers erreicht **(Bild 2).** Im Kurzschlussfall wird der Schlaganker sehr schnell in die Spule des Auslösers gezogen, entklinkt das Schaltschloss und schlägt gegen das bewegliche Schaltstück. Der Schaltkontakt öffnet, ehe der Kurzschlussstrom seinen Höchstwert erreicht.

In Schutzschaltern mit Nennströmen über 100 A liegt das feststehende und das bewegliche Teil des Schaltkontaktes oft parallel zueinander **(Bild 3).** Durch entgegengesetzte Stromrichtung im feststehenden und im beweglichen Kontaktteil wird im Kurzschlussfall das bewegliche Schaltstück vom feststehenden Schaltstück abgestoßen. Die abstoßende Kraft ist umso größer, je höher der Kurzschlussstrom ist. Das vom Auslöser entklinkte Schaltschloss hält die Schaltstücke geöffnet.

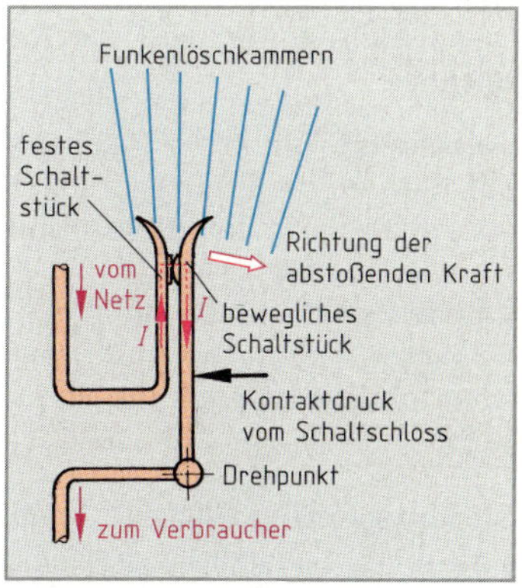

Bild 3: Kurzschlussstrombegrenzung durch parallel angeordnete Schaltstücke

Leitungsschutzschalter

Leitungsschutzschalter **(LS-Schalter, Bild 1)** sind Überstrom-Schutzeinrichtungen, die man nach einer Auslösung wieder einschalten kann. Sie besitzen einen thermischen und einen magnetischen Auslöser und schützen Leitungen und Anlagen sowohl gegen Überlastung als auch gegen Kurzschluss. Beide Auslöser liegen in Reihe. Bei Überlastung erwärmt sich das Bimetall und löst den LS-Schalter aus. Bei Kurzschluss entklinkt der elektromagnetische Auslöser das Schaltschloss unverzögert. Der Schlaganker trennt das Schaltstück, ehe der Kurzschlussstrom seinen Höchstwert erreichen kann.

LS-Schalter Typ B (Bild 2) übernehmen den Leitungsschutz. **LS-Schalter Typ C** werden zum Schutz von Geräten eingesetzt, die hohe Einschaltströme verursachen, z. B. Kleinmotoren, Transformatoren oder Leuchtstofflampengruppen mit eingebauten Kompensationskondensatoren.

LS-Schalter Typ B lösen unverzögert beim 3- bis 5fachen Nennstrom aus, LS-Schalter Typ C beim 5- bis 10fachen Nennstrom.

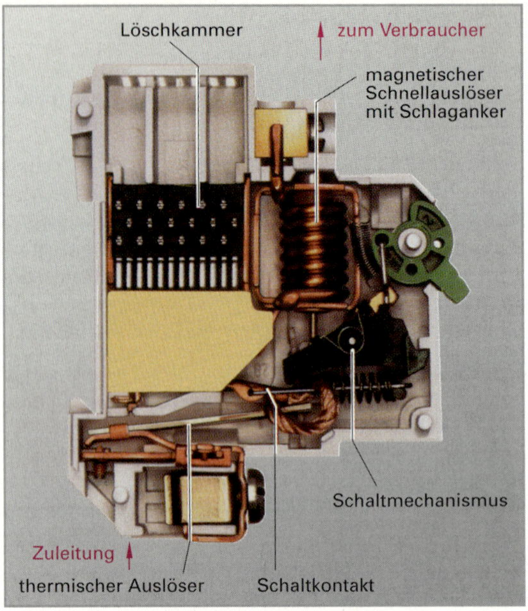

Bild 1: Aufbau eines Leitungsschutzschalters

Back-up-Schutz von LS-Schaltern

LS-Schalter werden meist in elektrischen Anlagen eingesetzt, in denen der zu erwartende Kurzschlussstrom nicht genau bekannt ist. Dies kann nach Änderungen in elektrischen Anlagen vorkommen, weil z. B. das Auswechseln des speisenden Netztransformators auch zu einer Änderung des Kurzschlussstromes führt. Um Beschädigungen der LS-Schalter durch zu hohe Kurzschlussströme zu vermeiden, sind den LS-Schaltern Überstrom-Schutzeinrichtungen mit höchstens 100 A Nennstrom vorzuschalten (DIN VDE 0100). Die Überstrom-Schutzeinrichtung muss mindestens die strombegrenzende Eigenschaft einer Schmelzsicherung der Betriebsklasse gL haben (Seite 44). Diese Maßnahme wird als Back-up-Schutz[1] bezeichnet.

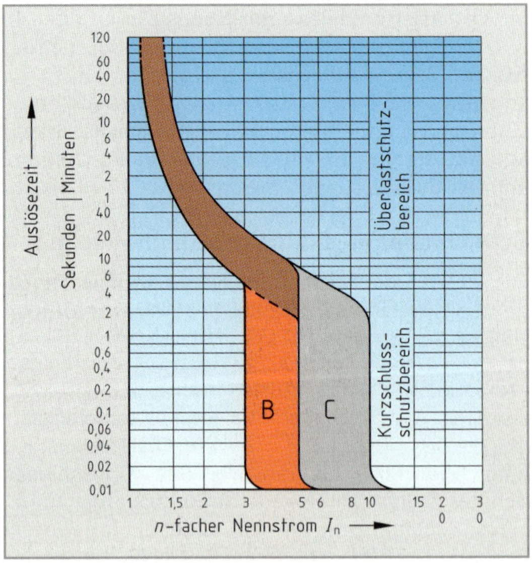

Bild 2: Auslösekennlinien (Typ B und Typ C)

Selektivität. Tritt in elektrischen Anlagen ein Fehler auf, darf nur die Schutzeinrichtung ansprechen, die der Fehlerquelle unmittelbar vorgeschaltet ist.

Unter Selektivität versteht man die Fähigkeit des Schutzschalters, einen Kurzschluss abzuschalten, ohne dass auch die Vorsicherung mit auslöst.

Strombegrenzungsklasse und Schaltvermögen sind auf LS-Schaltern durch Bildzeichen angegeben **(Bild 3)**.

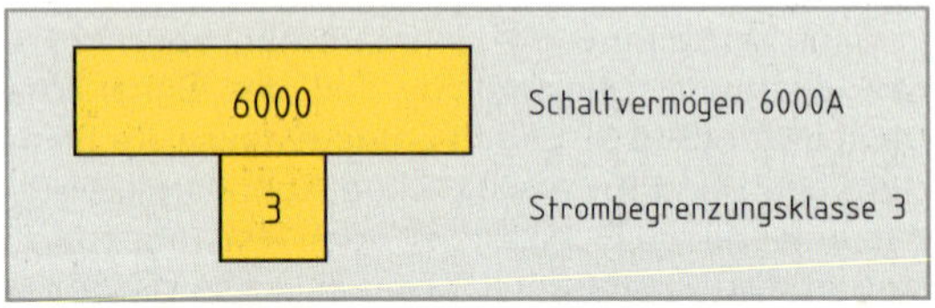

Bild 3: Bildzeichen für das Nennschaltvermögen und die Strombegrenzungsklasse bei LS-Schaltern

[1] back-up (engl.) = jemanden den Rücken decken; hier: Schutz durch Vorsicherung

Motorschutzschalter

Motorschutzschalter **(Bild 1)** sind Schalter zum allpoligen Schalten von Motoren und deren Schutz gegen Zerstörung durch Nichtanlauf, Überlastung, Absinken der Netzspannung oder Ausfall eines Außenleiters in Drehstromnetzen. Sie haben eine thermische Auslösung **(Bild 2)** zum Schutz der Motorwicklung (Überlastschutz) und meist eine elektromagnetische Auslösung (Kurzschlussschutz). Sie sind wie alle Schutzschalter mit einer Freiauslösung ausgestattet.

Der thermische Auslöser des Motorschutzschalters wird auf den Motornennstrom I_n eingestellt.

An Motorschutzschalter lassen sich Zusatzeinrichtungen anbauen, z. B. Unterspannungsauslöser, Arbeitsstromauslöser, Hilfsschalter und Ausgelöstmelder.

Motorschutzschalter, die den Überlastschutz des Motors und den Kurzschlussschutz für Leitung und Motor übernehmen, müssen am Anfang der Motorzuleitung eingebaut werden (DIN VDE 0100).

Sicherungslose Motorabzweige

Motorschutzschalter mit elektromagnetischem Auslöser, die den an der Kurzschlussstelle auftretenden Kurzschlussstrom sicher beherrschen, d. h. die auch im Kurzschlussfall sicher ein- und ausschalten können, dürfen ohne Vorsicherung am Netz betrieben werden. In jedem Strompfad des Motorschutzschalters liegt ein Bimetallauslöser und ein elektromagnetischer Auslöser in Reihe. Bei kleinen Einstellströmen des Motorschutzschalters ist der Eigenwiderstand des Bimetallauslösers so groß, dass er selbst den Kurzschlussstrom auf Werte begrenzt, die kleiner sind als das Schaltvermögen des Motorschutzschalters. Solche Schalter bezeichnet man als **eigensichere Motorschutzschalter.**

Eigensichere Motorschutzschalter dürfen ohne Vorsicherung am Netz betrieben werden.

Übersteigt der auftretende Kurzschlussstrom das Schaltvermögen des Motorschutzschalters, muss eine vorgeschaltete Schutzeinrichtung den Kurzschlussschutz übernehmen. In sicherungslosen Motorstromkreisen werden dafür meist Leistungsschalter eingesetzt **(Bild 3).** Diese haben meist ein Schaltvermögen über 50 kA und schützen einen oder eine Gruppe von Motorstromkreisen gegen die Folgen von Kurzschlüssen.

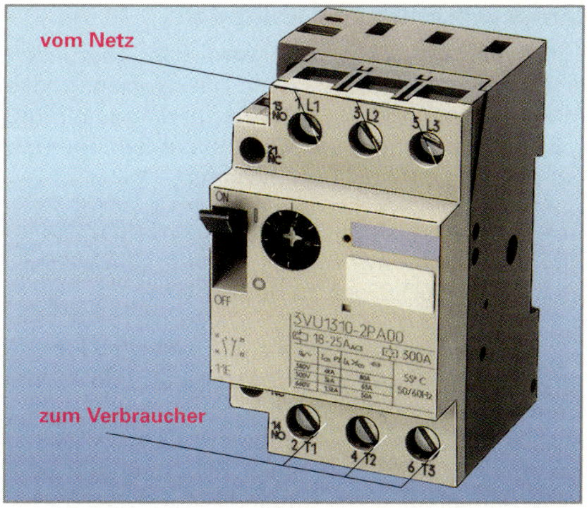

Bild 1: Motorschutzschalter

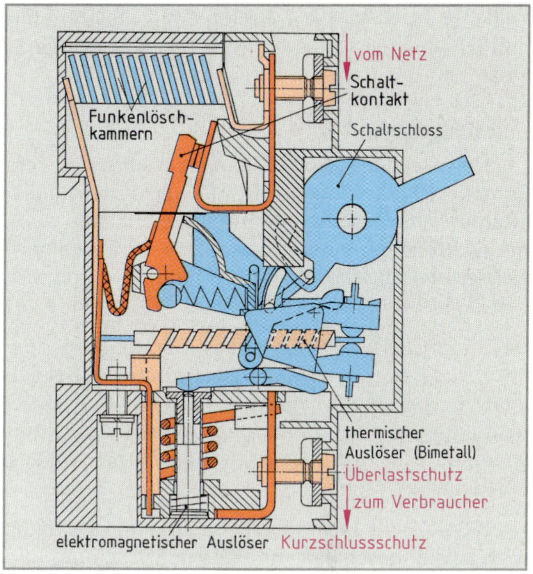

Bild 2: Aufbau des Motorschutzschalters

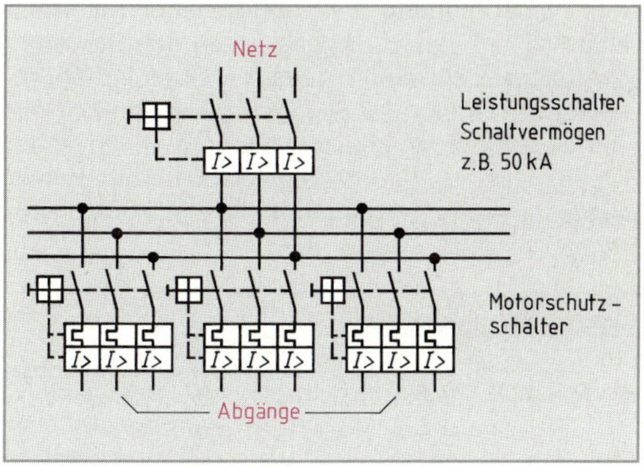

Bild 3: Sicherungslose Motorstromkreise, Kurzschlussschutz durch Leistungsschalter

Motorvollschutz mit Kaltleitern

Mit Kaltleitern (Seite 163) wird das Abschalten eines Motors erreicht, wenn die Wicklung des Motors eine unzulässig hohe Temperatur annimmt, z. B. bei Überlastung des Motors, bei Behinderung der Kühlung oder bei Lagerschäden.

Der Motorvollschutz mit Kaltleitern (Thermistor-Schutzeinrichtung) schützt elektrische Maschinen vor unzulässigen Temperaturen.

Der Motorvollschutz besteht aus Kaltleiter-Temperaturfühlern und einem Auslösegerät **(Bild 1)**. Bei Drehstrommotoren werden drei Temperaturfühler auf der Abluftseite des Motors in den Wickelkopf eingebaut. Die Nennansprechtemperatur der Schutzeinrichtung ist durch die Isolierstoffklasse des Motors festgelegt. Steigt die Motortemperatur über den Wert der Nennansprechtemperatur der Kaltleiter-Fühler an, werden die Fühler hochohmig und schalten das Relais K1 (Bild 1) im Auslösegerät F3 ab.

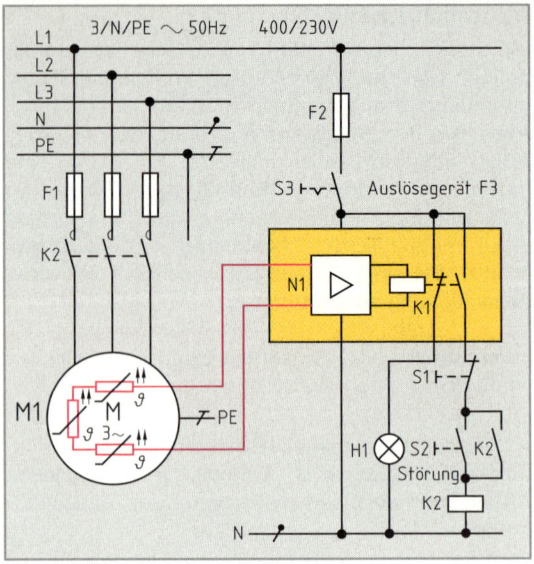

Bild 1: Motorvollschutz mit Kaltleitern

Leistungsschalter

Leistungsschalter **(Bild 2)** sind Schaltgeräte, die Betriebsströme, Überlastströme und Kurzschlussströme sicher schalten können. Sie schalten auch bei Überlastung oder Kurzschluss in nur einem Außenleiter allpolig ab und verhindern damit z. B. den Zweiphasenlauf von Drehstrommotoren.

Der thermische und der elektromagnetische Auslöser sind getrennt einzustellen. Damit wird Selektivität zu vor- und zu nachgeschalteten Schutzeinrichtungen erreicht. Durch den Anbau eines Unterspannungsauslösers ist auch eine Fernauslösung des Schalters möglich.

Nach der Art der Lichtbogenlöschung unterscheidet man Leistungsschalter mit **Nullpunktlöschung** und mit **Kurzschlussstrombegrenzung**. Nullpunktlöscher löschen den Wechselstrom-Schaltlichtbogen beim Nulldurchgang. Leistungsschalter mit Kurzschlussstrombegrenzung begrenzen den Stoßkurzschlussstrom auf einen kleineren Durchlassstrom. Das rasche Öffnen der Schaltstücke wird nicht nur vom Schaltschloss erreicht, sondern durch einen Schlaganker oder durch die Kraftwirkung zweier paralleler, vom Strom durchflossener Kontaktstücke.

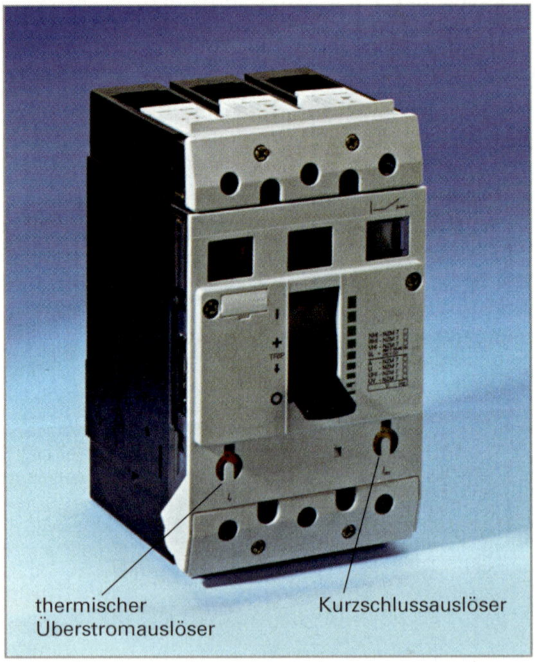

Bild 2: Leistungsschalter

Wiederholungsfragen

1. **Wie nennt man die beiden Auslöser des Schutzschalters und ihre zugehörigen Schutzfunktionen?**
2. **Was versteht man unter Freiauslösung?**
3. **Welchen Nennstrom darf die Vorsicherung für LS-Schalter höchstens haben?**
4. **Erklären Sie den Begriff Selektivität.**
5. **Welchen Vorteil bietet der Motorvollschutz mit Kaltleitern gegenüber Motorschutzschaltern?**
6. **Welche Arten der Lichtbogenlöschung unterscheidet man bei Leistungsschaltern?**

5.4 Strom im Magnetfeld

5.4.1 Vom Strom durchflossener Leiter im Magnetfeld

Versuch 1: Hängen Sie einen Leiter, z.B. ein Aluminiumrohr, an zwei beweglichen Metallbändern zwischen die Pole eines Hufeisenmagneten **(Bild 1)**. Schließen Sie die Leiterschaukel an eine einstellbare Gleichspannungsquelle an und steigern Sie langsam den Strom.

Der Leiter wird aus dem Magnetfeld des Hufeisenmagneten herausbewegt.

Auf den vom Strom durchflossenen Leiter im Magnetfeld wirkt eine Kraft senkrecht zum Magnetfeld und senkrecht zum Leiter.

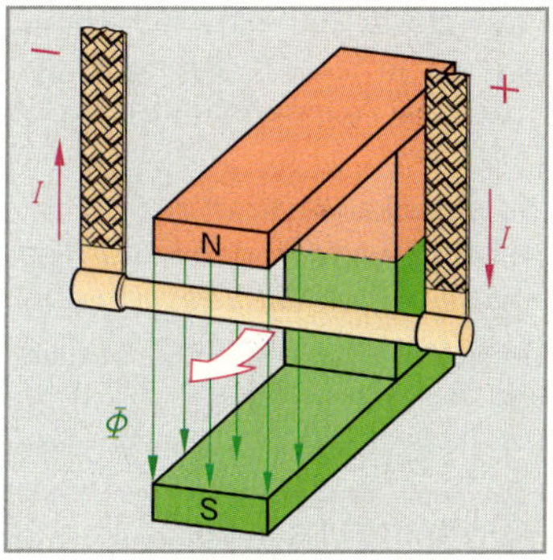

Bild 1: Ablenkung des vom Strom durchflossenen Leiters im Magnetfeld

Versuch 2: Vertauschen Sie die Anschlüsse der Zuleitungen und wiederholen Sie Versuch 1.

Der Leiter bewegt sich in entgegengesetzter Richtung.

Versuch 3: Vertauschen Sie die Pole des Hufeisenmagneten und wiederholen Sie Versuch 2.

Der Leiter bewegt sich wieder aus dem Magnetfeld (Polfeld) heraus.

Die Richtung der Ablenkkraft hängt von der Stromrichtung im Leiter und von der Richtung des Polfeldes ab. Polfeld **(Bild 2)** und Leiterfeld **(Bild 3)** ergeben zusammen ein gemeinsames, ein resultierendes Feld **(Bild 4)**.

Auf der einen Seite des Leiters verlaufen die Feldlinien des Leiterfeldes entgegen den Feldlinien des Polfeldes (Bild 4). Die Flussdichte nimmt auf dieser Seite des Leiters ab. Auf der anderen Seite des Leiters haben die Feldlinien beider Felder gleiche Richtung. Hier wird das Feld dichter. Die Feldlinien werden dort „gestaut". Sie stoßen sich gegenseitig ab und haben das Bestreben, sich zu verkürzen. Der Leiter wird daher von der Stelle größerer Flussdichte abgedrängt. Bei umgekehrter Stromrichtung im Leiter wird das gemeinsame Feld auf der anderen Seite des Leiters dichter und die Bewegungsrichtung wechselt **(Bild 5)**. Kehrt man dagegen gleichzeitig Polfeld und Leiterfeld um, so bleibt die Bewegungsrichtung des Leiters unverändert **(Bild 6)**.

Ein vom Strom durchflossener Leiter wird im Magnetfeld abgelenkt. Die Richtung der Ablenkkraft hängt von der Richtung des Polfeldes und von der Stromrichtung im Leiter (Leiterfeld) ab.

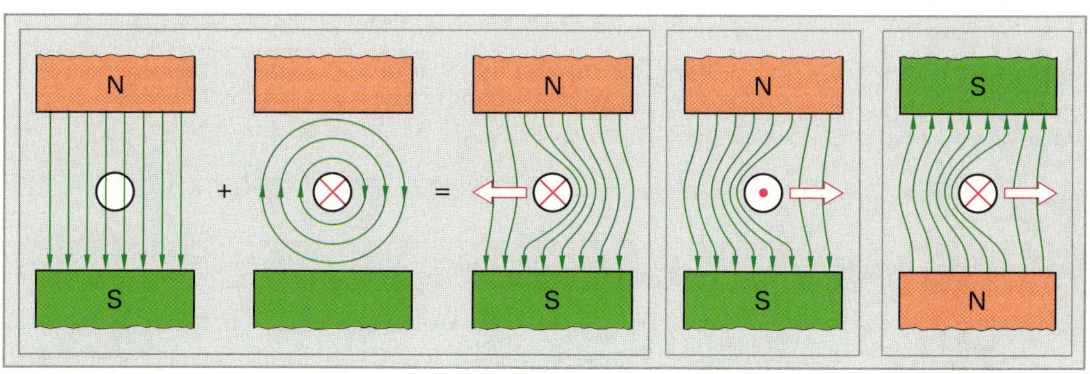

Bild 2: Polfeld

Bild 3: Leiterfeld

Bild 4: Resultierendes Feld

Bild 5: Umgekehrte Stromrichtung

Bild 6: Pole und Stromrichtung vertauscht

Die Bewegungsrichtung des Leiters kann man auch mit Hilfe der **Motorregel** (linke Hand) bestimmen **(Bild 1)**.

Hält man die linke Hand so, dass die Feldlinien vom Nordpol her auf die Innenfläche der Hand auftreffen und die ausgestreckten Finger in Stromrichtung zeigen, dann zeigt der abgespreizte Daumen die Ablenkrichtung des Leiters an.

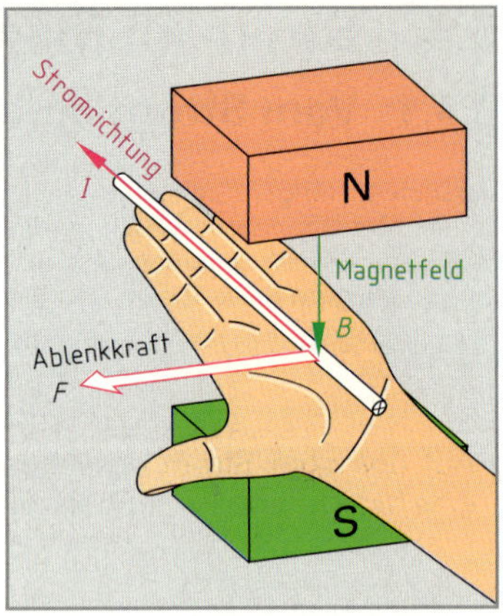

Bild 1: Motor-Regel (linke Hand)

Die ablenkende Kraft rührt von den Kräften des Magnetfelds auf die im Leiter wandernden Ladungsträger her. Die Kraft auf die im Magnetfeld bewegten Ladungsträger nennt man **Lorentzkraft**[1].

Versuch 4: Wiederholen Sie Versuch 1, Seite 93 und steigern Sie dabei langsam den Strom.

Die Ablenkung des Leiters wird größer.

Die Kraft auf den Leiter vergrößert sich mit dem Leiterstrom.

Versuch 5: Wiederholen Sie Versuch 2, Seite 93 und beobachten Sie die Ablenkung des Leiters. Überbrücken Sie die Schenkel des Hufeisenmagneten mit einem dünnen Eisenblech.

Die Ablenkung des Leiters wird kleiner.

Ein Teil der Feldlinien des Magneten schließt sich über das Eisenstück (magnetischer Nebenschluss). Die Flussdichte zwischen den Polen nimmt dadurch ab. Je kleiner die Flussdichte ist, desto kleiner ist auch die Ablenkkraft auf den Leiter.

Die Kraft auf den Leiter wächst mit der magnetischen Flussdichte.

Versuch 6: Wiederholen Sie Versuch 1, Seite 93 und beobachten Sie die Ablenkung des Leiters. Stellen Sie einen zweiten, gleichen Magneten mit gleicher Feldrichtung neben den ersten Magneten **(Bild 2)**.

Die Ablenkung des Leiters wird größer.

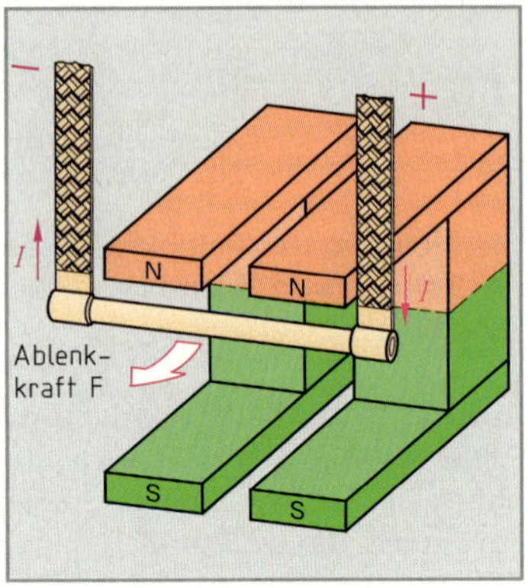

Bild 2: Vergrößerung der wirksamen Leiterlänge

Durch den zweiten Magneten wird die Breite des Polfeldes größer. Damit vergrößert sich die Leiterlänge im Polfeld, die so genannte **wirksame Leiterlänge**.

Die Kraft auf den Leiter nimmt mit der wirksamen Leiterlänge zu.

$$F = B \cdot I \cdot l \cdot z$$

$$[F] = \frac{\text{Vs}}{\text{m}^2} \cdot \text{A} \cdot \text{m} = \frac{\text{Ws}}{\text{m}} = \frac{\text{Nm}}{\text{m}} = \text{N}$$

F Ablenkkraft
B magnetische Flussdichte
I Stromstärke
l wirksame Leiterlänge
z Leiterzahl

Befinden sich gleichzeitig mehrere Leiter im Magnetfeld, die alle vom gleichen Strom in gleicher Richtung durchflossen werden (Gleichstrommotor), so wird die Kraft umso größer, je größer die Anzahl dieser Leiter ist.

Beispiel: Ein Gleichstrommotor hat im Luftspalt (Feld zwischen Pol und Anker) eine magnetische Flussdichte von 0,8 T. Unter den Polen befinden sich gleichzeitig $z = 400$ Ankerdrähte mit einem Strom von 10 A. Die wirksame Leiterlänge ist 150 mm. Berechnen Sie die Kraft am Umfang des Ankers.

$$F = B \cdot I \cdot l \cdot z = 0{,}8\ \frac{\text{Vs}}{\text{m}^2} \cdot 10\ \text{A} \cdot 0{,}15\ \text{m} \cdot 400 = 480\ \frac{\text{Vs} \cdot \text{A}}{\text{m}} = 480\ \frac{\text{Ws}}{\text{m}} = 480\ \frac{\text{Nm}}{\text{m}} = \mathbf{480\ N}$$

Motorprinzip: Vom Strom durchflossene Leiter im Magnetfeld erzeugen Bewegung.

Blaswirkung. Beim Trennen von Schaltstücken entsteht ein **Lichtbogen**, um den sich ein magnetisches Feld bildet. Erfolgt dieser Vorgang im Feld eines Magneten, so wird der Lichtbogen abgelenkt. Dieser gasförmige Leiter wird dabei schnell verlängert und reißt ab. Solche **Blasmagnete** verwendet man in Schaltgeräten, z. B. in Niederspannungs-Leistungsschaltern.

[1] Hendrik A. Lorentz, niederländischer Physiker, 1853 bis 1928

5.4.2 Vom Strom durchflossene Spule im Magnetfeld

Versuch 1: Spannen Sie eine Spule mit 2 Metallbändern **(Bild 1)** senkrecht zwischen die Pole eines Hufeisenmagneten und schließen Sie die Spule an einen einstellbaren Gleichspannungserzeuger an.

Die Spule dreht sich. Es entsteht ein Drehmoment.

Versuch 2: Wiederholen Sie Versuch 1 mit entgegengesetzter Stromrichtung. Vertauschen Sie dann die Pole des Hufeisenmagneten.

Die Drehrichtung der Spule kehrt sich in beiden Versuchen um.

Eine vom Strom durchflossene Spule dreht sich im Magnetfeld. Die Drehrichtung hängt von der Stromrichtung in der Spule und von der Richtung des Magnetfeldes ab.

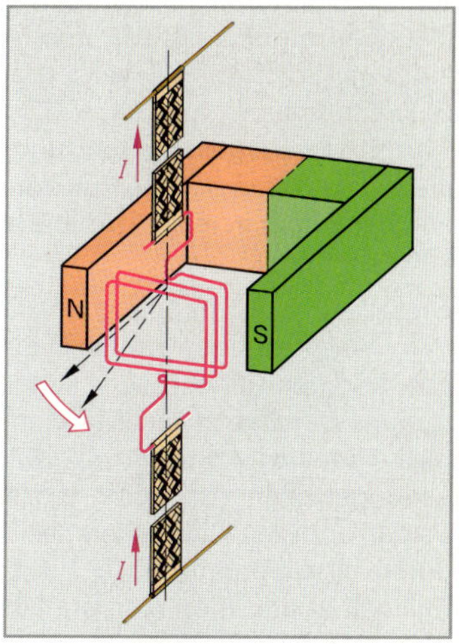

Bild 1: Drehung der vom Strom durchflossenen Spule im Magnetfeld

Der Strom in den beiden Leitern einer Windung bildet ein Magnetfeld (Spulenfeld **Bild 3**). Zusammen mit dem Polfeld des Dauermagneten **(Bild 2)** ergibt sich ein gemeinsames (resultierendes) Feld **(Bild 4** und **Bild 5)**. Die beiden Leiter einer Windung werden abgelenkt. Auf jeden der Leiter wirkt eine Kraft. Es entsteht ein Drehmoment, das sich bei mehreren Windungen entsprechend vergrößert. Die Spule bildet ein Feld, das senkrecht zur Windungsfläche verläuft. Sie dreht sich so weit, bis ihr Feld die gleiche Richtung hat wie das Polfeld.

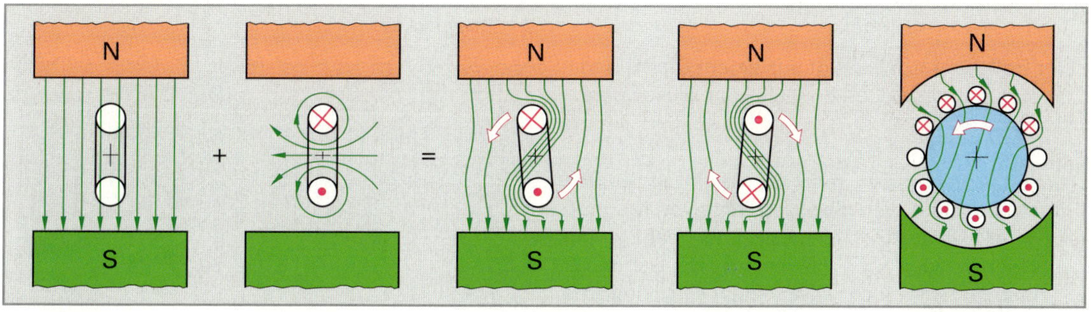

Bild 2: Polfeld **Bild 3: Spulenfeld** **Bild 4 und Bild 5: Resultierendes Feld** **Bild 6: Spulen auf Eisenkern**

Eine fortlaufende Drehung kann man erreichen, wenn man der Drehspule den Strom über einen **Stromwender** (Kommutator, früher Kollektor genannt) zuführt **(Bild 7)**. Der Stromwender besteht in seiner einfachsten Ausführung aus zwei voneinander isolierten Halbringen (Lamellen) aus Kupfer. Der eine ist mit dem Spulenanfang, der andere mit dem Spulenende verbunden. Spule und Stromwender drehen sich miteinander. Der Strom wird durch zwei feststehende Kohlebürsten zugeführt. Hat die vom Strom durchflossene Spule durch den Schwung bei der Drehung ihren größten Ausschlag etwas überschritten, so ändert der Stromwender die Stromrichtung in der Spule. Die Spule dreht sich dann weiter. Der Stromwender bewirkt, dass der Strom in den Leitern im Bereich eines bestimmten Poles immer dieselbe Richtung hat.

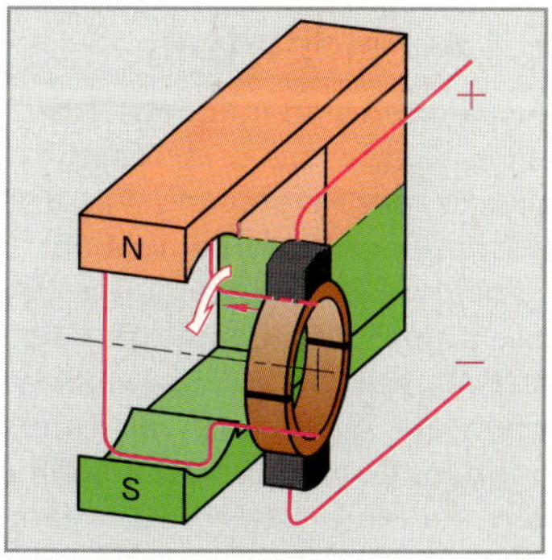

Bild 7: Stromwender

Wiederholungsfragen

1. **Welche Wirkung erfährt ein vom Strom durchflossener Leiter im Magnetfeld?**
2. **Wovon ist die Richtung der Ablenkungskraft vom Strom durchflossenen Leiter abhängig?**
3. **Wovon hängt die Größe der Ablenkkraft vom Strom durchflossenen Leiter ab?**
4. **Welche Aufgabe hat der Stromwender?**

5.4.3 Hallgenerator

Hall[1]-Generatoren sind aus sehr dünnen Halbleiterplättchen hergestellt, z.B. aus Indiumarsenid oder Indiumantimonid. Sie werden aus erschmolzenen Halbleiterstäben mit einer Dicke von 5 μm bis 100 μm herausgeschnitten und auf eine Trägerplatte aus Keramik bzw. Kunststoff aufgeklebt oder auf den Träger in einer 2 μm bis 3 μm dicken Schicht aufgedampft.

Legt man eine Spannung an die Längsseiten des Halbleiterplättchens an, fließt ein Strom I, gebildet aus wenigen, jedoch sehr schnell bewegten Elektronen. Durchsetzt ein Magnetfeld die Halbleiterfläche senkrecht zum Strom **(Bild 1)**, drängt es die Ladungsträger zur Seite (Lorentzkraft). An den beiden anderen Querseiten des Plättchens kann dadurch eine Spannung U_H bis zu einigen hundert Millivolt abgegriffen werden. Diese **Hall-Spannung** U_H wächst mit der Stärke des Steuerstromes I und der magnetischen Flussdichte B. Sie hängt außerdem vom Halbleiterwerkstoff (also vom Hall-Koeffizient R_H) und der Dicke d des Halbleiterplättchens ab.

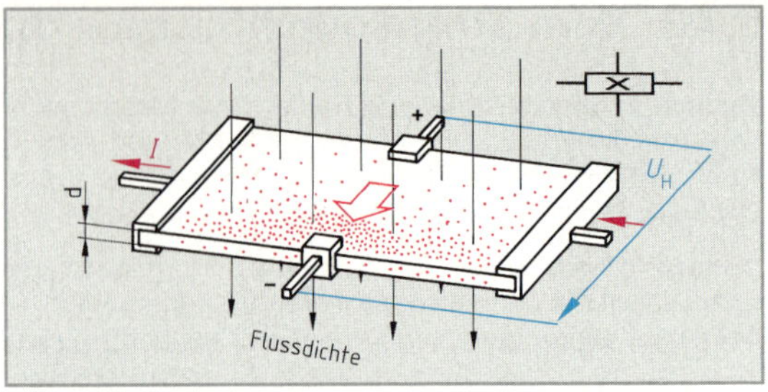

Bild 1: Hall-Effekt

Bild 2: Bauformen von Hall-Generatoren

$$U_H = \frac{R_H}{d} \cdot I \cdot B$$

U_H Hall-Spannung
R_H Hall-Koeffizient
I Stromstärke
B magnetische Flussdichte
d Plättchendicke

Der Hallgenerator erzeugt aus einem Strom und einem Magnetfeld eine Spannung (Hall-Spannung).

Den Hall-Effekt nützt man in den Hall-Sonden **(Bild 2)** aus, mit denen die Flussdichte von Magnetfeldern, z. B. in elektrischen Maschinen, sehr genau gemessen werden kann. Mit einem Hall-Generator in einem Magnetjoch kann man Gleichströme messen, wobei Spulenstromkreis und Messstromkreis völlig getrennt sind.

5.4.4 Feldplatten

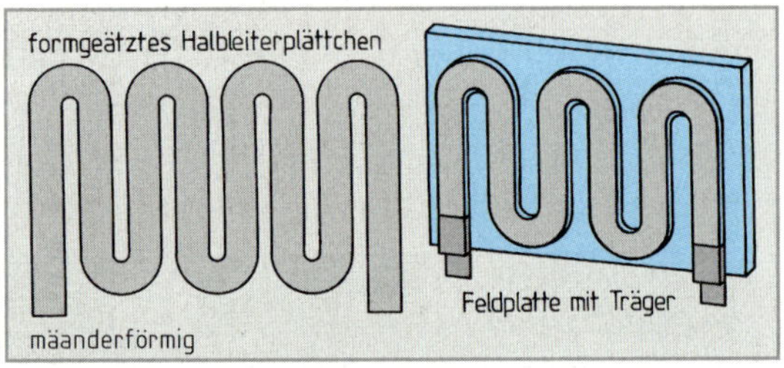

Bild 3: Aufbau einer Feldplatte

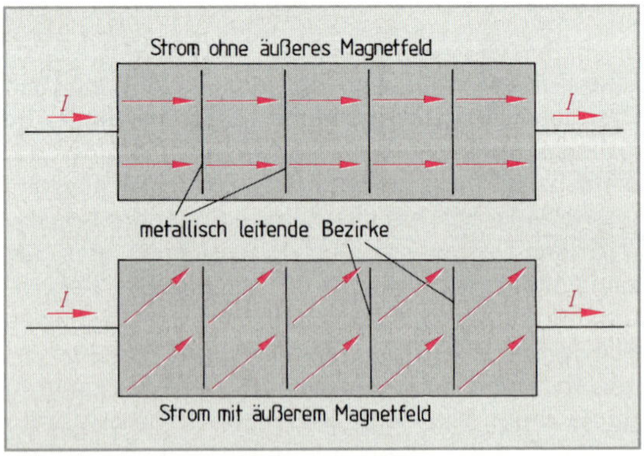

Bild 4: Wirkungsweise der Feldplatte

Feldplatten sind magnetisch steuerbare Halbleiterwiderstände aus Indiumantimonid-Nickelantimonid. Bei der Herstellung (Faserziehprozess) erstarrt das Nickelantimonid in Form von Kurzschlussnadeln im Indiumantimonid. Die Nadeln sind über die ganze Stranglänge parallel ausgerichtet. Die Barren werden in dünne Scheiben zersägt, die dann auf eine Dicke von rund 25 μm geschliffen werden. Durch Fotoätzen stellt man Mäander her, die auf eine isolierende Platte geklebt werden **(Bild 3)**. Ein Magnetfeld senkrecht zur Feldplattenfläche dreht die Strombahnen um einen Winkel, der bei einer Flussdichte von 1 T bis zu 80° betragen kann **(Bild 4)**. Dadurch vergrößert sich der Stromweg. Dies hat eine Widerstandserhöhung bis zum 20fachen bei 1 T zur Folge.

Feldplatten werden zum Messen von Magnetfeldern verwendet, als kontaktlos steuerbare Widerstände oder für Feldplatten-Potentiometer, die ihren Widerstand je nach Drehwinkel ändern.

[1] Edwin Herbert Hall, amerikanischer Physiker, 1855 bis 1938

5.5 Spannungserzeugung durch Induktion

5.5.1 Generatorprinzip (Induktion durch Bewegung)

Versuch 1: Hängen Sie einen Leiter, z. B. ein Aluminiumrohr, an zwei beweglichen Metallbändern zwischen den Polen eines Hufeisenmagneten auf **(Bild 1)**. Schließen Sie die Metallbänder an einen Spannungsmesser mit Millivoltbereich und Nullpunkt in Skalenmitte an. Bewegen Sie den Leiter wie in Bild 1 senkrecht zur Richtung des Magnetfeldes.

Der Zeiger schlägt aus, solange der Leiter im Magnetfeld bewegt wird.

Versuch 2: Wiederholen Sie Versuch 1, bewegen Sie aber den Leiter in Richtung der Feldlinien.

Das Messinstrument zeigt keinen Ausschlag.

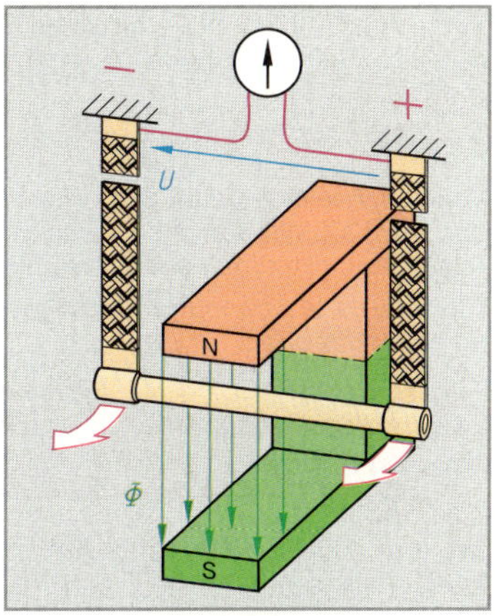

Bild 1: Bewegung des Leiters im Magnetfeld

Wird eine Leiterschleife in einem Magnetfeld so bewegt, dass sich der magnetische Fluss in der Schleife ändert, wird in ihr während der Bewegung eine Spannung induziert[1]. Diesen Vorgang nennt man Induktion.

Wird ein Leiter durch das Magnetfeld geführt, so bewegen sich mit ihm auch seine freien Elektronen. Bewegte Elektronen werden von einem Magnetfeld durch die Lorentzkraft senkrecht zu ihrer Bewegungsrichtung abgelenkt. Auf der einen Seite des Leiters bildet sich ein Elektronenüberschuss, auf der anderen Seite ein Elektronenmangel **(Bild 2)**. Zwischen den Leiterenden entsteht eine Spannung.

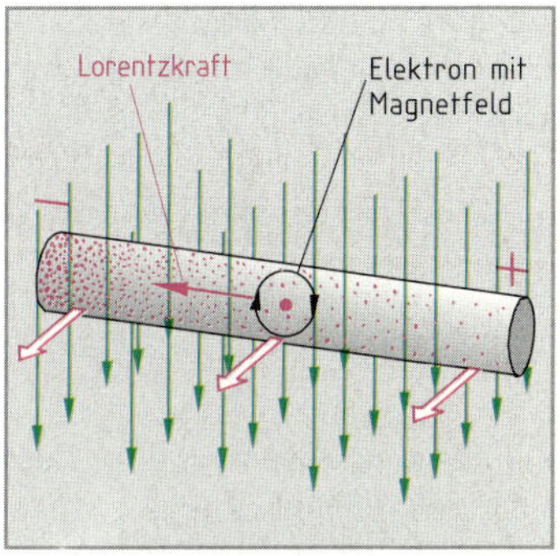

Bild 2: Ladungsverschiebung durch Bewegung im Magnetfeld

Generatorprinzip: Magnetfeld und Bewegung eines Leiters erzeugen eine Spannung.

Versuch 3: Wiederholen Sie Versuch 1, bewegen Sie aber den Leiter in umgekehrter Richtung.

Der Zeiger des Messinstruments schlägt in entgegengesetzter Richtung aus.

Die Richtung der induzierten Spannung hängt von der Richtung der Bewegung ab.

Versuch 4: Wiederholen Sie Versuch 1, vertauschen Sie aber die Pole des Hufeisenmagneten.

Der Zeiger des Instruments schlägt nach der entgegengesetzten Richtung aus.

Die Richtung der induzierten Spannung hängt auch von der Richtung des Magnetfeldes ab.

Versuch 5: Bewegen Sie in der Versuchsanordnung 1 den Leiter zuerst langsam, dann schnell durch das Magnetfeld.

Bei größerer Geschwindigkeit des Leiters ist die Spannung größer.

Die Höhe der induzierten Spannung nimmt mit der Geschwindigkeit des Leiters zu.

Wenn man den Leiter festhält und das Magnetfeld bewegt, wird ebenfalls eine Spannung induziert. Die Größe der induzierten Spannung hängt von der Geschwindigkeit des Magneten gegenüber dem Leiter ab, die Richtung der induzierten Spannung von der Bewegungsrichtung des Magnetfeldes.

Die induzierte Spannung wird fast immer von Leiterschleifen oder von Spulen abgenommen, nicht von einem Leiterstück. In einer Leiterschleife im Magnetfeld entsteht eine Spannung, wenn die eine Seite der Schleife sich zum Magnetfeld entgegengesetzt wie die andere Schleife bewegt. Dies ist der Fall, wenn sich die Leiterschleife im Magnetfeld dreht. Dabei ändert sich der magnetische Fluss, der von der Leiterschleife umfasst wird.

[1] von inducere (lat.) = hineinführen

Ändert sich der von einer Spule umfasste magnetische Fluss, wird in ihr eine Spannung erzeugt.

Versuch 6: Schließen Sie an einen Spannungsmesser (Messbereich 3 V) eine Spule mit 300 Windungen an. Bewegen Sie die Spule über einen Schenkel des Hufeisenmagneten.

Der Zeiger des Instruments schlägt aus.

Versuch 7: Wiederholen Sie Versuch 6, verwenden Sie dabei Spulen mit 600 und mit 1200 Windungen. Bewegen Sie die Spulen nacheinander mit gleicher Geschwindigkeit über einen Schenkel des Magneten.

Die induzierte Spannung ist bei größerer Windungszahl bzw. Leiterzahl entsprechend größer.

Die induzierte Spannung wächst mit der Anzahl der Windungen bzw. der Leiter.

Die induzierte Spannung nimmt außerdem mit steigender magnetischer Flussdichte und mit der wirksamen Länge des Leiters im Magnetfeld zu.

Ist der Stromkreis geschlossen, so ruft die Induktionsspannung einen Strom hervor. Die Richtung des Stromes ist von der Bewegungsrichtung des Leiters und von der Richtung des Magnetfeldes abhängig. Sie kann mit Hilfe der **Generatorregel** (rechte Hand) bestimmt werden **(Bild 1)**.

Hält man die rechte Hand so, dass die Feldlinien vom Nordpol her auf die Innenfläche der Hand treffen und der abgespreizte Daumen in die Bewegungsrichtung zeigt, so fließt der Induktionsstrom in Richtung der ausgestreckten Finger.

Die Spannungserzeugung durch Induktion wird bei Generatoren angewendet.

5.5.2 Lenz'sche Regel

Versuch: Treiben Sie einen Generator, z. B. einen Fahrraddynamo, mit einem Motor an. Belasten Sie dann den Generator durch ein Glühlämpchen.

Der Generator bremst den Motor stärker ab, wenn das Glühlämpchen angeschlossen ist.

Bei der Bewegung des Leiters durch das Magnetfeld wird im Leiter eine Spannung induziert, die einen Strom zur Folge hat. Dieser Strom ruft ein Magnetfeld um den Leiter hervor **(Bild 2)**, das sich dem Polfeld überlagert. Das Feld um den Leiter ist so gerichtet, dass sich das gemeinsame (resultierende) Feld vor dem Leiter verdichtet **(Bild 3)** und deshalb auf den Leiter eine Kraft gegen die Bewegung ausübt. Aus der Richtung des Feldlinienstaus vor dem Leiter lässt sich die Richtung des Stromes im Leiter bestimmen.

Lenz'sche[1] Regel:
Der durch eine Induktionsspannung hervorgerufene Strom ist stets so gerichtet, dass er der Ursache der Induktion entgegenwirkt.

[1] Heinrich F. E. Lenz, deutscher Physiker, 1804 bis 1865

$$u_i = B \cdot l \cdot v \cdot z$$

$$[u_i] = \frac{\text{Vs}}{\text{m}^2} \cdot \text{m} \cdot \frac{\text{m}}{\text{s}} = \text{V}$$

u_i induzierte Spannung
B magnetische Flussdichte
l wirksame Leiterlänge im Magnetfeld
v Geschwindigkeit des Leiters
z Leiterzahl

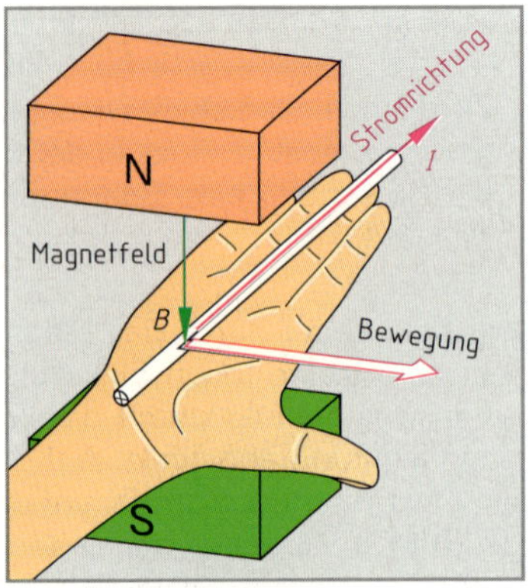

Bild 1: Generator-Regel (rechte Hand)

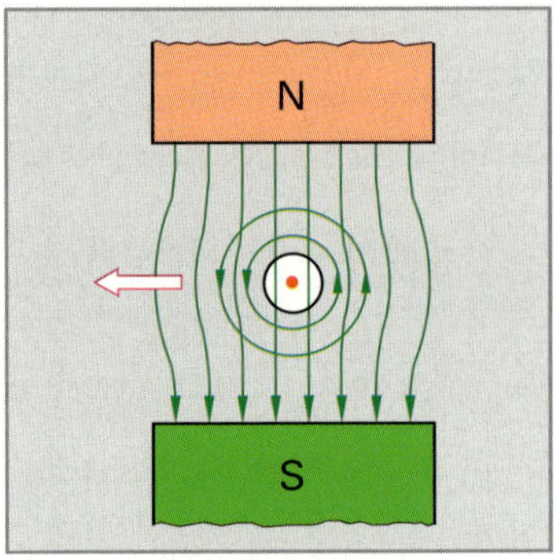

Bild 2: Polfeld und Leiterfeld

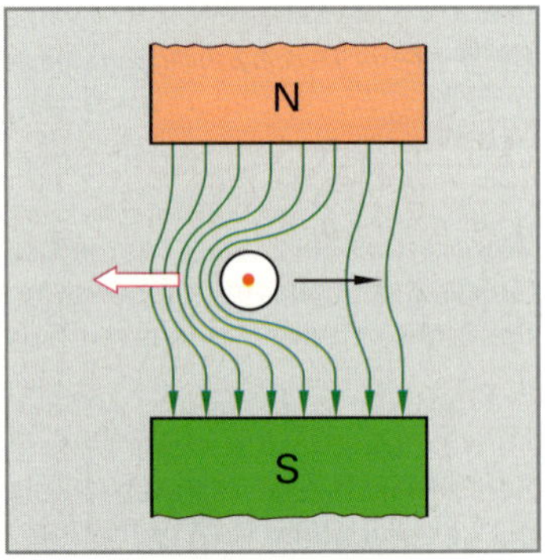

Bild 3: Resultierendes Feld: Der Leiter wird in seiner Bewegung gebremst

5.5.3 Transformatorprinzip

Versuch 1: Stellen Sie zwei Spulen mit gleichen Windungszahlen, z.B. 600 Windungen, nebeneinander auf **(Bild 1)**. Schließen Sie die erste Spule über einen Strommesser, einen einstellbaren Widerstand und einen Schalter an einen Akkumulator oder an ein Netzteil an. Verbinden Sie die zweite Spule mit einem Spannungsmesser (Millivoltbereich, Nullpunkt in Skalenmitte). Schalten Sie den Strom in der ersten Spule ein und nach kurzer Zeit wieder aus.

Im Augenblick des Einschaltens schlägt der Zeiger des Spannungsmesser aus und geht sofort wieder in die Nullstellung zurück. Im Augenblick des Ausschaltens schlägt der Zeiger des Spannungsmessers wieder kurz aus, aber in entgegengesetzter Richtung **(Bild 2)**.

Fließt Strom durch die Spule 1, erzeugt er ein Magnetfeld, das zum Teil auch die Spule 2 durchsetzt (Bild 1). Beim Einschalten wird das Magnetfeld aufgebaut, beim Abschalten abgebaut. Diese Feldänderung induziert in Spule 2 eine Spannung.

In einer Spule wird eine Spannung induziert, wenn sich die Anzahl der von der Spule umfassten Feldlinien, also der umfasste magnetische Fluss, ändert.

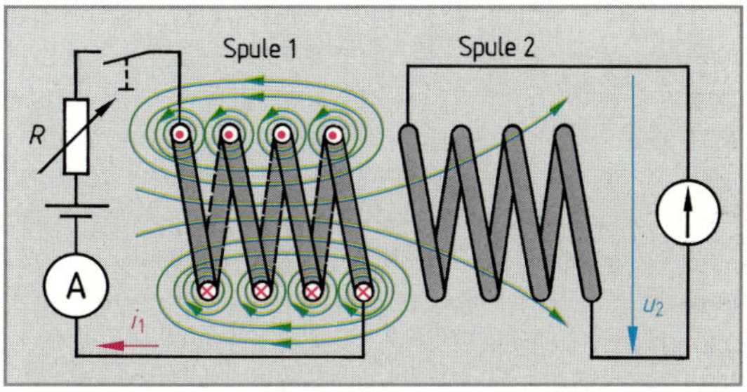

Bild 1: Induktion der Ruhe (Transformatorprinzip)

Versuch 2: Stecken Sie die beiden Spulen des letzten Versuchs auf einen gemeinsamen (geblechten) Eisenkern und wiederholen Sie den Versuch 1. Verwenden Sie jedoch einen Spannungsmesser mit größerem Messbereich.

Die induzierte Spannung in Spule 2 ist erheblich größer als beim letzten Versuch.

Ein Eisenkern vergrößert das Feld in den Spulen. Bei Feldänderung erhält man damit eine größere Änderung des magnetischen Flusses.

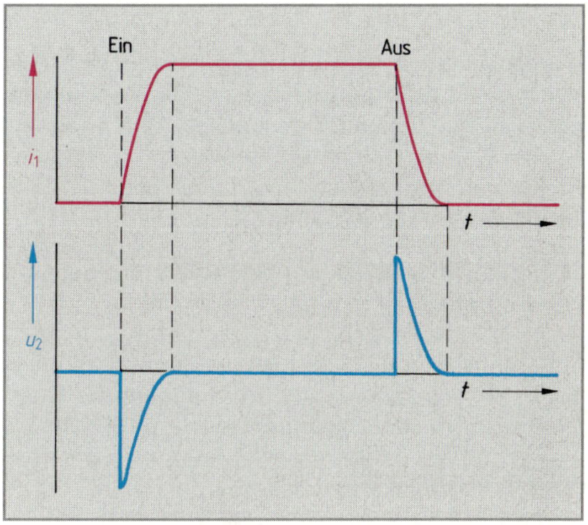

Bild 2: Spannung in Spule 2 beim Ein- und Ausschalten des Stromes in Spule 1

Versuch 3: Wiederholen Sie den letzten Versuch. Ändern Sie aber nach dem Einschalten mit dem einstellbaren Widerstand die Stromstärke in Spule 1 zunächst nur langsam, dann schneller.

Bei schneller Änderung des magnetischen Flusses entsteht in Spule 2 eine größere Spannung.

Die induzierte Spannung ist umso größer, je schneller sich der magnetische Fluss in der Spule ändert.

Beim Ein- und Ausschalten einer Spule (Versuch 1) ändert sich das Magnetfeld sehr schnell, deshalb werden in Spule 2 auch hohe Spannungen induziert.

Versuch 4: Führen Sie durch eine Spule von 600 Windungen einen längeren Eisenkern. Stecken Sie auf den Eisenkern einen Aluminiumring, der an einem Faden aufgehängt ist, sodass er leicht über dem Eisenkern pendeln kann. Schließen Sie die Spule über einen Schalter an einen Akkumulator oder an ein Netzgerät an **(Bild 3)**.

Beim Einschalten des Stromes wird der Aluminiumring abgestoßen, beim Ausschalten angezogen.

Die Änderung des Spulenstroms beim Einschalten induziert im Aluminiumring einen Strom, dessen Magnetfeld dem Feld der Spule entgegengerichtet ist (Lenz'sche Regel). Der Ring wird abgestoßen. Beim Ausschalten haben beide Felder die gleiche Richtung. Der Ring wird angezogen.

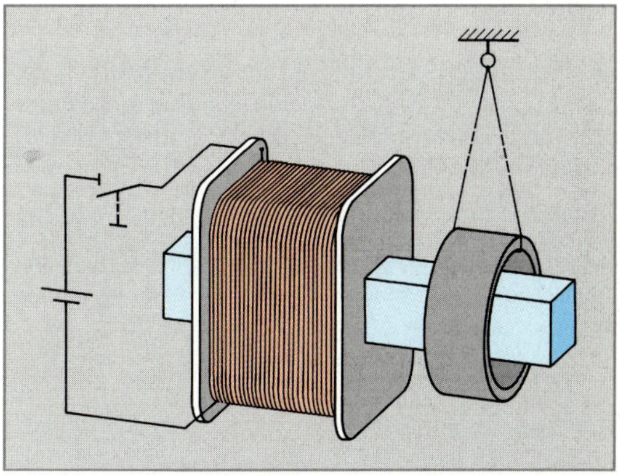

Bild 3: Abstoßen und Anziehen eines Aluminiumrings (Thomson'scher Ringversuch)

Versuch 5: Stecken Sie zwei Spulen gleicher Windungszahl, z. B. je 600 Windungen, auf die Schenkel eines geblechten U-Kerns und schließen Sie den magnetischen Kreis mit dem zugehörigen Joch. Verbinden Sie die erste Spule mit einem Wechselspannungserzeuger, z. B. mit einem Netzgerät **(Bild 1)**. Schließen Sie je einen Wechselspannungsmesser an die erste und an die zweite Spule an. Vergleichen Sie die Spannungen an beiden Spulen.

Die Wechselspannung an Spule 2 ist fast so groß wie die Spannung an Spule 1.

Die Anordnung zweier Spulen (Wicklungen) auf einem gemeinsamen Eisenkern nennt man **Transformator**[1]. Spule 1, der elektrische Energie zugeführt wird, heißt Eingangs- oder Primärwicklung, Spule 2, die Energie abgibt, wird als Ausgangs- oder Sekundärwicklung bezeichnet **(Bild 2)**.

Versuch 6: Wiederholen Sie den letzten Versuch. Verwenden Sie als Ausgangswicklung jedoch eine Spule mit doppelt so großer Windungszahl wie die Eingangswicklung, z. B. 1200 Windungen für die Sekundärspule. Vergleichen Sie die Spannungen an beiden Wicklungen.

Die Ausgangsspannung ist nahezu doppelt so groß wie die Eingangsspannung.

In jeder Windung der Ausgangswicklung wird eine gleich große Spannung induziert. Die Windungen sind alle hintereinander geschaltet. Also addieren sich die Einzelspannungen jeder Windung. Die Ausgangsspannung wächst daher im gleichen Verhältnis mit der Anzahl der Windungen.

> Die induzierte Spannung ist der Windungszahl proportional.

Außerdem hängt die induzierte Spannung noch davon ab, wie schnell sich der magnetische Fluss ändert, der von der Spule umfasst wird **(Bild 3)**.

Induktionsgesetz:

> Die in einer Spule induzierte Spannung ist umso größer, je größer die Windungszahl der Spule, je stärker die Flussänderung und je kürzer die Zeitdauer ist, in der diese Flussänderung erfolgt.

Die induzierte Spannung ist also proportional der Steigung der $\Phi(t)$-Kurve (Bild 3). Die Induktionsspannung ist so gerichtet, dass sie ihrer Ursache entgegenwirkt (Minuszeichen in der Formel).

Beispiel: In eine Spule mit 60 Windungen wird ein Magnet mit einem magnetischen Fluss von 0,2 mWb in einer Zeit von 3 ms eingeführt. Wie groß ist die in der Spule induzierte Spannung bei gleichmäßiger Flussänderung?

$$u_i = -N \cdot \frac{\Delta\Phi}{\Delta t} = -60 \cdot \frac{0{,}2\ \text{mVs}}{3\ \text{ms}} =$$

$$= -\frac{60 \cdot 0{,}2\ \text{mVs}}{3\ \text{ms}} = \mathbf{-4\ V}$$

[1] von transformare (lat.) = verwandeln

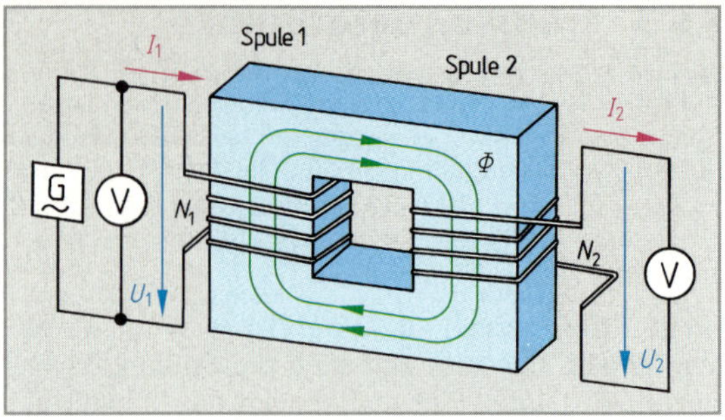

Bild 1: Aufbau eines Transformators

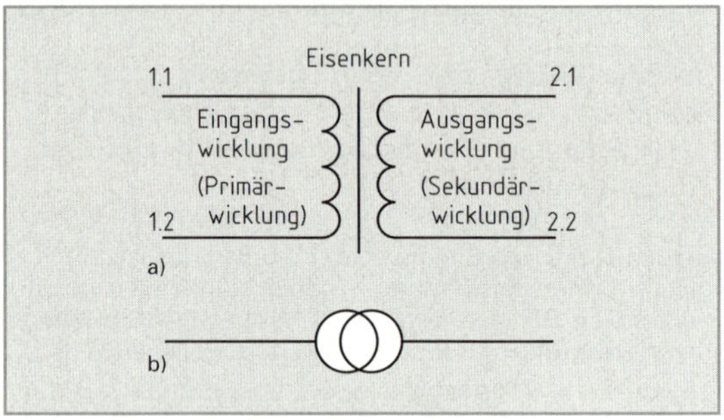

Bild 2: Schaltzeichen eines Transformators
a) für mehrpolige Darstellung und
b) für einpolige Darstellung

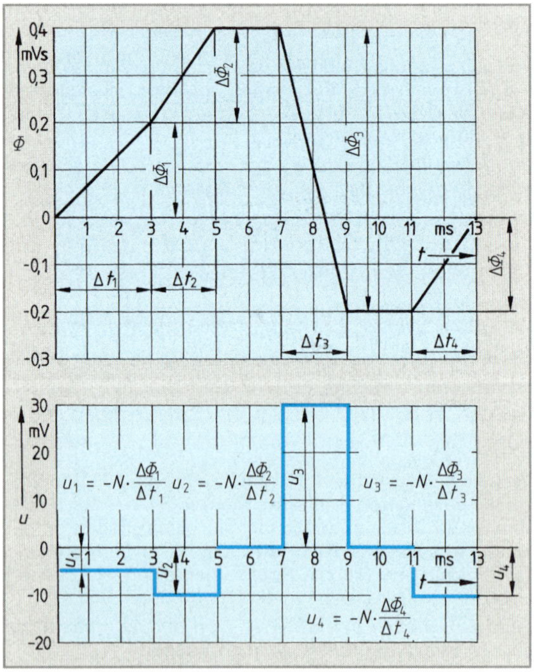

Bild 3: Induktionsspannung durch Flussänderung

u_i induzierte Spannung
N Windungszahl
$\Delta\Phi$ Änderung des magnetischen Flusses
Δt Änderungszeitdauer

$$u_i = -N \cdot \frac{\Delta\Phi}{\Delta t}$$

5.5.4 Wirbelströme

Versuch 1: Hängen Sie eine dicke Aluminiumscheibe, die an einer Pendelstange befestigt ist, so an einem Stativ auf, dass die Scheibe ungehindert im Luftspalt eines kräftigen Elektromagneten schwingen kann **(Bild 1)**. Lassen Sie das Pendel zunächst frei schwingen, legen Sie dann eine Gleichspannung an die Spulen des Elektromagneten, z.B. an 2 Spulen mit je 600 Windungen auf einem U-Kern mit aufgesetzten Polschuhen.

Sobald durch den Elektromagneten Strom fließt, wird augenblicklich das Pendel stark abgebremst.

Das Bewegen der Aluminiumscheibe im Feld des Elektromagneten induziert in ihr eine Spannung, die einen großen Strom verursacht, weil die Scheibe wie eine in sich geschlossene Leiterschleife wirkt. Der Strom findet jedoch keinen genau festgelegten Weg vor. Deshalb nennt man ihn **Wirbelstrom.**

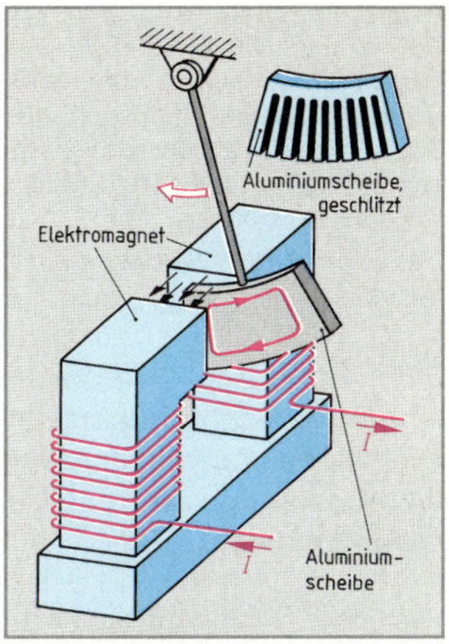

Bild 1: Wirbelstrombremsung (Waltenhofen'sches Pendel)

Wird Metall in einem Magnetfeld bewegt, so entstehen im Metall Wirbelströme, deren Magnetfeld die Bewegung bremst.

Versuch 2: Wiederholen Sie den letzten Versuch, verwenden Sie aber als Pendel eine geschlitzte Aluminiumscheibe (Bild 1).

Das Pendel schwingt auch nach dem Einschalten des Spulenstromes nur wenig gebremst weiter.

Die Schlitze in der Aluminiumscheibe unterbrechen den Weg der Wirbelströme, die sich daher kaum ausbilden können.

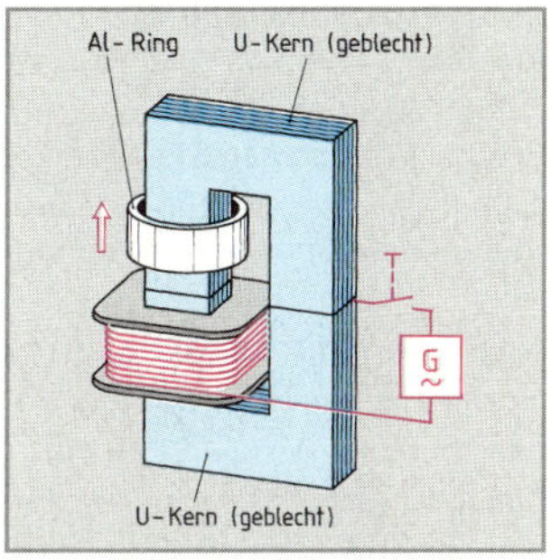

Bild 2: Wirbelströme im magnetischen Wechselfeld (Thomson'scher Ringversuch)

Versuch 3: Stecken Sie eine Spule mit 300 Windungen auf einen Schenkel eines U-Kerns und darüber einen Aluminiumring. Setzen Sie auf den U-Kern einen zweiten, der den Eisenweg schließt **(Bild 2)**. Legen Sie die Spule an ein Netzteil, das eine Wechselspannung von rund 30 V liefert.

Beim Einschalten des Wechselstroms wird der Aluminiumring in die Höhe geschleudert und dort in der Schwebe gehalten.

Das magnetische Wechselfeld induziert im Aluminiumring einen Strom, der seiner Ursache entgegenwirkt.

Durchdringt ein magnetisches Wechselfeld Metall, so werden im Metall Wirbelströme erzeugt.

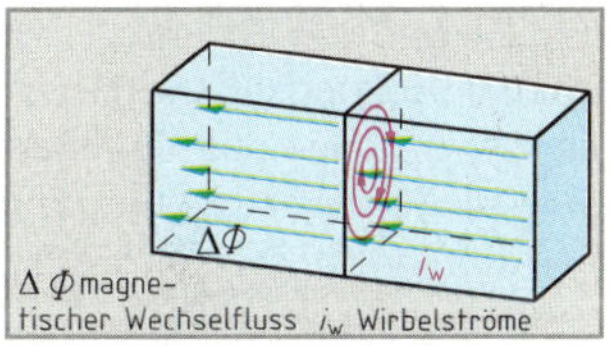

Bild 3: Wirbelströme im massiven Eisenkern

Versuch 4: Schieben Sie eine Spule mit 1200 Windungen auf den einen Schenkel eines U-Kerns und schließen Sie den Eisenweg mit einem massiven Joch aus Weicheisen. Legen Sie die Spule an 230 V Wechselspannung an. Berühren Sie nach einigen Minuten vorsichtig Joch und U-Kern.

Das massive Joch hat sich stark erwärmt, der geblechte U-Kern dagegen nur wenig.

Im Joch und im U-Kern induziert das magnetische Wechselfeld Wirbelströme, die im massiven Joch sehr stark sind, weil sein großer Querschnitt den Wirbelströmen nur einen geringen Widerstand entgegensetzt **(Bild 3)**. Im lamellierten U-Kern aus dünnen, gegeneinander isolierten Eisenblechen dagegen finden die Wirbelströme einen hohen Widerstand vor, weil ihr Stromweg mehrfach unterbrochen wird.

Die Wirbelstrombremsung wendet man z.B. bei Elektrizitätszählern an. Bei einem Zähler dreht sich eine elektromotorisch angetriebene Aluminiumscheibe durch die Pole eines Dauermagneten (Seite 346). Ferner dient die Wirbelstrombremsung zur Leistungsmessung von Motoren, als zusätzliche Bremse in Kraftfahrzeugen oder zur Dämpfung des Zeigerausschlags bei Waagen und elektrischen Messwerken.

Wirbelströme durch magnetische Wechselfelder verwendet man z. B. zur induktiven Erwärmung oder zur Abschirmung hochfrequenter Magnetfelder. Die HF-Spule ist bei dieser Art der Abschirmung von einem Becher aus Aluminium umgeben. Im Abschirmbecher entstehen Wirbelströme, deren Magnetfeld dem abzuschirmenden Wechselfeld entgegengerichtet ist. Durch das Abschirmblech kann daher kein Störfeld nach außen dringen, ebensowenig kann ein magnetisches Wechselfeld von außen die Spule im Innern beeinflussen.

5.5.5 Selbstinduktion

Versuch 1: Schließen Sie eine Spule mit geschlossenem Eisenkern an eine Gleichspannung von etwa 2 V. Schalten Sie parallel zur Spule eine Glimmlampe mit einer Zündspannung von etwa 90 V **(Bild 1)**. Schließen und öffnen Sie den Stromkreis.

Die Glimmlampe leuchtet beim Öffnen des Stromkreises kurz auf.

Beim Öffnen des Stromkreises wird in der Spule eine hohe Spannung erzeugt. Das zusammenbrechende Magnetfeld induziert in der Spule selbst eine Spannung, die man daher **Selbstinduktionsspannung** nennt.

Versuch 2: Schalten Sie in Reihe zu einer Spule mit 1200 Windungen eine 4,5-V-Glühlampe, außerdem eine zweite 4,5-V-Glühlampe in Reihe zu einem einstellbaren Widerstand. Legen Sie beide Reihenschaltungen parallel an eine Gleichspannung von 6 V **(Bild 2)**. Gleichen Sie den Stellwiderstand so ab, dass beide Glühlampen gleich hell leuchten.

Öffnen Sie den Stromkreis und schließen Sie ihn dann wieder. Beobachten Sie dabei die beiden Glühlampen.

Beim Schließen des Stromkreises leuchtet die Glühlampe in Reihe mit der Spule später auf.

Nach dem Einschalten erreicht der Strom in der Spule nicht sofort seinen vollen Wert **(Bild 3)**. Das Magnetfeld wird erst durch den Strom aufgebaut. Diese Feldänderung bewirkt eine Selbstinduktionsspannung, die so gepolt ist, dass sie das Ansteigen des Stromes und damit den Aufbau des Magnetfeldes verzögert (Lenz'sche Regel).

Nach dem Abschalten des Stromes baut sich das Magnetfeld der Spule ab. Dies hat ebenfalls eine Selbstinduktionsspannung zur Folge, die aber so gepolt ist, dass der Spulenstrom in gleicher Richtung weiterfließt und nur langsam auf null abklingt. Dadurch verzögert sich der Abbau des Magnetfeldes (Lenz'sche Regel).

Bei einer Spule an Wechselspannung verringert die Selbstinduktionsspannung die Stromaufnahme. Diese Selbstinduktionsspannung ist umso größer, je schneller sich das magnetische Feld ändert und je größer die **Induktivität** (Formelzeichen L) der Spule ist. Die Induktivität wächst mit dem Quadrat der Windungszahl und hängt außerdem von den Abmessungen der Spule sowie von den Eigenschaften des Eisenkerns ab. Die Einheit der Induktivität ist das Henry[1] (H).

Eine Spule hat die Induktivität von 1 Henry, wenn bei einer gleichförmigen Stromänderung von 1 A in 1 s die Spannung 1 V induziert wird.

[1] Josef Henry, amerikanischer Physiker, 1797 bis 1878

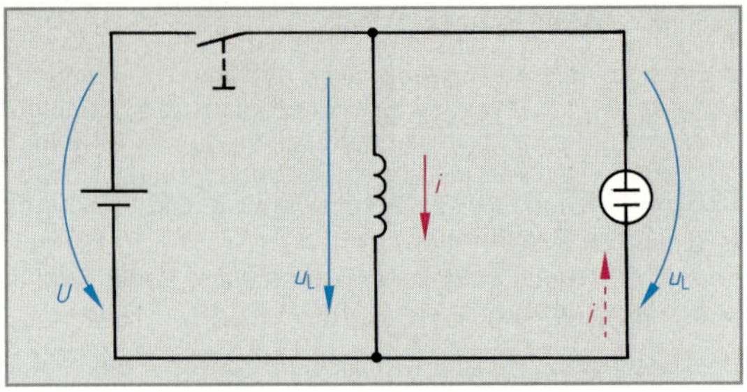

Bild 1: Selbstinduktionsspannung beim Ausschalten einer Spule

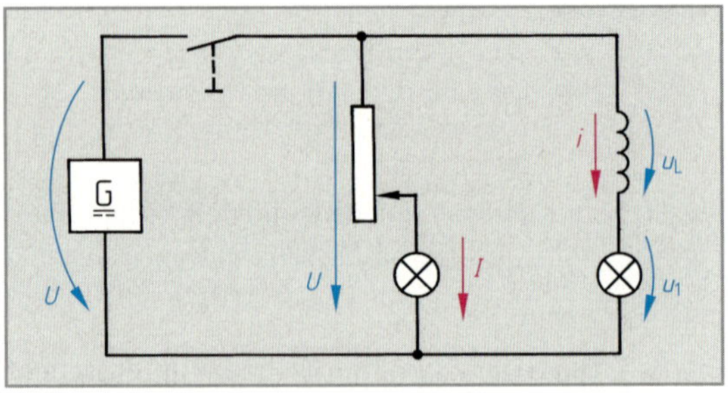

Bild 2: Selbstinduktionsspannung beim Einschalten einer Spule

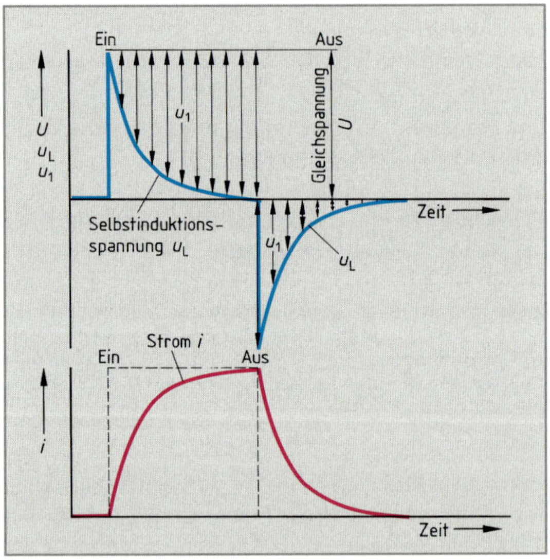

Bild 3: Strom- und Spannungsverlauf beim Ein- und Ausschalten einer Spule

$$[L] = \frac{\text{Vs}}{\text{A}} = \Omega\text{s} = \text{H}$$

$$u_L = -L \cdot \frac{\Delta i}{\Delta t}$$

u_L induzierte Spannung
L Induktivität
Δi Änderung des Stromes
Δt Zeitdauer der Änderung

5.5.6 Stromverdrängung (Skineffekt)

Fließt Gleichstrom durch einen Leiter, so verteilen sich die bewegten Elektronen über den ganzen Leiterquerschnitt. Die Stromdichte ist überall im Querschnitt gleich. Jeder Strom ist von einem Magnetfeld umgeben, das in Form konzentrischer Kreise um den Leiter liegt. Das Magnetfeld wirkt sich auch im Innern des Leiters aus. In der Leitermitte sind die Elektronen von mehr Feldlinien umschlossen als weiter außen **(Bild 1)**.

Fließt Wechselstrom durch einen Leiter, so ist der Strom ungleichmäßig über den Leiter verteilt. Das wechselnde Magnetfeld induziert im Leiter eine Gegenspannung, die in der Leitermitte am größten ist.

Die Stromdichte *J* nimmt daher nach dem Innern des Leiters hin ab (Bild 1). Diese Erscheinung nennt man **Stromverdrängung** (Skineffekt[1] oder Hauteffekt). Durch die Stromverdrängung wird der Leiterquerschnitt vom Wechselstrom nur zum Teil genutzt. Die Verkleinerung des wirksamen Leiterquerschnitts vergrößert den Wirkwiderstand des Leiters **(Bild 2)**. Diese Erscheinung nutzt man z. B. beim Stromverdrängungsläufer aus.

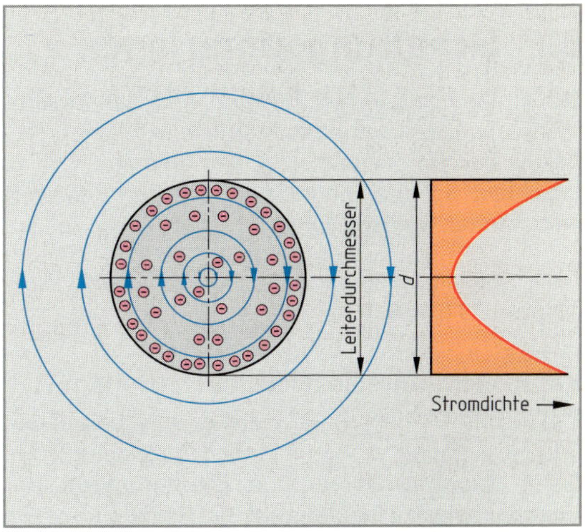

Bild 1: Stromverteilung im Leiterquerschnitt bei hoher Frequenz

> Wechselstrom hoher Frequenz fließt durch einen Leiter wegen der Stromverdrängung nur an der Oberfläche.

Die Stromverdrängung wächst mit steigender Frequenz. Man unterteilt daher z. B. den Wicklungsdraht einer HF-Spule in einzelne, voneinander isolierte und parallel geschaltete Drähte (HF-Litze). Diese Drähte sind so miteinander verflochten, dass jeder Einzeldraht gleich oft an jede Stelle des Gesamtquerschnitts zu liegen kommt.

Für sehr hohe Frequenzen verwendet man versilberte Kupferrohre. In ihnen fließt der Strom fast ausschließlich in der dünnen Außenschicht (Haut) aus Silber.

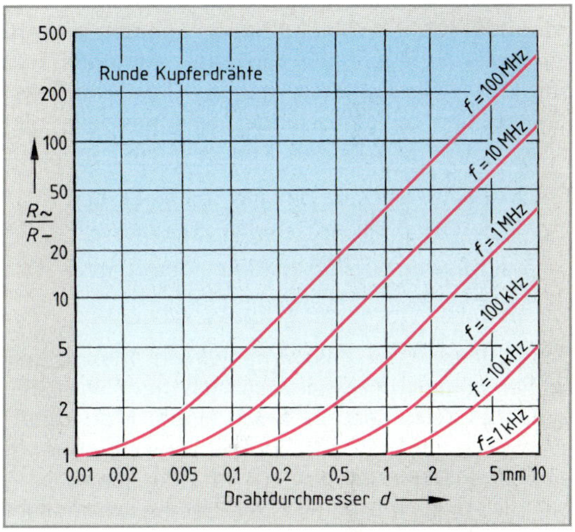

Bild 2: Widerstandserhöhung durch Stromverdrängung

Wiederholungsfragen

1. **Unter welchen Bedingungen wird in einem Leiter eine Spannung induziert?**
2. **Wovon hängt die Polung der induzierten Spannung ab?**
3. **Wovon hängt bei der Bewegung eines Leiters im Magnetfeld die Höhe der induzierten Spannung ab?**
4. **Wie lautet die Generatorregel (Rechte Hand)?**
5. **Was sagt die Lenz'sche Regel aus?**
6. **Nennen Sie Anwendungen der Induktion durch Bewegung.**
7. **Beschreiben Sie den grundsätzlichen Aufbau eines Transformators.**
8. **Wovon hängt die in einer Spule induzierte Spannung ab?**
9. **Wie lautet das Induktionsgesetz?**
10. **Wodurch entstehen in einem Metall Wirbelströme?**
11. **Warum ist im Allgemeinen das Auftreten von Wirbelströmen unerwünscht?**
12. **Wie kann man die Wirbelstromverluste verringern?**
13. **Welche Polung hat die Selbstinduktionsspannung?**
14. **Welches Formelzeichen und welche Einheit hat die Induktivität?**

[1] von skin (engl.) = Haut

6 Schaltungstechnik

6.1 Schaltungsunterlagen

Schaltpläne zeigen die Funktion und das Zusammenwirken der Betriebsmittel in elektrischen Anlagen. Zur Darstellung von Betriebsmitteln, z. B. Leuchten, Schalter oder Steckvorrichtungen, verwendet man **Schaltzeichen**.

Die Schaltungsunterlagen entsprechen der Norm EN 61082-1.

Kennzeichnung elektrischer Betriebsmittel

Elektrische Betriebsmittel werden in Schaltplänen und in Anlagen alphanumerisch bezeichnet, d.h. durch **Kennbuchstaben** und **Zählnummern**. Der Kennbuchstabe **(Tabelle)** gibt Aufschluss über die Art des Betriebsmittels, z. B. M für Motoren oder H für Meldeleuchten. Mehrere gleichartige Betriebsmittel haben eine fortlaufende Zählnummer, die dem Kennbuchstaben nachgestellt ist, z. B. H1, H2 oder K1, K2. Der Zählnummer können weitere Buchstaben folgen, die Hinweise auf die Funktion des Betriebsmittels geben. Das **Funktionskennzeichen** A kennzeichnet beispielsweise ein Hilfsschütz, z. B. K1A, das Kennzeichen T ein Zeitglied, z. B. K1T.

In Schaltungsunterlagen und in elektrischen Anlagen müssen Betriebsmittel eindeutig gekennzeichnet sein.

Schaltpläne. Das Zusammenwirken elektrischer Betriebsmittel in Anlagen lässt sich durch verschiedene Darstellungsarten beschreiben. Man unterscheidet einpolige und allpolige Darstellungen. In **einpoligen Darstellungen,** z. B. im Übersichtsschaltplan **(Bild)**, stellt man alle Leiter eines Leitungsabschnitts durch eine einzige Vollinie dar. In **allpoligen Darstellungen,** z. B. in Stromlaufplänen, wird jeder Leiter und jedes Betriebsmittel einzeln gezeichnet.

Der **Übersichtsschaltplan** zeigt eine Schaltung in vereinfachter, einpoliger Darstellung (Bild). Er zeigt nur die wesentlichen Teile einer Anlage. Im Übersichtsschaltplan umfangreicher Anlagen, z. B. für die Hauptverteilung einer Industrieanlage, bleibt die räumliche Lage der Betriebsmittel unberücksichtigt. Im Übersichtsschaltplan für Installationsschaltungen ordnet man die Betriebsmittel nach Möglichkeit lagerichtig an. Der Übersichtsschaltplan einer Installationsschaltung (Bild) enthält Angaben über die Verlegungsart, das gewählte Leitungsmaterial, den Leiterquerschnitt, die Schaltungsart und über die Verlegebedingungen, z. B. Installation in feuchten bzw. in trockenen Räumen.

Tabelle: Kennzeichnung von Betriebsmitteln (Nach DIN 40719)

Kennbuchstabe	Betriebsmittel	Beispiele
B	Umsetzer von nichtelektrischen auf elektrische Größen und umgekehrt	Messumformer, Sensoren, Lautsprecher, Mikrofone
C	Kondensatoren	MP-Kondensatoren
D	Binäre Elemente, Speicher	Verknüpfungen, Kippglieder
E	Verschiedenes	Beleuchtungen, Heizkörper
F	Schutzeinrichtungen	Sicherungen, Auslöser, Schutzrelais
G	Generatoren, Stromversorgungen	Generatoren, Netzgeräte, Stromrichter
H	Meldeeinrichtungen	Hupen, Wecker, Meldeleuchten
K	Relais, Schütze	Leistungs- und Hilfsschütze
L	Induktivitäten	Drosseln, Spulen
M	Motoren	Elektromotoren
N	Verstärker, Regler	elektronische und mechanische Regler
Q	Starkstrom-Schaltgeräte	Installationsschalter, Trennschalter
R	Widerstände	Anlasser, Vorwiderstände
S	Schalter, Wähler	Steuerschalter
T	Transformatoren	Netz-, Trenntransformatoren
V	Halbleiter	Dioden, Transistoren
W	Übertragungswege	Hohlleiter, Lichtwellenleiter
X	Klemmen, Steckverbindungen	Stecker, Buchsen, Klemmleisten

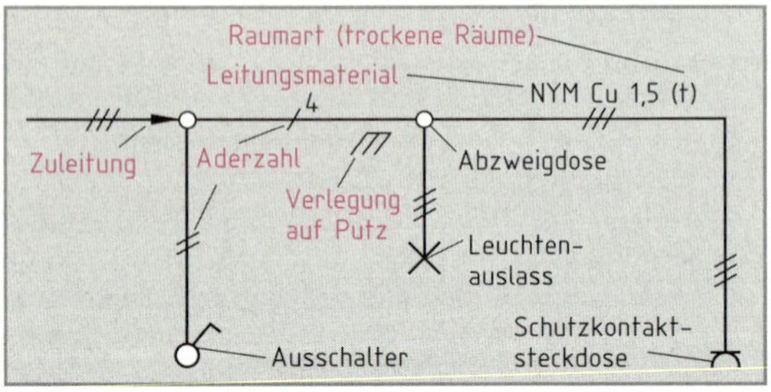

Bild: Übersichtsschaltplan

Der **Installationsschaltplan (Bild 1)** ist wie der Übersichtsschaltplan eine einpolige Darstellung. Er wird lagerichtig und meist maßstabsgetreu in die Grundrisszeichnung des Gebäudes eingetragen. Aus ihm kann der Elektroinstallateur alle zur Leitungsverlegung erforderlichen Angaben entnehmen.

Übersichts- und Installationsschaltpläne sind Arbeitsunterlagen zum Verlegen von Leitungen. Sie geben keine Auskunft über die Funktion von Schaltungen.

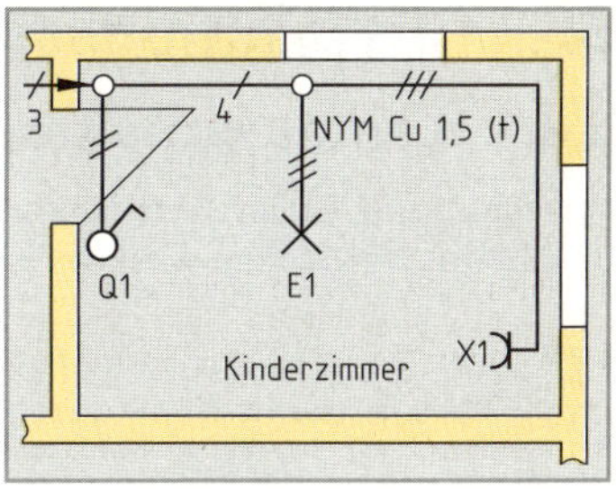

Bild 1: Installationsschaltplan

Der **Stromlaufplan in aufgelöster Darstellung (Bild 2)** ist eine allpolige, nach Stromwegen aufgelöste Darstellung einer Schaltung. Die Stromwege (Strompfade) werden waagerecht oder senkrecht und möglichst kreuzungsfrei gezeichnet. Die räumliche Anordnung der Betriebsmittel bleibt unberücksichtigt. Man verzichtet oft auf die Darstellung des Schutzleiters und der Betriebsmittelgehäuse, damit der Stromlaufplan überschaubar bleibt.

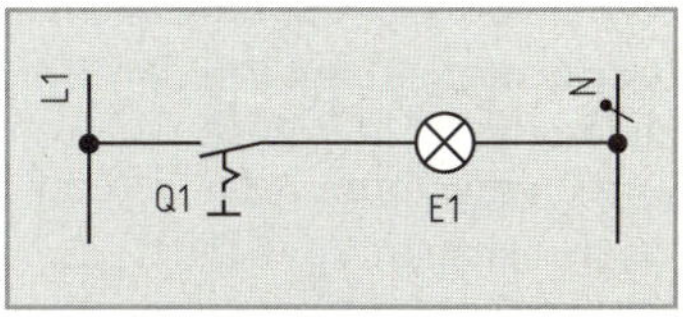

Bild 2: Stromlaufplan in aufgelöster Darstellung

Der **Stromlaufplan in zusammenhängender Darstellung (Bild 3)** zeigt die Verbindungen in einer Schaltung mit allen Einzelteilen. Teile ein und desselben Betriebsmittels werden zusammenhängend gezeichnet. In Installationsschaltungen kann man zusätzlich die räumliche Anordnung der Betriebsmittel berücksichtigen.

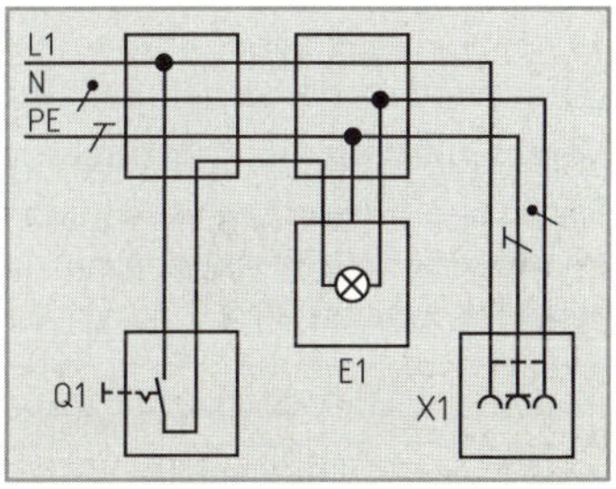

Bild 3: Stromlaufplan in zusammenhängender Darstellung

Stromlaufpläne sind Arbeitsunterlagen zum Erstellen von Steuerungen. Sie zeigen die Funktion von elektrischen Steuerungen oder Schaltungen.

Der **Verdrahtungsplan (Bild 4)** zeigt die elektrischen Verbindungen und die erforderlichen Klemmen innerhalb eines Betriebsmittels. Verdrahtungspläne sind eine Hilfe beim Anschluss zusammengehörender Betriebsmittel, z. B. zwischen einem Elektrowärmespeicher und dem zugehörigen Raumthermostat. Die Verbindungen innerhalb der Betriebsmittel werden möglichst lagerichtig dargestellt.

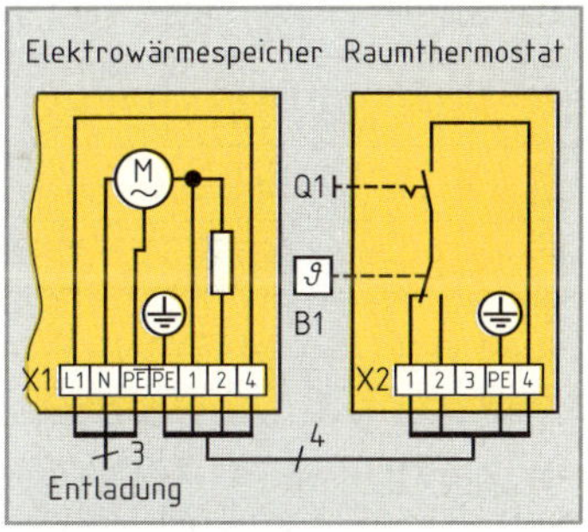

Bild 4: Verdrahtungsplan

Der **Geräteverdrahtungsplan** stellt nur die Verbindungen innerhalb eines Betriebsmittels oder eines Gerätes dar, z. B. innerhalb des Raumthermostats in Bild 4.

Verbindungspläne (Klemmenpläne) erstellt man für umfangreiche Steuerungen. Im Verbindungsplan gibt man nur die ankommenden und abgehenden Leitungen einer Klemmleiste mit der erforderlichen Zielbezeichnung an, z. B. von X1 : 4 nach K2 : 13.

Funktionspläne (Bild 5) verwendet man für digitale Steuerungen oder zur Programmerstellung bei speicherprogrammierten Steuerungen (Seite 405).

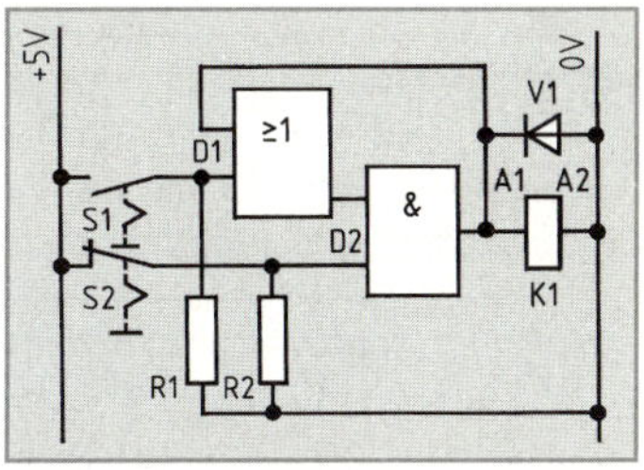

Bild 5: Funktionsplan

Zeitablaufdiagramme stellen die Funktion einer Steuerung in Abhängigkeit von der Zeit dar. Sie sind Grundlage für Instandsetzungsarbeiten bei vielen zeit- und prozessgeführten Anlagen oder Geräten, z. B. bei Waschmaschinen oder Wäschetrocknern. Mit Zeitablaufdiagrammen kann man auch die Funktion von digitalen Verknüpfungssteuerungen oder die Funktion von Speichern verdeutlichen (Seite 236).

6.2 Installationsschaltungen

6.2.1 Lampenschaltungen

Ausschaltung. Sollen Betriebsmittel, z. B. Leuchten oder Geräte, von einer Betätigungsstelle ein- oder ausgeschaltet werden, so wird dazu meist die Ausschaltung angewendet **(Tabelle).**

Der vom Schalter zur Leuchte führende Leiter muss am Fußkontakt der Leuchtenfassung angeschlossen werden, damit im eingeschalteten Zustand keine Spannung am Gewinde der Fassung anliegt.

Serienschaltung. Die Serienschaltung wird eingesetzt, wenn von einer Betätigungsstelle aus zwei elektrische Betriebsmittel, meist Leuchten oder Leuchtengruppen, unabhängig voneinander geschaltet werden sollen (Tabelle). Der Serienschalter besteht aus zwei Ausschaltern und hat drei Anschlussklemmen.

Gruppenschaltung. Werden Geräte, z. B. Leuchten, so geschaltet, dass entweder nur das eine oder das andere Gerät in Betrieb ist, kann die Gruppenschaltung (Tabelle) angewendet werden. Gruppenschalter werden auch zum Schalten von Jalousien und Garagentoren verwendet.

Wechselschaltung. Sollen z. B. Beleuchtungseinrichtungen von zwei Betätigungsstellen wahlweise ein- oder ausgeschaltet werden, verwendet man dazu zwei Wechselschalter (Tabelle).

Wechselschalter haben eine Eingangsklemme, die durch einen Pfeil (↑) gekennzeichnet ist, und zwei nicht bezeichnete Klemmen für die korrespondierenden Leiter. An die Eingangsklemme des einen Schalters wird der Spannung führende Leiter angeschlossen. Die Eingangsklemme des zweiten Schalters ist mit dem Fußkontakt der Lampenfassung verbunden. Über die Anschlussklemmen der korrespondierenden Leiter werden die beiden Schalter verbunden.

Kreuzschaltung. Bei drei oder mehr Betätigungsstellen verwendet man die Kreuzschaltung.

Kreuzschaltungen bestehen aus zwei Wechselschaltern und einer beliebigen Anzahl von Kreuzschaltern. An die vier Klemmen der Kreuzschalter werden die korrespondierenden Leiter der Wechselschaltung angeschlossen (Tabelle).

Tabelle: Installationsschaltungen

Stromlaufplan zusammenhängender Darstellung	Stromlaufplan in aufgelöster Darstellung	Übersichtsschaltplan

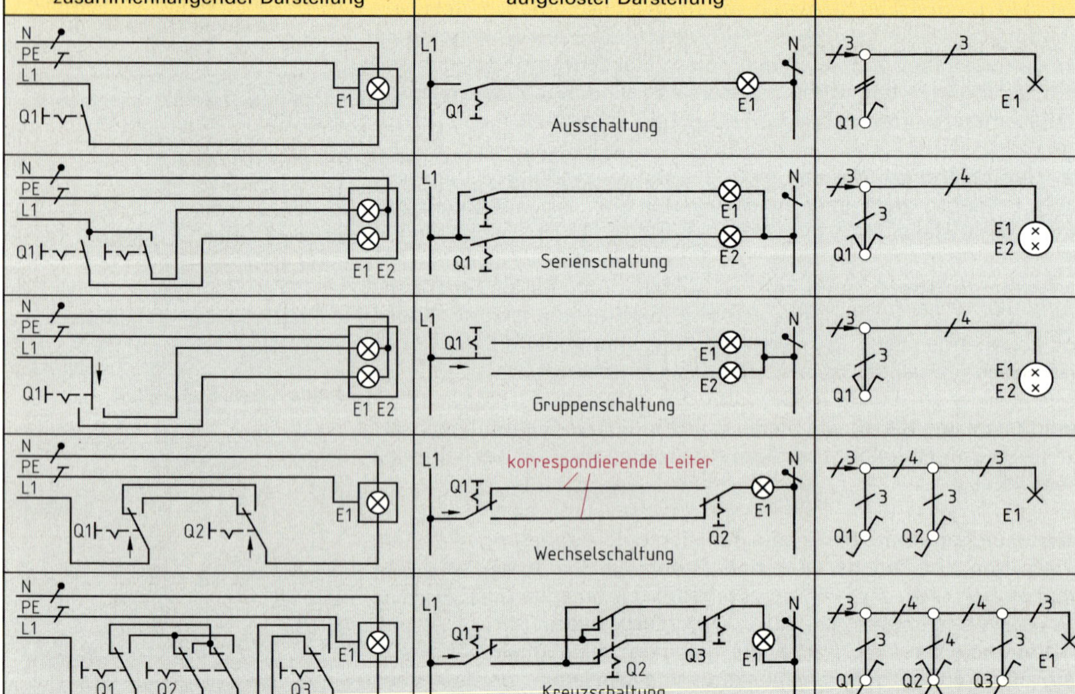

Schaltungen mit Meldeleuchten

Meldeleuchten in Installationsschaltern können zur Schalterbeleuchtung oder als Betriebszustandsanzeige eingesetzt werden. In der Arbeitsstättenverordnung sind selbstleuchtende Schalter, z. B. in Bereitschafts-, Pausen- oder Sanitärräumen sowie entlang von Verkehrs- und Fluchtwegen, vorgeschrieben.

Bei der **Schalterbeleuchtung** wird der ausgeschaltete Schalter durch eine parallel zum Schaltkontakt liegende Glimmlampe beleuchtet **(Tabelle 1)**. Die als Meldeleuchte verwendete Glimmlampe hat eine Stromaufnahme von etwa 0,5 bis 1 mA. Bei dieser Reihenschaltung liegt im ausgeschalteten Zustand nahezu die ganze Netzspannung an der Glimmlampe.

Zur **Betriebszustandsanzeige** (Kontrollleuchte) legt man die Glimmlampe an den Schaltdraht und den Neutralleiter **(Tabelle 2)**, also parallel zur Leuchte. Zum Anschluss der Betriebszustandsanzeige ist deshalb an jedem Schalter zusätzlich der Neutralleiter erforderlich.

Schalterbeleuchtungen leuchten im ausgeschalteten Zustand des Schalters. Die Betriebszustandsanzeige leuchtet bei eingeschaltetem Verbraucher.

6.2.2 Stromstoßschaltung

Stromstoßschalter sind elektromagnetisch betätigte Schalter. Sie ändern mit jedem Stromimpuls durch die Erregerspule ihren Schaltzustand.

Der Steuerstromkreis und der Hauptstromkreis (Arbeitskreis) sind elektrisch getrennt **(Bild 1a)**. Beim Stromstoßschalter mit einer Spulenspannung von AC 230 V betreibt man beide Stromkreise an Netzspannung. Stromstoßrelais mit Spulen für Kleinspannung werden meist vom Klingeltransformator der Hausrufanlage versorgt (Seite 108). Schaltungen mit Kleinspannungssteuerung **(Bild 1b)** setzt man aus Sicherheitsgründen bevorzugt für die Außenbeleuchtung ein.

Elektronische Stromstoßschalter haben meist Kleinspannungssteuerung. Sie können zusätzlich zum Steuereingang für den Impulsbetrieb mit Eingängen für definiertes Ein- bzw. Ausschalten ausgerüstet sein **(Bild 2)**. An den Impulseingang legt man die Signale der örtlichen Steuertaster. Die Steuereingänge „Zentral Ein" und „Zentral Aus" aller Stromstoßschalter innerhalb einer Anlage werden von einer zentralen Stelle über getrennte Steuerleitungen versorgt (Bild 2), z. B. durch den Portier oder Hausmeister. Die Stromstoßschaltung kann die Funktion der Wechsel- oder der Kreuzschaltung erfüllen.

Tabelle 1: Schalterbeleuchtung

Schaltung	Stromlaufplan	Schaltung	Stromlaufplan
Ausschaltung	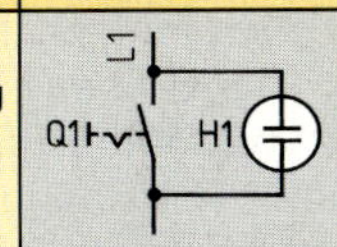	Wechselschaltung	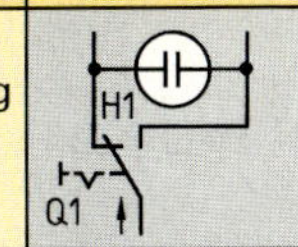
Serienschaltung	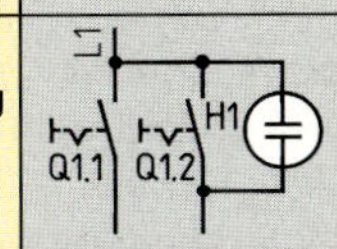	Sparwechselschaltung	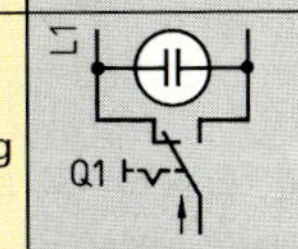
Gruppenschaltung	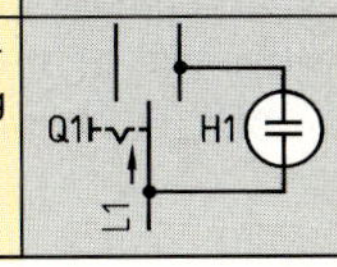	Kreuzschaltung	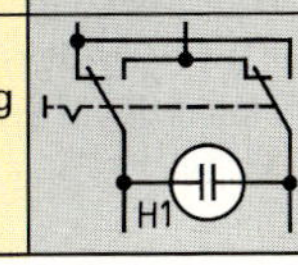

Tabelle 2: Betriebszustandsanzeige

Schaltung	Stromlaufplan	Schaltung	Stromlaufplan
Ausschaltung	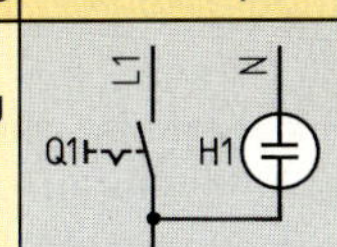	Gruppenschaltung	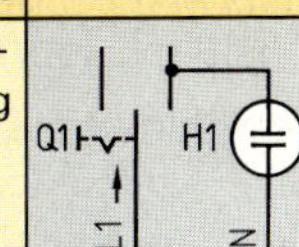
Serienschaltung	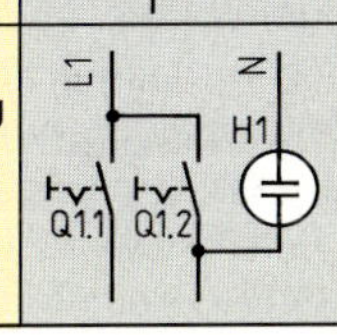	Wechselschaltung	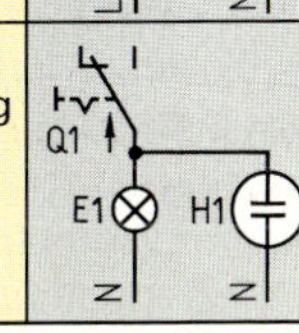

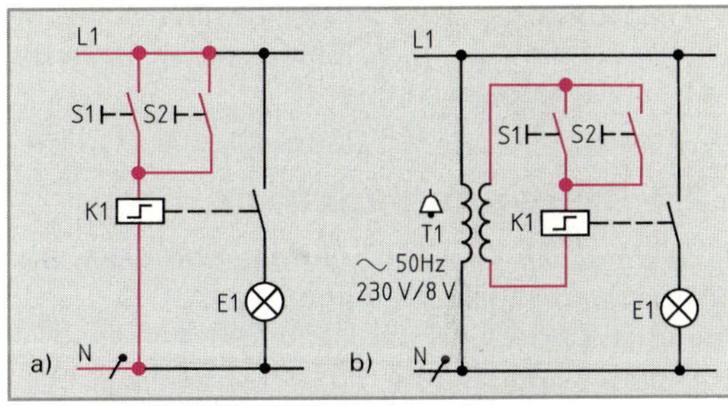

Bild 1: Stromstoßschaltung, Steuerung
a) mit Netzspannung b) mit Kleinspannung

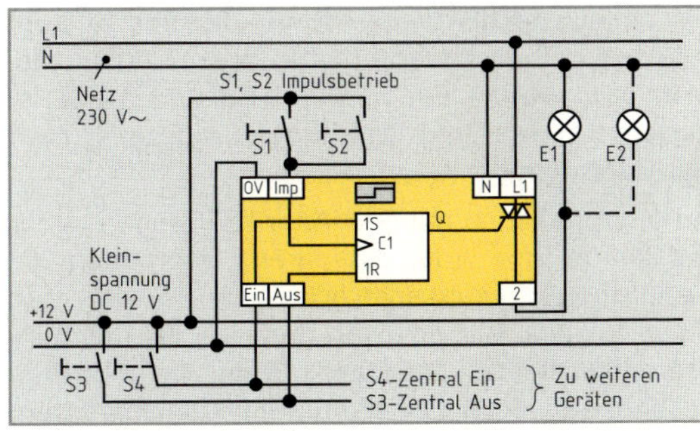

Bild 2: Elektronischer Stromstoßschalter mit örtlicher und zentraler Steuerung

6.2.3 Treppenhaus-Zeitschaltung

In Gebäuden mit mehreren Wohnungen setzt man für die Treppenhausbeleuchtung anstelle des Stromstoßrelais meist den Treppenhaus-Zeitschalter **(Treppenhausautomat)** ein **(Bild 1)**. Er ist wie das Stromstoßrelais ein elektromagnetischer Schalter. Sein Schaltkontakt schließt nach dem Betätigen eines Steuertasters den Lampenstromkreis und öffnet ihn selbsttätig nach Ablauf der eingestellten Zeit, z. B. nach einer Minute.

Treppenhaus-Zeitschalter schalten die Beleuchtung nach Ablauf einer einstellbaren Zeit selbsttätig ab.

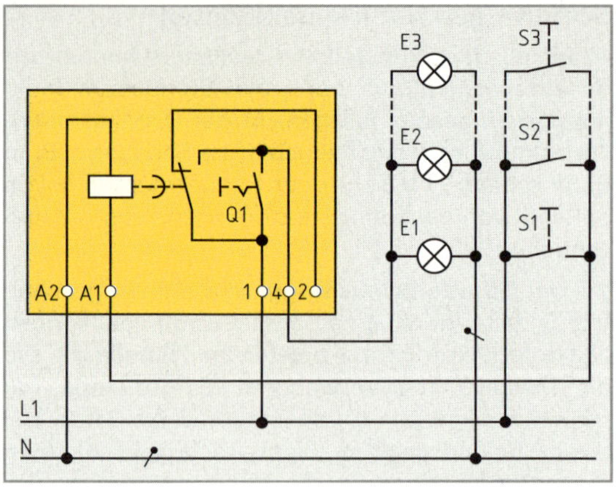

Bild 1: Treppenhaus-Zeitschaltung in Vierleiterschaltung

Treppenhausautomaten stellt man meist mit elektronischer Ausschaltverzögerung her.

Elektronische Zeitschalter sind lageunabhängig und haben außerdem geringere Abmessungen. Sie arbeiten nahezu geräuschlos.

Pneumatische Zeitschalter haben als Schaltkontakt eine Quecksilberschaltröhre und müssen deshalb in einer vorgegebenen Einbaulage montiert werden.

Treppenhausautomaten mit Umschaltkontakt (Wechsler) kann man in **Dreileiterschaltung** betreiben **(Bild 2)**. Diese Schaltung lässt im Gegensatz zur **Vierleiterschaltung** (Bild 1) kein Nachschalten zu, d. h., Treppenhausautomaten in Dreileiterschaltung können erst nach Ablauf der Verzögerungszeit erneut eingeschaltet werden. Der eingebaute Wahlschalter Q1 ermöglicht die Betriebsarten Tasterbetrieb und Dauerbeleuchtung.

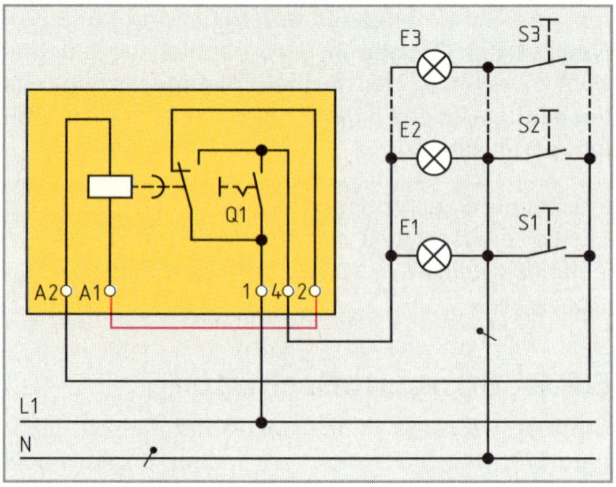

Bild 2: Treppenhaus-Zeitschaltung in Dreileiterschaltung

6.2.4 Hausrufanlagen

Hausrufanlagen versorgt man durch **Klingeltransformatoren** mit Kleinspannung.

Klingeltransformatoren müssen kurzschlussfest und schutzisoliert sein. Ihre Nennspannung darf höchstens 24 V betragen.

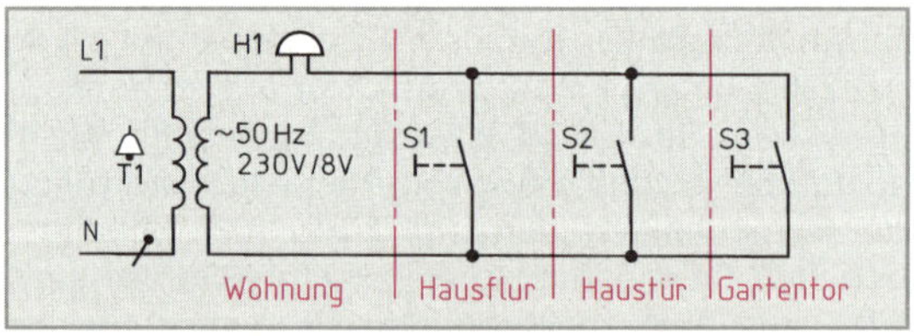

Bild 3: Rufanlage mit drei Betätigungsstellen

Die einfachste elektrische Hausrufanlage besteht aus der Reihenschaltung von Spannungsquelle, Taster und Wecker. Bei mehreren Rufstellen, z. B. an Gartentor, Haus- und Wohnungstür, schaltet man alle Taster parallel **(Bild 3)**.

In Hausrufanlagen mit **Türöffner** kann man bei der Installation eine Ader einsparen, wenn man die Taster für die Läutwerke am einen Pol und den Taster für den Türöffner am anderen Pol des Klingeltransformators anschließt **(Bild 4)**. Derartige Schaltungen dürfen aber nur mit Kleinspannung, keinesfalls aber an Netzwechselspannung, betrieben werden.

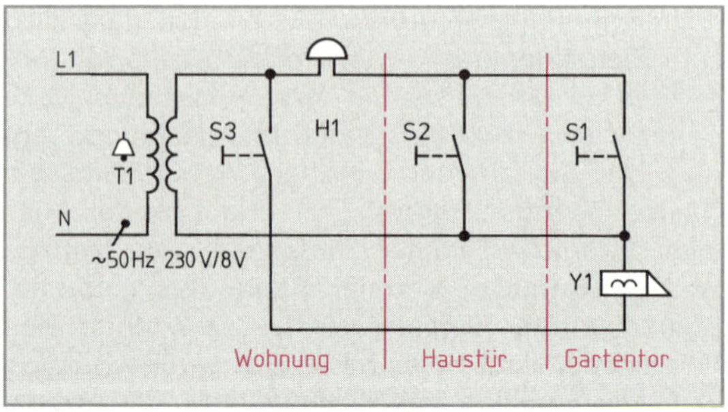

Bild 4: Rufanlage mit Türöffner

Hausrufanlagen lassen sich mit den Stromkreisen für die Außen- und Eingangsbeleuchtungen kombinieren, wenn zu deren Steuerung ein Stromstoßrelais mit Kleinspannungssteuerung, z.B. für AC 8V, verwendet wird **(Bild 1)**. Die Steuerleitungen der Stromstoßschaltung verlegt man zusammen mit den Adern der Hausrufanlage in derselben Leitung. Diese Schaltung entspricht der Schutzmaßnahme „Schutz durch Kleinspannung" und bietet damit an ihren Betätigungsstellen Schutz gegen elektrischen Schlag. In der Schaltung (Bild 1) wird der Wecker H1 vom Taster S5 an der Haustür oder durch den Taster S4 am Gartentor betätigt. Das Türschloss Y1 wird mit dem Taster S6 gesteuert. Die Außenleuchte E1 lässt sich im Flur, an der Haustür oder am Gartentor durch die parallel liegenden Taster S1, S2 und S3 schalten.

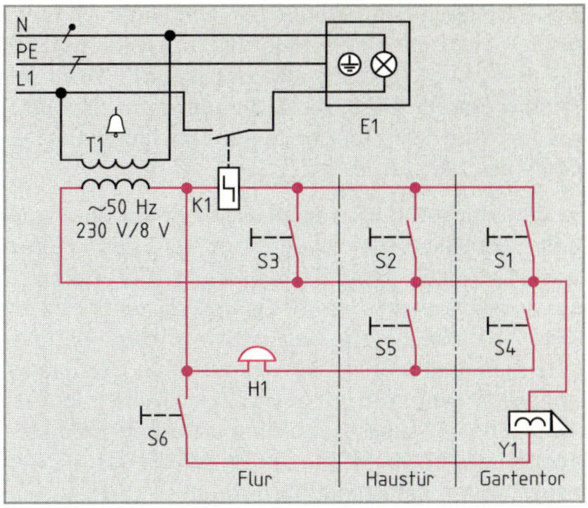

Bild 1: Wecker-, Türöffner- und Beleuchtungsanlage mit Stromstoßschalter

6.2.5 Haussprechanlagen

Haussprechanlagen sind Fernsprecheinrichtungen von Wohnung zu Wohnung oder von der Wohnung zur Haustür. Sie können auch eine Fernsprechverbindung zwischen zwei Gebäuden auf demselben Grundstück herstellen. Überschreitet das Leitungsnetz von Haussprechanlagen die Grundstücksgrenzen, ist die Genehmigung der Deutschen Telekom erforderlich.

Bei Haussprechanlagen unterscheidet man Wechsel- und Gegensprechanlagen **(Bild 2)**.

Bei Wechselsprechanlagen wird die Gesprächsrichtung durch Tastendruck von der Hausstation aus gesteuert. Gegensprechanlagen erlauben ein gleichzeitiges Sprechen in beiden Richtungen.

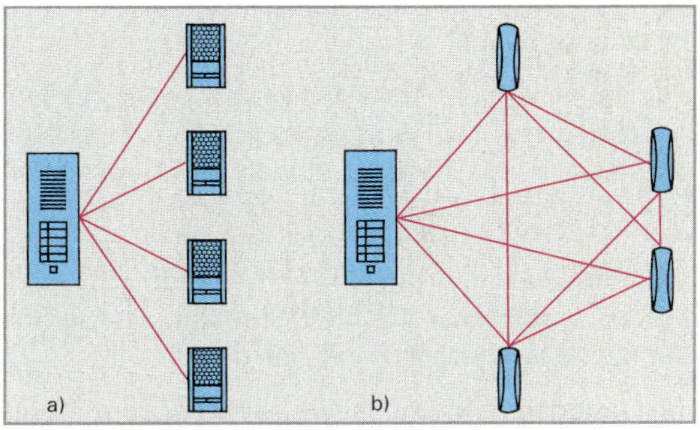

Bild 2: Sprechwege bei der a) Wechselsprechanlage und b) Gegensprechanlage

Gegensprechanlagen bestehen aus zwei getrennten Sprechkreisen. In jedem Sprechkreis liegt jeweils ein Mikrofon und ein Lautsprecher bzw. eine Hörkapsel in Reihenschaltung mit der Gleichspannungsquelle **(Bild 3)**. Beim Besprechen des Mikrofons treffen die Schallwellen auf die Membran der Mikrofonkapsel und führen zu einer Widerstandsänderung im Sprechkreis. Der im Sprechkreis fließende Gleichstrom wird dadurch in einen Sprechwechselstrom umgeformt. Er erzeugt dann in der Hörkapsel bzw. im Lautsprecher Schallschwingungen.

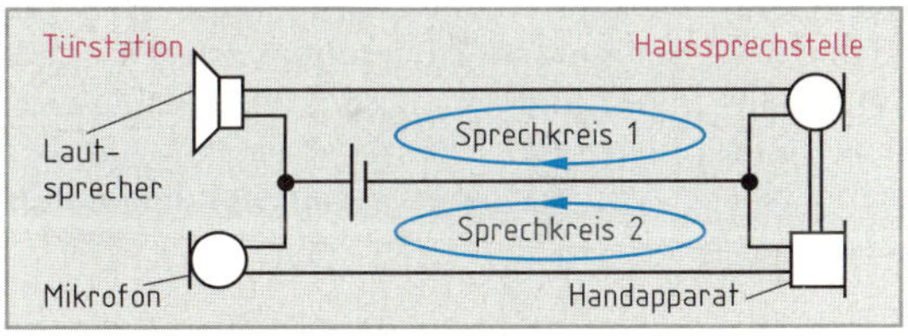

Bild 3: Sprechkreise der Gegensprechanlage

In **Haussprechanlagen** mit mehreren Teilnehmern sind alle Haussprechstellen parallel geschaltet. Ein zweipoliger **Gabelumschalter (GU)** öffnet beim Auflegen des Handapparates die beiden Sprechkreise und trennt damit nicht benutzte Sprechstellen ab **(Bild 4)**.

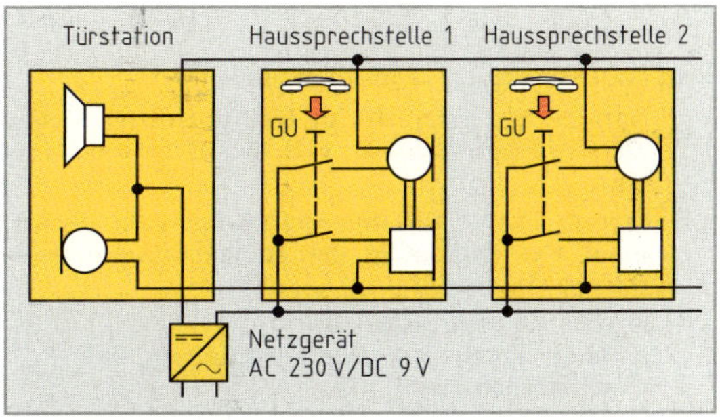

Bild 4: Gegensprechanlage mit zwei Sprechstellen

Haussprechanlagen benötigen ein eigenes Netzgerät. Die Sprechkreise werden mit Gleichstrom, die Ruf- und Türöffnerstromkreise mit Wechselstrom versorgt **(Bild)**. Als Montageort für das Netzgerät eignet sich z. B. der obere Anschlussraum im Gemeinschaftszählerfeld.

In den **Hausstationen** schließen bei abgenommenem Handapparat zwei Kontakte des Gabelumschalters S1 bzw. S2 die beiden Sprechkreise. Ein dritter Kontakt schaltet die Sprechleuchte V1 ein (Bild). Sie zeigt dem Besucher an, dass der Gesprächsteilnehmer an der Hausstation den Handapparat abgenommen hat und sprechbereit ist. Das Türschloss Y1 wird durch die parallel geschalteten Türöffnertaster betätigt. Die in den Hausstationen eingebauten Wecker werden durch die Ruftaster in der Türstation und vom Taster an der Wohnungstür gesteuert (Etagenruf). Soll anstelle des eingebauten Weckers ein elektromechanischer Gong betrieben werden, ist in der Hausstation ein Anschaltrelais erforderlich.

Werden innerhalb einer Haussprechanlage gleichzeitig mehrere Handapparate abgenommen, lässt sich ein z. B. zwischen Türstation und Hausstation Erdgeschoss geführtes Gespräch an der Hausstation im 1. Obergeschoss mithören. Erweitert man alle Hausstationen um ein so genanntes Diodenmodul, wird dieser Nachteil beseitigt. Man erhält damit eine mithörgesperrte Anlage.

Türstationen in Modulbauweise bestehen mindestens aus dem Türlautsprechermodul und dem Tastermodul mit den erforderlichen Ruftastern. Türstationen lassen sich durch Zusatzmodule erweitern, z. B. mit einem Bewegungsmelder zur Steuerung der Außenbeleuchtung oder mit beleuchteten Informationsmodulen. Die Kombination aus Haussprech- und Videoüberwachungsanlage kann gleichzeitig Teil einer Gefahrenmeldeanlage sein.

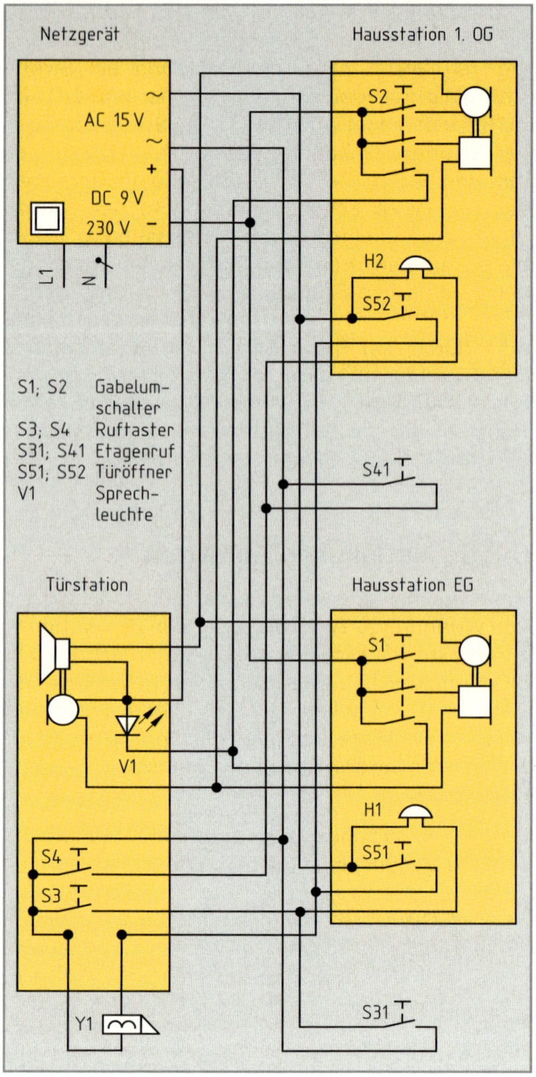

Bild: Haussprechanlage für zwei Wohnungen

Wiederholungsfragen

1 **Welche Aufgaben haben Schaltpläne?**

2 **Nennen Sie Beispiele für Betriebsmittel, denen die Kennbuchstaben C, F, H, K und S zugeordnet sind.**

3 **Warum muss in Lampenschaltungen der Schaltdraht am Fußkontakt der Lampenfassung angeschlossen werden?**

4 **Welche Aufgabe erfüllt eine a) Serienschaltung, b) Wechselschaltung und c) Kreuzschaltung?**

5 **Wodurch unterscheiden sich Lampenschaltungen mit a) beleuchteten Schaltern und b) mit Kontrollschaltern?**

6 **Nennen Sie Anwendungsbeispiele a) für die Stromstoßschaltung und b) für die Treppenhausschaltung.**

7 **Welche Stromkreise in einer Haussprechanlage werden a) mit Gleichspannung und b) mit Wechselspannung betrieben?**

8 **Worin unterscheiden sich Gegensprechanlagen von Wechselsprechanlagen?**

6.3 Relais- und Schützschaltungen

6.3.1 Relaisschaltungen

Relais sind elektromagnetisch betätigte Schalter. Schaltungen mit Relais bestehen aus dem Steuerstromkreis und dem Hauptstromkreis. Die Energieversorgung des Steuerstromkreises und des Hauptstromkreises kann dabei wahlweise aus demselben Netz **(Bild 1a)** oder aus zwei voneinander getrennten Netzen erfolgen (galvanische Trennung).

Durch die elektrische Trennung zwischen Steuerstromkreis und Hauptstromkreis eignen sich Relais als Schnittstelle zwischen Steuerschaltungen der Informations- oder Nachrichtentechnik und dem Energieversorgungsnetz **(Bild 1b)**. Die galvanische Trennung nutzt man z. B. auch bei der Steuerung von Verbrauchern in Schaltungen der Digitaltechnik (Bild 1b) oder für potentialfreie Relaisausgänge bei speicherprogrammierten Steuerungen (Seite 405).

Relais schalten mit kleinen Steuerströmen große Lastströme.

Relais verwendet man auch zur Steuerung von z. B. Waschmaschinen, Meldeeinrichtungen, Telefonanlagen oder in Alarmanlagen.

Eine Verzögerung der Ein- oder Ausschaltzeit kann man bei Relais erreichen, wenn man Kondensatoren parallel zur Relaisspule schaltet. In der Blinkschaltung **Bild 2** wird der Kondensator während der Betriebszeit der Relaisspule aufgeladen. Nach dem Abschalten gibt er seine gespeicherte Energie wieder an die Relaisspule ab. Das Relais wird durch den geladenen Kondensator über eine bestimmte Zeit in der Anzugstellung gehalten.

Alarmanlagen

Alarmanlagen **(Bild 3)** werden meist mit Relais aufgebaut. Aus Sicherheitsgründen legt man den Alarmstromkreis nicht an das Netz, sondern an eine netzunabhängige Stromversorgung, z.B. an eine Batterie. Damit ist die Hupe H1 unabhängig vom Stromversorgungsnetz. Der zweipolige Hauptschalter Q1 ist zugleich Kontrollschalter zur Überprüfung des Alarmstromkreises. Nach Betätigen von Q1 ertönt die Hupe H1. Wird der Taster S2 betätigt, zieht das Relais K1 an und hält sich über den Selbsthaltekontakt K1 an Spannung. Ein Öffner von K1 unterbricht den Alarmstromkreis. Ein weiterer Schließer schaltet die Lampe H2 ein, um die Betriebsbereitschaft anzuzeigen. Unterbricht einer der Sensoren S3 bis S6 die **Sicherheitsschleife**, z. B. durch ein geöffnetes Fenster, fällt das Relais ab, der Alarmstromkreis wird geschlossen und die Hupe H1 ertönt.

Eine Alarmanlage mit Relaissteuerung kann auch nach dem Prinzip der Brückenschaltung aufgebaut sein. Dabei sind die Widerstände so abgestimmt, dass an R1 und R2 sowie an R3 und R4 gleich große Spannungen abfallen. Damit ist die Spannung an den Spulenanschlüssen A1 und A2 Null. In der Relaisspule fließt kein Strom. Wird die Sicherheitsschleife unterbrochen, ist das Gleichgewicht der Brücke gestört. Das Relais zieht an und löst über den Umschaltkontakt K1 Alarm aus **(Bild 4)**.

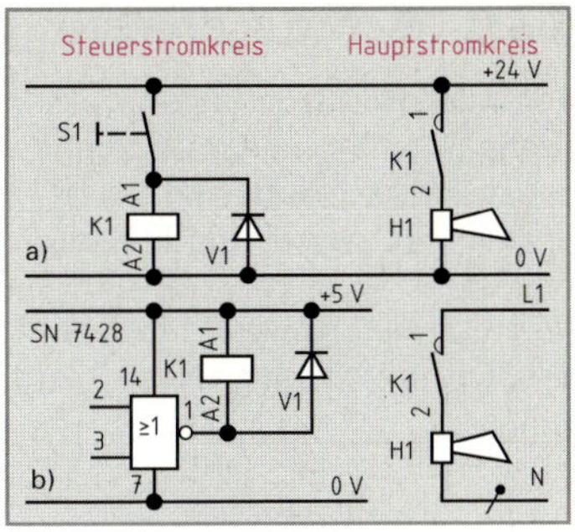

Bild 1: Relaisschaltung, Steuerstromkreis und Hauptstromkreis a) gemeinsam und b) getrennt

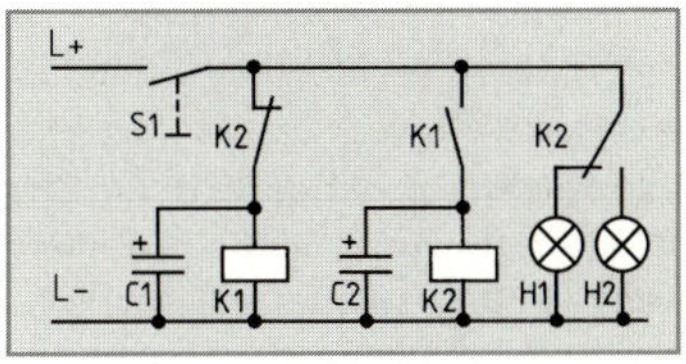

Bild 2: Relais-Blinkschaltung

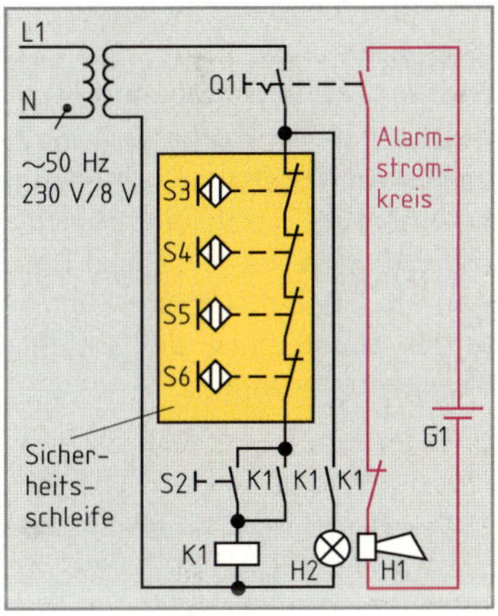

Bild 3: Relaisgesteuerte Alarmanlage

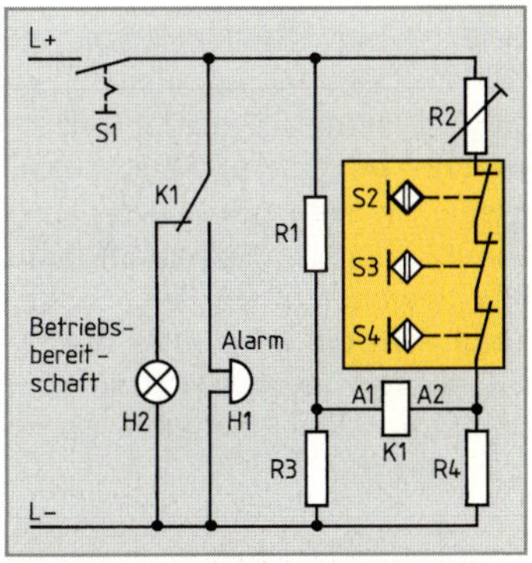

Bild 4: Alarmanlage in Brückenschaltung

6.3.2 Schützschaltungen

Schütze (Bild 1) sind fernbetätigte elektromagnetische Schalter für große Schaltleistungen. Schützschaltungen bestehen wie Relaisschaltungen immer aus zwei Stromkreisen: dem Steuerstrom- und dem Hauptstromkreis. Nach ihrer Aufgabe und Schaltleistung unterscheidet man Steuerschütze (Hilfsschütze) und Hauptschütze (Lastschütze).

Steuerschütze haben geringere Abmessungen als Hauptschütze, weil ihre Kontakte nur für den geringen Steuerstrom ausgelegt sind. Man verwendet sie hauptsächlich für Steuerungsaufgaben, z. B. zur Kontaktvervielfachung, in Verriegelungsstromkreisen oder zu Meldezwecken.

Hauptschütze haben drei, in Stromkreisen mit geschaltetem Neutralleiter vier Hauptstromkontakte (Bild 1). Sie können zusätzlich bis vier Steuerkontakte besitzen oder lassen sich durch Aufsetzen von Hilfsschalterbausteinen erweitern.

Tippbetrieb. Legt man an die Schützspule die Steuerspannung an, zieht das Schaltschütz an und alle angebauten Kontakte ändern ihre Schaltstellung. Nach dem Abschalten der Steuerspannung kehren die Kontakte durch eingebaute Federn wieder in ihre Ruhelage zurück. Diese Betriebsart bezeichnet man als Tippbetrieb (Bild 1a, Seite 111). Der Tippbetrieb dient meist der Unfallsicherheit, z. B. bei Pressensteuerungen.

Im Tippbetrieb ist ein Schütz nur so lange in Betrieb, wie der Steuertaster betätigt ist.

Schützschaltung mit Selbsthaltung. Soll ein Schaltschütz nach kurzer Tasterbetätigung in der Einschaltstellung bleiben, schaltet man zum Eintaster einen Steuerkontakt (Schließer) parallel **(Bild 2)**. Zieht das Schaltschütz nach der Betätigung des Ein-Tasters S2 an, überbrückt der Steuerkontakt K1 (13–14) den Ein-Taster. Kehrt der Taster S2 wieder in seine Ruhelage zurück, hält sich das Schütz über den **Selbsthaltekontakt** K1 (13–14) in Bild 2 weiter in der Einschaltstellung (Selbsthaltung). Um die Schaltung wieder abzuschalten, ist ein zweiter Taster S1 (Öffner) in Reihe zur Parallelschaltung von Ein-Taster und Selbsthaltekontakt notwendig.

Selbsthaltekontakte sind Schließer und werden parallel zum Ein-Taster geschaltet.

Bild 1: Schaltschütz

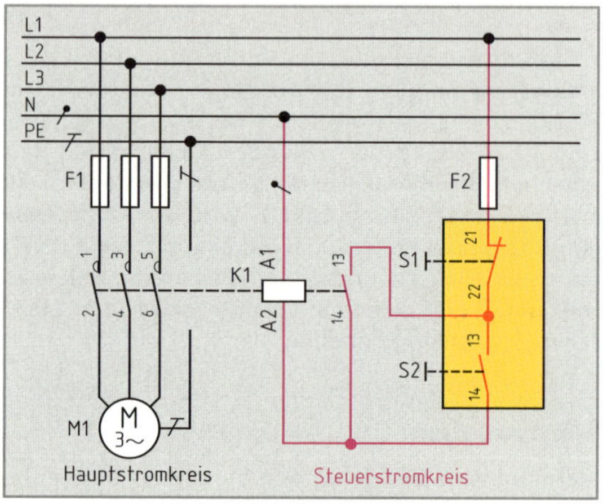

Bild 2: Schützsteuerung mit Selbsthaltung in zusammenhängender Darstellung

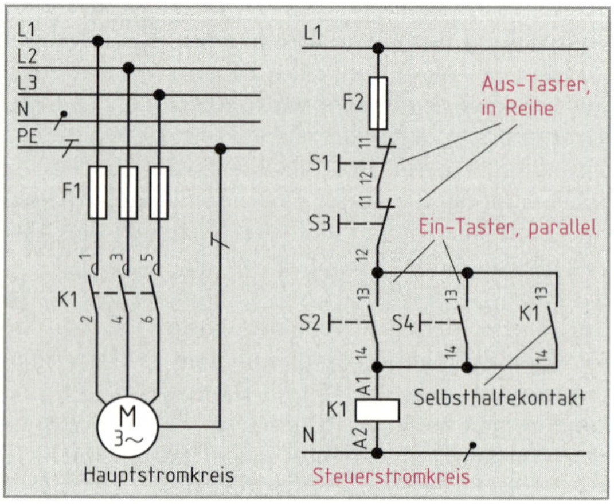

Bild 3: Schützsteuerung mit zwei Betätigungsstellen in aufgelöster Darstellung

Sind in einer Schützschaltung mehrere Schaltstellen notwendig, schaltet man die Aus-Taster in Reihe und alle Ein-Taster parallel **(Bild 3, Seite 112)**.

In Selbsthalteschaltungen werden alle Aus-Taster in Reihe geschaltet, alle Ein-Taster parallel.

Von dieser Regel wird nur abgewichen, wenn Sicherheitsvorkehrungen dies erfordern. Bei Pressensteuerungen werden z. B. zwei Ein-Taster in Reihe geschaltet und räumlich so angeordnet, dass zum Bedienen der Taster beide Hände notwendig sind. Diese Schaltungsanordnung verhindert ein Hineingreifen in die Presse und dient der Unfallverhütung.

Ein Steuerstromkreis mit zwei in Reihe geschalteten Ein-Tastern wirkt wie eine UND-Verknüpfung, mit zwei parallel geschalteten Ein-Tastern wie eine ODER-Verknüpfung.

Verriegelung. Sollen elektrische Betriebsmittel, z. B. Beleuchtungseinrichtungen, so geschaltet werden, dass nur die eine oder nur die andere Beleuchtung einzuschalten ist, muss man die beiden Steuerstromkreise elektrisch verriegeln **(Bild 1)**. Die einfachste Art der Verriegelung ist die **Schützverriegelung**. Man ordnet dabei im Steuerstromkreis vor der Schützspule K1 einen Öffnerkontakt von K2 an, vor der Schützspule K2 einen Öffnerkontakt von K1. Ist ein Steuerstromkreis in Betrieb, z. B. Schütz K1, kann das Schütz K2 wegen des geöffneten Verriegelungskontaktes nicht einschalten (Bild 1).

Wendeschützschaltung

Die Drehrichtung von Drehstrommotoren ändert sich, wenn man im Hauptstromkreis zwei Außenleiter vertauscht.

Der gleichzeitige Betrieb beider Schütze würde in Wendeschützschaltungen zwei Außenleiter kurzschließen **(Bild 2)**. Festgebrannte Kontakte oder ein mechanischer Defekt können dazu führen, dass ein Schütz nicht abschaltet. Wendeschützsteuerungen haben daher eine Schützverriegelung und meist eine Tasterverriegelung. Beide Verriegelungen bieten in der Schaltung erhöhte Sicherheit.

Bei der Steuerung der Drehrichtungsumkehr über Aus (Bild 2) überbrücken die Selbsthaltekontakte die Taster S2 und S3. Der Motor kann erst nach dem Abschalten (S1) in die andere Drehrichtung geschaltet werden.

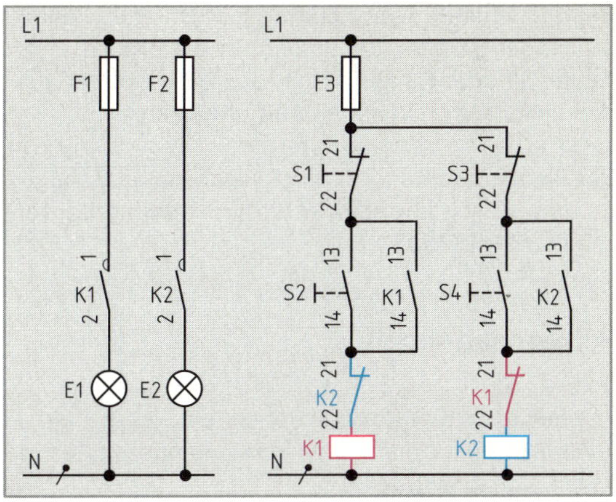

Bild 1: Verriegelung von Beleuchtungsstromkreisen

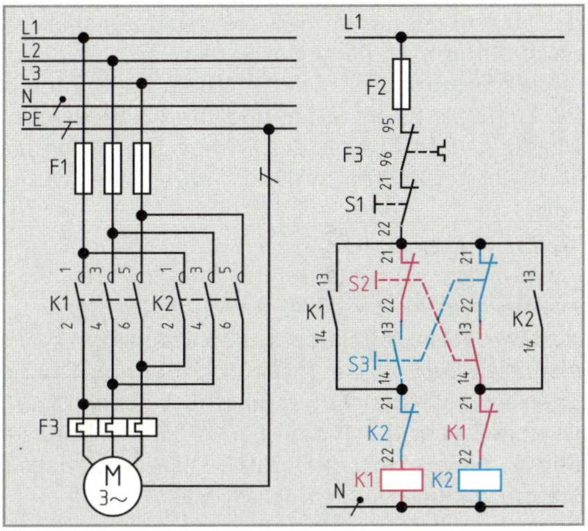

Bild 2: Wendeschützschaltung, Drehrichtungsumkehr über Aus

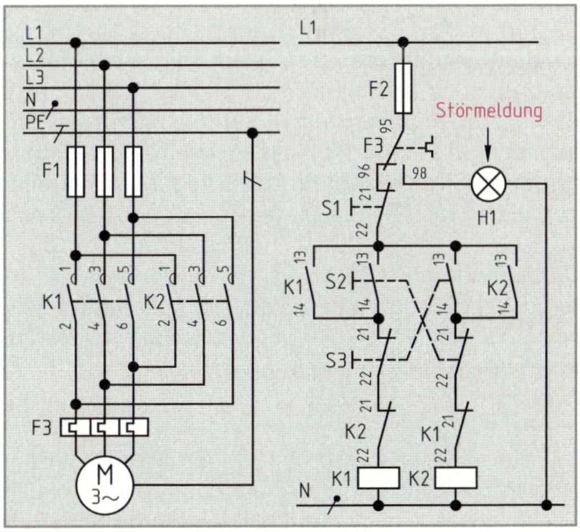

Bild 3: Wendeschützschaltung mit direkter Drehrichtungsumkehr

Bei der direkten Drehrichtungsumschaltung **(Bild 3, Seite 113)** überbrückt der Selbsthaltekontakt nur die Ein-Taster. Durch Betätigen der Taster S2 oder S3 kann man den Motor direkt aus dem Rechtslauf in den Linkslauf umschalten und umgekehrt.

Bei Hebeeinrichtungen sind Wendeschützschaltungen ohne Selbsthaltung üblich (Tippbetrieb). Die Hubhöhe begrenzt der Näherungsschalter S1 **(Bild 1)**.

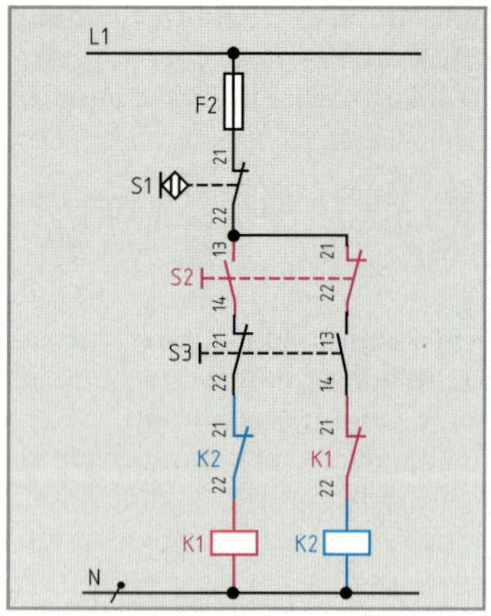

Bild 1: Wendeschützschaltung für Hebezeuge

Folgeschaltungen

Schützschaltungen, bei denen ein Schütz nur einschalten kann, wenn ein anderes Schütz bereits eingeschaltet ist, bezeichnet man als Folgeschaltungen.

Bei der **Folgeschaltung** für eine Mischanlage **(Bild 2 und 3)** darf z. B. der Förderbandmotor M2 erst eingeschaltet werden, wenn der Mischermotor M1 bereits in Betrieb ist, damit das Mischgut die stehende Mischtrommel nicht verstopft. Diese Funktion wird z. B. durch das Zeitrelais K3 in Bild 3 erreicht. Im Steuerstromkreis der Folgeschaltung (Bild 3) sind die Stromwege (Strompfade) zur besseren Übersicht mit einer Nummerierung versehen (Strompfadbezeichnung Seite 115).

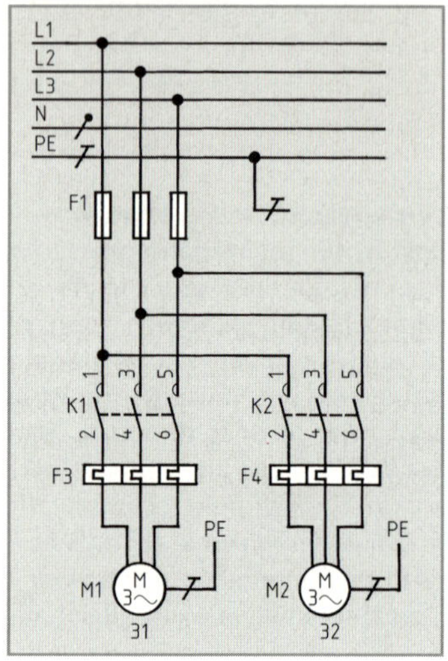

Bild 2: Hauptstromkreis

Stern-Dreieck-Schützschaltung

Die Stern-Dreieck-Schaltung von Drehstrom-Asynchronmotoren ist ebenfalls eine Folgeschaltung. Der Stern-Anlauf vermindert den Anzugstrom des Asynchronmotors. Die Schaltfolge „Aus" – „Stern" – „Dreieck" kann durch eine handbetätigte Schützsteuerung erfolgen **(Bild 2, Seite 115)** oder durch eine automatische Stern-Dreieck-Schützschaltung mit Zeitrelais (Seite 378).

Für eine Stern-Dreieck-Schützschaltung sind drei Schütze (Netzschütz, Sternschütz und Dreieckschütz) erforderlich.

Ein thermisches Überstromrelais schützt die Motorwicklung bei Überlastung oder Ausfall eines Außenleiters. Es wird unter normalen Betriebsbedingungen nach dem Netzschütz in die Motorleitung eingebaut **(Bild 1, Seite 115)** und auf den Wert des Strangstromes ($0{,}58 \cdot I_n$) eingestellt. Das Überstromrelais liegt dann in Reihe mit der Wicklung und bietet auch Schutz in der Anlaufstufe (Sternschaltung).

Der Öffnerkontakt 95, 96 des Überstromrelais (Bild 2, Seite 115) unterbricht bei Störung den Steuerstromkreis. Zur Störungsanzeige wird ein Schließer 97, 98 verwendet. Häufig haben Überstromrelais nur einen Wechsler; die Zuleitung muss dann auf die Klemme 95 geführt werden.

Bei Schweranlauf oder bei langer Anlaufzeit kann man das Überstromrelais auch vor dem Netzschütz, d. h. in die Zuleitung einbauen. Der Auslösestrom ist dann auf den Motornennstrom einzustellen. Der Motor ist in dieser Schaltung jedoch nur in der Dreieckschaltung (Nennbetrieb) gegen Überlastung geschützt.

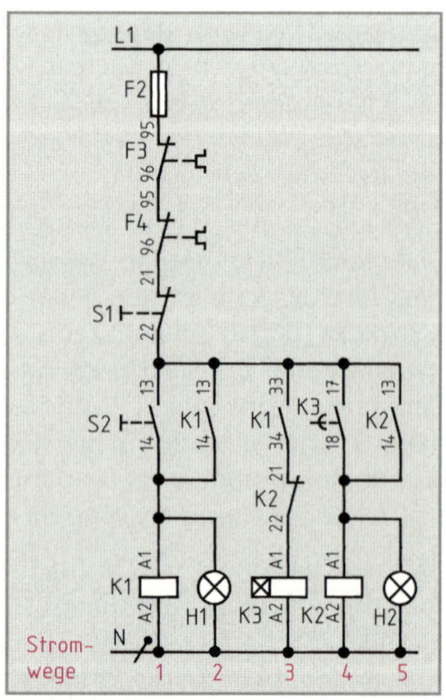

Bild 3: Steuerstromkreis

Bei Sternschaltung ist dieser Schutz nicht ausreichend. Für Motoren mit langer Anlaufzeit wird deshalb bei automatischem Stern-Dreieck-Anlauf das Überstromrelais in die Motorleitung, d. h. nach dem Netzschütz, eingebaut und während des Anlaufs durch ein zusätzliches Schütz überbrückt. Nach dem Hochlauf wird das Überbrückungsschütz abgeschaltet. Für besonders schwere Anlaufbedingungen und bei Motoren großer Leistung werden Thermistor-Schutzeinrichtungen (Motorvollschutz) verwendet (Seite 92).

Handbetätigte Stern-Dreieck-Schützsteuerungen werden bei wechselnden Betriebsbedingungen oder bei komplizierten Anlaufvorgängen, z. B. bei Zentrifugen, eingesetzt.

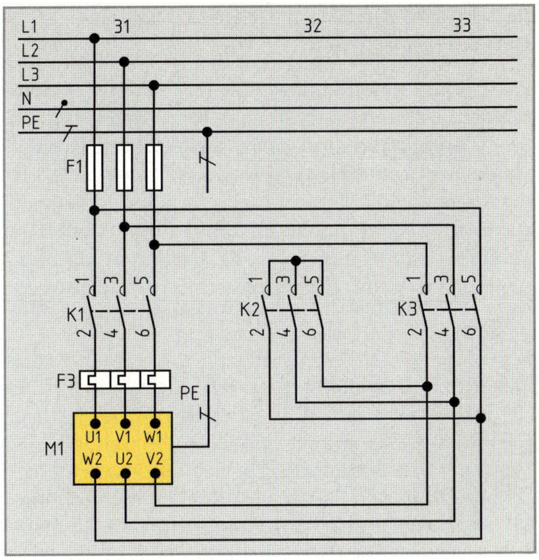

Bild 1: Stern-Dreieck-Schützschaltung, Hauptstromkreis

Wird der Taster S2 betätigt **(Bild 2)** zieht das Sternschütz K2 (4) an und betätigt seinen Schließer 13, 14 (5). Damit wird das Netzschütz K1 eingeschaltet. Der Öffner 21, 22 von K2 (6) verhindert, dass gleichzeitig das Dreieckschütz K3 betätigt wird. Der Schließer 13, 14 von K1 (6) hält in dieser Schaltstellung Netzschütz K1 und Sternschütz K2 an Spannung. Hat der Motor seine Nenndrehzahl erreicht, wird Taster S3 betätigt. Er unterbricht den Stromkreis für das Sternschütz, K2 fällt ab. Der in seine Ruhelage zurückgehende Öffner 21, 22 von K2 (6) schaltet das Dreieckschütz K3 an Spannung. Der Öffner 21, 22 von K3 (4) verriegelt K2 gegen gleichzeitigen Betrieb mit dem Dreieckschütz K3.

Sollen die Betriebszustände „Anlauf" (Sternschaltung) und „Betrieb" (Dreieckschaltung) angezeigt werden, schaltet man entsprechende Meldeleuchten parallel zu den Schützen K2 und K3. Mit Taster S1 wird die Steuerung abgeschaltet.

Im Stromlaufplan der Steuerung (Bild 2) ist unter den Schaltzeichen der Spulen K2, K1 und K3 eine Kontakttabelle aufgezeichnet.

Kontakttabellen erleichtern die Schaltarbeit und das Auffinden von Anschlüssen bei Instandsetzungsarbeiten.

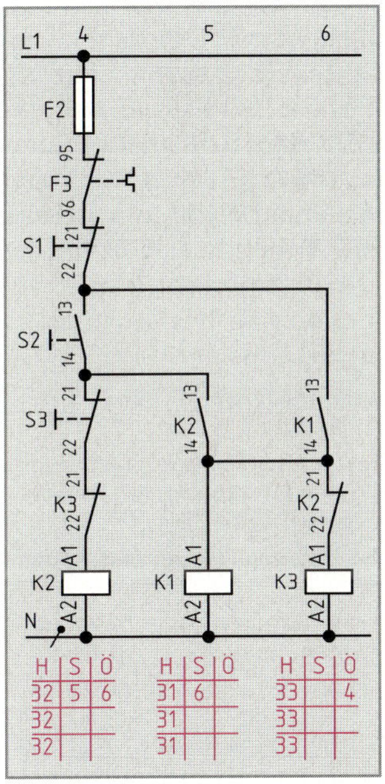

Bild 2: Handbetätigte Stern-Dreieck-Schützsteuerung, Steuerstromkreis, Kontakttabellen mit Ziffern

Geräteverzeichnis zu Bild 1 und Bild 2

- F1 Motorsicherung, dreipolig
- F2 Steuerstromkreissicherung
- F3 thermisches Überstromrelais
- K1 Netzschütz
- K2 Sternschütz
- K3 Dreieckschütz
- M1 Drehstrommotor
- S1 Taster „Aus"
- S2 Taster „Anlauf" (Sternschaltung)
- S3 Taster „Betrieb" (Dreieckschaltung)

Kontakttabellen zeigen übersichtlich, in welchem Stromweg (Strompfad) Schaltkontakte des entsprechenden Schützes zu finden sind. Die Darstellung ist durch Ziffern möglich (Bild 2) oder durch die Abbildung der Kontakte selbst. In beiden Darstellungen sind die Stromwege benannt, in denen die Haupt- und Hilfskontakte im Stromlaufplan zu suchen sind. Für die Hauptkontakte, z. B. für K2, ist die Zahl 32 dreimal aufgeführt. Bei der Stromwegnummerierung ist im Hauptstromkreis die Anzahl der Kontakte vor die Stromwegnummer gesetzt (Bild 1). Im Hauptstromkreis bedeutet die Ziffernfolge 32 also 3 Schließer in Stromweg 2.

Hauptkontakte von Schützen sind immer Schließer.

Automatische Stern-Dreieck-Wende-Schützschaltung

Wird bei einer automatischen Stern-Dreieck-Schützschaltung die Umschaltung der Drehrichtung verlangt, so sind außer Sternschütz, Dreieckschütz und Zeitrelais zwei Netzschütze erforderlich, die so verriegelt sein müssen, dass ein gleichzeitiger Betrieb nicht möglich ist **(Bild 1** und **Bild 2)**. Besonders bei umfangreichen Steuerungen bietet die alphanumerische[1] Kennzeichnung der Stromwege (Bild 2) eine Hilfe für die Beschreibung der Schaltfunktion.

Taster S2 (1D) schaltet über den Öffner von K1 (3G) Schütz K2 (3H) ein. K2 verriegelt mit dem Öffner (1G) Schütz K1 und hält sich über den Schließer K2 (4E) selbst an Spannung. Ein Schließer von K2 (6D) schaltet über den Öffner von K4 (5G) das Zeitrelais K5 ein, zugleich wird das Sternschütz K3 über den Öffner von K4 (6G) eingeschaltet. Nach Ablauf der eingestellten Verzögerungszeit schaltet der Wechselkontakt von K5 (6F) um. Dadurch wird der Stromkreis für das Sternschütz unterbrochen, K3 fällt ab. Der umgeschaltete Kontakt des Zeitrelais K5 schließt über den Öffner von K3 (7G) den Stromkreis von K4. Das Dreieckschütz K4 schaltet mit Öffnerkontakten (5G und 6G) das Zeitrelais K5 und das Sternschütz K3 ab. Über den Selbsthaltekontakt (7F) hält sich das Dreieckschütz K4 selbst. Mit Taster S1 (1C) wird der Motor abgeschaltet. Sinngemäß schaltet Taster S3 (1F) das Schütz K1 ein, wobei der Motor in der anderen Drehrichtung anläuft.

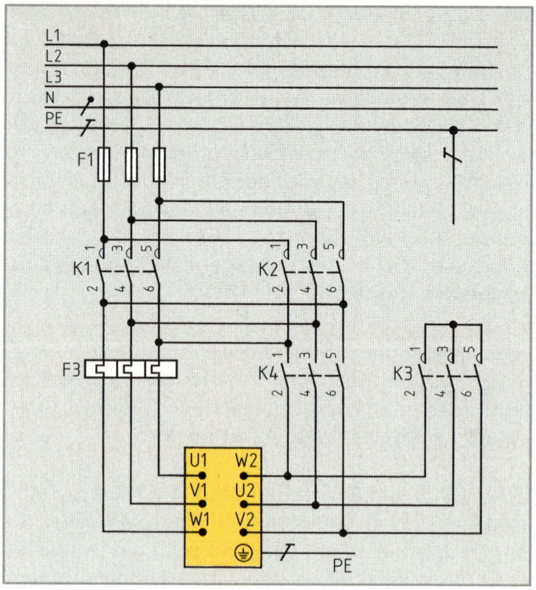

Bild 1: Stern-Dreieck-Wende-Schützschaltung (Hauptstromkreis)

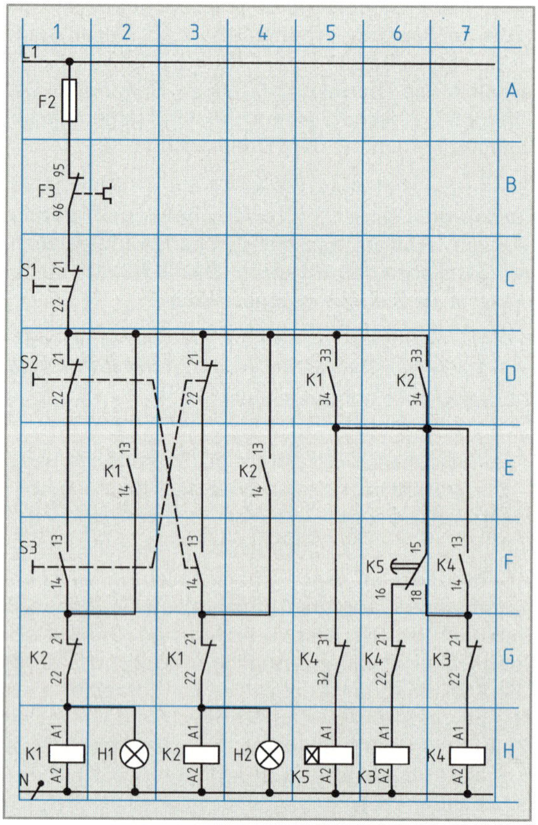

Bild 2: Automatische Stern-Dreieck-Wende-Schützsteuerung (Steuerstromkreis)

Wiederholungsfragen

1. **Nennen Sie Anwendungsbeispiele für Schützschaltungen.**
2. **Wie sind die „Ein"-Taster und die „Aus"-Taster geschaltet, wenn eine Schützsteuerung von mehreren Stellen betätigt werden soll?**
3. **Wie nennt man die beiden Stromkreise einer Schützschaltung?**
4. **Weshalb müssen die Schütze einer Wende-Schützschaltung gegeneinander verriegelt sein?**
5. **Wie viele Schütze gehören zu einer Stern-Dreieck-Schützschaltung?**
6. **Welche Aufgaben erfüllen Zeitrelais in Schützsteuerungen?**
7. **Auf welchen Einstellwert I_{th} ist ein thermisches Überstromrelais einzustellen, wenn das Relais bei Stern-Dreieck-Anlauf a) vor und b) nach dem Netzschütz eingebaut ist?**
8. **An welcher Stelle wird bei automatischem Stern-Dreieck-Anlauf von Motoren mit kleiner Leistung das Überstromrelais eingebaut?**
9. **Warum wird beim automatischen Stern-Dreieck-Anlauf mit langer Anlaufzeit das Überstromrelais überbrückt?**

[1] alphanumerisch = gekennzeichnet durch Buchstaben und Ziffern

7 Grundlagen der Wechselstromtechnik

Die Energieversorgung im Netz der EVU erfolgt mit Wechselspannung, weil Transformatoren (Seite 266) Wechselspannung nahezu verlustlos umformen, z. B. von 10 kV auf 0,4 kV. Im geschlossenen Stromkreis hat die Wechselspannung einen Wechselstrom zur Folge.

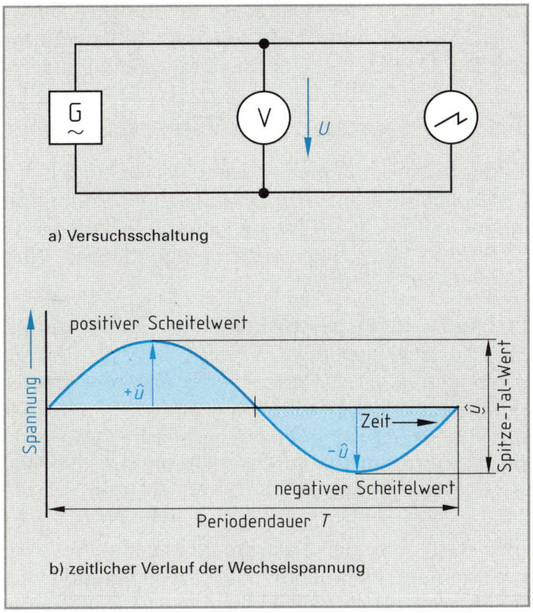

a) Versuchsschaltung

b) zeitlicher Verlauf der Wechselspannung

Bild: Wechselspannungsmessung

7.1 Kenngrößen der Wechselstromtechnik

7.1.1 Periode und Scheitelwert

Versuch: Legen Sie die Ausgangsspannung eines Funktionsgenerators parallel an einen Gleichspannungsmesser (Zeigermessinstrument, Nullstellung in Skalenmitte) und an den Y-Eingang eines Oszilloskops **(Bild a)**. Stellen Sie beim Generator „Sinusspannung" ein und verändern Sie die Frequenz von kleineren Werten zu größeren Werten, z. B. von 0,1 Hz bis 1 kHz.

Der Zeiger des Messinstrumentes pendelt zunächst langsam hin und her, während der Elektronenstrahl des Oszilloskops sich im Rhythmus des Zeigers auf- und abbewegt. Bei höheren Frequenzen bleibt der Zeiger in der Skalenmitte stehen, der Elektronenstrahl des Oszilloskops zeigt jedoch auf dem Schirm das Bild einer Wechselspannung, eine Sinuskurve **(Bild b)**.

Die Wechselspannung ändert sich ständig zwischen einem positiven und einem negativen Höchstwert (Bild b). Ein solcher Höchstwert wird auch als **Scheitelwert**[1] $\hat{u}$, Spitzenwert oder Amplitude[2] bezeichnet. Die Differenz aus dem positiven und dem negativen Scheitelwert ergibt den **Spitze-Tal-Wert** $\hat{\check{u}}$ (auch u_{ss} = Spitze-Spitze-Wert). Das Hin- und Herpendeln der Spannung zwischen einem positiven und einem negativen Scheitelwert wiederholt sich regelmäßig: die Spannung ändert sich periodisch[3].

f Frequenz
T Periodendauer, Schwingungsdauer

$$f = \frac{1}{T}$$

$$[f] = \frac{1}{\text{s}} = 1\ \text{Hz}$$

1 Hertz = 1 Periode je Sekunde

1 Kilohertz = 1 kHz = 1 000 Hz = 10^3 Hz

1 Megahertz = 1 MHz = 1 000 000 Hz = 10^6 Hz

Eine **Periode** besteht aus zwei **Halbperioden** (Bild b). Die Zeitdauer einer ganzen Periode bezeichnet man als **Periodendauer** (Schwingungsdauer) T; sie wird in Sekunden gemessen.

Wechselstrom und Wechselspannung werden durch die Kurzbezeichnung AC[4] gekennzeichnet.

7.1.2 Frequenz und Periodendauer

Die Anzahl der Perioden je Sekunde nennt man **Frequenz** f (Häufigkeit). Die Einheit der Frequenz ist das **Hertz**[5] (Einheitenzeichen Hz).

Die Frequenz ist umso größer, je kleiner die Periodendauer ist. Die Frequenz ist der Kehrwert der Periodendauer.

Beispiel: Welche Periodendauer hat ein Wechselstrom bei Netzfrequenz 50 Hz?

$$f = \frac{1}{T}; \quad \Rightarrow \quad T = \frac{1}{f} = \frac{1}{50\ \text{Hz}} = \frac{1}{50 \cdot 1/\text{s}} = 0{,}02\ \text{s} = \mathbf{20\ ms}$$

[1] $\hat{u}$ (sprich: *u*-Dach)
[2] amplitudo (lat.) = Größe, Weite, Schwingungsweite
[3] Periode (griech.) = Zeitabschnitt
[4] AC Abkürzung für **A**lternating **C**urrent (engl.) = Wechselstrom
[5] Heinrich Hertz, deutscher Physiker, 1857 bis 1894

Auf Leistungsschildern ist die Frequenz manchmal nicht in Hz, sondern in c/s (cycles per second[1] = Perioden je Sekunde) angegeben. Der Wechselstrom aus dem Energieversorgungsnetz hat in Europa 50 Perioden je Sekunde (50 Hz). In den USA beträgt die Frequenz 60 Hz und in Japan je nach Insel 50 Hz oder 60 Hz. Die Bundesbahn betreibt ihr Fahrleitungsnetz mit 16 ²/₃ Hz. In der Elektrotechnik und Elektronik werden für verschiedene Anwendungen unterschiedliche Frequenzbereiche benutzt **(Tabelle)**.

7.1.3 Frequenz und Wellenlänge

Wird an den Anfang einer parallelen Leitung aus zwei Leitern, deren Leiterabstand klein ist gegenüber der Leitungslänge, eine Wechselspannung gelegt, so breitet sich die elektrische Energie entlang der Leitung in Form einer **elektromagnetischen Welle** (Seite 492) sehr schnell aus.

Die **Ausbreitungsgeschwindigkeit** c ist vom Stoff abhängig, in dem sich die Welle ausbreitet. Bewegt sich z. B. die Welle in Luft, so ist die Ausbreitungsgeschwindigkeit der elektromagnetischen Welle fast so groß wie die Lichtgeschwindigkeit c_0. Die maximale Ausbreitungsgeschwindigkeit einer elektromagnetischen Welle ist die Lichtgeschwindigkeit $c_0 \approx 300\,000$ km/s. Die Ausbreitung einer Wechselspannung auf einer Leitung ist als Welle darstellbar **(Bild)**.

Der Weg, den die elektromagnetische Welle nach einer Periode zurückgelegt hat, nennt man **Wellenlänge**[2] λ. Die Wellenlänge ist umso größer, je schneller sich die Welle ausbreitet und je kleiner die Frequenz der Wechselspannung ist.

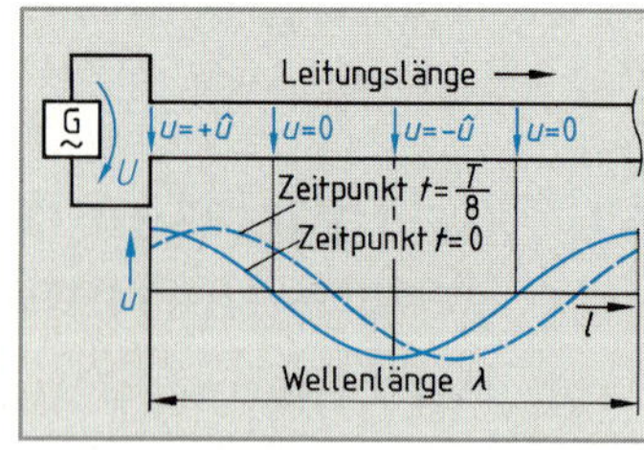

Bild: Wechselspannungsverlauf entlang einer Leitung

$$[\lambda] = \frac{\frac{m}{s}}{\frac{1}{s}} = m$$

$$\lambda = \frac{c}{f}$$

λ Wellenlänge
c Ausbreitungsgeschwindigkeit
f Frequenz

Tabelle: Frequenzbereiche und Anwendungen (Beispiele) — Nach DIN 40015

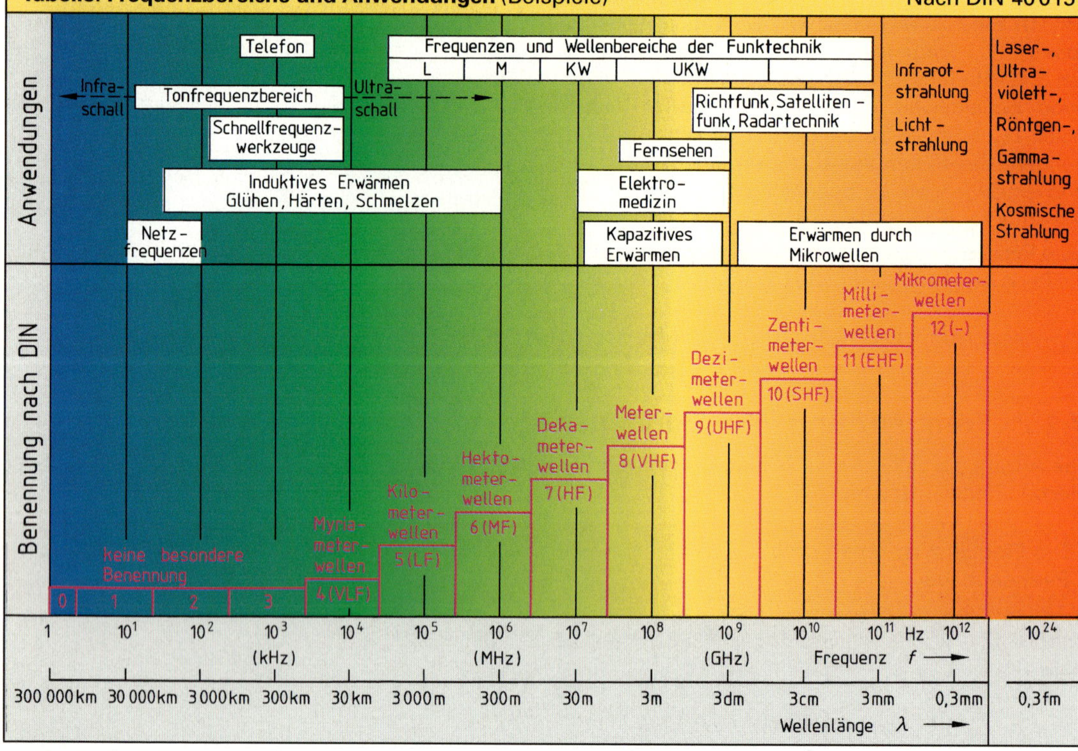

[1] 1 c/s = 1 Hz
[2] λ griech. Kleinbuchstabe lambda

7.1.4 Frequenz und Polpaarzahl

Versuch: Stellen Sie einen drehbar gelagerten Dauermagneten in der Nähe einer Spule mit vielen Windungen auf **(Bild 1)**, z. B. mit 1000 Windungen. Schließen Sie an die Spule einen Gleichspannungsmesser an (Zeigermessinstrument, Nullstellung in Skalenmitte). Drehen Sie den Dauermagneten mit unterschiedlicher Drehzahl.

Das Messgerät zeigt eine Wechselspannung an, deren Frequenz mit der Umdrehungsfrequenz des Dauermagneten zunimmt.

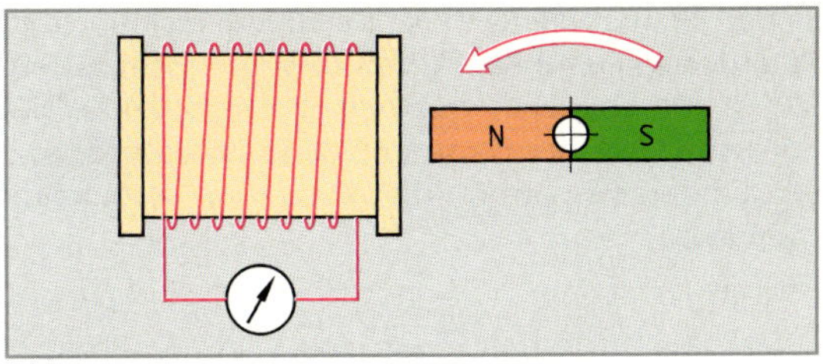

Bild 1: Erzeugung von Wechselspannung

Durch Drehung des Magneten ändert das Magnetfeld in der Spule seine Richtung und Stärke. Dadurch wird in der Spule eine Wechselspannung u induziert, deren Periodendauer T so groß ist wie die Zeit für eine Umdrehung des Magneten. Ähnlich wird in der Energietechnik mit **Innenpolmaschinen** Wechselspannung erzeugt **(Bild 2)**.

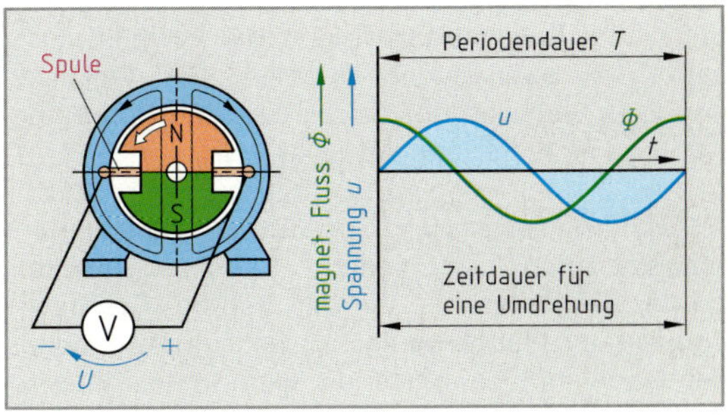

Bild 2: Innenpolmaschine mit einem Polpaar

Durch Drehung des Magneten bei der Innenpolmaschine (Bild 2) ändert sich der magnetische Fluss, welcher die feste Spule im Ständer der Maschine durchdringt. In der Ständerspule wird eine Wechselspannung induziert (Induktionsgesetz). Diese Wechselspannung erreicht den größten Wert, wenn der magnetische Fluss durch die Spule seine Richtung ändert. Wenn der magnetische Fluss durch die Spule am größten ist, aber seine Stärke nicht ändert, wird auch keine Spannung induziert.

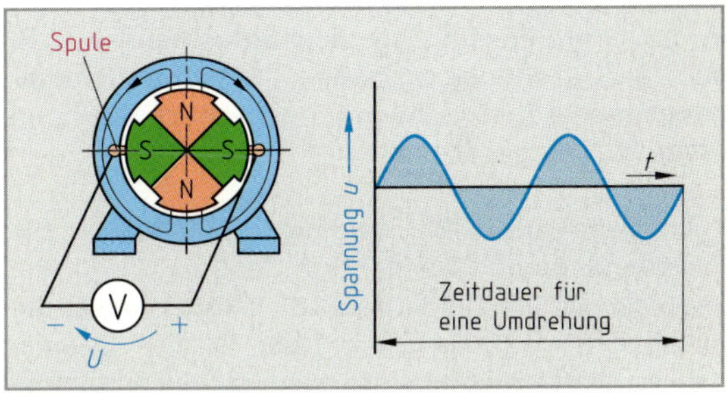

Bild 3: Innenpolmaschine mit zwei Polpaaren

Die induzierte Spannung u ist immer so gepolt, dass der entstehende Induktionsstrom mit seinem Magnetfeld nach der Lenz'schen Regel dem Auf- und Abbau des ursächlichen Magnetfeldes entgegenwirkt.

Dreht sich bei einer Maschine mit der Polpaarzahl $p = 1$ (Bild 2) das Polrad in der Sekunde 50-mal, so hat die entstehende Wechselspannung die Frequenz $f = 50$ Hz.

Bei einer Maschine mit der Polpaarzahl $p = 2$ **(Bild 3)** entsteht bei gleicher Umdrehungsfrequenz (Drehzahl) die doppelte Frequenz $f = 100$ Hz.

$$f = p \cdot n$$

f Frequenz
p Polpaarzahl
n Umdrehungsfrequenz (Drehzahl)

$$[f] = \frac{1}{s} = \text{Hz}$$

7.1.5 Zeitlicher Verlauf von Wechselgrößen

In der Elektrotechnik unterscheidet man insbesondere Rechteck-, Sinus- und Sägezahnspannungen **(Bild 4)**.

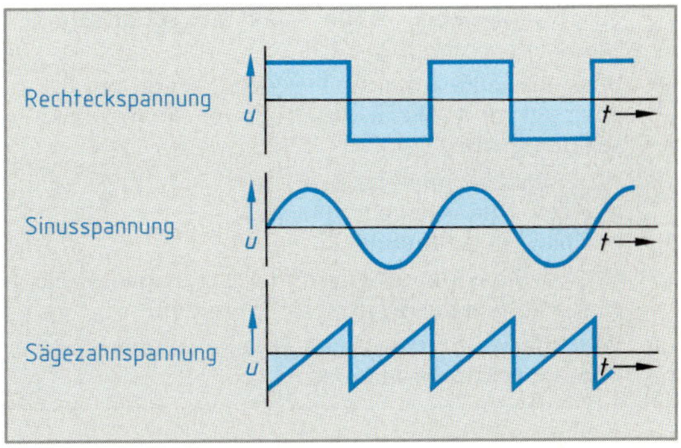

Bild 4: Beispiele von Wechselspannungen

Der zeitliche Verlauf von periodischen Wechselspannungen kann mit dem Oszilloskop dargestellt werden.

In der Steuerungstechnik, Regelungstechnik und Datentechnik wird häufig mit **Spannungsimpulsen** und **Stromimpulsen** gearbeitet. Bei Spannungsimpulsen und bei Stromimpulsen ist eine Spannung oder ein Strom nur kurzzeitig vorhanden **(Tabelle).**

> Nach einem Impuls folgt eine spannungslose bzw. eine stromlose Pause.

Bei einem **Pulsvorgang** folgen die Einzelimpulse periodisch aufeinander (Tabelle). Bei Wechselimpulsen wechselt der Strom bzw. die Spannung während einer Periode die Richtung.

Je nach Impulsform und Schwingungsanteil unterscheidet man verschiedene Impulse (Tabelle). In der Digitaltechnik werden häufig **Rechteckimpulse** und **Nadelimpulse** als Taktsignale verwendet. Nadelimpulse entstehen, wenn man z. B. eine RC-Schaltung mit Rechteckimpulsen ansteuert **(Bild 1).**

In der Energietechnik werden **Sinusimpulse,** z. B. bei der Gleichrichtung (Seite 191) und **Schwingungspakete** bei Schwingungspaketsteuerungen (Seite 202) eingesetzt.

Wichtige Impulsgrößen sind die Impulsdauer τ, die Periodendauer T (Tabelle) und der Tastgrad g. Bei Impulsen unterscheidet man die Vorderflanke, die Rückflanke und das Dach **(Bild 2).** Die Impulsflanken sind umso steiler, je kürzer die **Anstiegszeit**[1] t_r und die **Abfallzeit**[2] t_f sind.

Wiederholungsfragen

1. **Was versteht man unter Frequenz?**
2. **Welche Frequenz hat das Wechselspannungsnetz in Europa?**
3. **Wie ändert sich die Frequenz, wenn die Periodendauer verdoppelt wird?**
4. **Wie groß ist die maximale Ausbreitungsgeschwindigkeit einer elektromagnetischen Welle?**
5. **Wie berechnet man die Frequenz, wenn die Polpaarzahl und die Drehzahl einer Innenpolmaschine gegeben sind?**
6. **Was versteht man unter**
   a) einem Spannungsimpuls und
   b) einem Stromimpuls?
7. **Mit welchem Messinstrument misst man den zeitlichen Verlauf von Wechselspannungen?**
8. **Welche Impulsdauer ergibt sich bei einem Rechteckimpuls mit der Frequenz 1 kHz?**

[1] von to rise (engl. = ansteigen)
[2] von to fall (engl. = fallen)

Tabelle: Impulsarten

a) Rechteckimpulse	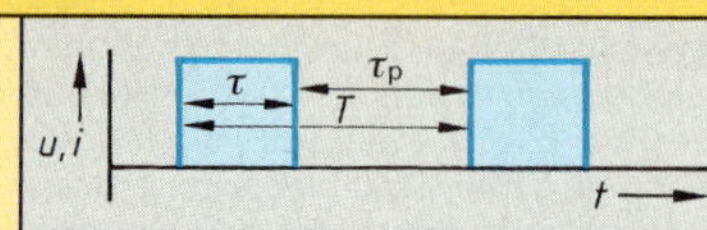
b) Nadelimpulse	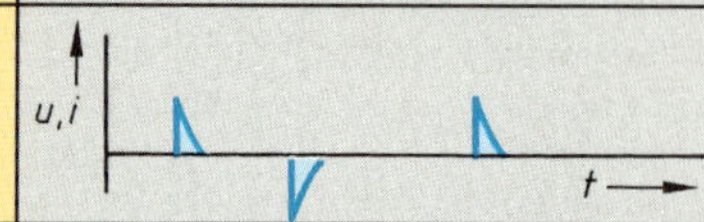
c) Sinusimpulse	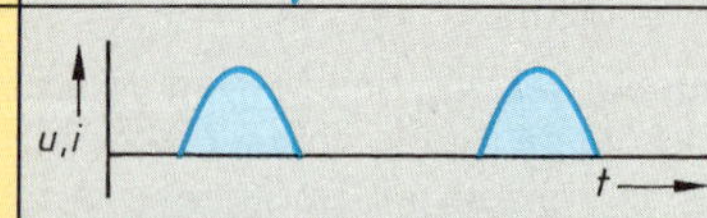
d) Schwingungspakete	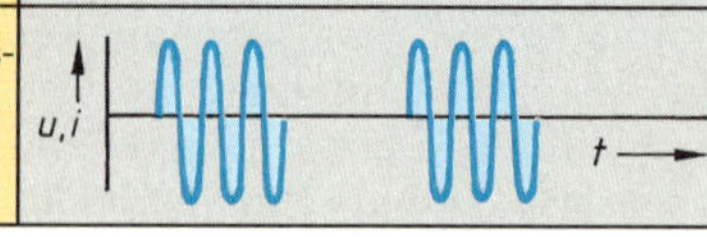

g Tastgrad
T Periodendauer
τ Impulsdauer
τ_p Pausendauer
f Frequenz

$$g = \frac{\tau}{T}$$

$$T = \tau + \tau_p$$

$$f = \frac{1}{T}$$

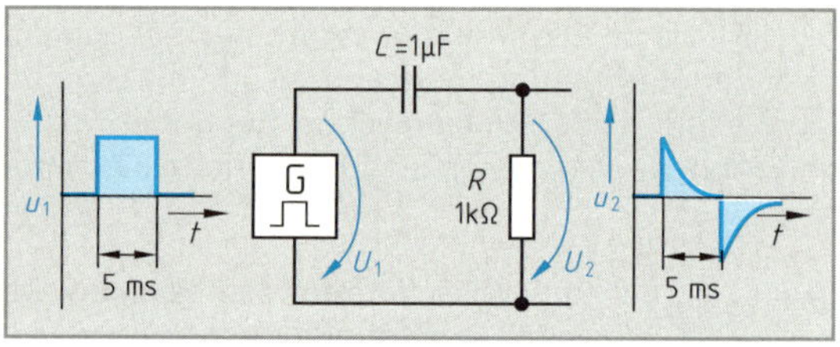

Bild 1: Erzeugung von Nadelimpulsen

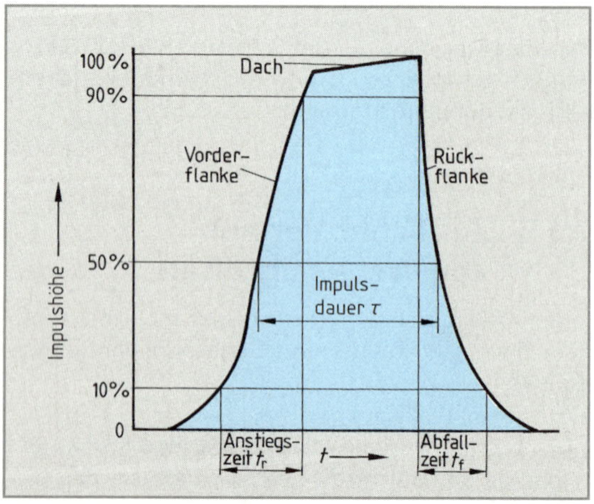

Bild 2: Kenngrößen beim Impuls

7.2 Sinusförmige Wechselgrößen

Versuch: Entnehmen Sie dem Netz über einen einstellbaren Trenntransformator die Wechselspannung $U = 10$ V. Schalten Sie die Spannung an den Y-Eingang eines Oszilloskops und bilden Sie den zeitlichen Verlauf der Spannung ab. Messen Sie am Bild der Spannung die Periodendauer.

Auf dem Schirm des Oszilloskops wird eine Spannung mit zeitlich sinusförmigem[1] Verlauf dargestellt. Die Periodendauer der Wechselspannung ist 20 ms.

Eine Wechselspannung bzw. einen Wechselstrom mit zeitlich sinusförmigem Verlauf nennt man Sinusspannung bzw. Sinusstrom.

7.2.1 Zeigerdarstellung von Sinusgrößen

Unter einem **Zeiger** versteht man eine gerichtete Strecke (Pfeillinie), die man sich um ihren Anfangspunkt drehend vorstellt **(Bild)**. Sinusförmig verlaufende Vorgänge können vereinfacht als Zeiger dargestellt werden. Für Zeigerdarstellungen von Sinusspannungen und Sinusströmen gelten folgende Vereinbarungen:

1. Die Zeigerlänge entspricht dem Scheitelwert $\hat{u}$ der Wechselspannung bzw. $\hat{i}$ des Wechselstromes.
2. Die Drehzahl je Sekunde des umlaufenden Zeigers ist gleich der Frequenz des Wechselstromes bzw. der Wechselspannung.
3. Die Drehrichtung des umlaufenden Zeigers ist entgegengesetzt dem Uhrzeigersinn (Linksdrehung ist positive Richtung).
4. Die Ausgangsrichtung eines Zeigers ist die Richtung der Zeitachse.

Aus dem umlaufenden Zeiger kann die Sinuslinie der Wechselspannung bzw. des Wechselstromes konstruiert werden. Z. B. ist bei dem kleineren Kreis (Bild) der Radius so groß wie die Amplitude $\hat{u}$ der Sinusspannung. Deshalb ist die Gegenkathete des Winkels α im markierten rechtwinkligen Dreieck $u = \hat{u} \cdot \sin \alpha$. Der Augenblickswert u der Spannung in der Sinuslinie (Bild) entspricht dem senkrechten Abstand der Zeigerspitze von der Zeitachse. Die Abhängigkeit einer Größe von der Zeit kann durch Kleinbuchstaben hervorgehoben werden, eine Wechselspannung kann zusätzlich als Index (Beiwert) eine Wellenlinie[2] erhalten, z. B. $u_\sim$ oder $i_\sim$.

Für Spannungen:

$$u = \hat{u} \cdot \sin \alpha$$

Für Ströme:

$$i = \hat{i} \cdot \sin \alpha$$

u, i Augenblickswerte
$\hat{u}, \hat{i}$ Scheitelwerte
$\sin \alpha$ Sinus des Drehwinkels

Augenblickswerte, z. B. u, i oder p, werden mit Kleinbuchstaben bezeichnet.

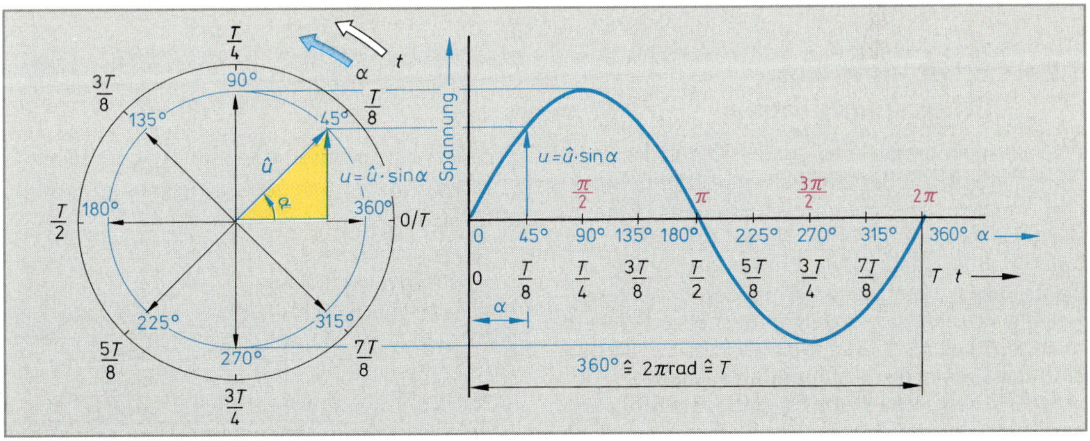

Bild: Zeigerbild und Linienbild einer Sinusspannung

[1] sinus (lat.) = Bogen
[2] $u_\sim$ (sprich: u-Wechsel)

7.2.2 Kreisfrequenz

Den **Drehwinkel** α des Zeigers im Bild Seite 121 gibt man bei Wechselstrom- und Wechselspannungsberechnungen auch im **Bogenmaß** an.

Das Bogenmaß eines Winkels α (Einheit rad[1]) ist die Länge des zugehörigen Kreisbogens in einem Kreis mit dem Radius $r = 1$ (Einheitskreis).

Der Drehwinkel α_B im Bogenmaß, in **Bild 1** z.B. 0,524 rad, verhält sich zum Vollwinkel $2 \cdot \pi$ rad wie der Drehwinkel im Gradmaß α_G, z.B. 30°, zum Vollwinkel 360°. Aus dieser Beziehung kann das Bogenmaß berechnet werden, wenn das Gradmaß gegeben ist und umgekehrt. Die Einheit rad des Bogenmaßes wird meist weggelassen.

Je höher die Frequenz einer Sinusschwingung ist, umso kürzer ist die Periodendauer und umso schneller dreht sich der dazugehörige Zeiger (Bild 1). Als Maß für die Geschwindigkeit der Zeigerbewegung wird in der Elektrotechnik häufig die **Kreisfrequenz**[2] ω angegeben.

Die Kreisfrequenz (Winkelfrequenz) gibt an, welchen Winkel (gemessen im Bogenmaß) ein Zeiger je Sekunde zurücklegt.

Beispiel: Wie groß ist die Kreisfrequenz eines Zeigers, wenn der Vollwinkel $2 \cdot \pi$ in der Periodendauer $T = 20\,\text{ms}$ zurückgelegt wird?

$$\omega = \frac{2 \cdot \pi}{T} = \frac{2 \cdot \pi}{20\,\text{ms}} = \mathbf{314\ \frac{1}{s}}$$

Wenn die Kreisfrequenz ω einer Sinusspannung und ihre Amplitude $\hat{u}$ bekannt sind, können die Augenblickswerte u der Sinusspannung nach der Formel $u = \hat{u} \cdot \sin(\omega \cdot t)$ berechnet werden.

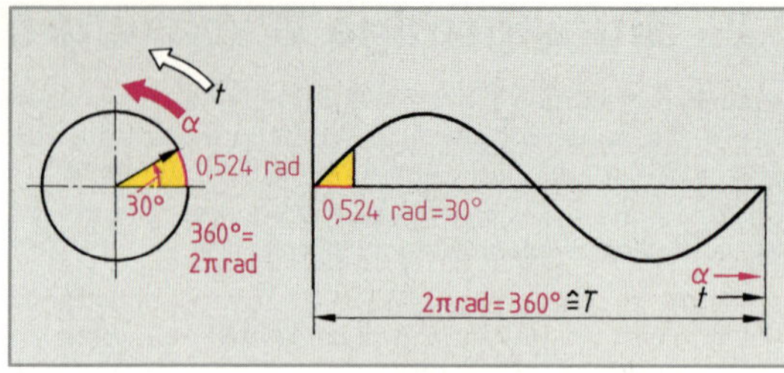

Bild 1: Einheitskreis und Bogenmaß

$$\frac{\alpha_B}{2 \cdot \pi\,\text{rad}} = \frac{\alpha_G}{360°} \quad \Rightarrow \quad \alpha_B = \frac{\alpha_G}{360°} \cdot 2 \cdot \pi\,\text{rad}$$

$$[\alpha_B] = \text{rad}$$

$$\alpha_G = \frac{\alpha_B}{2 \cdot \pi\,\text{rad}} \cdot 360°$$

$$[\alpha_G] = °\,(\text{Grad})$$

$$\omega = \frac{\text{überstrichener Winkel}}{\text{Zeitdauer}} = \frac{\alpha_B}{t} = \frac{2 \cdot \pi}{T} = 2\,\pi \cdot f$$

$$\omega = 2 \cdot \pi \cdot f$$

$$[\omega] = \frac{1}{s}$$

α_B Drehwinkel im Bogenmaß
α_G Drehwinkel im Gradmaß
ω Kreisfrequenz (Winkelfrequenz)
t Zeit
T Periodendauer
f Frequenz

$$u = \hat{u} \cdot \sin \alpha = \hat{u} \cdot \sin(\omega \cdot t)$$

$$i = \hat{i} \cdot \sin \alpha = \hat{i} \cdot \sin(\omega \cdot t)$$

u, i Augenblickswerte der Sinusgrößen
$\hat{u}, \hat{i}$ Scheitelwerte der Sinusgrößen
ω Kreisfrequenz (Winkelfrequenz)
t Zeit

7.2.3 Erzeugung von Sinusspannungen

Wechselspannungen mit zeitlich sinusförmigem Verlauf werden in der Energietechnik durch Induktion in Wechselspannungsgeneratoren erzeugt. Diese Generatoren sind im Prinzip Innenpol- oder Außenpolmaschinen. Das Prinzip der Außenpolmaschine ist eine gleichförmig drehende Leiterschleife in einem gleichförmigen (homogenen) Magnetfeld **(Bild 2)**. Durch die Drehbewegung erfährt die Leiterschleife ständig eine Änderung des magnetischen Flusses mit zeitlich sinusförmigem Verlauf. Dadurch wird in der Leiterschleife eine Sinusspannung induziert.

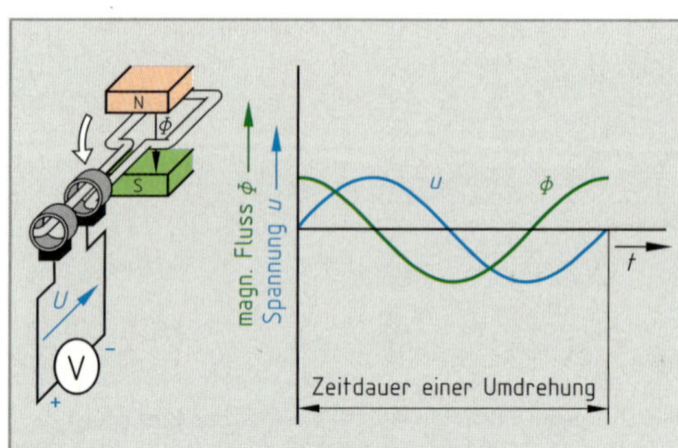

Bild 2: Prinzip der Außenpolmaschine

[1] rad Abkürzung von Radiant
[2] ω griech. Kleinbuchstabe omega

7.3 Spule im Wechselstromkreis

7.3.1 Induktiver Blindwiderstand

Die Stromaufnahme einer Spule an Wechselspannung ist kleiner als an Gleichspannung. Ursache dafür ist der **induktive Blindwiderstand X_L**. Der induktive Blindwiderstand (**Bild 1**) entsteht durch die Selbstinduktionsspannung in der Spule, die auf den Sinusstrom I hemmend wirkt **(Bild 3a)**.

Die Spule hat im Wechselstromkreis einen induktiven Blindwiderstand, der durch Selbstinduktion entsteht.

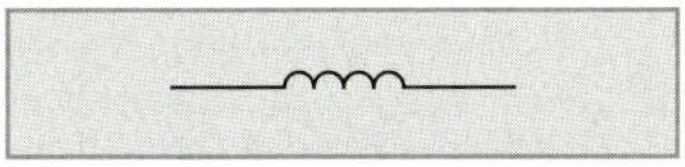

Bild 1: Schaltzeichen eines induktiven Blindwiderstandes X_L

Der Strom erzeugt einen phasengleichen magnetischen Fluss Φ. Als Folge der Flussänderung entsteht eine **Selbstinduktionsspannung**. Die Selbstinduktionsspanung wirkt entsprechend der Lenz'schen Regel in jedem Zeitpunkt hemmend auf den Anstieg bzw. Abfall des Stromes. Der Spulenstrom erreicht seinen Scheitelwert jeweils eine Viertelperiode ($\varphi = 90°$) später als die Spannung U_{bL} an der Spule **(Bild 3b** und **Bild 3c)**.

Im induktiven Blindwiderstand eilt der Wechselstrom der Wechselspannung um 90° nach.

Versuch: Legen Sie eine Spule ohne Eisenkern, z. B. mit 1000 Windungen, an 10 V Sinusspannung, $f = 50$ Hz. Messen Sie Strom und Spannung. Berechnen Sie den Scheinwiderstand. Wiederholen Sie den Versuch mit verschiedenen Spulenkernen (Stabkern, U-Kern, geschlossener Kern). Berechnen Sie jeweils den Scheinwiderstand aus den gemessenen Stromwerten und Spannungswerten.

Der Scheinwiderstand wird umso größer, je mehr Eisen vorhanden ist. Er ist bei geschlossenem Eisenkern am größten.

Eisen verstärkt die magnetische Flussdichte und damit die Spuleninduktivität. Je größer die Induktivität der Spule ist, desto größer ist die Selbstinduktionsspannung und damit auch der Blindwiderstand. Der rechnerisch ermittelte Scheinwiderstand der Spule enthält den Wirkwiderstand der Spule und den von der Spuleninduktivität abhängigen induktiven Blindwiderstand X_L (Seite 126).

Wird die Frequenz des Spulenstromes I (Bild 3a) erhöht, so entsteht infolge der schnelleren Flussänderung eine größere Selbstinduktionsspannung; dadurch wird auch der Blindwiderstand X_L größer **(Bild 2)**.

Der induktive Blindwiderstand X_L einer Spule ist umso größer, je größer die Induktivität L der Spule und je höher die Frequenz f bzw. die Kreisfrequenz ω ist.

Bei Sinusspannung:

$$X_L = \frac{U_{bL}}{I} = \omega \cdot L$$

$$[L] = \frac{\text{Vs}}{\text{A}}$$

$$[X_L] = \frac{1}{\text{s}} \cdot \frac{\text{Vs}}{\text{A}} = \Omega$$

U_{bL} induktive Blindspannung
I Strom
X_L induktiver Blindwiderstand
ω Kreisfrequenz
L Induktivität

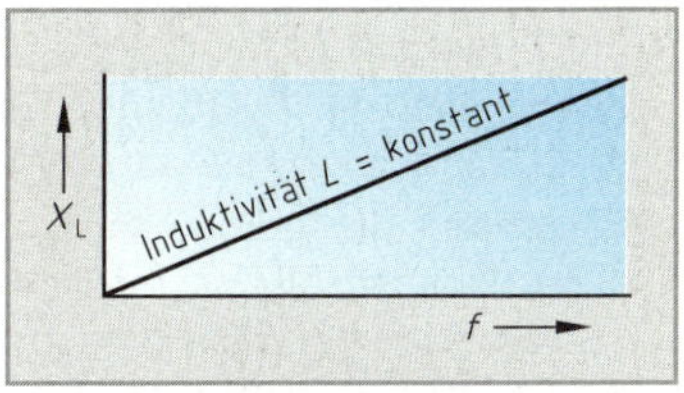

Bild 2: Blindwiderstand X_L in Abhängigkeit von der Frequenz f

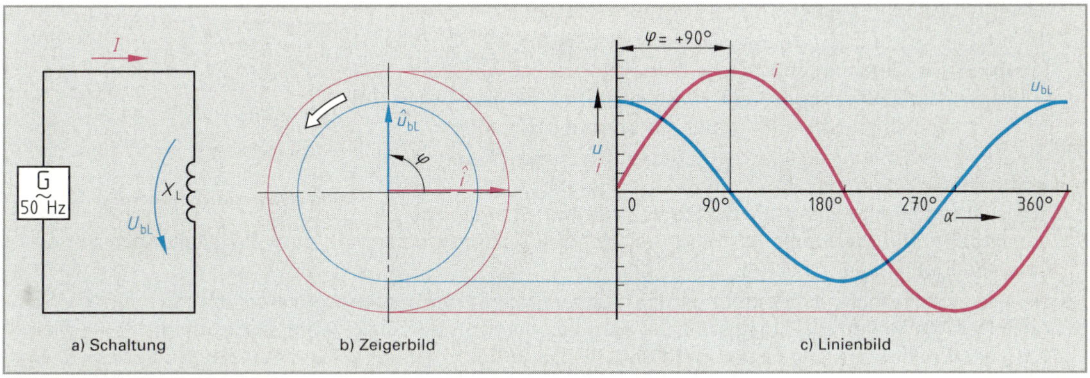

Bild 3: Stromstärke und Spannung bei einem induktiven Blindwiderstand (R = 0)

7.3.2 Reihenschaltung aus Wirkwiderstand und induktivem Blindwiderstand

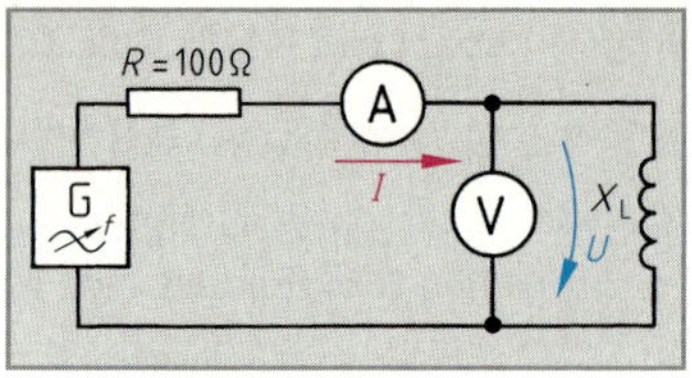

Bild 1: Versuchsschaltung: Phasenverschiebung bei einer Spule

Versuch 1: Schließen Sie eine Drosselspule mit großer Induktivität, z. B. 3600 Windungen und geschlossenem Eisenkern, über einen Wirkwiderstand, z. B. 100 Ω, an einen Sinusspannungserzeuger von 1 Hz z. B. an einen Funktionsgenerator. Messen Sie die Spannung und die Stromstärke mit einem Gleichspannungsmesser bzw. mit einem Gleichstrommesser (Zeigermessinstrument, Nullstellung in Skalenmitte, **Bild 1**).

Der Zeiger des Strommessers pendelt um fast eine viertel Periode hinter dem Zeiger des Spannungsmessers hinterher.

Bei einer realen Spule ist die Phasenverschiebung zwischen Strom und Spannung immer kleiner als 90°, weil die Spule einen Wirkwiderstand besitzt.

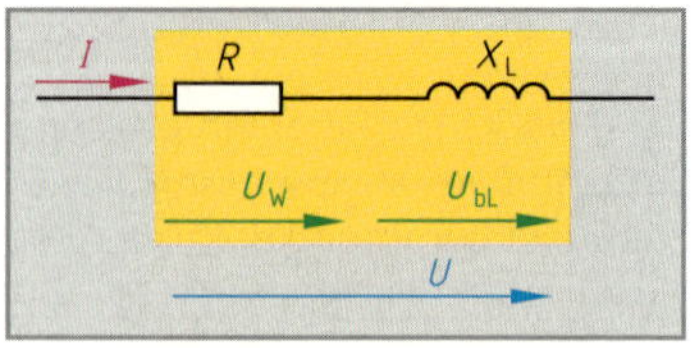

Bild 2: Ersatzschaltung einer Spule

Man kann eine Spule als Reihenschaltung aus einem Wirkwiderstand und einem induktiven Blindwiderstand auffassen. Diese gedachte Schaltung bezeichnet man als **Ersatzschaltung (Bild 2)** der Spule.

Versuch 2: Schließen Sie eine Spule, z. B. mit 1000 Windungen, in Reihe mit einem Widerstand **(Bild 2),** der von Null bis 1 kΩ einstellbar ist, an eine Sinusspannung mit veränderlicher Frequenz an, z. B. an einen Funktionsgenerator. Stellen Sie den Wirkwiderstand so ein, dass eine Spannung von U_W = 10 V auftritt, und verändern Sie die Frequenz, bis die Spannung an der Spule U_{bL} = 10 V ist. Messen Sie die Gesamtspannung U.

Die Gesamtspannung ist $U \approx 14$ V.

Nach den Gesetzen der Reihenschaltung (Bild 2) fällt am Wirkwiderstand R die Wirkspannung U_W ab, am induktiven Blindwiderstand X_L die induktive Blindspannung U_{bL}. Der Versuch 2 zeigt jedoch, dass bei der Ermittlung der Gesamtspannung Wirk- und Blindspannung nicht arithmetisch addiert werden dürfen, da Wirk- und Blindspannung um 90° gegeneinander verschoben sind **(Bild 1b und 1c, Seite 127)**.
Bild 3 und Bild 1, Seite 127, zeigen die Ermittlung der Gesamtspannung und des Phasenverschiebungswinkels an einer Reihenschaltung von Wirkwiderstand und induktivem Blindwiderstand.

Regeln zum Zeichnen von Zeigerbildern für einen Wechselstromkreis mit Wirk- und Blindwiderstand (Bild 2 und Bild 3):

① Festlegen der Maßstäbe zur Bestimmung der Zeigerlänge: z. B. Spannungsmaßstab 4 V ≙ 1 cm, Strommaßstab 5 mA ≙ 1 cm.

② Zeichnen der gemeinsamen Bezugsgröße in die Waagerechte: Die Bezugsgröße ist in der Reihenschaltung der Strom I. Der Stromzeiger $\hat{i}$ wird in Richtung der X-Achse waagerecht nach rechts abgetragen.

③ Phasenbetrachtung am Wirkwiderstand R: Die Wirkspannung U_W und der Strom I sind phasengleich ⇒ Der Spannungszeiger $\hat{u}_W$ liegt parallel zum Stromzeiger $\hat{i}$.

④ Phasenbetrachtung am induktiven Blindwiderstand X_L: Die induktive Blindspannung U_{bL} eilt dem Strom I um 90° vor. ⇒ Wegen der Voreilung von 90° steht der Spannungszeiger $\hat{u}_{bL}$ rechtwinklig (senkrecht) zum Zeiger $\hat{i}$ und zeigt nach oben.

⑤ Die Gesamtspannung entsteht durch das Aneinanderfügen (geometrische Addition) der Spannungszeiger $\hat{u}_W$ und $\hat{u}_{bL}$. Der Zeiger $\hat{u}_{bL}$ wird dabei parallel an die Spitze vom Zeiger $\hat{u}_W$ nach rechts verschoben. Die Diagonale in dem entstandenen Rechteck entspricht dem Scheitelwert $\hat{u}$ der Gesamtspannung.

⑥ Die Gesamtspannung U eilt dem gemeinsamen Strom I um den Phasenverschiebungswinkel φ voraus. Der Phasenverschiebungswinkel φ wird ausgehend vom Stromzeiger $\hat{i}$ (Bezugsgröße) in Richtung des Spannungszeigers $\hat{u}$ abgetragen. Im Zeigerbild zeigt der Winkel in mathematisch positive Richtung.

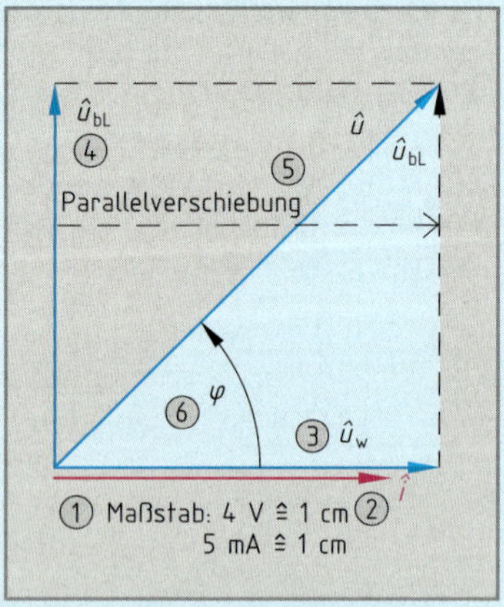

Bild 3: Spannungszeigerbild

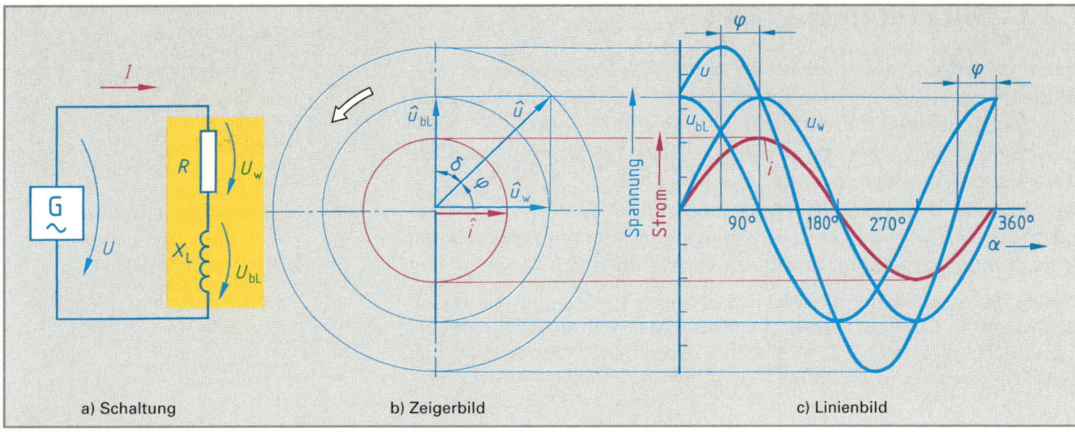

Bild 1: Reihenschaltung aus Wirkwiderstand und induktivem Blindwiderstand

Wenn man die Scheitelwerte der Spannungen und der Stromstärke durch den Faktor $\sqrt{2}$ teilt, erhält man die Effektivwerte. Scheitelwerte und Effektivwerte sind deshalb verhältnisgleich. Das Zeigerbild der Effektivwerte ist dem Zeigerbild der Scheitelwerte ähnlich **(Bild 2)**. Es ergibt sich der gleiche Phasenverschiebungswinkel zwischen den Scheitelwerten $\hat{u}_w$ und $\hat{u}_{bL}$ wie zwischen den Zeigern der Effektivwerte U_w und U_{bL}. Der Zeiger U_w liegt demnach parallel zu I. Die Blindspannung U_{bL} eilt um 90° dem Stromzeiger voraus. Die Gesamtspannung U ergibt sich durch geometrische Addition der Zeiger U_w und U_{bL}.

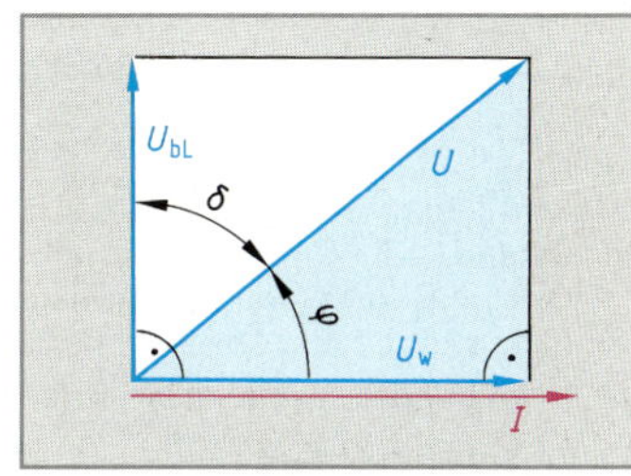

Bild 2: Geometrische Addition von Zeigern

Effektivwerte von phasenverschobenen Sinusgrößen muss man geometrisch addieren.

7.3.3 Spannungsdreieck

Die drei Spannungen U_w, U_{bL} und U haben in der Zeigerdarstellung einen gemeinsamen Drehpunkt (Bild 2). Sie können zur weiteren Vereinfachung als Dreieck gezeichnet werden. Hierzu muss man die Spannung U_{bL} in Bild 2 parallel zu sich selbst an die Pfeilspitze von U_w verschieben. Dadurch ändert sich weder die Richtung noch der Betrag, d. h. die Länge des Zeigers. Es entsteht das Spannungsdreieck **(Bild 3)**.

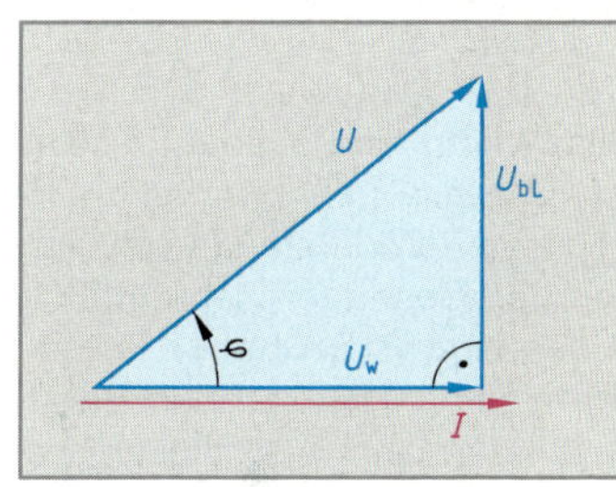

Bild 3: Spannungsdreieck

Im Zeigerbild stehen Wirkwerte und Blindwerte immer senkrecht zueinander.

Das Spannungsdreieck ist stets ein rechtwinkliges Dreieck. Deshalb kann man die Gesamtspannung auch rechnerisch mit dem Lehrsatz des Pythagoras ermitteln: $U = \sqrt{U_w^2 + U_{bL}^2}$.

Mit den trigonometrischen Funktionen können die Blindspannung U_{bL} und die Wirkspannung U_w ermittelt werden, wenn die Gesamtspannung U und der Phasenverschiebungswinkel φ bekannt sind.

Der Winkel 90° – φ (Bild 1) wird als **Verlustwinkel**[1] δ bezeichnet. Der Tangens des Verlustwinkels wird **Verlustfaktor** d genannt. Der Kehrwert des Verlustfaktors d ist der **Gütefaktor** Q.

In Bild 2 gilt: $\delta = 90° - \varphi \Rightarrow \tan\delta = \dfrac{U_w}{U_{bL}} \Rightarrow \dfrac{U_w}{U_{bL}} = \dfrac{R}{X_L}$

mit $\tan\delta = d \Rightarrow d = \dfrac{R}{X_L}$; mit $Q = \dfrac{1}{d} \Rightarrow Q = \dfrac{X_L}{R}$

[1] δ griech. Kleinbuchstabe delta

Im Spannungsdreieck gilt:

$$\sin\varphi = \frac{U_{bL}}{U} \Rightarrow U_{bL} = U \cdot \sin\varphi$$

$$\cos\varphi = \frac{U_w}{U} \Rightarrow U_w = U \cdot \cos\varphi$$

φ Phasenverschiebungswinkel
U Gesamtspannung
I gemeinsamer Strom
δ Verlustwinkel
U_w Wirkspannung
U_{bL} induktive Blindspannung
R Wirkwiderstand
X_L induktiver Blindwiderstand
d Verlustfaktor
Q Gütefaktor

7.3.4 Widerstandsdreieck

In der Reihenschaltung **Bild 1a** können die Widerstände berechnet werden, wenn die an ihnen abfallenden Spannungen bekannt sind. Der Scheinwiderstand Z von Reihenschaltungen kann zeichnerisch durch das Widerstandsdreieck **(Bild 1b)** ermittelt werden. In den Widerstandsgleichungen zur Berechnung von R, X_L und Z tritt derselbe Strom auf. Deshalb sind die Widerstände den zugehörigen Spannungen verhältnisgleich, und deshalb ist auch das Widerstandsdreieck dem Spannungsdreieck ähnlich.

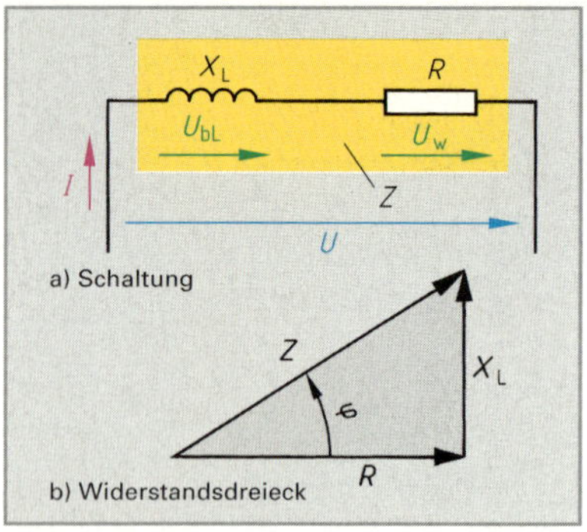

Bild 1: Scheinwiderstand

$$X_L = \frac{U_{bL}}{I}$$ $$R = \frac{U_w}{I}$$

$$Z = \frac{U}{I} = \sqrt{R^2 + X_L^2}$$

$$R = Z \cdot \cos \varphi$$ $$X_L = Z \cdot \sin \varphi$$

In einer Reihenschaltung aus Wirkwiderstand R = 1 kΩ und induktivem Blindwiderstand X_L fließt bei U = 24 V ein Strom I = 4,8 mA. Berechnen Sie a) den Scheinwiderstand Z, b) den induktiven Blindwiderstand X_L und c) die Teilspannungen U_w und U_{bL}.

a) $Z = \frac{U}{I} = \frac{24\,\text{V}}{4{,}8\,\text{mA}} = 5000\,\Omega = \mathbf{5\,k\Omega}$

b) $X_L^2 = Z^2 - R^2 \Rightarrow X_L = \sqrt{Z^2 - R^2} = \sqrt{(5000\,\Omega)^2 - (1000\,\Omega)^2} = \mathbf{4900\,\Omega}$

c) $U_w = I \cdot R = 4{,}8\,\text{mA} \cdot 1000\,\Omega = \mathbf{4{,}8\,V}$

$U_{bL} = I \cdot X_L = 4{,}8\,\text{mA} \cdot 4900\,\Omega = \mathbf{23{,}5\,V}$

Versuch: Legen Sie eine Spule, z. B. mit L = 40 mH, in Reihe mit einem Widerstand, z. B. R = 100 Ω, an eine Sinusspannung mit veränderlicher Frequenz, z. B. an einen Funktionsgenerator **(Bild 2a)**. Verändern Sie die Frequenz stetig, z. B. von 50 Hz bis 5 kHz. Messen Sie die Spannung U_2.

Mit ansteigender Frequenz nimmt die Spannung U_2 ab **(Bild 2b)**.

RL-Tiefpass

Die RL-Schaltung Bild 2a wird als **Tiefpass** bezeichnet. Der RL-Tiefpass ist ein frequenzabhängiger Spannungsteiler mit der Gesamtspannung U_1 und den Teilspannungen U_{bL} und U_2.

Bei tiefen Frequenzen, z. B. bei 50 Hz, hat die Induktivität L einen Blindwiderstand X_L, der im Vergleich zum Lastwiderstand R klein ist. Da sich Spannungen in Reihenschaltungen wie die dazugehörigen Widerstände verhalten, liegt in diesem Fall der größte Teil der Generatorspannung U_1 als Wirkspannung U_2 am Lastwiderstand R. Bei hohen Frequenzen, z. B. bei 10 kHz, hat die Induktivität L einen großen Blindwiderstand X_L im Vergleich zum Lastwiderstand R. In diesem Fall liegt der größte Teil der Generatorspannung U_1 an der Induktivität L und nur eine kleine Teilspannung U_2 am Lastwiderstand R.

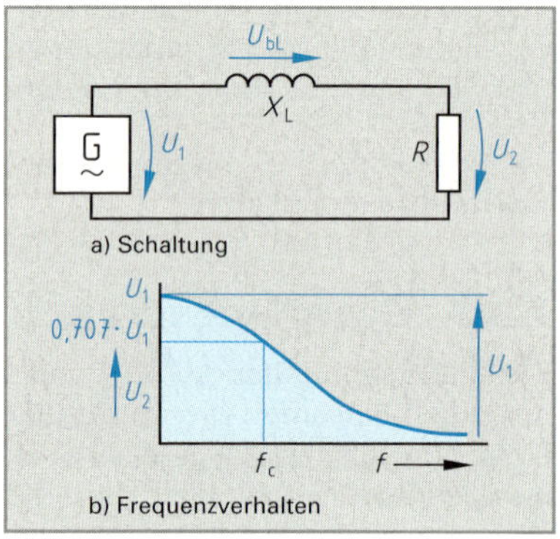

Bild 2: RL-Tiefpass

> Bei der Grenzfrequenz[1] f_c ist der induktive Blindwiderstand X_L gleich dem Lastwiderstand R.

Aus dieser Bedingung lässt sich für einen RL-Tiefpass die **Grenzfrequenz** f_c berechnen. Bei der Grenzfrequenz ist die Blindspannung U_{bL} gleich groß wie der Spannungsabfall U_2 am Lastwiderstand. Hieraus lässt sich das Verhältnis der Generatorspannung U_1 zur Lastspannung U_2 bei der Grenzfrequenz ermitteln.

Bei Grenzfrequenz f_c gilt:

$$U_2 = \frac{U_1}{\sqrt{2}} = 0{,}707 \cdot U_1$$

$$f_c = \frac{R}{2 \cdot \pi \cdot L}$$

RL-Tiefpässe werden eingesetzt, wenn Ströme mit niederer Frequenz, z. B. mit der Netzfrequenz 50 Hz, fließen und Ströme mit hoher Frequenz, z. B. Ströme, die in Leitungen aufgrund von Störspannungen entstehen, unterdrückt werden sollen (Funkentstörung, Seite 158).

X_L induktiver Blindwiderstand
R Wirkwiderstand
Z Scheinwiderstand
U_{bL} induktive Blindspannung
U_w Wirkspannung
I Gesamtstrom
U Gesamtspannung
φ Phasenverschiebungswinkel
L Induktivität
U_1 Generatorspannung
U_2 Teilspannung
f_c Grenzfrequenz

[1] Index c von cut-off (engl.) = abschneiden

7.3.5 Parallelschaltung aus Wirkwiderstand und induktivem Blindwiderstand

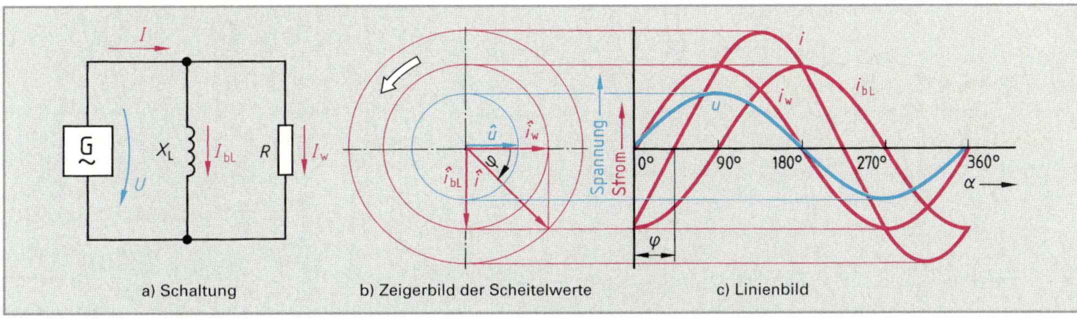

Bild 1: Parallelschaltung aus Wirkwiderstand und induktivem Blindwiderstand

Nach den Gesetzen der Parallelschaltung teilt sich der Gesamtstrom I in einen Blindstrom I_{bL} durch den induktiven Blindwiderstand X_L und in einen Wirkstrom I_w durch den Wirkwiderstand R auf **(Bild 1a)**. An beiden Widerständen liegt die gemeinsame Spannung U. Der Wirkstrom I_w ist mit der gemeinsamen Spannung U phasengleich. Der induktive Blindstrom I_{bL} eilt der gemeinsamen Spannung U um 90° nach. Deshalb ist der Scheitelwert $\hat{i}$ des Gesamtstromes kleiner als die Summe der Scheitelwerte $\hat{i}_{bL}$ und $\hat{i}_w$ **(Bild 1b)**. Der Gesamtstrom I eilt der gemeinsamen Spannung U um den Phasenverschiebungswinkel φ nach **(Bild 1c)**. Der Phasenverschiebungswinkel φ wird ausgehend vom Spannungszeiger $\hat{u}$ (Bezugsgröße) in Richtung des Stromzeigers $\hat{i}$ abgetragen (Bild 1b). Im Zeigerbild ist der Winkel rechtsdrehend im Uhrzeigersinn.

> Bei der Parallelschaltung aus Wirkwiderstand und induktivem Blindwiderstand eilt der Gesamtstrom I der gemeinsamen Spannung U um den Phasenverschiebungswinkel φ nach.

Der Scheitelwert $\hat{i}$ des Gesamtstromes kann aus dem Zeigerbild ermittelt werden **(Bild 1b)**. Die Augenblickswerte des Gesamtstromes erhält man, indem jeweils gleichzeitige Augenblickswerte von Wirkstrom und Blindstrom arithmetisch addiert werden **(Bild 1c)**.

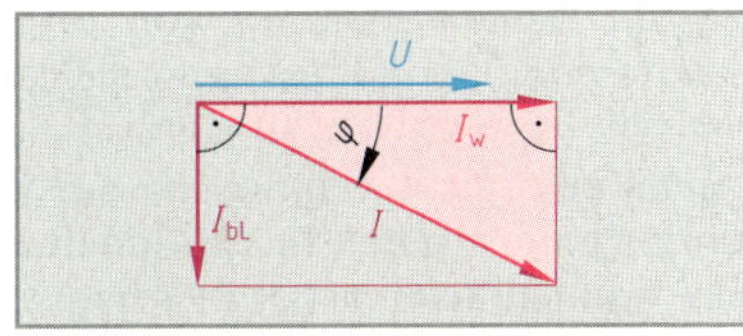

Bild 2: Zeigerbild der Effektivwerte

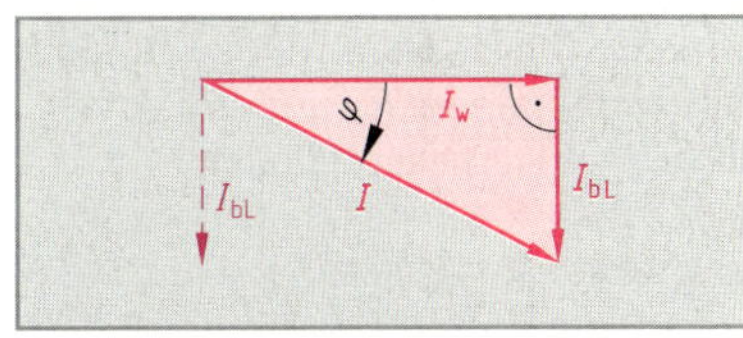

Bild 3: Stromdreieck

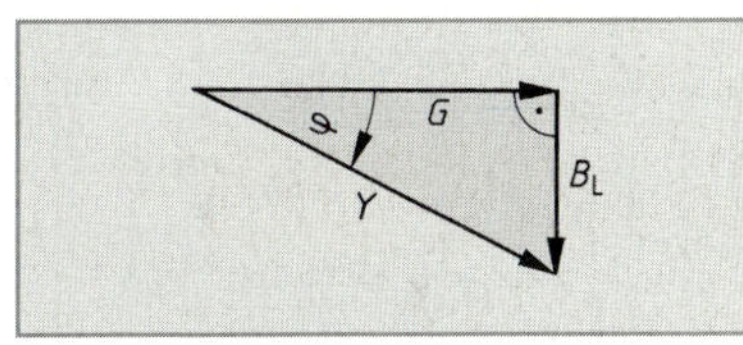

Bild 4: Leitwertdreieck

7.3.6 Stromdreieck und Leitwertdreieck

Wenn man in Bild 1c die Scheitelwerte der Ströme und der gemeinsamen Spannung durch den Faktor $\sqrt{2}$ teilt, erhält man die Effektivwerte **(Bild 2)**. Scheitelwerte und Effektivwerte sind deshalb verhältnisgleich, das Zeigerbild der Effektivwerte (Bild 2) ist dem Zeigerbild der Scheitelwerte (Bild 1b) ähnlich.

Die drei Ströme I_w, I_{bL} und I in Bild 2 haben in ihrer Zeigerdarstellung einen gemeinsamen Drehpunkt. Sie können zur weiteren Vereinfachung als Dreieck **(Stromdreieck, Bild 3)** gezeichnet werden. Hierzu muss man den Strom I_{bL} parallel an die Pfeilspitze von I_w verschieben. Das Stromdreieck ist ein rechtwinkliges Dreieck. Deshalb lassen sich auf die Ströme dieses Dreiecks der Satz des Pythagoras und die Winkelfunktionen anwenden. Da sich bei der Parallelschaltung die Leitwerte wie die Ströme verhalten, ist das **Leitwertdreieck (Bild 4)** dem Stromdreieck ähnlich. Mit Hilfe des Leitwertdreiecks kann der Scheinleitwert Y der Parallelschaltung (Bild 1a) berechnet werden.

$$I = \sqrt{I_w^2 + I_{bL}^2} \qquad Y = \sqrt{G^2 + B_L^2}$$

$$Y = \frac{1}{Z} \qquad G = \frac{1}{R} \qquad B_L = \frac{1}{X_L}$$

I Gesamtstrom
I_w Wirkstrom
I_{bL} induktiver Blindstrom
Y Scheinleitwert
G Wirkleitwert
B_L induktiver Blindleitwert
Z Scheinwiderstand
R Wirkwiderstand
X_L induktiver Blindwiderstand

7.3.7 Schaltungen von Spulen

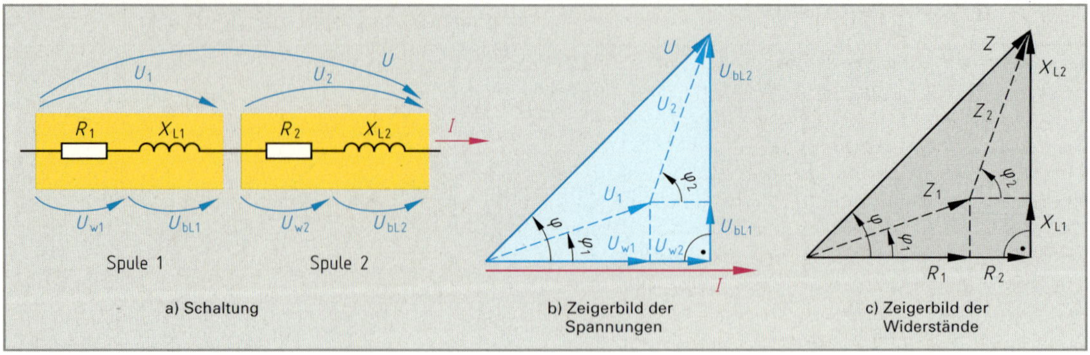

Bild 1: Reihenschaltung aus zwei Spulen

Bei der **Reihenschaltung von Spulen (Bild 1a)** kann man gleichartige Spannungen und gleichartige Widerstände arithmetisch (rechnerisch) zusammenfassen, vorausgesetzt, die Spulen sind nicht magnetisch gekoppelt. Die Gesamtgrößen können dann aus den Teilgrößen durch geometrische Addition oder mit dem Lehrsatz des Pythagoras ermittelt werden.

Beim Zeigerbild der Spannungen **(Bild 1b)** geht man vom Zeiger der Stromstärke aus, weil die Stromstärke die gemeinsame Größe ist. Beim Widerstandsdreieck **(Bild 1c)** werden die Wirkwiderstände R_1 und R_2 sowie die Blindwiderstände X_{L1} und X_{L2} zusammengefasst.

$$U = \sqrt{(U_{w1} + U_{w2})^2 + (U_{bL1} + U_{bL2})^2}$$

$$Z = \sqrt{(R_1 + R_2)^2 + (X_{L1} + X_{L2})^2}$$

U	Gesamtspannung
U_{w1}, U_{w2}	Wirkspannungsanteile der Spulen
U_{bL1}, U_{bL2}	Blindspannungsanteile der Spulen
Z	Gesamtwiderstand (Scheinwiderstand)
R_1, R_2	Wirkwiderstände der Spulen
X_{L1}, X_{L2}	Blindwiderstände der Spulen

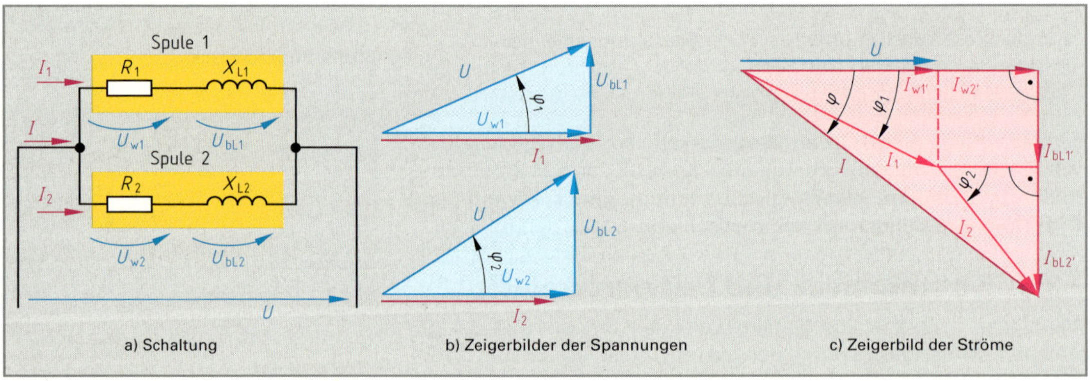

Bild 2: Parallelschaltung aus zwei Spulen

Bei der **Parallelschaltung von Spulen (Bild 2a),** deren Magnetfelder voneinander unabhängig sind, können mit den Spannungsdreiecken der beiden Spulen die Phasenverschiebungswinkel φ_1 und φ_2 bestimmt werden **(Bild 2b).** Beim Zeigerbild der Ströme **(Bild 2c)** geht man vom Zeiger für die Spannung U aus. Die Lage der beiden Teilströme I_1 und I_2 ist mithilfe der beiden Phasenverschiebungswinkel φ_1 und φ_2 zu bestimmen. Die Gesamtstromstärke I erhält man durch geometrische Addition der beiden Teilströme I_1 und I_2, mit dem Satz des Pythagoras oder mit den Winkelfunktionen, wenn die beiden Phasenverschiebungswinkel φ_1 und φ_2 bekannt sind.

$$I = \sqrt{(I_{w1'} + I_{w2'})^2 + (I_{bL1'} + I_{bL2'})^2}$$

$I_{w1'} = I_1 \cdot \cos \varphi_1$; $\quad I_{bL1'} = I_1 \cdot \sin \varphi_1$

$I_{w2'} = I_2 \cdot \cos \varphi_2$; $\quad I_{bL2'} = I_2 \cdot \sin \varphi_2$

I	Gesamtstrom
I_1	Strom durch Spule 1
I_2	Strom durch Spule 2
φ_1	Phasenverschiebungswinkel zwischen der Gesamtspannung U und I_1
φ_2	Phasenverschiebungswinkel zwischen der Gesamtspannung U und I_2

7.4 Wechselstromleistung

7.4.1 Wirkleistung

Schaltet man einen Wirkwiderstand, z. B. ein Heizgerät, in einen Wechselstromkreis, so sind Spannung und Strom phasengleich **(Bild 1)**. Durch Multiplikation zusammengehöriger Augenblickswerte von Strom und Spannung erhält man die Augenblickswerte der Leistung bei Wechselstrom. Das Linienbild der Wirkleistung ist immer positiv (Bild 1). Die Leistung hat jedoch die doppelte Frequenz wie die Spannung. Sie kann deswegen nicht mit Strom und Spannung in ein gemeinsames Zeigerbild gezeichnet werden. Positive Leistung bedeutet einen Energiefluss vom Erzeuger zum Verbraucher.

Die Wechselstromleistung hat den Scheitelwert $\hat{p} = \hat{u} \cdot \hat{i}$. Sie kann durch Flächenverwandlung in eine gleichwertige Gleichstromleistung, die sogenannte **Wirkleistung** *P*, umgewandelt werden (Bild 1). Beim Wirkwiderstand ist die Wirkleistung halb so groß wie der Scheitelwert $\hat{p}$ der Leistung.

Zur Bestimmung der Wechselstromleistung rechnet man immer mit den Effektivwerten.

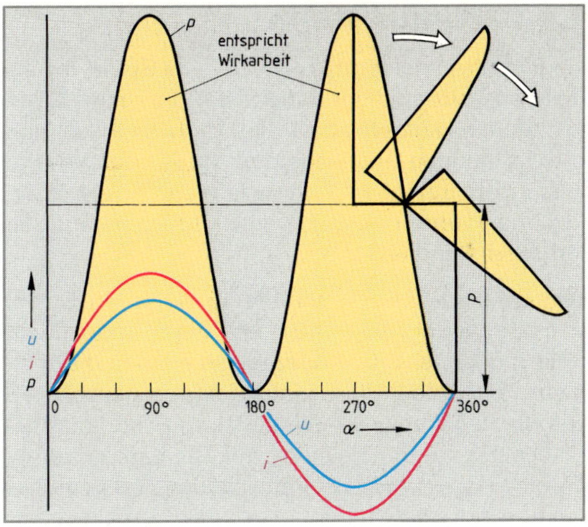

Bild 1: Wechselstromleistung bei Wirklast

Bei Wirklast:

$$P = \frac{1}{2} \cdot \hat{p} = \frac{1}{2} \cdot \hat{u} \cdot \hat{i} = \frac{1}{2} \cdot \sqrt{2} \cdot U_{eff} \cdot \sqrt{2} \cdot I_{eff} = U_{eff} \cdot I_{eff}$$

P Wirkleistung [P = w]
$\hat{p}, \hat{i}, \hat{u}$ Scheitelwerte: Leistung, Strom, Spannung
U_{eff}, I_{eff} Effektivwerte: Spannung, Strom

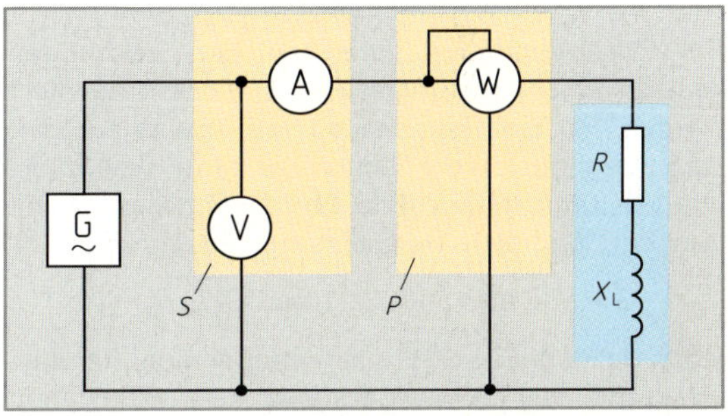

Bild 2: Ermittlung der Wirkleistung und Scheinleistung

7.4.2 Scheinleistung

Versuch: Schließen Sie eine Spule an Wechselspannung 50 Hz an **(Bild 2)**. Messen Sie Stromstärke, Spannung und Leistung mit dem Leistungsmesser. Vergleichen Sie das Produkt aus Spannung und Stromstärke mit der Anzeige des Leistungsmessers.

Die berechnete Leistung ist größer als die Anzeige des Leistungsmessers.

Die Multiplikation der Messwerte von Spannung und Stromstärke ergibt eine scheinbare Leistung. Man nennt diese Leistung deshalb Scheinleistung *S*.

Der Leistungsmesser zeigt die **Wirkleistung** *P* an, die so groß ist wie der Mittelwert aller Augenblickswerte $p = u \cdot i$. Die Wirkleistung *P* ist deshalb bei einer Phasenverschiebung φ zwischen Strom und Spannung immer kleiner als die **Scheinleistung** *S* **(Bild 3)**. Periodenabschnitte mit negativer Leistung bedeuten, dass Energie an das Netz zurückgeliefert wird. Während der Periodenabschnitte mit positiver Leistung wird Energie aus dem Netz entnommen. Die Differenz zwischen der positiven Energie und der negativen Energie wird in der Spule in Wirkarbeit (Wärme) umgesetzt.

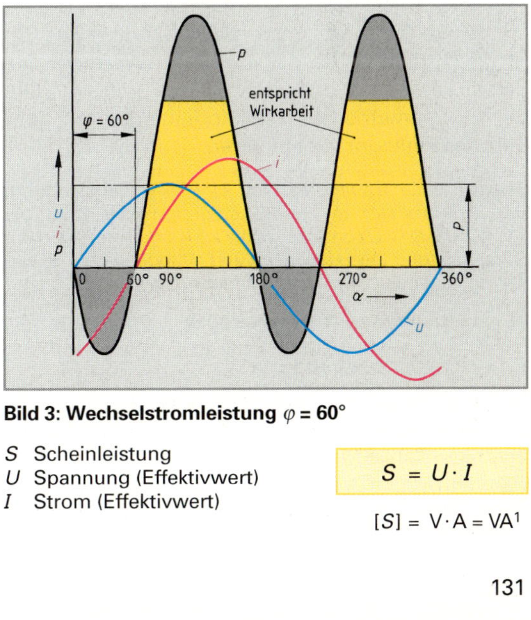

Bild 3: Wechselstromleistung φ = 60°

S Scheinleistung
U Spannung (Effektivwert)
I Strom (Effektivwert)

$$S = U \cdot I$$

$[S]$ = V·A = VA[1]

[1] nach DIN 1304 anstelle von VA (Voltampere) auch W

7.4.3 Blindleistung

Liegt im Wechselstromkreis, z. B. eine Spule, die als Reihenschaltung einer Induktivität und eines Wirkwiderstands aufgefasst werden kann, so muss man drei Leistungen unterscheiden: Außer der Scheinleistung S treten im Wirkwiderstand R die Wirkleistung P und im induktiven Blindwiderstand die **induktive Blindleistung** Q_L auf.

Beträgt die Phasenverschiebung zwischen Strom und Spannung 90°, z.B. bei einer Induktivität **(Bild 1)** oder bei einer Kapazität, so werden die positiven Flächenteile der Leistungskurve gleich groß wie die negativen. Die Wirkleistung P ist dann null und es tritt nur Blindleistung auf. Die ganze Energie pendelt dabei zwischen Verbraucher und Erzeuger hin und her.

Bei reinen Induktivitäten und reinen Kapazitäten tritt nur Blindleistung auf.

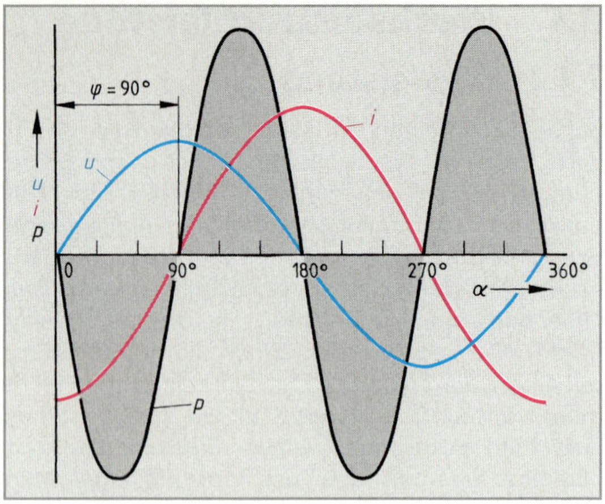

Bild 1: Induktive Blindleistung

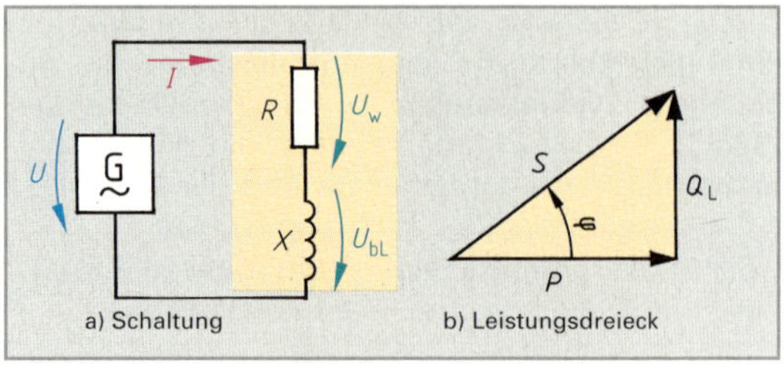

Bild 2: Leistungen bei RL-Reihenschaltung

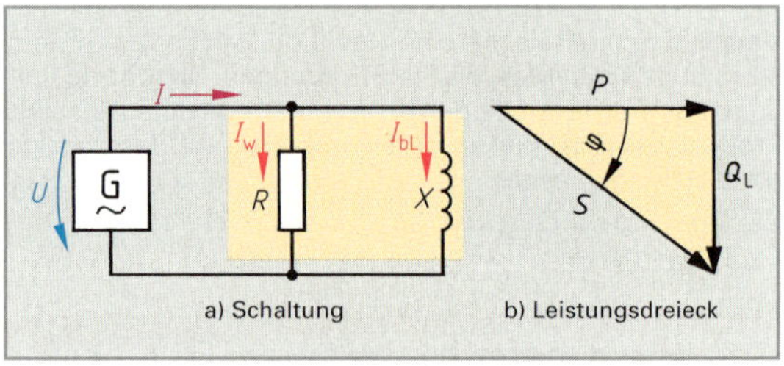

Bild 3: Leistungen bei RL-Parallelschaltung

7.4.4 Leistungsdreieck bei induktiver Last

Der Zusammenhang zwischen den Leistungen kann in einem rechtwinkligen Dreieck dargestellt werden. Für eine Reihenschaltung aus Wirkwiderstand und induktivem Blindwiderstand **(Bild 2a)** ist das Leistungsdreieck **(Bild 2b)** ähnlich dem Spannungsdreieck, da in den Leistungsgleichungen

$$S = U \cdot I \text{ und } P = U_w \cdot I \text{ und } Q_L = U_{bL} \cdot I$$

jedesmal derselbe Strom auftritt. Bei einer Parallelschaltung aus Wirkwiderstand und induktivem Blindwiderstand **(Bild 3a)** ist das Leistungsdreieck **(Bild 3b)** ähnlich dem Stromdreieck.

Der Winkel zwischen P und S (Bild 2b und Bild 3b) ist gleich dem Phasenverschiebungswinkel φ. Die Seiten des Leistungsdreiecks lassen sich mit Hilfe der trigonometrischen Funktionen oder mit dem Satz des Pythagoras berechnen.

$$S^2 = P^2 + Q_L^2 \qquad S = \sqrt{P^2 + Q_L^2}$$

$$\cos\varphi = \frac{P}{S} \Rightarrow P = S \cdot \cos\varphi \qquad P = U \cdot I \cdot \cos\varphi$$

$$\sin\varphi = \frac{Q_L}{S} \Rightarrow Q_L = S \cdot \sin\varphi \qquad Q_L = U \cdot I \cdot \sin\varphi$$

$$\tan\varphi = \frac{Q_L}{P} \qquad Q_L = P \cdot \tan\varphi$$

Beispiel: Eine Spule liegt an 24 V Wechselspannung. Der Strommesser im Verbraucherstromkreis zeigt bei $\cos\varphi = 0{,}9$ eine Stromstärke von 2,5 A an. Berechnen Sie Scheinleistung, Wirkleistung und Blindleistung sowie den auftretenden Phasenverschiebungswinkel φ.

$S = U \cdot I = 24\,\text{V} \cdot 2{,}5\,\text{A} = \mathbf{60\,VA = 60\,W}$

$P = S \cdot \cos\varphi = 60\,\text{VA} \cdot 0{,}9 = \mathbf{54\,W}$

$Q_L = \sqrt{S^2 - P^2} = \sqrt{60^2\,(\text{VA})^2 - 54^2\,\text{W}^2} = \mathbf{26{,}15\,var = 26{,}15\,W}$

Für $\cos\varphi = 0{,}9$ erhält man $\varphi = \mathbf{25{,}84°}$

S Scheinleistung — $[S]$ = VA = W
P Wirkleistung — $[P]$ = W
Q_L induktive Blindleistung — $[Q_L]$ = var[1] = W
φ Phasenverschiebungswinkel

[1] var = **V**olt **A**mpere **r**eaktiv; reaktiv (lat.) = rückwirkend; nach DIN 1304 anstelle von var auch W

7.4.5 Leistungsfaktor

Das Verhältnis von Wirkleistung zu Scheinleistung nennt man Leistungsfaktor oder Wirkfaktor.

Bei Sinusströmen stimmt der Wirkleistungsfaktor mit dem cos φ überein. Der Wirkleistungsfaktor ist ein Maß dafür, welcher Teil der Scheinleistung in Wirkleistung umgesetzt wird. Bei gleich bleibender Wirkleistung ist die Scheinleistung und damit bei gleich bleibender Spannung der Strom umso größer, je kleiner der Wirkleistungsfaktor cos φ ist.

Soll beispielsweise Wirkleistung bei einem Wirkleistungsfaktor von cos $\varphi = 0{,}5$ zu einem Verbraucher transportiert werden, so müssen Generatoren, Umspanner und Leitungsnetz bei gleicher Wirkleistung für den doppelten Strom ausgelegt sein als bei cos $\varphi = 1$. Die Anlagenkosten steigen dadurch erheblich. Der Wirkleistungsfaktor kann durch Kompensation der Blindleistung (Seite 155) verbessert werden.

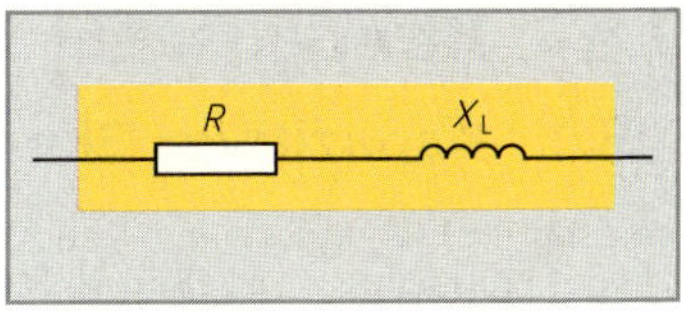

Bild: Ersatzschaltung der Spule

$$\cos\varphi = \frac{P}{S}$$

$$\sin\varphi = \frac{Q_L}{S}$$

cos φ Wirkleistungsfaktor
P Wirkleistung
S Scheinleistung
sin φ Blindleistungsfaktor
Q_L induktive Blindleistung

Das Verhältnis von Blindleistung zu Scheinleistung nennt man Blindleistungsfaktor oder Blindfaktor. Er stimmt bei Strömen mit sinusförmigem zeitlichen Verlauf mit dem sin φ überein.

Beispiel: In einem Fabriksaal sollen 20 Leuchtstofflampen 230 V/58 W angeschlossen werden. Zusätzlich nimmt das Vorschaltgerät je Lampe 11 W auf. Berechnen Sie die Stromstärke für a) cos $\varphi = 0{,}4$ und b) cos $\varphi = 1$.

a) Leistungsaufnahme je Lampe und Vorschaltgerät: $P_1 = 58\ \text{W} + 11\ \text{W} = 69\ \text{W}$.
Wirkleistungsaufnahme für 20 Lampen: $P_G = 20 \cdot 69\ \text{W} = 1380\ \text{W} = 1{,}38\ \text{kW}$.

$$\cos\varphi = \frac{P_G}{S} \Rightarrow S = \frac{P_G}{\cos\varphi} = \frac{1{,}38\ \text{kW}}{0{,}4} = 3{,}45\ \text{kW} = 3{,}45\ \text{kVA}.$$ Bei 230 V ist $$I = \frac{S}{U} = \frac{3450\ \text{VA}}{230\ \text{V}} = \mathbf{15\ A}$$ (unkompensiert)

b) $$S = \frac{P_G}{\cos\varphi} = \frac{1{,}38\ \text{kW}}{1} = 1{,}38\ \text{kW} = 1{,}38\ \text{kVA}.$$ Bei 230 V ist $$I = \frac{S}{U} = \frac{1380\ \text{VA}}{230\ \text{V}} = \mathbf{6\ A}$$ (kompensiert)

7.4.6 Verlustleistung bei Spulen

Bei Spulen wird ein Teil der elektrischen Energie in unerwünschte Wärme umgesetzt. Dadurch ist die vom Netz aufgenommene elektrische Leistung größer als die ins Netz zurückgegebene elektrische Leistung. Die Differenz zwischen aufgenommener elektrischer Leistung und abgegebener elektrischer Leistung wird als **Verlustleistung** der Spule bezeichnet. Die Verlustleistung bei Spulen entsteht durch den Spulenwiderstand und durch die Magnetisierung des Eisens: Man unterscheidet deshalb Wicklungsverluste (Kupferverluste) und Eisenverluste.

Wicklungsverluste entstehen durch den Leiterwiderstand der Wicklung bei Spulen an Gleichspannung und an Wechselspannung.

Eisenverluste bei Spulen treten nur bei Wechselspannung auf. Bei den Eisenverlusten unterscheidet man **Hystereseverluste** und **Wirbelstromverluste**. Hystereseverluste entstehen durch die erforderliche Arbeit, die beim Ummagnetisieren des Spulenkerns ständig aufgebracht werden muss. Wirbelstromverluste bilden sich durch Induktionsströme im Spulenkern, wenn dieser aus elektrisch leitfähigem Material besteht.

In der **Ersatzschaltung der realen Spule (Bild)** werden alle Verluste, die in der Spule entstehen, in einem zusätzlichen Wirkwiderstand R zusammengefasst, weil sich die Spulenverluste in Wärme umsetzen.

Wiederholungsfragen

1. **Welche Frequenz hat die Leistung im Vergleich zur Frequenz der dazugehörigen Spannung?**
2. **Wie groß ist bei einem Wirkwiderstand die Wirkleistung im Vergleich zum Scheitelwert der Leistung?**
3. **Welches Formelzeichen hat**
   a) die Wirkleistung und
   b) die Blindleistung?
4. **Wie ist die Scheinleistung definiert?**
5. **An welchen Bauteilen entsteht Blindleistung?**
6. **Wie ist der Leistungsfaktor definiert?**
7. **Wodurch entsteht bei einer Spule Verlustleistung?**
8. **Welche Verluste unterscheidet man bei Spulen?**
9. **Wodurch entstehen bei Spulen Wirbelstromverluste?**

7.5 Kondensator im Wechselstromkreis

7.5.1 Kapazitiver Blindwiderstand

Versuch 1: Schalten Sie einen Kondensator, z. B. 10 µF, an eine Sinusspannung mit der Frequenz f = 1 Hz **(Bild 1)**. Messen Sie die Stromstärke und die Spannung am Kondensator mit Gleichspannungs- bzw. Gleichstrommessgeräten (Zeigermessgeräte, Nullstellung in Skalenmitte).

Die Kondensatorspannung hat sinusförmigen Verlauf. Der Kondensatorstrom eilt der Kondensatorspannung vor.

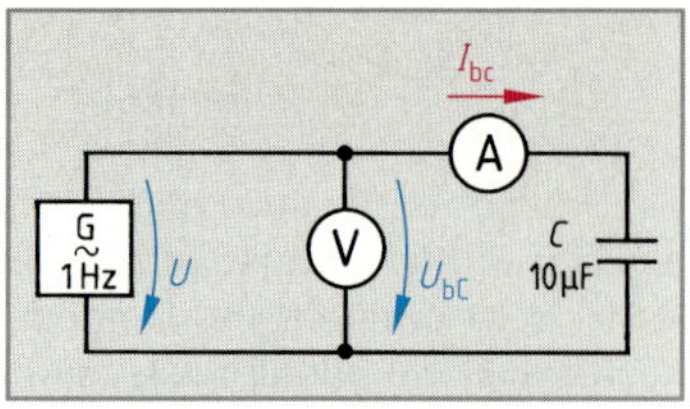

Bild 1: Versuch zur Phasenverschiebung beim Kondensator

Durch den Sinusstrom wird der Kondensator ständig umgeladen. Am Kondensator entsteht eine Sinusspannung U_{bC} mit gleicher Frequenz wie die des Sinusstromes **(Bild 2a)**. Die Kondensatorspannung U_{bC} erreicht den Scheitelwert, wenn der Kondensatorstrom I = 0 ist **(Bild 2c)**. In diesem Augenblick nimmt die Kondensatorspannung U_{bC} nicht mehr zu. Daher eilt im Zeigerbild **(Bild 2b)** der Strom der Spannung um 90° vor. Der Kondensator hat einen kapazitiven Blindwiderstand X_C.

Beim kapazitiven Blindwiderstand eilt der Sinusstrom der Sinusspannung um 90° vor.

Versuch 2: Schließen Sie eine Glühlampe, z. B. 12 V, 0,1 A, in Reihe mit einem Kondensator, z. B. 22 µF, an eine Sinusspannung 12 V, 50 Hz und messen Sie die Spannung an der Glühlampe. Schließen Sie danach den Kondensator kurz.

Bei Kurzschluss des Kondensators leuchtet die Lampe heller und an der Glühlampe liegt U = 12 V.

Der Kondensator wirkt bei Sinusspannung als Widerstand. Dieser wird als kapazitiver Blindwiderstand X_C bezeichnet.

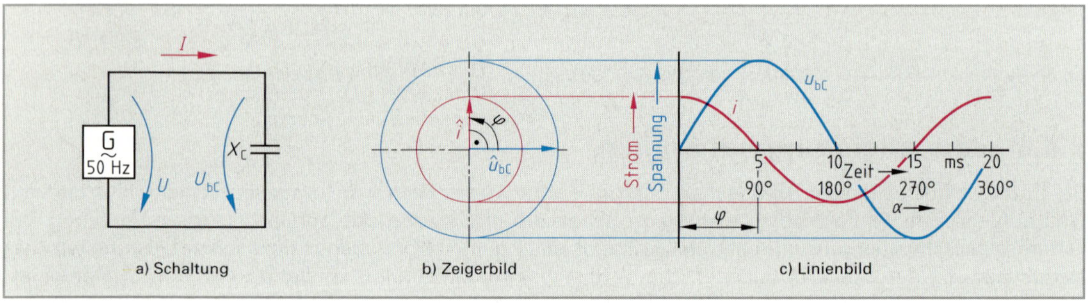

Bild 2: Strom und Spannung bei einem kapazitiven Blindwiderstand

Versuch 3: Schalten Sie Kondensatoren mit unterschiedlichen Kapazitäten, z. B. 10 µF, 22 µF, 33 µF, jeweils an die gleiche Wechselspannung, z. B. 12 V, 50 Hz. Messen Sie bei jedem Kondensator die Stromstärke und die Spannung und berechnen Sie jeweils den Scheinwiderstand.

Der Scheinwiderstand ist umso kleiner, je größer die Kapazität ist.

Bei größerer Kapazität kann der Kondensator mehr Ladungen aufnehmen bzw. abgeben. Dadurch fließt ein größerer Lade- bzw. Entladestrom. Deshalb ist der Blindwiderstand des Kondensators umso kleiner, je größer die Kapazität ist.

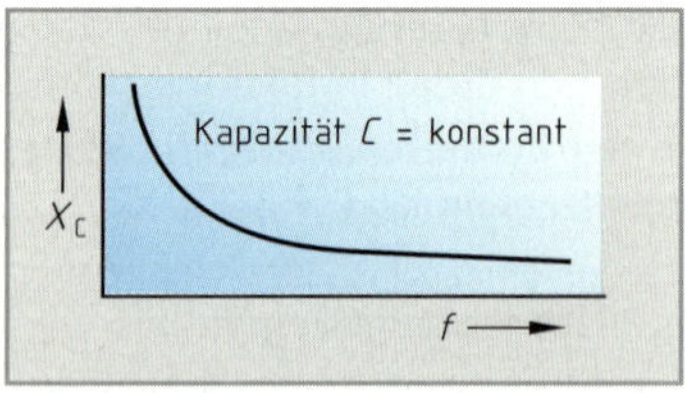

Bild 3: Kapazitiver Blindwiderstand X_C in Abhängigkeit von der Frequenz *f*

Versuch 4: Schalten Sie einen Kondensator, z. B. mit der Kapazität 1 µF, an eine Sinusspannung, z. B. 5 V, 50 Hz. Messen Sie die Stromstärke und berechnen Sie den Scheinwiderstand. Wiederholen Sie den Versuch mit unterschiedlichen Frequenzen bei konstanter Spannung.

Je größer die Frequenz, desto kleiner ist der Scheinwiderstand.

Bei höherer Frequenz lädt bzw. entlädt sich der Kondensator bei gleicher Spannung in einer kürzeren Zeit. Dazu ist ein größerer Strom notwendig. Der kapazitive Blindwiderstand ist daher umso kleiner, je höher die Frequenz ist **(Bild 3)**.

Der kapazitive Blindwiderstand eines Kondensators ist umso kleiner, je höher die Frequenz (bzw. die Kreisfrequenz) und je größer die Kapazität ist.

Kondensatoren ohne Verluste, also reine Blindwiderstände, können nicht hergestellt werden. Der Wirkwiderstand des Kondensators kann jedoch gegenüber dem Blindwiderstand meist vernachlässigt werden. In diesem Fall wird der kapazitive Blindwiderstand näherungsweise aus dem Effektivwert der Spannung am Kondensator und aus dem Effektivwert des Kondensatorstromes berechnet.

Beispiel: Welchen kapazitiven Blindwiderstand hat ein Kondensator mit der Kapazität $C = 1\,\mu F$ bei der Frequenz $f = 50\,Hz$?

$$X_C = \frac{1}{\omega \cdot C} = \frac{1}{2\pi \cdot f \cdot C} = \frac{1}{2\pi \cdot 50\,\frac{1}{s} \cdot 1 \cdot 10^{-6}\,\frac{s}{\Omega}} = \mathbf{3185\ \Omega}$$

$$X_C = \frac{U_{bC}}{I} = \frac{1}{\omega \cdot C} = \frac{1}{2\pi \cdot f \cdot C}$$

$$[X_C] = \frac{V}{A} = \frac{1}{\frac{1}{s} \cdot \frac{s}{\Omega}} = \Omega$$

$$U^2 = U_w^2 + U_{bC}^2 \qquad U = \sqrt{U_w^2 + U_{bC}^2}$$

$$Z^2 = R^2 + X_C^2 \qquad Z = \sqrt{R^2 + \frac{1}{(\omega \cdot C)^2}}$$

$[Z] = \Omega$

$$S^2 = P^2 + Q_C^2 \qquad S = \sqrt{P^2 + Q_C^2}$$

$[S] = VA = W$

X_C kapazitiver Blindwiderstand
U_{bC} kapazitive Blindspannung
I Sinusstrom
f Frequenz
C Kondensatorkapazität
ω Kreisfrequenz
U Gesamtspannung
U_w Wirkspannung
Z Scheinwiderstand
R Wirkwiderstand
S Scheinleistung
P Wirkleistung
Q_C kapazitive Blindleistung

7.5.2 Reihenschaltung aus Wirkwiderstand und kapazitivem Blindwiderstand

Schaltet man einen Wirkwiderstand R und einen kapazitiven Blindwiderstand X_C in Reihe an eine Spannung mit sinusförmigem zeitlichen Verlauf **(Bild a),** so ist die Wirkspannung U_w phasengleich mit dem Strom I und die kapazitive Blindspannung U_{bC} eilt dem Strom um 90° nach. Deshalb wird im **Spannungsdreieck (Bild b)** der Zeiger für die Blindspannung U_{bC} gegenüber dem Zeiger für den gemeinsamen Strom I um 90° gedreht gezeichnet, und zwar nacheilend.

Der gemeinsame Strom I eilt der Gesamtspannung U um den Phasenverschiebungswinkel φ vor (Bild b). Der Phasenverschiebungswinkel φ wird ausgehend vom Stromzeiger I (Bezugsgröße) in Richtung des Spannungszeigers U abgetragen (Bild b). Im Zeigerbild ist der Winkel rechtsdrehend im Uhrzeigersinn.

Das **Widerstandsdreieck (Bild c)** bzw. das **Leistungsdreieck (Bild d)** einer Reihenschaltung erhält man aus dem Spannungsdreieck dadurch, dass man die Zeiger für die Spannungen durch die gemeinsame Stromstärke dividiert bzw. mit der Stromstärke multipliziert. Daher sind die drei Dreiecke ähnlich. Die Größen der Zeigerdreiecke können nach dem Lehrsatz des Pythagoras oder nach den Winkelfunktionen berechnet werden.

Beispiel: Ein kapazitiver Blindwiderstand $X_C = 35\,\Omega$ liegt mit einem Wirkwiderstand $R = 25\,\Omega$ in Reihe. Wie groß ist der Scheinwiderstand Z der Reihenschaltung?

$$Z^2 = R^2 + X_C^2 \quad \Rightarrow \quad Z = \sqrt{R^2 + X_C^2} = \sqrt{(25\,\Omega)^2 + (35\,\Omega)^2} = \mathbf{43\ \Omega}$$

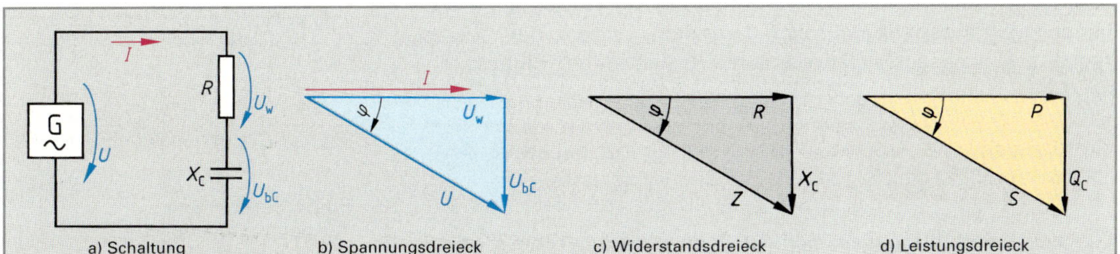

Bild: Reihenschaltung aus Wirkwiderstand R und kapazitivem Blindwiderstand X_C

RC-Hochpass

Die RC-Schaltung **(Bild 1)** wird als **RC-Hochpass** bezeichnet. Dieser hat die Eingangsspannung U_1 und die Ausgangsspannung U_2. Der RC-Hochpass kann als frequenzabhängiger Spannungsteiler mit der Gesamtspannung U_1 (Generatorspannung = Eingangsspannung) und den Teilspannungen U_{bC} und U_2 (Ausgangsspannung) betrachtet werden. Bei tiefen Frequenzen, z. B. bei 50 Hz, hat die Kapazität C einen Blindwiderstand, der im Vergleich zum Wirkwiderstand R groß ist. Da sich Spannungen in Reihenschaltungen wie die dazugehörigen Widerstände verhalten, liegt in diesem Fall nur eine kleine Teilspannung U_2 am Wirkwiderstand R. Bei hohen Frequenzen, z. B. bei 10 kHz, hat der Kondensator einen kleinen Blindwiderstand X_C im Vergleich zum Wirkwiderstand R. In diesem Fall ist die Spannung U_2 am Wirkwiderstand R nahezu so groß wie die Generatorspannung U_1.

RC-Hochpässe werden eingesetzt, wenn Wechselspannungen mit hoher Frequenz, z. B. Steuersignale für Tonfrequenz-Rundsteueranlagen (Seite 157), in Gleichstromnetze oder Wechselstromnetze mit niedriger Frequenz, z. B. 50 Hz, eingespeist oder ausgekoppelt werden.

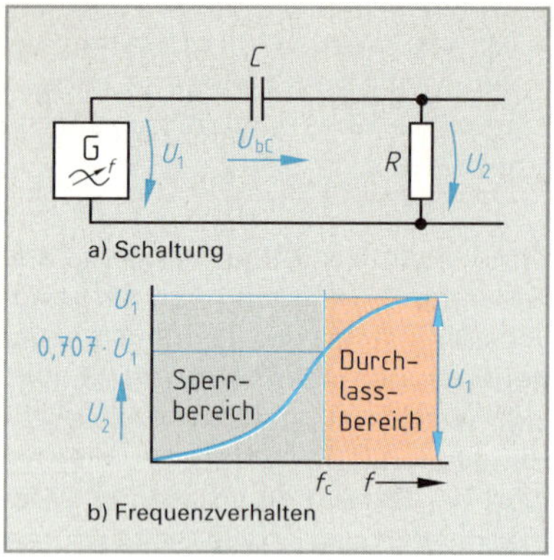

Bild 1: RC-Hochpass

RC-Tiefpass

Der **RC-Tiefpass (Bild 2)** mit der Eingangsspannung U_1 und der Ausgangsspannung U_2 ist auch ein frequenzabhängiger Spannungsteiler. Bei tiefen Frequenzen liegt der größte Teil der Eingangsspannung U_1 als Ausgangsspannung U_2 am Kondensator C. Bei hohen Frequenzen liegt nur eine kleine Ausgangsspannung U_2 am Kondensator C.

RC-Tiefpässe werden eingesetzt, wenn Wechselspannungen mit hoher Frequenz, z. B. Funkstörspannungen (Seite 158), unterdrückt und Wechselspannungen mit niedrigerer Frequenz, z. B. die Netzfrequenz, nicht beeinflusst werden sollen.

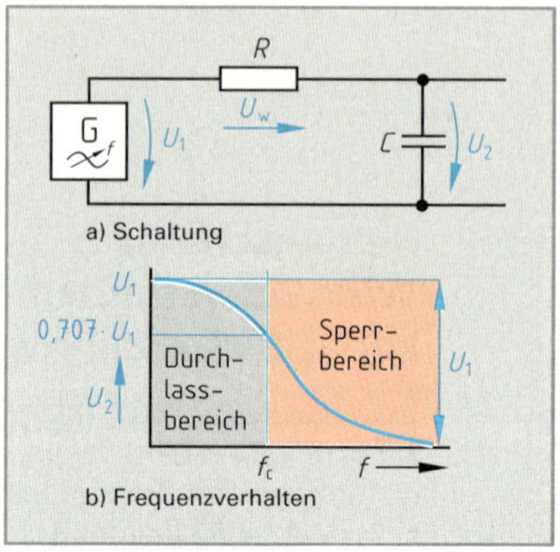

Bild 2: RC-Tiefpass

Man geht bei RC-Hoch- und RC-Tiefpässen meist von konstanten Eingangsspannungen aus. Deshalb werden die rechtwinkligen Spannungsdreiecke, die sich für unterschiedliche Frequenzen ergeben, in einen Halbkreis (Thaleskreis, **Bild 3**) gezeichnet. Bei der **Grenzfrequenz** f_c sind die Blindspannung am Kondensator und die Wirkspannung am Widerstand R gleich groß.

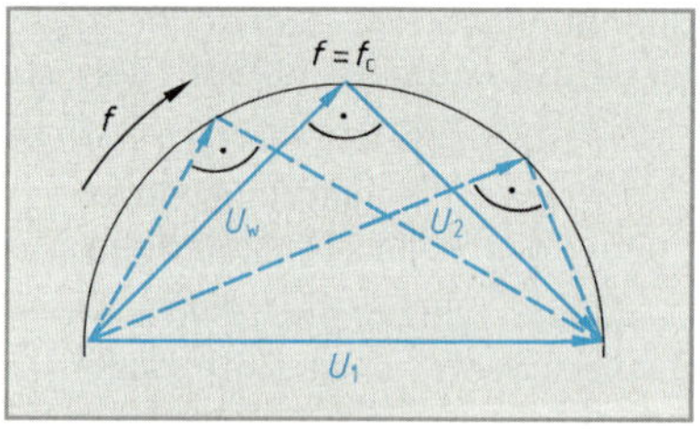

Bild 3: Spannungsdreiecke beim RC-Tiefpass

In RC-Hoch- und Tiefpässen ist bei der Grenzfrequenz f_c die Wirkspannung gleich der Blindspannung.

Aus dieser Beziehung lässt sich das Verhältnis der Ausgangsspannung U_2 zur Eingangsspannung U_1 bei der Grenzfrequenz f_c berechnen. Da sich bei einer Reihenschaltung die Widerstände wie die dazugehörigen Spannungen verhalten, ist bei der Grenzfrequenz f_c auch der Wirkwiderstand R gleich dem Blindwiderstand X_C.

In RC-Hoch- und Tiefpässen ist bei der Grenzfrequenz f_c der Wirkwiderstand gleich groß wie der Blindwiderstand.

Aus dieser Beziehung lässt sich die Grenzfrequenz f_c berechnen, wenn der Wirkwiderstand und die Kondensatorkapazität bekannt sind.

Bei der Grenzfrequenz f_c gilt:

$$U_1 = \sqrt{2} \cdot U_2 \quad \Rightarrow \quad U_2 = \frac{U_1}{\sqrt{2}}$$

$$R = \frac{1}{2\pi \cdot f_c \cdot C} \quad \Rightarrow \quad f_c = \frac{1}{2\pi \cdot R \cdot C}$$

U_1 Eingangsspannung
U_2 Ausgangsspannung
f_c Grenzfrequenz
R Wirkwiderstand
C Kapazität

Bei elektronischen Schaltungen, z. B. bei Verstärkern (Seite 215), werden häufig der Gleichspannungsanteil U_{-} und der Wechselspannungsanteil $U_{\sim}$ einer Mischspannung $U_{\simeq}$ durch einen Koppelkondensator C_K getrennt **(Bild 1)**. Die Kondensatorkapazität wird so gewählt, dass der Blindwiderstand X_C des Kondensators klein gegenüber dem Wirkwiderstand R ist. Der Kondensator stellt dann für den Wechselspannungsanteil nur einen kleinen Widerstand dar.

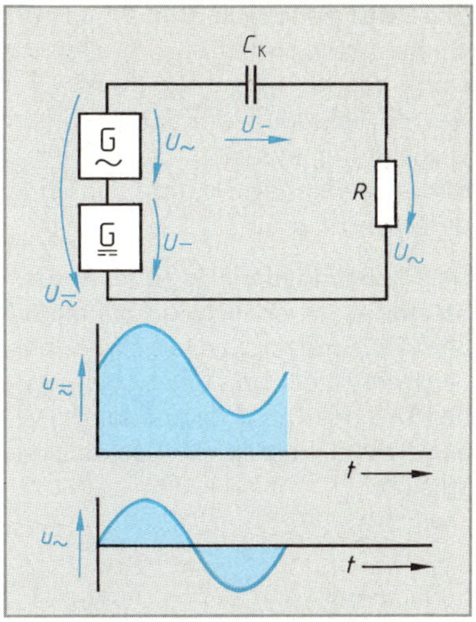

Bild 1: Trennung von Wechselspannung und Gleichspannung

Am Widerstand R fällt fast der ganze Wechselspannungsanteil $U_{\sim}$ ab. Am Kondensator C_K liegt nur ein kleiner Wechselspannungsanteil, aber fast der ganze Gleichspannungsanteil U_{-}. Damit der Wechselspannungsabfall an C_K klein und an R groß ist, wird meist $X_C \approx 0{,}1 \cdot R$ gewählt.

Beispiel: Bei einem Verstärker wird der Wechselspannungsanteil einer Mischspannung mit der Frequenz $f = 50$ Hz durch einen Koppelkondensator C_K vom Gleichspannungsanteil getrennt. Der Wirkwiderstand, an dem der Wechselspannungsanteil abfällt, ist $R = 100\ \Omega$. Berechnen Sie die Koppelkapazität.

Man wählt $\frac{1}{2 \cdot \pi \cdot f \cdot C_K} = \frac{R}{10}; \quad \Rightarrow \quad C_K = \frac{10}{2 \cdot \pi \cdot f \cdot R}$

$$C_K = \frac{10}{100\ \Omega \cdot 2 \cdot \pi \cdot 50\ \text{Hz}} = \frac{10}{100\ \frac{\text{V}}{\text{A}} \cdot 2 \cdot \pi \cdot 50\ \frac{1}{\text{s}}}$$

$$C_K = \frac{1}{1000 \cdot \pi}\ \frac{\text{As}}{\text{V}} = \mathbf{318\ \mu F}$$

7.5.3 Parallelschaltung aus Wirkwiderstand und kapazitivem Blindwiderstand

Versuch: Schließen Sie einen Kondensator, z. B. 10 µF, und einen Stellwiderstand, der z. B. von null bis 1 kΩ einstellbar ist, an eine Wechselspannung **(Bild 2a)** an. Die Wechselspannung mit einer Frequenz $f = 50$ Hz soll von null bis 50 V einstellbar sein. Stellen Sie die Spannung so ein, dass der Kondensatorstrom $I_{bC} = 100$ mA ist. Verändern Sie den Widerstand R, bis $I_w = 100$ mA ist. Messen Sie den Gesamtstrom I.

Der Gesamtstrom I ist 140 mA.

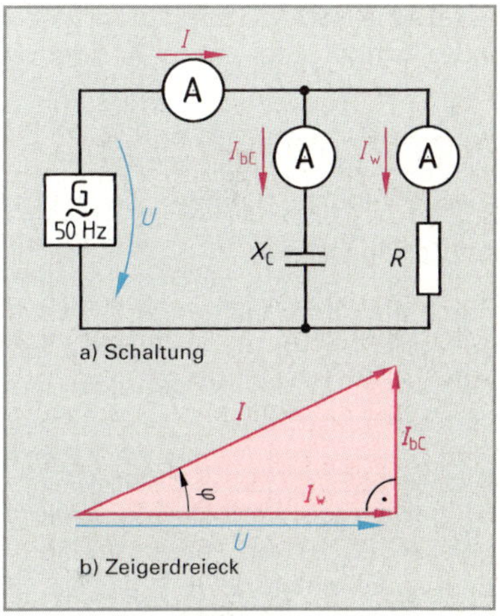

Bild 2: Parallelschaltung aus R und X_C

Nach den Gesetzen der Parallelschaltung teilt sich der Gesamtstrom I auf in einen kapazitiven Blindstrom I_{bC} und einen Wirkstrom I_w. Der kapazitive Blindstrom I_{bC} eilt der gemeinsamen Spannung U um 90° voraus. Deshalb ist der Effektivwert des Gesamtstromes kleiner als die Summe der Effektivwerte I_w und I_{bC}.

Für die Parallelschaltung aus R und X_C kann das Zeigerbild der Ströme gezeichnet werden **(Bild 2b)**. Demnach eilt bei der Parallelschaltung aus R und X_C der Gesamtstrom I der gemeinsamen Spannung U um den Phasenverschiebungswinkel φ voraus.

Der Phasenverschiebungswinkel φ wird ausgehend vom Spannungszeiger U (Bezugsgröße) in Richtung des Stromzeigers I abgetragen **(Bild 2b)**. Im Zeigerbild ist der Winkel gegen den Uhrzeigersinn drehend.

Der Gesamtstrom I ist nach dem Lehrsatz des Pythagoras aus dem Wirkstrom I_w und dem Blindstrom I_{bC} zu berechnen. Wie für alle Zeigerdreiecke können auch für das Stromdreieck die Winkelfunktionen angewandt werden.

$$I^2 = I_w^2 + I_{bC}^2$$

$$I_w = I \cdot \cos\varphi$$

$$I_{bC} = I \cdot \sin\varphi$$

$$\tan\varphi = \frac{I_{bC}}{I_w}$$

I Gesamtstrom
I_w Wirkstrom
I_{bC} kapazitiver Blindstrom
φ Phasenverschiebungswinkel

Das **Leitwertdreieck (Bild 1)** ist dem Stromdreieck ähnlich, da sich bei der Parallelschaltung die Leitwerte wie die Ströme verhalten. Mithilfe des Leitwertdreiecks kann der Scheinwiderstand der Parallelschaltung aus den Leitwerten des kapazitiven Blindwiderstandes X_C und des Wirkwiderstandes R berechnet werden.

Das **Leistungsdreieck (Bild 2)** ist ebenfalls dem Stromdreieck ähnlich, da bei allen Leistungen des Leistungsdreiecks dieselbe Spannung auftritt. Beim Leitwertdreieck und beim Leistungsdreieck können der Satz des Pythagoras oder die Winkelfunktionen angewandt werden, weil beide Dreiecke rechtwinklig sind.

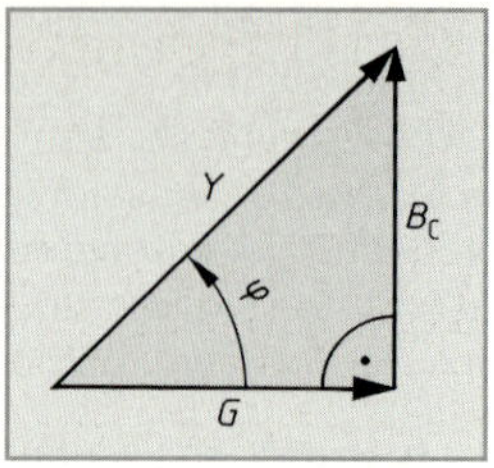

Bild 1: Leitwertdreieck

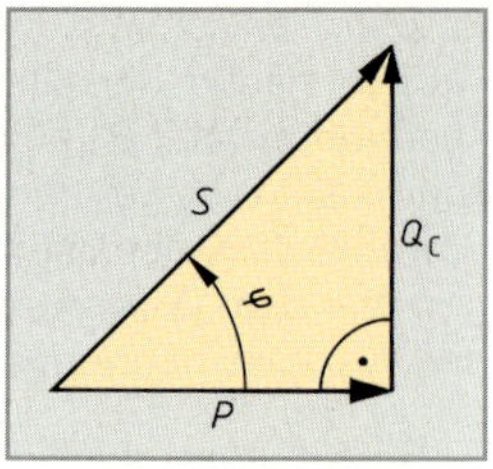

Bild 2: Leistungsdreieck

$$Y = \sqrt{G^2 + B_C^2}$$

$$\cos\varphi = \frac{G}{Y};\ \sin\varphi = \frac{B_C}{Y}$$

$$Y = \frac{I}{U} = \frac{1}{Z}$$

$$G = \frac{I_w}{U} = \frac{1}{R}$$

$$B_C = \frac{I_{bC}}{U} = \frac{1}{X_C}$$

$$S = \sqrt{P^2 + Q_C^2}$$

$$\cos\varphi = \frac{P}{S};\ \sin\varphi = \frac{Q_C}{S}$$

$$S = U \cdot I$$

$$P = U \cdot I_w$$

$$Q_C = U \cdot I_{bC}$$

Y Scheinleitwert
G Wirkleitwert
B_C Blindleitwert
I Gesamtstrom
U gemeinsame Spannung
Z Scheinwiderstand
I_w Wirkstrom
R Wirkwiderstand
I_{bC} Blindstrom
X_C kapazitiver Blindwiderstand
f Frequenz
C Kapazität
S Scheinleistung
P Wirkleistung
Q_C kapazitive Blindleistung

7.5.4 Verlustleistung bei Kondensatoren

In jedem Kondensator treten beim Betrieb Verluste auf. Diese Verluste entstehen unter anderem, weil jeder Kondensator ein mehr oder weniger schlechter Leiter ist. Liegt am Kondensator eine Wechselspannung, so werden die Molekulardipole im Dielektrikum ständig gedreht. Es entstehen dielektrische Verluste. Befinden sich beim Wickelkondensator die Anschlüsse nur an den Anfängen der Folien, so müssen Ladestrom und Entladestrom durch die ganze Länge der Wickel fließen. Die Metallfolien wirken als elektrische Leiter und haben daher einen Wirkwiderstand, an dem Stromwärmeverluste auftreten.

Alle Verlustarten im Kondensator werden zu dem so genannten **Verlustwiderstand** R_v zusammengefasst. R_v ist ein reiner Wirkwiderstand. Durch den Wirkwiderstand R_v fließt der Verluststrom I_w. Man denkt sich den Wirkwiderstand R_v parallel zu einer idealen Kapazität geschaltet **(Bild 3a)**. Infolge der Verluste ist der Phasenverschiebungswinkel φ zwischen Spannung und Strom nicht genau 90°, sondern stets etwas kleiner **(Bild 3b)**.

Man bezeichnet die Differenz 90° – φ als **Verlustwinkel** δ. Bei verlustarmen Kondensatoren beträgt der Verlustwinkel δ nur einige Winkelgrade. Der Tangens des Verlustwinkels δ wird **Verlustfaktor** d genannt. Der Kehrwert des Verlustfaktors d ist der **Gütefaktor** Q.

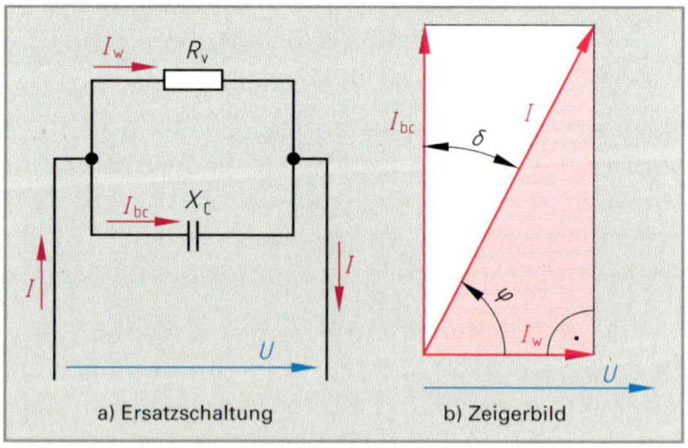

Bild 3: Kondensator mit Verlusten

$$\tan\delta = d = \frac{I_w}{I_{bC}} = \frac{X_C}{R_v}$$

$$Q = \frac{1}{d}$$

I_w Verluststrom
I_{bC} kapazitiver Blindstrom
X_C Blindwiderstand
R_v Verlustwiderstand
Q Gütefaktor
δ Verlustwinkel
d Verlustfaktor

Die Verluste können beim Kondensator meist vernachlässigt werden. Dann kann der Kondensator als reiner Blindwiderstand aufgefasst werden.

7.6 Schaltungen aus Spulen, Kondensatoren und Wirkwiderständen

7.6.1 Reihenschaltung aus Wirkwiderstand, induktivem und kapazitivem Blindwiderstand

Bei der Reihenschaltung **(Bild 1a)** wirken die kapazitive und die induktive Blindspannung einander entgegen, da die induktive Blindspannung U_{bL} dem Strom um 90° vor- und die kapazitive Blindspannung U_{bC} dem Strom um 90° nacheilt **(Bild 1b)**. Deshalb sind auch im Zeigerbild der Spannungen die Zeiger der Blindspannungen entgegengesetzt gerichtet. Die Gesamtspannung U ergibt sich durch geometrische Addition der Teilspannungen.

In Periodenabschnitten, in denen die Induktivität Energie aufnimmt, gibt die Kapazität Energie ab. Im Zeigerbild der Widerstände **(Bild 2a)** sind deshalb die Zeiger für die Blindwiderstände entgegengesetzt gerichtet. Der Gesamtwiderstand (Scheinwiderstand) Z ergibt sich durch geometrische Addition der Teilwiderstände.

Ist der induktive Blindwiderstand X_L größer als der kapazitive Blindwiderstand X_C, so wirkt die Schaltung Bild 1a induktiv, da im Zeigerbild der Zeiger für Z dem Zeiger für R voreilt (Bild 2a). Ist der kapazitive Blindwiderstand X_C größer als der induktive Blindwiderstand X_L, so wirkt die Schaltung vorwiegend kapazitiv **(Bild 2b)**. Sind beide Blindanteile gleich groß, so hat der Stromkreis den kleinsten Widerstand $Z = R$. Der Strom erreicht dabei den Höchstwert (Resonanz, Reihenschwingkreis, Seite 142).

Beispiel 1: Wie groß ist die Spannung U in der Schaltung Bild 1a, wenn $U_w = 10\,V$, $U_{bL} = 20\,V$ und $U_{bC} = 10\,V$ sind?

$$U = \sqrt{U_w^2 + (U_{bL} - U_{bC})^2}$$

$$U = \sqrt{10^2\,V^2 + (20\,V - 10\,V)^2}$$

$$U = \sqrt{100\,V^2 + 100\,V^2} = \mathbf{14{,}1\,V}$$

Beispiel 2: Berechnen Sie den Scheinwiderstand Z der Schaltung Bild 1a, wenn $R = 300\,\Omega$, $L = 2\,H$, $C = 6\,\mu F$ und die Frequenz $f = 50\,Hz$ sind.

$$X_L = \omega \cdot L = 2 \cdot \pi \cdot 50\frac{1}{s} \cdot 2 \cdot \Omega \cdot s = 628\,\Omega$$

$$X_C = \frac{1}{\omega \cdot C} = \frac{1}{2 \cdot \pi \cdot 50\frac{1}{s} \cdot 6 \cdot 10^{-6}\frac{s}{\Omega}} = \frac{10^6}{1885}\,\Omega = 531\,\Omega$$

$$X = X_L - X_C = 628\,\Omega - 531\,\Omega = 97\,\Omega$$

$$Z = \sqrt{R^2 + X^2} = \sqrt{300^2\,\Omega^2 + 97^2\,\Omega^2} = \sqrt{99\,409\,\Omega^2} = \mathbf{315\,\Omega}$$

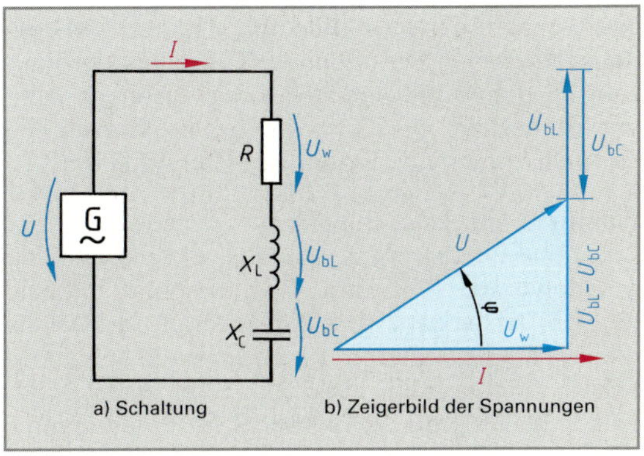

Bild 1: Reihenschaltung aus R, X_L und X_C

$$U^2 = U_w^2 + (U_{bL} - U_{bC})^2$$

$$U = \sqrt{U_w^2 + (U_{bL} - U_{bC})^2}$$

U Gesamtspannung
U_w Wirkspannung
U_{bL} induktive Blindspannung
U_{bC} kapazitive Blindspannung

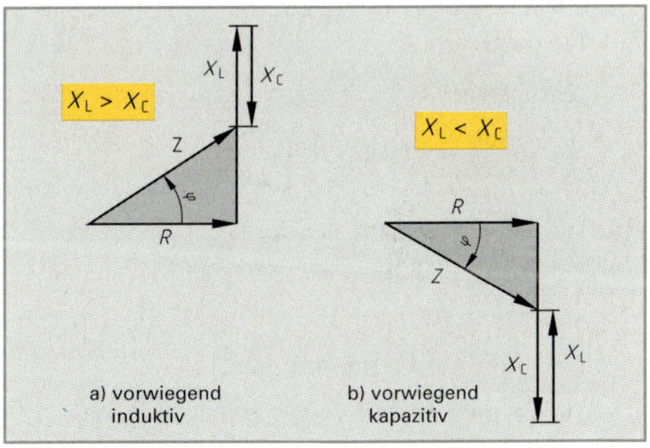

Bild 2: Zeigerbilder der Widerstände bei der Reihenschaltung aus R, X_L und X_C

$$Z^2 = R^2 + (X_L - X_C)^2$$

$$Z = \sqrt{R^2 + (X_L - X_C)^2} \qquad Z = \frac{U}{I}$$

Z Gesamtwiderstand (Scheinwiderstand)
R Wirkwiderstand
X_L induktiver Blindwiderstand
X_C kapazitiver Blindwiderstand
I Gesamtstrom
U Gesamtspannung

7.6.2 Parallelschaltung aus Wirkwiderstand, induktivem und kapazitivem Blindwiderstand

Bei der Parallelschaltung **(Bild 1a)** eilt der Strom I_{bL} der gemeinsamen Spannung U um 90° nach. Der Strom I_{bC} durch die Kapazität eilt der Spannung U um 90° voraus. I_{bC} und I_{bL} sind also immer entgegengesetzt gerichtet **(Bild 1b)**. Dadurch wirkt die Kapazität in den Periodenabschnitten als Verbraucher, in denen die Induktivität als Erzeuger wirkt und umgekehrt. Der Gesamtstrom ergibt sich aus den Teilströmen durch geometrische Addition.

Wenn der induktive Blindstrom I_{bL} größer als der kapazitive Blindstrom I_{bC} ist, so wirkt die Parallelschaltung aus R, L und C vorwiegend induktiv (Bild 1b). Ist der kapazitive Blindstrom I_{bC} größer als der induktive Blindstrom I_{bL}, so wirkt die Schaltung vorwiegend kapazitiv **(Bild 2a)**. Sind beide Blindanteile gleich groß, so hat der Scheinwiderstand Z der Schaltung den größten Wert (Resonanz, Parallelschwingkreis, Seite 144).

Bei der Parallelschaltung aus Wirkwiderstand, induktivem und kapazitivem Blindwiderstand kann man das Zeigerbild der Leitwerte zeichnen **(Bild 2b)** und es rechnerisch auswerten.

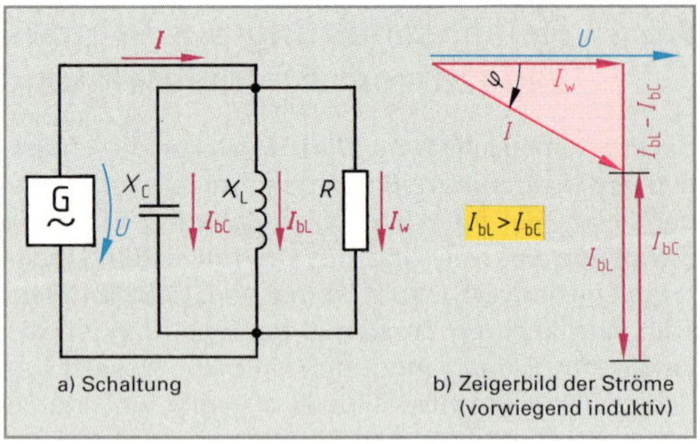

Bild 1: Parallelschaltung aus R, X_L und X_C

$$I^2 = I_w^2 + (I_{bL} - I_{bC})^2$$

$$I = \sqrt{I_w^2 + (I_{bL} - I_{bC})^2}$$

I Gesamtstrom
I_w Wirkstrom
I_{bC} kapazitiver Blindstrom
I_{bL} induktiver Blindstrom

Beispiel: Ein induktiver Blindwiderstand X_L = 1200 Ω ist mit einem kapazitiven Blindwiderstand X_C = 1000 Ω und einem Wirkwiderstand R = 1500 Ω parallel geschaltet. Die angelegte Wechselspannung ist U = 100 V. Berechnen Sie die Teilströme und den Gesamtstrom I.

$$I_w = \frac{U}{R} = \frac{100\ \text{V}}{1500\ \Omega} = \mathbf{0{,}067\ A}$$

$$I_{bL} = \frac{U}{X_L} = \frac{100\ \text{V}}{1200\ \Omega} = \mathbf{0{,}0833\ A}$$

$$I_{bC} = \frac{U}{X_C} = \frac{100\ \text{V}}{1000\ \Omega} = \mathbf{0{,}1\ A}$$

$$I = \sqrt{I_w^2 + (I_{bC} - I_{bL})^2}$$
$$= \sqrt{0{,}067^2\ \text{A}^2 + (0{,}1 - 0{,}0833)^2\ \text{A}^2} =$$
$$= \sqrt{0{,}00478\ \text{A}^2} = 0{,}0691\ \text{A} = \mathbf{69{,}1\ mA}$$

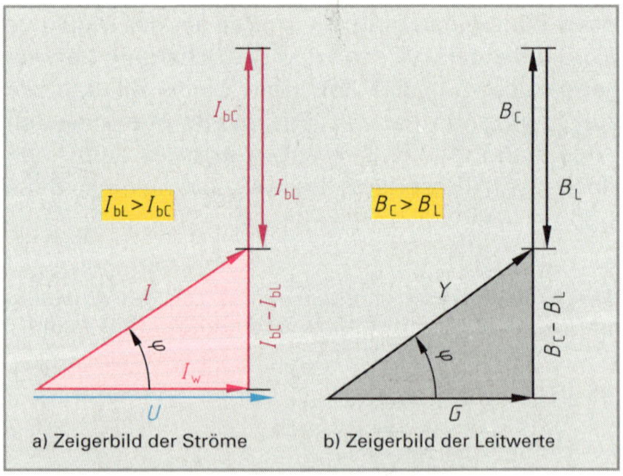

Bild 2: Zeigerbilder für eine Parallelschaltung aus R, X_L und X_C (vorwiegend kapazitiv)

$$Y^2 = G^2 + (B_C - B_L)^2 \qquad [Y] = \frac{1}{\Omega} = \text{S}$$

$$Y = \sqrt{G^2 + (B_C - B_L)^2} \qquad Y = \frac{1}{Z}$$

Y Gesamtleitwert (Scheinleitwert)
G Wirkleitwert
B_C kapazitiver Blindleitwert
B_L induktiver Blindleitwert
Z Scheinwiderstand

Wiederholungsfragen

1. **Welche Zeigerbilder ergeben sich, wenn die Widerstände R, X_L und X_C a) in Reihe und b) parallel geschaltet sind?**
2. **Warum sind bei einer Reihenschaltung aus R, X_L und X_C die Zeiger für die Blindspannungen entgegengesetzt gerichtet?**
3. **Wie groß ist bei einer Parallelschaltung aus R, X_L und X_C bei Gleichheit der Blindströme der Phasenverschiebungswinkel φ zwischen dem Gesamtstrom und der gemeinsamen Spannung?**

7.7 Schwingkreise

Versuch: Laden Sie einen verlustarmen Kondensator, z. B. einen MP-Kondensator von 47 µF, an einem Akkumulator (2 V) oder einem Netzgerät auf. Legen Sie den aufgeladenen Kondensator dann an die Reihenschaltung einer Drossel hoher Induktivität, z. B. von 650 H einer Spule mit Schnittbandkern, und eines Strommessers mit Nullpunkt in der Skalenmitte **(Bild 1)**.

Der Zeiger des Strommessers pendelt mit einer Frequenz von etwa 1 Hz um den Nullpunkt hin und her und kommt nach einigen Schwingungen zur Ruhe.

Ein elektromagnetischer Schwingkreis besteht aus einer Induktivität und einer Kapazität.

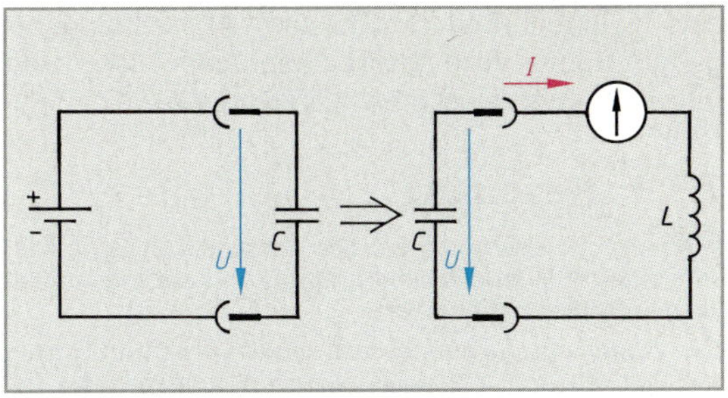

Bild 1: Strommessung im Schwingkreis bei langsamen Schwingungen

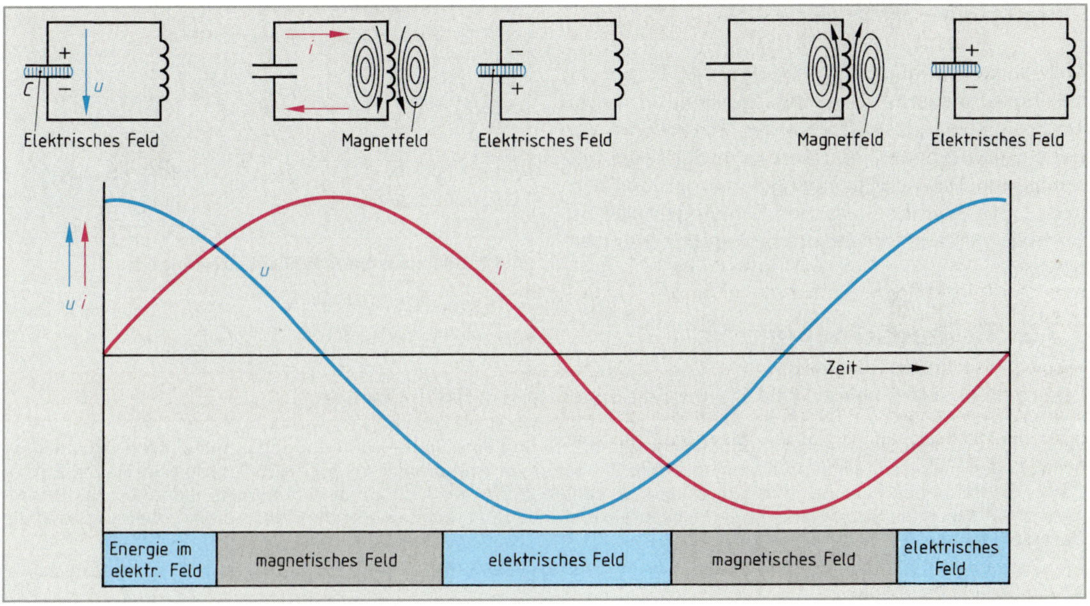

Bild 2: Elektrisches und magnetisches Feld beim Schwingkreis

Der aufgeladene Kondensator entlädt sich über die Spule. Der Entladestrom baut in der Spule ein Magnetfeld auf. Ist der Kondensator entladen, beginnt das Magnetfeld abzusinken. Die Magnetfeldänderung induziert in der Spule eine Spannung. Der Kondensator lädt sich mit umgekehrter Polarität so lange auf, bis das Magnetfeld in der Spule vollständig abgebaut ist.

Die Kondensatorspannung erzeugt im Kondensator ein elektrisches Feld. In der Spule ruft der Strom ein Magnetfeld hervor. Elektrisches Feld und magnetisches Feld folgen aufeinander **(Bild 2)**. Dieser Vorgang wiederholt sich periodisch.

In einem Schwingkreis wechseln sich magnetisches und elektrisches Feld periodisch ab.

Der Wechselstrom im Schwingkreis erzeugt vor allem im Wirkwiderstand der Spule Wärme. Deshalb werden die Schwingungen des einmal angestoßenen Schwingkreises immer kleiner. Sie hören schließlich ganz auf, wenn sich die Energie des elektrischen bzw. magnetischen Feldes ganz in Wärme umgesetzt hat. Die abklingende Schwingung nennt man eine **gedämpfte Schwingung (Bild 3)**.

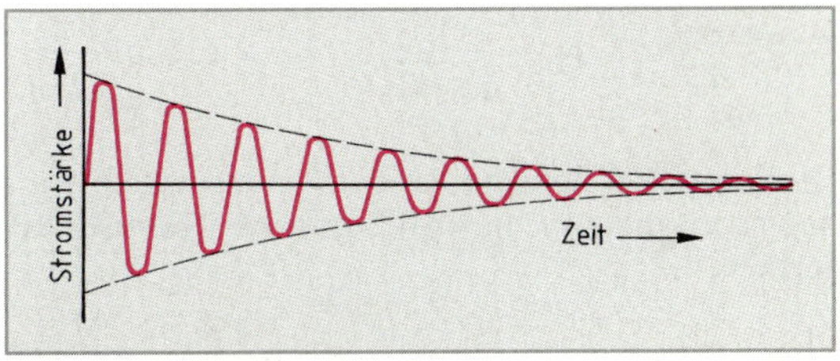

Bild 3: Gedämpfte Schwingung

Wird einem Schwingkreis von außen und im richtigen Takt Energie zugeführt, so kann er sich einschwingen **(Bild 1)**. Ein- und Ausschwingvorgänge treten auch bei Lautsprechern auf und führen zu unerwünschten Verzerrungen.

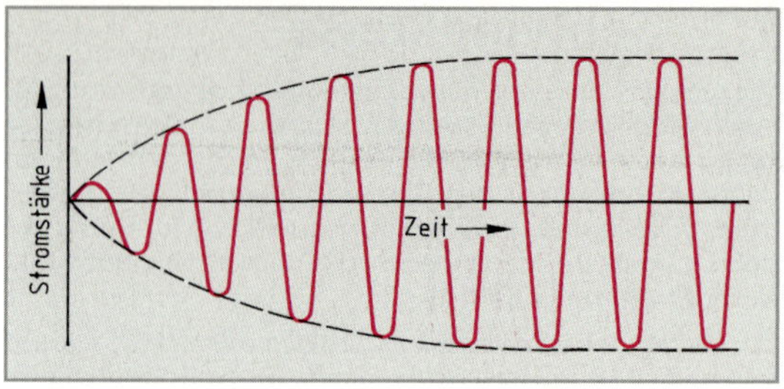

Bild 1: Einschwingvorgang

7.7.1 Resonanz

Versuch 1: Wiederholen Sie den Versuch von Seite 141, verkleinern Sie jedoch die Kapazität und die Induktivität jeweils auf den halben Wert.

Der Zeiger des Strommessers schwingt wie im letzten Versuch um den Nullpunkt, jedoch mit etwa doppelter Frequenz.

Induktivität und Kapazität legen die Eigenfrequenz eines Schwingkreises fest.

Soll die Schwingung nicht infolge der Dämpfung abklingen, muss der Schwingkreis laufend mit einer Frequenz angestoßen werden, die so groß wie seine Eigenfrequenz ist. Dann kann der Kreis mitschwingen. Dieses Mitschwingen nennt man **Resonanz**[1]. Die Eigenfrequenz des Schwingkreises bezeichnet man auch als **Resonanzfrequenz** (Kennfrequenz).

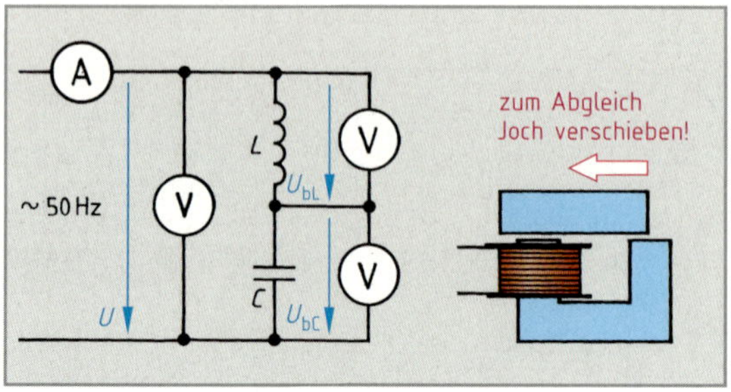

Bild 2: Resonanz beim Reihenschwingkreis

7.7.2 Reihenschwingkreis

Beim Reihenschwingkreis sind Spule und Kondensator in Reihe geschaltet.

Versuch 2: Schalten Sie einen MP-Kondensator von 8,2 µF und eine Spule (600 Windungen mit U-Kern und Joch) in Reihe. Legen Sie diesen Reihenschwingkreis **(Bild 2)** über einen Trenntransformator an 25 V~. Messen Sie die Stromstärke, die durch den Reihenschwingkreis fließt. Verschieben Sie das Joch auf dem U-Kern so lange, bis der Strommesser die maximale Stromstärke zeigt. Messen Sie dann die Spannung am Kondensator, an der Induktivität und die Gesamtspannung.

Die Spannung am Kondensator und an der Induktivität sind gleich groß. Jede Teilspannung ist aber wesentlich größer als die Gesamtspannung.

Bei diesem Versuch wird der Reihenschwingkreis durch Ändern der Induktivität der Spule mit der Netzfrequenz in Resonanz gebracht.

Im Reihenschwingkreis, der an einer festen (stabilen) Wechselspannung liegt, ist bei Resonanz die Wechselstromstärke am größten.

Bei Resonanz sind die Spannungen an Induktivität und Kapazität gleich groß **(Bild 1,** Seite 143). In der Reihenschaltung ist dann der induktive Blindwiderstand gleich dem kapazitiven Blindwiderstand.

$$X_L = X_C \quad \Rightarrow \quad \omega_r \cdot L = \frac{1}{\omega_r \cdot C} \quad \Rightarrow \quad \omega_r^2 = \frac{1}{L \cdot C}$$

$$\Rightarrow \quad \omega_r = \frac{1}{\sqrt{L \cdot C}} \quad \Rightarrow \quad 2\pi \cdot f_r = \frac{1}{\sqrt{L \cdot C}} \quad \Rightarrow$$

$$f_r = \frac{1}{2\pi \cdot \sqrt{L \cdot C}}$$

Die Formel zur Berechnung der Resonanzfrequenz eines Schwingkreises nennt man nach ihrem Entdecker **Thomson'sche[2] Schwingungsformel.**

$$[f_r] = \frac{1}{\sqrt{\frac{Vs \cdot As}{A \cdot V}}} = \frac{1}{s} = Hz$$

f_r Resonanzfrequenz
L Induktivität
C Kapazität

[1] resonare (lat.) = widerhallen, mitschwingen
[2] William Thomson, Lord Kelvin, engl. Physiker, 1824 bis 1907

Bei Resonanz sind die Spannungen am induktiven und kapazitiven Widerstand gleich groß, jedoch entgegengesetzt gerichtet. Der Reihenschwingkreis wirkt nur noch wie ein Ohm'scher Widerstand **(Bild 1)**. Diesen Widerstand nennt man **Resonanzwiderstand** R_r des Reihenschwingkreises. Oberhalb und unterhalb der Resonanzfrequenz ist der Scheinwiderstand Z des Reihenschwingkreises immer größer als der Resonanzwiderstand.

> Ein Reihenschwingkreis hat bei Resonanz seinen kleinsten Widerstand. An Spule und Kondensator ist meist eine Spannungsüberhöhung (Spannungsresonanz) vorhanden. Die Blindspannungen U_{bL} und U_{bC} können dann um ein Vielfaches größer als die Gesamtspannung sein.

Das Verhältnis einer Teilspannung U_{bL} oder U_{bC} zur Gesamtspannung U bei Resonanz nennt man die **Güte** Q des Reihenschwingkreises. Jede der beiden Teilspannungen ist Q-mal so groß wie die angelegte Spannung.

$$Q = \frac{U_{bL}}{U} = \frac{U_{bC}}{U} \qquad Q = \frac{X_L}{R_r} = \frac{X_C}{R_r}$$

Der Resonanzwiderstand ist so groß wie der Verlustwiderstand des Reihenschwingkreises **(Bild 2)**. Die Verluste in der Spule überwiegen meist bei weitem die Verluste im Kondensator. Man versucht daher die Spulenverluste möglichst klein zu halten, um eine hohe Schwingkreisgüte zu erlangen. Zum Verringern der Verluste durch Stromverdrängung verwendet man in der Nachrichtentechnik für die Spulen Litzen oder bei hohen Frequenzen versilberte Kupferdrähte. Die Spulen erhalten Kerne aus Ferrit, um Spulenwindungen zu sparen.

Unterhalb der Resonanzfrequenz überwiegt beim Reihenschwingkreis der kapazitive Widerstand X_C, oberhalb der Resonanzfrequenz jedoch der induktive Widerstand X_L (Bild 1).

Zeichnet man den Verlauf des Scheinwiderstandes Z abhängig von der Frequenz f auf, so erhält man die Resonanzkurve des Reihenschwingkreises **(Bild 3)**. Mit dem Reihenschwingkreis kann man in einem Frequenzgemisch die Resonanzfrequenz kurzschließen und damit unterdrücken. Eine Antenne ist z. B. ein Wechselspannungserzeuger mit einem Frequenzgemisch. Ein Reihenschwingkreis an den Klemmen der Antenne schließt seine Resonanzfrequenz kurz. Man bezeichnet den Reihenschwingkreis in einer solchen Schaltung auch als **Saugkreis**.

Bei leerlaufenden Transformatoren mit Phasenschieberkondensatoren oder bei der Reihenkompensation kann die Spannungsresonanz unbeabsichtigt auftreten und Schäden anrichten.

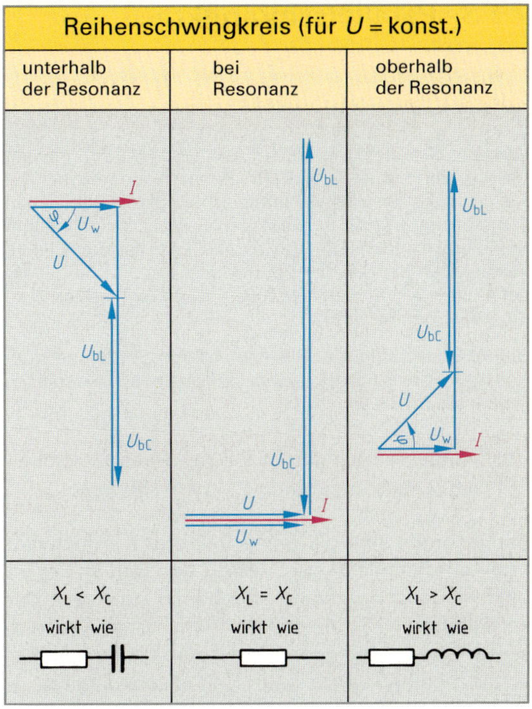

Bild 1: Zeigerbilder des Reihenschwingkreises

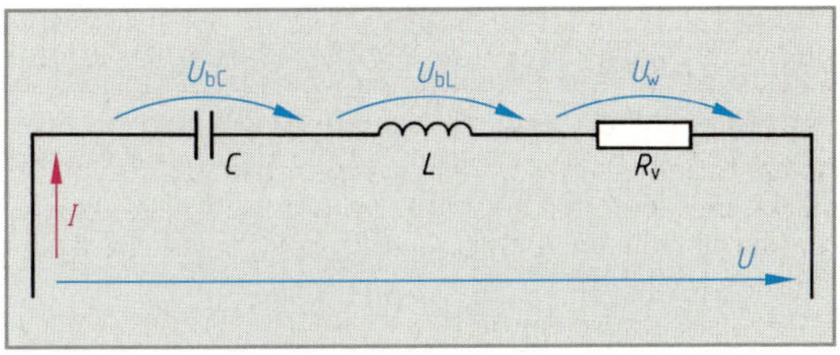

Bild 2: Ersatzschaltbild des Reihenschwingkreises

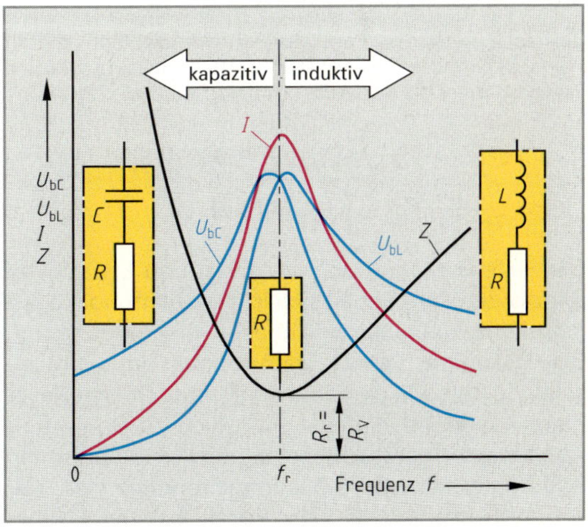

Bild 3: Resonanzkurve des Reihenschwingkreises

7.7.3 Parallelschwingkreis

Beim Parallelschwingkreis sind Spule und Kondensator parallel geschaltet.

Versuch: Schalten Sie eine Spule (600 Windungen auf U-Kern mit Joch) parallel zu einem Kondensator von 8,2 µF. Legen Sie diesen Parallelschwingkreis über einen Transformator an 25 V~. Messen Sie die Ströme durch Spule und Kondensator sowie den Gesamtstrom **(Bild 1)**. Verschieben Sie das Joch auf dem U-Kern so lange, bis der Gesamtstrom möglichst klein und die Teilströme so groß wie möglich sind.

Bei Resonanz sind die Teilströme durch Spule und Kondensator gleich groß. Jeder Teilstrom ist wesentlich größer als der Gesamtstrom.

Im Parallelschwingkreis ist bei Resonanz der Gesamtstrom in der Zuleitung am kleinsten.

Bei Resonanz sind die Teilströme durch Induktivität und Kapazität gleich groß **(Bild 2** und **Bild 3)**. Der induktive Blindwiderstand ist ebenso groß wie der kapazitive, weil Spule und Kondensator an gemeinsamer Spannung liegen. Es gilt also die gleiche Resonanzbedingung wie beim Reihenschwingkreis.

$$X_L = X_C \quad \Rightarrow \quad \omega_r \cdot L = \frac{1}{\omega_r \cdot C} \quad \Rightarrow \quad \omega_r^2 = \frac{1}{L \cdot C}$$

$$\Rightarrow \quad 2\pi \cdot f_r = \frac{1}{\sqrt{L \cdot C}}$$

Beispiel 1: Parallel zu einer Spule mit 1 mH liegt ein Kondensator von 22 nF. Wie groß ist die Resonanzfrequenz dieses Parallelschwingkreises?

$$f_r = \frac{1}{2\pi \cdot \sqrt{L \cdot C}} = \frac{1}{2\pi \cdot \sqrt{1\,\text{mH} \cdot 22\,\text{nF}}} =$$

$$= \frac{1}{2\pi \cdot \sqrt{10^{-3}\,\Omega\text{s} \cdot 22 \cdot 10^{-9}\,\text{s}/\Omega}} = \frac{1}{2\pi \cdot \sqrt{22 \cdot 10^{-12}\,\text{s}^2}}$$

$$= 33{,}93 \cdot 10^3\,\text{Hz} = \mathbf{34\,kHz}$$

Beispiel 2: Mit einem Parallelschwingkreis soll aus einem Frequenzgemisch die Frequenz 50 Hz ausgesiebt werden. Wie groß muss die Kapazität bei einer Spule mit 2,4 H sein?

$$\omega_r^2 = \frac{1}{L \cdot C} \quad \Rightarrow \quad C = \frac{1}{\omega_r^2 \cdot L} = \frac{1}{(2\pi \cdot f)^2 \cdot L}$$

$$= \frac{1}{(2\pi \cdot 50\,1/\text{s})^2 \cdot 2{,}4\,\Omega\text{s}} = \mathbf{4{,}22\,\mu F}$$

Die Ströme durch den induktiven und kapazitiven Blindwiderstand heben sich in der Zuleitung wegen deren entgegengesetzter Phasenverschiebung auf. Bei Resonanz verhält sich daher der Parallelschwingkreis wie ein Wirkwiderstand. Diesen **Resonanzwiderstand** R_r denkt man sich zu Spule und Kondensator parallel geschaltet (Bild 2). Oberhalb und unterhalb der Resonanzfrequenz ist der Scheinwiderstand Z des Parallelschwingkreises stets kleiner als der Resonanzwiderstand R_r.

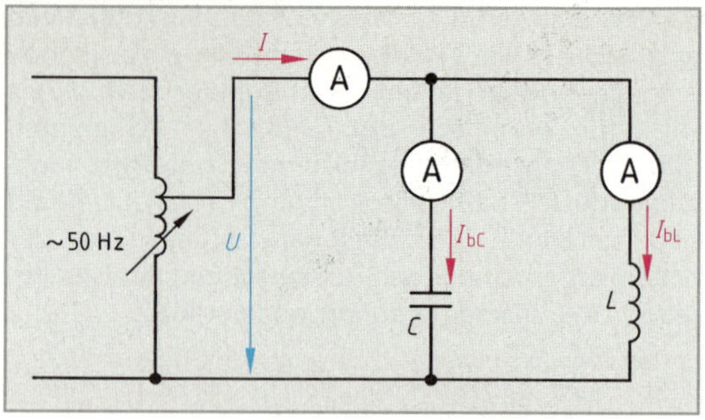

Bild 1: Messungen im Parallelschwingkreis

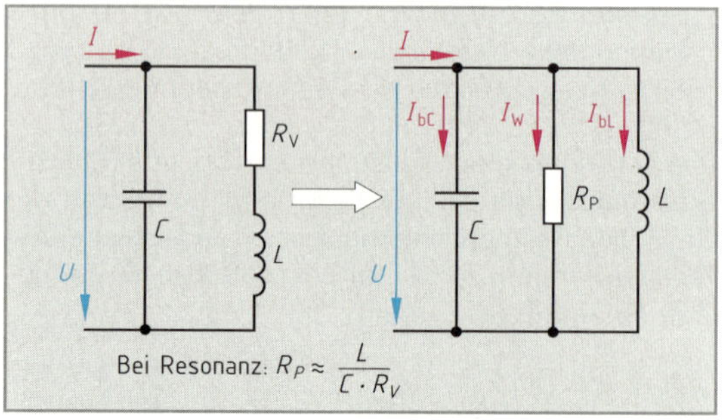

Bild 2: Ersatzschaltbild des Parallelschwingkreises

f_r Resonanzfrequenz
L Induktivität
C Kapazität

$$f_r = \frac{1}{2\pi \cdot \sqrt{L \cdot C}}$$

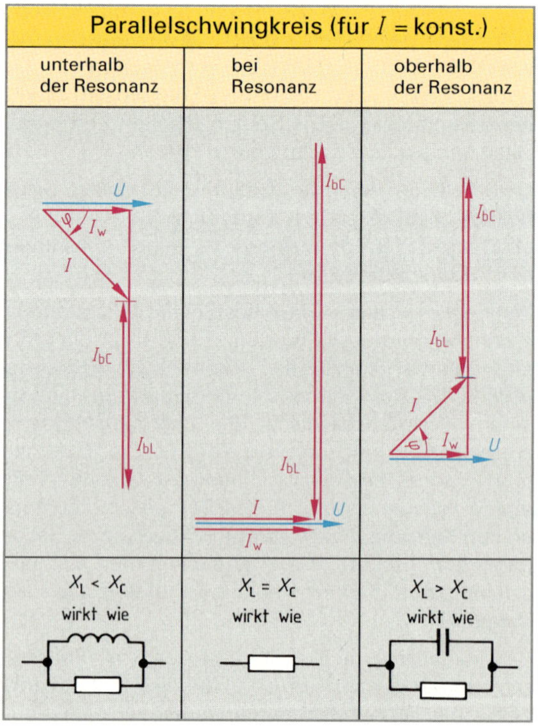

Bild 3: Zeigerbilder des Parallelschwingkreises

Ein Parallelschwingkreis hat bei Resonanz seinen größten Widerstand.

Bei Resonanz sind induktiver und kapazitiver Blindwiderstand wesentlich kleiner als der Resonanzwiderstand. Durch Kondensator und Spule fließen daher große Ströme.

Beim Parallelschwingkreis tritt in Spule und Kondensator meist Stromüberhöhung auf (Stromresonanz). Die Blindströme erreichen dann ein Vielfaches des Gesamtstromes.

Das Verhältnis eines der Teilstromstärken I_{bL} oder I_{bC} zur Gesamtstromstärke I nennt man die Güte Q des Parallelschwingkreises.

Bei Resonanz ist jeder der beiden Teilströme Q-mal so groß wie der Gesamtstrom.

Die Verluste der Spule sind wesentlich größer als die Verluste des Kondensators. Die Güte des Schwingkreises ist also etwa so groß wie die Güte der Spule ($Q \approx Q_L$). Die Spulengüte Q_L ist das Verhältnis des induktiven Widerstandes X_L zum Widerstand R der Spule.

$$Q \approx Q_L = \frac{X_L}{R}$$

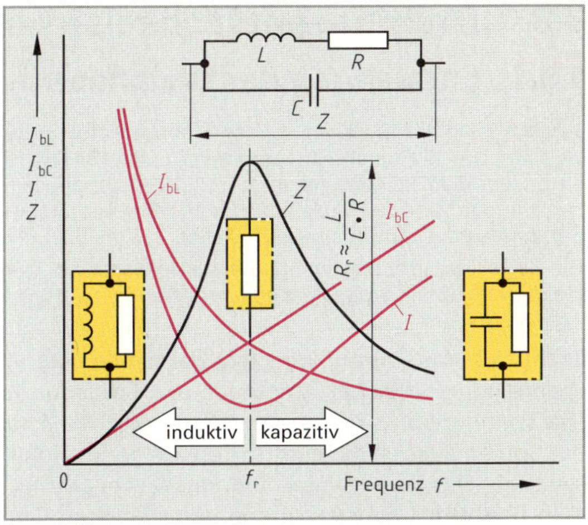

Bild: Resonanzkurve des Parallelschwingkreises

$$Q = \frac{I_{bL}}{I} = \frac{I_{bC}}{I}$$

$$Q \approx \frac{X_L}{R}$$

Q Güte des Schwingkreises
I_{bL} induktiver Blindstrom
I_{bC} kapazitiver Blindstrom
I Gesamtstrom
X_L induktiver Blindwiderstand
R Verlustwiderstand der Spule

Unterhalb der Resonanzfrequenz f_r ist der induktive Blindwiderstand kleiner als der kapazitive. Durch die Spule fließt also der größere Strom (Bild 3, Seite 144). Oberhalb der Resonanzfrequenz ist jedoch der kapazitive Widerstand kleiner als der induktive. Also fließt hierbei durch den Kondensator der größere Strom.

Die Resonanzkurve des Parallelschwingkreises **(Bild)** zeigt den Verlauf des Scheinwiderstandes Z abhängig von der Frequenz f. Unterhalb der Resonanzfrequenz wirkt der Parallelschwingkreis induktiv und oberhalb kapazitiv.

Den Parallelschwingkreis verwendet man, um aus einem Frequenzgemisch eine bestimmte Frequenz, die Resonanzfrequenz, herauszusieben. An den Klemmen einer Antenne liegen z. B. alle Frequenzen, die von der Antenne empfangen werden können. Schaltet man an diese Klemmen einen Parallelschwingkreis, schließt er alle Frequenzen bis auf die Resonanzfrequenz kurz. Der Spannungserzeuger, hier die Antenne, wird also nur für die Resonanzfrequenz in der Nähe des Leerlaufs betrieben, für die anderen Frequenzen praktisch im Kurzschluss.

Schaltet man jedoch den Parallelschwingkreis in Reihe zum Verbraucher, sperrt er die Resonanzfrequenz. Nur bei Resonanz besitzt der Parallelschwingkreis einen großen Widerstand. Wegen dieser Wirkung nennt man den Parallelschwingkreis auch **Sperrkreis.**

Wiederholungsfragen

1 **Welche Bauelemente bilden einen Schwingkreis?**
2 **Was versteht man unter der Resonanz eines Schwingkreises?**
3 **Unter welcher Bedingung ist ein Schwingkreis in Resonanz?**
4 **Mit welcher Formel berechnet man die Resonanzfrequenz a) des Reihenschwingkreises und b) des Parallelschwingkreises?**
5 **Bei welchem Schwingkreis tritt Stromüberhöhung auf?**
6 **Welcher Schwingkreis zeigt bei Resonanz Spannungsüberhöhung?**
7 **Durch welche Schaltung kann man einen Parallelschwingkreis ersetzen, der unterhalb der Resonanzfrequenz betrieben wird?**

7.8 Dreiphasenwechselstrom (Drehstrom)

7.8.1 Entstehung der Dreiphasenwechselspannung

Versuch 1: Drehen Sie einen starken Stabmagneten zwischen drei gleichen, um 120° räumlich versetzten Spulen **(Bild 1)**. Schließen Sie an jede Spule einen Gleichspannungsmesser an, dessen Nullpunkt in der Mitte der Skale liegt. Drehen Sie den Stabmagneten mit konstanter Drehzahl um seine Achse.

Die Zeiger der drei Spannungsmesser schlagen bei jeder vollen Umdrehung des Polrades nacheinander je einmal nach links und nach rechts aus.

Dreht sich das Polrad, wird in jeder Spule eine Wechselspannung mit gleicher Amplitude und Frequenz induziert. Die Spannungen sind wegen der räumlichen Anordnung der Spulen auch zeitlich um 1/3 Periode gegeneinander verschoben. Der Phasenverschiebungswinkel beträgt jeweils 120° **(Bild 2b)**. Die drei Spulen eines solchen Generators bilden die **Stränge** der Maschine. In jedem Strang wird eine Spannung induziert, die man **Strangspannung** nennt.

Die Anfänge der Stränge bezeichnet man mit U1, V1, W1, die Strangenden mit U2, V2, W2. Durch **Verkettung** (Verbindung) der drei Spulen miteinander kann man die Anzahl der zur Energieübertragung notwendigen Leiter auf drei Leiter (L1, L2, L3) verringern **(Bild 2a)**.

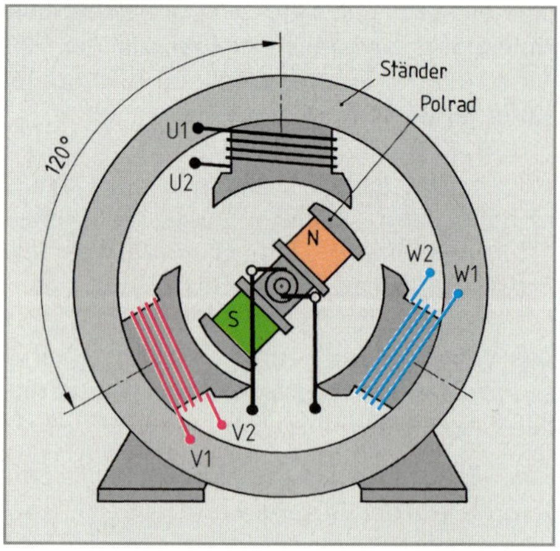

Bild 1: Erzeugung von drei um je 120° phasenverschobenen Wechselspannungen

Drei um 120° phasenverschobene und verkettete Wechselspannungen nennt man Dreiphasenwechselspannung.

7.8.2 Verkettung

Verbindet man die drei Strangenden U2, V2 und W2, so entsteht die **Sternschaltung,** Zeichen: Y **(Bild 2c)**. Den Verbindungspunkt von U2, V2 und W2 nennt man **Sternpunkt**. Am Sternpunkt kann man den **Neutralleiter** N anschließen.

Verbindet man das Ende eines Stranges mit dem Anfang des nächsten, z. B. U2 mit V1, V2 mit W1 und W2 mit U1, entsteht die **Dreieckschaltung,** Zeichen: △ **(Bild 2d)**. Die drei Leiter L1, L2 und L3, die vom Erzeuger an beiden Schaltungen zu den Stranganfängen U1, V1 und W1 führen, nennt man **Außenleiter**.

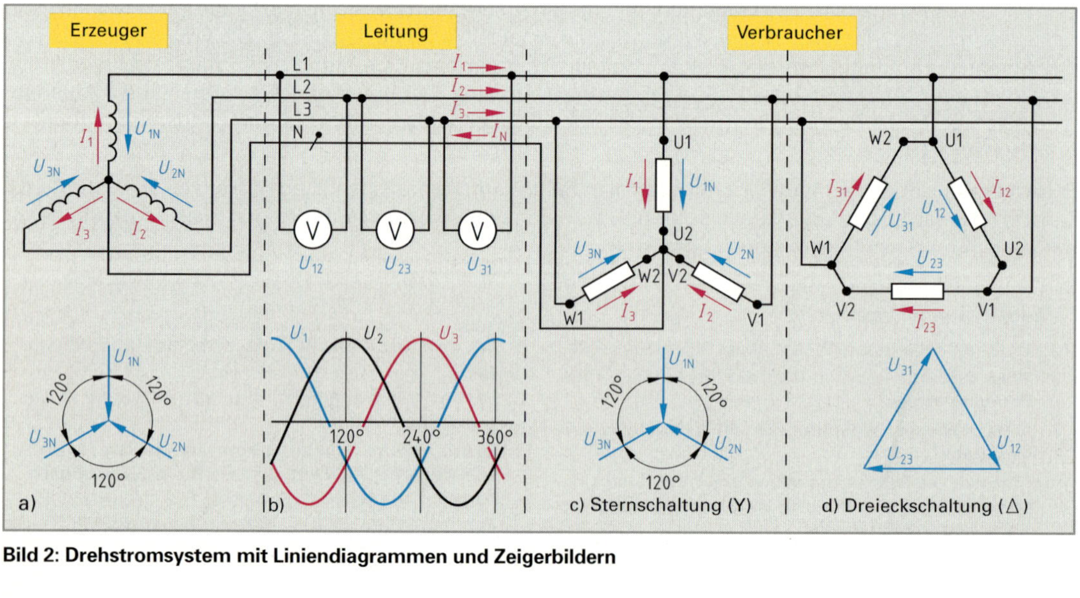

Bild 2: Drehstromsystem mit Liniendiagrammen und Zeigerbildern

Versuch 2: Messen Sie an einem Drehstromnetz **(Bild 1)** zuerst die Spannungen zwischen den Außenleitern, dann die Spannungen zwischen jedem Außenleiter und dem Neutralleiter N.

Zwischen L1 und L2, L1 und L3 sowie zwischen L2 und L3 misst man drei gleich große Spannungen. Zwischen L1 und N, L2 und N sowie zwischen L3 und N misst man ebenfalls drei gleich große Spannungen, die jedoch kleiner als die Spannungen zwischen den Außenleitern sind.

Setzt man die Spannung zwischen zwei Außenleitern, z. B. U_{31}, zur Spannung zwischen Außenleiter und Neutralleiter N, z. B. U_{1N}, ins Verhältnis, so erhält man den **Verkettungsfaktor**:

$$\text{z. B. } \frac{400\ \text{V}}{230\ \text{V}} = \sqrt{3} \quad \Rightarrow \quad \frac{U_{31}}{U_{1N}} = \sqrt{3}$$

Bei Drehstrom nennt man den Faktor $\sqrt{3}$ Verkettungsfaktor.

Die Spannung zwischen zwei Außenleitern, z. B. L1 und L2, bezeichnet man als **Außenleiterspannung** oder **Leiterspannung**.

Den Zusammenhang zwischen den Leiterspannungen und den Spannungen zwischen Außenleiter und Neutralleiter N kann man im Zeigerbild **(Bild 2)** und im Liniendiagramm **(Bild 3)** darstellen. In Bild 2 bilden die Spannungen U_{1N}, U_{3N} und U_{31} ein gleichschenkliges Dreieck mit dem Basiswinkel 30°. Dieses Dreieck kann man in zwei rechtwinklige Dreiecke zerlegen. Mit Hilfe der Winkelfunktionen ergibt sich:

$$\frac{U_{31}}{2} = U_{1N} \cdot \cos 30° = U_{1N} \cdot \frac{\sqrt{3}}{2} \quad \Rightarrow \quad U_{31} = U_{1N} \cdot \sqrt{3}$$

Aus Bild 2 ist ersichtlich, dass U_{31} die geometrische Differenz zwischen U_{3N} und U_{1N} ist.

$$\underline{U}_{31} = \underline{U}_{3N} - \underline{U}_{1N}$$ [1]

Bildet man im Liniendiagramm (Bild 3) die Differenz der Momentanwerte der Spannungen u_{3N} und u_{1N}, ergibt sich der Verlauf der Leiterspannung u_{31}. Auch hier zeigt sich, dass der Scheitelwert der Spannung u_{31} um den Faktor $\sqrt{3}$ größer ist als der Scheitelwert der Spannung u_{1N}.

Im 400-V-Vierleiter-Drehstromnetz beträgt die Leiterspannung U = 400 V, die Spannung zwischen Außenleiter und Neutralleiter (U_{1N}, U_{2N}, U_{3N}) 230 V **(Bild 4)**. Dies ermöglicht den Betrieb von Drehstromverbrauchern mit einer Nennspannung von 400 V, z. B. Motoren, Elektroherde oder Nachtspeicheröfen, und von Wechselstromverbrauchern für 230 V, z. B. Glühlampen oder Fernsehgeräte, an einem Netz.

[1] Der Unterstrich, z. B. bei $\underline{U}_{31}$, bedeutet, dass es sich um eine Größe mit Betrag und Richtung handelt, die geometrisch addiert werden muss.

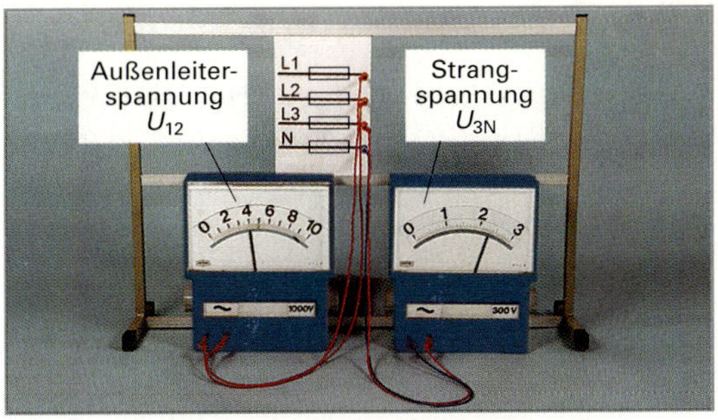

Bild 1: Spannungsmessungen am Drehstromnetz

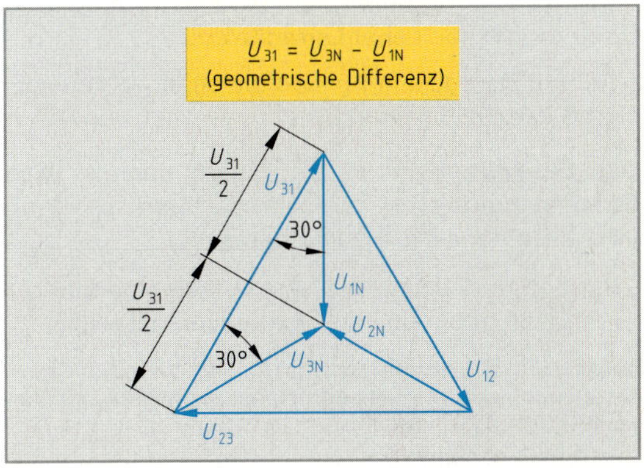

Bild 2: Zeigerbild der Spannungen in der Sternschaltung

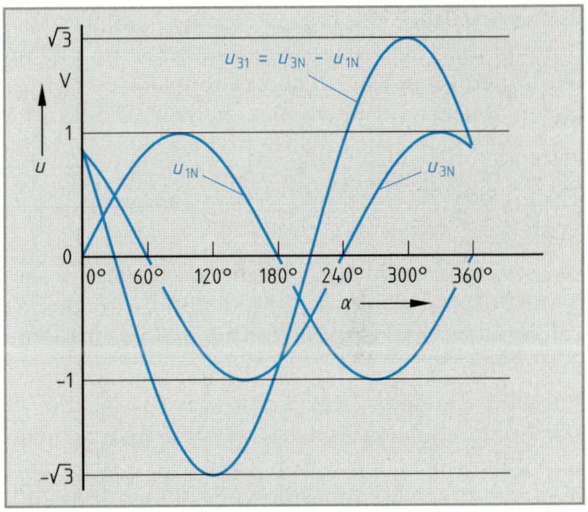

Bild 3: Strangspannungen und Leiterspannung im Liniendiagramm

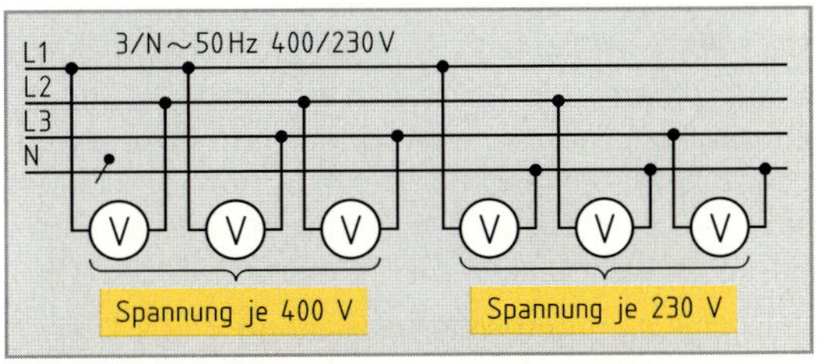

Bild 4: Spannungen im Vierleiter-Drehstromnetz

7.8.3 Sternschaltung (Zeichen: Y)

Spannungen und Ströme bei symmetrischer (gleichmäßiger) Belastung

Versuch 3: Schließen Sie drei gleiche Verbraucher, z. B. 100-Ω-Widerstände, an einen Drehstromversuchstransformator. Messen Sie die Stromstärke in jedem Leiter und im Neutralleiter **(Bild 1)**.

Die Stromstärken in den Leitern sind gleich groß. Im Neutralleiter fließt kein Strom.

Bei der Sternschaltung (Bild 1) fließt in jedem Strang derselbe Strom wie im Leiter. Den Strom durch den Strang nennt man **Strangstrom** I_{Str}, den Strom durch den Leiter **Leiterstrom** I.

> Bei der Sternschaltung sind die Leiterströme so groß wie die Strangströme.

Die Spannung an einem Strang nennt man **Strangspannung** U_{Str}. Sie ist in der Sternschaltung $\sqrt{3}$mal kleiner als die Leiterspannung.

> Bei der Sternschaltung ist die Leiterspannung $\sqrt{3}$mal so groß wie die Strangspannung.

Beispiel: Ein Drehstrommotor ist am 400-V-Netz in Sternschaltung angeschlossen. Berechnen Sie die Strangspannung des Motors.

$$U_{Str} = \frac{U}{\sqrt{3}} = \frac{400\,\text{V}}{\sqrt{3}} = 230\,\text{V}$$

Im Neutralleiter fließt zu jedem Zeitpunkt die Summe der Leiterströme. Betrachtet man z. B. im Liniendiagramm **(Bild 2)** den Zeitpunkt II, so hat der Strom i_1 seinen positiven Maximalwert. Die Ströme i_2 und i_3 sind jeweils halb so groß wie i_1, jedoch negativ. Die Summe der Momentanwerte der drei Ströme ist somit null. Dies gilt auch für jede andere Stelle zwischen 0° und 360°.

Die Stromstärke im Neutralleiter kann auch im Zeigerbild **(Bild 4)** ermittelt werden. Zum Erstellen des Zeigerbildes der Ströme ist folgende Vorüberlegung nötig:

Aus **Bild 2c, Seite 146,** ergibt sich für die Sternschaltung ein Zeigerbild, bei dem die Spannungen zum Sternpunkt hinweisen **(Bild 3a)**. Zeiger darf man auf ihrer Wirkungslinie verschieben **(Bild 3b)**. Es entsteht ein gleichwertiges Zeigerbild **(Bild 3c)**. Für die Zeigerbilder der Ströme wird meist diese Darstellung (Zeiger nach außen) zugrunde gelegt.

Sind die Verbraucher wie in Versuch 3 Wirkwiderstände, haben die Ströme I_1, I_2 und I_3 die gleiche Phasenlage wie die zugehörigen Strangspannungen (Bild 4). Die (geometrische) Summe der Leiterströme I_1, I_2 und I_3 (Bild 4) ist null, es fließt also kein Strom im Neutralleiter.

> Bei der symmetrischen Belastung eines Drehstromnetzes fließt im Neutralleiter kein Strom.

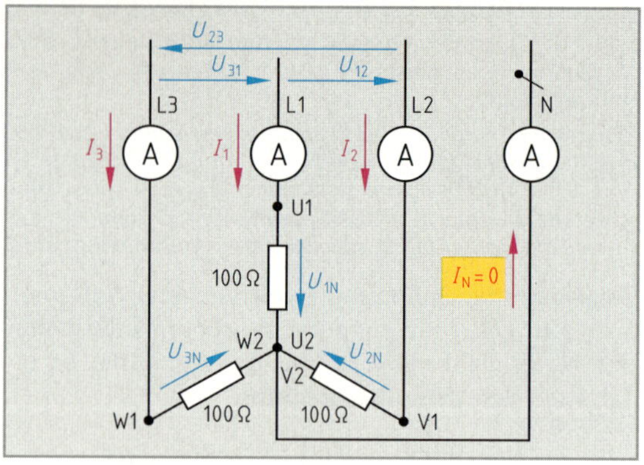

Bild 1: Sternschaltung von Verbrauchern (symmetrische Belastung)

$$U = \sqrt{3} \cdot U_{Str}$$

U Leiterspannung
U_{Str} Strangspannung

$$I = I_{Str}$$

I Leiterstrom
I_{Str} Strangstrom

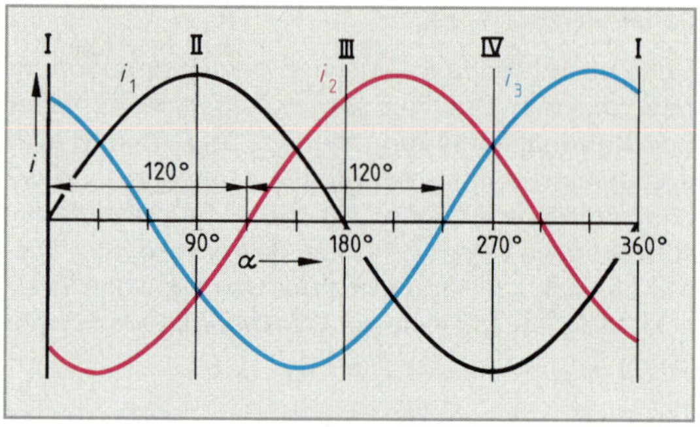

Bild 2: Liniendiagramm der Leiterströme

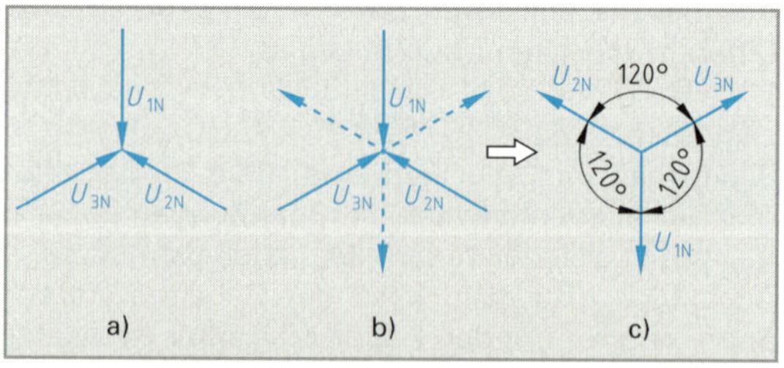

Bild 3: Zeigerbilder der Spannungen bei Sternschaltung

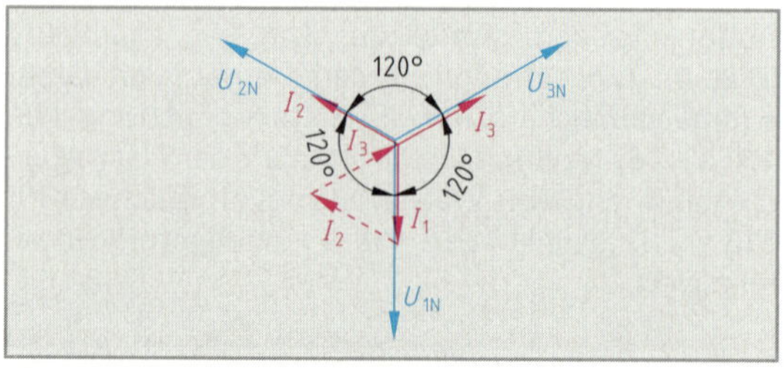

Bild 4: Zeigerbild der Ströme bei Sternschaltung

Spannungen und Ströme bei unsymmetrischer (ungleichmäßiger) Belastung

Versuch 4: Schließen Sie drei unterschiedliche Widerstände in Sternschaltung an das Drehstromnetz **(Bild 1)**. Messen Sie die Strangspannungen und die Stromstärken in den Außenleitern und im Neutralleiter.

Die Strangspannungen sind gleich groß. Die Ströme in den Außenleitern sind verschieden groß. Im Neutralleiter fließt ein Strom.

Werden im Drehstromnetz einzelne Lampen- oder Steckdosenstromkreise unterschiedlicher Leistung an die Außenleiter und am Neutralleiter angeschlossen, entsteht eine unsymmetrische Belastung. In den Außenleitern fließen unterschiedliche Ströme. Im Zeigerbild sind die Stromzeiger deshalb unterschiedlich lang **(Bild 2)**. Addiert man die Ströme geometrisch, ergibt sich der Strom im Neutralleiter I_N (Bild 2). Der Strom I_N wird umso größer, je unterschiedlicher die Ströme in den Außenleitern I_1, I_2 und I_3 sind.

Bei der Aufteilung der Wechselstromkreise auf die einzelnen Außenleiter des Drehstromsystems soll man auf etwa gleiche Belastung achten.

Versuch 5: Wiederholen Sie den Versuch 4, jedoch ohne angeschlossenen Neutralleiter. Messen Sie die Leiterspannungen, die Strangspannungen und die Leiterströme.

Die Leiterspannungen sind gleich groß. Die Strangspannungen unterscheiden sich voneinander. Die Leiterströme sind unterschiedlich groß und unterscheiden sich zusätzlich von den Messungen in Versuch 1.

Im Zeigerbild **(Bild 3)** ist zu erkennen, dass sich der Sternpunkt N' aus der Mitte verschoben hat. Da kein Neutralleiter angeschlossen ist, muss im Sternpunkt die geometrische Summe der Leiterströme null sein. Damit sich diese Bedingung erfüllt, verändern die Strangspannungen sowohl ihren Betrag als auch ihre Richtung. Es kommt zu einer Sternpunktverschiebung und damit zu Über- oder Unterspannungen an den Verbrauchern im Drehstromsystem. Der Verkettungsfaktor $\sqrt{3}$ gilt nicht mehr.

Treten an den Wechselstromverbrauchern in einem Drehstromsystem unterschiedliche Spannungen auf, so ist der Neutralleiter unterbrochen oder nicht angeschlossen.

Niederspannungsnetze sind meist Vierleiternetze, damit bei unsymmetrischer Belastung die Spannungen gleich bleiben.

Beispiel: In einem unsymmetrisch belasteten Vierleiter-Drehstromnetz (Bild 1) wurden die Leiterströme $I_1 = 2{,}5$ A, $I_2 = 2{,}0$ A und $I_3 = 1{,}0$ A gemessen. Ermitteln Sie die Stromstärke I_N im Neutralleiter.

Nach Bild 2 ergibt sich: I_N **= 1,2 A**
(Maßstab: 1 cm ≙ 1 A)

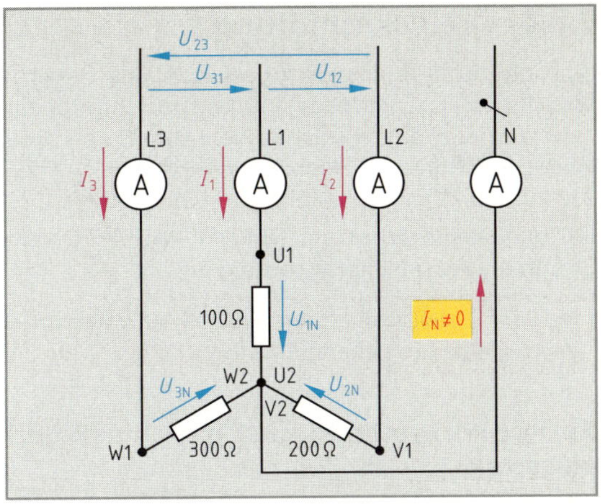

Bild 1: Sternschaltung von Verbrauchern (unsymmetrische Belastung)

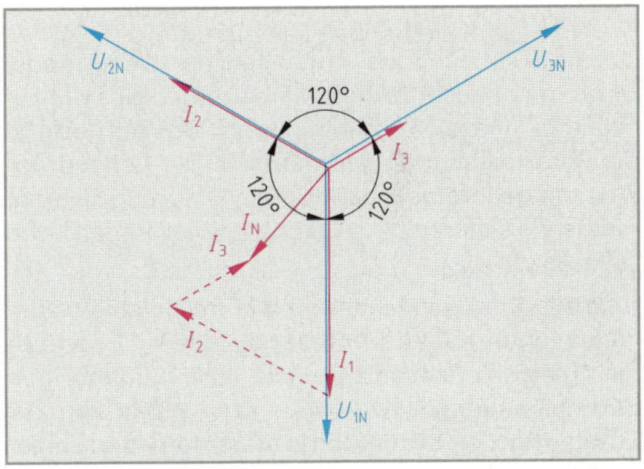

Bild 2: Zeigerbild der Ströme bei Sternschaltung und unsymmetrischer Belastung des Vierleiternetzes

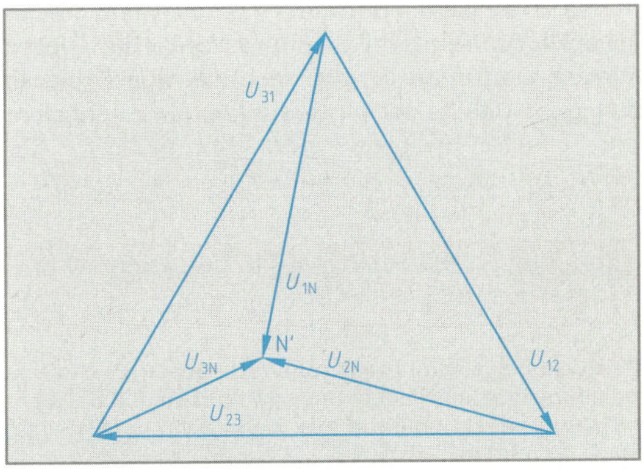

Bild 3: Zeigerbild der Leiter- und Strangspannungen bei einer unsymmetrisch belasteten Sternschaltung ohne N-Leiter-Anschluss

7.8.4 Dreieckschaltung (Zeichen: △)

Sind die Stränge des Erzeugers, z. B. des Generators, in Dreieck geschaltet, führen nur drei Leiter zum Verbraucher. Ein solches Netz nennt man Dreileiter-Drehstromnetz. Hochspannungsnetze (400 kV, 230 kV, 115 kV) sind Dreileiter-Drehstromnetze.

Bei der Dreieckschaltung **(Bild 1)** liegt an jedem Strang die Außenleiterspannung an.

> Bei der Dreieckschaltung ist die Strangspannung gleich der Leiterspannung.

Ströme bei symmetrischer (gleichmäßiger) Belastung

Versuch 6: Schalten Sie drei gleiche Verbraucher, z. B. 100-Ω-Widerstände, in Dreieckschaltung (Bild 1) an einen Drehstromversuchstransformator. Messen Sie die Leiterströme und die Strangströme.

Jeder Leiterstrom ist $\sqrt{3}$ mal so groß wie ein Strangstrom.

In der Dreieckschaltung verzweigen sich die Leiterströme (Bild 1). Beim Aufstellen der Knotenregel muss man beachten, daß die einzelnen Ströme zueinander phasenverschoben sind. Deshalb erfolgt die Summenbildung geometrisch. Der Leiterstrom I_1 ist die geometrische Differenz $\underline{I}_{12} - \underline{I}_{31}$, I_2 die geometrische Differenz $\underline{I}_{23} - \underline{I}_{12}$ und I_3 die geometrische Differenz $\underline{I}_{31} - \underline{I}_{23}$.

Sind die Strangwiderstände wie im Beispiel Wirkwiderstände, haben die Strangströme I_{12}, I_{31} und I_{23} die gleiche Phasenlage wie die zugehörigen Strangspannungen U_{12}, U_{31} und U_{23} **(Bild 2a)**. Zur Ermittlung der Leiterströme darf man die Zeiger der Strangströme parallel verschieben. Es ergibt sich für die Strangströme I_{12}, I_{31} und I_{23} ein Stern **(Bild 2b)**. Die Verbindungslinien zwischen den Strangströmen entsprechen den Leiterströmen I_1, I_2 und I_3 (Bild 2b).

In Bild 2b bilden die Ströme I_{12}, I_{31} und I_1 ein gleichschenkliges Dreieck mit dem Basiswinkel 30°. Dieses Dreieck kann man in zwei rechtwinklige Dreiecke zerlegen. Mithilfe der Winkelfunktionen ergibt sich:

$$\frac{I_1}{2} = I_{31} \cdot \cos 30° = I_{31} \cdot \frac{\sqrt{3}}{2} \quad \Rightarrow \quad I = I_{Str} \cdot \sqrt{3}$$

> Bei der Dreieckschaltung ist der Leiterstrom $\sqrt{3}$ mal so groß wie der Strangstrom.

Beispiel: Bei einem Drehstromverbraucher in Dreieckschaltung fließen in jedem Strang 3 A. Ermitteln Sie rechnerisch und zeichnerisch die Leiterströme (Maßstab: 1A ≙ 10 mm)

a) $I_1 = I_2 = I_3 = \sqrt{3} \cdot 2{,}5\ \text{A} = \mathbf{4{,}3\ A}$

b) Lösung nach Bild 2b: $I_{23} = 2{,}5\ \text{A} ≙ 25\ \text{mm}$
$I_1 = I_2 = I_3 ≙ 43\ \text{mm} ≙ \mathbf{4{,}3\ A}$

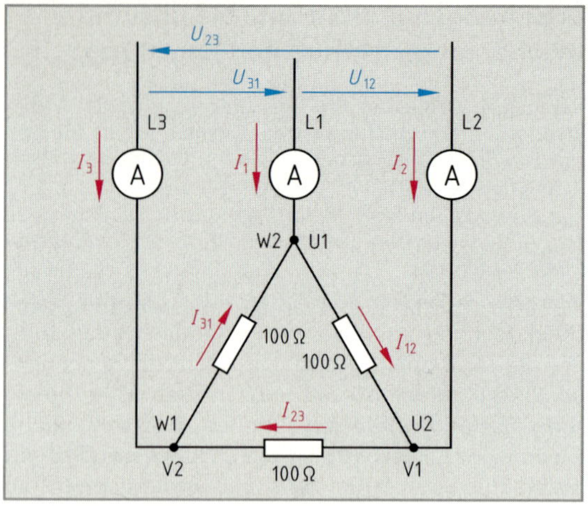

Bild 1: Dreieckschaltung von Verbrauchern (symmetrische Belastung)

$U = U_{Str}$	$I = \sqrt{3} \cdot I_{Str}$

U Leiterspannung
U_{Str} Strangspannung

I Leiterstrom
I_{Str} Strangstrom

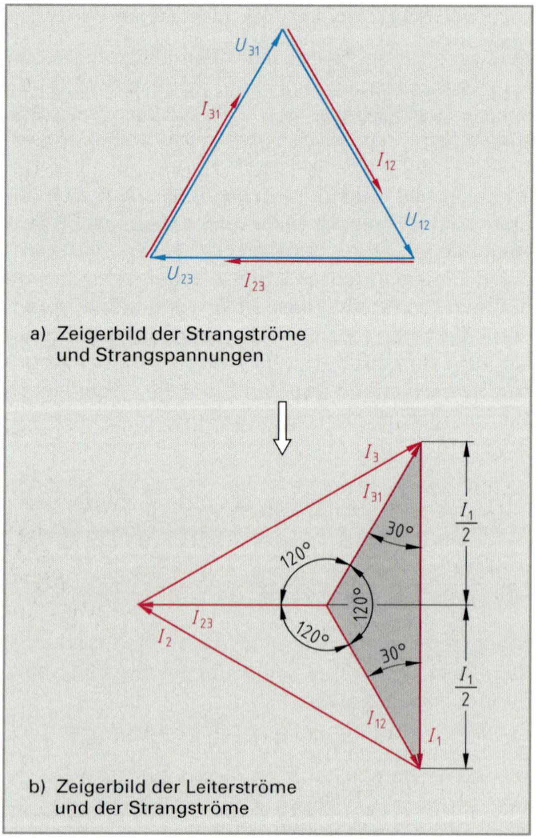

a) Zeigerbild der Strangströme und Strangspannungen

b) Zeigerbild der Leiterströme und der Strangströme

Bild 2: Zeigerbilder bei Dreieckschaltung

Ströme bei unsymmetrischer (ungleichmäßiger) Belastung

Versuch 7: Wiederholen Sie Versuch 6 mit drei Wirkwiderständen, jedoch mit unterschiedlichen Widerstandswerten. Messen Sie die Strangspannungen, die Strangströme und die Leiterströme. Vergleichen Sie die Spannungen miteinander, ebenso die Strangströme und die Leiterströme.

Die Strangspannungen sind gleich groß. Die Leiterströme sind verschieden, ebenso die Strangströme. Leiterströme und Strangströme stehen nicht mehr im Verhältnis $\sqrt{3}$ zueinander.

Die Strangspannungen bewirken, dass in den unterschiedlichen Widerständen verschieden große Ströme fließen **(Bild 1a)**. Sind die Widerstände wie im Versuch 7 Wirkwiderstände, haben die Strangströme I_{12}, I_{31} und I_{23} die gleiche Phasenlage wie die zugehörigen Strangspannungen U_{12}, U_{31} und U_{23} (Bild 1a). Zur Ermittlung der Leiterströme werden die Zeiger der Strangströme parallel verschoben **(Bild 2b)**. Es ergibt sich für die Strangströme I_{12}, I_{31} und I_{23} ein unsymmetrisches Zeigerbild. Die Verbindungslinien zwischen den Strangströmen entsprechen den Leiterströmen I_1, I_2 und I_3.

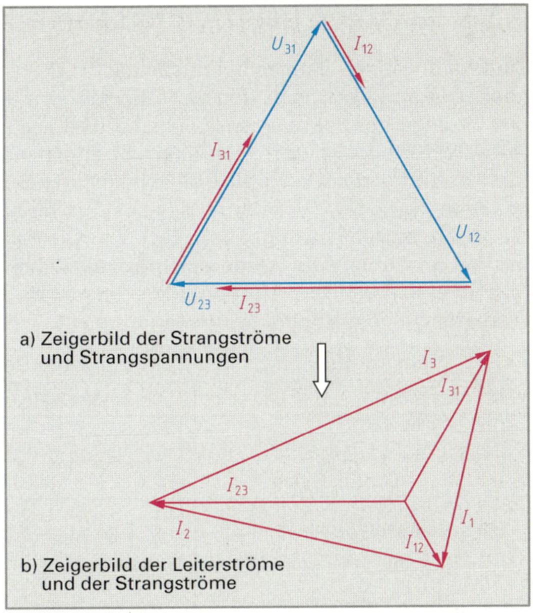

Bild 1: Zeigerbilder bei unsymmetrisch belasteter Dreieckschaltung

7.8.5 Anwendung von Sternschaltung und Dreieckschaltung

Bei Drehstrommotoren ist auf dem Leistungsschild die Nennspannung und die dafür erforderliche Schaltung angegeben, z. B. △ 230 V. Dies bedeutet, dass an jedem Wicklungsstrang 230 V liegen darf. Wird dieser Motor am 400-V-Netz angeschlossen, muss er in Stern geschaltet werden **(Tabelle)**. Bei Sternschaltung liegt an den Wicklungen die Strangspannung, also 400 V : $\sqrt{3}$ = 230 V.

Oft stehen auf dem Leistungsschild beide Netzspannungen, mit denen der Motor betrieben werden kann, z. B. 400/230 V. Die kleinere der beiden Spannungen ist die zulässige Strangspannung.

Die Spulenanfänge (U1, V1, W1) und Spulenenden (U2, V2, W2) der Stränge sind an die Anschlusspunkte des Klemmbretts geführt **(Bild 2)**. Am Klemmbrett schaltet man mithilfe von drei gleich langen Kontaktbrücken den Motor in Stern oder in Dreieck (Bild 2).

Tabelle: Schaltungen von Drehstrommotoren

Netzspannung		690 V	400 V	230 V	500 V
Strangspannung der Motorwicklung	400 V	Y	△		
	230 V		Y	△	
	500 V				△
	289 V				Y

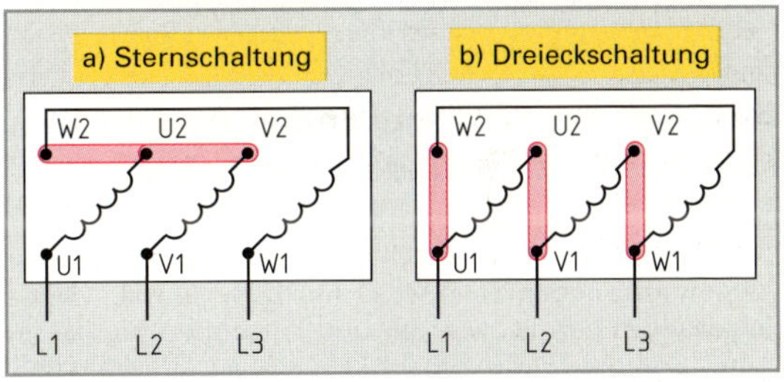

Bild 2: Motorklemmbrettschaltungen bei Drehstrom-Kurzschlussläufer-Motoren

Wiederholungsfragen

1. **Was versteht man unter Dreiphasenwechselspannung?**
2. **Welche Schaltungen sind bei einem Drehstromverbraucher möglich?**
3. **Wie nennt man die Spannung zwischen a) den Außenleitern, b) Außenleiter und Neutralleiter?**
4. **Unter welchen Bedingungen ist in Drehstromnetzen der Neutralleiter stromlos?**
5. **Wie verhält sich die Leiterspannung zur Strangspannung a) bei der Sternschaltung, b) bei der Dreieckschaltung von Verbrauchern?**
6. **Wie verhalten sich der Leiterstrom zum Strangstrom a) bei der Sternschaltung, b) bei der Dreieckschaltung von Verbrauchern?**
7. **Wie muss ein Motor am 400-V-Netz geschaltet werden, wenn auf dem Leistungsschild die Bezeichnung 400/230 V steht?**

7.8.6 Leistung bei Dreiphasenwechselstrom

Die Leistung eines Gerätes bei Anschluss an Drehstrom lässt sich über die Einzelleistungen der drei Stränge ermitteln. Jeder der drei Stränge des Verbrauchers liegt bei Sternschaltung wie bei Dreieckschaltung an der jeweiligen Strangspannung U_{Str} und führt den Strangstrom I_{Str}. Die Scheinleistung S eines Stranges ist daher $S_{Str} = U_{Str} \cdot I_{Str}$. Damit ist bei symmetrischer Belastung die Gesamtscheinleistung $S = 3 \cdot U_{Str} \cdot I_{Str}$. Die Spannungen und Ströme der Außenleiter lassen sich meist einfacher messen als die Strangwerte. Deshalb setzt man in die Formel $S = 3 \cdot U_{Str} \cdot I_{Str}$ die Werte für Leiterstrom und Leiterspannung ein.

Drehstromleistungen bei symmetrischer Belastung	
Sternschaltung:	Dreieckschaltung:
$I_{Str} = I \qquad U_{Str} = \frac{U}{\sqrt{3}}$	$U_{Str} = U \qquad I_{Str} = \frac{I}{\sqrt{3}}$
$S = 3 \cdot I_{Str} \cdot U_{Str} = 3 \cdot I \cdot \frac{U}{\sqrt{3}}$ $S = \sqrt{3} \cdot U \cdot I$	$S = 3 \cdot U_{Str} \cdot I_{Str} = 3 \cdot U \cdot \frac{I}{\sqrt{3}}$ $S = \sqrt{3} \cdot U \cdot I$

Entsprechend erhält man mit $P = S \cdot \cos\varphi$ die Wirkleistung für Drehstrom: $P = \sqrt{3} \cdot U \cdot I \cdot \cos\varphi$ und mit $Q = S \cdot \sin\varphi$ die Blindleistung für Drehstrom: $Q = \sqrt{3} \cdot U \cdot I \cdot \sin\varphi$.

Man berechnet bei der Sternschaltung und bei der Dreieckschaltung die Leistungen mit den gleichen Formeln.

Beispiel: Ein Drehstrommotor nimmt an einer Leiterspannung von 400 V bei $\cos\varphi = 0{,}83$ eine Stromstärke von 8,7 A auf. Berechnen Sie a) die aufgenommene Wirkleistung *P*, b) die Scheinleistung *S* und c) die induktive Blindleistung Q_L.

a) $P = \sqrt{3} \cdot U \cdot I \cdot \cos\varphi = \sqrt{3} \cdot 400\,\text{V} \cdot 8{,}7\,\text{A} \cdot 0{,}83 = \mathbf{5\ kW}$

b) $S = \sqrt{3} \cdot U \cdot I = \sqrt{3} \cdot 400\,\text{V} \cdot 8{,}7\,\text{A} = \mathbf{6{,}03\ kVA}$

c) $Q_L = \sqrt{3} \cdot U \cdot I \cdot \sin\varphi = \sqrt{3} \cdot 400\,\text{V} \cdot 8{,}7\,\text{A} \cdot 0{,}56 = \mathbf{3{,}38\ kvar}$

Vergleich der Leistungsaufnahme von Verbrauchern in Sternschaltung und Dreieckschaltung

Versuch 8: Schalten Sie drei 100-Ω-Widerstände a) in Sternschaltung, b) in Dreieckschaltung an das 400-V-Drehstromnetz **(Bild)**. Verwenden Sie aus Sicherheitsgründen einen RCD mit $I_{\Delta n}$ = 30 mA. Messen Sie in beiden Schaltungen den Leiterstrom und berechnen Sie die jeweils aufgenommene Leistung. Setzen Sie die Leistung bei Dreieckschaltung zur Leistung in Sternschaltung ins Verhältnis.

Sternschaltung Y	Dreieckschaltung △
$I = 2{,}3$ A $P = \sqrt{3} \cdot U \cdot I \cdot \cos\varphi$ $P = \sqrt{3} \cdot 400\,\text{V} \cdot 2{,}3\,\text{A} \cdot 1$ $\mathbf{P = 1{,}6\ kW}$	$I = 6{,}9$ A $P = \sqrt{3} \cdot U \cdot I \cdot \cos\varphi$ $P = \sqrt{3} \cdot 400\,\text{V} \cdot 6{,}9\,\text{A} \cdot 1$ $\mathbf{P = 4{,}8\ kW}$
$\frac{P_\Delta}{P_Y} = \frac{4{,}8\,\text{kW}}{1{,}6\,\text{kW}} = 3$	

Bei gleicher Netzspannung nimmt ein Verbraucher in Dreieckschaltung die dreifache Leistung auf wie in Sternschaltung.

Bei symmetrischer Last:

$$S = \sqrt{3} \cdot U \cdot I$$

$[S] = \text{V} \cdot \text{A} = \text{VA} = \text{W}$

$$P = \sqrt{3} \cdot U \cdot I \cdot \cos\varphi$$

$[P] = \text{W}$

$$Q = \sqrt{3} \cdot U \cdot I \cdot \sin\varphi$$

$[Q] = \text{var} = \text{W}$

S	Scheinleistung
U	Leiterspannung
I	Leiterstrom
P	Wirkleistung
Q	Blindleistung
$\cos\varphi$	Wirkleistungsfaktor (Wirkfaktor)
$\sin\varphi$	Blindleistungsfaktor
φ	Phasenverschiebungswinkel

$$P_\Delta = 3 \cdot P_Y$$

$$I_\Delta = 3 \cdot I_Y$$

P_Δ	Leistungsaufnahme in Dreieckschaltung
P_Y	Leistungsaufnahme in Sternschaltung
I_Δ	Strom in Dreieckschaltung
I_Y	Strom in Sternschaltung

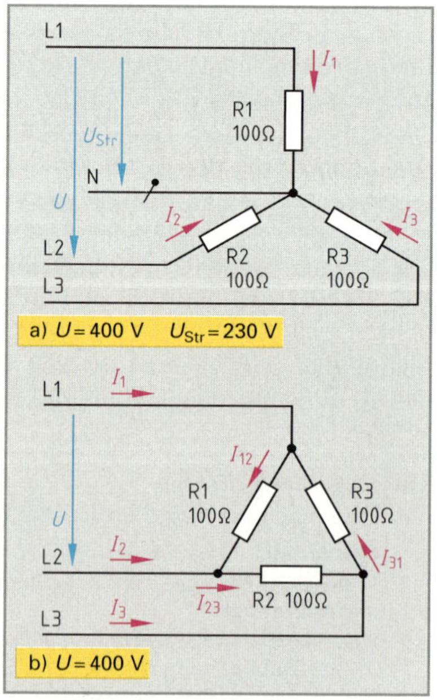

Bild: Schaltung von Widerständen
a) in Sternschaltung und
b) in Dreieckschaltung

7.8.7 Leistungsmessung bei Dreiphasenwechselstrom

Wegen der verschiedenen Netze und Verbraucher sind nach DIN 43807 bestimmte Messschaltungen für die Leistungsmessung vorgeschrieben.

Bei symmetrischer Last im Drehstrom-Vierleiternetz genügt zur Messung der Drehstromleistung ein Leistungsmesser **(Einwattmeterschaltung)**. Dabei ist es gleichgültig, in welchen der drei Außenleiter der Leistungsmesser geschaltet wird **(Bild 1)**. Der abgelesene Wert muss mit dem Faktor 3 multipliziert werden, um die gesamte aufgenommene Leistung in den drei Strom führenden Leitern zu ermitteln. Es gibt auch Leistungsmesser in Einwattmeter-Schaltung mit einer Skale für den dreifachen Wert.

Im Dreileiternetz ist kein Sternpunkt und daher auch kein Neutralleiter vorhanden. Man bildet deshalb aus drei Widerständen, nämlich aus dem Widerstand des Spannungspfades und zwei zusätzlichen gleich großen Widerständen, einen künstlichen Sternpunkt **(Bild 2)**. Auch bei dieser Schaltung wird die Leistung in nur einem Leiter gemessen und mit dem Faktor 3 multipliziert.

Unsymmetrische Last im Dreileiternetz kann man mit der Dreiwattmeter-Methode oder nur mit zwei Leistungsmessern in der so genannten **Aronschaltung** messen **(Bild 3)**. Meist wirken die Messsysteme auf eine gemeinsame Achse, sodass das Messgerät die Gesamtleistung anzeigt. Die Schaltung dient auch zur Messung der Leistung in Hochspannungsanlagen.

Man verwendet Stromwandler und/oder Spannungswandler, wenn bei der Messung höhere Werte für Strom und Spannung zu erwarten sind, als es der Messbereich der Geräte zulässt.

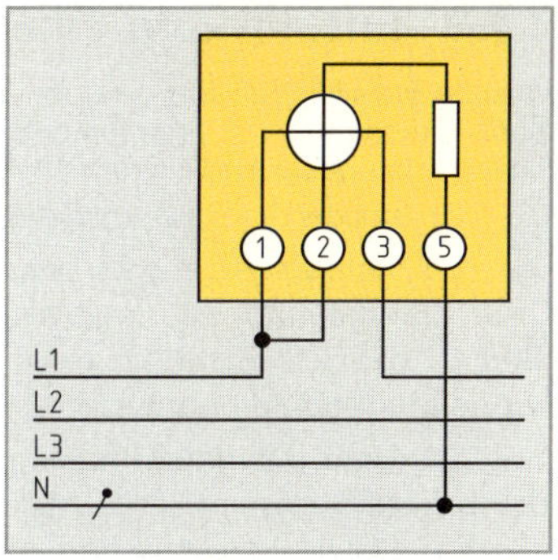

Bild 1: Einwattmeter-Schaltung im Vierleiter-Drehstromnetz

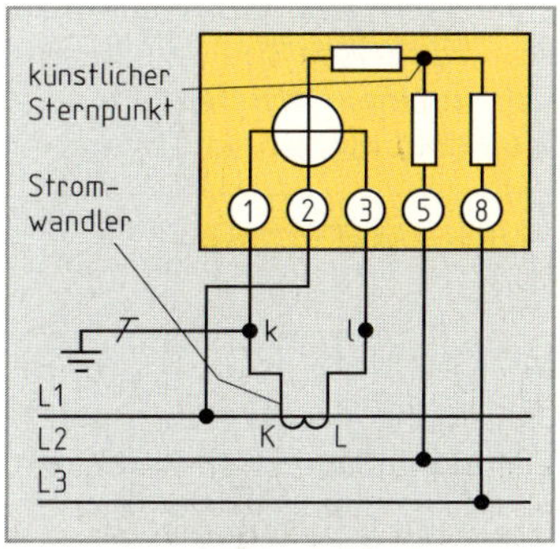

Bild 2: Einwattmeter-Schaltung mit künstlichem Sternpunkt

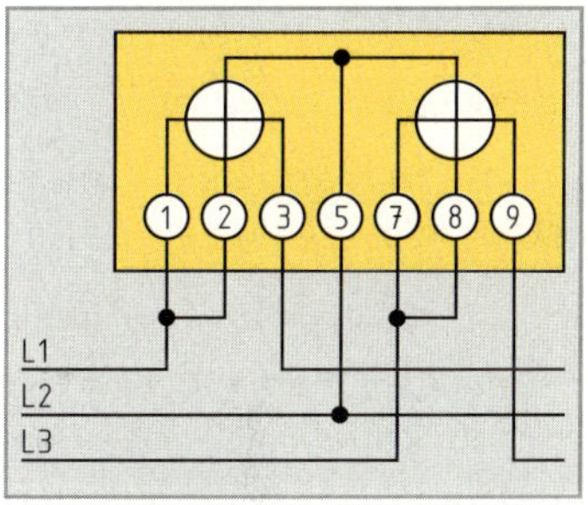

Bild 3: Zweiwattmeter-Schaltung (Aronschaltung)

Leistungsmessumformer

Leistungsmessgeräte mit elektrodynamischem Messwerk sind stoßempfindlich und dürfen nur in vorgeschriebener Gebrauchslage verwendet werden. Deshalb werden heute vielfach elektronische **Leistungsmessumformer** (LMU) verwendet **(Bild 4)**. Sie wandeln die elektrische Leistung in einen eingeprägten, dem jeweiligen Messwert proportionalen Gleichstrom um. Eine Trennstufe mit Strom- und Spannungswandler (Bild 4) trennt die Eingangsgrößen voneinander und passt sie dem Multiplikator an. Der Multiplikator verknüpft die Augenblickswerte von Strom und Spannung zu einer der elektrischen Leistung proportionalen Spannung. Sie wird im Filter geglättet und im Verstärker in den eingeprägten Gleichstrom umgeformt. Ein Netzgerät liefert die Hilfsenergie für den Multiplikator und den Verstärker.

Die Leistungsmessung bei Drehstrom wird je nach Netzart mit einem, zwei oder drei Multiplizierern durchgeführt. Dabei entspricht eine Multipliziereinheit einem Messwerk der sogenannten klassischen Messgeräte.

> Leistungsmessumformer wandeln Messwerte von elektrischer Leistung in einen proportionalen elektrischen Gleichstrom um.

Leistungsmessumformer sind unabhängig von der Gebrauchslage und unempfindlich gegen Erschütterungen. Bei Leistungsfernübertragung (ab etwa 70 m) ist es wirtschaftlich, Leistungsmessumformer einzusetzen.

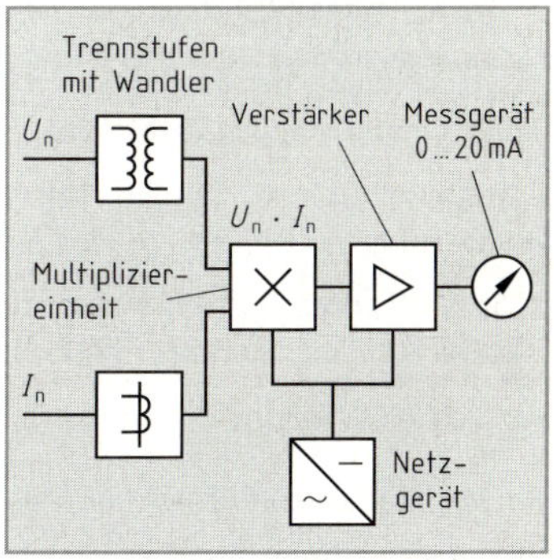

Bild 4: Leistungsmessumformer (Blockschaltbild)

7.8.8 Entstehung eines Drehfeldes

Versuch 9: Schließen Sie drei um 120° versetzte Spulen in Y-Schaltung an einen Drehstromversuchstransformator. Bringen Sie zwischen die Spulen eine drehbar gelagerte Magnetnadel.

Die Magnetnadel dreht sich mit konstanter Drehzahl.

Die drei Spulen erzeugen jeweils ein magnetisches Wechselfeld. Diese Magnetfelder überlagern sich zu einem zweipoligen Magnetfeld **(Bild 1)**, das sich während einer Periode um 360° dreht. Dieses drehende Magnetfeld nennt man **Drehfeld**.

In **Bild 2** wird die Entstehung eines Drehfeldes im Ständer eines Drehstrommotors gezeigt. Die Wicklung ist am Umfang des Ständers gleichmäßig verteilt in Nuten eingelassen. **Bild 2a** zeigt einen Motor mit drei Spulen, die räumlich um 120° gegeneinander versetzt sind. **Bild 2b** stellt einen Motor mit 6 Spulen dar, die um je 60° gegeneinander versetzt sind. Schließt man die Wicklung an ein Drehstromsystem an, erzeugt jede Spule ein Magnetfeld. Diese Magnetfelder überlagern sich zu einem resultierenden Feld, dessen Lage im Ständer von den Momentanwerten der Leiterströme abhängt (Bild 2a und 2b).

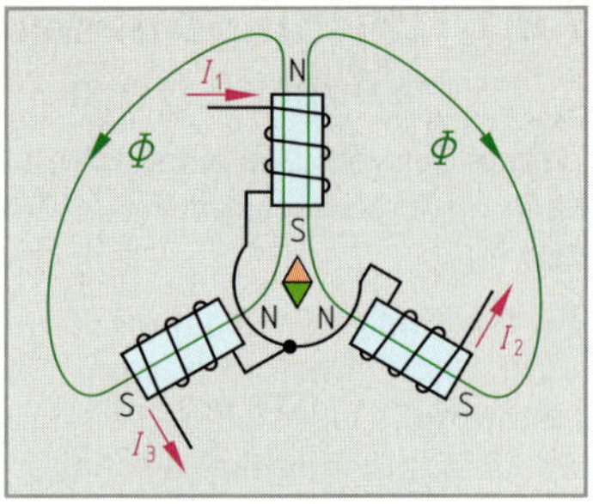

Bild 1: Zweipoliges Drehfeld

$$n = \frac{f}{p} \qquad [n] = \frac{1}{s}$$

n Umdrehungsfrequenz (Drehfelddrehzahl)
f Netzfrequenz
p Polpaarzahl

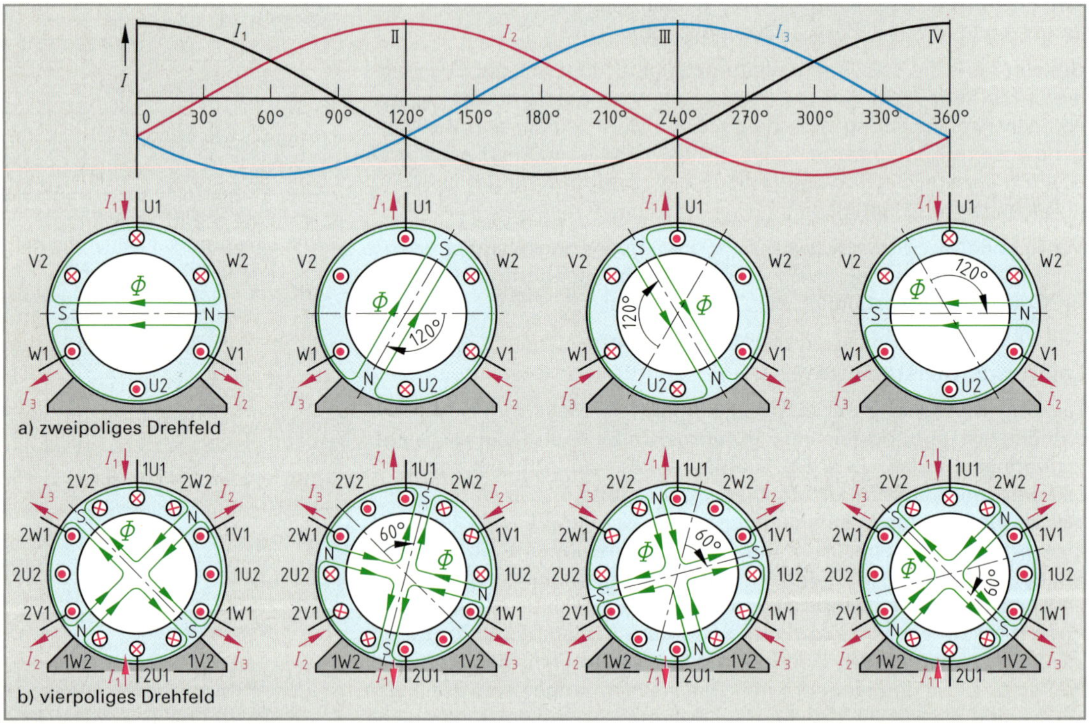

Bild 2: Entstehung des Drehfeldes

Ein Motor mit 6 Spulen hat ein vierpoliges Drehfeld (Bild 2b). Während einer Periode macht es nur eine halbe Umdrehung.

Die Umdrehungsfrequenz n des Drehfeldes ist umgekehrt proportional zur Polpaarzahl p **(Tabelle)**.

Versuch 10: Wiederholen Sie Versuch 9, vertauschen Sie jedoch zwei Außenleiter.

Die Magnetnadel dreht sich in die entgegengesetzte Richtung.

Durch Vertauschen zweier Außenleiter ändert sich die Drehfelddrehrichtung.

Tabelle: Drehzahl des Drehfeldes bei f = 50 Hz

p	n in 1/min
1	3000
2	1500
3	1000
4	750
5	600

7.9 Kompensation

Versuch: Schließen Sie eine Leuchtstofflampe 58 W über die zugehörige Drossel ohne Kompensationskondensator an die Netzspannung 230 V, 50 Hz. Messen Sie die Stromstärke und die Leistung. Schalten Sie dann einen Kompensationskondensator C_k von etwa 7 µF parallel zur Reihenschaltung von Drossel und Lampe **(Bild 1)**.

Mit dem Zuschalten des Kondensators nimmt die Stromaufnahme ab, der Leistungsmesser zeigt dagegen dieselbe Wirkleistung an.

Die Reihenschaltung von Lampe und Drossel nimmt sowohl Wirkleistung als auch induktive Blindleistung auf, der zugeschaltete Kondensator dagegen kapazitive Blindleistung **(Bild 2)**. Induktive Blindleistung und kapazitive Blindleistung sind um 180° phasenverschoben. Dadurch liefert der Kondensator immer dann Blindenergie in das Netz, wenn die Induktivität der Drossel Blindenergie aufnimmt. Die Blindleistungsaufnahme aus dem Netz verringert sich. Bei gleicher Wirkleistung werden die aus dem Netz aufgenommene Scheinleistung und die Stromstärke kleiner.

> Das Ausgleichen der induktiven Blindleistung durch kapazitive Blindleistung nennt man Kompensieren[1].

Die Blindleistung, z. B. für die Drosselspule, muss das Netz liefern. Erzeugeranlagen, Leitungen und Übertragungseinrichtungen werden dadurch zusätzlich belastet **(Bild 3a)**. Bei Kompensation verringert sich der Anteil der Blindleistung im Netz um die Blindleistung des Kompensationskondensators oder der Kompensationsanlage **(Bild 3b)**.

> Durch Kompensation der Blindleistung werden Erzeugeranlagen und Energieübertragungseinrichtungen entlastet.

Die Kompensation der Blindleistung bewirkt eine Verkleinerung des Phasenverschiebungswinkels φ zwischen Wirkleistung P und der Scheinleistung S (Bild 2) und damit eine Vergrößerung des Wirkleistungsfaktors $\cos\varphi$.

Auf nahezu $\cos\varphi = 1$ kompensiert pendelt der größte Teil der Blindleistung nur noch zwischen Verbraucher und der Kompensationsanlage hin und her (Bild 3b). Die für die Kompensation benötigte Blindleistung lässt sich nach dem Zeigerbild der Leistungen (Bild 2) berechnen.

[1] von compensare (lat). = ausgleichen

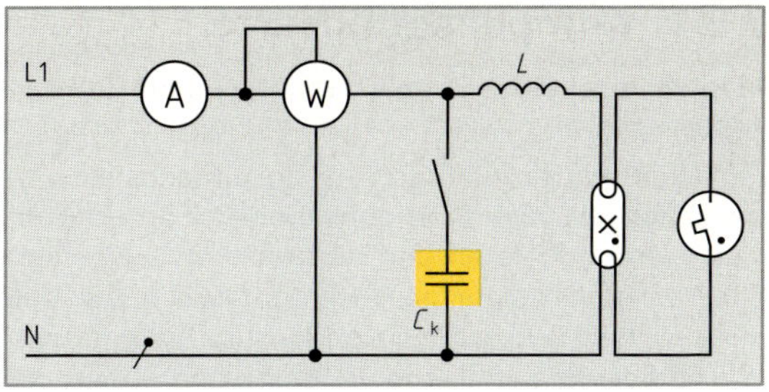

Bild 1: Versuchsschaltung: Kompensation bei einer Leuchtstofflampe

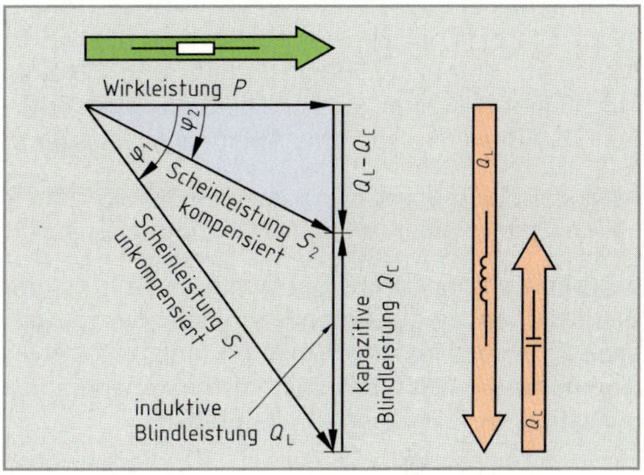

Bild 2: Zeigerbild der Leistungen bei Kompensation

$$\tan\varphi_1 = \frac{Q_L}{P} \qquad \tan\varphi_2 = \frac{Q_L - Q_C}{P}$$

$$Q_C = P \cdot (\tan\varphi_1 - \tan\varphi_2)$$

P	Wirkleistung
Q_L	induktive Blindleistung
Q_C	kapazitive Blindleistung
φ_1	Phasenverschiebungswinkel, unkompensiert
φ_2	Phasenverschiebungswinkel, kompensiert

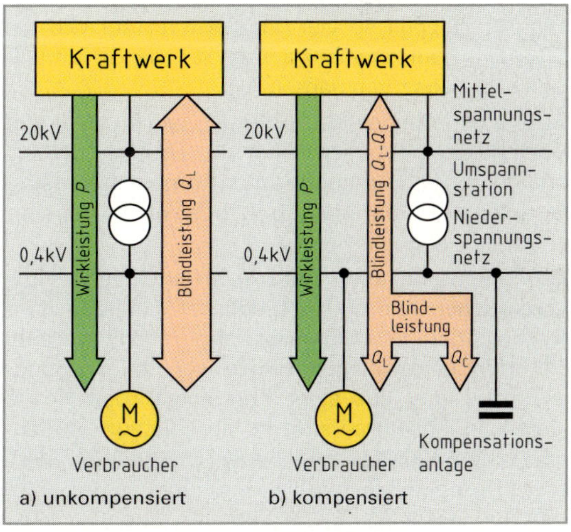

Bild 3: Kompensation der Blindleistung

7.9.1 Kompensationsarten

Man unterscheidet Einzel-, Gruppen- und Zentralkompensation.

Einzelkompensation (Bild 1) ist die einfachste Kompensationsart. Die Kompensationskondensatoren sind hierbei direkt an den Verbraucher, z. B. einen Elektromotor, geschaltet. Nach dem Abschalten des Verbrauchers müssen die Kondensatoren innerhalb von 60 Sekunden auf eine ungefährliche Spannung (< 50 V) entladen sein. Entladen wird über hochohmige Widerstände oder über die Wicklung.

Eine Reihenkompensation auf den Wirkleistungsfaktor $\cos\varphi = 1$ ist zu vermeiden, weil dann z. B. zwischen Kompensationskapazität und Motorinduktivität Resonanz auftritt. Die Spannungserhöhung bei Resonanz kann die Anlage beschädigen.

Bei der Kompensation strebt man einen Leistungsfaktor von etwa 0,9 bis 0,95 (induktiv) an.

Bei der Kompensation von Motoren beträgt die Blindleistung der Kompensationskondensatoren etwa 35 % der Motornennleistung (entspricht etwa einem $\cos\varphi = 0{,}96$). Dadurch wird eine Überkompensation im Teillastbetrieb vermieden.

Einzelkompensation eignet sich für Verbraucher großer Leistung (etwa 30 kW), bei konstantem Leistungsfaktor und bei langer Einschaltdauer sowie zum Kompensieren von Leuchtstofflampen.

Bei der **Kompensation von Leuchtstofflampen** kann neben der Einzelkompensation entweder die **Duoschaltung** (Seite 442) angewandt werden oder die Lampen werden je zur Hälfte als induktiver Zweig (Drossel, $\cos\varphi = 0{,}48$) und als kapazitiver Zweig (Drossel und Kondensator in Reihe, $\cos\varphi = 0{,}48$ c) betrieben. Induktive und kapazitive Vorschaltgeräte **(Bild 2)** sind dabei gleichmäßig auf die Außenleiter verteilt. Die Kondensatoren der kapazitiven Zweige nehmen doppelt so viel Blindleistung auf wie die Drosseln. Man erreicht dadurch für die Gesamtanlage einen $\cos\varphi$ von nahezu 1.

Gruppenkompensation (Bild 3) ist für kleinere Betriebe geeignet. Hierbei hat eine Gruppe von Verbrauchern eine gemeinsame Kompensationsanlage, die z. B. über ein Schütz oder einen Schalter ans Netz gelegt wird.

Zentralkompensation (Bild 4) erfolgt, wenn viele Verbraucher mit unterschiedlicher Leistung und wechselnder Einschaltdauer betrieben werden, z. B. in Industrieanlagen. Hierbei schaltet ein Blindleistungsregler aus einer Kondensatorbatterie so viele Kondensatoren zu oder ab, wie zum augenblicklichen Blindleistungsbedarf notwendig sind. Diese Kompensationsart ist durch ihre zentrale Anordnung leicht zu überprüfen und auch für eine nachträgliche Installation gut geeignet.

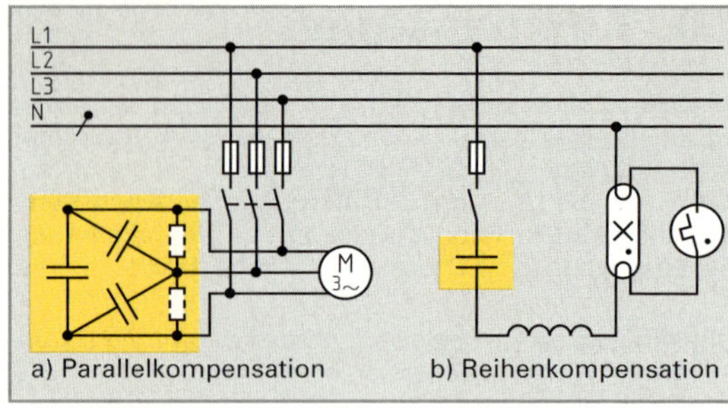

Bild 1: Einzelkompensation von elektrischen Verbrauchern

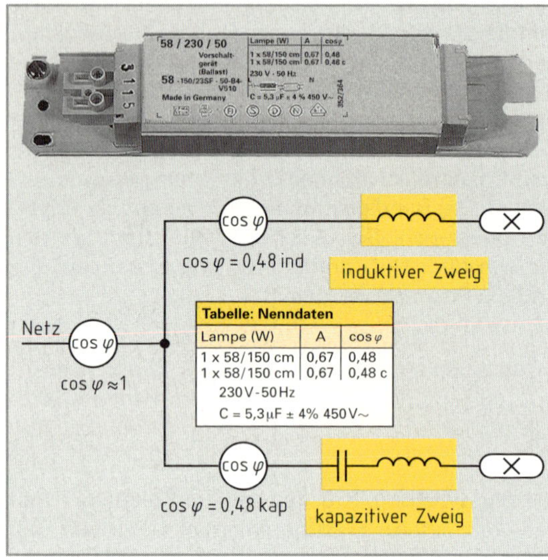

Bild 2: Vorschaltgerät mit Leistungsschild

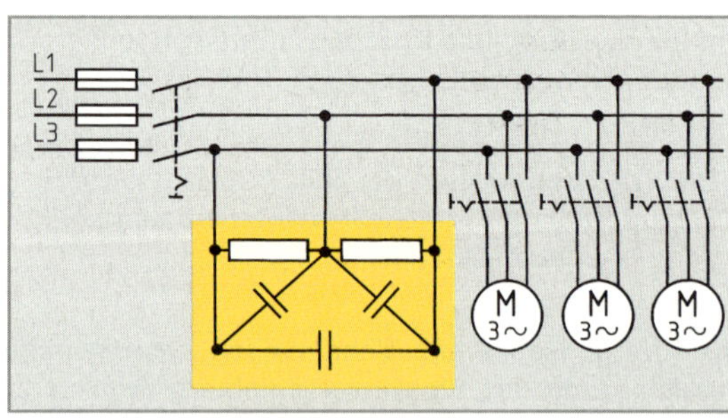

Bild 3: Gruppenkompensation

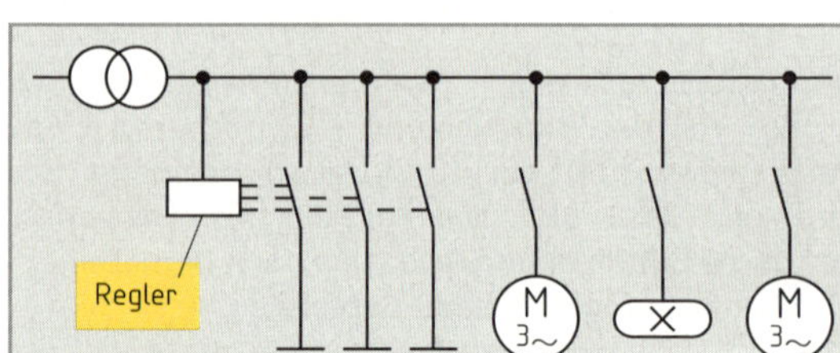

Bild 4: Zentralkompensation

7.9.2 Bemessung von Kompensationskondensatoren

Zur Kompensation der Blindleistung verwendet man meist Metallpapierkondensatoren oder Leistungskondensatoren mit metallisierten Kunststofffolien. Der Kondensator muss so bemessen sein, dass er die zu kompensierende Blindleistung aufnimmt. Bei großen Leistungen, z. B. in Kraftwerken, werden zur Kompensation auch **Phasenschiebermaschinen** (Seite 301) verwendet.

Beispiel: Eine Blindleistung von 1 kvar soll durch Parallelkompensation bei 230 V, 50 Hz kompensiert werden. Welche Kapazität muss der Kompensationskondensator haben?

$I_{bC} = \frac{Q}{U} = \frac{1\,\text{kvar}}{230\,\text{V}} = \frac{1000\,\text{W}}{230\,\text{V}} = 4{,}35\,\text{A};\quad X_C = \frac{U}{I_{bC}} = \frac{230\,\text{V}}{4{,}35\,\text{A}} = 52{,}9\,\Omega \quad C = \frac{1}{\omega \cdot X_C} = \frac{1}{2 \cdot \pi \cdot 50 \cdot \frac{1}{\text{s}} \cdot 52{,}9\,\Omega} \approx \mathbf{60\,\mu F}$

Für Parallelkompensation gilt:

Netz	1 ~ 230 V 50 Hz	3 ~ 400 V 50 Hz	
Schaltung der Kondensatoren	Parallel	⅄	△
Kompensationskapazität für 1 kvar Blindleistung	60 μF	60 μF	20 μF

7.9.3 Kompensation bei elektronischen Stromrichterschaltungen

Elektronisch gesteuerte Stromrichterschaltungen können mit **Reihenschwingkreisen** kompensiert werden. Beim schnellen Ein- und Abschalten des Stromes, z.B. bei Phasenanschnittsteuerungen (Seite 196), entstehen jedoch Schwingungen mit hohen Frequenzen (Oberschwingungen). Bildet die Kompensationskapazität zusammen mit der Induktivität des Netzes einen Reihenschwingkreis **(Bild 1)**, so werden die entstehenden Oberschwingungen bei Resonanz auch noch verstärkt. Dadurch breiten sich erhebliche Funkstörungen im Netz aus. Eine zusätzliche Drossel, die zum Kompensationskondensator in Reihe geschaltet ist, verschiebt die Resonanzfrequenz so, dass Resonanzerscheinungen der Oberschwingungen vermieden werden.

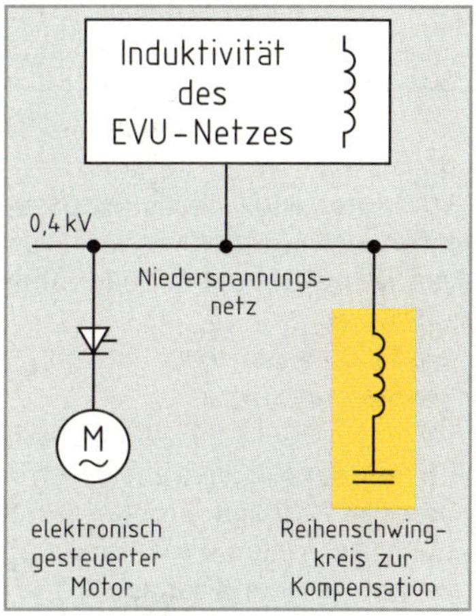

Bild 1: Kompensation bei elektronischen Stromrichterschaltungen

7.9.4 Tonfrequenzsperrkreise

Manche am Wechelstromnetz angeschlossenen Schaltgeräte, z. B. Zweitarifzähler, werden durch **Tonfrequenz-Rundsteueranlagen** vom EVU aus angesteuert. Von einer zentralen Stelle aus wird ein Wechselstromsignal mit einer Frequenz von 175 Hz bis 2 kHz in das Mittelspannungsnetz eingespeist und über Transformatoren auf die Niederspannungsseite übertragen. Dieses Signal schaltet die Empfangsrelais (Tonfrequenzempfänger) der zu steuernden Schaltgeräte im Verteilernetz. Bei Kompensation dämpfen die zum Verbraucher parallel geschalteten Kondensatoren die Signale der Rundsteuer-Sendeanlage. Über die Kondensatoren fließt ein Teil des Signalwechselstromes, der die Empfangsrelais somit nicht erreicht. Dieser Vorgang wird durch **Tonfrequenzsperren** verhindert. Als Tonfrequenzsperren verwendet man **Sperrkreise** (Parallelschwingkreise) **(Bild 2)** oder Sperrdrosseln. Die Tonfrequenzsperren sind in Reihe zu den Kompensationskondensatoren geschaltet. Drosseln und Sperrkreise sind so bemessen, dass sie für das Signal der Rundsteueranlage einen großen Widerstand und für die Netzfrequenz einen kleinen Widerstand darstellen (Tiefpassverhalten). Die Resonanzfrequenz des Sperrkreises ist auf die Signalfrequenz abgestimmt.

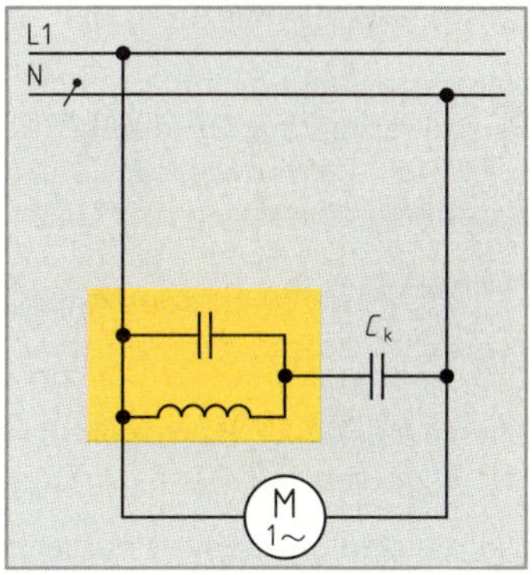

Bild 2: Tonfrequenzsperrkreis mit Filter

7.10 Funkentstörung

7.10.1 Entstehung von Funkstörungen

Versuch 1: Legen Sie einen kleinen Universalmotor, z. B. den eines Staubsaugers, in Reihe mit einem Vorwiderstand von 1 Ω bei halber Nennspannung an einen Stelltransformator. Schließen Sie an den Vorwiderstand ein Oszilloskop an **(Bild 1)**. Arretieren Sie den Läufer und schalten Sie den Motor ein. Stellen Sie die Zeitablenkung des Oszilloskops so ein, dass die Sinusform des Betriebsstromes durch den Universalmotor zu sehen ist. Entriegeln Sie die Arretierung des Läufers, und beobachten Sie das Schirmbild.

Der Sinuslinie auf dem Schirmbild überlagern sich Zacken, sobald der Motor läuft.

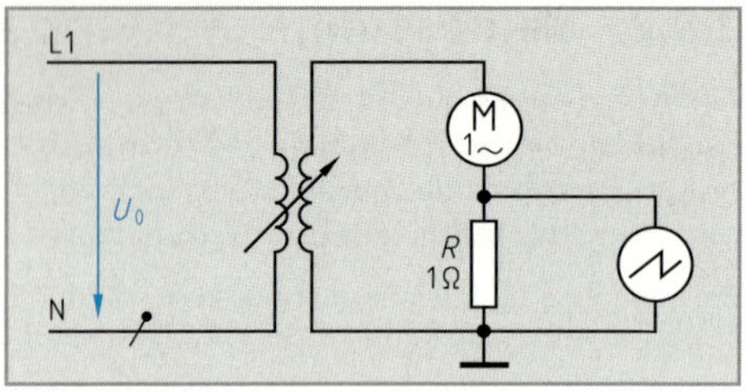

Bild 1: Versuch zur Funkstörung

Beim Universalmotor fließt der Strom über die Kohlebürsten zum Läufer. Dreht sich der Läufer, so entstehen zwischen Kohlebürsten und Läufer Übergangswiderstände, die sich durch die Drehung des Läufers ständig ändern. Dadurch treten hochfrequente Wechselströme als Überlagerung zum Betriebsstrom auf.

Ändern sich Betriebsströme in rascher Folge, so entstehen hochfrequente Wechselströme.

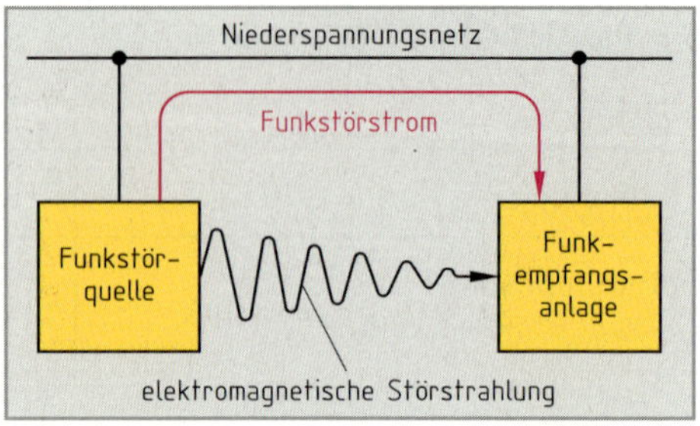

Bild 2: Auswirkung der Funkstörspannung

Versuch 2: Schließen Sie ein Radiogerät an das Netz an und schalten Sie auf Langwelle oder Mittelwelle. Lassen Sie einen Universalmotor in der Nähe des Empfängers laufen.

Im Lautsprecher hört man ein prasselndes Geräusch.

Der Motor wirkt als **Funkstörquelle**. Die in ihr entstehenden hochfrequenten Ströme rufen in der Leitung und im Motor hochfrequente Spannungsabfälle hervor.

Jede Funkstörquelle ist ein Generator, der Störspannungen erzeugt.

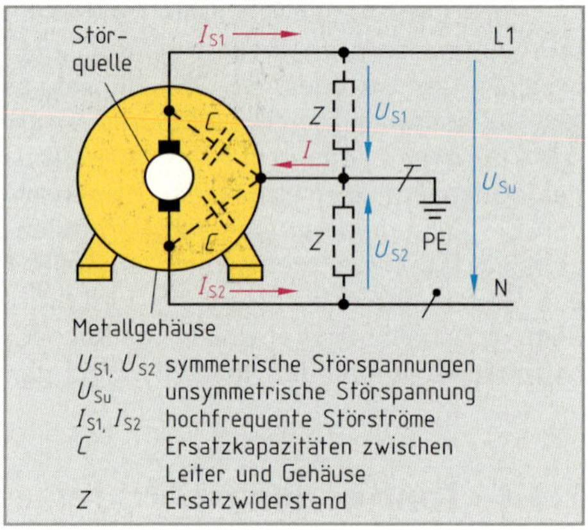

Bild 3: Symmetrische und unsymmetrische Störungen

Ein Teil der Funkstörenergie wird von der Störquelle aus über das Netz zum Empfänger übertragen. Die Anschlussleitungen wirken als Antenne und strahlen Funkstörenergie mit höheren Frequenzen, z. B. im UKW-Bereich, über die Empfangsantenne in den Empfänger **(Bild 2)**.

Funkstörungen gelangen über das Netz und durch den Raum als elektromagnetische Strahlung in Empfangsanlagen.

Derartige Funkstörungen machen sich beim Rundfunkempfang durch Knattern oder Prasseln und beim Fernsehempfang z. B. durch Streifen auf dem Bildschirm bemerkbar. Funkstörquellen sind z. B. Schaltvorgänge, Stromwendermotoren, Schleifringläufermotoren, Temperaturregler, Zündkerzen, Phasenanschnittsteuerungen und Gasentladungslampen.

Elektrische Geräte oder Anlagen, die hochfrequente Spannungen erzeugen und dadurch den Funkempfang stören, müssen entstört werden (DIN VDE 0875).

Manche Geräte, z. B. im elektromedizinischen Bereich, müssen für ihren Betrieb hochfrequente Spannungen erzeugen. Für diese Geräte sind spezielle Arbeitsfrequenzen reserviert (DIN VDE 0871).

Die meisten Störquellen haben eine Verbindung von ihrem Gehäuse zur Erde, z. B. über den Schutzleiter. Deshalb ist die Störquelle mit dem Gehäuse wie über eine Kapazität verbunden **(Bild 3)**. Über diese kapazitive Verbindung können hochfrequente Störströme abfließen.

7.10.2 Maßnahmen zur Funkentstörung

Durch Funkentstörung sucht man die Funkstörspannung der Störquelle so weit herabzusetzen, dass in ihrer Nähe eine Empfangsanlage einwandfrei arbeiten kann (DIN VDE 0875).

Versuch: Wiederholen Sie Versuch 2, Seite 158, und schalten Sie parallel zum laufenden Motor einen Kondensator von etwa 1 µF. Schließen Sie den Kondensator möglichst nahe am Motor an.
Die Funkstörung wird geringer.

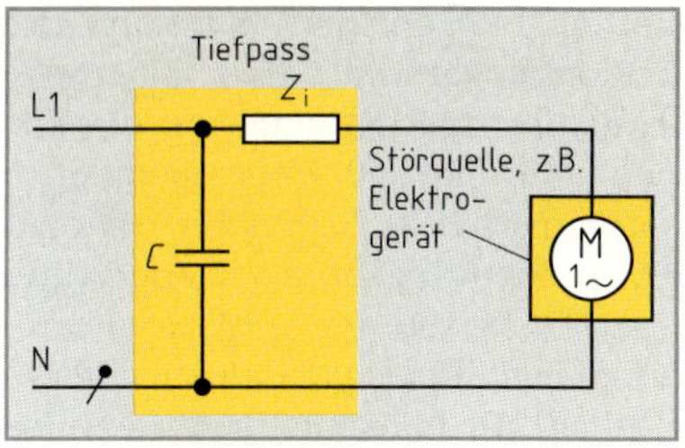

Bild 1: Herabsetzung der Funkstörspannung

Der parallel geschaltete Kondensator C ist für die störende Hochfrequenz ein kleiner Widerstand, der mit dem Innenscheinwiderstand Z_i der Funkstörquelle einen **Tiefpass** bildet **(Bild 1).** Wenn der Innenscheinwiderstand Z_i für die Hochfrequenz genügend groß ist, so ist die Funkstörspannung am Kondensator und damit am Netz klein.

Kondensatoren parallel zur Störquelle verringern die Funkstörspannungen.

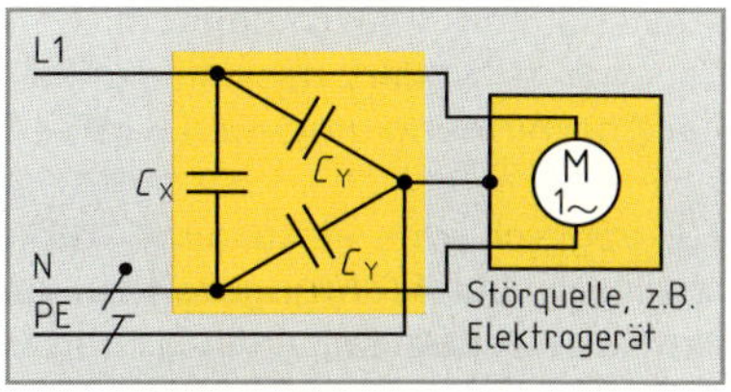

Bild 2: Entstörung mit X- und Y-Kondensatoren

Damit die Anschlußleitungen möglichst wenig Energie abstrahlen, schaltet man **Entstörkondensatoren** möglichst nahe an die eigentliche Störquelle. Eine wirksame Entstörung ist meist durch einen Kondensator allein nicht möglich. Zur Vermeidung der symmetrischen und der unsymmetrischen **Störspannungen** liegen drei Kondensatoren in der Zuleitung **(Bild 2).** Man unterscheidet hierbei **X-Kondensatoren** und **Y-Kondensatoren**. X-Kondensatoren werden z. B. zwischen zwei Leiter geschaltet.

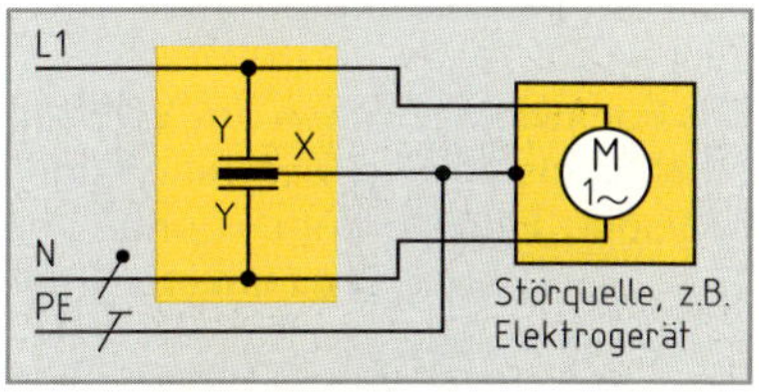

Bild 3: Entstörung mit XY-Kondensator

X-Kondensatoren werden zur Funkentstörung verwendet, wenn der Ausfall der Kondensatoren nicht zu einem elektrischen Schlag führen kann.

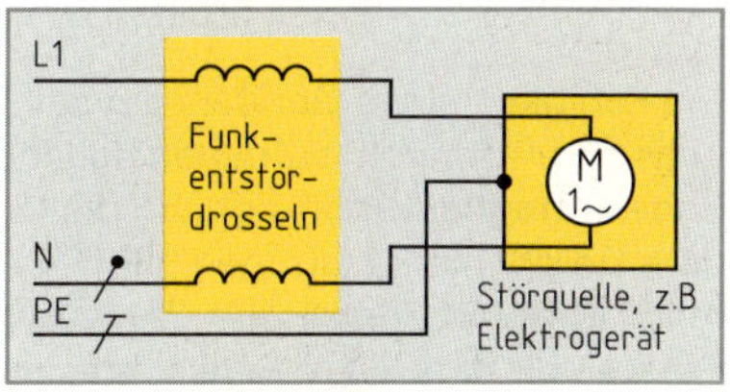

Bild 4: Funkentstördrosseln

Y-Kondensatoren werden z. B. zwischen einen Strom führenden Leiter und dem Gehäuse eines Gerätes geschaltet. Diese Kondensatoren sind für eine Nennspannung U_{eff} = 250 V geeignet. Sie werden mit erhöhter mechanischer und elektrischer Sicherheit hergestellt; ihre Kapazität ist aber begrenzt (DIN VDE 0665). Diese Begrenzung der Kapazität soll den durch den Kondensator fließenden Wechselstrom und den Energieinhalt des Kondensators auf ein ungefährliches Maß herabsetzen. Beim Einsatz von Y-Kondensatoren kann ein Versagen der Schutzmaßnahme einen elektrischen Schlag zur Folge haben. X-Kondensatoren und Y-Kondensatoren werden auch in einem Gehäuse zusammengefasst. Man bezeichnet sie dann als **XY-Kondensatoren (Bild 3).**

Y-Kondensatoren überbrücken Betriebsisolierungen, die in Verbindung mit einer zusätzlichen Schutzmaßnahme zur Abwendung von Gefahren für Menschen und Tiere dienen.

Funkentstördrosseln (nach DIN VDE 0550) werden zusätzlich in die Leitungen geschaltet **(Bild 4).** Diese Drosseln bilden für die hochfrequenten Funkstörströme einen großen induktiven Widerstand. Für den niederfrequenten Betriebsstrom ist ihr Blindwiderstand jedoch unerheblich.

Funkentstördrosseln werden mit **Funkentstörkondensatoren** in einem Gehäuse zusammengeschaltet und als **Netzentstörfilter** eingesetzt.

Bei der Funkentstörung unterscheidet man **Zweipolkondensatoren** und **Vierpolkondensatoren**. Zweipolkondensatoren sind nur für Störspannungen unterhalb 10 MHz geeignet. Vierpolkondensatoren **(Bild 1)** haben für mindestens einen der Kondensatorbeläge zwei abgeschirmte Zuführungen, durch die der Leitungsstrom fließt. Vierpolkondensatoren sind induktivitätsarm und werden deshalb zur Funkentstörung von Frequenzen über 10 MHz bis 100 MHz eingesetzt.

Die Ausbreitung von Funkstörungen in Form von abgestrahlten elektromagnetischen Wellen wird dadurch verhindert, dass die Funkstörquelle mit einer Abschirmung umgeben wird.

Für abgeschirmte elektrische Geräte benutzt man koaxiale[1] **Durchführungskondensatoren (Bild 2)**. Um einen zentralen Leiter (Durchführungsdraht) ist ein Kondensator koaxial angeordnet. Ein Kondensatorbelag ist mit der Geräteschirmwand leitend verbunden, der andere mit dem Durchführungsdraht für den Leitungsstrom.

Das **Funkschutzzeichen** des VDE **(Bilder 3a und 3b)** erhalten elektrische Maschinen und Geräte, bei denen die Funkstörungen unter dem zulässigen Grenzwert liegen. Die **Funkstörgrade (Bild 3d)** werden bei breitbandigen Störern, z.B. Leuchtstofflampen, angegeben. Bei schmalbandigen Störern, die Frequenzen über 10 kHz absichtlich erzeugen oder verwenden, z.B. elektronische Vorschaltgeräte, gelten die **Grenzwerte** nach **Bild 4.**

Die Fähigkeit eines Gerätes, „in seiner elektromagnetischen Umwelt zufriedenstellend zu arbeiten, ohne untragbare Störungen in die Umwelt oder andere Geräte hineinzutragen" (IEC-Definition), nennt man **Elektromagnetische Verträglichkeit** (EMV). Geräte mit dem **EMV-Funkschutzzeichen (Bild 3c)** haben eine geringe Störaussendung und große Störfestigkeit.

Wiederholungsfragen

1. **Wodurch entstehen Funkstörspannungen?**
2. **Wie gelangen Funkstörspannungen in die Empfangsanlage?**
3. **Weshalb können Kondensatoren die Funkstörung verringern?**
4. **Weshalb soll man möglichst dicht an der Störquelle entstören?**
5. **Welche drei Funkstörgrade unterscheidet man?**
6. **Was versteht man unter EMV?**

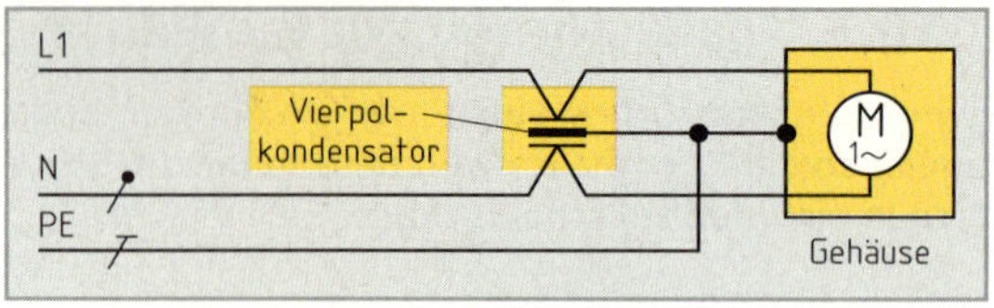

Bild 1: Entstörung mit Vierpolkondensatoren

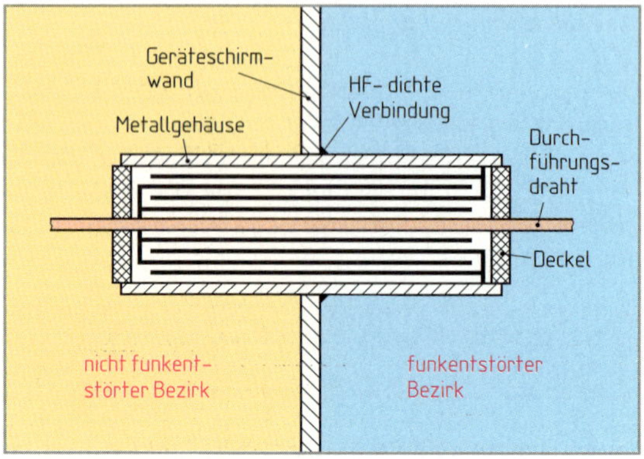

Bild 2: Koaxialer Durchführungskondensator

a) Funkschutzzeichen b) Normalstörgradzeichen c) EMV-Funkschutzzeichen

d) Funkstörgrade	
Bezeichnung	Entstörung ausreichend für:
Grobstörgrad G	Industriegebiete
Normalstörgrad N	Wohngebiete
Kleinstörgrad K	nachrichtentechnische Anlagen

Bild 3: Kennzeichnung des Funkschutzes

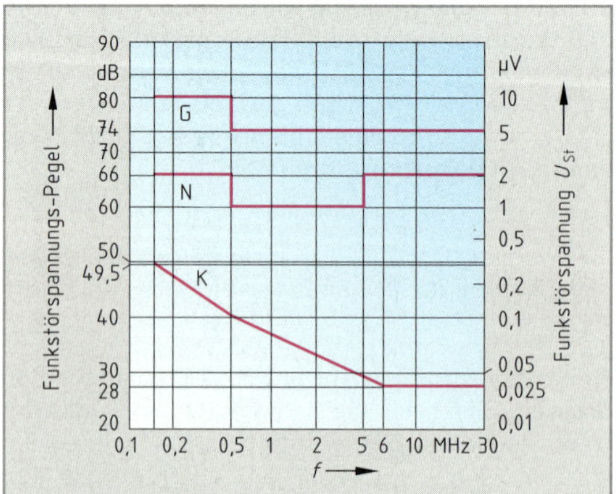

Bild 4: Grenzwerte für Funkstörungen

[1] koaxial = mit gleicher Achse

8 Grundlagen der Elektronik

8.1 Halbleiterwiderstände

Halbleiterwiderstände sind meist aus polykristallinen Werkstoffen gefertigt: Sie bestehen aus vielen kleinen, gesinterten Kristallen.

8.1.1 Spannungsabhängige Widerstände (Varistoren)

Die angelegte Spannung beeinflusst den Widerstandswert eines Varistors[1], auch VDR[2]-Widerstand genannt.

Der Widerstand eines Varistors ist bei angelegter niedriger Spannung groß und bei hoher Spannung klein.

Die Kennlinie $I = f(U)$ ist nichtlinear, aber symmetrisch zum Ursprung **(Bild 1)**.

Siliciumcarbid (SiC), Titandioxid (TiO_2) oder Zinkoxid (ZnO) bildet die wirksame Halbleiterschicht. Die Körnchen selbst bieten dem Strom wenig Widerstand. Eine hauchdünne, schlecht leitende Sperrschicht überzieht jedoch die Kristalle **(Bild 2)**. Der spezifische Widerstand dieser Schicht ist zehnbillionenmal größer als der im Inneren der Kristalle. Die Körner backen beim Sintern zusammen. Bei kleiner Spannung fließt nur über die Berührungsstellen ein geringer Strom. Höhere Spannungen durchbrechen die Sperrschichten teilweise und verbreitern so den Stromweg.

Man verwendet vielfach ZnO-Varistoren, deren Kennlinienknick (Bild 1) ihnen annähernd Schalteigenschaften verleiht. Diese Varistoren können Spannungen begrenzen **(Tabelle 1)**. Sie dienen hauptsächlich zum Unterdrücken von Störimpulsen, seltener zur Spannungsstabilisierung **(Tabelle 2)**. Durch einen Überspannungsimpuls verringert der Varistor seinen Widerstandswert schlagartig von einigen Megohm auf wenige Ohm.

VDR-Widerstände schützen überspannungsempfindliche Bauteile wie Dioden, Transistoren, Thyristoren oder integrierte Schaltungen. Sie bewahren auch Kontakte und Schalter vor Abbrand. Die Varistoren fangen außerdem die kurzen, aber starken Energiestöße sicher ab, wie sie das Schalten großer Induktivitäten hervorrufen. Der Schutz wirkt auch gegen Überspannungsspitzen, die über die Verbindungs- oder Versorgungsleitungen kommen.

[1] von **Var**iable Res**istor** (engl.) = veränderlicher Widerstand
[2] von **V**oltage **D**ependent **R**esistor (engl.) = spannungsabhängiger Widerstand
[3] Adsorption = Aufsaugen von adsorbere (lat.) = verschlingen

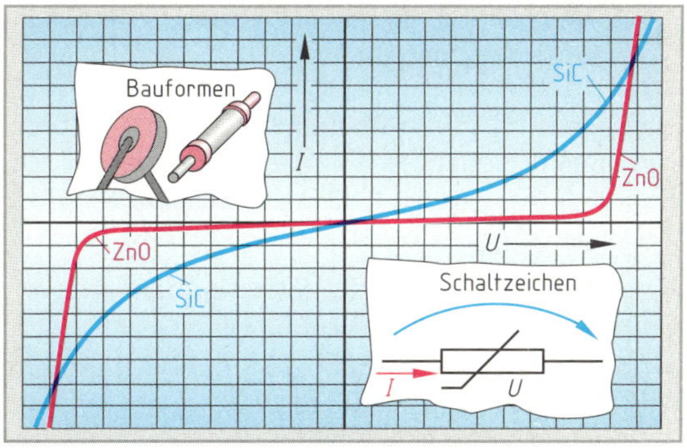

Bild 1: Kennlinien verschiedener Varistoren

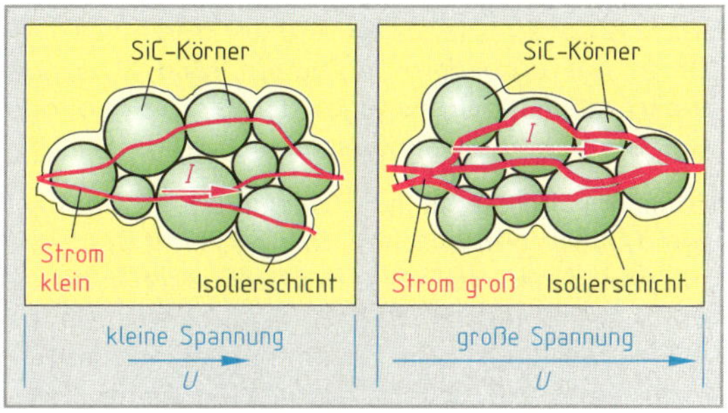

Bild 2: Wirkungsweise des Varistors

Tabelle 1: Kenn- und Grenzwerte von ZnO-Varistoren

Kenngrößen	Werte
Maximale Betriebsspannung	11 V ... 1,5 kV
Stromimpuls (Stoßstrom)	100 A ... 6,5 kA
Dauerbelastbarkeit	10 mW ... 1 W
Energieabsorption[3]	≤ 160 Ws
Betriebstemperatur	– 40 °C ... + 85 °C
Ansprechzeit	< 50 ns

Tabelle 2: Anwendung von Varistoren

Spannungsbegrenzung

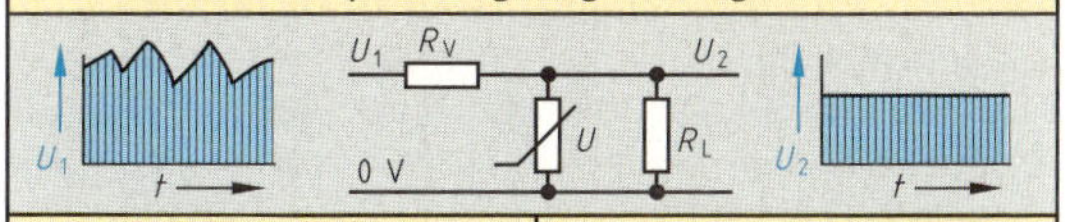

Transistorschutz

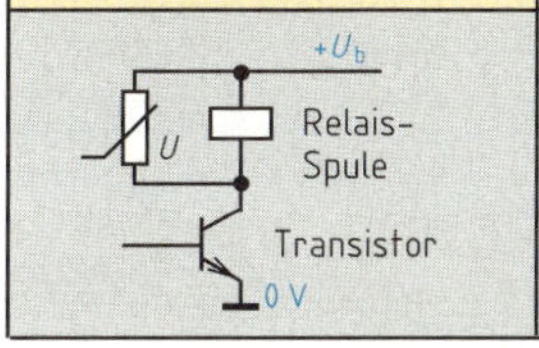

Überspannungsschutz

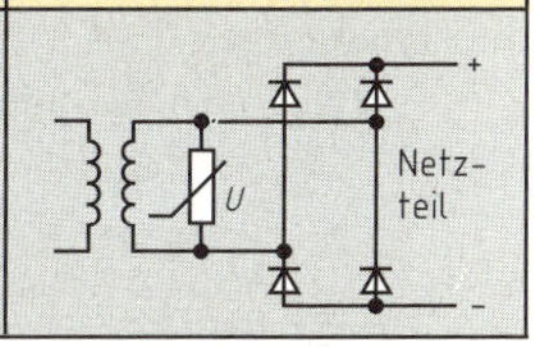

8.1.2 Heißleiter

Der Widerstand eines Heißleiters nimmt mit steigender Temperatur ab.

Heißleiter (NTC[1]-Widerstände) sind Thermistoren[2] mit einem negativen Temperaturbeiwert α. Die Kennlinie $R = f(\vartheta)$ ist gekrümmt, d. h., α hängt zusätzlich noch von der Temperatur ab **(Bild 1)**.

Ein Heißleiter kann seinen Widerstand durch zwei Einflüsse verändern:

- von außen durch die Umgebungstemperatur (fremderwärmter Heißleiter) oder
- von innen durch die Wärme, die infolge des durchfließenden Stromes entsteht (eigenerwärmter Heißleiter).

Fremderwärmte Heißleiter darf der durchfließende Strom nur unmerklich aufheizen **(Bild 2)**. Eigenerwärmte Heißleiter dagegen darf die Umgebungstemperatur kaum beeinflussen.

Heißleiter stellt man aus Metalloxiden her. Nach dem Mahlen und Mischen der Oxide mit Bindemitteln presst man die Masse in Stahlformen in die gewünschte Bauform **(Bild 3)** und sintert sie bei 1200 °C bis 1600 °C. Die Zusammensetzung und die Form eines Heißleiters bestimmen seine Kennwerte **(Tabelle)**.

Fremderwärmte Heißleiter betreibt man im Anstiegsteil der Kennlinie (Bild 2). Dort ist der Strom noch so gering, dass er den Heißleiter kaum merklich erwärmt. Diese Heißleiter haben meist geringe Abmessungen. Dadurch sprechen sie rasch auf Temperaturschwankungen an. Wegen des großen Beiwerts α kann man noch Temperaturdifferenzen bis ±0,0001 K messen. Festwiderstände, in Reihe oder parallel zum Heißleiter geschaltet oder beides, linearisieren die Kennlinie $R = f(\vartheta)$ **(Bild 4)**.

Tabelle: Kenndaten von Heißleitern (Beispiele)

Kenngrößen	Heißleiterperle M 812	Scheibenform K 164
Nennwiderstand	100 kΩ	100 kΩ
Nennbelastbarkeit	220 mW	750 mW
untere Grenztemperatur	– 55 °C	– 55 °C
obere Grenztemperatur	+ 350 °C	+ 125 °C
Wärmeleitwert	0,7 mW/K	7,5 mW/K
Wärmekapazität	0,35 mJ/K	150 mJ/K
Abkühlzeitkonstante	≈ 5 s	≈ 20 s

[1] von **N**egative **T**emperature **C**oefficient (engl.) = negativer Temperaturkoeffizient
[2] von **Therm**ic Res**istor** (engl.) = wärmeabhängiger Widerstand

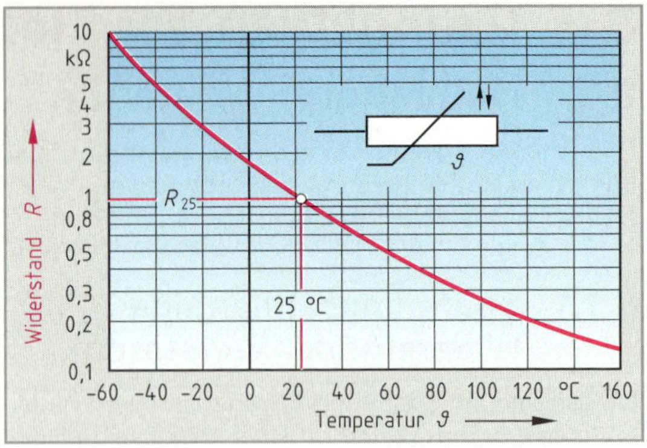

Bild 1: Widerstandskennlinie eines Heißleiters

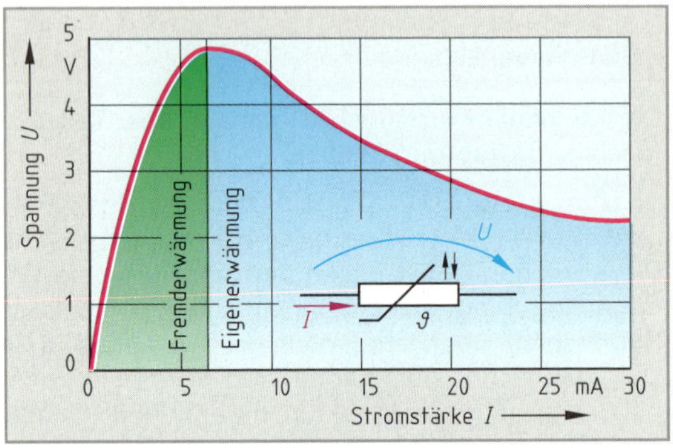

Bild 2: Kennlinie $U = f(I)$ eines Heißleiters

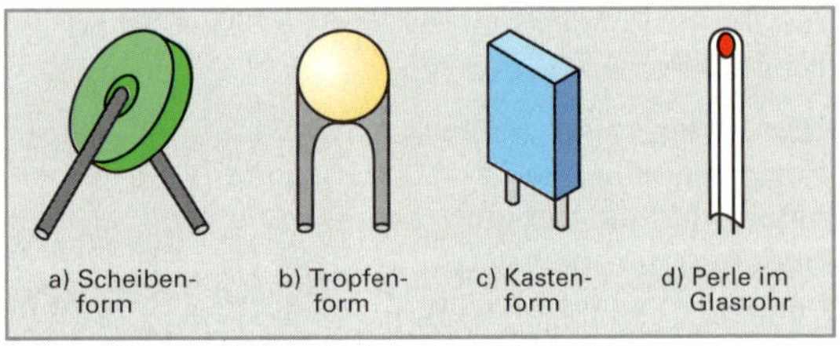

Bild 3: Bauformen von Heißleitern

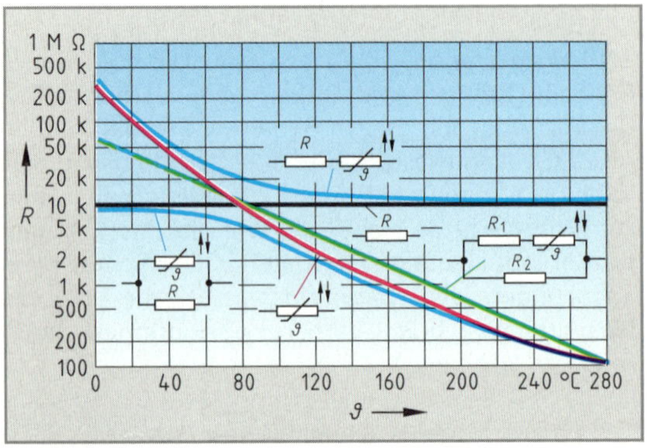

Bild 4: Reihen- und Parallelschaltung von Widerständen und Heißleiter

Man verwendet fremderwärmte Heißleiter z. B. zum Messen der Haut- und Körpertemperatur, zur Leistungsmessung von Mikrowellen oder zur Kompensation der Temperaturabhängigkeit anderer Bauelemente, z. B. von Transistoren. Heißleiter dienen zur Temperaturerfassung in Heizungen, in Klimaanlagen, Waschmaschinen oder Kühltruhen. In Kraftfahrzeugen messen Heißleiter die Kühlwasser- und die Öltemperatur.

Tabelle: Anwendungen von Heißleitern

Christbaum-Beleuchtung	Temperaturmessung
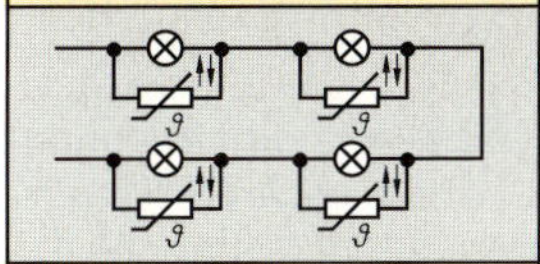	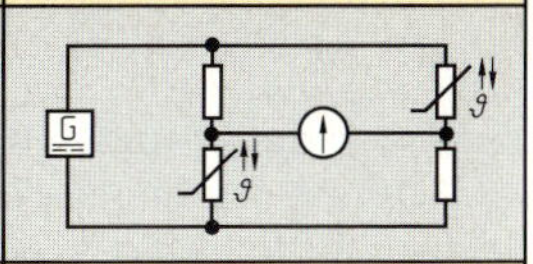
Relais-Anzugsverzögerung	**Temperaturkompensation**
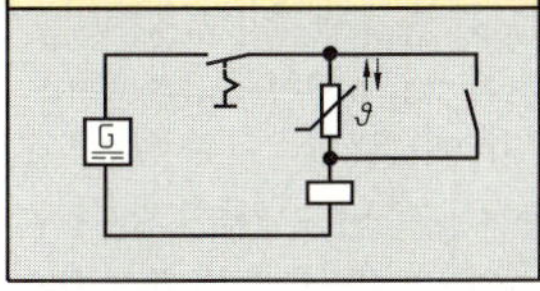	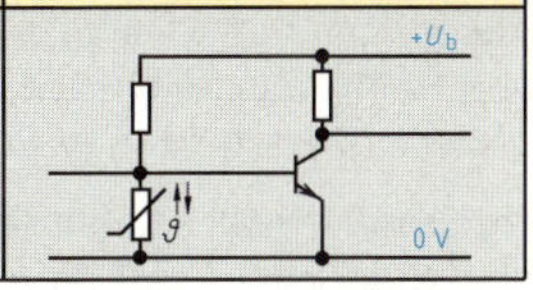

Eigenerwärmte Heißleiter, meist in Scheibenform, heizt der durchfließende Strom auf. Seine Temperatur steigt so lange an, bis sich ein Gleichgewicht einstellt zwischen der zugeführten elektrischen Energie (Stromwärme) und der durch Wärmestrahlung und Wärmeleitung wieder an die Umgebung abgegebenen Energie **(stationärer Zustand).** Der Heißleiter ändert seinen Widerstand, wenn ihn ein anderes Medium abkühlt. Man kann ihn daher zum Messen der Wärmeleitfähigkeit von Gasen, für die Niveau-Regelung von Flüssigkeiten, zur Füllstands- oder Strömungsmessung, für die Gasanalyse und zur Vakuummessung verwenden.

Bei der Christbaum-Beleuchtung **(Tabelle)** sind z. B. 16 Glühlampen (für je 14 V Nennspannung) in Reihe an 230 V geschaltet. Fällt eine Glühlampe aus, fließt der gesamte Strom durch den parallel geschalteten Heißleiter. Der NTC-Thermistor erwärmt sich und nimmt einen Widerstand an, der dem Ersatzwiderstand der Parallelschaltung von Lampe und kaltem NTC entspricht. Je weiter der Strom anwächst, desto mehr nimmt der Widerstand ab und damit auch die anliegende Spannung.

Mit festem Vorwiderstand verwendet man die eigenerwärmten Heißleiter zur Spannungsstabilisierung, z. B. bei der Aussteuerungsbegrenzung von Verstärkern. Vor Verbraucher geschaltet verhindern sie als Anlassheißleiter Einschaltstromspitzen oder bewirken wegen des langsamen Stromanstiegs in Reihe zu einem Relais eine Anzugsverzögerung.

8.1.3 Kaltleiter

Kaltleiter (PTC[1]-Widerstände) haben einen positiven Temperaturbeiwert. Zu ihnen zählen alle Metalle. Kaltleiter aus Halbleiterwerkstoffen zeigen jedoch ein untypisches Verhalten, das die ferroelektrischen Eigenschaften des Hauptbestandteils Bariumtitanat verursacht. Zunächst nimmt der Widerstand des Kaltleiters bei ansteigender Temperatur ab **(Bild)** wie bei jedem Halbleiter. Bei der Ausgangstemperatur ϑ_A ist der geringste Widerstand R_{min} erreicht. Weiter erwärmt nimmt der Widerstandswert sprungartig um über das Tausendfache bis zum Endwiderstand R_E zu. Bei der Nenntemperatur ϑ_N beginnt der Steilanstieg des Widerstands.

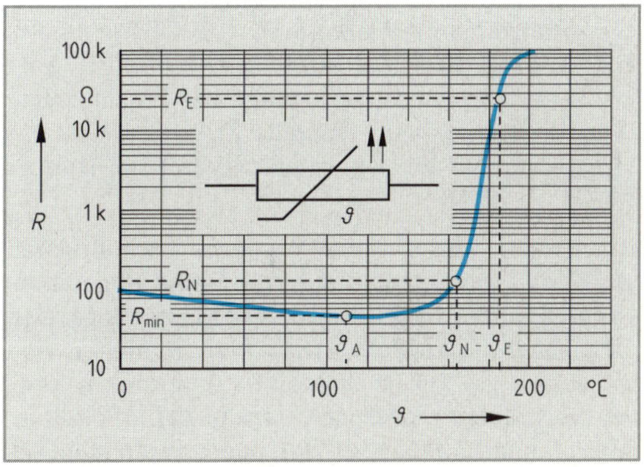

Bild: Kennlinie eines Kaltleiters (P 430-C 11)

> In einem schmalen Temperaturbereich steigt der Widerstand eines Halbleiter-Kaltleiters steil an.

Ausgangsstoff für Kaltleiter ist polykristallines Bariumtitanat ($BaTiO_3$). Es enthält Molekulardipole, die für das Temperatur-Widerstands-Verhalten des Kaltleiters verantwortlich sind.

Beispiel: Der Kaltleiter P 310-C 11 hat bei der Nenntemperatur $\vartheta_N = 40\,°C$ den Widerstand $R_N = 140\,\Omega$. Bei der Endtemperatur $\vartheta_E = 95\,°C$ nimmt er einen Widerstand $R_E = 50\,k\Omega$ an. Wie groß ist der Kaltleiterwiderstand bei $\vartheta = 70\,°C$, wenn der $R(\vartheta)$-Verlauf linear angenommen wird?

$$R_{70\,°C} = R_N + (R_E - R_N) \cdot \frac{\vartheta - \vartheta_N}{\vartheta_E - \vartheta_N} = 0{,}14\,k\Omega + (50\,k\Omega - 0{,}14\,k\Omega) \cdot \frac{70\,°C - 40\,°C}{95\,°C - 40\,°C} = 0{,}14\,k\Omega + 49{,}86\,k\Omega \cdot \frac{30\,°C}{55\,°C} = \mathbf{27{,}3\,k\Omega}$$

[1] von **P**ositive **T**emperature **C**oefficient (engl.) = positiver Temperaturbeiwert

Fremderwärmte Kaltleiter dürfen vom durchfließenden Strom nur wenig erwärmt werden. Dann beeinflusst fast nur die Umgebungstemperatur den Kaltleiterwiderstand. Der Steilanstieg zwischen R_N und R_E ist der Bereich für Temperaturmess- und Regelaufgaben **(Tabelle 1)**. Eine wichtige Anwendung ist dabei der Übertemperaturschutz elektrischer Maschinen zwischen 60 °C und 180 °C. Der Kaltleiter löst – in die Wicklung eingebaut – das Abschalten der Maschine über Transistorverstärker und Relais aus, wenn die zulässige Wicklungstemperatur überschritten wird (Seite 92).

Eigenerwärmte Kaltleiter erhitzt der durchfließende Strom auf eine Temperatur, bei der die abgeführte Wärmeleistung die zugeführte elektrische Leistung ausgleicht. Sinkt die Temperatur, nimmt der Kaltleiter wegen des abfallenden Widerstands mehr Strom und damit eine höhere Leistung auf: Die Temperatur des Kaltleiters steigt wieder an. Umgekehrt setzt der Kaltleiter bei Temperaturanstieg seine Leistung herab.

Erhöht sich die Spannung, nimmt der Kaltleiter mehr Leistung auf. Er erwärmt sich dadurch stärker, vergrößert seinen Widerstand und verringert damit die Stromstärke. In einem weiten Bereich ist also die aufgenommene Leistung kaum spannungsabhängig. Ein Kaltleiter findet wegen dieser Eigenschaft als stabilisiertes Heizelement Verwendung.

Der eigenerwärmte Kaltleiter reagiert bei Abkühlung durch ein anderes Medium, z. B. Öl, mit einem Stromanstieg **(Bild)**. Kaltleiter können dadurch z. B. zur Strömungsmessung oder als Flüssigkeitsniveau-Fühler dienen **(Tabelle 2)**, vor allem als Grenzwertgeber der Überfüllsicherung bei Heizöltanks.

Verbraucher kleiner Leistung, z. B. Lautsprecher oder Relaisspulen, schützt ein in Reihe geschalteter Kaltleiter vor Überlastung oder Kurzschluss. Der hohe Kurzschlussstrom erhitzt den Kaltleiter, der dadurch einen hohen Widerstand annimmt und den Verbraucher praktisch abschaltet. Weiterhin benutzt man Kaltleiter als Verzögerungsschaltglied z. B. in Entmagnetisierungsschaltungen von Farbfernseh-Bildröhren oder als Starter für Gasentladungslampen.

Tabelle 1: Kenndaten von Kaltleitern (Beispiele)

Kenngrößen	Messkaltleiter	Überlastschutz
Nenntemperatur ϑ_N in °C	40	130
Nennwiderstand R_N in Ω	110	13
Anfangstemperatur ϑ_A in °C	0	60
Anfangswiderstand R_A in Ω	95	0,7
Endtemperatur ϑ_E in °C	95	250
Endwiderstand R_E in kΩ	≥ 50	≥ 5
Temperaturbeiwert α_R in %/K	16	15
Max. Spannung U_{max} in V	30	30
Abkühlzeitkonst. τ_{th} in s	18	10
Wärmeleitwert G_{th} in mW/K	5,6	5,5

Tabelle 2: Anwendungen von Kaltleitern

Temperaturmessung	Niveaufühler
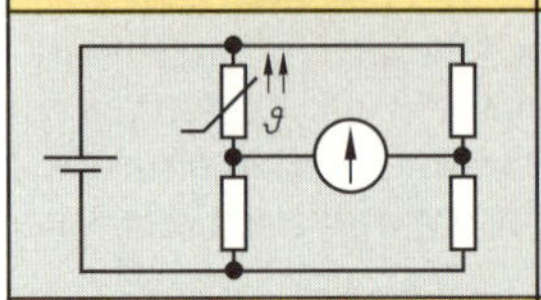	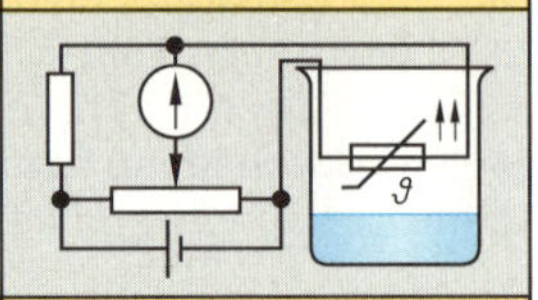
Überlastsicherung	**Entmagnetisieren**
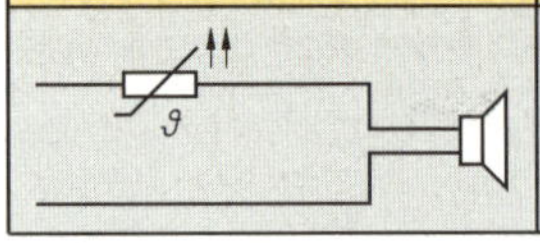	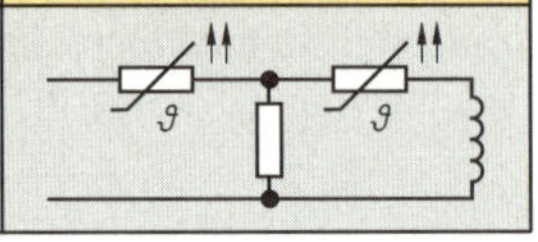

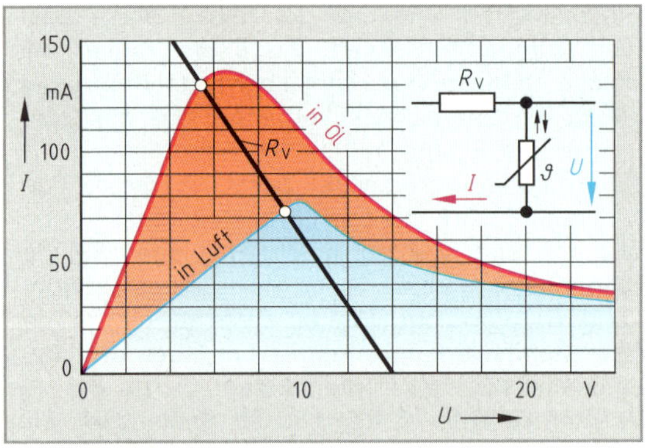

Bild: Strom-Spannungs-Kennlinien eines Kaltleiters in Luft und in Öl

Wiederholungsfragen

1 **Welchen Widerstandswert hat ein Varistor, wenn er an einer a) niedrigen und b) hohen Spannung liegt?**

2 **Erklären Sie die Wirkungsweise des Varistors.**

3 **Beschreiben Sie den Überspannungsschutz durch einen Varistor.**

4 **Welches Vorzeichen hat der Temperaturbeiwert a) eines Heißleiters und b) eines Kaltleiters?**

5 **Wie verhält sich ein Heißleiter bei Erwärmung?**

6 **Was versteht man unter fremderwärmten und was unter eigenerwärmten Heißleitern?**

7 **Wozu verwendet man a) eigenerwärmte und b) fremderwärmte Heißleiter?**

8 **Welche Anwendungen haben a) fremderwärmte, b) eigenerwärmte Kaltleiter?**

8.2 Halbleiterwerkstoffe

Eine Diode, einen Transistor oder eine integrierte Schaltung stellt man aus einem einzelnen Kristall (Einkristall) des Halbleiterwerkstoffs her.

Diese Stoffe nennt man Halbleiter, weil ihr spezifischer Widerstand zwischen dem elektrischer Leiter (Metalle) und dem von Nichtleitern liegt **(Bild 1)**. Die Leitfähigkeit lässt sich durch Zusetzen von Fremdstoffen oder durch andere Einflüsse, z. B. durch Lichteinstrahlung, durch elektrische oder magnetische Felder, stark verändern.

Als Halbleiterwerkstoffe verwendet man in der Technik fast ausschließlich Grundstoffe (Silicium oder Germanium) und chemische Verbindungen, z. B. Galliumarsenid oder Indiumantimonid, die in einem Gitter wie Diamant kristallisieren **(Bild 2)**. Hierbei ist jedes Atom von vier direkten Nachbaratomen umgeben.

Halbleiterwerkstoffe **(Tabelle)** müssen außerordentlich rein sein. Durch besondere Verfahren, wie Kristallziehen und Zonenschmelzen, erreicht man bei der Herstellung Reinheitsgrade, bei denen auf 10^{10} Atome nur ein einziges Fremdatom kommt. Das entspricht etwa der Verunreinigung eines Schwimmbeckens von 500 Kubikmeter Wasser durch einen einzigen Tropfen (von 0,05 ml).

Der Grundstoff Silicium ist heute der wichtigste in der Halbleitertechnik. Mehr als 90 % aller Halbleiter-Bauelemente sind aus Silicium gefertigt. Warum dieser Werkstoff bevorzugt wird, hat drei Gründe:

- Silicium-Bauelemente halten höhere Temperaturen (150 °C) aus als z. B. Germanium-Halbleiter (75 °C).
- Reinigung und Kristallzüchtung von Silicium werden sehr gut beherrscht, begünstigt auch dadurch, dass nur ein Element beteiligt ist.
- Bei hoher Temperatur überzieht sich Silicium mit einer sehr widerstandsfähigen Oxidschicht (SiO_2), die ausgezeichnet isoliert.

Andere Halbleiter-Werkstoffe setzt man nur dort ein, wo die Eigenschaften von Silicium ungünstiger sind. Germanium verhält sich z. B. bei hohen Frequenzen vorteilhafter, und der Verbindungshalbleiter Galliumarsenid besitzt eine größere Ladungsträger-Beweglichkeit.

Atomarer Aufbau. Der Kern eines Silicium-Atoms enthält 14 Protonen und 14 Neutronen. Ihn umgibt eine Elektronenhülle, die in der innersten Schale mit 2 Elektronen, in der mittleren mit 8 Elektronen und in der äußersten Schale mit 4 Elektronen besetzt ist **(Bild 1, Seite 166)**. Nur die vier Außenelektronen können an einer chemischen Bindung teilnehmen. Man nennt sie deshalb **Valenzelektronen**[1].

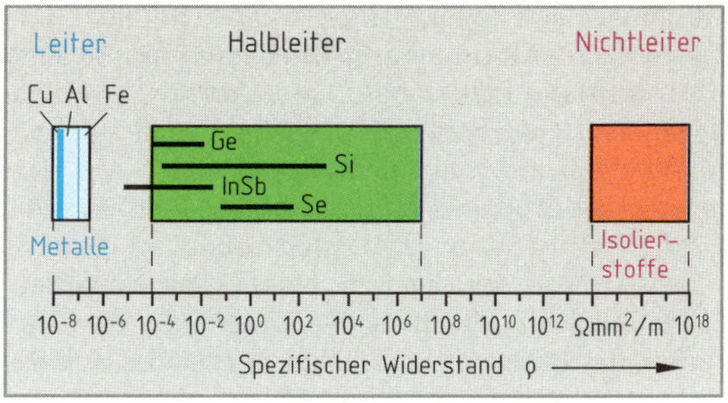

Bild 1: Spezifischer Widerstand von Halbleitern

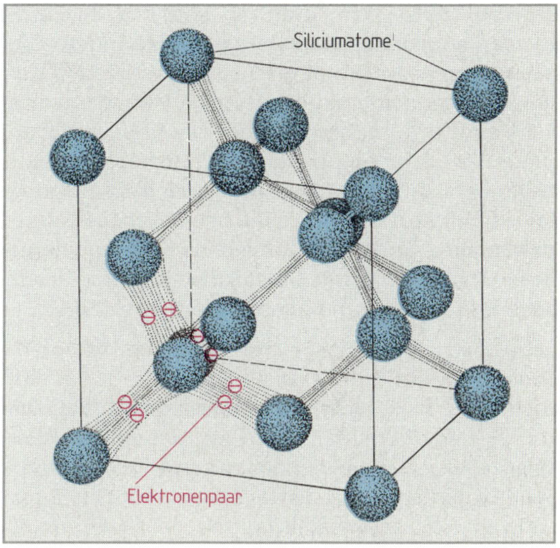

Bild 2: Kristallgitter von Silicium (Diamantstruktur)

Tabelle: Halbleiter-Werkstoffe

Werkstoff	Anwendung
Silicium (Si)	Dioden, Transistoren, Integrierte Schaltungen, Thyristoren, Solarzellen
Germanium (Ge)	Hochfrequenz-Transistoren, Detektoren radioaktiver Strahlung
Galliumarsenid (GaAs)	Leuchtdioden, Laser, HF-Transistoren
Indiumantimonid (InSb) Indiumarsenid (InAs)	Feldplatten, Hall-Generatoren
Cadmiumsulfid (CdS)	Fotowiderstände, Solarzellen
Siliciumcarbid (SiC)	Heizleiter, Varistoren, Leuchtdioden

[1] von valere (lat.) = wert sein; Valenz = (chemische) Wertigkeit

Verbinden sich gleichartige Atome miteinander, entsteht eine **Atombindung.** Die beiden Atome sind dann so nahe beieinander, dass sich ihre Hüllen gegenseitig durchdringen. Dabei wird je ein Außenelektron vom eigenen und vom Kern des benachbarten Atoms angezogen. Die jeweils zwei Elektronen gehören also gleichzeitig zu beiden Atomen. Man spricht von einem **gemeinsamen Elektronenpaar.** Mit dieser Bindung können die vier Außenelektronen eines Siliciumatoms vier andere Si-Atome an sich ketten **(Bild 2).**

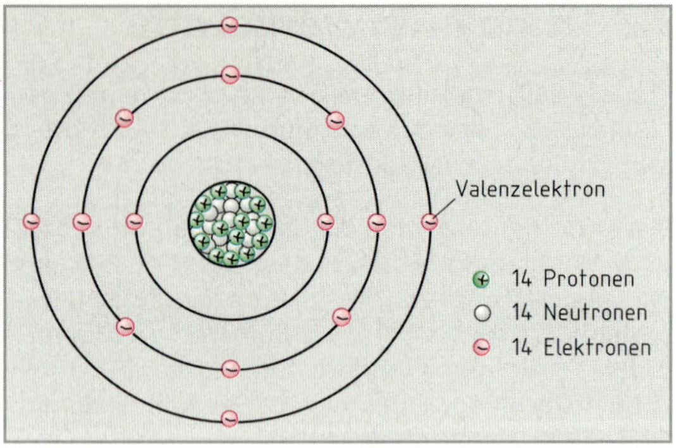

Bild 1: Aufbau eines Siliciumatoms

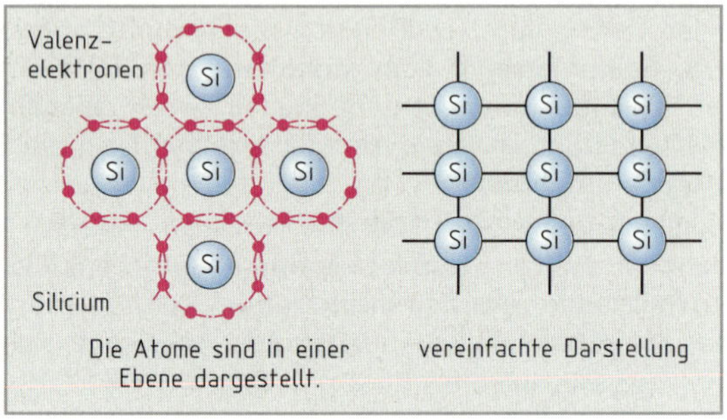

Bild 2: Chemische Bindung von Siliciumatomen

8.2.1 Eigenleitung

Bei sehr tiefen Temperaturen sind im Siliciumkristall kaum freie Ladungsträger vorhanden. Die Raumtemperatur bringt die Atome im Kristallgitter zum ungeordneten Hin- und Herschwingen um ihre Ruhelage (Wärmebewegung). Dadurch brechen einige der Atombindungen auf. Einzelne Außenelektronen entfernen sich von ihren Atomen und sind innerhalb des Kristalls frei beweglich **(Leitungselektronen).** Eine am Halbleiterkristall angelegte Spannung – und damit ein elektrisches Feld – treibt diese Elektronen vom Minus- zum Pluspol **(Bild 3).**

Sobald sich ein Valenzelektron aus seiner Atombindung entfernt, hinterlässt es dort eine Lücke, ein **Loch,** das man auch **Defektelektron** nennt. Die Löcher tragen ebenfalls zur Stromleitung bei. Ein Valenzelektron einer benachbarten Bindung kann nämlich ein solches Loch ausfüllen, sobald Spannung am Halbleiterkristall liegt. An der Stelle, wo es vorher war, entsteht wieder ein Loch. Dieser Vorgang wiederholt sich laufend. Das Loch wandert durch den ganzen Kristall **(Bild 4).**

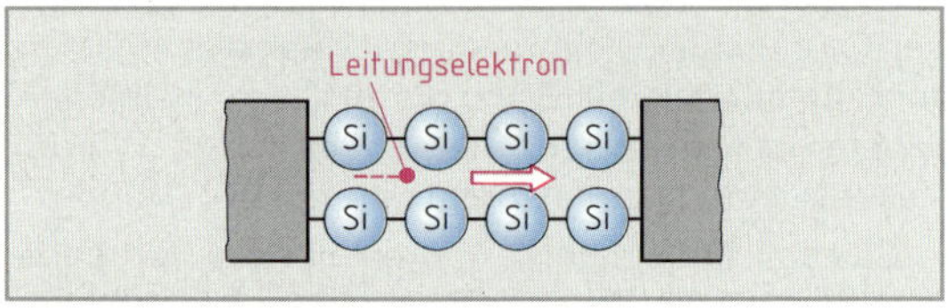

Bild 3: Elektronenleitung im Halbleiter

Durch eine angelegte Spannung wandern im Halbleiterkristall die Leitungselektronen vom Minus- zum Pluspol und die Löcher vom Plus- zum Minuspol.

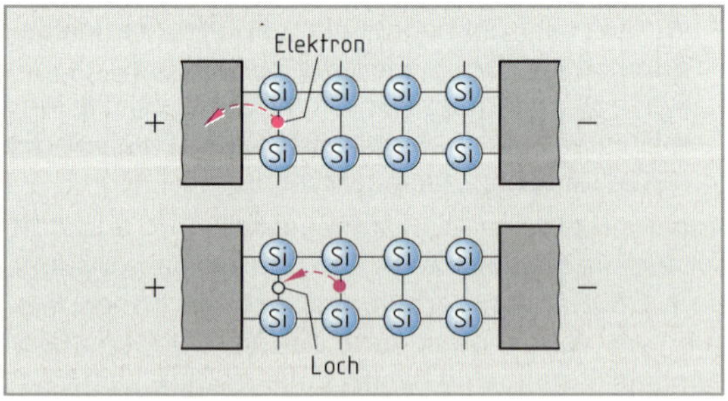

Bild 4: Löcherleitung im Halbleiter

8.2.2 Störstellenleitung (Dotieren von Halbleitern)

Gibt man zur Schmelze eines reinen Halbleiterwerkstoffs nur einen ganz geringen Anteil Fremdstoffe, steigt die elektrische Leitfähigkeit des Halbleiterkristalls enorm an. Setzt man z. B. rund 100 000 Siliciumatomen ein einziges fremdes Bor-Atom zu, steigt die Leitfähigkeit um das Tausendfache an. Die Fremdatome, auch z. B. Aluminium- oder Phosphoratome, stören den Kristallaufbau **(Störstellen).** Das Zugeben von Fremdatomen zum reinen Halbleiterwerkstoff nennt man **Dotieren**[1].

Geringes Dotieren des reinen Halbleiterkristalls mit Fremdatomen, z. B. mit Aluminium oder Phosphor, erhöht die Leitfähigkeit des Halbleiters sehr stark.

[1] von dotare (lat.) = ausstatten, mitgeben

Dotiert man den Siliciumkristall mit diesen künstlichen Störstellen, erzeugen Phosphoratome mit ihren 5 Außenelektronen überschüssige Leitungselektronen und Aluminiumatome mit je 3 Außenelektronen zusätzliche Löcher.

N-Leiter (Überschusshalbleiter). Ein Phosphor-Atom (oder ein Arsen-Atom) besitzt 5 Außenelektronen. Baut man es in den Siliciumkristall ein, beteiligen sich nur 4 seiner Valenzelektronen an den Elektronenpaar-Bindungen **(Bild 1)**. Das 5. Außenelektron ist lose an sein Stammatom gebunden. Bereits eine geringe Temperatur genügt, um es im Kristall zu einem frei beweglichen Leitungselektron zu machen. Der mit Phosphor dotierte Siliciumkristall wird zum **N-Leiter**[1] mit freien Elektronen.

Entfernen sich aber die Leitungselektronen von den Phosphor-Atomen, hinterlassen sie positive Ionen, weil den P-Atomen diese Elektronen fehlen. Die Ionen sind fest in das Kristallgitter eingebunden. Als Ganzes bleibt der N-Leiter elektrisch neutral.

N-Leiter enthalten freie Elektronen (Leitungselektronen) als Ladungsträger.

Die Leitfähigkeit des dotierten Halbleiters nimmt nur so lange mit der Temperatur zu, bis alle Fremdatome ihr überzähliges Elektron abgegeben haben. Ein dotierter Halbleiter ist daher viel weniger temperaturabhängig als ein undotierter.

Fließt Strom durch den Störstellen-Halbleiter, bewegen sich die Leitungselektronen vom Minus- zum Pluspol **(Bild 2)**.

P-Leiter (Defekthalbleiter). Das Kristallgitter z. B. eines Silicium-Halbleiters nimmt auch Fremdatome mit 3 Valenzelektronen auf, z. B. Bor, Aluminium oder Indium.

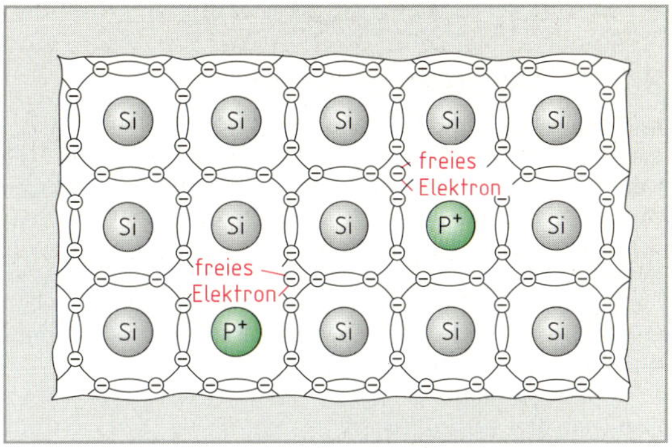

Bild 1: N-Leiter (Silicium mit Phosphor dotiert)

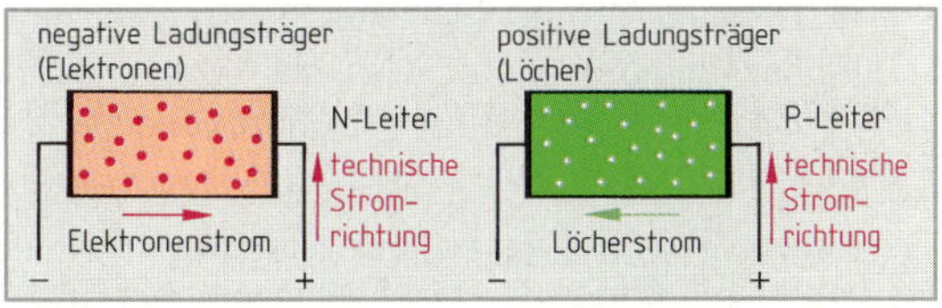

Bild 2: Stromfluss durch N- und P-Leiter

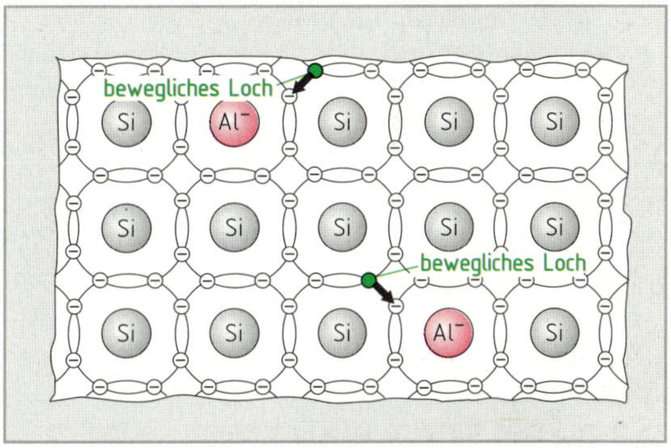

Bild 3: P-Leiter (Silicium mit Aluminium dotiert)

Mit z. B. Aluminium dotiert, fehlt beim Einbau der Fremdatome je Al-Atom ein Elektron für die chemische Bindung (Atombindung). Bei nur geringer Wärmebewegung der Atome springt das fehlende Elektron von einer benachbarten Atombindung herüber **(Bild 3)**. Dort hinterlässt dieses Elektron ein Loch. Durch den Einbau 3-wertiger Fremdatome entstehen also im Si-Kristall Löcher. Der Kristall wird zum **P-Leiter**[2], die Aluminiumatome bilden jedoch durch die Elektronenaufnahme negative Aluminium-Ionen, die fest an ihren Platz gebunden bleiben.

P-Leiter enthalten frei bewegliche Löcher (Defektelektronen) als Ladungsträger.

Die Leitfähigkeit des P-Leiters steigt nur so weit mit der Temperatur an, bis alle Fremdatome von ihren Nachbarn je ein Elektron aufgenommen haben.

Die elektrische Leitfähigkeit der Störstellen-Halbleitung ist nur wenig temperaturabhängig.

Die verschiedenen Ladungsträger im Halbleiterkristall, Leitungselektronen und Löcher, lassen sich durch eine angelegte Spannung unterschiedlich schwer bewegen. Im Siliciumkristall beträgt die Beweglichkeit der Elektronen 0,15 $m^2/(Vs)$ und die der Löcher 0,06 $m^2/(Vs)$, für Germanium lauten die Werte: 0,38 $m^2/(Vs)$ für Elektronen und 0,18 $m^2/(Vs)$ für die Defektelektronen.

[1] von **N**egativ (Ladungsart der Leitungselektronen)

[2] von **P**ositiv (Ladungsverhalten der Löcher)

8.3 Halbleiterdioden

8.3.1 Wirkungsweise

Versuch: Nehmen Sie von einer Si-Diode, z. B. von der BAY 44, durch Strom- und Spannungsmessung die Kennlinie auf, und zwar in Durchlassrichtung mit der Stromfehlerschaltung und in Sperrrichtung mit der Spannungsfehlerschaltung **(Bild 1)**. Schließen Sie die Schaltungen evtl. über einen Vorwiderstand von 1 kΩ an ein einstellbares Netzteil an und erhöhen Sie langsam die Spannung in Durchlassrichtung bis etwa 1 V, in Sperrrichtung bis höchstens 50 V.

In Durchlassrichtung fließt nach Überwinden eines Schwellwerts von etwa 0,7 V ein hoher Strom (rund 100 mA bei 1 V), in Sperrrichtung dagegen ein geringer, kaum messbarer Strom (≈ 20 nA bei 50 V).

Eine Halbleiter-Diode leitet, wenn man sie in Durchlassrichtung polt, und sie sperrt den elektrischen Strom, wenn sie entgegengesetzt gepolt ist.

Die **Katode** einer Halbleiterdiode ist oft durch einen Ring markiert **(Bild 2)**. Dort ist für die Durchlassrichtung der **negative Pol** anzuschließen.

Je nach Halbleiterwerkstoff unterscheiden sich die Kennwerte der Dioden **(Tabelle)**.

In **Durchlassrichtung** (vorwärts, **F**orward[1]) fließt mit zunehmender Durchlassspannung U_F oberhalb der **Schleusenspannung** U_{TO} **(Schwellwert)** stark ansteigend ein Durchlassstrom I_F (Kennlinie Bild 2).

In **Sperrrichtung** (rückwärts, **R**everse[2]) fließt durch die Halbleiterdiode auch mit anwachsender Sperrspannung U_R nur ein verschwindend geringer Sperrstrom I_R. Oberhalb der höchstzulässigen Sperrspannung steigt der Sperrstrom jedoch so stark an, dass er die Diode zerstören kann.

8.3.2 PN-Übergang

Jede Halbleiterdiode besitzt einen **PN-Übergang,** der ihre Ventilwirkung verursacht. Auch ein Übergang Metall-Halbleiter hat diese Wirkung, weil das Metall überschüssige freie Elektronen enthält.

An der Grenze vom N- zum P-Leiter dringen ohne angelegte Spannung durch die Wärmebewegung Elektronen vom N-Leiter in den P-Leiter ein und rekombinieren[3] dort mit den Löchern. Umgekehrt diffundieren[4] Löcher des P-Leiters in den N-Leiter und verbinden sich dort mit den freien Elektronen **(Bild 3)**. Beiderseits der Grenze verarmt der Halbleiterkristall an freien Ladungsträgern: Die Grenzschicht wirkt wie ein Isolator und bildet eine Sperrschicht.

Am PN-Übergang von Halbleitern entsteht eine Sperrschicht.

[1] forward (engl.) = vorwärts, vorn befindlich
[2] reverse (engl.) = umgekehrt, entgegengesetzt
[3] von recombinare (lat.) = wiedervereinigen
[4] von diffundere (lat.) = ausbreiten, zerstreuen

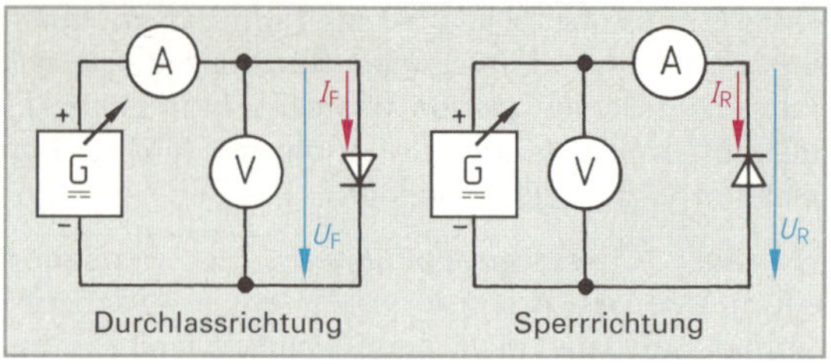

Bild 1: Messschaltung zur Kennlinienaufnahme einer Diode

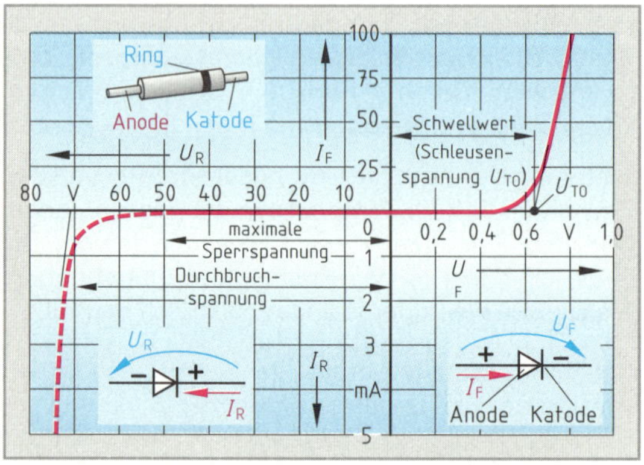

Bild 2: Kennlinie einer Si-Halbleiterdiode (BAY 44)

Kenngröße	Germanium-dioden	Silicium-dioden
Schwellwert der Durchlassspannung	≈ 0,3 V	≈ 0,7 V
Stromdichte	0,8 A/mm²	1,5 A/mm²
maximale Betriebstemperatur	≈ 75 °C	≈ 150 °C
Wirkungsgrad	95 %	99 %
Spitzen-sperrspannung	30 ... 120 V	100 ... 2 000 V

Tabelle: Vergleich von Germanium- und Siliciumdioden

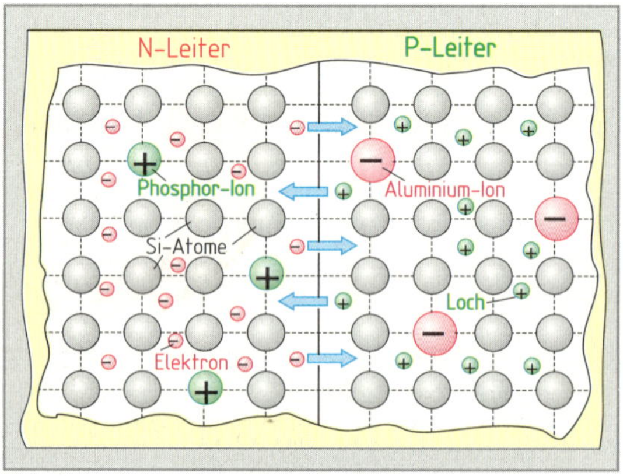

Bild 3: Wirkungsweise des PN-Übergangs

Fehlen jedoch in der Grenzschicht Leitungselektronen und Löcher, üben die Ladungen der ortsgebundenen Ionen ihren Einfluss aus: Das N-Grenzgebiet ist positiv, das P-Grenzgebiet negativ aufgeladen **(Bild 1)**. Diese Raumladungszonen beenden die weitere Diffusion: Die negative P-Grenze zieht die diffundierten Löcher und die positive N-Grenzschicht die eingedrungenen Elektronen zurück. Die Ladungen in der etwa 1 µm dicken Grenzschicht verursachen eine **Diffusionsspannung** am PN-Übergang, deren Größe mit der Schleusenspannung übereinstimmt.

Der PN-Übergang wirkt wie ein Kondensator. Die Sperrschicht besitzt eine Kapazität **(Sperrschicht-Kapazität)**.

P- und N-Leiter sind an den Enden mit metallischen Kontakten versehen.

In **Sperrrichtung** betreibt man die Diode, wenn der Pluspol einer äußeren Spannungsquelle mit dem N-Leiter (Katode) und der Minuspol mit dem P-Leiter (Anode) verbunden ist. Die Sperrspannung U_R hat dann die gleiche Richtung wie die Diffusionsspannung und verbreitert die Sperrschicht **(Tabelle)**.

In **Durchlassrichtung** liegt der Pluspol der äußeren Spannungsquelle am P-Leiter (Anode) und der Minuspol am N-Leiter (Katode). Die Durchlassspannung U_F ist entgegen der Diffusionsspannung gerichtet und baut die Sperrschicht ab: Ein Durchlassstrom I_F fließt.

Eine Spannung in Sperrichtung verbreitert die Sperrschicht und verringert ihre Kapazität: Der PN-Übergang sperrt den elektrischen Strom.
Eine Spannung in Durchlassrichtung (+ an der Anode und – an der Katode) baut die Sperrschicht ab: Durch die Halbleiterdiode fließt ein Durchlassstrom.

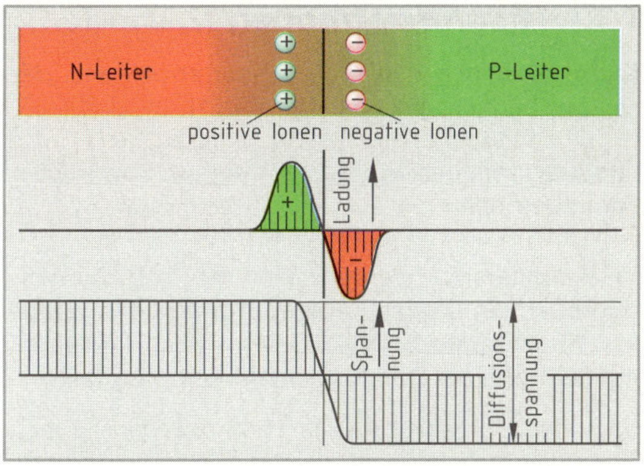

Bild 1: PN-Übergang ohne angelegte Spannung

Tabelle: Betrieb der Halbleiterdiode

in Sperrrichtung	ohne Spannung	in Durchlass-richtung
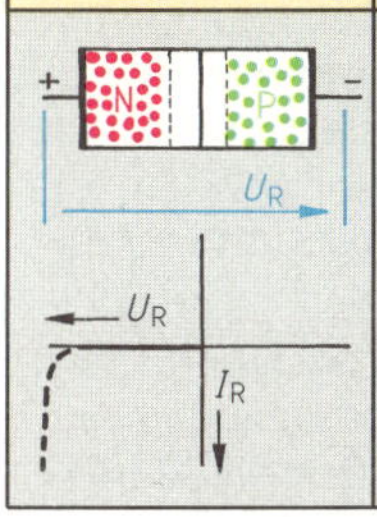	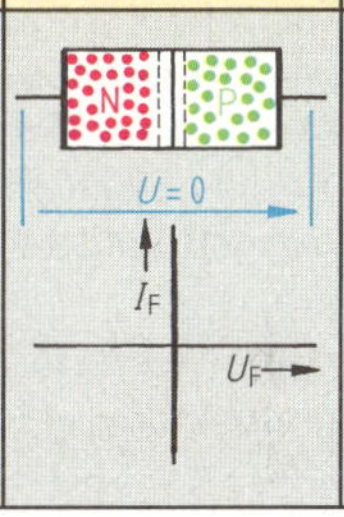	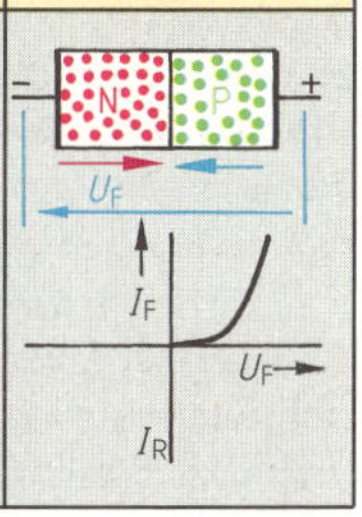

8.3.3 Gleichrichterdioden

Leistungsdioden können große Wechselleistungen gleichrichten und schalten (siehe Seite 191). Der Silicium-Halbleiter ist zur besseren Wärmeableitung in ein Metallgehäuse eingebaut **(Bild 2)**, das man direkt auf ein Blech oder auf einen Kühlkörper schrauben kann. Si-Dioden halten Sperrschicht-Temperaturen bis 150 °C aus. Man baut sie für Nennsperrspannungen bis 4000 V und für Durchlassströme bis 1000 A.

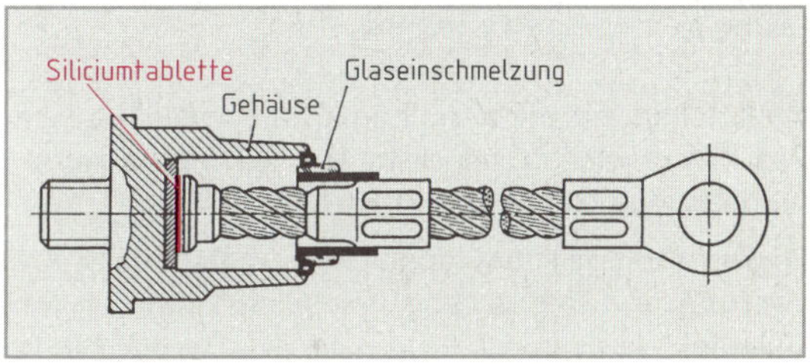

Bild 2: Aufbau einer Silicium-Leistungsdiode

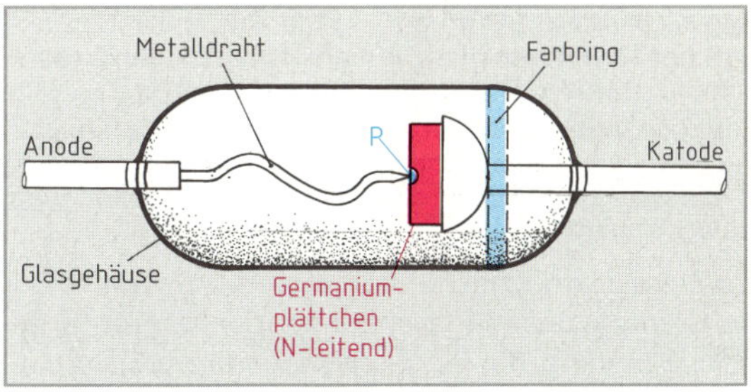

Bild 3: Aufbau einer Germanium-Spitzendiode

Spitzendioden haben sehr kleine Kapazitäten (≤ 1 pF). Sie bestehen aus einem N-leitenden Germaniumplättchen, auf dem federnd eine Metallspitze aufgesetzt ist **(Bild 3)**. Ein Stromstoß verschweißt die Spitze mit dem Ge-Kristall (Formierung). In der Nähe der Metallspitze bildet sich dabei ein fast punktförmiger PN-Übergang aus mit extrem geringer Sperrschichtkapazität. Die Spitzendiode erlaubt aber nur geringe Durchlassströme (I_F ≤ 100 mA). Man verwendet sie zur Hochfrequenz-Gleichrichtung und als schnelle Schaltdiode.

8.3.4 Begrenzerdioden (Z-Dioden)

Begrenzerdioden nutzen den Sperrstrom aus, der im Sperrbereich steil ansteigt **(Bild 1)**.

> Begrenzerdioden werden immer in Sperrrichtung betrieben.

Ein Vorwiderstand begrenzt den Strom I_Z und verhindert so ein Überschreiten der zulässigen Sperrschichttemperatur. Die Dotierung des Halbleiters legt die Höhe der Durchbruchspannung U_Z fest.

Liegt der Durchbruch unter 5 V, ruft der **Zener[1]-Effekt** den Steilanstieg hervor. Eine elektrische Feldstärke von über 20 kV/mm reißt in der Sperrschicht Valenzelektronen aus dem Gitterverband, die zusammen mit den entstehenden Löchern den Durchbruchstrom I_Z bilden. Über 7 V verursacht der **Lawinen-Effekt** (Avalanche[2]-Effekt) den Durchbruch, wobei die Sperrspannung die Ladungsträger so beschleunigt, dass sie beim Zusammenstoß mit Atomen Valenzelektronen aus den Gitterbindungen herausschlagen. Diese Elektronen können nun ihrerseits neue Ladungsträger durch Stoß befreien.

> Begrenzerdioden (Zener-Dioden oder Z-Dioden) haben in Rückwärtsrichtung einen scharf einsetzenden Steilanstieg des Sperrstromes (Durchbruchbereich). Sie brauchen zur Strombegrenzung immer einen Vorwiderstand.

Im Arbeitspunkt der Kennlinie (Bild 1) ermittelt man den differenziellen Widerstand r_z für kleine Änderungsgrößen von Spannung (ΔU_Z) und Strom (ΔI_Z).

Begrenzerdioden verwendet man meist zur Stabilisierung und Begrenzung von Gleichspannungen **(Tabelle)**.

Versuch: Schalten Sie in Reihe zu einer Z-Diode, z. B. zur BZX/C5V6, einen Vorwiderstand R_v = 560 Ω **(Bild 2)**. Legen Sie diese Schaltung an eine einstellbare Gleichstromquelle und erhöhen Sie langsam die Eingangsspannung U_1. Messen Sie die Ausgangsspannung U_2.

Die Ausgangsspannung wächst zunächst gleichmäßig bis etwa zur Nennspannung der Z-Diode von 5,6 V an, bleibt aber dann stabil, obwohl die Eingangsspannung weiter ansteigt.

Im Stabilisierungsbereich erzeugt der Strom einen konstanten Spannungsabfall an der Begrenzerdiode. Schwankt die Eingangsspannung ($U_1 \pm \Delta U_1$), ändert sich nur der Spannungsabfall am Vorwiderstand R_v entsprechend. Durch den Vorwiderstand fließt zusätzlich ein Laststrom, wenn man der Begrenzerdiode einen Lastwiderstand R_L parallel schaltet (Bild 2).

[1] C.M. Zener, amerikanischer Physiker, geb. 1905
[2] avalanche (engl.) = Lawine

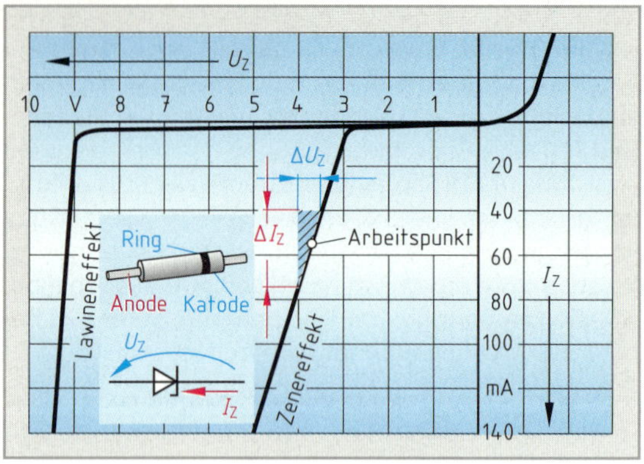

Bild 1: Kennlinien von Begrenzerdioden

Tabelle: Anwendung von Begrenzerdioden

Spannungsstabilisierung	Überlastschutz
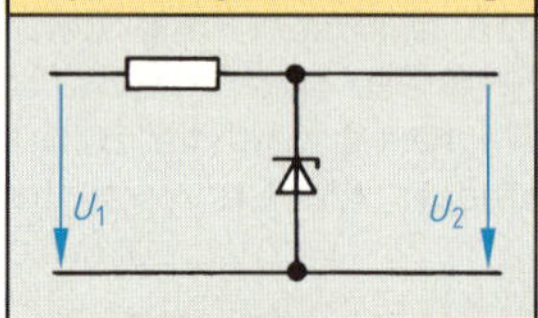	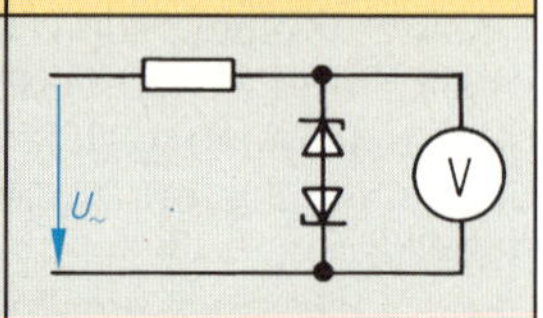
Spannungsstabilisator mit Begrenzerdiode und Transistor	Stromstabilisator mit Begrenzerdiode und Transistor
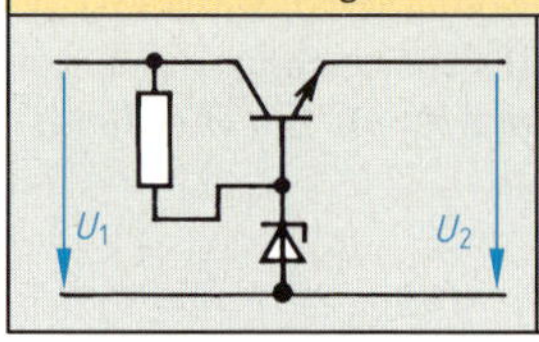	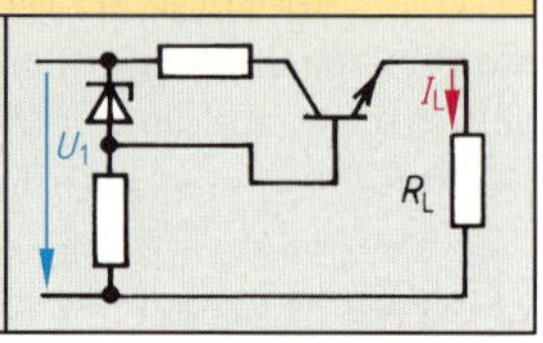

r_z differenzieller Widerstand in Sperrrichtung
ΔU_Z Spannungsänderung um den Arbeitspunkt
ΔI_Z Stromänderung um den Arbeitspunkt

$$r_Z = \frac{\Delta U_Z}{\Delta I_Z}$$

$$[r_Z] = \frac{V}{A} = \Omega$$

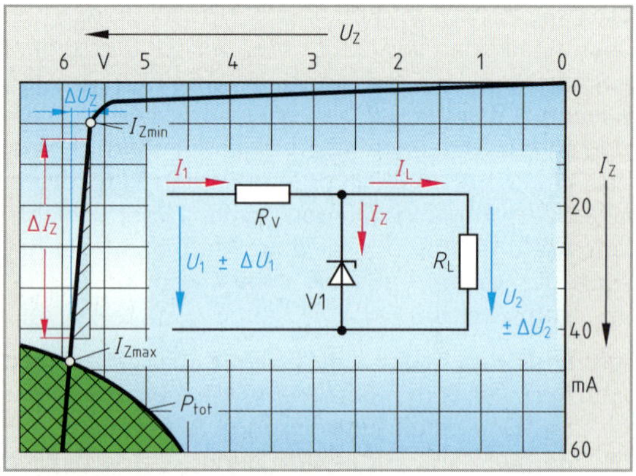

Bild 2: Spannungsstabilisierung mit Begrenzerdiode (BZX C5V6)

Der notwendige Vorwiderstand R_v liegt zwischen den Größen R_{vmin} und R_{vmax}. Überschreitet der Vorwiderstand den Wert von R_{vmax}, arbeitet die Z-Diode nicht mehr im steilen Teil ihrer Kennlinie. Unterschreitet R_v die Größe von R_{vmin}, wird die Begrenzerdiode überlastet. Man wählt den Wert des Vorwiderstands deshalb in der Nähe von R_{vmax} und die Eingangsspannung U_1 etwa doppelt so groß wie U_2. Dann erhält man auch einen hohen Stabilisierungsfaktor S.

R_v Vorwiderstand
U_1 Eingangsspannung
U_Z Zenerspannung
I_Z Zenerstrom
I_L Laststrom
Die Indizes max und min bedeuten den Größt- und den Kleinstwert.

$$R_{vmin} = \frac{U_{1max} - U_Z}{I_{Zmax} + I_{Lmin}}$$

$$R_{vmax} = \frac{U_{1min} - U_Z}{I_{Zmin} + I_{Lmax}}$$

S Stabilisierungsfaktor
U_2 Ausgangsspannung

$$S = \frac{\Delta U_1 \cdot U_2}{\Delta U_2 \cdot U_1}$$

Begrenzerdioden benutzt man außerdem zum Koppeln von Transistorverstärkerstufen, zum Schutz von Transistoren bei induktiver Last, als Überlastschutz oder zur Nullpunktunterdrückung von Zeigerinstrumenten.

8.3.5 Halbleiterkennzeichnung

Halbleiter, die meist in der Unterhaltungselektronik eingesetzt sind, wie bei Rundfunk-, Fernseh- oder Magnettongeräten, kennzeichnet man mit 2 Buchstaben und 3 Ziffern **(Tabelle)**. Halbleiter für andere Aufgaben, z. B. für kommerzielle Zwecke, bezeichnen 3 Buchstaben und 2 Ziffern.

Der erste Buchstabe gibt über den Halbleiterwerkstoff Auskunft, der zweite charakterisiert die elektrische Funktion des Bauelements. Der dritte Buchstabe und die nachfolgenden Ziffern sind firmeninterne Bezeichnungen. Sie bieten keinen technischen Hinweis.

Begrenzerdioden erhalten nach der Typangabe, durch einen Schrägstrich abgetrennt, einen Kennbuchstaben für die Toleranz (A: ± 1%, B: ± 2%, C: ± 5%, D: ± 10%). Den Nennwert der Durchbruchspannung U_Z gibt eine Dezimalzahl an, bei der statt des Kommas der Buchstabe V steht.

Beispiele: BZY 92/C9V1 ist eine Silicium-Z-Diode (Industrietyp) mit einer Zenerspannung von 9,1V und einer Toleranz von ± 5%. AA 118 bezeichnet eine Germanium-Diode und BAY 89 den Industrietyp einer Silicium-Diode.

Tabelle: Bezeichnung von Halbleitern

Beispiel: B A Y 89 (B = 1., A = 2., Y = 3. Buchstabe)

Erster Buchstabe (für den Halbleiterwerkstoff)			
A	Germanium	D	Z.B. Indium-antimonid
B	Silicium		
C	III-V-Werkstoff, z.B. Gallium-arsenid	R	Polykristalline Stoffe, z.B. für Feldplatten, Fotobauelemente
Zweiter Buchstabe (Art des Bauelements)			
A	Diode	Q	Strahlungssender
B	Kapazitätsdiode	R	Steuerbarer Gleichrichter
C	NF-Transistor		
D	NF-Leistungstransistor	S	Schalttransistor
		T	Steuerbarer Leistungsgleichrichter
F	HF-Transistor		
H	Hall-Generator		
L	HF-Leistungstransistor	Y	Leistungsdiode
		Z	Begrenzerdiode (Z-Diode)
P	Strahlungsempfänger		
Dritter Buchstabe und Ziffern			
Der 3. Buchstabe kennzeichnet (kommerzielle) Industrietypen. Zahlen, die den Buchstaben folgen, dienen der laufenden Nummerierung.			

Wiederholungsfragen

1 **Welches ist der wichtigste Halbleiterwerkstoff?**
2 **Wie viele Außenelektronen besitzen die Atome der halbleitenden Grundstoffe?**
3 **Was versteht man unter der Eigenleitung der Halbleiterwerkstoffe?**
4 **Erläutern Sie den Unterschied zwischen Eigenleitung und Störstellenleitung.**
5 **Welche Ladungsträger enthalten P-Leiter, welche N-Leiter und wodurch entstehen sie?**
6 **Welche Eigenschaften hat die Zone beiderseits des PN-Übergangs einer Diode?**
7 **Erklären Sie die Wirkungsweise einer Halbleiterdiode.**
8 **Wie polt man eine Halbleiterdiode in Durchlassrichtung?**
9 **Was geschieht in einem PN-Übergang, wenn er in Sperrrichtung betrieben wird?**
10 **Vergleichen Sie bei einer Diode die Diffusionsspannung mit der Schleusenspannung.**
11 **Welche Besonderheit haben Begrenzerdioden?**
12 **Erklären Sie a) den Zener-Effekt und b) den Lawinen-Durchbruch einer Z-Diode.**
13 **Warum muss man bei einer Begrenzerdiode eine Strombegrenzung vorsehen?**
14 **Nennen Sie Anwendungsgebiete von Begrenzerdioden.**

8.4 Transistoren

Transistoren[1] sind verstärkende (aktive) Halbleiterbauelemente. Man kann sie in bipolare[2] und unipolare[3] Transistoren einteilen **(Tabelle 1)**, je nachdem, ob beide Ladungsträgerarten (Leitungselektronen und Löcher) oder nur eine am Verstärkungsvorgang beteiligt sind.

8.4.1 Bipolare Transistoren

Bipolare Transistoren stellt man meist aus Silicium her. Sie sind aus drei übereinander liegenden Halbleiterschichten aufgebaut, bei denen sich P- und N-Leiter abwechseln **(Bild 1)**. Je nach Zonenfolge entsteht ein PNP- oder ein NPN-Typ **(Tabelle 2)**. Beide Transistorarten verhalten sich **komplementär**[4] zueinander. Als Einzeltransistoren setzt man überwiegend NPN-Transistoren ein.

Die drei Halbleiterzonen sind kontaktiert, die Anschlüsse führen nach außen. Die mittlere Zone nennt man **Basis**, die beiden äußeren Emitter und Kollektor. Der **Emitter**[5] sendet Ladungsträger aus, die der **Kollektor**[6] wieder einsammelt. Am Übergang vom N- zum P-Leiter bilden sich Sperrschichten aus, beim bipolaren Transistor also zwei.

Versuch 1: Schließen Sie einen Leistungstransistor, z. B. den BD 135, und zwei Strommesser an ein Netzgerät an (Messschaltung **Bild 2**). (Die beiden Spannungsmesser werden bei diesem Versuch noch nicht gebraucht.) Verändern Sie an G1 den Basisstrom und beobachten Sie die Auswirkung auf den Kollektorstrom.

Eine geringe Basisstromänderung ΔI_B hat eine große Veränderung des Kollektorstroms ΔI_C zur Folge.

Die Basis-Emitter-Strecke ist im Transistorbetrieb in Durchlassrichtung, die Basis-Kollektor-Strecke in Sperrrichtung gepolt. (Der Emitterpfeil im Transistor-Schaltzeichen gibt die technische Stromrichtung an.)

Ein kleiner Basisstrom I_B verursacht beim Transistor einen großen Kollektorstrom I_C (Stromverstärkung).

Die Emitterzone ist beim bipolaren Transistor stark dotiert, die Kollektorzone etwas weniger. Die außerordentlich dünne Basisschicht (wenige µm dick) enthält nur eine geringe Zahl Fremdatome. Fließt ein Basisstrom, überfluten vom Emitter her viele Ladungsträger (z. B. Elektronen beim NPN-Transistor) die dünne Basisschicht. Diese Schicht ist nur wenig dotiert. Deshalb kann auch nur ein geringer Teil der Elektronen dort mit Löchern rekombinieren. Es fließt also nur ein schwacher Basisstrom.

Tabelle 1: Transistor-Arten

Bipolare Transistoren		Unipolare Transistoren						
		Unijunktion-Transistor	Feldeffekt-Transistoren					
			Sperrschicht-FET		Isolierschicht-FET			
					P-Kanal		N-Kanal	
NPN	PNP	N-Typ	P-Kanal	N-Kanal	Anreicherung	Verarmung	Anreicherung	Verarmung

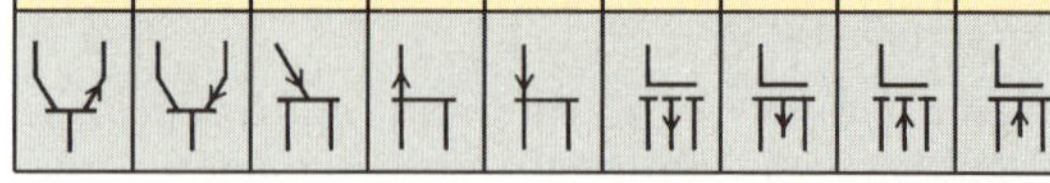

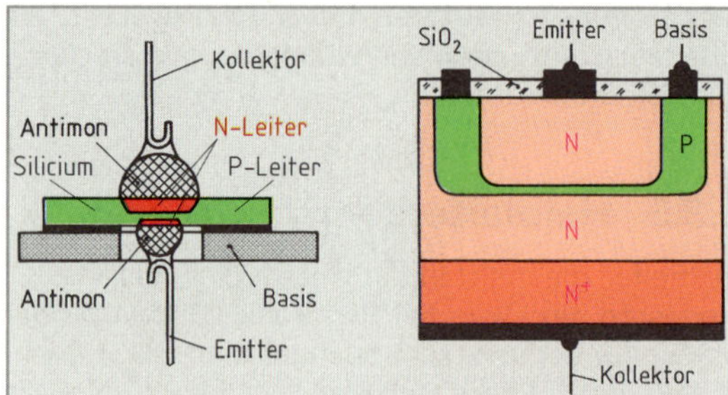

a) NPN-Legierungstransistor
b) NPN-Transistor in Planartechnik

Bild 1: Aufbau eines bipolaren Transistors

Tabelle 2: Aufbau und Schaltzeichen bipolarer Transistoren

Typ	Zonenfolge / Diodenvergleich	Schaltzeichen
NPN	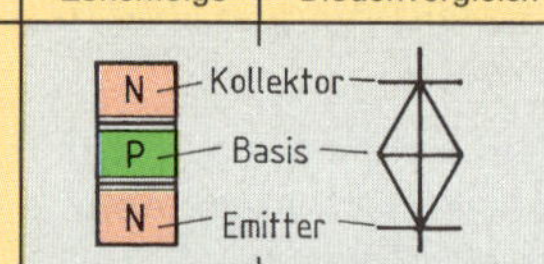	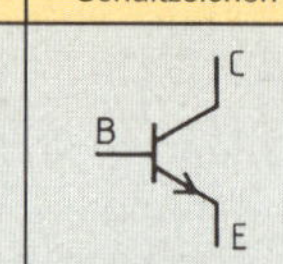
PNP	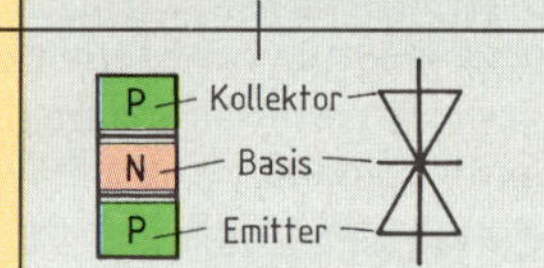	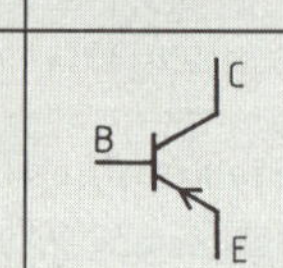

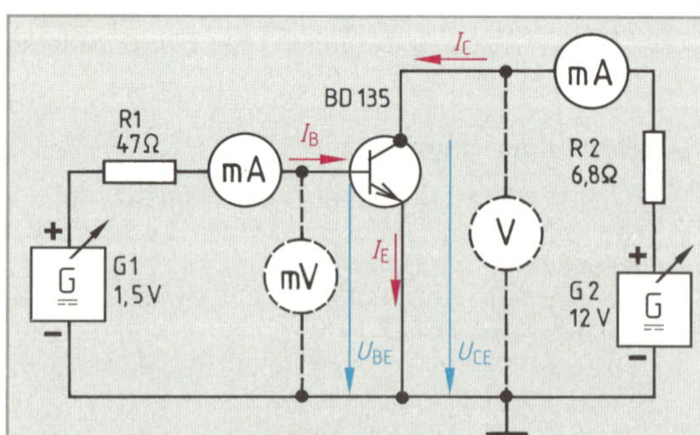

Bild 2: Messschaltung zur Kennlinienaufnahme eines NPN-Transistors (Emitter-Schaltung)

[1] von trans (lat.) = hinüber und resistere (lat.) = Widerstand leisten
[2] von bis (lat.) = zwei(mal)
[3] von unus (lat.) = einer
[4] von complement (engl.) = Ergänzung, Komplettierung
[5] von to emit (engl.) = aussenden, ausströmen
[6] von to collect (engl.) = einsammeln

Die meisten Ladungsträger treibt das elektrische Feld der Basis-Kollektor-Sperrschicht in den Kollektor hinein **(Bild 1)**. So entsteht der hohe Kollektorstrom, der um den Faktor 10 bis 500 größer sein kann als der Basisstrom. Den Quotienten aus Kollektorstrom und Basisstrom nennt man **Gleichstromverhältnis** *B*.

> Im bipolaren Transistor steuert der Basisstrom den Kollektorstrom. Für die Steuerung ist nur eine geringe elektrische Leistung nötig.

Ist die Basis-Emitter-Spannung U_{BE} = 0 V oder kleiner als der Schwellwert von etwa 0,4 V, sperrt der Transistor. Es fließt nur ein verschwindend kleiner Sperrstrom, der von thermisch erzeugten Ladungsträgerpaaren in der Basis-Kollektor-Sperrschicht stammt.

Versuch 2: Nehmen Sie die Kennlinien eines Transistors auf, z. B. des BD 135 (Messschaltung Bild 2, Seite 172), und zwar die Kennlinie $I_C = f(U_{CE})$ für verschiedene Basisströme und die Kennlinien $I_B = f(U_{BE})$ und $I_C = f(I_B)$ jeweils für eine feste Spannung U_{CE}, z. B. für U_{CE} = 6 V.

Die $I_C(U_{CE})$-Kurvenschar zeigt die Ausgangskennlinien für festgelegte Basisströme. Die $I_B(U_{BE})$-Kennlinie ist das Abbild der Basis-Emitter-Diode, die $I_C(I_B)$-Kennlinie gibt über die Stromverstärkung Auskunft.

Je nach der gewählten Schaltung unterscheidet man die Transistor-Kennlinien **(Bild 2)** für den **Eingangskreis** (Basis-Emitter-Kreis): $I_B = f(U_{BE})$ und Kennlinien für den **Ausgangskreis** (Kollektor-Emitter-Kreis): $I_C = f(U_{CE})$. Die Bezugspfeile für die Ströme sollen verdeutlichen, dass der Emitterstrom die Summe aus Basisstrom plus Kollektorstrom ist (Bild 1). Die Spannungsbezugspfeile sind durch die Polung der Betriebsspannung festgelegt.

Der Transistorkristall ist mit seinen Anschlüssen in ein Gehäuse **(Tabelle)** eingebaut, das aus Kunststoff oder Metall bestehen kann.

8.4.2 Einstellung des Arbeitspunktes

Ein Transistor wird als Verstärker oder als Schalter verwendet. Die häufigste Verstärkerschaltung ist die **Emitter-Schaltung**. Bei ihr liegt der Emitter an Masse (Bild 1). Damit ist der Emitter der gemeinsame Anschluss von Eingangs- und Ausgangskreis. Das Eingangssignal, meist eine Wechselspannung, liegt zwischen Basis und Emitter, das Ausgangssignal steht an Kollektor und Emitter (bzw. Masse) zur Verfügung. Die Schwankungen des Kollektorstromes, verursacht durch Änderungen des Basisstromes, wandelt ein Lastwiderstand R_C am Kollektor in Spannungsschwankungen um. In der Transistorschaltung stellen die Kollektor-Emitter-Spannung U_{CE} und die Basis-Emitter-Vorspannung U_{BE} (Gleichspannungswerte) den Arbeitspunkt ein.

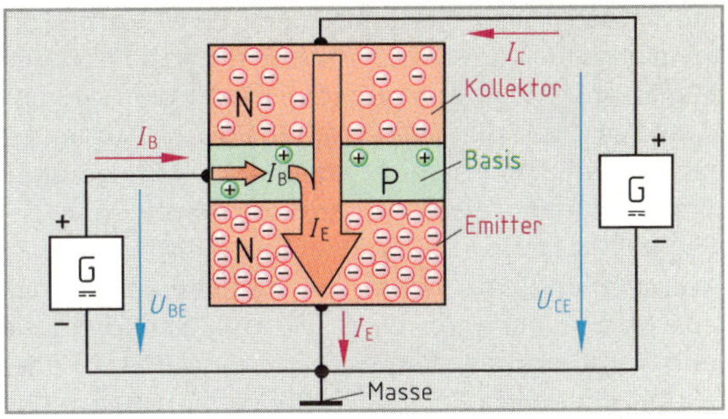

Bild 1: Ströme im NPN-Transistor (Emitter-Schaltung)

B Gleichstromverhältnis
I_C Kollektorstrom
I_B Basisstrom
I_E Emitterstrom

$$B = \frac{I_C}{I_B}$$

$$I_E = I_B + I_C$$

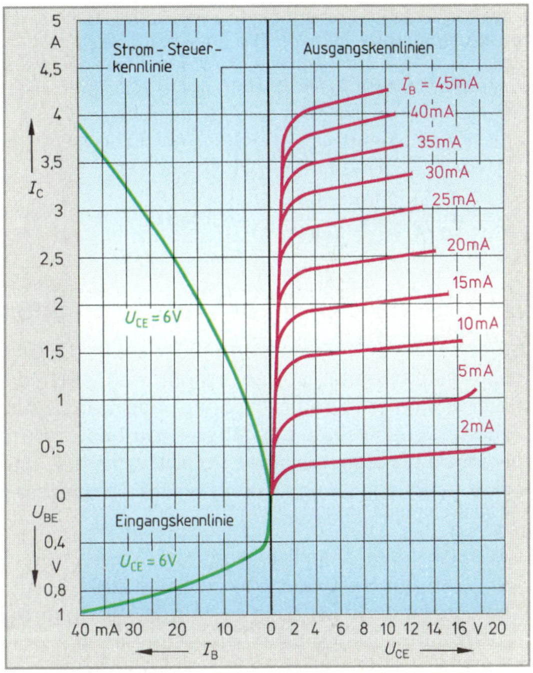

Bild 2: Kennlinienfelder eines bipolaren Transistors

Tabelle: Gehäuse für Transistoren

Ansichten	Benennung	Ansichten	Benennung
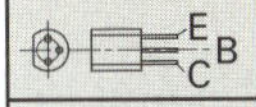	10 A 3 (TO 92)	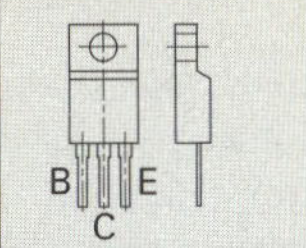	14 A 3 (TO 220)
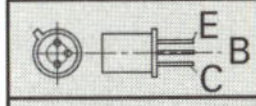	18 A 3 (TO 18)		
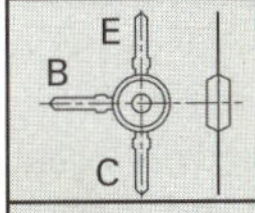	50 A 3 (TO 50)	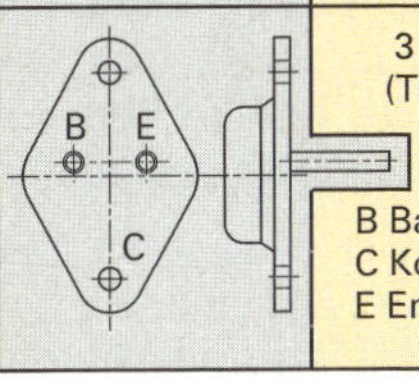	3 B 2 (TO 3) B Basis C Kollektor E Emitter
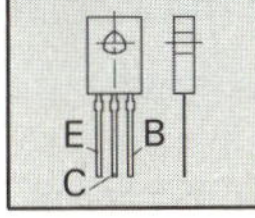	12 A 3 (TO 126)		

Im Betrieb muss die Basis eines NPN-Transistors stets positiv gegenüber dem Emitter sein (beim PNP-Transistor immer negativ). Die Steuerwechselspannung darf die Basis-Emitter-Strecke nur im geraden Kennlinienbereich ansteuern. Verzerrungen der verstärkten Wechselspannung wären sonst die Folge. Die Basis-Emitter-Strecke erhält hierzu eine Vorspannung, die dann von der Steuerwechselspannung überlagert wird. Diese Gleichspannung entnimmt man der Betriebsspannung **(Bild 1)** über einen Vorwiderstand **(Bild 2a)** oder über einen Basisspannungsteiler **(Bild 2b)**. Exemplarstreuungen des eingesetzten Transistors und Schwankungen der Umgebungstemperatur wirken sich bei einem Spannungsteiler weniger aus als bei einem Vorwiderstand.

Beispiel: Ein Transistor (BCY 59) soll in Emitterschaltung eine Basis-Ermitter-Spannung U_{BE} von 0,62 V durch einen Basisspannungsteiler nach Bild 2b aus der Betriebsspannung U_b = 16 V erhalten. Wie groß sind die Widerstände R_1 und R_2, wenn in R_2 ein Querstrom $I_q = 9 \cdot I_B$ fließen soll? (Bei U_{BE} = 0,62 V beträgt I_B = 0,2 mA.)

$$R_2 = \frac{U_{BE}}{9 \cdot I_B} = \frac{0{,}62\ \text{V}}{1{,}8\ \text{mA}} = \mathbf{0{,}344\ k\Omega}$$

$$R_1 = \frac{U_b - U_{BE}}{10 \cdot I_B} = \frac{16\ \text{V} - 0{,}62\ \text{V}}{2\ \text{mA}} = \mathbf{7{,}69\ k\Omega}$$

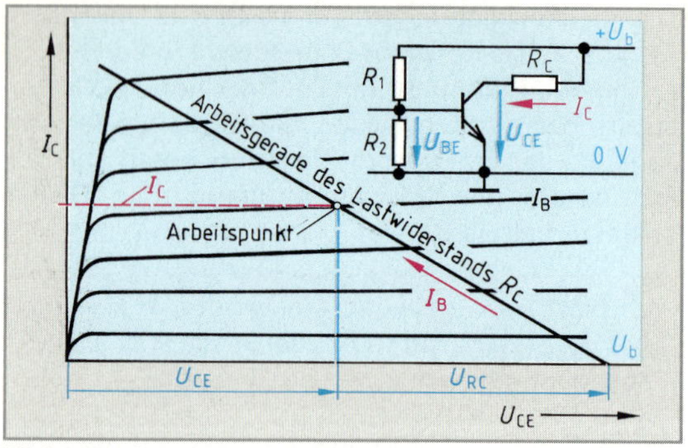

Bild 1: Festlegen des Arbeitspunkts

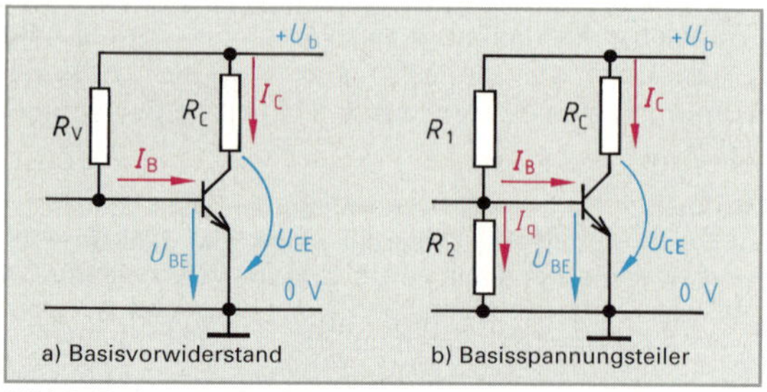

a) Basisvorwiderstand

b) Basisspannungsteiler

Bild 2: Erzeugen der Basis-Emitter-Vorspannung

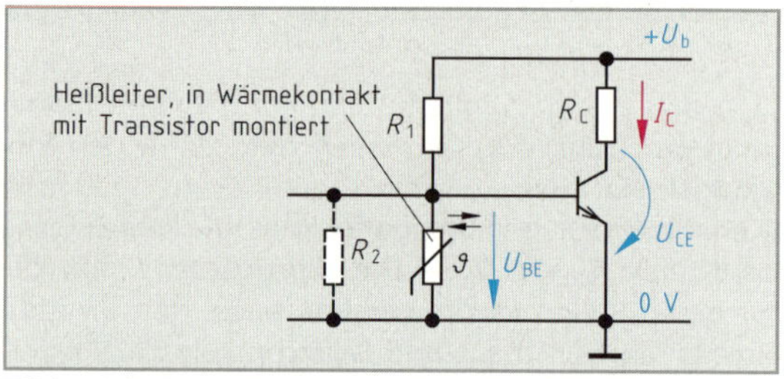

Bild 3: Arbeitspunktstabilisierung durch Heißleiter

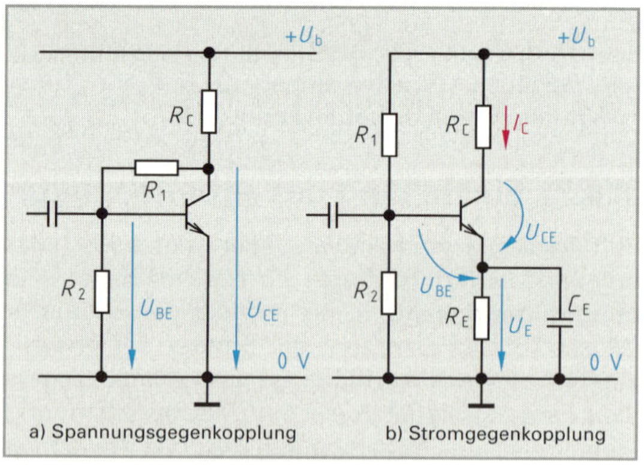

a) Spannungsgegenkopplung

b) Stromgegenkopplung

Bild 4: Arbeitspunktstabilisierung durch Spannungs- und Stromgegenkopplung

8.4.3 Stabilisierung des Arbeitspunktes

Erhöht sich der Kollektorstrom oder steigt die Umgebungstemperatur an, so erhöht sich auch die Sperrschichttemperatur im Innern des Transistors. In den Sperrschichten entstehen mehr Ladungsträger mit der Folge, dass der Kollektorstrom I_C und seine Verlustleistung noch weiter anwachsen (thermo-elektrische Rückkopplung).

Die notwendige Stabilisierung des Arbeitspunktes kann z. B. ein **Heißleiter** übernehmen **(Bild 3)**, der Kontakt mit dem Gehäuse des Transistors hat. Bei Erwärmung verringert sich sein Widerstand. Damit nimmt auch die Basis-Emitter-Spannung U_{BE} ab und dadurch der Kollektorstrom I_C. Dem Heißleiter kann zur Anpassung der Widerstands-Temperatur-Kennlinie ein ohmscher Widerstand parallel geschaltet sein, notwendig z. B. bei Leistungstransistoren.

Legt man den Basisspannungsteiler nicht an die Betriebsspannung U_b, sondern verbindet ihn mit dem Kollektor **(Bild 4a)**, bewirkt dies eine **Spannungsgegenkopplung**. Nimmt der Kollektorstrom I_C zu, verringert sich die Kollektor-Emitter-Spannung U_{CE} und im Spannungsteilerverhältnis entsprechend die Basis-Emitter-Spannung U_{BE}. Die Gegenkopplung wirkt sich allerdings auch auf die Eingangswechselspannung aus (Verstärkungsverlust).

Die meist eingesetzte **Stromgegenkopplung** vermeidet diesen Nachteil **(Bild 4b)**. Der mit dem Kollektorstrom ansteigende Spannungsabfall am Emitter-Widerstand R_E verringert die Basis-Emitter-Spannung U_{BE}. Den Weg für den Wechselstrom überbrückt ein parallel zu R_E geschalteter Kondensator C_E.

8.4.4 Feldeffekt-Transistoren

In unipolaren Transistoren bewirkt nur eine Ladungsträgerart die Verstärkung, entweder nur Elektronen oder nur Löcher. **Feldeffekt-Transistoren (FET)** bestehen aus einem N- oder P-dotierten Silicium-Einkristall **(Bild 1)**, der an zwei gegenüberliegenden Seiten mit ohmschen Kontakten belegt ist. Eine hohe Dotierung an den Kontaktflächen (P^+ in Bild 1) verhindert dabei eine Sperrschicht zwischen Metall und Halbleiter. Die Sperrschicht bildet sich erst zwischen P^+ und dem N-Kanal aus (Sperrschicht-Feldeffekt-Transistor, J-FET[1]). Die beiden Hauptanschlüsse des FET bezeichnet man mit **Source**[2] und **Drain**[3]. Seitlich der Source-Drain-Strecke sind die Steuerelektroden angebracht und außen miteinander verbunden. Diese Elektroden bilden das **Gate**[4]. Die stark dotierten Gate-Zonen (P^+) bewirken, dass sich die Raumladungen um die PN-Übergänge ausschließlich in das Kristallinnere ausdehnen. Legt man nun zwischen Gate und Source eine Spannung in Sperrrichtung an, so verbreitern sich die ladungsträgerfreien Raumzonen noch mehr und verengen dadurch den leitfähigen Kanal. Die Gate-Sperrspannung verringert den Kanalquerschnitt.

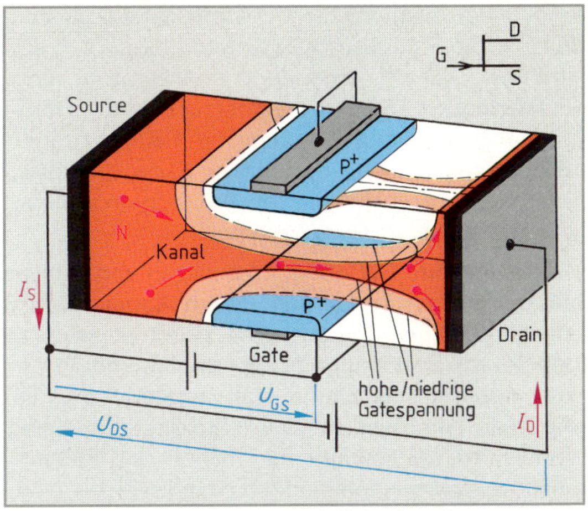

Bild 1: Wirkungsweise des Feldeffekt-Transistors

> Im Feldeffekt-Transistor steuert ein elektrisches Feld quer zum Kanal den Widerstand der Source-Drain-Strecke.

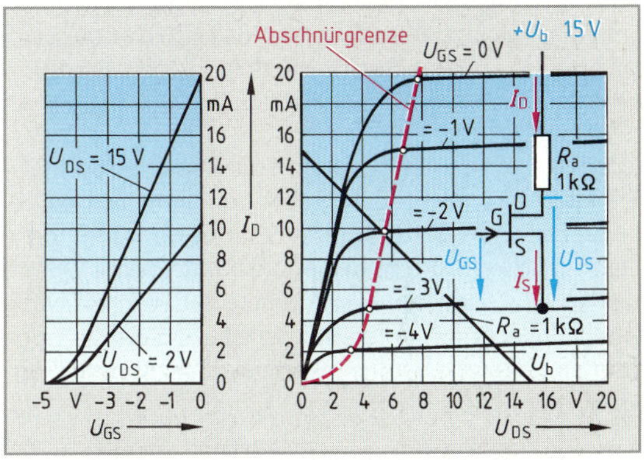

Bild 2: Kennlinienfeld eines JFET mit N-Kanal

Eine hohe negative Gate-Source-Spannung U_{GS} verkleinert den Kanalquerschnitt auf ein Minimum, sie „schnürt" den Kanal ab. Der Drainstrom I_D, verursacht durch die Drain-Source-Spannung U_{DS}, hängt außerdem noch vom Kanalquerschnitt ab. Der Drainstrom bewirkt im FET einen Spannungsabfall, der die Raumladungszonen in Richtung Drain verschiebt. Dort in der Nähe bildet sich auch die Abschnürstelle, wenn die Gate-Source-Spannung die Größe der **Abschnürspannung** erreicht (Kennlinienfeld $I_D = f(U_{DS})$ in **Bild 2)**.

J-FET stellt man heute fast nur noch in Planartechnik her **(Bild 3)**. Dabei strukturiert und bearbeitet man den Halbleiter von der Oberfläche her. Diese Transistoren lassen sich nahezu leistungslos steuern. In das Gate fließt nur der verschwindend geringe Sperrstrom, den thermisch erzeugte Ladungsträgerpaare in der Sperrschicht verursachen.

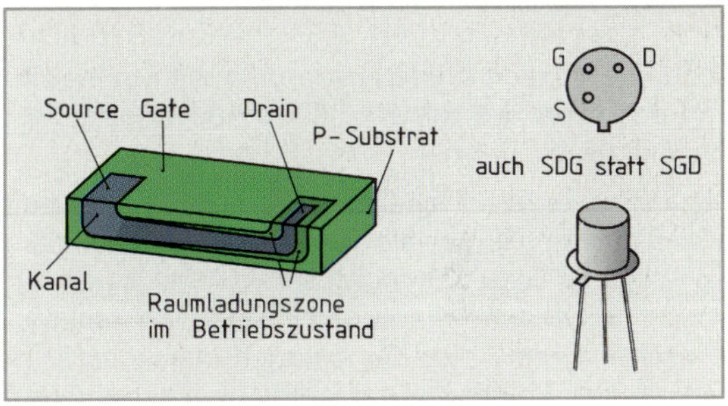

Bild 3: J-FET mit N-Kanal in Planartechnik

> In Feldeffekt-Transistoren steuert die Gate-Source-Spannung praktisch leistungslos den Drainstrom.

Der außerordentlich geringe Gate-Strom lässt sich vollends unterdrücken, wenn eine isolierende Oxidschicht (aus SiO_2) das Gate (hier ein Metall) vom Source-Drain-Kanal trennt **(Isolierschicht-Feldeffekt-Transistoren**, IG-FET[5]). Wegen dieses Aufbaus nennt man solche Transistoren **M**etall-**O**xid-**S**emikonduktoren[6] (MOS-FET). Die Gate-Isolierung erreicht einen extrem hohen Eingangswiderstand (10^{12} bis 10^{15} Ω), der unabhängig von der Höhe und der Polarität der Gatespannung ist.
In das Gate fließt ein winzig kleiner Reststrom von einigen Femtoampere (1 fA = 10^{-15} A).

[1] **J** von **J**unction (engl.) = Verbindung; hier: Sperrschicht
[2] Source (engl.) = Quelle
[3] Drain (engl.) = Senke, Abfluss
[4] Gate (engl.) = Tor, Sperre
[5] von **I**solated **G**ate (engl.) = isoliertes Tor
[6] Semiconductor (engl.) = Halbleiter

Ist bei den Isolierschicht-Feldeffekt-Transistoren **(Bild 1)** ohne Gate-Source-Spannung ($U_{GS} = 0\,V$) ein leitfähiger Kanal vorhanden, spricht man von **selbstleitenden FET**. Das elektrische Feld der Gate-Spannung verdrängt bewegliche Ladungsträger aus der Kanalzone, die dadurch an Elektronen bzw. an Löchern verarmt (Bild 1a). Auch Sperrschicht-FET sind solche **Verarmungstypen**.

Selbstsperrende FET (Bild 1b) besitzen ohne Gate-Spannung noch keinen leitfähigen Kanal. Dieser Kanal entsteht erst durch eine geeignet gepolte Gate-Source-Spannung. In einem z. B. mit Phosphor dotierten Siliciumkristall überwiegen die Löcher, die Leitungselektronen sind dagegen in der Minderzahl. Das Produkt aus Löcher- und Elektronenkonzentration bleibt jedoch gleich.

> Bei der Gate-Source-Spannung Null fließt in einem selbstleitenden Feldeffekt-Transistor schon ein Drain-Strom, während bei einem selbstsperrenden FET der Drainstrom null ist.

Legt man an das Gate eines selbstsperrenden IG-FET mit N-Kanal (Bild 1b) den positiven Pol einer anwachsenden Gate-Source-Spannung, zieht das elektrische Feld die freien Elektronen an die Oberfläche des Kristalls, d. h., ein leitender Pfad beweglicher Elektronen entsteht zwischen Source und Drain, ein N-Kanal. Vergrößern der Gate-Spannung reichert die Ladungsträger im Kanal an.

> Anreicherungs-IG-FET sind selbstsperrend, Verarmungs-IG-FET selbstleitend.

In den Kennlinien **(Bild 2)** kann man die Steilheit S und den Wert des differenziellen Ausgangswiderstandes r_{DS} bestimmen.

Die Schaltzeichen **(Tabelle)** stellen den Kanal bei den Verarmungstypen als durchgezogene Linie dar, weil er ohne Gate-Spannung schon leitet. Source-, Drain- und Substratanschluss[1] liegen im rechten Winkel zum Kanal. Das Gate, vom Kanal isoliert, ist in geringem Abstand von den drei Anschlüssen gezeichnet. Der L-förmig abgehende Gate-Anschluss liegt meist der Source gegenüber. Den Anschluss für das Substrat versieht man mit einem Pfeil, der einen Hinweis auf die Ladungsträger im Kanal gibt. Bei einem P-Kanal führt der Pfeil nach außen und bei einem N-Kanal auf den Kanal zu.

Feldeffekt-Transistoren, ausgenommen die Unijunktion-Transistoren, kann man in Sperrschicht-FET und MOS-FET einteilen. Eine zusätzliche Einteilung ergibt die Ladungsträgerart im Kanal und ferner, ob ein Anreicherungs- oder Verarmungstyp vorliegt **(Tabelle 1, Seite 177)**.

[1] von substratum (engl.) = Unterlage; Grundlage

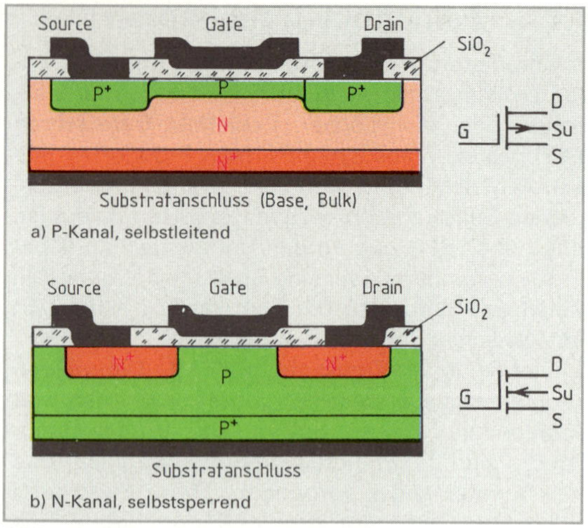

Bild 1: Aufbau von Isolierschicht-FET

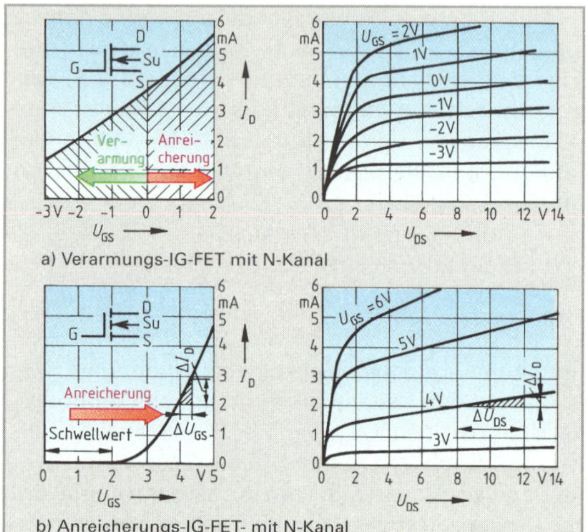

Bild 2: Kennlinien von IG-FET

S Steilheit
ΔI_D Drainstrom-Änderung
ΔU_{GS} Gate-Source-Spannungsänderung
r_{DS} differenzieller Ausgangswiderstand
ΔU_{DS} Drain-Source-Spannungsänderung

$$S = \frac{\Delta I_D}{\Delta U_{GS}}$$

$$r_{DS} = \frac{\Delta U_{DS}}{\Delta I_D}$$

Tabelle: MOS-FET-Schaltzeichen

Verarmungstyp	Anreicherungstyp
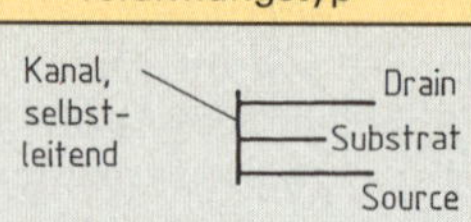	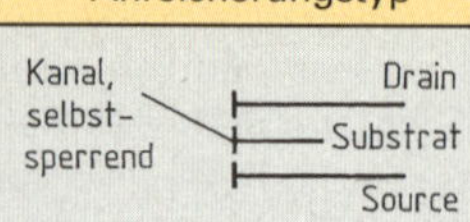
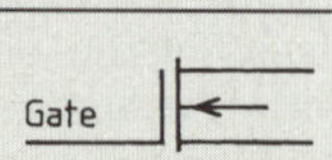	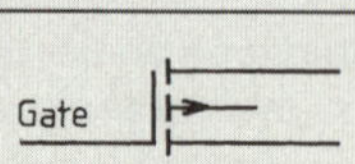
N-Kanal	P-Kanal

MOS-FET stellt man als einzelne (diskrete[1]) Transistoren oder innerhalb integrierter[2] Schaltungen aus Silicium in Planartechnik her **(Tabelle 2)**. In einer feuchten Atmosphäre überzieht sich das z. B. mit Phosphor vordotierte Siliciumplättchen bei 900 °C mit einer isolierenden Oxidschicht SiO_2. Auf diese Schicht kommt Fotolack, den man durch eine Maske hindurch belichtet. Flusssäure (HF) ätzt die belichteten Stellen aus dem Siliciumdioxid heraus. Dort kann z. B. Bor als Dotierelement aus einer Diboran-Atmosphäre (B_2H_6) eindringen. Die Gate-Oxidschicht darf nur etwa 0,12 µm dick sein. Man erzeugt sie durch trockene Oxidation:

$$Si + O_2 \rightarrow SiO_2.$$

Diese SiO_2-Schicht ist sehr dicht und hat eine relative Permittivität von $\varepsilon_r = 3{,}84$. Die Anschlüsse für Source, Gate und Drain erzeugt man durch Aufdampfen von Aluminium im Hochvakuum und nachträglichem Abätzen überflüssiger Metallflächen.

Bei den Feldeffekt-Transistoren gewinnt man die **Gate-Vorspannung** für selbstsperrende IG-FET mit einem Spannungsteiler **(Tabelle 3)**. Ein Source-Widerstand R_S erzeugt für selbstleitende Feldeffekt-Transistoren automatisch die Gate-Vorspannung. Der Widerstand R_S dient gleichzeitig durch Stromgegenkopplung zur Stabilisierung des Arbeitspunktes. Ein parallel geschalteter Kondensator C_S verhindert die Gegenkopplung für Wechselstrom.

Wiederholungsfragen

1. **Wodurch unterscheiden sich bipolare von unipolaren Transistoren?**
2. **Wie nennt man die Anschlüsse a) eines bipolaren und b) eines unipolaren Transistors?**
3. **Beschreiben Sie den Aufbau eines planaren NPN-Transistors.**
4. **Wodurch lässt sich der Kollektorstrom eines Transistors steuern?**
5. **Welcher Zusammenhang besteht zwischen Kollektor-, Basis- und Emitterstrom?**
6. **Welche Kennlinien eines Transistors benötigt man für den Aufbau einer Verstärkerschaltung?**
7. **Wodurch kann man den Arbeitspunkt eines bipolaren Transistors einstellen?**
8. **Warum muss man den Transistorarbeitspunkt stabilisieren?**
9. **Erklären Sie den Feldeffekt beim Ansteuern unipolarer Transistoren.**
10. **Was versteht man bei einem FET unter der Abschnürspannung?**

Tabelle 1: Feldeffekt-Transistoren ohne Unijunktion-Transistoren

Halbleiterelement	Kanal-Typ	Ladungsträger	Schaltzeichen
Sperrschicht-FET (JFET)	N-Kanal	Verarmung	
	P-Kanal	Verarmung	
MOS-FET (IG-FET)	N-Kanal	Anreicherung	
		Verarmung	
	P-Kanal	Verarmung	
		Anreicherung	

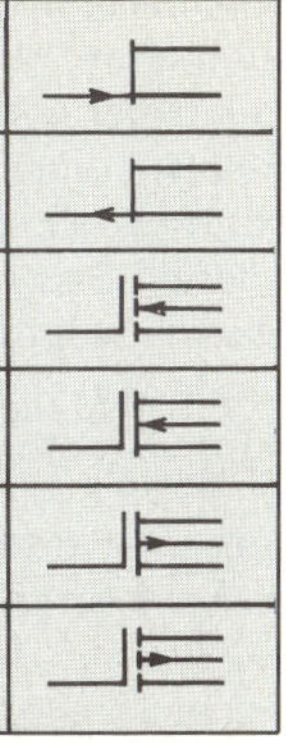

Tabelle 2: Herstellung eines MOS-FET mit P-Kanal (Anreicherungstyp)

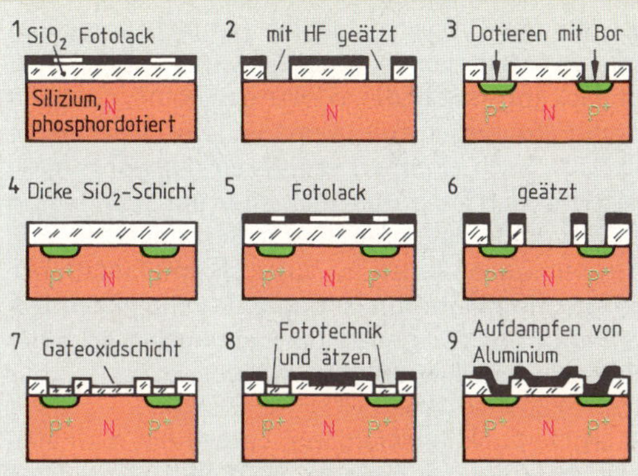

Tabelle 3: Erzeugen der Gate-Vorspannung

IG-FET (N-Kanal, selbstsperrend)	IG-FET (N-Kanal, selbstleitend)	PN-FET (P-Kanal)
Vorspannung durch Spannungsteiler	C_S läßt Wechselstrom durch, $R_G \leq 5\ M\Omega$ zum Ableiten von elektrischen Ladungen	

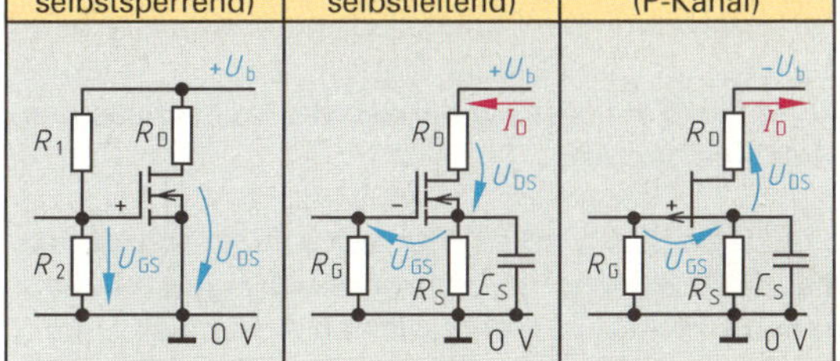

[1] discrete (engl.) = getrennt, abgesondert
[2] von integrate (engl.) = ergänzen, vervollständigen

8.5 Integrierte Schaltungen

Integrierte Schaltungen (IC[1]) sind vollständige Funktionseinheiten mit kleinen Abmessungen, in denen sehr viele **aktive** (Transistoren) und **passive** Schaltelemente (Dioden, Kondensatoren, Widerstände) – hier zusammenfassend Funktionselemente genannt – untrennbar voneinander in einem Halbleiterkristall untergebracht sind. Heute verwendet man fast ausschließlich die monolithisch[2] integrierten Schaltungen **(Bild 1)**, die auf einem einzigen Halbleiterplättchen (Chip[3]) Hunderte, oft Tausende von Funktionselementen auf wenigen Quadratmillimetern vereinigen **(Tabelle)**.

Auf einer dünnen Silicium-Scheibe von beispielsweise 0,5 mm Dicke mit z. B. 3 Zoll Durchmesser (≈ 76 mm ∅) fertigt man gleichzeitig viele gleichartige Schaltungen **(Bild 2)**. Nach Prüfung der Einzelschaltungen zerlegt man die Scheibe in einzelne Chips und klebt sie auf einen Träger. Dünne Golddrähte verbinden die Chip-Kontaktstellen mit den Anschlussfahnen.

Die dünnen Siliciumscheiben (Wafer[4]) schneidet man aus dem vollen Material, einem Einkristall. Fotolack kommt auf die oxidierte Scheibe, die dann durch Fotomasken mit ultraviolettem Licht belichtet wird. Nach chemischem Ätzen der belichteten Stellen dotiert man den Halbleiter durch **Diffusion** mit Fremdatomen oder durch Beschuss mit den entsprechenden Ionen im Vakuum (Implantation[5]). Die **Ionenimplantation** ist heute das wichtigste Dotierverfahren, um gezielt die Leitungsart an einer Stelle des Halbleiterchips zu verändern.

Als aktive Funktionselemente verwendet man vielfach Verarmungstypen der MOS-FET, weil diese Transistoren niedrigere Schwellenspannungen als die Anreicherungstypen haben (etwa 1,5 V gegenüber 4 V) und nur eine kleinere Versorgungsspannung (zwischen 8 V und 15 V) benötigen.

Zur Verbindung der Funktionselemente untereinander und als Gate-Metall dampft man im Vakuum Aluminium auf und ätzt danach die überschüssigen Metallflächen weg.

Eine dicke Siliciumdioxidschicht schützt schließlich die IC-Oberfläche vor Verunreinigungen. Außerdem umpresst man den mit den Anschlüssen verbundenen Chip mit quarzhaltigem Epoxidharz.

Ein dicht geschlossenes Gehäuse **(Bild 1, Seite 179)** schützt vor mechanischen und chemischen Einflüssen. Gehäuse mit zweireihigen Anschlüssen (DIL[6]-Gehäuse) werden bei kleineren integrierten Schaltungen bevorzugt.

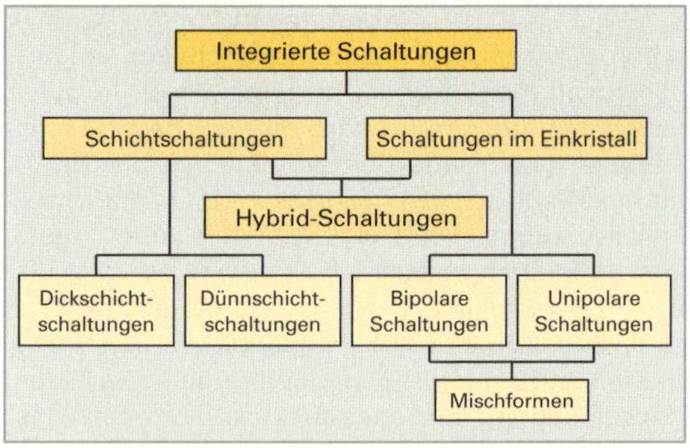

Bild 1: Techniken für integrierte Schaltungen

Tabelle: Integrationsgrade bei integrierten Schaltungen

Integrationsgrad		Durchschnittliche Anzahl der Funktionselemente je Chip
SSI	**S**mall-**S**cale-**I**ntegration (Kleinintegration)	bis 100
MSI	**M**edium-**S**cale-**I**ntegration (Mittlere Integration)	bis 1 000
LSI	**L**arge-**S**cale-**I**ntegration (Großintegration)	bis 100 000
VLSI	**V**ery-**L**arge-**S**cale-**I**ntegration (Größtintegration)	bis 1 000 000
ULSI	**U**ltra-**L**arge-**S**cale **I**ntegration	über 1 000 000

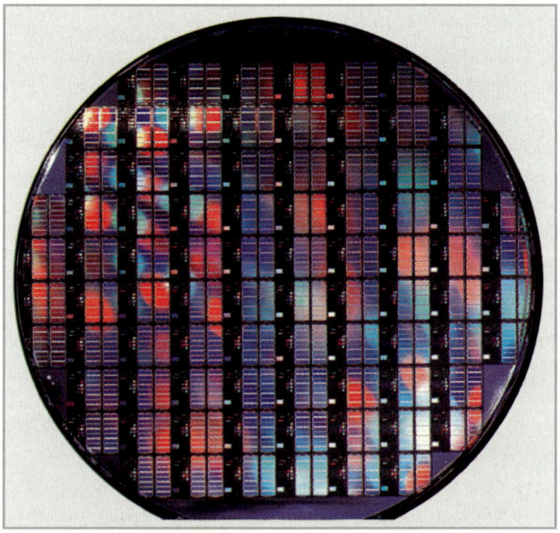

Bild 2: Siliciumscheibe mit integrierten Schaltungen

[1] **I**ntegrated **C**ircuit (engl.) = integrierter Schaltkreis
[2] monolithisch = ein einziger Kristall
[3] Chip (engl.) = Span, Plättchen
[4] wafer (engl.) = Scheibe
[5] implantieren = einpflanzen
[6] **D**ual **I**n **L**ine (engl.) = zwei (Anschlussreihen) in einer Linie

Die Struktur und Gestaltung der Chip-Oberfläche ist bei den integrierten Schaltungen nur noch unter dem Mikroskop zu erkennen **(Bild 2)**.

Die einzelnen Funktionselemente im IC (Bild 2) entstehen durch Fototechnik und unterschiedliches Dotieren an den verschiedenen Stellen der Chip-Oberfläche. Isolierende SiO_2-Schichten erlauben Leitungskreuzungen **(Bild 3a)**. Widerstände bestehen z. B. aus einer P-dotierten Bahn im N-leitenden Halbleiterkristall **(Bild 3g)**. Den spezifischen Widerstand und die Bahntiefe legt das Dotierverfahren fest. Nur über Länge l und Breite b der Bahn kann man den Widerstandswert auswählen ($R \sim l/b$). Ist das N-Substrat positiv gegen die Widerstandsbahn vorgespannt, wird die Bahn rundum von einem gesperrten PN-Übergang begrenzt.

Kondensatoren hoher Kapazität baut man als gepolte Kondensatoren **(Bild 3b)**, wobei man die Sperrschichtkapazität eines PN-Übergangs nutzt. Die SiO_2-Schicht der Kristalloberfläche bildet das Dielektrikum bei ungepolten Kondensatoren **(Bild 3c)** geringerer Kapazität.

Mit der integrierten Technik lassen sich Dioden **(Bild 3d)** herstellen, auch Sonderformen wie z. B. Z-Dioden.

Bipolare Transistoren **(Bild 3e)** können sowohl als NPN- wie auch als PNP-Transistoren gefertigt werden. MOS-FET **(Bild 3f)** sind von besonderer Bedeutung für integrierte Schaltungen. Sie brauchen nicht unbedingt gegeneinander isoliert zu sein. Die Drain des ersten Transistors kann die Source des zweiten Transistors bilden. Dadurch erreicht man eine hohe Packungsdichte auf dem Chip.

Die einzelnen Funktionselemente liegen neben- und untereinander auf dem Chip (Bild 3g), starr miteinander verbunden. Reparaturen sind auf einem Chip nicht möglich. Die elektrischen Ströme fließen dicht unter der Chip-Oberfläche, also praktisch in einer Ebene.

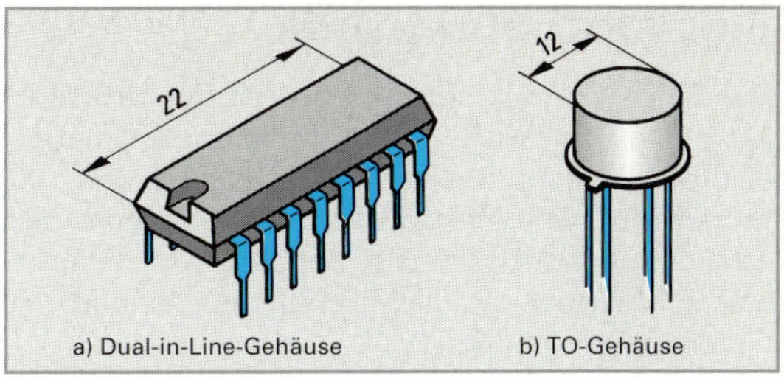

Bild 1: Gehäuse kleiner integrierter Schaltungen

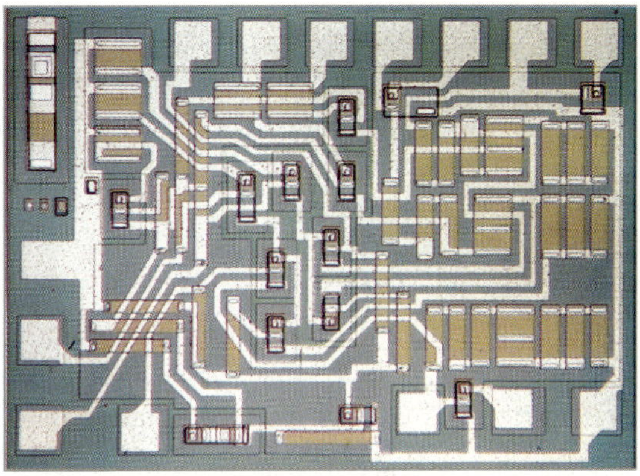

Bild 2: Vergrößerung einer IC-Oberfläche

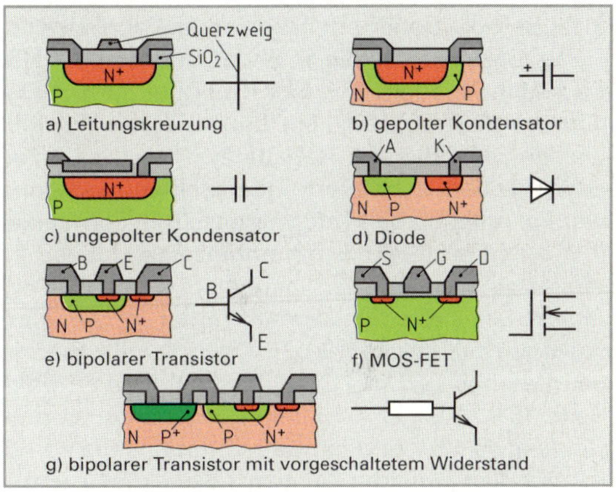

Bild 3: Grundstrukturen in integrierten Schaltungen

Wiederholungsfragen

1. **Was versteht man unter a) aktiven und b) passiven elektronischen Schalt- oder Bauelementen?**
2. **Nennen Sie zwei Dotierungsverfahren für integrierte Schaltungen.**
3. **Welchen Vorteil hat die Ionenimplantation?**
4. **Weshalb bevorzugt man MOS-FET als Transistoren für integrierte Schaltungen?**
5. **Auf welche Weise sind die Funktionselemente einer integrierten Schaltung miteinander verbunden?**
6. **Wie baut man in einem IC Leitungskreuzungen?**
7. **Wie stellt man in integrierten Schaltungen Widerstände her?**
8. **Wie erzeugt man in ICs Kondensatoren a) kleiner und b) größerer Kapazität?**

8.6 Optoelektronik

Die Optoelektronik befasst sich mit der Umwandlung von elektrischer Energie in elektromagnetische Strahlung (meist in sichtbares Licht) und umgekehrt. Optoelektronische Bauelemente teilt man in optoelektronische Sender, optoelektronische Empfänger und die Mischung aus beiden, den Optokoppler, ein **(Bild 1)**.

Bauelemente der Optoelektronik nutzen den inneren Fotoeffekt (Seite 181). Licht, das vom Auge optisch wahrgenommen werden kann, ist der Bereich elektromagnetischer Wellen mit einer Wellenlänge von 400 nm bis 700 nm.

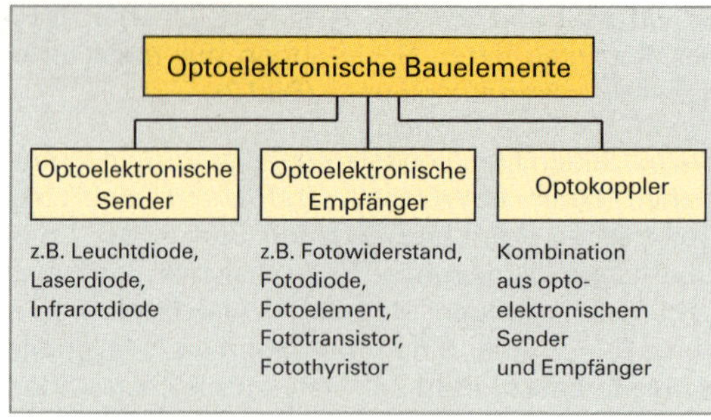

Bild 1: Einteilung optischer Bauelemente

Tabelle 1: Werkstoffe von Leuchtdioden			
Material und Dotierung	Farbe	Wellenlänge in nm	Spannung U_F
GaAs:Si	infrarot	930	1,2 V
GaAs:P	rot	655	1,6 V
GaAsP:N	orange	625	1,6 V
GaAsP:N	gelb	590	1,8 V
GaP:N	grün	555	1,8 V
GaN	blau	465	3 V

8.6.1 Optoelektronische Sender (Leuchtdioden)

Leuchtdioden (LED) sind lichtemittierende (lichtaussendende) Dioden.

Leuchtdioden wandeln den elektrischen Strom innerhalb des PN-Überganges in Licht um (Umkehrung des Fotoeffekts). Sie bestehen aus Mischkristallen wie z. B. Galliumarsenidphosphid (GaAsP), Galliumarsenid (GaAs), Galliumphosphid (GaP) oder Galliumnitrid (GaN). Das Halbleitermaterial und die Dotierung bestimmt die abgestrahlte Farbe (Beispiele **Tabelle 1**). Eine Dotierung mit z. B. Stickstoff (N) oder Phosphor (P) ergibt je nach Dotierungsgrad verschiedene Leuchtfarben. Es gibt Einfach-Leuchtdioden **(Tabelle 2)**, Duo- und Blink-Leuchtdioden. Zur Ziffern- oder Zahlendarstellung werden mehrere balkenförmige LEDs in Form einer 8 angeordnet **(Siebensegmentanzeige,** Tabelle 2). Weitere Anzeigeformen haben 14 und 16 Segmente. Leuchtdioden werden immer in Durchlassrichtung betrieben **(Bild 2)**. Deshalb gibt man in den Datenblättern die Durchlasskennlinie an **(Bild, Seite 181)**. Aus der Kennlinie kann man entnehmen, dass die Schleusenspannung einer rotleuchtenden Diode etwa 1,5 V beträgt. Betreibt man Leuchtdioden wie üblich mit einem Strom I_F von 10 bis 20 mA, so beträgt die Spannung U_F etwa 1,5 bis 1,7 V. Der maximale Strom I_{Fmax} darf je nach Diodentyp etwa 50 mA nicht überschreiten. Deshalb ist zur Strombegrenzung immer ein Vorwiderstand R_v (Bild 2) notwendig.

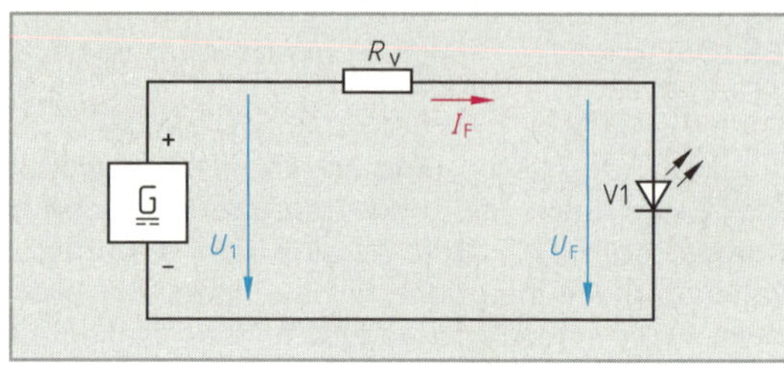

Bild 2: Grundschaltung Leuchtdiode

R_v Vorwiderstand
U_1 Anschlussspannung
U_F Durchlassspannung
I_F Durchlassstrom

$$R_v = \frac{U_1 - U_F}{I_F}$$

Tabelle 2: Bauarten von Leuchtdioden (Beispiele)		
1,8-mm-LED	3-mm-LED	Siebensegmentanzeige
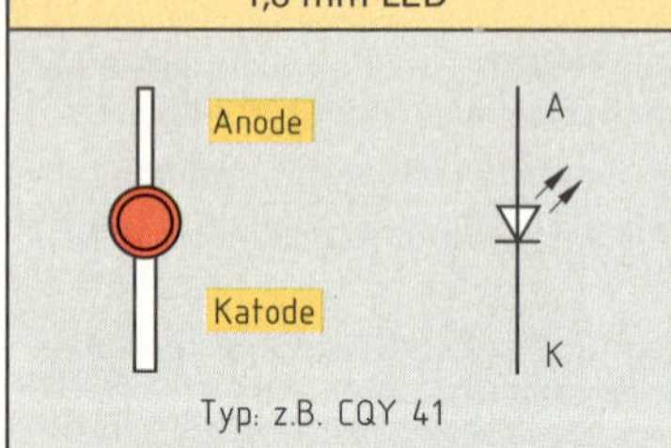	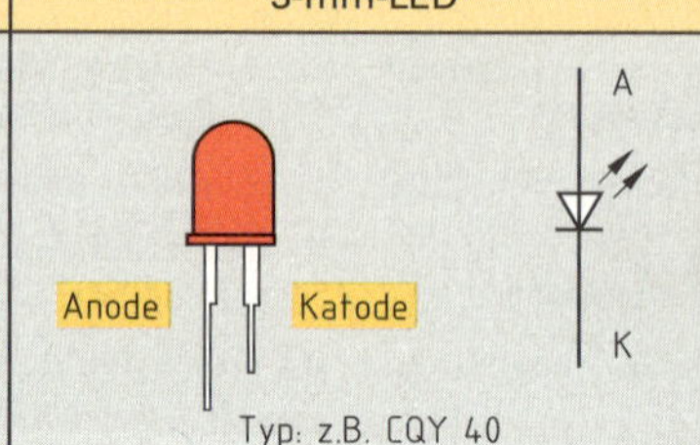	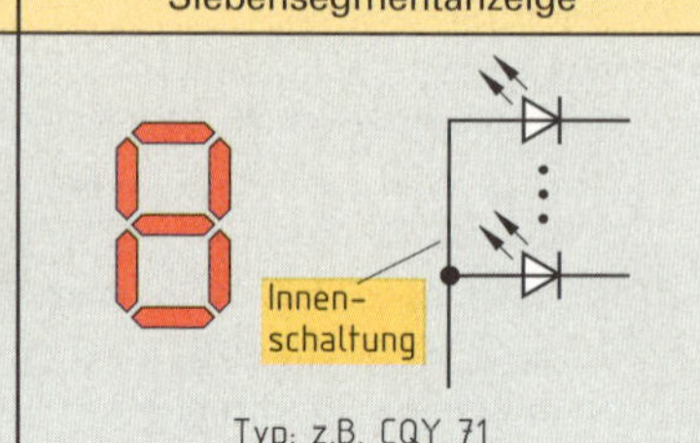

Beispiel: Eine Leuchtdiode CQY 40 wird an eine Anschlussspannung von 12 V angeschlossen. Der Durchlassstrom soll 20 mA betragen. Berechnen Sie
a) den Vorwiderstand.
b) Welchen Wert darf der Vorwiderstand bei I_{Fmax} = 50 mA nicht unterschreiten?

(Aus Kennlinie: I_F = 20 mA ⇒ U_F = 1,7 V; I_F = 50 mA ⇒ U_F = 1,8 V)

a) $$R_v = \frac{U_1 - U_F}{I_F} = \frac{12\,\text{V} - 1{,}7\,\text{V}}{20\,\text{mA}} = \mathbf{515\,\Omega}$$

b) $$R_{vmin} = \frac{U_1 - U_F}{I_{Fmax}} = \frac{12\,\text{V} - 1{,}8\,\text{V}}{50\,\text{mA}} = \mathbf{204\,\Omega}$$

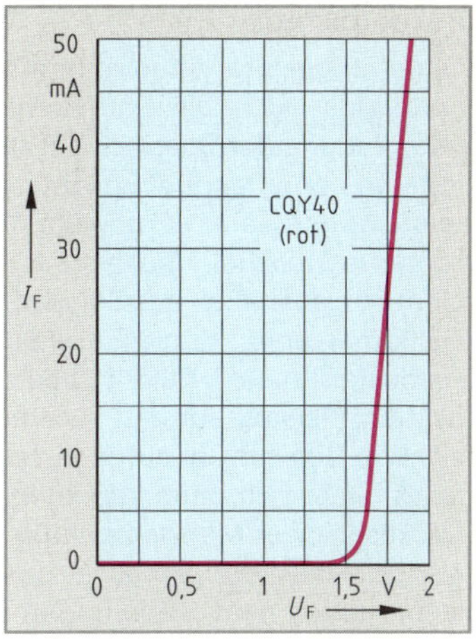

Bild: Kennlinie der Leuchtdiode CQY 40

Leuchtdioden verwendet man als Anzeigeelemente, z. B. in der Messtechnik, zur Signalübertragung sowie zur Fernbedienung von Rundfunk- und Fernsehgeräten. Sie haben gegenüber Glühlampen für Signalzwecke Vor- und Nachteile **(Tabelle 1)**. Sollen Leuchtdioden mit Wechselstrom betrieben werden, darf die maximale Sperrspannung (meist 5 V) während der negativen Halbwelle nicht überschritten werden.

Tabelle 1: Vor- und Nachteile von Leuchtdioden
Vorteile: trägheitslos, lange Lebensdauer, geringer Leistungsverbrauch, mechanisch stabil, geringe Betriebstemperatur
Nachteile: nicht alle Farben möglich, geringe Lichtstärke, nur für Signalzwecke

8.6.2 Optoelektronische Empfänger

Fotodioden

Fotodioden stellt man meist aus Silicium her. Im Betrieb wird die Fotodiode in Sperrrichtung vorgespannt. Ohne Beleuchtung fließt nur ein sehr geringer Dunkelstrom, weil noch thermisch erzeugte Ladungsträger vorhanden sind. Der Fotostrom I_P wächst linear mit der Beleuchtungsstärke und wird von der Höhe der Sperrspannung kaum beeinflusst.

Fotodioden verwendet man z. B. zur Lichtmessung und für Lichtschranken.

Fotowiderstand

Fotowiderstände **(Tabelle 2)** ändern ihren Widerstand mit der Beleuchtungsstärke. Dazu wird der Halbleiterwerkstoff, z. B. Cadmiumsulfid (CdS), als dünne Schicht auf einen Träger, z. B. Glas, aufgedampft und hinter Glas in ein Gehäuse eingebaut. Fotowiderstände nutzen den **inneren Fotoeffekt** aus. Die Energie der Lichtstrahlen befreit im Innern des Halbleiters neue Ladungsträgerpaare (Elektronen und Löcher). Endet die Beleuchtung, fallen die Elektronen wieder in den ursprünglich gebundenen Zustand zurück (Rekombination).

Die Leitfähigkeit des Fotowiderstandes nimmt mit steigender Beleuchtungsstärke zu, d. h., der Widerstand sinkt. Man unterscheidet die Kennwerte Hellwiderstand R_h und Dunkelwiderstand R_d (Tabelle 2).

Tabelle 2: Fotowiderstand

Aufbau	Schaltzeichen und Anwendung	Elektrische Daten (Beispiel: RPY 63)
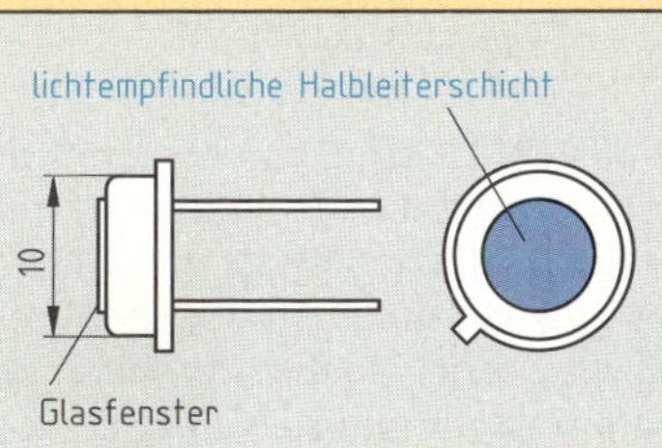	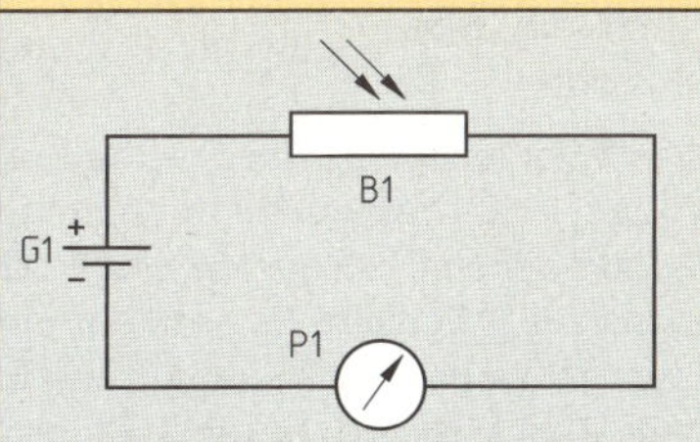	**Grenzwerte:** Verlustleistung P_{tot} = 50 mW Grenzspannung U_G = 50 V **Kennwerte:** Dunkelwiderstand $R_d \geq 1\,\text{M}\Omega$ Hellwiderstand $R_h < 1\,\text{k}\Omega$

Fotoelement

Ohne angelegte Sperrspannung lässt sich jede Fotodiode auch als Fotoelement betreiben. Die Raumladung der Sperrschicht trennt die durch den inneren Fotoeffekt bei Belichtung freigesetzten Ladungsträgerpaare. Fotoelemente mit größerer lichtempfindlicher Fläche stellt man meist aus Silicium her, aber auch aus Selen, Cadmiumsulfid oder Galliumarsenid. Ein Fotoelement mit Metall-Halbleiter-Kontakt **(Bild 1)** besteht z.B. aus einem flachen P-Leiter, auf den eine hauchdünne, durchsichtige Goldschicht aufgedampft ist. Der PN-Übergang bildet sich dann zwischen Halbleiter und der Deckelektrode. Man verwendet Fotoelemente z.B. als CdS-Belichtungsmesser und bei allen Lichtsteuerungen und -regelungen, die das Abtasten einer großen Fläche verlangen.

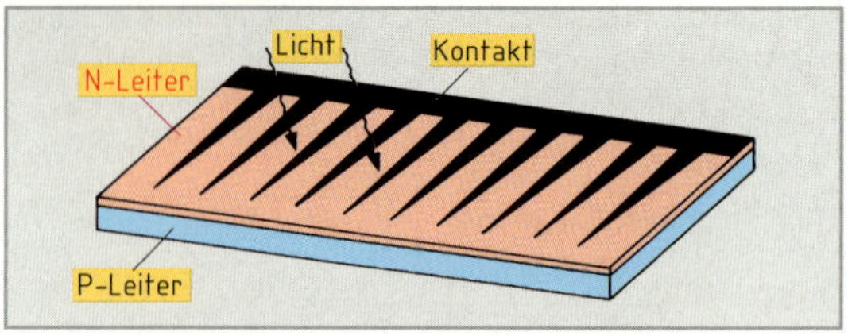

Bild 1: Prinzipieller Aufbau eines Fotoelements

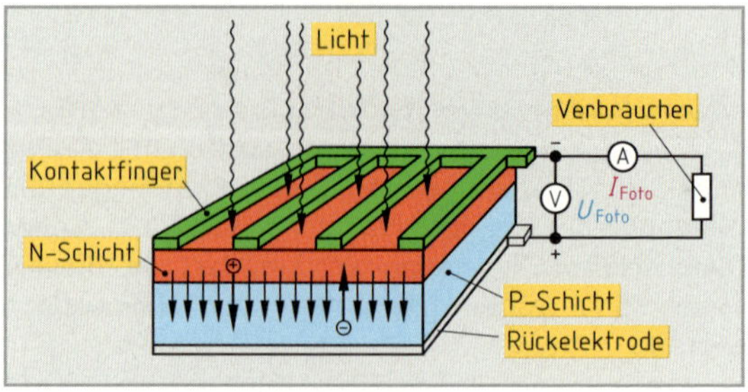

Bild 2: Aufbau einer Solarzelle

Solarzellen

> Solarzellen sind Halbleiterbauelemente, die Lichtstrahlung in elektrische Energie umwandeln.

Mit der direkten Umwandlung von Licht in elektrische Energie beschäftigt sich die **Fotovoltaik.** Der fotoelektrische Effekt erklärt die Erzeugung von freien elektrischen Ladungsträgern durch Strahlung. Allerdings wird z.Z. nur ein geringer Teil des einfallenden Lichtes (etwa 17 %) in elektrische Energie umgewandelt.

Solarzellen bestehen aus weniger als einen Millimeter dünnen Halbleiterplättchen **(Bild 2)**. An der unteren Fläche befindet sich eine durchgehende Elektrode. Die obere Elektrode ist fingerartig gefächert. Dadurch kann Licht in das Halbleitermaterial dringen. Die Oberfläche der Solarzelle wird durch ein Glas-Substrat abgedeckt. Es dient als Antireflex-Schicht und sorgt dafür, dass möglichst viel Licht in das Halbleitermaterial eindringt. Die Antireflex-Schicht besteht meist aus Titandioxid. Dadurch erhält die Solarzelle ihr typisches dunkel- bzw. schwarzblaues Aussehen. Als Halbleitermaterial verwendet man überwiegend Silicium. Andere Halbleitermaterialien, z.B. Galliumarsenid, Cadmiumsulfid, Cadmiumtellurid, Kupferindiumdiselenid oder Galliumindiumphosphid, sind in der Erprobung. Das Glas-Substrat schützt die Oberfläche der Solarzelle vor Umwelteinflüssen.

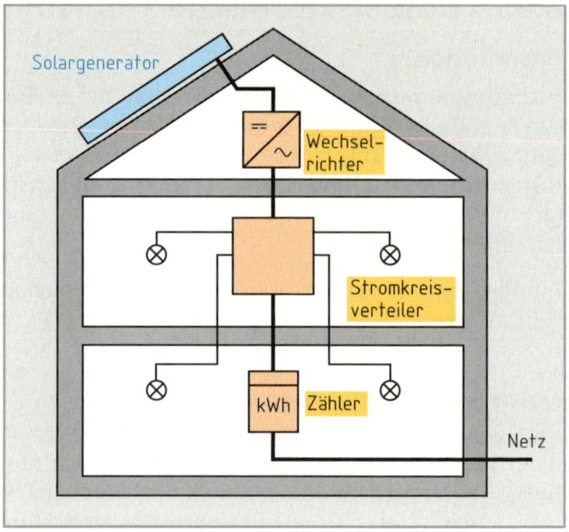

Bild 3: Fotovoltaik-Anlage

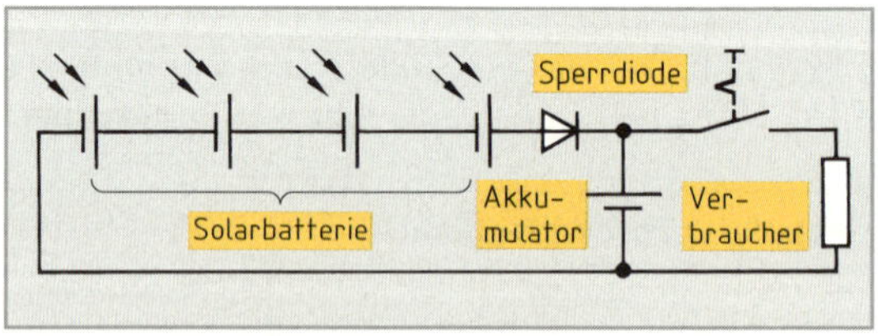

Bild 4: Solarbatterie mit Akkumulator

Wirkungsweise: Eine Bestrahlung der Solarzelle bzw. der Sperrschicht des PN-Überganges mit Licht befreit im Halbleitermaterial Ladungsträger. In der Sperrschicht entstehen durch einfallende Photonen[1] freie Ladungsträgerpaare aus Elektronen und Löcher. Die Raumladungen der Sperrschicht drängen die Elektronen zur N-Schicht, die Defektelektronen zur P-Schicht. Es entsteht eine Fotospannung (Gleichspannung), die einen Fotostrom verursacht; Ergebnis: Licht wird in elektrische Energie umgewandelt. Zwischen der Ober- und der Unterseite der Solarzelle, den Elektroden, kann Gleichspannung entnommen werden.

[1] kleinste Energieteilchen einer elektromagnetischen Strahlung (hier: der Lichtstrahlung)

Anwendung von Solarzellen

Die Stromerzeugung mit Solarzellen umfasst viele Anwendungen, vom Solar-Taschenrechner bis zur Energieversorgung im Kilowattbereich **(Bild 3, Seite 182)**. Die elektrische Leistung wird von den Abmessungen und dem Wirkungsgrad der Solarzelle bestimmt. Beträgt der Durchmesser der Solarzelle z. B. 10 cm, so kann bei voller Sonneneinstrahlung eine Leistung von 1,25 W entstehen. Als Spannung sind etwa 0,5 V und als Strom 2,5 A vorhanden. Höhere Spannungen erhält man durch Reihenschaltung **(Bild 4, Seite 182)**, höhere Ströme durch Parallelschaltung einzelner Solarzellen.

Fototransistor

Fototransistoren sind Siliciumtransistoren mit einer Lichteintrittsöffnung von einigen mm^2. Das Licht gelangt zur Basis-Kollektor-Strecke **(Tabelle 1)**. In der Wirkungsweise entspricht ein Fototransistor einer Fotodiode mit einem eingebauten Verstärker. Der Fototransistor weist eine 100- bis 500-mal größere Fotoempfindlichkeit auf wie eine vergleichbare Fotodiode.
Ohne Lichteinfall verhält sich ein Fototransistor wie ein üblicher Transistor. Es fließt nur ein kleiner Kollektor-Emitter-Reststrom (einige nA). Fällt Licht durch die Lichteintrittsöffnung, so werden im PN-Übergang Ladungsträger freigesetzt, welche die Leitfähigkeit der Sperrschicht heraufsetzen. Der Fototransistor leitet besser.

Eine hohe Empfindlichkeit erreicht man bei Betrieb mit offener Basis. Deshalb gibt es auch Fototransistoren ohne Basisanschluss.

Fototransistoren verwendet man z. B. zur Erfassung von Strichcodes und in Lichtschranken.

Tabelle 1: Fototransistor

Aufbau

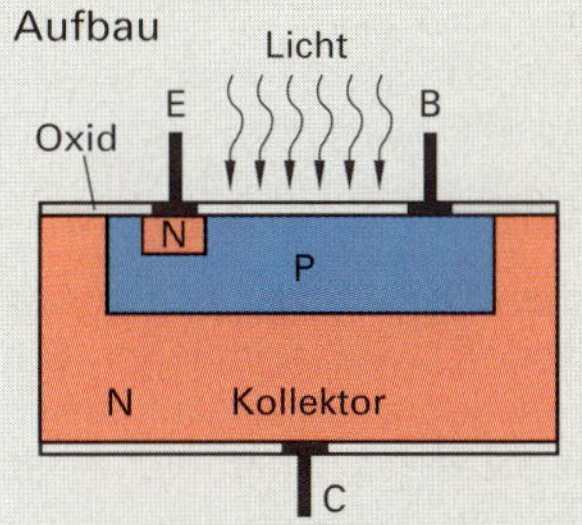

Schaltzeichen und Anschluss

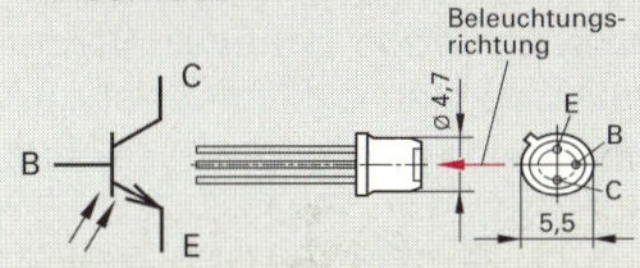

Elektrische Daten (BPX 62)

Grenzwerte:	
U_{CE0}	32 V
P_{tot}	0,25 W
I_{Cmax}	25 mA
Kennwerte:	
Fotostrom I_p (bei 1000 lx)	1,2 bis 10 mA
Dunkelstrom I_D	5 nA

8.6.3 Optokoppler

Optokoppler **(Tabelle 2a)**, auch optoelektronische Koppelelemente genannt, ermöglichen die Übertragung von Signalen zwischen zwei voneinander galvanisch getrennten Stromkreisen. Dabei kann zwischen den beiden Stromkreisen eine Potentialdifferenz von mehreren tausend Volt vorhanden sein. Im Innern des Optokopplers befinden sich eine Leuchtdiode als Sender und z. B. ein Fototransistor als Empfänger. Als Sender werden meist Infrarot-GaAs-Dioden verwendet. Sie haben einen hohen Wirkungsgrad und sind alterungsbeständig. Sender und Empfänger befinden sich einander optisch gegenüber. Sie sind lichtdicht nach außen abgeschirmt **(Tabelle 2b)**. Der Optokoppler überträgt Informationen auf optischem Weg von der Leuchtdiode zum Fototransistor **(Tabelle 2c)**.

Tabelle 2: Optokoppler

a) Gehäuse

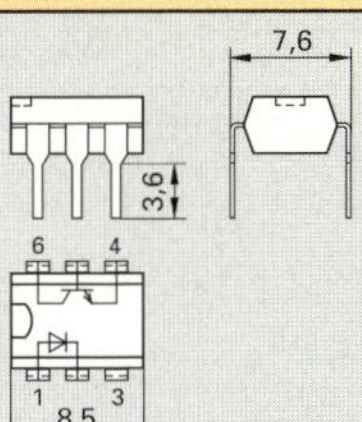

b) Aufbau

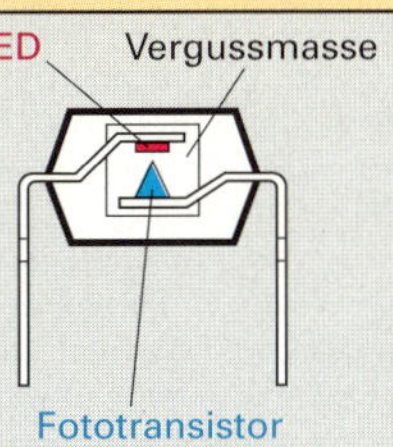

c) Anschluss

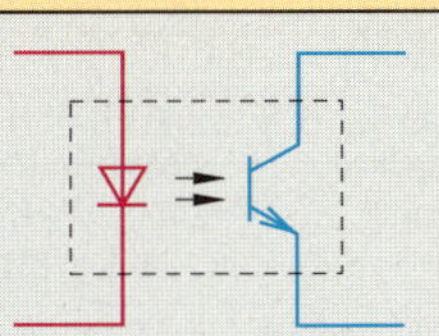

d) Daten (Beispiele)

- Isolationsprüfspannung 2,5 kV
- Stromübertragungsverhältnis 25 bis 50
- Schaltzeit 3 µs
- Koppelkapazität 1 pF

Bei Optokopplern sind Grenz- und Kenndaten zu beachten **(Tabelle 2d)**. Die **Isolationsprüfspannung** ist die maximal zulässige Spannung, die zwischen Ein- und Ausgang des Optokopplers kurzzeitig anliegen darf. Das **Stromübertragungsverhältnis** gibt das Verhältnis von Kollektor-Ausgangsstrom zum Diodeneingangsstrom an. Optokoppler mit hohem Stromübertragungsverhältnis sind sehr empfindlich.
Optokoppler verwendet man z. B. in der Mess- und Regeltechnik, in der Nachrichtentechnik und in der Datenverarbeitung. In der Energietechnik wird der Optokoppler z. B. in elektronischen Lastrelais (ELR) eingesetzt.

8.6.4 Flüssigkristallanzeigen

Flüssigkristalle sind organisch-chemische Substanzen, z.B. Azoxyverbindungen, die bei Erwärmung allmählich vom festen in den flüssigen Zustand übergehen. Zwischen den Aggregatzuständen fest und flüssig haben Flüssigkristalle eine dielektrische und optische Richtungsabhängigkeit. Beim Anlegen eines elektrischen Feldes richten sich die Flüssigkristalle aus und zeigen in Abhängigkeit von der Elektrodenform das erwünschte Bild.

Flüssigkristallanzeigen sind passive Anzeigen, die kein Licht ausstrahlen. Zur Anzeige ist Umgebungslicht oder Durchlicht notwendig.

Aufbau: Bei Flüssigkristall-Anzeigen befindet sich zwischen zwei parallelen Glasplatten eine etwa 10 µm dünne Flüssigkristallschicht **(Tabelle 1)**. Die eine Glasplatte hat die Elektrodenform des gewünschten Bildelementes, z.B. eine Ziffer, ein Buchstabe oder ein Symbol, während auf der anderen, gegenüberliegenden Glasplatte sich die gemeinsame Elektrode befindet. Beide Glasplatten haben Elektroden, an die eine Spannung angelegt wird. Grundsätzlich werden Flüssigkristallanzeigen mit Wechselspannung betrieben, Gleichspannungen zersetzen die Flüssigkristalle.

Tabelle 1: Aufbau und Kennwerte von LCD[1]

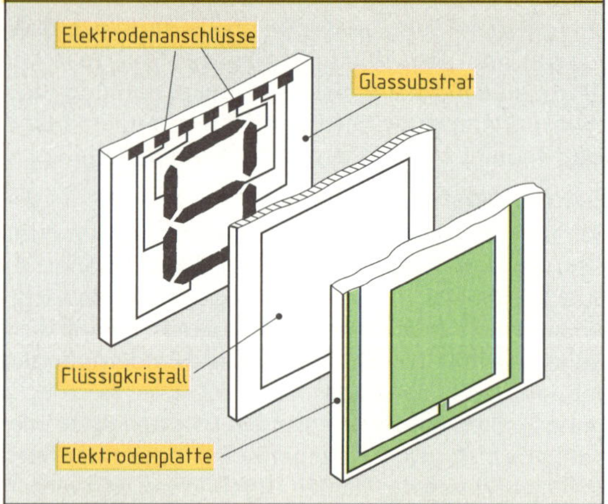

Ansprechspannung:	1 V	bis	40 V
Leistungsaufnahme:	1 µW	bis	1000 µW
Stromaufnahme je cm²:	1 µA	bis	10 µA
Steuerfrequenz:	30 Hz	bis	1,5 kHz
Schaltzeiten:	100 ms	bis	500 ms

8.6.5 Schaltungsbeispiele optoelektronischer Empfänger

Bei optoelektronischen Empfängern werden Änderungen von sichtbarem Licht oder unsichtbare Strahlung in ein elektrisches Signal umgewandelt und dann verstärkt. Optoelektronische Empfänger bestehen im Prinzip aus einem optoelektronischen Bauelement und einer Verstärkerschaltung **(Tabelle 2)**.

Tabelle 2: Optoelektronische Empfänger (Prinzipschaltungen)

Schaltung	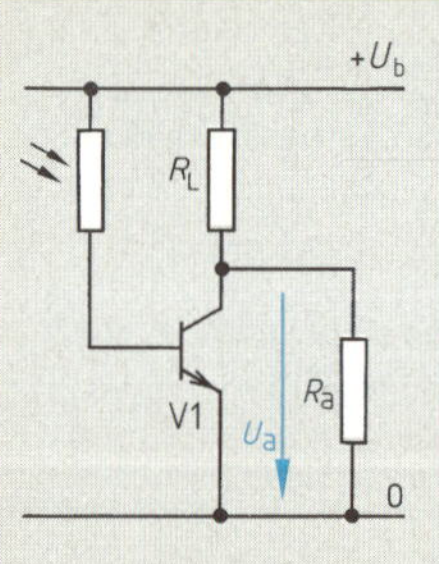	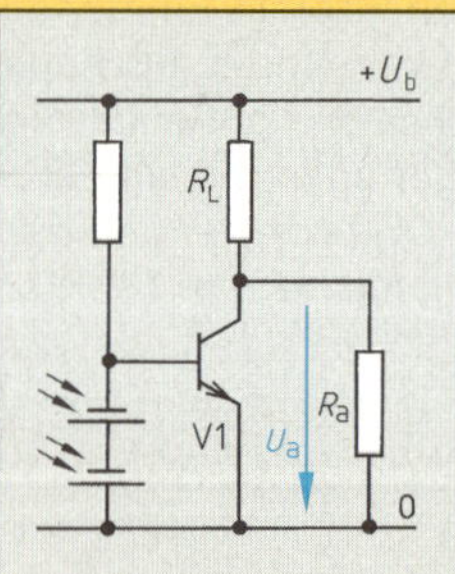	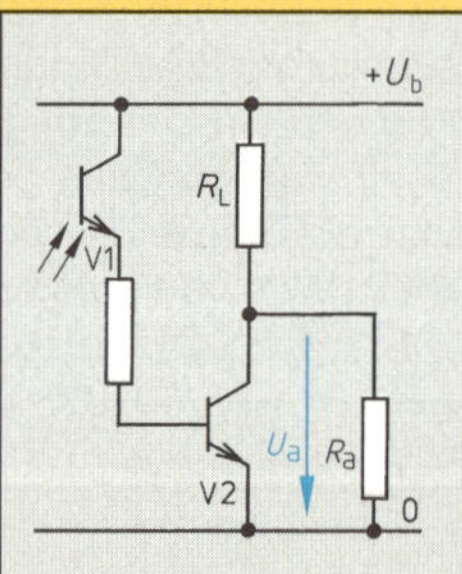	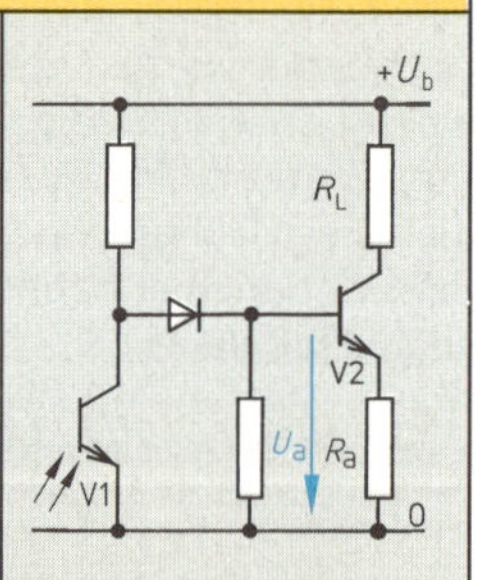
Funktion	Bei Lichteinfall leiten der Fotowiderstand und der Transistor mehr; U_a wird kleiner.	Bei Lichteinfall entsteht am Fotoelement eine Spannung. Der Transistor leitet weniger. U_a wird größer.	Bei Lichteinfall werden der Fototransistor V1 und der Transistor V2 leitend; U_a wird kleiner.	Bei Lichteinfall leitet der Fototransistor V1, der Transistor V2 dagegen nicht; U_a wird größer.

Wiederholungsfragen

1. **In welche Bereiche teilt man optoelektronische Bauelemente ein?**
2. **Nennen Sie Halbleitermaterialien zur Herstellung von Leuchtdioden.**
3. **Zählen Sie Vor- und Nachteile von Leuchtdioden auf.**
4. **Wie verhält sich ein Fotowiderstand bei Beleuchtung?**
5. **Was versteht man unter Solarzellen?**
6. **Nennen Sie einige Anwendungen von Solarzellen.**
7. **Für welche Anwendungen verwendet man Fototransistoren?**
8. **Erklären Sie den Aufbau eines Optokopplers.**
9. **Mit welcher Spannungsart müssen Flüssigkristallanzeigen betrieben werden?**

[1] LCD; von **L**iquid-**C**rystal-**D**isplay (engl.) = Flüssigkristallanzeige

8.7. Thyristoren

8.7.1 Rückwärts sperrende Thyristortriode

Die rückwärts sperrende Thyristortriode, kurz Thyristor[1] genannt, enthält eine Siliciumscheibe mit vier Zonen, wobei sich P- und N-Zonen abwechseln **(Bild 1)**. Derartige Thyristoren werden für Nennspannungen von 50 V bis 5000 V und Nennströme von 0,4 A bis 1500 A hergestellt. Entsprechend vielseitig sind die Bauformen, Gehäuse und Größen **(Bild 2)**. Die Anode ist mit dem Metallgehäuse leitend verbunden. Im Betrieb kann also Spannung am Gehäuse anliegen.

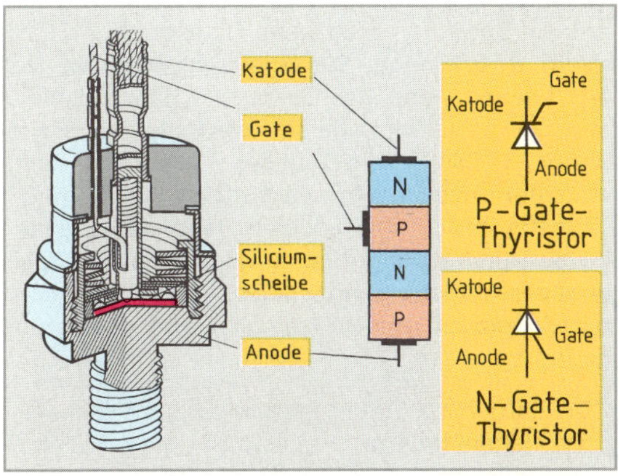

Bild 1: Thyristor mit Schaltzeichen

Thyristoren lassen sich in **P-Gate-Thyristoren** und **N-Gate-Thyristoren** einteilen (Bild 1). Der in der Praxis am meisten verwendete Thyristor ist der P-Gate-Thyristor. Dabei ist die äußere P-Schicht die Anode, die äußere N-Schicht die Katode und die innere P-Schicht das Gate.

Versuch 1: Schalten Sie einen Thyristor, z. B. BSt B 01 oder TIC 106M, mit der Anode in Reihe zu einer Glühlampe. Schließen Sie die Reihenschaltung an einen Gleichspannungserzeuger, z. B. eine Taschenlampenbatterie, mit dem Pluspol an den Verbraucher und den Minuspol an die Katode an. Schalten Sie einen Stellwiderstand und einen Strommesser im Milliampere-Messbereich in Reihe an das Gate. Erhöhen Sie den Steuerstrom und achten Sie auf die Anzeige des Strommessers.

Schon bei geringem Steuerstrom (je nach Typ des Thyristors 1 mA bis 100 mA) leuchtet die Glühlampe.

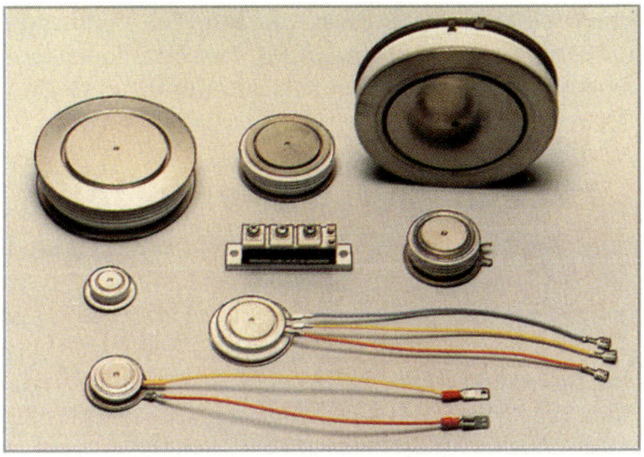

Bild 2: Thyristor-Bauformen (Beispiele)

Thyristoren sind elektrisch schaltbare Bauelemente, mit vier aufeinander folgenden Halbleiterzonen wechselnder Leitungsart: PNPN.

Der Gatestrom I_G überflutet den inneren P-Leiter so stark, dass die in der Mitte liegende Sperrschicht abgebaut wird. Die verbleibenden PN-Übergänge sind je nach Richtung der Anschlussspannung zwischen Anode und Katode entweder beide in Durchlassrichtung oder in Sperrrichtung geschaltet und wirken dann wie der PN-Übergang einer Halbleiterdiode **(Bild 3)**.

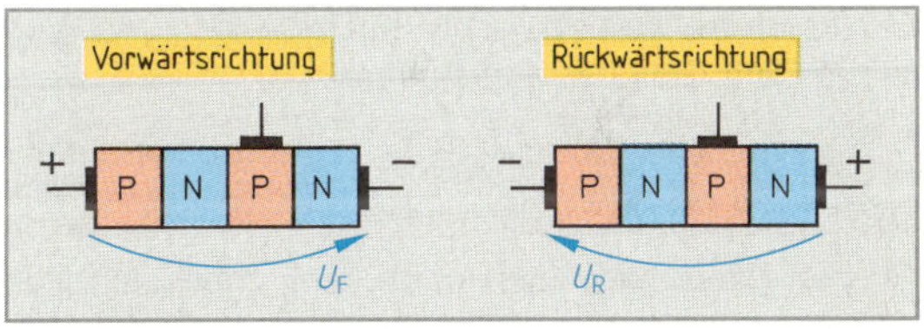

Bild 3: Vorwärts- und Rückwärtsrichtung beim Thyristor

Der Thyristor wirkt wie eine Diode, sobald ein Gatestrom fließt.

Die Durchlassspannung U_F beträgt 0,6 V bis 3 V, die zum Zünden erforderliche Gate-Spannung U_{GK} ist 0,6 V bis 2,5 V.

Versuch 2: Wiederholen Sie Versuch 1, schließen Sie aber die Reihenschaltung aus Thyristor und Glühlampe an einen Stelltransformator an und erhöhen Sie bei nicht angeschlossenem Gate die Spannung allmählich bis zur Nennspannung der Lampe. Polen Sie die Spannung um.

Die Glühlampe leuchtet in beiden Fällen nicht.

Beim Thyristor sind im Innern drei Sperrschichten wirksam. Liegt zwischen Anode und Katode eine Spannung, so ist mindestens eine dieser Schichten in Sperrrichtung gepolt. Die Richtung der Spannung, bei der im Thyristor nur ein PN-Übergang in Sperrichtung gepolt ist, nennt man **Vorwärtsrichtung**. Die Richtung, bei der zwei Sperrschichten in Sperrrichtung geschaltet sind, heißt **Rückwärtsrichtung**.

[1] Kunstwort aus **Thyr**atron (gasgefüllte Schaltröhre) und Res**istor** (engl.) = Widerstand

Thyristoren kann man als Gleichrichter oder als kontaktlose Schalter verwenden. Ist durch den Steuerstrom die mittlere Sperrschicht abgebaut, so verhindern die Ladungsträger des Laststromes eine erneute Sperrung, auch wenn Gatestrom und Laststrom zurückgehen. Die Sperrschicht bildet sich erst wieder, wenn der Gatestrom ganz ausbleibt und der Laststrom kleiner wird als der **Haltestrom I_H (Bild 1 und Tabelle).** Haltestrom nennt man den kleinsten Vorwärtsstrom, bei dem der Thyristor bei I_G = 0 noch im leitenden Zustand bleibt. Durch einen erneuten Zündimpuls am Gate wird der Thyristor dann wieder leitend. Dabei kann der Zündstrom mit steigender Anodenspannung geringer werden.

Bei Betrieb mit Wechselstrom wird am Ende jeder Halbperiode der Haltestrom unterschritten. Dadurch sperrt der Thyristor.

Die übliche Zündart bei Thyristoren ist das Zünden durch einen Stromimpuls am Gate. Bei Richtungsumkehr des Laststromes, z.B. bei Wechselstrom, sperrt der Thyristor. Danach ist eine erneute Zündung erforderlich.

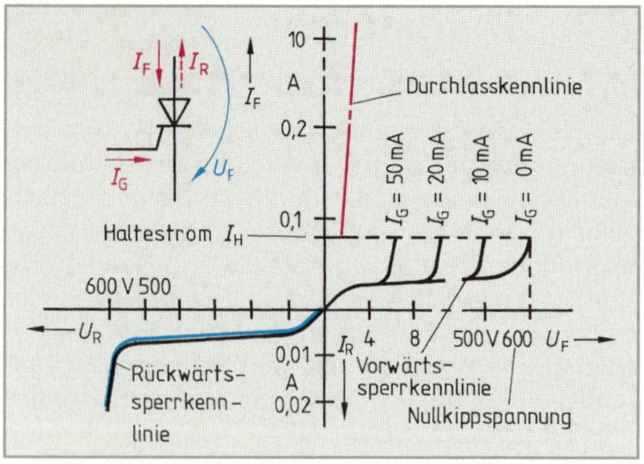

Bild 1: Kennlinie eines Thyristors

Tabelle: Kenn- und Grenzwerte des Thyristors TIC 106 D

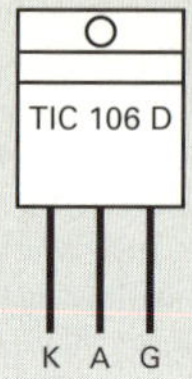	**Kennwerte:**	
	Zündspannung U_{GK}	0,8 V
	Zündstrom I_G	0,2 mA
	Haltestrom I_H	5 mA
	Grenzwerte:	
	Sperrspannung U_R	400 V
	Durchlassstrom I_F	5 A

8.7.2 Zünden von Thyristoren

Wird ein Thyristor mit einem Gatestrom angesteuert, der gerade dem Mindestwert entspricht, so wird zunächst nur die unmittelbare Umgebung des Gate-Kontaktes leitend. Der übrige Teil des Thyristors wird erst mit zunehmender Stromstärke in der Anoden-Katoden-Strecke leitend. Dieses allmähliche Zünden eines Thyristors ist schädlich, weil es den PN-Übergang zu stark erwärmt. Deshalb verwendet man zum Zünden Stromimpulse, deren Höchstwerte weit über dem höchstzulässigen Wert eines Gate-Gleichstromes liegen.

Zum schnellen Zünden eines Thyristors wird das Gate mit kräftigen Stromimpulsen angesteuert.

Wegen Exemplarsteuerungen kann man die erforderliche Stromstärke für den Steuerstrom nicht exakt angeben. Man unterscheidet jedoch die Bereiche des sicheren Zündens, des nicht sicheren Zündens und des sicheren Nichtzündens **(Bild 2)**. Um ein unerwünschtes, fehlerhaftes Zünden des Thyristors zu vermeiden, ist die **Freiwerdezeit** zu beachten. Die Freiwerdezeit (10 µs bis 100 µs) ist die Mindestzeit, die zwischen dem Nulldurchgang des Durchlassstromes bis zur Wiederkehr der positiven Spannung vergehen muss, damit der Thyristor mit Sicherheit nicht wieder in den Durchlasszustand kippt. Die Spannung U_{GK} und der Strom I_G, die zum Zünden eines Thyristors an Gleichspannung nötig sind, kann man mit einer Messschaltung ermitteln **(Bild 3)**.

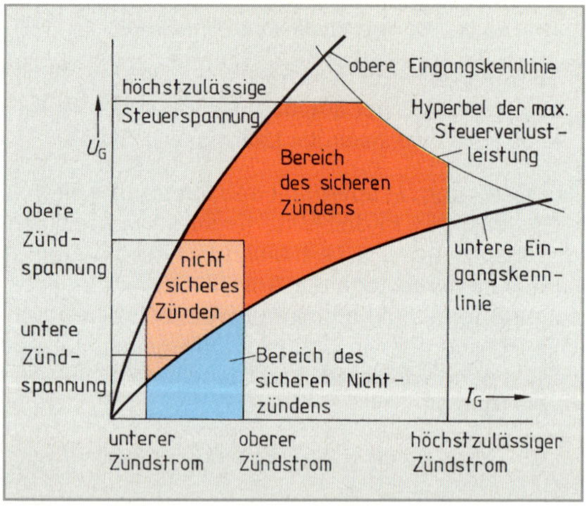

Bild 2: Zünddiagramm eines Thyristors

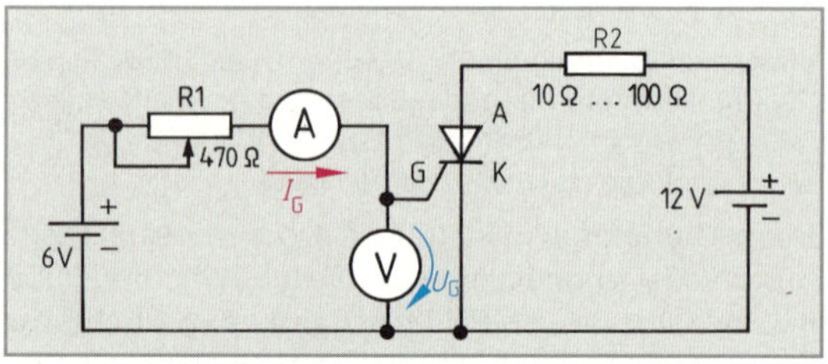

Bild 3: Messschaltung zur Ermittlung von Zündspannung und Zündstrom

Beim Betrieb von Thyristoren (Seite 196) ist ein zu schnelles Ansteigen der Betriebsspannung und des Betriebsstromes zu vermeiden, da dies zu einer Selbstzündung, der so genannten Überkopfzündung führen kann. Unter **Überkopfzündung** versteht man die Zündung eines Thyristors ohne Gatestrom. Das Ansteigen der Betriebsspannung wird durch die Spannungssteilheit $\Delta u/\Delta t$ angegeben. Die üblichen Grenzwerte betragen etwa 200 V/µs bis 2000 V/µs. Kritische Stromsteilheiten $\Delta i/\Delta t$ sind je nach Typ zwischen 20 A/µs und 200 A/µs.

Die Größe der Spannung in Schaltrichtung des Thyristors ist ebenfalls zu beachten. Dabei darf die Spannung die **Nullkippspannung** (Bild 1, Seite 186) nicht erreichen, da der Thyristor sonst ohne Steuerstrom zündet.

8.7.3 Schutz von Thyristoren

Thyristoren schützt man vor:

- Stromüberlastung,
- kritischen Spannungs- und Stromsteilheiten und
- Überspannungen.

Thyristoren oder Thyristor-Module (Thyristor-Baugruppen) besitzen eine glatte Fläche zum Befestigen auf einem Kühlkörper **(Bild 1)**.

Thyristoren sind auch bei ausreichender Kühlung gegen Stromüberlastung zu schützen, da sie nur eine kleine Wärmekapazität haben. Deshalb müssen besonders flinke Überstrom-Schutzeinrichtungen verwendet werden.

Zum Überstromschutz von Thyristoren verwendet man Schmelzsicherungen der Betriebsklasse aR oder superflinke Schutzschalter.

Die Überstrom-Schutzeinrichtungen legt man als Strangsicherung vor die Schaltung der Thyristoren oder als Zweigsicherung in die Schaltung **(Bild 2)**.

Um den raschen Stromanstieg zu begrenzen, werden Thyristor-Schutzdrosseln (Sättigungs-Drosselspulen) verwendet. Ein zu schneller Stromanstieg kann beim Schalten von Kondensatoren oder von Verbrauchsmitteln ohne Induktivitäten eintreten.

Thyristoren sind gegen Spannungsüberlastung (Überspannungsspitzen) empfindlich. Überspannungsspitzen entstehen z.B. beim Abschalten von Induktivitäten.

Zum Schutz der Thyristoren gegen Überspannungen werden vor allem Reihenschaltungen aus Kondensatoren und Wirkwiderstände **(RC-Beschaltung)** verwendet **(Bild 3)**. Beschaltungen am Transformator (Transformatorbedämpfung) dämpfen Überspannungen aus dem Netz. Eine RC-Beschaltung an der Last (Lastbedämpfung) verhindert Überspannungen, die durch Schaltvorgänge entstehen. Die erforderliche Größe der Kapazität und des Widerstandes ist je nach Bedämpfungsart, Spannung und Stromstärke verschieden (siehe Tabellenbuch Elektrotechnik).

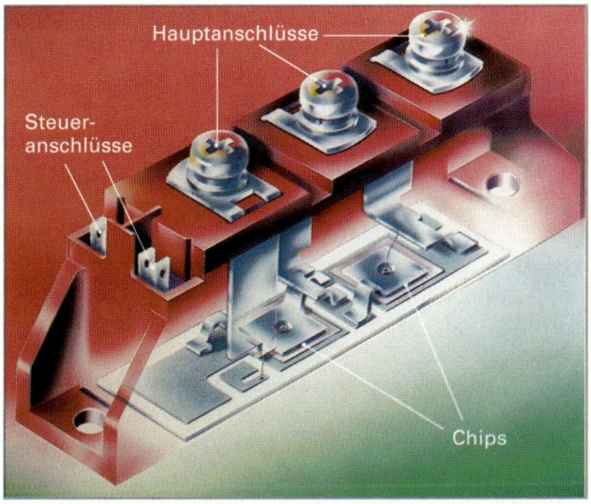

Bild 1: Thyristor-Modul aus zwei rückwärts leitenden Thyristoren (Ansicht geöffnet) zur Montage auf einem Kühlkörper

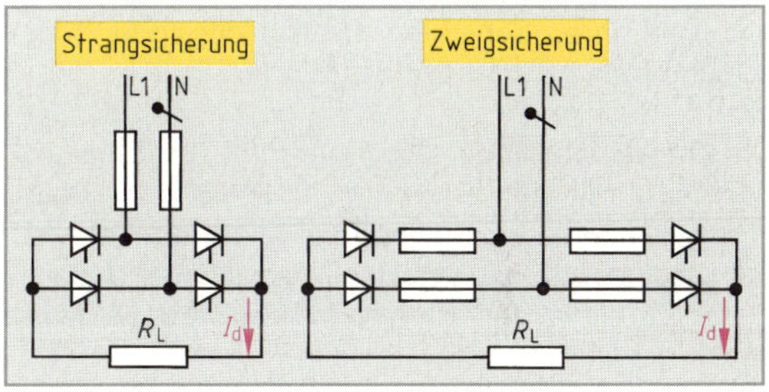

Bild 2: Überstromschutz von Thyristoren

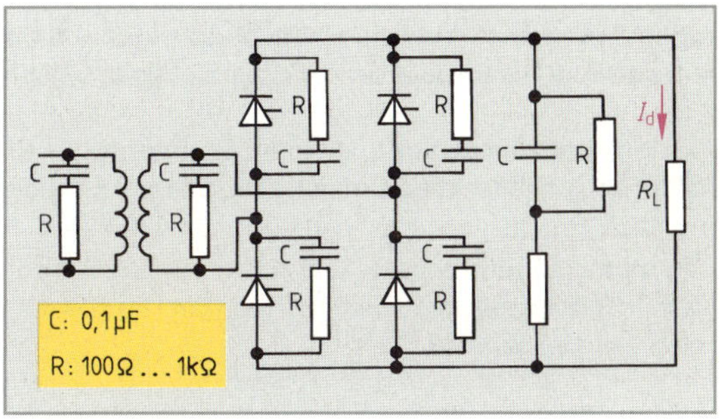

Bild 3: RC-Beschaltung von Thyristoren gegen Überspannung

8.7.4 GTO-Thyristor

Übliche Thyristoren können durch den Gatestrom nicht gelöscht werden. Das Löschen ist jedoch bei GTO[1]-Thyristoren (abschaltbare Thyristoren) über das Gate möglich. Zum Zünden und zum Löschen wird der GTO-Thyristor mit Impulsen wechselnder Polarität angesteuert.

Soll mit nur einer Spannungsquelle ein GTO-Thyristor leitend oder gesperrt werden, so verwendet man zusätzlich Kondensatoren **(Bild 1)**. Im abgeschalteten Ruhezustand lädt sich der Kondensator C1 über den Widerstand R1 und die Last R_L auf. Betätigt man den Taster S1, so kann sich der Kondensator C1 über die Gate-Katoden-Strecke des Thyristors entladen, der dann zündet. Nun lädt sich der Kondensator C2 über den leitenden Thyristor auf. Betätigt man den Taster S2, wird der Kondensator C2 so an das Gate des Thyristors angeschlossen, dass der Gatestrom die umgekehrte Richtung wie beim Zünden hat. Der GTO-Thyristor löscht jetzt.

GTO-Thyristoren haben Nennströme bis 1000 A und Nennspannungen bis 2500 V. Man kann sie z. B. als Gleichstromsteller verwenden oder zum Ein- und Ausschalten von Motoren bei Elektrofahrzeugen.

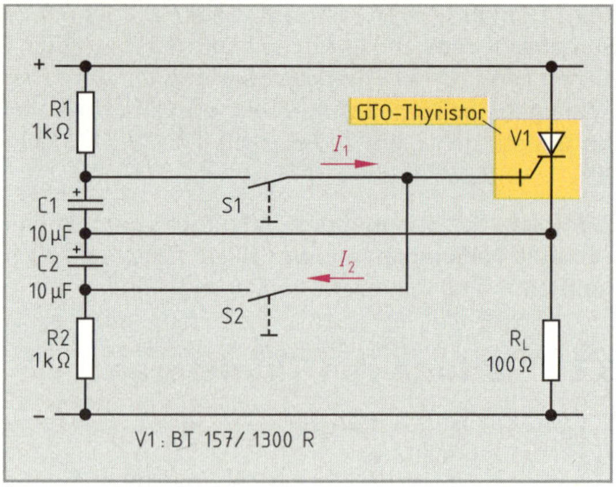

Bild 1: Steuerschaltung eines GTO-Thyristors an einer Spannungsquelle

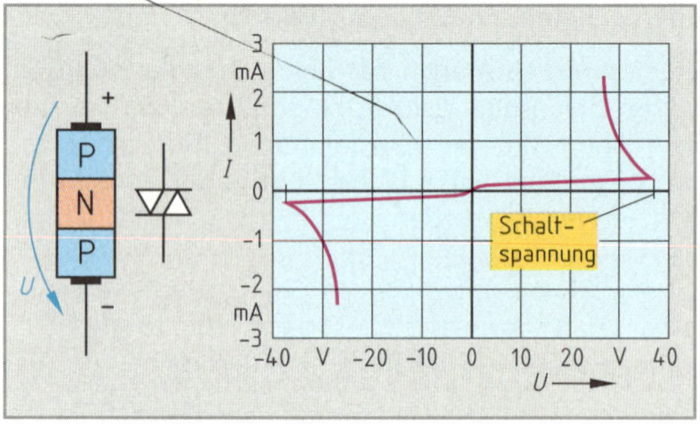

Bild 2: Aufbau, Schaltzeichen und Kennlinie einer Dreischichtdiode (Diac)

8.7.5 Thyristordioden

Thyristoren ohne Steueranschluss nennt man nach der Zahl ihrer Schichten Dreischichtdiode, Vierschichtdiode bzw. Fünfschichtdiode.

Die **Dreischichtdiode** (Diac[2]) enthält ein Siliciumplättchen mit den Schichten PNP **(Bild 2)**. Beim Überschreiten der Schaltspannung *U* **(Tabelle)** wird der Diac unabhängig von der Polarität leitend. Beim Unterschreiten der Haltespannung (einige Volt) sperrt der Diac.

Tabelle: Kenndaten des Diacs A 9903

	Schaltspannung	32 V
	Durchbruchstrom	0,4 ... 1 mA
	max. Durchlassstrom	1 A

Die **Vierschichtdiode** hat die Schichtenfolge PNPN. Leitend wird sie durch eine Schaltspannung (je nach Typ 20 V bis 200 V), die ähnlich wie bei einem Thyristor die Vierschichtdiode zündet. Die Halteströme betragen 1 mA bis 45 mA, die Haltespannungen 0,5 V bis 3 V. Man verwendet Vierschichtdioden z. B. in Kippgeneratoren, als Impulsformer oder als elektronische Schalter.

Bei der **Fünfschichtdiode** ist die Schichtenfolge PNPNP. Unabhängig von der Richtung der angelegten Spannung schaltet die Fünfschichtdiode bei Erreichen der Zündspannung in den leitenden Zustand.

Thyristordioden werden vor allem zur Erzeugung von Spannungsimpulsen und damit zum Zünden von Thyristoren und Triacs verwendet. Zu diesem Zweck schaltet man sie vor das Gate des betreffenden Bauelementes.

[1] von **g**ate-**t**urned-**o**ff (engl.) = über Gate abschaltbar
[2] Kunstwort aus **Di**ode und **a**lternating **c**urrent (engl.) = Wechselstrom

8.7.6 Triac

Zum Steuern von Wechselstrom kann man rückwärts sperrende Thyristortrioden in Gegenparallelschaltung verwenden, z. B. einen P-Gate-Thyristor und einen N-Gate-Thyristor **(Bild 1a)**.

Rückt man den Aufbau beider Thyristoren zusammen (Bild 1a), so erhält man ein Halbleiterbauelement, welches das Verhalten der Gegenparallelschaltung hat, aber nur eine Steuerelektrode **(Bild 1b** und **Bild 1c)** benötigt.

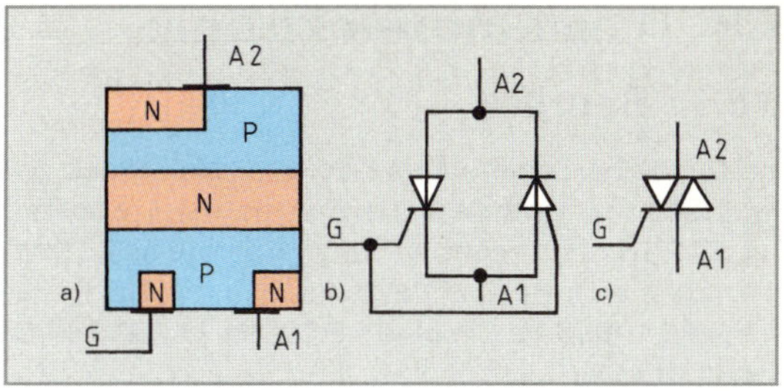

Bild 1: Triac-Aufbau, Ersatzschaltung und Schaltzeichen

Ein beliebig gepolter Impuls zwischen Steuerelektrode und benachbarter Elektrode schaltet einen der beiden Thyristoren unabhängig von der Richtung der Spannung im Laststromkreis in den leitenden Zustand **(Bild 2)**. Die in beiden Richtungen schaltbare (bidirektionale) Thyristortriode nennt man **Triac**[1].

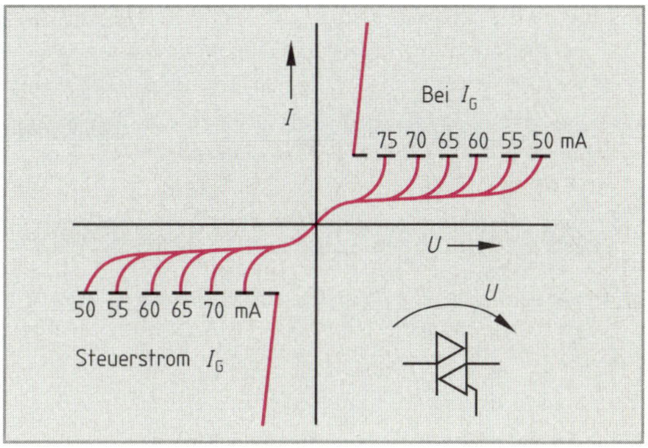

Bild 2: Kennlinie eines Triac

> Ein Triac lässt sich mit Wechselstrom oder mit Gleichstrom in beiden Richtungen zünden.

Die Zündung ist mit einer zwischen G und A1 grundsätzlich beliebig gepolten Zündspannung in jeder Halbperiode möglich. Dabei sind folgende vier Fälle, entsprechend den vier Quadranten eines Achsenkreuzes, zu unterscheiden:

1. Quadrant:
Spannung vom Anschluss A2 nach Anschluss A1 positiv, von G nach A1 positiv

2. Quadrant:
Spannung vom Anschluss A2 nach Anschluss A1 positiv, von G nach A1 negativ

3. Quadrant:
Spannung vom Anschluss A2 nach Anschluss A1 negativ, von G nach A1 negativ

4. Quadrant:
Spannung vom Anschluss A2 nach Anschluss A1 negativ, von G nach A1 positiv

Tabelle: Kenn- und Grenzwerte des Triac TIC 226 D

Kennwerte:	
Zündspannung U_G	2,5 V
Zündstrom I_G	50 ... 75 mA
Haltestrom I_H	50 mA
Grenzwerte:	
Sperrspannung U_R	400 V
Durchlassstrom I_F	4 A

Der Triac wird für Spannungen bis 1200 V und Ströme bis 120 A hergestellt. Er lässt sich als Stellglied für Wechselstromverbraucher, z. B. in Dimmern (Seite 201), und als elektronisches Schütz verwenden.

Wiederholungsfragen

1 **Beschreiben Sie den Aufbau des Siliciumplättchens eines Thyristors.**
2 **Erklären Sie den Begriff Vorwärtsrichtung am Thyristor.**
3 **Welche Aufgabe hat der Gatestrom beim Thyristor?**
4 **Warum kann man Thyristoren als Gleichrichter verwenden?**
5 **Was versteht man unter der Nullkippspannung eines Thyristors?**
6 **Wozu verwendet man die Vierschichtdiode?**
7 **Wie hoch ist die Schaltspannung eines Diac?**
8 **Welche Anschlüsse sind bei einem Triac vorhanden?**
9 **Für welche Aufgaben verwendet man den Triac?**
10 **Was versteht man unter Vier-Quadranten-Betrieb beim Triac?**
11 **Welche Polaritäten der Spannungen sind zum Zünden eines Triacs im 4. Quadranten notwendig?**

[1] Kunstwort aus **Tri**ode (Bauelement mit drei Anschlüssen) und **al**ternating **c**urrent (engl.) = Wechselstrom

8.8 Leistungselektronik

8.8.1 Begriffe

Elektronische Schaltungen, die den Stromfluss zwischen Stromquelle und einer Last steuern oder von einer Stromart in eine andere umformen, werden **Stromrichter** genannt und werden unter dem Oberbegriff Leistungselektronik zusammengefasst. Stromrichter werden für die Leistungssteuerung von z. B. Heizungs- oder Beleuchtungsanlagen, zur Stromversorgung in Netzgeräten und für Antriebssteuerungen eingesetzt **(Bild 1)**. Sie sind nach DIN 41750 und DIN IEC 971 genormt und werden in vier Gruppen eingeteilt **(Bild 2)**.

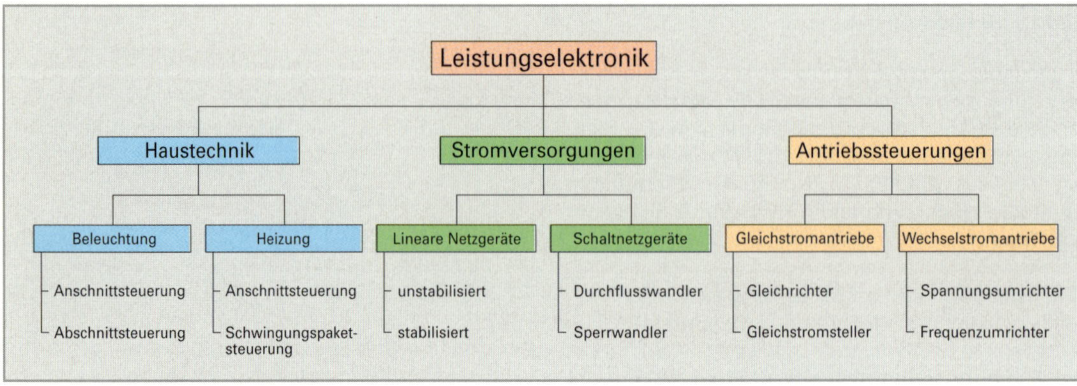

Bild 1: Einsatzgebiete der Leistungselektronik

- **Gleichrichter formen Wechselstrom oder Drehstrom in Gleichstrom um.**
- **Wechselrichter formen Gleichstrom in Wechselstrom oder Drehstrom um.**
- **Gleichstromumrichter formen Gleichstrom in einen anderen Gleichstrom unterschiedlicher Höhe und Polarität um.**
- **Wechselstromumrichter formen Wechsel- oder Drehstrom in einen Wechselstrom anderer Amplitude, Frequenz oder Phasenzahl um.**

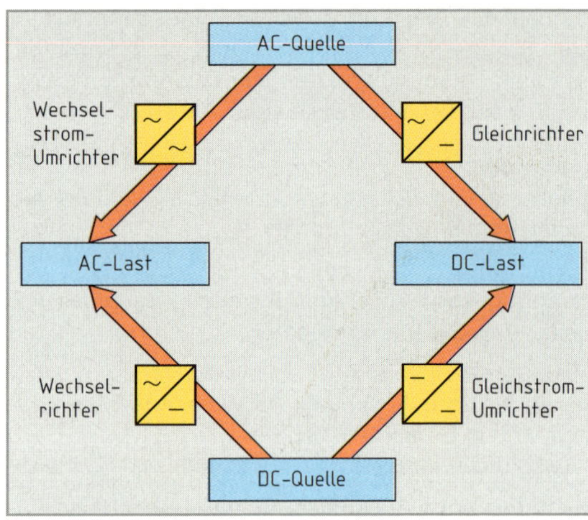

Bild 2: Einteilung der Stromrichter

Im Normalbetrieb liefert ein Gleichrichter Energie von der Wechselstromseite zur Gleichstromseite **(Bild 3)**. Gleichrichter werden zur Versorgung von Gleichstrom-Verbrauchern eingesetzt.

Bei Gleichstromumrichtern können sowohl Amplitude als auch Polarität verändert werden. Wandelt ein Gleichstromumrichter direkt von Gleichstrom nach Gleichstrom um, ohne ein Wechselstromsystem zu beteiligen, spricht man auch von einem **Gleichstromsteller.**

Wandelt ein Wechselstromumrichter Wechselströme um, ohne Umweg über ein Gleichstromsystem, spricht man auch von einem **Wechselstromsteller.**

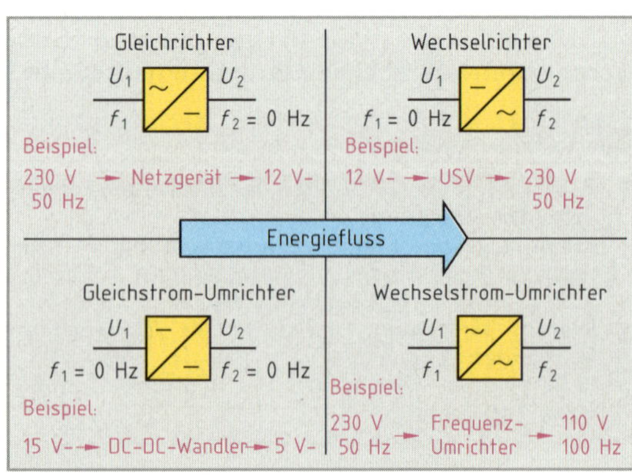

Bild 3: Schaltzeichen für Stromrichter

8.8.2 Gleichrichter

Gleichrichterschaltungen unterteilt man in ungesteuerte und gesteuerte Gleichrichter.

Bei ungesteuerten Gleichrichtern wird die Ausgangsspannung durch die Art der Schaltung bestimmt. Bei gesteuerten Gleichrichtern kann die Ausgangsspannung eingestellt werden.

Die zur Gleichrichtung verwendeten Halbleiterbauelemente nennt man Ventile. Bei ungesteuerten Gleichrichtern werden Dioden eingesetzt. Die Ausgangsspannung ist deshalb nicht frei einstellbar, sondern wird durch die Amplitude der Eingangsspannung und durch die Art der Schaltung bestimmt.

Bei gesteuerten Gleichrichtern werden als Ventile Halbleiterbauelemente verwendet, bei denen man den Zeitpunkt des Übergangs vom Sperrzustand in den Durchlasszustand verändern kann, z.B. bei Thyristoren.

Für Gleichrichterschaltungen gibt es ein genormtes Bezeichnungsschema, das festlegt, zu welcher Schaltungsart der betreffende Gleichrichter gehört **(Bild 1)**. Außerdem gibt diese Kennzeichnung Auskunft über Pulszahl, Steuerbarkeit und eine evtl. vorhandene Zusatzbeschaltung, z.B. eine Freilaufdiode.

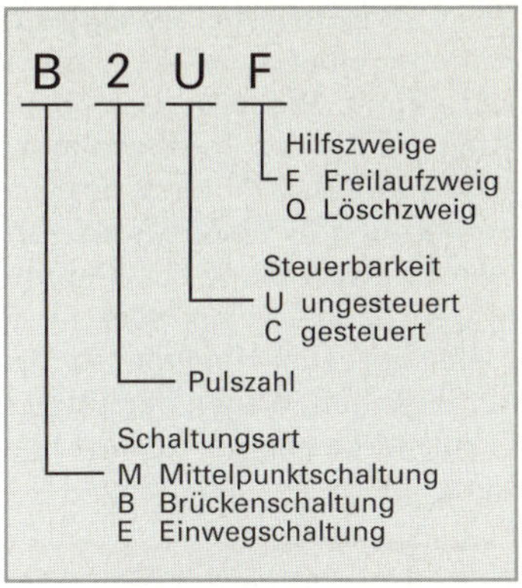

Bild 1: Bezeichnungsschema für Gleichrichter

8.8.2.1 Ungesteuerte Gleichrichter

Versuch 1: Schalten Sie eine Siliciumdiode, z.B. 1N 4004, in Reihe mit einer 12-V-Glühlampe und schließen Sie die Schaltung an einen Experimentiertransformator an **(Bild 2)**. Stellen Sie die Eingangsspannung des Transformators so ein, dass die Ausgangsspannung 25V beträgt. Beobachten Sie die Glühlampe und oszilloskopieren Sie die Ausgangsspannung U_d[1].

Die Glühlampe leuchtet, die Spannung an der Lampe verläuft pulsförmig (Bild 3 unten).

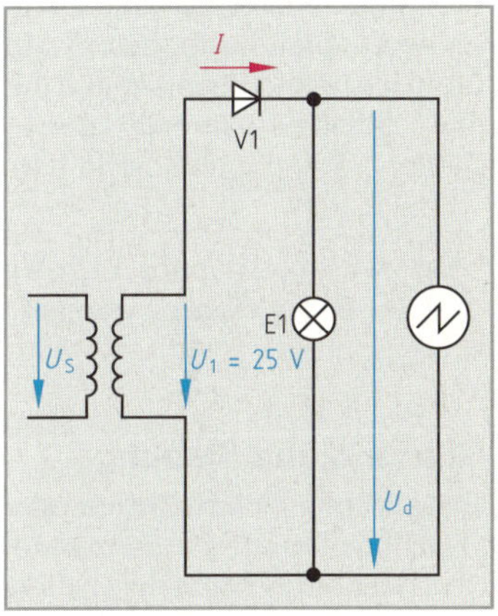

Bild 2: Versuchsschaltung

Die **ungesteuerte Einpuls-Einwegschaltung E1U (Bild 3)** nutzt das Durchlass- und Sperrverhalten einer einzelnen Diode. Während der positiven Netzhalbwelle ist die Spannung an der Anode der Diode größer als an der Katode. Damit leitet die Diode und es fließt ein Strom von der Energiequelle zur Last. In der negativen Halbwelle ist die Diode in Sperrichtung gepolt und der Stromfluss zur Last wird unterbrochen. Es fließt nur Strom in einer Richtung durch den Verbraucher.

Die Einpuls-Einwegschaltung E1U lässt immer eine Halbwelle der Eingangsspannung zur Last durch und sperrt während der anderen Halbwelle.

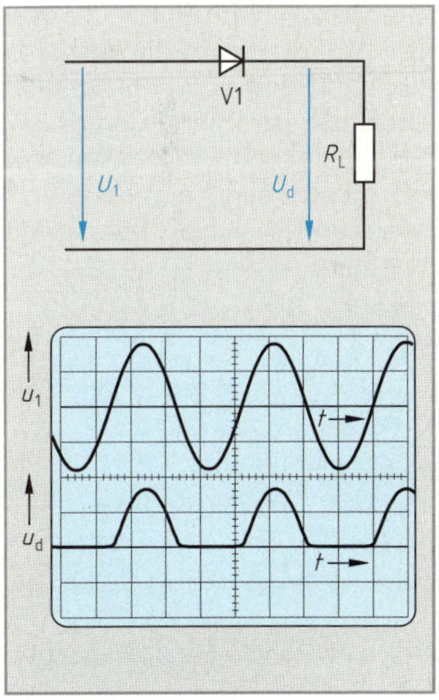

Bild 3: Schaltung E1U mit Verlauf von U_1 und U_d

Wegen der unsymmetrischen Netzbelastung und des impulsförmigen Stromverlaufs sowohl auf der Gleichstrom- als auch auf der Wechselstromseite setzt man die Schaltung E1U nur selten und nur für kleine Lasten ein, z.B. für Ladegeräte.

[1] U_d Gleichspannung an der Last, Index d von directed (engl.) = gerichtet

Die **ungesteuerte Zweipuls-Mittelpunktschaltung M2U (Bild 1)** benötigt einen speziellen Transformator mit sekundärseitiger Mittelanzapfung. Während der positiven Halbwelle fließt Strom von der Klemme 2.1 des Transformators über die Diode V1 und die Last zur Klemme 2.3. Während der negativen Halbwelle ist die Diode V2 leitend und es fließt Strom von Klemme 2.2 über die Diode V2 und den Lastwiderstand zur Klemme 2.3. Da Halbleiter früher sehr teuer waren, hat man diese spezielle Schaltung eingesetzt, um mit nur zwei Halbleiterbauelementen die Ausnutzung beider Netzhalbwellen zu ermöglichen. Wegen der heute erheblich preisgünstigeren Leistungshalbleiterbauelemente wird diese Schaltung nur noch selten eingesetzt.

Die ungesteuerte Zweipuls-Mittelpunktschaltung M2U benötigt einen Transformator mit Mittelanzapfung.

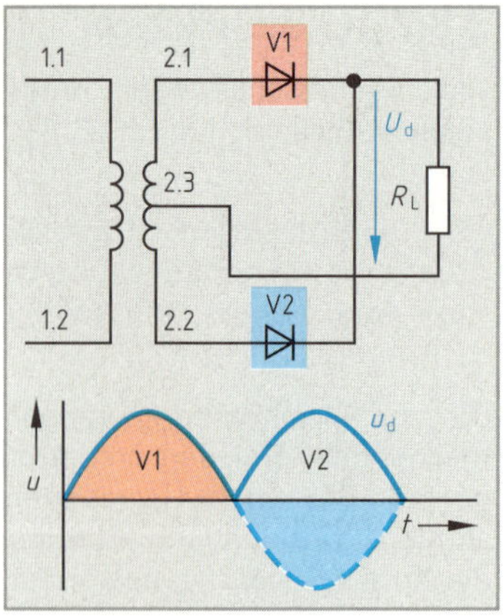

Bild 1: M2U-Schaltung

Die **ungesteuerte Zweipuls-Brückenschaltung B2U (Bild 2)** lässt sich an einen Standardtransformator oder direkt ans Netz anschließen. Der Gleichrichter besteht aus vier Dioden. Die Dioden V1 und V4 leiten den Strom während der positiven Netzhalbwelle und die Dioden V2 und V3 während der negativen Netzhalbwelle.

Bei der ungesteuerten Zweipuls-Gleichrichterschaltung werden beide Netzhalbwellen genutzt.

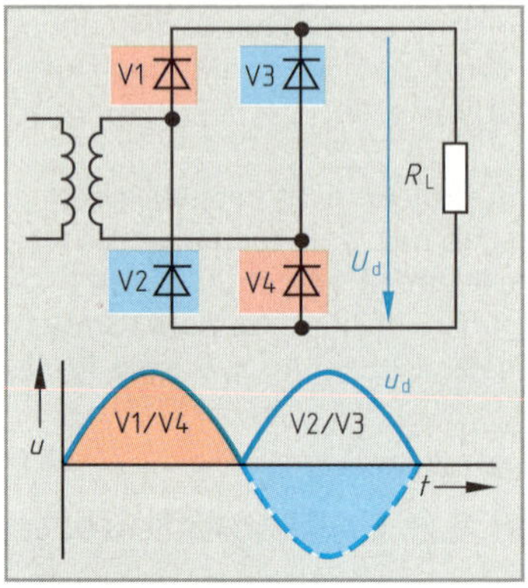

Bild 2: B2U-Schaltung

Glättung und Siebung

Gleichrichter liefern im Gegensatz zu Akkumulatoren keine ideale Gleichspannung, sondern eine pulsierende Gleichspannung. Diese Mischspannung besteht aus einem Gleich- und einem Wechselspannungsanteil. Der reine Wechselspannungsanteil wird als **Brummspannung U_p** bezeichnet. Je nach Schaltungsart ändert sich dieser Wechselspannungsanteil. Das Verhältnis zwischen Wechsel- und Gleichanteil wird durch die **Welligkeit** w angegeben. Zur Ermittlung der Welligkeit wird die **ideelle Leerlauf-Gleichspannung** U_{di} (arithmetischer Mittelwert der gleichgerichteten Leerlaufspannung) mit einem Drehspulinstrument gemessen. Der Wechselspannungsanteil, die Brummspannung $U_{p\,eff}$ kann wahlweise aus dem mit einem Dreheiseninstrument gemessenen Effektivwert der gesamten Mischspannung errechnet oder grafisch aus dem Oszillogramm ermittelt werden.

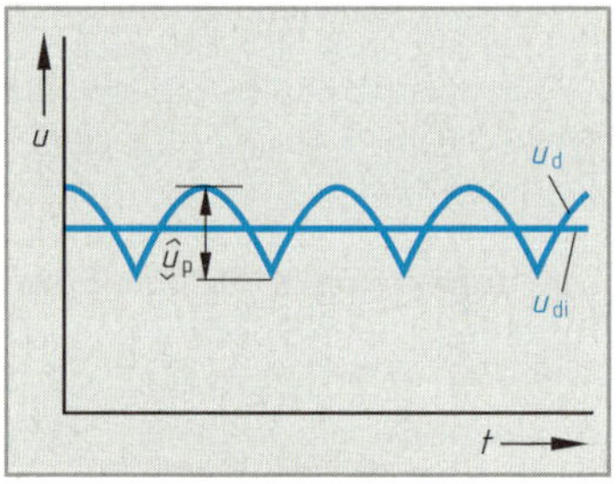

Bild 3: Gleichspannung mit Brummanteil

$$U_{p\,eff} = \sqrt{U_{d\,eff}^2 - U_{di}^2}$$

$$w = \frac{U_{p\,eff}}{U_{di}}$$

$U_{p\,eff}$ effektive Brummspannung
U_d Gleichspannung an der Last
U_{di} ideelle Leerlauf-Gleichspannung
$U_{d\,eff}$ effektive Gleichrichter-ausgangsspannung
w Welligkeit

Beispiel: In einer Gleichrichterschaltung B2U wird mit einem Dreheiseninstrument und mit einem Drehspulinstrument die Ausgangsspannung gemessen. Die Messgeräte zeigen folgende Werte an:

Dreheiseninstrument: 12,0 V

Drehspulinstrument: 10,8 V

Berechnen Sie die Welligkeit.

$$U_{p\,eff} = \sqrt{U_{d\,eff}^2 - U_{di}^2} = \sqrt{(12\ V)^2 - (10{,}8\ V)^2} =$$

$$= \sqrt{144\ V^2 - 116{,}6\ V^2} = \mathbf{5{,}23\ V}$$

$$w = \frac{U_{p\,eff}}{U_{di}} = \frac{5{,}23\ V}{10{,}8\ V} = \mathbf{0{,}484} \mathrel{\hat{=}} \mathbf{48{,}4\,\%}$$

Versuch 2: Wiederholen Sie Versuch 1, Seite 191, ersetzen Sie aber die Glühlampe durch einen hochohmigen Spannungsmesser. Messen und oszilloskopieren Sie die Ausgangsspannung. Schalten Sie parallel zum Spannungsmesser einen Kondensator mit $C = 2{,}2\ \mu F$. Messen und oszilloskopieren Sie erneut die Ausgangsspannung.

Ohne Glättungskondensator beträgt die Ausgangsspannung des Gleichrichters etwa 11 V, mit Kondensator etwa 30 V. Beim Anschließen des Kondensators wird die Ausgangsspannung geglättet und erhöht.

Die pulsförmigen Ausgangsspannungen von Gleichrichtern können mit einem Kondensator geglättet werden **(Bild 1)**. Man bezeichnet diesen Kondensator als Lade- oder Glättungskondensator.

Ein am Ausgang eines Gleichrichters angeschlossener Kondensator glättet und erhöht die Ausgangsspannung.

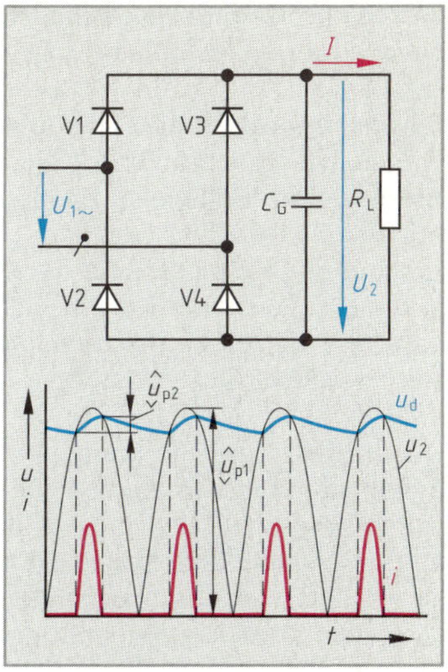

Bild 1: Glättungsschaltung

Bei der Schaltung B2U wird der Kondensator während der Durchlassphase der Dioden aufgeladen. Sinkt die Gleichrichterausgangsspannung unter den Wert der Kondensatorspannung, entlädt sich der Kondensator über die Last. Die „Täler" der Ausgangsspannung werden durch die Kondensatorladung mehr oder weniger aufgefüllt. Dadurch steigt der arithmetische Mittelwert der Ausgangsgleichspannung. Durch die im Kondensator gespeicherte Ladung ist allerdings auch die Spannung an den Katoden der Dioden größer. Die Zeit, in der die Spannung an der Anode größer ist, wird damit kleiner, und die Durchlassphase der Dioden wird kürzer. Die Diode ist nun nicht mehr während der gesamten Halbwelle leitend; die Stromflussdauer ist kleiner.

Durch den Anschluss eines Kondensators verändert sich die Signalform der Ausgangsspannung. Der Wechselspannungsanteil wird kleiner und der Gleichspannungsanteil größer. Die Kapazität des Glättungskondensators muss umso größer sein, je höher der Ausgangsstrom der Gleichrichterschaltung ist.

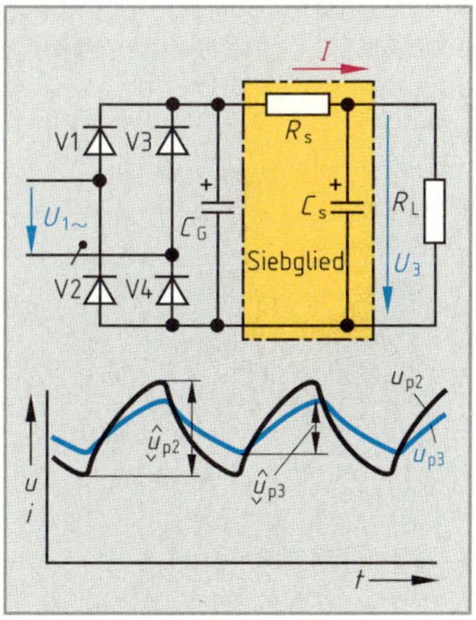

Bild 2: RC-Siebschaltung

Die Brummspannung ist umso kleiner, je höher die Kapazität des Glättungskondensators und je hochohmiger der Lastwiderstand ist.

Da die Kapazität von Kondensatoren aber begrenzt ist, ist auch nach der Glättung der Ausgangsspannung keine ideale Gleichspannung vorhanden. Es bleibt eine **Restwelligkeit** und es muss oft zusätzlich noch ein Siebglied zur weiteren Verringerung des Brummanteils nachgeschaltet werden **(Bild 2)**. Siebglieder bestehen meist aus RC- oder LC-Gliedern mit Tiefpassverhalten, die den Wechselanteil der Mischspannung bedämpfen.

Die Qualität einer Glättung oder Siebung wird durch das Verhältnis der Brummspannung vor und nach einer Glättungs- oder Siebschaltung angegeben. Das Verhältnis zwischen Wechselspannungsanteil am Gleichrichterausgang und Wechselspannungsanteil nach der Glättung wird als **Glättungsfaktor** G bezeichnet. Der **Siebfaktor** s ist das Verhältnis der Brummspannungen vor und nach dem Siebglied.

$$G = \frac{U_{p1}}{U_{p2}}$$

$$s = \frac{U_{p2}}{U_{p3}}$$

G Glättungsfaktor
s Siebfaktor
U_p Brummspannung (hier: Effektivwert)
U_{p1} Gleichrichterausgangsspannung ohne Glättung und Siebung
U_{p2} Gleichrichterausgangsspannung mit Glättung
U_{p3} Gleichrichterausgangsspannung mit Glättung und Siebung

Werden große Ströme gefordert, setzt man Gleichrichterschaltungen ein, die für den Anschluss an Drehstrom geeignet sind.

Bei der **ungesteuerten Dreipuls-Mittelpunktschaltung M3U (Bild 1)** wird in jeden der drei Außenleiter L1, L2 und L3 eine Diode geschaltet, sodass eine Halbwelle gesperrt wird. Die Dioden sind jeweils mit einem Anschluss zu einem gemeinsamen Gleichrichteranschluss zusammengeschaltet. Sind die Dioden an ihren Katoden zusammengefasst, so wird die Kurzbezeichnung auf den Ausdruck M3UK ergänzt. Ist die Anode der gemeinsame Anschlusspunkt, lautet die Bezeichnung M3UA.

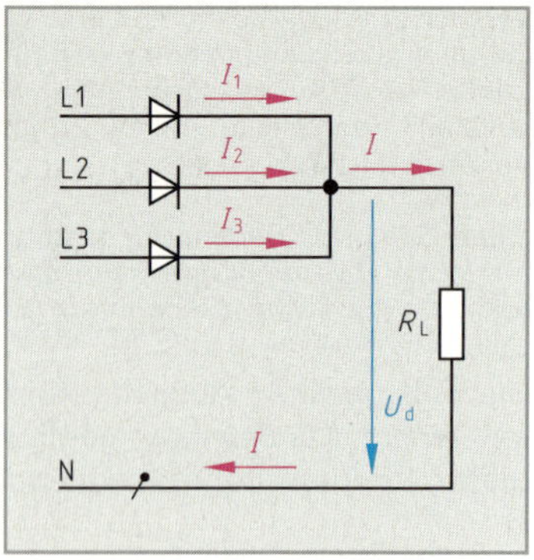

Bild 1: M3UK-Schaltung

Durch diese spezielle Schaltung wird eine Diode aber nicht in dem Zeitpunkt leitend, in dem der dazugehörige Außenleiter gegen N die Durchlassspannung von 0,7 V überschreitet. Sie geht erst in den leitenden Zustand über, wenn die Außenleiterspannung um 0,7 V höher ist als der zuvor durchgeschaltete Außenleiter. Jeweils 30° nach dem Nulldurchgang eines Außenleiters sind zwei Außenleiterspannungen gleich groß. Kurz danach wird der Potentialunterschied von 0,7 V erreicht. Da hier der frühestmögliche Zeitpunkt für eine Diode ist, um leitend zu werden, spricht man vom **natürlichen Zündzeitpunkt**. Eine Diode übernimmt den Stromfluss von einer anderen. Die Stromübernahme bezeichnet man auch als **Kommutierung**. Da die Spannungen in einem Drehstromsystem um 120° versetzt sind, erfolgt jeweils im Abstand von 120° ein Kommutierungsvorgang **(Bild 2)**. Man spricht deshalb von einem **netzgeführten Stromrichter**. Bei der M3U-Schaltung sinkt der Strom nicht mehr auf null ab.

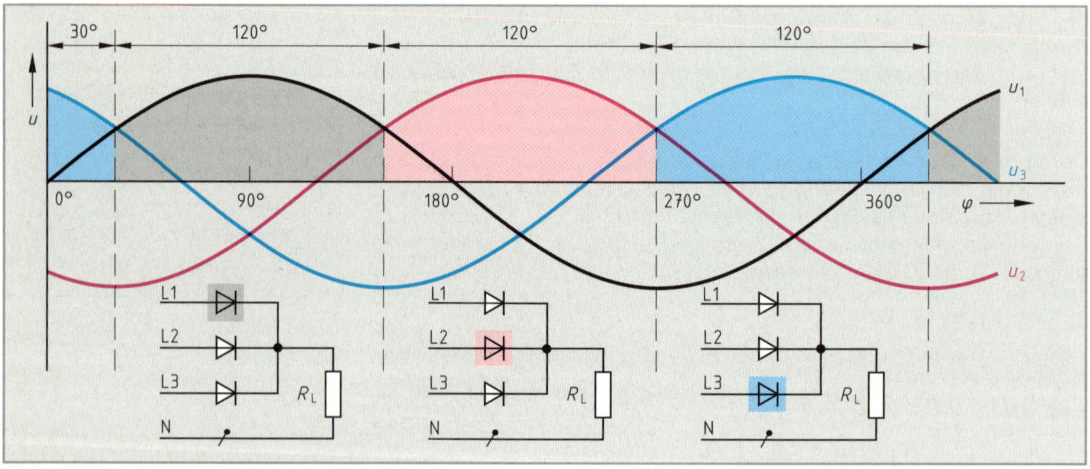

Bild 2: Stromfluss in der M3U-Schaltung

Bei der **ungesteuerten Sechspuls-Brückenschaltung B6U (Bild 3)** werden für jede Strangspannung zwei Dioden eingesetzt. Um einen Stromfluss zu erzielen, muss je eine Diode aus der oberen und eine Diode aus der unteren Brückenhälfte gleichzeitig leitend sein. Die B6U-Schaltung kann auch als Reihenschaltung einer M3UA- und einer M3UK-Schaltung betrachtet werden. Allerdings darf man wegen der Phasenverschiebung zwischen den beiden Spannungen nicht die arithmetischen Mittelwerte der beiden Spannungen addieren, sondern nur die Augenblickswerte.

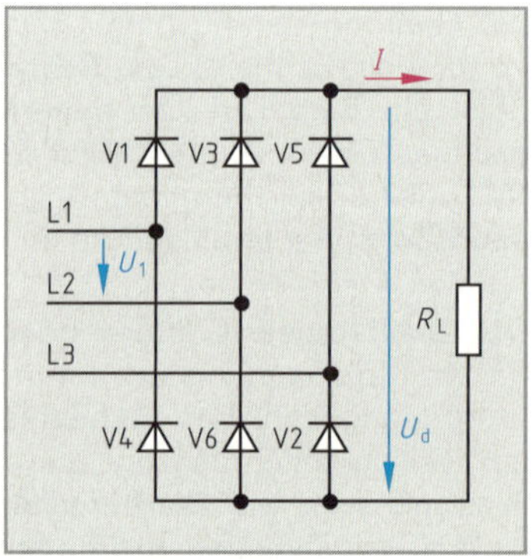

Bild 3: B6U-Schaltung

Bei Drehstrom-Gleichrichtern ist die Welligkeit geringer als bei Einphasen-Gleichrichtern.

Gleichrichtersätze

Gleichrichterschaltungen werden als fertige Module, so genannte **Gleichrichtersätze** angeboten **(Bild)**. Je nach Leistung gibt es diese Komponenten in unterschiedlichen Bauformen. Für Gleichrichtersätze gibt es ein einheitliches Bezeichnungsschema, das die für die Auswahl wichtigen Daten angibt **(Tabelle)**.

Bauformen (Auswahl)	**Bezeichnungsschema**
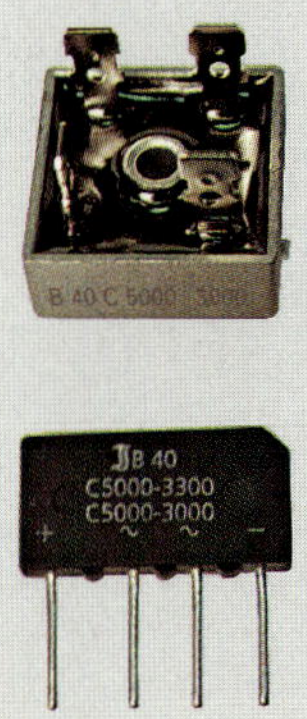	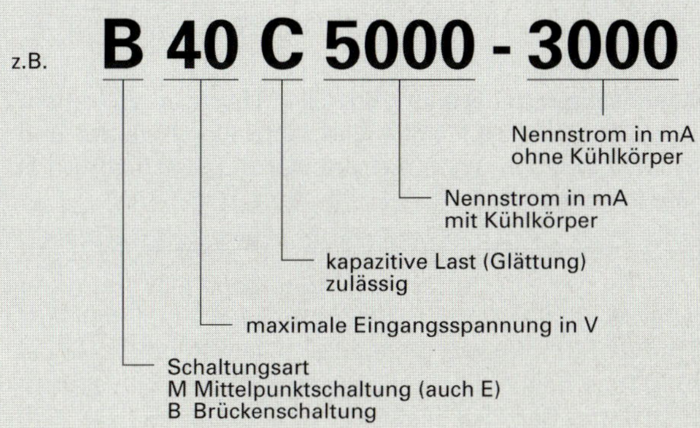

Bild: Gleichrichtersätze und Bezeichnungen

Tabelle: Kenndaten von ungesteuerten Gleichrichterschaltungen

Schaltungsart	Einpuls-Einweg-Schaltung	Zweipuls-Mittelpunkt-Schaltung	Zweipuls-Brücken-Schaltung	Dreipuls-Mittelpunkt-Schaltung	Sechspuls-Brücken-Schaltung
Kurzbezeichnung	E1U	M2U	B2U	M3U	B6U
Schaltung	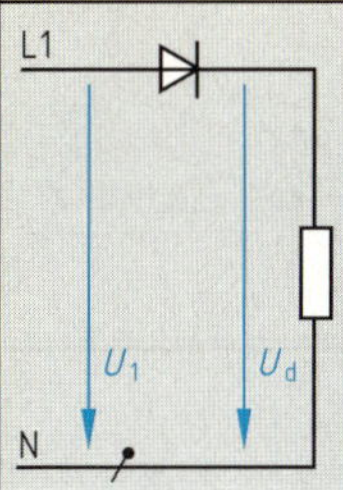	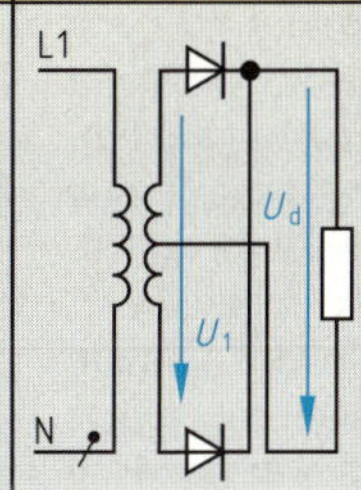	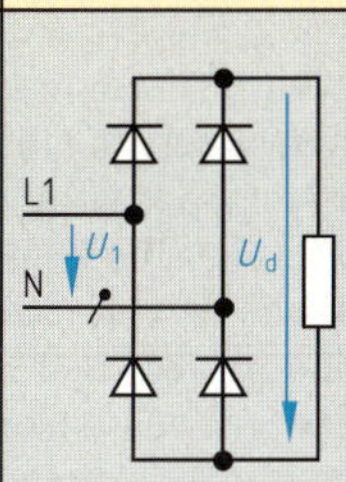	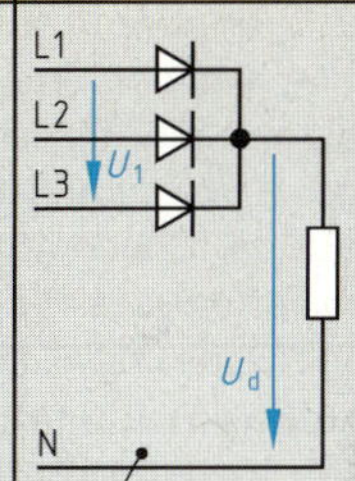	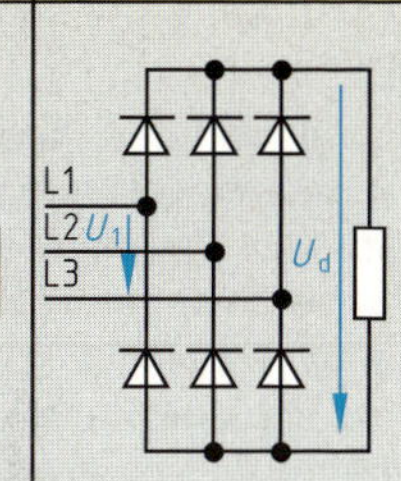
Spannungsverlauf	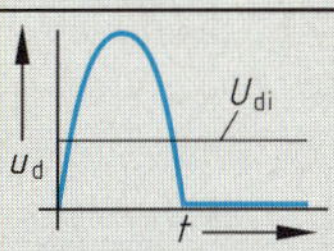	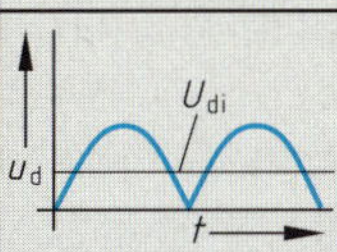	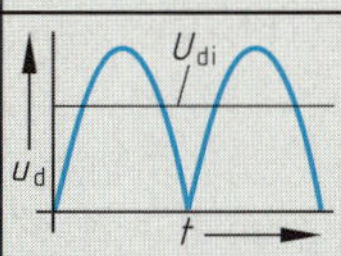	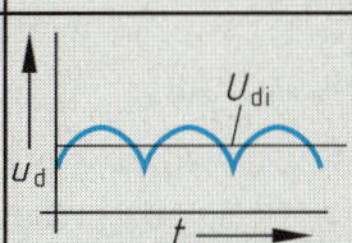	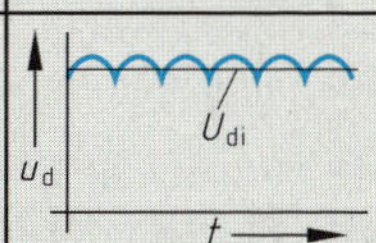
$\frac{U_{di}}{U_1}$	0,45	0,45	0,9	0,68	1,35
Welligkeit w	1,21	0,48	0,48	0,18	0,04
Bauleistungsfaktor $k = \frac{P_T}{P_d}$	3,1	1,5	1,23	1,5	1,1
Zweigstrom I_Z	I_d	$\frac{I_d}{2}$	$\frac{I_d}{2}$	$\frac{I_d}{3}$	$\frac{I_d}{3}$

U_{di} ideelle Leerlauf-Gleichspannung U_1 Anschlusswechselspannung P_T Transformatorbauleistung
P_d Gleichstromleistung U_d Gleichspannung an der Last

8.8.2.2 Gesteuerte Gleichrichter

Soll z. B. die Drehzahl eines Gleichstrommotors gesteuert werden, so muss die gleichgerichtete Spannung veränderbar sein. Die Verwendung eines Stellwiderstandes im Hauptstromkreis ist wegen der hohen Verlustleistung nicht zweckmäßig.

Durch den Einsatz von steuerbaren Ventilen, meist Thyristoren, kann die Durchlassphase jedes Stromweges zeitlich begrenzt werden. Damit ist es möglich, die Ausgangsgleichspannung verlustarm zu steuern.

Bei der **Phasenanschnittsteuerung** wird ein Thyristor zu einem bestimmten Zeitpunkt während einer Netzhalbwelle gezündet und erlischt zwangsläufig wieder, wenn der sinusförmige Laststrom den Haltestrom unterschreitet.

In der **gesteuerten Einpuls-Einwegschaltung E1C (Bild 1)** fließt nur Strom, wenn der Thyristor in Durchlassrichtung gepolt ist und wenn er einen Zündimpuls am Gate erhält. Der **Zündwinkel** α gibt dabei an, um wie viel Grad der Zündimpuls gegenüber einem Zündimpuls bei Vollaussteuerung (hier beim Nulldurchgang der Spannung) verschoben ist. Bei rein ohmscher Last fließt vom Zündzeitpunkt bis zum nächstfolgenden Nulldurchgang der Spannung ein Strom. Die Dauer des Stromflusses wird durch den **Stromflusswinkel** Θ angegeben.

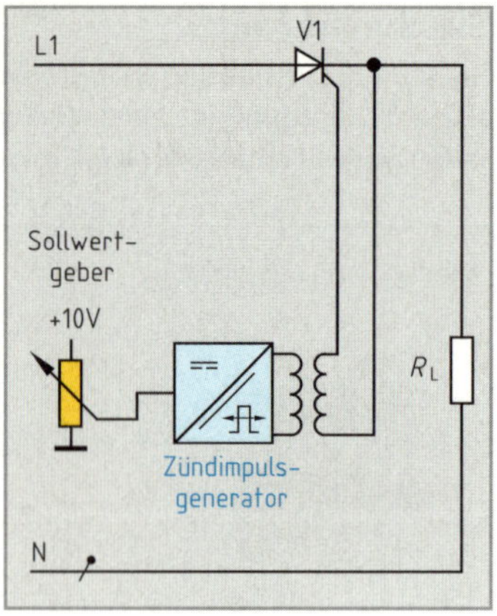

Bild 1: E1C-Schaltung

Einfluss verschiedener Lastarten

Strom und Spannung auf der Gleichrichterausgangsseite haben bei rein **ohmscher Belastung** die gleiche Form und sind phasengleich. Das bedeutet, dass der Strom kurz vor dem Nulldurchgang der Netzspannung den Haltestrom unterschreitet und der Thyristor sperrt.

Bei **induktiver Last** ergibt sich aber eine Phasenverschiebung zwischen Strom und Spannung. Der Strom eilt der Spannung nach **(Bild 2)**. Im Nulldurchgang der Spannung fließt noch ein positiver Strom, und der Thyristor bleibt bis in die negative Netzhalbwelle hinein leitend. Das negative Potential der Netzspannung wird durch den leitenden Thyristor auf die Gleichstromseite übertragen, und es entsteht eine **negative Spannungs-Zeit-Fläche** (Bild 2). Die Induktivität arbeitet kurzzeitig als Generator (Spannung und Strom haben unterschiedliche Polarität). Während die in der Induktivität induzierte Spannung sich abbaut, wird der Strom immer kleiner, bis er den Haltestrom des Thyristors unterschreitet. Der Thyristor sperrt, und die Ausgangsspannung wird null.

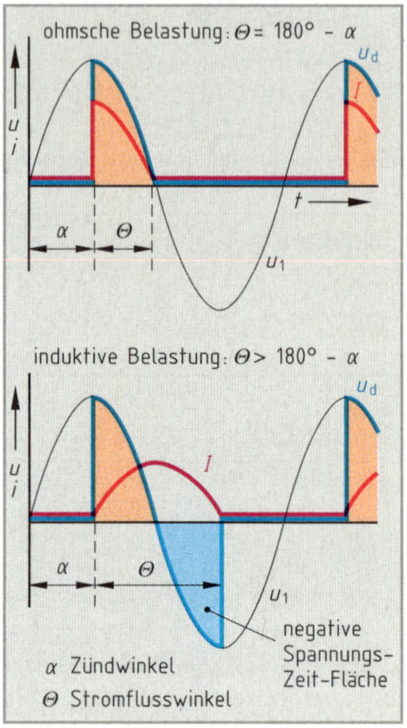

Bild 2: Einfluss verschiedener Lastarten

Die Induktivität nimmt ab dem Moment der Zündung Energie vom Netz auf. Ist die Induktivität soweit geladen, dass ihre Spannung größer ist als die angelegte Ladespannung, so entlädt sie sich wieder. Eine ideale Induktivität nimmt 90° lang Energie auf und muss, da sie als verlustlos betrachtet wird, während der nächsten 90° die gesamte Energie wieder abgeben. Damit ergibt sich ein maximaler Stromflusswinkel von 180°, verursacht durch eine Zündung bei 90°.

In der Praxis gibt es aber keine idealen Induktivitäten sondern nur verlustbehaftete Mischlasten, sodass die Energieabgabe der Spule immer kleiner ist als die Energieaufnahme. Damit ist die negative Spannungs-Zeit-Fläche immer kleiner als die positive.

Soll diese negative Spannungs-Zeit-Fläche unterdrückt werden, so schaltet man eine **Freilaufdiode** parallel zur Last **(Bild 3)**.

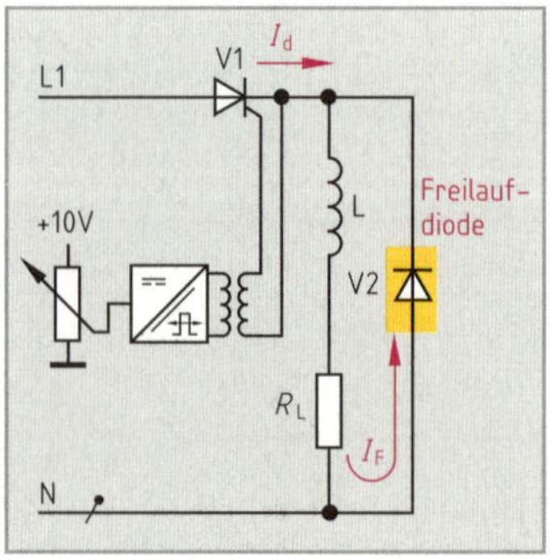

Bild 3: Schaltung E1C mit Freilaufdiode

Steuerkennlinie

Die bei einem bestimmten Zündwinkel erreichte Spannung wird mit $U_{d\alpha}$ bezeichnet. Die Steuerkennlinie **(Bild 1)** gibt an, wie sich die Ausgangsspannung in Abhängigkeit des Steuerwinkels verstellen lässt. Die maximale Ausgangsspannung U_{d0} wird beim Zündwinkel $\alpha = 0°$ erreicht und entspricht der ideellen Gleichspannung U_{di} des entsprechenden ungesteuerten Gleichrichters.

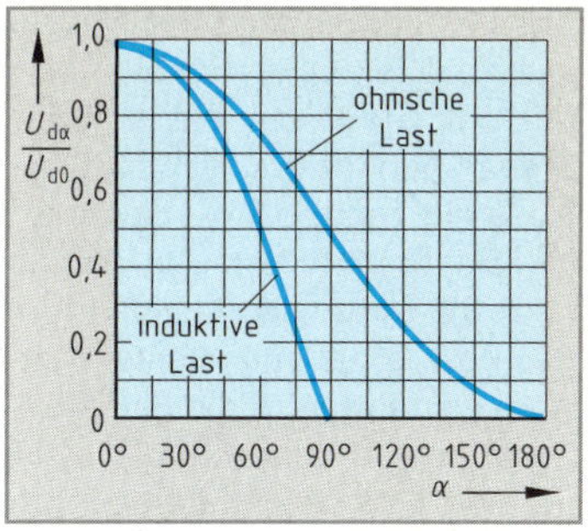

Bild 1: Steuerkennlinie E1C

Ansteuerverfahren

Eine einfache **Ansteuerschaltung** lässt sich mit Hilfe einer **Vierschichtdiode** realisieren. Über die Diode V3 wird der Kondensator C1 während jeder positiven Halbwelle geladen. Der Ladestrom und damit die Ladedauer ist über R1 einstellbar. Die Kondensatorspannung liegt über der Vierschichtdiode V1 an der Gate-Katodenstrecke von V2. Ist die Zündspannung von V1 erreicht, wird V1 leitend, und C1 entlädt sich über V1 und V2. Dadurch wird der Thyristor V2 gezündet. Es fließt ein Laststrom. Je nach Einstellung von R1 wird die zum Zünden erforderliche Spannung an C1 früher oder später erreicht. Zur Zündung des Thyristors muss die Netzspannung erst die Schaltspannung von V1 (etwa 20 V) erreichen. Dadurch ist erst bei ungefähr 18° bis 20° eine Zündung möglich. Der Zündwinkel ist damit nur zwischen etwa 20° und etwa 160° einstellbar.

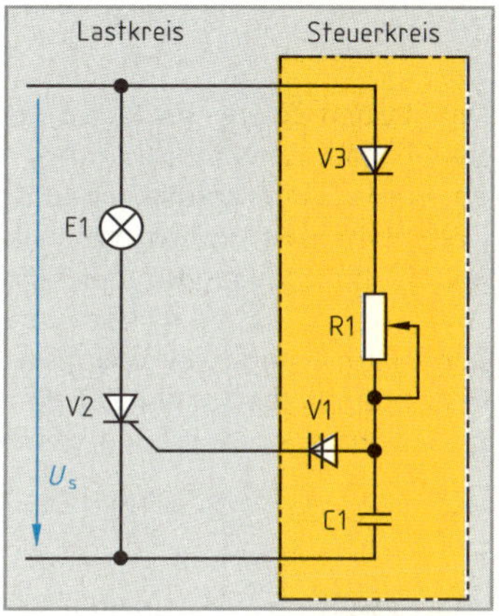

Bild 2: Impulszündung

Weitaus komfortabler, da für Zündwinkel von 0° bis 180° geeignet und linearer, ist die Zündung **mit integrierten Schaltungen.** Obwohl es viele Steuer-IC für Phasenanschnittsteuerung gibt, arbeiten doch die meisten nach einem ähnlichen Grundprinzip. Als Beispiel soll das Ansteuer-IC **UAA 145** erklärt werden **(Bild 3)**.

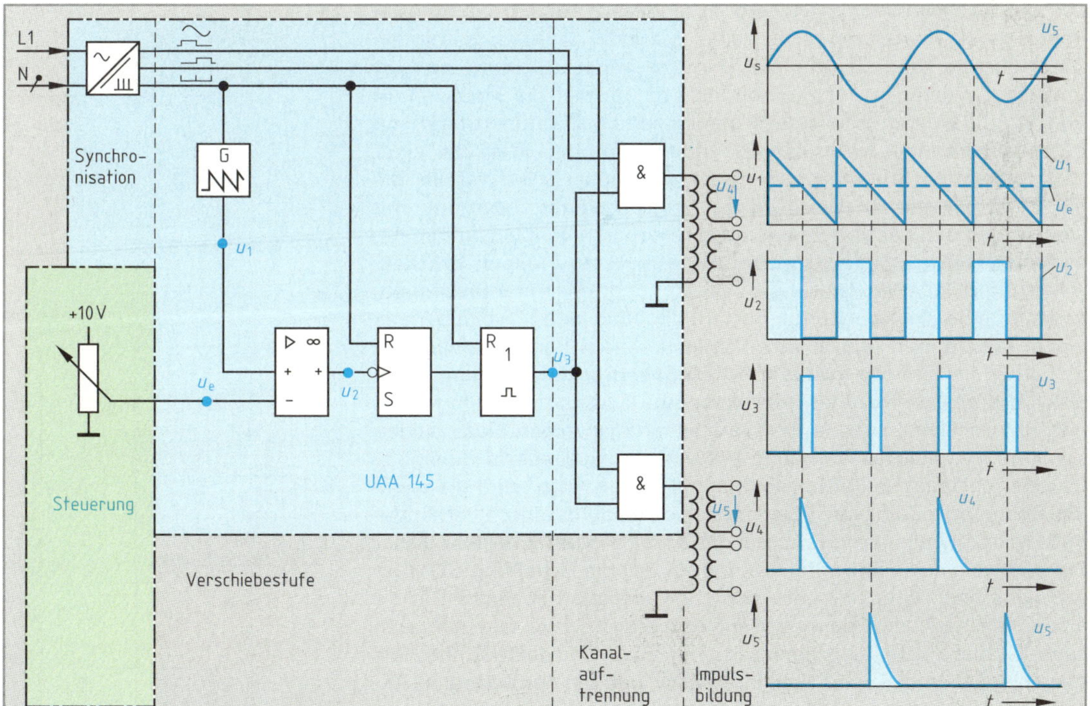

Bild 3: Prinzipschaltbild des Ansteuer-IC UAA 145

Beim Nulldurchgang der Netzspannung wird ein Sägezahngenerator gestartet. Ein Operationsverstärker vergleicht die Sägezahnspannung mit der Steuerspannung. Steigt die Sägezahnspannung über die Steuerspannung, so schaltet der Operationsverstärker, und an seinem Ausgang liegt positive Spannung. Ist die Sägezahnspannung kleiner als die Steuerspannung, schaltet der Operationsverstärker wieder nach 0 V. Die Ausgangsspannung u_2 des Operationsverstärkers ist ein Rechtecksignal mit einstellbarer Einschaltdauer. Mit der negativen Flanke von u_2 wird ein Flip-Flop gesetzt. Der am Ausgang des Mono-Flops entstandene Impuls u_3 ist in seiner Lage innerhalb der Netzperiode von der Steuerspannung abhängig und wird in der Regel über einen speziellen kleinen Transformator, den so genannten **Zündübertrager,** zu einem schmalen, aber energiereichen Zündimpuls umgeformt.

Damit auch Zweiwegschaltungen angesteuert werden können, muss zuvor eine Kanalauftrennung erfolgen. Dadurch erhält man zwei getrennte Zündimpulse, einen Zündimpuls beim Winkel α in der positiven Halbwelle und einen in der negativen Halbwelle, der ebenfalls vom Nulldurchgang um den Winkel α verschoben ist.

Zur Ansteuerung einer vollgesteuerten Brückenschaltung sind jeweils zwei potentialgetrennte Zündimpulse erforderlich. Deshalb besitzen Zündübertrager meist zwei getrennte Sekundärwicklungen.

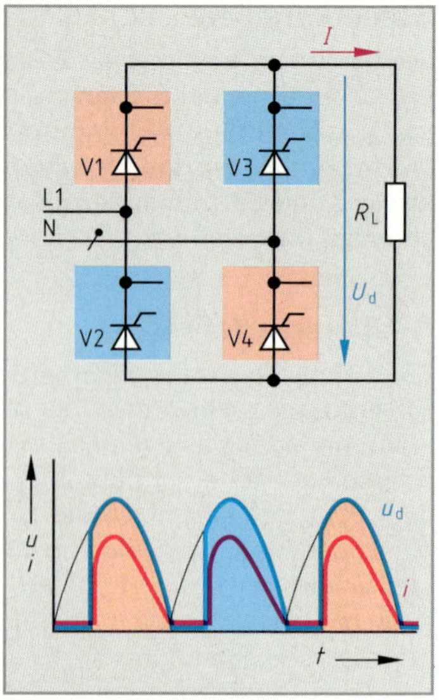

Bild 1: Schaltung B2C

Gesteuerte Zweipuls-Brückenschaltungen

Bei der **vollgesteuerten Zweipuls-Brückenschaltung B2C** werden für alle vier Halbleiterventile Thyristoren eingesetzt **(Bild 1).** Es müssen immer zwei Thyristoren gleichzeitig gezündet werden, damit ein Strom fließen kann. Jeweils ein Thyristor in der Zuleitung zur Last und ein Thyristor in der Rückleitung (im Beispiel die Paare V1/V4 und V2/V3) werden von einem gemeinsamen Zündübertrager mit potentialgetrennten Sekundärwicklungen gezündet. Wird bei einer halbgesteuerten Brückenschaltung ein **Zweigpaar** (zwei Ventile, die einen gemeinsamen Wechselspannungsanschluss besitzen) mit steuerbaren und das andere mit nichtsteuerbaren Ventilen aufgebaut, so spricht man von der **zweigpaar-halbgesteuerten Zweipuls-Brückenschaltung** B2HZ **(Bild 2)** (frühere Bezeichnung: unsymmetrisch-halbgesteuerte Brückenschaltung). Besteht dagegen jedes Zweigpaar aus einem steuerbaren und einem nichtsteuerbaren Ventil, so wird die Schaltung als **einpolig-gesteuerte Zweipuls-Brückenschaltung** B2HK **(Bild 3)** bezeichnet (frühere Bezeichnung: symmetrisch-halbgesteuerte Brückenschaltung). An rein ohmscher Last zeigen diese beiden Schaltungen gleiches Verhalten wie eine vollgesteuerte Zweipuls-Brückenschaltung. Bei Mischlast mit induktivem Anteil wird die negative Spannungs-Zeitfläche jedoch durch einen automatisch vorhandenen Freilaufzweig unterdrückt. Bei der Schaltung B2HZ besteht dieser Freilaufzweig aus den Dioden V3 und V4, bei der Schaltung B2HK jeweils aus einer Diode und einem durchgeschalteten Thyristor. Da hier also keine negative Spannung auf der Gleichrichterseite auftreten kann, ist diese Schaltung nicht für einen Rückspeisebetrieb ins Netz geeignet. Durch sinkende Halbleiterpreise und die komfortablen Ansteuermöglichkeiten moderner Ansteuer-IC haben halbgesteuerte Brückenschaltungen an Bedeutung verloren.

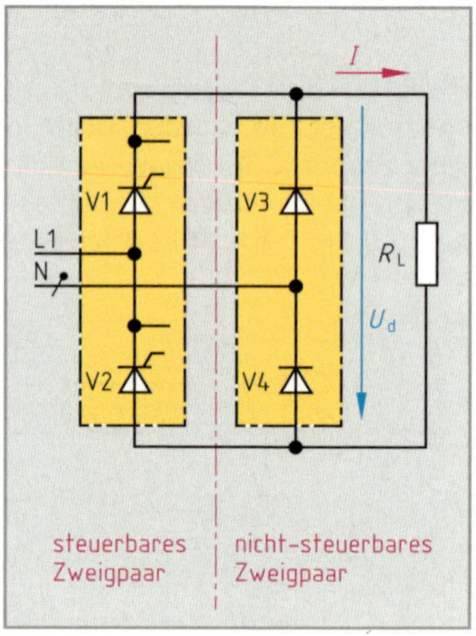

Bild 2: Schaltung B2HZ

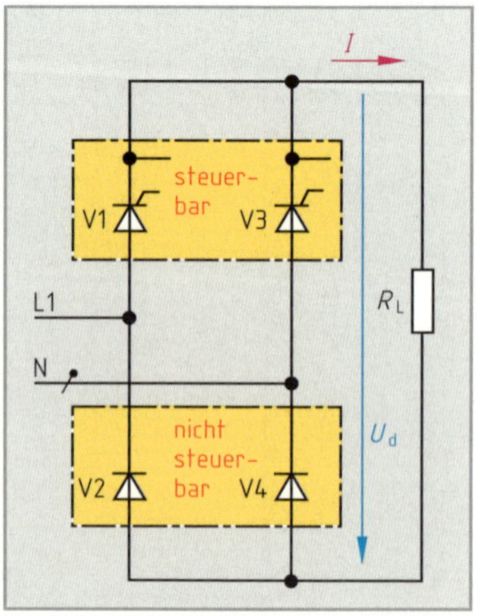

Bild 3: Schaltung B2HK

Gesteuerte Drehstromgleichrichter

Bei den gesteuerten Drehstrom-Gleichrichtern werden je nach Anforderung an Amplitude und Welligkeit des Gleichstromes sowohl die **gesteuerte Dreipuls-Mittelpunktschaltung M3C (Bild 1)** als auch die **vollgesteuerte Sechspuls-Brückenschaltung B6C (Bild 2)** eingesetzt. Für die M3C-Schaltung benötigt man zur Ansteuerung drei jeweils um 120° versetzte Zündimpulse.

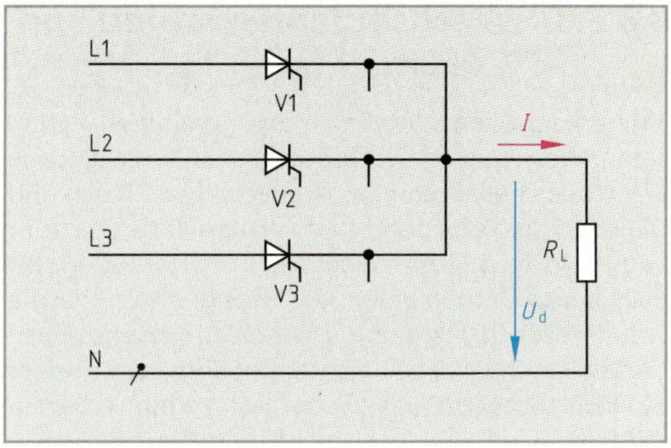

Bild 1: M3C-Schaltung

Die Ansteuerung der **B6C-Schaltung** erfordert einen höheren Aufwand. Da jeweils ein Thyristor aus der oberen Brückenhälfte und ein Thyristor aus der unteren Brückenhälfte gemeinsam leitend sein müssen, ist es bei der ersten Zündung der B6C-Schaltung nötig, zwei Thyristoren gleichzeitig mit Zündimpulsen zu versorgen. Um die Schaltung zu jedem Zeitpunkt starten zu können, muss also jeder Thyristor zusätzlich zu seinem um den Winkel α verschobenen Zündimpuls einen zweiten Zündimpuls erhalten, der zeitgleich mit dem Zündimpuls eines anderen Thyristors liegt. Bei einer Phasenverschiebung von 120° ergibt sich, dass nach 60° ein weiterer Thyristor gezündet wird. Zu diesem Zeitpunkt muss der zweite Zündimpuls auf den Thyristor gegeben werden. Dieser zweite Impuls wird **60°-Folgepuls** genannt **(Bild 3)**.

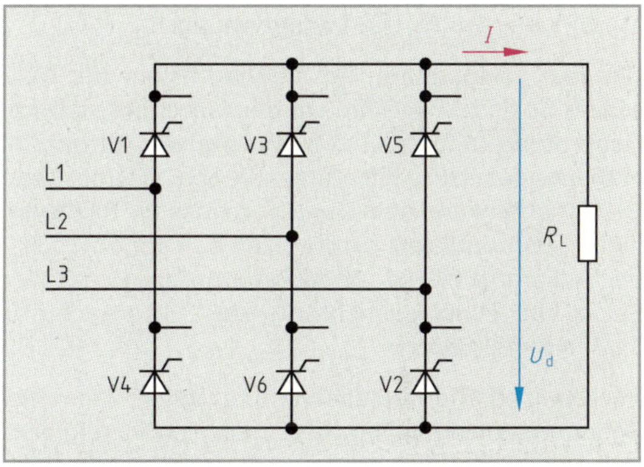

Bild 2: B6C-Schaltung

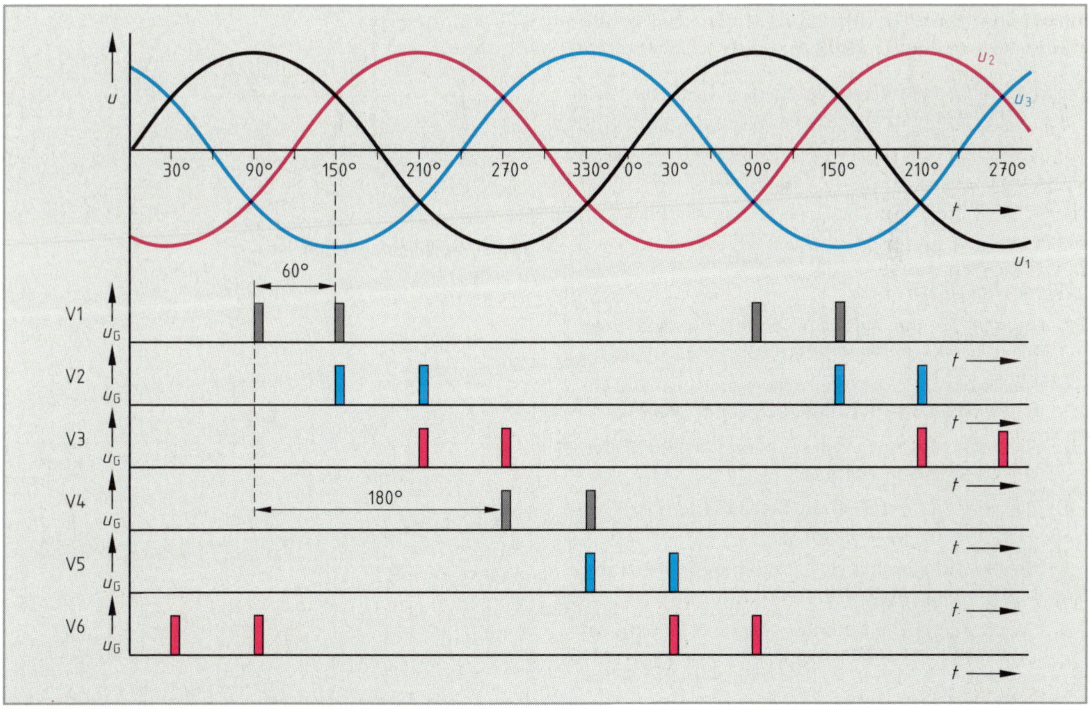

Bild 3: Zündimpulsdiagramm der B6C-Schaltung

8.8.2.3 Wechselrichterbetrieb von Gleichrichtern

Ein herkömmlicher Wechselrichter hat die Aufgabe, einen Wechselstromverbraucher mit Energie aus einer Gleichstromquelle zu versorgen. Auch ein Gleichrichter kann unter bestimmten Voraussetzungen aus Gleichstrom Wechselstrom erzeugen. Im Rückspeise-Betrieb liefert der Gleichrichter Energie von der Gleichstrom- zur Wechselstromseite. Dazu muss z. B. ein an den Gleichrichter angeschlossener Gleichstrommotor im Generatorbetrieb arbeiten **(Bild 1)**. Diese Betriebsart tritt z. B. auf, wenn der Motor abgebremst wird. Dabei liegt an den Ausgangsklemmen des Gleichrichters die von der Maschine erzeugte Leerlaufspannung U_0.

Die Leerlaufspannung hat bei Rechtslauf der Maschine positive Polarität. Da die Maschine sich im Generatorbetrieb befindet, müsste der Strom in entgegengesetzter Richtung fließen. Durch den Gleichrichter kann aber nur Strom in einer Richtung fließen. Um ins Netz rückspeisen zu können, muss der Ankerstromkreis umgepolt werden, damit ein Strom in Durchlassrichtung des Stromrichters fließen kann **(Bild 2)**.

Rückspeisebetrieb ist jedoch nur möglich, wenn die Spannung, die vom Netz her am Gleichrichter liegt, kleiner ist als die von der Maschine erzeugte Leerlaufspannung. Da bei geringer werdender Maschinendrehzahl diese Klemmenspannung immer kleiner wird, ist Rückspeisen nur bei großen Zündwinkeln möglich **(Bild 3)**.

Wechselrichterbetrieb ist auch denkbar ohne Umpolung des Ankerstromkreises, wenn die Maschine ihre Drehrichtung umkehrt und damit bei gleich bleibender Stromrichtung die Klemmenspannung umpolt (siehe Seite 208).

Wiederholungsfragen

1. **Nennen Sie die Kurzbezeichnung für eine Dreipuls-Mittelpunkt-Schaltung.**
2. **Welchen Ausgangs-Nennstrom hat ein Gleichrichtersatz mit dem Aufdruck B 250 C 1000?**
3. **Wie kann die Ausgangsspannung eines Gleichrichters geglättet werden?**
4. **Wie wird bei gesteuerten Gleichrichtern der zur Last fließende Strom verstellt?**
5. **Welche Aufgabe hat der Zündübertrager bei der Ansteuerung eines Thyristors?**
6. **Warum kann beim Betrieb an Last mit induktivem Anteil auf der Ausgangsseite eines Gleichrichters sowohl eine positive als auch eine negative Spannung auftreten?**

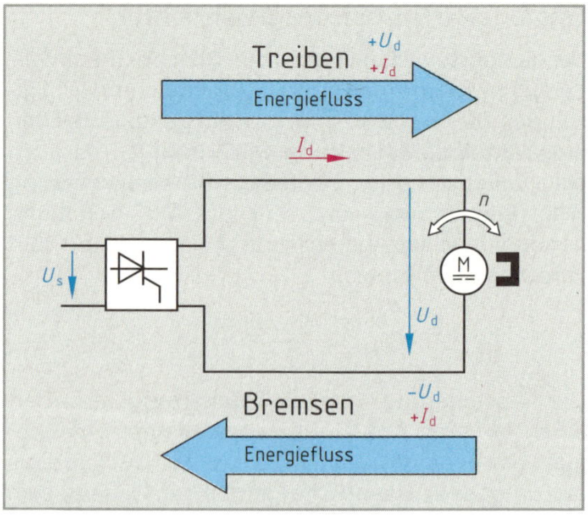

Bild 1: Energiefluß bei einer Gleichstrommaschine

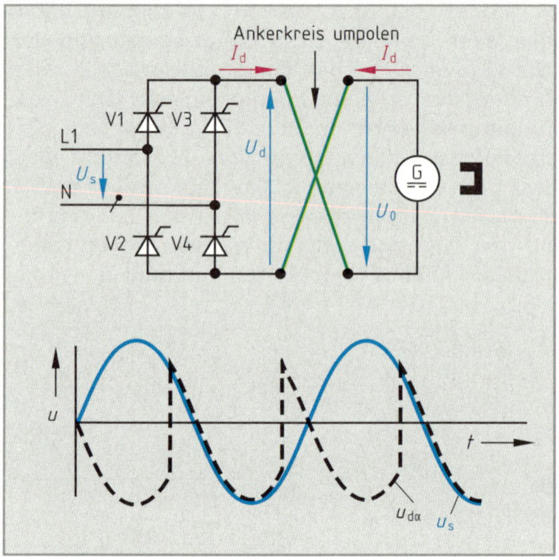

Bild 2: Wechselrichterbetrieb

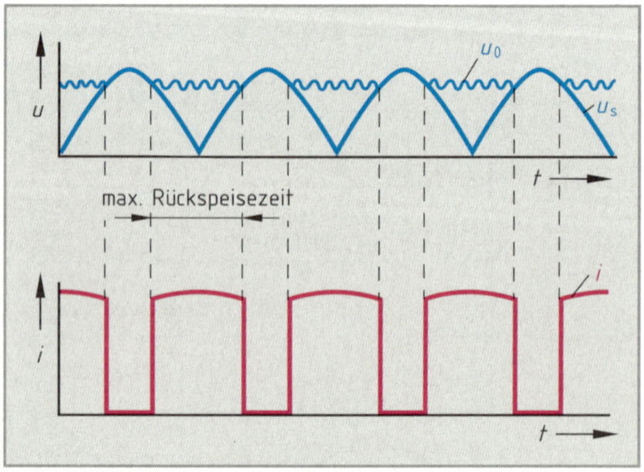

Bild 3: Rückspeisebetrieb beim Bremsen

8.8.3 Wechselstromumrichter

Wechselstromumrichter unterteilt man in **Wechselstromumrichter** mit **Gleichstromzwischenkreis** (Seite 211) und in **Direktumrichter**. Umrichter mit Zwischenkreis sind eine Zusammenschaltung von Gleichrichter und Wechselrichter.

Wird bei einem Wechselstromumrichter Wechselstrom ohne Umweg über ein Gleichstromsystem in einen anderen Wechselstrom gleicher Frequenz gewandelt, so spricht man von einem Wechselstromsteller.

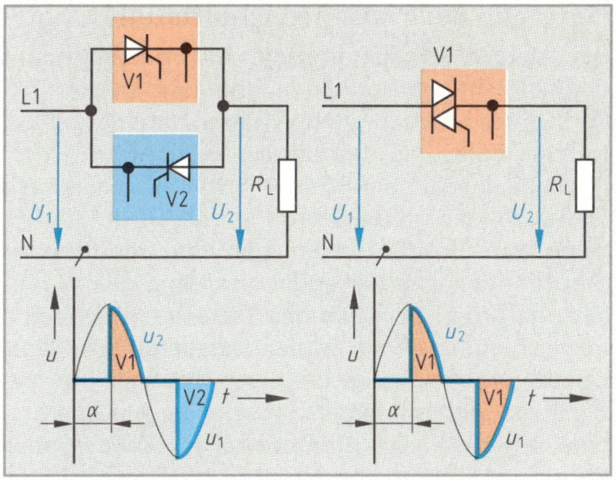

Bild 1: W1C-Schaltung

Die **gesteuerte Wechselwegschaltung W1C** mit Phasenanschnittsteuerung ist ein solcher Wechselstromsteller. Sie lässt sich entweder mit zwei antiparallelen Thyristoren oder mit einem Triac aufbauen **(Bild 1)**.

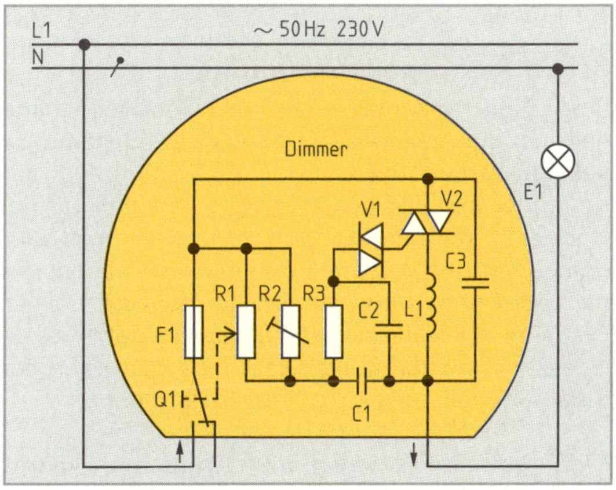

Bild 2: Dimmerschaltung

Die Ansteuerung des Triacs kann dabei z. B. mit einem Diac oder mit einem Ansteuer-IC erfolgen. Bei der Ansteuerung mit einem Diac, z. B. in **Dimmern**[1] **(Bild 2)**, wird der Kondensator C1 von der Netzspannung geladen. Wird die Schaltspannung des Diac V1 überschritten, zündet der Triac V2. Der Stromfluss durch die Glühlampe bleibt bis zum Nulldurchgang der Spannung erhalten. Dann löscht der Triac und bleibt gesperrt, bis der Kondensator sich über die Netzspannung erneut auf die negative Schaltspannung aufgeladen hat. Der Triac zündet wieder, und der Vorgang wiederholt sich. Mit dem Trimmer R2 wird die Grundhelligkeit eingestellt. Mit dem Stellwiderstand R1 kann die Ladezeit des Kondensators C1 und damit der Zündwinkel α verändert werden.

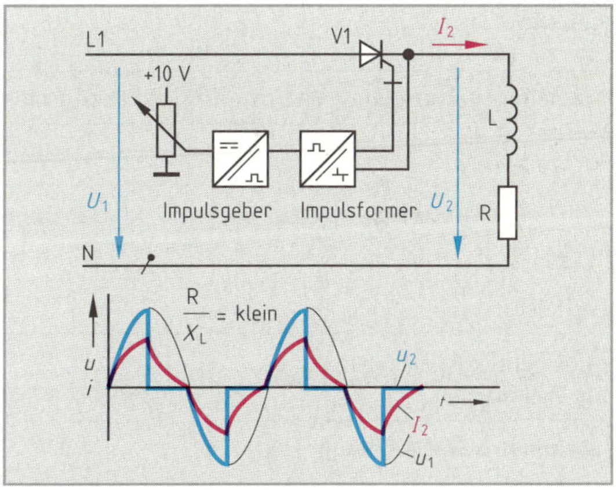

Bild 3: Phasenabschnittsteuerung

Im Dimmer bildet der Entstörkondensator C2 zusammen mit der Schutzdrossel L1 bei durchgeschaltetem Triac einen Parallelschwingkreis. Die Schutzdrossel verhindert einen zu steilen Stromanstieg, der den Triac zerstören könnte. Die Resonanzfrequenz ist viel höher als 50 Hz. Bei einer zu geringen Bedämpfung könnte der Schwingkreisstrom kurzzeitig so stark gegen den Laststrom gerichtet sein, dass der Haltestrom unterschritten wird und der Triac löscht. Leuchtstofflampen verändern mit der Induktivität ihrer Drossel diesen Schwingkreis und der Triac kann dadurch nicht sicher zünden. Daher muss eine ohmsche Grundlast vorhanden sein. Für den Betrieb von geringen induktiven Lasten oder die Steuerung von elektronischen Vorschaltgeräten für Leuchtstofflampen oder elektronischen Transformatoren für Niedervolt-Halogenleuchten wird meist die **Phasenabschnittsteuerung (Bild 3)** eingesetzt. Bei dieser Art der Steuerung wird das Halbleiterventil im Nulldurchgang gezündet und der Stromfluss zu einem einstellbaren Zeitpunkt unterbrochen. Dazu ist allerdings ein Ventil erforderlich, bei dem der Abschaltzeitpunkt steuerbar ist, wie z. B. ein GTO[2]-Thyristor.

[1] to dim (engl.) = verdunkeln
[2] **GTO** = **G**ate **T**urn **O**ff **T**hyristor (über das Gate löschbarer Thyristor)

Nachteile der Phasenanschnittsteuerung

Bei einem Wechselstromsteller mit Phasenanschnittsteuerung ist auf der Netzseite die Spannung sinusförmig, der Strom besitzt aber die Form eines angeschnittenen Sinus. Daher ergibt sich eine nicht-sinusförmige Belastung des Netzes. Dies ruft im Netz Störungen hervor. Je mehr die Kurvenform des Stromes von der Sinusform abweicht, desto größer sind die Störungen. Da Strom und Spannung nicht dieselbe Form besitzen, ergibt sich eine Blindleistung, die so genannte Steuer- oder Oberwellenblindleistung. Der Name Oberwellenblindleistung ergibt sich aus der Tatsache, dass ein von der Sinusform abweichendes Signal in der Darstellung als Spektrum Oberwellen besitzt. Die Amplitude der Oberwellen ist ein Maß für die erzeugte Blindleistung. Mit einem speziellen Messgerät, einem Spektrumanalyser, lassen sich die Oberwellen sichtbar machen. Ein Spektrumanalyser stellt eine Spannung in Abhängigkeit von der Frequenz dar **(Bild 1)**.

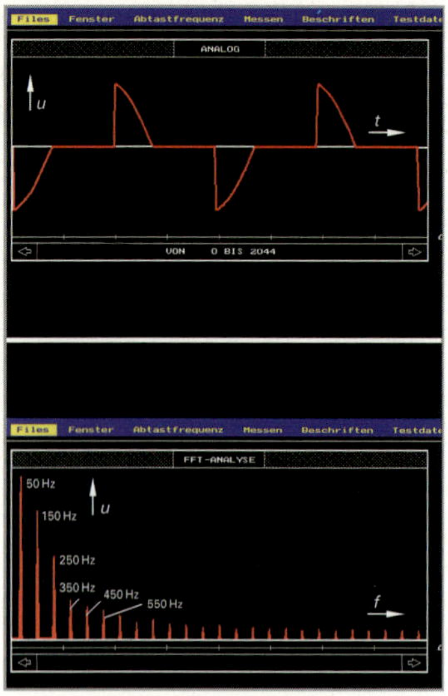

Bild 1: Spannungsverlauf (oben) und Spektrum der Phasenanschnittsteuerung (unten)

Schwingungspaketsteuerung

Eine Möglichkeit, die Steuer- oder Oberwellenblindleistung zu verringern, ist die Ansteuerung einer W-1-C-Schaltung mit **Schwingungspaketsteuerung (Bild 2)**. Andere Bezeichnungen sind Vollwellensteuerung oder Impulsgruppensteuerung. Dabei wird ein Verbraucher abwechselnd für eine bestimmte Anzahl von Perioden immer im Nulldurchgang der Netzspannung ein- und ausgeschaltet. Man erreicht, dass der Strom entweder sinusförmig oder null ist. Da der Strom zur Last aber ebenfalls ein- und ausgeschaltet wird, ergibt sich auch hier eine Steuerblindleistung. Diese ist aber wegen der niederfrequenten Steuerung der Leistung erheblich geringer.

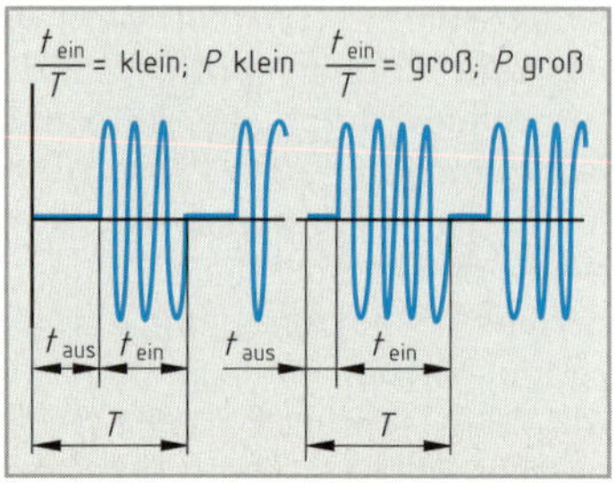

Bild 2: Schwingungspaketsteuerung

Die Anschlussleistungen für Geräte mit elektronischer Steuerung sind wegen der Belastung des Netzes mit Oberwellenblindleistung durch Energieversorgungsunternehmen in der **TAB**[1] begrenzt **(Tabelle)**.

Tabelle: Leistungsbegrenzung für Geräte mit elektronischer Steuerung (Beispiel aus einer TAB)

Art und Anschluss	Höchstzulässige Anschlusswerte am Netz 400 V/230 V			
	Phasenanschnittsteuerung		Schwingungspaketsteuerung bei reiner Wirklast und Schalthäufigkeit[3]	
	Glühlampen	Wirklast + induktive Last	1000/min	10/min
Beleuchtungsanlagen in Wohnungen	Bis 1 000 W je Kundenanlage			
Symmetrische Steuerung				
Außenleiter-Neutralleiter	700 W	1 400 W	400 W	1 700 W
3 Außenleiter-Neutralleiter[2]	1 200 W	2 500 W	1 800 W	8 300 W
3 Außenleiter[2]	3 600 W	10 000 W	1 800 W	8 300 W
2 Außenleiter	2 000 W	4 500 W	900 W	4 100 W
Unsymmetrische Steuerung	400 W	400 W	400 W	

[1] **TAB** **T**echnische **A**nschluss-**B**edingungen der Energieversorgungsunternehmen
[2] Die Last soll symmetrisch, also auf die drei Außenleiter gleichmäßig verteilt sein.
[3] Bei der Schwingungspaketsteuerung ist die zulässige Höchstleistung in verschiedenen Stufen von der Schalthäufigkeit (Ein/Aus je min.) abhängig. Es sind die Werte für zwei Schalthäufigkeiten angegeben.

8.8.4 Gleichstromumrichter

Gleichstromumrichter teilt man wie Wechselstromumrichter in Umrichter mit und ohne Zwischenkreis ein.

Beim **Zwischenkreis-Gleichstromumrichter (Bild 1)** wird eine Gleichspannung U_1 mit einem Wechselrichter in die Zwischenkreisspannung U_{ZK} umgewandelt. Ein Gleichrichter wandelt diese Wechselspannung in die Ausgangsgleichspannung U_2 um. Um diese Ausgangsspannung einstellen zu können, verwendet man einen gesteuerten Gleichrichter. Ist eine galvanische Trennung erforderlich, so kann in den Zwischenkreis ein Trenntransformator eingefügt werden.

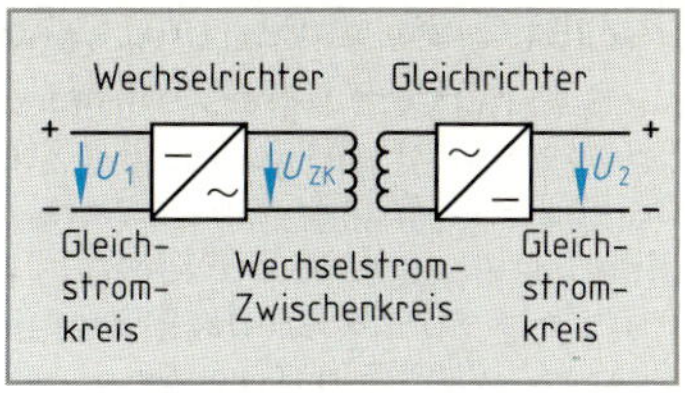

Bild 1: Prinzip eines Gleichstromumrichters mit Zwischenkreis

Gleichstromsteller

Weitaus verbreiterter und kostengünstiger sind **Gleichstromumrichter ohne Zwischenkreis**. Sie werden auch als **Gleichstromsteller** bezeichnet. Alle Gleichstromsteller arbeiten mit schaltenden Ventilen, z.B. bipolaren Transistoren, MOS-FETs, Thyristoren oder IGBTs[1] und sind somit besonders verlustarm.

Die Prinzipschaltung **(Bild 2)** zeigt einen Transistorschalter mit Mischlast. Wird der Transistor V1 leitend, so fließt ein Laststrom durch den Verbraucher. Wird der Transistor V1 gesperrt, so wird der Stromfluss unterbrochen. Die Freilaufdiode V2 verhindert Induktionsspannungsspitzen, die beim Schalten entstehen, und sorgt gleichzeitig für einen gleichförmigen Stromfluss. Je höher die Frequenz der Stromimpulse ist, desto gleichförmiger ist der Stromfluss. In der Praxis werden aufgrund der geforderten hohen Schaltfrequenzen meist MOS-FETs verwendet.

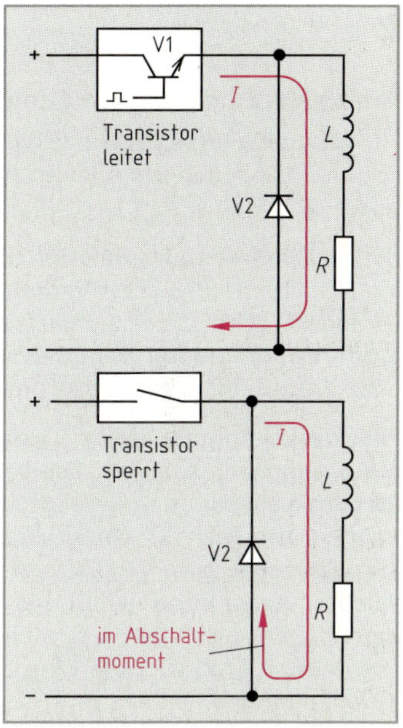

Bild 2: Transistor-Gleichstromsteller

> Gleichstromsteller verändern durch gesteuertes Ein- und Ausschalten den arithmetischen Mittelwert der Ausgangsspannung.

Werden hohe Schaltspannungen oder hohe Ströme verlangt, so werden als Ventile meist Thyristoren eingesetzt **(Bild 3)**. Im Gegensatz zum Einsatz im Wechselstromkreis löscht der Thyristor hier nicht selbsttätig, da der Strom nicht automatisch unter den Haltestrom absinkt. Es muss ein zusätzlicher Lösch- bzw. Kommutierungskreis eingebaut werden. Wird der Thyristor V1 durch einen Zündimpuls an seinem Gate leitend, fließt ein Laststrom. Gleichzeitig lädt sich der Kondensator C1 auf. Wird der Lösch-Thyristor V2 gezündet, entlädt sich der Kondensator über die zwei leitenden Thyristoren V1 und V2. Dabei wirkt der Entladestrom dem Laststrom entgegen; der Haltestrom wird unterschritten und der Haupt-Thyristor V1 löscht. Dabei wird der Stromkreis unterbrochen und Thyristor V2 löscht ebenfalls. Der nächste Löschvorgang kann allerdings erst nach erneuter Aufladung des Kondensators erfolgen. Deshalb sind Gleichstromsteller mit Thyristoren nur für relativ geringe Schaltfrequenzen geeignet. Gleichstromsteller mit GTOs erreichen etwas höhere Frequenzen.

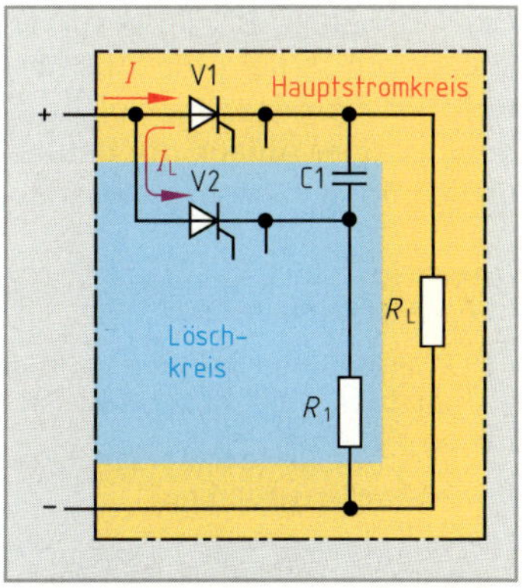

Bild 3: Thyristor-Gleichstromsteller

[1] **IGBT** (engl.: **I**nsulated **G**ate **B**ipolar **T**ransistor) Bipolarer Transistor, der intern nach dem Feldeffekt-Prinzip arbeitet und daher sehr verlustarm ist.

Durchflusswandler und Sperrwandler

Fließt bei einem Gleichstromsteller Strom durch die Last, wenn das Schaltelement leitend ist (Bild 2, Seite 203), so spricht man von einem **Durchflusswandler.** Eine zweite Möglichkeit bietet der **Sperrwandler (Bild 1),** bei dem die Spule einen Strom durch die Last treibt, wenn der Transistor sperrt. An der Spule entstehen beim Ein- und Ausschalten wechselweise positive und negative Induktionsspannungen, die größer sind als die angelegte Versorgungsspannung. Damit ist ein Sperrwandler nicht nur in der Lage, die Ausgangsspannung nach unten zu wandeln (Abwärtswandler), sondern auch Ausgangsspannungen zu erreichen, die oberhalb der Versorgungsspannung liegen (Aufwärtswandler). Wird die Diode V2 umgepolt, so überträgt der Gleichstromsteller die negativen Induktionsspannungen auf die Ausgangsseite und wandelt eine positive Spannung in eine negative um (Umkehrwandler).

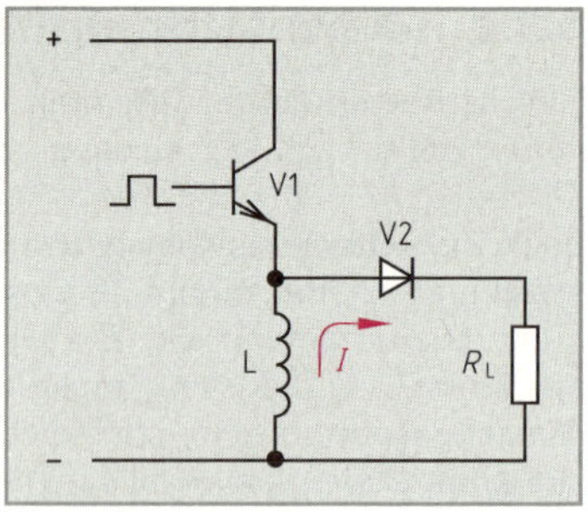

Bild 1: Sperrwandler

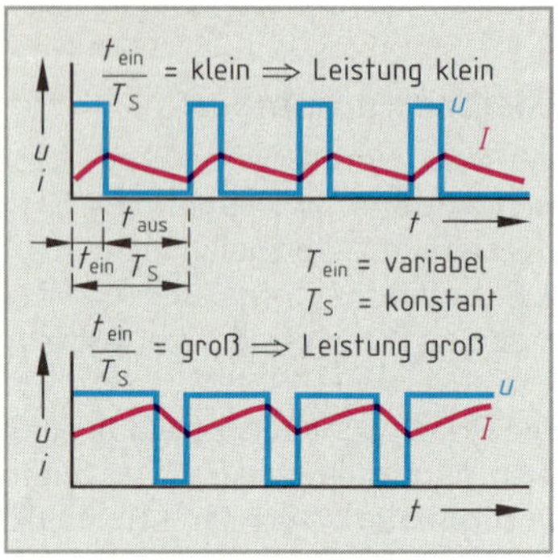

Bild 2: Pulsweiten-Modulation

Ansteuerungsarten für Gleichstromsteller

Für die Ansteuerungen von Gleichstromstellern setzt man hauptsächlich die Pulsweiten-Modulation (PWM) und die Pulsfolge-Modulation (PFM) ein.

Bei der **Pulsweiten-Modulation (Bild 2)** wird innerhalb einer bestimmten Schaltperiode T_S das Verhältnis zwischen Ein- und Ausschaltzeit verändert. Wird die Einschaltzeit t_{ein} vergrößert, so ergibt sich ein größerer arithmetischer Mittelwert der Ausgangsspannung und damit ein größerer Ausgangsstrom.

Ein pulsweitenmoduliertes Signal kann durch den Vergleich einer in der Frequenz konstanten Dreieckspannung und einer einstellbaren Steuergleichspannung erzeugt werden **(Bild 3)**. Ist die Steuerspannung größer als die Dreieckspannung, so liegt am Ausgang des Komparators High-Signal. Steigt die Dreieckspannung über den Wert der Steuerspannung, liefert der Komparator am Ausgang das Low-Signal. Damit ist innerhalb einer festen, von der Dreieckspannung bestimmten Frequenz die Einschaltdauer abhängig von der Steuergleichspannung.

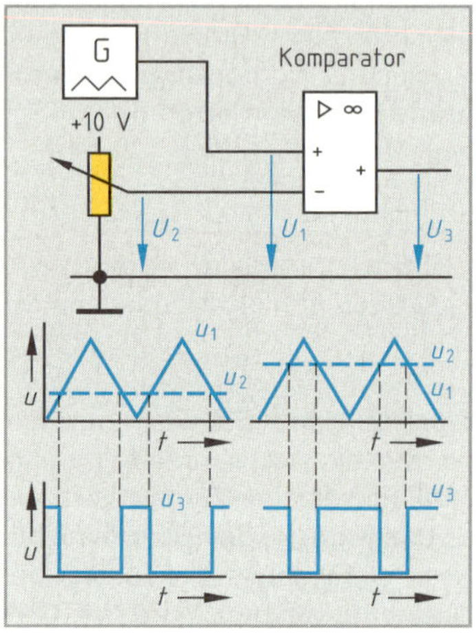

Bild 3: PWM-Ansteuerung

Bei der **Pulsfolge-Modulation (Bild 4)** wird bei konstanter Einschaltzeit des Ventils die Periodendauer und damit die Pulsfrequenz verändert. Dadurch lässt sich ebenfalls das Verhältnis von Ein- und Ausschaltdauer verändern.

Nach dem gleichen Prinzip arbeiten auch **Gleichspannungswandler-ICs,** sogenannte **DC-DC-Wandler**. Bei ihnen ist im Gegensatz zu den Gleichstromstellern die Ausgangsspannung nicht veränderbar sondern fest vorgegeben. Solche Schaltungen werden z.B. eingesetzt, wenn in einer Anlage mit Betriebsspannung ±15 V einige TTL-Schaltkreise mit +5 V Versorgungsspannung betrieben werden sollen.

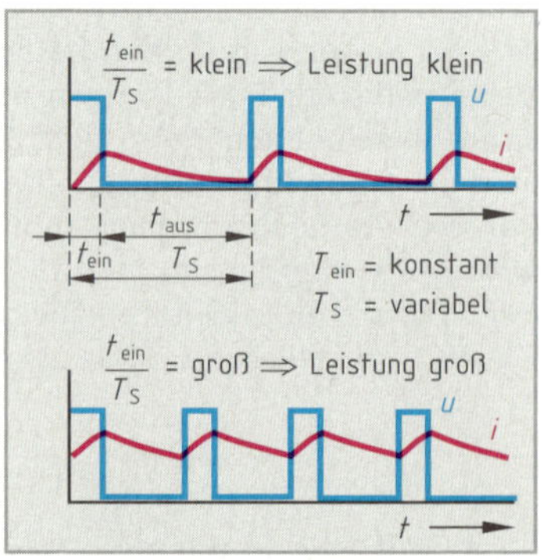

Bild 4: Pulsfolge-Modulation

Wiederholungsfragen

1. **Was bedeutet bei Wechsel- oder Gleichstromumrichtern die Angabe mit bzw. ohne Zwischenkreis?**
2. **Welchen Nachteil hat die Phasenanschnittsteuerung gegenüber einer Vollwellensteuerung?**
3. **Nennen Sie zwei gebräuchliche Verfahren zur Ansteuerung von Gleichstromstellern.**

8.8.5 Wechselrichter

Wechselrichter formen Gleichstrom in Wechselstrom um. Man teilt sie in **statische Wechselrichter** und **rotierende Wechselrichter** ein. Ein rotierender Wechselrichter kann zum Beispiel aus einer Gleichstrommaschine und einem Synchrongenerator bestehen. Eine Gleichstromquelle speist dabei eine Gleichstrommaschine, die den Synchrongenerator antreibt. Der Generator liefert Wechselstrom an einen angeschlossenen Verbraucher. Wegen des schlechteren Wirkungsgrades und der heute preisgünstigen statischen Wechselrichter findet man diese Art nur noch selten vor.

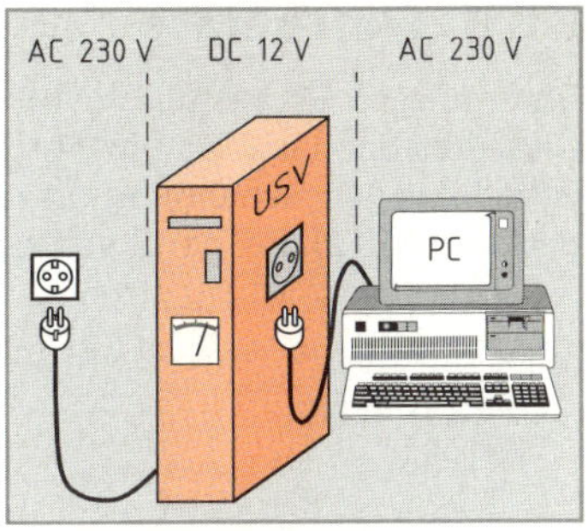

Bild 1: Unterbrechungsfreie Stromversorgung

Ein typisches Beispiel für die Anwendung statischer Wechselrichter sind **USV-Geräte**[1] **(Bild 1)** oder Wechselrichter in Photovoltaik-Anlagen[2]. Ein Anwendungsgebiet der USV ist der ungestörte Betrieb von Computeranlagen, die beim Ausfall der Netzspannung weiterbetrieben oder wenigstens ohne Risiko erst nach einer Datensicherung abgeschaltet werden sollen. Auch in Operationssälen wird die USV eingesetzt. Beim Ausfall der Netzspannung muss die im Akkumulator gespeicherte Energie für den sicheren Betrieb der medizinischen Geräte sorgen.

In einer USV wird ein Akkumulator-Satz ständig vom Netz geladen. Ein Wechselrichter wandelt die Spannung der Akkumulatoren in Wechselspannung mit Netzspannung und Netzfrequenz um. Bei einem Wechselrichter, der Energie von einer Photovoltaikanlage ins Netz zurückspeist, muss die Ausgangsspannung zusätzlich in Frequenz und Phasenlage auf die Netzspannung synchronisiert werden.

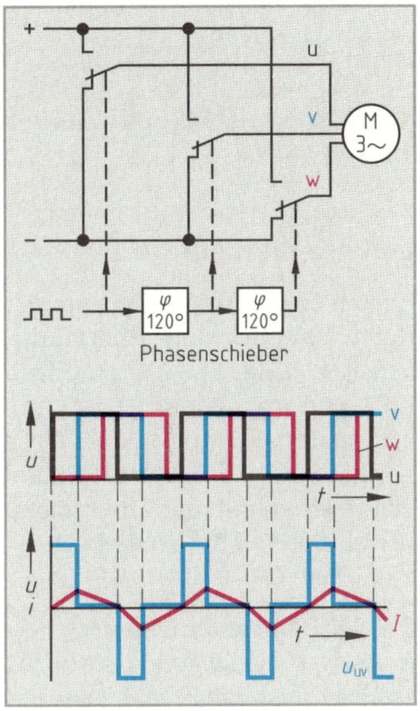

Bild 2: Drehstrom-Wechselrichter-Prinzip

Alle Wechselrichter arbeiten nach ähnlichem Prinzip. Schaltende Ventile stellen mit wechselnder Polarität eine Verbindung von der Gleichstromseite zur Wechselstromseite her. **Bild 2** zeigt das Prinzipschaltbild eines Drehstrom-Wechselrichters. Die Schalter legen die Wechselstromleiter abwechselnd an Plus oder Minus der Gleichstromversorgung. Damit entsteht an den Klemmen U, V und W eine Rechteck-Wechselspannung. Die Ansteuersignale für die Schalterpaare müssen um 120° phasenverschoben zueinander liegen. Nachgeschaltete Induktivitäten glätten den Stromverlauf.

Wechselrichter mit sinusbewerteter Pulsweiten-Modulation

Moderne Wechselrichter erzeugen eine Sinus-Wechselspannung mit einer Pulsweiten-Modulation, die eine Sinusform nachbildet. Das pulsweiten-modulierte Signal wird hierbei nicht durch den Vergleich von Dreieck- und Gleichspannung, sondern durch den Vergleich von Dreieck- und Sinusspannung erzeugt. Dabei ändert sich das Verhältnis zwischen Einschaltzeit und Ausschaltzeit sinusförmig **(Bild 3)**. Je höher die Frequenz der Pulsweiten-Modulation ist, desto geringer ist die Welligkeit des Stromes. Bei modernen Wechselrichtern liegt die Schaltfrequenz der Ventile bei einigen 10 kHz. Dadurch liegt sie oberhalb des hörbaren Bereiches, und die Welligkeit des Stromes ist gering. Die sinusbewertete Pulsweiten-Modulation wird vor allem in modernen Frequenzumrichterantrieben eingesetzt.

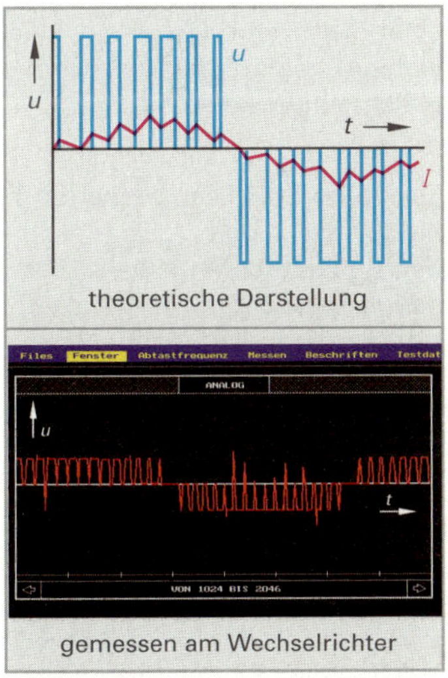

Bild 3: Nachbildung der Sinusform

1 **USV, U**nterbrechungsfreie **S**trom-**V**ersorgung

2 **Photovoltaik,** Erzeugung von elektrischer Spannung durch Licht

8.8.6 Netzgeräte

Elektronische Geräte müssen oft extern durch Netzteile oder Netzgeräte mit Gleichstrom versorgt werden. Diese bestehen aus einem Transformator und einem Gleichrichter mit Glättungsschaltung **(Bild 1).** Meist ist die Ausgangsspannung dieser Netzgeräte stabilisiert. Man spricht dann auch von **geregelten Netzgeräten (Bild 2).** Bei der Stabilisierung oder Regelung der Ausgangsspannung unterscheidet man lineare Netzgeräte und Schaltnetzteile.

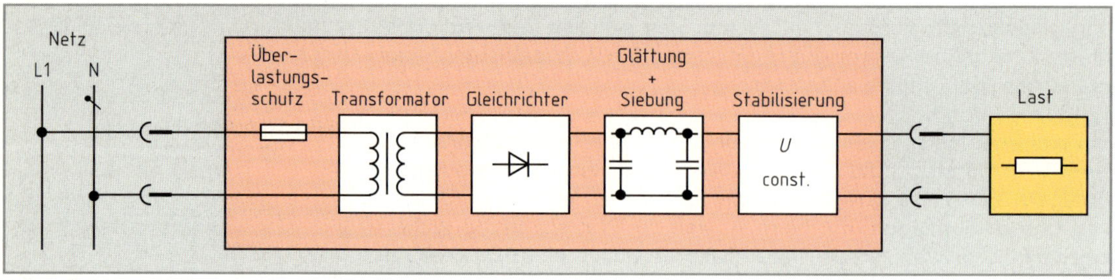

Bild 1: Übersichtsschaltplan eines Netzgerätes

Lineare Netzgeräte

Bei der **Parallelstabilisierung** werden Bauelemente, deren Widerstand durch die angelegte Spannung geändert wird, parallel zur Last geschaltet **(Bild 2).** Als stabilisierende Bauelemente werden meist Z-Dioden verwendet. Der Strom I_z durch die Z-Diode erzeugt einen konstanten Spannungsfall U_z; entsprechend stark steigt der Spannungsfall U_{RV} am Vorwiderstand R_V. Die Spannung am Lastwiderstand ist damit nahezu konstant. In seltenen Fällen werden auch VDRs[1] oder NTCs[2] eingesetzt.

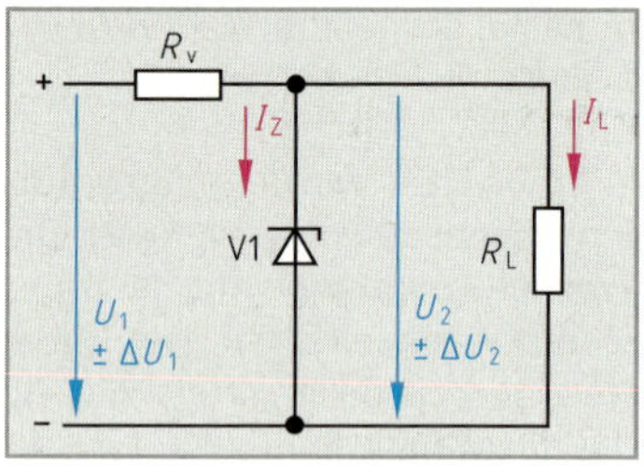

Bild 2: Parallelstabilisierung

Bei der **Reihenstabilisierung** liegt ein Transistor in Kollektorschaltung in Reihe zum Lastwiderstand **(Bild 3).** Der Basisspannungsteiler des Transistors besteht aus einem Widerstand und einer Z-Diode. Der Strom in Punkt A teilt sich in den Strom I_Z und in den Basisstrom I_B auf. Steigt die Eingangsspannung U_1 an, so wird durch den größeren Laststrom die Spannung U_2 kurzzeitig ebenfalls größer. Weil U_Z konstant bleibt, wird $U_{BE} = U_Z - U_2$ etwas kleiner. Der Transistor wird also weniger leitend, der Laststrom sinkt und die Ausgangsspannung U_2 bleibt in etwa konstant.

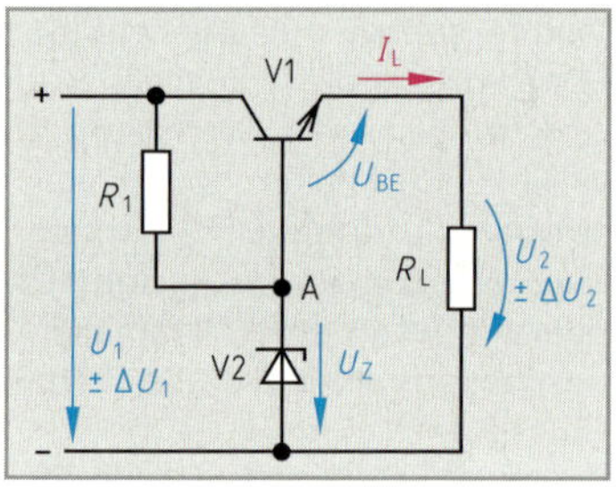

Bild 3: Reihenstabilisierung

$$U_2 = U_z - U_{BE}$$

U_2 stabilisierte Ausgangsspannung
U_z Z-Spannung
U_{BE} Basis-Emitter-Spannung

Für beide Stabilisierungsarten muss die Eingangsspannung ein wenig größer als die Ausgangsspannung sein, da an den stabilisierenden Bauelementen jeweils eine Spannung abfällt. Je größer die Eingangsspannung U_1 im Vergleich zur Ausgangsspannung U_2 ist, desto stabiler wird die Ausgangsspannung.

Der **Stabilisierungsfaktor** *S* gibt an, wie gut eine Spannung stabilisiert ist. Beide Schaltungsvarianten nutzen den linearen Teil einer Halbleiter-Kennlinie. Geräte, die nach diesem Prinzip aufgebaut sind, werden deshalb als lineare Netzgeräte bezeichnet.

$$S = \frac{\Delta U_1 \cdot U_2}{\Delta U_2 \cdot U_1}$$

S Stabilisierungsfaktor
U_1 Eingangsspannung
U_2 stabilisierte Ausgangsspannung
ΔU_1 Eingangsspannungsänderung
ΔU_2 Änderung der stabilisierten Ausgangsspannung

[1] **VDR** **V**oltage **D**ependent **R**esistor (Spannungsabhängiger Widerstand)
[2] **NTC** **N**egative **T**emperature **C**oefficient (Heißleiter)

Lineare Stabilisierungs- und Regelschaltungen werden in **Spannungsreglern** angewendet, die mit nichtveränderbaren Ausgangsspannungen als so genannte Festspannungsregler oder als einstellbare Spannungsregler angeboten werden. Festspannungsregler werden in Reihe in die Gleichstrom-Zuleitung geschaltet **(Bild 1)**. Es gibt Spannungsregler sowohl für positive als auch für negative Gleichspannungen.

Der Festspannungsregler, z. B. Typ 7815 **(Bild 2),** ist ein Reglerbaustein für positive Spannung (78XX ≙ positive Baureihe) und liefert eine Ausgangsspannung von +15 V (XX15 ≙ 15 V). Der Baustein für –15 V trägt die Bezeichnung 7915.

Z-Diode und die Transistoren in einem Spannungsregler arbeiten analog. Der Wirkungsgrad dieser Schaltungen ist sehr gering.

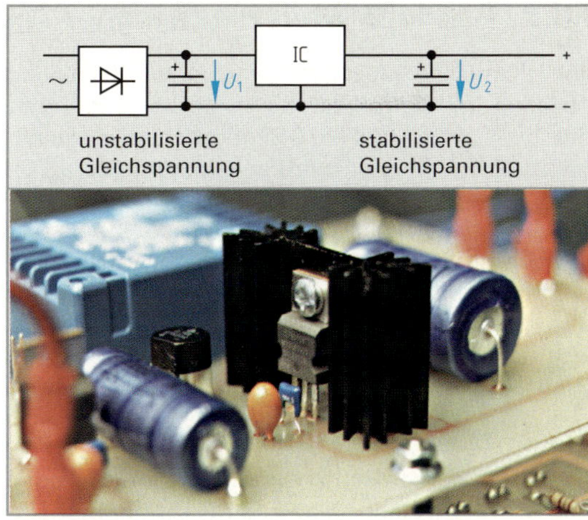

Bild 1: Spannungsregler in einem Netzteil

Schaltnetzteile

Bei einem **Schaltnetzteil (Bild 3)** arbeitet der stabilisierende Transistor als Schalter und schaltet mit hoher Frequenz (etwa 20 bis 30 kHz) die Ausgangsspannung ein und aus. Der Strom zum Verbraucher wird dabei nach dem Prinzip der Pulsweiten- oder der Pulsfolge-Modulation gesteuert. Da die Verlustleistung des Transistors im Schaltbetrieb erheblich geringer ist, ist der Wirkungsgrad eines Schaltnetzteils höher als der eines linearen Netzteils. Schaltnetzteile werden sowohl als Durchflusswandler wie auch als Sperrwandler aufgebaut.

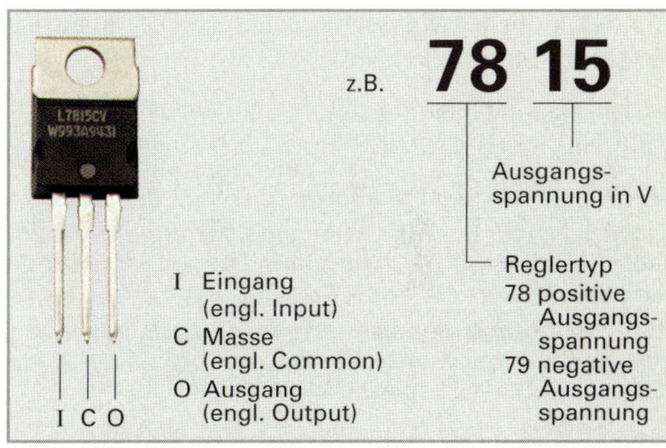

Bild 2: Festspannungsregler

Der Wirkungsgrad von linearen Netzteilen liegt bei etwa 0,2 bis 0,5.
Der Wirkungsgrad von Schaltnetzteilen beträgt etwa 0,6 bis 0,8.

Bis zu einem bestimmten Punkt steigt mit der Schaltfrequenz eines Schaltnetzteils auch der Wirkungsgrad. Um kein hörbares Brummgeräusch zu erzeugen, schalten die Transistoren in einem Schaltnetzteil mit Frequenzen oberhalb der Hörschwelle (etwa 16 kHz). Als Schalter werden oft MOS-FETs eingesetzt. Die maximale Schaltfrequenz dieser Bauelemente liegt bei etwa 300 kHz.

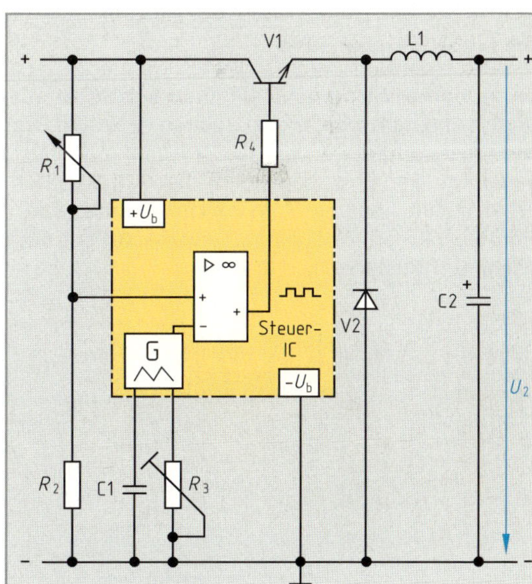

Bild 3: Schaltnetzteil

Wiederholungsfragen

1. **Nennen Sie ein Anwendungsbeispiel für einen statischen Wechselrichter.**
2. **Wie werden in Netzgeräten die Ausgangsspannungen stabilisiert?**
3. **Was bedeutet der Aufdruck 7905 auf einem Festspannungsregler?**

8.8.7 Betriebsarten elektrischer Antriebe

Eine elektrische Maschine kann in unterschiedlichen Betriebsarten arbeiten. Im Normalfall fließt Strom vom Netz zur elektrischen Maschine. Dabei wird ein Drehmoment erzeugt, mit dem eine Arbeitsmaschine angetrieben werden kann **(Bild 1)**.

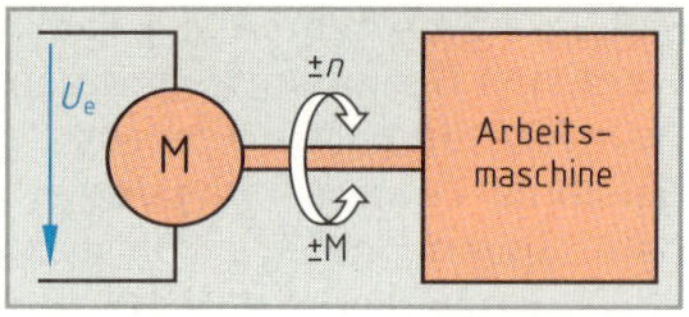

Bild 1: Elektrischer Antrieb

Die Maschine arbeitet im **Motorbetrieb**. Dies ist sowohl bei Linkslauf als auch bei Rechtslauf der Maschine möglich. Im **Generatorbetrieb** treibt die Arbeitsmaschine als so genannte aktive Last die elektrische Maschine an (Nutzbremsung). Dabei wird Energie von der Antriebsseite zum Netz geliefert. Diese Betriebsart ist allerdings nur möglich, wenn der verwendete Stromrichter auch für Rückspeisung geeignet ist.

Die Einteilung der Betriebsarten wird im **Vierquadranten-Diagramm (Bild 2)** dargestellt. Man betrachtet dabei Drehmomentrichtung (x-Achse) und Drehrichtung (y-Achse). Haben Drehmoment und Drehzahl gleiche Vorzeichen, so arbeitet der Antrieb als Motor und entnimmt Energie aus dem Netz. Haben Drehmoment und Drehzahl unterschiedliche Vorzeichen, liefert die elektrische Maschine als Generator Energie ins Netz.

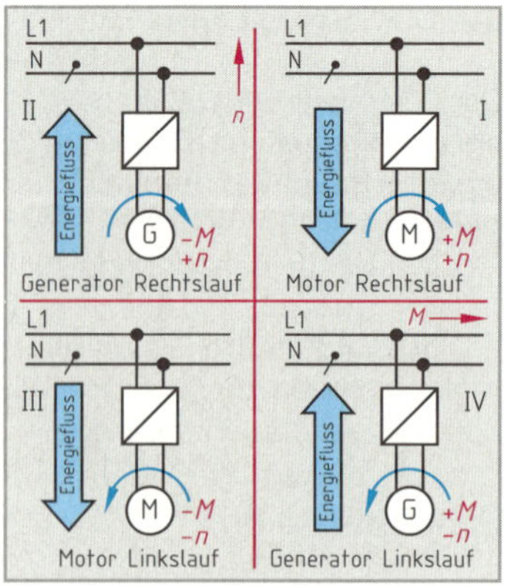

Bild 2: Vierquadranten-Diagramm

Beispiel: Ein Kranantrieb mit einer Gleichstrom-Maschine **(Bild 3)** soll bei Rechtslauf ein Seil aufwickeln. Der Kranführer steuert den Kran so, dass er eine Last erst anhebt, dann auf einer bestimmten Höhe hält und sie dann wieder absenkt. Welche Quadranten durchläuft der Antrieb dabei?

***Heben** bedeutet positive Drehrichtung und positives Drehmoment. Es fließt dabei Strom vom Netz zum Motor. Der Antrieb wird also im 1. Quadranten betrieben.*

*Um im **Stillstand** die Last zu halten, muss ein positives Drehmoment erzeugt werden. Der Arbeitspunkt des Antriebs liegt auf der X-Achse zwischen Rechtslauf und Linkslauf (I = positiv, n = 0 1/min).*

*Beim **Senken** der Last soll das Seil zwar abgewickelt werden, jedoch ist kein Antreiben notwendig, da die Last den Antrieb selbsttätig gegendreht. Um die Last langsam zu senken, muss der Antrieb gebremst werden. Dazu ist ebenfalls positives Drehmoment notwendig. Die Drehrichtung kehrt sich jedoch um. Damit haben Drehrichtung und Drehmoment unterschiedliche Vorzeichen. Der Antrieb arbeitet als linkslaufender Generator im 4. Quadranten. Er liefert dabei Energie ins Netz.*

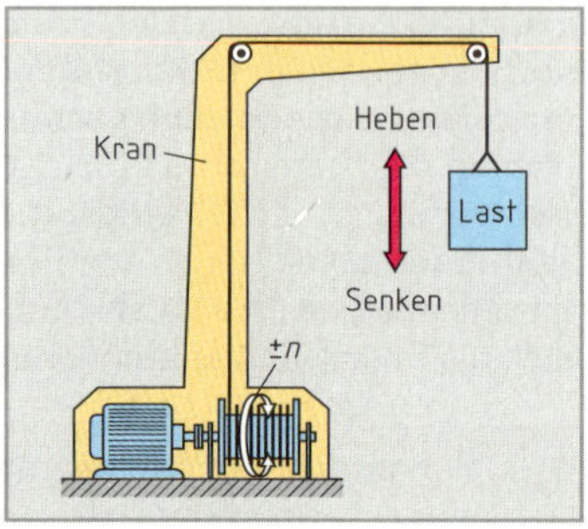

Bild 3: Kranantrieb

Ein moderner Stromrichter-Antrieb setzt sich aus einem leistungselektronischen Stellglied und einem Reglerteil zusammen. Meist arbeiten dabei ein Drehzahlregler und ein Stromregler zusammen. Der Drehzahlregler sorgt dafür, dass die Drehzahl möglichst schnell und möglichst genau dem vorgegebenen Sollwert folgt. Der Stromregler hat die Aufgabe, den dazu erforderlichen Strom zur Verfügung zu stellen. Dabei sollen aber ein Maximalstrom und eine maximale Stromanstiegsgeschwindigkeit nicht überschritten werden. Unabhängig von der Art des eingesetzten Stromrichters ist diese Grundstruktur bei den meisten Antrieben gleich **(Bild 4)**.

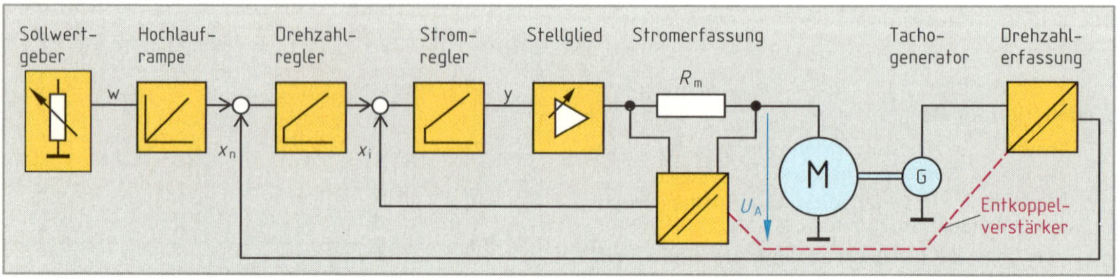

Bild 4: Struktur eines Stromrichter-Antriebs

8.8.8 Gleichstrom-Antriebe

Wird ein **Gleichstrom-Motor an einem Gleichrichter** betrieben **(Bild 1)**, so entsteht auf der Gleichrichter-Ausgangsseite die **Gegenspannung** U_0, sobald sich der Motor dreht. Nimmt der Motor gerade keine Energie vom Netz auf, z. B. während der Zündverzögerung des Zündwinkels α, dreht sich aber aufgrund der Massenträgheit weiter, so arbeitet die Maschine als Generator.

Damit nimmt die Spannung U_0 positive Werte an. Beschleunigt man den Motor, indem man α immer kleiner einstellt, so steigt mit der Drehzahl auch die Gegenspannung. Mit fallenden α-Werten nimmt der **Netzspannungszeitwert im Zündzeitpunkt** $U_{1\alpha}$ bis $\alpha = 90°$ zu.

Ab $\alpha = 90°$ fällt dieser Wert aufgrund der Sinusform wieder. Bei einem bestimmten Zündwinkel haben die Gegenspannung U_0 und der Netzspannungszeitwert $U_{1\alpha}$ gleiche Werte **(Bild 2)**. Damit liegt am Thyristor in einer E1C-Schaltung keine positive Anoden-Katoden-Spannung mehr. Bei kleineren Zündwinkeln ist der Thyristor sogar in Sperrrichtung gepolt. Der Thyristor kann nicht mehr durchzünden, bis die Drehzahl und damit die Gegenspannung soweit abgefallen ist, dass der Thyristor wieder Vorwärtsspannung erhält.

Man sagt: „Der Gleichrichter fällt außer Tritt." Der entsprechende Zündwinkel wird **Gleichrichtertrittgrenze** α_G genannt. Einige Ansteuerungen haben einen Einsteller, mit dem man die Steuerspannung begrenzen kann, damit α_G nicht unterschritten wird.

Eine Begrenzung hat allerdings den Nachteil, dass man auf eine bestimmte Drehzahl und Last festgelegt ist. Steigt die Last, so fällt die Drehzahl und damit die Gegenspannung. Es wären kleinere Zündwinkel möglich, die sich aber wegen der Begrenzung nicht einstellen lassen. Beim Beschleunigen aus dem Stillstand wäre die Zündung nahe $\alpha = 0°$ möglich, da U_0 erst mit steigender Drehzahl zunimmt.

Durch die Begrenzung kann der Gleichrichter aber nicht voll durchsteuern, und der Antrieb beschleunigt damit langsamer.

Die Ansteuerung mit **Multipuls**-Zündbausteinen ist eine moderne Möglichkeit, eine automatische Einstellung zu erreichen. Im Gegensatz zur **Singlepuls**-Zündung gibt man im Multipuls-Betrieb nicht nur einen Zündimpuls auf den Thyristor, sondern ein ganzes Band von Zündimpulsen **(Bild 3)**.

Ist nun der Zündwinkel so klein eingestellt, dass der Thyristor nicht mehr zünden kann, wird einer der folgenden Impulse den Thyristor zünden. Über die Sinusform steigt der Netzspannungszeitwert an. Der erste Impuls, bei dem $U_1 > U_0$ ist, zündet den Thyristor.

Damit setzt der Antrieb nicht für eine oder gar mehrere Halbwellen aus, sondern die Zündung wird nur um einige Grad verzögert.

Multipuls-Ansteuerung bei einem Gleichstrom-Antrieb sorgt für sicheres Zünden nahe der Gleichrichtertrittgrenze α_G.
Der maximale Stromflußwinkel Θ ist jedoch gleich groß wie im Singlepuls-Betrieb.

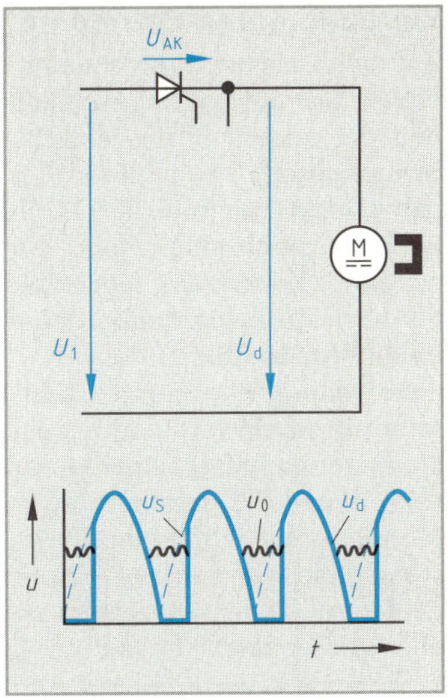

Bild 1: Gleichstrommotor an einer E1C-Schaltung

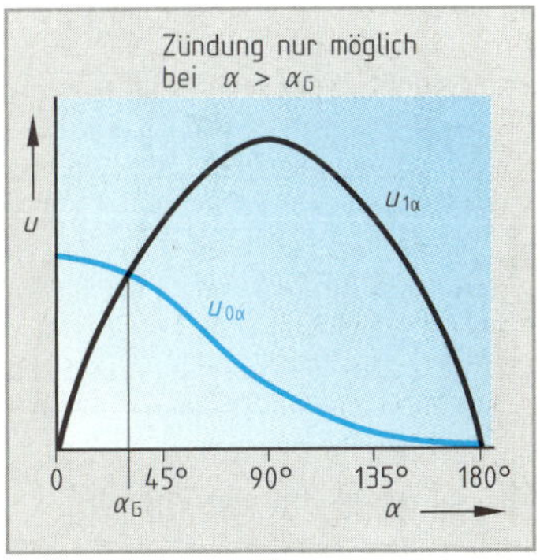

Bild 2: Gleichrichtertrittgrenze α_G

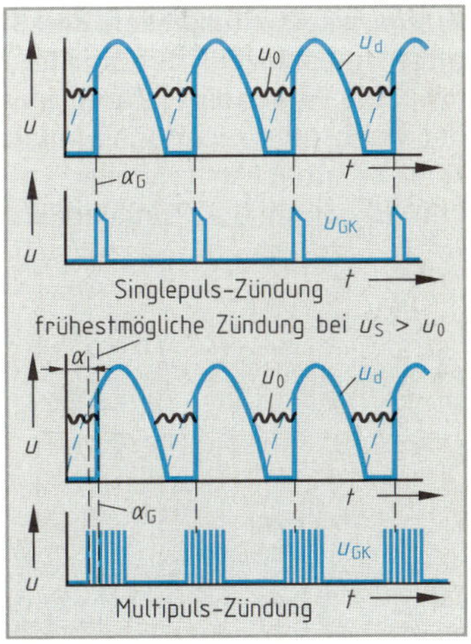

Bild 3: Zündmethoden

Vierquadranten-Betrieb mit Thyristorstromrichter

Um eine Gleichstrom-Maschine in allen vier Quadranten betreiben zu können, benötigt man zwei Stromrichter. Sie müssen so geschaltet werden, dass der eine Stromrichter den Stromfluss in positiver Richtung und der andere Stromrichter den Stromfluss in negativer Richtung übernehmen kann **(antiparalleler Stromrichter)**. Stromrichter I übernimmt den Stromfluss in den Quadranten I und IV. Der Stromfluss in negativer Richtung (II. und III. Quadrant) wird über den Stromrichter II gesteuert. Beide Stromrichter dürfen nicht gleichzeitig leitend werden, da sonst zwischen den Stromrichtern ein Kurzschlussstrom, der so genannte **Kreisstrom**, fließt. Deshalb müssen die beiden Stromrichter mit einer zusätzlichen Schaltung, der **Kreisstromsperrlogik**, gegeneinander verriegelt werden. Man spricht dann von einem **kreisstromfreien Antrieb (Bild 1)**.

Eine weitere Möglichkeit bietet die Begrenzung des Kreisstromes mit Drossel-Induktivitäten. Die **Kreisstrom-Drosseln** verhindern, dass der Kreisstrom zu hohe Werte annimmt. Diese Art der Schaltung wird als **kreisstrombehaftet** bezeichnet **(Bild 2)**. Es können nun gefahrlos beide Stromrichter gleichzeitig leitend sein. Wird $I = 0$ gefordert, so müssen die Zündwinkel beider Stromrichter gleich groß sein, damit der Motorstrom ebenfalls null wird. Beim kreisstromfreien Stromrichter erhält die Kreisstrom-Sperrlogik ständig die Information $I = 0$ und schaltet wechselweise den einen und dann wieder den anderen Stromrichter ein. Der Antrieb neigt zum Schwingen. Der Wirkungsgrad des kreisstromfreien Stromrichters ist aber größer, da die Kreisstrom-Drosseln verlustbehaftet sind.

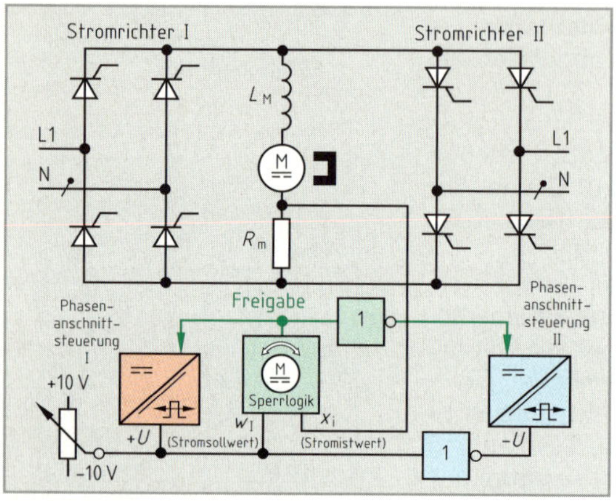

Bild 1: Kreisstromfreier Antrieb

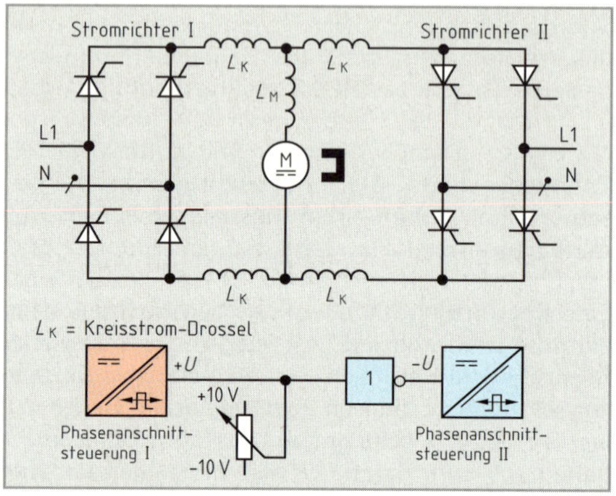

Bild 2: Kreisstrombehafteter Antrieb

Pulssteller-Antriebe

Antriebe, die sehr schnell beschleunigen und schnell bremsen müssen, werden meist mit Gleichstromstellern ausgerüstet. Wegen der Spannungspulse am Ausgang eines Gleichstromstellers werden diese Antriebe auch **Pulssteller (Bild 3)** genannt. Die Ventile V1 und V4 müssen gleichzeitig leitend sein, damit Strom in positiver Richtung fließt. Über Ventil V2 und Ventil V3 fließt der Strom in entgegengesetzter Richtung. Die Ventile eines Zweigpaares müssen jeweils gegeneinander verriegelt sein, damit kein Kurzschluss der Versorgungsspannung entsteht. Dieser Antrieb arbeitet mit Pulsfrequenzen im 30-kHz-Bereich. Damit kann er erheblich schneller auf Sollwertänderungen reagieren als ein Antrieb über Stromrichter, der immer erst um den Zündwinkel verzögert reagiert.

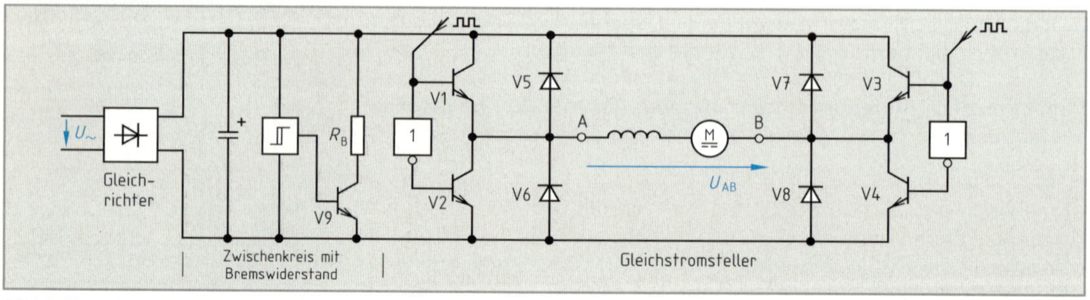

Bild 3: Transistor-Pulssteller-Antrieb

8.8.9 Wechselstromantriebe

Bei Wechselstrom-Antrieben werden meist Frequenzumrichter eingesetzt. Frequenzumrichter wandeln Wechsel- oder Drehstrom einer bestimmten Spannung und Frequenz in einen Wechsel- oder Drehstrom anderer Spannung und Frequenz um. Dadurch lassen sich Drehfeldmotoren in der Drehzahl steuern.

Die so genannten **Direktumrichter** schalten eine Motorwicklung jeweils auf unterschiedliche Außenleiterspannungen und teilen damit die Netzfrequenz herunter **(Bild 1)**. Ein angeschlossener Asynchronmotor, der seine Drehzahl in Abhängigkeit von der Frequenz verändert, läuft damit unterhalb seiner Nenndrehzahl. Nachteilig ist bei Direktumrichtern, dass die Ausgangsfrequenz nur in verhältnismäßig großen Stufen verstellt werden kann und nur Frequenzen unterhalb der Netzfrequenz möglich sind.

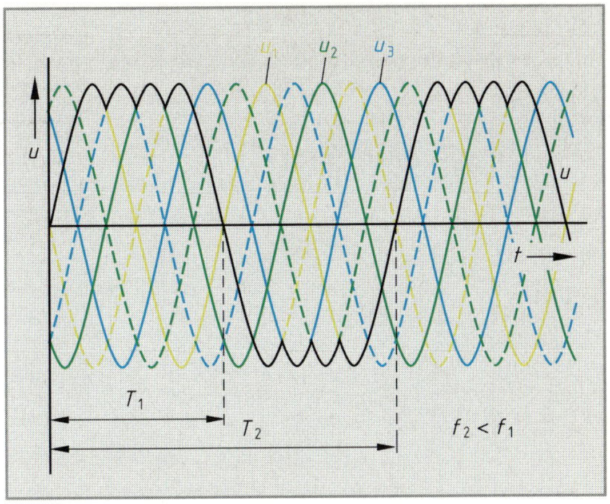

Bild 1: Direktumrichter-Prinzip

Frequenzumrichter mit Zwischenkreis (Bild 2) bieten bessere Möglichkeiten. Ein ungesteuerter Gleichrichter wandelt die angeschlossene Netzspannung in eine Gleichspannung um. Ein nachgeschalteter dreiphasiger **sinusbewerter Puls-Wechselrichter** wandelt die Gleichspannung in eine pulsweitenmodulierte Rechteckwechselspannung um. Die Motorinduktivitäten sorgen für einen sinusförmigen Stromverlauf. Die im Bremsbetrieb auftretende generatorische Energie wird aus Kostengründen nur bei sehr großen Antrieben (ab etwa 30 kW) ins Netz zurückgespeist. Bei Antrieben im unteren und mittleren Leistungsbereich wird diese Überschussenergie in einem Bremswiderstand in Wärme umgesetzt. Der Bremswiderstand (*R* klein, *P* groß) wird in den Zwischenkreis geschaltet, sobald die Zwischenkreisspannung durch die Bremsenergie einen vorgegebenen Wert überschreitet.

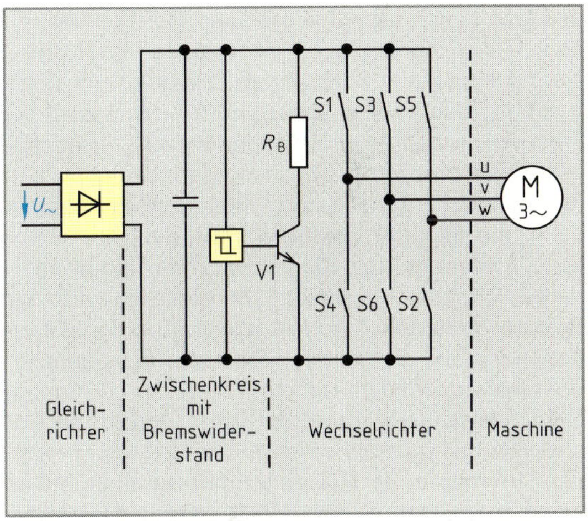

Bild 2: Zwischenkreis-Umrichter

Verändert man die Frequenz an einem Asynchronmotor, dessen Ersatzschaltbild eine RL-Reihenschaltung ist, so verändert sich auch der Gesamtwiderstand *Z*. Sinkt die Frequenz, sinkt auch X_L und damit *Z*. Damit ergibt sich bei jeder Frequenz ein anderer Strom und damit ein anderes Drehmoment. Um das Drehmoment einigermaßen konstant zu halten, wird bei Frequenzumrichtern eine Abhängigkeit zwischen Spannung und Frequenz gefordert. Diese Einstellung nennt man ***U*/*f*-Anpassung (Bild 3)**.

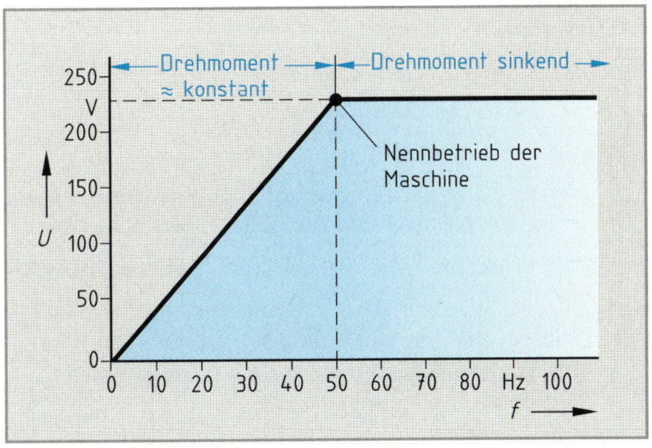

Bild 3: *U*/*f*-Kennlinie eines Frequenzumrichters

Die meisten Frequenzumrichter mit Zwischenkreis erlauben den Betrieb bis zu etwa doppelter Netzfrequenz. Damit müsste nach der *U*/*f*-Anpassung auch ungefähr die doppelte Netzspannung auf die Anschlussklemmen des Motors gegeben werden, um von 0 Hz bis f_{max} das gleiche Drehmoment zu

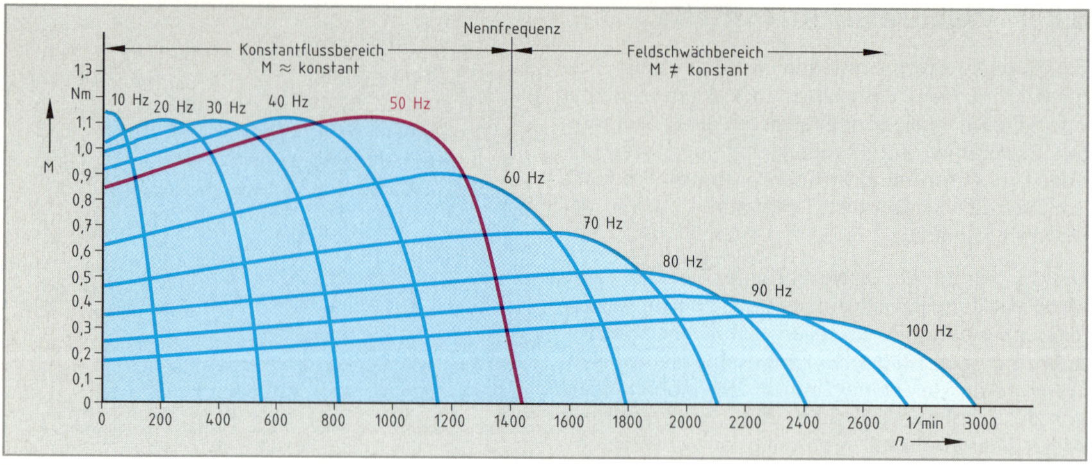

Bild 1: Drehzahl-Drehmoment-Kennlinie bei einem Frequenzumrichter

erreichen. Der Frequenzumrichter kann maximal die gesamte Zwischenkreisspannung zum Motor durchschalten. Damit erhöht sich die Ausgangsspannung nur bis zu einer bestimmten Frequenz. Man legt den Knickpunkt der Kennlinie meist so, dass bei Nennfrequenz auch die Nennspannung an der Maschine anliegt. Steigt die Frequenz weiter an, so bleibt die Spannung konstant. Damit wird die Maschine bis zur Nenndrehzahl mit konstantem Drehmoment betrieben. Oberhalb der Nenndrehzahl sinkt das Drehmoment ab **(Bild 1)**. Man spricht vom Feldschwächbereich. Ein Asynchronmotor für den Anschluss an einen Frequenzumrichter muss daher etwas größer dimensioniert werden, wenn er auch bei maximaler Frequenz ein bestimmtes Drehmoment abgeben soll. Bei Frequenzen im Bereich der Nennfrequenz oder größer besteht der Gesamtwiderstand hauptsächlich aus dem induktiven Blindwiderstand X_L, der sich auch mit fallender Frequenz verringert. Der ohmsche Widerstand der Ständerwicklung bleibt allerdings konstant. Bei kleinen Frequenzen wird der Scheinwiderstand Z hauptsächlich aus dem Ständerwiderstand R_S gebildet. Deshalb kann bei kleinen Drehzahlen nicht mit einer linearen U/f-Anpassung gearbeitet werden, die ihren Beginn bei 0 V und 0 Hz hat. Deshalb wird für den Betrieb mit kleinen Drehzahlen der Fußpunkt der Kennlinie etwas angehoben. Man nennt dies **Ständerwiderstands-Kompensation** oder Boost[1]-Einstellung.

Digitale Frequenzumrichter, bei denen man die Parameter über eine Software einstellt, bieten die Möglichkeit, die U/f-Steuerkennlinie auf einem PC darzustellen.

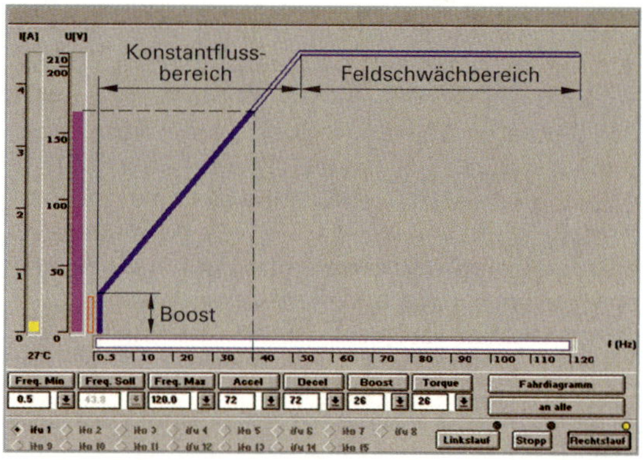

Bild 2: Frequenzumrichter-Software

Wiederholungsfragen

1 **Welche Quadranten durchläuft ein Motor beim schnellen Wechsel von Rechtslauf nach Linkslauf?**

2 **Was versteht man unter der Gleichrichtertrittgrenze α_G?**

3 **Erklären Sie den Unterschied zwischen Singlepuls- und Multipuls-Zündung bei einem Gleichrichter.**

4 **Welche Aufgabe hat die Kreisstrom-Sperrlogik in einem Antrieb?**

5 **Weshalb muss bei einem Frequenzumrichter auch die Ausgangsspannung veränderbar sein?**

6 **Was versteht man bei einem Frequenzumrichter unter Ständerwiderstands-Kompensation?**

[1] von to boost (engl.) = anheben, erhöhen

8.9 Kühlung von Halbleiter-Bauelementen

Halbleiterbauelemente haben eine zulässige Temperaturgrenze, die nicht überschritten werden darf. Die Sperrschicht des Halbleiterkristalls darf höchstens die maximal zulässige Temperatur erreichen. Wird die maximale **Sperrschichttemperatur** überschritten, zerstört die Wärme die Sperrschicht und damit das gesamte Halbleiterbauelement.

Die zulässige Sperrschichttemperatur beträgt bei Silicium etwa 150 °C und bei Germanium etwa 75 °C.

Die maximale Sperrschichttemperatur lässt sich ohne zusätzliche Kühlung nur bei geringen Leistungen einhalten. Bei höheren Leistungsanforderungen müssen Halbleiterbauelemente, z. B. Thyristoren oder Leistungstransistoren, zusätzlich mit wärmeableitenden Kühlkörpern versehen werden **(Bild 1)**.

Beim Betrieb von Halbleiterbauelementen auf Kühlkörpern ist an jeder Übergangsstelle ein **thermischer Widerstand** vorhanden **(Bild 2)**, beginnend bei der Wärmeerzeugung in der Sperrschicht bis zur Wärmeabgabe an die Umgebung. Der innere thermische Widerstand tritt im Inneren beim Übergang der Wärmeenergie von der Sperrschicht zum Gehäuse, der thermische Übergangswiderstand zwischen Gehäuse und Kühlkörper und der thermische Kühlkörperwiderstand zwischen Kühlkörper und Kühlmittel (meist Luft) auf. Um den thermischen Übergangswiderstand möglichst klein zu halten, verwendet man **Wärmeleitpaste.** Bei notwendiger elektrischer Isolation zwischen Bauelement und Kühlkörper werden wärmeleitende Isolierscheiben benötigt **(Bild 3)**.

Der gesamte thermische Widerstand R_{th} ist gleich der Summe der einzelnen thermischen Widerstände. Da der innere thermische Widerstand durch das Halbleiterbauelement festgelegt ist, lässt sich nur der thermische Widerstand des Kühlkörpers beeinflussen. Er ist von der Verlustleistung des Halbleiters, von Form, Größe, Material, Oberflächenbeschaffenheit und Einbaulage abhängig. Zur Auswahl eines geeigneten Kühlkörpers ist neben der Gehäusebauform und dem zur Verfügung stehenden Platz der thermische Widerstand zu berücksichtigen. Für die Berechnung des notwendigen thermischen Widerstandes des Kühlkörpers sind technische Angaben des Halbleiterherstellers notwendig.

Für jeden Anwendungsfall ist der thermische Widerstand des Kühlkörpers so auszulegen, dass die Sperrschichttemperatur des Halbleiterbauelementes nicht überschritten wird.

Beispiel: Es ist der thermische Widerstand eines Kühlkörpers für den Betrieb mit einem Leistungstransistor zu berechnen. Die maximale Sperrschichttemperatur ϑ_j[1] beträgt 150 °C, der innere thermische Widerstand R_{thG} = 1,5 K/W, der thermische Widerstand $R_{thÜ}$ = 0,2 K/W und die Verlustleistung P_V = 30 W. Welcher thermische Widerstand ist mindestens notwendig, wenn der Leistungstransistor bei einer Umgebungstemperatur ϑ_U von 45 °C betrieben wird?

$$R_{thK} \leq \frac{\vartheta_j - \vartheta_U}{P_V} - R_{thG} - R_{thÜ} = \frac{150\ °C - 45\ °C}{30\ W} - 1{,}5\ K/W - 0{,}2\ K/W =$$

$$= 3{,}5\ K/W - 1{,}5\ K/W - 0{,}2\ K/W = \mathbf{1{,}8\ K/W}$$

[1] Index j von junction (engl.) = Verbindung, Sperrschicht

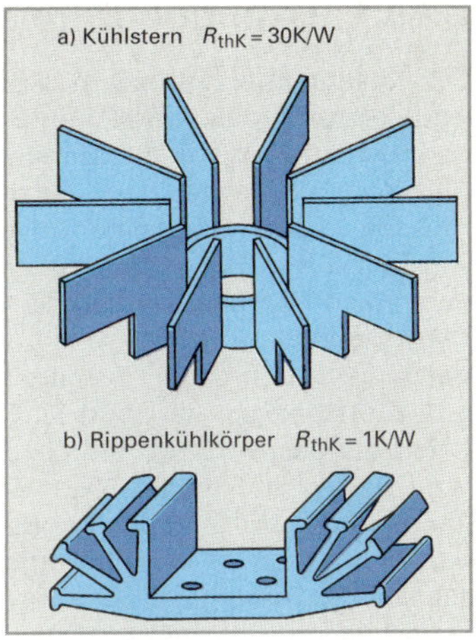

Bild 1: Kühlkörper

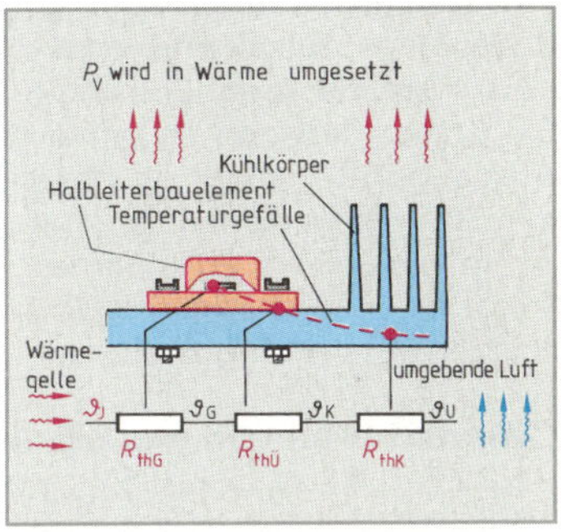

Bild 2: Thermische Widerstände

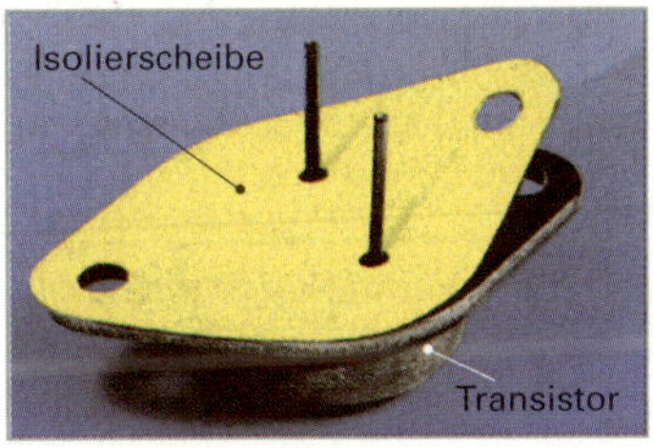

Bild 3: Isolierscheibe

$$R_{thK} \leq \frac{\vartheta_j - \vartheta_U}{P_V} - R_{thG} - R_{thÜ}$$

- R_{thK} thermischer Widerstand des Kühlkörpers
- R_{thG} innerer thermischer Widerstand
- $R_{thÜ}$ thermischer Widerstand zwischen Gehäuse und Kühlkörper
- ϑ_j Sperrschichttemperatur
- ϑ_U Umgebungstemperatur
- P_V Verlustleistung

8.10 Verstärkerschaltungen

8.10.1 Grundbegriffe der Verstärkertechnik

Ein Lautsprecher mit z. B. 60 W Anschlussleistung kann keine Signale mit kleiner Spannung oder mit geringer Leistung wiedergeben, z. B. von einem Mikrofon, das etwa 1 μW liefert. Solche Signale müssen zuerst möglichst unverzerrt vergrößert werden. Diese Aufgabe erfüllen Verstärker. Zum Verstärken benötigt man aktive Bauelemente, z. B. Transistoren.

Verstärkerstufen stellt man als Vierpol mit 2 Ein- und 2 Ausgängen dar **(Bild 1)**. Sie benötigen eine Versorgungsspannung, um die abgegebene Leistung liefern zu können. Das Verhältnis der Ausgangsgröße zur entsprechenden Eingangsgröße bezeichnet man als **Verstärkungsfaktor**. Man unterscheidet **Spannungsverstärkung** V_u, **Stromverstärkung** V_i und **Leistungsverstärkung** V_p.

Beim Verstärkungsvorgang sind hauptsächlich die Wechselgrößen für Schaltungsberechnungen von Bedeutung. Ausgehend vom Arbeitspunkt A im Kennlinienfeld **(Bild 2)** kann der Wechselstrom-Eingangswiderstand r_{BE} und der Wechselstrom-Ausgangswiderstand r_{CE} berechnet werden. Aus der Stromsteuerkennlinie kann man die Wechselstromverstärkung β bestimmen. Der Stromverstärkungsfaktor V_i ist ungefähr so groß wie die Wechselstromverstärkung β.

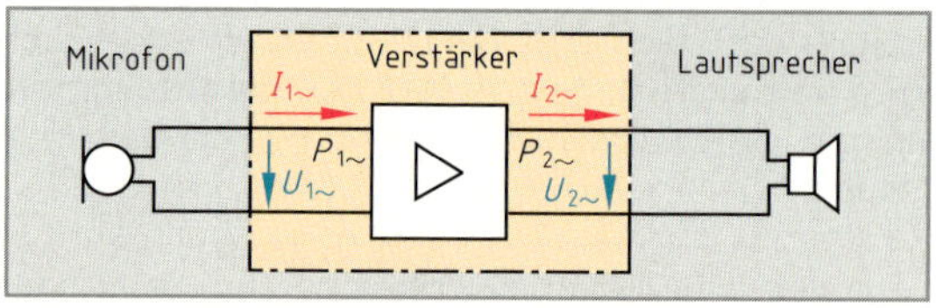

Bild 1: Verstärker als Vierpol

$$V_u = \frac{U_{2\sim}}{U_{1\sim}} \qquad V_i = \frac{I_{2\sim}}{I_{1\sim}} \qquad V_p = \frac{P_{2\sim}}{P_{1\sim}} = V_u \cdot V_i$$

V_u, V_i, V_p Verstärkungsfaktoren
$U_{1\sim}$, $U_{2\sim}$ Eingangs- und Ausgangswechselspannung
$I_{1\sim}$, $I_{2\sim}$ Eingangs- und Ausgangswechselstrom
$P_{1\sim}$, $P_{2\sim}$ Eingangs- und Ausgangsleistung

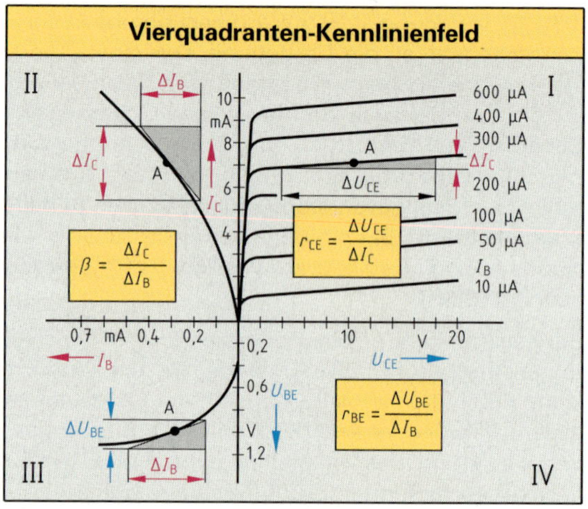

Bild 2: Kenngrößen des bipolaren Transistors BC 107

Grundschaltungen des bipolaren Transistors

Entsprechend den drei Anschlüssen des Transistors unterscheidet man Emitter-, Kollektor- und Basisschaltung **(Tabelle)**. Unterscheidungsmerkmal ist der Transistoranschluss, der dem Ein- und Ausgangskreis gemeinsam angehört. Zwischen diesem Transistoranschluss und Masse tritt keine Wechselspannung auf.

Tabelle: Verstärkergrundschaltungen bipolarer Transistoren

Schaltungsname	Emitterschaltung	Kollektorschaltung	Basisschaltung
Schaltungsbeispiel	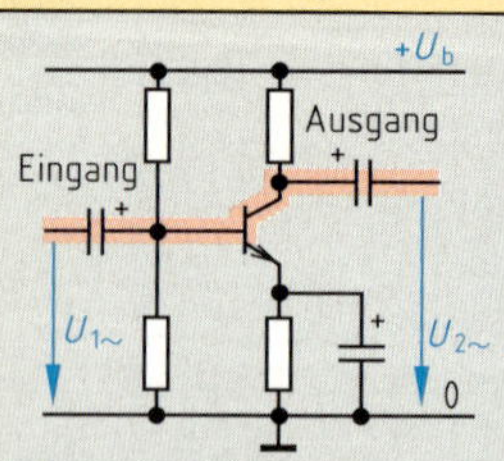	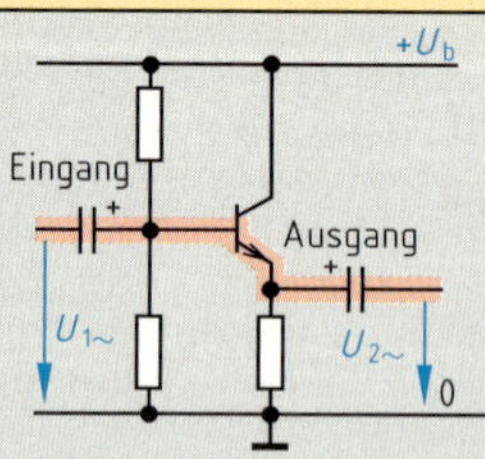	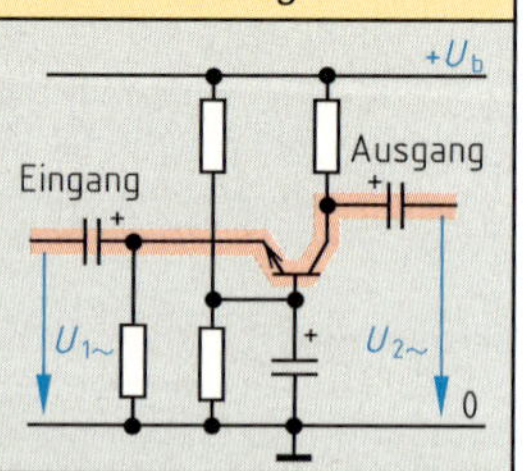
Spannungsverstärkungsfaktor V_u	groß, z. B. 200	klein (< 1)	groß, z. B. 200
Stromverstärkungsfaktor V_i	groß, z. B. 200	groß, z. B. 200	klein (< 1)
Leistungsverstärkungsfaktor V_p	sehr groß, z. B. 40 000	groß, z. B. 200	groß, z. B. 200
Eingangswiderstand	mittel, z. B. 5 kΩ	groß, z. B. 50 kΩ	klein, z. B. 50 Ω
Ausgangswiderstand	groß, z. B. 20 kΩ	klein, z. B. 100 Ω	groß, z. B. 50 kΩ
Phasenlage von $U_{1\sim}$ zu $U_{2\sim}$	gegenphasig, 180°	gleichphasig	gleichphasig
Anwendungsbeispiel	NF-Verstärker	NF-Eingangsverstärker	HF-Verstärker

8.10.2 Einstufiger bipolarer Transistorverstärker in Emitterschaltung

Der Schaltplan **(Bild 1)** zeigt eine oft verwendete Niederfrequenz-Verstärkerstufe.

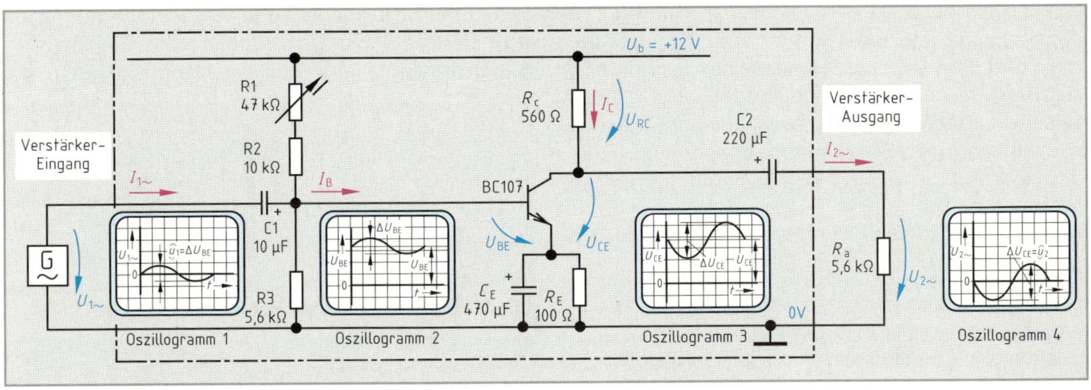

Bild 1: NF-Verstärkerstufe in Emitterschaltung mit Oszillogramm der Spannungen

Versuch 1: Bauen Sie die Verstärkerstufe (Bild 1) auf und legen Sie die Schaltung an eine Betriebsspannung von 12 V. Stellen Sie mit R1 den Ruhe-Arbeitspunkt A so ein, dass U_{RC} = 6 V (U_{CE} = 5 V und U_{RE} = 1 V) beträgt. Die Eingangswechselspannung soll bei f = 1 kHz einen Spitze-Tal-Wert $\hat{\check{u}}_1$ = 50 mV haben **(Oszillogramm 1)**. a) Messen und oszilloskopieren Sie die Spannung $U_{2\sim}$ am Verstärkerausgang. b) Bestimmen Sie die Spannungsverstärkung.

a) Am Verstärkerausgang entsteht eine Ausgangswechselspannung $U_{2\sim}$ = 1,8 V bzw. $\hat{\check{u}}_2$ = 5 V ***(Oszillogramm 4)***

b) Die Spannungsverstärkung beträgt $V_u = \hat{\check{u}}_2/\hat{\check{u}}_1$ = 5 V/0,05 V = 100.

Das Vierquadranten-Kennlinienfeld **(Bild 2)** zeigt den Verstärkungsvorgang vom Ansteuern der Eingangswechselspannung $U_{1\sim}$ bis zum Auskoppeln der Ausgangswechselspannung $U_{2\sim}$. Der Spannungsteiler (R1+R2) sowie R3 (Bild 1) erzeugt die **Basisvorspannung** U_{BE} (etwa 0,7 V) und stellt den Ruhe-Arbeitspunkt A des Transistors ein. Am Verstärkereingang wird der Transistor mit einer Sinusspannung, z. B. von $\hat{\check{u}}_1$ = 50 mV, angesteuert (Oszillogramm 1). Diese Wechselspannung $U_{1\sim}$ überlagert die Basisvorspannung U_{BE}, d. h., es entsteht eine Mischspannung mit einem Gleich- und Wechselanteil **(Oszillogramm 2)**. Die Basis-Emitter-Spannung U_{BE} ändert sich um ΔU_{BE} im Rhythmus der zu verstärkenden Wechselspannung und schwankt z. B. um den Gleichspannungswert U_{BE} = 0,7 V von Arbeitspunkt A1 nach A2 (Bild 2). Bei ansteigender Spannung U_{BE} steigt im gleichen Verhältnis der Basisstrom I_B und somit der Kollektorstrom I_C. Der Lastwiderstand R_c (Arbeitswiderstand) setzt die Kollektorstromänderungen in Änderungen des Spannungsabfalls um. Mit steigender Eingangsspannung wandert der Arbeitspunkt auf der Arbeitsgeraden von A nach A1, die Kollektor-Emitterspannung U_{CE} wird kleiner. Danach verschiebt sich der Arbeitspunkt von A1 über den Ruhe-Arbeitspunkt A nach A2. Die entstehende Spannung U_{CE} ist wie U_{BE} eine Mischspannung und ändert sich gegenphasig um den Gleichspannungswert U_{CE} mit ΔU_{CE} **(Oszillogramm 3)**.

Bei der Emitterschaltung sind Eingangswechselspannung $U_{1\sim}$ und Ausgangswechselspannung $U_{2\sim}$ invertiert[1], also um 180° phasenverschoben.

Bei richtiger Dimensionierung der Schaltung erzeugt die Änderung von U_{BE} um ΔU_{BE} eine unverzerrte und wesentlich größere Änderung von U_{CE} um ΔU_{CE} (Bild 2). Die Eingangswechselspannung $U_{1\sim}$ wird zu $U_{2\sim}$ verstärkt (Oszillogramm 4).

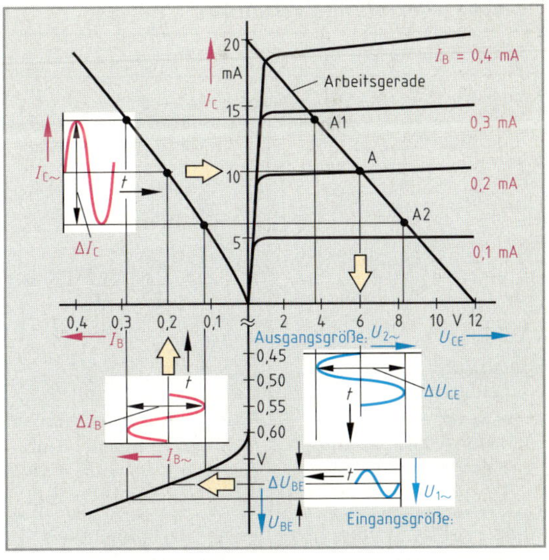

Bild 2: Verstärkungsvorgang einer Wechselspannung im Vierquadranten-Kennlinienfeld

[1] invertere (lat.) = umkehren, umwenden

Damit sich bei Erwärmung des Transistors der Ruhe-Arbeitspunkt A nicht verschiebt, setzt man den **Emitterwiderstand** R_E zur Arbeitspunktstabilisierung ein **(Stromgegenkopplung)**.

Der Kondensator C_E mit großer Kapazität schließt bei hohen Frequenzen ($X_C \rightarrow 0\ \Omega$) R_E nahezu kurz und legt den Emitteranschluss wechselstrommäßig auf Masse. Eine Stromgegenkopplung wird somit für die Wechselspannung unterbunden. Der **Koppelkondensator** C1 trennt die Signalquelle vom Gleichstromkreis und überträgt nur Wechselstromsignale. Wechselstromsignal und Basisspannung ergeben die Mischspannung. Der Koppelkondensator C2 koppelt die verstärkte Ausgangswechselspannung aus, d. h., er trennt den Gleichspannungsanteil ab.

Versuch 2: Steuern Sie den Transistor absichtlich falsch an, nämlich:

a) Verschieben Sie dazu den Arbeitspunkt mit R1 so, dass U_C = 3 V beträgt, und oszilloskopieren Sie $U_{2\sim}$.
Der Ruhe-Arbeitspunkt ist falsch eingestellt. Es tritt bei einer Halbwelle von $U_{2\sim}$ *Übersteuerung auf* **(Bild 1)**.

b) Stellen Sie U_C = 6 V ein, erhöhen Sie die Eingangsspannung auf $\hat{u}_1$ = 250 mV; oszilloskopieren Sie $U_{2\sim}$.

Der Transistor ist übersteuert. Wegen der nichtlinearen Eingangskennlinie treten Verzerrungen der Ausgangsspannung auf **(Bild 2)**.

Versuch 3: Entfernen Sie in der Schaltung des Versuchs 1 den Kondensator C_E, messen sie $U_{2\sim}$, bestimmen Sie V_u.
Bei $U_{2\sim}$ = 150 mV *beträgt die Spannungsverstärkung* V_u = 4,3. *Ohne* C_E *tritt eine Stromgegenkopplung auf. Dadurch sinkt die Spannungsverstärkung.*

Ein Verstärker arbeitet unverzerrt, wenn Ruhe-Arbeitspunkt und Aussteuergrenze im linearen Bereich der Eingangskennlinie liegen. Am Ausgang ist eine maximale Wechselspannungsänderung möglich, wenn der Arbeitspunkt im Ausgangskennlinienfeld auf $U_{CE} = U_b/2$ eingestellt wird **(Bild 3)**.

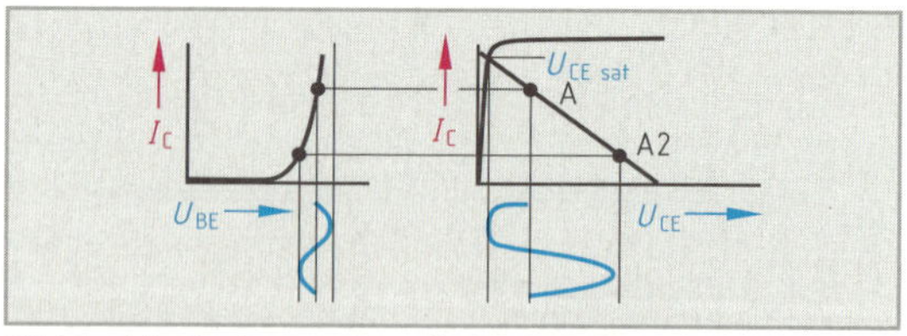

Bild 1: Falsch eingestellter Ruhe-Arbeitspunkt A

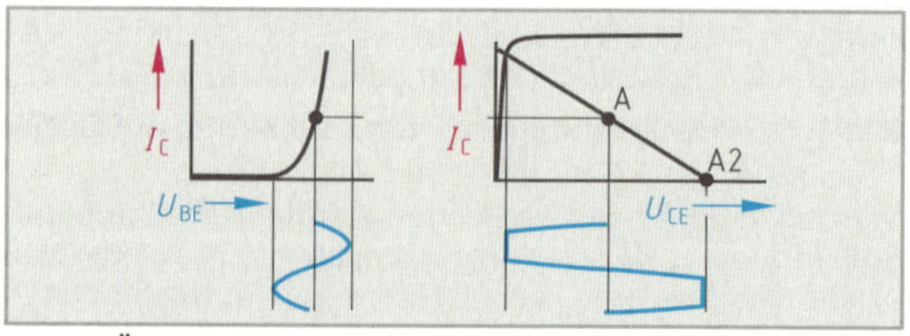

Bild 2: Übersteuerter Transistor

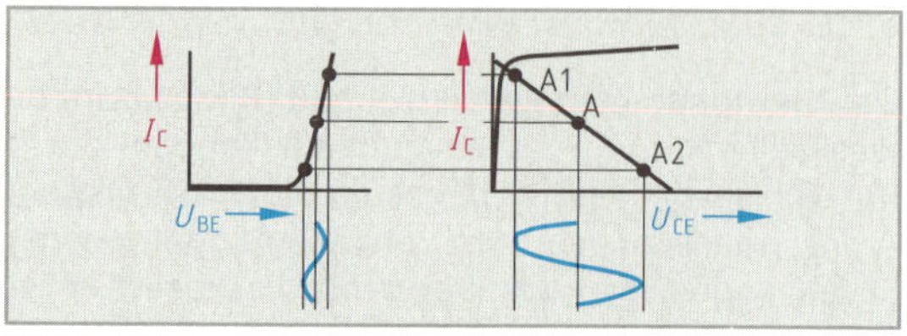

Bild 3: Richtiges Ansteuern des Transistors

8.10.3 Mehrstufiger Verstärker

Reicht die Verstärkung eines Transistors nicht aus oder will man besondere Eigenschaften von Verstärkerstufen gemeinsam nutzen, werden mehrere Stufen hintereinander geschaltet **(Tabelle)**.

Tabelle: Mehrstufige Verstärker			
Gleichstromkopplung		Wechselstromkopplung	
Gleichgrößen und Wechselgrößen werden verstärkt.		Nur Wechselgrößen werden verstärkt.	
NPN-NPN-Kopplung	Darlington-Verstärker	C-Kopplung	Übertragerkopplung
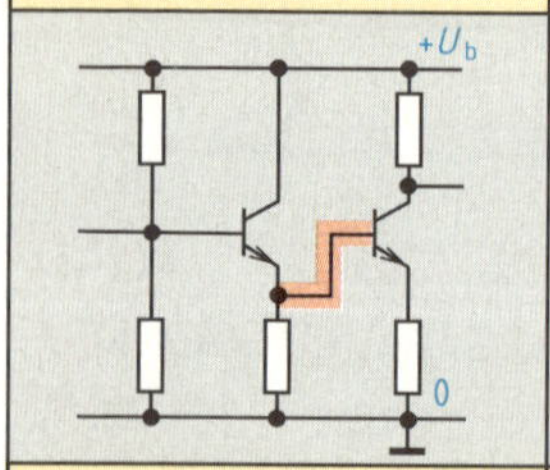	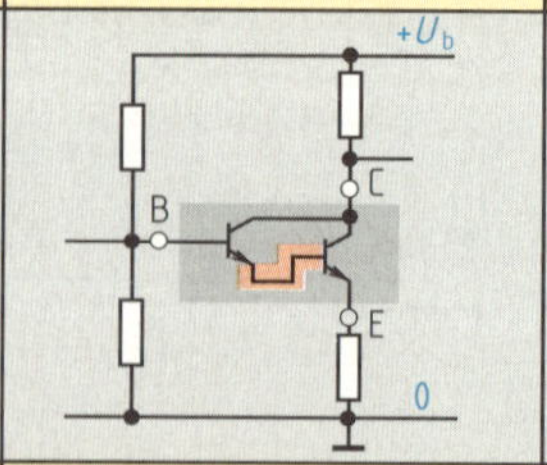	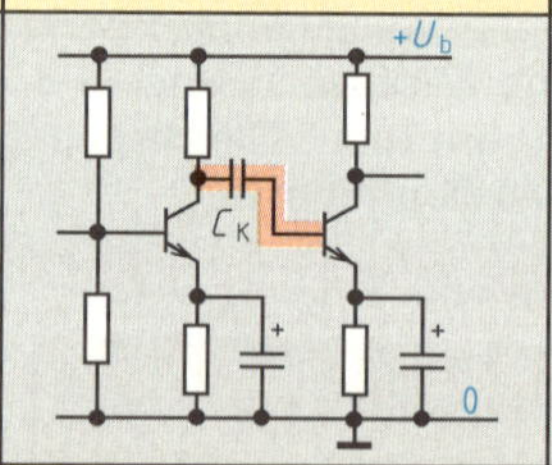	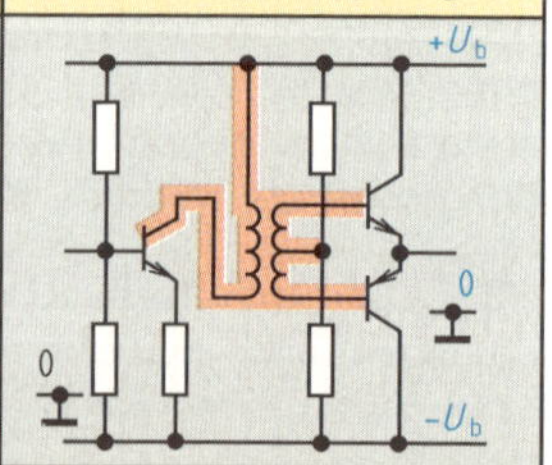
Eine Kollektorschaltung und eine Emitterschaltung sind gekoppelt.	Zwei NPN-Transistoren sind in einem Gehäuse direkt gekoppelt. Man erhält eine hohe Stromverstärkung.	Der Kondensator C_K trennt gleichstrommäßig die beiden Verstärkerstufen.	Der Übertrager trennt die Verstärkerstufen gleichstrommäßig und passt sie gegenseitig an.
Durch direkte Kopplung der beiden Verstärkerstufen sind die Arbeitspunkte voneinander abhängig.		Durch gleichstrommäßige Trennung der beiden Verstärkerstufen sind die Arbeitspunkte voneinander unabhängig und getrennt einstellbar.	

8.10.4 Verstärkerschaltungen mit Feldeffekt-Transistoren

Feldeffekttransistoren (FET) lassen sich im Gegensatz zum bipolaren Transistor fast leistungslos ansteuern, d.h. fast ohne Gatestrom. Der FET hat einen sehr hohen Eingangswiderstand und eignet sich besonders gut als NF-Verstärker **(Bild 1** und **Bild 2)**. Durch seine kleine Eingangskapazität ist er auch im HF-Bereich einsetzbar. Das Hauptanwendungsgebiet der FET-Technologie liegt jedoch in den integrierten Schaltungen.

Die **Arbeitspunkteinstellung** erfolgt meist ähnlich wie bei bipolaren Transistoren. Beim selbstsperrenden N-Kanal-IG-FET (Bild 1) stellt der Spannungsteiler R1 und R2 die **Gate-Vorspannung** $U_{GS} = U_{R2} - U_{RS}$ ein. Der N-Kanal-J-FET (Bild 2) erhält eine automatische Erzeugung der Gate-Vorspannung $U_{GS} = -U_{RS}$ über den Sourcewiderstand R_S, der auch gleichzeitig zur Stabilisierung des Arbeitspunktes dient. Der Widerstand R_G lässt die auf das Gate gelangten Wechselladungen schneller wieder abfließen.

Am häufigsten wird die Sourceschaltung verwendet. Sie entspricht der Emitterschaltung beim bipolaren Transistor. **Bild 3** zeigt das Prinzip der Wechselspannungsverstärkung mit einem Sperrschicht-Feldeffekttransistor (J-FET) in **Sourceschaltung** und das Zusammenwirken der Übertragungskennlinie und der Ausgangskennlinie. Eine wichtige Kenngröße ist die **Steilheit** S der Übertragungskennlinie. Je steiler die Kennlinie, desto größer ist die Spannungsverstärkung V_u **(Tabelle)**. Die Steilheit und der Drainwiderstand ermöglichen die Berechnung der Wechselspannungsverstärkung. Da die Übertragungskennlinie einen fast linearen Verlauf hat, verstärkt der J-FET im Kleinsignalbereich unverzerrt. Über den Koppelkondensator C1 wird dem Verstärker die Eingangswechselspannung aus der Signalquelle zugeführt (Bild 2). Der Kondensator C2 dient der Auskopplung des Signals bzw. der Ankopplung an die nachfolgende Verstärkerstufe. R_S stabilisiert den Arbeitspunkt. C_S überbrückt R_S für die Signalwechselspannung.

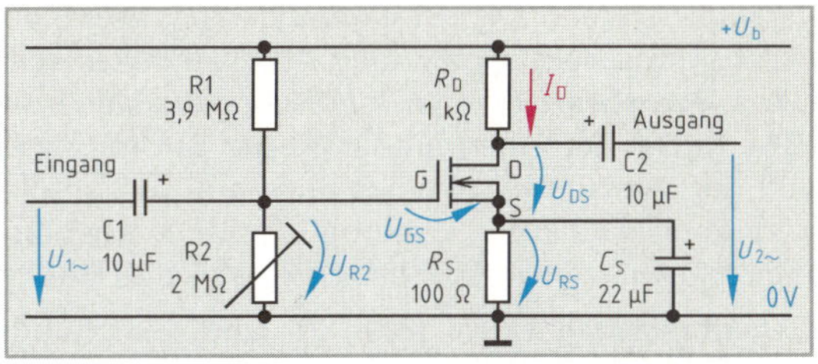

Bild 1: NF-Verstärker mit selbstsperrendem IG-FET

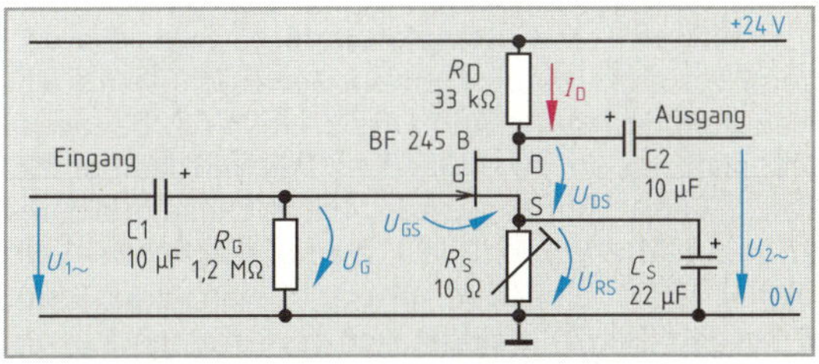

Bild 2: NF-Verstärker mit J-FET in Sourceschaltung

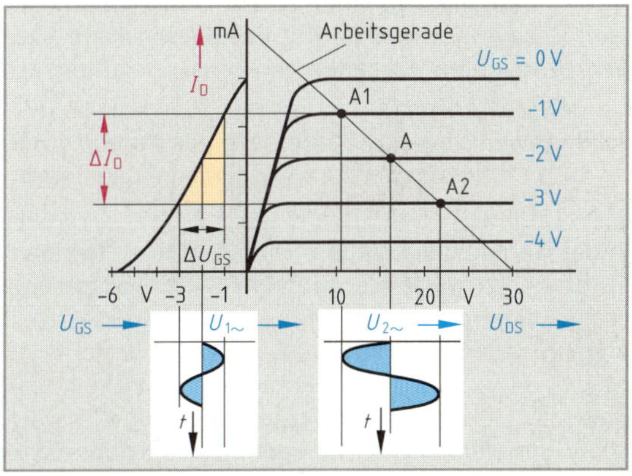

Bild 3: Wechselspannungsverstärker mit J-FET

S Steilheit
ΔI_D Drainstromänderung
ΔU_{GS} Gate-Source-Spannungsänderung
R_D Drainwiderstand
V_u Spannungsverstärkungsfaktor

$$S = \frac{\Delta I_D}{\Delta U_{GS}}$$

$$V_u = S \cdot R_D$$

Tabelle: Kennwerte von Verstärkergrundschaltungen mit Feldeffekttransistoren

Schaltungsname	Source-Schaltung	Drain-Schaltung	Gate-Schaltung
Schaltungsbeispiel	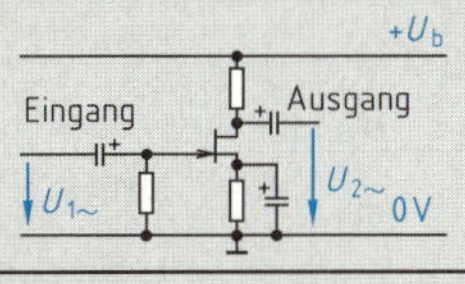	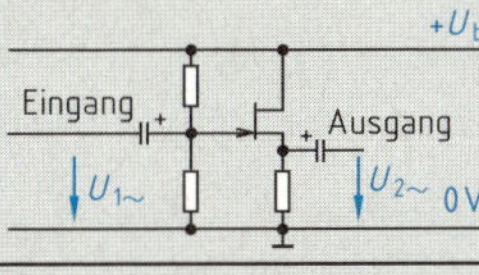	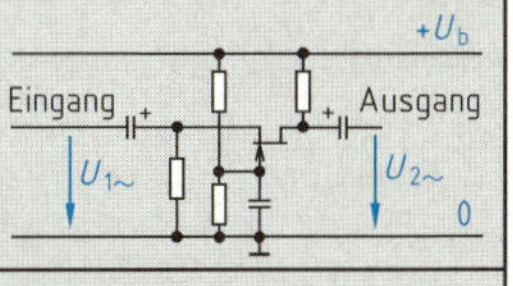
Spannungsverstärkungsfaktor V_u	mittel, z.B. 15	klein, ≈ 1	mittel, z.B. 15
Eingangswiderstand	groß, z.B. 1 MΩ	groß, z.B. 1 MΩ	klein, z.B. 500 Ω
Ausgangswiderstand	groß, z.B. 20 kΩ	klein, z.B. 500 Ω	groß, z.B. 20 kΩ
Phasenlage von $U_{1\sim}$ zu $U_{2\sim}$	gegenphasig, 180°	gleichphasig	gleichphasig

8.10.5 Leistungsverstärker

Verstärkerstufen, z. B. NF-Vorverstärker, bestehen aus einer Transistorgrundschaltung mit der Arbeitspunkteinstellung $U_{CE} = U_b/2$. Diese **Betriebsart** mit symmetrischer Aussteuerung heißt **A-Betrieb (Bild 1)**. Der Transistor entnimmt der Stromversorgung unabhängig von der Ansteuerung immer ungefähr den gleichen Kollektorstrom und damit die gleiche Leistung. Der Wirkungsgrad liegt bei 20% bis maximal 45%. Das ist bei batteriegespeisten Geräten von Nachteil.

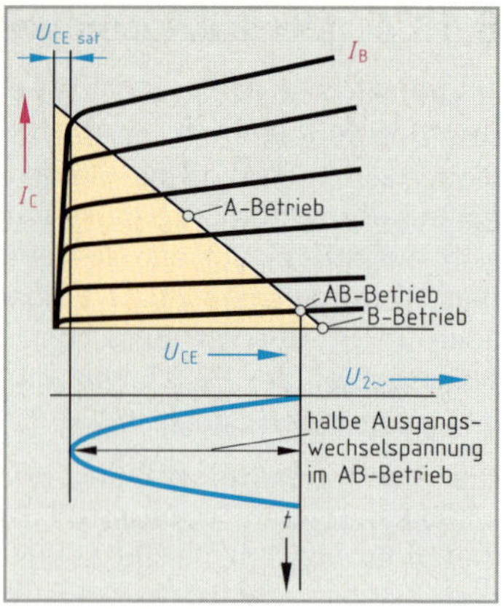

Bild 1: Betriebsarten

Gegentaktschaltungen (Bild 2) sind Schaltungen, die sich zur Leistungsverstärkung gut eignen, z. B. in **Endstufen** mit Leistungen bis 100 W. Außerdem sind die Verzerrungen klein. Wesentlich sind bei Gegentaktstufen zwei **komplementäre**[1] **Transistoren** mit ungefähr gleichen Verstärkereigenschaften. Jeder Transistor ist nur während einer Halbperiode leitend und verstärkt. Der Arbeitspunkt wird bei beiden Transistoren so gewählt, dass nur ein kleiner **Kollektor-Ruhestrom** fließt, wenn nicht angesteuert wird. Diese meist verwendete Betriebsart heißt **AB-Betrieb** (Bild 1) und ermöglicht bei einem Wirkungsgrad bis zu 78% einen verzerrungsfreien Verstärkungsvorgang. Beim **B-Betrieb** (Bild 1) befindet sich der Arbeitspunkt am unteren Ende der Arbeitsgeraden. Hierbei fließt kein Ruhestrom. Der Arbeitspunkt muss in der Eingangskennlinie zuerst den nichtlinearen Bereich durchlaufen, bevor ein Kollektorstrom fließen kann. Das führt beim Übergang von einem zum anderen Transistor zu Verzerrungen.

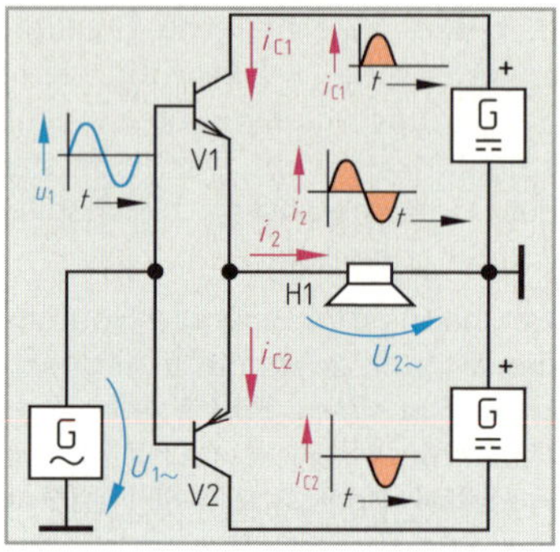

Bild 2: Gegentaktstufe in AB-Betrieb

> Gegentaktschaltungen haben einen hohen Wirkungsgrad, einen großen Eingangs- und einen kleinen Ausgangswiderstand.

In der Gegentaktschaltung (Bild 2) mit AB-Betrieb liegt ein NPN-Transistor an der positiven und ein PNP-Transistor an der negativen Betriebsspannung. Dabei ist $I_{2\sim} = 0$. Wird mit der Wechselspannung $U_{1\sim}$ angesteuert, so ist in der positiven Halbperiode V1 leitend und in der negativen V2. Am Lautsprecher entsteht die verstärkte Wechselspannung $U_{2\sim}$. In der Gegentaktschaltung **(Bild 3)** wird nur eine Betriebsspannung verwendet. Die Ladung des Kondensators C2, an dem ungefähr die halbe Betriebsspannung liegt, wirkt wie eine negative Betriebsspannung. Während der ersten Halbperiode ist V1 leitend und lädt den Kondensator C2 über R_L kurzzeitig auf. In der zweiten Halbperiode ist V2 leitend und entlädt C2 nur wenig über R_L. Durch das Laden und Entladen von C2 entsteht an R_L eine Wechselspannung.

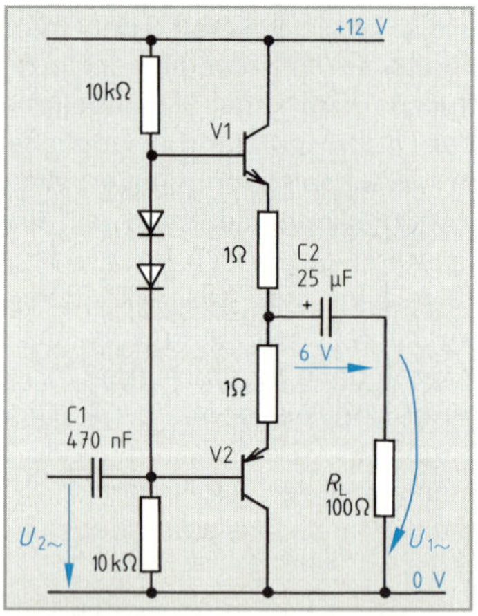

Bild 3: Gegentaktschaltung mit nur einer Betriebsspannung

Voraussetzung für große Ausgangsleistungen von Verstärkern sind große Kollektorströme, die durch die Transistoren am Verstärkerausgang fließen. Große Kollektorströme erfordern aber auch entsprechend große Basisströme. Der Leistungsendstufe werden daher häufig Verstärker vorgeschaltet, welche die erforderlichen höheren Basisströme für die Endstufe erzeugen.

Wiederholungsfragen

1. **Welche Größen stellen den Arbeitspunkt eines bipolaren Transistors ein?**
2. **Warum müssen bipolare Transistoren in Verstärkerstufen eine Basis-Vorspannung haben?**
3. **Woran erkennt man eine Emitter-Schaltung, Kollektorschaltung und Basisschaltung?**
4. **Welche Aufgabe erfüllen die Koppelkondensatoren in einer Verstärkerschaltung?**
5. **Wie wird bei einem N-Kanal-J-FET die Gate-Vorspannung erzeugt?**
6. **Warum verwendet man in Verstärkerendstufen Gegentaktschaltungen?**

[1] komplementär = ergänzend; hier sind NPN- und PNP-Transistor aufeinander abgestimmt

8.10.6 Operationsverstärker

Operationsverstärker (Kurzform: **OpAmp**[1] oder **OP)** werden in integrierter Technik als ICs hergestellt, haben meist kleine Abmessungen und werden vielfältig verwendet.

Einsatz- und Anwendungsbereich. In der Steuerungs- und Regelungstechnik dienen sie z. B. als Soll-Istwert-Vergleicher, als Regler und in der Messtechnik z. B. als Messverstärker mit großem Eingangs-Innenwiderstand. Sie werden ferner in der Digitaltechnik für Kippschaltungen, Digital-Analog-Umsetzer und Schwellwertschalter eingesetzt sowie als NF-Vor- und NF-Endverstärker, Konstantstrom- und Konstantspannungserzeuger.

Aufbau des Operationsverstärkers. Operationsverstärker bestehen aus mehreren Verstärkerstufen, die direkt gekoppelt sind. Die Eingangsstufe ist immer ein Differenzverstärker, die Treiberstufe ein Spannungsverstärker und die Endstufe meist ein Gegentaktverstärker **(Bild 1)**.

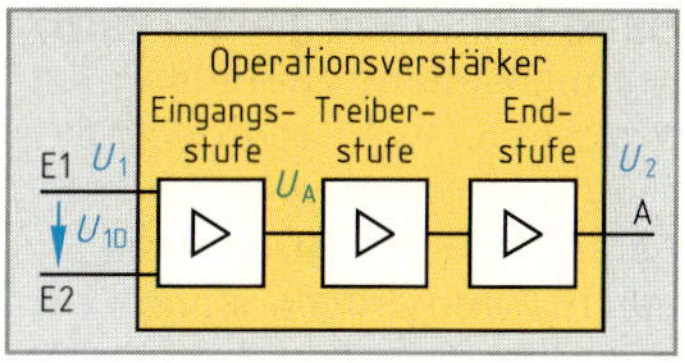

Bild 1: Blockschaltbild eines Operationsverstärkers

Wirkungsweise der Eingangsverstärkerstufe. In der Differenzverstärkerstufe **(Bild 2)** wird eine positive und negative Betriebsspannung verwendet. Beide Transistoren erhalten die Emitterströme aus dem gemeinsamen Konstantstromerzeuger. Die Arbeitspunkte der Transistoren sind so gelegt, dass bei $U_1 = 0$ die Emitterströme I_1 und I_2 und damit auch die Kollektorströme gleich groß sind: dann ist $U_A = 0$. Liegt an E1 von V1 eine positive Steuerspannung U_{11}, leitet V1 mehr. Dadurch fließt durch V2 weniger Strom: I_1 wird größer und I_2 im gleichen Verhältnis kleiner. Hierbei ist die Summe $I_1 + I_2$ konstant. Der Kollektor von V2 wird mehr positiv. Die positive Eingangsspannung U_{11} führt zu einer negativen Ausgangsspannung U_A. Beim Ansteuern von V2 über E2 mit einem positiven Eingangssignal U_{12} nimmt das Potential am Kollektor von V2 einen negativen Wert an (Bild 2). Es entsteht eine positive Spannung U_A am Ausgang des Differenzverstärkers. Dem Differenzverstärker folgt eine Treiberstufe und eine Endstufe.

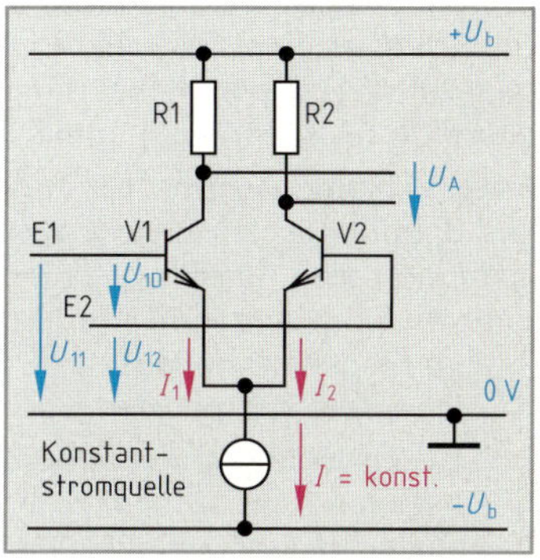

Bild 2: Prinzip einer Differenzverstärkerstufe (Eingangsstufe)

Anschlüsse des Operationsverstärkers. Der Eingang **E1** heißt **invertierender**[2] **Eingang,** da er eine Vorzeichenänderung der Spannung bewirkt. Er wird im Schaltplan mit einem Minuszeichen und der **nichtinvertierende Eingang E2** mit einem Pluszeichen gekennzeichnet **(Bild 3).** Die Ausgangsspannung U_2 misst man zwischen Ausgang und dem gemeinsamen Anschluss (Masse) beider Betriebsspannungen, die zwischen ± 2 V und ± 18 V liegt. Es ist üblich, bei den Schaltzeichen für Operationsverstärker nur die beiden Eingänge und den Ausgang darzustellen (Bild 3).

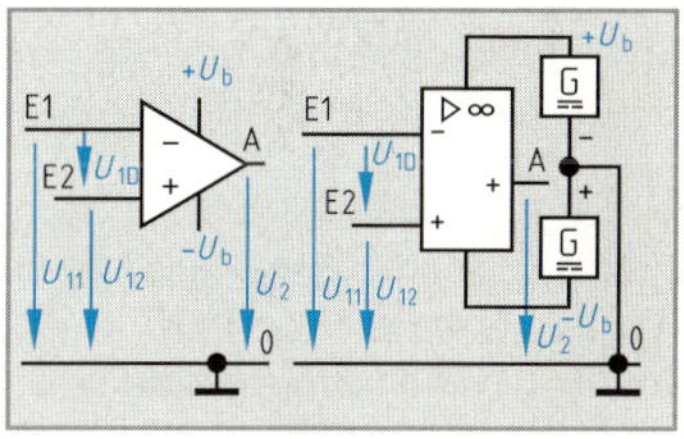

Bild 3: Schaltzeichen und Symbol

Kennwerte des Operationsverstärkers. Operationsverstärker haben nahezu ideale Verstärkereigenschaften **(Tabelle)** und verstärken sowohl Gleichspannung als auch Wechselspannung. Eine positive Eingangsspannung U_{11} ($U_{11} > U_{12}$), ergibt am Ausgang des Operationsverstärkers eine negative Ausgangsspannung U_2 und umgekehrt (Bild 2). Das Verstärkerverhalten eines Operationsverstärkers wird durch seine Steuerkennlinie **(Bild 4)** dargestellt. Der Operationsverstärker ist schon bei Differenzeingangsspannungen z. B. unter – 0,15 mV und über + 0,15 mV in der Sättigung. Zwischen diesen beiden Werten wird linear verstärkt. Unterhalb bzw. oberhalb des Aussteuerbereichs ist der Operationsverstärker übersteuert und liefert am Ausgang annähernd + U_b oder – U_b.

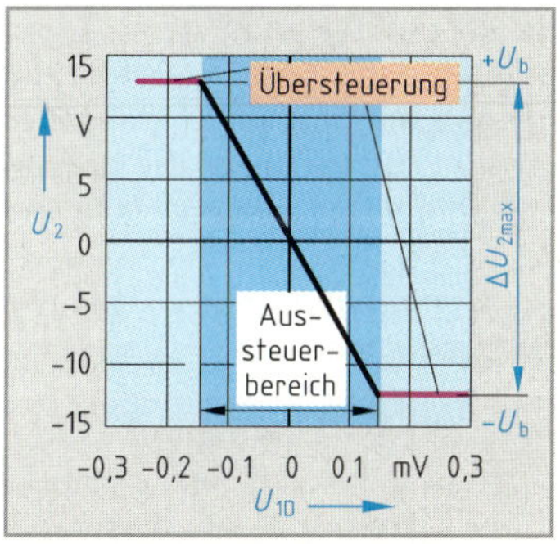

Bild 4: Steuerkennlinie des OP

Tabelle: Kennwerte des OP (abhängig vom Typ)

hohe Verstärkung	$V_0 \approx 10^3 \dots 10^6$
großer Eingangswiderstand	$Z_E \approx 10^5 \dots 10^{14}\,\Omega$
kleiner Ausgangswiderstand	$Z_A \approx 10 \dots 200\,\Omega$
Ausgangsstrom	I_{Amax} bis 100 mA

[1] operation amplifier (engl.) = Arbeitsverstärker
[2] invertere (lat.) = umwenden, umkehren

Nullspannungsabgleich (Offset[1]-Kompensation). Bei OPs ohne Kompensationsmaßnahme ist die Ausgangsspannung U_2 nicht exakt null, auch wenn die Differenz-Eingangsspannung $U_{1D} = 0$ ist. Die Ausgangsspannung entsteht durch Unsymmetrien bedingt, z. B. durch ungleiche Stromverstärkungsfaktoren der Transistoren. Durch einen Trimmerwiderstand R_T kann über die Eingangs-Offset-Spannung der Ausgang auf $U_2 = 0$ abgeglichen werden **(Bild 1)**. Beim modernen BI-MOS[2]-Operationsverstärker CA 3140 beträgt die Eingangsfehlspannung (Eingangs-Offset-Spannung) max. 5 mV und kann mit einem 100-kΩ-Potentiometer kompensiert werden. Der Typ CA 3140 hat eine MOS-FET-Eingangsstufe und eine bipolare Ausgangsstufe **(Tabelle)**. Er hat die gleiche Pin-Belegung **(Bild 2)** wie der ältere OP µA 741 (Bild 1) und kann ihn direkt ersetzen.

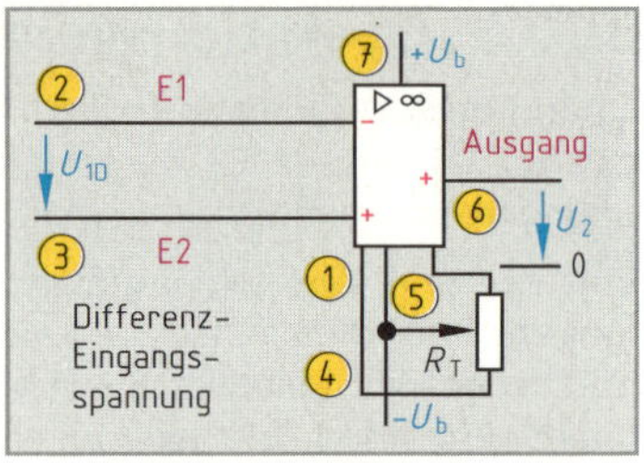

Bild 1: Operationsverstärker µA 741 mit Offset-Abgleich

Tabelle: Kennwerte CA 3140 (CMOS)

Betriebsspannung	± 2 V ... ± 18 V
Gesamtverlustleistung	630 mW
Offsetspannung	5 mV
Umgebungstemperatur	– 55 ... + 125 °C
Spannungsverstärkung	100 000
Eingangswiderstand	$1{,}5 \cdot 10^{12}\ \Omega$
Ausgangswiderstand	60 Ω
Ausgangsstrom	20 mA
Anstiegsgeschwindigkeit	9 V/µs
Frequenzkompensation	intern
kurzschlussfest	ja

Frequenzkompensation. Mit zunehmender Frequenz nimmt die Leerlauf-Spannungsverstärkung V_0 ab. Zusätzlich erfährt die Ausgangsspannung eine Phasenverschiebung, d.h., der OP neigt zu hochfrequenten Schwingungen. Moderne OPs, z. B. der CA 3140, haben eine interne Frequenzkompensation, dagegen werden ältere OPs, z. B. der µA 709, extern kompensiert.

Operationsverstärker mit äußerer Beschaltung. Operationsverstärker lassen sich nur als Verstärker einsetzen, wenn der hohe Spannungsverstärkungsfaktor auf die benötigten Verstärkungswerte herabgesetzt wird. Durch äußere Beschaltung mit Bauteilen, meist Widerständen und Kondensatoren, passt sich ein OP an nahezu jede gewünschte Funktion an.

Eine **Rückkopplung** entsteht, wenn ein Teil der Ausgangsspannung durch eine elektrische Verbindung auf den Eingang zurückgeführt wird **(Bild 3)**.

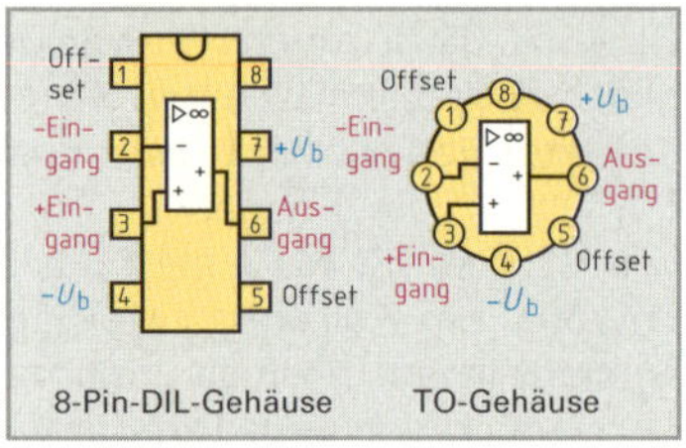

Bild 2: Pinbelegung des CA 3140

> Ist das Signal **gegenphasig,** liegt eine **Gegenkopplung** vor (z. B. beim invertierenden OP). Erfolgt die Rückführung **gleichphasig,** besteht eine **Mitkopplung** (z. B. beim Schmitt-Trigger).

Invertierender Verstärker (Umkehrverstärker). Beim invertierenden OP (Bild 3) wird ein Teil der Ausgangsspannung regelnd über den Rückkopplungswiderstand R_K auf den invertierenden Eingang zurückgeführt. Eine positive Eingangsspannung U_e lässt die Differenzeingangsspannung auf U_{1D} ansteigen. U_{1D} wird mit der Spannungsverstärkung V_0 verstärkt. Die negative Ausgangsspannung U_a steigt entsprechend der slew-rate[3] (Anstiegsgeschwindigkeit von U_a zwischen 0,5 und 600 V/µs) schnell an und verkleinert U_{1D} über den Widerstand R_K. U_a nimmt solange zu, bis U_{1D} praktisch zu null geworden und der OP ausgeregelt ist.

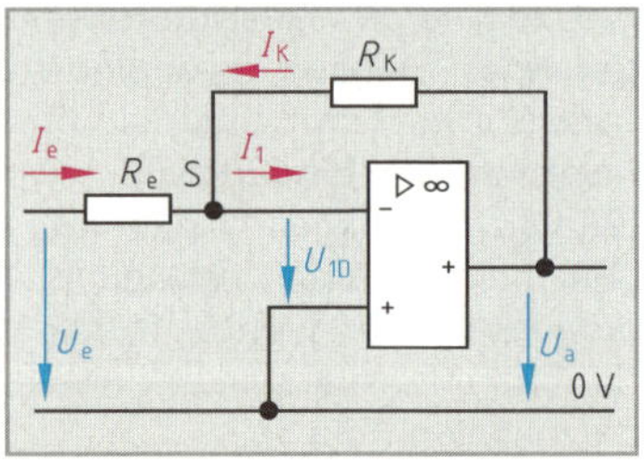

Bild 3: Invertierender Verstärker

> Für die Berechnung von OP-Schaltungen mit Gegenkopplung ergeben sich somit zwei wichtige Festlegungen:
> 1. Differenzeingangsspannung $U_{1D} \approx 0\,V$
> 2. Eingangsruhestrom ist vernachlässigbar klein, $I_1 \approx 0\,A$

$$U_a = -\frac{R_K}{R_e} \cdot U_e$$

$$V = \frac{U_a}{U_e} = -\frac{R_K}{R_e}$$

Da die Differenzeingangsspannung $U_{1D} \approx 0$ V ist, liegt der Eingang E1 mit seinem Stromsummenpunkt (virtueller[4] Massepunkt) S praktisch auf dem gleichen Massepotential wie der nichtinvertierende Eingang E2 (Bild 3). Daher gilt $I_K + I_e = 0$ bzw. $I_K = -I_e$. Mit $I_K = U_a/R_K$ und $I_e = U_e/R_e$ ergibt sich der Verstärkungsfaktor V aus dem Widerstandsverhältnis R_K/R_e.

V Spannungsverstärkungsfaktor
U_a Ausgangsspannung
U_e Eingangsspannung
R_K Rückkopplungswiderstand
R_e Widerstand am invertierenden Eingang

[1] to offset (engl.) = abziehen, weggehen
[2] BI-MOS = **Bi**polar-**M**etal-**O**xid-**S**emiconductor
[3] slew-rate (engl.) = Anstiegsgeschwindigkeit
[4] virtuell = scheinbar

Der **nichtinvertierende Verstärker (Bild 1)** hat einen sehr großen Eingangswiderstand, z. B. 10 MΩ, und einen wesentlich kleineren Ausgangswiderstand, z. B. 0,1 Ω. Die Eingangsspannung U_e und die Ausgangsspannung U_a haben gleiche Vorzeichen. Der nichtinvertierende Verstärker ist deshalb als Messverstärker gut geeignet. In der Schaltung Bild 1 ist (mit der Näherung $U_{1D} \approx 0$ und $I_1 \approx 0$) der Spannungsteiler an der Gesamtspannung U_a und der Teilspannung U_e aus den Widerständen R_K und R_Q nahezu unbelastet.

Es gilt daher:

Für nichtinvertierende Verstärker

mit $I_1 \approx 0$ ergibt sich $I_K = I_Q$

für $I_K = \dfrac{U_a}{R_Q + R_K}$ und $I_Q = \dfrac{U_e}{R_Q}$ gleichgesetzt

folgt $\dfrac{U_a}{R_Q + R_K} = \dfrac{U_e}{R_Q}$; $\Rightarrow$ $U_a = U_e \cdot \left(1 + \dfrac{R_K}{R_Q}\right)$

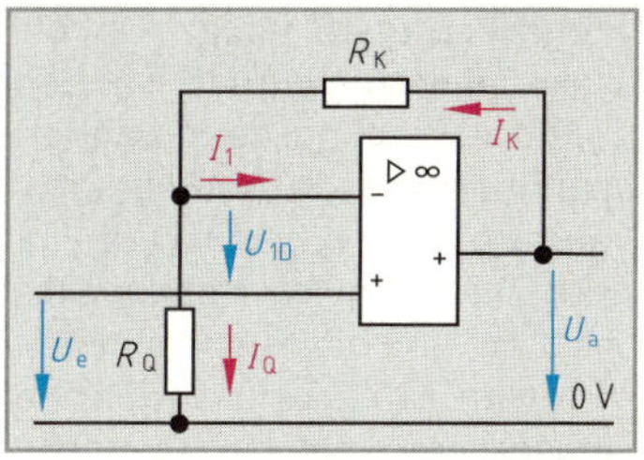

Bild 1: Nichtinvertierender Verstärker

$$U_a = U_e \cdot \left(1 + \frac{R_K}{R_Q}\right)$$

R_Q Querwiderstand
R_K Rückkopplungswiderstand
U_e Eingangsspannung

Summierverstärker (Addierverstärker) addieren und verstärken mehrere Eingangsspannungen. Zwischen gleichphasigen Eingangsspannungen und der Ausgangsspannung ist eine Phasenverschiebung von 180° vorhanden **(Bild 2)**. Summierverstärker werden z. B. in der Regelungstechnik verwendet.

Für Summierverstärker

$I_{e1} + I_{e2} + I_K = 0$; $\Rightarrow$ $I_{e1} + I_{e2} = -I_K$

mit $I_{e1} = \dfrac{U_{e1}}{R_{e1}}$ bzw. $I_{e2} = \dfrac{U_{e2}}{R_{e2}}$ und $I_K = \dfrac{U_a}{R_K}$ eingesetzt

ergibt sich $\dfrac{U_{e1}}{R_{e1}} + \dfrac{U_{e2}}{R_{e2}} = -\dfrac{U_a}{R_K}$; $\Rightarrow$ $U_a = -R_K \cdot \left(\dfrac{U_{e1}}{R_{e1}} + \dfrac{U_{e2}}{R_{e2}}\right)$

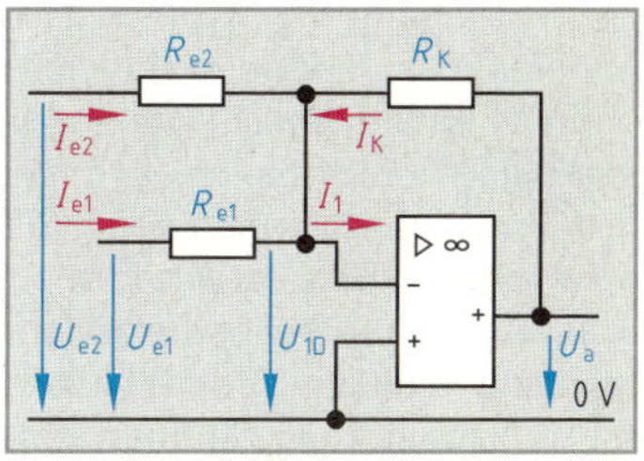

Bild 2: Summierverstärker

$$U_a = -R_K \cdot \left(\frac{U_{e1}}{R_{e1}} + \frac{U_{e2}}{R_{e2}}\right)$$

R_{e1}, R_{e2} Widerstände am invertierenden Eingang
U_{e1}, U_{e2} Eingangsspannungen

Impedanzwandler (Spannungsfolger). Beim Impedanzwandler hat die Ausgangsspannung U_a dieselbe Größe wie die Eingangsspannung U_e **(Bild 3)**. Der Eingangswiderstand ist sehr hoch und der Ausgangswiderstand niedrig ($R_K = 0$ und $R_Q = \infty$). Dieser „Widerstandswandler" wird dort eingesetzt, wo Signale aufzubereiten sind, ohne die hochohmige Signalquelle zu belasten. Der Impedanzwandler formt den hohen Innenwiderstand einer Signalquelle in einen sehr kleinen Widerstand um.

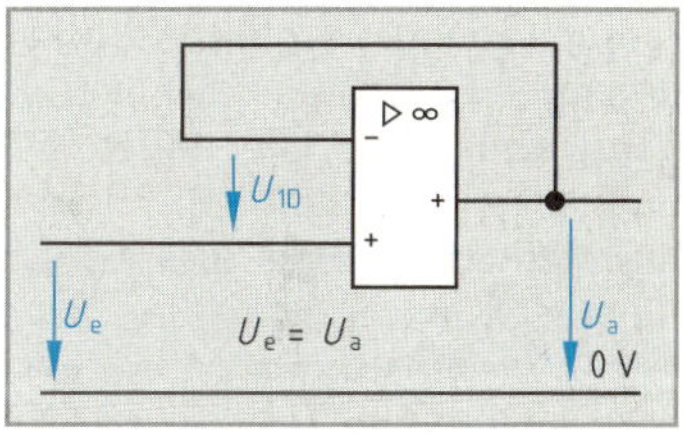

Bild 3: Impedanzwandler

Subtrahierverstärker (Differenzverstärker). Operationsverstärker, die als Differenzverstärker geschaltet sind **(Bild 4)**, haben in der Messtechnik große Bedeutung. Sie werden z. B. bei elektronischen Temperaturmessungen eingesetzt, um die Differenzspannung einer Brückenschaltung zu verstärken. Häufig wählt man beim Subtrahierverstärker $R_1 = R_e$ und $R_2 = R_K$.

Mit der Näherung $I_1 \approx 0$ und $U_{1D} \approx 0$ ergibt sich:

1. Für $U_{e1} = 0$ $\Rightarrow$ $U_a = U_{R2} \cdot \dfrac{R_e + R_K}{R_e}$ und $U_{R2} = U_{e2} \cdot \dfrac{R_2}{R_1 + R_2}$

$$U_a = U_{e2} \cdot \frac{R_2}{R_1 + R_2} \cdot \frac{R_e + R_K}{R_e}$$

2. Für $U_{e2} = 0$ $\Rightarrow$ $U_a = -U_{e1} \cdot \dfrac{R_K}{R_e}$

Überlagerung: mit $R_1 = R_e$ und $R_2 = R_K$

$$U_a = U_{e2} \cdot \frac{R_2}{R_1 + R_2} \cdot \frac{R_e + R_K}{R_e} - U_{e1} \cdot \frac{R_K}{R_e} \quad \Rightarrow \quad U_a = -(U_{e1} - U_{e2}) \cdot \frac{R_K}{R_e}$$

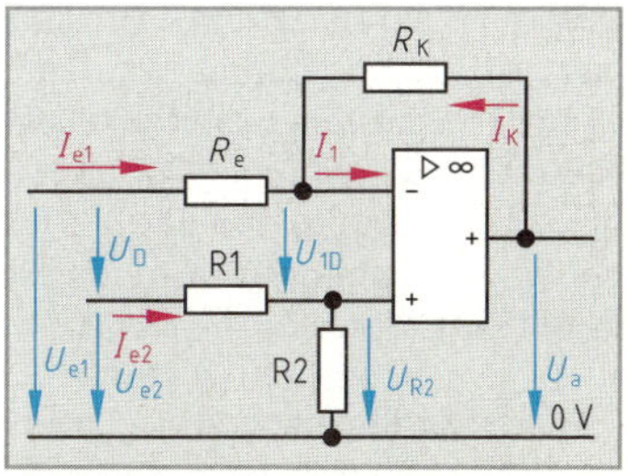

Bild 4: Differenzverstärker

$$U_a = (U_{e2} - U_{e1}) \cdot \frac{R_K}{R_e}$$

Integrierer. Beim Integrierer befindet sich im Gegenkopplungszweig ein Kondensator C_K **(Bild 1b)**. Liegt am Eingang des Integrierers eine konstante Spannung **(Bild 1a)**, wird der Kondensator mit dem Konstantstrom I_e geladen, da I_1 und U_{1D} nahezu null sind. Durch den konstanten Strom von C_K steigt u_c linear an, und die Ausgangsspannung U_a fällt linear ab. Wenn U_e negativ wird, ändert der Strom I_e am Eingang die Richtung: C_K wird umgeladen und u_c steigt linear an **(Bild 1c)**. Bei einer Sinusspannung am Eingang erhält der Ladestrom von C_K auch Sinusform; dadurch wird U_a sinusförmig, jedoch um 90° phasenverschoben (Bild 1c). Die Integrierschaltung verwendet man z.B. zur Erzeugung von Sägezahnspannungen und bei der Digital-Analog-Umwandlung.

Differenzierer. Die Differenzierschaltung **(Bild 2b)** hat im Eingang den Kondensator C_e. Über C_e kann nur ein Strom fließen, wenn sich die Eingangsspannung U_e ändert. Bei starker Änderung der Eingangsspannung entsteht auch ein großer Wert von U_a. Da der OP invertiert, haben positive Flanken des Rechteckimpulses **(Bild 2a)** am Eingang der Differenzierschaltung am Ausgang bei jedem Spannungswechsel steile negative Nadelimpulse zur Folge **(Bild 2c)**. Diese Nadelimpulse können z.B. zum Zünden von Thyristoren verwendet werden. Eine sinusförmige Eingangsspannung U_e (Bild 2a) bewirkt eine sinusförmige, um 90° phasengedrehte Ausgangsspannung U_a (Bild 2c). Steigt U_e kontinuierlich an, ergibt sich am Ausgang eine konstante Spannung U_a.

Komparator. Der OP als Komparator ist ein Spannungsvergleicher, der eine unbekannte Spannung U_x mit einer festeingestellten Spannung U_{ref} (Referenzspannung) vergleicht **(Bild 3a)**. Ist U_x am invertierenden Eingang größer als U_{ref}, entsteht am Ausgang annähernd die negative Betriebsspannung und umgekehrt **(Bild 3b)**.

Konstantspannungs- und Konstantstromerzeuger. Sinkt z.B. in der Schaltung **(Bild 4)** bei Belastung mit R_L die Spannung U_a, so wird die Differenzeingangsspannung U_{1D} größer. Über den OP wird auch U_{1D} verstärkt und lässt U_a wieder ansteigen. Durch diesen Regelungsvorgang wird U_a stabil gehalten. Der Konstantstromerzeuger **(Bild 5)** liefert einen konstanten Laststrom, der mit dem Widerstand R1 einstellbar ist. Arbeitet der Transistor nicht in der Sättigung, ist der Kollektorstrom I_C weitgehend unabhängig vom Lastwiderstand R_L und damit konstant.

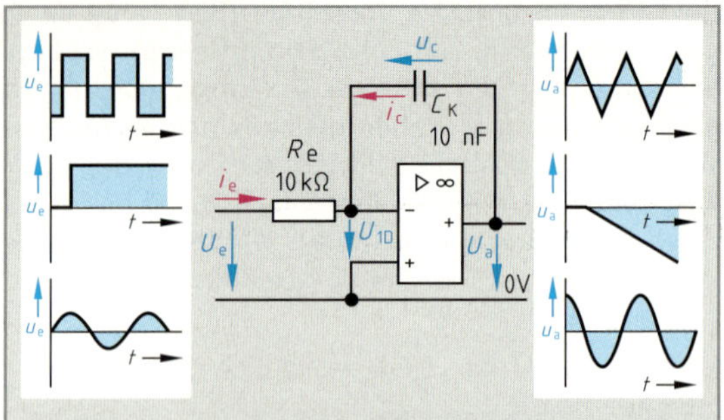

a) Eingangsspannung, b) Schaltung, c) Ausgangsspannung

Bild 1: Operationsverstärker als Integrierer

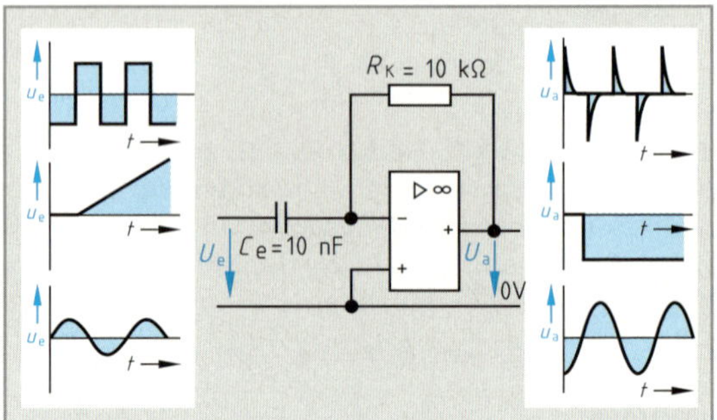

a) Eingangsspannung, b) Schaltung, c) Ausgangsspannung

Bild 2: Operationsverstärker als Differenzierer

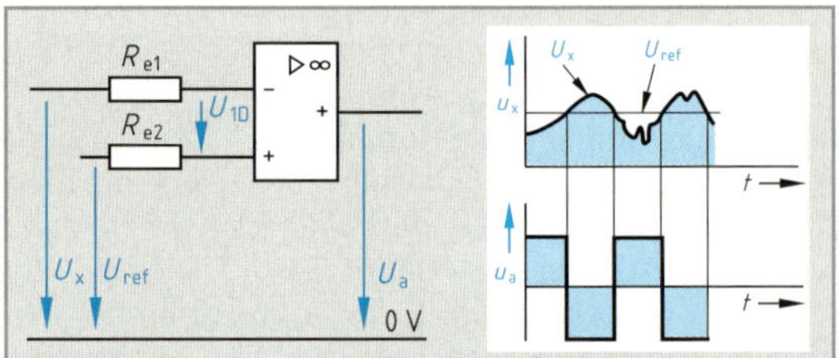

a) Schaltung
b) Spannungsverlauf

Bild 3: Operationsverstärker als Komparator

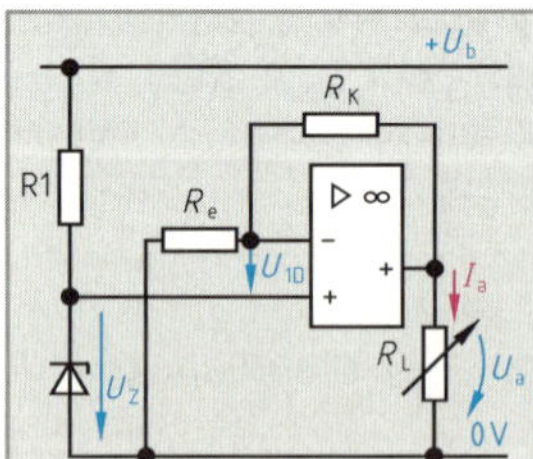

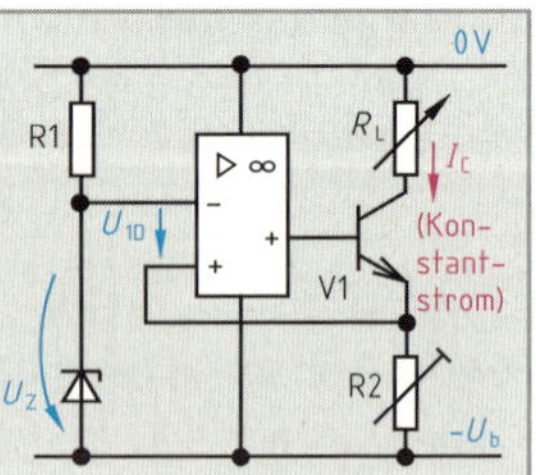

Bild 4: Konstantspannungserzeuger

Bild 5: Konstantstromerzeuger

Wiederholungsfragen

1. **Wie groß sind beim realen OP die Spannungsverstärkung, sowie Eingangs- und Ausgangsinnenwiderstand?**
2. **Welche Bedeutung haben die Zeichen ▷ und ∞ im Symbol für Operationsverstärker?**
3. **Was versteht man unter dem Nullspannungsabgleich eines Operationsverstärkers?**
4. **Welchen Einfluss hat eine Vergrößerung von R_K auf die Verstärkung bei einem OP als invertierender Verstärker (Invertierer)?**

8.10.7 Oszillatorschaltungen (Sinusgeneratoren)

Versuch: Schließen Sie ein dynamisches Mikrofon und einen Lautsprecher an einen Verstärker an **(Bild 1)**. Stellen Sie das Mikrofon so auf, dass der Schall vom Lautsprecher direkt zum Mikrofon gelangen kann. Vergrößern Sie die Verstärkung.

Aus dem Lautsprecher kommen Pfeiftöne.

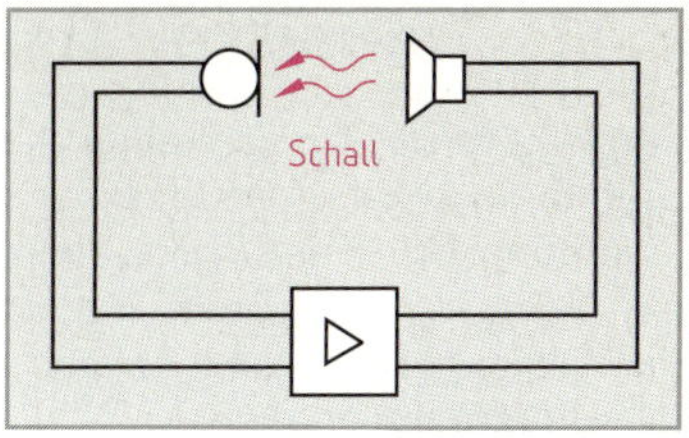

Bild 1: Versuchsschaltung zur Schwingungserzeugung

Im Versuch entstehen elektrische und akustische Schwingungen, wenn ein Teil der Ausgangsenergie des Verstärkers über den Lautsprecher und das Mikrofon auf den Eingang des Verstärkers zurückgelangt **(Rückkopplung)**. Die vom Ausgang auf den Eingang eines Verstärkers zurückgeführte Energie kann den Verstärkungsvorgang unterstützen **(Mitkopplung)** oder ihm entgegenwirken **(Gegenkopplung)**. Eine Schaltungsanordnung, die durch Rückkopplung ungedämpfte Schwingungen erzeugt, bezeichnet man als **Oszillator**[1]. Die meisten Sinusspannungen, die nicht die Frequenz 50 Hz haben, z. B. bei Sendern für Funk und Fernsehen, werden durch Oszillatoren erzeugt.

Jeder Oszillator besteht aus einem Verstärker, einer Mitkopplung und einem frequenzbestimmten Schaltungsteil.

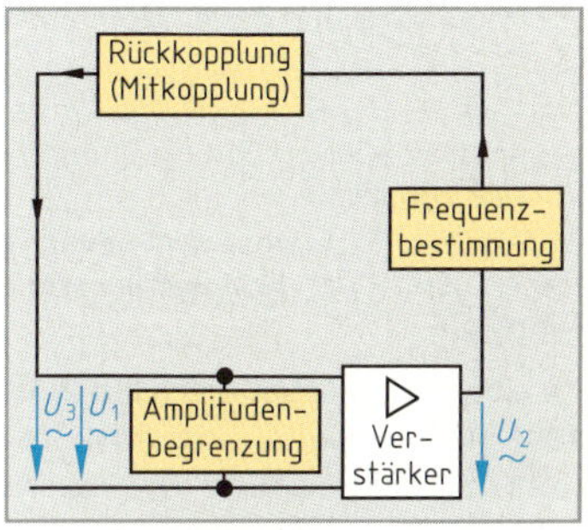

Bild 2: Übersichtsschaltplan eines Oszillators

Schwingungsbedingungen. Die Schaltung **Bild 2** verstärkt die Eingangsspannung $U_{1\sim}$ mit dem Verstärkungsfaktor V. Von der Ausgangsspannung $U_{2\sim} = V \cdot U_{1\sim}$ wird eine Teilspannung $U_{3\sim} = K \cdot U_{2\sim}$ durch die Mitkopplung mit dem **Kopplungsfaktor** K so auf den Eingang zurückgekoppelt, daß zwischen $U_{1\sim}$ und $U_{3\sim}$ keine Phasenverschiebung besteht. Die rückgekoppelte Spannung $U_{3\sim}$ unterstützt dann die Eingangsspannung $U_{1\sim}$ und ersetzt sie, wenn $U_{3\sim} = U_{1\sim}$ ist. Dabei ist die **Ringverstärkung** $K \cdot V = 1$.

Ein Oszillator schwingt selbstständig, wenn ein Teil der Ausgangsspannung phasenrichtig auf den Eingang zurückgeführt wird (Phasenbedingung) und wenn die Ringverstärkung $K \cdot V \geq 1$ ist (Amplitudenbedingung).

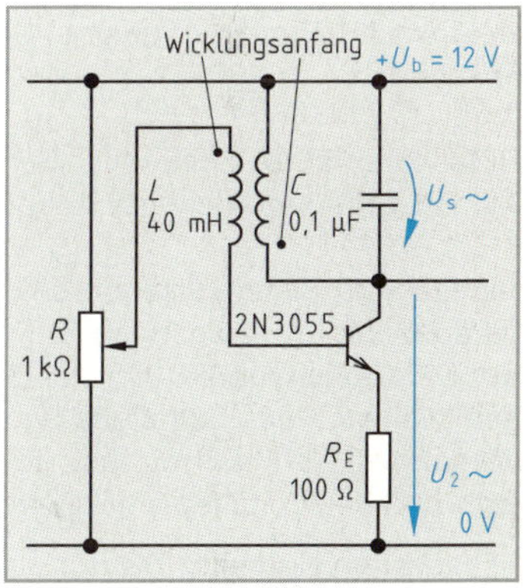

Bild 3: Meißner-Oszillator

Eine **Amplitudenbegrenzung** ist notwendig, damit bei Selbsterregung des Oszillators die Schwingungsamplitude nicht immer weiter ansteigt, sondern ab einer bestimmten Größe konstant bleibt. Eine konstante Amplitude kann z. B. durch die Regelung des Kopplungsfaktors oder der Verstärkung erreicht werden.

Frequenzbestimmung. Damit der Oszillator nur mit der gewünschten Frequenz schwingt, wird in den Ausgangskreis des Verstärkers oder in den Rückkopplungszweig ein Schaltungsglied eingebaut, dessen Scheinwiderstand frequenzabhängig ist, sodass die Schwingbedingungen nur bei einer Frequenz erfüllt sind. Dieses Schaltungsglied kann z. B. ein oder mehrere RC-Glieder oder ein LC-Glied sein.

Beim **Meißner**[2]**-Oszillator (Bild 3)** bestimmt die Eigenfrequenz des Parallelschwingkreises aus L und C die Resonanzfrequenz (Kennfrequenz) f_r des Oszillators. Ein Teil der Wechselspannung U_S am Schwingkreis wird so auf die Basis des Transistors zurückgekoppelt, daß die Verstärkung des Transistors das Schwingverhalten des Schwingkreises unterstützt. Mit R_E wird der Gleichstrom durch den Transistor begrenzt. Mit dem Potentiometer R stellt man den Arbeitspunkt des Transistors ein.

Meißner-Oszillator:

$$f_r = \frac{1}{2 \cdot \pi \cdot \sqrt{L \cdot C}}$$

f_r Resonanzfrequenz des Meißner-Oszillators
L Induktivität des Parallelschwingkreises
C Kapazität des Parallelschwingkreises

[1] von oscillare (lat.) = schaukeln, schwingen
[2] Alexander Meißner, deutscher Physiker, 1883 bis 1958

8.11 Transistor als Schalter

Beim Transistor als Verstärker (Kapitel 8.10) liegt die Kollektor-Emitter-Spannung U_{CE} im Aussteuerbereich zwischen U_{CEsat} und der Betriebsspannung U_b. In der Praxis stellt man den Arbeitspunkt im A-Betrieb bei $U_{CE} = U_b/2$ ein. Beim Transistor als kontaktloser Schalter, z. B. in der Digitaltechnik, gibt es nur zwei Schaltzustände: gesperrt oder leitend (durchgesteuert).

Versuch: Schalten Sie einen Transistor, z. B. BC 107, über einen Arbeitswiderstand R_C an die Betriebsspannung U_b **(Bild 1)**. a) Legen Sie an den Eingang vor den Basiswiderstand R_v erst 0 V und dann U_b. Messen Sie I_B, I_C und U_{CE}.
b) Legen Sie nun an den Eingang eine Rechteckspannung mit der Frequenz von etwa 1 kHz und oszilloskopieren Sie U_{CE}.

a) Bei gesperrtem Transistor liegt an R_C keine Spannung. Dann sind $I_B = 0$ A, $U_{CE} \approx U_b$, und I_c beträgt einige µA. Bei leitendem Transistor liegt an R_C fast die gesamte Spannung von U_b, I_B und I_C sind erheblich größer, und U_{CE} geht fast auf null zurück.

b) Das Rechtecksignal wird verstärkt und invertiert auf den Ausgang übertragen. Ein- und Ausschalten erfolgt im Rhythmus der Rechteckspannung **(Tabelle)**.

Im gesperrten Zustand **(Bild 2)** ist der Widerstand R_{CE} des Transistors sehr groß (Arbeitspunkt A1). Steigt der Basisstrom I_B, sinkt die Kollektor-Emitter-Spannung U_{CE}. Beim Basisstrom I_{Bmin} stellt sich der Arbeitspunkt A2 ein. Der Transistor befindet sich im Sättigungsanfang, die so genannte Übersteuerung beginnt. Die zugehörige Spannung wird **Kollektor-Emitter-Sättigungsspannung** U_{CEsat} genannt. Erhöht man U_{BE} und I_B weiter, wandert der Arbeitspunkt des Transistors zum Arbeitspunkt A3. Der Widerstand R_{CE} des Transistors ist nun sehr klein. Im Arbeitspunkt A3 ist U_{CEsat} auf eine Restspannung von ≈ 0,2 V abgesunken.

Transistoren als Schalter haben zwei Schaltzustände: Sie arbeiten in der Sättigung (leitend) oder sind gesperrt (nichtleitend).

Die stabilen Schaltzustände EIN (A3) und AUS (A1) auf der Arbeitsgeraden R_C im Ausgangskennlinienfeld (Bild 2) müssen stets unter der Leistungshyperbel P_{tot} des Transistors liegen. Die Arbeitsgerade darf während des Schaltens die Hyperbel schneiden. Da der Schaltvorgang in sehr kurzer Zeit abläuft ($t \leq 1$ µs), wird der Transistor während des Schaltens nicht überlastet.

Schaltzeiten sind vom Transistortyp und von der Schaltung abhängig. Um die Schaltzeiten klein zu halten, werden Transistoren in Schaltverstärkern mit einem um den Übersteuerungsfaktor $ü$ größeren Basisstrom I_B angesteuert, als der zur Sättigung mindestens notwendige Basisstrom I_{Bmin}.

Um Schalttransistoren sicher durchzuschalten, steuert man die Transistoren mit $I_B = ü \cdot I_{Bmin}$ an. In der Praxis wählt man einen Übersteuerungsfaktor von $ü = 2 \dots 5$.

Durch die Übersteuerung verringert sich auch die Verlustleistung $P_V = U_{CEsat} \cdot I_C$ des Transistors, weil bei ansteigenden I_C die Sättigungsspannung U_{CEsat} auf Werte von ≈ 0,2 V absinkt. Die Ausschaltzeit wird jedoch dadurch vergrößert. Zur Verringerung der Schaltzeiten wird daher der Basisvorwiderstand parallel mit einem „Beschleunigungskondensator" überbrückt.

[1] sat ist die Abkürzung für saturation (engl.) = Sättigung

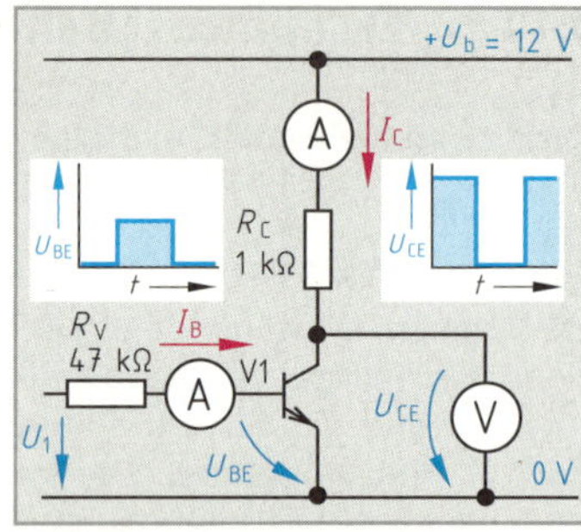

Bild 1: Transistor als Schalter

Tabelle: Spannungsverlauf Transistor als Schalter

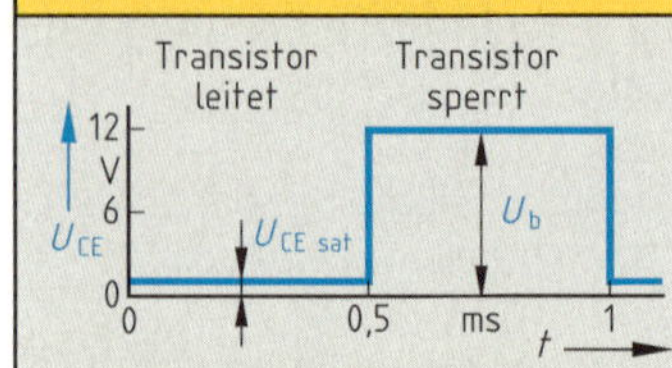

Transistor leitet	Transistor sperrt
$U_{CE} = U_{CEsat}$	$U_{CE} \approx U_b$
I_B groß	$I_B = 0$
I_C groß	$I_C \approx 0$
$R_{CE} \rightarrow 0$	$R_{CE} \rightarrow \infty$

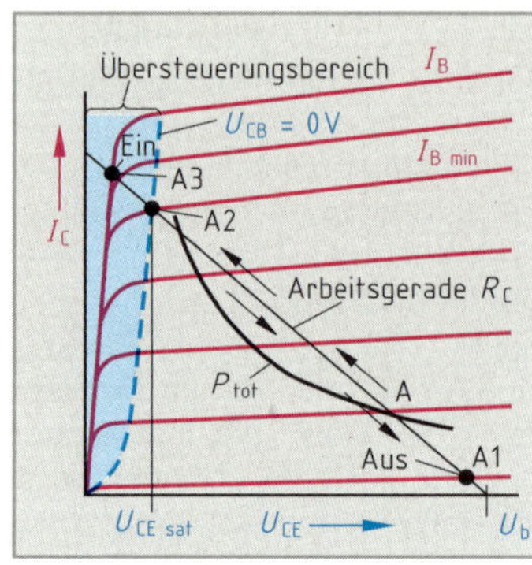

Bild 2: Schaltzustände des Transistors bei Widerstandslast

$$I_B = \frac{ü \cdot I_C}{B_{min}}$$

$$I_B = ü \cdot I_{Bmin}$$

$$R_V = \frac{(U_1 - U_{BE}) \cdot B_{min}}{ü \cdot I_C}$$

$ü$ Übersteuerungsfaktor
I_B Basisstrom mit Übersteuerung
I_{Bmin} min. erforderlicher Basisstrom an Übersteuerungsgrenze
B_{min} min. Gleichstromverhältnis
I_C Kollektorstrom
R_V Basisvorwiderstand
U_1 Eingangsspannung
U_{BE} Basis-Emitter-Spannung

9 Einführung in die Digitaltechnik

9.1 Signalarten der Steuerungstechnik

In der Steuerungstechnik unterscheidet man analoge[1], binäre[2] und digitale[3] Signale **(Tabelle 1)**.

Analoge Signale ändern ihren Wert mit der verursachenden Größe. Die Ausgangsspannung eines als Spannungsteiler geschalteten Potentiometers ändert sich analog mit der Stellung des Schleifers, z. B. mit dem Drehwinkel des Potentiometers.

Analoge Signale können in einem vorgegebenen Wertebereich jeden Zwischenwert annehmen. Sie sind stetig veränderbar.

Binäre Signale haben nur zwei mögliche Zustände. Eine Leuchte kann z. B. an Spannung liegen oder spannungsfrei sein.

Binäre Signale können nur zwei Signalzustände annehmen.

Digitale Signale ändern ihre Größe sprunghaft und mit gleichem Wertzuwachs. Das digitale Signal eines stufigen Spannungsteilers kann sich z. B. in vier gleichen Schritten vom Wert 0 V bis zum Wert der Betriebsspannung ändern (Tabelle 1).

Digitale Signale haben mehrere, abzählbare Zustände. Sie sind stufig veränderbar.

Tabelle 1: Signalarten

Analog-signal	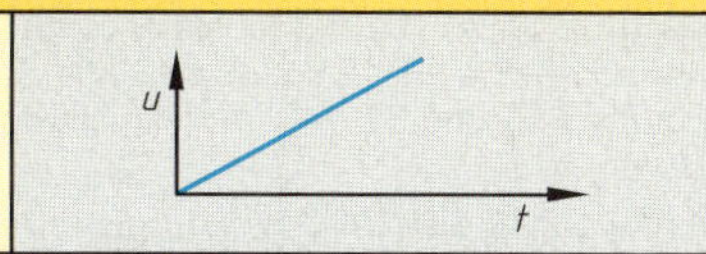
Binär-Signal	
Digital-Signal	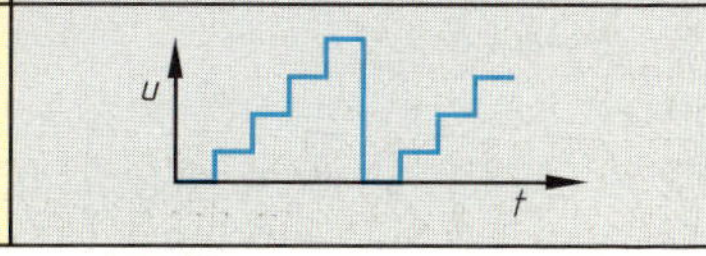

Tabelle 2: Grundverknüpfungen

UND	ODER	NICHT
	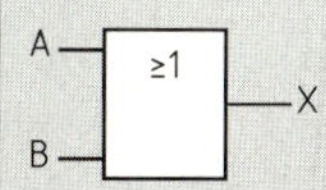	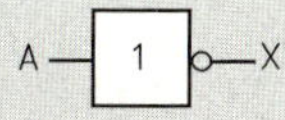

9.2 Grundverknüpfungen

Alle Steuerungsaufgaben lassen sich mit den drei Grundverknüpfungen UND, ODER und NICHT lösen **(Tabelle 2)**.

9.2.1 UND-Verknüpfung

Die UND-Verknüpfung **(Konjunktion[4])** hat am Ausgang nur dann den Wert 1, wenn alle Eingangssignale gleichzeitig den Wert 1 haben **(Tabelle 3)**. Ein typischer Anwendungsfall für eine UND-Verknüpfung ist die Zweihandbedienung, z. B. bei Pressen. Die Presse lässt sich mit dieser Schaltung nur in Betrieb setzen, wenn die beiden getrennt angeordneten Sicherheitstaster gleichzeitig betätigt werden. Diese Schaltung dient der Unfallverhütung.

Tabelle 3: UND-Verknüpfung

Stromlaufplan

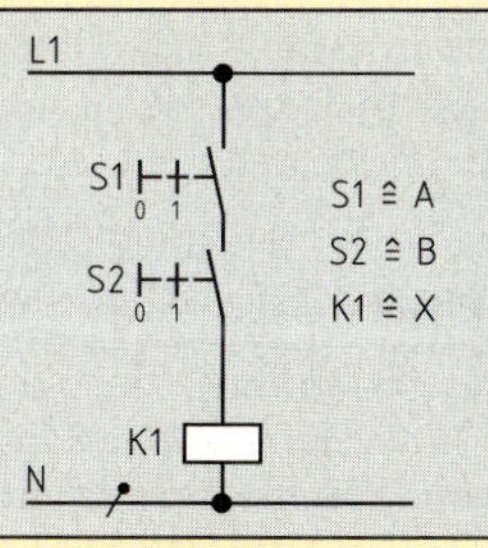

Schaltzeichen und Funktionsgleichung

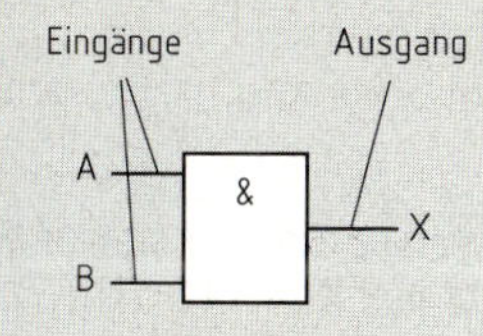

$X = A \wedge B$

Wahrheitstabelle

B	A	X
0	0	0
0	1	0
1	0	0
1	1	1

Zeitablaufdiagramm

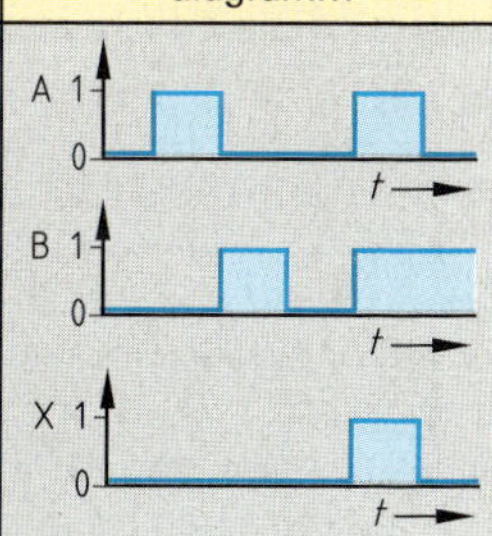

[1] analog (griech.) = entsprechend
[2] binär = aus zwei Werten bestehend
[3] digital = ziffernmäßig, von digitus (lat.) = Finger, mit dem gezählt wird
[4] Konjunktion, von conjunction (engl.) = Verbindung

Die Funktion logischer Verknüpfungen lässt sich durch den Stromlaufplan, durch Schaltzeichen, durch die Wahrheits- oder die Arbeitstabelle, durch ein Zeitablaufdiagramm oder mit Hilfe der Funktionsgleichung beschreiben (Tabelle 3, Seite 225).

Versuch 1: Legen Sie an den Baustein SN 7408 (vier UND-Verknüpfungen) die Betriebsspannung U_b = DC 5V und beschalten Sie die Eingänge **(Bild)**. Stellen Sie an den Schaltern S1 und S2 die vier möglichen Schalterkombinationen ein.

Der Ausgang der UND-Verknüpfung hat den Zustand 1, wenn beide Eingänge gleichzeitig den Zustand 1 haben.

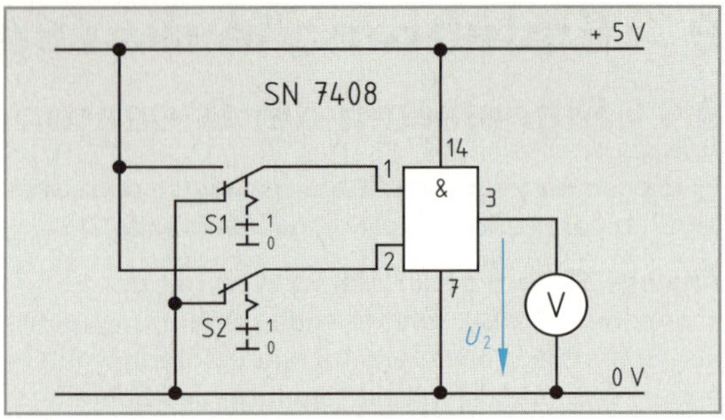

Bild: Verhalten der UND-Verknüpfung

Die UND-Verknüpfung hat nur dann das Ausgangssignal 1, wenn alle Eingangssignale gleichzeitig den Wert 1 haben.
X = A ∧ B (lies: X = A und B)

9.2.2 ODER-Verknüpfung (Disjunktion[1])

Versuch 2: Setzen Sie in die Versuchsanordnung zu Versuch 1 einen Baustein SN 7432 ein (vier ODER-Verknüpfungen). Der Baustein SN 7432 hat die gleiche Anschlussbelegung des IC SN 7408 aus Versuch 1. Wiederholen Sie sinngemäß Versuch 1.

Der Ausgang der ODER-Verknüpfung hat den Zustand 1, wenn an einem oder an beiden Eingängen der Zustand 1 anliegt ***(Tabelle 1).***

Am Ausgang der ODER-Verknüpfung liegt bereits der Zustand 1, wenn mindestens ein Eingang den Zustand 1 hat.
X = A ∨ B (lies: X = A oder B)

Legt man z. B. die drei Einzelstörmeldungen Wassermangel, Übertemperatur und Brennerstörung einer Heizungsanlage auf die Eingänge einer ODER-Verknüpfung mit drei Eingängen, erhält man am Ausgang der Verknüpfung eine Sammelstörmeldung der Heizungsanlage. Sie zeigt das Auftreten einer oder mehrerer Störungen an.

9.2.3 NICHT-Verknüpfung

Bei der NICHT-Verknüpfung **(Negation[2])** liegt am Ausgang das umgekehrte (invertierte[3]) Eingangssignal. Die Relaisschaltung in **Tabelle 2** wirkt wie eine Negation. Betätigt man den Steuertaster S1, zieht das Relais K1 an und trennt durch seinen Öffnerkontakt die Leuchte E1 vom Netz.

Am Ausgang der NICHT-Verknüpfung liegt immer das invertierte Eingangssignal.
X = $\overline{A}$ (lies: X = A nicht)

Für eine Negation braucht man immer ein aktives Bauelement, z. B. ein Relais oder einen Transistor. Die UND- bzw. die ODER-Verknüpfung lässt sich auch mit passiven Bauelementen realisieren.

Tabelle 1: ODER-Verknüpfung

Stromlaufplan

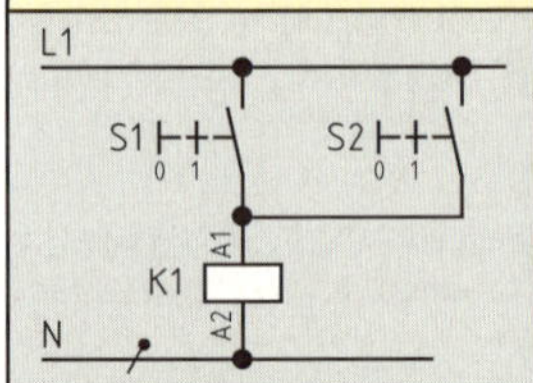

Schaltzeichen und Funktionsgleichung

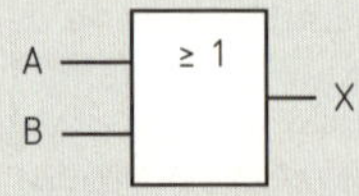

X = A ∨ B

Wahrheitstabelle

B	A	X
0	0	0
0	1	1
1	0	1
1	1	1

Zeitablaufdiagramm

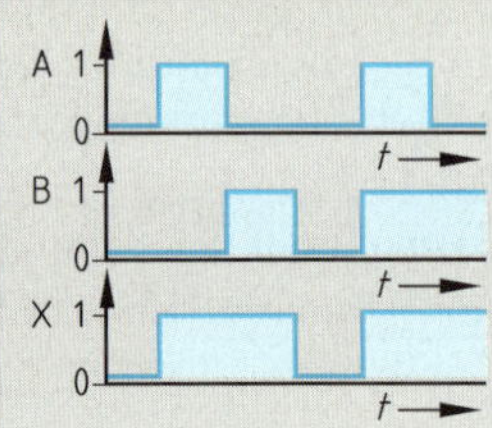

Tabelle 2: NICHT-Verknüpfung

Stromlaufplan

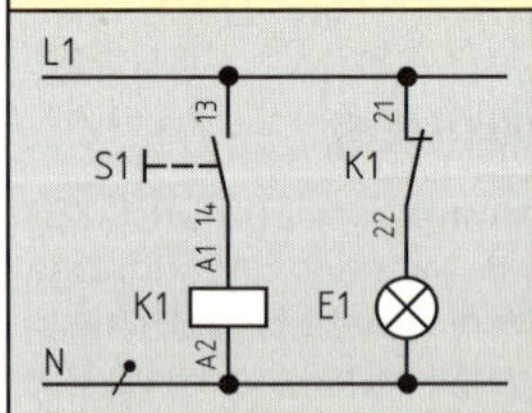

Schaltzeichen und Funktionsgleichung

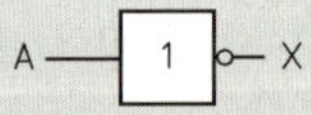

X = $\overline{A}$

Wahrheitstabelle

A	X
0	1
1	0

Zeitablaufdiagramm

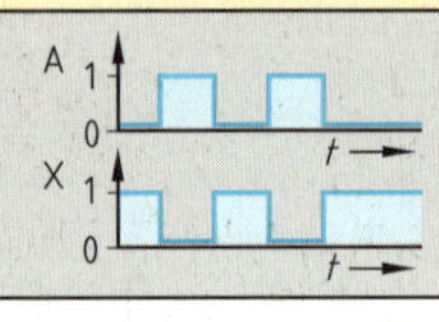

[1] Disjunktion, von disjunctio (lat.) = Trennung
[2] Negation (lat.) = Verneinung
[3] von invertere (lat.) = umwenden, umkehren

9.3 Grundverknüpfungen mit Ausgangs- oder Eingangsnegation

Grundverknüpfungen kombiniert man in der Praxis häufig mit der NICHT-Verknüpfung. Dabei kann die Eingangsseite oder die Ausgangsseite negiert sein.

9.3.1 Verknüpfungen mit Ausgangsnegation

NAND-Verknüpfung. Negiert man den Ausgang der UND-Verknüpfung, erhält man die NAND-Verknüpfung **(Tabelle 1)**. Die Bezeichnung NAND bedeutet soviel wie **NOT-AND** (Nicht-UND).

> Der Ausgang der NAND-Verknüpfung hat nur dann den Zustand 0, wenn alle Eingänge gleichzeitig den Zustand 1 haben.
> $X = \overline{A \wedge B}$ (lies: X = A und B, nicht)

Am Schaltzeichen kennzeichnet man eine Ausgangsnegation durch einen Kreis am Ausgang der Verknüpfung, in der Funktionsgleichung durch einen durchgehenden Querstrich über den Eingangsvariablen (Tabelle 1).

NOR-Verknüpfung. Eine NOR-Verknüpfung (**NOT-OR**) kann man herstellen, wenn auf die ODER-Verknüpfung eine NICHT-Verknüpfung folgt (Tabelle 1).

> Der Ausgang der NOR-Verknüpfung hat den Zustand 0, wenn mindestens ein Eingang den Zustand 1 hat.
> $X = \overline{A \vee B}$ (lies: X = A oder B, nicht)

Tabelle 1: Grundverknüpfungen mit Ausgangsnegation

NAND-Verknüpfung

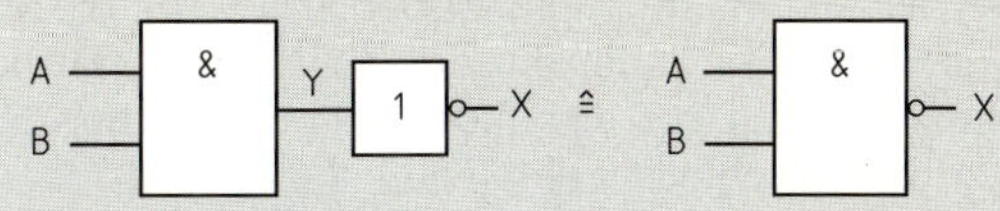

$Y = A \wedge B$
$X = \overline{Y}$

$X = \overline{A \wedge B}$

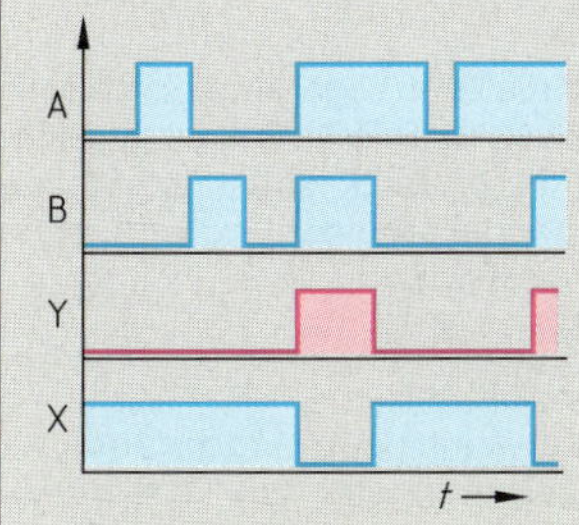

B	A	X
0	0	1
0	1	1
1	0	1
1	1	0

NOR-Verknüpfung

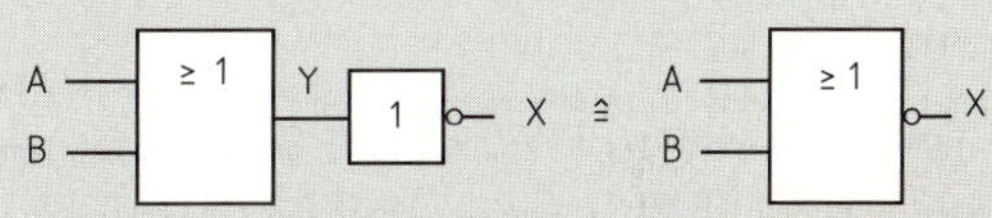

$Y = A \vee B$
$X = \overline{Y}$

$X = \overline{A \vee B}$

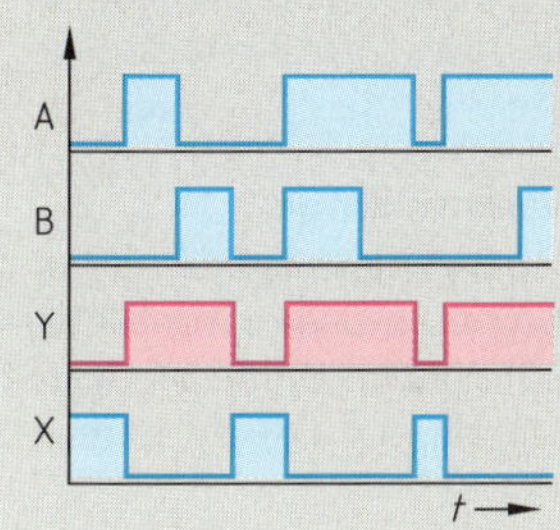

B	A	X
0	0	1
0	1	0
1	0	0
1	1	0

9.3.2 Verknüpfungen mit Eingangsnegation

UND-Verknüpfungen mit Eingangsnegation (Tabelle 2) bezeichnet man als Inhibition[1] oder Sperr-UND. Damit sperrt man z. B. gleichzeitige Startsignale für Rechtslauf und Linkslauf einer Wendeschaltung. Betätigt man die Taster für Rechtslauf und Linkslauf zusammen, wird kein Steuersignal wirksam (Verriegelung).

ODER-Verknüpfung mit Eingangsnegation (Tabelle 2) sind Implikationen[2]. Die Implikation verwendet man hauptsächlich zum Rücksetzen von RS-Speichern in speicherprogrammierten Steuerungen (Seite 419). Wird z. B. ein Aus-Taster (Öffner) betätigt oder spricht ein Auslöser an, wird das anliegende Sig-nal 0 invertiert und setzt damit den RS-Speicher zurück.

Tabelle 2: Grundverknüpfungen mit Eingangsnegation

Inhibition

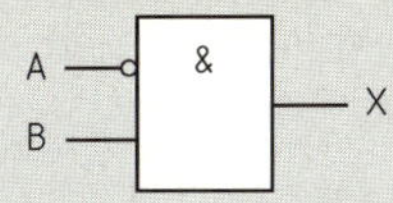

$X = \overline{A} \wedge B$

Implikation

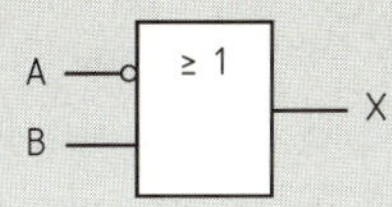

$X = \overline{A} \vee B$

[1] Inhibition, von to inhibit (engl.) = verzögern, hemmen, hindern
[2] Implikation, von implicatio (lat.) = Verflechtung

9.3.3 Eingangsbeschaltung logischer Verknüpfungen

Im Einführungsversuch zur UND-Verknüpfung (Seite 226) sind die Schalter S1 und S2 mit Umschaltkontakten bestückt. Sie legen dann in jeder Schaltstellung ein definiertes Signal 1 oder 0 an die Eingänge der UND-Verknüpfung. In der Praxis werden aber häufig Signalgeber eingesetzt, die nur einen Schließer- oder nur einen Öffnerkontakt haben. Legt man z. B. den Taster S1 in **Bild 1** an +5V, liegt bei geschlossenem Taster der Zustand 1 am Eingang der Verknüpfung. Bei geöffneten Kontakten ist dann aber kein definiertes Eingangssignal vorhanden.

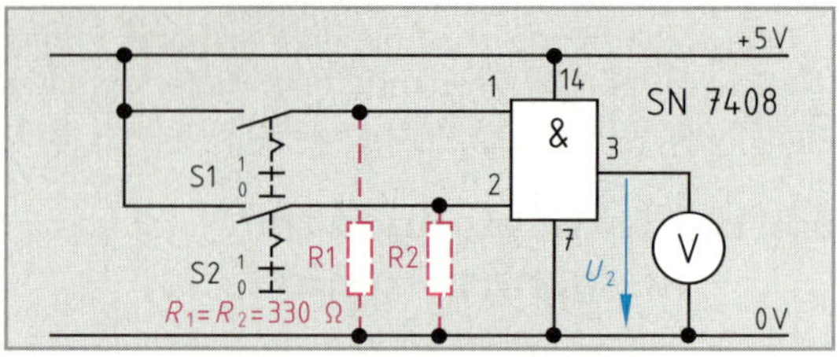

Bild 1: Beschaltung potentialfreier Eingänge

Versuch 1: Beschalten Sie die Eingänge einer UND-Verknüpfung mit Schließerkontakten (Bild 1). Die rot gezeichneten Widerstände R1 und R2 entfallen zunächst. Stellen Sie die vier möglichen Eingangskombinationen ein. Messen Sie jeweils die Ausgangsspannung U_2.

Am Ausgang der UND-Verknüpfung liegt bei allen Eingangskombinationen der Zustand 1.

Versuch 2: Schalten Sie nun die beiden Widerstände R1 und R2 jeweils zwischen Steuereingang und Masse (0V). Stellen Sie wieder alle vier Eingangskombinationen ein.

Am Ausgang der UND-Verknüpfung liegt jetzt nur der Zustand 1, wenn alle Eingänge den Zustand 1 haben.

> TTL[1]-Schaltkreiseingänge, die durch geöffnete Geberkontakte keine eindeutige Spannung gegen Masse haben, d. h. potentialfrei werden, werten diesen Zustand als Signal 1 aus. Potentialfreie Eingänge legt man deshalb über einen Widerstand, den Pull-down[2]-Widerstand, an Masse (0V).

a) Wahrheitstabelle | b) Funktionsgleichung für X = 1

C	B	A	X	Y	Funktionsgleichung für X = 1
0	0	0	0	1	
0	0	1	0	1	
0	1	0	0	1	
0	1	1	1	0	$A \wedge B \wedge \bar{C}$
1	0	0	0	1	
1	0	1	1	0	$A \wedge \bar{B} \wedge C$
1	1	0	1	0	$\bar{A} \wedge B \wedge C$
1	1	1	0	1	

$$X = (\bar{A} \wedge B \wedge C) \vee (A \wedge \bar{B} \wedge C) \vee (A \wedge B \wedge \bar{C})$$

Bild 2: a) Wahrheitstabelle und b) Funktionsgleichung (Beispiellösung)

Anwendung der Grundverknüpfungen

In einem Wasserwerk sind 3 Pumpensätze A, B und C installiert. Im Normalbetrieb müssen immer zwei Pumpen in Betrieb sein. Die Leuchtdiode V1 (X) soll den Normalbetrieb anzeigen, die Leuchtdiode V2 (Y) den Störfall.

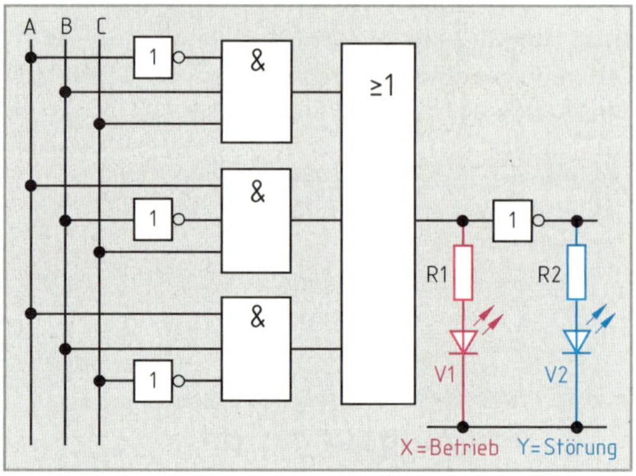

Bild 3: Pumpensteuerung (Beispiellösung)

Zum Lösen der Aufgabe erstellt man eine Wahrheitstabelle und trägt die möglichen Betriebszustände der Maschinen ein **(Bild 2)**. In jeder Zeile mit zwei eingeschalteten Maschinensätzen erhält die Spalte X eine 1, in allen anderen Zeilen eine 0. Aus den Zeilen mit X = 1 lassen sich die Teilfunktionen ablesen. Alle Teilfunktionen mit X = 1 fasst man in einer ODER-Verknüpfung (Disjunktion) zusammen (Bild 2). Die so gefundene Funktionsgleichung bezeichnet man als Funktionsgleichung in **ODER-Normalform** (disjunktive Normalform). Bei der disjunktiven Normalform (DNF) enthält jede Konjunktion alle Variablen. Der Wahrheitstabelle kann man entnehmen, dass die Störanzeige V2 (Y) immer leuchtet, wenn die Betriebsanzeige V1 (X) dunkel ist. Zur Störmeldung Y muss deshalb der Betriebszustand X nur invertiert werden **(Bild 3)**.

Wiederholungsfragen

1. **Wodurch unterscheiden sich a) analoge, b) binäre und c) digitale Signale?**
2. **Geben Sie zwei Anwendungsbeispiele an für eine a) UND-Verknüpfung und b) ODER-Verknüpfung.**
3. **Welche Möglichkeiten bestehen, um die Funktion von Verknüpfungen zu beschreiben?**
4. **Aus welchen zwei Grundverknüpfungen besteht eine a) NAND-Verknüpfung und b) eine NOR-Verknüpfung?**

[1] TTL = Abk. für **T**ransistor-**T**ransistor-**L**ogik
[2] pull down (engl.) = herunterziehen

9.4 Schaltkreisfamilien

Schaltkreise der Digitaltechnik lassen sich nur zu einer Schaltung zusammenfügen, wenn die Kennwerte der Schaltkreise aufeinander abgestimmt sind. Wichtige Kennwerte für einen gemeinsamen Betrieb innerhalb einer Schaltung sind die Betriebsspannung, die garantierten Spannungsbereiche für **L-** und **H-Pegel,** die Signallaufzeit und die Belastbarkeit des Schaltkreisausganges.

9.4.1 TTL-Schaltkreisfamilie

Bausteine der TTL[1]-Schaltkreisfamilie haben eine Betriebsspannung von 5 V. Sie sind meist in einem **Dual-in-line-Gehäuse**[2], bei Anwendung der SMD-Technik in einem SO-14-Gehäuse untergebracht (Bild, Seite 547).

TTL-Standard. Die Grundschaltung dieser Schaltkreisfamilie ist eine NAND-Verknüpfung. Sie wird mit einem Multi-Emitter-Transistor (V1) und nachgeschalteter Inverterstufe (V2) ausgeführt **(Bild 1 a)**. Die Inverterstufe bewirkt eine hohe Ausgangsbelastbarkeit **(Tabelle)**. Diese Belastbarkeit wird meist durch den Wert **„fan out"** ausgedrückt. Ein Wert fan out = 10 bedeutet, dass ein Schaltkreisausgang 10 gleichartige nachfolgende Schaltkreiseingänge ansteuern kann. Die garantierten Spannungsbereiche für die Eingangs- und Ausgangspegel für TTL-Standardbausteine sind in **Bild 2** angegeben.

TTL-Schottky. Bei TTL-Schaltkreisen in Schottky-Technik sind parallel zur Basis-Kollektor-Strecke der Transistoren Dioden mit kleiner Schwellspannung (Schottky-Dioden, $U_{TO} \approx 0{,}4\,V$) angeordnet. Damit ergeben sich kleine Signallaufzeiten (Tabelle). Nachteilig ist bei dieser Schaltkreisart die hohe Verlustleistung von etwa 19 mW je Verknüpfung.

TTL-Low-Power. Diese Schaltkreise haben eine kleine Signallaufzeit und eine geringe Verlustleistung (Tabelle).

9.4.2 CMOS-Schaltungen

CMOS[3]-Bausteine haben als Grundschaltung eine komplementäre Schaltstufe aus Feldeffekt-Transistoren **(Bild 1b)**. Sie können mit einer Betriebsspannung zwischen 3 V und 15 V versorgt werden. Die Spannungsbereiche der L-Pegel und H-Pegel sind dann von der Höhe der Betriebsspannung abhängig. CMOS-Bausteine haben mit etwa 0,01 mW je Verknüpfung die geringste Verlustleistung aller digitalen Bausteine.

[1] TTL = Abkürzung für Transistor-Transistor-Logik
[2] Dual in line (engl.) = zweifach in Reihe
[3] CMOS von complementary metal oxide semiconductor (engl.) = komplementärer Metalloxid-Halbleiter

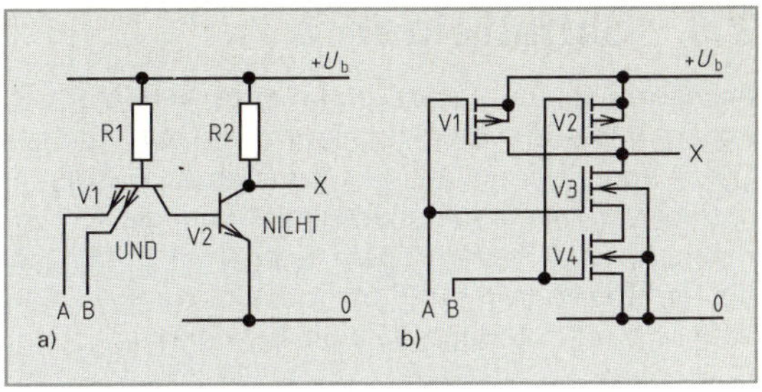

Bild 1: Grundschaltung einer NAND-Verknüpfung a) in TTL-Technik, b) in CMOS-Technik

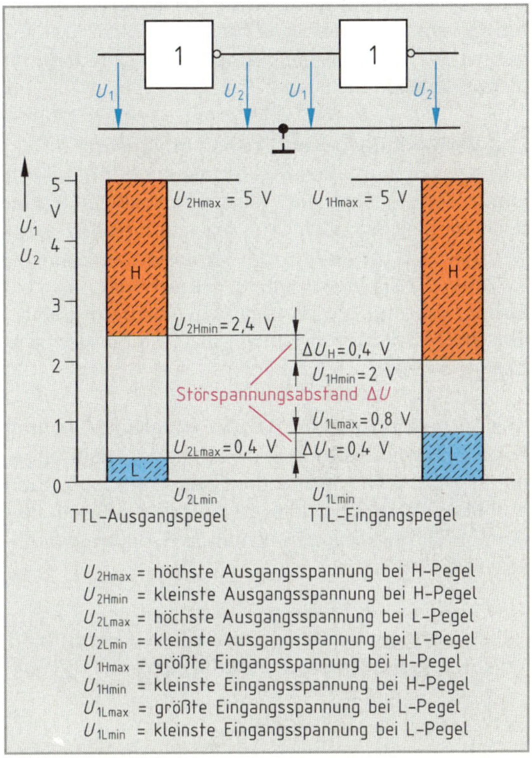

Bild 2: Pegelbereiche für TTL-Schaltkreise an U_b = 5 V

Tabelle: Kennwerte von Logikfamilien

Logikfamilie	Betriebsspannung U_b	Signallaufzeit je Verknüpfung	Verlustleistung je Verknüpfung	Ausgangsbelastbarkeit
TTL-Standard	5 V	10 ns	10 mW	50 mW
TTL-Schottky	5 V	3 ns	19 mW	12 mW
TTL-Low-Power	5 V	8 ns	2 mW	40 mW
CMOS	3 bis 15 V	50 ns	0,01 mW[4]	5 mW

[4] Die Verlustleistung steigt mit der Betriebsspannung, der Taktfrequenz und mit der Flankensteilheit der Eingangssignale.

9.5 Schaltalgebra

Rechenregeln. Zur Verknüpfung einer Variable, z. B. mit der Variable A **(Bild)**, in einer UND- bzw. in einer ODER-Verknüpfung mit der Konstanten 0 oder 1, mit der Variable A selbst oder mit der negierten Variable A, sind Rechenregeln festgelegt (Bild). Für die Vereinfachung von Funktionsgleichungen sind dabei die rot unterlegten Zeilen besonders wichtig.

Das **Vertauschungsgesetz (Kommutativgesetz)** besagt, dass man die Variablen einer Funktionsgleichung, die nur UND- bzw. nur ODER-Verknüpfungen enthält, beliebig vertauschen kann. Das Ergebnis der Funktionsgleichung ändert sich dadurch nicht **(Tabelle)**.

Das **Verbindungsgesetz (Assoziativgesetz)** drückt aus, dass man in einer Funktionsgleichung mit nur einer Verknüpfungsart Klammern setzen, aber auch weglassen darf. Das Assoziativgesetz wendet man z. B. an, wenn die Variablen A, B und C in einer UND-Verknüpfung verarbeitet werden sollen, aber nur ein Baustein zur Verfügung steht, der UND-Verknüpfungen mit zwei Eingängen enthält (Tabelle).

Das **Verteilungsgesetz (Distributivgesetz)** enthält Regeln zum Umformen von Funktionsgleichungen, die sowohl UND- als auch ODER-Verknüpfungen enthalten. Beim Umformen ist jedoch auf eine eindeutige Schreibweise zu achten, z. B. durch den Einsatz von Klammern.

> Verknüpfungen in Klammern haben Vorrang vor nicht eingeklammerten Verknüpfungen.

In der Funktionsgleichung $X = A \wedge (B \vee C)$ wird zunächst die Variable B mit C ODER-verknüpft. Das Verknüpfungsergebnis wird dann mit der Variablen A in einer UND-Verknüpfung verarbeitet.

Eine Schaltung mit der Funktionsgleichung $X = (A \wedge B) \vee (A \wedge C)$ hat am Ausgang X den Zustand 1, wenn die Variablen A und B oder die Variablen A und C den Zustand 1 haben (Tabelle). Die gleiche Funktion wird durch eine nach dem Verteilungsgesetz in UND-Form **(konjunktives Verteilungsgesetz)** umgeformte Funktionsgleichung $X = A \wedge (B \vee C)$ erreicht (Tabelle).

Entsprechend ändert man die Funktionsgleichung $X = (A \vee B) \wedge (A \vee C)$ nach dem **disjunktiven Verteilungsgesetz** in die funktionsgleiche Schaltung $X = A \vee (B \wedge C)$ (Tabelle).

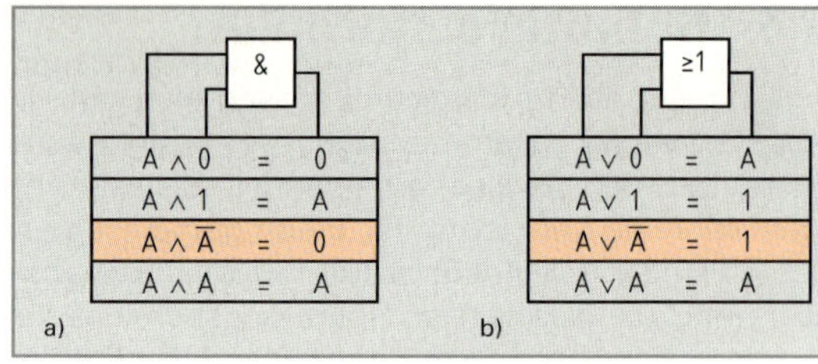

Bild: Rechenregeln der a) UND-Verknüpfung
b) ODER-Verknüpfung

Tabelle: Rechengesetze der Schaltalgebra

Vertauschungsgesetz (Kommutativgesetz)

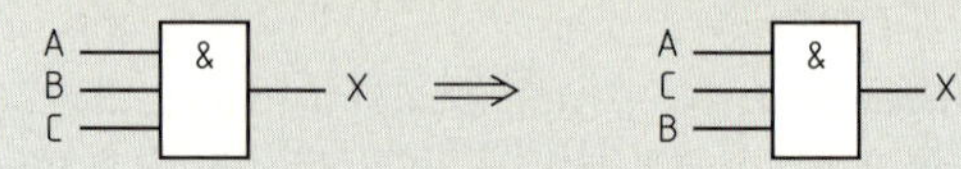

$A \wedge B \wedge C = A \wedge C \wedge B = B \wedge A \wedge C = C \wedge A \wedge B$

Verbindungsgesetz (Assoziativgesetz)

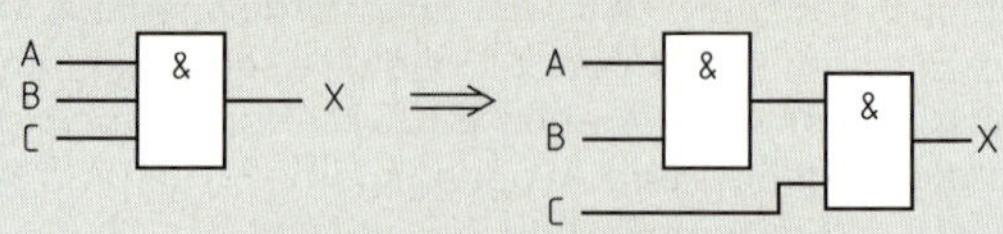

$A \wedge B \wedge C = (A \wedge B) \wedge C = A \wedge (B \wedge C) = (A \wedge C) \wedge B$

Verteilungsgesetze (Distributivgesetze)

Konjunktives Verteilungsgesetz

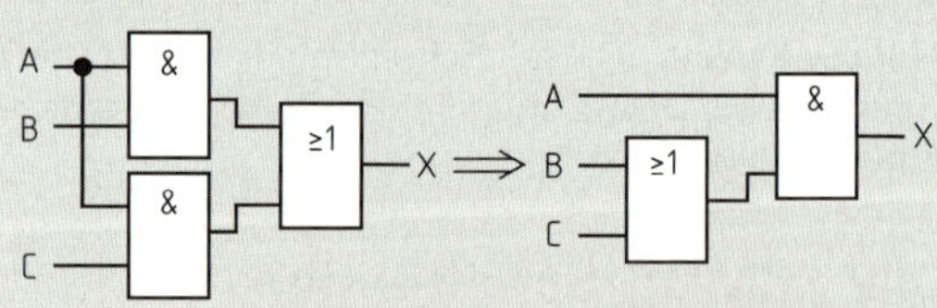

$(A \wedge B) \vee (A \wedge C) = A \wedge (B \vee C)$

Disjunktives Verteilungsgesetz

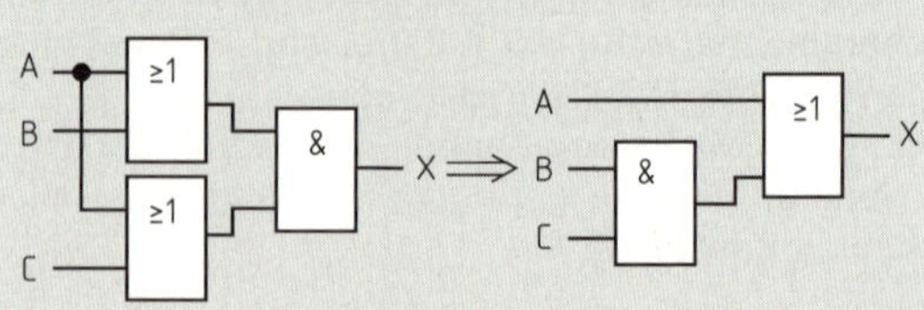

$(A \vee B) \wedge (A \vee C) = A \vee (B \wedge C)$

De Morgan'sche Gesetze

Mit Hilfe der de Morgan'schen Gesetze[1] formt man z. B. UND-Verknüpfungen in funktionsgleiche ODER-Verknüpfungen um **(Tabelle)**. Sie werden hauptsächlich angewendet, um die Anzahl der benötigten Schaltkreise zu verringern oder um eine Schaltung ausschließlich durch NAND- oder durch NOR-Bausteine zu erstellen.

Das **erste de Morgan'sche Gesetz** wandelt eine NAND-Verknüpfung in eine funktionsgleiche ODER-Verknüpfung mit negierten Eingängen um.

$$\overline{A \wedge B} = \overline{A} \vee \overline{B}$$

Das **zweite de Morgan'sche Gesetz** setzt eine NOR-Verknüpfung in eine funktionsgleiche UND-Verknüpfung mit negierten Eingängen um.

$$\overline{A \vee B} = \overline{A} \wedge \overline{B}$$

> Durch Anwenden der de Morgan'schen Gesetze kann man UND- in funktionsgleiche ODER-Verknüpfungen, bzw. ODER- in UND-Verknüpfungen umformen. Dabei wird jede Variable der Verknüpfungen negiert und das Funktionszeichen der Verknüpfung geändert.

Zwei hintereinander geschaltete Negationen heben sich auf ($\overline{\overline{A}} = A$).

Vereinfachen von Funktionsgleichungen

Beispiel: Die Schaltung in **Bild 1** soll durch Anwenden der Rechengesetze der Schaltalgebra vereinfacht werden. Aus der gegebenen Schaltung entnimmt man zunächst alle Teilfunktionen (blaue Ergänzungen in Bild 1) und erstellt daraus die Funktionsgleichung der Schaltung.

$$X = (\overline{A} \wedge \overline{B} \wedge \overline{C}) \vee (A \wedge \overline{B} \wedge \overline{C}) \vee (A \wedge \overline{B} \wedge C) \vee (A \wedge B \wedge C)$$

1. Anwenden des Distributivgesetzes (Ausklammern von ($\overline{B} \wedge \overline{C}$) bzw. ($A \wedge C$):

$$X = [\overline{B} \wedge \overline{C} \wedge (A \vee \overline{A})] \vee [A \wedge C \wedge (B \vee \overline{B})]$$

2. Anwenden der Regel $A \vee \overline{A} = 1$ bzw. $B \vee \overline{B} = 1$:

$$X = (\overline{B} \wedge \overline{C} \wedge 1) \vee (A \wedge C \wedge 1)$$
$$= (\overline{B} \wedge \overline{C}) \vee (A \wedge C)$$

Bild 2 zeigt die vereinfachte Schaltung.

[1] De Morgan, engl. Mathematiker, 1806 bis 1871

Tabelle: Die De Morgan'schen Gesetze

1. de Morgans'ches Gesetz

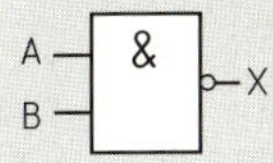

B	A	X
0	0	1
0	1	1
1	0	1
1	1	0

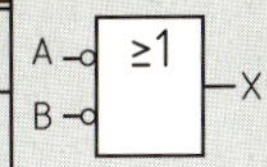

B	A	X
0	0	1
0	1	1
1	0	1
1	1	0

$\overline{A \wedge B} = \overline{A} \vee \overline{B}$

2. de Morgan'sches Gesetz

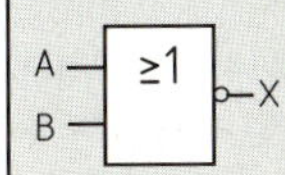

B	A	X
0	0	1
0	1	0
1	0	0
1	1	0

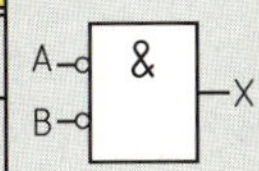

B	A	X
0	0	1
0	1	0
1	0	0
1	1	0

$\overline{A \vee B} = \overline{A} \wedge \overline{B}$

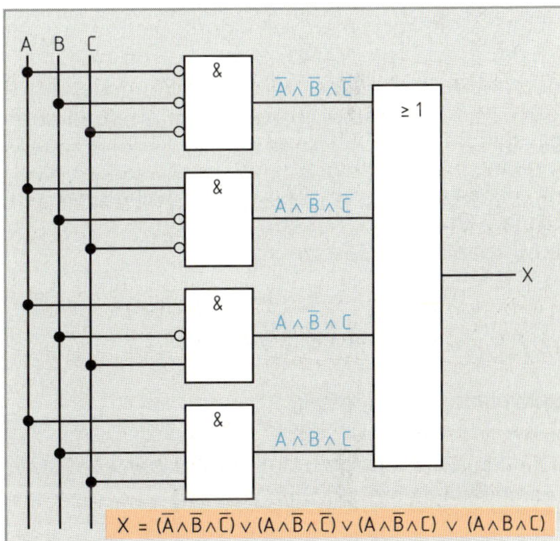

Bild 1: Schaltungsbeispiel

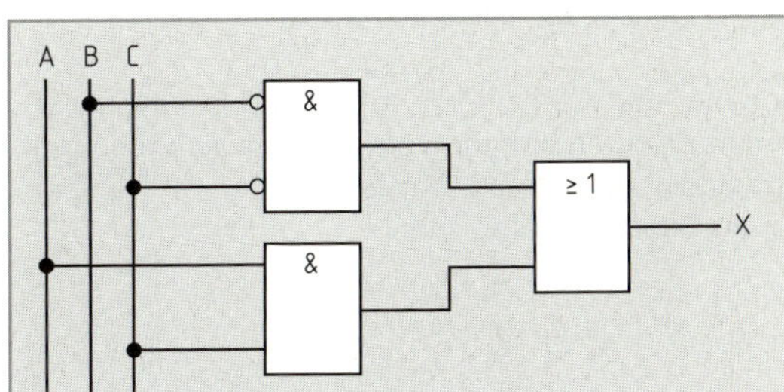

Bild 2: Vereinfachte Schaltung

9.6 Schaltungen in NAND- und in NOR-Technik

Antivalenz[1]-Verknüpfung (Exklusiv-ODER).

> Die Antivalenz-Verknüpfung (XOR) vergleicht die Eingangssignale auf ungleichen Signalzustand.

Die digitale Auswerteschaltung in **Bild 1a** verarbeitet die Steuersignale der Schalter S1 und S2 und bildet eine Wechselschaltung nach.

Zur Lösung erstellt man eine Wahrheitstabelle mit den möglichen Zuständen der Schalter S1 und S2. In der Schalterstellung S1 = S2 soll die Leuchte E1 dunkel sein. Jede Schaltstellungsänderung eines Steuerschalters muss den Betriebszustand der Leuchte E1 ändern. Aus der Wahrheitstabelle **(Bild 1b)** kann man die Teilfunktionen ablesen und daraus die Funktionsgleichung erstellen **(Bild 1c)**. **Bild 2a** zeigt die Schaltung, **Bild 2b** das Schaltzeichen der Antivalenz-Verknüpfung.

Zum Aufbau der Antivalenz-Schaltung aus Grundverknüpfungen (Bild 2a) sind drei Schaltkreise erforderlich. Den Aufwand an unterschiedlichen Schaltkreisen kann man verringern, wenn man die Schaltung nur mit NAND- oder nur mit NOR-Verknüpfungen löst. Dabei wird jede Grundverknüpfung z.B. durch eine NAND-Verknüpfung ersetzt **(Bild 3)**.

Die Umwandlung der ODER-Verknüpfung in der Exklusiv-ODER-Verknüpfung kann auch durch die de Morgan'schen Gesetze erfolgen:

$$X = (\bar{A} \land B) \lor (A \land \bar{B})$$

$$X = \overline{\overline{(\bar{A} \land B)} \land \overline{(A \land \bar{B})}}$$

Äquivalenz[2]-Verknüpfung.

> Die Äquivalenz-Verknüpfung vergleicht die Eingangssignale auf gleichen Zustand.

Die Funktionsgleichung der Äquivalenzverknüpfung **(Bild 4)** lautet:

$$X = (A \land B) \lor (\bar{A} \land \bar{B})$$

Soll die Äquivalenz-Verknüpfung z.B. nur mit NOR-Verknüpfungen erstellt werden, lässt sich die Funktionsgleichung durch Anwenden der de Morganschen Gesetze umformen:

$$X = (A \land B) \lor (\bar{A} \land \bar{B})$$

$$X = \overline{\overline{(\bar{A} \lor \bar{B})} \lor \overline{(A \lor B)}}$$

[1] Antivalenz = gegensätzliche Wertigkeit

[2] Äquivalenz = Gleichwertigkeit

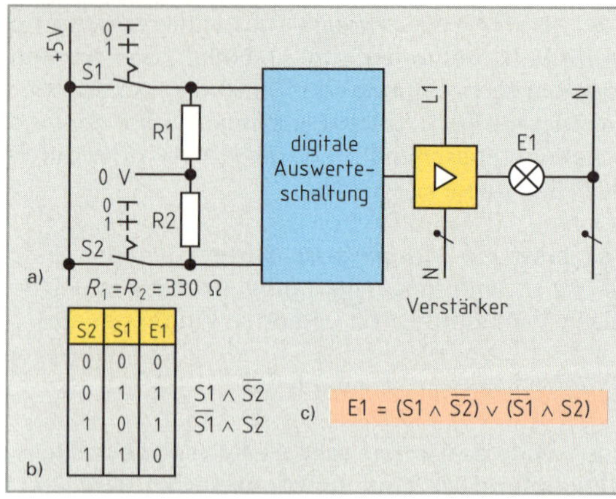

Bild 1: Beispiel a) Schaltung, b) Wahrheitstabelle und c) Funktionsgleichung

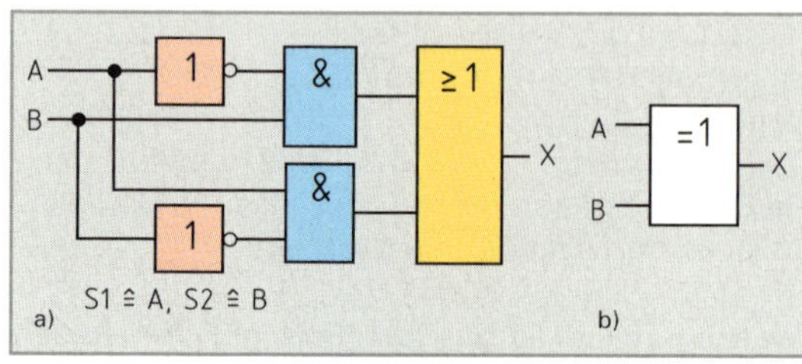

Bild 2: Antivalenz-Verknüpfung a) Schaltung, b) Schaltzeichen

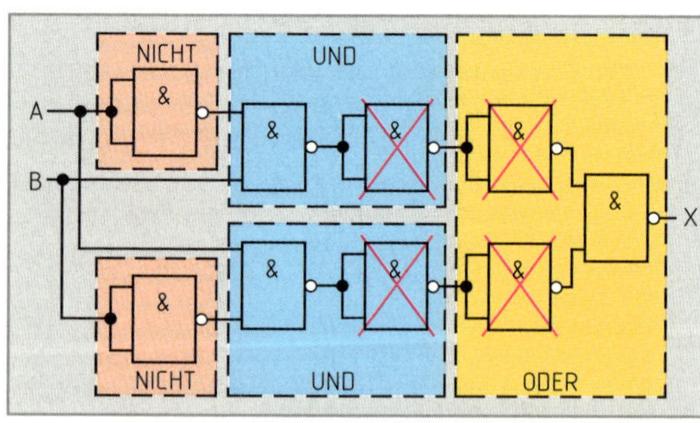

Bild 3: Verknüpfungsglieder einer Antivalenz-Schaltung ersetzt durch NAND-Verknüpfungen

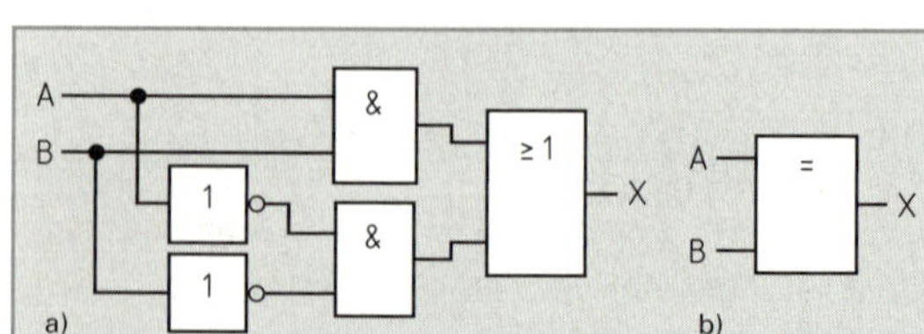

Bild 4: Äquivalenz-Verknüpfung a) Schaltung, b) Schaltzeichen

9.7 KV-Diagramm

Das KV[1]-Diagramm (Karnaugh-Veitch-Diagramm) eignet sich zur grafischen Vereinfachung von digitalen Schaltnetzwerken. Es enthält für jede Zeile der Wahrheitstabelle ein Feld. Für *n* Eingangsvariablen sind 2^n Felder nötig.

Jedes Feld des KV-Diagramms ist durch Randbeschriftung eindeutig einer Zeile der Wahrheitstabelle zugeordnet.

Die Randbeschriftung muss so festgelegt sein, dass sich zwischen zwei benachbarten Feldern nur eine Variable ändert **(Bild 1)**. Die den Eingangsvariablen zugeordnete Ausgangsvariable (X = 0 oder X = 1) wird in das betreffende Feld des KV-Diagramms übertragen **(Bild 2)**.

Im KV-Diagramm lassen sich benachbarte Felder mit gleichem Inhalt (1 bzw. 0) zu Blöcken zusammenfassen. Die Anzahl der zusammmengefassten Felder muss immer einer Potenz von 2 entsprechen, z. B. $2^1 = 2$, $2^2 = 4$ oder $2^3 = 8$. Eine Überlappung der Blöcke ist zulässig **(Bild 3)**.

Die Vereinfachung einer Funktionsgleichung beruht auf der Anwendung des Distributivgesetzes und der Regel $A \vee \overline{A} = 1$ **(Bild 4)**.

Erscheint eine Variable in einem Block sowohl in negierter als auch in nicht negierter Form, entfällt sie beim Aufstellen der Funktionsgleichung.

Beispiel: Die Funktionsgleichung des Beispiels Seite 231 soll mit Hilfe des KV-Diagramms vereinfacht werden. Bei drei Eingangsvariablen ist ein KV-Diagramm mit acht Feldern erforderlich. In jedem Feld des KV-Diagramms das einer Vollkonjunktion mit X = 1 zugeordnet ist, trägt man eine 1 ein, in alle anderen Felder eine 0 **(Bild 5)**. Es lassen sich zwei Blöcke mit jeweils zwei Feldern bilden. Die Funktionsgleichung ergibt sich aus den beiden Teilfunktionen.

Wiederholungsfragen

1. **Geben Sie die Rechenregeln der**
   a) UND-Verknüpfung,
   b) ODER-Verknüpfung an.
2. **Formen Sie die Funktionsgleichung**
   $X = (A \wedge B) \vee (A \wedge C)$
   nach dem konjunktiven Verteilungsgesetz um.
3. **Nennen Sie die beiden de Morgan'schen Gesetze.**
4. **Welche beiden Gesetze werden bei der Schaltungsvereinfachung durch das KV-Diagramm angewendet?**

[1] KV nach Karnaugh und Veitch (engl. Mathematiker)

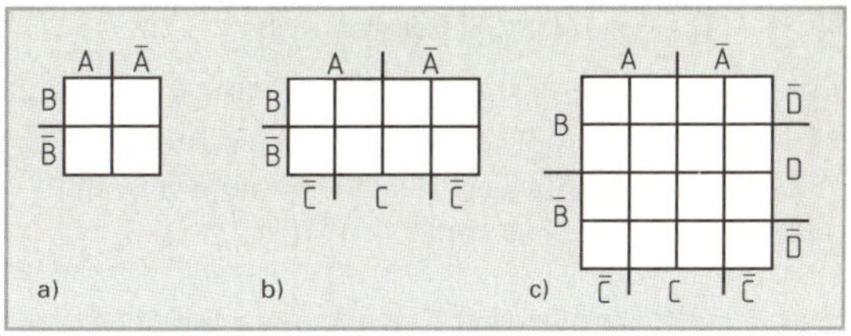

Bild 1: Randbeschriftung für KV-Diagramme mit a) 2 Variablen, b) 3 Variablen, c) 4 Variablen

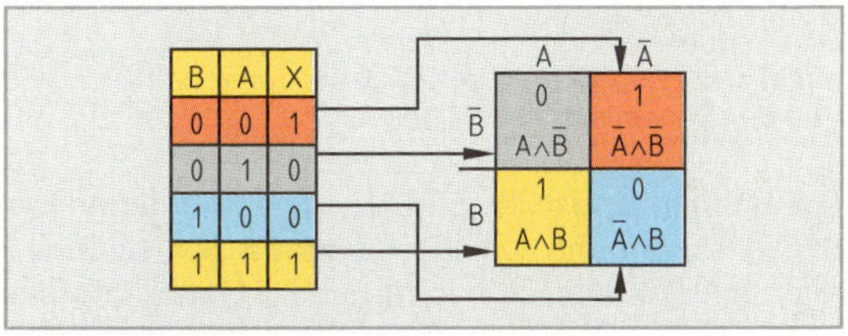

Bild 2: Zuordnung der Ausgangsvariablen zu den Feldern des KV-Diagramms

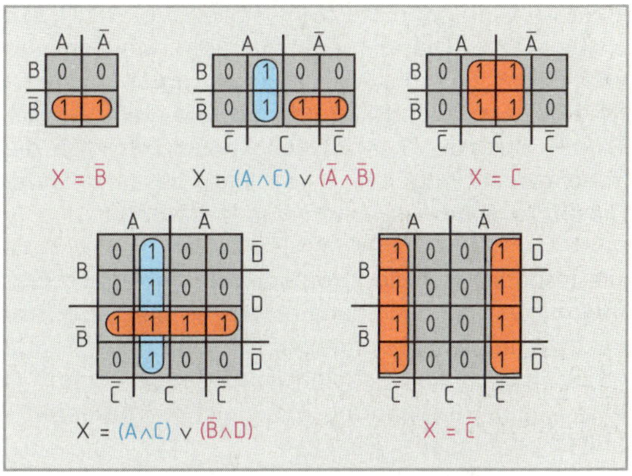

Bild 3: Zusammenfassen a) benachbarter Felder, b) überlappender Blöcke, c) randbenachbarter Felder

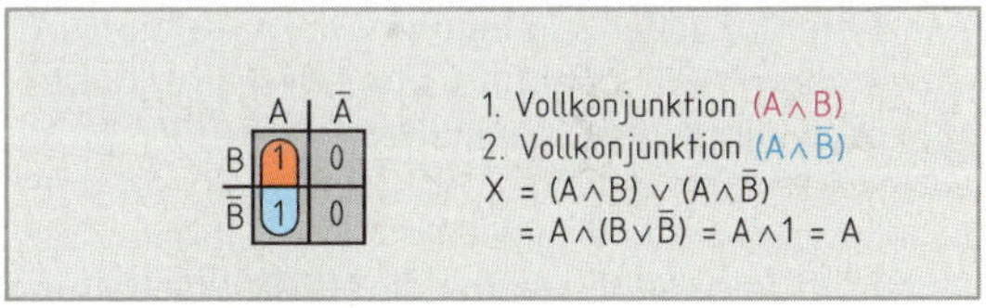

Bild 4: Vereinfachung einer Funktionsgleichung durch das KV-Diagramm

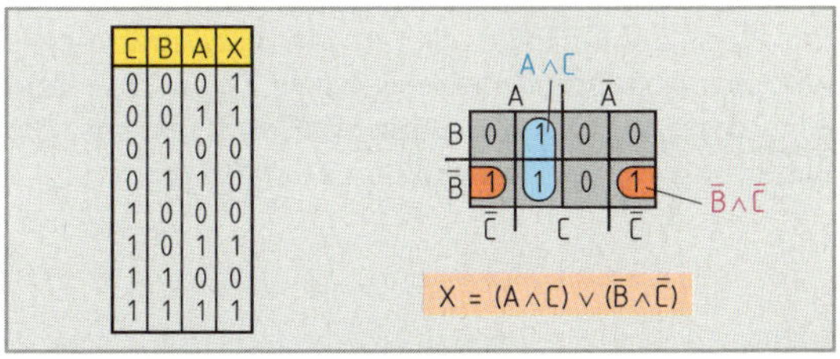

Bild 5: KV-Diagramm mit zusammengefassten Feldern (Lösung zu Beispiel Seite 231)

9.8 Kippschaltungen

Die astabile[1] Kippschaltung hat keinen stabilen Zustand. Sie kippt periodisch von einem Schaltzustand in den anderen.

Versuch: Schalten Sie zwei Transistoren, z. B. BC 237 oder BC 107, zu einer astabilen Kippschaltung **(Bild 1)**. Ändern Sie die Werte für R1, R2, C1 und C2. Messen Sie die Ausgangsspannung U_Q mit dem Oszilloskop.

Die Frequenz der Ausgangsspannung U_Q ändert sich abhängig von den Werten der Basiswiderstände R1 und R2 und der Kondensatoren C1 und C2.

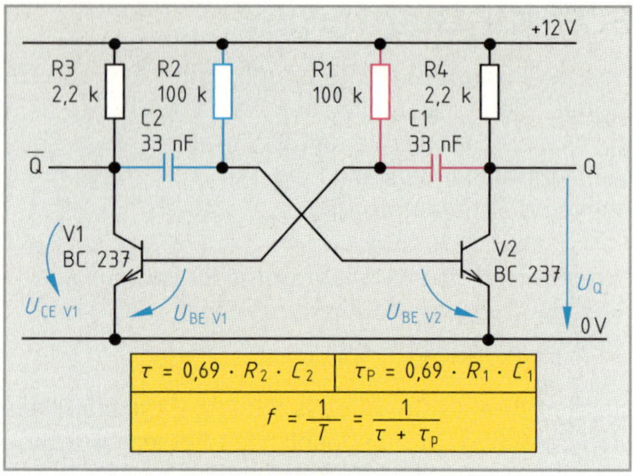

Bild 1: Astabile Kippschaltung

Die **astabile Kippstufe** (Bild 1) soll nach Anlegen der Betriebsspannung z. B. den Zustand Transistor V1 nicht leitend und V2 leitend haben. Dann liegt der Kondensator C1 über die niederohmige Kollektor-Emitter-Strecke V2 an Masse (0 V) und wird über R1 geladen. Mit Erreichen der Schwellspannung $U_{BE\,V1}$ leitet V1. Die Spannung $U_{CE\,V1}$ springt von + 12 V auf etwa +0,2 V. Dieser negative Spannungssprung wird über C2 auf die Basis V2 übertragen, V2 sperrt **(Bild 2).** Jetzt lädt sich C2 über R2 und die Kollektor-Emitter-Strecke V1 um. Nach kurzer Zeit wird die Schwellspannung $U_{BE\,V2}$ erreicht, V2 leitet nun. Dieser Vorgang wiederholt sich fortlaufend.

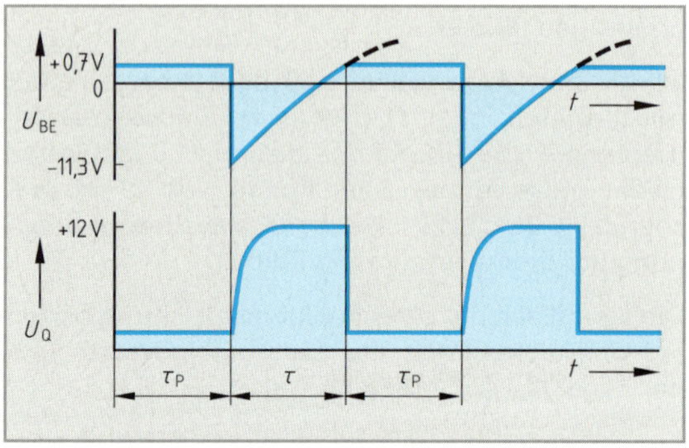

Bild 2: Spannungsdiagramme zu Bild 1

Die Impulszeit τ, die Impulspause τ_p und die Frequenz f werden nach den Formeln in Bild 1 berechnet. Mit der Dimensionierung R1 = R2 und C1 = C2 erhält man an den Schaltungsausgängen Q und $\overline{Q}$ eine Ausgangsspannung mit gleicher Impulszeit τ und Impulsdauer τ_p **(Bild 2).**

Astabile Kippschaltungen können auch mit NAND-Stufen aufgebaut werden **(Bild 3).** Diese Stufen sind als Inverter[2] geschaltet. Für den Anwender dieser astabilen Kippschaltung ist der innere Aufbau, z. B. einer integrierten Schaltung, ohne Bedeutung. Deshalb wird meist das Schaltkurzzeichen (Bild 3) benutzt. Die Spannungen an den Punkten A und Q der Schaltung von Bild 3 zeigt **Bild 4.** Die astabile Kippschaltung verwendet man z. B. als Blinkschaltung oder als Taktgeber in digitalen Schaltungen.

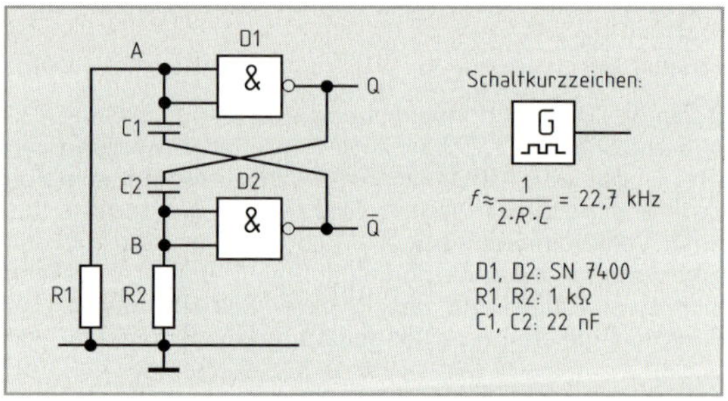

Bild 3: Astabile Kippschaltung mit NAND-Stufen. Rechts: Schaltzeichen der astabilen Kippschaltung

Die **monostabile**[3] **Kippschaltung** (Bild 1, Seite 235) hat eine stabile Lage. Durch einen Steuerimpuls wird der Ausgang für eine gewisse Zeit in den labilen[4] Zustand gekippt. Anschließend nimmt die Schaltung wieder den stabilen Zustand ein.

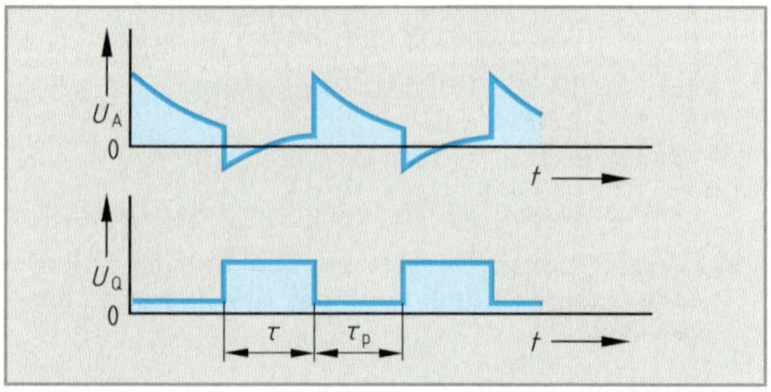

Bild 4: Spannungsdiagramme der astabilen Kippschaltung zu Bild 3 (idealisiert)

[1] astabil = unstabil, von a (griech.) = nicht und stabil = beständig
[2] Inverter, von to invert (engl.) = umkehren
[3] monostabil = Schaltung, die nur einen stabilen Zustand hat
[4] labil (lat.) = unbeständig, nicht stabil

Versuch 1: Bauen Sie eine monostabile Kippschaltung **(Bild 1)** mit Hilfe von zwei Transistoren, z. B. vom Typ BC 237 auf. Legen Sie an den Eingang E das Signal 1 (U_b) an. Wiederholen Sie den Versuch mit anderen, z. B. größeren Werten für R2 und C2.

Wiederholen Sie den Versuch mit einer Rechteckspannung am Eingang E von z. B. 0,1 Hz.

Das Signal 1 (U_b) am Eingang E ergibt am Ausgang Q einen Spannungsimpuls, dessen Dauer von R2 und C2 bestimmt wird. Der Spannungsimpuls am Ausgang Q ist unabhängig davon, wie lange das Eingangssignal wirksam ist.

In der stabilen Lage ist V1 nicht leitend und V2 leitend. Ein Signal 1 am Eingang, also an der Basis von V1, kippt die Schaltung in den labilen Zustand. V2 ist für die Dauer $\tau \approx 0{,}69 \cdot R_2 \cdot C_2$ nicht leitend. Danach ist C2 umgeladen, es gelangt positive Spannung an die Basis von V2, und der Transistor wird leitend. Die stabile Lage ist jetzt wieder vorhanden **(Bild 2)**. V1 kann erneut angesteuert werden, wenn C2 über R3 wieder aufgeladen ist (Pause: $\tau_p \approx 5 \cdot R_3 \cdot C_2$).

Die monostabile Kippschaltung wird durch einen Steuerimpuls in einen labilen Zustand gebracht. Nach der Zeit τ kippt sie in den stabilen Zustand zurück.

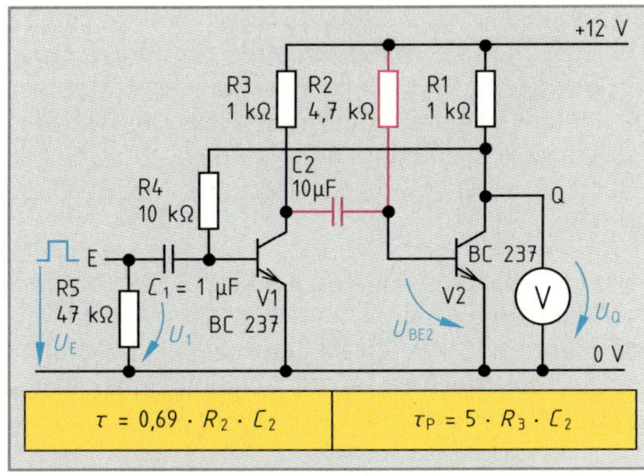

Bild 1: Monostabile Kippschaltung

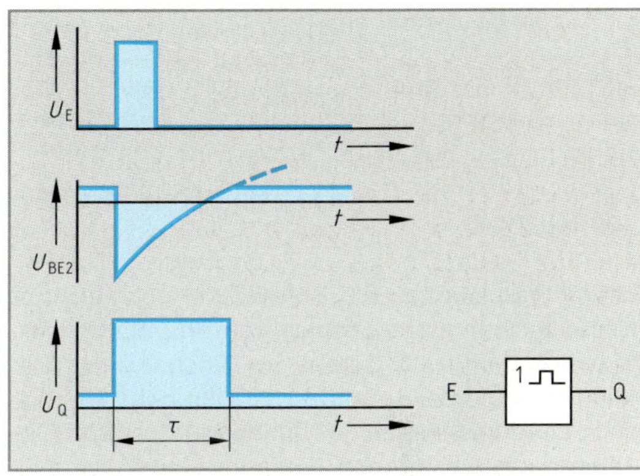

Bild 2: Spannungsdiagramme und Schaltzeichen der monostabilen Kippschaltung

Die monostabile Kippschaltung kann zur Veränderung von Impulszeiten verwendet werden, z. B. zur Impulszeitverlängerung, zur Ein- und Ausschaltverzögerung oder für einen Taktgeber. Die monostabile Kippschaltung (monostabiles Element) kann auch **nachtriggerbar** sein.

Die **bistabile**[1] **Kippschaltung** hat zwei stabile Zustände. Der Ausgangszustand bleibt auch dann erhalten, wenn der Eingangsimpuls nicht mehr vorhanden ist. Sie kippt in den anderen Zustand, wenn an die Basis des nicht leitenden Transistors ein 1-Signal (U_b) gelegt wird. Die bistabile Kippschaltung wird durch ein Signal 1 am Eingang S[2] gesetzt und durch ein Signal 1 am Eingang R[3] zurückgesetzt.

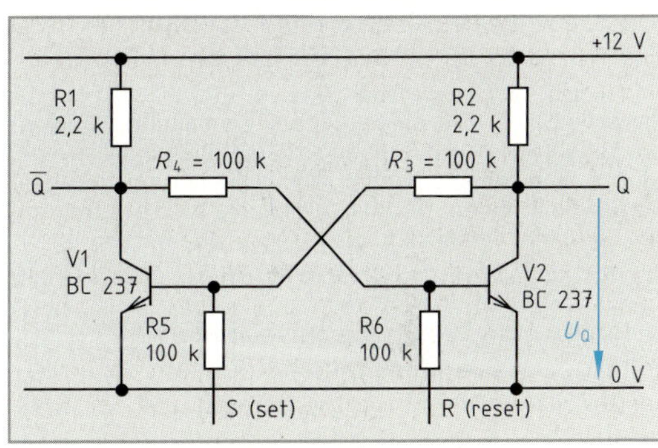

Bild 3: Bistabile Kippschaltung

Versuch 2: Schalten Sie eine bistabile Kippschaltung **(Bild 3)** mit zwei Transistoren, z. B. vom Typ BC 237. Legen Sie an die Eingänge die Signale S = 0 und R = 1. Ermitteln Sie den Schaltzustand der Ausgänge Q und $\overline{Q}$. Wiederholen Sie den Versuch mit weiteren Möglichkeiten für S und R.

*Lösung siehe **Tabelle**.*

Mit einem bistabilen Kippglied kann eine Information gespeichert werden.

Tabelle: Bistabile Kippschaltung

Eingänge		Ausgänge	
S	R	Q	$\overline{Q}$
0	0	Zustand bleibt erhalten	
0	1	0	1
1	0	1	0
1	1	Verbotener Zustand[1]	

[1] Verbotener Zustand: Q und $\overline{Q}$ = 0

[1] bi (lat.) = zwei
[2] S von to set (engl.) = setzen
[3] R von to reset (engl.) = rücksetzen

Die bistabile Kippschaltung lässt sich z. B. auch aus NAND-Elementen aufbauen. Das Symbol für ein Kippglied zeigt **Bild 1**. Die Funktion des bistabilen Elements wird durch die Kennzeichen an den Ein- und Ausgängen angegeben. 1-Zustand an S hat 1-Zustand an Q zur Folge. 1-Zustand an R bringt 1-Zustand an $\overline{Q}$.

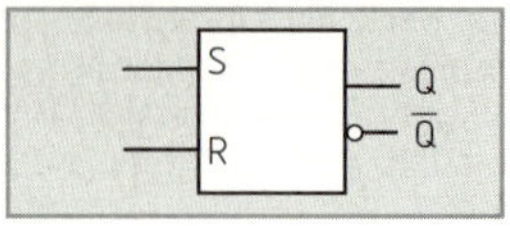

Bild 1: Bistabiles Element

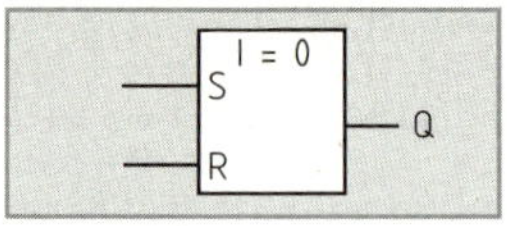

Bild 2: RS-bistabiles Element mit Anfangszustand 0

Beim Einschalten der bistabilen Kippschaltung wird im Allgemeinen kein bestimmter Zustand eingenommen, z. B. Q = 0. Für bestimmte Fälle ist es aber erforderlich, den Zustand des Ausgangs beim Anlegen der Betriebsspannung anzugeben.

Dies wird im Symbol mit I = 0 **(Bild 2)** oder I = 1 gekennzeichnet. Das Kennzeichen I[1] im Symbol gibt den Ausgangszustand an.

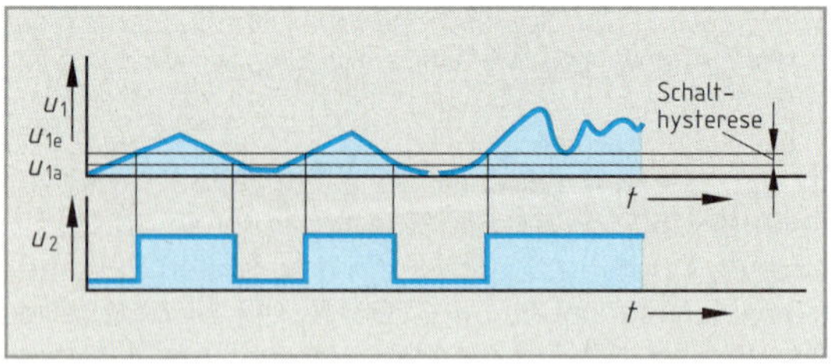

Bild 3: Impulsformung

> Hat der Ausgang beim Einschalten der Versorgungsspannung denselben Logik-Zustand wie er beim Abschalten hatte, so wird das Kennzeichen NV (non-volatile[2], nullspannungsgesichert) verwendet.

Schwellwertschalter. Ein Schwellwertschalter gibt beim Erreichen eines bestimmten Spannungswertes am Eingang ein Signal am Ausgang ab. Die meist verwendete Schaltung ist der **Schmitt-Trigger**[3]: ein **Impulsformer,** der beliebig geformten Eingangsimpulse in Rechteckspannungen umformt **(Bild 3).**

> Kennzeichnend für den Schmitt-Trigger ist der gemeinsame Emitterwiderstand R_E.

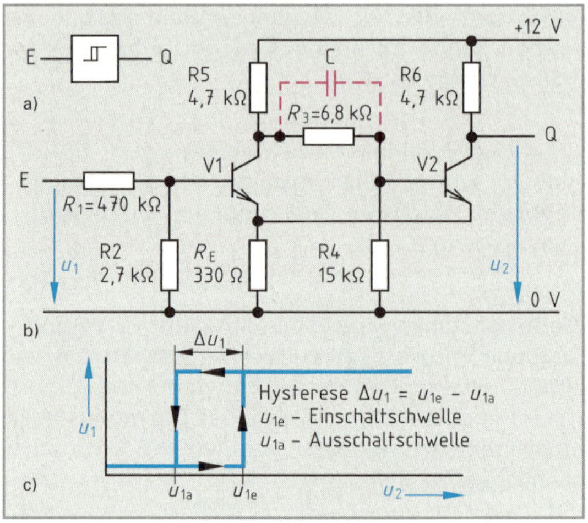

Bild 4: Schmitt-Trigger a) Schaltkurzzeichen,
b) Schaltung und
c) Übertragungskennlinie

Versuch: Bauen Sie einen Schwellwertschalter **(Bild 4)** auf. Legen Sie an den Eingang zuerst eine sinusförmige, danach eine dreieckförmige Wechselspannung. Wählen Sie für die Frequenz 100 Hz, 1 kHz und 10 kHz. Ermitteln Sie mit einem Oszilloskop die Ausgangsspannung u_2.

Die Ausgangsspannung u_2 ist in jedem Fall eine Rechteckspannung.

Im Ruhezustand sind V1 nicht leitend und V2 leitend. Am Ausgang ist immer eine geringe Spannung vorhanden, weil über den Emitterwiderstand R_E Strom fließt. Steigt nun die Eingangsspannung u_1, so wird V1 bei der Schwellspannung u_{1e} leitend und bei Absinken auf die Spannung u_{1a} nicht leitend.

Ein Kondensator, parallel zu R3, bewirkt ein rasches Schalten von V2. Das Kippen des Schmitt-Triggers erfolgt bei u_{1e} sehr schnell. Bei Unterschreiten von u_{1a} kippt er ebenso rasch in die Ausgangslage zurück. Den Unterschied zwischen u_{1e} und u_{1a} nennt man **Schalthysterese** Δu_1 (Bild 4). Der Schmitt-Trigger wird z. B. zur Formung von Rechteckimpulsen und bei Dämmerungsschaltern verwendet.

Wiederholungsfragen

1. **Erläutern Sie die Abkürzungen TTL und CMOS.**
2. **Erklären Sie die Wirkungsweise der astabilen Kippschaltung.**
3. **Nach welcher Formel wird die Impulsdauer bei der astabilen Kippschaltung berechnet?**
4. **Nennen Sie Anwendungen für die monostabile Kippschaltung.**
5. **Mit welcher elektronischen Schaltung lässt sich im einfachsten Fall eine Information speichern?**

[1] von initial (engl.) = anfänglich [2] non volatile (engl.) = nicht flüchtig [3] to trigger (engl.) = auslösen

9.9 Kippglieder

Zustandsgesteuerte Kippglieder (asynchrone Kippglieder) bestehen aus NAND- oder aus NOR-Verknüpfungen **(Tabelle 1)**. Die Eingänge der Kippglieder sind mit **S** (Setzen) und **R** (Rücksetzen) bezeichnet. Die Speicherausgänge Q und $\overline{Q}$ haben immer inverse Signale.

> Ein Kippglied ist gesetzt, wenn der Speicherausgang Q den Zustand 1 und der Ausgang $\overline{Q}$ den Zustand 0 hat.

Ein **RS-Kippglied** (NOR-Kippglied) wird mit Signal 1 gesetzt bzw. zurückgesetzt **(Bild 1)**. Bei R und S = 1 nehmen beide Speicherausgänge den Zustand 0 an (verbotener Zustand).

Taktgesteuerte Kippglieder (synchrone Kippglieder) geben die Eingangssignale nicht unmittelbar an die Ausgänge. Die Eingangssignale sind mit dem Signal am **Takteingang C**[1] UND-verknüpft **(Bild 2)**. Damit werden Steuersignale an S oder R nur wirksam, wenn der Takteingang C gleichzeitig den Zustand 1 hat **(Tabelle 2)**.

Sind C = 1, S = 0 und R = 1, so führt das NAND-Glied D1 am Ausgang Signal 1, D2 aber Signal 0. Das NAND-Glied D4 muss am Ausgang also Signal 1, NAND-Glied D3 Signal 0 haben. Alle weiteren Möglichkeiten für C = 1 können entsprechend überprüft werden. Bei C = 0 sind die Ausgänge von D1 und D2 nur vom Zustand der Eingänge S und R abhängig. Bei C = 0 ebenso wie R = S = 0 ist deshalb eine Signaländerung am Speicherausgang unmöglich (Tabelle 2).

Das **D-Kippglied** hat einen Takteingang C und einen D-Eingang[2] (Dateneingang), der direkt mit dem Eingang S' und über eine Negation mit dem Eingang R' verbunden ist **(Bild 3)**. Damit können die Eingänge S' und R' niemals gleiche Werte annehmen. D-Kippglieder haben deshalb keinen verbotenen Zustand (Q = $\overline{Q}$).

Das **JK-Kippglied (Bild 1, Seite 238)** besitzt einen Setz-, einen Rücksetzeingang und den Takteingang C. Die Eingangsbezeichnungen J und K (entspricht S und R) sind willkürlich gewählt.

Das Zeitablaufdiagramm **(Bild 2, Seite 238)** zeigt die Arbeitsweise des JK-Kippgliedes. Einer der beiden Ausgänge Q bzw. $\overline{Q}$ muss Signal 1 führen. Ist Q = 1, dann ist die UND-Verknüpfung des K-Einganges vorbereitet. Bei K = 1 gelangt an den Eingang 1R das 1-Signal und $\overline{Q}$ wird beim nächsten Takt 1. Nun ist die UND-Verknüpfung des J-Einganges vorbereitet. Mit dem nächsten Takt wird das JK-Kippglied gesetzt (Q = 1).

[1] von clock (engl.) = Takt;
[2] von delay (engl.) = Verzögerung

Tabelle 1: Bistabile Kippglieder
Zustandsgesteuerte Kippglieder • NOR-Kippglied (RS-Kippglied) • NAND-Kippglied ($\overline{R}\overline{S}$-Kippglied)
Taktgesteuerte Kippglieder • taktzustandsgesteuertes Kippglied • D-Kippglied • JK-Kippglied
Flankengesteuerte Kippglieder • einflankengesteuertes JK-Kippglied • zweiflankengesteuertes JK-Kippglied (JK-Master-Slave-Kippglied)

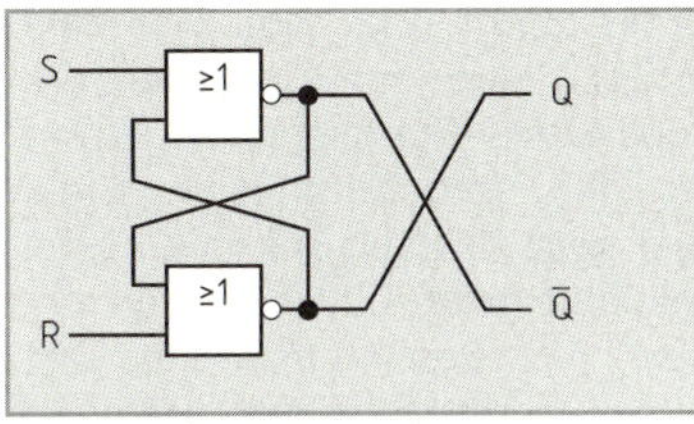

S	R	Q	$\overline{Q}$
0	0	Zustand bleibt erhalten	
1	0	1	0
0	1	0	1
1	1	verbotener Zustand	

Bild 1: RS-NOR-Kippglied

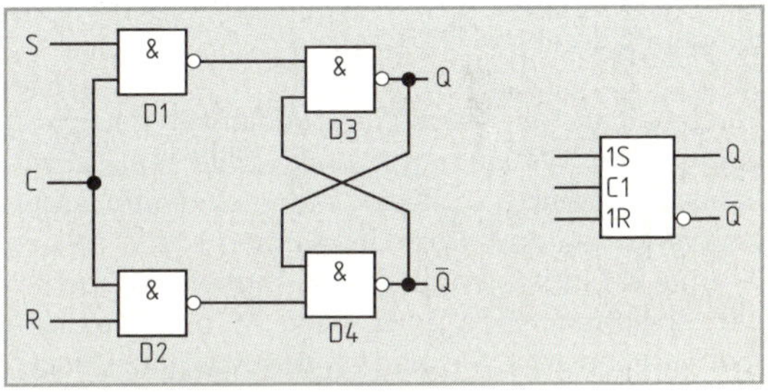

Bild 2: Taktzustandsgesteuertes (einzustandsgesteuertes) RS-Kippglied

Tabelle 2: Taktzustandsgesteuertes RS-Kippglied								
C	0	0	0	0	1	1	1	1
S	0	0	1	1	0	0	1	1
R	0	1	0	1	0	1	0	1
Q	Speicherstellung					0	1	verboten

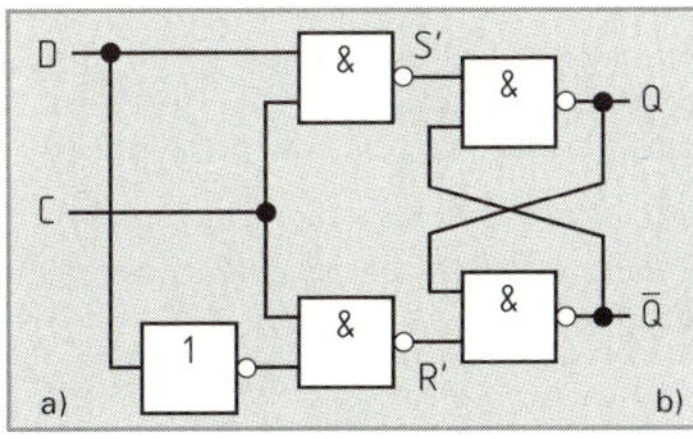

C	D	Q
0	0	Zustand bleibt erhalten
0	1	
1	0	0
1	1	1

Bild 3: D-Kippglied einzustandsgesteuert

Ein JK-Kippglied hat keine verbotenen Eingangskombinationen.

Beim einflankengesteuerten JK-Kippglied kann die Informationsübernahme der an den J- und K-Eingängen anliegenden Signale mit der ansteigenden oder mit der abfallenden Flanke des Taktsignals gesteuert werden. Die Steuerung mit der abfallenden Flanke kennzeichnet man durch einen Negationsring vor dem Takteingang **(Bild 2)**.

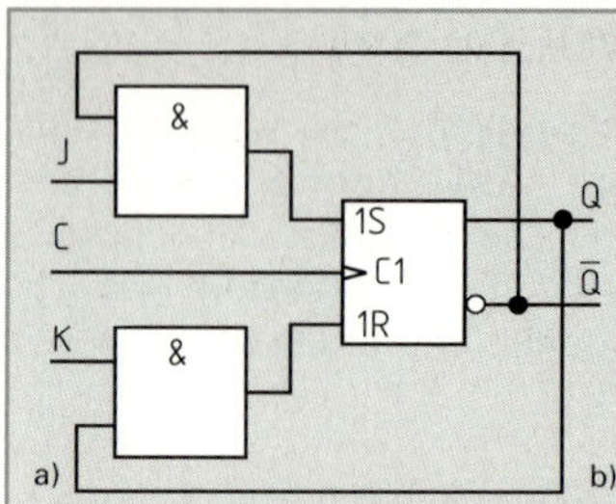

b)

J	K	Q
0	0	Zustand bleibt erhalten
0	1	0
1	0	1
1	1	Umschalten bei jedem Takt

Bild 1: JK-Kippglied, einflankengesteuert

Zweiflankengesteuertes JK-Kippglied

Das zweiflankengesteuerte JK-Kippglied (JK-Master-Slave[1]-Kippglied) besteht aus zwei einflankengesteuerten JK-Kippgliedern **(Bild 3b)**. Das Taktsignal des Master-Kippgliedes wird invertiert und dem Takteingang des Slave-Kippgliedes zugeführt. Die Information an den Vorbereitungseingängen (J- und K-Eingänge) wird deshalb mit der ansteigenden Flanke des Taktsignals übernommen und zwischengespeichert. Mit der abfallenden Taktflanke wird die im Master-Kippglied zwischengespeicherte Information vom Slave-Kippglied übernommen und steht dann an den Speicherausgängen Q und $\overline{Q}$ an **(Bild 3c)**.

Im Schaltzeichen wird die Zweiflankensteuerung durch zwei Winkel angegeben **(Bild 3a)**. Zweiflankengesteuerte JK-Kippglieder sind störsicher, weil zwischen der Informationsübernahme an den J- und K-Eingängen und der Signalausgabe an die Speicherausgänge Q bzw. $\overline{Q}$ eine zeitliche Trennung besteht. Sie werden bevorzugt für Zählerschaltungen und für Schieberegister verwendet (Seite 239).

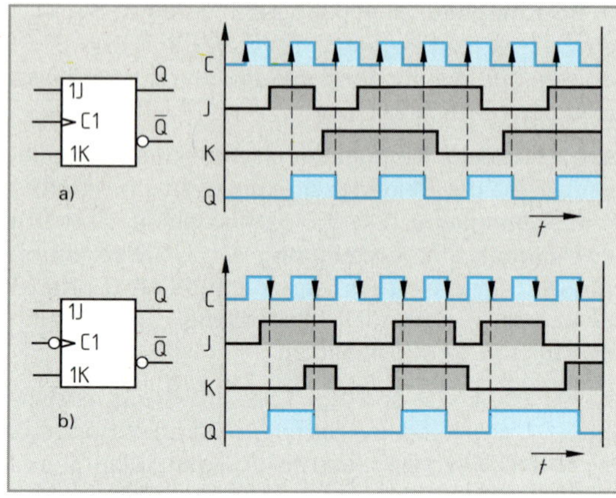

Bild 2: Zeitablaufdiagramm des JK-Kippglieds, gesteuert
a) mit ansteigender Taktflanke
b) mit abfallender Taktflanke

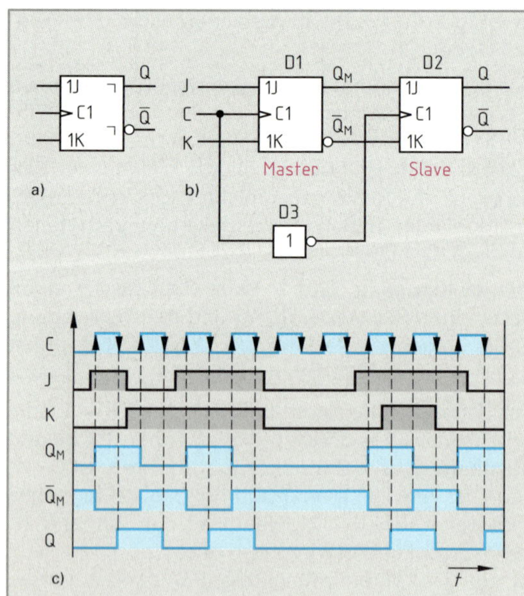

Bild 3: JK-Master-Slave-Kippglied
a) Schaltzeichen; b) Schaltung und
c) Zeitablaufdiagramm

Wiederholungsfragen

1 **Beschreiben Sie den Aufbau des RS-Kippgliedes.**

2 **Mit welchem Signal wird ein a) NOR-Kippglied und b) ein NAND-Kippglied gesetzt bzw. zurückgesetzt?**

3 **Begründen Sie, warum es keinen verbotenen Zustand gibt**
a) beim D-Kippglied und
b) beim JK-Kippglied.

4 **Woran erkennt man am Schaltzeichen eines einflankengesteuerten JK-Kippgliedes die Ansteuerung mit a) ansteigender und b) mit abfallender Flanke?**

5 **Aus welchen Teilen besteht ein zweiflankengesteuertes JK-Kippglied?**

[1] von master (engl.) = Herr; slave (engl.) = Sklave

9.10 Schaltungen mit Kippgliedern

9.10.1 Duales Zahlensystem

Das duale Zahlensystem ist wie das Dezimalsystem ein Stellenwertsystem, jedoch mit Potenzen der Basis 2. Der kleinste Stellenwert für ganze Zahlen ist 2^0 **(Tabelle 1)**. Links vom Stellenwert $2^0 = 1$ stehen die aufsteigenden Werte $2^1 = 2$, $2^2 = 4$ usw. Die letzte Stelle (n-te Stelle) hat den Stellenwert 2^{n-1}.

Bei der Umrechnung vom Dual- in das Dezimalsystem addiert man die Stellenwerte aller Stellen, die den Wert 1 haben.

Beispiel 1: Wandeln Sie die Dualzahl 100 1011 in eine Dezimalzahl um.

Dualzahl:	1	0	0	1	0	1	1	
Stellenwert:	2^6	2^5	2^4	2^3	2^2	2^1	2^0	
Dezimalzahl:	64 +	0 +	0 +	8 +	0 +	2 +	1	= 75

Beispiel 2: Wandeln Sie die Dezimalzahl 19 mit dem **Resteverfahren** in eine Dualzahl um.

19 : 2 = 9 **Rest** 1
9 : 2 = 4 **Rest** 1
4 : 2 = 2 **Rest** 0
2 : 2 = 1 **Rest** 0
1 : 2 = 0 **Rest** 1 → 1 0 0 1 1
Leserichtung →

In Zählerschaltungen verwendet man häufig den BCD[1]-Code, z. B. den 8-4-2-1-Code **(Tabelle 2)**. Im BCD-Code wird jede Dezimalziffer durch eine 4stellige Dualzahl dargestellt. Weitere Codes siehe Tabellenbuch Elektrotechnik.

Tabelle 1: Duales Zahlensystem

Stelle	n	6.	5.	4.	3.	2.	1.
Stellenwert Dezimalzahl	2^{n-1}	2^5 32	2^4 16	2^3 8	2^2 4	2^1 2	2^0 1

Tabelle 2: 8-4-2-1-Code

Wert (Dezimalzahl)	2^3 (8)	2^2 (4)	2^1 (2)	2^0 (1)
0	0	0	0	0
1	0	0	0	1
2	0	0	1	0
3	0	0	1	1
4	0	1	0	0
5	0	1	0	1
6	0	1	1	0
7	0	1	1	1
8	1	0	0	0
9	1	0	0	1
10[1]	1	0	1	0

1 Zählerrückstellung und Übertragungsbildung zur nächsthöheren Zähldekade.

9.10.2 Schaltungen

Zählerschaltungen, Frequenzteiler oder Schieberegister bestehen häufig aus taktflankengesteuerten JK-Kippgliedern.

Frequenzteiler. JK-Kippglieder mit der Beschaltung J = K = 1 **(T-Kippglieder[2])** ändern ihren Ausgangszustand mit jeder wirksamen Taktflanke. Die Periodendauer des Ausgangssignals ist doppelt so groß wie die des Eingangssignals **(Bild 1)**.

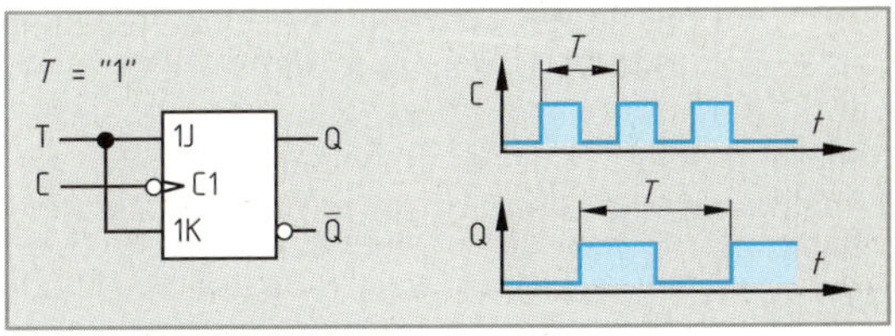

Bild 1: T-Kippglied

T-Kippglieder arbeiten als Frequenzteiler.

Asynchron-Dual-Zähler. Die Schaltung eines Frequenzteilers kann auch als Zählerschaltung Verwendung finden. Die Kippglieder der Zähldekade bezeichnet man z. B. mit D0, D1 und D2 und ordnet ihren Ausgängen die Stellenwerte Q0 = 2^0, Q1 = 2^1 und Q2 = 2^2 zu **(Bild 2)**.

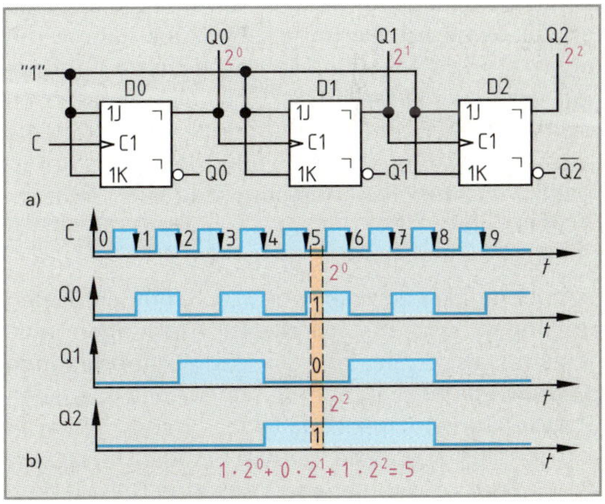

Bild 2: Asynchron-Dual-Zähler
a) Schaltung,
b) Zeitablaufdiagramm

Zähler addieren Zählimpulse und speichern das Zählergebnis.

1 BCD von **B**inary-**C**oded-**D**ecimal (engl.) = binär codiertes Dezimalsystem
2 von to trigger (engl.) = auslösen

Das Schaltzeichen des Asynchron-Dual-Zählers besteht aus dem **Steuerblock,** an den sich für jedes Kippglied des Zählers ein **Ausgangsblock** anschließt **(Bild 1)**. Im Ausgangsblock trägt man meist den Stellenwert der Zählstufe ein, z. B. 1, 2, 4 oder 8. Dem Takteingang führt man die Zählimpulse zu. Ein Pluszeichen am Zähleingang kennzeichnet den **Vorwärtszähler,** ein Minuszeichen den **Rückwärtszähler.** Der Negationsring am **Rücksetzeingang** gibt an, dass der Zähler mit Signal 0 zurückgesetzt wird.

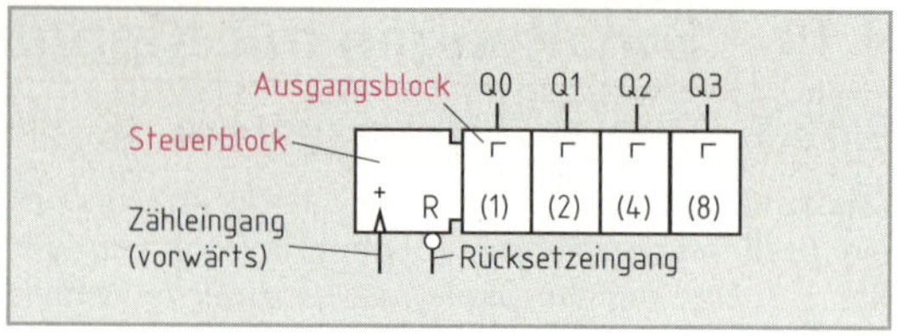

Bild 1: Schaltzeichen des Dual-Zählers

Asynchron-Dezimal-Zähler (Asynchron-BCD-Zähler) zeigen ihren Zählerstand mit Hilfe von Sieben-Segment-Anzeigen (Seite 180) im Dezimalsystem an. Sie müssen deshalb so korrigiert werden, dass sie nur von 0 bis 9 zählen **(Bild 2)**. Mit dem zehnten Impuls wird der Zähler über eine Torschaltung (Q1 ∧ Q3) zurückgesetzt. Gleichzeitig wird ein Übertrag für die nächsthöhere Zähldekade gebildet.

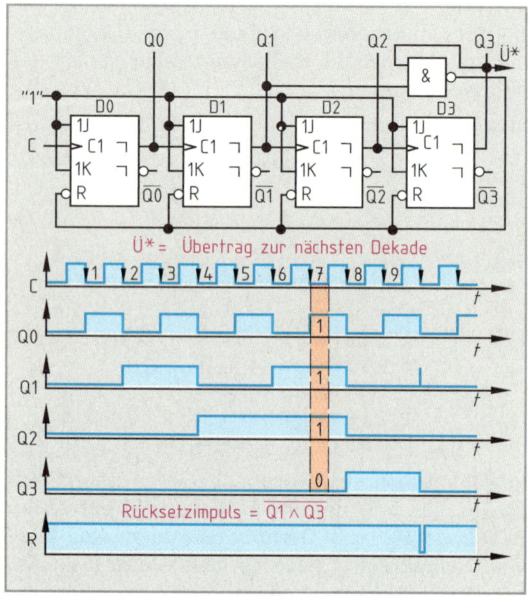

Bild 2: Asynchron-BCD-Zähler

BCD-Zähler benötigen für jeden Stellenwert einer Dezimalzahl eine Zähldekade mit vier Kippgliedern.

Schieberegister bestehen meist aus zweiflankengesteuerten JK-Kippgliedern. Der **serielle Eingang** (SE) ist mit dem J-Eingang des ersten Kippgliedes direkt und mit dem K-Eingang über eine Negation verbunden **(Bild 3)**. Das erste Kippglied (D0) übernimmt die am seriellen Eingang anstehende Information, 0 oder 1, mit der ansteigenden Flanke am Takteingang und übergibt sie mit der abfallenden Flanke des Taktes an den Speicherausgang Q0 (Bild 3).

Die Speicherausgänge D0 sind mit dem J- und K-Eingang der folgenden Stufe verbunden und bereiten sie damit für die Informationsübernahme mit dem nächsten Takt vor. Die gespeicherte Information wird so mit jedem Takt um eine Stelle nach rechts verschoben. Nach dem dritten Takt steht die am seriellen Eingang (SE) übernommene Information am **seriellen Ausgang** (SA) des Schieberegisters an.

Schieberegister können zusätzlich mit **parallelen Eingängen** und mit **parallelen Ausgängen** ausgestattet sein. Sie können dann Informationen zusätzlich parallel aufnehmen und seriell ausgeben **(Parallel-Serien-Umsetzer)** oder seriell einlesen und parallel ausgeben **(Serien-Parallel-Umsetzer)**. Verbindet man den seriellen Ausgang SA mit dem seriellen Eingang SE, entsteht ein **Ringschieberegister**. Es wird z. B. zur Lauflichtsteuerung verwendet.

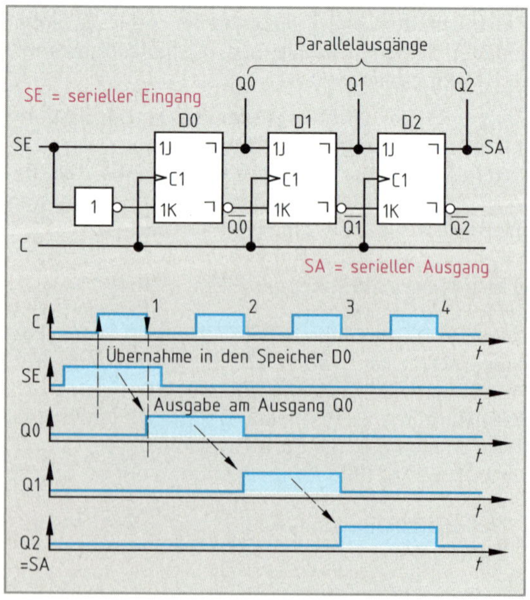

Bild 3: Schieberegister mit seriellem Eingang, seriellen und parallelen Ausgängen

9.11 Analog-Digital-Umsetzer und Digital-Analog-Umsetzer

Beim Messen elektrischer Größen, z.B. der Stromstärke, oder nichtelektrischer Größen, z.B. der Temperatur, erhält man den Messwert oft in analoger Form. Zur Übertragung, Speicherung oder Verarbeitung der Messdaten, z.B. mit dem Computer, sind diese Messwerte aber häufig in digitaler Form erwünscht. Hierfür werden **Analog-Digital-Umsetzer (Bild 1a)** gebraucht.

Soll mit einem Computer oder mit einer digitalen Steuerung aber eine elektrische Maschine gesteuert werden, so sind die Digitalwerte des Computers in analoge Steuergrößen, z.B. in Steuerspannungen, umzusetzen. Dabei werden digitale Signale in eine entsprechende analoge Größe, z.B. in eine Spannung, umgewandelt. Hierfür verwendet man **Digital-Analog-Umsetzer (Bild 1b)**.

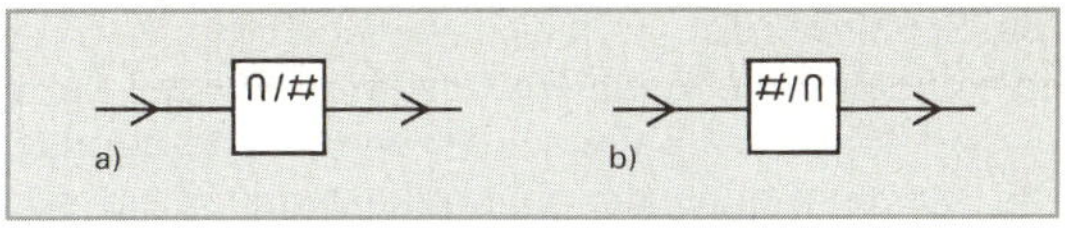

Bild 1: Schaltzeichen für a) AD-Umsetzer, b) DA-Umsetzer

Analog-Digital-Umsetzer (AD-Umsetzer). Man unterscheidet Momentanumsetzer und integrierende Umsetzer. Zu den integrierenden AD-Umsetzern gehört z.B. der Spannungs-Frequenz-Umsetzer **(Bild 2)**. Der analoge Messwert U_x wird verhältnisgleich in eine Impulsfrequenz umgesetzt. Während einer konstanten Messzeit werden diese Impulse gezählt. Die innerhalb dieser Zeit gezählten Impulse sind ein Maß für den Messwert U_x. Die Frequenz der von einem Impulsgenerator erzeugten Messzeit (Integrationszeit) ist meist zu hoch. Die Frequenz wird daher mit einem Frequenzteiler herabgesetzt, um die Impulsdauer τ einstellen zu können.

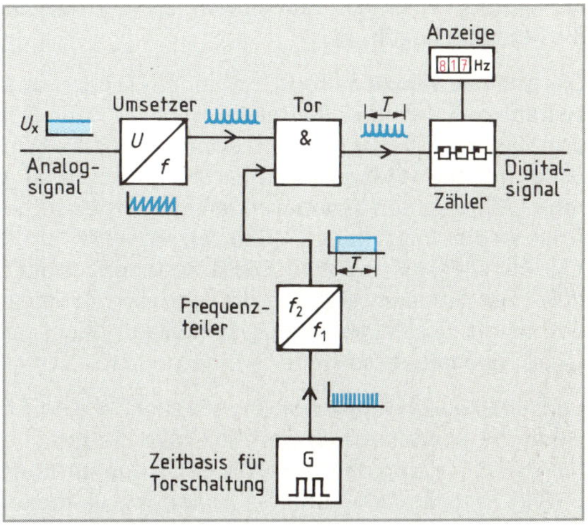

Bild 2: AD-Umsetzer: Spannungs-Frequenz-Verfahren (Prinzip)

> Ein AD-Umsetzer setzt eine analoge Eingangsgröße in eine digitale Ausgangsgröße um.

Digital-Analog-Umsetzer (DA-Umsetzer) formen Digitalwerte in eine analoge Größe um, z.B. in Strom oder in Spannung. Ein Operationsverstärker kann als Summierer **(Bild 3)** von Teilspannungen verwendet werden. Die Teilspannungen, die der Wertigkeit des Digitalsignals entsprechen, werden addiert. Beim 8-4-2-1-codierten Signal sind die Teilspannungen im entsprechenden Verhältnis gestuft. Die Schalter S1 bis S4 im Bild 3 können z.B. durch Schalttransistoren ersetzt werden.

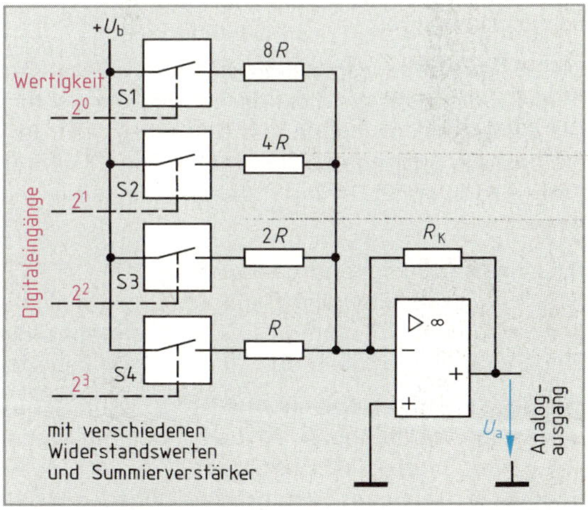

Bild 3: DA-Umsetzer: Verfahren mit Teilspannungen (Prinzip)

> Ein DA-Umsetzer setzt eine digitale Eingangsgröße in eine analoge Ausgangsgröße um.

Beispiel: Ein DA-Umsetzer nach Bild 3 hat $R = 10\ \text{k}\Omega$. Am Digitaleingang ist die Dualzahl 0110, d.h. also die Dezimalzahl 6, vorhanden. Dann sind die Schalter S1 und S4 geöffnet, die Schalter S2 und S3 geschlossen. Die Betriebsspannung U_b beträgt 8V, der Rückkopplungswiderstand R_K hat 1kΩ. Wie groß ist die Ausgangsspannung U_a?

$$-U_a = \frac{R_K}{4 \cdot R} \cdot U_b + \frac{R_K}{2 \cdot R} \cdot U_b = \frac{1\ \text{k}\Omega}{40\ \text{k}\Omega} \cdot 8\,\text{V} + \frac{1\ \text{k}\Omega}{20\ \text{k}\Omega} \cdot 8\,\text{V} = 0{,}6\,\text{V} \quad \Rightarrow \quad U_a = \mathbf{-0{,}6\,V}$$

Bei der höchsten hier möglichen Dualzahl 1111 (Dezimal 15) ist die Ausgangsspannung genau 1,5V.

9.12 Digitale Schaltungen mit Operationsverstärkern

Die Schalterfunktion ist ein wesentliches Kennzeichen der Digitalschaltungen, die Verstärkerfunktion dagegen ein typisches Merkmal der Analogschaltungen, zu denen die Operationsverstärker gehören. Die Anwendungen des Operationsverstärkers reichen aber auch in den Bereich der Digitaltechnik. Diese Verstärker werden in Kippschaltungen und in Schwellwertschaltern verwendet. Der Operationsverstärker ist ein Bauelement, bei dem die äußere Beschaltung die Funktion bestimmt.

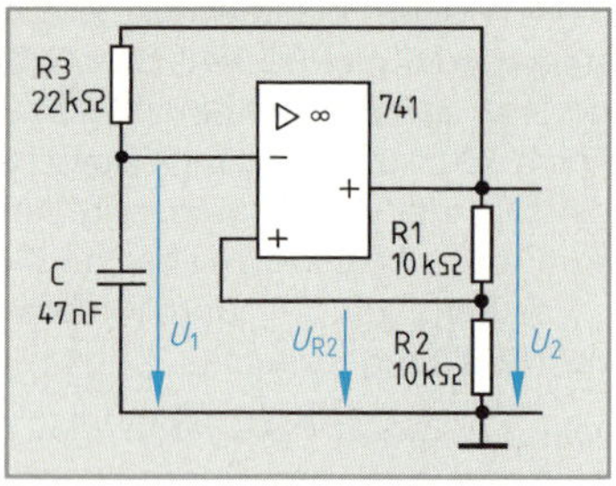

Bild 1: Astabile Kippschaltung

Die **astabile Kippschaltung** mit einem Operationsverstärker **(Bild 1)** besteht aus wenigen Bauteilen, nämlich dem Operationsverstärker, drei Widerständen und einem Kondensator. Der Operationsverstärker bildet mit den Widerständen R1 und R2 einen so genannten **Komparator**[1]. Wird an den invertierenden Eingang des Komparators z. B. eine Dreieckspannung gelegt **(Bild 2)**, so fällt an R2 die Spannung $U_{R2} = (U_2 \cdot R_2)/(R_1 + R_2)$ ab. Diese Spannung wirkt auf den nichtinvertierenden Eingang. Wird U_1 ab t_1 größer als $+U_{R2max}$, so werden U_2 und damit U_{R2} kleiner, bis U_{R2} den Wert $-U_{R2max}$ annimmt. Wird jetzt U_1 ab t_2 negativer, so kippt U_2 erneut.

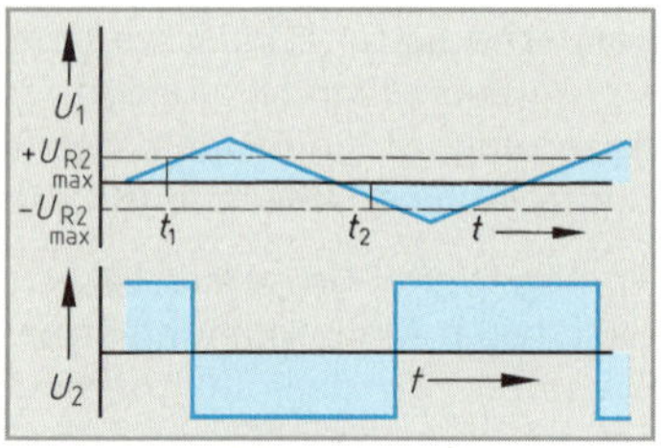

Bild 2: Spannungsverlauf beim Komparator

Bei der astabilen Kippschaltung schaltet der Komparator immer dann, wenn die Spannungsdifferenz am invertierenden und am nichtinvertierenden Eingang den Wert null hat. Angenommen, der Kondensator C (Bild 1) sei entladen und die Spannung U_2 maximal. Dann wird der Kondensator C über den Widerstand R3 geladen. Erreicht die Kondensatorspannung U_1 den Wert von U_{R2}, so kippt die Schaltung **(Bild 3)**. Der Vorgang wiederholt sich. Am Ausgang entsteht eine Rechteckspannung.

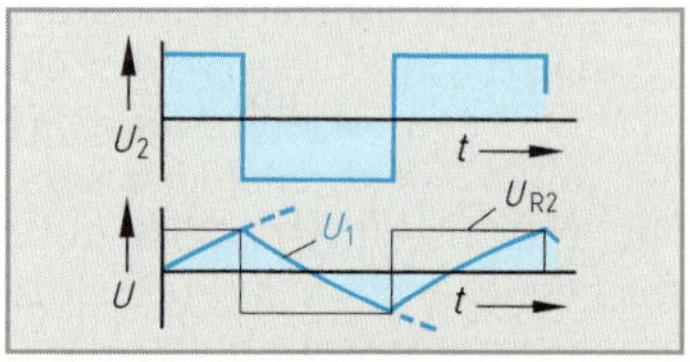

Bild 3: Spannungsverlauf bei der astabilen Kippschaltung

Die **monostabile Kippschaltung** mit einem Operationsverstärker **(Bild 4)** entspricht der Grundschaltung der astabilen Kippschaltung. Die astabile Kippschaltung wird erweitert mit der Diode V1, welche die positive Spannung am Kondensator C1 begrenzt. Die Kippschaltung wird über C2, R4 und V2 am nichtinvertierenden Eingang angesteuert.

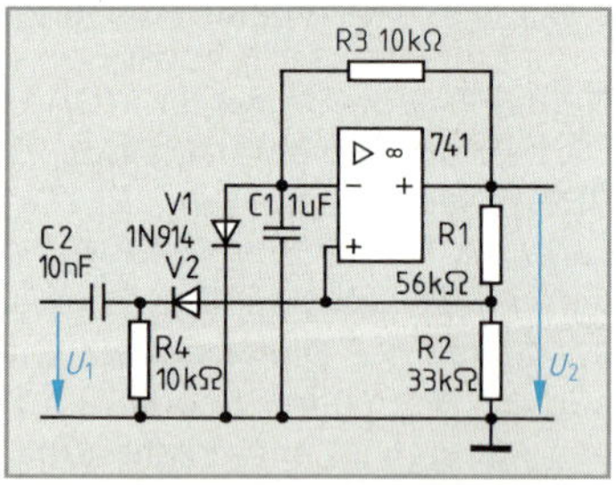

Bild 4: Monostabile Kippschaltung

Bei positiver Ausgangsspannung U_2 ($U_2 > 0{,}7\,V$) befindet sich die Schaltung in stabiler Lage. Die Spannung am nichtinvertierenden Eingang wird durch R2 mehr positiv als die Spannung am invertierenden Eingang, die durch die Diode V1 etwa 0,7 V beträgt.

Mit einer negativen Spannungsflanke U_1 am Schaltungseingang, der den nichtinvertierenden Eingang des Operationsverstärkers auf einen Wert unter 0,7 V bringt, kippt die Schaltung. Die Ausgangsspannung U_2 erreicht damit den größten negativen Wert.

Der Kondensator C1 wird über R3 entladen und auf negative Spannung U_{R2} geladen. Der Komparator schaltet nun auf positive Ausgangsspannung U_2 und der Kondensator C1 wird auf etwa 0,7 V umgeladen (die Umladezeit nennt man auch Erholzeit). Danach kann die monostabile Kippschaltung erneut mit einem negativen Impuls an U_1 gestartet werden. Monostabile Kippschaltungen gibt es auch als integrierte Schaltung **(Bild 5)**.

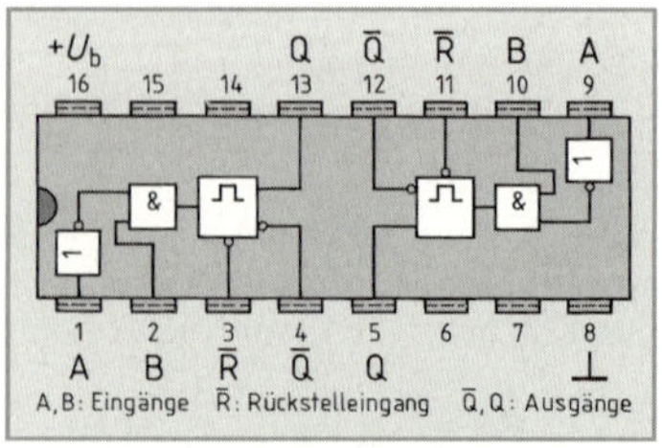

Bild 5: Zwei nachtriggerbare monostabile Elemente mit Rückstellung, z. B. SN74123

Monostabile Kippschaltungen werden als Impulsgeber und als Impulsformer verwendet.

[1] von to compare (engl.) = vergleichen

Einen **Schwellwertschalter** (Schmitt-Trigger) mit einem Operationsverstärker zeigt **Bild 1**. Er ist wie ein invertierender Komparator aufgebaut. Überschreitet die Eingangsspannung U_1 einen bestimmten Wert, so kippt die Ausgangsspannung U_2 mit hoher Flankensteilheit von dem einen maximalen Wert in den entgegengesetzten größten Wert. Wird z. B. der Operationsverstärker am invertierenden Eingang mit positiver Spannung U_1 angesteuert, so kippt die Ausgangsspannung U_2 auf $-U_{2max}$ **(Bild 2)**.

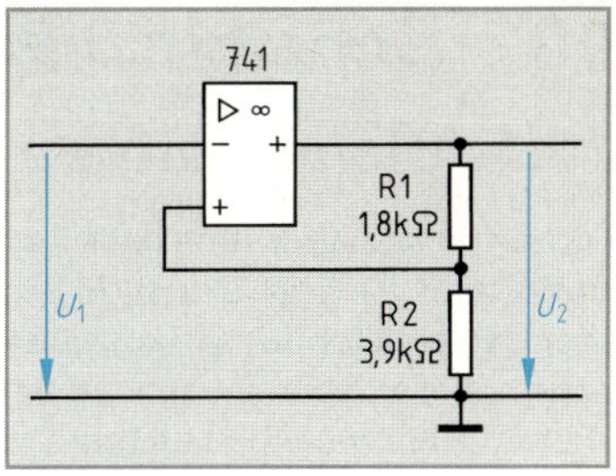

Bild 1: Schmitt-Trigger

Invertierende Schmitt-Trigger. Die Wirkungsweise ist jedoch nicht so leicht zu verstehen. Nimmt man als Ausgangsspannung $+U_{2max}$ an, dann ist U_{R2} positiv. Wenn die Eingangsspannung U_1 kleiner als U_{R2} ist, hat dies keinen Einfluss auf den Ausgang. Werden jedoch U_1 und U_{R2} gleich groß, so kippt die Schaltung. Es kommt mit großer Flankensteilheit am Ausgang zum Polaritätswechsel **(Bild 3)**.

Die Schwellspannung U berechnet sich nach der Formel

$$U = \frac{\pm U_{2max} \cdot R_2}{R_1 + R_2}$$

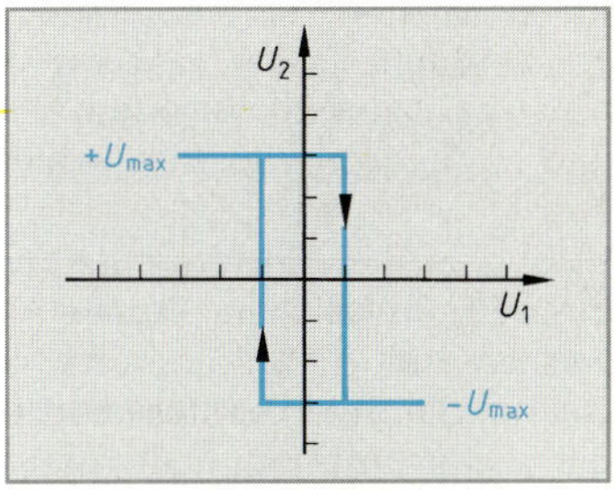

Bild 2: Spannungsverlauf der Ausgangsspannung in Abhängigkeit von der Eingangsspannung

Der Schmitt-Trigger wird z. B. als Dämmerungsschalter oder als Temperaturwächter verwendet.

Beispiel 1: Ein Operationsverstärker als Schwellwertschalter (Bild 1) hat $U_{2max} = 15\,V$. Die Ausgangsspannung U_2 sei positiv, $R_1 = 4\,k\Omega$, $R_2 = 1\,k\Omega$.
Bei welcher Eingangsspannung U_1 kippt der Schmitt-Trigger auf die Ausgangsspannung von etwa $-U_{2max}$?

$$U_1 = \frac{U_{2max} \cdot R_2}{R_1 + R_2} = \frac{+15\,V \cdot 1\,k\Omega}{4\,k\Omega + 1\,k\Omega} = \frac{+15}{5}\,V = \mathbf{+3\,V}$$

Bei $U_1 = +3\,V$ kippt die Ausgangsspannung des Schmitt-Triggers auf $-U_{2max}$.

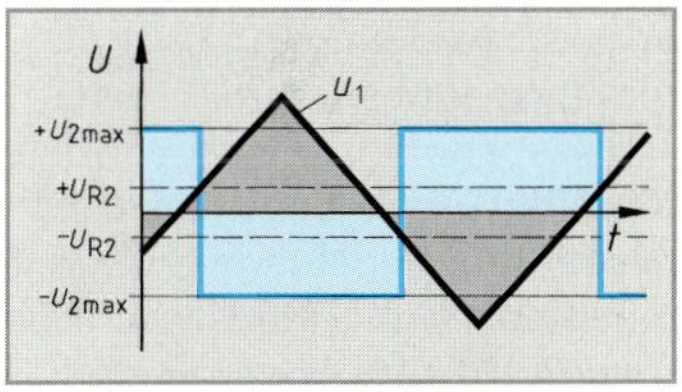

Bild 3: Spannungsdiagramm der Ausgangsspannung bei gegebener Eingangsspannung

Im Beispiel 1 kippt die Ausgangsspannung bei $U_1 = -3\,V$ wieder auf $U_{2max} = +15\,V$ zurück. Die Spannung U_1 ist von der Wahl der Widerstandswerte für R_1 und R_2 abhängig. So kann der Kippvorgang z. B. bei $^1/_3$ der Ausgangsspannung U_2 für die Eingangsspannung U_1 ausgelöst werden (Bild 2).

Beispiel 2: Für eine sinusförmige Eingangsspannung mit $\hat{u} = 8\,V$, 50 Hz, ist die Ausgangsspannung nach einem Schmitt-Trigger entsprechend Bild 1 zu ermitteln. Es gelten die Bedingungen von Beispiel 1.
Lösung: siehe **Bild 4.**

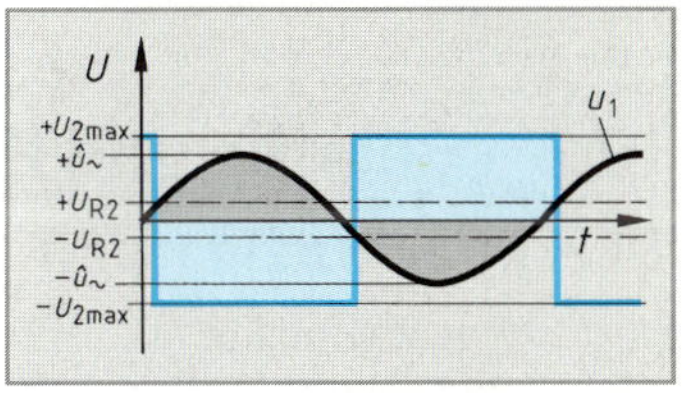

Bild 4: Lösung zu Beispiel 2

Soll die Ausgangsspannung U_2 bei Ansteuerung mit positiver Eingangsspannung U_1 gleichfalls positiv sein, so wird der Operationsverstärker am nichtinvertierenden Eingang angesteuert **(Bild 5)**.

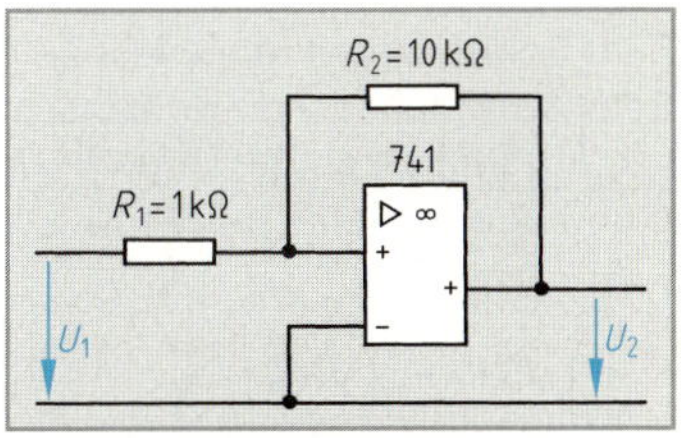

Bild 5: Nichtinvertierender Schmitt-Trigger

Wiederholungsfragen

1. **Wofür benötigt man a) DA-Umsetzer, b) AD-Umsetzer?**
2. **Wodurch wird bei einem DA-Umsetzer das Verhältnis der Eingangswiderstände bestimmt?**
3. **Zeichnen Sie das Schaltzeichen für einen DA-Umsetzer.**
4. **Nennen Sie die Bauelemente, aus denen eine astabile Kippschaltung mit einem Operationsverstärker verwirklicht wird.**
5. **Auf welche Weise muss die astabile Kippschaltung ergänzt werden, damit daraus eine monostabile Kippschaltung wird?**
6. **Welche Spannungsform ist am Ausgang eines Schmitt-Triggers stets vorhanden?**

10 Schutzmaßnahmen

10.1 Sicherheitsbestimmungen für Niederspannungsanlagen

Sicherheitsbestimmungen für elektrische Betriebsmittel und für das Errichten elektrischer Anlagen dienen der Verhütung von Unfällen durch elektrischen Strom. Wer elektrische Betriebsmittel, Werkzeuge, Spielzeuge, Haushaltgeräte herstellt oder elektrische Anlagen errichtet, hat beim Errichten, Instandsetzen und Warten von Anlagen Gesetze, Vorschriften und Bestimmungen zu beachten.

> Es darf kein Schaden an Lebewesen oder Sachwerten entstehen. Rechtsgrundlage dafür ist das VDE-Vorschriftenwerk.

VDE[1]-geprüfte Betriebsmittel und Geräte tragen das VDE-Prüfzeichen **(Tabelle 1)**. Das **Sicherheitszeichen** GS (GS: Geprüfte Sicherheit) haben Geräte, die dem **Gerätesicherheitsgesetz,** den Arbeitsschutzbestimmungen und Unfallverhütungsvorschriften entsprechen. Leitungen mit der Angabe „harmonisiert" **(Tabelle 2)** sind in allen **CENELEC**[2]-Ländern zugelassen.

Neben den VDE-Bestimmungen gelten für die Errichtung von Installationen die **Technischen Anschlussbedingungen** (TAB) des zuständigen **Energieversorgungsunternehmens** (EVU). Die Anschlussbedingungen regeln den Anschluss an das Niederspannungsnetz des EVU und enthalten insbesondere Regelungen über Anmeldeverfahren, Inbetriebsetzung, Hausanschluss und Messeinrichtungen. Weitere Angaben sind die Bedingungen für den Betrieb elektrischer Geräte, z.B. Entladungslampen, Motoren, Elektrowärmegeräte, Geräte mit Anschnittsteuerungen und die vorgeschriebenen Schutzmaßnahmen.

Tabelle 1: VDE-Prüfzeichen nach DIN VDE 0024

Bildzeichen	Bezeichnung und Beispiele
DVE	VDE-Zeichen für elektrotechnische Erzeugnisse, z. B. Installationsschalter und Elektrogeräte
VDE	VDE-Elektronik-Prüfzeichen für Bauelemente und Baugruppen der Elektronik, z. B. Netzteile und Stromrichter
schwarz rot	VDE-Kennfaden für isolierte Leitungen und Kabel zur Herstellung nach nationaler Norm
◁VDE▷	VDE-Kabelzeichen für Aderleitungen, isolierte Leitungen, Kabel und Installationsrohre
	VDE-Funkschutzzeichen für Elektrogeräte
GS geprüfte Sicherheit	VDE-GS-Zeichen nach dem Gerätesicherheitsgesetz für geprüfte Elektrogeräte, z. B. elektrische Werkzeuge

Tabelle 2: CEE-Prüfzeichen nach DIN VDE 0024

Bildzeichen	Bezeichnung und Anwendungen
◁VDE▷◁HAR▷	VDE-Harmonisierungskennzeichen für isolierte Leitungen und Kabel
schwarz rot gelb	VDE-Harmonisierungskennfaden für isolierte Leitungen und Kabel
	CEE[3]-Prüfzeichen für Geräte und Installationsmaterial nach CEE-Bestimmungen
CE	CE[4]-Kennzeichnung für Industrieerzeugnisse, die den einschlägigen Gemeinschaftsvorschriften in Europa entsprechen

10.2 Begriffe und Kenngrößen

10.2.1 Schutzklassen

Elektrische Betriebsmittel müssen im Fehlerfall einen Schutz gegen elektrischen Schlag haben, damit z.B. in Wohnungen, Werkstätten, Büros oder Schulen gefahrlos gearbeitet werden kann.

Zum Schutz gegen elektrischen Schlag werden die Betriebsmittel nach ihrer Konstruktion gegen direktes und indirektes Berühren in die **Schutzklassen** I, II und III eingeteilt **(Tabelle 3)**.

Tabelle 3: Kennzeichnung der Schutzklassen nach IEC[5] 417

Schutzklasse	Kennzeichen	Verwendung bei Schutzmaßnahme:
I		mit Schutzleiter (Betriebsmittel ist mit Schutzleitersystem der Anlage verbunden, z. B. Elektromotor)
II		Schutzisolierung (Betriebsmittel mit Basisisolierung und zusätzlicher oder verstärkter Isolierung, z. B. Leuchten)
III		Kleinspannung (Anschluss nur an SELV- und PELV-Stromkreise, siehe Seite 249, z. B. Fassleuchten)

[1] VDE, Abk. für: **V**erband **D**eutscher **E**lektrotechniker
[2] CENELEC, Abk. für: Europäisches Komitee für Elektrotechnische Normung
[3] CEE, Abk. für: Internationale Kommission für Regeln zur Begutachtung Elektrotechnischer Erzeugnisse
[4] CE, Abk. für: Europäisches Verwaltungszeichen am Produkt
[5] IEC, Abk. für: Internationale Elektrotechnische Kommission

10.2.2 IP-Schutzarten (nach DIN VDE 0470)

Haushaltgeräte, z. B. Haartrockner oder Heizlüfter, haben Öffnungen für Lufteintritt und Luftaustritt. Um Unfallgefahren zu vermeiden, darf es dabei nicht zur Berührung spannungsführender Teile von Haushaltgeräten oder elektrischen Maschinen kommen.

Je nach Verwendungszweck und Aufstellungsort der Betriebsmittel ist ein Berührungs- und Fremdkörperschutz und ein Schutz gegen das Eindringen von Wasser erforderlich.

Das Schutzzeichen besteht aus den Buchstaben IP[1] und zwei nachfolgenden Ziffern, z. B. IP 54. Nach den Buchstaben IP und den Kennziffern können zusätzliche oder ergänzende Buchstaben stehen z. B. IP 23 CS. Die zusätzlichen Buchstaben A, B, C und D sind Angaben zum Berührungsschutz, z. B. C: Geschützt gegen Zugang mit Werkzeug. Spezielle Informationen liefern die ergänzenden Buchstaben H, M, S und W, z. B. S: Stillstand während der Wasserprüfung.

Gehäuse und Klemmenkasten, z. B. von oberflächenbelüfteten Drehstrom-Normmotoren **(Bild 1)**, entsprechen der Schutzart IP 54 **(Tabelle 2)**. Der Motor ist gegen das Eindringen fester Fremdkörper mit einem Durchmesser ≥ 1 mm und gegen Spritzwasser aus allen Richtungen geschützt. Den Schutz gegen Eindringen von Wasser erreicht man durch entsprechende Bauausführung **(Bild 2)**.

Elektrische Betriebsmittel müssen in feuchten und nassen Räumen sowie in geschützten Anlagen im Freien mindestens tropfwassergeschützt sein (IP X1), ungeschützte Anlagen im Freien müssen mindestens IP X3 entsprechen. Bei der Schutzart IP 68 wird zusätzlich der zulässige Druck bei Tauchbetrieb angegeben, z. B. für 3 bar.

Neben der Kennzeichnung der Schutzarten durch Buchstaben und Kennziffern wird die Schutzart für Installationsgeräte und elektrische Verbrauchsgeräte durch **Bildzeichen (Symbole)** gekennzeichnet, z. B. bei Leuchten, Wärmegeräten und Elektrowerkzeugen **(Tabelle 1)**.

Bild 1: Motor Schutzart IP 44

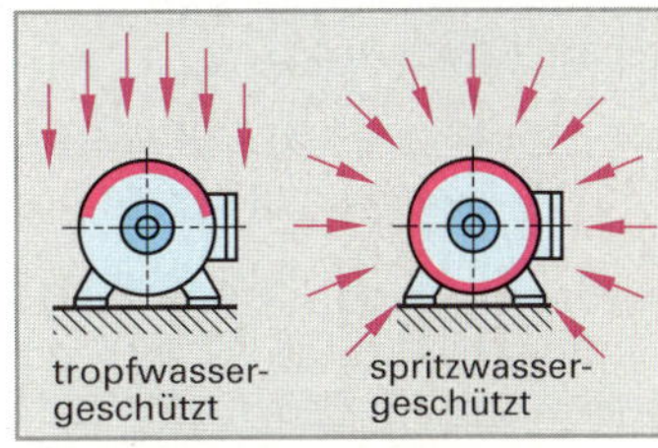

Bild 2: Schutzarten gegen das Eindringen von Wasser

Tabelle 1: Bildzeichen

tropfwasser-geschützt IP X1		sprühwasser-geschützt IP X3	
spritzwasser-geschützt IP X4		strahlwasser-geschützt IP X5	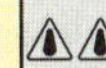
wasser-dicht IP X7		druckwasser-dicht IP X8	 ...bar
staub-geschützt IP 5X		staub-dicht IP 6X	

Tabelle 2: Schutzarten elektrischer Betriebsmittel

Erste Ziffer	Schutzgrad: Berührungs- und Fremdkörperschutz	Zweite Ziffer	Schutzgrad: Wasserschutz
0	Kein besonderer Schutz	0	Kein besonderer Schutz
1	Schutz gegen Eindringen fester Fremdkörper mit einem Durchmesser ≥ 50 mm.	1	Schutz gegen senkrecht tropfendes Wasser.
2	Schutz gegen Eindringen fester Fremdkörper mit einem Durchmesser ≥ 12,5 mm.	2	Schutz gegen senkrecht tropfendes Wasser, Betriebsmittel bis 15° gekippt.
3	Schutz gegen Eindringen fester Fremdkörper mit einem Durchmesser ≥ 2,5 mm.	3	Schutz gegen Sprühwasser bis zu einem Winkel von 60° zur Senkrechten.
4	Schutz gegen Eindringen fester Fremdkörper mit einem Durchmesser ≥ 1 mm.	4	Schutz gegen Spritzwasser aus allen Richtungen.
5	Schutz gegen Staubablagerung (staubgeschützt). Vollständiger Berührungsschutz.	5	Schutz gegen Strahlwasser (Düse) aus allen Richtungen.
6	Schutz gegen Eindringen von Staub (staubdicht). Vollständiger Berührungsschutz.	6	Schutz gegen starken Wasserstrahl oder schwere See.
Wird neben den Kennbuchstaben IP nur eine Kennziffer für den Schutzgrad benötigt, so ist anstelle der fehlenden Kennziffer ein X zu setzen, z. B. IP X4 oder IP 3X.		7	Schutz gegen Wasser bei Eintauchen des Betriebsmittels unter Druck-, Zeitbedingungen.
		8	Schutz gegen Wasser bei dauerndem Untertauchen des Betriebsmittels.

[1] IP, Abk. für: Internationale Protection (franz.) = Internationaler Schutz

10.2.3 Maßnahmen bei Arbeiten an elektrischen Anlagen

Die Berufsgenossenschaft der Feinmechanik und Elektrotechnik wertete in einem Zeitraum von 15 Jahren über 40 000 Fragebögen zu Stromunfällen aus **(Tabelle 1)**. Hierbei stellte man fest, dass Laien und auch Elektrofachkräfte häufig Gefährdungssituationen falsch beurteilen. Noch heute verunglücken **Elektrofachkräfte** durch Leichtsinn und mangelndes Fachwissen. Der überwiegende Teil der untersuchten Unfälle (83 %) ereignete sich im Spannungsbereich von 130 V bis 400 V. Damit stellt dieser Bereich den Hauptanteil bei Stromunfällen mit tödlichem Ausgang.

Tabelle 1: Stromunfälle		
	Unfälle	
Spannung	insgesamt	tödlich
bis 130 V	1 563	6
130 V bis 400 V	34 399	516
400 V bis 1 000 V	1 762	25
Niederspannung	37 724	547
1 kV bis 20 kV	3 154	429
20 kV bis 110 kV	365	57
110 kV bis 400 kV	21	1
Hochspannung	3 540	487
Gesamtzahl	41 264	1 034

Grundsätzlich sind Arbeiten an unter Spannung stehenden Anlagen verboten.

Ausnahmen sind in DIN VDE 0105 festgelegt. Sie gelten für Anlagen mit Spannungen ab AC 50 V oder DC 120 V, wenn beim Abschalten eine Gefahr für Personen oder ein unvertretbar hoher Sachschaden entstehen würde, z. B. in Glashütten oder in Stahlwerken.

Arbeiten unter Spannung ist nur Elektrofachkräften oder elektrotechnisch unterwiesenen Personen erlaubt. Dabei sind besondere Sicherheitsvorschriften zu beachten.

Um Risiken und Gefahren eines Stromunfalles für die Elektrofachkraft gering zu halten **(Bild 1)**, müssen zur Herstellung des spannungsfreien Zustandes bei Arbeiten an elektrischen Anlagen die **fünf Sicherheitsregeln** eingehalten werden **(Tabelle 2)**. Vor Beginn der Arbeit ist ein Verbotsschild (Nicht schalten!) anzubringen **(Bild 2)**. Eine Arbeitsstelle darf von der Aufsicht führenden Person erst dann freigegeben werden, wenn alle 5 Sicherheitsregeln in der Reihenfolge 1 bis 5 durchgeführt sind. Eine **Elektrofachkraft** oder eine **elektrotechnisch unterwiesene Person** muss den spannungsfreien Zustand der Anlage feststellen **(Bild 3)**. Der Auftrag zum Wiedereinschalten darf erst dann erteilt werden, nachdem die Sicherheitsregeln in der umgekehrten Reihenfolge, also von 5 bis 1, aufgehoben sind.

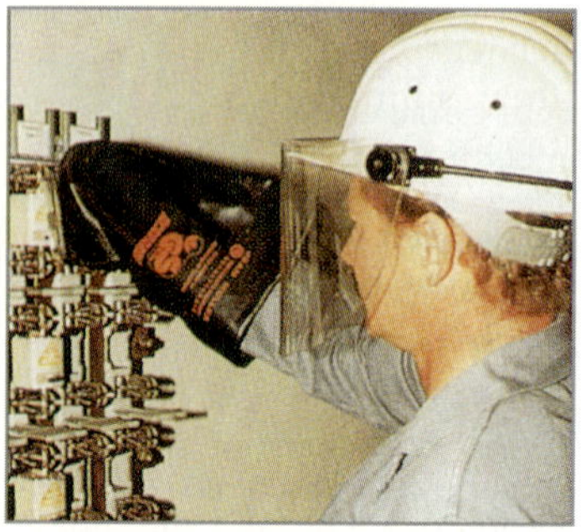

Bild 1: Herausnehmen eines NH-Sicherungseinsatzes

Bild 2: Verbotsschild für Arbeiten an frei geschalteten Anlagen

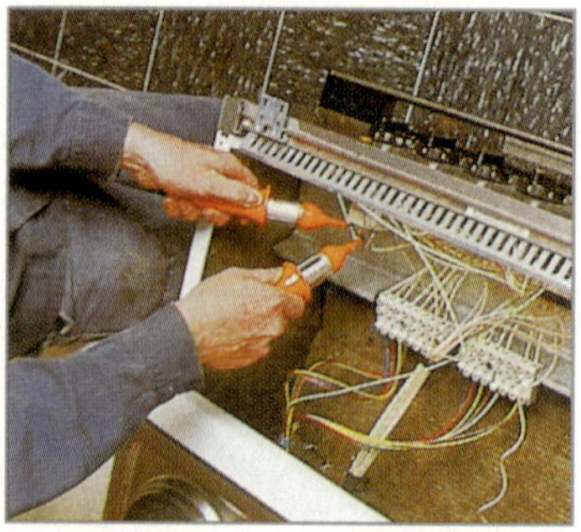

Bild 3: Feststellen der Spannungsfreiheit an einem Elektroherd

Tabelle 2: Die fünf Sicherheitsregeln für Arbeiten im spannungsfreien Zustand	nach DIN VDE 0105
1. Freischalten	• Freischalten aller Teile der Anlage, an denen gearbeitet werden soll **(Bild 1)**; • LS-Schalter abschalten, Schmelzsicherungen entfernen, Verbotsschilder anbringen **(Bild 2)**.
2. Gegen Wiedereinschalten sichern	• LS-Schalter z. B. mit Klebeband absichern, Sicherungseinsätze mitnehmen, Schalter durch Schloss sichern.
3. Spannungsfreiheit feststellen	• Spannungsfreiheit durch Fachkraft feststellen, • Anlage mit zweipoligem Spannungsprüfer oder geeigneten Messgeräten prüfen **(Bild 3)**.
4. Erden und kurzschließen	• Zuerst immer erden, dann mit den kurzzuschließenden aktiven Teilen verbinden (muss von der Arbeitsstelle aus sichtbar sein). Regel 4 entfällt bei Anlagen mit $U < 1000$ V, z. B. in Kabelanlagen, ausgenommen Freileitungen.
5. Benachbarte unter Spannung stehende Teile abdecken oder abschranken	• Bei Anlagen unter 1 kV genügen zum Abdecken isolierende Tücher, Schläuche, Formstücke; über 1 kV sind zusätzlich Absperrtafeln, Seile, Warntafeln erforderlich. • Körperschutz, z. B. Schutzhelm mit Gesichtsschutz, eng anliegende Kleidung und Handschuhe tragen.

10.2.4 Fehlerarten

In elektrischen Anlagen können trotz sorgfältiger Installation und Einsatz sicherer Betriebsmittel Fehler auftreten, z. B. Isolationsschäden in Form von **Körperschluss, Kurzschluss, Leiterschluss** oder **Erdschluss (Bild 1)**.

Körperschluss ist eine leitende Verbindung zwischen Körper und aktiven Teilen der Betriebsmittel, die durch einen Isolationsfehler entstanden ist.

Kurzschluss ist eine leitende Verbindung zwischen betriebsmäßig gegeneinander unter Spannung stehenden Leitern. Im Fehlerstromkreis befindet sich kein Nutzwiderstand.

Leiterschluss ist eine fehlerhafte Verbindung zwischen Leitern, wenn im Fehlerstromkreis ein Nutzwiderstand oder ein Teil des Nutzwiderstandes liegt.

Erdschluss entsteht bei der Verbindung eines Außenleiters oder eines betriebsmäßig isolierten Neutralleiters mit der Erde oder mit geerdeten Teilen.

Bei einem **vollkommenen Körper-, Kurz- oder Erdschluss** ist der Fehlerwiderstand ≈ 0 Ω. Hat eine leitende Verbindung an der Fehlerstelle einen Widerstand, z. B. durch einen Lichtbogen oder nassen Ast, so entsteht ein unvollkommener Schluss. **Unvollkommene Schlüsse** sind meist gefährlicher, weil sie oft nicht sofort erkannt werden. Die durch Stromfluss entstehende unzulässige Erwärmung kann zu Bränden führen.

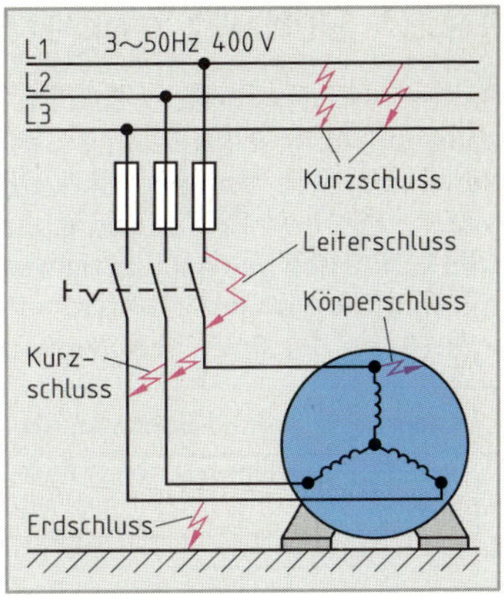

Bild 1: Fehlerarten

10.2.5 Spannungen im Fehlerfall

Durch eine schadhafte Isolierung kann der Körper eines Betriebsmittels Spannung gegen den nächsten Erdungspunkt annehmen, z. B. gegen Erde oder geerdete Teile (Wasserleitung). Diese Spannung nennt man **Fehlerspannung** U_F **(Bild 2)**.

Die **Berührungsspannung** U_B ist die Spannung, die zwischen gleichzeitig berührbaren Teilen während eines Isolationsfehlers auftreten kann.

Die Grenze für die dauernd **zulässige Berührungsspannung**[1] U_L ist international vereinbart **(Tabelle)**. Sie ist für Menschen und Tiere nicht lebensbedrohlich.

Eine unterbrochene Freileitung kann einen Erdschluss verursachen **(Bild 3)**. Um die Fehlerstelle bildet sich ein kreisförmiges Spannungspotential (**Erderspannung)**, das mit zunehmender Entfernung abnimmt.

Die **Schrittspannung** U_S ist die Spannung, die von einer Person mit der Schrittweite 1 m überbrückt werden kann (Bild 3). Sie ist in der Nähe der Fehlerstelle am größten.

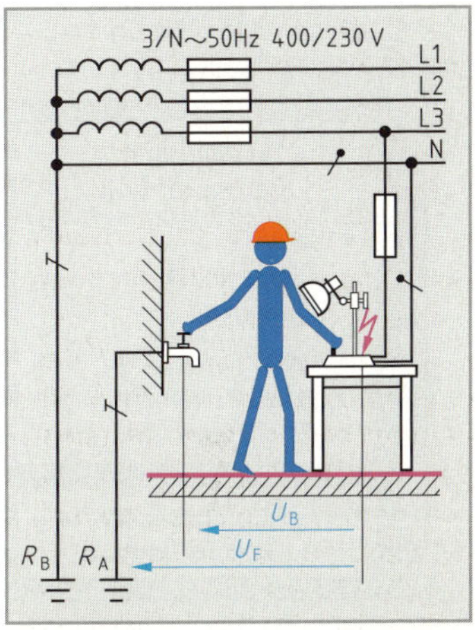

Bild 2: Fehler-, Berührungsspannung

Tabelle: Berührungsspannungen

• für Menschen	AC 50 V, DC 120 V
• Kinderspielzeuge • Kesselleuchten • im Tierbereich • in landwirtschaftl. und gartenbaul. Anwesen	AC 25 V, DC 60 V

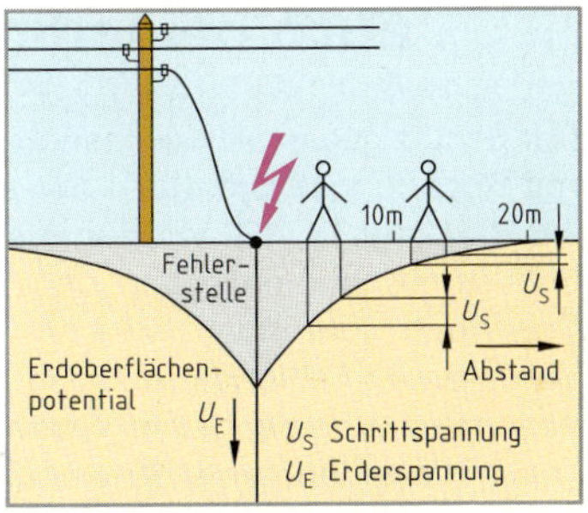

Bild 3: Spannungsverlauf nach Bruch einer Freileitung (Spannungstrichter)

Wiederholungsfragen

1. **Was bedeutet die Schutzart IP 54 für elektrische Betriebsmittel?**
2. **Nennen Sie die Sicherheitsregeln in der richtigen Reihenfolge 1 bis 5.**
3. **Beschreiben Sie a) Kurzschluss, b) Körperschluss und c) Leiterschluss.**
4. **Erklären Sie die Begriffe Fehlerspannung und Berührungsspannung.**
5. **Welche Werte gelten nach VDE als zulässige Berührungsspannung U_L?**

[1] U_L, der Index L von limit (engl.) = Grenze, Grenzwert

10.3 Schutz gegen elektrischen Schlag

Bei ordnungsgemäßem Betrieb einer elektrischen Anlage dürfen Personen und Tiere nicht zu Schaden kommen. Ebenso muss eine Gefährdung von Sachwerten unterbleiben. Deshalb sind zur Vermeidung und Verhütung von Unfällen Schutzmaßnahmen vorzusehen. Treten Fehler auf, muss das Bestehenbleiben einer zu hohen Berührungsspannung verhindert oder die Anlage selbsttätig abgeschaltet werden. In **DIN VDE 0100, Teil 410 „Errichten von Starkstromanlagen mit Nennspannungen bis 1000 V"** sind Schutzmaßnahmen gegen elektrischen Schlag festgelegt, die den Menschen gegen direktes Berühren und bei indirektem Berühren schützen sollen **(Tabelle)**.

Tabelle: Übersicht Schutzmaßnahmen

Schutzmaßnahmen nach DIN VDE 0100, Teil 410

- Schutz sowohl gegen direktes als auch bei indirektem Berühren
  - Schutz durch Kleinspannung
    - SELV (Sicherheitskleinspannung)
    - PELV (Funktionsspannung mit sicherer Trennung)
  - Schutz durch Begrenzung von Ladung
- Schutz gegen elektrischen Schlag unter normalen Bedingungen (Schutz gegen direktes Berühren oder Basisschutz)
  - Schutz durch:
    - Isolierung von aktiven Teilen
    - Abdeckungen oder Umhüllungen
    - Hindernisse
    - Abstände
  - Zusätzlicher Schutz durch RCDs[1]
    - Fehlerstrom-Schutzeinrichtung
- Schutz gegen elektrischen Schlag unter Fehlerbedingungen (Schutz bei indirektem Berühren oder Fehlerschutz)
  - Schutz durch:
    - automatische Abschaltung der Stromversorgung
      - im TN-System
      - im TT-System
      - im IT-System
    - Potentialausgleich
    - Schutzisolierung
    - nichtleitende Räume
    - erdfreien örtlichen Potentialausgleich
    - Schutztrennung

[1] RCD, Abk. für: Residual Current Protective Device (engl.) = Fehlerstrom-Schutzeinrichtung

10.4 Schutz sowohl gegen direktes als auch bei indirektem Berühren

Der Schutz gegen elektrischen Schlag wird erreicht, wenn Stromkreise mit Spannungen unterhalb der zulässigen Berührungsspannung von AC 50 V bzw. DC 120 V **(Spannungsbereich I)** betrieben werden. Diese Schutzmaßnahmen sollen den Menschen gegen direktes Berühren Spannung führender Teile im Betrieb und auch bei indirektem Berühren im Fehlerfall schützen. Im Berührungsfall fließt nur ein kleiner, meist ungefährlicher Strom durch den menschlichen Körper. Durch die zunehmende Anwendung von Niedervolt-Halogenbeleuchtungen und den Einsatz von Installationsbussystemen in der Gebäudetechnik (EIB, Seite 480) hat der Schutz durch Kleinspannung an Bedeutung gewonnen **(Bild)**.

Bild: Halogenlampen 24 V mit blankem Draht als Stromzufuhr

10.4.1 Schutz durch Kleinspannung SELV und PELV

Bei der Schutzmaßnahme Kleinspannung **SELV**[1] und **PELV**[2] werden Nennspannungen bis maximal AC 50 V und DC 120 V verwendet.

SELV-Stromkreise (alte Bezeichnung: Schutzkleinspannung) und PELV-Stromkreise (bisher: Funktionskleinspannung mit sicherer Trennung) unterscheiden sich in ihrer Verbindung zur Erde. **SELV-Stromkreise** dürfen sekundärseitig nicht geerdet oder mit anderen Spannungssystemen verbunden sein **(Bild 1)**.

Ein **PELV-Stromkreis** liegt vor, wenn aus betrieblichen Gründen ein Anschluss der Kleinspannung oder der Körper der Betriebsmittel sekundärseitig geerdet ist **(Bild 2)**. Das gilt z. B. in Mess- und Steuerstromkreisen sowie in Fernmeldeanlagen.

Wird in SELV- oder PELV-Stromkreisen die Nennspannung AC 25 V bzw. DC 60 V (oberschwingungsfrei[3]) nicht überschritten, ist kein Schutz gegen direktes Berühren erforderlich. Bei erhöhter Gefährdung, z. B. bei elektromotorisch betriebenen Spielzeugen, medizinischen Geräten, Fassleuchten oder für Betriebsmittel in landwirtschaftlichen und gartenbaulichen Anwesen ist bereits bis AC 25 V bzw. DC 60 V ein Schutz gegen direktes Berühren erforderlich. Bei medizinischen Geräten, z. B. zur Untersuchung des Körperinneren, ist die Spannung auf 6 V begrenzt.

Um eine elektrische, sogenannte galvanische Trennung vom Netz zu erhalten, muss Kleinspannung sicher erzeugt werden **(Tabelle)**.

> Kleinspannung darf nicht aus dem Netz durch Spartransformatoren, Spannungsteiler oder durch Vorwiderstände erzeugt werden

Bei Einsatz von Steckern, Steckdosen **(Bild 3)** und Kupplungen in SELV- und PELV-Stromkreisen müssen folgende Anforderungen erfüllt sein:

- Stecker und Steckdosen von SELV-Stromkreisen dürfen keinen Schutzkontakt haben;
- Steckvorrichtungen für SELV-Stromkreise müssen gegenüber Steckvorrichtungen mit anderer Spannung unverwechselbar sein;
- SELV-Stecker dürfen nicht in PELV-Steckdosen eingeführt werden können und umgekehrt;
- Steckvorrichtungen für PELV-Stromkreise dürfen Schutzkontakte haben. Sie sind durch eine Hilfsnase gegenüber Steckvorrichtungen mit höherer Spannung unverwechselbar.

FELV[4]**-Stromkreise** (früher: Funktionskleinspannung ohne sichere Trennung) stellen keine Schutzmaßnahme dar und werden in DIN VDE 0100, Teil 470 behandelt. FELV-Stromkreise erfüllen die Anforderungen an die sichere Trennung von SELV- und PELV-Stromkreisen nicht.

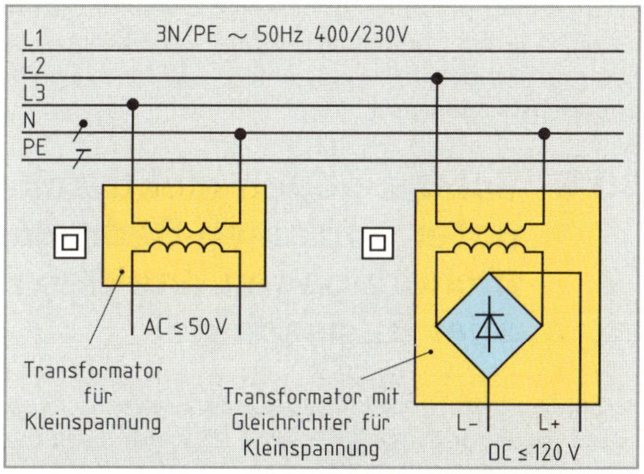

Bild 1: Transformatoren für SELV-Stromkreise

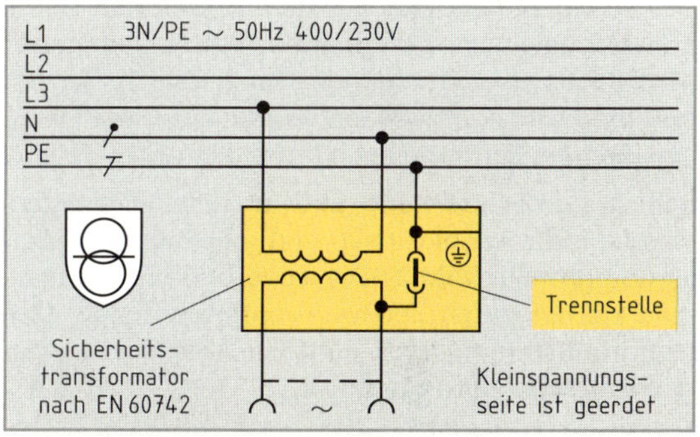

Bild 2: Stromquelle für PELV-Stromkreis

Tabelle: Erzeugung von Kleinspannung
• Sicherheitstransformatoren • Motorgeneratoren mit getrennten Wicklungen • elektrochemische Spannungsquellen, z. B. Batterie • Generator mit Verbrennungsmaschine als Antrieb • Elektronische Geräte zur Energieversorgung

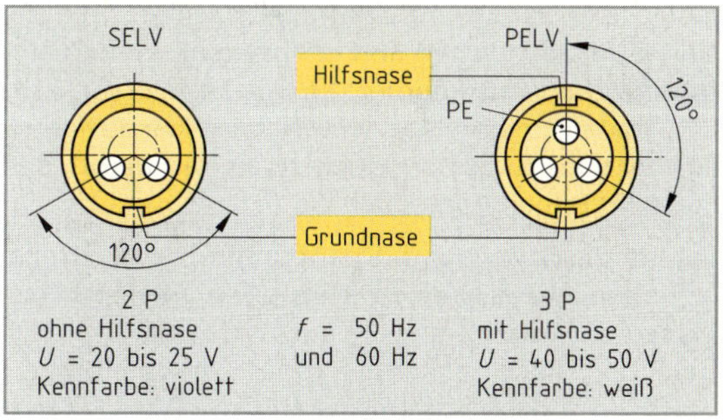

Bild 3: Steckdosen für Kleinspannungsgeräte

1 SELV, Abk. für: **S**afety **E**xtra **L**ow **V**oltage (engl.) = Sicherheits-Kleinspannung
2 PELV, Abk. für: **P**rotective **E**xtra **L**ow **V**oltage (engl.) = Funktionskleinspannung mit sicherer Trennung
3 Oberschwingungsfrei = Welligkeit von nicht mehr als 10 % effektiv bei überlagerter sinusförmiger Wechselspannung.
4 FELV, Abk. für: **F**unctional **E**xtra **L**ow **V**oltage (engl.) = Funktionskleinspannung ohne sichere Trennung

10.4.2 Schutz durch Begrenzung von Ladung

Liefert eine Spannungsquelle eine **Entladungsenergie**, die den Wert von 0,35 J nicht übersteigt, kann man auf die Schutzmaßnahme gegen direktes Berühren verzichten, z. B. beim geladenen Kondensator oder beim Weidezaun.

10.5 Schutz gegen elektrischen Schlag unter normalen Bedingungen (Schutz gegen direktes Berühren oder Basisschutz)

„Schutz gegen direktes Berühren" ist durchzuführen, wenn die Nennspannung den Wert von 25 V Wechselspannung oder 60 V Gleichspannung überschreitet.

Der Schutz bezieht sich auf den ungestörten Betrieb (Normalbetrieb) und soll bewirken, dass betriebsmäßig Spannung führende Teile für den Menschen nicht zugänglich sind **(Bild 1)**. Bei Werkzeugen und elektromotorisch angetriebenen Verbrauchsmitteln wird darum **Schutz gegen direktes Berühren** auch unterhalb AC 25 V bzw. DC 60 V gefordert.

Schutz durch Isolierung aktiver Teile. Alle aktiven Teile sind vollständig mit einer elektrisch und mechanisch widerstandsfähigen Isolierung umhüllt **(Bild 2)**. Die Isolierung muss so beschaffen sein, dass man sie nur durch Zerstören entfernen kann. Oxidschichten, Faserstoffumhüllungen, Lack- und Emailleüberzüge gelten nicht als ausreichender Berührungsschutz.

Schutz durch Abdeckungen oder Umhüllungen. Abdeckungen und Umhüllungen, z. B. von Schaltern oder Steckdosen, schützen gegen direktes Berühren **(Bild 3)**. Sie müssen mindestens der Schutzart IP 2X oder IP XXB entsprechen, bei waagerecht angeordneten Abdeckungen mindestens IP 4X oder IP XXD. Die Schutzart IP 4X soll verhindern, dass abgelegte Teile durch Öffnungen in die Betriebsmittel gelangen. Abdeckungen und Umhüllungen müssen sicher befestigt und dürfen nur mit einem Werkzeug entfernbar sein.

Schutz durch Hindernisse. Schutzleisten, Geländer oder Schutzgitter bieten teilweise Schutz gegen direktes Berühren **(Bild 4)**. Zulässig sind sie nur in elektrischen und in abgeschlossenen elektrischen Betriebsstätten. Das sind Räume, die nur Elektrofachkräfte betreten dürfen, z. B. Transformatorstationen. Hindernisse dürfen ohne Werkzeug entfernbar sein. Sie sind jedoch so zu befestigen, dass ein unbeabsichtigtes Entfernen unmöglich ist.

Schutz durch Abstand. Spannung führende Freileitungen und Fahrleitungen müssen einen so großen Abstand haben, dass sie vom Menschen normalerweise nicht berührt werden können **(Bild 5)**. Geländer, Abschrankungen oder Maschengitter müssen so angebracht sein, dass sich im Abstand von 2,5 m keine gleichzeitig berührbaren Teile mit unterschiedlichem Potential befinden (so genannter doppelter Handbereich).

Zusätzlicher Schutz durch RCDs (Fehlerstrom-Schutzeinrichtungen). Der Einsatz von RCDs (siehe auch Seite 254), z. B. mit einem Bemessungs-Differenzstrom $I_{\Delta n} \leq 30\,\text{mA}$ (früher: Nennfehlerstrom), ergänzt die Schutzmaßnahmen bei direktem Berühren. Als alleiniger Schutz ist diese Maßnahme jedoch nicht zulässig.

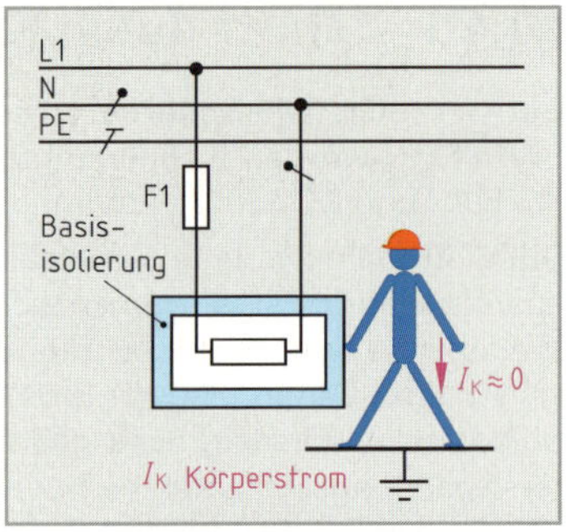

Bild 1: Schutz durch Basisisolierung

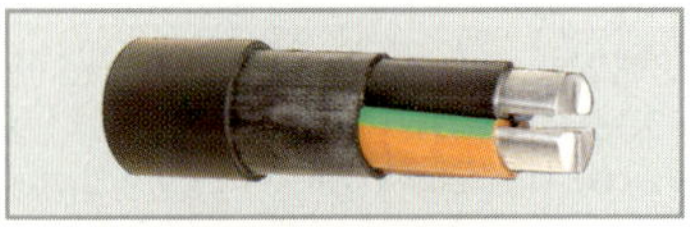
Bild 2: Schutz durch Isolierung

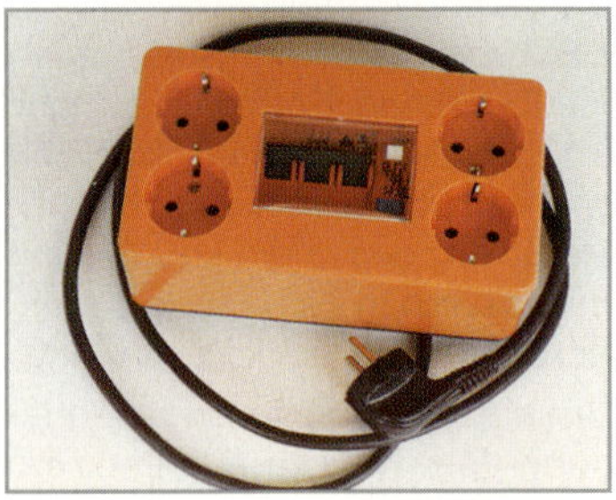
Bild 3: Abdeckung und Umhüllung

Bild 4: Schutz durch Hindernis

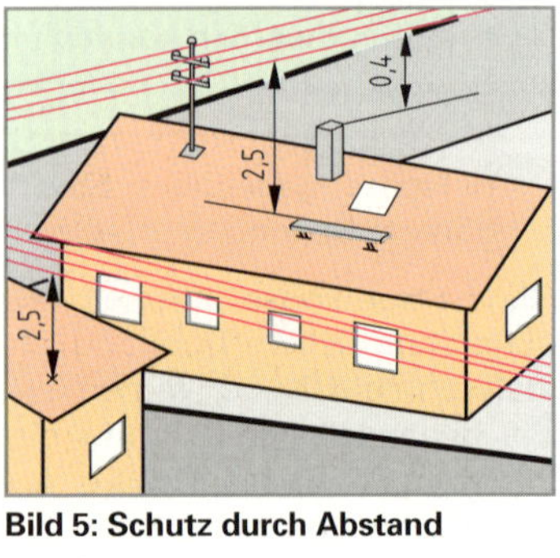

Bild 5: Schutz durch Abstand

10.6 Schutz gegen elektrischen Schlag unter Fehlerbedingungen (Schutz bei indirektem Berühren oder Fehlerschutz)

Schutz gegen elektrischen Schlag unter Fehlerbedingungen schützt Menschen oder Nutztiere beim Versagen der Basisisolierung. Fällt an einem Gerät der Schutz gegen direktes Berühren infolge einer defekten Isolation aus, und liegt die Betriebsspannung über AC 50 V, z. B. bei 230 V, kann bei einer Berührung die Gesundheit des Menschen gefährdet sein. Die fehlerhafte Anlage muss jetzt in sehr kurzer Zeit, z. B. 0,4 s, abgeschaltet werden **(Bild 1)**.

Ist der Schutzleiter (PE[1]) mit dem Körper (Gehäuse) der elektrischen Betriebsmittel verbunden, bezeichnet man diese Schutzmaßnahme als systemabhängig. Schutzleiter (PE) und PEN[2]-Leiter sind immer grüngelb gekennzeichnet. PEN-Leiter sind zusätzlich an den Enden hellblau.

In Anlagen, bei denen ein Gerät im 1. Fehlerfall nicht abschalten darf, z. B. in einem Operationsraum, muss eine Schutzeinrichtung ein Signal auslösen **(IT-System, Seite 257)**.

10.6.1 Stromversorgungssysteme

Im Niederspannungs-Drehstromnetz unterscheidet man die Verteilungssysteme des EVU und der Verbraucheranlage. Die Bezeichnung der verschiedenen Verteilungssysteme (früher: Netze) erfolgt international durch Buchstaben, z. B. TN-, TT- und IT-System **(Tabelle)**. Beim TN-System unterscheidet man drei Arten, TN-S-, TN-C- und TN-C-S-System.

Im **TN-System** ist ein Punkt, z. B. der Sternpunkt, des Erzeugers direkt geerdet. Die Körper der angeschlossenen Verbraucher sind mit diesem Punkt des Transformators verbunden **(Bild 1)**.

Die Verbindung im **TN-C-System** erfolgt über den PEN-Leiter, d. h., Neutralleiter und Schutzleiter sind ein Leiter **(Bild 2)**, oder im **TN-S-System** über einen getrennten Neutralleiter N und Schutzleiter PE **(Bild 4)**. TN-C-System und TN-S-System können kombiniert in einer Verbraucheranlage als **TN-C-S-System** angewendet werden **(Bild 3)**.

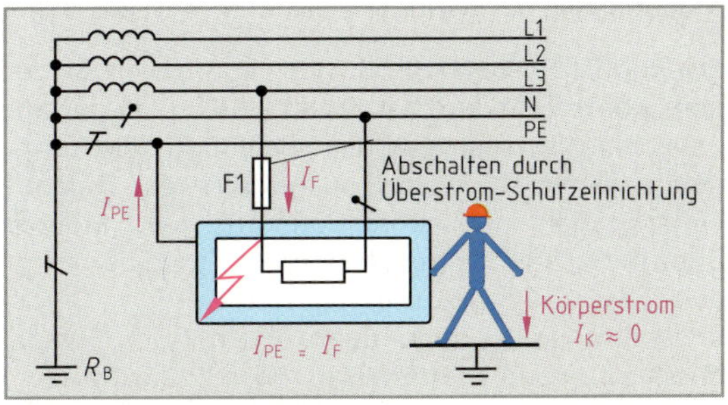

Bild 1: Schutz durch Abschalten

Tabelle: Kennzeichnung von Drehstromsystemen	
Beispiel: TN-C-System	
T	1. **Buchstabe**: Erdungsverhältnisse der Stromquelle in der Transformatorenstation **T**: direkte Erdung eines Punktes über den Betriebserder **I**: Isolierung aller aktiven Teile von Erde oder Verbindung des Punktes mit Erde über eine Impedanz
N	2. **Buchstabe**: Erdungsverhältnisse der Körper der elektrischen Anlage **T**: direkte Erdung der Körper der Betriebsmittel **N**: Verbindung der Körper mit dem Betriebserder des Spannungserzeugers
C	3. **Buchstabe**: Anordnung des Neutralleiters N und des Schutzleiters PE im TN-System **S**: PE und N getrennt verlegt **C**: PE und N kombiniert in einem Leiter (PEN-Leiter)
Abkürzungen:	T von terre (franz.) = Erde, I von isolé (franz.) = isoliert N von neutré (franz.) = neutral, S von separé (franz.) = getrennt C von combiné (franz.) = kombiniert

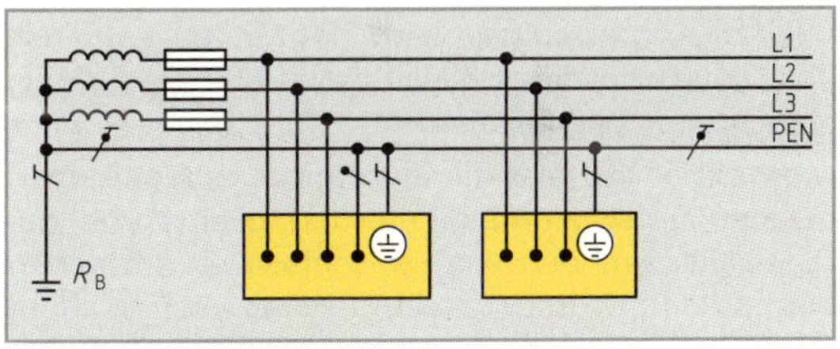

Bild 2: TN-C-System

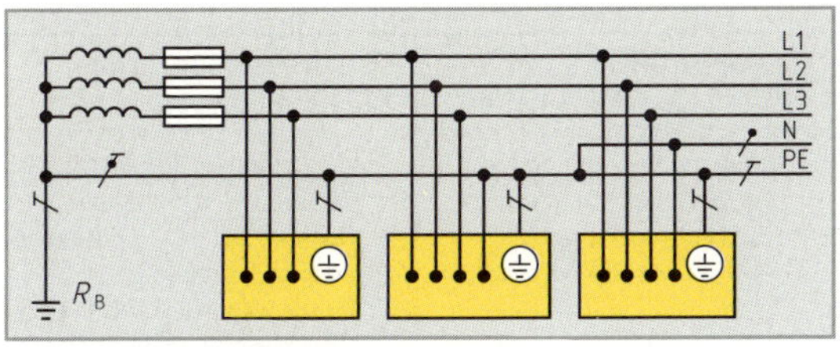

Bild 3: TN-C-S-System

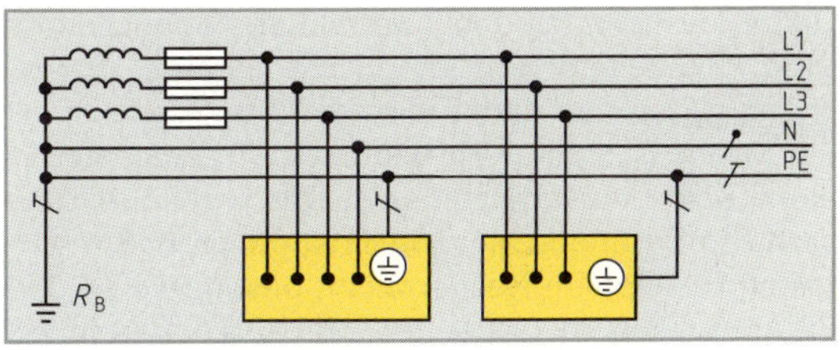

Bild 4: TN-S-System

[1] PE, Abk. für: **P**rotection **E**arth (engl.) = Schutzerde (Schutzleiter)

[2] PEN, Abk. für: Neutralleiter mit Schutzfunktion

Im TT-System ist ein Punkt des Spannungserzeugers direkt geerdet. Die Körper der Betriebsmittel in der Verbraucheranlage sind mit eigenen Erdern verbunden. Der Erder sind von der Erdung des Verteilungsnetzes getrennt (Bild 1).

TN- und TT-System können auch kombiniert betrieben werden. In landwirtschaftlichen und gartenbaulichen Anwesen darf die Installation des Wohngebäudes als TN-System ausgeführt sein. In landwirtschaftlich genutzten Räumen, z. B. Ställen, Speichern für Düngemittel oder Getreide, kann auch das TT-System eingesetzt werden. Steckdosenstromkreise sind dann durch RCD (Fehlerstrom-Schutzschalter) mit $I_{\Delta n} \leq 30\,\text{mA}$ zu schützen.

Im IT-System dürfen der Sternpunkt des Spannungserzeugers und aktive Teile nicht geerdet sein. Eine Erdung des Verteilungsnetzes über eine hochohmige Impedanz ist erlaubt. Die Körper der Betriebsmittel sind geerdet (Bild 2).

10.6.2 Schutzmaßnahmen im TN-System

Im TN-System soll ein auftretender Körperschluss zum Kurzschluss führen und das defekte Betriebsmittel durch Auslösen der vorgeschalteten Überstrom-Schutzeinrichtung abschalten.

Dadurch wird verhindert, dass eine unzulässig hohe Berührungsspannung an den Körpern der Betriebsmittel bestehen bleibt.

Das TN-System erfordert einen unmittelbar geerdeten Sternpunkt des Transformators. Alle Körper der Betriebsmittel müssen mit diesem geerdeten Punkt des Versorgungsnetzes durch den Schutzleiter PE oder den PEN-Leiter verbunden sein. Im Fehlerfall, z. B. bei Körperschluss, wird der Fehlerstromkreis über den Schutzleiter geschlossen und die Schutzeinrichtung **(Tabelle)** ausgelöst **(Bild 3)**.

Nimmt man an, dass die Verbraucheranlage keinen eigenen Erder (Fundamenterder) besitzt und der PEN-Leiter vor dem Hausanschluss unterbrochen wird **(Bild 3)**, würde bei einphasigen Verbrauchern auch ohne Körperschluss eine gefährliche Spannung am Gehäuse und am Schutzleiter anstehen. Damit im Fehlerfall das Potential des Schutzleiters bzw. PEN-Leiters eine möglichst geringe Abweichung gegenüber dem Erdpotential aufweist, muss ein Stromrückfluss zum geerdeten Transformatorsternpunkt gewährleistet sein. Das wird durch zusätzliche Erdungen an möglichst gleichmäßig verteilten Punkten im Netz erreicht, besonders an den Eintrittsstellen in Gebäude, z. B. durch Verbinden mit dem Fundamenterder **(siehe auch Seite 459, Hauptpotentialausgleich)**.

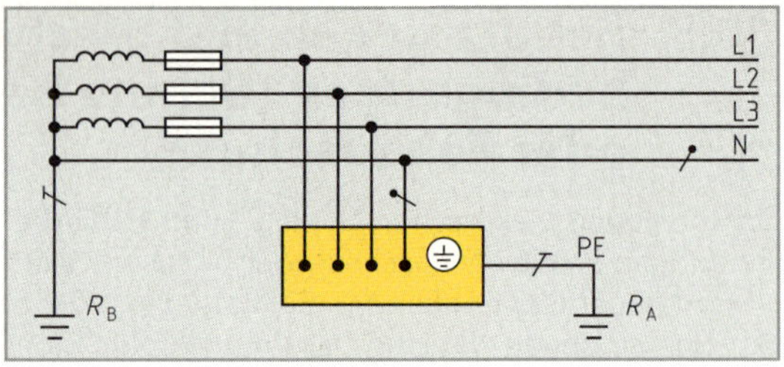

Bild 1: TT-System

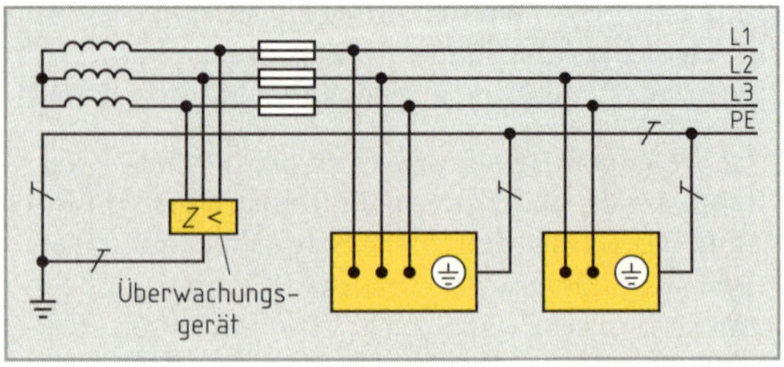

Bild 2: IT-System

Tabelle: Zulässige Schutzeinrichtung	
im TN-S-System	im TN-C-System
• Überstrom-Schutzeinrichtung und • FI-Schutzschalter	• nur Überstrom-Schutzeinrichtungen

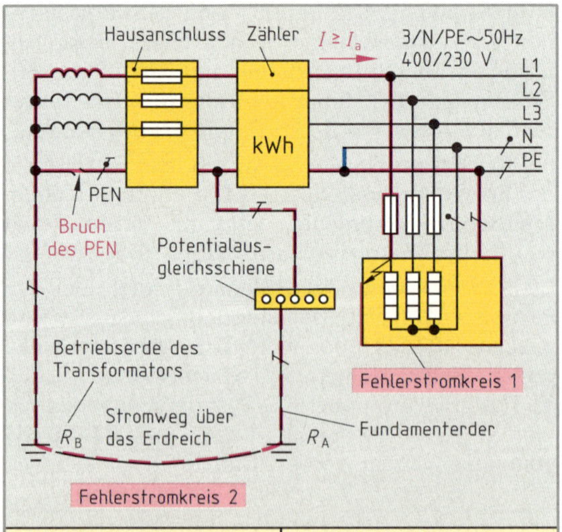

Fehlerstromkreis mit fehlerfreiem PEN-Leiter	Fehlerstromkreis mit PEN-Unterbrechung
Transformator → Hinleitung (L1) → Fehlerstelle → Gehäuse → Rückleitung (PE und PEN) → Sternpunkt (Transformator)	Transformator → Hinleitung (L1) → Fehlerstelle → Gehäuse → Rückleitung (PE) → Potentialausgleichsschiene → Fundamenterder → Erdreich → Betriebserde → Sternpunkt

Bild 3: Schutz durch Erdung im TN-C-S-System

Für den Gesamterdungswiderstand aller Betriebserder gilt ein Wert von 2 Ω als ausreichend.

Wenn 2 Ω nicht erreicht werden, muss folgende Bedingung, die auch **„Spannungswaage"** genannt wird, erfüllt sein **(Formel, Bild)**. Wird diese Bedingung eingehalten, kann am PEN-Leiter und am Schutzleiter oder an Körpern keine unzulässig hohe Berührungsspannung > U_L auftreten.

Leiterquerschnitte und Schutzeinrichtungen sind so zu bemessen, dass beim Auftreten eines Fehlers zwischen Außenleiter und Schutzleiter oder mit dem PEN-Leiter verbundenen Körpern die automatische Abschaltung innerhalb der in DIN VDE 0100 Teil 410 festgelegten Zeit erfolgt **(Tabelle 1)**.

Diese Bedingung ist erfüllt, wenn das Produkt **Schleifenimpedanz** Z_S mal **Abschaltstrom** I_a keinen größeren Wert als den der Nennspannung gegen geerdete Leiter ergibt ($Z_S \cdot I_a \leq U_0$).

Unter Impedanz der Fehlerschleife versteht man den gesamten Scheinwiderstand des Transformators, des vorgelagerten Stromnetzes und des Leitungssystems (Bild 3, Seite 252). Sie wird durch Messung bzw. Rechnung ermittelt.

Tabelle 1: Abschaltzeiten im TN-System Nach DIN VDE 0100 Teil 410

Nennspannung U_0		Abschaltzeit
• Endstromkreise, die über Steckdosen oder festen Anschluss Handgeräte oder ortsveränderliche Betriebsmittel der Schutzklasse I versorgen	230 V 400 V > 400 V	≤ 0,4 s ≤ 0,2 s ≤ 0,1 s
• Verteilungsstromkreise in Gebäuden • Endstromkreise derselben Verteilung, mit nur ortsfesten Verbrauchsmitteln		≤ 5 s

Beispiel: Überprüfen der Schutzmaßnahme

Ein Steckdosenstromkreis mit U_0 = 230 V ist mit einem LS-Schalter Typ B 16 A abgesichert. Durch Messung wurde die Schleifenimpedanz Z_S = 1,84 Ω ermittelt. Wird die Abschaltbedingung nach DIN VDE 0100 Teil 410 erfüllt?

Lösung:

Nach der Auslösekennlinie **(Bild 2, Seite 90)** beträgt der Abschaltstrom bei t_a = 0,4 s: $I_a = 5 \cdot I_n = 5 \cdot 16\ \text{A} =$ **80 A**

Abschaltbedingung $Z_s \leq \frac{U_0}{I_a} = \frac{230\ \text{V}}{80\ \text{A}} = 2{,}88\ \Omega$

die gemessene Schleifenimpedanz $Z_s = 1{,}84\ \Omega \leq 2{,}88\ \Omega$

⇒ **Abschaltbedingung ist nach DIN VDE erfüllt**

Wird als Schutzeinrichtung ein RCD (FI-Schutzschalter) verwendet, so ist anstelle des Abschaltstromes I_a der Bemessungs-Differenzstrom $I_{\Delta n}$[1] des FI-Schutzschalters einzusetzen.

Beim Bruch des PEN-Leiters besteht in TN-C-Systemen eine große Gefährdung. Das TN-C-System ist deshalb nur unter bestimmten Bedingungen zulässig **(Tabelle 2)**.

$$\frac{R_B}{R_E} \leq \frac{50\ \text{V}}{U_0 - 50\ \text{V}}$$

R_B Gesamterdungswiderstand aller Erder

R_E angenommener kleinster Erdübergangswiderstand fremder leitfähiger Teile, die nicht mit dem Schutzleiter verbunden sind und Ursache eines Erdschlusses sein können

50 V vereinbarte Grenze der zulässigen Berührungsspannung

U_0 Nennspannung eines Außenleiters gegen geerdete Leiter, PEN-Leiter, Neutralleiter oder Schutzleiter

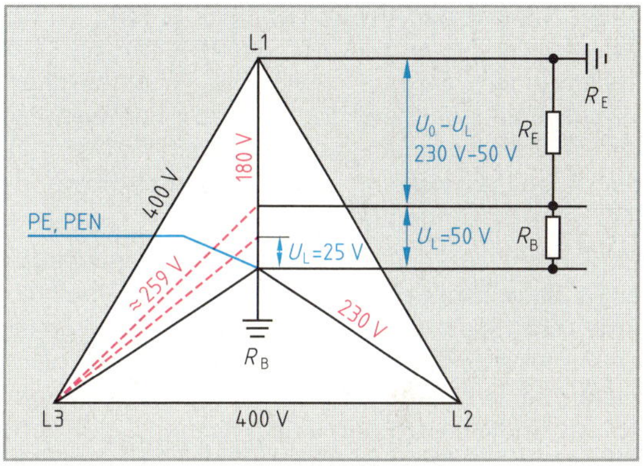

Bild: Spannungswaage im TN-System

Abschaltbedingung: $Z_s \cdot I_a \leq U_0$

Z_S Schleifenimpedanz (Scheinwiderstand) der Fehlerschleife

I_a Abschaltstrom, der die automatische Abschaltung der Überstrom-Schutzeinrichtung innerhalb der festgesetzten Zeit bewirkt

Tabelle 2: Querschnitte und Verlegebedingungen im TN-System

TN-C	• Bei festverlegten Leitungen mit Querschnitten von mindestens 10 mm² Cu oder 16 mm² Al
TN-S	• Bei Leiterquerschnitten < 10 mm² Cu • bei beweglichen Leitungen.
⚡	PEN-Leiter und Schutzleiter dürfen nicht durch Überstrom-Schutzeinrichtung abgesichert sein. Der PEN-Leiter darf nicht alleine schaltbar sein.

[1] $I_{\Delta n}$ Bemessungs-Differenzstrom, der die automatische Abschaltung des FI-Schutzschalters innerhalb der festgelegten Zeit bewirkt

10.6.3 RCD (Fehlerstrom-Schutzeinrichtung)

RCDs[1] (FI-Schutzschalter) normaler Bauart haben die Aufgabe, Betriebsmittel innerhalb von 0,2 s bzw. 0,4 s allpolig abzuschalten, wenn durch einen Isolationsfehler bedingt eine gefährliche Berührungsspannung auftritt.

Die tatsächlichen Abschaltzeiten von FI-Schutzschaltern sind oft erheblich kürzer. Fehlerstrom-Schutzeinrichtungen bieten einen besonders wirksamen Schutz gegen elektrischen Schlag.

Alle aktiven Leiter (L1, L2, L3, N) die vom Netz zum schützenden Betriebsmittel führen, werden durch einen **Summenstromwandler** geführt **(Bild 1)**. Im fehlerfreien Zustand ist die Summe der zu- und abfließenden Ströme null. Die magnetischen Wechselfelder der Leiter im Summenstromwandler heben sich gegenseitig auf. In diesem Fall wird in der Ausgangswicklung des Summenstromwandlers keine Spannung induziert.

Bei Erdschluss eines Leiters oder bei Körperschluss eines Betriebsmittels fließt ein Teilstrom über die Erde zum Spannungserzeuger zurück. Dadurch ist die Summe der zu- und abfließenden Ströme nicht mehr null. In der Ausgangswicklung des Summenstromwandlers wird nun eine Spannung induziert, die einen elektromagnetischen Auslöser betätigt (Bild 1). Dieser Auslöser schaltet den FI-Schutzschalter allpolig ab. Mit einer Prüftaste kann ein Fehler simuliert werden. Damit lässt sich nur die Auslösefunktion des FI-Schutzschalters prüfen, nicht aber die Wirksamkeit der Schutzmaßnahme.

Die Auslösung des FI-Schutzschalters ist vom Betreiber der Anlage bei nicht stationären Anlagen an jedem Arbeitstag, bei stationären Anlagen mindestens alle 6 Monate zu prüfen.

In Einphasenstromkreisen werden 2polige FI-Schutzschalter verwendet. In Neuanlagen und zur Verbesserung des Schutzumfanges in Altanlagen, z. B. bei nachträglichem Einbau in Stromkreisen für Bade- und Duschräume, werden Kombinationen von FI-Schutzschalter und LS-Schalter verwendet **(Bild 2)**. Bei diesen Geräten entfällt der Verdrahtungsaufwand zwischen FI-Schutzschalter und LS-Schalter bei getrenntem Einbau.

FI-Schutzschalter **(Bild 3)** sind in Baustellen-Verteilern, landwirtschaftlichen und gartenbaulichen Anwesen, Schwimmbädern, medizinisch genutzten Räumen, Laborräumen, Schulen und Ausbildungsstätten sowie in feuergefährdeten Betriebsstätten vorgeschrieben.

[1] RCD, Abk. für: **R**esidual **C**urrent Protective **D**evice (engl.) = Fehlerstrom-Schutzeinrichtung

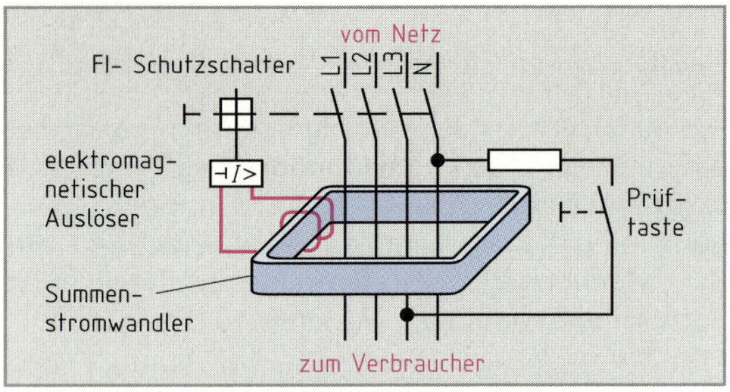

Bild 1: Prinzip der RCD (FI-Schutzschalter)

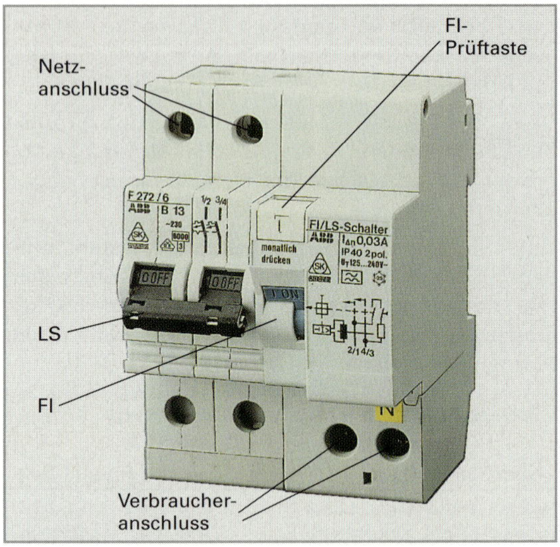

Bild 2: 2-polige FI/LS-Kombination 40 A/30 mA

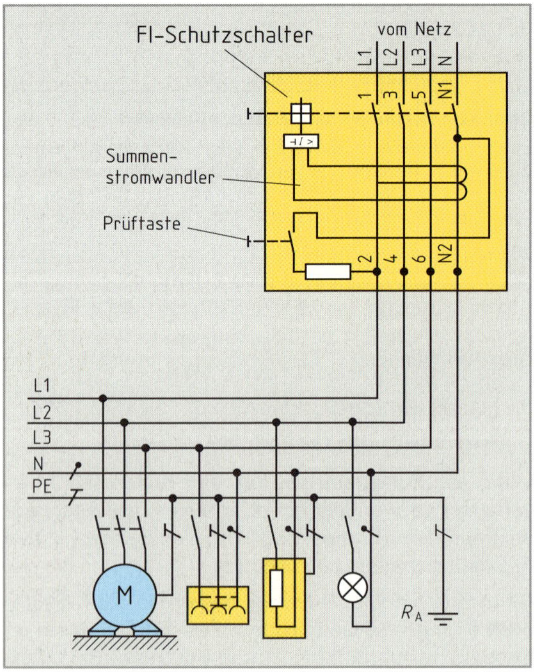

Bild 3: Beispiel einer FI-Schutzeinrichtung im TT-System

RCD (FI-Schutzschalter) bieten auch Schutz gegen Brände, die durch Erdfehlerströme gezündet werden. In der nebenstehenden **Tabelle** sind die maximalen Leistungen angegeben, die an Fehlerstellen bei einer Betriebsspannung von 230 V zustande kommen können, ohne die RCD oder die Überstrom-Schutzeinrichtung auszulösen. Der Brandschutz, den die RCD bietet, wird von keiner anderen Schutzmaßnahme erreicht. Der so genannte **empfindliche FI-Schutzschalter** mit einem Bemessungs-Differenzstrom von 10 mA bis 30 mA bietet auch Schutz gegen direktes Berühren.

Um den Schutzumfang zu erhöhen, werden Personenschutz-Steckdosen, Steckdosenleisten oder Sicherheitsstecker mit einem FI-Schutzschalter von $I_{\Delta n} \leq$ 10 mA bzw. 30 mA kombiniert **(Bild 1)**.

Der Körper eines zu schützenden Betriebsmittels darf auf der Eingangsseite des RCD bei TN-C-S-Systemen direkt mit dem PEN-Leiter und bei TN-S-Systemen direkt mit dem Schutzleiter verbunden werden **(Bild 2)**. Diese Verbindungen mit dem PEN-Leiter bzw. mit dem PE-Leiter (Bild 1) führen im Fehlerfall zu kürzeren Abschaltzeiten.

In Stromkreisen mit Halbleitern, z. B. Gleichrichterschaltungen, Phasenanschnittsteuerungen und für Verbrauchsgeräte der Schutzklasse I, müssen FI-Schutzschalter auch bei pulsierenden Gleichfehlerströmen zuverlässig auslösen.

Die Abschaltzeit von RCDs normaler Bauart darf 0,2 s nicht überschreiten, wenn bei Wechselfehlerströmen der Bemessungs-Differenzstrom $I_{\Delta n}$ und bei pulsierenden Gleichfehlerströmen der 1,4fache Bemessungs-Differenzstrom fließt. Wechselströme, die den 5fachen Bemessungs-Differenzstrom $I_{\Delta n}$ erreichen, sowie pulsierende Gleichfehlerströme mit 5-mal 1,4fachem Bemessungs-Differenzstrom müssen die RCD innerhalb von 0,04 s zuverlässig abschalten **(Bild 3b)**.

Die Auslösung einer RCD muss auch wirksam bleiben, wenn der Neutralleiter und/oder ein bzw. mehrere Außenleiter ausgefallen sind.

RCDs neuer Bauart sind kurzimpulsverzögert und stoßstromfest. Diese Eigenschaften verhindern Fehlauslösungen durch atmosphärische Überspannungen, z. B. bei Gewitter, sowie bei hochfrequenten Überspannungen in Industrieanlagen, z. B. in Stromkreisen mit Zentralkompensation oder induktiven Verbrauchern. Die Kennzeichen für besondere Eigenschaften zeigt **Bild 3.** Zur Sicherstellung der Selektivität mit mehreren RCDs dürfen **zeitverzögerte RCDs der Bauart S** (Selektive RCDs) in Reihe mit RCDs der normalen Bauart verwendet werden. Diese selektiven RCDs dürfen in Verteilungsstromkreisen eingesetzt werden und haben eine Abschaltzeit ≤ 1 s.

Tabelle: Leistung an Fehlerstellen

FI-Schutzschalter	Leistung in W
$I_{\Delta n}$ = 30 mA $I_{\Delta n}$ = 0,3 A $I_{\Delta n}$ = 0,5 A	6,9 69 115
Schmelzsicherung oder LS-Schalter 10 A	2300
Schmelzsicherung oder LS-Schalter 16 A	3680

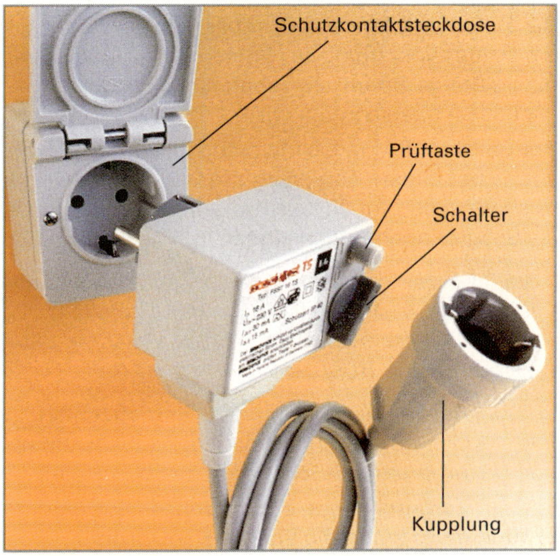

Bild 1: Sicherheitsstecker mit RCD 30 mA

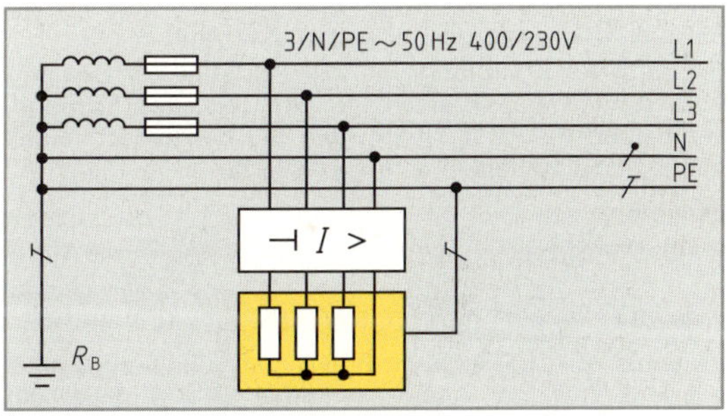

Bild 2: RCD im TN-S-Netz

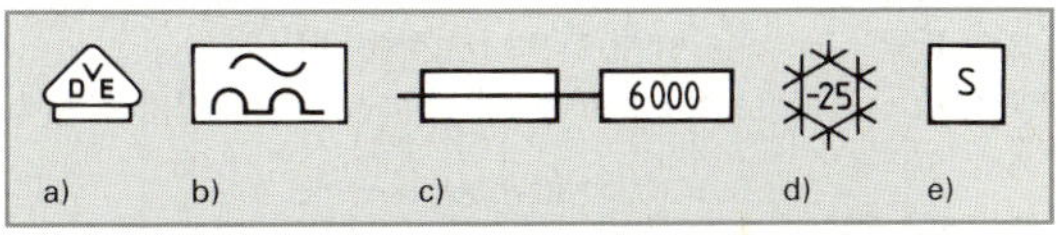

Bild 3: Sinnbilder für die Kennzeichnung von RCDs
a) VDE-Prüfzeichen
b) für Wechsel- und pulsierende Gleichfehlerströme
c) kurzschlussfest bis z. B. 6 kA
d) für Betrieb bei tiefen Temperaturen, z. B. –25 °C
e) RCD Bauart S, selektiver FI-Schutzschalter, Auslösung ≤ 1 s erst bei 2fachem $I_{\Delta n}$

10.6.4 Schutzmaßnahmen im TT-System

Durch die Schutzmaßnahme im TT-System wird aus einem Körperschluss ein Erdschluss. Der auftretende Fehlerstrom soll das defekte Betriebsmittel über vorgeschaltete Überstrom-Schutzeinrichtungen oder RCDs abschalten.

Alle Körper der zu schützenden Betriebsmittel werden an einen gemeinsamen Erder angeschlossen. Der Sternpunkt des Transformators oder Generators ist getrennt geerdet **(Bild 1)**.

Der Erdungswiderstand R_A muss so klein sein, dass die Schutzeinrichtung im Fehlerfall auslöst, bevor die zulässige Berührungsspannung U_L am Körper (Gehäuse) überschritten wird.

Bei üblichen Erdungswiderständen ist der Fehlerstrom bei einem Körperschluss aber sehr gering. Deshalb sollen im TT-System vorzugsweise RCDs als Schutzeinrichtungen eingesetzt werden **(Bild 2)**.

Die Schutzeinrichtung muss im Fehlerfall in der zulässigen Auslösezeit ansprechen **(Tabelle 1)**. Für die Wirksamkeit der Schutzmaßnahme gilt die Bedingung $R_A \cdot I_a \leq U_L$.

Im folgenden Beispiel soll das Betriebsmittel in Bild 1 einen Körperschluss haben. Die Schutzmaßnahme mit einem LS-Schalter ist zu überprüfen:

1. Die vorgeschaltete Überstrom-Schutzeinrichtung muss innerhalb von 0,1 s auslösen.
2. Die Berührungsspannung (bezogen auf Bezugserde) darf den Wert AC 50 V nicht übersteigen.

Beispiel: Überprüfen der Schutzmaßnahme

Bei einer Netzspannung von 230 V beträgt der Gesamtwiderstand der Fehlerschleife 5 Ω und der Erdungswiderstand R_A = 2 Ω. Überprüfen Sie den Einsatz eines Leitungsschutzschalters vom Typ B 16 A.

Lösung:

1. Abschaltstrom: $I_a = \frac{U_0}{R_{Ges}} = \frac{230\,V}{5\,\Omega} = 46\,A$

2. Berührungsspannung: $U_B = R_A \cdot I_a = 2\,\Omega \cdot 46\,A = 92\,V$

Ergebnis: Ein LS-Schalter B16A darf nicht eingesetzt werden. Nach der Auslösekennlinie **(Bild 2, Seite 90)** muss ein Abschaltstrom von 80 A fließen ⇒ **1. Bedingung ist nicht erfüllt.**

Die zulässige Berührungsspannung von AC 50 V wird überschritten. ⇒ **2. Bedingung ist nicht erfüllt.**

Abhilfe:
- Leitungsschutzschalter mit kleinerem Nennstrom verwenden,
- FI-Schutzschalter einsetzen.

RCDs bieten einen optimalen Schutz, da der Abschaltstrom I_a gleich dem Bemessungs-Differenzstrom $I_{\Delta n}$ ist. Mit RCDs **(Tabelle 1)** wird die Anlage im Fehlerfall innerhalb von 0,2 s bzw. 1 s abgeschaltet. Die erforderlichen Werte für Erdungswiderstände bei Anwendung mit RCDs sind in der **Tabelle 2** angegeben.

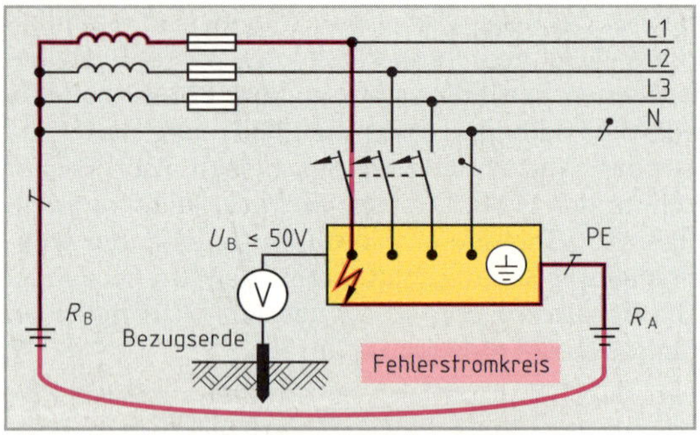

Bild 1: Schutz durch Abschalten im TT-System mit Überstrom-Schutzeinrichtung

Tabelle 1: Abschaltzeiten im TT-System Nach DIN VDE 0100 Teil 410

Art der Schutzeinrichtung	Abschaltzeit
Überstrom-Schutzeinrichtung mit zeit- und stromabhängiger Auslösecharakteristik, z. B. Schmelzsicherung gL	≤ 5 s
Schutzeinrichtung mit unverzögerter Auslösekennlinie, z. B. Leitungsschutzschalter	≤ 100 ms
RCD (FI-Schutzschalter) normale Bauart	≤ 200 ms
selektive RCDs, z. B. der Bauart S	≤ 1 s

R_A Erdungswiderstand aller Körper
I_a Strom, der das automatische Abschalten der Schutzeinrichtung bewirkt
U_L höchst zulässige Berührungsspannung

$$R_A \cdot I_a \leq U_L$$

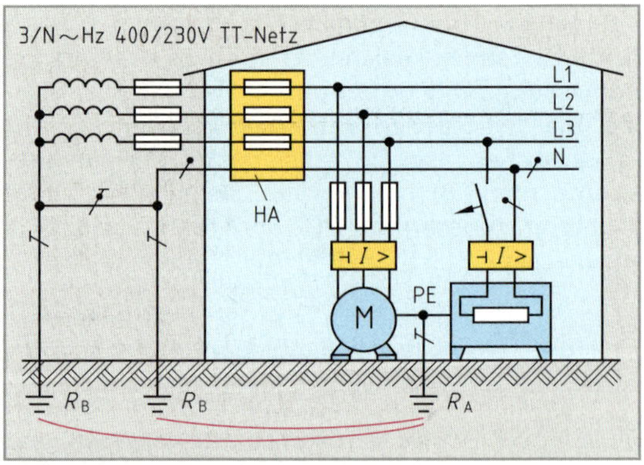

Bild 2: Verbraucheranlage im TT-System mit RCD

R_A höchstzulässiger Erdungswiderstand der Verbraucheranlage
$I_{\Delta n}$ Bemessungs-Differenzstrom

$$R_A = \frac{U_L}{I_{\Delta n}}$$

Tabelle 2: Höchstwerte für Erdungswiderstand R_A

Nennfehlerstrom in A	Widerstand der Schutzleitererdung R_A in Ω bei Berührungsspannung U_L 50 V	25 V
0,01	5 000	2 500
0,03	1 665	832
0,3	165	82
0,5	100	50

10.6.5 Schutzmaßnahmen im IT-System

Im IT-System erfolgt nur im Falle eines ersten Fehlers (Körperschluss) keine Abschaltung, sondern eine Meldung. Bei Auftreten des ersten Fehlers muss eine Überwachungseinrichtung ein optisches und/oder akustisches Signal auslösen.

Alle Körper der zu schützenden Betriebsmittel sind gemeinsam zu erden. Der Sternpunkt des Netztransformators oder Generators ist isoliert oder über eine hohe Impedanz geerdet **(Bild 1)**.

Vorgeschrieben ist das IT-System z.B. in Intensiv-Behandlungsstationen, Operationsräumen sowie im Bergbau und in Hüttenwerken. Es wird auch in Produktionsstätten der chemischen Industrie, als Ersatzstromversorgung bei Einsätzen der Feuerwehr und auf Schiffen eingesetzt.

Im Gegensatz zum TN- und TT-System, bei denen im ersten Fehlerfall (z.B. Körperschluss) abgeschaltet wird, erfolgt im IT-System nur eine Meldung. Beim Entstehen nur eines Fehlers tritt ein geringer Fehlerstrom auf und die zulässige Berührungsspannung wird nicht überschritten. Die Bedingung $R_A \cdot I_d \leq 50$ V muss dabei erfüllt sein. Der Schutzleiter nimmt das Potential des den Fehler auslösenden Leiters an. Eine Gefahr besteht nicht, da alle Körper das gleiche Potential über den Schutzleiter besitzen. Der Arbeitsprozess oder eine Operation kann also abgeschlossen werden. Der Isolationswiderstand der Verbraucheranlage wird durch eine Isolationsüberwachungseinrichtung laufend kontrolliert und gemeldet **(Bild 1)**. Der erste gemeldete Fehler muss möglichst rasch behoben werden, da bei einem weiteren Fehler in einem anderen Außenleiter die Schutzeinrichtung des Betriebsmittels abschaltet **(Tabelle)**.

Der Fehler- oder Abschaltstrom fließt dabei über die Stromkreise der fehlerhaften Betriebsmittel. Deshalb ist die Impedanz der Fehlerschleife größer als beim einfachen Fehler im TN-System **(Bild 2)**. Beim Abschalten des zweiten Fehlers muss der Schleifenwiderstand der Bedingung $Z_S \leq U / (2 \cdot I_a)$ erfüllen. Im IT-System mit verteiltem Neutralleiter (Vierleiternetz) verdoppeln sich die Abschaltzeiten.

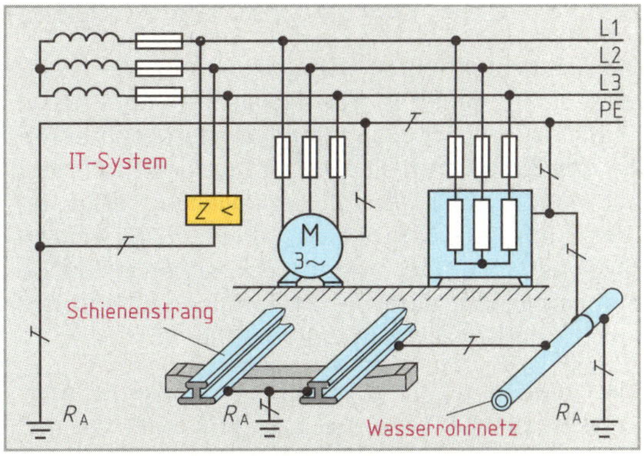

Bild 1: Schutz im IT-System

Bedingung	$R_A \cdot I_d \leq 50$ V

R_A Summe der Widerstände des Erders und des Schutzleiters der Körper
I_a Fehlerstrom nach dem Auftreten des ersten Fehlers zwischen Außenleiter und Körper
50 V vereinbarte Grenze der dauernd zulässigen Berührungsspannung

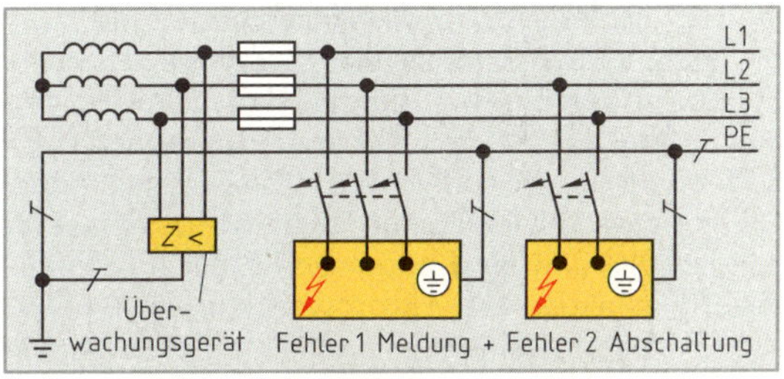

Bild 2: IT-System mit 2 Fehlern

Tabelle: Zulässige Schutzeinrichtungen im IT-System
• Überstrom-Schutzeinrichtungen • RCD (FI-Schutzschalter) • Isolationsüberwachungseinrichtungen

Abschaltbedingung	$Z_S \leq U / (2 \cdot I_a)$

Z_S Impedanz der Fehlerschleife (ohne Neutralleiter)
U Nennspannung zwischen Außenleitern
I_a Strom, der die automatische Abschaltung des Stromkreises bewirkt (Abschaltzeiten wie im TN-System)

Wiederholungsfragen

1 **Wodurch unterscheiden sich TN-, TT- und IT-Systeme?**
2 **Welche Abschaltzeiten sind im TN-System zulässig?**
3 **Was versteht man unter Schleifenimpedanz und wie groß darf sie maximal sein?**
4 **Welche Bedeutung hat die Erdung des PEN-Leiters über den Fundamenterder?**
5 **Nennen Sie die Bedingungen für die Verlegung des PEN-Leiters und des Schutzleiters im TN-System.**
6 **Welche Bedingungen gelten für den Erdungswiderstand R_A im TT-System?**
7 **Welche Vorteile hat die RCD (FI-Schutzschalter) gegenüber Überstrom-Schutzeinrichtungen?**
8 **Warum ist der Einsatz eines FI-Schutzschalters im TT-System zu empfehlen?**
9 **In welchen Anlagen sind IT-Systeme vorgeschrieben?**
10 **Welche Erdungsbedingungen gelten für Verteilungsnetz und Verbraucheranlage im IT-System?**

10.6.6 Schutz durch Verwendung von Betriebsmitteln der Schutzklasse II oder durch gleichwertige Isolierung (Schutzisolierung)

Die Schutzmaßnahme Schutzisolierung verhindert nach einem Fehler in der Basisisolierung eine gefährliche Berührungsspannung an berührbaren Teilen des Betriebsmittels. Die Kennzeichnung erfolgt mit dem Symbol für Schutzisolierung **(Bild 1a)**. Wird während des Errichtens einer Anlage eine zusätzliche Isolierung aufgebracht, sollen diese Betriebsmittel mit dem durchgestrichenen Erdungssymbol gekennzeichnet werden **(Bild 1b)**.

Bei der Schutzisolierung (Schutzklasse II) sind alle der Berührung zugänglichen Teile, die im Fehlerfall Spannung führen können, mit einer Basisisolierung und mit verstärkter oder zusätzlicher Isolierung dauerhaft abgedeckt **(Bild 1c)**.

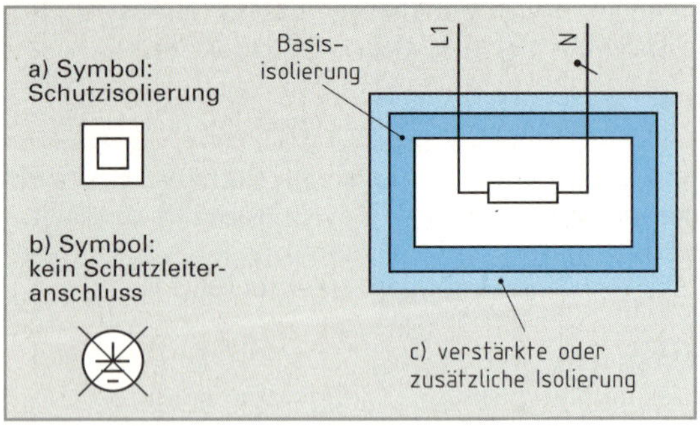

Bild 1: Verstärkte oder zusätzliche Isolierung

Schutzisolierung kann auch durch fest eingebaute Isolierstücke, z. B. Zahnräder aus Kunststoff, erreicht werden **(Bild 2)**. Ortsveränderliche, schutzisolierte Betriebsmittel für Wechselspannung haben 2-adrige Anschlussleitungen mit vergossenen Profilsteckern ohne Schutzkontakt und ohne Schutzleiter. Bei Instandsetzung der Anschlussleitung, z. B. mit H05VV-F3G1,5 muss die grüngelbe Ader im Stecker angeschlossen werden. Am Gerät ist der Schutzleiter kurz abzuschneiden und zu isolieren. Er darf innerhalb der Umhüllung des schutzisolierten Gerätes nicht mit leitfähigen Teilen verbunden sein. Schutzisolierung wird angewendet bei Kleingeräten, Haushaltgeräten, Elektrowerkzeugen (Bild 2), Kleinverteilern, Zählertafeln, Leuchten und Gehäusen, z. B. für CEE-Steckvorrichtungen.

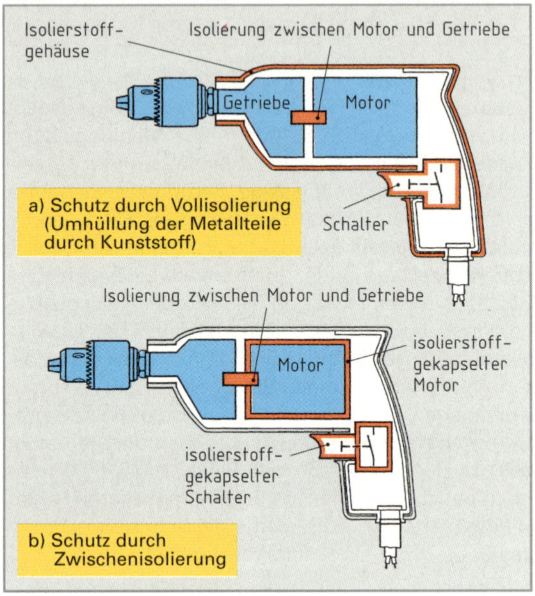

Bild 2: Ausführung einer schutzisolierten Bohrmaschine

10.6.7 Schutz durch nicht leitende Räume

Schutz durch nicht leitende Räume liegt vor, wenn z. B. durch isolierenden Fußbodenbelag, isolierende Wände und Abdeckungen oder Gummiunterlagen eine Verbindung des Menschen gegen Erde verhindert wird.

Alle von der Standfläche einer Person mit der Hand erreichbaren Gegenstände gelten als innerhalb des Handbereiches liegend. Als Mindestabstand für den Handbereich gilt nach oben 2,5 m, seitlich und nach unten jeweils 1,25 m **(Bild 3)**.

Der Mindestwert des Isolationswiderstandes für Wände und Fußböden beträgt bei AC 500 V oder DC 750 V 50 kΩ, bei höheren Spannungen 100 kΩ. Diese Schutzmaßnahme ist bei ortsfesten Betriebsmitteln und Arbeitsplätzen zulässig, z. B. bei Mess- und Prüfplätzen, und muss alle im **Handbereich** (Bild 3) liegenden Gegenstände und Flächen (Böden, Wände) erfassen, die mit der Erde in Verbindung stehen.

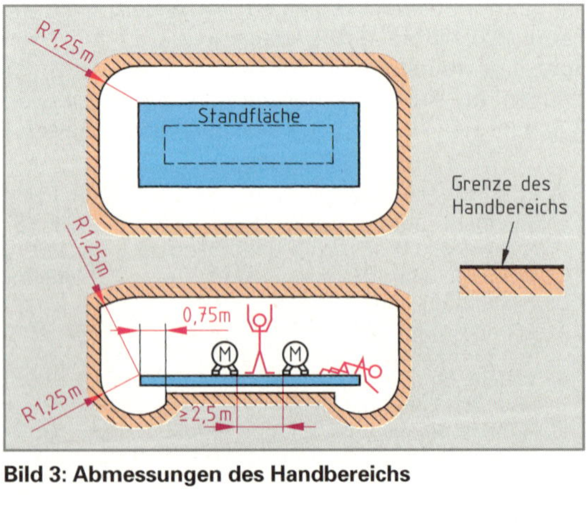

Bild 3: Abmessungen des Handbereichs

10.6.8 Schutztrennung

Bei der Maßnahme Schutztrennung wird zwischen Netz und Verbraucher z. B. ein Trenntransformator zur Potentialtrennung geschaltet.

Der Transformator verhindert, dass am Verbraucher Spannungen aus dem geerdeten, speisenden Netz auftreten. Auf der Ausgangsseite besteht keine Spannung gegen Erde.

Zur galvanischen Trennung muss ein **Trenntransformator** nach DIN VDE 0550 oder ein Motorgenerator nach DIN VDE 0530 verwendet werden.

Ist die Schutzmaßnahme Schutztrennung **(Bild 1)** allein wegen besonderer Gefährdung zwingend vorgeschrieben, z. B. im Kesselbau, so darf an den Trenntransformator nicht mehr als ein Verbraucher angeschlossen werden. Das höchstzulässige Produkt aus Spannung und Leitungslänge soll den Wert von 100 000 Vm, die Leitungslänge selbst 500 m nicht überschreiten.

Die Steckvorrichtungen für den Ausgangsstromkreis dürfen keinen Schutzkontakt haben. Ortsveränderliche Trenntransformatoren müssen schutzisoliert sein. Die Erdung des Ausgangsstromkreises oder eine Verbindung mit anderen Anlageteilen ist nicht zulässig.

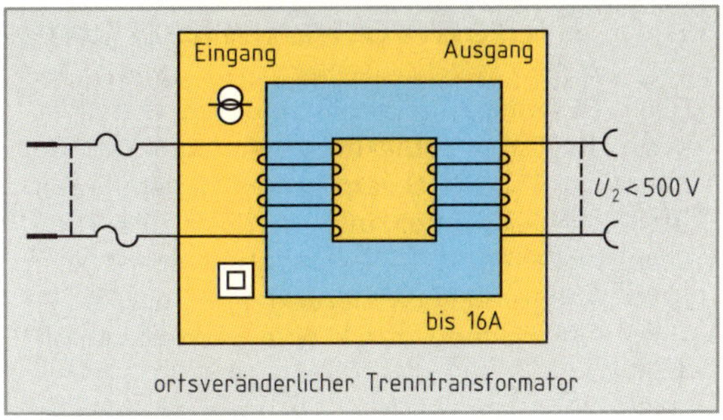

Bild 1: Schutztrennung

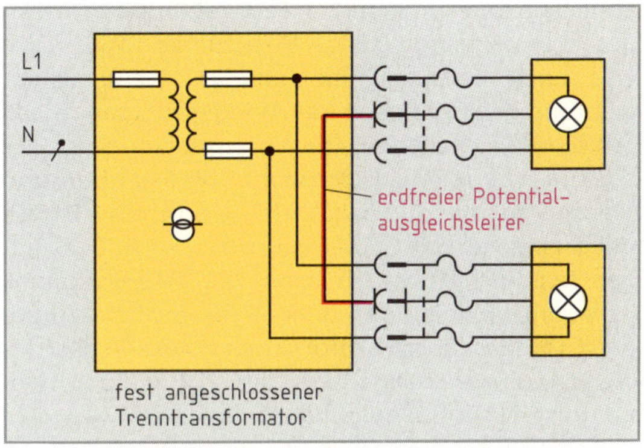

Bild 2: Schutztrennung mit mehreren Betriebsmitteln

10.6.9 Schutz durch erdfreien, örtlichen Potentialausgleich

Werden von einem Trenntransformator mehrere Verbraucher gespeist, so müssen die Körper der Verbrauchsmittel untereinander durch einen **erdfreien Potentialausgleichsleiter** verbunden sein.

Der **Potentialausgleichsleiter** darf weder geerdet noch mit einem Schutzleiter von Stromkreisen anderer Schutzmaßnahmen verbunden sein. Die Anschlusssteckdosen der Verbrauchsmittel müssen Schutzkontakte haben, die mit dem erdfreien Potentialausgleichsleiter verbunden sind **(Bild 2)**. Bei besonderer Gefährdung durch einen elektrisch leitenden Standort, z. B. im Schiffsbau, Kesselbau oder auf Stahlgerüsten, kann der Körper des elektrischen Betriebsmittels durch eine **Ausgleichsleitung** mit dem leitenden Standort verbunden werden **(Bild 3)**.

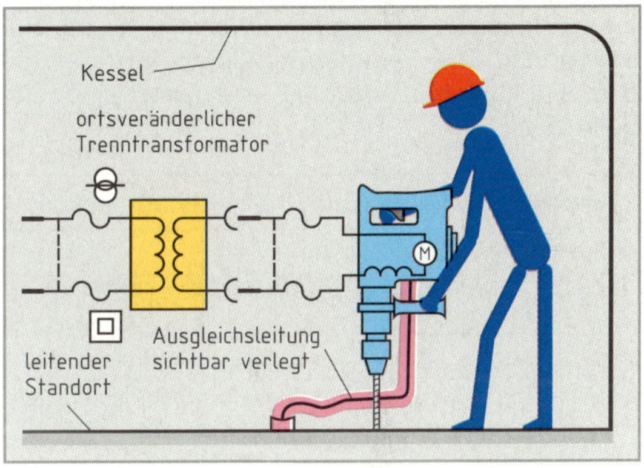

Bild 3: Ausgleichsleitung bei besonderer Gefährdung, z. B. bei Arbeiten im Kesselbau

Wiederholungsfragen

1. **Welche Schutzmaßnahmen gegen direktes Berühren gibt es nach DIN VDE 0100 Teil 410?**
2. **Nennen Sie Arten von Spannungsquellen zur Erzeugung von Kleinspannung.**
3. **Welche Bedingungen gelten für Stecker und Steckdosen, damit die Forderungen für die Schutzmaßnahme Kleinspannung erfüllt sind?**
4. **Unter welchen Bedingungen gilt Kleinspannung als PELV-Stromkreis?**
5. **Nennen Sie einige Betriebsmittel, bei denen Schutzisolierung vorgeschrieben ist.**
6. **Welchen Mindestwiderstand müssen Wände und Fußböden in nicht leitenden Räumen haben?**
7. **Erklären Sie das Prinzip der Schutzmaßnahme Schutztrennung.**
8. **Welche Maßnahmen sind beim Einsatz der Schutztrennung in gefährdeten Bereichen, z. B. im Schiffsbau, zusätzlich zu treffen?**

10.7 Prüfen von Starkstromanlagen

Das VDE-Vorschriftenwerk und die Unfallverhütungsvorschrift „Elektrische Anlagen und Betriebsmittel" (VBG 4) verpflichten Hersteller und Betreiber elektrischer Anlagen, dafür zu sorgen, dass vor der ersten Inbetriebnahme sowie nach jeder Änderung, Erweiterung und Instandsetzung eine Prüfung durch eine Elektrofachkraft erfolgt.

Die Prüfung **(Tabelle 1)** umfasst das **Besichtigen** der abgeschalteten Anlage zur Feststellung der normgerechten Errichtung. Das Besichtigen muss nicht erst nach Fertigstellung, sondern kann schon während des Errichtens der Anlage erfolgen. Diese optische Kontrolle ist eine Voraussetzung für das spätere Erproben und Messen. Das **Erproben und Messen** ist nur durchzuführen, wenn eine Größe mit ausreichender Sicherheit nicht durch Besichtigen festgestellt werden kann, z. B. Messen eines Isolationswiderstandes oder einer Schleifenimpedanz. Dann ist durch Erproben und Messen nachzuweisen, ob die Anlage nach DIN VDE 0100 in Ordnung ist. Nach Beendigung der Prüfung ist ein Abnahmebericht zu erstellen **(Bild)**.

In bestimmten Zeitabständen müssen Wiederholungsprüfungen durchgeführt werden, da die Betriebsmittel einer Veränderung durch Alterung und betriebsbedingten Verschleiß ausgesetzt sind. **(Tabelle 2)**.

Tabelle 1: Prüfungen nach DIN VDE 0100 Teil 610	
Besichtigen z. B.	• Schutz durch Abdeckungen, Umhüllungen, • Schutz durch Hindernisse, • Auswahl der Leitungen, Schutzeinrichtungen, • Kennzeichnung der Neutral- und Schutzleiter, • Kennzeichnung der Stromkreise, Sicherungen.
Erproben + Messen z. B.	• Durchgängigkeit der Schutzleiter, • Verbindungen des Hauptpotentialausgleichs, • Isolationswiderstand der Anlage, • Sichere Trennung der Stromkreise, z. B. bei SELV, PELV und Schutztrennung, • Automatische Abschaltung in allen Systemen.

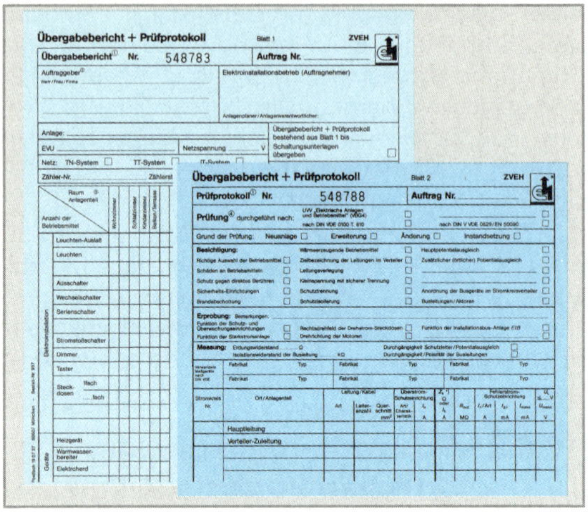

Bild: Übergabebericht und Prüfprotokoll (Ausriss)

Tabelle 2: Prüfungen und Prüffristen für elektrische Anlagen und Betriebsmittel		nach VGB 4
Anlagen/Betriebsmittel	Prüffrist	Art der Prüfung
Elektrische Anlagen und Betriebsmittel allgemein.	Vor der ersten Inbetriebnahme sowie nach jeder Erweiterung, Änderung und Instandsetzung.	Auf ordnungsgemäßen Zustand prüfen, wenn keine Bescheinigung des Errichters vorliegt.
Elektrische Anlagen und ortsfeste elektrische Betriebsmittel.	Mindestens alle 4 Jahre.	Auf ordnungsgemäßen Zustand prüfen.
Nicht ortsfeste elektrische Betriebsmittel, Anschluss- und Verlängerungsleitungen mit Steckvorrichtungen.	Mindestens alle 6 Monate (soweit benutzt).	Auf ordnungsgemäßen Zustand prüfen.
Schutzmaßnahmen mit RCDs (FI-Schutzschalter) bei nicht stationären Anlagen.	Mindestens einmal im Monat.	Auf Wirksamkeit überprüfen.
FI- und FU-Schutzeinrichtungen • bei stationären Anlagen, • bei nichtstationären Anlagen.	 Mindestens alle 6 Monate. Arbeitstäglich.	Betätigen der Prüfeinrichtungen.
Isolierende Schutzkleidung	Mindestens alle 6 Monate (soweit benutzt).	Auf sicherheitstechnisch einwandfreien Zustand überprüfen.
	Vor jeder Benutzung.	Auf augenfällige Mängel prüfen.
Spannungsprüfer, isolierte Werkzeuge und isolierende Schutzeinrichtungen.	Vor jeder Benutzung.	Auf augenfällige Mängel und einwandfreie Funktion prüfen.

10.7.1 Prüfen der Schutzmaßnahmen SELV, PELV und Schutztrennung

Bei den Schutzmaßnahmen „Schutz durch Kleinspannung: SELV und PELV" und der Schutzmaßnahme „Schutztrennung" muss die sichere Trennung der Stromkreise durch Messen geprüft werden.

Kleinspannungs-Stromkreise (SELV-Stromkreise) dürfen keine Erdverbindung und keine leitende Verbindung mit Stromkreisen höherer Spannung haben. Durch Spannungsmessung ist nachzuweisen, dass die höchstzulässigen Werte von AC 50 V bzw. 25 V oder DC 120 V bzw. 60 V nicht überschritten werden. Die Isolationswiderstandsprüfung erfolgt durch Messen aller Leiter gegen Erde **(Tabelle)**.

Die Isolierung der Betriebsmittel mit einer Betriebsspannung von mehr als AC 25 V oder DC 60 V muss einer Prüfspannung von AC 500 V eine Minute lang standhalten.

PELV-Stromkreise prüft man wie SELV-Stromkreise. Zur Isolationsmessung ist eine eventuelle Erdung der Stromkreise aufzuheben.

Bei der Schutzmaßnahme **Schutztrennung** ist die sichere Trennung von anderen Stromkreisen und von Erde durch Messen des Isolationswiderstandes mit U_n < 500 V zu prüfen **(Tabelle)**. Sind an einem Trenntransformator mehrere Betriebsmittel angeschlossen, so muss untersucht werden, ob die Ausgangssteckdosen Schutzkontakte haben. Die Schutzkontakte müssen durch einen erdfreien Potentialausgleichsleiter verbunden sein. Eine Abschaltung im Doppelfehlerfall muss nachgewiesen werden.

Schutzisolierte Betriebsmittel mit einer Nennspannung bis AC 500 V müssen einer Prüfspannung von AC 4000 V eine Minute lang standhalten. Die Prüfspannung wird zwischen aktiven Teilen und äußeren, nicht zum Betriebsstromkreis gehörenden leitfähigen Teilen angelegt.

10.7.2 Isolationswiderstandsprüfung in elektrischen Anlagen

Die meisten Fehler in elektrischen Anlagen entstehen durch schadhafte Isolation, bedingt durch Alterung, thermische, chemische und mechanische Beanspruchung, z. B. durch Unterschreiten der zulässigen Biegeradien von Leitungen. Die Prüfung erfolgt in der Regel mit **Isolationsmessgeräten (Bild)** ohne angeschlossene Verbrauchsmittel.

Um elektronische Einrichtungen in dem zu messenden Stromkreis vor Zerstörung durch eine zu hohe Messgleichspannung zu schützen, sollten diese Geräte für die Messzeit von der Anlage getrennt oder Außen- und Neutralleiter für die Zeit der Prüfung miteinander verbunden werden.

Die Isolationsprüfung wird mit Gleichspannung bei einem Messstrom von 1 mA durchgeführt (Tabelle).

Der Isolationswiderstand ist zwischen jedem aktiven Leiter und Erde zu messen.

Während der Messung dürfen Außen- und Neutralleiter miteinander verbunden sein, um den Messaufwand zu verringern. Der Neutralleiter muss von Erde getrennt werden, jedoch nicht der PEN-Leiter. Im TN-System gilt der PEN-Leiter als Erde. Die Messung darf zwischen Leiter und PEN-Leiter durchgeführt werden.

Tabelle: Mindest-Isolationswiderstände

Anlage	Mess-spannung	Isolations-widerstand
Stromkreise und Betriebsmittel für Kleinspannung SELV und PELV.	DC 250 V	≥ 0,25 MΩ
Nennspannung ≤ 500 V (außer Kleinspannung SELV und PELV)	DC 500 V	≥ 0,5 MΩ
Nennspannung > 500 V	DC 1000 V	≥ 1,0 MΩ

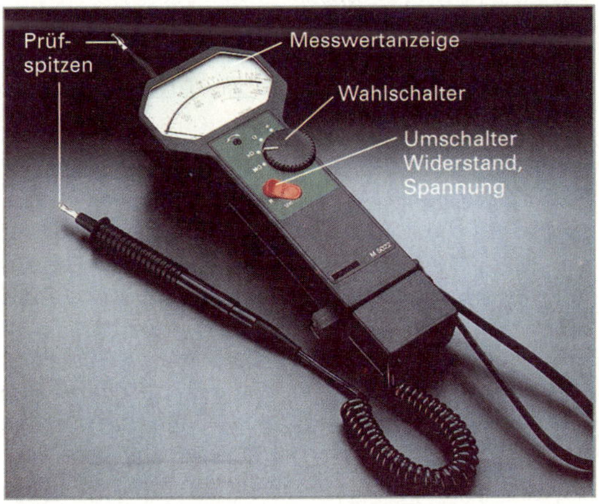

Bild: Isolationsmessgerät nach DIN VDE 0431

10.7.3 Messung der Isolationswiderstände von Fußböden und Wänden

Bei der Schutzmaßnahme „Schutz durch nicht leitende Räume" gilt die Isolierfähigkeit des Fußbodens und der Wände als ausreichend, wenn durch mindestens drei Messungen festgestellt wird, dass der Übergangswiderstand von 50 kΩ an keiner Stelle unterschritten wird. Der Wert gilt für Anlagen mit Nennspannungen bis AC 500 V bzw. DC 750 V. Bei Anlagen mit U_n > AC 500 V bzw. DC 750 V muss der Isolationswiderstand mindestens 100 kΩ betragen. Die Messaufgabe kann mit Wechsel- oder mit Gleichspannung durchgeführt werden.

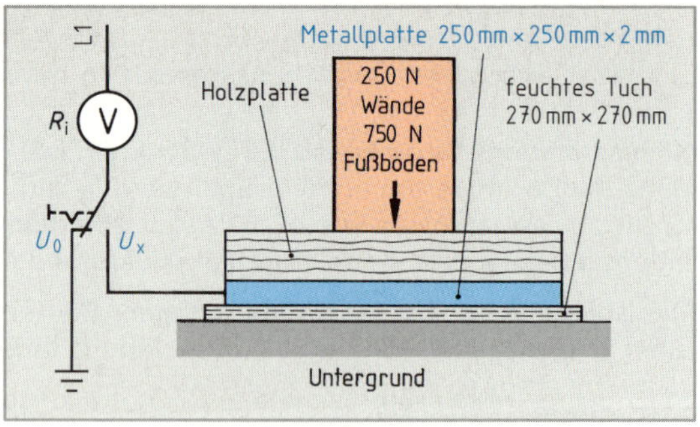

Bild 1: Messung des Übergangswiderstandes von Fußböden und Wänden

$$\frac{R_x}{R_i} = \frac{U_0 - U_x}{U_x}$$

$$R_x = R_i \left(\frac{U_0}{U_x} - 1 \right)$$

R_x Übergangswiderstand (Fußboden, Wand)
R_i Innenwiderstand des Spannungsmessers
U_0 gemessene Netzspannung gegen Erde
U_x gemessene Spannung gegen die Metallplatte

Messung 1: Wechselspannungsmessung

Gemessen wird mit Nennspannung und Nennfrequenz gegen Erde **(Bild 1)**.

Zuerst misst man die Spannung U_0 gegen Erde, z. B. 230 V, dann die Spannung U_x gegen die Metallplatte, z. B. 10 V. Daraus lässt sich bei bekanntem Innenwiderstand R_i des Spannungsmessers der Übergangswiderstand berechnen.

Messung 2: Gleichspannungsmessung

Zur Messung des Isolationswiderstandes von Fußböden und Wänden wird als Gleichspannungsquelle ein **Kurbelinduktor** oder ein batteriebetriebenes Isolationsmessgerät verwendet. Bei Anlagen mit $U_n \leq 500$ V wird mit einer Leerlaufspannung von DC 500 V und bei $U_n > 500$ V mit DC 1000 V geprüft. Der Isolationswiderstand wird zwischen Messelektrode (Metallplatte) und Schutzleiter oder Erde gemessen (Bild 1).

10.7.4 Prüfungen im TN-System und TT-System

Für die Prüfung von Schutzmaßnahmen sind Messgeräte entwickelt worden, die eine vielseitige Anwendung, leichte Bedienung und eine eindeutige Messwertanzeige ermöglichen **(Bild 2)**.

In TN- und TT-Systemen wird die Anlage bei Auftreten eines Fehlers, z. B. eines Isolationsfehlers, abgeschaltet, um das Bestehenbleiben bzw. das Entstehen einer unzulässig hohen Berührungsspannung zu verhindern.

Im **TN-System** muss bei Einsatz einer Überstrom-Schutzeinrichtung die Schleifenimpedanz bestimmt und die Bedingung $Z_S \leq U_0 / I_a$ erfüllt sein (Abschaltzeiten, Tabelle 1, Seite 253). Wird eine RCD (Fehlerstrom-Schutzeinrichtung) eingesetzt, muss der Auslösestrom des FI-Schutzschalters $I_a \leq I_{\Delta n}$ und die Fehlerspannung $U_F \leq U_L$ sein. Der RCD (FI-Schutzschalter) ist mit der Prüftaste zu erproben.

Im **TT-System** mit RCD normaler Bauart muss der Auslösestrom des RCD (FI-Schutzschalters) $I_a \leq I_{\Delta n}$ sein.

Die Fehlerspannung am Anlagenerder R_A einschließlich des Schutzleiters darf U_L nicht überschreiten. Bei Einsatz von Überstrom-Schutzeinrichtungen ist der Erdungswiderstand R_A zu messen und die Abschaltzeit t_a rechnerisch nachzuweisen (Abschaltzeiten, Tabelle 1, Seite 256). Wenn bei einem Körperschluss des Neutralleiters eine Berührungsspannung > 50 V auftreten kann, muss man auf eine Überstrom-Schutzeinrichtung im Neutralleiter achten. In diesen Fällen muss eine allpolig abschaltende Schutzeinrichtung eingesetzt werden.

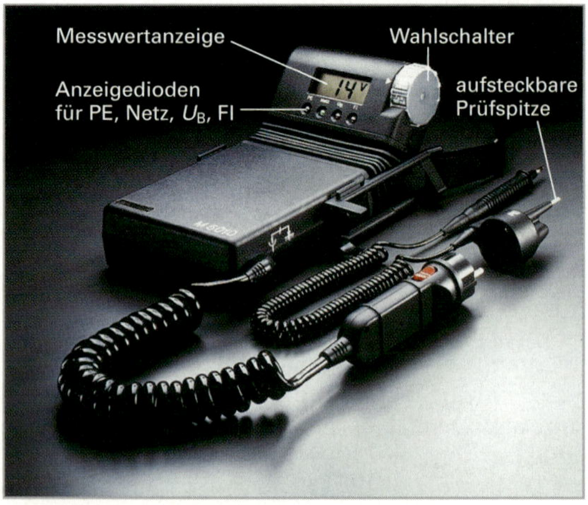

Bild 2: Mess- und Prüfgerät zur Prüfung der Schutzmaßnahmen nach DIN VDE 0100

10.7.5 Messen der Schleifenimpedanz

Die Schleifenimpedanz Z_S (Widerstand des Fehlerstromkreises) muss so klein sein, dass bei einem Körperschluss der Abschaltstrom der vorgeschalteten Überstrom-Schutzeinrichtung fließt.

Da der Abschaltstrom (Kurzschlussstrom, Seite 253) in einer Verbraucheranlage nicht messbar ist, wird der Widerstand (Impendanz der Fehlerschleife) zwischen Außenleiter und PE ermittelt. Die Messung der Schleifenimpedanz führt man an den Steckdosen für die Verbrauchsmittel durch.

Der Messvorgang erfolgt mit Messgeräten nach Bild 2, Seite 262. Dabei wird die Spannung im unbelasteten und im belasteten Zustand gemessen. Aus dem Prüfstrom und der Differenz der Spannungen wird die Schleifenimpedanz bestimmt und direkt angezeigt. Den höchstzulässigen Wert der Schleifenimpedanz erhält man, wenn man die Nennspannung gegen geerdete Leiter (230 V) durch den Abschaltstrom der Überstrom-Schutzeinrichtung teilt.

$$Z_S = \frac{U_0 - U}{I}$$

$$I_a \leq \frac{U_0}{Z_S} = \frac{U_0}{U_0 - U} \cdot I$$

$$Z_S \leq \frac{U_0}{I_a}$$

Z_S Schleifenimpedanz
U_0 Spannung zwischen unbelastetem Außenleiter und PEN- bzw. PE-Leiter
U Spannung bei eingeschaltetem Prüfwiderstand
I Prüfstrom
I_a Abschaltstrom

10.7.6 Messen des Erdungswiderstandes

Die höchstzulässigen Werte des Erdübergangswiderstandes sind in DIN VDE 0100 und in den Technischen Anschlussbedingungen der EVU festgelegt.

Erdungsmessungen werden nach dem Kompensationsmessverfahren oder nach dem Strom-Spannungs-Messverfahren durchgeführt. Damit der Messstromkreis geschlossen wird, ist neben dem Erder noch eine Messsonde erforderlich. Beim Kompensationsmessverfahren ist neben der Messsonde für den Spannungsabgriff noch ein zusätzlicher Hilfserder anzubringen. Um den vom Strom durchflossenen Erder und um den Hilfserder bildet sich ein Potential, das mit zunehmender Entfernung abnimmt **(Bild 1)**. Die Abstände von Sonde und Hilfserder müssen so groß gewählt werden, dass die Sonde außerhalb der Spannungstrichter liegt. Dieser Bereich wird Bezugserde genannt.

Die Messspannung muss wegen der Gleichspannungseinflüsse im Erdreich immer eine Wechselspannung sein. Die Frequenz dieser Messspannung liegt meist zwischen 95 Hz und 110 Hz und damit außerhalb des Einflussbereiches der üblichen Netzfrequenz. Messgeräte, die nach dem Strom-Spannungs-Messverfahren arbeiten, müssen bei Auftreten einer unzulässig hohen Berührungsspannung innerhalb 0,2 s abschalten (DIN VDE 0413, Teil 7). In Bereichen dichter Besiedlung kann die Überlagerung der Spannungstrichter durch dicht beieinander liegende Fundamenterder das Anbringen einer Messsonde unmöglich machen. Hier führt die Erder-Schleifenwiderstandsmessung zu brauchbaren Ergebnissen **(Bild 2)**.

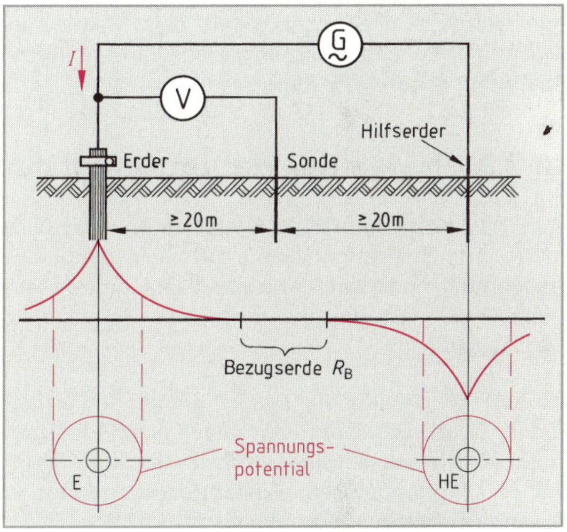

Bild 1: Anordnung von Erder (E), Sonde, Hilfserder (HE) und Potentialverlauf bei der Erdungsmessung

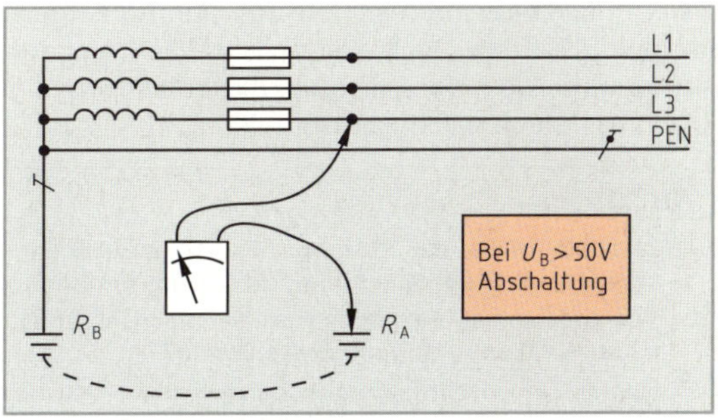

Bild 2: Erder-Schleifenwiderstandsmessung

10.7.7 Prüfen der RCD (Fehlerstrom-Schutzeinrichtung)

RCD (FI-Schutzschalter) normaler Bauart müssen bei Erreichen des Bemessungs-Differenzstromes $I_{\Delta n}$ innerhalb von 0,2 s abschalten. Der Schaltmechanismus darf schon bei 50 % des Bemessungs-Differenzstromes ansprechen (DIN VDE 0664).

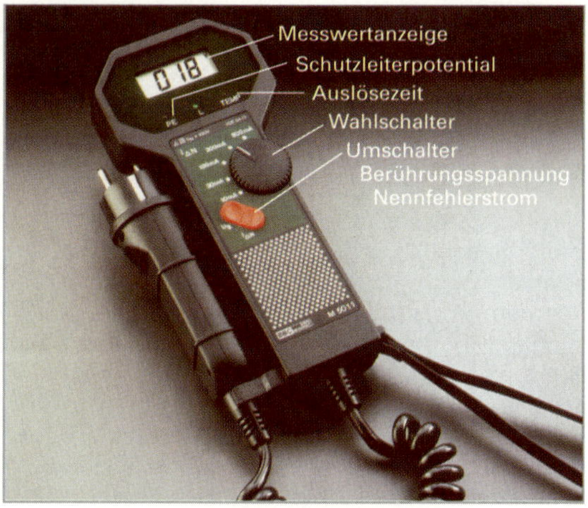

Bild: Prüfgerät für die Schutzmaßnahmen mit Fehlerstrom-Schutzeinrichtung

Die mechanische Funktion des Schalters wird durch Betätigen der Prüftaste nachgewiesen. Zur Prüfung der Schutzmaßnahmen wird hinter dem RCD (FI-Schutzschalter) ein künstlicher Fehler erzeugt.

Prüfgeräte nach **Bild** wurden speziell für Fehlerstrom-Schutzeinrichtungen entwickelt. Diese Prüfgeräte zeigen die beim Bemessungs-Differenzstrom auftretende Berührungsspannung an, ohne den FI-Schutzschalter auszulösen. Dazu wird die Berührungsspannung bei $^1/_3$ des Bemessungs-Differenzstromes gemessen und auf den Spannungswert hochgerechnet, der beim Bemessungs-Differenzstrom auftreten würde. Dies hat den Vorteil, dass keine unerwünschten Netzunterbrechungen auftreten, z. B. in Stromkreisen mit EDV-Anlagen. Damit kann an jeder Steckdose die Berührungsspannung gemessen werden, ohne dauernd wieder einschalten zu müssen. Mit diesen Prüfgeräten kann man auch die Auslösung des FI-Schutzschalters beim Bemessungs-Differenzstrom prüfen. Die Auslösezeit von $\leq$ 0,2 s wird durch Leuchtdioden angezeigt. Eine fehlerfreie Messung setzt voraus, dass der Schutzleiter keine Spannung gegen Erde führt.

10.7.8 Prüfen des Hauptpotentialausgleichs

Vor Inbetriebnahme einer elektrischen Verbraucheranlage ist der Hauptpotentialausgleich zu überprüfen. Durch Besichtigen ist die ordnungsgemäße Beschaffenheit von Klemmenverbindungen, die Kennzeichnung und Wahl der Leiterquerschnitte festzustellen. Durch Messen ist die Durchgängigkeit der Schutzleiter, der Verbindungen des Hauptpotentialausgleichs und zusätzlichen Potentialausgleichs nachzuweisen.

Für den Hauptpotentialausgleich gilt bei neu errichteten Anlagen ein Widerstandswert von 3 Ω als ausreichend. Ein zusätzlicher Potentialausgleich muss so niederohmig sein, dass beim größtmöglichen Fehlerstrom die höchstzulässige Berührungsspannung U_L nicht überschritten wird: $R_L \leq U_L / I_a$. Die Messung darf nur in spannungslosem Zustand durchgeführt werden. Damit man auch weit voneinander entfernt liegende Schutzleiteranschlüsse prüfen kann, ist eine lange Messleitung vorteilhaft, z. B. 50 m. Der Widerstandswert der Messleitung ist vom Messergebnis abzuziehen.

Die Messspannung darf Gleich- oder Wechselspannung sein. Die geforderte Leerlaufspannung beträgt 4 V bis 24 V. Der Kurzschlussstrom darf nicht kleiner als 0,2 A bei Gleichstrom und 5 A bei Wechselstrom sein.

In der Praxis bewähren sich Prüfgeräte mit eingebauter Gleichspannungsquelle und einem Kurzschlussstrom von 200 mA. Die Messung mit Wechselspannung und einem Prüfstrom von 5 A ist sehr aufwendig. Sie hat außerdem den Nachteil, dass diese wichtige Messung erst durchgeführt werden kann, wenn der Anschluss durch das EVU erfolgt ist.

Wiederholungsfragen

1 **Weshalb muss die Prüfung des Isolationswiderstandes mit Gleichspannung durchgeführt werden?**

2 **Wie groß muss der Prüfstrom bei der Isolationswiderstandsmessung mindestens sein?**

3 **Nennen Sie den Mindest-Isolationswiderstand für Elektrowerkzeuge der Schutzklasse I und II.**

4 **Warum sind bei der Erdungsmessung zwischen Sonden und Hilfserder bestimmte Abstände zu beachten?**

5 **Warum ist zur Messung des Erdungswiderstandes Wechselspannung erforderlich?**

10.8 Schutz gegen elektrostatische Aufladung

Mit dem Einzug der Computertechnik in fast alle Arbeits- und Lebensbereiche kommt dem Schutz gegen elektrostatische Aufladung große Bedeutung zu. Kommunikationssysteme enthalten Bauteile, z. B. MOS-Bausteine, die gegen elektrostatische Entladungen (ESD)[1] äußerst empfindlich sind.

Hersteller und Anwender von Geräten, die z. B. Leiterplatten mit „elektrostatisch gefährdeten Bauelementen oder Baugruppen" (EGB) enthalten, müssen dafür sorgen, dass diese Bauelemente gegen elektrostatische Aufladung geschützt sind.

Selbst eine elektrostatische Aufladung von mehreren tausend Volt wird von unserem Nervensystem kaum wahrgenommen, weil die Entladungsenergie meist sehr gering ist.

Beim Gehen über einen Teppichboden **(Bild 1)** kann sich unser Körper unter ungünstigen Bedingungen z. B. bis auf 35 kV aufladen. Das Abheben einer PVC-Schutzhülle vom Boden kann bereits eine Aufladung bis zu 7 kV zur Folge haben. Berührt man in diesem aufgeladenen Zustand elektrostatisch gefährdete Baugruppen, so kann dies zu deren Beschädigung oder Zerstörung führen.

Zum Vermeiden elektrostatischer Aufladungen in EDV-Anlagen werden elektrisch leitfähige Tisch- und Bodenmatten verwendet. Sie werden an eine potentialfreie Erdung angeschlossen.

Vor dem Berühren elektrostatisch gefährdeter Baugruppen **(Bild 2)**, z. B. bei Wartungsarbeiten oder in der Produktion, soll man sich zuvor durch Berühren geerdeter Teile entladen.

Baugruppen, z. B. Leiterplatten, dürfen nur in der Originalverpackung transportiert werden.

Zur Kennzeichnung elektrostatisch gefährdeter Bauelemente dient ein Symbol **(Bild 3)** mit der Beschriftung „Achtung! Handhabungsvorschrift beachten. Elektrostatisch gefährdete Bauelemente".

Die Ermittlung der elektrostatischen Aufladung wird über die elektrische Feldstärke zwischen der geerdeten Messsonde und der aufgeladenen Fläche vorgenommen.

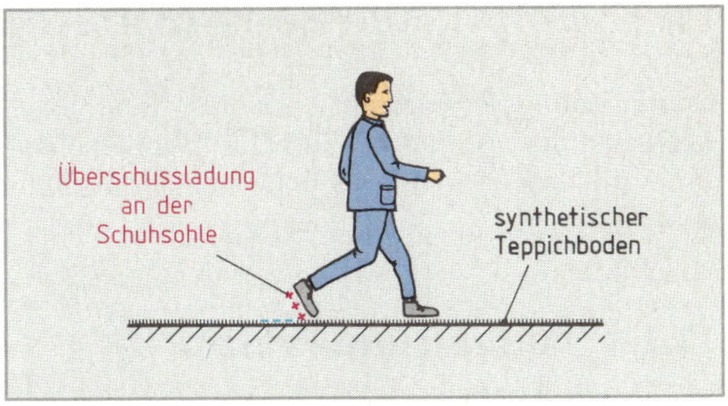

Bild 1: Elektrostatische Aufladung

Bild 2: Elektrostatisch geschützte Verpackung für ESD-empfindliche Bauteile

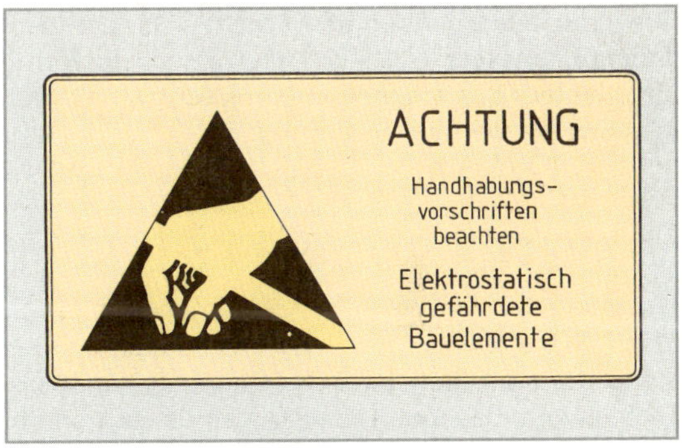

Bild 3: Kennzeichnung elektrostatisch gefährdeter Bauelemente nach DIN IEC

Wiederholungsfragen

1 **Weshalb sind elektrostatische Entladungen für Halbleiterbauteile gefährlich?**

2 **Wodurch können elektrostatische Entladungen auftreten?**

3 **Was versteht man bei Bauteilen unter der Bezeichnung EGB?**

4 **Welche Möglichkeiten bestehen, einen Arbeitsplatz gegen elektrostatische Aufladung zu schützen?**

5 **Weshalb soll man vor dem Berühren elektrostatisch gefährdeter Bauteile ein geerdetes Teil berühren?**

6 **Wie müssen elektrostatisch gefährdete Bauelemente transportiert werden?**

[1] ESD, Abk. für: **E**lectro**s**tatic **D**ischarge (engl.) = elektrostatische Entladung

11 Transformatoren

11.1 Einphasentransformatoren

Einphasentransformatoren[1] nehmen Einphasenwechselstrom auf und können Einphasenwechselstrom gleicher Frequenz, jedoch veränderter Spannung liefern.

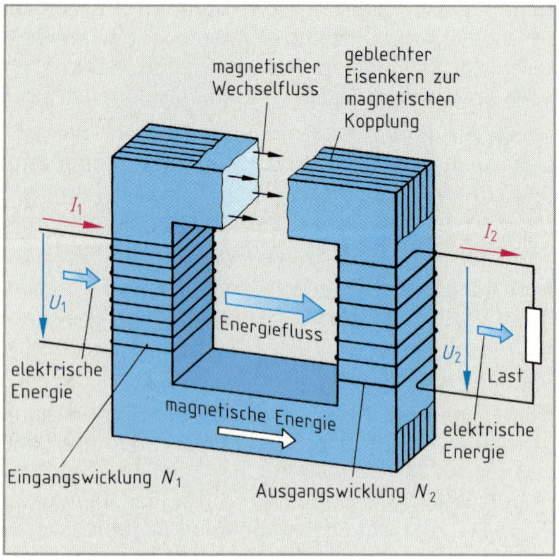

Bild 1: Aufbau des Transformators

11.1.1 Aufbau und Prinzip

Ein Transformator besteht im Prinzip aus zwei Spulen auf einem gemeinsamen Kern, der aus magnetisierbarem Material, z.B. Eisen (Elektroblech), besteht **(Bild 1)**. Von der Eingangswicklung wird Wechselstrom und somit elektrische Energie aufgenommen. Diese Energie wird über den magnetischen Wechselfluss an den Eisenkern weitergegeben. Weil der magnetische Fluss dauernd seine Größe und Richtung mit der Frequenz der Eingangsspannung ändert, wird in der Ausgangswicklung eine Spannung induziert, die ebenfalls die Frequenz der Eingangsspannung hat.

11.1.2 Leerlaufspannung

Leerlaufspannung ist die Spannung auf der Ausgangsseite, wenn kein Verbraucher angeschlossen ist. Bei Transformatoren mit Nennleistungen über 16 kVA gibt man sie als **Nennspannung** an **(Bild 2)**. Die induzierte Spannung berechnet sich nach dem **Induktionsgesetz** ($u_0 = -N \cdot \Delta\Phi/\Delta t$). Bei sinusförmigem Verlauf des magnetischen Flusses erhält man den Scheitelwert der Spannung:

$$\hat{u}_0 = \hat{\Phi} \cdot \omega \cdot N = \hat{B} \cdot A \cdot \omega \cdot N = 2 \cdot \pi \cdot \hat{B} \cdot A \cdot f \cdot N$$

$$\Rightarrow U_0 = \frac{2 \cdot \pi}{\sqrt{2}} \cdot \hat{B} \cdot A \cdot f \cdot N$$

Der Scheitelwert $\hat{u}_0$ der Leerlaufspannung hängt vom Scheitelwert $\hat{B}$ der magnetischen Flussdichte, vom Eisenquerschnitt A des Kerns, von der Kreisfrequenz ω und von der Windungszahl N ab. Aus der **Transformatorenhauptgleichung** ist ersichtlich, dass die Leerlaufspannung linear mit der Windungszahl ansteigt. Wegen der Isolierung der Bleche ist der wirksame Eisenquerschnitt kleiner als der gemessene Kernquerschnitt. Dies wird durch den Eisenfüllfaktor f_{Fe} berücksichtigt.

Je nach Art der Isolierung der Bleche beträgt der Füllfaktor f_{Fe} 0,8 bis 0,95.

Transformatorenhauptgleichung:

Bei Sinusform gilt:

$$U_0 = 4{,}44 \cdot \hat{B} \cdot A \cdot f \cdot N$$

$$\frac{2 \cdot \pi}{\sqrt{2}} = 4{,}44$$

U_0 Leerlaufspannung
$\hat{B}$ magnetische Flussdichte (Scheitelwert)
A Eisenquerschnitt
f Frequenz
N Windungszahl

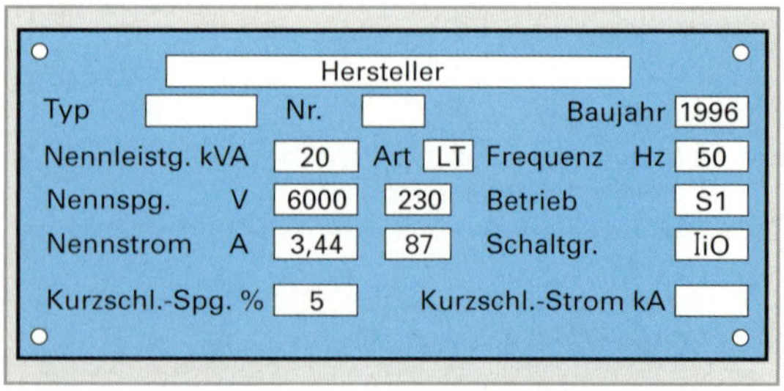

Bild 2: Leistungsschild eines Einphasentransformators

[1] von transformare (lat.) = umwandeln, umformen

11.1.3 Übersetzungen

Spannungs- und Stromübersetzung

Versuch: Bringen Sie zwei Spulen, von denen die eine die doppelte Windungszahl wie die andere hat, z.B. 1200 und 600, auf einen geblechten U-Kern mit Joch. Schließen Sie die Spule mit der höheren Windungszahl als Eingangswicklung an einen Wechselspannungserzeuger mit genügend kleiner Spannung, z.B. bei 1200 Windungen, 50 V, an. Messen Sie an der Ausgangswicklung die Ausgangsspannung.

Die Ausgangsspannung ist nur etwa halb so groß wie die Eingangsspannung.

Durchsetzt derselbe magnetische Fluss sowohl die Eingangswicklung als auch die Ausgangswicklung, dann sind beide Wicklungen fest miteinander magnetisch gekoppelt **(Bild).** In der Energietechnik werden überwiegend magnetisch fest gekoppelte Transformatoren verwendet.

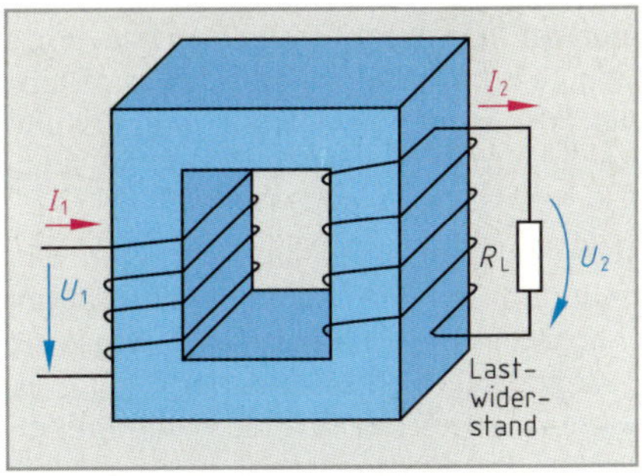

Bild: Spannungen und Ströme beim Transformator

Beim **idealen** Transformator (mit 100%iger Kopplung, d.h. ohne Verluste) gilt:

$\Phi_1 = \Phi_2 \quad \Rightarrow \quad B_1 \cdot A = B_2 \cdot A$

$$\Rightarrow \quad \frac{U_1}{f \cdot N_1} = \frac{U_2}{f \cdot N_2} \quad \Rightarrow \quad \frac{U_1}{N_1} = \frac{U_2}{N_2}$$

Beim Transformator ohne Belastung verhalten sich die Spannungen wie die Windungszahlen.
Das Verhältnis der höheren zur niedrigeren Nennspannung am Transformator nennt man Übersetzungsverhältnis *ü*.

$$\frac{U_1}{U_2} \approx \frac{N_1}{N_2} \qquad ü = \frac{U_1}{U_2}$$

U_1 Eingangsspannung
U_2 Ausgangsspannung
N_1 Windungszahl der Eingangswicklung
N_2 Windungszahl der Ausgangswicklung
$ü$ Übersetzungsverhältnis

Bei Transformatoren hat die Oberspannungswicklung immer mehr Windungen als die Unterspannungswicklung.

Bei $U_1 = 230\,V$ und $U_2 = 25\,V$ ist $ü = 230\,V/25\,V = 9{,}2$.

Beim fest gekoppelten Transformator ist die Eingangsleistung S_1 etwa so groß wie die Ausgangsleistung S_2.

$$S_1 = S_2 \quad \Rightarrow \quad U_1 \cdot I_1 = U_2 \cdot I_2 \quad \Rightarrow \quad \frac{I_1}{I_2} = \frac{U_2}{U_1} \quad \Rightarrow \quad \frac{I_1}{I_2} = \frac{N_2}{N_1}$$

Beim belasteten Transformator verhalten sich die Ströme umgekehrt wie die Windungszahlen.

$$\frac{I_1}{I_2} \approx \frac{N_2}{N_1} \qquad ü = \frac{I_2}{I_1}$$

I_1 Stromstärke der Eingangswicklung
I_2 Stromstärke der Ausgangswicklung
N_1 Windungszahl der Eingangswicklung
N_2 Windungszahl der Ausgangswicklung
$ü$ Übersetzungsverhältnis

Beim **realen** Transformator treten Verluste auf; deshalb verhalten sich die Ströme nur angenähert umgekehrt wie die Windungszahlen.

Widerstandsübersetzung

In der Nachrichtentechnik benutzt man den Transformator oft zur Anpassung von Widerständen. Die größte Leistung wird nämlich übertragen, wenn der Innenwiderstand der Spannungsquelle gleich groß ist wie der Widerstand des Verbrauchers. Sind die Widerstände von Spannungsquelle und Verbraucher verschieden, so schaltet man einen Transformator als Übertrager zwischen die beiden, um die Widerstände von Spannungsquelle und Verbraucher einander anzupassen.

$Z_1 = U_1/I_1$ und $Z_2 = U_2/I_2$

$Z_1/Z_2 = U_1/U_2 \cdot I_2/I_1 \quad \Rightarrow \quad Z_1/Z_2 = N_1^2/N_2^2$

Ein Transformator (Übertrager) überträgt die Widerstände im Quadrat des Übersetzungsverhältnisses.

$$Z_1 = \frac{U_1}{I_1} \qquad Z_2 = \frac{U_2}{I_2}$$

$$\frac{Z_1}{Z_2} = \frac{U_1}{U_2} \cdot \frac{I_2}{I_1}$$

$$\frac{Z_1}{Z_2} \approx \frac{N_1^2}{N_2^2} \quad \Rightarrow \quad \frac{N_1}{N_2} \approx \sqrt{\frac{Z_1}{Z_2}}$$

$$ü = \sqrt{\frac{Z_1}{Z_2}}$$

Z_1 Eingangsscheinwiderstand
Z_2 Ausgangsscheinwiderstand
N_1 Windungszahl der Eingangswicklung
N_2 Windungszahl der Ausgangswicklung
$ü$ Übersetzungsverhältnis

11.1.4 Leerlauf und Belastung

Leerlauf liegt beim Transformator vor, wenn an die Ausgangswicklung keine Last angeschlossen ist. Beim unbelasteten Transformator wirkt die Eingangswicklung wie eine Induktivität. Die Ausgangswicklung ist stromlos und durch keinen Widerstand belastet.

Beim Anlegen einer sinusförmigen Eingangswechselspannung entsteht ein um 90° nacheilender **Magnetisierungsstrom**, der einen phasengleichen **magnetischen Fluss** erzeugt **(Bild 1)**. Als Folge der Flussänderung entsteht in der Ausgangswicklung eine Spannung, die beim idealen Transformator gegenüber dem Magnetisierungsstrom um 90° phasenverschoben ist.

Der vom unbelasteten realen Transformator aufgenommene Strom (Leerlaufstrom I_0) hat gegenüber der Spannung eine etwas kleinere Phasenverschiebung als der Magnetisierungsstrom I_m, da das Ummagnetisieren des Eisens durch den Verluststrom I_v Wärme erzeugt und so die Belastung mit einem Wirkwiderstand darstellt **(Bild 2)**. Der Leistungsfaktor im Leerlauf ist etwa 0,2.

Der unbelastete Transformator verhält sich wie eine Spule mit großer Induktivität.

Ein Transformator wird zerstört, wenn er an eine zu große Spannung angeschlossen wird. Die zu hohe Spannung erfordert eine größere Flussdichte im Kern. Dazu ist ein größerer Magnetisierungsstrom erforderlich. Da der Kern bei Nennspannung schon annähernd gesättigt ist, steigt der Magnetisierungsstrom stark an. Dadurch wird die Wicklung zerstört.

Versuch 1: Schließen Sie einen Einphasentransformator mit abnehmbarem Joch über einen Strommesser ans Netz an. Messen Sie den Leerlaufstrom. Vergrößern Sie nach dem Abschalten den Luftspalt zwischen Joch und Schenkel durch Einlegen von etwa 0,5 mm dickem Pressspan und wiederholen Sie die Messung.

Bei vergrößertem Luftspalt ist der Leerlaufstrom größer.

Zur Erzeugung der magnetischen Flussdichte ist im magnetischen Kreis eine größere Durchflutung erforderlich, wenn die Feldlinien durch Luft gehen. Deshalb nimmt der Magnetisierungsstrom zu, wenn der Luftspalt vergrößert wird. Außerdem hängt der Leerlaufstrom von der Art des magnetischen Werkstoffs ab.

Große Leerlaufströme verursachen nur Verluste. Wegen fehlender Wirkbelastung entsteht ein kleiner Leistungsfaktor. Damit bei Transformatoren der Leerlaufstrom klein ist, wird der Eisenkern so geschichtet, dass die Stoßstellen der Bleche sich überlappen **(Bild 3)**. Dadurch wird erreicht, dass die Feldlinien fast nur im Eisenkern verlaufen.

Belastung liegt beim Transformator vor, wenn an die Ausgangswicklung ein Lastwiderstand angeschlossen ist. Der Laststrom (Ausgangsstrom) schwächt nach der Lenz'schen Regel seine Ursache, also das magnetische Wechselfeld. Der Eingangsstrom nimmt deshalb zu, während der magnetische Fluss annähernd konstant bleibt.

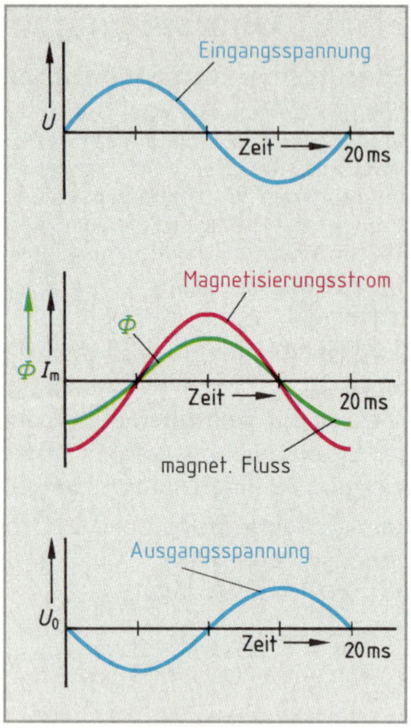

Bild 1: Spannungserzeugung beim idealen Transformator

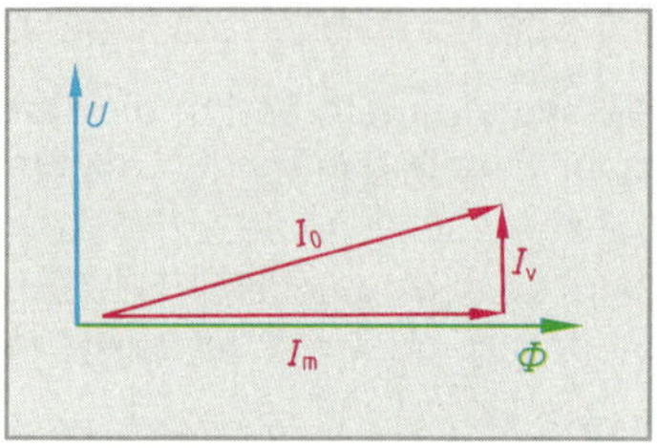

Bild 2: Spannungen und Ströme beim unbelasteten Transformator

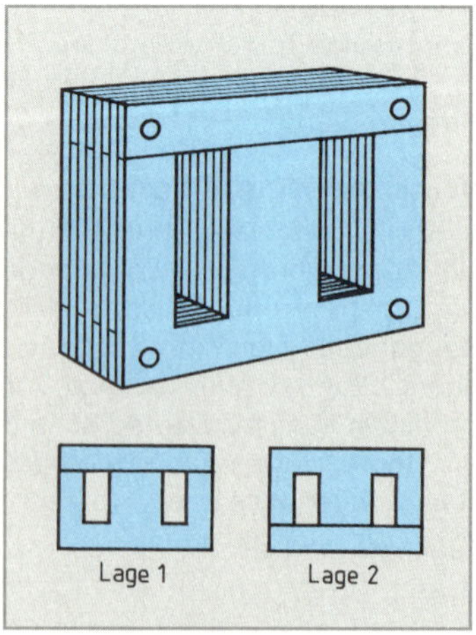

Bild 3: Wechselseitig geschichteter Eisenkern für kleinen Leerlaufstrom

Versuch 2: Schließen Sie einen Transformator ans Netz an. Legen Sie eine Prüfspule mit 300 Windungen an den Eingang eines Verstärkers mit Lautsprecher. Halten Sie die Spule so in die Nähe des Transformatorkerns, dass der Lautsprecher leicht brummt. Belasten Sie den Transformator stark.

Das Brummen nimmt zu. Die magnetischen Feldlinien treten vermehrt aus und verlaufen zum Teil außerhalb des Eisenkerns **(Bild 1)**. *Sie treffen auf die Prüfspule und induzieren in ihr eine Wechselspannung, die durch Verstärkung hörbar wird.*

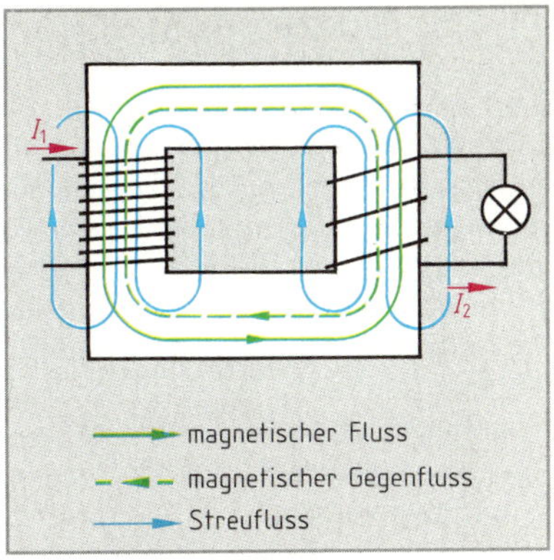

Bild 1: Magnetische Feldlinien beim belasteten Transformator

Beim leerlaufenden Transformator verläuft fast der ganze magnetische Fluss im Eisenkern. Bei Belastung erzeugt der Strom in der Ausgangswicklung einen magnetischen Gegenfluss. Dadurch wird das Magnetfeld in der Eingangswicklung geschwächt. Die Eingangswicklung nimmt daraufhin mehr Strom auf, sodass der magnetische Fluss seinen ursprünglichen Wert wieder annimmt. Ein Teil der Feldlinien schließt sich nicht im Eisenkern, sondern verläuft auch außerhalb, z. B. durch die Luft. Dieser magnetische Fluss heißt **Streufluss** (Bild 1) und verläuft getrennt in jeder Spule.

Den Teil des magnetischen Flusses, der nur die Eingangs- oder nur die Ausgangswicklung durchsetzt, nennt man Streufluss.

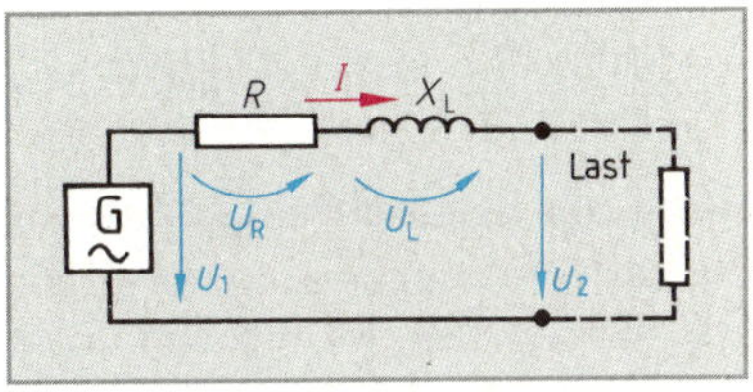

Bild 2: Vereinfachte Ersatzschaltung des Transformators

Wegen des Streuflusses ist bei Transformatoren der Nachrichtentechnik oft eine Abschirmung erforderlich.

Die von Streufeldlinien durchsetzte Wicklung wirkt wie eine Drosselspule. Der Transformator verhält sich also wie ein Wechselspannungserzeuger, dessen Innenwiderstand aus einem Wirkwiderstand und einer Induktivität besteht **(Bild 2)**.

Versuch 3: Schließen Sie einen Einphasentransformator ans Netz an und messen Sie die Ausgangsspannung zuerst im Leerlauf, dann bei zunehmendem Laststrom, und zwar bei Belastung mit Wirkwiderständen, Induktivitäten und Kondensatoren.

Die Ausgangsspannung sinkt bei Wirkwiderstandslast und bei induktiver Last mit zunehmendem Laststrom, steigt aber bei kapazitiver Last an **(Bild 3)**.

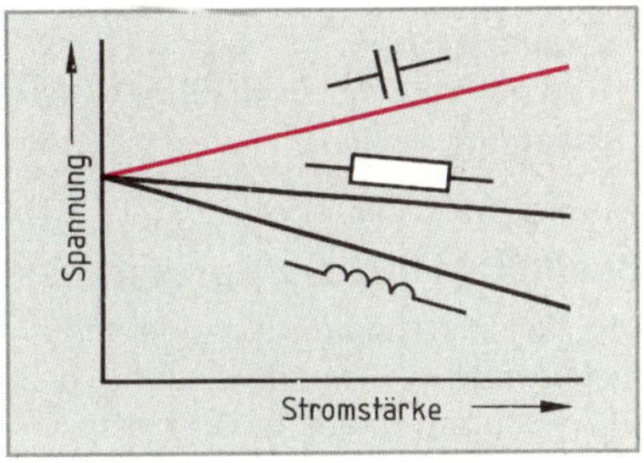

Bild 3: Ausgangsspannung in Abhängigkeit vom Laststrom

Der Transformator erzeugt die Leerlaufspannung U_1 (Bild 2). Am inneren Wirkwiderstand R und am inneren Streublindwiderstand X_L treten wegen des Laststromes I jeweils ein ohmscher und ein induktiver Spannungsabfall auf. Die Phasenverschiebung zwischen der Leerlaufspannung und dem Laststrom wird durch die Art der Last bestimmt (Bild 2). Bei Belastung mit einer Induktivität sinkt die Ausgangsspannung U_2 stärker als bei Belastung durch einen Wirkwiderstand. Bei Belastung mit einem Kondensator steigt die Spannung sogar an **(Bild 4)**, da die Transformatorspule und der Kondensator einen Reihenschwingkreis bilden. Deshalb dürfen große Kondensatoren nicht allein ans Netz geschaltet werden.

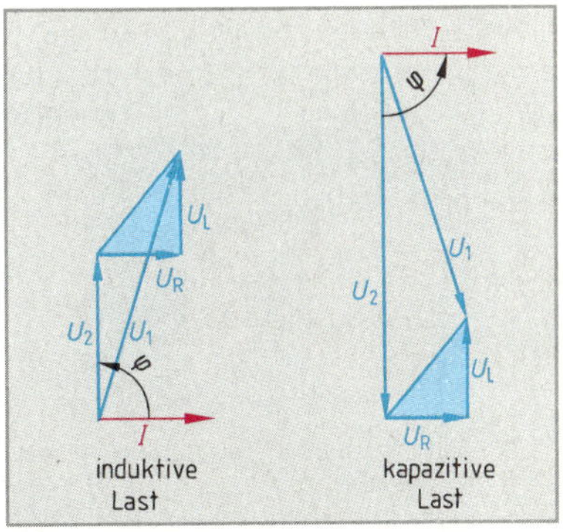

Bild 4: Zeigerbilder für verschiedene Belastungsfälle

Die Ausgangsspannung eines Transformators hängt vom Belastungsstrom und von der Belastungsart ab.

11.1.5 Kurzschlussspannung

Die Kurzschlussspannung ist ein Maß für die bei Belastung auftretende Spannungsänderung. Die Kurzschlussspannung in V ist die Spannung, die bei Nennfrequenz und kurzgeschlossener Ausgangswicklung an der Eingangswicklung liegen muss, damit die Eingangswicklung den Nennstrom I_{1N} aufnimmt **(Bild 1)**. Bei Transformatoren über 16 kVA ist die Kurzschlussspannung auf dem Leistungsschild angegeben.

Die Kurzschlussspannung wird meist nicht in V, sondern als bezogene Kurzschlussspannung u_k in % der Nennspannung angegeben.

Beispiel: Ein Transformator 230 V/24 V, 1 A/9 A muss bei kurzgeschlossener 24-V-Wicklung an 23 V gelegt werden, damit er den Nennstrom von 1 A aufnimmt. Wie groß ist die bezogene Kurzschlussspannung u_k?

$$u_k = 100\,\% \cdot \frac{U_k}{U_n} = 100\,\% \cdot \frac{23\,\text{V}}{230\,\text{V}} = \mathbf{10\,\%}$$

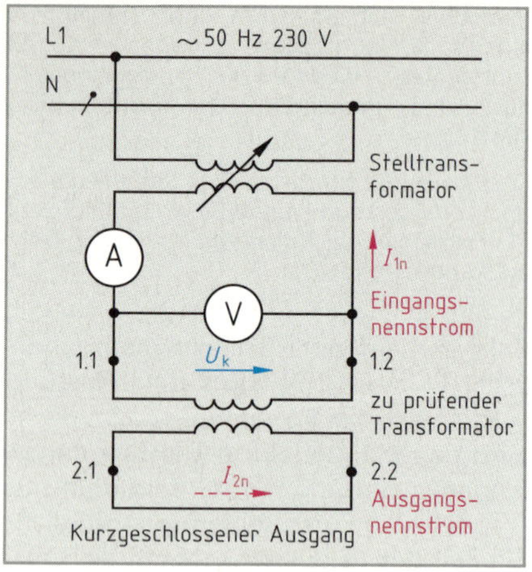

Bild 1: Messen der Kurzschlussspannung

$$u_k = 100\,\% \cdot \frac{U_k}{U_n}$$

u_k bezogene Kurzschlussspannung in %
U_k gemessene Kurzschlussspannung in V
U_n Transformator-Nennspannung

Höhe der Kurzschlussspannung

Die Kurzschlussspannung von Transformatoren ist ferner ein Maß für den Innenwiderstand (Scheinwiderstand) des Transformators **(Tabelle)**. Eine niedrige bezogene Kurzschlussspannung (u_k in %) bedeutet einen kleinen Innenwiderstand: Bei Belastung sinkt die Ausgangsspannung nur wenig ab.

Transformatoren mit niedriger Kurzschlussspannung sind **spannungssteif.**
Transformatoren mit hoher Kurzschlussspannung sind **spannungsweich.**

Tabelle: Kurzschlussspannungen

Spannungswandler	unter 1 %
Drehstromtransformatoren	
bis 200 kVA	4 %
250 kVA bis 3150 kVA	6 %
4 MVA bis 5 MVA	8 %
über 6,3 MVA	10 %
Einphasentransformatoren	
Sicherheitstransformatoren	15 %
Klingeltransformatoren	40 %
Experimentiertransformatoren (zusammensteckbar)	70 %
Zündtransformatoren	100 %

Beeinflussung der Kurzschlussspannung

Den Wicklungswiderstand eines Transformators kann man wegen der Wärmeentwicklung nicht beliebig groß machen. Die Streuung dagegen lässt sich in weiten Grenzen dem Verwendungszweck anpassen **(Bild 2)**. Durch verschiedene Anordnung der Wicklung, z. B. auf einem oder auf mehreren Spulenkörpern oder durch Einfügen eines Streujoches, kann die Streuung und somit die Höhe der Kurzschlussspannung verändert werden.

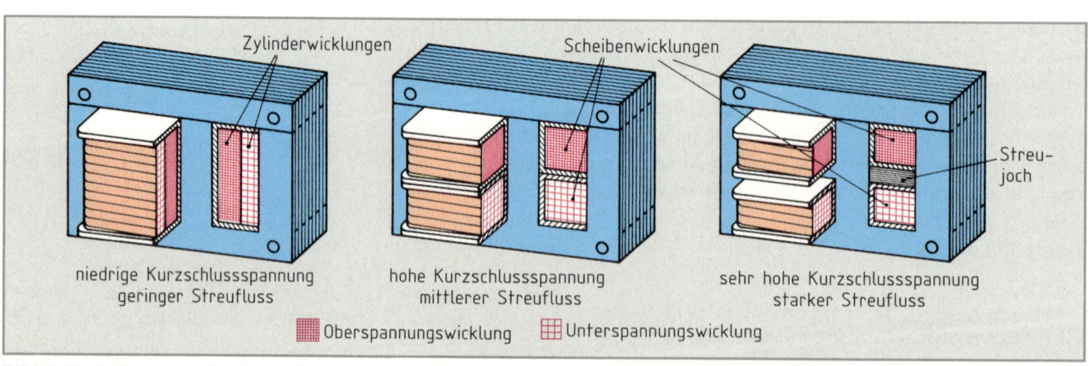

Bild 2: Beeinflussung der Kurzschlussspannung durch entsprechende Wicklungsanordnung

11.1.6 Kurzschlussstrom

Entsteht auf der Ausgangsseite eines Transformators eine fast widerstandslose Verbindung, so liegt ein **Kurzschluss** vor. Der Transformator liefert den Kurzschlussstrom.

Der einige Perioden nach der Entstehung des Kurzschlusses fließende Ausgangsstrom heißt **Dauerkurzschlussstrom** I_{kd}. Er ist bei Transformatoren mit kleiner Kurzschlussspannung groß und bei Transformatoren mit großer Kurzschlussspannung klein. Große Kurzschlussströme können zur Zerstörung von Wicklungen, Schaltern, Verteilungen, Sammelschienen und Betriebsmitteln führen.

Kurzschlüsse sind bei Transformatoren mit kleiner Kurzschlussspannung gefährlich.

$$I_{kd} = 100\,\% \cdot \frac{I_n}{u_k}$$

I_{kd} Dauerkurzschlussstrom
I_n Nennstrom am Ausgang
u_k bezogene Kurzschlussspannung

Beispiel 1: Auf der Ausgangsseite eines Einphasentransformators zur Erzeugung von Schutzkleinspannung 230 V/24 V, 1 A/9 A, $u_k = 5\,\%$ entsteht ein Kurzschluss. Wie groß ist der Dauerkurzschlussstrom?

$$I_{kd} = 100\,\% \cdot \frac{I_n}{u_k} = 100\,\% \cdot \frac{9\,\text{A}}{5\,\%} = \mathbf{180\,A}$$

Der sofort nach der Entstehung des Kurzschlusses fließende Ausgangsstrom heißt **Stoßkurzschlussstrom** i_s. Er kann mehr als doppelt so groß sein wie der Dauerkurzschlussstrom **(Bild)**.

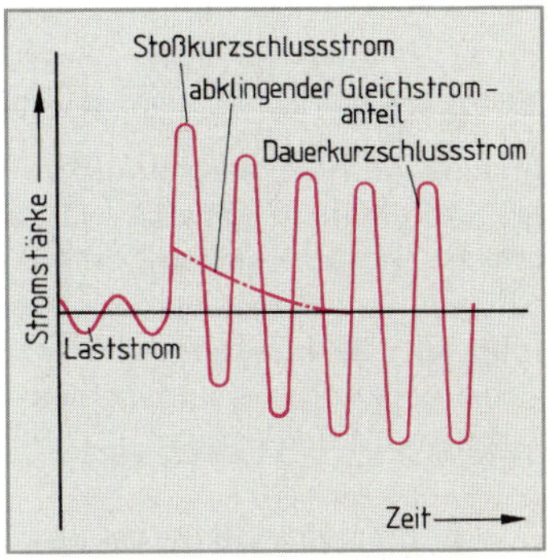

Bild: Stromverlauf bei einem Kurzschluss am Transformator

Die Stärke des Stoßkurzschlussstromes hängt ab vom Dauerkurzschlussstrom und vom Augenblickswert der Spannung im Zeitpunkt des Kurzschlusses. Besonders ungünstig ist es, wenn der Kurzschluss in dem Augenblick entsteht, in dem die Ausgangsspannung null ist. Dann haben Magnetisierungsstrom und magnetische Flussdichte ihre Höchstwerte. Nach der Lenz'schen Regel sucht die kurzgeschlossene Ausgangswicklung den Magnetismus beizubehalten, der im Augenblick der Entstehung des Kurzschlusses vorhanden war. Nach mehreren Perioden ist der Kurzschlussstrom auf den Wert des Dauerkurzschlussstromes abgeklungen (Bild).

$$I_s = 1{,}8 \cdot \sqrt{2} \cdot I_{kd}$$

$$I_s = 2{,}55 \cdot I_{kd}$$

I_s Stoßkurzschlussstrom
I_{kd} Dauerkurzschlussstrom

Beispiel 2: Wie groß ist der Stoßkurzschlussstrom von Beispiel 1 im ungünstigsten Fall?

$I_s = 2{,}55 \cdot I_{kd} = 2{,}55 \cdot 180\,\text{A} = \mathbf{459\,A}$

Einschaltstrom

Beim Einschalten von Transformatoren fließen manchmal sehr große Eingangsströme, auch wenn die Transformatoren nicht belastet sind. Der Einschaltstromstoß kann mehr als das 10fache des Nennstromes betragen. Besonders ungünstig ist es, wenn die Netzspannung im Augenblick des Einschaltens null ist und wenn im Eisenkern ein Restmagnetismus zurückblieb. Beim Einschalten muss sich der Fluss ändern, damit eine Spannung erzeugt wird. Hat der Remanenzfluss dieselbe Richtung wie der entstehende magnetische Fluss, so ist das Eisen bald gesättigt, und nur sehr große Magnetisierungsströme können die erforderliche Spannung erzeugen. Der Nennstrom von Sicherungen auf der Eingangsseite von Transformatoren muss deshalb etwa doppelt so groß sein wie der Nennstrom des Transformators.

Wiederholungsfragen

1 **Von welchen Größen hängt die Leerlaufspannung eines Transformators ab?**
2 **Welche Größen im Transformator ändern sich, wenn man die Spannung an der Eingangswicklung ändert?**
3 **Was versteht man unter Streufeldlinien?**
4 **Wie ändert sich die Ausgangsspannung bei Belastung durch Kondensatoren?**
5 **Wie misst man die Kurzschlussspannung?**
6 **Welchen Einfluss hat eine kleine Kurzschlussspannung auf die Ausgangsspannung bei Belastung?**
7 **Wie sind Transformatoren**
a) mit einer kleinen Kurzschlussspannung,
b) mit einer großen Kurzschlussspannung aufgebaut?

11.1.7 Wirkungsgrad von Transformatoren

$$\eta = \frac{P_{ab}}{P_{ab} + P_{VFe} + P_{VWi}}$$

η Wirkungsgrad
P_{ab} Leistungsabgabe
P_{VFe} Eisenverlustleistung
P_{VWi} Wicklungsverlustleistung

Der Wirkungsgrad ist das Verhältnis von abgegebener zu aufgenommener Wirkleistung. Die aufgenommene Wirkleistung ist um die **Eisenverluste** (Eisenverlustleistung) und die **Wicklungsverluste** (Wicklungsverlustleistung) größer als die abgegebene Wirkleistung.

Beispiel: Ein Transformator 250 VA ist bei einem Leistungsfaktor 0,7 voll belastet. Seine Eisenverluste betragen 10 W, seine Wicklungsverluste 15 W. Wie groß ist der Wirkungsgrad?

$P_{ab} = S \cdot \cos\varphi = 250\ \text{VA} \cdot 0{,}7 = 175\ \text{W}$

$$\eta = \frac{P_{ab}}{P_{ab} + P_{VFe} + P_{VWi}} = \frac{175\ \text{W}}{175\ \text{W} + 10\ \text{W} + 15\ \text{W}} = \frac{175\ \text{W}}{200\ \text{W}} = \mathbf{0{,}875}$$

Im Eisenkern ist unabhängig von der Belastung die Zahl der magnetischen Feldlinien konstant. Deswegen sind die Eisenverluste immer gleich. In der Wicklung fließen je nach Belastung verschiedene Ströme. Die Wicklungsverluste nehmen quadratisch mit der Belastung zu. Sie hängen von der Stromaufnahme und damit von der Scheinleistung des angeschlossenen Verbrauchers **(Bild 1)** und nicht von seiner Wirkleistung ab.

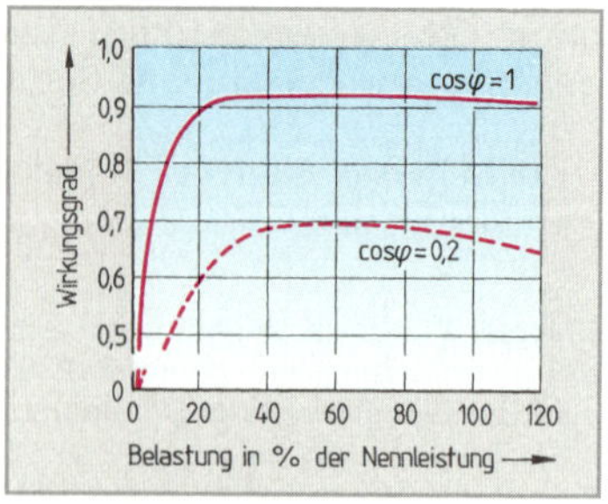

Bild 1: Wirkungsgrad eines Transformators bei Belastung

Je kleiner der Leistungsfaktor der angeschlossenen Verbraucher ist, desto geringer ist auch der Transformatorwirkungsgrad.

Bei einem unbelasteten Transformator entstehen in der Ausgangswicklung keine Wicklungsverluste. Da er nur wenig Strom aufnimmt, entstehen auch in der Eingangswicklung sehr kleine Wicklungsverluste, die man unberücksichtigt lassen kann. Die vom Transformator im **Leerlaufversuch (Bild 2 a)** aufgenommene Wirkleistung ist also die Verlustleistung des Eisenkerns, die so genannte **Eisenverlustleistung**.

Eisenverluste werden im Leerlaufversuch gemessen.

Beim Messen der Kurzschlussspannung fließen in den Wicklungen die Nennströme und rufen die **Wicklungsverlustleistung** hervor. Im Eisenkern sind beim Messen der Kurzschlussspannung nur wenig Feldlinien, da der Transformator an einer kleinen Spannung liegt und kurzgeschlossen ist. Im Eisenkern entsteht beim **Kurzschlussversuch (Bild 2 b)** fast keine Eisenverlustleistung. Die vom Transformator im Kurzschlussversuch aufgenommene Wirkleistung ist die Wicklungsverlustleistung.

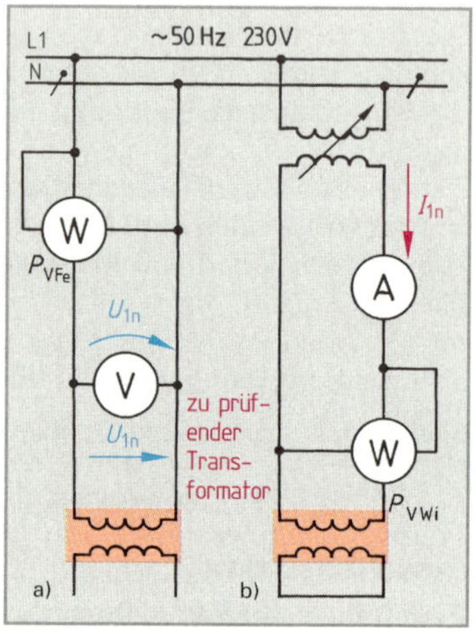

Bild 2: Ermittlung der Verlustleistungen
a) Leerlaufversuch,
b) Kurzschlussversuch

Wicklungsverluste werden im Kurzschlussversuch gemessen.

Der **Jahreswirkungsgrad** (Jahresarbeitsgrad) eines Transformators ist das Verhältnis der in einem Jahr abgegebenen Arbeit zur aufgenommenen Arbeit (jeweils in kWh). Die aufgenommene Arbeit ist um die Verlustarbeit größer, die im Kern und in den Wicklungen verbraucht wird. Da die Eisenverlustleistung unabhängig von der Belastung ist, sinkt der Jahreswirkungsgrad, wenn der Transformator dauernd eingeschaltet, aber nur zeitweise belastet ist.

Wiederholungsfragen

1. **Welche Verluste entstehen in einem Transformator?**
2. **Wie berechnet man den Wirkungsgrad eines Transformators?**
3. **Unter welchen Betriebsbedingungen werden die Eisenverluste gemessen?**
4. **Wie werden die Wicklungsverluste gemessen?**
5. **Wie hängt der Wirkungsgrad des Transformators vom Leistungsfaktor des angeschlossenen Verbrauchers ab?**

11.2 Kleintransformatoren

Kleintransformatoren sind Transformatoren mit einer Nennleistung bis 16 kVA zur Verwendung in Netzen bis 1000 V und 500 Hz **(Bild 1)**. Kleintransformatoren müssen besonders unfallsicher gebaut sein, da vielfach Laien mit ihnen in Berührung kommen. Sie werden z. B. als Spannungserzeuger für Türöffner, Klingelanlagen sowie als Sicherheitstransformatoren, z. B. für Handleuchten **(Bild 2)** und Spielzeuge, verwendet.

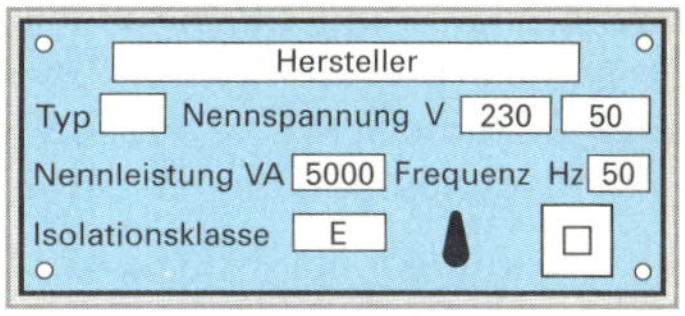

Bild 1: Leistungsschild eines Kleintransformators

11.2.1 Aufbau

Der **Eisenkern** von Kleintransformatoren ist aus Blechen mit genormter Größe hergestellt. Je nach Blechform unterscheidet man EI-, M-, UI- und L-Schnitte **(Bild 3)**. Auch anders geformte Schnitte sowie aus Blechbändern gewickelte Kerne werden verwendet. Zum Verbinden der Bleche verwendet man Schrauben oder Nieten, die gegenüber den Blechen isoliert sind. Die Außenflächen der Eisenkerne müssen gegen Korrosion geschützt sein, z. B. durch Tränklackierung.

Schnittbandkerne bestehen aus kornorientierten Blechen (Seite 525), bei denen die Kristalle in Walzrichtung, also in Bandrichtung, liegen. Dadurch sind in dieser Richtung die Ummagnetisierungsverluste besonders gering. Quer zur Walzrichtung sind die Verluste dagegen hoch. Werden kornorientierte Bleche zu Schichtkernen verwendet, so muss man den Eisenquerschnitt dort verstärken, wo der magnetische Fluss quer zur Walzrichtung verläuft. Transformatoren mit Schnittbandkernen **(Bild 4)** haben eine kleine Streuung und eine besonders geringe Verlustleistung.

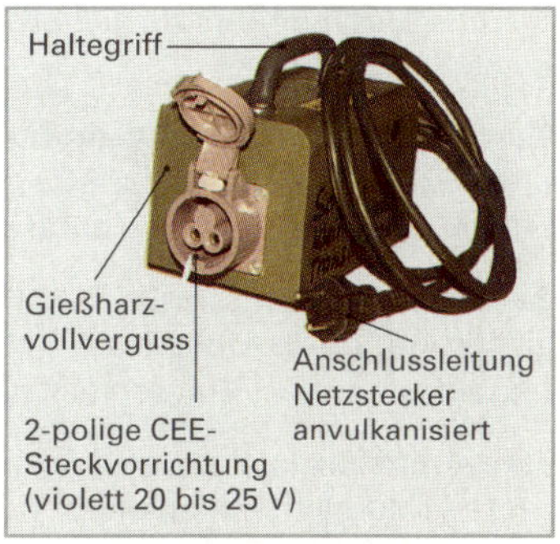

Bild 2: Sicherheitstransformator für Handleuchten

Die **Wicklung** wird meist aus Kupferlackdraht hergestellt. Sie sitzt auf einem Spulenkörper, der oft aus Kunststoff gepresst ist. Nach jeder Lage der Zylinderwicklung folgt eine Lagenisolierung aus Lackpapier oder Kunststoff-Folie. Die Isolierung kann entfallen, wenn die Spannung zwischen Anfang und Ende einer Lage einen kleineren Scheitelwert als 25 V hat. Für Lackseidedraht und Lackglasseidedraht ist die Isolierung zwischen zwei Lagen erst bei Lagenspannungen über 200 V Scheitelwert erforderlich.

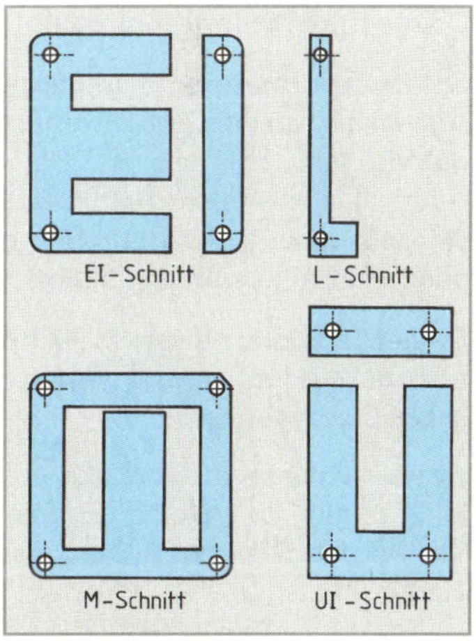

Bild 3: Kernbleche von Schichtkernen

Zwischen Oberspannungs- und Unterspannungswicklung befindet sich die Wicklungsisolation. Je nach Prüfspannung verwendet man mehrere Lagen. Bei Netzanschlusstransformatoren liegt zwischen Oberspannungs- und Unterspannungswicklung oft zusätzlich eine einlagige Schutzwicklung mit nur einem herausgeführten Anschluss. Wird diese Wicklung mit dem Schutzleiter verbunden, so kann auch bei schadhafter Isolation die Oberspannung nicht zur Unterspannungsseite gelangen. Außerdem schirmt diese Wicklung elektrische Felder ab.

Man stellt auch Transformatoren her, deren Wicklung aus einer Aluminiumfolie besteht, ähnlich wie der Wickel eines Kondensators. Da bei diesen Transformatoren jede Lage nur aus einer Windung besteht, ist die Spannung zwischen den Lagen gering. Derartige Transformatoren sind sehr spannungsfest, sie neigen nur wenig zu Durchschlägen. Bei größeren Leistungen verwendet man dünne Bleche aus Aluminium oder aus Kupfer.

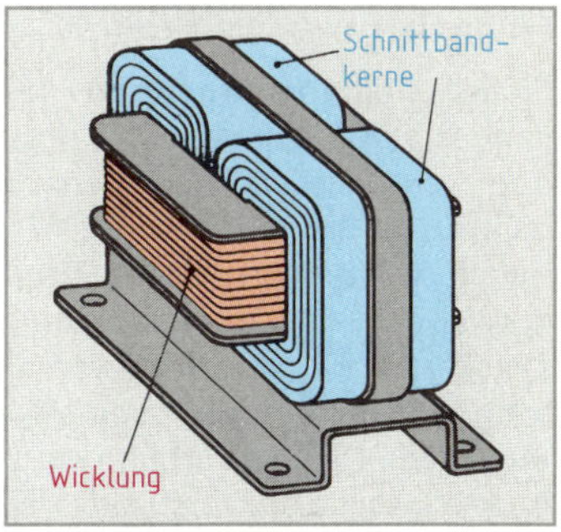

Bild 4: Transformator mit Schnittbandkern

Die zulässige Stromdichte in Kleintransformatoren liegt je nach Größe und Kühlung zwischen 1 A/mm² und 6 A/mm².

11.2.2 Kennzeichnung von Kleintransformatoren

Kleintransformatoren werden durch Symbole gekennzeichnet **(Bild 1)**. Ausgangsspannung ist bei Kleintransformatoren die **Nenn-Lastspannung,** die meist erheblich niedriger ist als die Leerlaufspannung. Für die Ausgangsspannungen gelten Toleranzen von

+ 10 % für unbedingt kurzschlussfeste Transformatoren und
± 5 % für alle übrigen Kleintransformatoren.

Nicht kurzschlussfeste Transformatoren sind durch vorgeschaltete Schutzvorrichtungen zu sichern. Diese schützen gegen die Folgen eines Kurzschlusses.

Kurzschlussfeste Transformatoren haben eine große Kurzschlussspannung. Ihr Kurzschlussstrom ist so klein, dass auch bei einem länger andauernden Kurzschluss kein Schaden eintreten kann.

Bedingt kurzschlussfeste Transformatoren enthalten eine Schmelzsicherung, einen Überstrom-Schutzschalter oder einen Temperaturbegrenzer, der bei Kurzschluss abschaltet.

Trenntransformatoren sind Transformatoren mit elektrisch getrennten Wicklungen und dienen zur Schutztrennung **(Bild 2)**. Die Eingangswicklung von Trenntransformatoren muss besonders sicher gegen unbeabsichtigte Verbindung mit der Ausgangswicklung sein, z. B. durch getrennte Spulenkörper oder Spulenkörper mit Trennwand. Ortsveränderliche Trenntransformatoren müssen schutzisoliert sein.

Spartransformatoren dienen meist als Kleintransformatoren, z. B. zur Anpassung an die Geräte-Nennspannung, wenn die Netzspannung zu niedrig oder zu hoch ist. Die höchstzulässige Nennspannung für Haushalt-Spartransformatoren beträgt 250 V. Spartransformatoren sind so gebaut, dass der Schutzleiter des Versorgungsnetzes auch ausgangsseitig wirksam bleibt.

Steuertransformatoren in Schützschaltungen haben elektrisch getrennte Wicklungen und dienen zum Speisen von Steuerstromkreisen in Schützschaltungen.

Netzanschlusstransformatoren haben eine oder mehrere Ausgangswicklungen, die von der Eingangswicklung elektrisch getrennt sind. Sie werden z. B. zum Anschluss von Radio- und Fernsehgeräten verwendet.

Zündtransformatoren haben elektrisch getrennte Wicklungen und dienen zum Zünden von Gas-Luftgemischen oder Öl-Luftgemischen in Heizungsanlagen. Zündtransformatoren müssen unbedingt kurzschlussfest sein.

Sicherheitstransformatoren (Schutztransformatoren) liefern ausgangsseitig Kleinspannung. Ihre Nennleistung ist höchstens 10 kVA, ihre Nennfrequenz höchstens 500 Hz. Die Nennspannung der Ausgangsseite beträgt bis zu 50 V, z. B. 6 V, 12 V oder 24 V. Sicherheitstransformatoren müssen kurzschlussfest oder bedingt kurzschlussfest gebaut sein. Die Oberspannungswicklung ist durch eine Isolierstoff-Zwischenwand sorgfältig von der Unterspannung getrennt, sodass auch bei Verlagerung der Wicklung oder beim Herausfallen von Metallteilen keine Verbindung zwischen der Eingangsseite und der Ausgangsseite auftreten kann. Nur vom VDE zugelassene Sicherheitstransformatoren dürfen für die Schutzmaßnahme Kleinspannung (SELV und PELV) verwendet werden.

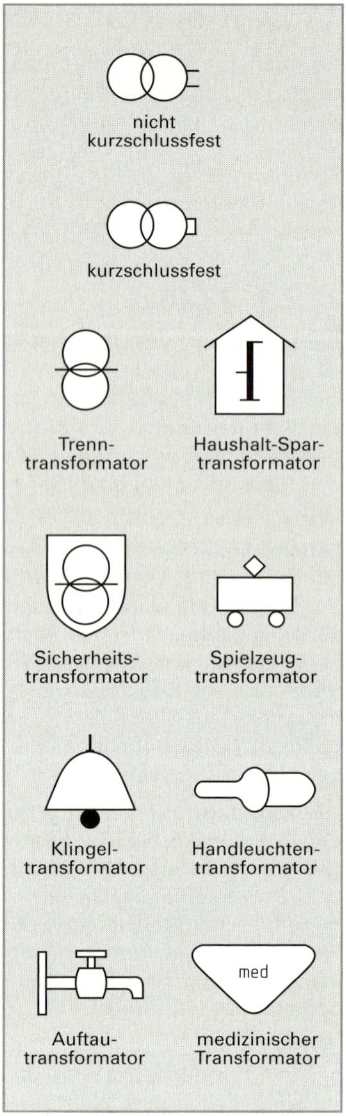

Bild 1: Symbole zur Kennzeichnung von Kleintransformatoren

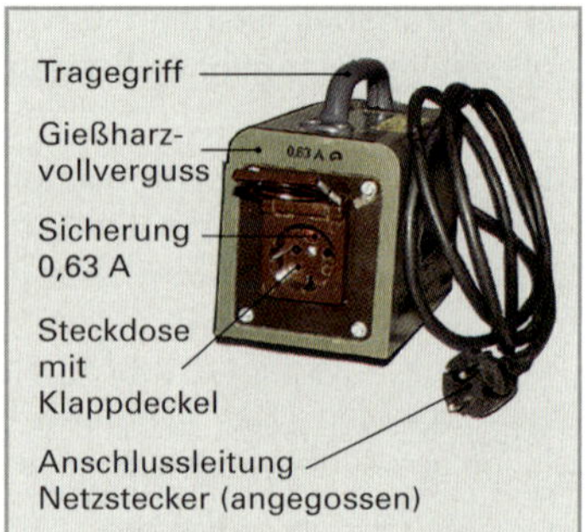

Bild 2: Trenntransformator für Schutztrennung

Wichtige Sicherheitstransformatoren

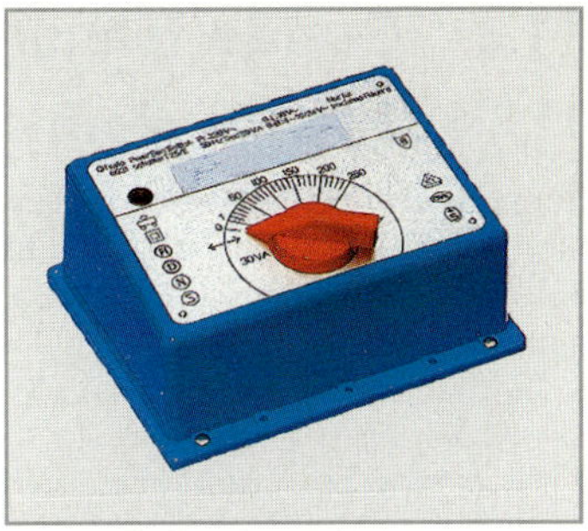

Bild: Spielzeugtransformator

- **Spielzeugtransformatoren (Bild)** sind für elektrisch betriebenes Spielzeug vorgeschrieben. Die Nenn-Ausgangsspannung beträgt höchstens 24 V; die Leistung darf nicht über 100 VA liegen. Spielzeugtransformatoren müssen schutzisoliert sein.

> Nur vom VDE zugelassene Sicherheitstransformatoren dürfen für Spielzeuge verwendet werden.

- **Klingeltransformatoren** dürfen keine Nennausgangsspannung über 24 V haben und müssen unbedingt kurzschlussfest sein. Die Ausgangsklemmen müssen zugänglich sein, ohne dass man die Eingangsklemmen freilegen muss.
- **Handleuchtentransformatoren** müssen schutzisoliert, spritzwassergeschützt oder wasserdicht sein.
- **Auftautransformatoren** dienen zum Auftauen eingefrorener metallischer Wasserleitungen. Die Nennspannungen dürfen höchstens 250 V/24 V betragen. Auftautransformatoren sind bedingt kurzschlussfest zu bauen. Sie müssen schutzisoliert sein.
- **Transformatoren für medizinische Geräte** dürfen eine Nenn-Ausgangsspannung von höchstens 24 V haben, wenn das anzuschließende Gerät mit dem menschlichen Körper in Berührung kommt. Wird das dazugehörende medizinische Gerät in den Körper des Patienten eingeführt, z. B. ein Endoskop bei der Magenspiegelung, darf die Nenn-Ausgangsspannung höchstens 6 V betragen. Transformatoren für medizinische Geräte müssen schutzisoliert sein.

11.2.3 Prüfspannungen bei Kleintransformatoren

Nach der Reparatur oder Herstellung von Kleintransformatoren wird die Isolierung zwischen den Ein- und Ausgangswicklungen sowie die Isolation zwischen Wicklungen und berührbaren Metallteilen (Körper) geprüft **(Tabelle)**. Diese **Wicklungsprüfung** wird mit Hochspannungsprüfgeräten durchgeführt.

Der **Isolationswiderstand** ist mit Gleichspannung von 500 V zu messen, und zwar 1 Minute nach Anlegen der Spannung. Zwischen Ein- und Ausgangskreis muss der Isolationswiderstand mindestens 5 MΩ betragen, für Isolierung zu berührbaren Metallteilen oder bei Schutzisolierung mindestens 2 MΩ. Mit der **Windungsprüfung** wird die Isolation zwischen benachbarten Wicklungen bei erhöhter Prüffrequenz gemessen.

Tabelle: Prüfspannung[1] für Kleintransformatoren bis 16 kVA, 1000 V, 5000 Hz — nach DIN VDE 0550

Größte Nennspannung des Transformators	50 V	250 V	500 V	1000 V
Prüfspannung in V bei Transformatoren der Schutzklasse I (Schutzleiter) und III (Kleinspannung)				
Eingangskreis gegen Körper Ausgangskreis gegen Körper Eingangskreis gegen Ausgangskreis	1000 V	1500 V	2500 V	3000 V
Prüfspannung in V bei Transformatoren der Schutzklasse II (Schutzisolierung)				
Eingangskreis gegen Metallteile	–	1500 V	2000 V	2500 V
Metallteile gegen Körper	–	2500 V	2500 V	2500 V
Eingangskreis gegen Ausgangskreis	–	3000 V	3500 V	4500 V
Eingangskreis gegen Körper	1000 V	1500 V	2500 V	3000 V
Ausgangskreis gegen Körper	1000 V	1500 V	2500 V	3000 V

[1] Dauer der Prüfspannung 1 min. Bei Wiederholungsprüfungen genügen 80 % der Werte.

Wiederholungsfragen

1. **Welche Sicherheitstransformatoren müssen unbedingt kurzschlussfest sein?**
2. **Wie hoch darf die Nenn-Ausgangsspannung bei Spielzeugtransformatoren sein?**
3. **Wie wird die Wicklungsprüfung durchgeführt?**
4. **Wie misst man den Isolationswiderstand von Kleintransformatoren?**

11.3 Sondertransformatoren

11.3.1 Spartransformatoren

Beim Spartransformator sind zwei Wicklungsteile, die Parallelwicklung und die Reihenwicklung, hintereinandergeschaltet **(Bild 1)**. Die Parallelwicklung ist die Unterspannungswicklung. Sie liegt beim Herabtransformieren parallel zur Last. Oberspannungswicklung ist die Reihenschaltung von Parallelwicklung und Reihenwicklung.

Mit einem Spartransformator kann man Spannungen herunter- und herauftransformieren.

Auch bei Spartransformatoren gilt: $\frac{U_1}{U_2} = \frac{N_1}{N_2} \approx \frac{I_2}{I_1}$

Beispiel: Ein Spartransformator hat insgesamt 300 Windungen mit einem Abgriff bei 270 Windungen. Dort werden 207 V angeschlossen. Welche Spannung kann entnommen werden?

$$U_1 = \frac{U_2 \cdot N_1}{N_2} = \frac{207\,\text{V} \cdot 300}{270} = \mathbf{230\,V}$$

Beim Spartransformator ist die Eingangswicklung leitend mit der Ausgangswicklung verbunden, also vom speisenden Netz nicht galvanisch getrennt.

Spartransformatoren dürfen nicht zur Erzeugung von Kleinspannung verwendet werden.

Die gesamte mögliche Leistungsabgabe eines Spartransformators nennt man **Durchgangsleistung** S_D. Sie wird zu einem Teil durch Stromleitung von der Eingangswicklung übertragen und zum anderen Teil über den magnetischen Fluss des Eisenkerns. Je mehr sich das Übersetzungsverhältnis $ü$ dem Wert 1 nähert, umso kleiner ist bei konstanter Durchgangsleistung $S_D = U_2 \cdot I_2$ die durch Induktion übertragene Leistung, die **Bauleistung** S_B. Nach ihr richtet sich die **Baugröße** des Spartransformators.

Beim Spartransformator werden Leiterwerkstoff und Kerneisen gespart.

Die Ersparnis gegenüber Transformatoren mit getrennter Wicklung wird umso größer, je näher Eingangs- und Ausgangsspannung beieinander liegen. Der Wirkungsgrad von Spartransformatoren geht bis 99,8%, wenn sich die beiden Spannungen nur um 10 % unterscheiden. Die Kurzschlussspannung ist meist niedrig, der Isolationsaufwand auf der Ein- und Ausgangsseite ist gleich. Spartransformatoren sind keine induktiven Spannungsteiler, sondern funktionieren wegen der magnetischen Kopplung wie echte Transformatoren. Sie werden in der Energietechnik häufig verwendet, weil sie geringe Verluste haben und unabhängig von der Belastung spannungsfest sind.

Kleine Spartransformatoren sind als Stelltransformatoren mit Ringkern **(Bild 2)** ähnlich wie Drehpotentiometer ausgeführt. Spartransformatoren verwendet man z. B. als Vorschaltgerät für Natriumdampflampen, als Anlasstransformator für Drehstrommotoren, als Stelltransformator in Hochspannungsnetzen und zur Höchstspannungstransformation z. B. von 230 kV auf 400 kV.

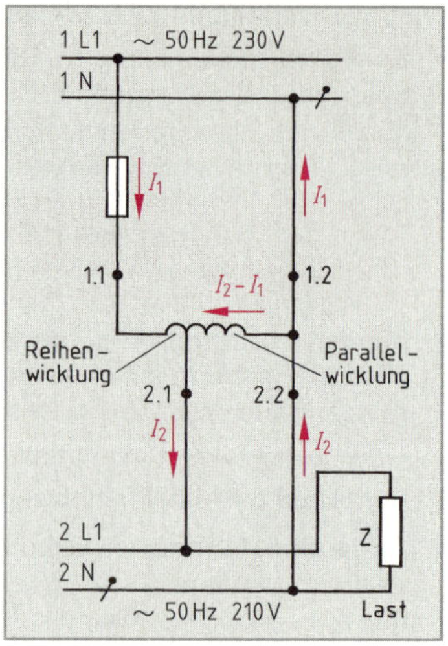

Bild 1: Schaltung eines Spartransformators

$U_1 > U_2$

$$S_B = \frac{U_1 - U_2}{U_1} \cdot S_D$$

$U_2 > U_1$

$$S_B = \frac{U_2 - U_1}{U_2} \cdot S_D$$

S_B Bauleistung
U_1 Eingangsspannung
U_2 Ausgangsspannung
S_D Durchgangsleistung

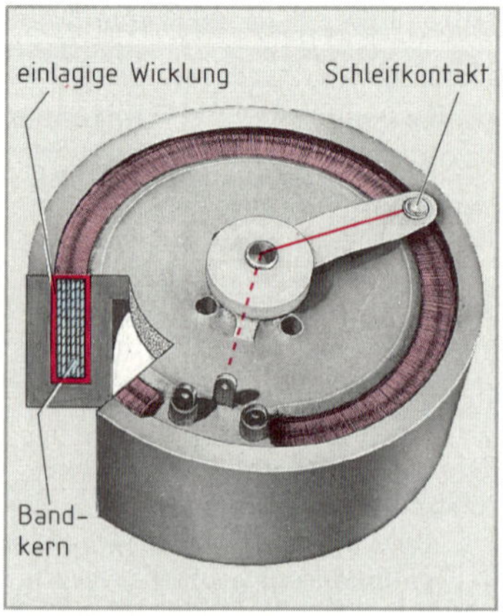

Bild 2: Stelltransformator mit Ringkern

11.3.2 Streufeldtransformatoren

Streufeldtransformatoren sind spannungsweich und kurzschlussfest. Bei hohen Belastungsströmen nimmt der induktive Spannungsabfall stark zu, sodass im Kurzschlussfall kein allzu großer Kurzschlussstrom fließt. Manche Streufeldtransformatoren haben ein verstellbares Streujoch zur Einstellung der Streuung **(Bild 1)**.

Beim Streufeldtransformator für Leuchtröhrenanlagen kann man den Ausgangsstrom durch Verstellen des Streujochs auf den Röhrennennstrom einstellen, der zwischen 25 mA und 250 mA liegt. Die höchste zulässige Leerlaufspannung ist 3,75 kV. Durch Erden des Mittelpunktes auf der Ausgangsseite des Transformators sind 7,5 kV möglich. Die höchste zulässige Nennleistung eines Streufeldtransformators für eine Leuchtröhrenanlage ist 2,5 kVA.

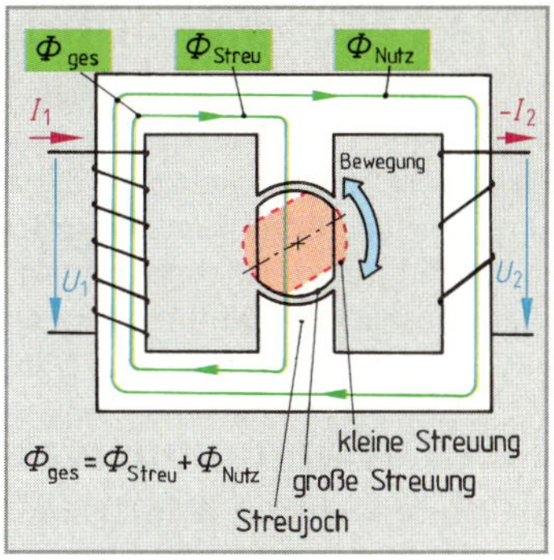

Bild 1: Streufeldtransformator mit Laststromeinstellung

11.3.3 Lichtbogen-Schweißtransformatoren

Lichtbogen-Schweißtransformatoren enthalten außer dem eigentlichen Transformator noch Steuereinrichtungen zum Einstellen des Schweißstromes. Die Leerlaufspannung darf nur 70 V, bei Schweißarbeiten in engen Behältern nur 50 V betragen. Kurzzeitig (bis 0,2 s) dürfen höhere Spannungen auftreten.

Schweißtransformatoren müssen die beim Zünden des Lichtbogens auftretenden Kurzschlüsse aushalten. Deshalb haben Schweißtransformatoren auf der Ausgangsseite eine Drossel in Reihe geschaltet **(Bild 2)** oder sind als Streufeldtransformator ausgeführt. Dadurch ist der Leistungsfaktor klein. Die EVU verlangen bei Schweißtransformatoren eine Kompensation der Blindleistung auf $\cos \varphi = 0{,}7$ (induktiv).

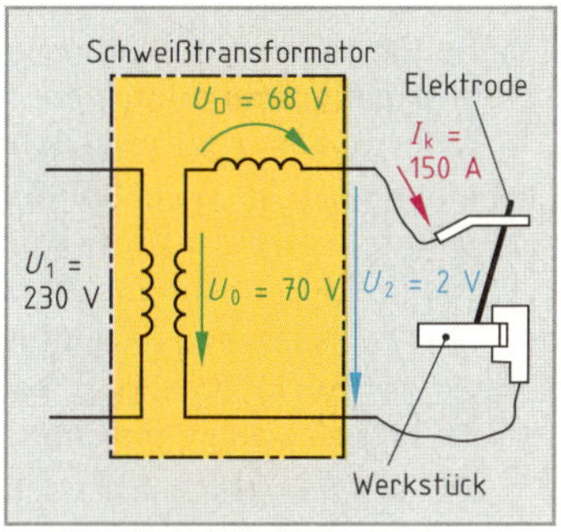

Bild 2: Schaltung eines Schweißtransformators

Schweißtransformatoren sollten möglichst steile Spannungs-Strom-Kennlinien haben **(Bild 3)**, damit der Schweißstrom bei Änderung der Lichtbogenlänge sich nur wenig ändert. Der eingestellte Schweißstrom ist aber nur bei einer mittleren Lichtbogenlänge vorhanden.

Einstellung des Schweißstromes: Ändert man die Ausgangsspannung des Schweißtransformators, so ändert sich auch der Schweißstrom. Das Einstellen des Stromes kann z. B. mit einem Stufenschalter erfolgen, der bei einer Transformatorwicklung Windungen zu- oder wegschaltet. Durch Änderung des Übersetzungsverhältnisses werden Schweißstrom und Leerlaufspannung geändert.

Die Leerlaufspannung bleibt unabhängig vom eingestellten Schweißstrom, wenn man den Spannungsabfall einstellbar macht. Für einen kleinen Spannungsabfall wird dann der Schweißstrom groß, die Kennlinie also flacher. Eine stellbare Drossel oder ein verstellbares Streujoch des Transformators stellt den Spannungsabfall ein (Bild 1).

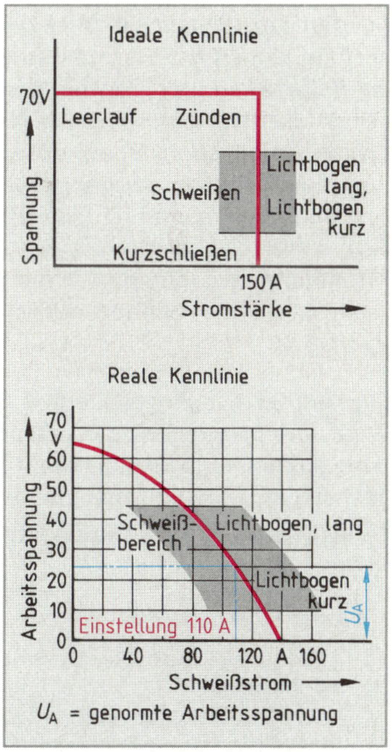

Bild 3: Spannung-Strom-Kennlinie von Schweißtransformatoren

Wiederholungsfragen

1 **Welchen Vorteil hat ein Spartransformator gegenüber einem Transformator mit getrennten Wicklungen?**

2 **Wofür werden Spartransformatoren verwendet?**

3 **Wozu dienen Streufeldtransformatoren?**

4 **Wie erfolgt die Einstellung des Schweißstromes?**

11.4 Messwandler

Messwandler sind Transformatoren zum Anschluss von Messgeräten oder Relais. In Hochspannungsanlagen dürfen Messgeräte aus Sicherheitsgründen nicht direkt ans Hochspannungsnetz angeschlossen werden. Spannungswandler halten in Hochspannungsanlagen die gefährliche Hochspannung von den Messinstrumenten fern. Wenn in Niederspannungsanlagen große Ströme auftreten, werden auch dort Stromwandler zur Messung verwendet **(Bild 1)**.

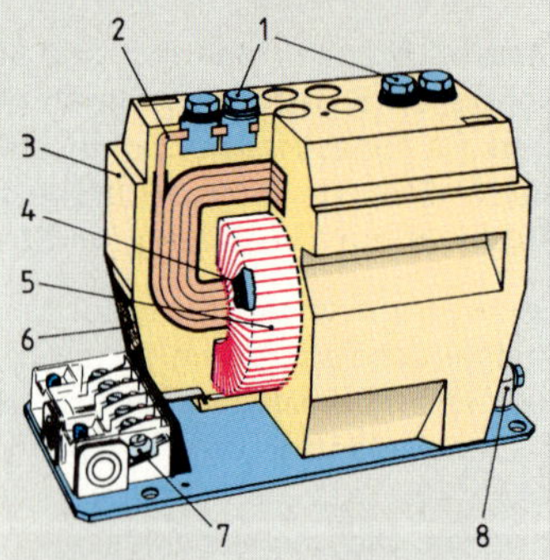

1 Anschluss der Eingangswicklung
2 Eingangswicklung
3 Gießharzkörper
4 Eisenkern in Schnittbandform
5 Ausgangswicklung
6 Leistungsschild
7 Klemmen der Ausgangswicklung
8 Erdungsschraube

Bild 1: Gießharz-Stromwandler im Schnitt

11.4.1 Spannungswandler

Spannungswandler **(Bild 2)** sind Transformatoren, an die man Spannungsmesser und Spannungspfade anschließt. Sie haben ein besonderes genaues Übersetzungsverhältnis *ü* durch eine kleine Streuung. Die Nennleistung ist je nach Baugröße und Spannung 5 VA bis 300 VA. Spannungswandler sind ähnlich wie Messgeräte in Klassen (0,1 bis 3) eingeteilt.

Spannungswandler transformieren hohe Spannungen auf eine Nenn-Ausgangsspannung von 100 V (auch 110 V) für den Vollausschlag des Spannungsmessers herunter.

Die Eingangswicklung auf der Hochspannungsseite hat die Klemmenbezeichnung 1.1 und 1.2, die Ausgangswicklung auf der Niederspannungsseite die Bezeichnung 2.1 und 2.2.

Auf der Hochspannungsseite werden Spannungswandler gegen Kurzschluss zweipolig abgesichert (Bild 2). Auf der Unterspannungsseite ist eine einpolige Absicherung als Überlastungsschutz üblich.

Um die Messstromkreise zu schützen, muss die nicht abgesicherte Leitung sowie das Gehäuse des Wandlers geerdet werden (Bild 2). Bei einem Durchschlag der Hochspannung infolge eines Isolationsfehlers tritt dann ein Erdschluss auf, die vorgeschaltete Sicherung schaltet die Anlage ab.

Auf dem Leistungsschild **(Bild 3)** sind außer den Nennspannungen die höchste, dauernd zulässige Betriebsspannung der Eingangsseite und die Prüfspannungen, jeweils durch Schrägstriche getrennt, angegeben. Außerdem sind dort die Nennleistungen mit den zugehörigen Klassen angegeben. Spannungswandler können darüber hinaus bis zum angegebenen ausgangsseitigen Grenzstrom belastet werden, sind aber dann nicht mehr klassengenau.

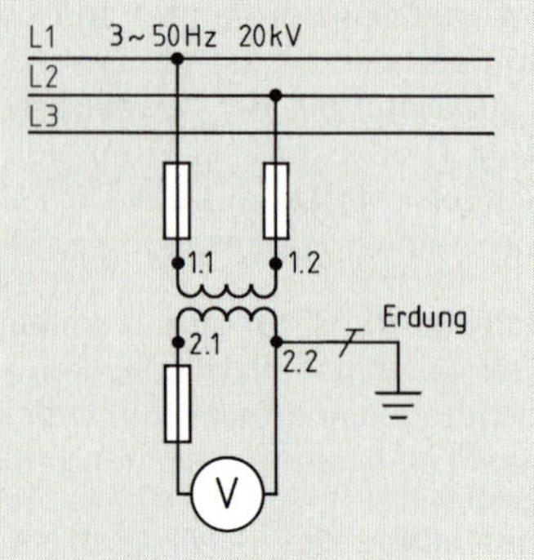

Bild 2: Schaltung eines Spannungswandlers am Hochspannungsnetz

Spannungswandler dürfen nur mit kleiner Belastung oder im Leerlauf betrieben werden. Überlastung zerstört den Spannungswandler.

Sind an der Ausgangsseite von Spannungswandlern Messgeräte für Verrechnungszwecke, z. B. Zähler, angeschlossen, darf der Spannungsfall von den Wandlerklemmen bis zu den Messgeräteklemmen höchstens 0,05 % betragen. Es darf in diesem Fall auf der Unterspannungsseite keine Sicherung eingebaut werden.

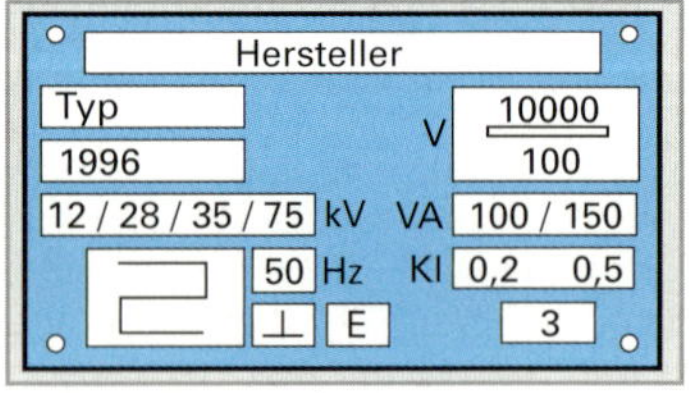

Bild 3: Leistungschild eines Spannungswandlers

Wiederholungsfragen

1 **Welche Aufgabe haben Messwandler in Hochspannungsanlagen?**

2 **Wie groß ist die Spannung auf der Eingangsseite eines Spannungswandlers 6000 V/100 V, dessen Messgerät 70 V anzeigt?**

3 **Nennen Sie die Angaben auf dem Leistungsschild eines Spannungswandlers.**

4 **Welche Folgen hat eine zu große Belastung eines Spannungswandlers?**

11.4.2 Stromwandler

Stromwandler dienen zum Anschluss von Strommessern und Strompfaden. Die Eingangswicklung (Klemmen K und L) wird wie ein Strommesser an den Leiter, dessen Strom gemessen wird, angeschlossen. An die Ausgangswicklung (Klemmen k und l) wird der Strommesser gelegt. Die Klemmenfolge K und L entspricht dem Energiefluss vom Kraftwerk zum Verbraucher **(Bild 1)**.

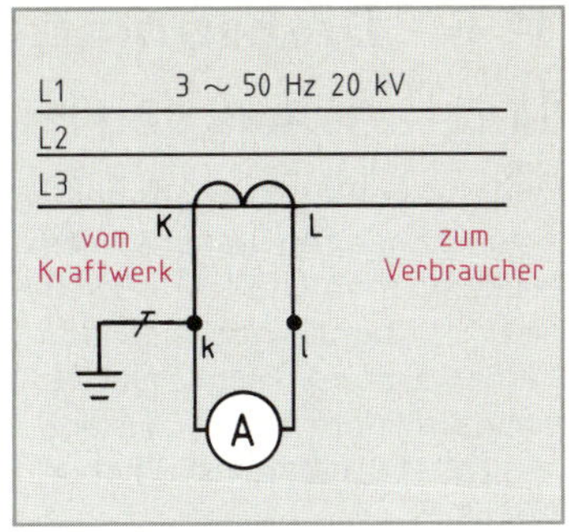

Bild 1: Schaltung eines Stromwandlers am Hochspannungsnetz

> Mit Stromwandlern können hohe Ströme in Niederspannungsnetzen oder aus Sicherheitsgründen Ströme in Hochspannungsanlagen gemessen werden.

Der Nennausgangsstrom von Stromwandlern ist entweder 1 A oder 5 A und bringt den Strommesser zum Vollausschlag. Die Nennleistung ist je nach Baugröße und Spannung 5 VA bis 120 VA. Stromwandler sind wie Spannungswandler in Klassen eingeteilt.

Auf dem Leistungsschild **(Bild 2)** sind die Nennströme, der thermische Nenn-Kurzzeitstrom I_{therm} und der dynamische Nennstrom I_{dyn} angegeben. Es enthält Angaben über die Nennleistungen mit den zugehörigen Klassen und den Überstromfaktor *n*. Dieser Faktor gibt an, bis zum wievielfachen Nennstrom der Wandler für Schutzzwecke, z. B. zum Auslösen einer Schutzeinrichtung (Relais), geeignet ist.

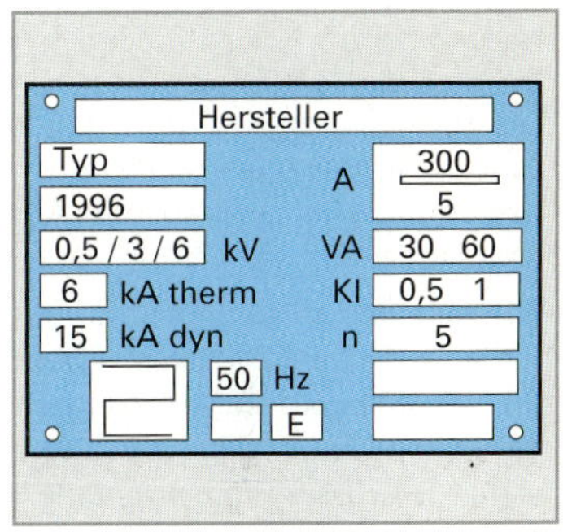

Bild 2: Leistungsschild eines Stromwandlers für Messzwecke

Da Strommesser und Strompfade sehr kleine Widerstände haben, sind die Ausgangsklemmen von Stromwandlern fast kurzgeschlossen und nicht abgesichert. Ein Kurzschluss auf der Ausgangsseite schadet nicht, er muss beim Auswechseln von Messinstrumenten absichtlich hergestellt werden. Dagegen ist beim Stromwandler der Leerlauf verboten. Der in der Eingangswicklung fließende Netzstrom würde im Wandlerkern einen zu großen magnetischen Fluss hervorrufen, weil dieser im Leerlauf nicht durch den Strom in der Ausgangswicklung geschwächt wird. Er kann dann in der unbelasteten Ausgangswicklung eine gefährlich hohe Ausgangsspannung erzeugen, mit der Gefahr eines Durchschlags durch die Isolierung.

> Stromwandler dürfen nur mit belasteter oder kurzgeschlossener Ausgangswicklung arbeiten. Leerlaufbetrieb ist verboten.

Beim **Zangenstromwandler (Bild 3)** ist der Eisenkern des Wandlers wie bei einer Zange aufklappbar. Umfasst man damit einen Strom führenden Leiter, so wirkt der Leiter als Eingangswicklung des Stromwandlers. Mit dem Zangenstromwandler und dem eingebauten Strommesser kann man Wechselströme messen, ohne den Stromkreis zu unterbrechen.

Beim **Durchsteckstromwandler** bildet die Strom führende Leitung ebenfalls die Eingangswicklung. Der Messbereich kann durch mehrmaliges Durchstecken des Leiters angepasst werden.

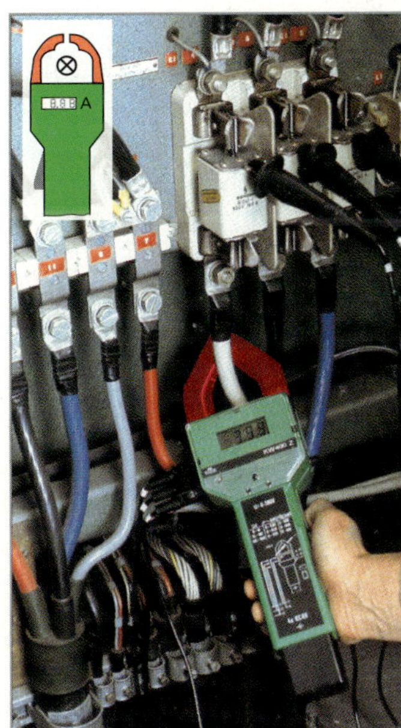

Bild 3: Zangenstromwandler

Wiederholungsfragen

1. **Welche Folgen hat der Leerlauf beim Stromwandler?**
2. **Welchen Vorteil bietet ein Zangenstromwandler?**
3. **Welcher Strom fließt in der Eingangswicklung eines Stromwandlers 50 A/1 A, wenn im Strommesser 0,6 A fließt?**

11.5 Drehstromtransformatoren

11.5.1 Aufbau und Prinzip

Dreiphasenwechselspannung lässt sich mit drei gleichen Einphasen-Transformatoren transformieren, wenn deren Ein- und Ausgangswicklungen in Dreieck- oder Sternschaltung miteinander verbunden sind. Zweckmäßiger ist es jedoch, einen Drehstromtransformator mit gemeinsamem Eisenkörper für alle Wicklungen zu verwenden. Drehstromtransformatoren werden mit Nennleistungen von 10 kVA bis 1000 MVA gebaut. Sie haben genormte Wicklungsbezeichnungen **(Bild 1)**.

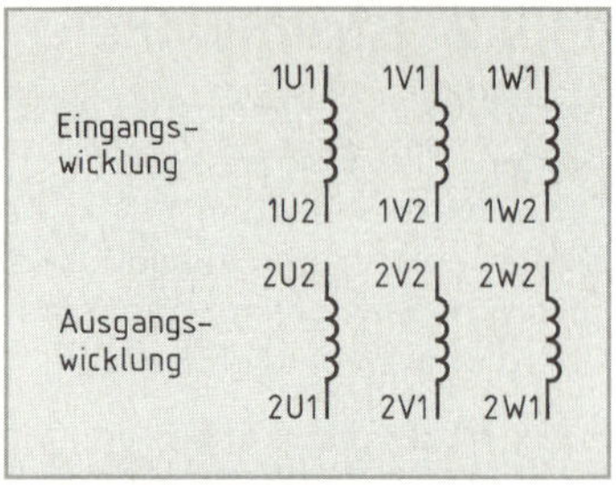

Bild 1: Wicklungsbezeichnungen beim Drehstromtransformator

Eisenkern. Die drei Eisenkerne einer Transformatorengruppe für Drehstrom kann man sich sternförmig aufgebaut vorstellen **(Bild 2a)**. In den drei Kernen sind drei magnetische Flüsse wirksam. Diese sind mit den drei Wechselströmen in Phase. Der Phasenverschiebungswinkel beträgt jeweils 120°. Bei symmetrischer Belastung ist die Summe der magnetischen Flüsse in den mittleren Schenkeln null, wie auch der Strom eines Dreiphasenwechselstromnetzes im Neutralleiter null ist. Deshalb kann der mittlere Schenkel weggelassen werden **(Bild 2b)**. Werden die übrigen Schenkel in eine Ebene gebracht, entsteht der meist verwendete Dreischenkelkern **(Bild 2c)**. Allerdings sind die im mittleren Schenkel erzeugten Feldlinien kürzer als die in den beiden äußeren Schenkeln. Deshalb ist der Magnetisierungsstrom für den mittleren Schenkel etwas kleiner. Um den Leerlaufstrom klein zu halten, wird der Kern überlappt geschichtet. Werden kornorientierte Bleche verwendet, erfolgt die Magnetisierung in Walzrichtung besonders leicht. Die Bleche sind geschichtet und werden schräg geschnitten **(Bild 3)**, damit die Feldlinien immer in Walzrichtung verlaufen. Die Bleche werden meist stufenförmig geschichtet, damit runde Spulen den Eisenkern möglichst eng umschließen und viel Eisen enthalten.

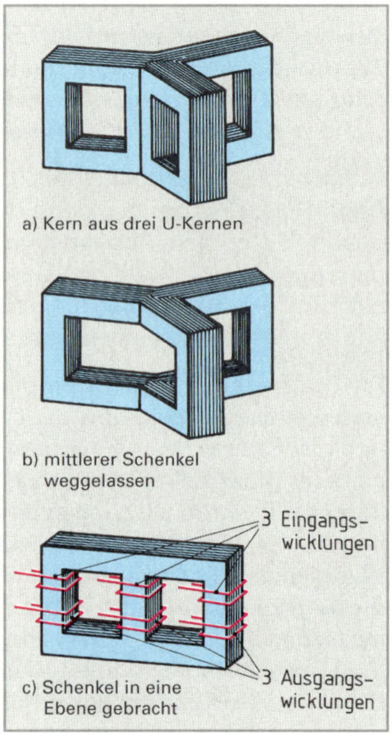

Bild 2: Entstehung des Dreischenkelkerns

Wicklung. Die Kurzschlussspannung von Drehstromtransformatoren soll möglichst klein sein. Deshalb liegen auf jedem Schenkel des Dreischenkelkerns die Ober- und Unterspannungswicklung scheibenförmig übereinander. Sind die Wicklungen zylindrisch angeordnet, liegt in Kernnähe die Unterspannungswicklung, darüber die Oberspannungswicklung, um die Gefahr des Durchschlagens zum geerdeten Eisenkern gering zu halten.

Bei der **Lagenwicklung** wird wie bei einer Garnrolle zuerst die unterste Drahtlage aufgebracht, dann die nächste usw. Der Anfang einer Lage und das Ende der nächsten Lage liegen übereinander, sodass zwischen diesen Stellen hohe Spannungen auftreten. Weil der Isolierstoff der Lagenisolierung stark beansprucht wird, wendet man die Lagenwicklung nur für kleinere Transformatoren an.

Bei der **Folienwicklung** wird die Wicklung aus einer isolierten Aluminiumfolie hergestellt, ähnlich wie bei einem Kondensator. Weil jede Lage nur aus einer Windung besteht, wird die Isolation nur mit der Spannung einer Windung beansprucht.

Elastische Zwischenstücke aus Silikonkautschuk verringern das Brummgeräusch des Eisenkerns. Die Wicklung schirmt den Kern ferner akustisch ab. Auftretende Kurzschlüsse gefährden die Wicklung weniger, weil selbst hohe Kräfte die geschichteten Folien kaum verschieben können.

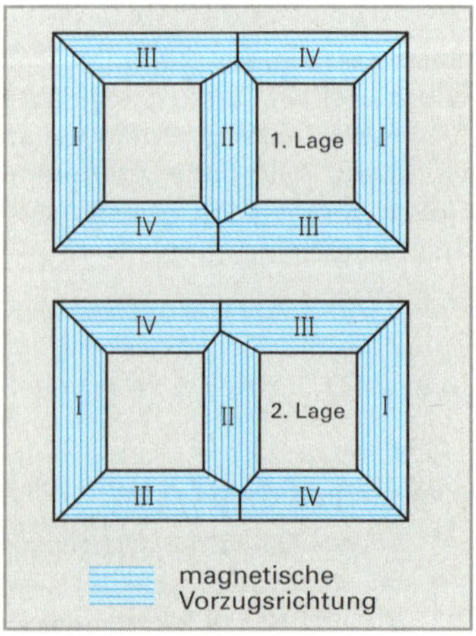

Bild 3: Schichtplan für einen Dreischenkelkern

Kühlung

Drehstromtransformatoren großer Leistung haben meist einen **Ölkessel**, in dem Kern und Wicklung untergebracht sind. Das Öl kühlt besser als Luft, es isoliert besser und verhindert Feuchtigkeitszutritt. Man unterscheidet Wellblechkessel, Harfenrohrkessel und Radiatorenkessel, die durch ihre Kühlrippen einen Wärmetausch mit der Luft herstellen. Bei großen Transformatoren (über 30 MVA) wird das warme Öl nach Durchlauf eines getrennten Kühlers dem Transformator wieder zugeführt. Transformatoröl dehnt sich bei Erwärmung aus. Es darf in warmem Zustand nicht mit Luftsauerstoff in Berührung kommen, weil es sonst verharzt. Deshalb ist oberhalb des Kessels ein **Ölausdehnungsgefäß** angebracht, das nur teilweise mit Öl gefüllt ist. Wegen der Verbindung zur Außenluft über die Entlüftungsöffnung muss die Luft bei Freilufttransformatoren entfeuchtet werden. Moderne Transformatoren bis etwa 2,5 MVA ohne Ölausdehnungsgefäß haben einen elastischen **Faltwellenkessel (Bild 1)**, der sich ausdehnen kann wie der Balg einer Ziehharmonika. In die Ölleitung zwischen Ölkessel und Ausdehnungsgefäß ist oft der **Buchholz-Schutz** eingebaut **(Bild 2)**. Bei einem Fehler im Transformator, z. B. bei Windungsschluss, entstehen Gasblasen, die den Schwimmer nach unten drücken, bis sich der Kontakt im Quecksilberschaltröhrchen schließt und über Hör- oder Sichtmelder ein Warnsignal erzeugt. Entsteht ein Überdruck oder eine starke Gasströmung im Öl, z. B. bei Kurzschluss im Transformator, wird über den Stauschieber (Bild 2) ein zweites Quecksilberröhrchen gekippt und über dessen Kontakt der Transformator abgeschaltet. Auch das Auslaufen von Öl wird angezeigt.

Zur Verringerung der Brandgefahr füllt man Transformatoren mit Silikonöl. In Gebäuden verwendet man Trockentransformatoren, z. B. Gießharz-Folientransformatoren.

Bei **Gießharztransformatoren** sind die Wicklungen fest in Gießharz eingebettet. Sie können auch dort verwendet werden, wo aus Sicherheitsgründen Öltransformatoren nicht zulässig sind, z. B. in Werkhallen oder in Versammlungsstätten.

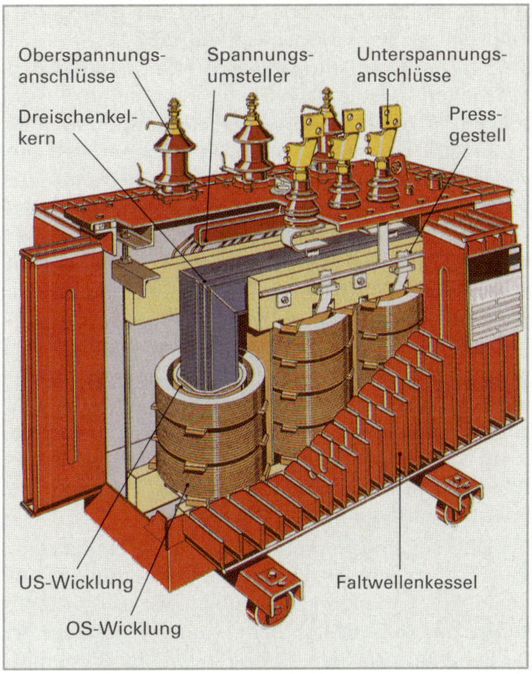

Bild 1: 400-kVA-Drehstrom-Öl-Verteilungstransformator mit Faltwellenkessel

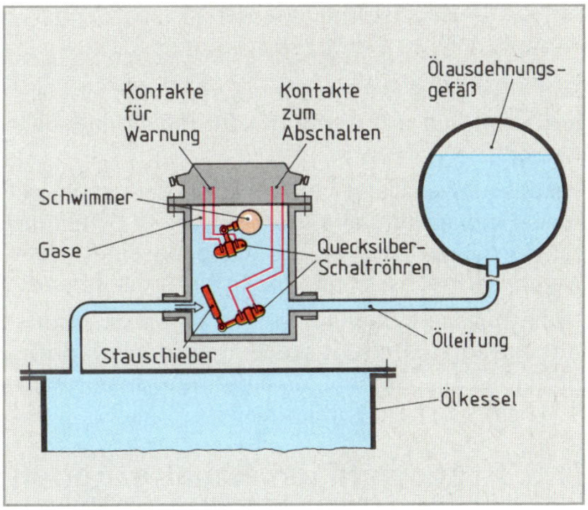

Bild 2: Schematische Darstellung des Buchholz-Schutzes

11.5.2 Schaltungen

Auf der Oberspannungsseite sind insgesamt drei Stränge vorhanden. Diese können in Y (Stern) oder D (Dreieck) geschaltet werden. Entsprechend können die 3 Stränge der Unterspannungsseite in y (Stern) oder in d (Dreieck) geschaltet sein **(Bild 3)**.

Eine Sonderform der Sternschaltung ist die **Zickzackschaltung** (Seite 283), die nur auf der Unterspannungsseite angewandt wird.

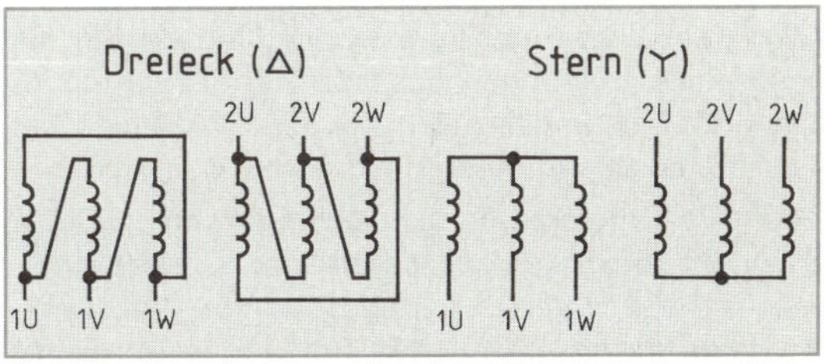

Bild 3: Schaltungsmöglichkeiten für Dreieck und Stern

Für die Dreieckschaltung und für die Sternschaltung gibt es zwei Möglichkeiten **(Bild 1)**. Sind die Stränge der Ober- und Unterspannungsseite gleich geschaltet, so ist je nach Schaltung die Phasenverschiebung zwischen Ober- und Unterspannung 0° oder 180°. Sind Ober- und Unterspannungsseite verschieden geschaltet, z. B. die Oberspannung in Dreieck und die Unterspannung in Stern, ergibt sich eine Phasenverschiebung von 150° oder 330° (Bild 1). Die Phasenverschiebung wird als **Kennzahl** angegeben. Sie ist aus der Stundeneinteilung des Uhrenzifferblattes, z. B. 5 Uhr für Dy5, hervorgegangen und durch Multiplikation der Kennzahl mit 30° zu ermitteln (Bild 1). Bei herausgeführtem Sternpunkt ist den Schaltungsbuchstaben ein n bzw. N anzuhängen. Dyn5 bedeutet, dass die Oberspannung in Dreieck, die Unterspannung in Stern geschaltet, der Neutralleiter herausgeführt und die Phasenverschiebung 5 x 30° = 150° ist.

Als **Übersetzungsverhältnis** *ü* wird bei Drehstromtransformatoren das ungekürzte Verhältnis der Außenleiterspannungen angegeben z. B. *ü* = 20 000 V/ 400 V. Die Außenleiterspannungen liegen nur in Dd-Schaltung an den Strängen. In der Yy-Schaltung liegen im gleichen Verhältnis $1/\sqrt{3}$ mal so große Spannungen an den Strängen.

Die Übersetzungsformel $ü = N_1/N_2$ gilt für Drehstromtransformatoren nur bei gleicher Schaltung von Ober- und Unterspannungsseite.

Sind Ober- und Unterspannungsseite verschieden geschaltet, gilt $ü = N_1/N_2$ nur für die Strangspannungen.

Dreiphasenwechselspannung lässt sich auch mit zwei Einphasentransformatoren in V-Schaltung transformieren **(Bild 2)**. Die Ausgangsseite liefert Dreiphasenwechselspannung in ein Dreileiternetz.

Bei Höchstspannungen über 400 kV werden Transformatorengruppen aus drei Einphasentransformatoren **(Bild 3)** aufgebaut, da einzelne Transformatoren leichter zu transportieren sind.

11.5.3 Auswahl der Schaltgruppen

Die Auswahl erfolgt nach der Höhe der Spannungen und der Belastung. Die Oberspannungswicklung kann in Stern (Y) oder in Dreieck (D) geschaltet werden. Bei Sternschaltung ist die Windungszahl zwar kleiner, aber der Leiterquerschnitt größer als bei Dreieckschaltung, sodass die Sternschaltung im kleineren Leistungsbereich bis 500 kVA sowie bei sehr hohen Spannungen bevorzugt wird.

Auch die Unterspannungswicklung kann in Stern (y) oder Dreieck (d) geschaltet sein. Dreieckschaltung auf der Unterspannungsseite von Netztransformatoren wird vermieden, da der Neutralleiter nicht angeschlossen werden kann.

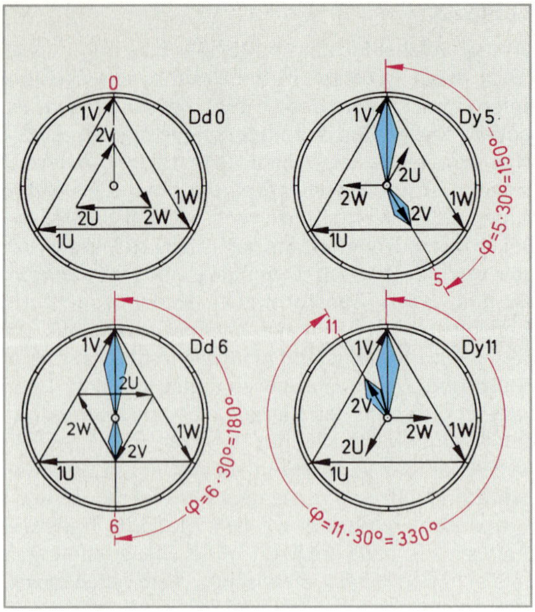

Bild 1: Phasenverschiebungen zwischen Oberspannung und Unterspannung

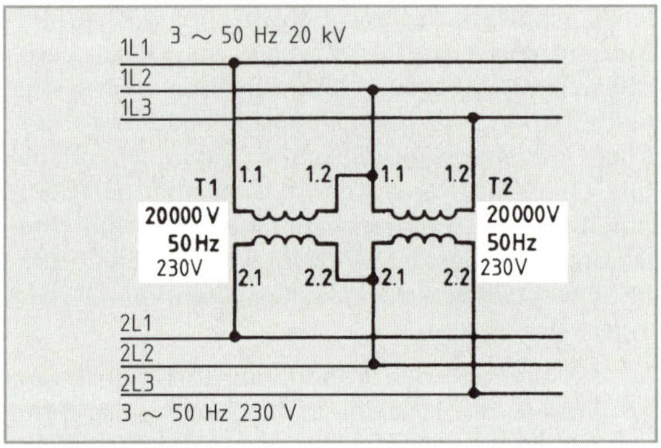

Bild 2: V-Schaltung

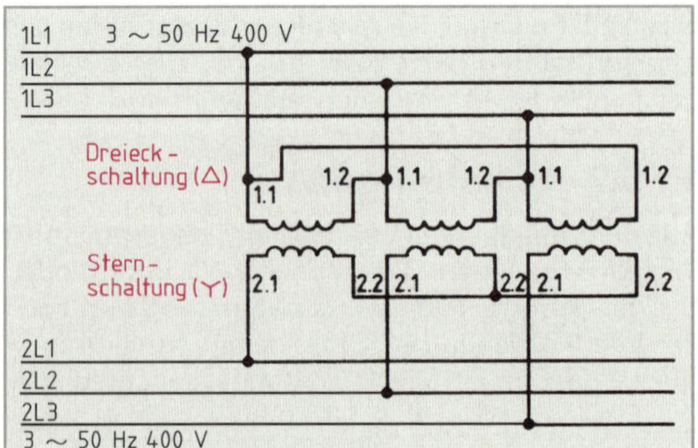

Bild 3: Transformatorengruppe

Unsymmetrische Belastung bei Drehstromtransformatoren

In elektrischen Netzen tritt häufig eine ungleiche oder unsymmetrische Belastung der Leiter und somit der Stränge des Transformators auf, bedingt durch den einphasigen Anschluss der Haushalte an das Niederspannungsnetz **(Bild 1)**. Für Sonderaufgaben setzt man Transformatoren auch im Einphasennetz ein, z. B. als Weichenheiztransformator **(Bild 2)**. Wird ein Drehstromtransformator der Schaltgruppe Yyn6 einphasig belastet **(Bild 3)**, so steigt der Strom im entsprechenden Schenkel der Oberspannungswicklung an und fließt in den anderen Strängen der nicht belasteten Schenkel zurück. In diesen Schenkeln steigt die Flussdichte stark an, und die Streuung nimmt zu. Dadurch nimmt die Ausgangsspannung in den unbelasteten Strängen zu und fällt im belasteten Strang ab.

Bei einem Drehstromtransformator der Schaltgruppe Dyn5 ist einphasige Belastung möglich (Bild 3), da der Strom oberspannungsseitig nur im Strang des belasteten Schenkels fließt.

Einphasige Belastung ist bei einem oberspannungsseitig in Stern (Y) geschalteten Transformator möglich, wenn jeder Strang der Unterspannungswicklung gleichmäßig auf zwei Schenkel verteilt ist **(Bild 4)**. Das Zeigerbild der Unterspannungen ist zickzackförmig. Daher heißt die Schaltung **Zickzackschaltung** (z). Der einphasige Strom verteilt sich bei dieser Schaltung besser auf die Wicklungen der Oberspannungsseite.

Spartransformatoren für Drehstrom werden meist in Sternschaltung ausgeführt **(Bild 5)**. Ihr Übersetzungsverhältnis ist meist klein, z. B. 400 kV/230 kV. Die Durchgangsleistungen können jedoch bis 1000 MVA betragen.

Es gibt jeweils zwei verschiedene Möglichkeiten, die Schaltungen Stern, Dreieck und Zickzack vorzunehmen. Kombinationen aus je zwei dieser Schaltungen, z. B. Dy, bezeichnet man als **Schaltgruppe**. Die zwischen Oberspannung und Unterspannung auftretende Phasenverschiebung wird durch eine Kennzahl angegeben. Die Zahl der möglichen Kombinationen ist groß. Davon wird nur eine kleine Zahl wirklich ausgeführt **(Tabelle, Seite 284)**.

Wird nur ein einzelner Transformator in eine Anlage eingebaut, ist seine Schaltgruppe wegen der Trennung des Ober- und Unterspannungssystems weniger wichtig. Sollen jedoch mehrere Transformatoren parallel betrieben werden, ist eine gleiche Kennzahl unerlässlich.

Bild 1: Masttransformator

Bild 2: Weichenheiztransformator für Bahnanlagen

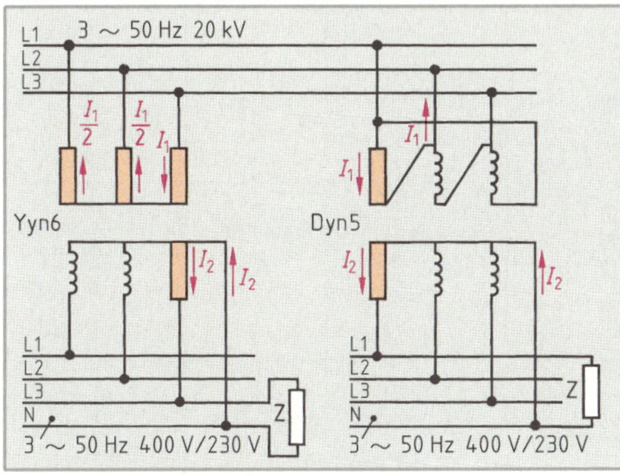

Bild 3: Ströme bei einphasiger Last an Drehstromtransformatoren

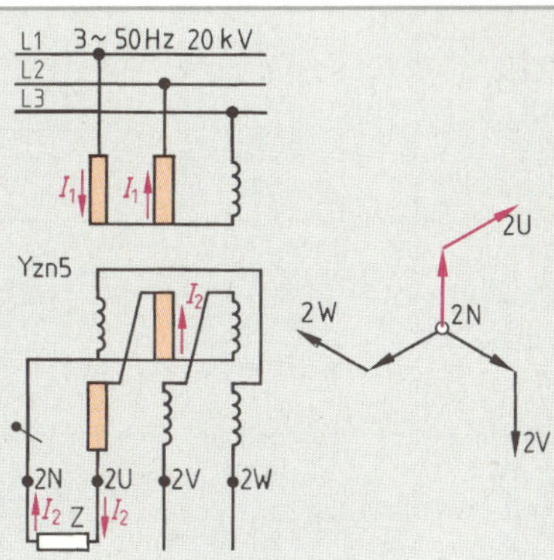

Bild 4: Einphasige Last bei der Zickzackschaltung

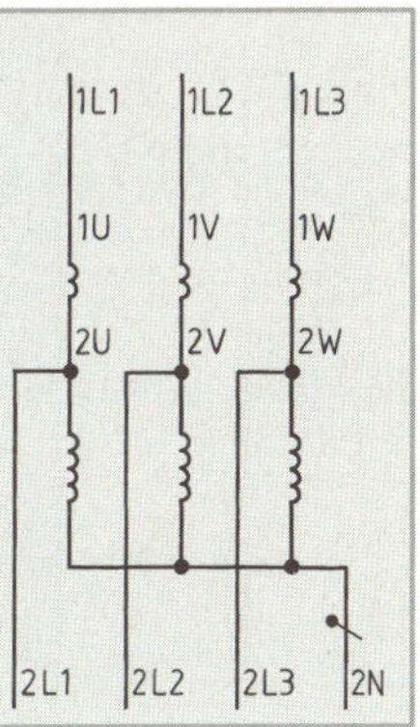

Bild 5: Spartransformator für Drehstrom

Die Betriebsdaten und die Schaltgruppe sind auf dem Leistungsschild angegeben **(Bild 1)**.

Mit einem Spannungsumsteller können auf der Oberspannungsseite die Nennspannungen angepasst werden **(Bild 2)**. Die Nennspannungsunterschiede, z. B. 20 800 V – 20 000 V = 800 V, entsprechen der Kurzschlussspannung des Drehstromtransformators.

Von den möglichen Schaltgruppen der Schaltungen ist nur eine kleine Zahl von praktischer Bedeutung **(Tabelle)**.

Transformatoren der Schaltgruppe **Yy0** werden als kleine Verteilertransformatoren im Hochspannungsnetz eingesetzt. Bei Yyn0 darf der Neutralleiter mit maximal 10 % belastet werden.

Die Schaltung **Dy5** setzt man in Ortsnetzen ein. Sie eignen sich als Verteilertransformator für hohe Leistungen. Der Neutralleiter ist voll belastbar.

In **Yd5** sind Haupttransformatoren großer Kraft- und Umspannwerke geschaltet.

Die Schaltung **Yz5** wird in Ortsnetzen für kleinere und mittlere Leistungen eingesetzt. Der Neutralleiter ist voll belastbar und eignet sich für stark unsymmetrische Last **(Schieflast)**. Die Windungszahl der Ausgangswicklung liegt etwa 15 % höher als bei Ausführung in Sternschaltung. Wegen der teuren Wicklungsherstellung sind nur in Ausnahmefällen Verteilertransformatoren in Yz-Schaltung ausgeführt, z. B. als Mastumspanner bis 400 kVA zur Versorgung von Aussiedlerhöfen.

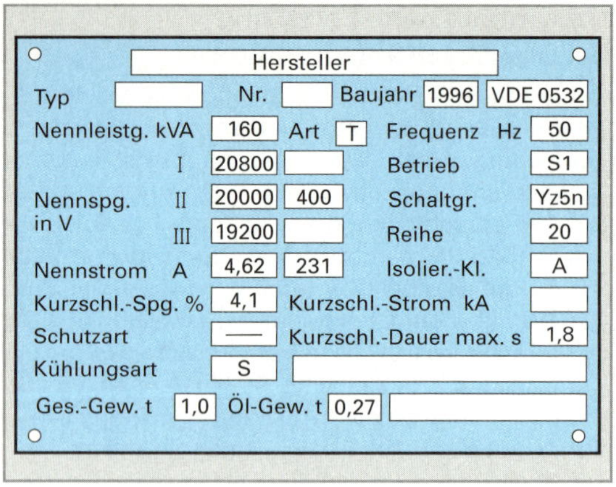

Bild 1: Leistungsschild eines Drehstromtransformators

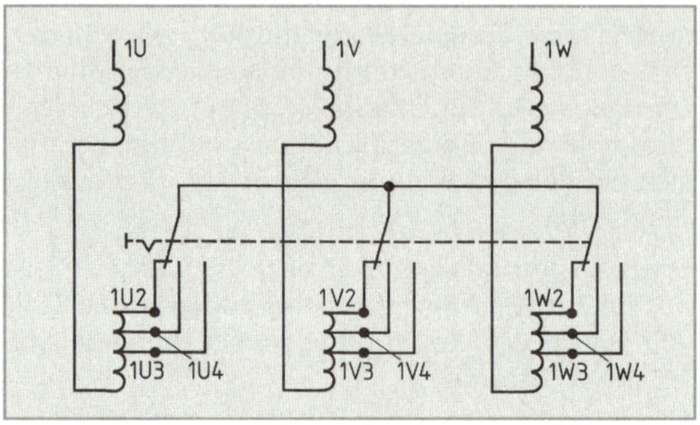

Bild 2: Schaltung eines Spannungsumstellers

Tabelle: Gebräuchliche Schaltgruppen für Drehstrom-Leistungstransformatoren (DIN VDE 0532)

Bezeichnung Kennzahl	Bezeichnung Schaltgruppe	Zeigerbild Oberspannung	Schaltungsbild (bei gleichem Wickelsinn der Spulen) Oberspannung Unterspannung	Zeigerbild Unterspannung	Übersetzung $U_1 : U_2$	Schaltzeichen
0	Yy0	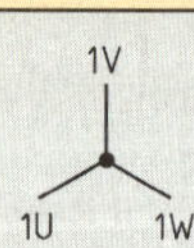	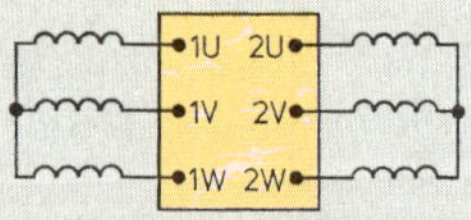	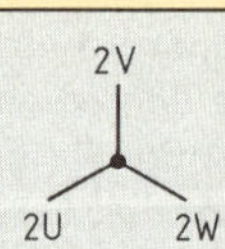	$\frac{N_1}{N_2}$	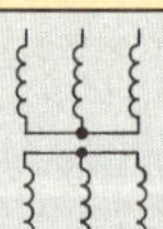
5	Dy5	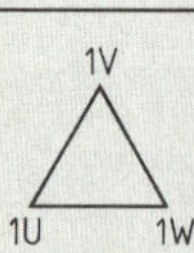	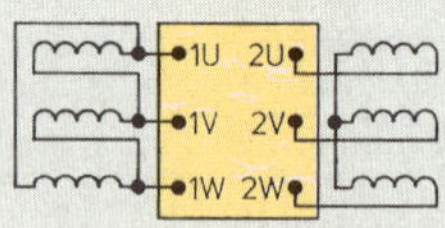	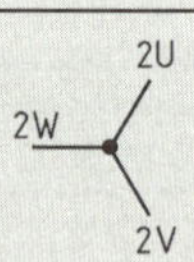	$\frac{N_1}{\sqrt{3} \cdot N_2}$	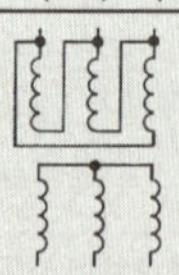
	Yd5	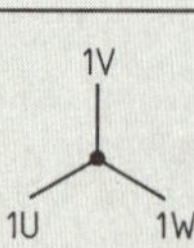	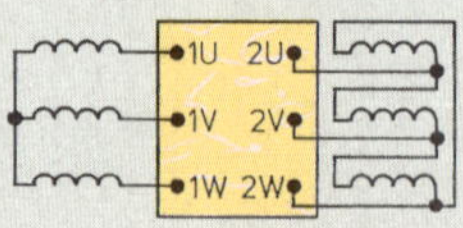	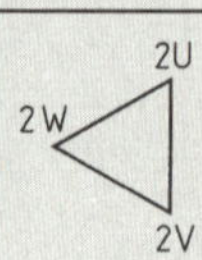	$\frac{\sqrt{3} \cdot N_1}{N_2}$	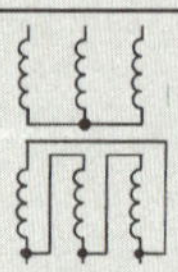
	Yz5	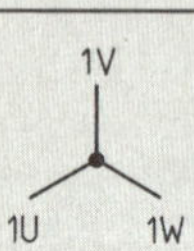	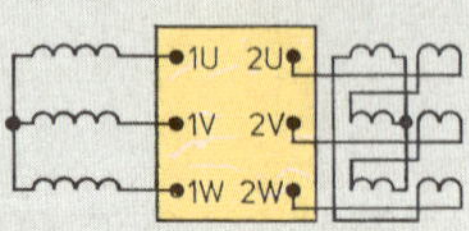	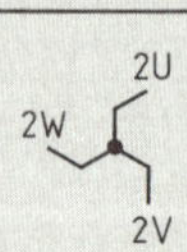	$\frac{2N_1}{\sqrt{3} \cdot N_2}$	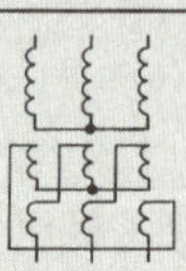

11.6 Parallelschalten von Transformatoren

Genügt die Leistung eines Transformators nicht, so schaltet man mehrere Transformatoren parallel. Dazu müssen die Augenblickswerte der Spannungen gleich sein, und die Transformatoren ihre Spannungen bei Belastung im gleichen Ausmaß ändern.

Parallelschalten von Einphasentransformatoren

Haben Einphasentransformatoren gleiche Nennspannungen und gleiche Kurzschlussspannungen, so kann man sie parallel schalten. Ist die Phasenlage der Unterspannungen nicht gleich, wird sie durch Vertauschen der Unterspannungsanschlüsse angepasst. Eine Kontrolle ist durch eine Spannungsmessung möglich **(Bild 1)**. Zwischen den Klemmen, die auf der Ausgangsseite an denselben Leitern angeschlossen werden, darf keine Spannung bestehen.

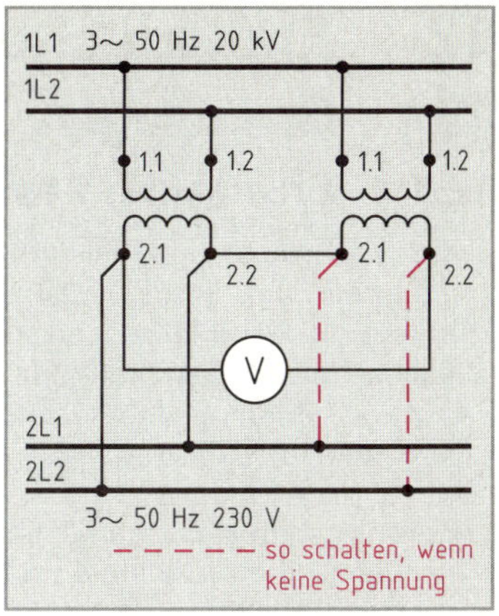

Bild 1: Kontrolle der Phasenlage beim Parallelschalten von Einphasentransformatoren

Parallelschalten von Drehstromtransformatoren

In Niederspannungsnetzen der Energieversorgungsunternehmen werden Drehstromtransformatoren parallel betrieben. Mit einem Spannungsmesser wird geprüft, ob die Parallelschaltung richtig vorgenommen wurde **(Bild 2)**.

Für das Parallelschalten von Drehstromtransformatoren sind nach DIN VDE 0532 folgende Bedingungen zu erfüllen:

- Die Ober- und Unterspannungen müssen gleich sein, damit die Übersetzung der Leerlaufspannungen möglichst gleich ist.
- Die Kurzschlussspannungen der Transformatoren sollen höchstens um 10% voneinander abweichen. Dadurch wird vermieden, dass der Transformator mit der kleineren Kurzschlussspannung zu große Ströme aufnimmt und überlastet wird. Ist die Abweichung größer, so können Induktivitäten vorgeschaltet werden, um die Kurzschlussspannung zu erhöhen.
- Das Verhältnis der Nennleistungen soll kleiner als 3 : 1 sein. Bei größeren Nennleistungsverhältnissen können Ausgleichsströme fließen und eine Phasenverschiebung zwischen den Ausgangsspannungen bewirken.
- Die Kennzahl der Schaltgruppen muss gleich sein, damit die Phasenlage der Ausgangsspannungen übereinstimmt und kein Kurzschluss entsteht.

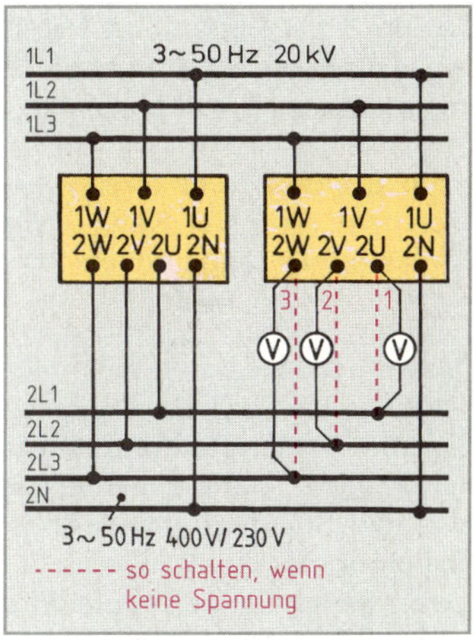

Bild 2: Kontrolle der Phasenlage beim Parallelschalten von Drehstromtransformatoren

Ausnahmsweise dürfen auch Drehstromtransformatoren parallel geschaltet werden, deren Kennzahl sich um 6 unterscheidet, z. B. Dy5 und Dy11. Dazu müssen aber die Anschlüsse in geeigneter Weise vertauscht werden. Eine Kontrolle der Phasenlage nach Bild 2 ist dann unerlässlich.

Lastverteilung im Parallelbetrieb. Haben die parallel geschalteten Transformatoren die gleiche Kurzschlussspannung, so verteilt sich die Gesamtlast auf die Transformatoren im Verhältnis der Nennleistungen. Ist die Kurzschlussspannung verschieden, so wird der Transformator mit der kleineren Kurzschlussspannung stärker belastet. Die Belastung ist dann stärker, als es dem Verhältnis der Nennleistungen entspricht.

Wiederholungsfragen

1 **Welche Schaltgruppen erlauben eine einphasige Belastung des Drehstromtransformators?**

2 **Welche Schaltgruppen werden bei unsymmetrischer Belastung eingesetzt?**

3 **Nennen Sie die vier wichtigsten Schaltgruppen von Drehstromtransformatoren.**

4 **Unter welchen Bedingungen dürfen Drehstromtransformatoren parallel geschaltet werden?**

12 Elektrische Maschinen

12.1 Grundlagen

12.1.1 Erzeugung des Drehfeldes

Dreht man stabförmige Dauermagnete oder Elektromagnete um ihren Mittelpunkt, entsteht ein Drehfeld. In Generatoren erzeugen Magnetläufer auf diese Weise das Drehfeld. Drei um 120° versetzte und von Dreiphasenwechselstrom durchflossene Spulen erzeugen ebenfalls ein Drehfeld.

Mit Drehstrom kann man Drehfelder auch ohne mechanische Bewegung erzeugen.

Bei der technischen Ausführung liegen diese Spulen verteilt über den Umfang des Ständerblechpaketes **(Bild 1)**. Die Pole bilden sich, wenn durch die Wicklungen Strom fließt. Da die Ströme in den drei Strängen der Drehstromwicklung um 120° gegeneinander phasenverschoben sind, entsteht ein magnetisches Drehfeld **(Bild 2)**.

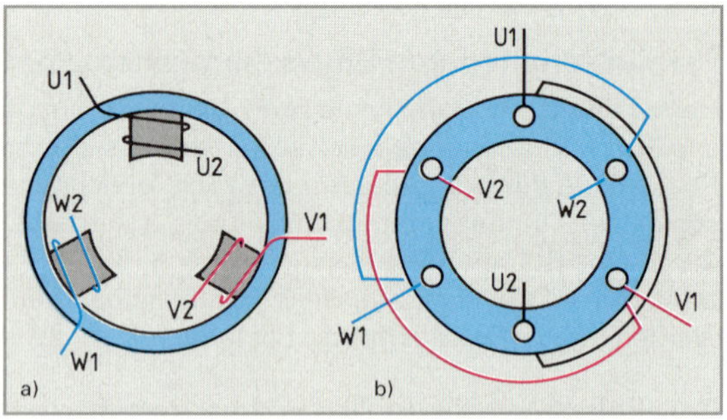

Bild 1: Ständeraufbau für ein zweipoliges Drehfeld
a) mit drei um 120° versetzten Spulen
b) mit im Ständerblechpaket untergebrachter Drehstromwicklung

Ein Drehfeld wird erzeugt, wenn ein Magnet gedreht wird oder wenn Drehstrom durch eine kreisförmig angeordnete Drehstromwicklung fließt.

Maschinen, in denen ein magnetisches Drehfeld wirksam ist, bezeichnet man als **Drehfeldmaschinen.** Bei Drehstrommotoren wird das Ständerdrehfeld genutzt. Hat der Läufer die gleiche Drehzahl wie das Ständerdrehfeld, spricht man von einer **Synchronmaschine**[1]. Ist die Läuferdrehzahl größer oder kleiner als die Drehfelddrehzahl, so bezeichnet man die Maschine als **Asynchronmaschine**[2].

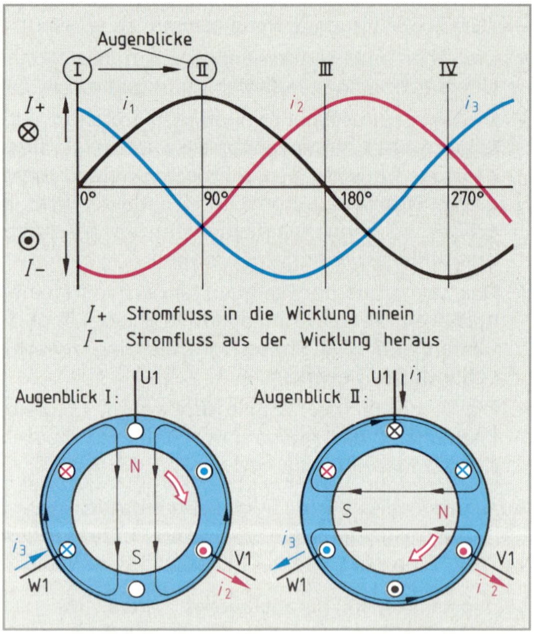

Bild 2: Entstehung eines zweipoligen Drehfeldes in den Augenblicken I und II

Wird das Ständerdrehfeld durch drei um 120° versetzte Ständerspulen bzw. Stränge erzeugt, so ist die Drehfelddrehzahl gleich der Netzfrequenz. Das Drehfeld hat einen Nordpol und einen Südpol, also ein Polpaar. Werden im Ständer sechs um 60° versetzte Stränge untergebracht, so verdoppelt sich die Polzahl des Drehfeldes und die Drehfelddrehzahl halbiert sich, weil der Weg von einem Strang zum nächsten nur halb so groß ist.

Die Drehfelddrehzahl wird bestimmt durch die Netzfrequenz und die Polzahl der Drehstromwicklung.

Magnetische Pole treten immer paarweise auf, daher berechnet man die Drehfelddrehzahl mit der Polpaarzahl.

$[n_s] = 1/s$

$$n_s = \frac{f}{p}$$

n_s Drehfelddrehzahl (Drehfeld-Umdrehungsfrequenz)
f Frequenz
p Polpaarzahl

Die Drehzahl wird auch als Umdrehungsfrequenz bezeichnet.

[1] synchron (griech.) = gleichzeitig [2] asynchron = nicht gleichzeitig

12.1.2 Leistung und Drehmoment

Motoren wandeln die aus dem Versorgungsnetz aufgenommene elektrische Energie in mechanische Energie um, Generatoren die mechanische Antriebsenergie in elektrische Energie.

In der Maschine entstehen dabei Wirkverluste in Form von Wärme. Die durch Wirbelströme und Ummagnetisierung im magnetischen Material verursachten Verluste nennt man **Eisenverluste**. Verluste, die in den Wicklungswirkwiderständen durch den durchfließenden Strom entstehen, werden als **Wicklungsverluste** bezeichnet. Ferner treten Lüfterverluste auf sowie Reibungsverluste in den Lagern und an Bürsten. Ein Maß für die entstehenden Gesamtverluste ist der **Wirkungsgrad (Bild 1)**.

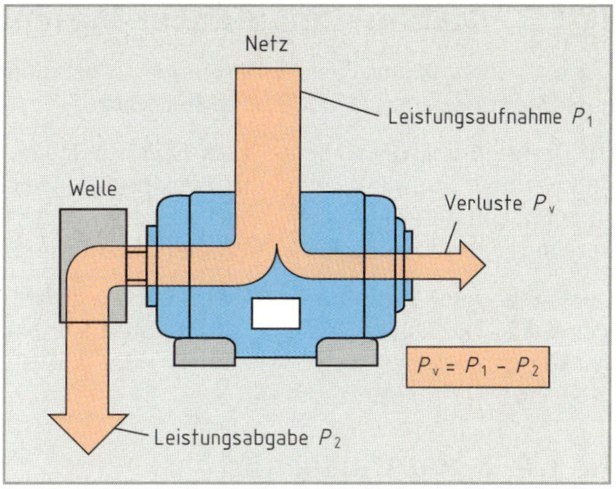

Bild 1: Leistungsfluss eines Elektromotors

Der Wirkungsgrad gibt das Verhältnis der abgegebenen zur aufgenommenen Leistung an.

η Wirkungsgrad
P_1 Leistungsaufnahme
P_2 Leistungsabgabe

$$\eta = \frac{P_2}{P_1}$$

Die Leistungsabgabe P_2 eines Motors wird durch die Messung von Drehmoment und Drehzahl ermittelt. Die aufgenommene Leistung P_1 ist die dem Netz entnommene Leistung.

Bei Motoren wird das Drehmoment durch das Zusammenwirken von Ständermagnetfeld und Läuferstrom gebildet. Der durch die Läuferwicklung fließende Strom erzeugt um jede Windung ein Magnetfeld, das im Ständermagnetfeld eine Kraft F bewirkt. Es bildet sich ein Drehmoment.

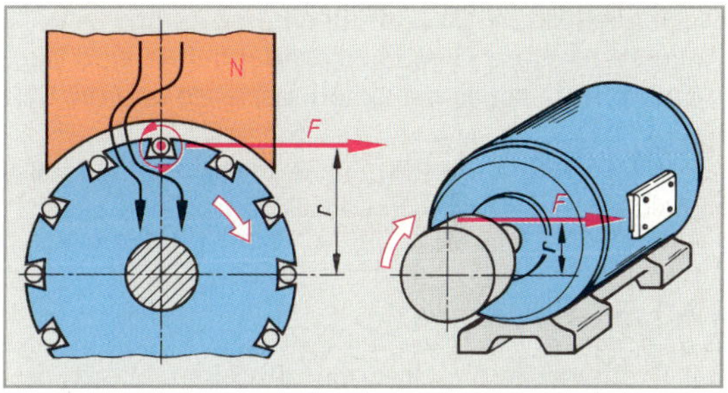

Bild 2: Entstehung der Drehmomente am Läufer und an der Antriebsscheibe eines Motors

Durch Messung der Kraft F am Umfang der Antriebsscheibe des Motors wird das abgegebene Drehmoment bestimmt **(Bild 2)**. Wirbelstrombremsen, Magnetpulverbremsen oder Pendelmaschinen messen diese Drehmomente.

M Drehmoment
F Kraft
r Radius (Hebelarm)

$$M = F \cdot r$$

Die Pendelmaschine **(Bild 3)**, auch Bremsgenerator oder Leistungswaage genannt, besteht aus einem Gleichstromgenerator, dessen Ständer drehbar um seine Läuferachse gelagert ist. Bei Felderregung wird im Ständer ein dem Antriebsmoment des Motors entgegenwirkendes Moment erzeugt und mit Hilfe einer Waage gemessen. Die im Bremsgenerator entstehende elektrische Energie wird in Belastungswiderständen in Wärme umgewandelt. Besteht Gleichgewicht zwischen dem Belastungsmoment und dem Drehmoment des Motors, stellt sich eine konstante Drehzahl ein.

Drehzahlen misst man z. B. mit Tachogeneratoren.

Bei Nennleistung gibt ein Motor sein Nennmoment bei Nenndrehzahl ab.

Bild 3: Motorprüfstand mit Leistungswaage

12.1.3 Aufbau umlaufender Maschinen

Die elektrisch aktiven Teile umlaufender Maschinen sind der **Stator,** auch **Ständer** genannt, und der **Läufer (Bild 1).**

Bei Drehfeldmaschinen besteht der Stator aus einem Blechpaket und den am Statorumfang verteilten Wicklungen. Der Stator der Gleichstrommaschinen setzt sich meist aus dem massiven Jochring und den daran angebrachten Magnetpolen zusammen.

Der **Läufer,** auch **Rotor** genannt, wird bei Gleichstrommaschinen auch als **Anker** bezeichnet. Die in das Läuferblechpaket eingebrachten Wicklungen können auf Schleifringe oder auf einen Stromwender (Kollektor, Kommutator) geführt sein.

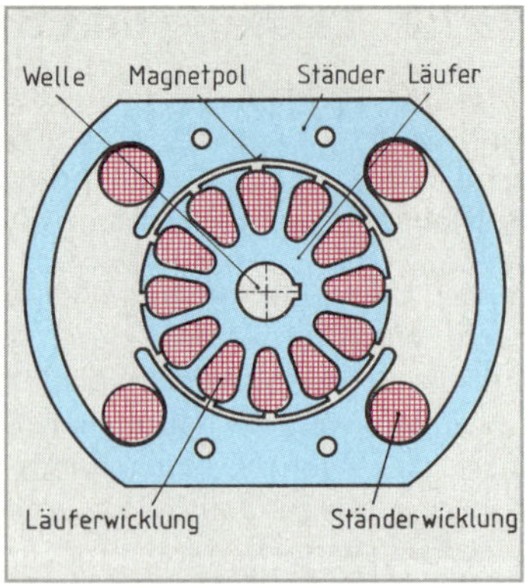

Bild 1: Prinzipieller Aufbau eines Motors

12.1.4 Leistungsschild

Die wichtigsten Kennwerte einer Maschine sind auf ihrem Leistungsschild angegeben **(Bild 2).** Dazu gehören die Angabe des Herstellers, die Typenbezeichnung, die Maschinenart sowie Bemessungsspannung, Bemessungsstrom und die Bemessungsleistung für die angegebene Betriebsart. Ist keine Betriebsart angegeben, so ist die Maschine für Dauerbetrieb bemessen. Die **Bemessungswerte** werden auch als **Nennwerte** bezeichnet. Ein Motor gibt seine Bemessungs- oder Nennleistung an der Welle ab. Weitere Leistungsschildangaben sind die Bemessungs- oder Nenndrehzahl sowie die Isolationsklasse und die Schutzart (Seite 245).

Die Leistungsaufnahme bei Nennbetrieb lässt sich aus den Leistungsschildangaben des Motors berechnen.

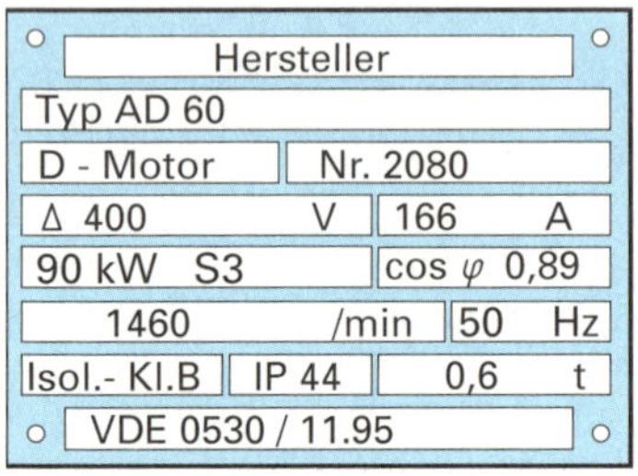

Bild 2: Leistungsschild eines Drehstrommotors

Für Drehstrommotoren gilt:

$$P_1 = \sqrt{3} \cdot U \cdot I \cdot \cos\varphi$$

P_1 Leistungsaufnahme
U Nennspannung (Bemessungsspannung)
I Nennstrom (Bemessungsstrom)
$\cos\varphi$ Leistungsfaktor

12.1.5 Drehsinn

Der Drehsinn ist die Drehrichtung einer Maschine, die sich für einen Betrachter ergibt, wenn er auf ihr Wellenende blickt **(Bild 3).**

Drehrichtung im Uhrzeigersinn gilt als Rechtslauf, Drehrichtung gegen den Uhrzeigersinn als Linkslauf.

Bei zwei ausgeführten Wellenenden ermittelt man die Drehrichtung durch Betrachtung der Hauptwelle. Hauptwelle ist die Welle mit dem dickeren Wellenende. Bei Wellen gleicher Dicke gilt als Hauptwelle die Welle, die sich gegenüber Lüfter, Kollektor oder Schleifringen befindet.

Drehstrommotoren haben Rechtslauf, wenn die Außenleiter L1, L2 und L3 auf die Klemmen U1, V1 und W1 des Klemmbrettes geführt werden.

Drehrichtungsumkehr ergibt sich durch Tausch zweier Außenleiter.

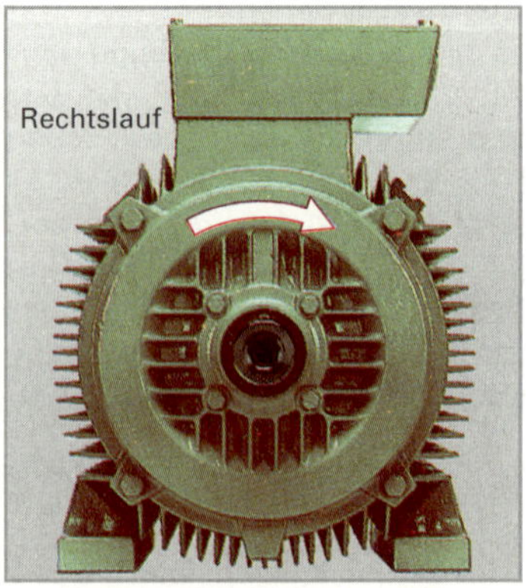

Bild 3: Bestimmung der Drehrichtung

Wiederholungsfragen

1 **Wie können Drehfelder erzeugt werden?**
2 **Welche Verluste treten in elektrischen Maschinen auf?**
3 **Welche Angaben kann man dem Leistungsschild einer elektrischen Maschine entnehmen?**
4 **Wie wird der Drehsinn eines Elektromotors ermittelt?**

12.2 Drehstrommotoren ohne Stromwender

12.2.1 Drehstromasynchronmotoren

Asynchronmotoren sind die wichtigsten Drehstrommotoren. Das Ständerdrehfeld induziert im Läufer eine Spannung. Dadurch dreht sich der Läufer. Diese Motoren werden daher auch als **Induktionsmotoren** bezeichnet. Die verschiedenen Arten der Asynchronmotoren unterscheiden sich im Läuferaufbau.

12.2.2 Motoren mit Kurzschlussläufer

Aufbau. Der Ständer besteht aus dem Gehäuse, dem Ständerblechpaket und der Ständerwicklung **(Bild 1)**. Die Spulenanfänge und -enden sind an das Klemmbrett herausgeführt.

Der Läufer ist aus dem auf der Welle aufgebrachten Blechpaket und den in Nuten eingebrachten Leiterstäben aus Aluminium oder Kupfer zusammengesetzt. An den Stirnseiten des Blechpaketes sind die Leiterstäbe durch Kurzschlussringe verbunden. Leiterstäbe und Kurzschlussringe bilden die Läuferwicklung und haben die Form eines Käfigs (Käfigläufer).

Das Ständer- und das Läuferblechpaket sind aus einseitig isolierten Elektroblechen geschichtet. Dadurch werden die Wirbelstromverluste verringert.

Wirkungsweise. Die Käfigwicklung kann als Drehstromwicklung einfachster Form angesehen werden. Der Kurzschlussläufermotor entspricht im Einschaltmoment einem Transformator. Das Drehfeld der Ständerwicklung bewirkt eine Flussänderung in den Leiterschleifen des zunächst stillstehenden Läufers. Die Flussänderungsgeschwindigkeit ist der Drehfelddrehzahl proportional. Die induzierte Spannung lässt Strom in den durch die Kurzschlussringe verbundenen Leitern fließen **(Bild 2)**.

Asynchronmotoren sind Induktionsmotoren. Der Läuferstrom kommt durch Induktion zustande.

Nach der Lenz'schen Regel bewirkt das durch den Läuferstrom erzeugte Magnetfeld ein Drehmoment, das den Läufer in Drehrichtung des Ständerdrehfeldes dreht. Würde der Läufer die Drehfelddrehzahl erreichen, wäre die Flussänderung in der betrachteten Leiterschleife null und damit auch das die Drehung bewirkende Drehmoment **(Bild 3)**. Die Läuferdrehzahl ist daher stets kleiner als die Drehfelddrehzahl. Die Differenz wird als **Schlupfdrehzahl** bezeichnet.

Asynchronmotoren benötigen einen Schlupf zur Induktion des Läuferstromes.

Der bei Nennlast auftretende Schlupf beträgt etwa 3% bis 8% der Drehfelddrehzahl.

Bild 1: Drehstrom-Kurzschlussläufermotor

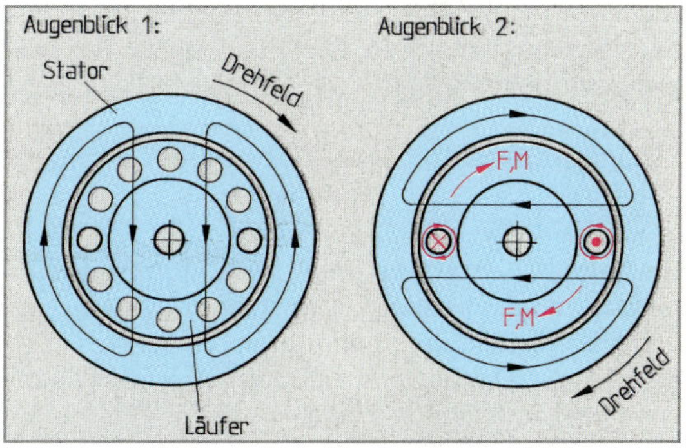

Bild 2: Induktionswirkung des Drehfeldes auf den stillstehenden Läufer

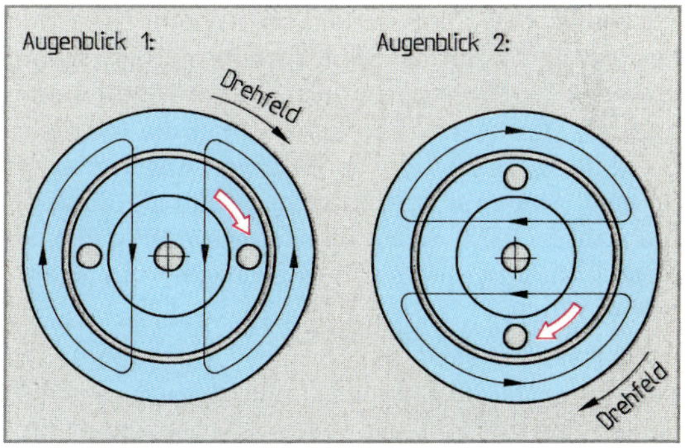

Bild 3: Gleichbleibender Magnetfluss durch den mit Drehfelddrehzahl umlaufenden Läufer

Beispiel: Ein vierpoliger Drehstrommotor für 50 Hz hat eine Läuferdrehzahl von 1440 1/min. Wie groß ist sein Schlupf?

$$n_s = \frac{f}{p} = \frac{50\ \text{Hz}}{2} = 25\ ^1/\text{s} = 1500\ ^1/\text{min}$$

$$s = \frac{n_s - n}{n_s} \cdot 100\,\% =$$

$$= \frac{1500\ ^1/\text{min} - 1440\ ^1/\text{min}}{1500\ ^1/\text{min}} \cdot 100\,\% = \mathbf{4\,\%}$$

Versuch: Belasten Sie einen Kurzschlussläufermotor, z. B. mit einer Wirbelstrombremse, und beobachten Sie seine Drehzahl.

Die Läuferdrehzahl verringert sich mit zunehmender Last.

Der Schlupf von Asynchronmotoren ist von der Belastung abhängig.

$$\Delta n = n_s - n$$

$$s = \frac{n_s - n}{n_s} \cdot 100\,\%$$

Δn Schlupfdrehzahl

n Läuferdrehzahl

n_s Drehfelddrehzahl

s auf die Drehfelddrehzahl bezogener Schlupf in %

Betriebsverhalten. Kurzschlussläufer werden als Rundstabläufer oder als Stromverdrängungsläufer hergestellt **(Bild 1, Seite 292)**.

Das prinzipielle Betriebsverhalten soll zunächst am **Rundstabläufer** erklärt werden. Sein Käfig besteht aus runden oder annähernd runden Stabquerschnitten. Im Augenblick des Einschaltens wirkt der Läufer hauptsächlich als Induktivität. Der Wirkwiderstand der Käfigstäbe ist sehr klein. Der Anzugsstrom kann daher den zehnfachen Wert des Nennstromes erreichen. Trotzdem bleibt das Anzugsmoment gering.

Rundstabläufer besitzen trotz hoher Anzugsströme nur ein geringes Anzugsmoment.

Steigende Drehzahl verringert die induzierte Läuferspannung und den Läuferstrom. Da auch der Läuferblindwiderstand abnimmt, verkleinert sich zugleich die Phasenverschiebung zwischen Läuferspannung und Läuferstrom.

Die **Drehmomentkennlinie (Bild 1)** zeigt das Ansteigen des Momentes bis zum größten Motormoment, dem **Kippmoment** M_K. Danach wirkt sich der Rückgang des Läuferinduktionsstromes verstärkt aus und verringert das Motormoment. Beim **Nennmoment** M_N (Nennbelastung) hat der Motor Nenndrehzahl. Im Leerlauf erreicht er fast die Drehfelddrehzahl n_s. Belastungsänderungen ΔM in diesem Bereich wirken sich proportional auf die Schlupfdrehzahl aus. Die Belastungskennlinie **(Bild 2)** zeigt diese Abhängigkeit der Motordrehzahl vom Motordrehmoment.

Bei Belastung sinkt die Drehzahl nur wenig. Die Kennlinie von Kurzschlussläufermotoren verläuft daher wie die von Gleichstromnebenschlussmotoren **(Bild 2, Seite 322)**. Ein solches Drehzahlverhalten bezeichnet man als **Nebenschlussverhalten**.

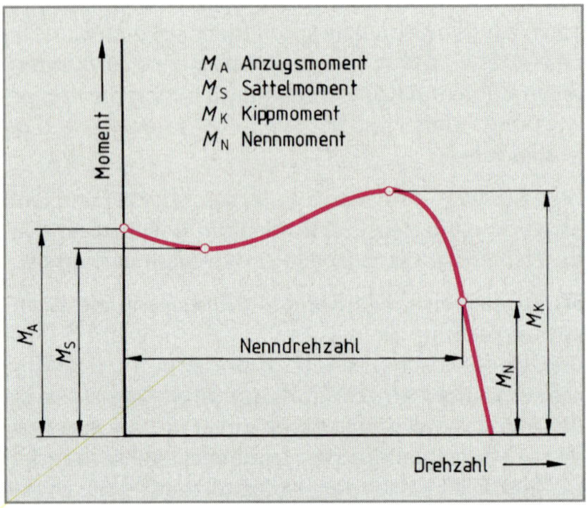

Bild 1: Drehmomentkennlinie eines Kurzschlussläufermotors (Stromverdrängungsläufer, M abhängig von n)

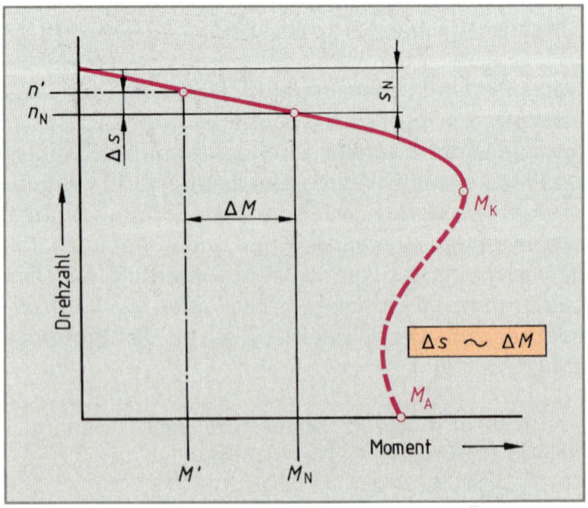

Bild 2: Belastungskennlinie eines Kurzschlussläufermotors (n abhängig von M)

Sattelmoment M_S heißt das kleinste Motormoment nach dem Anlauf. Durch unterschiedliche Nutzahlen in Ständer und Läufer und durch schräg oder gestaffelt angeordnete Läuferstäbe **(Bild 1)** wird eine Sattelmomentbildung vermieden.

Ein höheres Anlaufmoment bei zugleich kleinerem Anlaufstrom erreicht man durch Stabmaterial mit höherem Widerstand, z. B. durch Verwendung von Aluminiumlegierungen. Der höhere Läuferwirkwiderstand verringert gleichzeitig die Phasenverschiebung, sodass trotz des kleineren Anlaufstromes der Wirkleistungsanteil steigt.

Um die höheren Läuferverluste im Nennbetrieb zu vermeiden, werden Kurzschlussläufermotoren meist als Stromverdrängungsläufer gebaut.

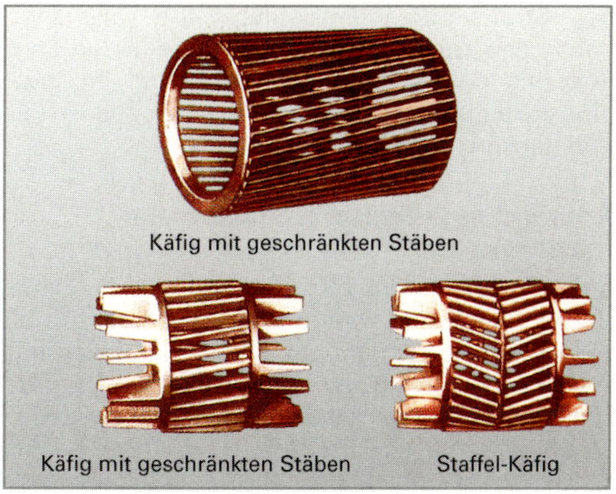

Bild 1: Ausführungen von Käfigläufern

Stromverdrängungsläufer

Zur Erhöhung des Läuferwirkwiderstandes beim Einschalten ordnet man z. B. in den Läufernuten untereinander zwei Stäbe an, durch die der vom Ständerdrehfeld induzierte Läuferstrom fließt. Dieser Wechselstrom erzeugt um jeden Läuferstab ein magnetisches Streufeld **(Bild 2)**. Beide Streufelder induzieren in den zugehörigen Läuferstäben Spannungen. Diese Spannungen suchen nach der Lenz'schen Regel die sie verursachenden Wechselströme in jedem Stab zu verringern. Der magnetische Streufluss um den unteren Läuferstab ist stärker, da sich die Feldlinien dort im Eisenpaket schließen können. Die stromverringernde Wirkung der induzierten Spannung im unteren Stab ist deshalb größer als im oberen Stab. Der Strom wird dadurch in Richtung Luftspalt, also zum Läuferaußenrand, verdrängt. Dem Stromverdrängungsläufer steht daher beim Anlauf nur der kleinere Nutquerschnitt des äußeren Stabes zur Verfügung. Stromdichte und Nutwiderstand sind groß. Der Anlaufstrom wird daher kleiner **(Bild 3)**. Durch seine geringe Phasenverschiebung hat er trotzdem ein größeres Anlaufmoment als der Rundstabläufer (Kennlinien **Bild 4**). Die gleiche Wirkung tritt auch bei anderen Nutformen von Stromverdrängungsläufern ein. Nach der Form der Nuten spricht man von Doppelkäfigläufer, Hochstabläufer, Keilstabläufer und Hochnutläufer **(Bild 1, Seite 292)**.

Beim Hochlaufen verringert sich die Stromverdrängung, weil die Läuferfrequenz und damit der Streufluss abnehmen. Im Nennbetrieb steht dem Strom der ganze Nutquerschnitt zur Verfügung.

Stromverdrängungsläufer haben ein großes Anzugsmoment und einen kleinen Anzugsstrom.

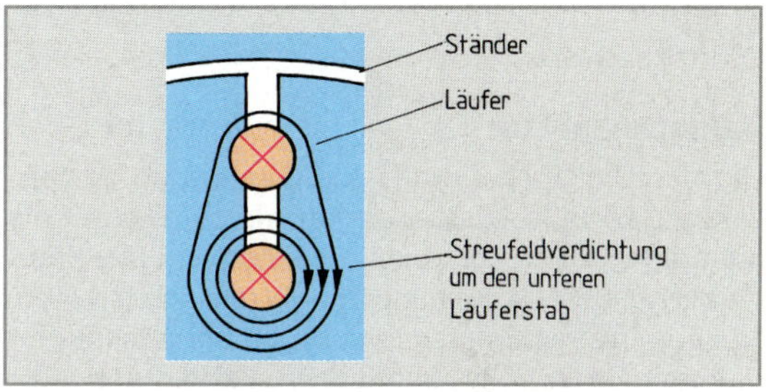

Bild 2: Stromverdrängung (Doppelkäfigläufer)

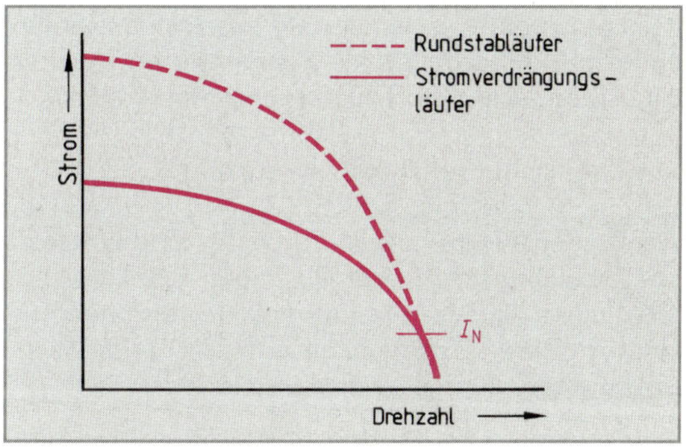

Bild 3: Stromaufnahme

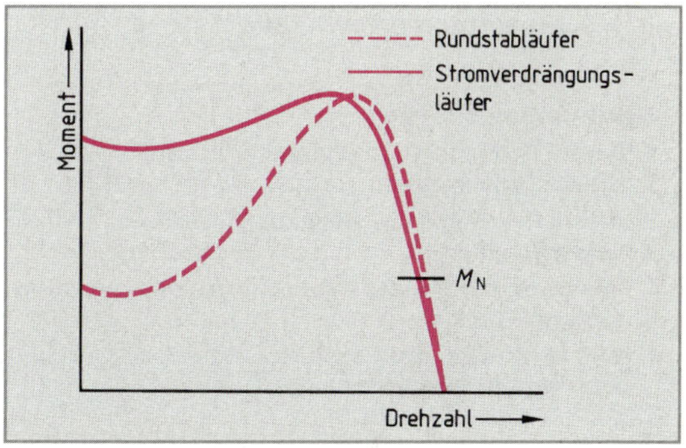

Bild 4: Drehmomentkennlinien

Bei Stromverdrängungsläufern tritt allerdings durch den großen Nutquerschnitt eine größere Streuung auf als bei Rundstabläufern. Ihr Leistungsfaktor ist dadurch etwas niedriger, ebenso der Wirkungsgrad.

Anwendung von Kurzschlussläufermotoren

Kurzschlussläufermotoren sind preisgünstig in der Herstellung, leicht, wartungsarm und funkstörfrei. Sie dienen als Antrieb von Arbeitsmaschinen mit kleiner bis mittlerer Leistung, z. B. für Werkzeugmaschinen, Hebezeuge, Gebläse und in der Landwirtschaft.

Das günstigste Betriebsverhalten wird bei Nennlast erreicht. Der Motor hat dann einen hohen Wirkungsgrad und einen großen Leistungsfaktor **(Bild 2)**.

Reluktanzmotor

Hat das Blechpaket eines Käfigläufers an seinem Umfang so viele Aussparungen wie der Motor Pole hat **(Bild 3)**, dann verlaufen die Feldlinien des Ständerdrehfeldes weitgehend durch das Läuferblech. Nur wenige Feldlinien gehen durch die Aussparungen mit großem magnetischen Widerstand. Der Läufer bekommt dadurch ausgeprägte Pole und sträubt sich, hinter dem Drehfeld zurückzubleiben. Reluktanzmotoren[1] laufen als Kurzschlussläufermotor an und arbeiten als Synchronmotor weiter. Eine Überlastung führt zu asynchronem Lauf.

Reluktanzmotoren haben synchrone Drehzahl.

Wegen der Aussparungen im Läufer sind Luftspalt und Streuung groß. Deshalb haben Reluktanzmotoren einen kleineren Leistungsfaktor und nehmen einen größeren Strom auf als entsprechende Asynchronmotoren. Ihr Wirkungsgrad ist kleiner.

Reluktanzmotoren werden zum Antrieb von Maschinen mit konstanter Drehzahl eingesetzt, z. B. bei Spinnereimaschinen. Als Kleinmotoren werden sie wie Synchronmotoren verwendet.

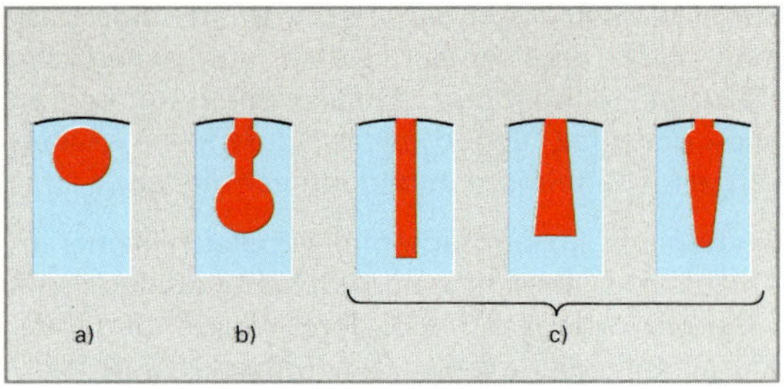

Bild 1: Nutformen von Kurzschlussläufern
a) Rundstabnut,
b) Doppelkäfignut,
c) Hochstabnutformen

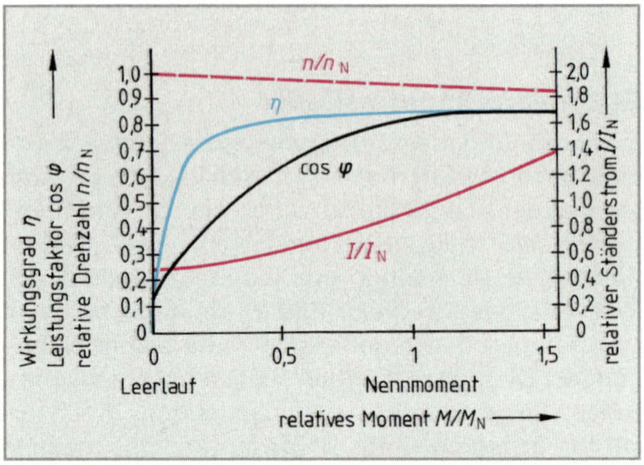

Bild 2: Typische Kennlinien für Kurzschlussläufermotoren mit Nennleistungen von 2 kW bis 5 kW

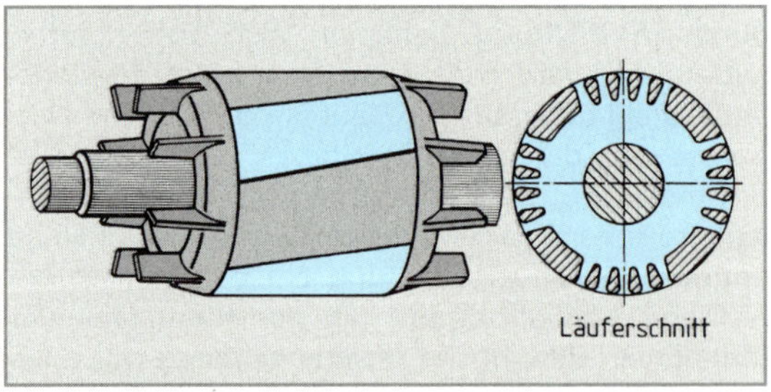

Bild 3: Läufer und Läuferblech eines Reluktanzmotors

Wiederholungsfragen

1. **Beschreiben Sie den Aufbau eines Drehstrom-Kurzschlussläufermotors.**
2. **Weshalb haben Asynchronmotoren einen Schlupf?**
3. **Wie groß ist etwa der Nennschlupf von Asynchronmotoren?**
4. **Wie wirkt sich eine Laständerung auf den Schlupf von Asynchronmotoren aus?**
5. **Erklären Sie die Begriffe Anzugsmoment, Kippmoment und Sattelmoment.**
6. **Erklären Sie die Wirkungsweise eines Stromverdrängungsläufers.**
7. **Warum werden Stromverdrängungsläufer meist gegenüber Rundstabläufern bevorzugt?**
8. **Bei welcher Belastung haben Asynchronmotoren ihr günstigstes Betriebsverhalten?**

[1] reluctari (lat.) = sich sträuben

12.2.3 Anlassen von Kurzschlussläufern (Ständeranlassverfahren)

Kurzschlussläufermotoren haben zu Beginn des Hochlaufens hohe Anzugsströme. Um störende Spannungsschwankungen im Netz zu vermeiden, schreiben die Energieversorgungsunternehmen (EVU) für alle Motoren höherer Leistung die Verwendung von **Anlassverfahren** vor. Der zulässige Anzugsstrom muss den Technischen Anschlussbedingungen (TAB) entnommen werden **(Tabelle)**.

Bei Motornennleistungen über 5 kW sind bei Drehstrommotoren Anlassverfahren erforderlich.

Eine Herabsetzung des hohen Einschaltstromes ist bei Kurzschlussläufermotoren nur durch das Herabsetzen der Ständer-Anschlussspannung möglich. Man verwendet daher **Ständeranlassverfahren.**

Ständeranlassverfahren verringern den Anzugsstrom durch Herabsetzung der Ständerspannung.

Beim Motor sind Leistung und Moment dem Quadrat der Spannung proportional. Entsprechend verkleinern sich Leistung und Moment durch das Herabsetzen der Spannung.

Bei Ständeranlassverfahren ist das Drehmoment dem Quadrat der Ständerspannung proportional.

Wird ein Motor z. B. mit halber Nennspannung angelassen, so entwickelt er nur ein Viertel seines Anzugsmomentes. Der Kennlinienverlauf zeigt, dass er hierbei das für Nennlast erforderliche Drehmoment nicht erreicht **(Bild 1)**.

Ständeranlassverfahren dürfen nur im Leerlauf oder mit herabgesetzter Last angewandt werden.

Ständeranlasser mit Widerständen

Um beim Anlassvorgang die Ständerspannung zu verkleinern, schaltet man Wirkwiderstände in die Motorzuleitung **(Bild 2)**. Dadurch wird der Anlaufstrom entsprechend verringert.

Bei Betrieb des Motors in Sternschaltung können die Widerstände auch an die Ausgangsklemmen des Motorklemmbrettes geschaltet werden, da Widerstände und Ständerwicklungen eine Reihenschaltung bilden **(Bild 1, Seite 294)**. Man spricht daher vom **Sternpunktanlassverfahren.**

Während des Anlassvorganges entstehen bei Verwendung von Wirkwiderständen Wärmeverluste. Um diese Verluste zu vermeiden, werden Anlasser auch mit Drosselspulen ausgeführt. Diese verschlechtern aber den Leistungsfaktor im Netz.

Tabelle: Anschlussbedingungen nach TAB für Motoren an das öffentliche Niederspannungsnetz (400 V)

Einphasenwechselstrommotoren	Nennleistung nicht über 1,4 kW
Drehstrommotoren	Anzugsstrom nicht über 60 A*
Motoren mit besonderen Netzbelastungen	Zu treffende Maßnahmen sind mit dem EVU zu vereinbaren.

* Ist der Anzugsstrom nicht bekannt, so ist der achtfache Nennstrom anzusetzen.

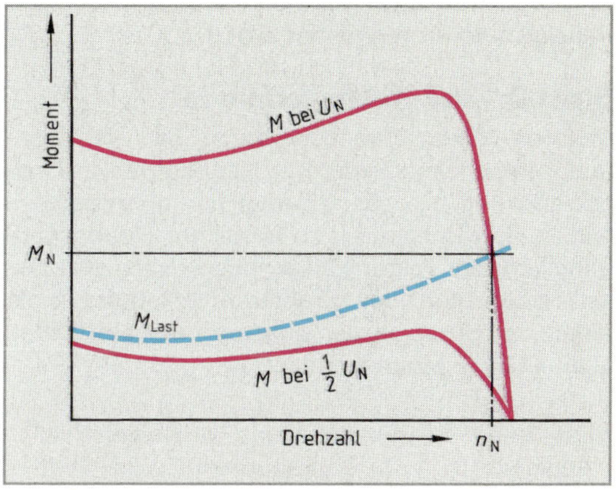

Bild 1: Drehmomentkennlinien eines Kurzschlussläufermotors bei voller und halber Nennspannung

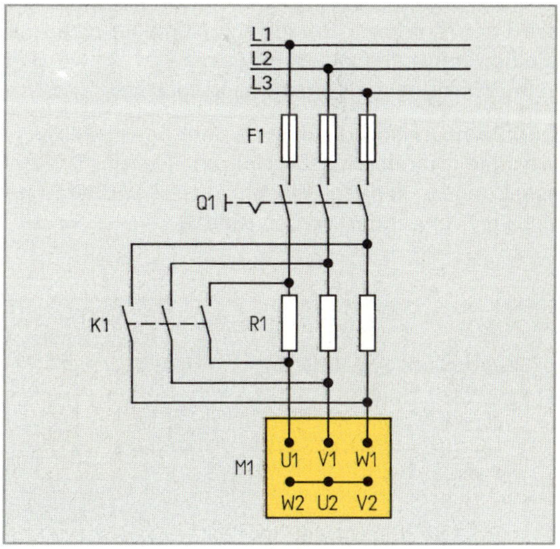

Bild 2: Drehstrommotor mit Anlasswiderständen in der Zuleitung

Die **KUSA-Schaltung** (**Ku**rzschlussläufer-**Sa**nftanlauf) wird bei kleineren Motoren verwendet. Die Anzugsstrombegrenzung erfolgt mit nur einem Widerstand **(Bild 2)**. Anwendung findet diese Schaltung vor allem bei Antrieben in der Textilindustrie zum Herabsetzen des Anzugsmomentes.

Anlasstransformatoren

Transformatoren verkleinern die Motorspannung und damit den Anlaufstrom. Im Übersetzungsverhältnis des Transformators wird dieser Strom für das Netz nochmals verkleinert. Der Anlaufstrom im Netz verringert sich deshalb quadratisch mit der herabgesetzten Motorspannung.

Anlasstransformatoren verwendet man z. B. für Hochspannungsmotoren und für Motoren höherer Leistung. Aus Kostengründen werden meist Spartransformatoren verwendet **(Bild 3)**.

Stern-Dreieck-Anlassverfahren

Motoren, deren Strangspannung der Netzspannung entspricht, werden im Nennbetrieb in Dreieckschaltung betrieben. Erfolgt bei ihnen der Anlauf in Sternschaltung, so wird ihre Strangspannung um den Faktor $\sqrt{3}$ verringert. Nach den Gesetzmäßigkeiten der Drehstromverkettung sinkt damit der Strom in der Zuleitung auf ein Drittel, aber auch die Motorleistung.

Bei Anlauf in Sternschaltung verkleinern sich Anlaufstrom und Anlaufmoment von Drehstrommotoren auf ein Drittel der Werte des Dreieckbetriebes.

Der Anlauf in Sternschaltung kann daher nur im Leerlauf oder mit geringem Drehmoment erfolgen. Wird der Motor vor Betrieb mit Nennlast nicht auf die Betriebsstufe Dreieck umgeschaltet, so werden seine Wicklungen überlastet und zerstört.

Der Stern-Dreieckanlauf ist das am häufigsten verwendete Ständeranlassverfahren. Neben Schützschaltungen können hierzu auch handbetätigte Schalter verwendet werden **(Bild 4)**.

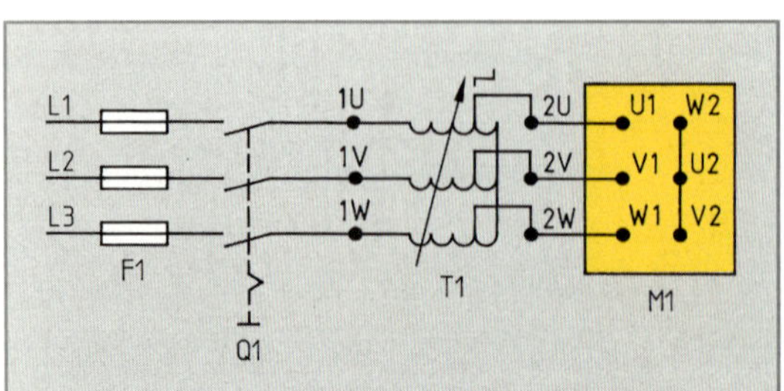

Bild 3: Drehstrommotor mit Anlasstransformator

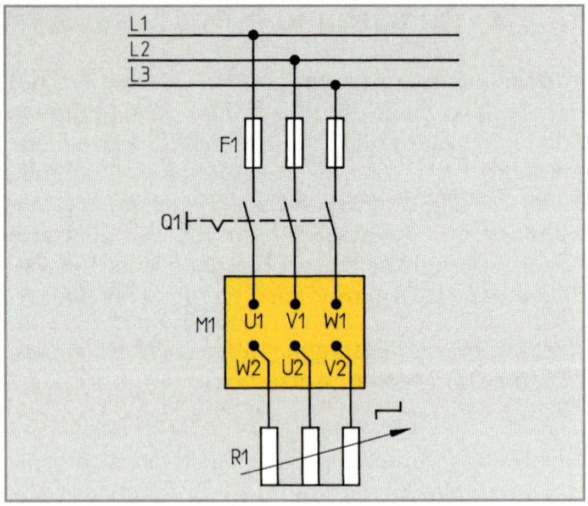

Bild 1: Drehstrommotor mit Sternpunktanlasser

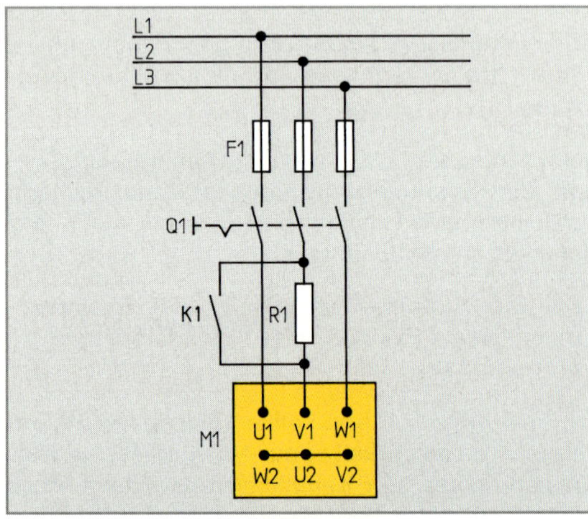

Bild 2: Drehstrommotor mit KUSA-Schaltung

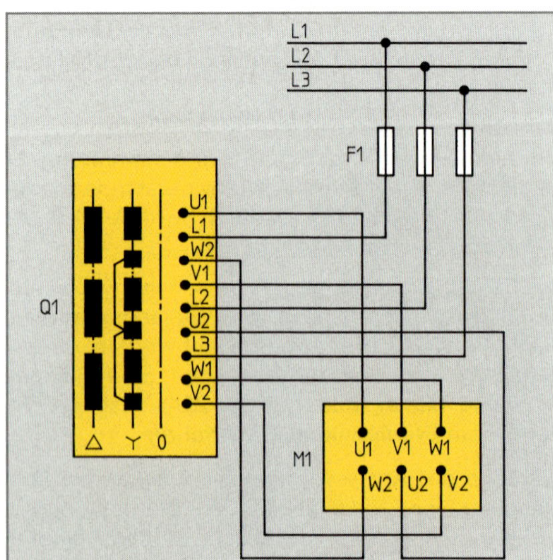

Bild 4: Drehstrommotor mit YΔ-Handschalter

12.2.4 Schleifringläufermotoren

Aufbau. Der Ständer des Schleifringläufermotors hat den gleichen Aufbau wie der des Kurzschlussläufermotors **(Bild 1).** Die Läuferwelle trägt das Blechpaket und die Schleifringe. In den Nuten des Läuferblechpaketes ist die Läuferwicklung untergebracht. Die Läuferwicklung hat fast immer drei Stränge (Dreiphasenwicklung), die meist in Stern, selten in Dreieck geschaltet sind. Die Läuferwicklung ist an drei Schleifringe angeschlossen. Die Verbindung zu den Schleifringen wird durch drei Kohlebürsten hergestellt. Über die Kohlebürsten können Wirkwiderstände in den Läuferkreis geschaltet werden. Diese verwendet man zum Anlassen oder zur Drehzahlsteuerung.

Die Anschlussbezeichnung der dreisträngigen Läuferwicklung ist K, L, M **(Bild 2).**

Bei Motoren großer Leistung kann der Läufer auch zweiphasig gewickelt sein. Die Anschlussbezeichnung heißt dann K, L, Q **(Bild 3).**

Wirkungsweise. Der Schleifringläufermotor mit kurzgeschlossenen Schleifringen wirkt wie ein Kurzschlussläufermotor.

Versuch 1: Schließen Sie an zwei Schleifringe eines Schleifringläufermotors, z.B. an K und L, einen Spannungsmesser an. Schalten Sie den Ständer ein.

Der Läufer dreht sich nicht, aber zwischen den Schleifringen tritt eine Spannung auf.

Im Stillstand wirken Ständer und Läufer wie ein Transformator. Das Ständerdrehfeld induziert in der Läuferwicklung eine Spannung.

Die bei Läuferstillstand gemessene Spannung heißt **Läuferstillstandsspannung.**

Versuch 2: Verbinden Sie zwei Schleifringe, z.B. K und L, mit einem Strommesser und schließen Sie den dritten Schleifring kurz (M z.B. mit L). Schalten Sie den Ständer ein.

Der Zeiger des Strommessers schlägt aus, und der Läufer dreht sich.

Bei kurzgeschlossenen Läuferanschlüssen ruft die im Läufer induzierte Spannung Ströme in der Läuferwicklung hervor. Ständerdrehfeld und Läuferströme bewirken ein Drehmoment.

Läuferstillstandsspannung und Läuferstrom sind zur Dimensionierung der Anlasswiderstände auf dem Leistungsschild angegeben **(Bild 4).**

Betriebsverhalten. Wird ein Schleifringläufermotor bei kurzgeschlossenen Läuferanschlüssen betrieben, entspricht sein Betriebsverhalten dem eines Kurzschlussläufermotors.

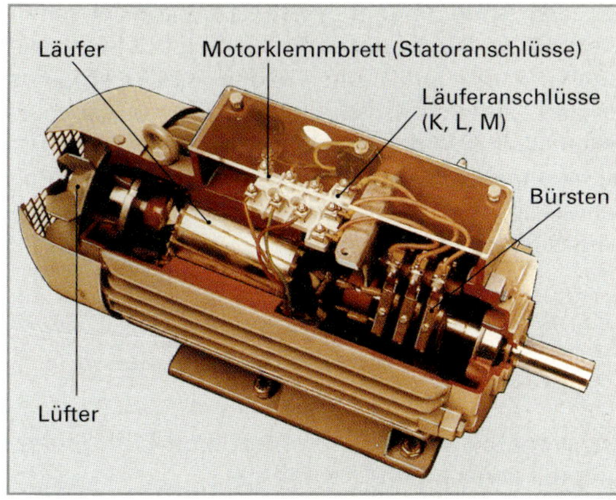

Bild 1: Schleifringläufermotor

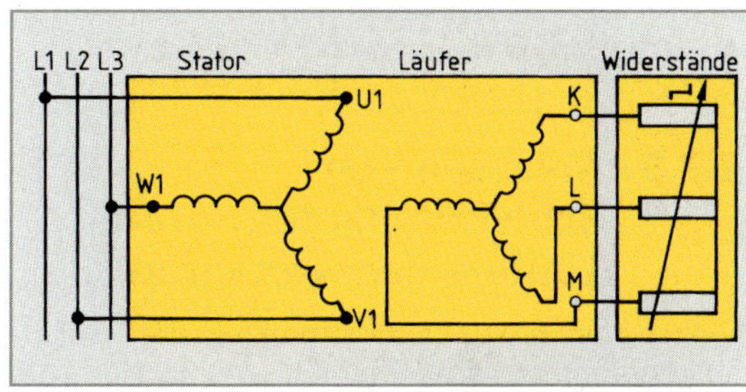

Bild 2: Schleifringläufermotor mit Dreiphasenläuferwicklung und Widerständen

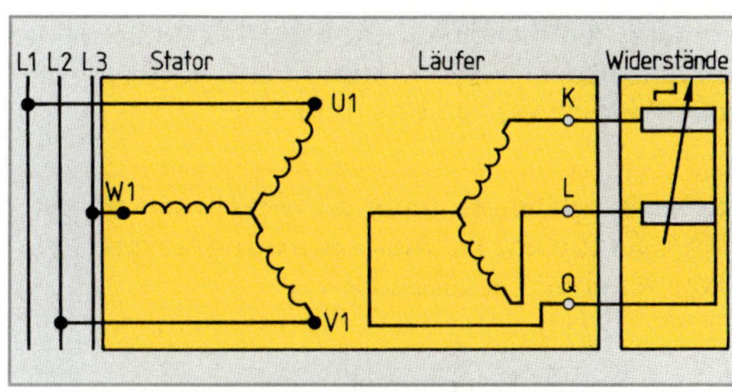

Bild 3: Schleifringläufermotor mit Zweiphasenläuferwicklung und Widerständen

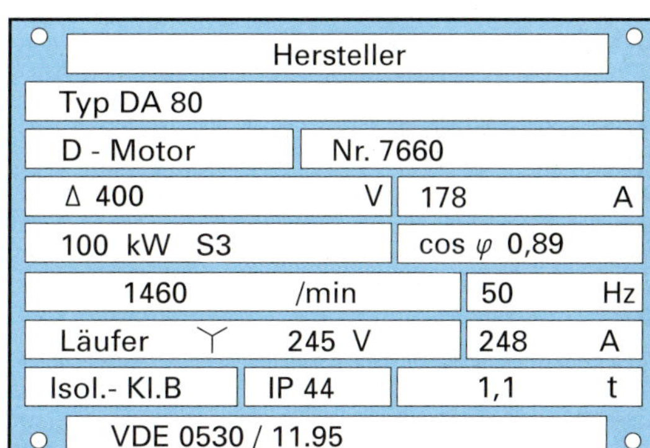

Bild 4: Leistungsschild eines Schleifringläufermotors

Bei Lastbetrieb und bei in den Läuferkreis geschalteten Widerständen steigt der Schlupf an, weil durch höhere Induktionswirkung des Drehfeldes auf den Läufer zusätzlich auch der Leistungsbedarf dieser Widerstände gedeckt werden muss. Sind die Widerstände z. B. stufenlos veränderbar, ist durch Schlupfänderung eine stufenlose Drehzahlsteuerung möglich **(Bild 1)**.

Die Drehzahl von Schleifringläufermotoren wird durch Widerstände im Läuferkreis gesteuert.

Die Drehzahlsteuerung erfordert eine Motorbelastung mit konstantem Drehmoment.

Bei großen Motorleistungen ist eine Herabsetzung der Drehzahl mit Widerständen im Dauerbetrieb wegen der Stromwärmeverluste unwirtschaftlich.

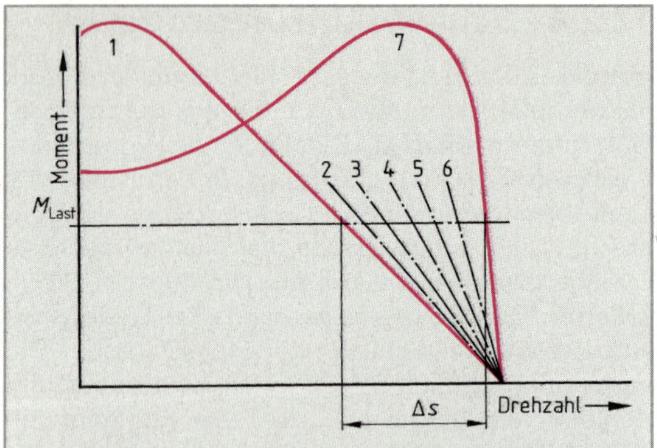

1 Kennlinie beim größten zugeschalteten Widerstandswert
2…6 Kennlinien bei abnehmendem Widerstand
7 Motorkennlinie (kein Widerstand zugeschaltet)
Δs Bereich der Drehzahlsteuerung durch Schlupfänderung

Bild 1: Drehzahlsteuerung bei Schleifringläufermotoren durch Zuschaltung von Widerständen in den Läuferkreis

12.2.5 Anlassen von Schleifringläufermotoren (Läuferanlassverfahren)

Schaltet man in den Läuferstromkreis des Schleifringläufermotors Anlasswiderstände, so kann die Stromaufnahme während des Anlaufs wesentlich verkleinert werden. Wegen des hohen Wirkanteiles des Läuferstromes steigt zugleich das Anlaufmoment beträchtlich. Die Momentenkennlinie verläuft flacher, das Kippmoment wird in den Anlaufbereich verschoben (Bild 1).

Schleifringläufermotoren entwickeln ein hohes Anzugsmoment bei kleinem Anzugsstrom. Sie können unter Last anlaufen.

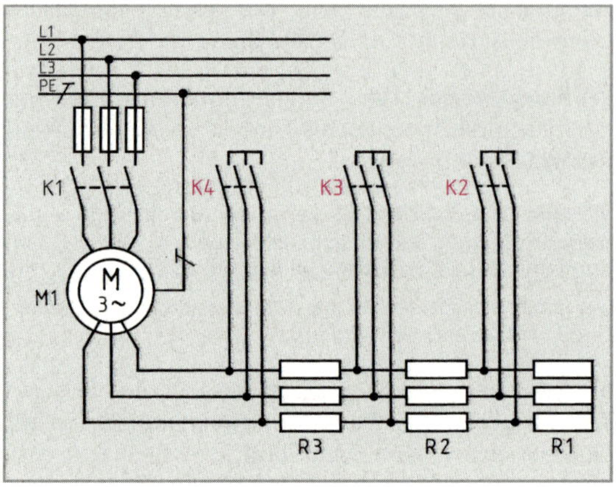

Bild 2: Schleifringläufermotor mit dreistufigem Anlasswiderstand

Verringert man beim Anlaufen des Motors den Anlasswiderstand in Stufen **(Bild 2)**, so kann der Motor bei richtiger Einstellung des Läuferanlassers gegen ein großes Lastmoment sanft anlaufen **(Bild 3)**. Anlaufstromspitzen werden hierbei vermieden.

Motoren über 20 kW haben meist eine Bürstenabhebevorrichtung. Nach dem Hochlaufen werden die Schleifringe durch Stifte kurzgeschlossen und die Bürsten gleichzeitig abgehoben.

Anwendung. Schleifringläufermotoren werden mit Nennleistungen von etwa 5 kW bis 500 kW gebaut. Sie dienen als Antrieb z. B. für Wasserwerkspumpen, Steinbrechmaschinen und große Werkzeugmaschinen sowie als Antriebe mit Volllast- und Schweranlauf, z. B. für Hebezeuge. Wegen Brandgefahr dürfen Schleifringläufermotoren z. B. in landwirtschaftlichen Anwesen nicht verwendet werden.

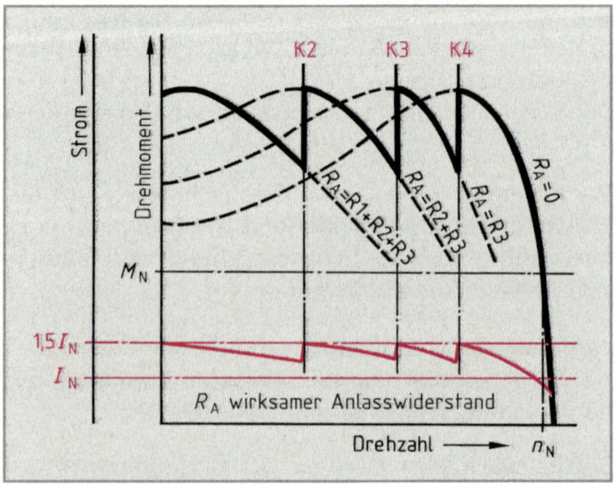

Bild 3: Drehmoment und Anlaufstrom eines Schleifringläufermotors mit dreistufigem Anlasswiderstand

12.2.6 Polumschaltbare Motoren

Die Frequenz liegt im öffentlichen Netz fest. Die Drehzahländerung von Kurzschlussläufermotoren erfolgt durch die Polumschaltung. Wird die Polzahl der Statorwicklung geändert, so ändert sich die Drehfelddrehzahl und mit ihr die Läuferdrehzahl.

Motor mit getrennten Ständerwicklungen

Zwei getrennte Ständerwicklungen mit verschiedenen Polzahlen **(Bild 1)** ermöglichen zwei Drehzahlen, die in einem beliebigen ganzzahligen Verhältnis zueinander stehen können, z. B. 3 : 4.

Das Drehmoment ist bei beiden Drehzahlen etwa gleich, die Leistungen des Motors verhalten sich etwa wie die Drehzahlen.

Motoren mit getrennten Wicklungen erfordern einen erhöhten Aufwand an Wicklungen und Elektroblech. Sie werden daher nur dort angewandt, wo das Drehzahlverhältnis 1 : 2 nicht genutzt werden kann. An das Klemmbrett werden in der Regel nur die Anfänge der Wicklungen geführt (Bild 1).

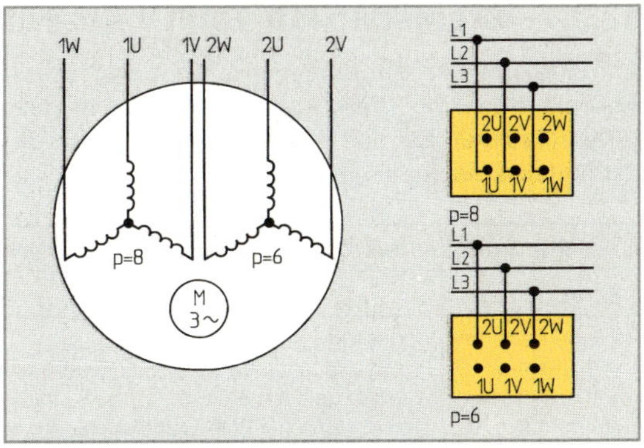

Bild 1: Polumschaltbarer Motor mit zwei getrennten Ständerwicklungen

Motor mit unterteilten Ständerwicklungen (Dahlanderschaltung)

Bei der nach ihrem Erfinder benannten Dahlanderschaltung ist jeder Strang der Ständerwicklung in zwei Wicklungsteile unterteilt. Durch Umschaltung dieser Spulengruppen aus der Reihenschaltung in die Parallelschaltung wird die entstehende Polzahl halbiert, dadurch verdoppelt sich die Drehfelddrehzahl (Wicklungen Seite 334).

Die gebräulichste Dahlanderschaltung ist die **Dreieck-Doppelstern-Schaltung (Bild 2)**. Eine Reihenschaltung der Wicklungsteile bedeutet Dreieckverkettung der Stränge, bei Parallelschaltung erfolgt Sternverkettung, um durch Spannungsherabsetzung eine zu hohe Induktion im Nutbereich des Stators zu vermeiden. Dadurch erhöht sich trotz doppelter Drehzahl die Motorleistung nur um etwa den 1,5fachen Wert. Das Drehmoment bleibt in beiden Drehzahlbereichen gleich, deshalb eignet sich die Dahlanderschaltung besonders für Antriebe mit konstantem Drehmoment, z. B. für Werkzeugmaschinen.

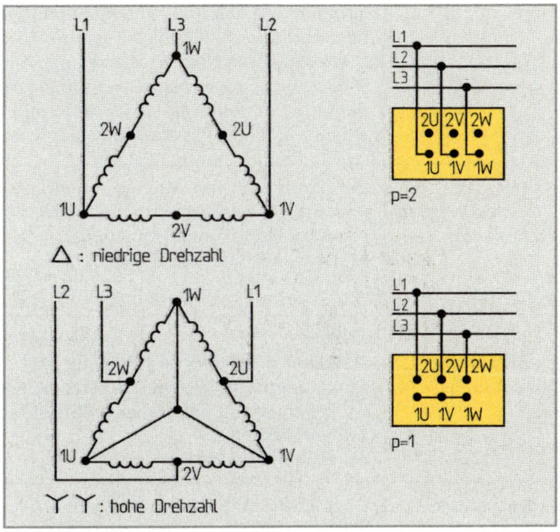

Bild 2: Polumschaltbarer Motor mit Dahlanderwicklung (Dreieck-Doppelstern)

Die Dahlanderschaltung erlaubt durch Halbieren der Polzahl eine Drehzahlverdoppelung.

Das Klemmbrett von Motoren mit Dahlanderschaltung hat für jede Polzahl drei Klemmen, weil die Wicklungsteile meist bereits in der Ständerwicklung zusammengeschaltet sind (Bild 2). Der Motor kann daher nur an einer Netzspannung betrieben werden.

Die Klemmen für die niedere Drehzahl sind mit 1U, 1V, 1W bezeichnet, die für die hohe Drehzahl mit 2U, 2V, 2W. Hierbei sind bereits vom Hersteller die Klemmenbezeichnungen 1U und 1W getauscht. Der Tausch ist erforderlich, damit bei gleichartigem Anschluss in beiden Drehzahlbereichen der Drehsinn erhalten bleibt.

Werden Motoren mit zwei getrennten und zugleich unterteilten Wicklungen ausgeführt, so sind bis zu vier Drehzahlen möglich.

Polumschaltbare Motoren werden in Sonderfällen auch für Doppelstern-Dreieck-Umschaltung (YY/Δ) oder für Stern-Doppelstern-Umschaltung (Y/YY) ausgeführt. Motoren mit YY/Δ-Umschaltung haben in beiden Drehzahlstufen gleiche Leistungen, solche mit Y/YY-Umschaltung haben bei doppelter Drehzahl ein vierfaches Drehmoment (Anwendung z. B. bei Lüftermotoren).

12.2.7 Bremsbetrieb von Drehstromasynchronmotoren

Antriebe mit Drehstromasynchronmotoren müssen oft gebremst werden, z. B. bei Hebezeugen zum Absenken oder bei Werkzeugmaschinen zum raschen Stillsetzen. Dazu gibt es eine Reihe von Möglichkeiten **(Tabelle)**. Bei der **Verlustbremsung** wird die kinetische Energie in Wärmeenergie umgeformt, bei der **Nutzbremsung** in elektrische Energie.

Tabelle: Bremsverfahren von Antrieben mit Drehstromasynchronmotoren

Bezeichnung	Erklärung	Schaltung (Prinzip)
Brems-Lüftmagnet (Federdruck-bremsung)	Bremskraft durch Feder. Sobald die Erregerspule eingeschaltet ist, wird die Bremse gelöst (gelüftet). Anwendung bei Werkzeugmaschinen und Hebezeugen.	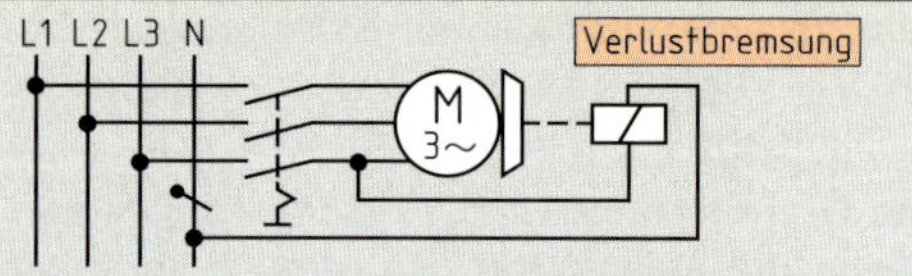
Gegenstrom-bremsung	Die Bremskraft wird vom Motor hervorgerufen, weil dessen Drehfeld durch Vertauschen zweier Außenleiter einen anderen Drehsinn erhält. Nach Stillsetzen des Antriebes muss abgeschaltet werden, da sonst der Motor in umgekehrter Drehrichtung anläuft. Anwendung bei Bandsägen.	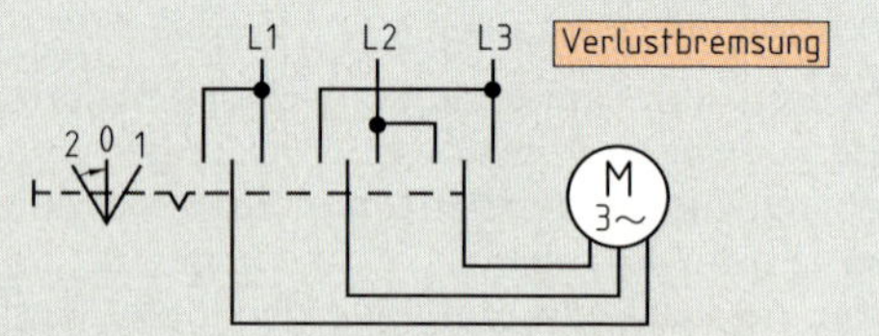
Über-synchrone Bremsung	Der Motor wird von der Last angetrieben und arbeitet als Asynchrongenerator. Anwendung bei polumschaltbaren Motoren, z.B. bei Hebezeugen.	
Unter-synchrone Bremsung	Schleifringläufermotor, mit großem Widerstand im Läuferkreis und als Einphasenmotor geschaltet, entwickelt bei Rechtslauf ein Drehmoment nach links. Im Stillstand keine Bremskraft. Anwendung bei Hebezeugen.	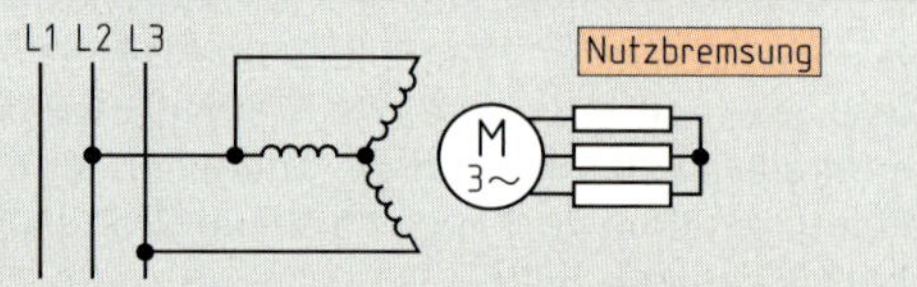
Gleichstrom-bremsung	Ständerwicklung des Motors wird an niedrige Gleichspannung gelegt. Der durch Induktion entstehende Läuferstrom bremst. Anwendung bei Werkzeugmaschinen und Fördermaschinen.	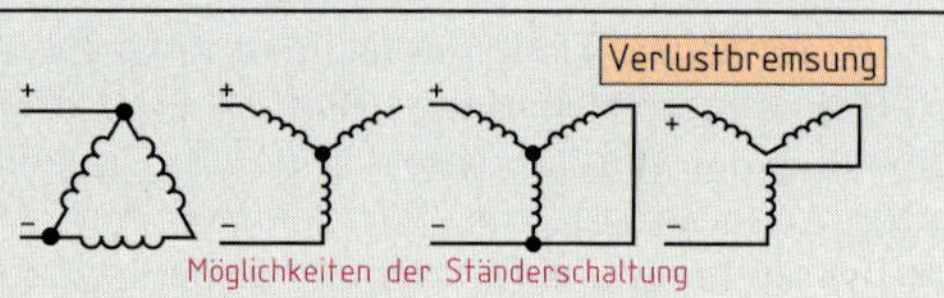

Die vom Asynchronmotor während des Hochlaufens aufgenommene Energie ist wegen des abnehmenden Schlupfes je zur Hälfte Verlustenergie in Form von Wärme und kinetische Energie, die sich nach dem Hochlaufen im Läufer befindet. Beim Bremsen kommt es darauf an, die Läuferenergie umzuwandeln. Bei der Federdruckbremsung, der untersynchronen Senkbremsung und bei der Gleichstrombremsung wird die Läuferenergie ganz in Wärme umgewandelt. Bei der übersynchronen Bremsung arbeitet der Motor als Generator, sodass nur die Verlustwärme anfällt. Übersynchrone Bremsung liegt auch bei polumschaltbaren Motoren vor, wenn von der hohen Drehzahl in die niedrige Drehzahl umgeschaltet wird. Wird bei einem polumschaltbaren Motor mit dem Polzahlverhältnis 2 : 1 nur die niedrige Drehzahl durch eine Federdruckbremse auf null gebracht, so beträgt die Verlustenergie nur 25 % eines gleichartigen, nicht polumschaltbaren Motors. Bei der Gegenstrombremsung ist die Verlustenergie besonders groß, weil der Schlupf während des Bremsens von 200 % auf 100 % absinkt.

Wird der Motor während des Bremsens von der Last angetrieben, so muss zusätzlich diese Antriebsenergie umgeformt werden, z. B. beim Absenken einer Last. Auch hier kann Verlustbremsung oder Nutzbremsung angewendet werden.

Die übersynchrone Bremsung ist das günstigste Bremsverfahren, die Gegenstrombremsung das ungünstigste.

12.2.8 Drehstromlinearmotoren

Linearmotoren sind Antriebsmaschinen, die eine gerade (lineare) Bewegungskraft hervorrufen **(Bild 1)**.

Zum Verständnis des Linearmotors denkt man sich den Ständer eines Drehstrommotors am Umfang aufgeschnitten und gestreckt. Wird die in eine Ebene gestreckte Drehstromwicklung mit Drehstrom gespeist, so bewegen sich die Magnetpole in eine Richtung, z. B. von rechts nach links. Statt eines Drehfeldes entsteht also ein **Wanderfeld.**

Beim Linearmotor wirkt ein magnetisches Wanderfeld.

Bild 1: Magnetschwebebahn mit Linearantrieb

Aufbau. Der dem Ständer eines Drehstrommotors entsprechende Teil heißt beim Linearmotor **Induktor (Bild 2).** Er besteht aus einem kammförmigen Induktor-Blechpaket und einer in die Nuten eingelegten Drehstromwicklung. Es werden zwei einander gegenüberliegende Induktoren verwendet (Bild 2) oder ein einzelner.

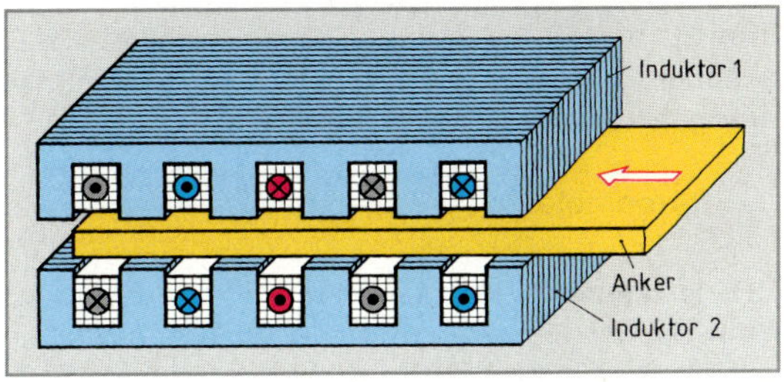

Bild 2: Linearmotor mit zwei Induktoren

Der dem Kurzschlussläufer entsprechende Teil des Linearmotors heißt **Anker.** Er ist zwischen den beiden Induktoren angeordnet und besteht aus einem massiven Leiter, z. B. aus Aluminium. Ein Anker aus einem magnetischen Werkstoff, z. B. Stahl, macht einen der beiden Induktoren entbehrlich, weil die magnetischen Feldlinien durch den Stahl zum nächsten Pol des Induktors geleitet werden. Der Stahl-Anker kann auch mit Leiterwerkstoff überzogen sein, z. B. mit Aluminium.

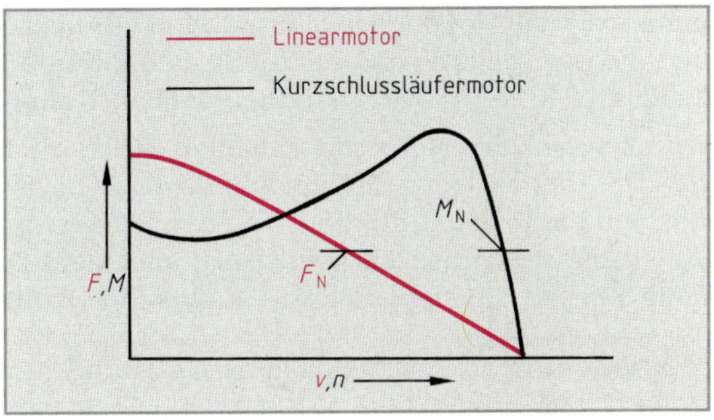

Bild 3: Kennlinien von Linearmotor und Kurzschlussläufermotor

Wirkungsweise. Das Wanderfeld des Induktors induziert im Anker kräftige Wirbelströme. Nach der Lenz'schen Regel sind diese so gerichtet, dass die Induktionswirkung des Wanderfeldes geschwächt wird. Durch das Wanderfeld des Induktors und durch die Wirbelströme wird daher auf den Anker eine Kraft in Richtung des Wanderfeldes ausgeübt. Ist der Induktor befestigt und der Anker beweglich, so bewegt sich der Anker mit dem Wanderfeld. Ist dagegen der Induktor beweglich und der Anker fest, so bewegt sich der Induktor in entgegengesetzter Richtung wie sein Wanderfeld.

Beim Linearmotor kann der Induktor oder der Anker bewegt werden.

Betriebsverhalten. Linearmotoren wirken wie Asynchronmotoren. Die Geschwindigkeit des Wanderfeldes hängt von der Frequenz und von der Poleinteilung des Induktors ab. Zur Induktionswirkung im Anker ist ein Schlupf erforderlich. Bei Belastung kann der Schlupf größer als 50 % sein, da Linearmotoren große Luftspalte und Ankerwiderstände haben. Somit ist die Bewegungsgeschwindigkeit viel kleiner als die Wanderfeldgeschwindigkeit.

Linearmotoren arbeiten mit sehr großem Schlupf und haben beim Anlauf ihre höchste Kraft **(Bild 3).**

Anwendung. Linearmotoren werden z. B. als Antrieb für den Werkstofftransport, für Förderbänder, als Torantrieb, als Antrieb für große Scheiben und bei Schnellbahnen (Magnetschwebebahnen) verwendet.

12.2.9 Synchronmotor

Aufbau. Der Ständer des Synchronmotors ist wie der des Asynchronmotors aufgebaut. Im Ständerblechpaket befindet sich eine Drehstromwicklung zur Erzeugung des magnetischen Drehfeldes. Der Läufer mit massivem oder geblechtem Polkern trägt eine Erregerwicklung, der über Schleifringe Gleichstrom zugeführt wird. Er wirkt als Elektromagnet (Polrad). Seine Polzahl ist so groß wie die Polzahl der Ständerwicklung. Bei kleineren Motoren werden auch **Permanentmagnetläufer** verwendet.

Wirkungsweise. Beim Einschalten hat das Ständerdrehfeld sofort die Drehzahl entsprechend seiner Polzahl und der Netzfrequenz. Die Pole des Läufers werden durch die Gegenpole des Ständerdrehfeldes angezogen und kurz darauf von dessen gleichartigen Polen abgestoßen. Das Polrad kann wegen seiner Massenträgheit nicht sofort der Drehfelddrehzahl folgen.

Erreicht der Läufer durch eine Anlaufhilfe, z. B. einen Anlaufkäfig, annähernd Drehfelddrehzahl, wird er in die Drehfelddrehzahl „hineingezogen“ und läuft mit ihr weiter **(Bild 1)**.

Synchronmotoren benötigen zum Anlaufen besondere Anlaufhilfen.

Hat der Läufer eine zusätzliche Kurzschlusswicklung (Seite 289), so kann der Synchronmotor als Asynchronmotor anlaufen. Nach Einschalten des Erregerstromes läuft er dann als Synchronmotor weiter. Während des asynchronen Anlaufes muss die Erregerwicklung über einen Widerstand geschlossen sein, damit die in ihr induzierte Spannung nicht die Wicklungsisolierung durchschlägt. Im Betrieb verhindert die Kurzschlusswicklung bei Belastungsstößen das Pendeln des Läufers. Man nennt diese Wicklung deshalb **Dämpferwicklung.**

Betriebsverhalten. Nach dem Anlaufen dreht sich der Synchronmotor mit der Drehzahl des Drehfeldes. Wird er belastet, so nimmt der Abstand der Pole des Polrades von den Polen des Drehfeldes zu. Das Polrad bleibt um den Lastwinkel ϑ hinter dem Drehfeld und damit hinter der Leerlaufstellung des Polrades zurück **(Bild 2)**.

Synchronmotoren haben auch bei Belastung Drehfelddrehzahl.

Das Drehmoment ist zunächst umso größer, je größer der Lastwinkel ist. In der Mitte zwischen zwei Polen des Ständers erhält das Polrad die größte Kraft, da der in Drehrichtung voreilende Pol das Polrad zieht, der nacheilende Pol aber schiebt. Bei einer zweipoligen Maschine ist dabei der Lastwinkel 90°. Bei Vergrößerung des Lastwinkels lässt die Kraft des voreilenden Poles auf das Polrad stark nach. Das größte Drehmoment (Kippmoment) wird also zwischen zwei Ständerpolen entwickelt **(Bild 3)**.

Das Kippmoment tritt bei einem Lastwinkel von 90° auf.

Synchronmotoren haben meist ein Kippmoment, das doppelt so groß ist wie das Nennmoment. Bei Belastung über das Kippmoment löst sich die magnetische Verbindung zwischen Stator und Polrad. Der Läufer fällt „außer Tritt“ und bleibt stehen. Synchronmotoren sind gegen Spannungsabsenkung weniger empfindlich als Asynchronmotoren. Die magnetische Flussdichte des Drehfeldes und das Drehmoment nehmen im gleichen Verhältnis wie die Spannung ab (Bild 3).

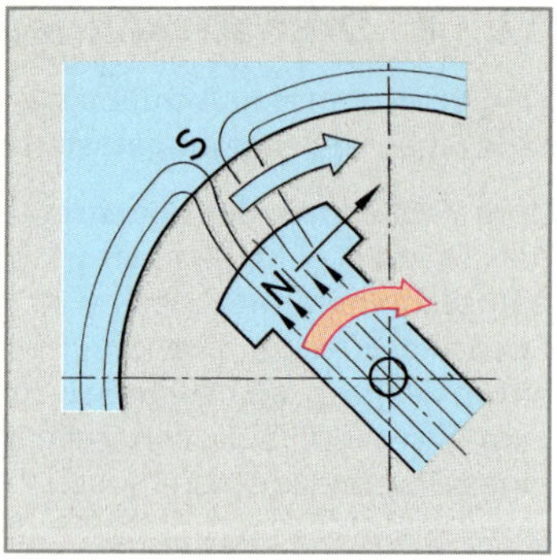

Bild 1: Kraftwirkung auf den sich drehenden Läufer

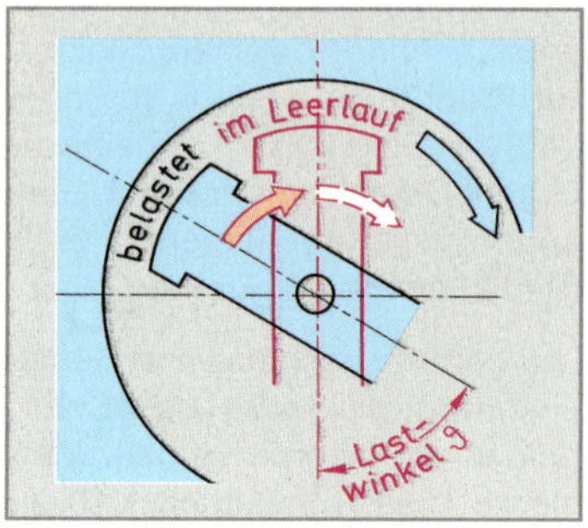

Bild 2: Lastwinkel beim Synchronmotor

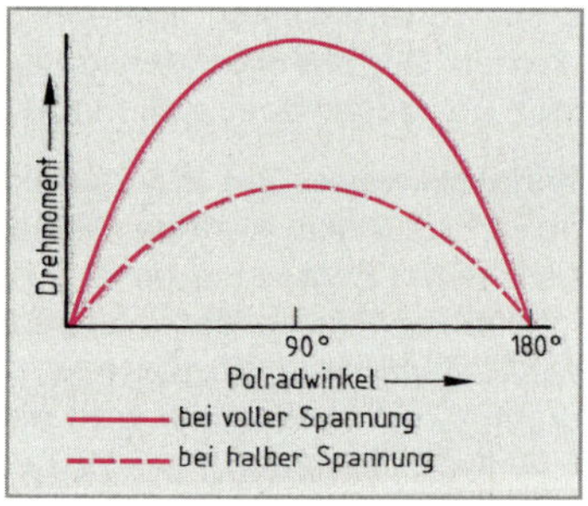

Bild 3: Drehmoment in Abhängigkeit vom Lastwinkel

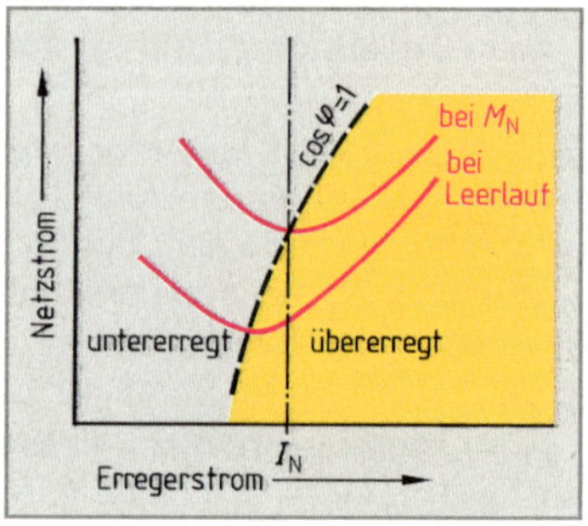

Bild 4: Synchronmotor als Phasenschiebermaschine

Wird ein Synchronmotor mit einem Erregerstrom betrieben, der höher als sein Nenn-Erregerstrom ist, spricht man vom übererregten Betrieb (Synchrongenerator Seite 309). Der Motor wirkt gleichzeitig wie ein Generator und liefert induktive Blindleistung in das Netz **(Bild 4, Seite 300)**. Synchronmotoren können daher als **Phasenschiebermaschinen** eingesetzt werden. Bei übererregtem Betrieb können sie, wie Kompensationskondensatoren, zur Blindstromkompensation verwendet werden. Im untererregten Betrieb nehmen Synchronmotoren induktive Blindleistung aus dem Netz auf.

Wegen ihrer konstanten Drehzahl werden Synchronmotoren auch als **Wechselstrom-Kleinmotoren** verwendet **(Bild 1)**. Diese Motoren haben Permanentmagnetläufer, z. B. nach dem Spaltpolprinzip (Seite 305). Sie werden für elektrische Uhren, Programmschaltwerke, Zeitrelais und als Antrieb von Messschreibern verwendet.

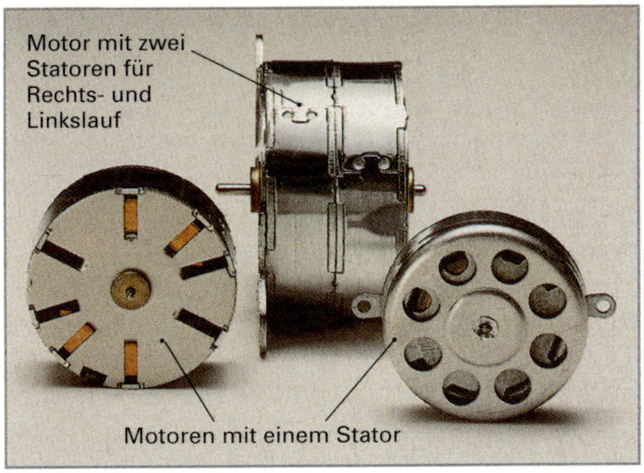

Bild 1: Synchronkleinmotoren (Magnetläufer, 2 W bis 5 W, 375 1/min)

12.3 Sonstige Drehfeldmotoren

Drehfeldmotoren mit Kurzschlussläufer sind robust, kostengünstig und funkstörfrei. Sie werden deshalb auch für Einphasenwechselstrom und für Gleichstrom gebaut.

12.3.1 Anwurfmotor

Versuch: Schließen Sie die Klemmen U1 und V1 eines Drehstrommotors kleiner Leistung, z. B. 0,37 kW und 230 V Strangspannung, an das Wechselstromnetz 230 V an. Schalten Sie ein.

Der Motor brummt, läuft aber nicht an.

Drehen Sie den Läufer vorsichtig von Hand.
Der Motor läuft in Drehrichtung hoch.

Das im Ständer des Motors wirksame Wechselfeld kann man in zwei gleich starke Drehfelder zerlegen, die entgegengesetzten Drehsinn haben **(Bild 2)**.

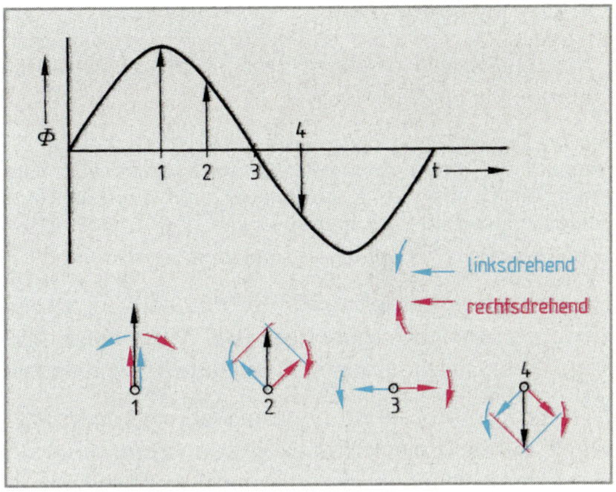

Bild 2: Zerlegung des Wechselfeldes in zwei entgegengesetzte Drehfelder

Wird der Motor z. B. durch Drehen der Antriebsscheibe angeworfen, erfolgt eine Stärkung des in der Anwurfrichtung wirkenden Drehfeldes. Der Motor kann in der Anwurfrichtung weiterlaufen. Aus der Darstellung der Drehmomentkennlinien **(Bild 3)** ist ersichtlich, dass hierbei das der Anwurfdrehrichtung entgegenwirkende Moment mit zunehmender Drehzahl schwächer wird.

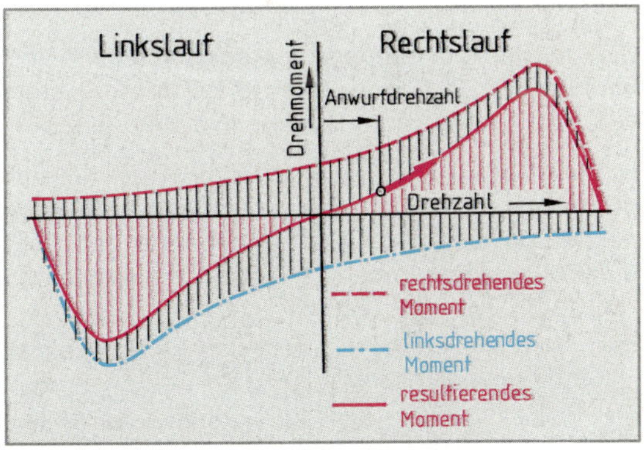

Bild 3: Drehmomente eines Anwurfmotors

> Ein magnetisches Wechselfeld übt auf einen sich drehenden Käfigläufer ein Drehmoment aus.

Beim Anwurfmotor enthält der Ständer nur einen Wicklungsstrang U1, U2, der in 2/3 der Nuten untergebracht ist (Wicklungen, Seite 334).

Anwurfmotoren verwendet man z. B. für kleine Betonmischmaschinen und Schleifmaschinen.

12.3.2 Drehstrommotor an Wechselspannung (Steinmetzschaltung)

Versuch 1: Schließen Sie einen kleinen Drehstrommotor △ 230 V mit U1 und V1 an L1 und N (Wechselspannung 230 V) an, und verbinden Sie W1 über einen Kondensator 8 μF mit U1 **(Bild 1)**. Schalten Sie ein.

Der Motor läuft selbst an.

Drehstrommotoren erzeugen ihr Drehfeld bei Anschluss an das Drehstromnetz durch die aufgenommenen, zueinander um 120° verschobenen Außenleiterströme. In ihren Strängen entstehen gleichstarke magnetische Flüsse, da die Ströme gleich groß sind. Das entstehende Drehfeld hat an jeder Stelle des Statorumfanges gleiche Stärke, es ist kreisförmig **(Bild 2)**.

Bei Wechselspannungsbetrieb hat der über den Kondensator zugeführte Strom gegenüber dem Strom aus dem Netz ebenfalls eine Phasenverschiebung. Es entsteht daher ein magnetisches Drehfeld. Bedingt durch den Kondensator sind die Ströme in den einzelnen Strängen jetzt verschieden groß. Dadurch ändert sich die Stärke des Drehfeldes periodisch während einer Umdrehung **(Bild 3)**.

> Mithilfe von Kondensatoren erzeugte Drehfelder haben eine elliptische Form.

Versuch 2: Ändern Sie den Motoranschluss aus Versuch 1 so, dass die Klemme W1 über den Kondensator nicht mehr an U1, sondern an V1 angeschlossen ist (Bild 1). Schalten Sie ein.

Der Motor läuft mit entgegengesetzter Drehrichtung.

Bei Drehstrombetrieb wird die Motordrehrichtung durch Tausch von zwei Außenleitern geändert, bei Wechselstrombetrieb durch den Tausch des netzseitigen Kondensatoranschlusses (Bild 1).

Drehstrommotoren können an Wechselspannung betrieben werden, wenn durch Dreieckschaltung oder Sternschaltung die Strangspannung der Netzspannung angepasst werden kann.

Durch das elliptische Drehfeld verringert sich das Leistungsvermögen gegenüber dem Drehstrombetrieb. Der Motor kann daher nur mit etwa 70 % seiner Nennleistung betrieben werden, sein Anzugsmoment verringert sich meist um über die Hälfte.

Die erforderliche Kondensatorkapazität ist von der Netzspannung abhängig. Bei 230 V sind 70 μF je kW Motorleistung erforderlich, bei 400 V 22 μF je kW Motorleistung (Netzfrequenz 50 Hz).

In Steinmetzschaltung werden Drehstrommotoren mit Nennleistungen bis etwa 2 kW betrieben, wenn kein Drehstromanschluss vorhanden ist. Man setzt sie z. B. zum Antrieb von Betonmischmaschinen und für Umwälzpumpen in Heizungsanlagen ein.

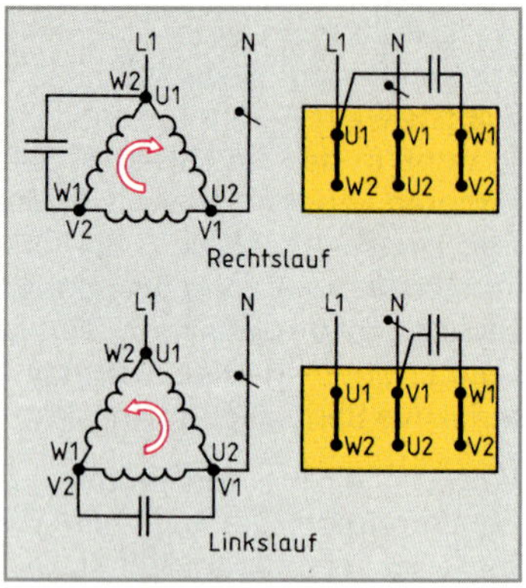

Bild 1: Drehstrommotor an Wechselspannung (Steinmetzschaltung)

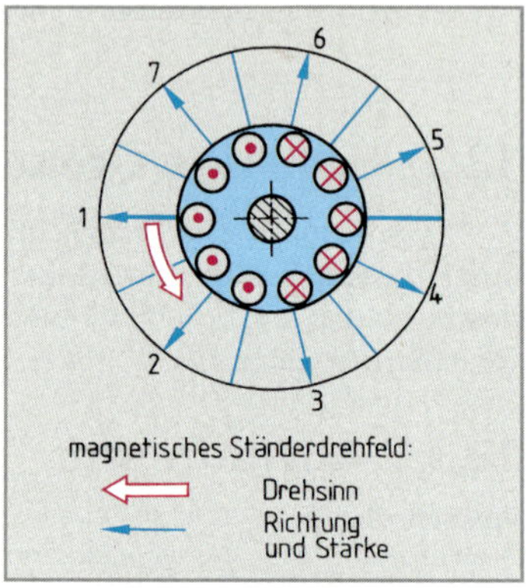

Bild 2: Kreisförmiges Drehfeld (Drehstrombetrieb)

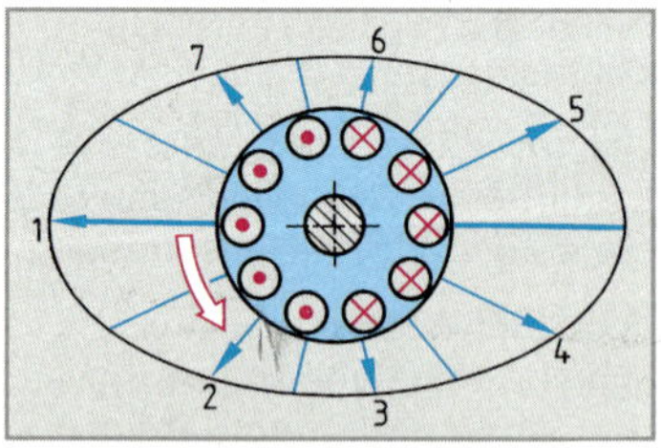

Bild 3: Elliptisches Drehfeld (Steinmetzschaltung und Kondensatormotor)

Wiederholungsfragen

1. **Wodurch unterscheidet sich im Aufbau der Schleifringläufermotor vom Kurzschlussläufermotor?**
2. **Welche Vorteile bietet das Läuferanlassverfahren bei Schleifringläufermotoren gegenüber den Ständeranlassverfahren bei Kurzschlussläufermotoren?**
3. **Wie verhalten sich bei der Dahlanderschaltung Drehzahlen und Leistungen?**
4. **Welche Bremsverfahren verwendet man bei Drehstromasynchronmotoren?**
5. **Wie wird bei modernen Synchronmotoren Selbstanlauf erreicht?**
6. **Wie wirkt sich bei Synchronmotoren die Überschreitung des Kippmomentes aus?**
7. **Warum haben Drehstrommotoren in Steinmetzschaltung Selbstanlauf?**

12.3.3 Einphasen-Induktionsmotoren

Einphasen-Induktionsmotoren haben einen Ständer, in dessen Blechpaket zwei Wicklungsstränge untergebracht sind. Als Läufer werden Käfigläufer verwendet.

Der Hauptstrang, meist als Hauptwicklung bezeichnet, ist in $^2/_3$ der Ständernuten eingelegt und hat die Anschlussbezeichnungen U1, U2. Die Hilfswicklung (Hilfsstrang) Z1, Z2 ist in dem verbleibenden Drittel der Nuten um 90° räumlich versetzt untergebracht **(Bild 1)**.

Voraussetzung für die Entstehung eines Drehfeldes im Ständer ist eine zeitliche Verschiebung des Stromes in der Hilfswicklung gegenüber dem Strom in der Hauptwicklung **(Bild 2)**.

Die in Haupt- und Hilfswicklung entstehenden Wechselfelder sind dann räumlich und zeitlich zueinander versetzt und bilden ein gemeinsames Drehfeld **(Bild 3)**. Das Drehfeld bewirkt Selbstanlauf.

Einphasen-Induktionsmotoren können selbst anlaufen.

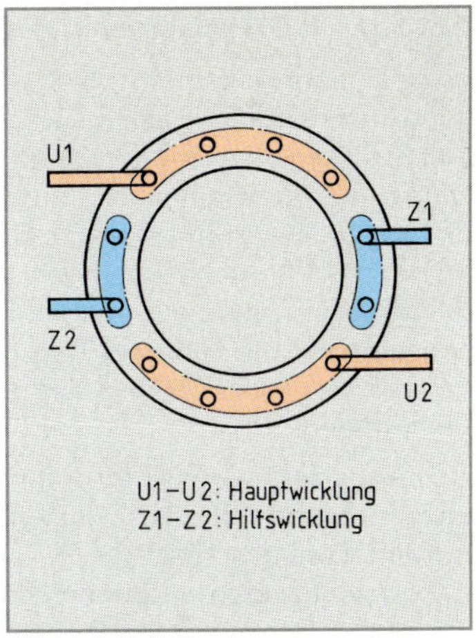

Bild 1: Wicklungen bei Einphasen-Induktionsmotoren

Die Drehfelddrehzahl ergibt sich wie bei Drehstrommotoren aus der Polzahl und der Netzfrequenz. Bild 3 zeigt die Drehfeldbildung in den Augenblicken 1 und 2 bei Wicklungsströmen gemäß Bild 2.

Eine Phasenverschiebung zwischen den Strömen der Hauptwicklung und der Hilfswicklung wird erreicht durch die Wirkung einer Kapazität, eines Wirkwiderstandes oder einer erhöhten Induktivität der Hilfswicklung. Die entstehenden Drehfelder haben elliptische Form (Bild 3, Seite 302).

Wird eine Kapazität, ein Wirkwiderstand oder eine Induktivität in die Hilfswicklung von Einphasen-Induktionsmotoren geschaltet, so entsteht ein Drehfeld.

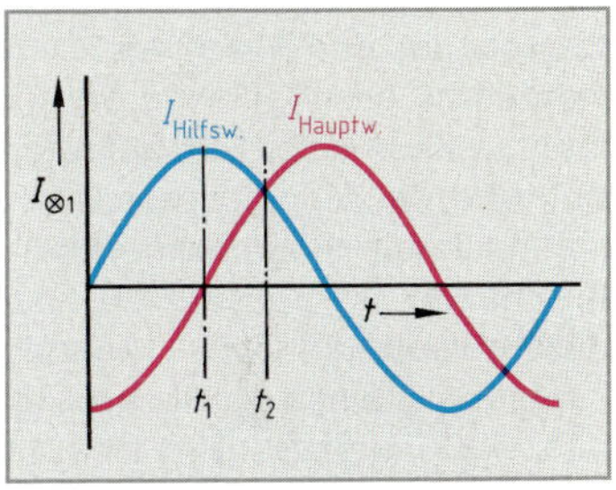

Bild 2: Phasenverschiebung der Ströme in Haupt- und Hilfswicklung

Einphasenmotoren mit Induktivitäten werden wegen ihres geringen Anlaufmomentes selten verwendet.

12.3.4 Einphasenmotor mit Widerstandshilfsstrang

Das Drehfeld bildet sich, wenn dem Hilfsstrang ein Wirkwiderstand vorgeschaltet wird. Der erforderliche Wirkwiderstand kann auch durch das Wickeln der Hilfswicklung mit Widerstandsdraht hergestellt werden. Meist aber führt man die Hilfswicklung als **bifilare Wicklung** (Seite 334) aus. Hierbei wird $^1/_3$ der Spulenwindungszahl gegenläufig zu den anderen Windungen gewickelt.

Bei der bifilaren Hilfswicklung wird die induktive Wirkung teilweise aufgehoben, während ihr Wirkwiderstand erhalten bleibt.

Der Widerstandshilfsstrang muss nach dem Hochlaufen des Motors abgeschaltet werden, um eine thermische Überlastung zu vermeiden. Dies kann z. B. durch Fliehkraftschalter erfolgen. Der Motor arbeitet nach der Abschaltung wie ein Anwurfmotor.

Motoren mit Widerstandshilfsstrang werden mit Nennleistungen bis etwa 300 W gebaut. Ihr Anlaufmoment entspricht etwa dem Nennmoment. Man verwendet sie bei geringer Einschalthäufigkeit, z. B. für Kühlschrank-Kompressoren und als Ölbrennermotoren.

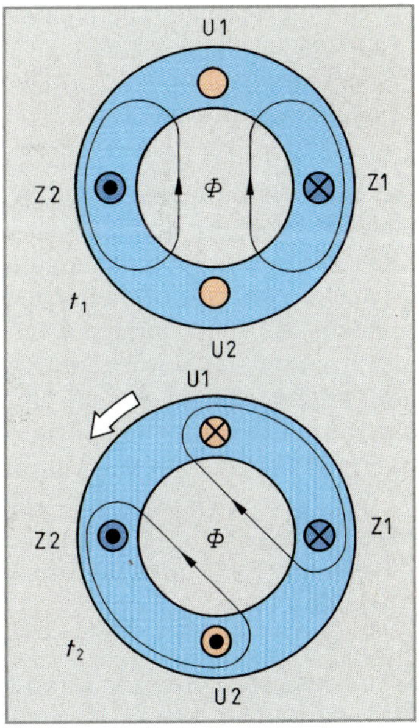

Bild 3: Ständerdrehfeld in den Augenblicken t_1 und t_2

12.3.5 Kondensatormotor

Beim Kondensatormotor wird die zur Drehfeldbildung erforderliche Phasenverschiebung zwischen den Strömen der Hauptwicklung und der Hilfswicklung durch die Reihenschaltung eines Kondensators zur Hilfswicklung erreicht. Der Kondensator ist meist am Motorgehäuse angebracht **(Bild 1)**. Ist die Hilfswicklung ungeteilt ausgeführt, wird der Kondensator vor die Hilfswicklung geschaltet **(Bild 2)**, bei geteilter Hilfswicklung liegt er zwischen ihren Teilsträngen.

Zur Änderung der Motordrehrichtung muss die Stromrichtung in der Hilfswicklung umgepolt werden. Dies geschieht durch Tausch des Kondensatoranschlusses am Klemmbrett (Bild 2).

Ein hohes Anzugsmoment entwickelt der Motor bei Verwendung eines **Anlaufkondensators** C_A und eines **Betriebskondensators** C_B **(Bild 3)**. Das Anlaufmoment kann durch die Kapazität beider Kondensatoren auf den Wert des 2- bis 3fachen Nennmomentes gesteigert werden **(Bild 4)**. Der Motor kann dadurch unter Last anlaufen. Nach dem Hochlauf wird die Anlaufkapazität abgeschaltet, sodass nur noch die Betriebskapazität wirksam ist. Das Abschalten ist erforderlich, da durch die hohe Gesamtkapazität von Anlaufkondensator und Betriebskondensator ein großer Strom durch die Hilfswicklung fließt. Dies führt bei Dauerbetrieb zu einer Überhitzung. Die Abschaltung erfolgt durch thermische oder stromabhängige Relais oder wie in Bild 3 durch Fliehkraftschalter.

Schaltet man die Gesamtkapazität ab, entspricht das Betriebsverhalten dem eines Anwurfmotors.

> Anlaufkondensatoren werden nach dem Hochlaufen abgeschaltet.

Der Betriebskondensator soll je kW Motorleistung eine Blindleistung von 1,3 kvar aufweisen. Für die Kapazität des Anlaufkondensators wird meist der dreifache Wert des Betriebskondensators gewählt. Kondensator und Induktivität der Hilfswicklung bilden einen Reihenschwingkreis. Deshalb ist die am Kondensator anliegende Spannung größer als die Netzspannung. Die größte Kondensatorspannung tritt bei Leerlauf des Motors auf.

> Die Kondensatoren des Kondensatormotors müssen für die größte auftretende Spannung bemessen sein.

Kondensatormotoren mit Nennleistungen bis etwa 2 kW werden als Antrieb für Haushalts-, Werkzeug- und Baumaschinen verwendet, z. B. für Kühlschränke und Waschmaschinen.

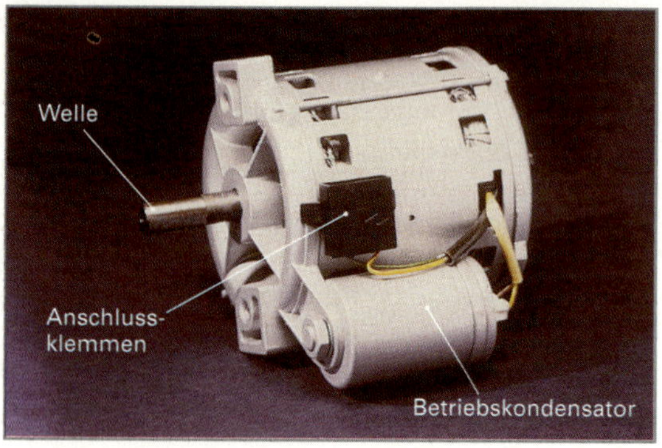

Bild 1: Kondensatormotor mit Kondensator

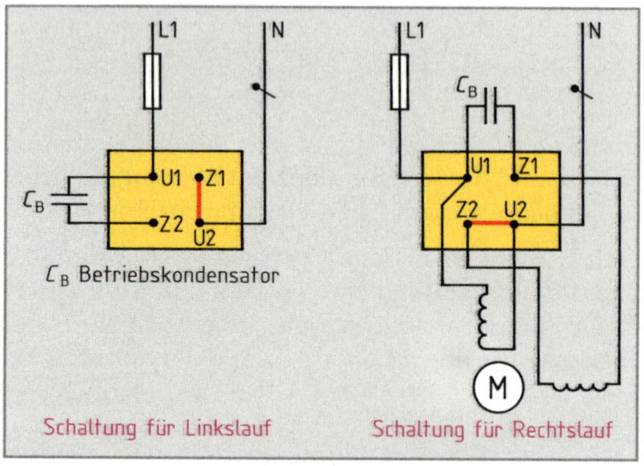

Bild 2: Schaltung bei ungeteilter Hilfswicklung

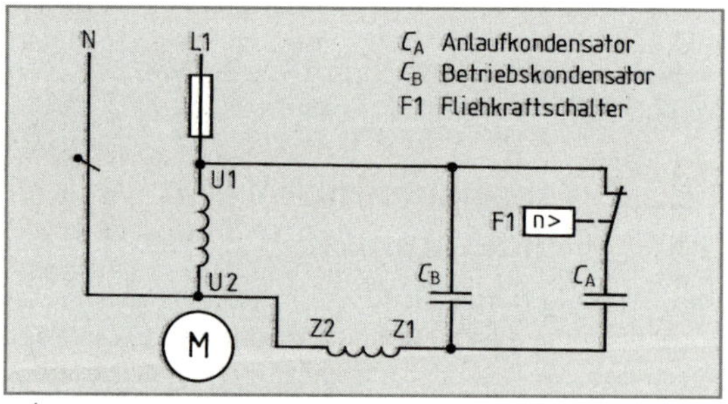

Bild 3: Kondensatormotor mit Anlauf- und Betriebskondensator

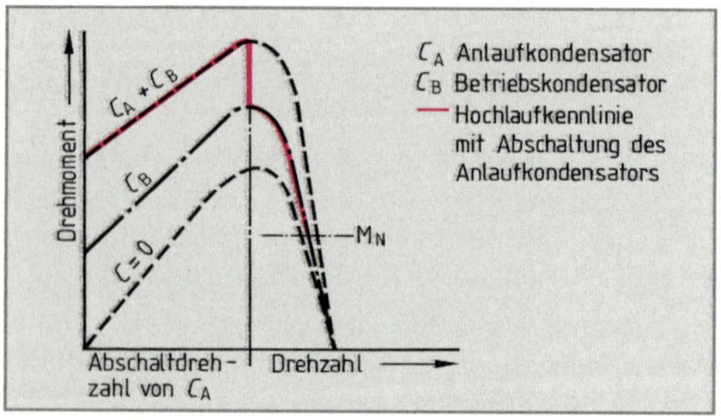

Bild 4: Momentenkennlinien beim Kondensatormotor

12.3.6 Spaltpolmotor

Schnelllaufender Spaltpolmotor

Der Ständer des Spaltpolmotors **(Bild 1)** hat ausgeprägte Pole. Von diesen ist ein kleinerer Teil durch eine Nut abgespalten. Um diesen Spaltpol liegt eine Kurzschlusswicklung **(Bild 2)**. Durch die Kurzschlusswicklung geht nur ein Teil der von der Ständerwicklung erzeugten Feldlinien. Dadurch entsteht eine große Streuung: Zwischen dem Strom in der Ständerwicklung und dem in der Kurzschlusswicklung fließenden Strom tritt eine Phasenverschiebung auf. Die beiden phasenverschobenen Ströme erzeugen ein magnetisches Feld, dessen Magnetpole nacheinander zu folgenden Statorpolen wandern: Hauptpol 1, Spaltpol 1, Hauptpol 2, Spaltpol 2 usw. Dieses ungleichmäßige Drehfeld dreht einen Kurzschlussläufer.

Die Drehrichtung von Spaltpolmotoren geht immer vom Hauptpol zum Spaltpol.

Die Drehrichtung ist durch die Polanordnung bedingt und kann elektrisch nicht geändert werden.

Stellt man den Läufer aus magnetisch hartem Werkstoff her **(Hystereseläufer)**, so laufen derartige Motoren nach dem Anlauf als Synchronmotoren weiter.

Spaltpolmotoren sind robust und kostengünstig herzustellen. Wegen ihres geringen Wirkungsgrades von nur etwa 30% werden sie für kleine Leistungen bis etwa 300W gefertigt. Sie dienen zum Antrieb von Heizlüftern, Laugenpumpen und Wäscheschleudern. Als Synchronantrieb werden sie z.B. für Programmschaltwerke verwendet.

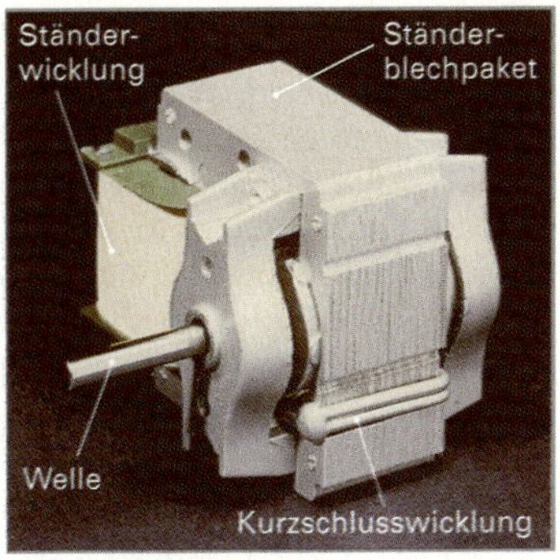

Bild 1: Spaltpolmotor

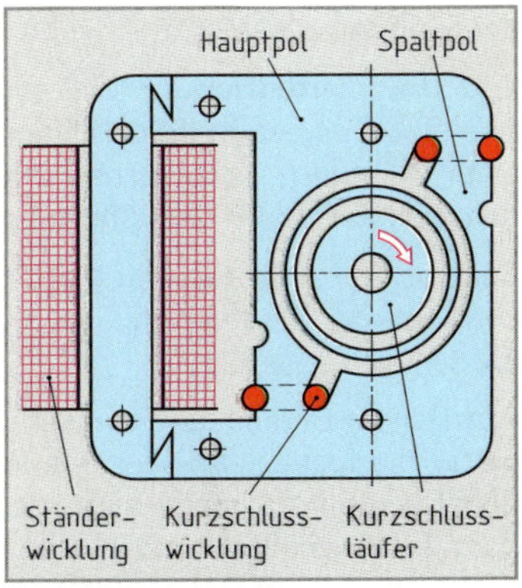

Bild 2: Spaltpolmotor in asymmetrischer Ausführung (2-polig)

Langsamlaufender Spaltpolmotor

Langsamlaufende Spaltpolmotoren haben z.B. 10 oder 16 Pole und eine entsprechend niedrige Drehzahl. Sie werden meist als Außenläufer gebaut **(Bild 3)**. Der Ständer besteht dann aus einer ringförmigen Erregerspule und zwei Ständerhälften aus Stahlblech. Beide Ständerhälften tragen am Umfang Blechlappen, die als **Klauenpole** wirken. Die Polung der Klauenpole einer Ständerhälfte ist jeweils gleich, da sie vom Magnetfeld der Erregerspule bestimmt wird.

Jede zweite Polklaue wirkt als Spaltpol. Um alle Spaltpole einer Ständerhälfte liegt ein gemeinsamer Kurzschlussring, der die zur Drehfeldbildung erforderliche Phasenverschiebung der magnetischen Flüsse in den Spaltpolen gegenüber den Flüssen der Hauptpole hervorruft.

Der Läufer ist wie ein Topf über die Klauenpole gestülpt. Auf seiner Innenseite befindet sich ein Ring aus hartmagnetischem Werkstoff. Das Ständerdrehfeld induziert Wirbelströme im Läuferring, die den Läufer asynchron anlaufen lassen. Im Magnetwerkstoff des Läufers bilden sich nun durch das Drehfeld ausgeprägte Pole, dadurch nimmt der Läufer die Drehzahl des Drehfeldes an.

Langsamlaufende Spaltpolmotoren sind Einphasen-Synchronmotoren.

Spaltpol-Synchronmotoren haben Leistungsaufnahmen von 1W bis 3W. Man verwendet sie z.B. in Uhren, Programmsteuerungen, Zeitrelais oder schreibenden Messgeräten.

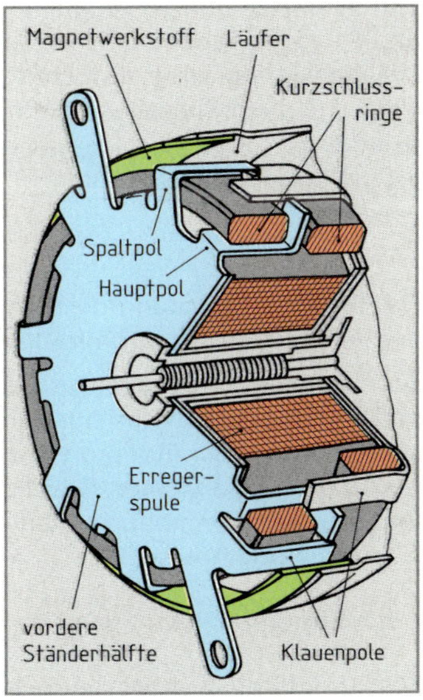

Bild 3: Spaltpol-Synchronmotor (20-polig)

12.3.7 Schrittmotor

Gleichstromwicklungen, die sich im Stator eines Motors befinden, können durch Gleichstromimpulse wechselnder Polarität angesteuert werden. Ändert sich die Stromrichtung in den einzelnen Wicklungen, werden sie umgepolt. Erfolgt die Umpolung nacheinander in einer Richtung, so entsteht ein Drehfeld, das seine Lage abhängig von der Impulsgeschwindigkeit schrittweise oder mit einer festliegenden, gleichbleibenden Drehgeschwindigkeit ändert.

Ein Permanentmagnetläufer stellt sich jeweils auf die Polarität des Ständerfeldes ein.

Der Läufer eines Schrittmotors kann zu schrittweiser oder zu gleichförmiger Drehbewegung angesteuert werden.

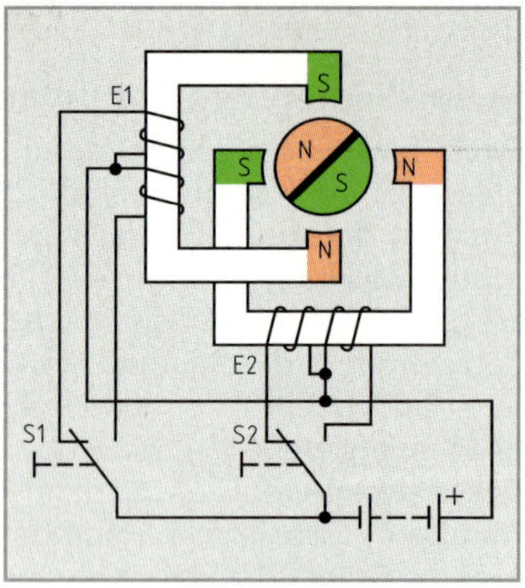

Bild 1: Zweiphasen-Schrittmotor, unipolarer Aufbau

Schrittmotoren werden ein- oder mehrphasig hergestellt. Die Polarität der Ständerpole wird auf zwei Arten geändert.

Von **Unipolarbetrieb** spricht man, wenn jede Erregerwicklung aus zwei Spulen besteht **(Bild 1)**. Jede Spule erzeugt einen Magnetfluss in einer Richtung. Durch Umschaltung der Spulen mit den zugehörenden Schaltern wird die Polarität geändert.

Besteht die Erregerwicklung aus einer Spule, deren Stromrichtung zur Umpolung fortlaufend geändert wird, spricht man von **Bipolarbetrieb (Bild 2)**.

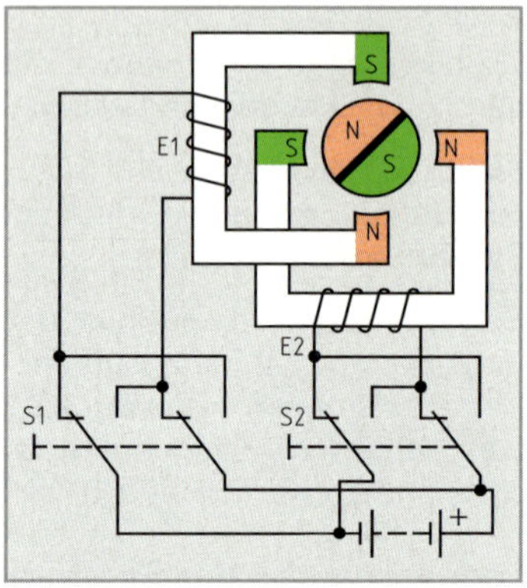

Bild 2: Zweiphasen-Schrittmotor, bipolarer Aufbau

Am Beispiel eines Zweiphasen-Schrittmotors in Bipolarbetrieb soll die Wirkungsweise dargestellt werden. Bei der in Bild 2 gegebenen Schalterstellung stellt sich der Magnetläufer entsprechend der gemeinsamen Süd- und Nordpolbildung der Erregerwicklungen E1 und E2 ein. Wird der Schalter S2 betätigt **(Bild 3)**, wechselt die Polarität der Erregerwicklung E2. Der neuen Polbildung der Erregerwicklungen folgend dreht sich der Läufer um 90° im Uhrzeigersinn.

Schließt sich eine Umschaltung von S1 an, wird die Erregerwicklung E1 umgepolt und der Läufer rastet nach einem weiteren Drehschritt von 90° in seine neue Lage ein. Bei weiteren Umschaltungen mit S2 und S1 vollführt der Läufer entsprechende Drehschritte. Die jeweilige Drehbewegung wird als Schrittwinkel bezeichnet. Dieser ist umso kleiner, je mehr Phasen und Pole der Motor hat.

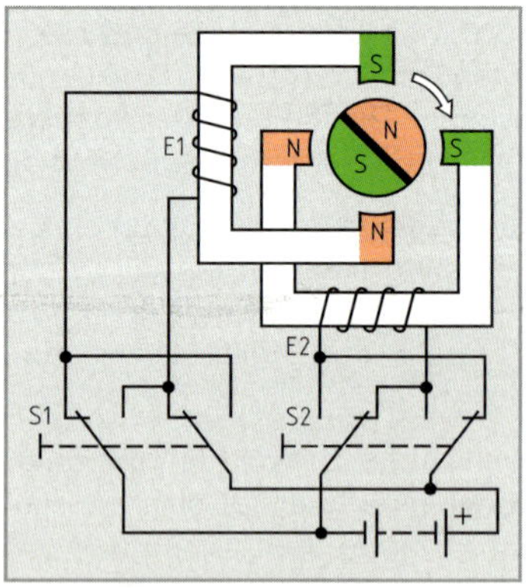

Bild 3: Schrittmotor (Bild 2) nach Betätigung von S2

Beispiel: Berechnen Sie den Schrittwinkel des in Bild 2 dargestellten Schrittmotors. Polpaarzahl $p = 1$; Phasenzahl $m = 2$.

$$\alpha = \frac{360°}{2 \cdot p \cdot m} = \frac{360°}{2 \cdot 1 \cdot 2} = \mathbf{90°}$$

Der Drehsinn (Richtung der Schrittfolge) lässt sich durch Änderung der Reihenfolge der Stromimpulse umkehren.

Da mechanische Schalter große Schaltenergie benötigen, einer Abnutzung unterliegen und nur geringe Schaltgeschwindigkeiten zulassen, werden Schrittmotoren mit elektronischen Steuerschaltern betrieben. Diese formen Gleichstrom entsprechend den von einem Impulsgeber kommenden Steuerimpulsen in die dem Motor zugeführten Stromimpulse um.

Schrittmotoren benötigen eine spezielle Steuerelektronik.

$$\alpha = \frac{360°}{2 \cdot p \cdot m}$$

α Schrittwinkel
m Phasenzahl
p Polpaarzahl

Schrittmotoren wandeln elektrische Steuerimpulse in die entsprechenden mechanischen Schrittfolgen ohne Schrittfehler um, sodass auf eine Rückmeldung verzichtet werden kann.

Schrittmotor für kleine Schrittwinkel

Die für kleine Schrittwinkel erforderliche große Polzahl des Motors bedingt einen speziellen Aufbau. Bei Schrittwinkeln unter 7,5° ist der Motor nach dem **Gleichpolprinzip** konstruiert **(Bild 1)**. Auf der Läuferwelle befindet sich ein Permanentmagnet mit axial ausgebildeten Polen, an dessen Stirnseiten gezahnte Polräder angebracht sind. Die Zähne jedes Polrades besitzen gleiche Polarität. Durch Verschieben der Polräder um eine halbe Zahnteilung wird ein Wechsel der Polarität der Pole am Läuferumfang erreicht **(Bild 2)**.

Im geblechten Ständer befinden sich zwei Erregerwicklungen (Phasen). Jede Phase besteht aus zwei in Reihe geschalteten Spulen, welche die sich gegenüberliegenden Ständerpole bilden **(Bild 3)**. Die Zahnteilung des Ständers ist gleich der Zahnteilung eines Polrades. Dadurch rastet das Polrad jeweils in der Stellung ein, bei welcher der magnetische Widerstand für den Feldverlauf entsprechend der herrschenden Ständerpolarität am geringsten ist.

Zur Veranschaulichung der Wirkungsweise wird ein Motor mit nur neun Läuferzähnen je Polrad und zwei Zähnen je Ständerpol betrachtet **(Bild 3 a)**: Zwischen den Nordpolen des vorderen Polrades sind die Südpole des rückwärtigen Polrades zu erkennen. Der Läufer nimmt eine Raststellung ein, bei der den Ständerpolzähnen entgegengesetzte Polzähne des Läufers gegenüberstehen. Der magnetische Widerstand ist in diesem Fall am kleinsten.

Beim Umpolen des Stromes in der Wicklung E1 ändert sich die Polarität der entsprechenden Ständerzähne. Der Läufer reagiert darauf mit einer Drehung um den **Schrittwinkel** 10° **(Bild 3b)**. Jede weitere Umpolung in der Reihenfolge E2, E1, E2 usw. bewirkt wieder eine Drehung um 10° im Uhrzeigersinn.

> Der Schrittmotor nach dem Gleichpolprinzip besitzt einen vielpoligen Läufer und ermöglicht Drehbewegungen mit kleinem Schrittwinkel.

Wird der Schrittmotor mit konstanter Spannung betrieben, erhöht sich mit zunehmender Schrittfrequenz der Ständerblindwiderstand. Die Stromaufnahme und das Motordrehmoment nehmen dadurch ab. Soll das Drehmoment bei Frequenzzunahme ansteigen, müssen Schrittmotoren über eine Konstantstrom-Steuerung betrieben werden.

Bei normalem Lastmoment dreht sich der Läufer des Schrittmotors um genau den Schrittwinkel, der dem Ansteuerimpuls entspricht. Es kann jedoch ein **Lastwinkel** (Zurückbleiben des Läufers) bis zur annähernden Größe eines Schrittwinkels entstehen. Da sich dieser Fehler nicht mit der Anzahl der Schritte addiert, kann er am Ende eines Steuervorganges nie größer als ein Schrittwinkel sein.

> Der Schrittmotor ermöglicht eine hohe Stellgenauigkeit.

Beim Abschalten des Ständerstromes tritt wegen der Wirkung des Läufermagneten ebenfalls ein Rastmoment (feste Läuferstellung) ein.

Motoren mit Schrittwinkeln ab 7,5° werden auch nach dem Klauenpolprinzip (Seite 305) gebaut.

Wegen ihres einfachen Aufbaus und der großen Zuverlässigkeit werden Schrittmotoren für Stellantriebe, Fernsteuerungen, Fernschreiber, Druckerantriebe, Zähleinrichtungen und andere Bereiche der Steuer- und Regelungstechnik verwendet.

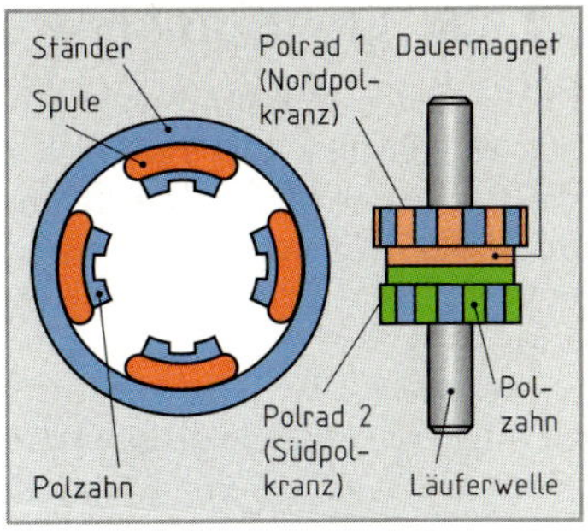

Bild 1: Schrittmotor nach dem Gleichpolprinzip

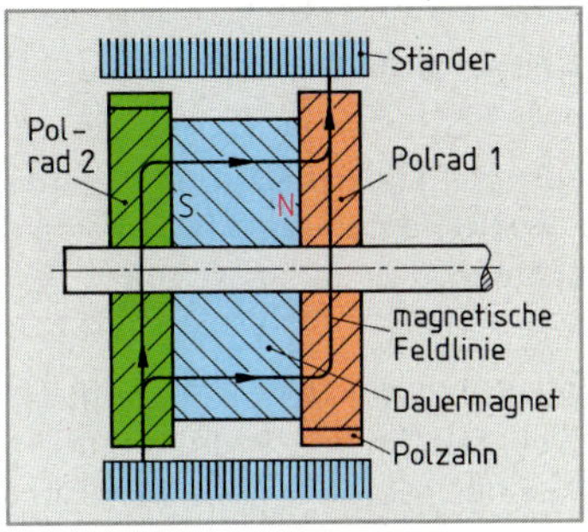

Bild 2: Feldverlauf im Läufer (Gleichpolprinzip)

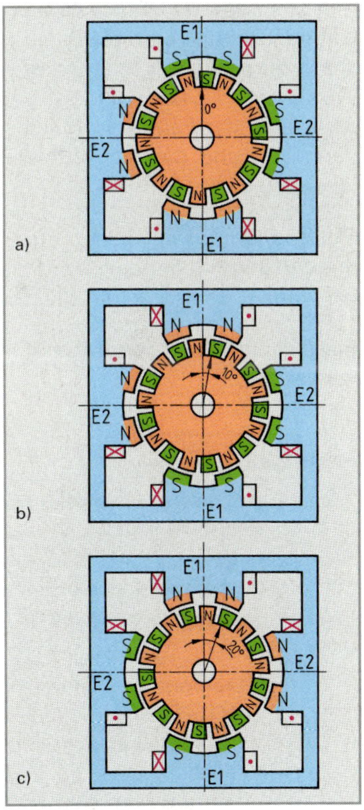

Bild 3: Wirkungsweise (Gleichpolprinzip)

12.3.8 Elektronikmotor

Beim Elektronikmotor besteht die Ständerwicklung aus mindestens drei räumlich versetzten Spulen, die nacheinander an Gleichspannung gelegt werden **(Bild 1)**. Dadurch springen bei jedem Schaltvorgang die Pole weiter, d.h., es entsteht ein Drehfeld.

Der Läufer des Elektronikmotors ist ein Dauermagnet. Durch sein Magnetfeld wirkt er auf magnetfeldabhängige Fühler (Feldplatten), die auf der Innenseite des Stators angebracht sind. Je nach Stellung des Läufers steuern Transistoren das Einschalten und Ausschalten der drehfeldbildenden Ständerspulen L1, L2 und L3.

> Beim Elektronikmotor werden die Ständerspulen durch das Magnetfeld des Läufers angesteuert.

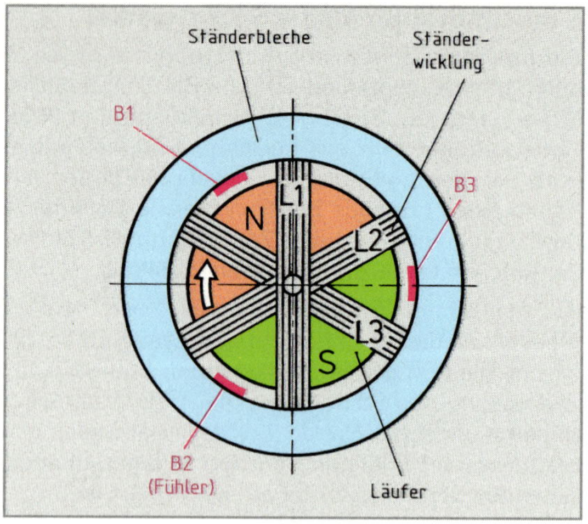

Bild 1: Aufbau eine Elektronikmotors

Als Fühler für die Läuferstellung können z. B. flussdichteabhängige Widerstände (Feldplatten) verwendet werden **(Bild 2)**. Bei diesen nimmt der Widerstand mit der magnetischen Flussdichte zu. Steht der Läufer so, dass die Flussdichte bei Feldplatte B1 groß ist, so ist dieser Widerstand hochohmig. Die Basis von V11 wird mehr negativ, V11 wird leitend. Dadurch wird die Basis von V12 positiv, V12 sperrt nun, sodass L1 keinen Strom führt. Durch die Wicklungen L2 und L3 fließt dagegen Strom. Nun dreht sich der Läufer. In gleicher Weise steuert er dann V21 und danach V31, während V12 wieder leitend wird.

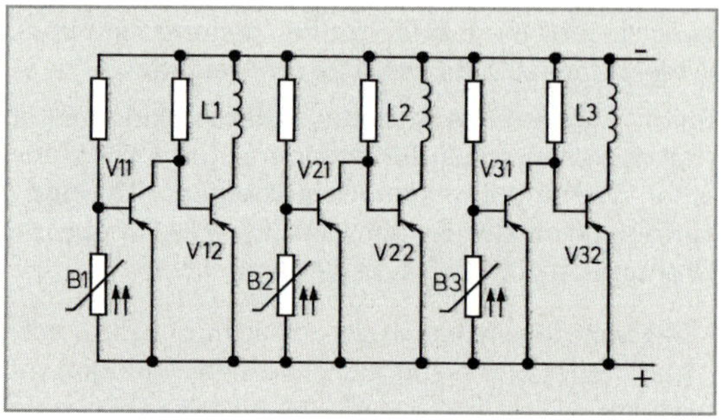

Bild 2: Ansteuerung eines Elektronikmotors mit Feldplatten

Elektronikmotoren werden auch als Außenläufer hergestellt. Bei dieser Bauform sind die Erregerspulen um den innenliegenden Statorkern aus Elektroblechen angeordnet. Der Läufer ist ein mit Dauermagneten versehener Stahlring, der die Erregerwicklungen umschließt.

Elektronikmotoren werden z. B. zum Antrieb von batteriegespeisten Tonbandgeräten und Plattenspielern verwendet.

Wiederholungsfragen

1. **Wie kommt bei Einphasen-Asynchronmotoren ein Drehfeld zustande?**
2. **Wodurch kann beim Kondensatormotor die Drehrichtung umgekehrt werden?**
3. **Wozu werden Kondensatormotoren verwendet?**
4. **Unter welchen Bedingungen dürfen Drehstrommotoren in Steinmetzschaltung betrieben werden?**
5. **Wie sind bei einem Spaltpolmotor die Ständerpole aufgebaut?**
6. **Wie bestimmt man die Drehrichtung beim Spaltpolmotor?**
7. **Wie wird beim Schrittmotor die Drehbewegung des Läufers erreicht?**
8. **Was versteht man beim Schrittmotor unter Schrittfrequenz?**
9. **Warum tritt beim Schrittmotor im Ruhezustand ein Haltemoment auf?**
10. **Warum ist die Drehzahl eines Schrittmotorläufers niedriger als die Drehzahl des Ständerdrehfeldes?**
11. **Welche Bauelemente verwendet man zum Einschalten der Ständerstränge beim Elektronikmotor?**
12. **Welche Bauelemente eignen sich als Fühler für die Läuferstellung des Elektronikmotors?**

12.4 Synchrongenerator

Elektrische Energie wird hauptsächlich mit Synchrongeneratoren erzeugt **(Bild 1)**. In Kraftwerken werden vor allem **Innenpolmaschinen** verwendet, weil die Erregerenergie, die dem Polrad über Schleifringe zugeführt wird, klein ist gegenüber der in den Statorwicklungen erzeugten Energie.

Aufbau. Der Läufer trägt die Erregerwicklung, die über Schleifringe mit Gleichstrom versorgt wird. Da sich somit das Läuferfeld nicht ändert, wird der Läufer meist aus Stahl (massiv, nicht geblecht) hergestellt. Läufer für kleinere Drehzahlen haben ausgeprägte Pole **(Bild 2 a)**. Einen derartigen Läufer bezeichnet man als **Polrad**. Läufer für hohe Drehzahlen sind meist nur zweipolig und werden als **Vollpolläufer** gebaut **(Bild 2 b)**.

Der Erregerstrom kann über Gleichrichter vom Netz bezogen werden. Die Erregerstromversorgung kann auch durch einen an die Generatorwelle angekuppelten Erregersatz zur Eigenerregung erfolgen **(Bild 3)**. Dabei erregt ein Permanent-Hilfsgenerator eine Drehstrom-Haupterregermaschine. Ihre Energie wird gleichgerichtet und direkt über Leitungen in der Läuferwelle dem Polrad des Generators zugeführt.

Der Stator ist aus Elektroblechen geschichtet. In den Statornuten ist eine Drehstromwicklung untergebracht. Stator und Läufer haben gleiche Polzahl.

Wirkungsweise und Betriebsverhalten

Der Läufer wird durch eine Kraftmaschine angetrieben. Der Gleichstrom in der Erregerwicklung erzeugt ein zum Läufer stillstehendes Magnetfeld. Durch die Drehung des Läufers entsteht aber für den Ständer ein Drehfeld, das in den drei Strängen der Ständerwicklung drei um 120° gegeneinander phasenverschobene Spannungen induziert. Dem Ständer kann Drehstrom entnommen werden.

Die Höhe der induzierten Generatorspannung hängt vom Erregerstrom und von der Drehzahl ab. Da die Frequenz meist vorgegeben ist, bestimmt sie die Polraddrehzahl **(Bild 4 a)**. Die Spannung wird durch den Erregerstrom eingestellt **(Bild 4 b)**. Bei Sättigung des Polkerns flacht die Leerlaufkennlinie ab. Auch ohne Erregerstrom entstehen durch die Polradremanenz bereits Spannungen, die bei Hochspannungsgeneratoren mehrere 100 V betragen können (Unfallgefahr).

Die mit Synchrongeneratoren erzeugte Spannung steigt mit der Läuferdrehzahl und mit dem Erregerstrom. Ihre Frequenz ergibt sich aus der Läuferdrehzahl.

Bild 1: Synchrongenerator (sechspolig)

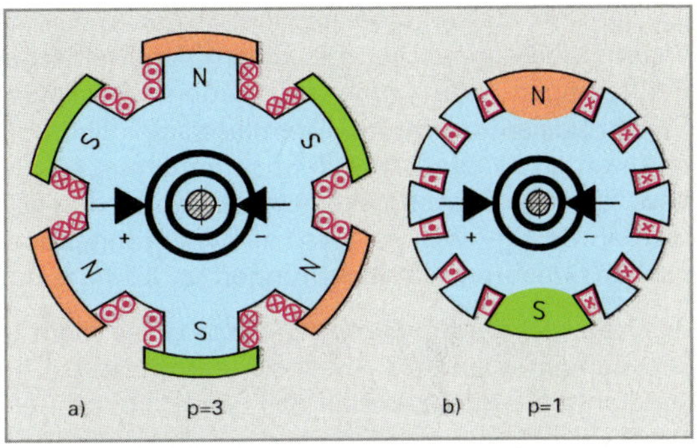

Bild 2: Läuferarten von Synchrongeneratoren,
a) Polrad
b) Vollpolläufer (Turboläufer)

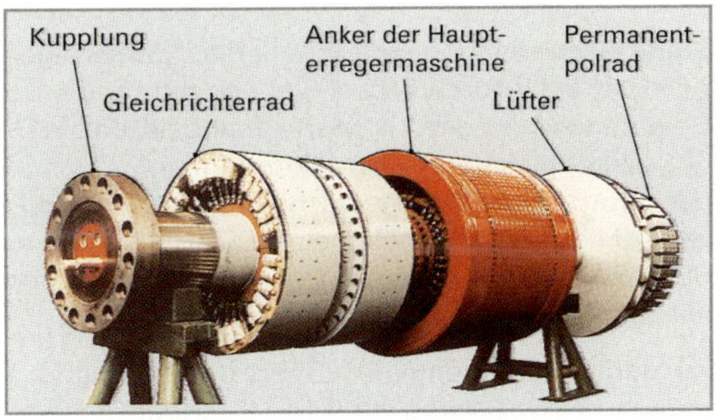

Bild 3: Erregersatz zur Eigenerregung

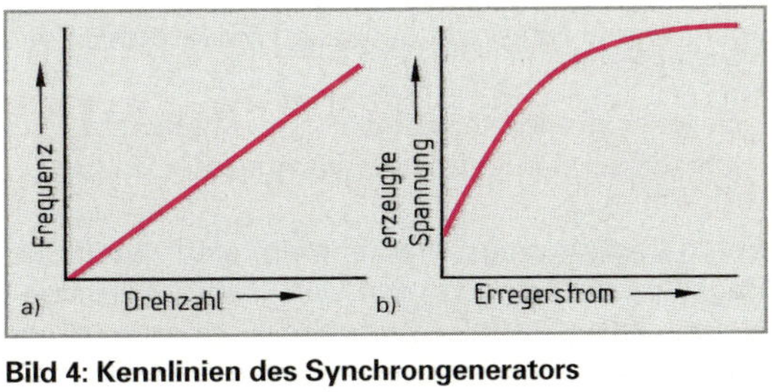

Bild 4: Kennlinien des Synchrongenerators

Wird der Synchrongenerator durch angeschlossene Verbraucher belastet, fließt auch in seiner Ständerwicklung Strom. Dieser Strom erzeugt dort durch Selbstinduktion einen Spannungsabfall. Wenn man vom Wirkwiderstand der Wicklung absieht, verhält sich ein belasteter Synchrongenerator wie ein belastungsunabhängiger Generator, zu dem in Reihe eine Induktivität geschaltet ist **(Bild 1)**.

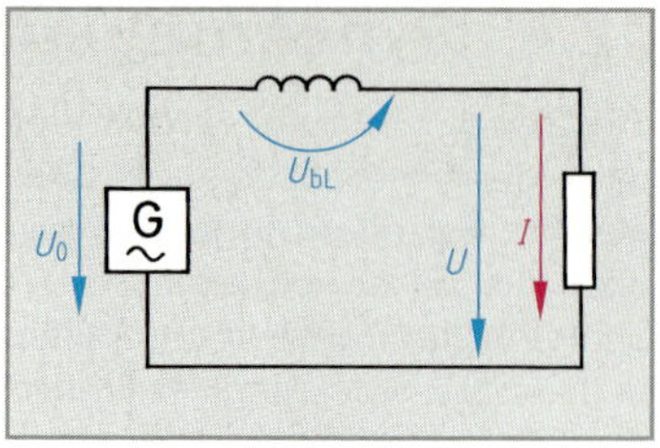

Bild 1: Synchrongenerator, vereinfachtes Ersatzschaltbild

Parallelbetrieb von Synchrongeneratoren

Ein Synchrongenerator kann zu anderen Synchrongeneratoren oder zu einem Netz parallel geschaltet werden, wenn die Augenblickswerte der Spannungen des Generators und z. B. des Netzes gleich sind.

Beim Parallelschalten von Generatoren sind gleiche Phasenfolge, gleiche Phasenlage, gleiche Frequenz und gleicher Effektivwert der Spannungen erforderlich.

Die gleiche Phasenfolge bestimmt man meist nur einmal bei der ersten Inbetriebnahme mit einem Drehfeldanzeiger. Die übrigen Bedingungen prüft man vor jedem Parallelschalten mit einer **Synchronisiereinrichtung.** Spannungsgleichheit und Frequenzgleichheit werden dabei z. B. durch Spannungsmesser und Frequenzmesser angezeigt. Die Phasengleichheit kann durch drei Glühlampen ermittelt werden. In Kraftwerken werden Synchrongeneratoren mit automatischen Synchronisiereinrichtungen parallel geschaltet.

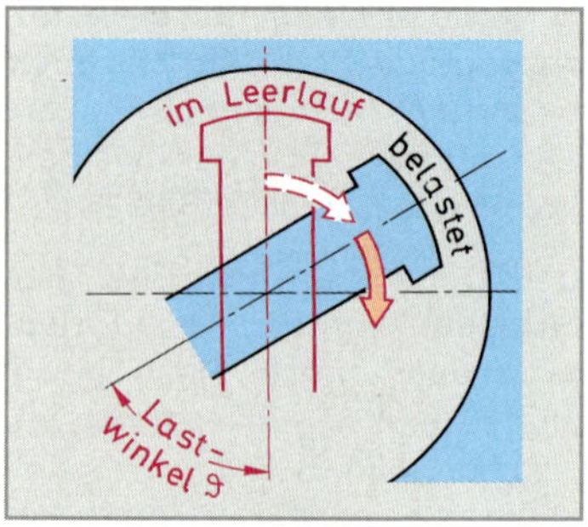

Bild 2: Lastwinkel beim Synchrongenerator

Am Netz gibt der Synchrongenerator umso mehr Leistung ab, je stärker er angetrieben wird. An einem starren Netz, d. h. an einem Netz mit konstanter Frequenz, behält das Polrad bei größerer Belastung seine Drehzahl, eilt aber dem Drehfeld um einen größeren Lastwinkel ϑ vor **(Bild 2)**.

Die Wirkleistungabgabe eines Generators steigt bei Erhöhung der mechanischen Antriebsleistung.

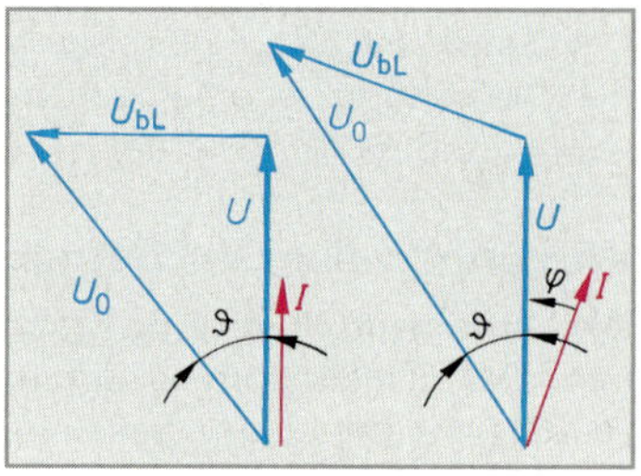

Bild 3: Zeigerbild von
a) normal erregtem und
b) übererregtem Synchrongenerator

Steigert man beim Synchrongenerator den Erregerstrom über den für den Leerlauf erforderlichen Wert, so nimmt die Spannung U_0 zu. Die Spannung U_{bL} ändert sich dann ebenfalls, da die Differenz von U_0 und U_{bL} weiter gleich der unveränderten Netzspannung U sein muß. Da der Strom I eine Phasenverschiebung von 90° zu U_{bL} aufweist, ändert auch er seine Lage. Es wird jetzt ein Strom geliefert, welcher der Spannung U nacheilt **(Bild 3)**. Der Generator erzeugt induktive Blindleistung, er wirkt im Netz wie ein Kondensator.

Zu geringe Erregung des Synchrongenerators führt zu einer Abnahme der Spannung U_0. Mit U_{bL} ändert wieder der Strom I seine Lage, er eilt jetzt der Spannung U voraus. Somit liefert der Generator kapazitive Blindleistung in das Netz **(Bild 4)**. Der je nach Erregung auftretende Phasenverschiebungswinkel zwischen U_0 und der Netzspannung U entspricht dem Lastwinkel ϑ des Polrades.

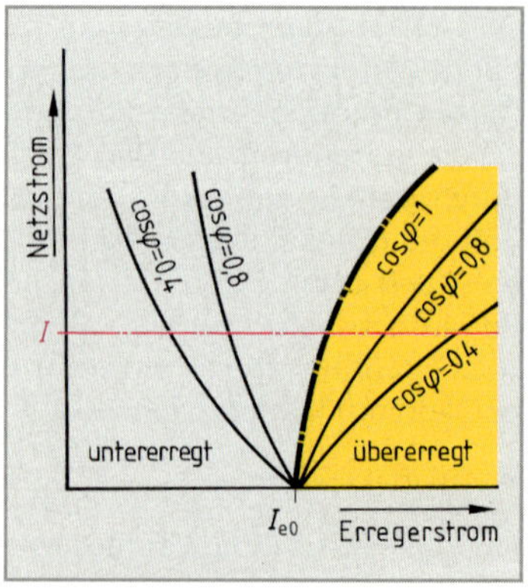

Bild 4: Regelkennlinien des Synchrongenerators

Der Synchrongenerator deckt bei übererregtem Betrieb den Blindleistungsbedarf induktiver Verbraucher im Netz.

Energieversorgungsunternehmen sind damit in der Lage, durch Regelung der Erregung den Generatorbetrieb den Erfordernissen des Netzes anzupassen. Synchrongeneratoren können auch als reine Blindleistungsgeneratoren eingesetzt werden.

12.5 Stromwendermaschinen

Maschinen mit Stromwender werden meist für Gleichstrom, aber auch für Wechsel- und Drehstrom gebaut.

12.5.1 Aufbau von Gleichstrommaschinen

Der **Ständer** von Gleichstrommaschinen, auch **Magnetgestell** genannt, besteht aus einem Jochring aus Stahl, ausgeprägten Hauptpolen mit Polkernen und Polschuhen aus Elektroblech und der auf den Polkernen sitzenden Erregerwicklung (Feldwicklung) **(Bild 1)**.

Bis zu Nennleistungen von 20 kW werden auch permanenterregte Gleichstrommaschinen gebaut. Bei diesen sind die Erregerwicklungen und ihre Polkerne durch Dauermagnete ersetzt.

Bei Maschinen ab etwa 1 kW Leistung sind zwischen den Hauptpolen die **Wendepole** aus Stahl oder Elektroblech mit der Wendepolwicklung angeordnet. In den Polschuhen der Hauptpole dieser Maschinen können zusätzlich noch **Kompensationswicklungen** untergebracht sein.

Es werden auch Gleichstrommaschinen ohne ausgeprägte Pole gebaut. Bei ihnen besteht das Magnetgestell aus einem Blechpaket mit gleichmäßig verteilten Nuten wie bei einem Drehstrommotor. In den Nuten befinden sich die Erregerwicklung und die Wendepolwicklung. Magnetgestelle in geblechter Ausführung sind erforderlich bei Gleichstrommotoren, die über Stromrichtergeräte (Seite 209) versorgt werden.

Der **Läufer** von Gleichstrommaschinen, meist **Anker** genannt, besteht aus einer Stahlwelle mit aufgepresstem Läuferblechpaket aus Elektroblech. Er trägt die in Nuten befindliche Ankerwicklung und einen Stromwender, an dem die Ankerwicklung angeschlossen ist **(Bild 2)**.

Der **Stromwender**, auch **Kollektor**[1] oder **Kommutator**[2] genannt, besteht aus einzelnen, voneinander mit Glimmer isolierten Lamellen aus Hartkupfer **(Bild 3)**. Die Stromwenderlamellen sind mit der Ankerwicklung durch Löten oder Punktschweißen verbunden. Am Ständer der Gleichstrommaschinen sind Halter angebracht, damit **Bürsten** aus Kohle oder Grafit am Umfang des Stromwenders gleiten können. Diese **Bürstenhalter** sitzen meist auf Bürstenbolzen und sind an einer drehbaren **Bürstenbrücke** befestigt **(Bild 4)**.

[1] von colligere (lat.) = zusammenfassen
[2] von commutare (lat.) = verändern, umwandeln

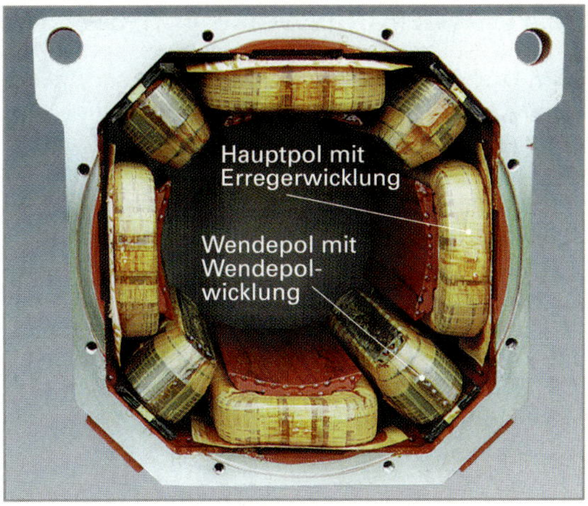

Bild 1: Ständer einer Gleichstrommaschine

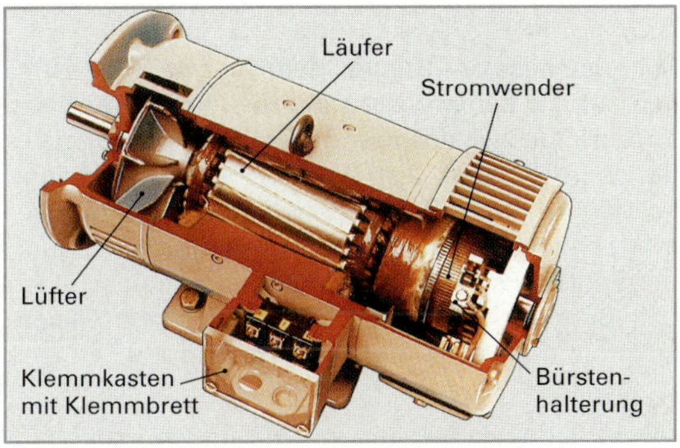

Bild 2: Gleichstrom-Nebenschlussmaschine

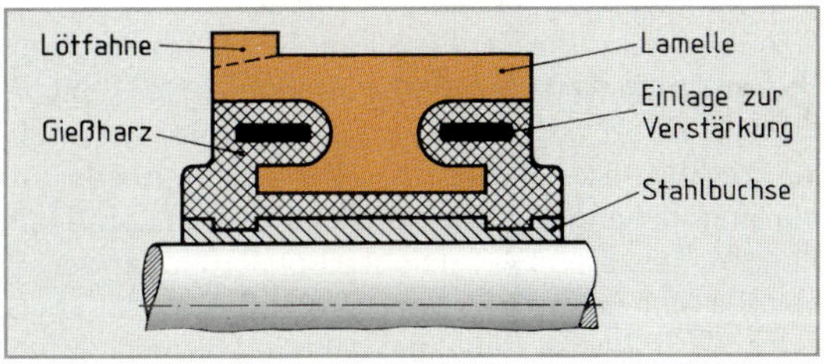

Bild 3: Aufbau des Stromwenders

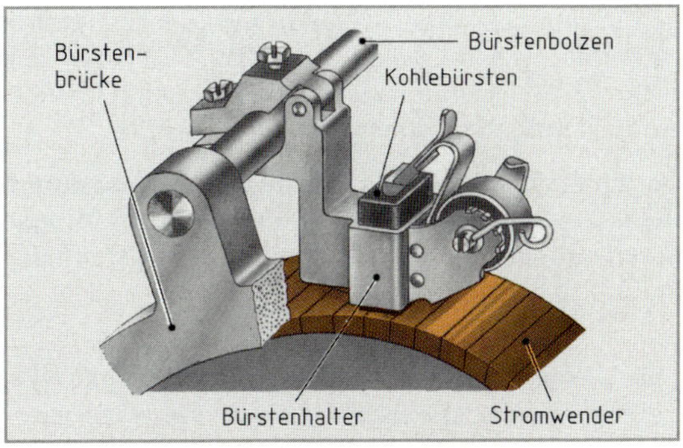

Bild 4: Bürste mit Halter und Bürstenbrücke

12.5.2 Wirkungsweise von Gleichstromgeneratoren

Beim Drehen eines Ankers mit einer Leiterschleife im Statormagnetfeld des Generators ändert sich das von der Leiterschleife umschlossene Magnetfeld fortlaufend **(Bild 1)**. Unter den Polen wird die größte Spannung induziert, weil hier die Feldänderung am größten ist (Ankerstellung I und III). Bewegt sich die Leiterschleife zwischen den Polen (Stellung II), wird keine Spannung induziert. Dieser Bereich wird daher als **neutrale Zone** bezeichnet. Bei einer Umdrehung der Leiterschleife wechselt die Durchdringungsrichtung des Feldes in der Schleife und damit auch die Richtung der induzierten Spannung.

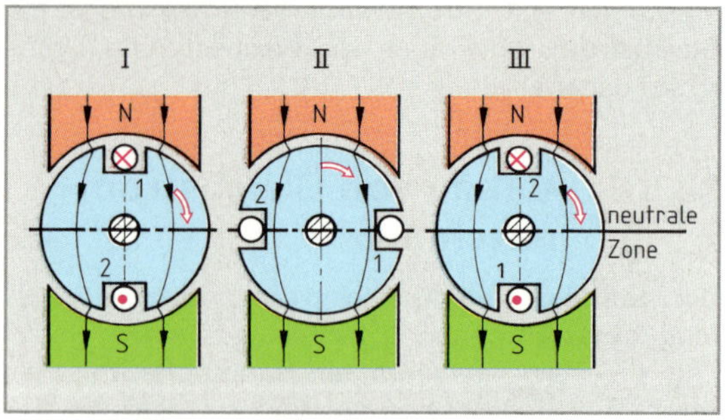

Bild 1: Induktion von Wechselspannung in einer drehenden Ankerschleife

Im Anker des Gleichstromgenerators wird Wechselspannung induziert.

Bei Anschluss der Leiterschleife an zwei Schleifringen auf der Läuferwelle kann die induzierte sinusförmige Wechselspannung über Bürsten abgegriffen werden **(Bild 2a)**. Werden die Schleifringe halbiert und zu einem Stromwender zusammengefasst, so wird nach jeder halben Ankerumdrehung der Spulenanschluss an den Bürsten getauscht. An den Bürsten kann eine stark pulsierende Gleichspannung abgenommen werden **(Bild 2b)**.

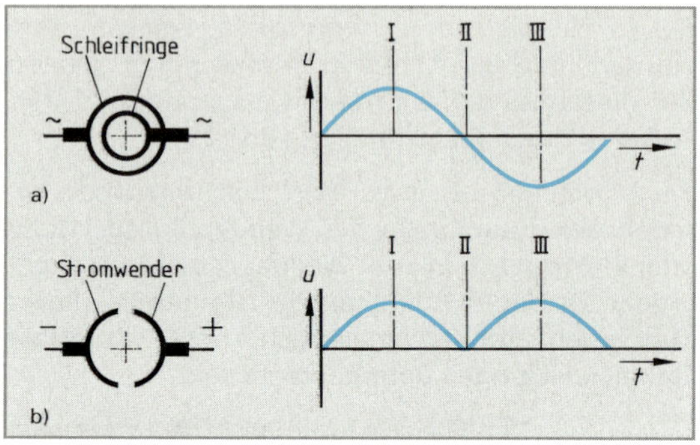

Bild 2: Abgabe der Ankerspannung über a) Schleifringe und b) Stromwender

Der Stromwender wirkt wie ein Gleichrichter.

Um eine weniger pulsierende Gleichspannung zu erzeugen, wird die Zahl der Leiterschleifen und der Stromwenderlamellen erhöht. Ist jede Leiterschleife direkt an die zugehörigen Kollektorlamellen geführt, so nehmen die Kohlebürsten von ihr nur dann Spannung ab, wenn mit diesen Lamellen Kontakt besteht. Die gleichzeitig in den anderen Leiterschleifen induzierten Spannungen bleiben ungenutzt **(Bild 3)**. Schaltet man die Leiterschleifen dagegen in Reihe, so addieren sich die Spannungen aller Schleifen **(Bild 4)**. Trotz geringer Spannungen in den einzelnen Schleifen gibt der Generator eine hohe Gesamtspannung ab. Durch Spulen mit mehreren Windungen an Stelle einer Leiterschleife wird die Induktionsspannung weiter erhöht.

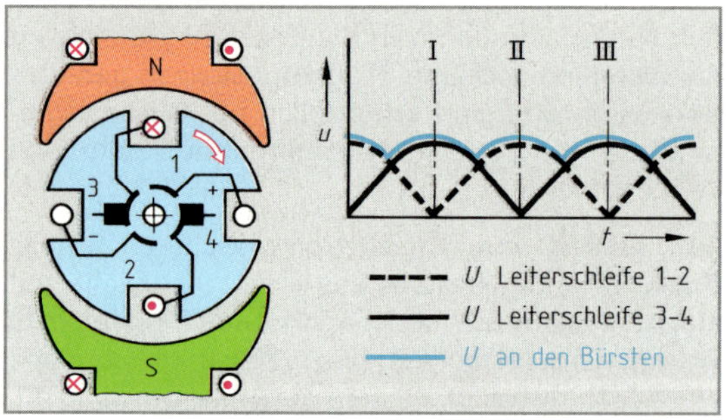

Bild 3: Spannungsabgabe eines Generators mit zwei getrennten Ankerschleifen

Der Anker wird meist als **Trommelanker** ausgeführt (Bild 2, Seite 311). Wird die Feldänderungsgeschwindigkeit in den Spulen erhöht, so steigt die induzierte Spannung.

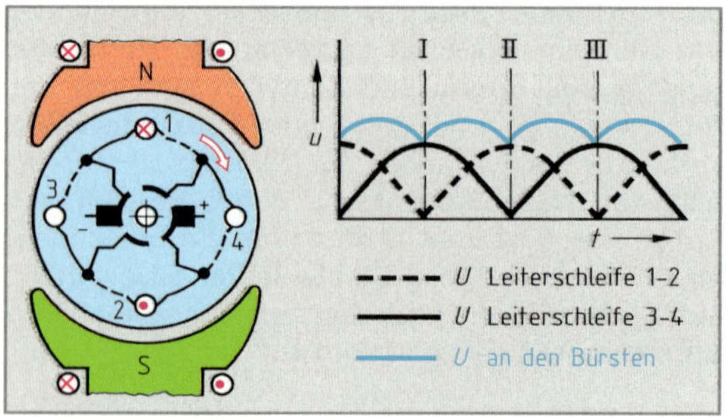

Bild 4: Spannungsabgabe eines Generators mit zwei in Reihe geschalteten Ankerschleifen

Die Spannung eines Gleichstromgenerators steigt mit der Drehzahl und mit dem Erregerstrom.

12.5.3 Schaltungen von Gleichstromgeneratoren

Die verschiedenen Arten von Gleichstromgeneratoren unterscheiden sich durch die unterschiedliche Schaltung der Erregerwicklung zum Anker **(Tabelle)**. Den prinzipiellen Aufbau eines Gleichstromgenerators zeigt das **Bild,** Seite 314.

Tabelle: Grundsätzliche Schaltungen von Gleichstromgeneratoren

Art	Fremderregter Generator	Nebenschlussgenerator	Doppelschlussgenerator
Schaltzeichen und Anschluss für Rechtslauf (ohne Wendepolwicklung) Beim fremderregten Generator: a) mit Erregerwicklung b) mit Dauermagneterregung	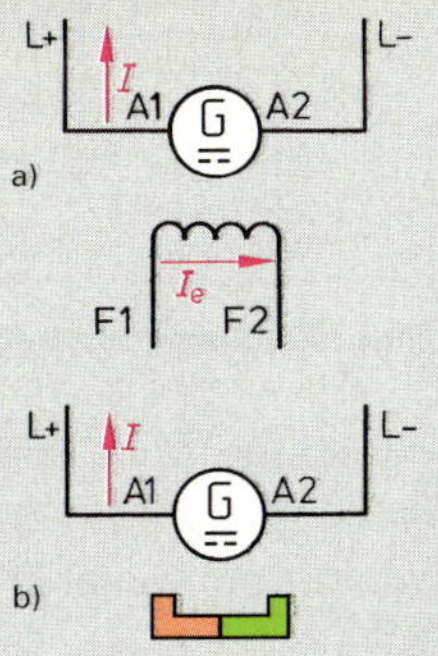	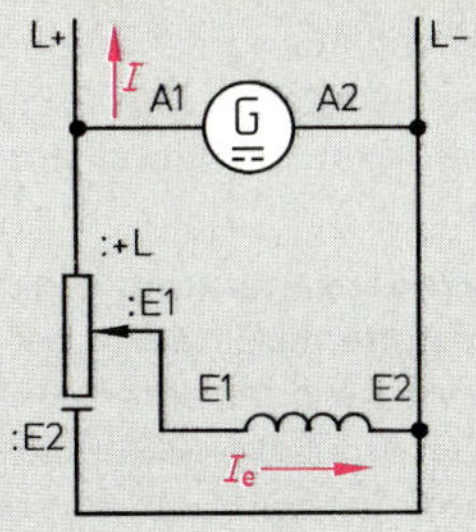	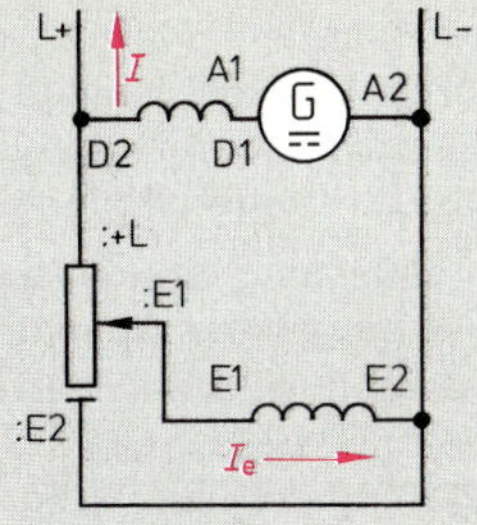
Last-Kennlinie U Ausgangsspannung I Laststrom I_e Erregerstrom	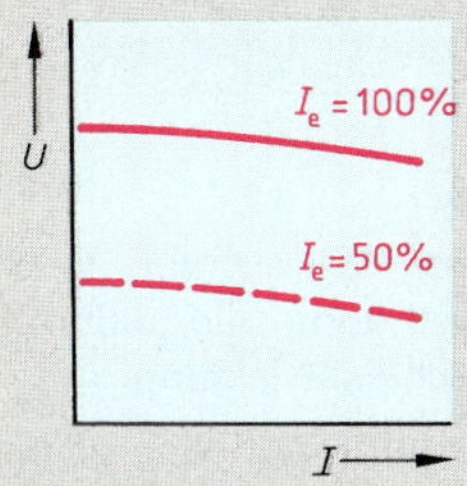	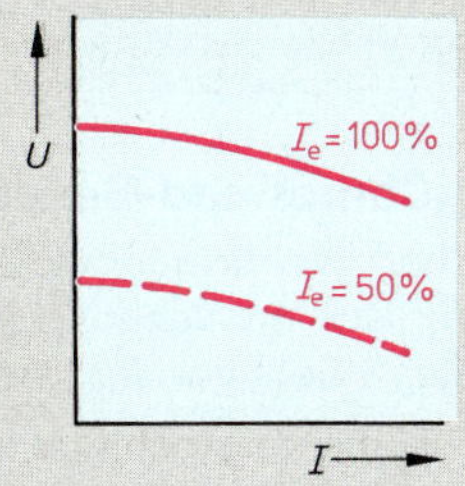	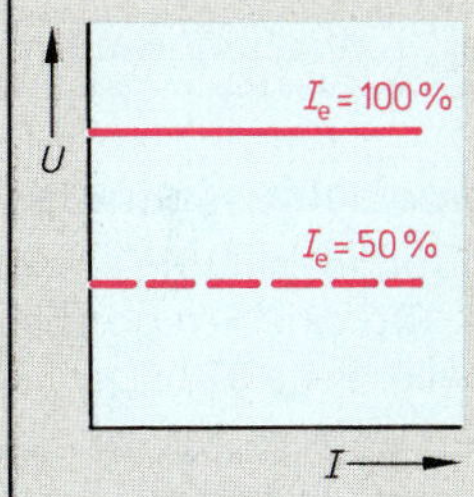
Steuerung der Spannung	Durch Steuerung der Erregerspannung (elektronisch oder mit Feldsteller)	Durch Steuerung des Erregerstromes I_e mit Feldsteller.	

Fremderregter Generator

Beim fremderregten Generator ist die Erregerwicklung nicht mit dem Anker verbunden. Der Erregerstrom wird von einem getrennten Erzeuger, z. B. einem Netzgleichrichter, geliefert (Tabelle).

Bei Belastung sinkt die abgegebene Spannung gegenüber der Leerlaufspannung wegen des Ankerwiderstandes ab. Fremderregte Generatoren werden z. B. als Steuergenerator beim Leonardumformer verwendet.

Nebenschlussgenerator

Beim Nebenschlussgenerator ist die Erregerwicklung parallel zum Anker angeschlossen (Tabelle).

Wird der Anker aus dem Stillstand heraus angetrieben, so entsteht in ihm eine kleine Spannung, wenn noch ein **Restmagnetismus** vorhanden ist. Bei richtigem Anschluss der Erregerwicklung fließt ein zunächst kleiner Erregerstrom, der den Magnetismus verstärkt und eine größere Spannung zur Folge hat. Die Maschine erregt sich selbst. Bei verkehrtem Anschluss der Erregerwicklung schwächt der Erregerstrom den Restmagnetismus: die Maschine erregt sich nicht.

Wenn sich ein Nebenschlussgenerator nicht erregt, ist entweder kein Restmagnetismus vorhanden oder die Erregerwicklung falsch angeschlossen, die Drehrichtung verkehrt oder der Generator kurzgeschlossen.

Zum Einstellen der Spannung befindet sich im Erregerstromkreis meist ein **Feldsteller** (Tabelle, Seite 313). Das ist ein Dreh- oder Schiebewiderstand. Beim Öffnen des Erregerstromkreises würde in der Erregerwicklung eine große Spannung induziert werden, welche die Isolation schädigen könnte. Deshalb schließt der Feldsteller über eine zusätzliche Klemme bei geöffnetem Erregerstromkreis die Erregerwicklung kurz.

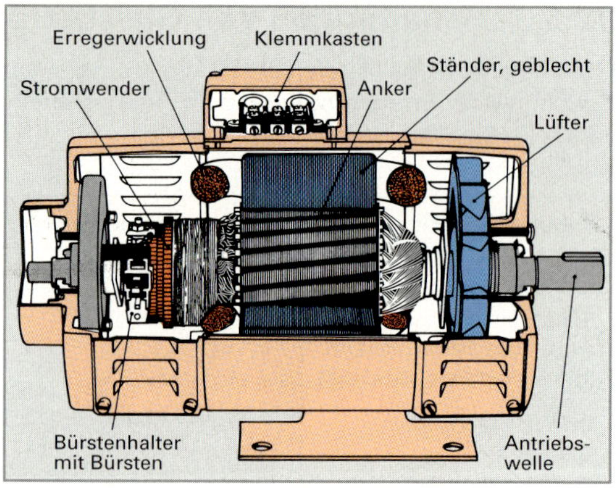

Bild: Gleichstromgenerator

Bei Belastung des Nebenschlussgenerators sinkt die abgegebene Spannung gegenüber der Leerlaufspannung stärker als beim fremderregten Generator (Tabelle, Seite 313). Der am Ankerwiderstand auftretende kleine Spannungsabfall bewirkt eine Verringerung der Spannung an der Erregerwicklung und damit einen kleineren Erregerstrom.

Bei Drehrichtungsumkehr muss in der Erregerwicklung der Strom weiter in gleicher Richtung fließen, weil sonst der Restmagnetismus geschwächt wird.

Bei Drehrichtungsänderung von Gleichstromgeneratoren polt man den Ankerstromkreis um.

Doppelschlussgenerator (Compound-Generator)[1]

Der Doppelschlussgenerator hat zwei Erregerwicklungen, die auf den gleichen Hauptpolen angeordnet sind. Die eine Erregerwicklung ist eine Nebenschlusswicklung, die andere eine Reihenschlusswicklung (Tabelle, Seite 313). Der Feldsteller liegt vor der Nebenschlusswicklung.

Meist ist die Reihenschlusswicklung so geschaltet, dass der Magnetismus der Nebenschlusswicklung bei Belastung verstärkt wird. Dann bewirkt die Reihenschlusswicklung bei Belastung eine Vergrößerung der Spannung gegenüber der Spannung eines Nebenschlussgenerators. Ist die Reihenschlusswicklung so bemessen, dass die abgegebene Spannung bei konstanter Drehzahl beinahe belastungsunabhängig ist, ist der Generator „compoundiert" (Tabelle, Seite 313). Beim „übercompoundierten" Generator bewirkt die Reihenschlusswicklung einen Spannungsanstieg, beim „untercompoundierten" ein schwächeres Absinken der Spannung bei Belastung als beim Nebenschlussgenerator. Ist die Reihenschlusswicklung so geschaltet, dass bei Belastung der Magnetismus der Nebenschlusswicklung geschwächt wird, sinkt die Spannung bei Belastung besonders stark ab. Der Generator ist „gegencompoundiert".

Doppelschlussgeneratoren als compoundierte Generatoren sind die wichtigsten Gleichstromgeneratoren. Sie werden z. B. als Erregergeneratoren zur Lieferung des Erregerstromes für Synchrongeneratoren verwendet.

Wiederholungsfragen

1 **Wie ist der Läufer des Synchrongenerators aufgebaut?**

2 **Wovon hängt die Höhe und die Frequenz der vom Synchrongenerator erzeugten Spannung ab?**

3 **Welche Bedingungen müssen beim Parallelschalten von Synchrongeneratoren erfüllt sein?**

4 **Wie kann mit dem Synchrongenerator induktive Blindleistung erzeugt werden?**

5 **Welche Aufgabe hat der Stromwender beim Gleichstromgenerator?**

6 **Von welchen Größen hängt beim Gleichstromgenerator die Höhe der induzierten Spannung ab?**

7 **Unter welchen Voraussetzungen erregt sich ein Gleichstromgenerator nicht selbst?**

8 **Wie wird beim Gleichstrom-Nebenschlussgenerator die Spannung eingestellt?**

9 **Nennen Sie den Unterschied im Betriebsverhalten beim fremderregten Generator und beim Nebenschlussgenerator.**

[1] compound (engl.) = zusammengesetzt

12.5.4 Ankerquerfeld

Die Hauptpole des Gleichstromgenerators erzeugen das magnetische Erregerfeld, das sich über das Eisenpaket des Ankers schließt **(Bild 1)**. Die Bürsten sind in der neutralen Zone zwischen den Hauptpolen angebracht. Sie greifen am Stromwender jeweils die Ankerspulen ab, die sich in der neutralen Zone befinden und zwischen denen dadurch praktisch kein Spannungsunterschied besteht. Am Stromwender tritt daher kein Bürstenfeuer auf.

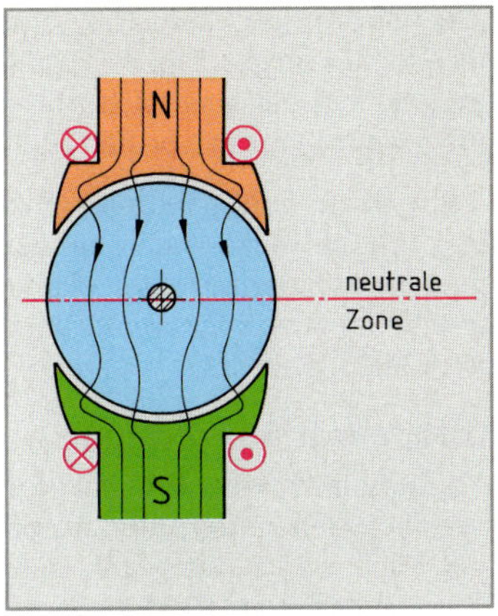

Bild 1: Erregerfeld des Gleichstromgenerators

Ankerrückwirkung

Bei Belastung der Gleichstrommaschine fließt ein Ankerstrom. Infolge der gleichen Stromrichtung in den Leiterschleifen jeweils unter einem Hauptpol baut der Anker wie eine Spule ein Magnetfeld auf, dessen Achse quer zur Richtung des Hauptfeldes liegt. Es wird deshalb als **Ankerquerfeld** bezeichnet **(Bild 2)**. Ankerquerfeld und Hauptfeld bilden ein gemeinsames Magnetfeld, dessen Achse in Generatordrehrichtung verschoben ist (Ankerrückwirkung). Die Verschiebung nimmt mit der Stärke des Ankerquerfeldes, also mit der Belastung des Generators zu **(Bild 3)**.

Bei Belastung verschiebt sich die neutrale Zone des Generators in Drehrichtung.

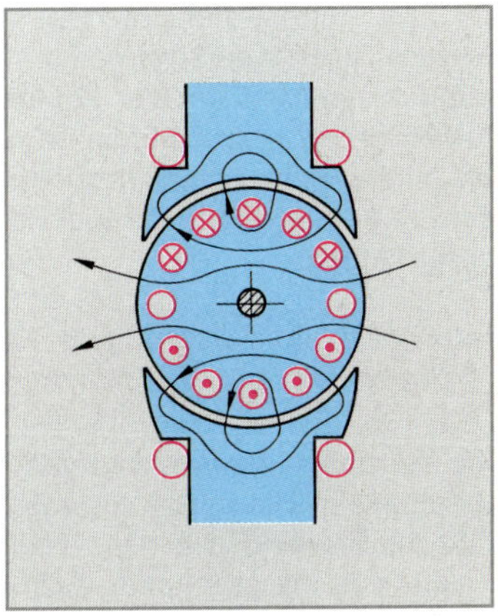
Bild 2: Ankerfeld des Gleichstromgenerators

Befinden sich die Bürsten außerhalb der neutralen Zone, so werden durch sie jeweils zwei Stromwenderlamellen kurzgeschlossen, zwischen denen induktionsbedingt eine Spannungsdifferenz besteht. Wegen der Ankerdrehung schalten die Bürsten die auftretenden Kurzschlussströme fortlaufend ab. Die dadurch entstehenden Induktionsspannungen in den Ankerspulen verursachen ein starkes **Bürstenfeuer.** Bei Generatoren mit gleich bleibender Belastung kann das Bürstenfeuer vermieden werden, indem man die Bürsten in die durch die Belastung bedingte Lage der neutralen Zone nachstellt.

Die Bürsten der Gleichstrommaschine müssen sich immer in der neutralen Zone befinden.

Wendepole

Die Ankerrückwirkung kann durch Magnetfelder aufgehoben werden, die dem Ankerquerfeld entgegenwirken. Im Bereich zwischen den Hauptpolen werden dazu **Wendepole** verwendet **(Bild 1, Seite 316)**. Da die Stärke des Ankerquerfeldes vom Ankerstrom abhängt, schaltet man die Wendepolwicklungen in Reihe zum Anker. Dadurch erreicht man, dass auch bei wechselnder Belastung das Wendepolfeld und das Ankerquerfeld gleiche Stärke haben. Eine Verschiebung der neutralen Zone tritt also nicht mehr ein.

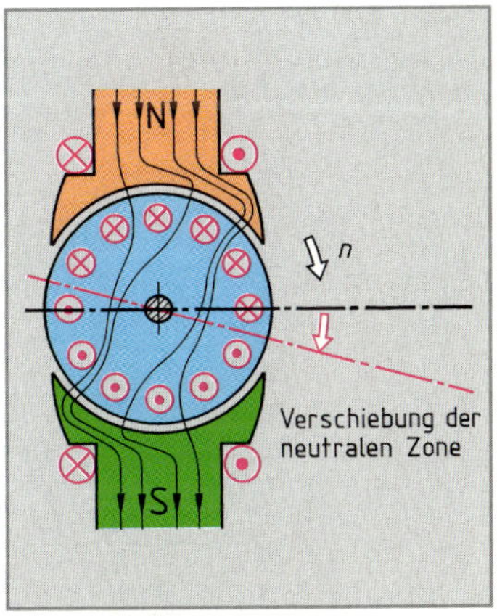

Bild 3: Resultierendes Feld des Gleichstromgenerators

Wendepole verhindern die Verschiebung der neutralen Zone durch das Ankerquerfeld.

Beim Generator folgt in Drehrichtung auf den Hauptpol immer ein Wendepol entgegengesetzter Polarität, z.B. auf einen Hauptpol Nord ein Wendepol Süd.

Gleichstrommaschinen ab etwa 1 kW Leistung haben Wendepole. Die richtige Polung der Haupt- und Wendepole lässt sich mit einer Magnetnadel und einem Stahlstab prüfen **(Bild 2)**.

Polt man zur Drehrichtungsumkehr die Ankerwicklung um, so muss auch eine Umpolung der Wendepolwicklungen erfolgen. Daher sind Wendepole und Anker meist innerhalb der Maschine verbunden (Bild 3, Seite 317).

Kompensationswicklung

Wendepole wirken dem Ankerquerfeld im Bereich zwischen den Hauptpolen entgegen. Das Erregerfeld wird jedoch weiterhin nach einer Hauptpolkante abgedrängt **(Bild 1)**. Das bewirkt eine Feldschwächung, da im Bereich der Feldverdichtung Sättigung eintritt. Durch das Zusammendrängen der Feldlinien werden in den Ankerspulen verschieden hohe Spannungen induziert. Dies führt zu Spannungsunterschieden zwischen benachbarten Stromwenderlamellen. Diese **Stegspannungen** nehmen mit der Feldverzerrung und der Ankerdrehzahl zu. Stegspannungen über 35 V können bereits zur Lichtbogenbildung zwischen den Lamellen des Stromwenders führen und ihn beschädigen.

Kompensationswicklungen verhindern eine Feldverzerrung im Bereich der Hauptpole.

Die Kompensationswicklungen sind in den Polschuhen der Hauptpole untergebracht **(Bild 3** und **Bild 4)**. Sie sind mit den Wendepolen und dem Anker in Reihe geschaltet. Große und schnell laufende Maschinen haben sowohl Wendepole als auch Kompensationswicklungen.

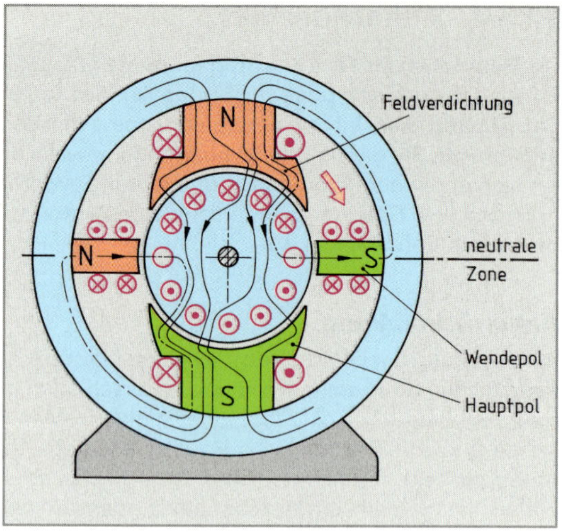

Bild 1: Generator mit Wendepolen

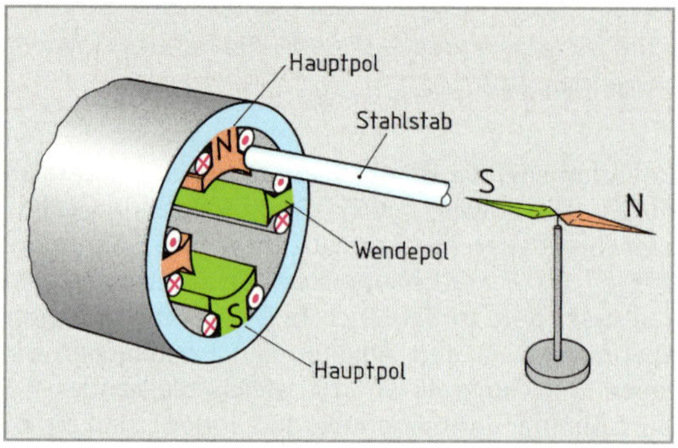

Bild 2: Prüfung der Polung

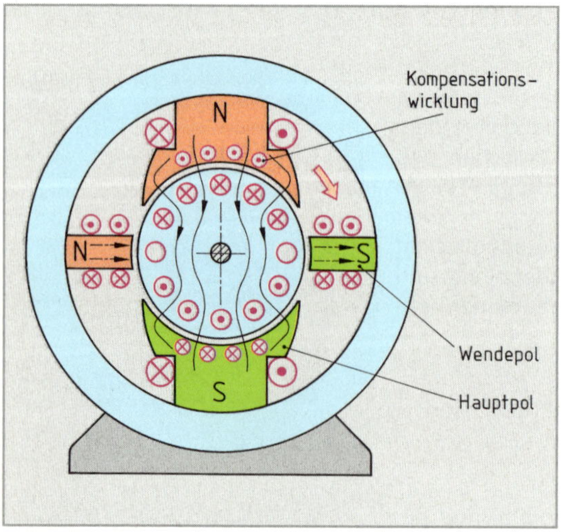

Bild 3: Generator mit Wendepolen und Kompensationswicklungen

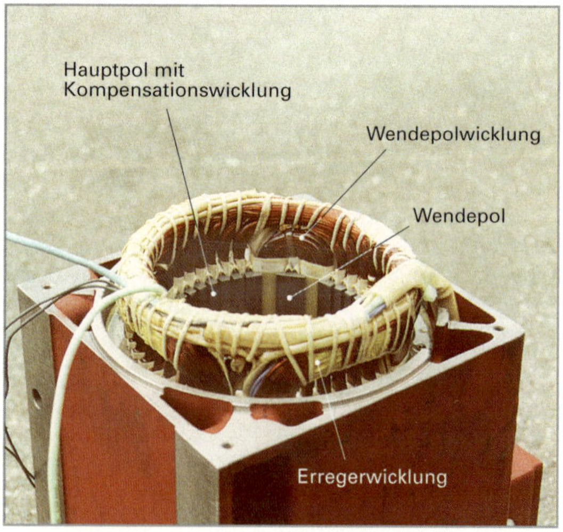

Bild 4: Ständer mit Hauptpol-, Wendepol- und Kompensationswicklung

12.5.5 Anschlussbezeichnung von Stromwendermaschinen

Die Anschlussbezeichnungen für Gleichstrommaschinen **(Tabelle)** sind bei Generatoren und Motoren gleich.

Ziffern vor den Kennbuchstaben bezeichnen unterteilte Wicklungen. 1B und 2B bedeutet z.B. eine symmetrisch aufgeteilte Wendepolwicklung. Ziffern hinter dem Kennbuchstaben geben Wicklungsanfang, z.B. B1, und Ende, z.B. B2 an **(Bild 1)**.

Von den Stromrichtungen in der Anker- und der Erregerwicklung hängt der Drehsinn einer Gleichstrommaschine ab. Die Anschlussbezeichnungen sind so festgelegt, dass sich bei Motoren Rechtslauf ergibt, wenn der Strom in jeder Wicklung vom Anfang zum Ende fließt, also bei einem Nebenschlussmotor im Anker von A1 nach A2 und in der Erregerwicklung von E1 nach E2 **(Bild 2)**.

Gleichstrommotoren haben Rechtslauf, wenn der Strom jede Wicklung vom Wicklungsanfang zum Wicklungsende durchfließt.

Zum Bestimmen der Drehrichtung betrachtet man bei Motoren die Abtriebsseite, bei Generatoren die Antriebsseite.

Bei Generatoren will der Ankerstrom den Anker gegen die Antriebsrichtung drehen. Für diesen „Drehwunsch" gilt dieselbe Stromrichtungsregel wie beim Motor. Generatoren werden gegen ihren Drehwunsch angetrieben **(Bild 3)**.

Um die Drehrichtung zu ändern, wird vorzugsweise die Ankerstromrichtung umgepolt. Der Restmagnetismus im Eisen des Erregerkreises bleibt dadurch erhalten. Wendepole werden mit dem Anker umgepolt.

Wiederholungsfragen

1. **Was versteht man beim Gleichstromgenerator unter der Ankerrückwirkung?**
2. **In welche Richtung verschiebt sich die neutrale Zone des Generators bei Belastung?**
3. **Welche Aufgaben haben bei Gleichstrommaschinen die Wendepole?**
4. **In welcher Richtung werden die Wicklungen von Gleichstrommotoren bei Rechtslauf durchflossen?**
5. **Warum muss bei der Drehrichtungsänderung die Wendepolwicklung zusammen mit dem Anker umgepolt werden?**
6. **Welche Aufgabe haben Kompensationswicklungen bei Gleichstromgeneratoren?**
7. **Wie ändert man bei einem Gleichstrommotor die Drehrichtung?**

Tabelle: Gleichstrommaschinen Anschlusskennzeichnung

A	Ankerwicklung
B	Wendepolwicklung
C	Kompensationswicklung
D	Reihenschlusswicklung
E	Nebenschlusswicklung
F	Fremderregte Wicklung

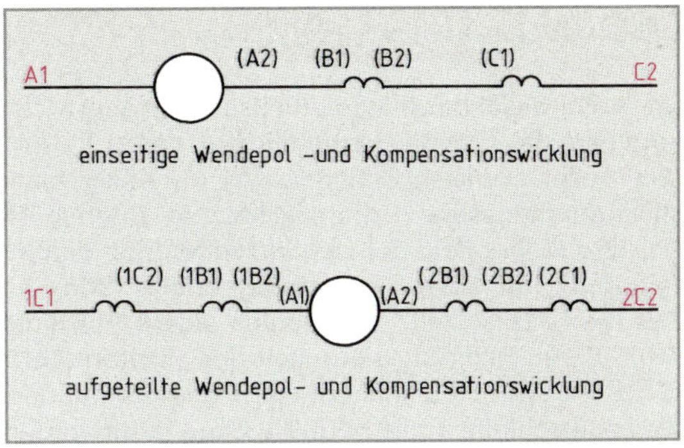

Bild 1: Ankerkreis mit Wendepol- und Kompensationswicklungen (Bezeichnungen in Klammern werden nicht am Klemmbrett angegeben)

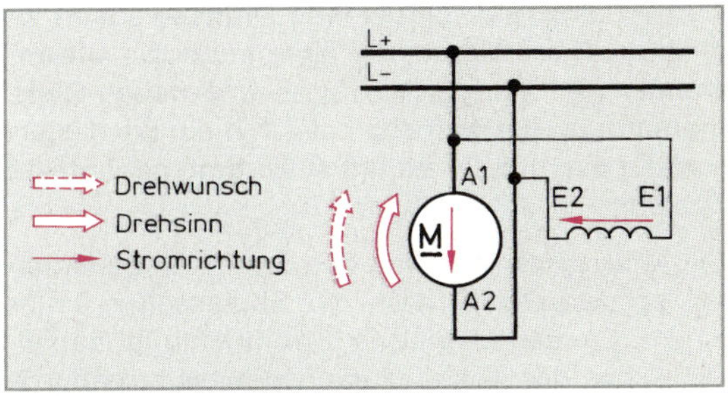

Bild 2: Nebenschlussmotor (Rechtslauf)

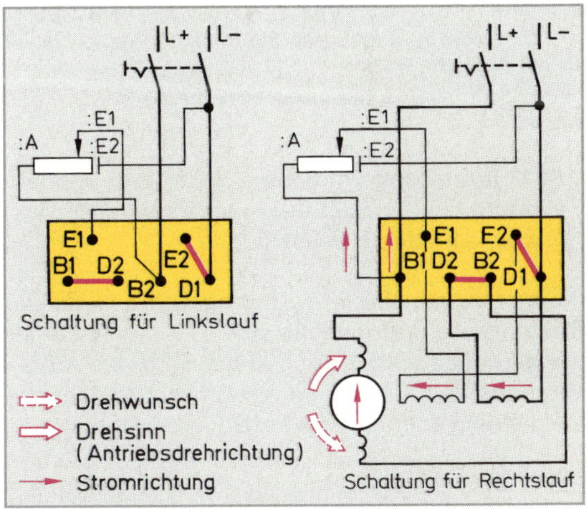

Bild 3: Doppelschlussgenerator mit Wendepolen

12.5.6 Wirkungsweise von Gleichstrommotoren

Gleichstrommaschinen haben unabhängig von ihrer Verwendung als Generator oder Motor **(Bild 1)** gleichen Aufbau und gleiche Anschlussbezeichnungen.

Gleichstrommotoren entwickeln ein großes Anzugsmoment und erlauben eine stufenlose Drehzahlsteuerung. Ihre Drehzahl kann weit über der von Drehfeldmotoren liegen.

Die vom Gleichstrom durchflossene Erregerwicklung baut das Erregermagnetfeld auf, das sich über den Anker schließt. Befindet sich im Anker eine stromdurchflossene Leiterschleife, so überlagert sich das Magnetfeld der Leiterschleife unter jedem Hauptpol mit dem Erregermagnetfeld **(Bild 2)**. Auf die Leiterschleife wirkt unter jedem Pol eine Kraft, deren Richtung sich nach der „Motorregel“ (Seite 94) ergibt. Es entsteht ein Drehmoment, das die Leiterschleife in die **neutrale Zone** dreht. In der neutralen Zone entsteht kein Drehmoment. Kann sich die Leiterschleife durch ihre Bewegungsenergie über die neutrale Zone hinausdrehen, muss die Stromrichtung in der Ankerschleife umgepolt werden, um eine fortlaufende Drehbewegung zu erhalten. Diese Umpolung übernimmt der **Stromwender**. Um ein gleichmäßiges und hohes Drehmoment zu bekommen, ersetzt man die Leiterschleife durch mehrere am Ankerumfang verteilte Spulen.

Die Ankerspulen sind mit den Stromwenderlamellen so verbunden, dass die Spulenseiten unter einem Erregerpol gleiche Stromrichtung haben. Die Achse des Ankermagnetfeldes bleibt dadurch trotz Drehung des Ankers unverändert **(Bild 3)**.

Versuch: Lagern Sie den Anker einer zweipoligen Stromwendermaschine nach **Bild 4**. Führen Sie dem Stromwender Strom zu und prüfen Sie mit einer Magnetnadel die magnetische Polung.

Der stromdurchflossene Anker bildet einen Nordpol und einen Südpol.

Bei Stromwendermotoren wird das Drehmoment durch das Erregermagnetfeld und das Ankermagnetfeld erzeugt.

Die Motordrehrichtung wird umgekehrt, wenn die Richtung des Erregerfeldes oder die des Ankerfeldes umgepolt wird. Vorzugsweise wird das Ankerfeld umgepolt. Besonders bei Umkehrbetrieb vermeidet man dadurch Erregerfeldunterbrechungen.

Zur Drehrichtungsumkehr von Gleichstrommotoren wird der Ankerstrom umgepolt.

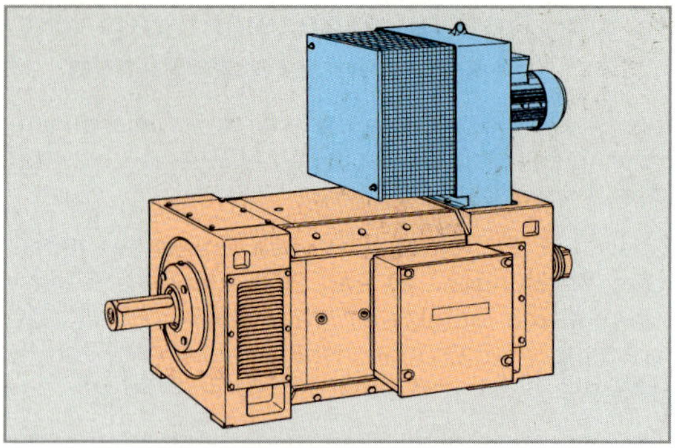

Bild 1: Fremdgekühlter Gleichstrommotor

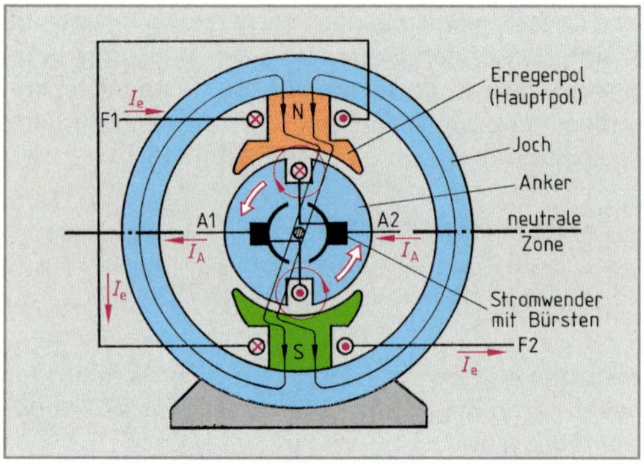

Bild 2: Fremderregter Gleichstrommotor (Linkslauf)

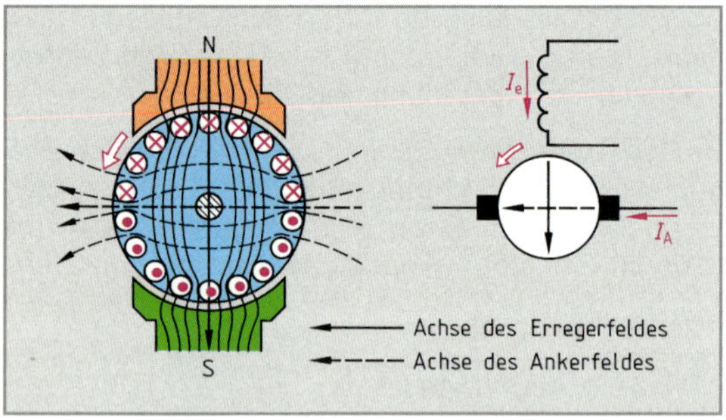

Bild 3: Erregerfeld und Ankerfeld (Linkslauf)

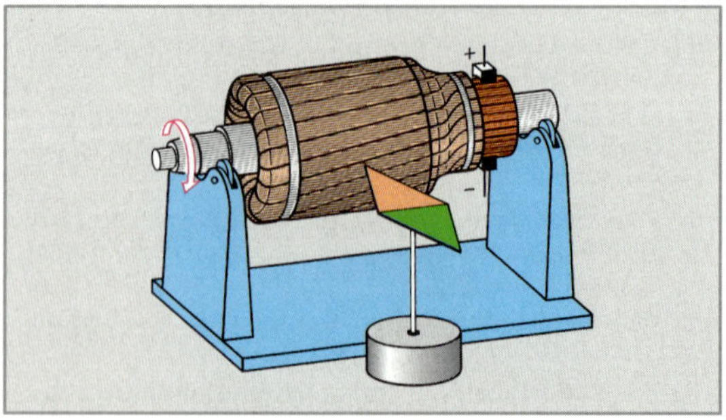

Bild 4: Nachweis des Ankerfeldes

Anlassen von Gleichstrommotoren

Versuch: Schließen Sie einen Gleichstrommotor, dessen Läufer festgebremst ist, über einen Strommesser an eine einstellbare Spannungsquelle an. Erhöhen Sie vorsichtig die Spannung, von 0V an beginnend.

Schon bei sehr niedriger Spannung fließt der Nennstrom.

Gleichstrommotoren haben einen kleinen Ankerwiderstand. Beim Einschalten an die volle Netzspannung würde als Einschaltstrom ein Vielfaches des Nennstromes fließen. Bei größeren Motoren muss daher ein **Anlasswiderstand** verwendet werden **(Bild 1)**. Anlasswiderstände werden in den Ankerstromkreis geschaltet. Sie sind stufenlos oder stufig stellbar und begrenzen den Strom während des Anlaufvorganges **(Bild 2)**.

> Bei Gleichstrommotoren begrenzen Anlasswiderstände den Anlaufstrom.

Beispiel 1: Ein Gleichstrommotor hat einen Ankerwiderstand von 0,5 Ω. Der Ankernennstrom $I_A = 10$ A, die Ankerspannung $U_A = 220$ V. Der Anlassspitzenstrom im Anker soll den 1,5fachen Ankernennstrom nicht überschreiten. Wie groß muss der Anlasswiderstand R_V sein?

Gesamtwiderstand des Ankerkreises:

$$R = \frac{U_A}{1{,}5 \cdot I_A} = \frac{220\ \text{V}}{1{,}5 \cdot 10\ \text{A}} = 14{,}67\ \Omega$$

Anlasswiderstand:

$R_V = R - R_A = 14{,}67\ \Omega - 0{,}5\ \Omega \approx \mathbf{14{,}2\ \Omega}$

Besonders bei Nebenschlussmotoren werden oft Anlasser und **Feldsteller** verwendet (Bild 1). Der Feldsteller ist so geschaltet, dass während des Anlaufs keine Schwächung des Erregerfeldes erfolgt.

Dreht sich der Anker im Erregermagnetfeld, so ändert sich fortlaufend der von den Ankerspulen umschlossene magnetische Fluss des Erregerfeldes. In den Ankerspulen des Motors entsteht wie beim Generator eine Induktionsspannung. Ihre Höhe steigt mit der Flussänderung, also mit der Stärke des Erregerfeldes und der Ankerdrehzahl. Die induzierte Spannung wirkt gegen die Netzspannung. Sie wird als Ankergegenspannung U_i bezeichnet **(Bild 3)**.

Beispiel 2: Ein Gleichstrommotor hat einen Ankerwiderstand $R_A = 0{,}5\ \Omega$. Bei $U_A = 220$ V Ankerspannung fließt der Ankernennstrom $I_A = 10$ A. Wie groß ist die wirksame Ankergegenspannung U_i?

$U_i = U_A - R_A \cdot I_A = 220\ \text{V} - 0{,}5\ \Omega \cdot 10\ \text{A} = \mathbf{215\ V}$

Die Ankergegenspannung erreicht bei Nenndrehzahl beinahe den Wert der anliegenden Ankerspannung (oft über 95%). Dadurch fließt trotz des kleinen Ankerwiderstandes ein begrenzter Ankerstrom.

> Die Ankergegenspannung begrenzt beim laufenden Gleichstrommotor den Ankerstrom.

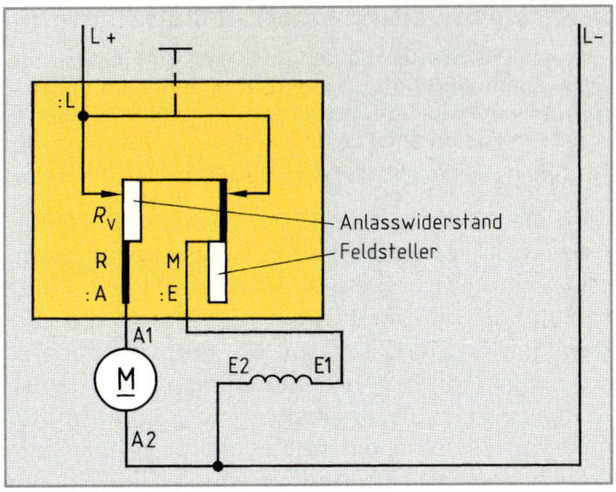

Bild 1: Nebenschlussmotor mit Anlasswiderstand und Feldsteller

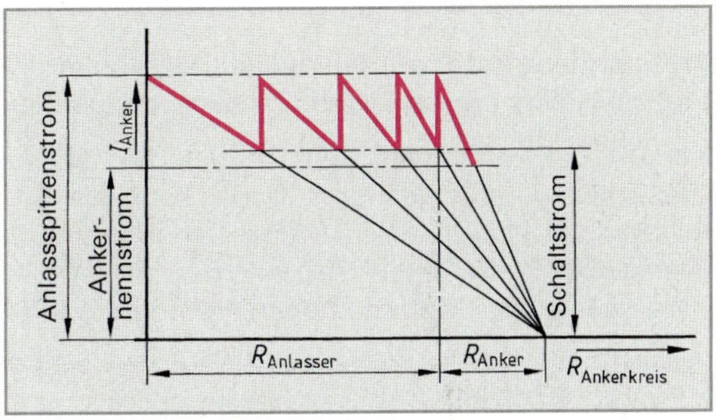

Bild 2: Anlaufstrombegrenzung durch einen 5-stufigen Anlasswiderstand

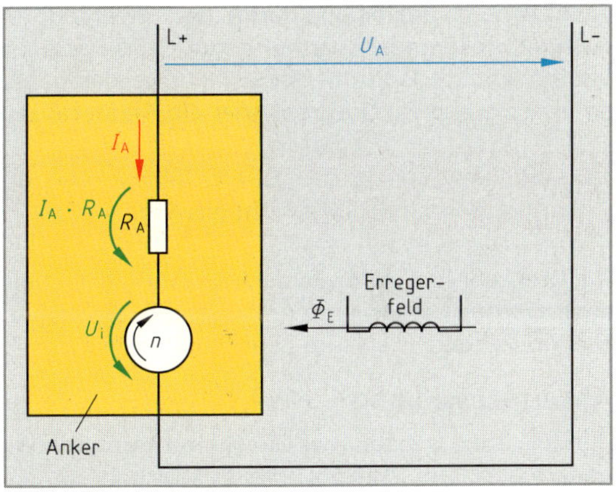

Bild 3: Ersatzschaltbild des Ankers

$$U_A = U_i + I_A \cdot R_A$$

$$U_i \sim \Phi_E \cdot n$$

U_A	Ankerspannung	U_i	Ankergegenspannung
I_A	Ankerstrom	Φ_E	Erregerfluss
R_A	Ankerwiderstand	n	Ankerdrehzahl

Drehzahlsteuerung von Gleichstrommotoren

Versuch 1: Schließen Sie einen Gleichstromnebenschlussmotor so an, dass Ankerspannung und Erregerstrom unabhängig voneinander eingestellt und gemessen werden können (Bild 1, Seite 319). Stellen Sie den Nennerregerstrom ein und erhöhen Sie langsam die Ankerspannung.

Mit zunehmender Ankerspannung steigt die Ankerdrehzahl.

Wird die Ankerspannung vergrößert, so fließt zunächst ein größerer Ankerstrom. Es entsteht ein höheres Drehmoment, das den Anker beschleunigt. Mit höherer Ankerdrehzahl steigt auch die Ankergegenspannung. Die Formel $U_A = U_i + I_A \cdot R_A$ zeigt, dass bei zunehmender Ankergegenspannung U_i der Ankerstrom I_A wieder kleiner wird. Erfolgt die Erhöhung der Ankerspannung U_A bei konstantem Motordrehmoment, so ist der Ankerstrom vor und nach der Drehzahländerung gleich groß. Wird die Ankerspannung auf Nennspannung erhöht, erreicht der Anker bei Nennerregung seine Nenndrehzahl **(Bild 1)**.

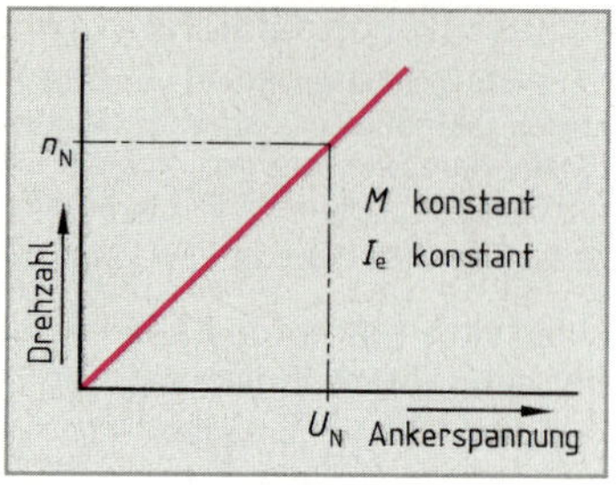

Bild 1: Drehzahl und Ankerspannung

Durch Erhöhen der Ankerspannung wird die Motordrehzahl bis zur Nenndrehzahl erhöht.

Anlasswiderstände werden wegen der hohen Wärmeverluste als Drehzahlsteller nur bei kleinen Motorleistungen verwendet.

Nahezu verlustlos wird mit Thyristoren die Ankerspannung zur Drehzahlsteuerung geändert. Dabei kann die Ankerspannung über Pulswandler einem Gleichstromnetz entnommen werden oder über gesteuerte Gleichrichter (Stromrichter) dem Drehstromnetz **(Bild 2)**. Derart gesteuerte Motoren haben Fremderregung.

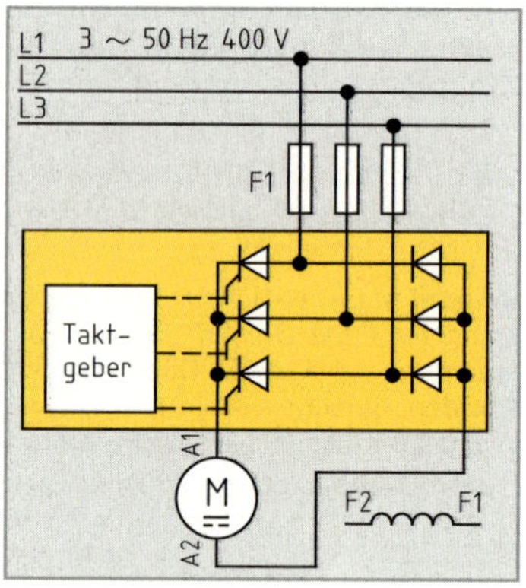

Bild 2: Stromrichtergesteuerter Gleichstrommotor

Versuch 2: Wiederholen Sie Versuch 1. Verringern Sie mit dem Feldsteller den Erregerstrom bei unveränderter Ankerspannung.

Die Ankerdrehzahl erhöht sich, wenn der Erregerstrom verringert wird.

Die Ankergegenspannung U_i ist vom Erregerfluss und der Drehzahl abhängig. Wird der Erregerfluss geschwächt, muss die Ankerdrehzahl entsprechend ansteigen, damit bei unveränderter Ankerspannung auch die Ankergegenspannung ihre Größe beibehält. Wird bei Nennbetrieb ein Erregerstrom eingestellt, der kleiner als der Nennerregerstrom ist, steigt die Drehzahl über die Nenndrehzahl **(Bild 3)**.

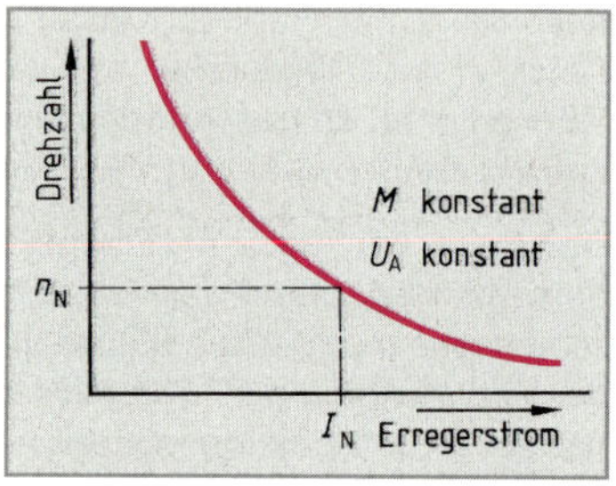

Bild 3: Drehzahl und Erregerstrom

Durch Schwächung des Erregerfeldes kann die Motordrehzahl über die Nenndrehzahl erhöht werden.

Die Drehzahl darf durch Feldschwächung nicht beliebig ansteigen, da sonst Stromwender und Anker durch die auftretenden Fliehkräfte zerstört werden. Man sagt „der Motor geht durch".

Ankerrückwirkung

Bei Belastung entsteht bei Gleichstrommotoren wie bei Gleichstromgeneratoren ein Ankerquerfeld. Motoren ab etwa 1 kW Leistung haben darum Wendepole, damit die Lage der neutralen Zone erhalten bleibt. Da die Motordrehrichtung entgegengesetzt zur Generatordrehrichtung ist, ändert sich auch die Polarität der Wendepole **(Bild 4)**.

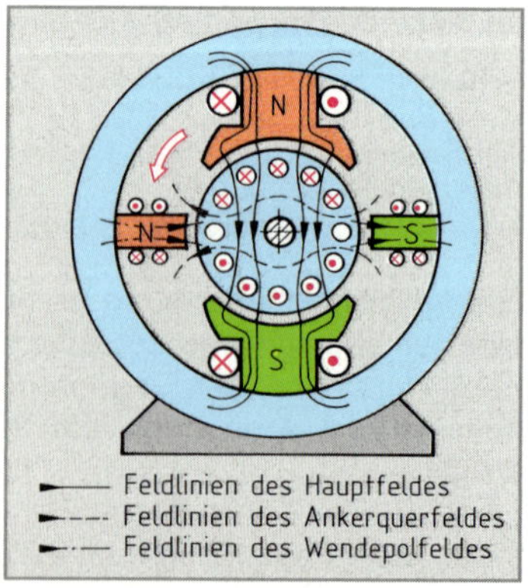

Bild 4: Motor mit Wendepolen

Bei Motoren folgt in Drehrichtung auf jeden Hauptpol ein gleichnamiger Wendepol.

Motoren ab 100 kW Leistung haben zusätzlich Kompensationswicklungen.

12.5.7 Schaltungen von Gleichstrommotoren

Die verschiedenen Arten von Gleichstrommotoren unterscheiden sich durch die Schaltung der Erregerwicklung zum Anker **(Tabelle)**.

Tabelle: Schaltungen von Gleichstrommotoren

Reihenschlussmotor	Fremderregter Motor[1]	Nebenschlussmotor	Doppelschlussmotor (Compoundmotor)

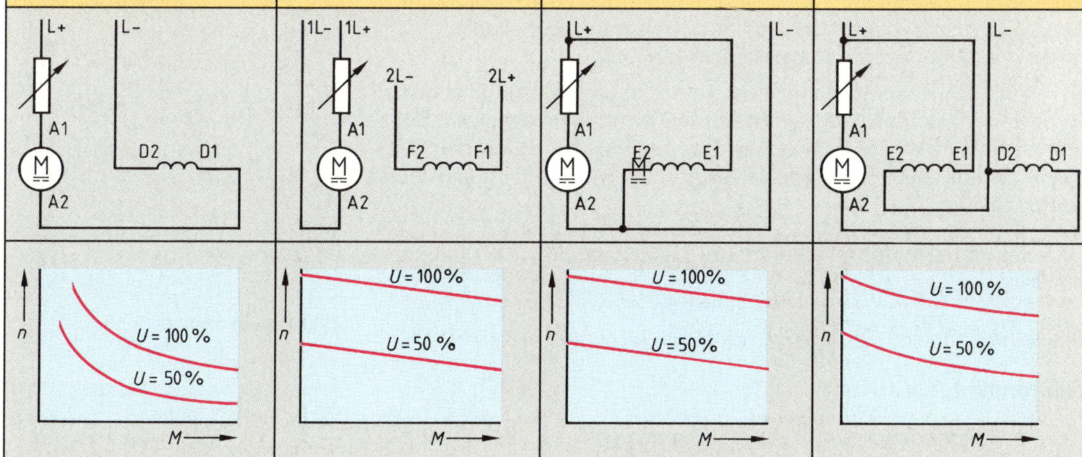

[1] Motoren mit Permanenterregung (Dauermagneterregung) sind auch fremderregte Motoren

Fremderregter Motor

Beim fremderregten Motor wird der Erregerstrom von einer unabhängigen Spannungsquelle geliefert **(Bild 1)**.

Motoren mit Dauermagneten anstelle der Erregerwicklung sind ebenfalls fremderregte Motoren.

Zum Anlassen und zum Herabsetzen der Drehzahl senkt man die Ankerspannung, z. B. durch einen Anlasswiderstand. Zum Erhöhen der Drehzahl über die Nenndrehzahl hinaus verringert man die Erregerspannung, z. B. durch einen Feldsteller.

Oft werden Ankerstromkreis und Erregerstromkreis über Gleichrichter aus dem Wechsel- oder Drehstromnetz gespeist. Durch Transformatoren oder durch steuerbare Gleichrichter können die Ankerspannung und die Erregerspannung herabgesetzt werden.

Das fremderregte Erregerfeld ist unabhängig vom Anker. Es behält seine Stärke auch bei einem Rückgang der Ankerspannung. Die Drehzahl fremderregter Motoren bleibt dadurch bei Lastschwankungen noch stabiler als die von Nebenschlussmotoren **(Bild 2)**. Sie werden für Antriebe verwendet, deren Drehzahl in großem Umfang lastunabhängig gesteuert wird, z. B. für Fräsmaschinen und andere Werkzeugmaschinen.

Werden Gleichstrommaschinen bei gleichbleibendem Drehmoment für kleine Betriebsdrehzahlen verwendet (Ankersteuerung), ist für eine ausreichende Kühlung zu sorgen.

Gleichstrommotoren für kleine Betriebsdrehzahlen benötigen Fremdkühlung.

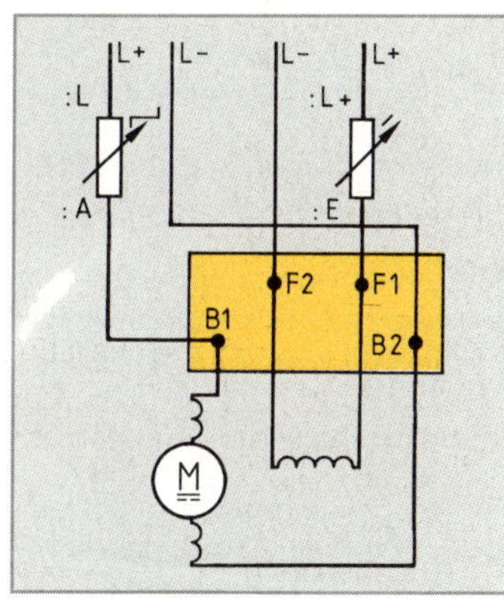

Bild 1: Schaltung eines fremderregten Motors mit Wendepolen, Anlasser und Feldsteller

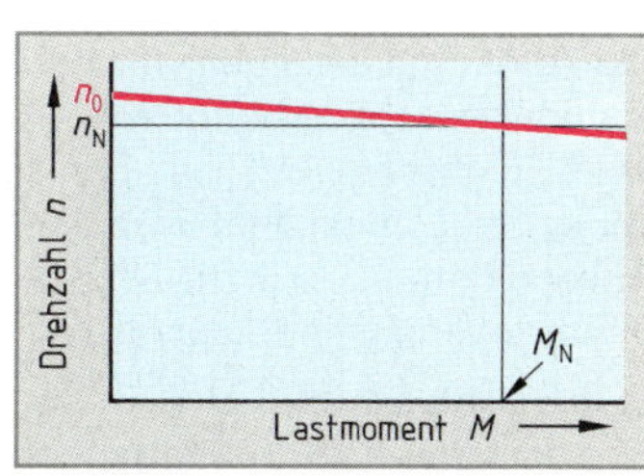

Bild 2: Belastungskennlinie des fremderregten Motors

Nebenschlussmotor

Beim Nebenschlussmotor liegt die Erregerwicklung parallel zum Anker **(Bild 1)**.

Die Drehzahleinstellung ist durch den Anlasswiderstand und den Feldsteller möglich. Im Leerlauf und bei Belastung verhält sich der Nebenschlussmotor wie ein fremderregter Motor. Er hat die gleiche Belastungskennlinie (Bild 2, Seite 321). Motoren, die im Leerlauf nicht durchgehen und deren Drehzahl bei Belastung nur wenig abfällt, nennt man Motoren mit **Nebenschlussverhalten**.

Bei Nebenschlussmotoren und bei fremderregten Motoren ist darauf zu achten, dass die Erregung im Betrieb nicht abschaltbar ist. Sonst erreicht der Anker im schwachen Erregerfeld, das durch den Restmagnetismus der Erregerpole verursacht wird, unzulässig hohe Drehzahlen.

Nebenschlussmotoren können bei Unterbrechung des Erregerkreises durchgehen.

Sie werden für Antriebe wie fremderregte Motoren verwendet.

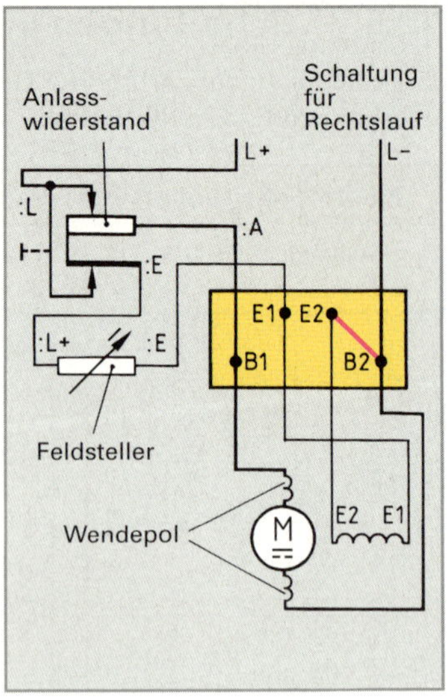

Bild 1: Nebenschlussmotor

Reihenschlussmotor

Beim Reihenschlussmotor ist die Erregerwicklung in Reihe zum Anker geschaltet **(Bild 2)**.

Zum Anlassen und zur Drehzahlsteuerung bis zur Nenndrehzahl wird dem Motor ein Anlasswiderstand vorgeschaltet. Beim Reihenschlussmotor fließt der gesamte Ankerstrom auch durch die Erregerwicklung. Bei großem Ankerstrom ist der Erregerstrom ebenfalls groß.

Reihenschlussmotoren haben von allen Motoren das größte Anzugsmoment.

Beim Hochlaufen ohne Belastung nimmt der Ankerstrom und der Erregerstrom mit zunehmender Drehzahl ab. Die Schwächung des Erregerfeldes steigert wiederum die Drehzahl.

Reihenschlussmotoren gehen im Leerlauf durch.

Reihenschlussmotoren dürfen deshalb nicht über Flachriemen belastet werden, weil der Riemen abspringen könnte. Bei Belastung von Reihenschlussmotoren nimmt der Ankerstrom und damit der Erregerstrom zu: Die Drehzahl verringert sich stark, während das Drehmoment zunimmt **(Bild 3)**.

Die Drehzahl von Reihenschlussmotoren ist stark lastabhängig.

Die Abnahme der Drehzahl bei Belastung ist besonders groß, wenn der Reihenschlussmotor mit einem Anlasswiderstand R_V betrieben wird. In diesem Fall ruft der zunehmende Ankerstrom im Anlasswiderstand einen Spannungsfall hervor, sodass die Spannung am Anker niedriger wird. Die Drehzahl sinkt, weil der Anker eine geringere Ankergegenspannung erzeugen muss.

Reihenschlussmotoren werden vor allem für Elektrofahrzeuge verwendet, z. B. für Straßenbahnen, Fernbahnen und Elektrokarren. Ist das Magnetgestell dieser Motoren aus Elektroblech, so arbeiten Reihenschlussmotoren auch mit Wechselstrom.

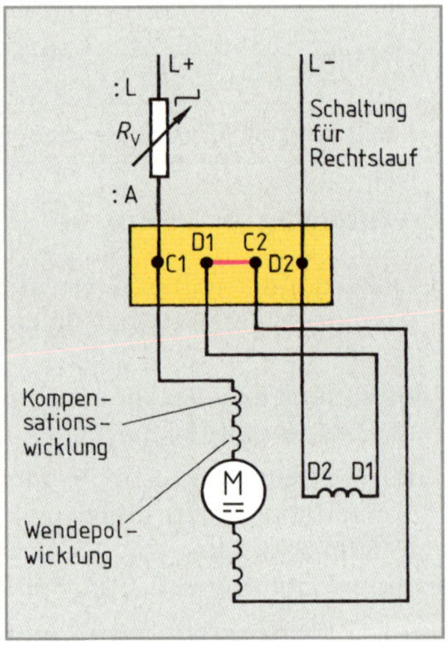

Bild 2: Reihenschlussmotor

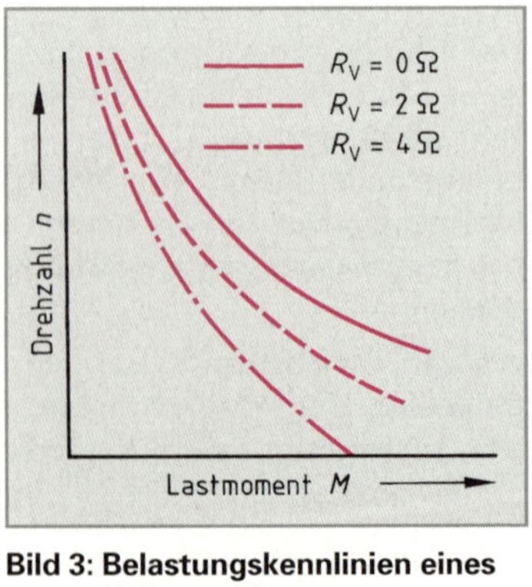

Bild 3: Belastungskennlinien eines Reihenschlussmotors

Doppelschlussmotoren (Compound-Motoren)

Beim Doppelschlussmotor befindet sich wie beim Doppelschlussgenerator auf den Hauptpolen eine Nebenschluss- und eine Reihenschlusswicklung.

Die Drehzahleinstellung ist durch Anlasser und Feldsteller möglich **(Bild 1)**.

Beim „compoundierten" Motor ist die Reihenschlusswicklung so angeschlossen, dass ihr Magnetfeld dieselbe Richtung hat wie das Magnetfeld der Nebenschlusswicklung. Im Leerlauf verhält sich der compoundierte Motor wie ein Nebenschlussmotor. Bei Belastung fällt beim compoundierten Motor die Drehzahl etwas stärker ab **(Bild 2)**, da durch den stärkeren Ankerstrom auch der magnetische Hauptfluss größer wird.

Ist die Reihenschlusswicklung so angeschlossen, dass ihr Magnetfeld das Magnetfeld der Nebenschlusswicklung schwächt, so ist der Motor „gegencompoundiert". Unbeabsichtigt wird aus einem compoundierten Doppelschlussmotor ein gegencompoundierter Motor, wenn bei Drehrichtungsumkehr falsch umgepolt wird, z. B. durch Umpolung der Reihenschaltung B1 bis D2 statt B1 bis B2 (Bild 1). Bei Belastung steigt dann die Drehzahl, da das Hauptfeld schwächer wird. Gegencompoundierte Motoren neigen also zum Durchgehen, sie sind instabil. Deswegen vermeidet man diese Schaltung. In Ausnahmefällen wird sie verwendet, um die Auswirkungen von Belastungsschwankungen auf die Drehzahl zu verringern.

Doppelschlussmotoren werden eingesetzt, wenn das Anzugsmoment von Nebenschlussmotoren zu klein ist, z. B. bei Hebezeugen. Ein fremderregter Motor oder ein Nebenschlussmotor über 12 kW Leistung hat meist eine Reihenschlusshilfswicklung, verhält sich also wie ein Doppelschlussmotor. Ohne die Reihenschlusswicklung würde bei Belastung die Drehzahl zunehmen, weil das Ankerfeld das Hauptfeld schwächt.

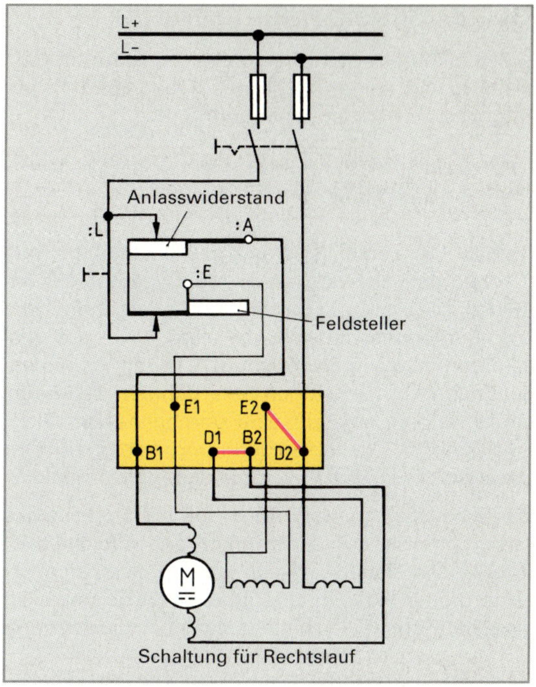

Bild 1: Doppelschlussmotor mit Wendepolen und Anlassfeldsteller

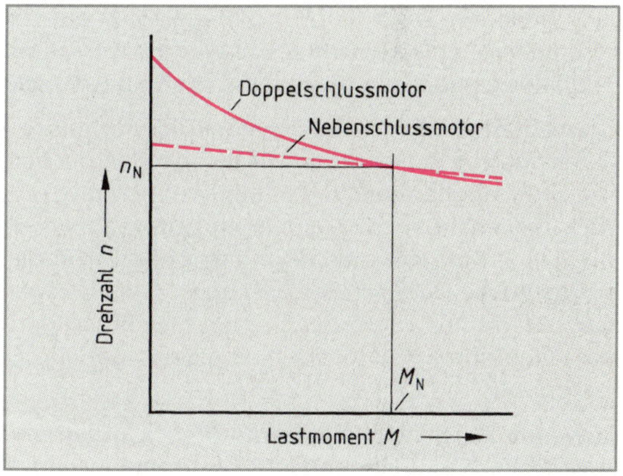

Bild 2: Belastungskennlinien des Doppelschlussmotors und des Nebenschlussmotors

Wiederholungsfragen

1 **Welche Eigenschaften haben Gleichstrommotoren?**
2 **Wie kehrt man bei einem Gleichstrommotor die Drehrichtung um?**
3 **Von welchen Größen hängt beim Gleichstrommotor das Drehmoment ab?**
4 **Warum darf ein Gleichstrommotor nicht an der vollen Netzspannung eingeschaltet werden?**
5 **Wie verkleinert man die Ankerdrehzahl unter den Nennwert und vergrößert sie über den Nennwert?**
6 **In welche Richtung verschiebt sich im Gleichstrommotor die neutrale Zone bei Belastung?**
7 **Welche Reihenfolge haben Hauptpole und Wendepole am Ständerumfang beim Gleichstrommotor?**
8 **Was versteht man unter dem Nebenschlussverhalten eines Gleichstrommotors?**
9 **Welches Betriebsverhalten haben Reihenschlussmotoren?**
10 **Wozu werden Reihenschlussmotoren verwendet?**

12.5.8 Scheibenläufermotor

Scheibenläufermotoren sind Gleichstrommotoren, deren Läufer keinen Eisenkern haben **(Bild 1)**. Ihr Trägheitsmoment ist daher gering.

Scheibenläufermotoren können schnell anlaufen und abstoppen.

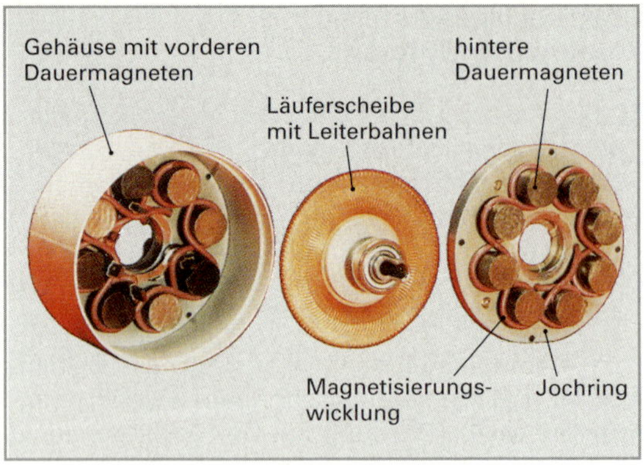

Bild 1: Einzelteile des Scheibenläufermotors

Aufbau. Der Läufer ist eine Kunststoffscheibe, auf der beidseitig die Ankerwicklung aufgebracht ist **(Bild 2)**. Die Wicklung besteht aus Leiterbahnen, die aus Kupferfolie ausgestanzt sind und auf die Läuferscheibe aufgeklebt werden. Durch Verbinden der Enden der beidseitigen Leiterbahnen, z. B. durch Verschweißen, entsteht eine durchgehende Wicklung **(Bild 3)**. Die Stromzuführung erfolgt über Kohlebürsten meist direkt auf die Leiterbahnen, die damit gleichzeitig Stromwender sind.

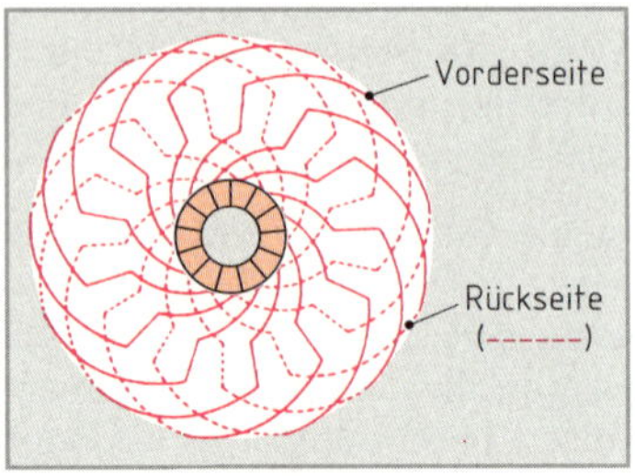

Bild 2: Wicklungsschema des Läufers

Das Erregermagnetfeld wird durch Dauermagnete erzeugt, die im Motorgehäuse auf Jochringen aus Weicheisen angebracht sind **(Bild 4)**. Die Dauermagnete werden nach dem Zusammenbau des Motors über eine eingebaute Magnetisierungswicklung aufmagnetisiert. Ihr Magnetfeld schließt sich über die Jochringe.

Scheibenläufermotoren sind fremderregte Gleichstrommotoren.

Wirkungsweise. Der den Leiterbahnen der Läuferscheibe zugeführte Gleichstrom baut ein Magnetfeld auf, das sich dem Erregermagnetfeld überlagert. Nach der Motor-Regel wirkt auf jede stromdurchflossene Leiterbahn eine Kraft, es entsteht ein Drehmoment. Durch Umpolen des Läuferstromes wird die Drehrichtung geändert.

Bild 3: Läuferscheibe mit aufgeklebten und verbundenen Leiterbahnen

Eigenschaften. Wegen ihrer kleinen Läufermasse können Scheibenläufermotoren innerhalb von Millisekunden die gewünschte Drehzahl erreichen, abgebremst und in der Drehrichtung umgesteuert werden. Die offenliegenden, nichtisolierten Leiterbahnen ermöglichen hierbei durch eine gute Wärmeabfuhr eine hohe Stromdichte und eine kurzfristige starke Überlastung. Das homogene Erregermagnetfeld ergibt auch bei kleinen Drehzahlen einen gleichmäßigen Lauf bei konstantem Drehmoment und lässt eine sehr genaue Positionierung des Läufers zu.

Anwendung. Scheibenläufermotoren werden mit Leistungen von etwa 20 W bis 10 kW gebaut. Zur Ansteuerung ist eine Leistungselektronik erforderlich. Bei Regelungsantrieben kann die Motordrehzahl durch Tachogeneratoren erfasst werden.

Scheibenläufermotoren werden als Servomotoren verwendet.

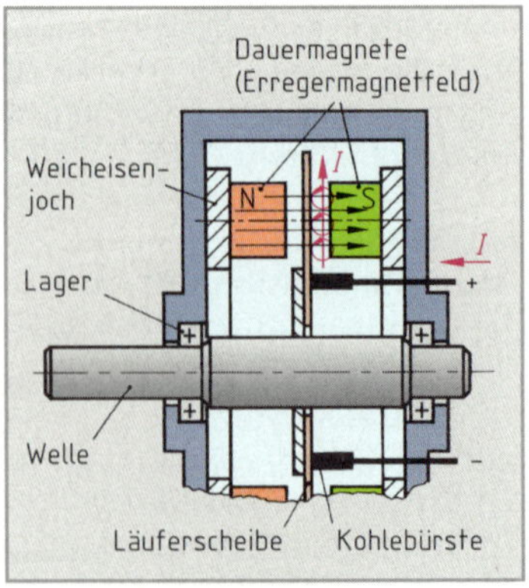

Bild 4: Scheibenläufermotor mit Läufer- und Erregermagnetfeld

Servomotoren[1] sind Hilfsmotoren für einen Steuervorgang. Sie steuern mit geringer Energie z. B. die Drehzahl eines Gleichstrommotors, der mit hohem Energieaufwand eine Arbeitsmaschine antreibt.

Scheibenläufermotoren setzt man z. B. für Antriebe von Wickeleinrichtungen, Ventilen und Vorschüben sowie zur Positionierung von Werkzeugmaschinen ein. Wegen ihrer Positionierungsgenauigkeit und großen Schnelligkeit werden sie oft den Schrittmotoren vorgezogen.

[1] servo, von servus (lat.) = dienbar; in der Technik mit der Bedeutung „mit verstärkender Wirkung"

12.5.9 Universalmotor

Reihenschlussmotoren für Wechselspannung (Einphasen-Reihenschlussmotoren) haben wegen der Wirbelstromverluste geblechte Ständer und Läufer. Der Ständer besitzt ausgeprägte Pole zur Aufnahme der Erregerwicklung **(Bild 1)**.

Der Universalmotor entspricht im Aufbau dem Reihenschlussmotor.

Bei Anschluss an Wechselspannung ändern sich die Erreger- und Ankerstromrichtung gleichzeitig. Damit wirkt das entstehende Drehmoment in gleichbleibender Richtung.

Universalmotoren haben ein Betriebsverhalten wie Reihenschlussmotoren.

Bild 1: Universalmotor

Wechselstrom verursacht in der Erregerwicklung einen induktiven Blindwiderstand, der den Strom und die Motorleistung vermindert. Um den Blindwiderstand zu begrenzen, betreibt man Universalmotoren an Wechselspannung mit verringerter Erregerwindungszahl. Universalmotoren sind die am meisten verwendeten Kleinmotoren. Sie erreichen höhere Drehzahlen als Einphasen-Asynchronmotoren und dadurch bei kleiner Baugröße eine hohe Antriebsleistung. Da ihr Anker meist mit Lüfter und Getriebe fest verbunden ist, besteht kaum die Gefahr des Durchgehens. Durch das Bürstenfeuer bedingte Funkstörungen werden mit Entstörkondensatoren beseitigt. Universalmotoren werden z. B. zum Antrieb von Haushaltsmaschinen und Elektrokleinwerkzeugen verwendet.

12.5.10 Drehstromnebenschlussmotor

Drehstromnebenschlussmotoren werden in ständergespeister und in läufergespeister Ausführung gebaut. Sie erlauben eine stufenlose lastunabhängige Drehzahlsteuerung bei hohem Wirkungsgrad.

Der **läufergespeiste Drehstromnebenschlussmotor** besitzt einen Läufer mit einer dreiphasigen Drehstromwicklung, die über Schleifringe an das Netz geschaltet wird. Als zweite Wicklung liegt im Läufer als Steuerwicklung eine an den Stromwender angeschlossene Gleichstromwicklung **(Bild 2)**. Im Ständerblechpaket befindet sich eine Drehstromwicklung, deren Anfänge und Enden jeweils an einen Stromwenderbürstensatz geführt sind. Die Bürstensätze sind gegenläufig verschiebbar.

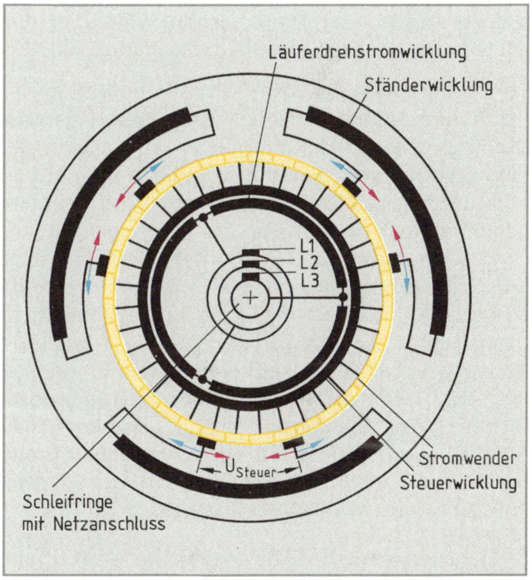

Bild 2: Läufergespeister Drehstromnebenschlussmotor

Wird der Läufer an das Netz geschaltet, so entsteht in ihm ein Drehfeld. Dieses induziert in den Ständerwicklungen eine Spannung, deren Größe und Frequenz vom Schlupf abhängt. Über die Stromwender sind die Ständerwicklungen mit der Läufersteuerwicklung verbunden, in der durch das Drehfeld ebenfalls eine Induktionsspannung entsteht. Am Motor stellt sich jeweils die Drehzahl ein, bei der sich die in den Ständerwicklungen und in der Steuerwicklung induzierten Spannungen das Gleichgewicht halten. Da durch Verschieben der Bürstensätze am Stromwender (Bild 2) unterschiedliche Steuerspannungen abgegriffen werden können, stellen sich unterschiedliche Läuferdrehzahlen zur Induktion der jeweiligen Ständerspannung ein. Entsprechend der abgegriffenen Steuerspannung sind Drehzahlen von 50 % bis 150 % der Drehfelddrehzahl möglich.

Drehstromnebenschlussmotoren können oberhalb oder unterhalb der Drehfelddrehzahl betrieben werden.

12.6 Umformer

Ein Umformer ist eine rotierende elektrische Maschine oder ein Maschinensatz zur Umwandlung elektrischer Energie in eine solche anderer Spannung, Stromart, Frequenz oder Phasenzahl.

Motorgeneratoren bestehen aus einem Elektromotor, Verbindungswelle und Generator **(Bild 1)**. Bei Schweißumformern wird z.B. ein Kurzschlussläufermotor zum Antrieb eines Synchrongenerators benutzt, der den zum Schweißen erforderlichen hohen Strom liefert. Der Generatorstrom wird durch Siliciumdioden gleichgerichtet. Haben Motor und Generator eine gemeinsame Welle, so spricht man von einem **Einwellenumformer (Bild 2)**.

Synchrone Umformer bestehen aus Synchronmaschinen unterschiedlicher Polzahl. Sie werden meist zur Frequenzumformung benutzt, z.B. von 50 Hz in 40 Hz. Frequenzumformung ist auch mit Stromrichtern möglich (Seite 211).

Asynchrone Frequenzumformer bestehen aus einem Drehstrom-Kurzschlussläufer und einer Schleifringläufermaschine. Die Ständerwicklungen beider Maschinen sind an das Netz (Eingangsnetz) angeschlossen. Das Ausgangsnetz wird über die Schleifringe des Schleifringläufers versorgt **(Bild 3)**.

Der Drehstrom in der Ständerwicklung der Schleifringläufermaschine erzeugt ein magnetisches Drehfeld. Dieses Feld induziert in der Läuferwicklung Spannungen, die an den Schleifringen abgenommen werden. Bei Läuferstillstand ist die Ausgangsfrequenz so groß wie die Eingangsfrequenz (Transformatorprinzip). Treibt der Antriebsmotor den Schleifringläufer gegen sein Ständerdrehfeld, so wird die Flussänderung in den Läuferwicklungen beschleunigt. Die vom Läufer gelieferte Ausgangsfrequenz wird daher größer als die Eingangsfrequenz. Treibt der Antriebsmotor den Läufer in Richtung des Ständerdrehfeldes, wird die Ausgangsfrequenz kleiner. Je nach Antriebsdrehzahl und Polzahl des Schleifringläufers lassen sich Frequenzen bis etwa 500 Hz erreichen.

Betriebsverhalten. Eine Belastung des Umformers führt zu einem größeren Schlupf des Kurzschlussläufers. Mit dem Schlupf ändert sich die Ausgangsfrequenz. Zugleich bewirkt der Laststrom einen Spannungsfall in den Ausgangswicklungen. Spannung und Frequenz von asynchronen Frequenzumformern sind daher belastungsabhängig.

Asynchrone Frequenzumformer werden z.B. als Schnellfrequenzumformer zur Versorgung schnell laufender Induktionsmotoren (200 Hz) für Holz- und Metallbearbeitungsmaschinen verwendet.

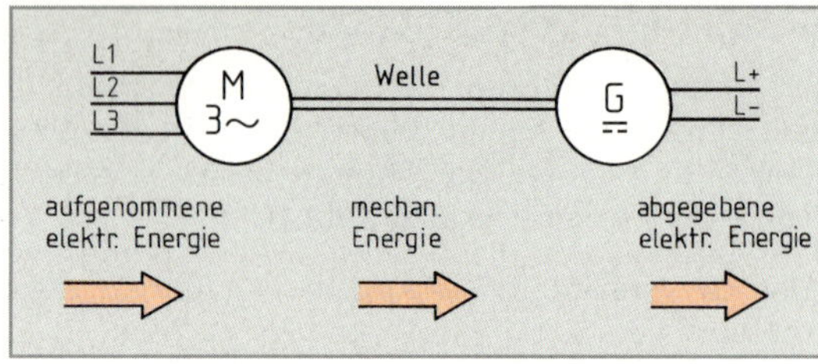

Bild 1: Prinzip des Motorgenerator-Umformers

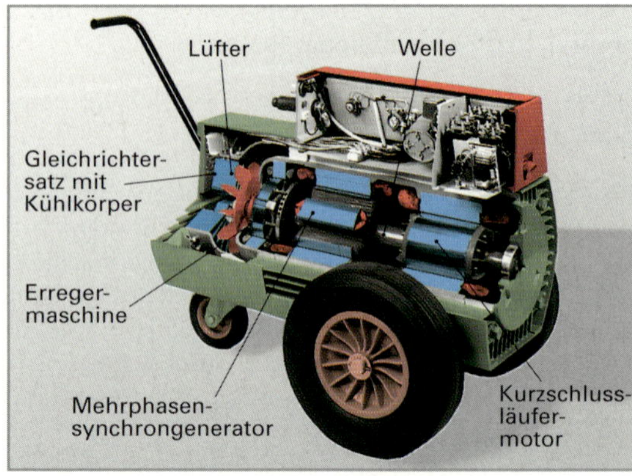

Bild 2: Motorgenerator (Schweißumformer)

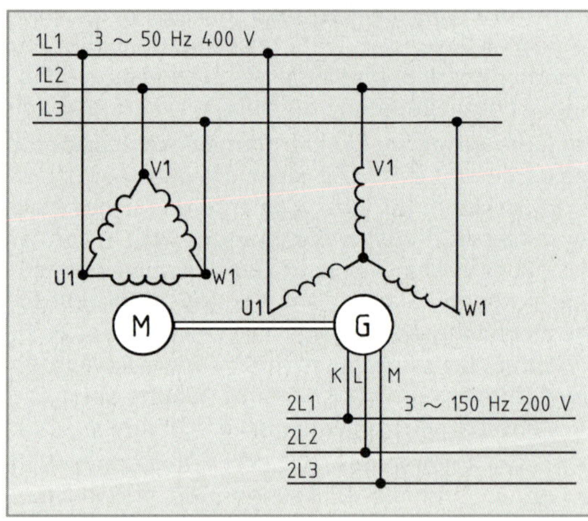

Bild 3: Schaltung eines asynchronen Frequenzumformers

Antrieb gegen das Drehfeld:

$$f_2 = p \cdot n + f_1$$

Antrieb mit dem Drehfeld:

$$f_2 = p \cdot n - f_1$$

f_2 Ausgangsfrequenz
f_1 Eingangsfrequenz
p Polpaarzahl des Umformers
n Drehzahl des Umformers

12.7 Betriebsarten elektrischer Maschinen

Bei der Auswahl eines Elektromotors ist die Betriebsart von Bedeutung. So erwärmt sich z. B. ein Motor bei nur kurzzeitigem Betrieb weniger als bei ununterbrochenem Betrieb. Es kann dann ein Motor mit kleinerer Bemessungsleistung (Nennleistung) verwendet werden, ohne dass die zulässige Betriebstemperatur überschritten wird. Nach IEC 34-1 unterscheidet man die Betriebsarten S1 bis S10.

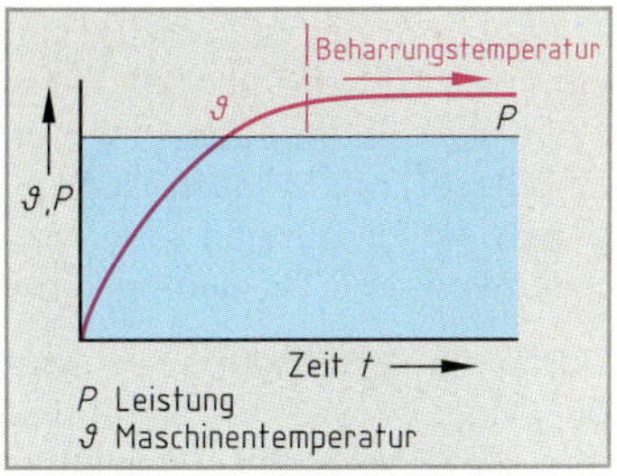

Bild 1: Dauerbetrieb S1

> Die Betriebsart eines Motors ist auf seinem Leistungsschild angegeben.

Bei **Dauerbetrieb S1** ist die Betriebsdauer einer Maschine zeitlich nicht begrenzt. Bei Erreichen der **Beharrungstemperatur** besteht ein Gleichgewicht zwischen entstehender Verlustwärme und Wärmeabfuhr **(Bild 1)**. Im Dauerbetrieb arbeiten z. B. Motoren von Grundwasserpumpen und Ventilatoren.

> Die Angabe der Betriebsart S1 kann auf dem Leistungsschild entfallen.

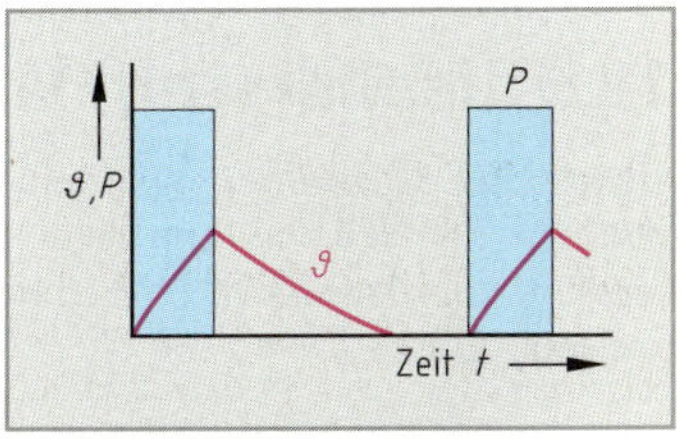

Bild 2: Kurzzeitbetrieb S2

Bei **Kurzzeitbetrieb S2** ist der Betrieb mit konstanter Belastung so kurz, dass die Beharrungstemperatur nicht erreicht wird. In der anschließenden längeren Pause im stromlosen Zustand kühlt die Maschine wieder auf die Kühlmitteltemperatur ab **(Bild 2)**.

Die Betriebsdauer bei Kurzzeitbetrieb kann 10 min, 30 min, 60 min oder 90 min betragen. Sie wird auf dem Leistungsschild angegeben, z. B. S2 – 10 min. In Betriebsart S2 arbeiten z. B. Motoren von Kühlschränken und Haushaltsgeräten.

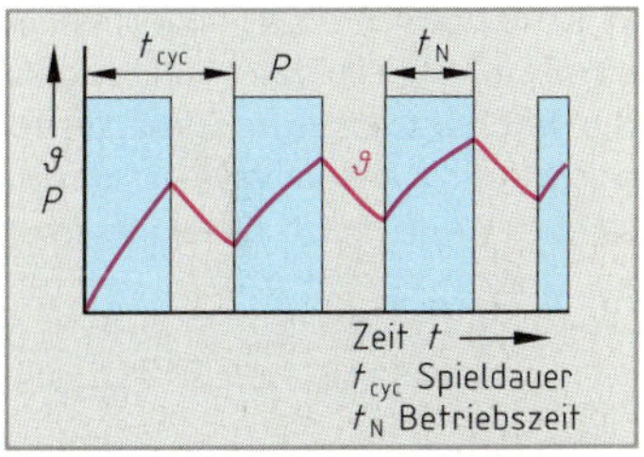

Bild 3: Aussetzbetrieb S3, S4, S5

Beim **periodischen Aussetzbetrieb S3, S4, S5** sind Betriebsdauer und Pausen kurz. In den Pause mit stromloser Wicklung ist eine Abkühlung der Maschine auf die Kühlmitteltemperatur nicht möglich **(Bild 3)**. Die Spieldauer beträgt normalerweise 10 min. Die Betriebszeit ist die Einschaltdauer während eines Spieles. Sie kann 15 %, 25 %, 40 % oder 60 % betragen und wird auf dem Leistungsschild angegeben, z. B. S3-25 %. Im Aussetzbetrieb arbeiten Motoren von Hebezeugen. Betriebsart S3 liegt vor, wenn der Anlaufstrom die Erwärmung unerheblich beeinflusst. Bei Betriebsart S4 beeinflusst der Anlaufstrom die Erwärmung, bei S5 erfolgt eine Maschinenerwärmung durch Anlaufstrom und Bremsstrom. Bei den Betriebsarten S4 und S5 wird die Betriebsartangabe auf dem Leistungsschild ergänzt durch die Angabe des Trägheitsmomentes des Motors und des zulässigen Trägheitsmomentes der Last.

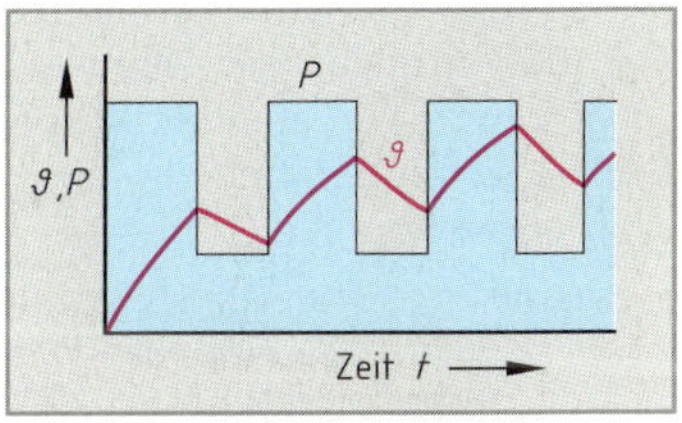

Bild 4: Ununterbrochener periodischer Betrieb S6

Bei **ununterbrochenem periodischem Betrieb S6** tritt kein Motorstillstand mit stromloser Wicklung auf. Jedes Spiel umfasst eine Zeit konstanter Belastung und eine Leerlaufzeit **(Bild 4)**. In Betriebsart S6 arbeiten z. B. Werkzeugmaschinen.

Der **ununterbrochene periodische Betrieb mit elektrischer Bremsung S7** hat keine Stillstandszeit. Der Motor läuft bei jedem Spiel an, arbeitet mit konstanter Last und wird elektrisch abgebremst. Betriebsart S7 tritt z. B. bei Antrieben der Fertigungstechnik (Werkzeugmaschinen) auf.

Weitere Betriebsarten sind der **ununterbrochene periodische Betrieb mit Last-/Drehzahländerung S8,** der **Betrieb mit nichtperiodischen Last- und Drehzahländerungen S9** und der **Betrieb mit einzelnen konstanten Belastungen S10.**

12.8 Bauformen elektrischer Maschinen

Die Bauformen der elektrischen Maschinen sind genormt **(Tabelle 1)**. Sie haben als Kurzzeichen nach IM[1] einen Buchstaben mit anschließender Ziffer, z. B. IMB 3 (nach Code I). Für die verschiedenen Anwendungen sind zahlreiche Bauformen genormt (siehe Tabellenbuch Elektrotechnik).

Durch die Verwendung von Normmotoren besteht die Möglichkeit, für einen bestimmten Anwendungsfall Motoren verschiedener Hersteller zu verwenden, da Motoren gleicher Bauform und Leistung auch gleiche Abmessungen haben.

Tabelle 1: Bauformen elektrischer Maschinen (Nach DIN IEC 34)

IEC Code I Code II	Bauform	Merkmale
IMB 3 IM 1001		Zwei Schildlager, ein freies Wellenende, Befestigungsfüße für stehende Befestigung.
IMB 6 IM 1051	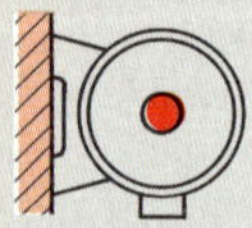	Wie IMB 3, Wandbefestigung, Füße links bei Blick auf die Welle.
IMV 1 IM 3011		Zwei Führungslager, Befestigungsflansch, Flansch und freie Welle unten.
IMV 6 IM 1031		Zwei Führungslager, Befestigungsfüße für Wandbefestigung, freies Wellenende oben.

12.9 Isolierstoffklassen

Elektrische Maschinen wandeln die entstehenden Verluste in Wärme um. Zu hohe Erwärmung zerstört die Isolation und macht die Maschine unbrauchbar.

Die Temperatur in Wicklungen und anderen Maschinenteilen erhöht sich im Betrieb, bis ein Gleichgewicht zwischen Verlustwärme und abgeführter Wärme entsteht. Dabei darf wegen der Temperaturempfindlichkeit der Wicklungsisolation **(Tabelle 2)** die **höchstzulässige Dauertemperatur** nicht überschritten werden. Die zulässige Temperaturzunahme nennt man **Grenzübertemperatur**. Sie wird als Übertemperatur über der Temperatur des Kühlmittels, bei Luftkühlung einer Raumtemperatur von 40 °C – abzüglich eines Sicherheitsabstandes von etwa 10 K – angegeben. Nach den Bestimmungen für elektrische Maschinen sind für eine maximale Umgebungstemperatur von 40 °C bei den meisten Wicklungen Grenzübertemperaturen von etwa 75 K bis 100 K zugelassen. Glimmer, Silikat-Fiber und Glaserzeugnisse, ebenso Silikone, lassen z. T. eine Grenzübertemperatur von 125 K zu. Bei Gleit- und Wälzlagern liegt die Grenze bei etwa 45 K bis 65 K.

Die Grenzübertemperatur ist die höchstzulässige Übertemperatur über 40 °C abzüglich eines Sicherheitsabstandes von etwa 10 K.

Tabelle 2: Isolierstoffklassen für elektrische Maschinen (Nach DIN VDE 0530)

Klasse	Höchstzulässige Dauertemperatur in °C	Isolierstoffe (Beispiele)
E	120	Hartpapier, Hartgewebe, ausgehärtete Pressmassen, Triacetatfolie
B	130	Glas, Silikat-Fiber, Glimmer mit Bindemitteln, Kunstharzlacke der Klasse B
F	155	Glasfaser, Silikat-Fiber und Glimmer mit Kunstharzen getränkt
H	180	Silikone, Glimmer, Glasfaser mit Silikonharzen getränkt

Wiederholungsfragen

1. **Beschreiben Sie den Aufbau eines Scheibenläufermotors.**
2. **Welche besonderen Eigenschaften haben Scheibenläufermotoren?**
3. **Mit welchem Gleichstrommotor ist ein Universalmotor im Betriebsverhalten vergleichbar?**
4. **Wie wird die Drehzahl von Drehstromnebenschlussmotoren eingestellt?**
5. **Erklären Sie die Wirkungsweise eines asynchronen Frequenzumformers.**
6. **Welche Beriebsarten von Elektromotoren werden unterschieden?**
7. **Nennen Sie Isolierstoffklassen und geben Sie deren höchstzulässige Dauertemperatur an.**
8. **Was versteht man unter der Grenzübertemperatur?**

[1] IM von engl. **I**nternational **M**ounting = internationale Montage

12.10 Kühlung elektrischer Maschinen

In den Wicklungen elektrischer Maschinen entstehen Wärmeverluste. Durch gute Kühlung ist es möglich, Maschinen bei gleicher Leistung kleiner zu bauen oder ihre Leistung bei gleicher Baugröße zu erhöhen.

Die Nennleistungen von Elektromotoren sind meist für eine Kühlmitteltemperatur bzw. eine Umgebungstemperatur von 40 °C ausgelegt.

Erhöht sich die Temperatur des Kühlmittels z. B. von 40 °C auf 60 °C, muss die Leistungsabgabe auf etwa 80 % reduziert werden, um ein Überschreiten der zulässigen Grenzübertemperatur zu vermeiden.

Die Kühlungsarten **(Bild 1)** werden nach der Kühlmittelbewegung und ihrer Wirkungsweise (Kühlmittelführung) unterschieden (DIN VDE 0530).

Selbstkühlung haben Maschinen ohne Lüfter. Die Verlustwärme wird durch Abstrahlung und Luftbewegung abgeführt. Kleinmotoren haben meist Selbstkühlung, z. B. Universalmotoren oder Spaltpolmotoren für Haushaltsgeräte. Durch den offenen Einbau des Motors im Gerät verursacht die Läuferdrehung eine ausreichende Luftbewegung.

Eigenkühlung haben Motoren, deren Lüfter am Läufer angebracht sind oder durch diesen angetrieben werden. Anwendung findet sie bei Motoren für Dauerbetrieb. Die Kühlmittelführung kann als Innenkühlung oder als Oberflächenkühlung erfolgen **(Bild 2)**. Bei **Innenkühlung** wird die Wärme im Motor an die durchströmende Luft abgegeben. Bei der **Oberflächenkühlung** befindet sich das Lüfterrad außerhalb des Motorraumes und bläst die Kühlluft über die mit Kühlrippen versehene Gehäuseoberfläche. Die meisten Drehstromasynchronmotoren sind geschlossene Maschinen mit Oberflächenkühlung, z. B. in Schutzart IP 44.

Fremdkühlung haben Motoren mit einem von der Läuferdrehzahl unabhängigen Antrieb für die Kühlmittelbewegung, z. B. einen Lüftermotor (Bild 1, Seite 318) bei Luft- oder Gaskühlung (z. B. Wasserstoff).

Fremdkühlung benötigen drehzahlgesteuerte Motoren, die bei Volllast mit kleinen Drehzahlen betrieben werden, eine hohe Schalthäufigkeit haben (Betriebsart S3 und höher) oder z. B. die Kühlluft nicht der Umgebung entnehmen können. Bei **Kreislaufkühlung** kann die Wärme über ein Zwischenkühlmittel abgeführt werden, z. B. einen Wasserkühlkreis **(Bild 3)**.

Bei Wartungsarbeiten an elektrischen Maschinen ist auch die Funktion der Kühlung zu überprüfen.

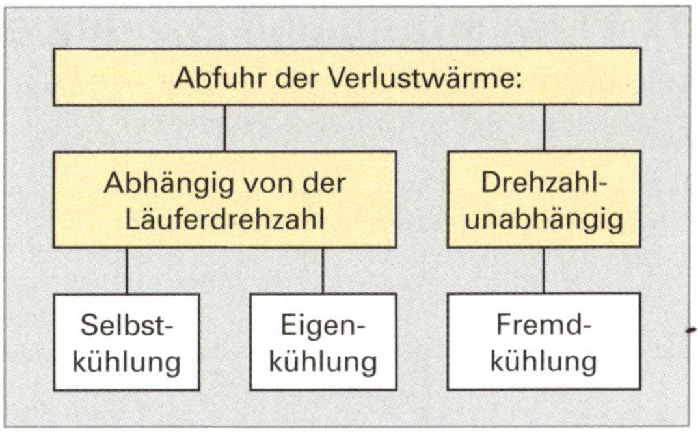

Bild 1: Arten der Kühlung bei Motoren

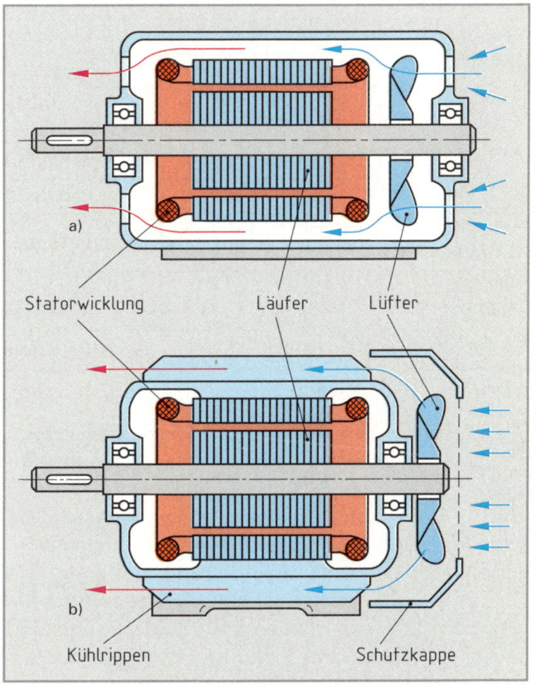

Bild 2: Eigenkühlung durch a) Innenkühlung, b) Oberflächenkühlung

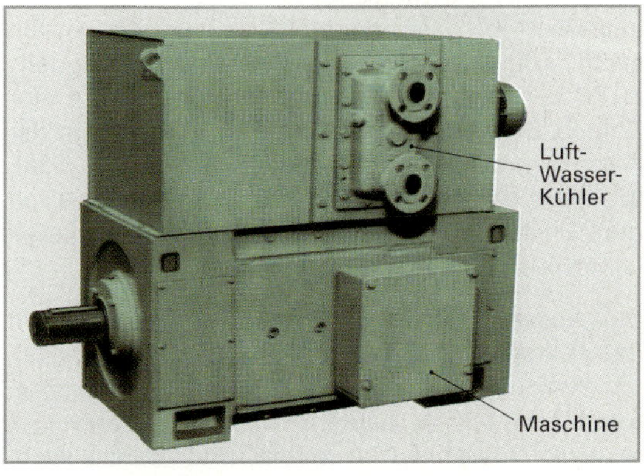

Bild 3: Fremdgekühlte Gleichstrommaschine mit Luft-Wasser-Kühler

12.11 Wartung und Prüfung elektrischer Maschinen

Moderne elektrische Maschinen sind wartungsarm. Bei ständigem Einsatz, besonders in einem gewerblichen Betrieb, müssen sie aber von Zeit zu Zeit gewartet werden **(Tabelle)**.

Tabelle: Wartungszeitplan für Elektromotoren

Zeitraum	Motorart			Lager		Wartungsarbeit
	K	Sch	St	W	G	
alle 1 bis 2 Monate		x	x			Kontrolle von Kohlebürsten, Bürstenhalterung, evtl. Bürstenabhebevorrichtung und Schleifringen bzw. Stromwender
alle 3 bis 4 Monate	x	x	x			Kontrolle der Anschlussklemmen
		x	x			Überprüfung des Bürstendrucks
alle Jahre (mindestens)	x	x	x			Messung des Isolationswiderstandes der Wicklungen
	x	x	x			Verschmutzte Wicklungen reinigen und feuchte Wicklungen trocknen
	x	x	x			Messung der Wicklungstemperatur
		x	x			genaue Kontrolle von Kohlebürsten, Bürstenhalterung und Schleifring- bzw. Stromwenderzustand
				x	x	genaue Kontrolle der Lager und Messung der Lagertemperatur
alle 1 bis 2 Jahre					x	Ausspülen der Lagerkammern und Erneuerung des Lageröls
alle 2 bis 3 Jahre				x		Auswaschen der Lager und Neuschmierung bei Motoren ohne Nachschmiereinrichtung

K Käfigläufer, Sch Schleifringläufer, St Stromwendermotor, W Wälzlager, G Gleitlager

Die **Messung des Isolationswiderstandes** erfolgt mit einem Widerstandsmesser, dessen Nennspannung mindestens 500 V Gleichspannung beträgt **(Bild 1)**. Der Isolationswiderstand kann je nach Maschinenart und Maschinengröße verschieden sein. Er soll mindestens so viele Kiloohm betragen, wie der Zahlenwert der Nennspannung gegen Erde angibt, bei 230 V also mindestens 230 kΩ. Bei instand gesetzten Motoren für Elektrogeräte muss der Isolationswiderstand nach DIN VDE 0701 mindestens 0,5 MΩ betragen.

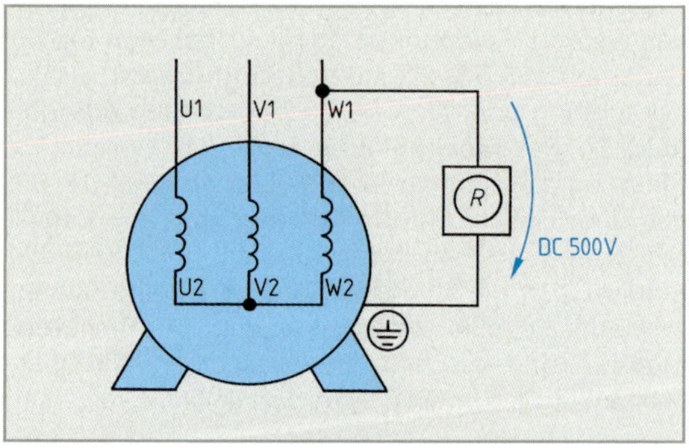

Bild 1: Messung des Isolationswiderstands

Die **Wicklungsprüfung** ist vorgeschrieben, wenn eine Wicklung ganz oder teilweise erneuert worden ist. Sie erfolgt mit einer Prüfspannung der Frequenz 50 Hz, z. B. aus einem einstellbaren Transformator **(Bild 2)**. Die Höhe der Prüfspannung hängt von der Nennspannung der Maschine ab (Seite 336). Während der Prüfung darf kein Durchschlag erfolgen. Dieser kann von einer in Reihe geschalteten Glimmlampe angezeigt werden.

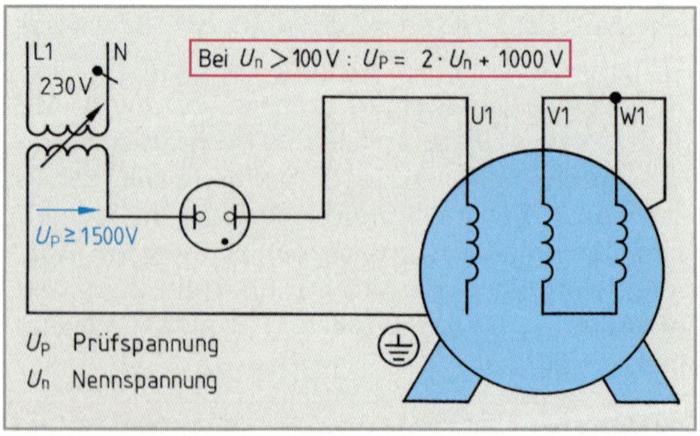

Bild 2: Wicklungsprüfung bei einem Kurzschlussläufermotor

Das **Auswuchten** ist bei Läufern von elektrischen Maschinen wegen der ungleichen Massenverteilung während seiner Herstellung oder bei Reparaturen erforderlich. Läuferunwuchten werden mit Auswuchtmaschinen ermittelt und durch Wegnahme von Werkstoff, z. B. Bohrungen, oder durch Zufügen von Werkstoff, z. B. durch Nieten, beseitigt.

12.12 Wicklungen elektrischer Maschinen

12.12.1 Drehstromwicklungen

Die Drehzahl (Umdrehungsfrequenz) eines Drehstrommotors ist auf dem Leistungsschild in Umdrehungen pro Minute angegeben.

Die Drehzahl eines Motors ist von seiner Polpaarzahl und von der Frequenz abhängig.

Eine 2-polige Wicklung (ein Polpaar) bewirkt eine synchrone Umdrehungszahl von (60 s/min · 50 s^{-1}) = 3000 min^{-1}. Mit einer 4-poligen Wicklung (zwei Polpaare) werden (60 s/min · 50 s^{-1}) : 2 = 1500 min^{-1} erzielt. Dabei können die Spulen der Wicklungen in Reihe oder parallel geschaltet sein **(Bild 1)**.

Die Wicklung ist in den Nuten am Umfang des Ständerpaketes untergebracht. Zur zeichnerischen Darstellung der Wicklung denkt man sich das Ständerpaket aufgeschnitten und in eine Ebene ausgebreitet (Bild 1). Zur einfacheren Darstellung werden anstelle der Nuten nur Striche gezeichnet.

Die Pole der Maschine bilden sich zwischen Spulenseiten ungleicher Stromrichtung aus (Bild 1).

Für den Entwurf einer Wicklung muss die Anzahl der Nuten Q und die Polzahl $2p$ des Motors bekannt sein. Damit werden die Anzahl der Wicklungsstränge, die Anzahl der Nuten pro Pol und Strang, der Nutenschritt und die Lage der Wicklungsanfänge festgelegt.

Der **Nutenschritt** gibt an, um wie viele Nuten von der ersten Spulenseite entfernt, die zweite Spulenseite eingelegt wird, z.B. beim Nutenschritt $y_Q = 6$ liegen die Spulenseiten in den Nuten 1 und 7.

12.12.1.1 Einschichtwicklungen

Eine Einschichtwicklung entsteht, wenn in jeder Nut nur eine Spulenseite liegt. Werden beide Spulenseiten einer Spule in ihrer Reihenfolge in die Nuten „eingeträufelt" (eingebettet), so entsteht eine **Zweietagenwicklung (Bild 2)**.

Legt man die Spulen so ein, dass jeweils eine Spulenseite unten und die andere oben liegt, so entsteht eine **Korbwicklung (Bild 3)**.

Bei einer gesehnten Wicklung gilt für den Nutenschritt y_Q: Nutenzahl Q geteilt durch die Polzahl $2p$ abzüglich der Zahl der Nuten, um die der Wicklungsschritt kürzer als die Polteilung sein soll.

Die Anzahl der Nuten pro Pol und Strang (Lochzahl) q erhält man, indem man die Nutenzahl Q durch das Produkt Polzahl mal Strangzahl m teilt.

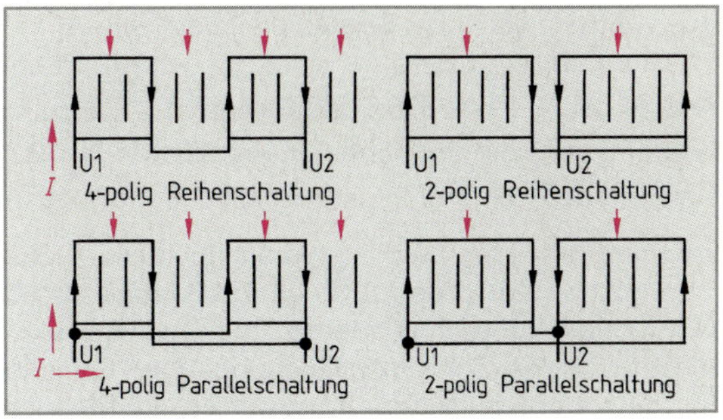

Bild 1: Prinzip einer Drehstromwicklung (Nur ein Strang gezeichnet)

Für Durchmesserwicklung

$$y_Q = W = \tau_p$$

$$q = \frac{Q}{2p \cdot m}$$

Für gesehnte Wicklung

$$y_Q = \frac{Q}{2p} - n$$

$$\tau_p = \frac{Q}{2p}$$

Q Nutenzahl
$2p$ Polzahl (p Polpaarzahl)
q Lochzahl (Anzahl der Nuten pro Pol und Strang)
m Strangzahl (bei Drehstromwicklungen $m = 3$)
n Anzahl der Nuten, um die der Wicklungsschritt von der Polteilung abweicht (1, 2, 3)
y_Q Wicklungsschritt in Nutteilungen
W mittlere Spulenweite
τ_p Polteilung

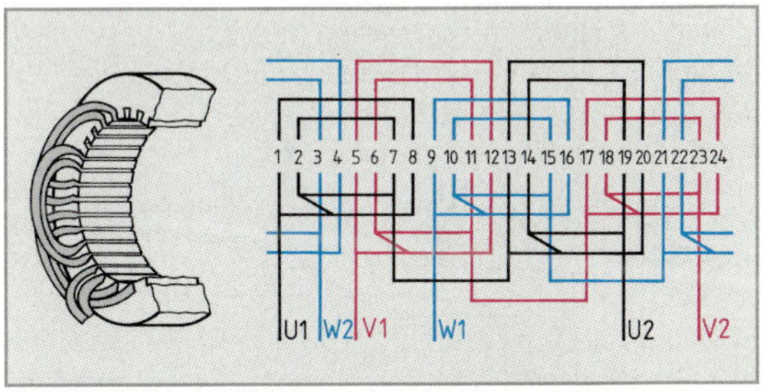

Bild 2: 4-polige Drehstrom-Zweietagenwicklung

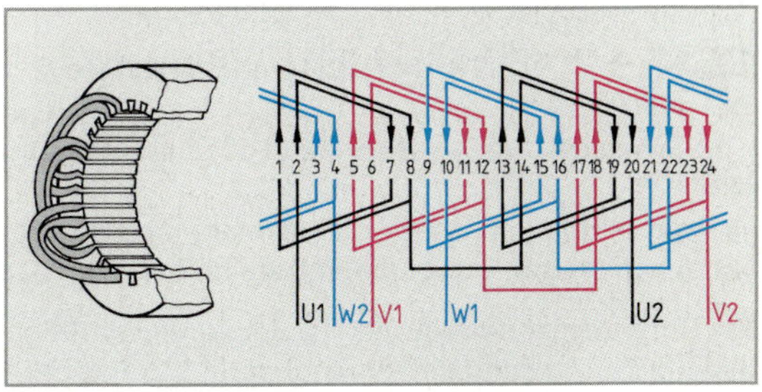

Bild 3: 4-polige Drehstrom-Korbwicklung

Für eine Wicklung nach Bild 2 oder Bild 3, Seite 331, werden die Kenndaten wie folgt errechnet:

Wicklungsschritt (Nutenschritt): $y_Q = Q/2p = 24/4 = 6$, d. h. Spulenanfang in Nut 1, Spulenende 6 Nutteilungen weiter in Nut 7 bei Spulen gleicher Weite (1 : 7). Bei Spulen ungleicher Weite (Bild 2, Seite 331) ist der Wicklungsschritt 1:6/8.

Anzahl der Nuten pro Pol und Strang: $q = Q/(2p \cdot m) = 24/(4 \cdot 3) = 2$. Es entsteht eine **Zweilochwicklung.**

Abstand der Wicklungsanfänge der 3 Stränge (120° el) : $Q/(p \cdot m) = 24/(2 \cdot 3) = 4$ Nuten.

Der Wicklungsanfang V1 ist folglich 4 Nutteilungen von U 1 entfernt.

Zeichnet man den Wicklungsplan für diese Zweilochwicklung für alle 3 Stränge und beginnt man mit Strang U bei Nut 1 und 2, so gehören Nut 3 und 4 sowie Nut 5 und 6 zu den beiden nächsten Strängen. Nut 7 und 8 gehören wieder zu Strang U (Bild 2, Seite 331). Damit ergibt sich der Wicklungsschritt y_Q für diese Wicklung. Zur Kontrolle der richtigen Schaltfolge werden meist Stromrichtungspfeile eingezeichnet. Für eine 4-polige Wicklung muss sich die Pfeilrichtung viermal ändern. Dabei ist zu beachten, dass die Stromrichtungspfeile für einen Strang in entgegengesetzter Richtung eingetragen werden, z. B. U↑, V↑, W↓, weil die Summe der Augenblickswerte der drei Strangströme jeweils null ergibt.

Bei Motorwicklungen ist zu beachten, dass die Zahl q (Anzahl der Nuten je Pol und Strang), wie im folgenden Beispiel, eine ganze Zahl sein soll. Solche Wicklungen werden als **Ganzlochwicklungen** bezeichnet. Ergibt die Zahl für q einen Bruch, z. B. für eine 4-polige Wicklung bei 30 Nuten, $q = 30/(3 \cdot 4) = 2{,}5$, so entsteht eine Bruchlochwicklung. Bei Motoren sind Bruchlochwicklungen möglichst zu vermeiden, weil sie sich auf Erwärmung, Laufgeräusch und Anlaufverhalten meist ungünstig auswirken. Bei Generatoren wird die Bruchlochwirkung oft gezielt eingesetzt, weil die Form der Spannungskurve dadurch einer oberwellenfreien Sinuskurve näher kommt.

Für jeden Strang muss die Anzahl der Nuten gleich sein, daher gilt auch für Bruchlochwicklungen, dass die Gesamtnutenzahl durch 3 teilbar ist.

Beispiel: Für einen Drehstrommotor mit 36 Nuten ist eine 6-polige Zweietagen-Einschichtwicklung mit Spulen ungleicher Weite zu entwerfen. Berechnen Sie die Kenndaten und erstellen Sie den Schaltplan.

$y_Q = Q/2p = 36/6 = 6$, Nutenschritt 1 : 6/8; $q = Q/(2p \cdot m) = 36/(6 \cdot 3) = 2$ Nuten pro Pol und Strang.
Abstand der Wicklungsanfänge für die Stränge U, V, W: $Q/(p \cdot m) = 36/(3 \cdot 3) = 4$ Nuten. Schaltung siehe **Bild.**

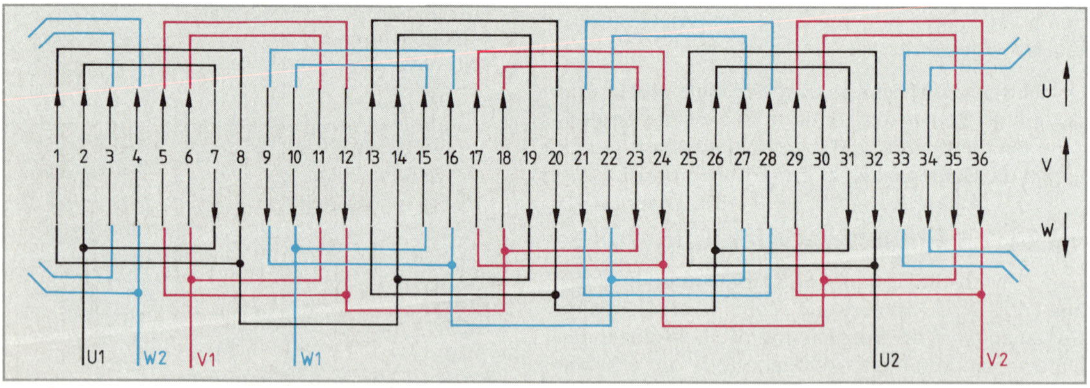

Bild: 6-polige Zweietagen-Einschichtwicklung mit Spulen ungleicher Weite für 36 Nuten (Lösung zu Beispiel)

12.12.1.2 Zweischichtwicklungen

Bei Zweischichtwicklungen sind so viele Teilspulen vorhanden, wie der Stator Nuten hat.

In jeder Nut liegen zwei Spulenseiten, eine untere und eine obere. Bei Zweischichtwicklungen muss die Nutenzahl immer durch die Polzahl teilbar sein, damit q eine ganze Zahl ergibt.

Bei Durchmesserwicklungen ist der Nutenschritt gleich der Polteilung. Bei diesen Wicklungen gehören die in einer Nut liegenden Oberspulen und Unterspulen zum gleichen Pol und Strang. Die Spulen werden so geschaltet, dass in den Spulenhälften einer Nut die Ströme gleiche Richtung haben.

Beispiel: Für einen Drehstrommotor mit 24 Nuten ist eine 4-polige Zweischichtwicklung mit Spulen gleicher Weite zu entwerfen. Die Spulen sind in Reihe zu schalten.

$y_Q = \frac{Q}{2p} = \frac{24}{4} = 6$, Nutenschritt 1 : 7; $q = \frac{Q}{2p \cdot m} = \frac{24}{4 \cdot 3} = 2$ Nuten pro Pol und Strang (Schaltung **Bild 1**).

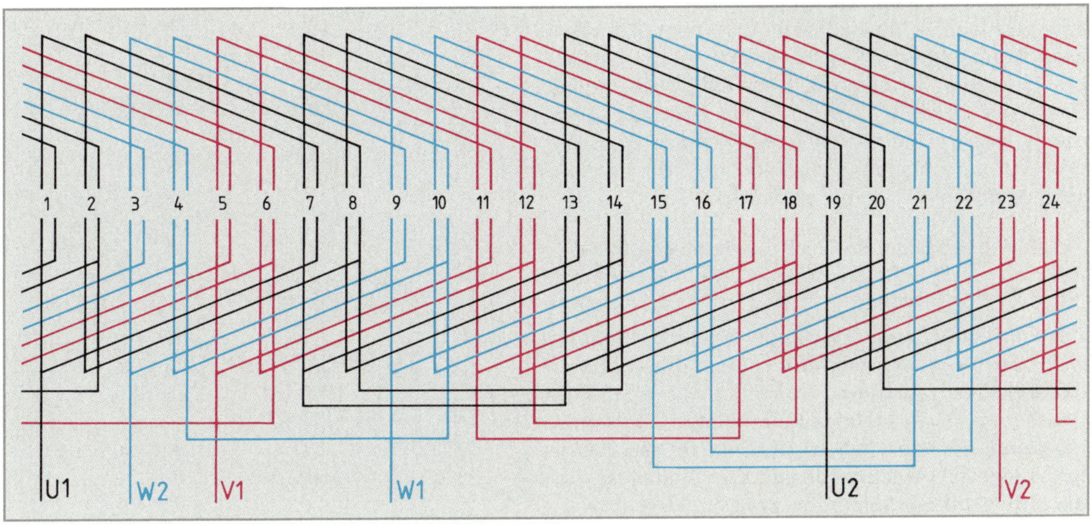

Bild 1: 4-polige Zweischichtwicklung mit Spulen gleicher Weite für 24 Nuten (Lösung zum Beispiel)

12.12.1.3 Gesehnte Zweischichtwicklungen

Bei gesehnten Wicklungen ist der Wicklungsschritt um eine oder um mehrere Nuten verkürzt.

Gesehnte Wicklungen verbessern den Wirkungsgrad und die Hochlaufeigenschaften des Motors und verringern das Laufgeräusch.

Soll z. B. der Wicklungsschritt der Zweischichtwicklung **(Bild 2)** von 6 Nutteilungen auf 5 Nutteilungen gesehnt (verkürzt) werden, so beträgt der Sehnungsfaktor $k_p = 5/6$. Bei einer Sehnung um 2 Nutteilungen ist $k_p = 4/6$.

Bei jeder gesehnten Wicklung ist zu beachten, dass in einem Teil der Nuten, abhängig vom Sehnungsfaktor, die Spulengruppen von Oberspulen und Unterspulen zu verschiedenen Strängen gehören und zwischen beiden Spulen die Spannung zweier verschiedener Leiter ansteht.

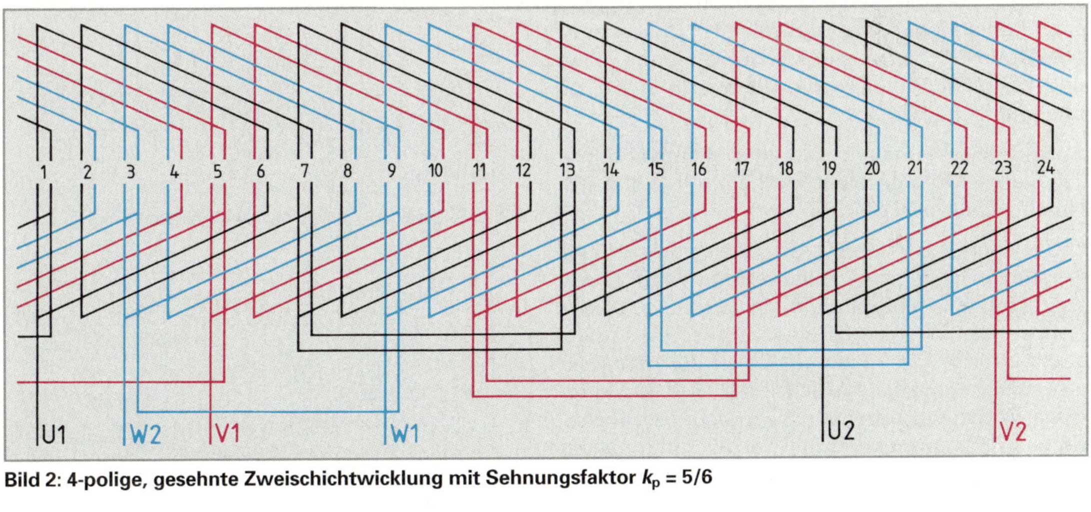

Bild 2: 4-polige, gesehnte Zweischichtwicklung mit Sehnungsfaktor $k_p = 5/6$

12.12.1.4 Polumschaltbare Wicklungen

Häufig erfordern Antriebe Motoren mit mehreren Drehzahlen, z. B. Werkzeugmaschinen. Dafür gibt es verschiedene Möglichkeiten. In einem Ständerpaket können zwei getrennte Wicklungen untergebracht werden, wobei jeweils nur eine Wicklung in Betrieb ist. Es können aber auch mit einer Wicklung durch entsprechende Umschaltung der Spulengruppen verschiedene Polzahlen und damit verschiedene Drehzahlen erzielt werden.

Die am häufigsten eingesetzte polumschaltbare Wicklung ist die Dahlanderwicklung.

Zur Festlegung einer Dahlanderwicklung **(Bild 1)** wird der Wicklungsschritt für die hohe Polzahl (niedrige Drehzahl) und die Zahl der Nuten pro Pol und Strang für die niedrige Polzahl (hohe Drehzahl) bestimmt. Für die niedrige Drehzahl ist die Wicklung meist in Dreieck geschaltet. Der Anschluss für die hohe Drehzahl erfolgt an der Mittelverbindung der beiden Spulengruppen (Bild 1).

Die Anschlüsse für die niedrige Drehzahl werden dabei miteinander verbunden. Damit ist die Wicklung in zwei Gruppen parallel geschaltet (△/YY).

Durch die räumliche Verschiebung der Anschlüsse für die hohe und die niedrige Drehzahl ändert das Drehfeld seine Richtung. Deshalb sind die Anschlüsse 1U und 1W der niedrigen Drehzahl vertauscht.

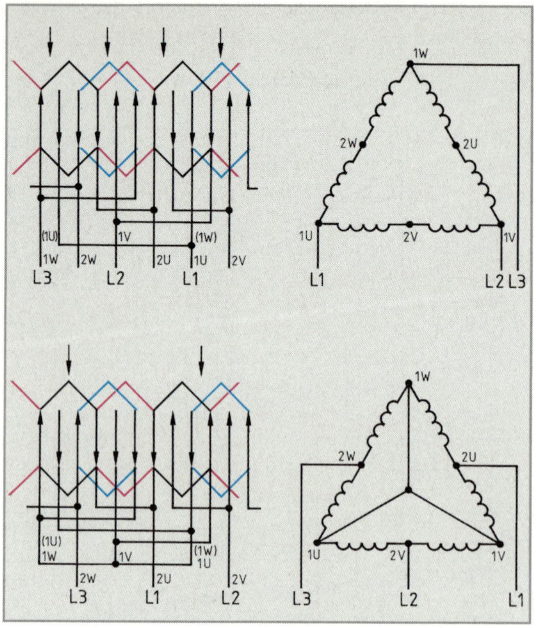

Bild 1: Prinzip der Dahlanderschaltung für eine 4-/2-polige Wicklung, oben 4-polig, unten 2-polig

12.12.2 Einphasenwicklungen

Für die Erstellung eines Wicklungsschaltplanes gelten bei Einphasen-Wechselstrommotoren die gleichen Bedingungen wie bei Drehstrommotoren. In zwei Drittel der Nuten ist die Hauptwicklung U1, U2 und in einem Drittel ist die Hilfswicklung Z1, Z2 untergebracht **(Bild 2)**.

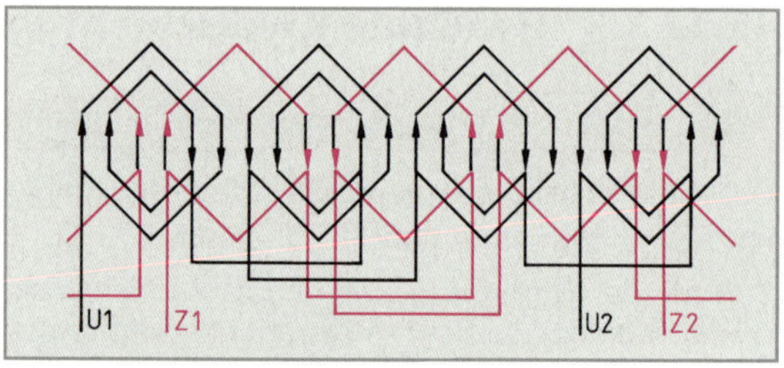

Bild 2: Einphasenmotor mit Hilfswicklung 24 Nuten, 4-polig

Anwurfmotoren haben nur eine Hauptwicklung. Bei diesen Motoren bleibt deshalb ein Drittel der Nuten unbewickelt **(Bild 3)**.

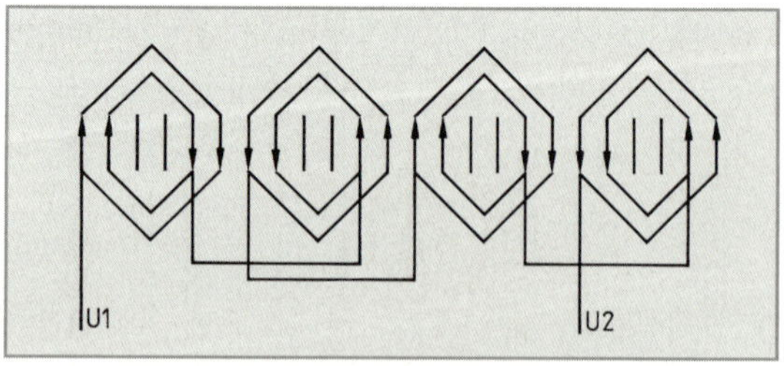

Bild 3: Einphasen-Anwurfmotor 24 Nuten, 4-polig

Die notwendige Phasenverschiebung der Ströme zwischen Haupt- und Hilfswicklung wird durch einen mit der Hilfswicklung in Reihe liegenden Kondensator oder durch einen ohmschen Widerstand erreicht. Dazu wird ein Drittel der Hilfswicklung bifilar (gegenläufig) gewickelt **(Bild 4)**. Durch diese Wicklungsanordnung hebt sich die magnetische Wirkung in zwei Drittel der Wicklung auf. Es wirkt nur der ohmsche Widerstand.

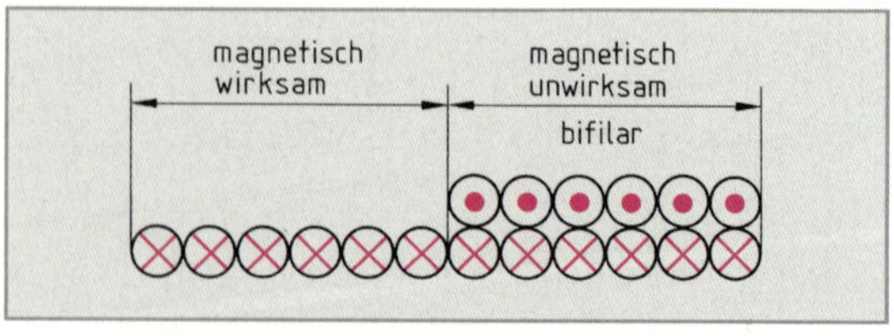

Bild 4: Bifilar gewickelte Hilfswicklung

12.12.3 Gleichstromwicklungen

Bei Gleichstrommaschinen sind im Ständer die Spulen der **Erregerwicklung** (Feldspulen) untergebracht. Dazu gehören Reihenschluss-, Nebenschluss-, Kompensationswicklungen und auch die Wendepolwicklungen. Die Erregerspulen können in Reihe **(Bild 1a)**, parallel oder in Gruppen parallel geschaltet sein **(Bild 1b)**.

Jede Gleichstrommaschine hat so viele Feldspulen wie sie Pole hat.

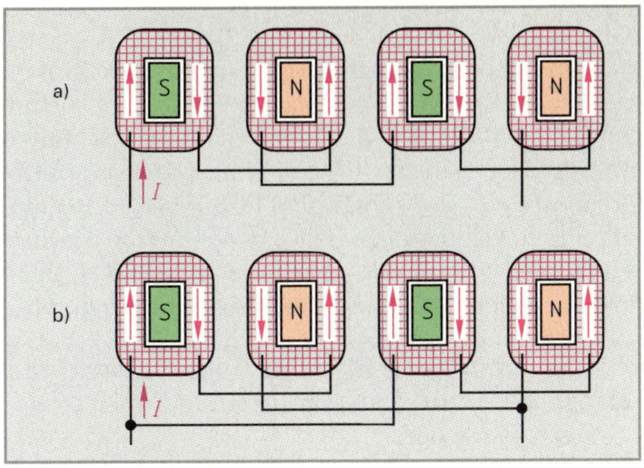

Bild 1: Erregerspulen
a) in Reihe, b) in 2 Gruppen parallel geschaltet

12.12.3.1 Schleifenwicklungen

Die **Läuferwicklungen** von Gleichstrommaschinen werden meist als Zweischichtwicklungen ausgeführt. Da die Spulenseiten der Läuferwicklung unter ungleichnamigen Polen liegen müssen, gilt wie bei Drehstromwicklungen, dass der Wicklungsschritt (Nutenschritt) etwa der Polteilung entsprechen muss. Auch bei Läuferwicklungen von Gleichstrommaschinen sind gesehnte und ungesehnte Wicklungsschritte möglich **(Bild 2)**.

Sind die Spulen so geschaltet, dass am Stromwender (Kollektor oder Kommutator) das Ende der einen Spule mit dem Anfang der folgenden Spule verbunden ist, entsteht eine Reihenschaltung aller Spulen, die in sich kurzgeschlossen sind. Diese Wicklung wird **Schleifenwicklung** genannt.

Der Lamellenabstand am Stromwender für Anfang und Ende der Spule wird Kommutatorschritt (Stegschritt) y_c genannt. Er entspricht bei der Schleifenwicklung dem Gesamtschritt y und ist dabei immer 1.

$$y = y_c = y_1 - y_2$$

Beispiel: Für einen Gleichstrommotor mit 10 Läufernuten und 10 Lamellen ist eine 2-polige Durchmesserwicklung zu erstellen. Wie groß ist der Nutenschritt?

Lösung: **(Bild 3)**

$y_1 = \frac{Q}{2p} = \frac{10}{2} = 5$, d. h. Spulenanfang in Nut 1, Spulenende 5 Nutteilungen weiter in Nut 6 (Nutenschritt 1 : 6)

Die Läuferwicklung in Bild 3 ist als ungekreuzte Wicklung ausgeführt. Dabei wird das Ende der Spule 1 an die Lamelle 2 geschaltet und dort mit dem Anfang der Spule 2 verbunden usw. Wird die Schaltung so ausgeführt, dass der Anfang der Spule 1 an Lamelle 1 und das Ende an Lamelle 10 liegt, entsteht eine gekreuzte Schleifenwicklung.

Die Anzahl der parallel geschalteten Ankerstromkreise ist bei der Schleifenwicklung stets gleich der Polzahl.

Für Durchmesserwicklung

$$y_1 = \frac{Q}{2p}$$

Für gesehnte Wicklung

$$y_1 = \frac{Q}{2p} - n$$

Q Nutenzahl
$2p$ Polzahl
n Nutenzahl, um die der Nutenschritt gekürzt wird
y Gesamtschritt
y_1 Wicklungsschritt (Nutenschritt)
y_2 Schaltschritt

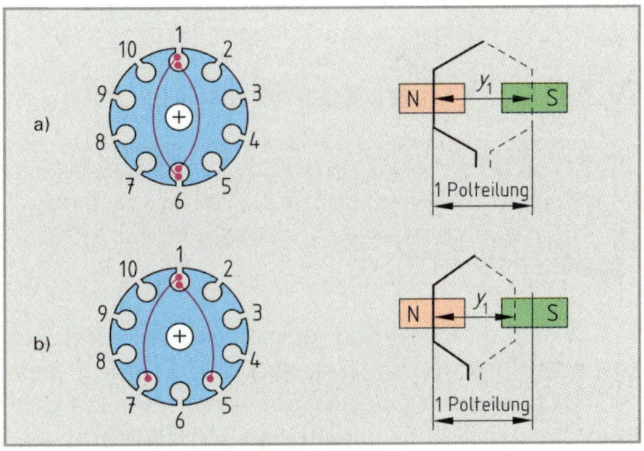

Bild 2: Gleichstrom-Läuferwicklung,
a) Durchmesserwicklung, b) gesehnte Wicklung

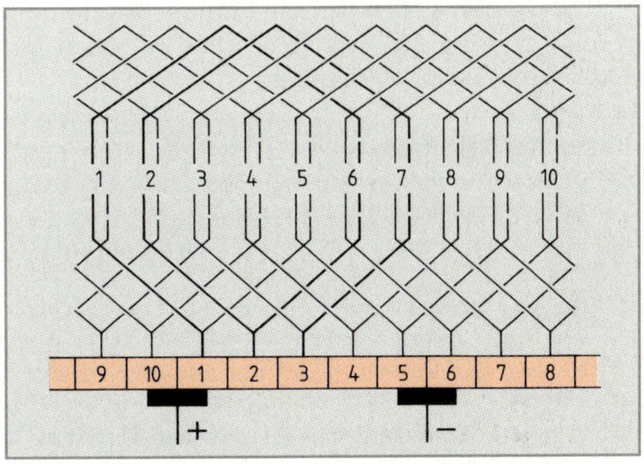

Bild 3: 2-polige Schleifenwicklung, ungekreuzt

12.12.3.2 Wellenwicklungen

Während bei der Schleifenwicklung so viele Spulen parallel liegen, wie die Maschine Pole hat, ist bei der Wellenwicklung die Zahl der in Reihe geschalteten Spulen gleich der Polpaarzahl. Der Kommutatorschritt $y_C = y_1 + y_2$ entspricht damit der doppelten Polteilung. Die dabei in Reihe geschalteten Spulen ergeben einen wellenförmigen Verlauf **(Bild 1)**. Deshalb wird diese Wicklung Wellenwicklung genannt.

Unabhängig von der Polzahl der Maschine liegen bei der Wellenwicklung stets nur zwei Spulenzweige parallel.

Die Lamellenzahl muss eine ungerade Zahl sein, weil sonst das Spulenende des ersten Umlaufes wieder an Lamelle 1 käme und somit die Schleife kurzschließen würde. Deshalb darf weder die Nutenzahl noch die Lamellenzahl durch die Polzahl ganzzahlig teilbar sein.

Beim Kommutatorschritt y_C ergibt $y_C + 1$ eine gekreuzte, $y_C - 1$ eine ungekreuzte Wellenwicklung. Für die 4-polige Wellenwicklung nach Bild 1 gilt:

$y_1 = Q/2p = 13/4 = 3{,}25 \approx 3$; Nutenschritt 1 : 4;

$y_C = (K - 1)/p = (13 - 1)/2 = 6$;

Kommutatorschritt 1 : 7

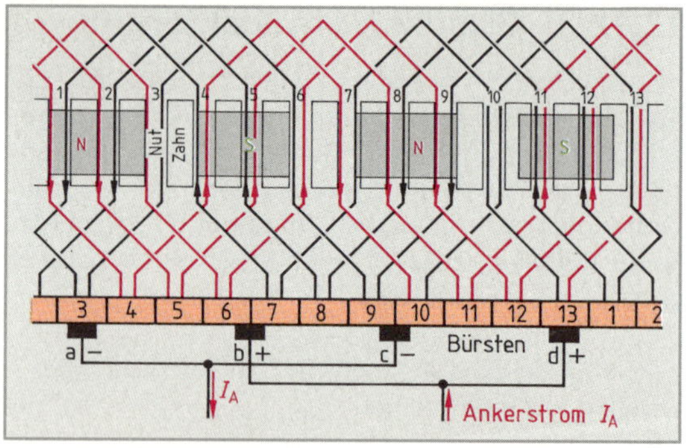

Bild 1: 4-polige Wellenwicklung, ungekreuzt

$$y_1 = \frac{Q \pm 1}{2p}$$

$$y_C = \frac{K \pm 1}{2p} - n$$

y_1 Wicklungsschritt (Nutenschritt)
y_C Kommutatorschritt (Stegschritt)
Q Nutenzahl
p Polpaarzahl
K Lamellenzahl

12.12.4 Prüfen von Wicklungen

Die Wicklungen elektrischer Maschinen müssen nach einer Neuwicklung oder Instandsetzung einer Prüfung des Isolationswiderstandes unterzogen werden.

Die Wicklungen werden gegeneinander und auf Körperschluss geprüft **(Tabelle)**. Zur Prüfung werden Hochspannungsprüfgeräte verwendet, die eine sinusförmige Wechselspannung 50 Hz liefern, einstellbar von 500 V bis 5000 V **(Bild 2)**.

Die an Neuwicklungen durchgeführte Prüfung darf nicht mit der vollen Prüfspannung wiederholt werden, sondern nur mit 75 %. Dies gilt auch für teilweise erneuerte Wicklungen.

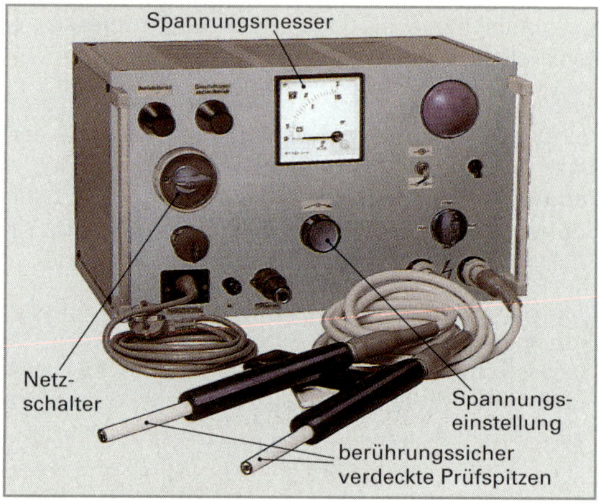

Bild 2: Hochspannungsprüfgerät

Tabelle: Wicklungsprüfung nach DIN VDE 0530

Art der Wicklung	Nenndaten der Maschine	Prüfspannung U_p
Alle Wicklungen, außer den nachstehenden	bis 1 kW (kVA), bis 99 V	$2 \cdot U_n + 500$ V
	Unter 10000 kW (kVA) U_n bis 1000 V	$2 \cdot U_n + 1000$ V mind. 1500 V
	Über 10000 kW (kVA) U_n bis 24 kV	$2 \cdot U_n + 1000$ V
Schleifringläuferwicklungen	ohne Drehfeldumkehr	$2 \cdot U_{L0} + 1000$ V
	mit Drehfeldumkehr	$4 \cdot U_{L0} + 1000$ V
Erregerwicklungen	Gleichstrommaschinen fremderregt	$2 \cdot U_{ne} + 1000$ V mind. 1500 V

U_n Nennspannung, U_{L0} Läuferstillstandsspannung, U_{ne} Nenn-Erregerspannung

Wiederholungsfragen

1 **Wodurch unterscheiden sich Einschichtwicklungen von Zweischichtwicklungen?**

2 **Was versteht man unter einer gesehnten Wicklung?**

3 **Welcher Unterschied besteht zwischen einer Ganzloch- und einer Bruchlochwicklung?**

4 **Nennen Sie Vorteile gesehnter Drehstromwicklungen.**

5 **Nennen Sie die Unterschiede zwischen Schleifen- und Wellenwicklungen.**

13 Elektrische Messgeräte

13.1 Grundbegriffe

Durch **Messen** bestimmt man den Zahlenwert einer Messgröße. Die Messung erfasst eine physikalische Größe, z. B. eine Länge, Kraft, Temperatur, elektrische Stromstärke oder einen elektrischen Widerstand. Durch Messen wird die Messgröße mit der entsprechenden Einheit verglichen. Der Messwert ist also das Vielfache einer Einheit, z. B. von einem Meter, Newton, Grad Celsius, Ampere oder Ohm.

Durch **Zählen** ermittelt man die Anzahl gleichartiger Ereignisse oder Dinge, z. B. die Zahl elektrischer Impulse, die Windungszahl einer Wicklung oder die Teilchenzahl beim radioaktiven Zerfall. Gezählt wird meist mit Zähleinrichtungen.

Mit **Prüfen** stellt man fest, ob die Probe (der Prüfgegenstand) vorgeschriebene Eigenschaften einhält oder nicht, insbesondere ob sie in vorgegebenen Fehlergrenzen oder Toleranzen liegen. Geprüft wird objektiv mit Prüfgeräten oder subjektiv durch Sinneswahrnehmung. Das Ergebnis einer Prüfung kann z. B. sein: Der Kondensator hat der Prüfspannung von 20 kV standgehalten; der Widerstandswert liegt innerhalb der vorgeschriebenen Grenzen von 2 Ω ± 0,1 Ω; der Elektromotor läuft zu laut (Hörprüfung), z. B. durch Lagergeräusche.

Durch **Kalibrieren** (Einmessen) stellt man fest, wie sich bei einem Messgerät die Anzeige abhängig von der Messgröße ändert. Man ermittelt z. B. bei einem Spannungsmesser, dass sich die Anzeige alle 5 V um ein Skalenteil erhöht.

Durch **Justieren** (Abgleichen) gleicht man ein Messgerät oder eine Maßverkörperung, z. B. einen Messwiderstand, so ab, dass die Ausgangsgröße (Anzeige) möglichst wenig vom richtigen Wert abweicht. So wird ein Drahtwiderstand durch Ändern der Drahtlänge, z. B. mit einem veränderbaren Abgriff, auf den richtigen Wert justiert.

Unter **Eichen** eines Messgeräts oder einer Maßverkörperung versteht man das amtliche Eichen: Die Eichbehörde nimmt die vorgeschriebenen Prüfungen an dem zu eichenden Gerät vor und beglaubigt dann, dass die Eichvorschriften eingehalten sind. Sie bestätigt insbesondere, dass die Eichfehlergrenzen nicht überschritten werden.

Im technischen Sprachgebrauch wird allerdings das Wort „Eichen" auch im Sinne von Kalibrieren oder Justieren oder für beides verwendet.

13.1.1 Anzeigende Messgeräte

Ein **Messgerät**, z. B. ein Strommesser, liefert Messwerte. Dabei können auch mehrere physikalische Größen verknüpft sein, die unabhängig voneinander sind; z. B. als das Produkt von Spannung und Strom im Leistungsmesser. Die Messwerte werden vom Messgerät angezeigt oder registriert.

In einer **Messeinrichtung** bilden das Messgerät (oder die Messgeräte) mit zusätzlichen Einrichtungen ein Ganzes. Neben den Messgeräten können Hilfsenergieeinrichtungen, eine Ableselupe, ein Zusatzwiderstand, eine Sicherung oder Signal- und Messleitungen nötig sein.

Bei **analogen**[1] Messverfahren **(Bild a)** folgt die Anzeige des Messwerts stetig der Eingangsgröße (Messgröße). Meist zeigt eine Marke (ein Zeiger), die gleichmäßig über eine Skale[2] geführt wird, den Messwert an.

Digitale[3] Messverfahren **(Bild b)** tasten die Messgröße in kleinen, fest vorgegebenen Schritten ab, wandeln sie um und stellen sie als Zahl dar.

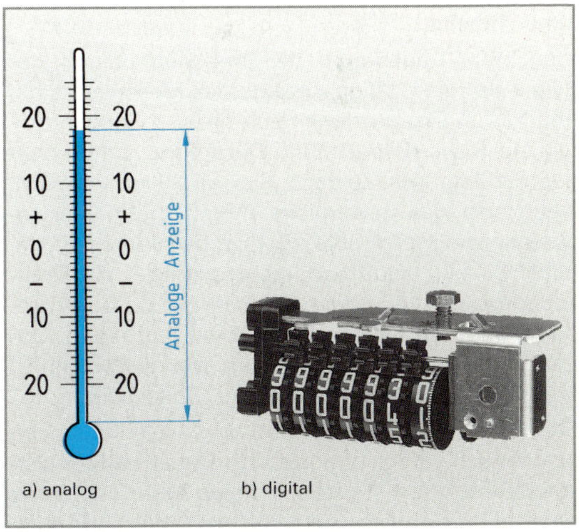

Bild: Analoge und digitale Anzeige

[1] analog (griech.) = ähnlich, entsprechend
[2] Skale (DIN 1319) ist die eingedeutschte Form des Wortes skala (lat.-ital.) = Treppe, Leiter
[3] von digitus (lat.) = Finger

Die Anzeige ist also stufig, sie bildet jeweils die Summe gewisser Mengeneinheiten oder gibt die Anzahl von Impulsen wieder. Der Elektrizitätszähler ist z. B. eines der ältesten digitalen Messgeräte. Ein digitaler Spannungsmesser zeigt beim Messen der Spannung die Messgröße sprunghaft in Ziffern an.

Die Skalen lassen sich entsprechend in Strichskalen und in Ziffernskalen unterteilen. Bei **Ziffernskalen** können die Ziffern auf einem Ziffernträger aneinander gereiht sein, wobei oft nur die abzulesende Ziffer sichtbar ist, wie z. B. bei einem Zähler. Für mehrstellige Anzeigen sind mehrere einstellige Ziffernskalen nebeneinander angeordnet und meist dezimal aufeinander abgestuft. Die Ziffern lassen sich z. B. hinter Schauöffnungen ablesen.

Der **Messbereich** eines Messgeräts ist der Bereich der Messwerte, in dem vorgegebene Fehlergrenzen nicht überschritten werden. Die Messspanne reicht vom Anfangs- bis zu einem Endwert, wobei die obere und untere Grenze auf der Skale markiert ist. Der Messbereich ist dann nur ein Teil des ganzen Anzeigebereichs, z. B. bei den Skalen von Dreheisenmessgeräten.

13.1.2 Teile analoger Messgeräte

Ein analoges Messgerät enthält ein **Messwerk (Bild 1)**, das aus dem beweglichen Teil, z. B. einer Drehspule, der Skale und allen für die Funktion wichtigen Teilen besteht, z. B. aus einem Dauermagneten oder einer feststehenden Spule.

Das bewegliche Organ muss sich von der Messgröße leicht auslenken lassen. Je geringer die Lagerreibung ist, desto empfindlicher reagiert das Messwerk auf eine Veränderung der elektrischen Größe, desto weniger verträgt es aber Erschütterungen.

Das bewegliche Teil (Organ) spannt bei seiner Drehung Spiralfedern oder verdreht ein Spannband **(Tabelle)**.

Wegen der Trägheit z. B. der Drehspule pendelt der Zeiger um die richtige Anzeige des Messwertes hin und her und kommt erst nach einigen Schwingungen zur Ruhe **(Bild 2)**. Eine **Dämpfung** unterbindet das Pendeln des Zeigers. Sie wird erst wirksam, wenn sich das bewegliche Organ dreht. Elektrodynamische Messwerke oder Dreheisenmesswerke haben eine Luftkammerdämpfung (Bild 2). Bei Drehspulmesswerken verwendet man die Wirbelstromdämpfung, die Drehspule ist dabei auf einen Aluminiumrahmen gewickelt. Zum Messwerk gehört ohnehin ein Dauermagnet (Bild 2, Seite 342).

Bei den **Skalen** (Strichskalen) sind viele Teilstriche aneinander gefügt und meist in regelmäßigen Abständen beziffert **(Tabelle 1, Seite 339)**. Eine Skale muss übersichtlich und leicht abzulesen sein, manchmal auch aus größerer Entfernung.

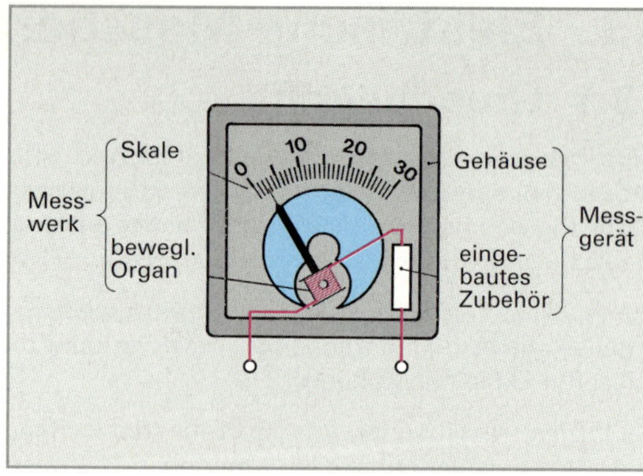

Bild 1: Aufbau eines Messgeräts (mit Sektoranzeige)

Tabelle: Lagerung

Spitzenlagerung	Zapfenlagerung
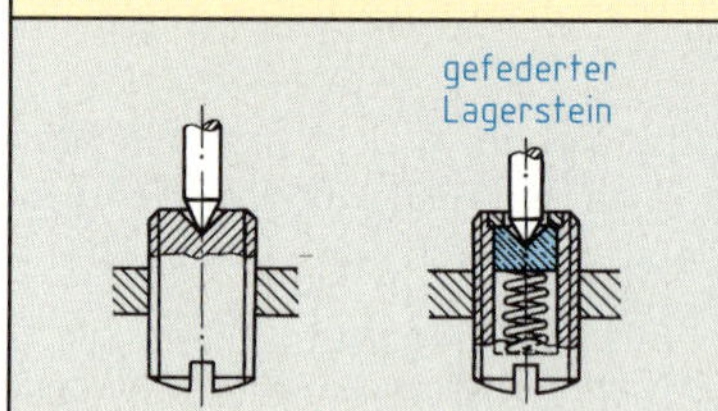	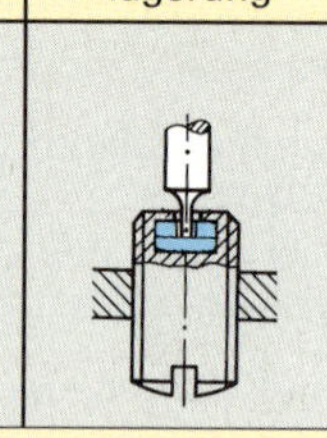
Spannbandlagerung	
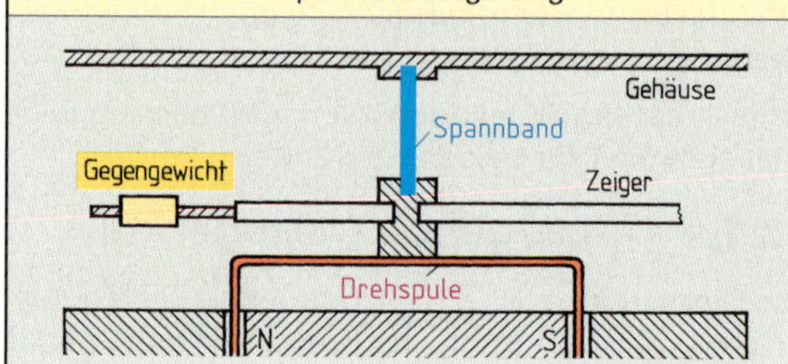	

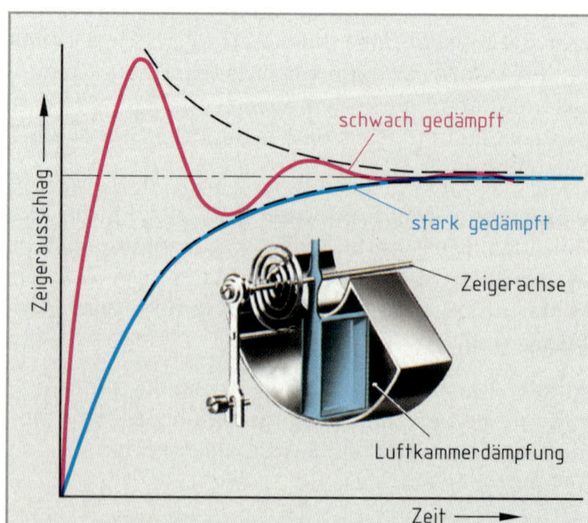

Bild 2: Ungedämpfte und gedämpfte Zeigerschwingung

Die **Skalenlänge,** d. h. der Abstand zwischen dem ersten und letzten Teilstrich, wird in mm angegeben, bei gebogenen Skalen auch in Winkelgraden.

Die Anzeige lässt sich auch in Skalenteilen ausdrücken, einen Teilstrichabstand fasst man dabei als Zähleinheit „Skalenteil" auf. Eine Änderung der Messgröße, die den Zeiger um einen Skalenteil verschiebt, nennt man **Skalenkonstante.**

Die **Empfindlichkeit** des Messgeräts ist die Anzeigenänderung geteilt durch die Messgrößenänderung. Verursacht z. B. eine Erhöhung der Stromstärke um 0,2 μA bei einem Strommesser eine Änderung des Zeigerausschlags um 0,7 mm, beträgt die Empfindlichkeit $E = \Delta l / \Delta I = 0{,}7\,\text{mm}/0{,}2\,\mu\text{A} = 3{,}5\,\text{mm}/\mu\text{A}$. Bei digitalen Messgeräten berechnet man die Empfindlichkeit als Anzahl der Ziffernschritte geteilt durch die Änderung der Messgröße.

Die Skale trägt noch folgende Angaben: Firmenzeichen und evtl. Fertigungsnummer, Einheit der Messgröße, Sinnbild des Messwerks **(Tabelle 2,** nach DIN 43802), Stromartzeichen, Genauigkeitsklasse, Lage- und Prüfspannungszeichen.

Der Zeiger **(Tabelle 1, Seite 340)** eines elektrischen Messwerks muss leicht sein, damit er möglichst unverzögert der Drehung des beweglichen Organs folgen kann. Er ist meist aus einer Aluminiumlegierung gefertigt. Verstellbare Gegengewichte balancieren den Zeiger aus (Tabelle, Seite 338), sodass der gemeinsame Schwerpunkt genau in die Drehachse fällt. Liest man die Anzeige des Messgeräts schräg von der Seite ab, entsteht ein **Parallaxenfehler**[1], wenn Zeiger und Skale nicht in der gleichen Ebene, sondern übereinander angeordnet sind. Durch eine Spiegelunterlegung der Skale **(Bild)** kann man erreichen, dass der Zeiger und sein Spiegelbild zur Deckung gebracht werden können. Dann sieht man genau senkrecht auf die Skale und den Zeiger.

Tabelle 1 : Skalenformen

Gerade Skalen

Grobteilung

Grobfeinteilung

Gebogene Skalen

Kreis-Skale	Quadrant-Skale
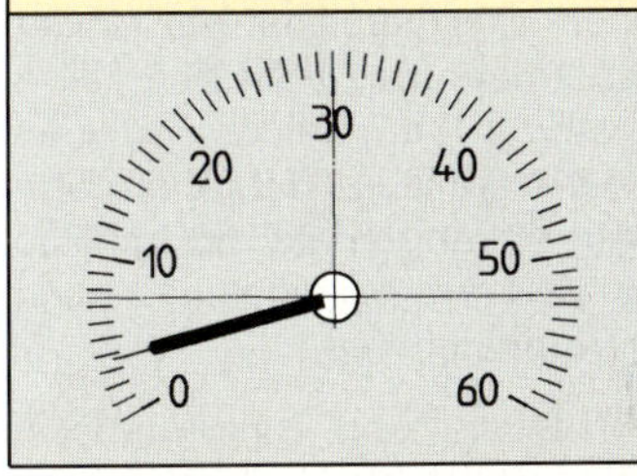	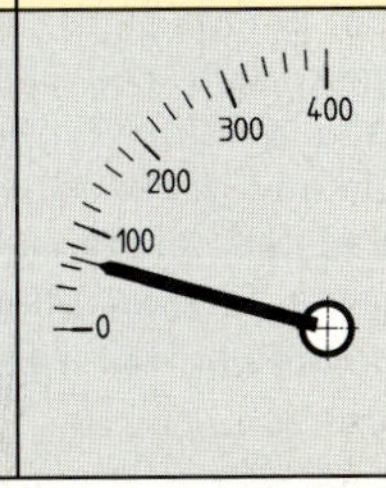

Tabelle 2 : Sinnbilder für die Skalenbeschriftung

Messwerke Arbeitsweise des Messwerks	Sinnbild	Lagezeichen Nennlage	Sinnbild
Drehspulmesswerk mit Dauermagnet		Senkrechte Nennlage	
Drehspulmesswerk mit Gleichrichter		Waagerechte Nennlage	
Drehspul-Quotienten-Messwerk	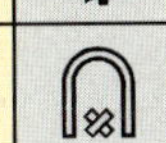	Schräge Nennlage z.B. 60°	
Dreheisen-Messwerk	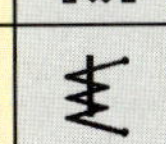	Prüfspannung 500 V	
Elektrodynamisches Messwerk (eisen-geschlossen)		Prüfspannung z.B. 2000 V	
Messwerk mit eingebautem Verstärker	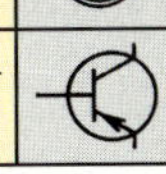	Achtung! Gebrauchsanweisung beachten!	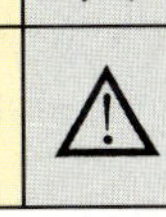

13.1.3 Messfehler

Bei einem Messgerät weicht der Wert der Anzeige meist etwas vom wahren Wert der Messgröße ab: Es tritt ein Messfehler (eine Messunsicherheit) auf. Der **absolute Fehler** ist der Unterschied zwischen der Anzeige und dem wahren Wert:

Absoluter Fehler = Anzeige – wahrer Wert

Setzt man den absoluten Fehler ins Verhältnis zum wahren Wert, erhält man den **relativen Fehler:**

$$\text{Relativer Fehler} = \frac{\text{Absoluter Fehler}}{\text{wahrer Wert}} \cdot 100\,\%$$

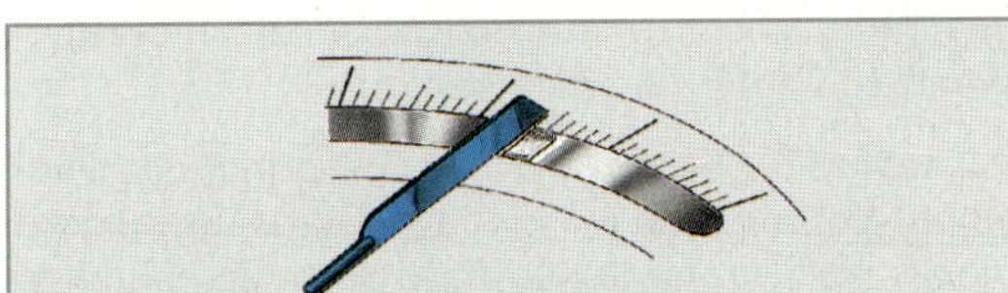

Bild: Spiegelskale und Messerzeiger

[1] von parallaxis (griech.) = Abweichung

Messfehler können durch ungenaues oder fehlerhaftes Ablesen entstehen **(persönliche Fehler)**, sie sind aber auch durch die Konstruktion der Messgeräte bedingt **(Anzeigefehler)**, z. B. durch Lagerreibung, ungenaue Skalenausführung oder Fertigungstoleranzen. Den Anzeigefehler eines Messgeräts gibt man in Prozent vom Skalenendwert an. Danach sind die Messgeräte in Genauigkeitsklassen eingeteilt **(Tabelle 2**, nach DIN VDE 0410).

Die Klasse eines Messgeräts gibt den zulässigen absoluten Messfehler in Prozent vom Skalenendwert an.

Beispiel: Wie groß ist der absolute Anzeigefehler in V und der relative Fehler in % beim Messen von 120 V mit einem Spannungsmesser der Klasse 0,5 im Messbereich 250 V?

$$\text{Absoluter Fehler} = \pm 0{,}5\,\% \cdot 250\,\text{V} = \frac{\pm 0{,}5\,\% \cdot 250\,\text{V}}{100\,\%} = \pm \mathbf{1{,}25\,V};$$

$$\text{Relativer Fehler} = \frac{\pm 1{,}25\,\text{V}}{120\,\text{V}} \cdot 100\,\% = \pm \mathbf{1{,}04\,\%}$$

Der relative Fehler wird bei einer Anzeige in der Mitte der Skale doppelt so groß wie am Ende.

Der Messbereich ist möglichst so zu wählen, daß der Zeiger im letzten Drittel der Skale steht. Dadurch bleibt der relative Messfehler klein.

Bei einem elektrischen Messgerät hat ein Abweichen von der Nenntemperatur, von der Nennfrequenz, der Einfluss von Fremdfeldern oder ein Neigen gegenüber der Nennlage (Gebrauchslage) ebenfalls negative Auswirkungen auf die Anzeige. Diese **Einflussfehler** sind im Anzeigefehler nicht enthalten, weil sie vermeidbar sind.

Fehler durch die Messschaltung **(systematische Fehler)**, z. B. durch die Stromfehler- oder durch die Spannungsfehlerschaltung beim indirekten Messen eines Widerstands, können meist durch Rechnung korrigiert werden (Seite 57).

13.1.4 Digitale Messgeräte

Digitale Messgeräte **(Bild)** setzen die Messgröße in einen digitalen Wert um, der dann in Ziffern angezeigt wird. Sie enthalten meist einen Messverstärker und haben daher einen hohen Eingangswiderstand (mindestens 10 MΩ bei der Messung von Gleichspannung).

Der Analog-Digital-Umsetzer (Seite 241) verarbeitet nur Gleichspannung. Gleichstrom misst man als Spannungsabfall an einem Präzisionswiderstand (≤ 1 Ω), Wechselstrom und Wechselspannung müssen erst in Gleichspannung umgeformt, also gleichgerichtet werden. Der Umsetzer hat oft nur einen Grundmessbereich, z. B. von 0,2 V. Höhere Spannungen sind dann erst zu teilen, niedrigere eventuell vorher zu verstärken.

Die analoge Messgröße wird meist durch das **Dual-Slope[1]-Verfahren** in ein digitales Signal umgesetzt. Dieses Verfahren nennt man auch Zweiflanken-

Tabelle 1 : Zeigerformen

Balkenzeiger	
Stabzeiger	
Stabzeiger für Profilmessgeräte	
Lanzenzeiger	
Messerzeiger	

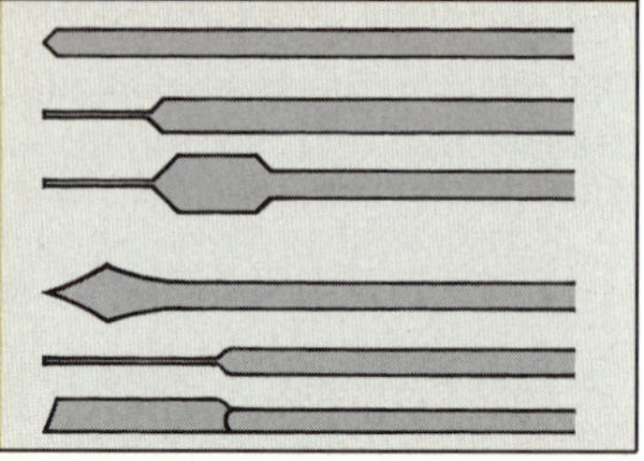

Tabelle 2 : Genauigkeitsklassen elektrischer Messgeräte

	Feinmessgeräte		
Klasse	0,1	0,2	0,5
Anzeigefehler	± 0,1%	± 0,2%	± 0,5%
Einflussfehler	± 0,1%	± 0,2%	± 0,5%

	Betriebsmessgeräte			
Klasse	1	1,5	2,5	5
Anzeigefehler	± 1%	± 1,5%	± 2,5 %	± 5%
Einflussfehler	± 1%	± 1,5%	± 2,5%	± 5%

Bild: Digitales Mehrbereichsmessgerät (Multimeter)

[1] slope (engl.) = Abhang, Neigung

oder Zweirampen-Verfahren. Dabei fließt zunächst während einer genau abgemessenen Integrationszeit[1] (Summierzeit) ein der Messspannung U_x verhältnisgleicher Strom in den Integrator, der einen Kondensator *C* zeitlinear auflädt **(Bild 1)**. Nach Ende der Integrationszeit schaltet die Ablaufsteuerung den Integratoreingang auf eine entgegengesetzt gepolte Vergleichsspannung (Referenzspannung). Der Kondensator entlädt sich dadurch wieder. Ein Null-Vergleicher (Null-Komparator) meldet den Entladezeitpunkt und stoppt die Impulse des Taktgenerators **(Bild 2)**. Je höher die Messspannung U_x war, desto mehr wurde der Kondensator *C* aufgeladen und desto länger dauert es, bis er wieder entladen ist. Die Entladezeit, exakt gezählt durch die Zählimpulse, entspricht dadurch der Höhe der zu messenden Spannung. Die Impulse des Taktgenerators während der Entladung steuern den Dekadenzähler und bewirken die digitale Anzeige des Messwerts.

Störimpulse und Rauschspannungen gleichen sich während der Integrationszeit aus und verfälschen so das Messergebnis kaum. Eine Alterung der Bauteile oder eine Temperaturänderung wirken sich nicht auf das Messresultat aus, weil sie in gleicher Weise in das Auf- und in das Abintegrieren eingehen. Nur die Referenzspannung und die Taktfrequenz während eines Meßabschnitts müssen konstant bleiben.

Anzeigen: Die Ziffern 0 bis 9 stellt man mit 7-Segment-, 14-Segment-Anzeigen oder mit einer Punkt-Matrix[2] dar, z. B. mit 5x7 Punkten **(Bild 3)**. Digitale Mehrbereichsmessgeräte haben meist $3^1/_2$- oder $4^1/_2$-stellige Anzeigen, also 3 bzw. 4 echte Ziffernwerte (von 0 bis 9) und eine führende 0 oder 1, die nur halb gezählt wird. Der Anzeigeumfang z. B. einer $3^1/_2$-stelligen Anzeige reicht somit von 0000 bis 1999. Für Digitalmessgeräte gibt man die Fehlergrenze meist in Prozent vom angezeigten Wert an und zusätzlich noch die Anzeigeunsicherheit der letzten Stelle, die ± 1 bis ± 5 Digit betragen kann (Digit bedeutet Ziffer).

Zeigt zum Beispiel ein digitaler Spannungsmesser mit $3^1/_2$-stelliger Anzeige und einer Fehlergrenze von ±0,5% ±2 Digit eine Spannung von 100 V an, so beträgt der Messfehler ±0,5% · 100 V ± 2 Digit = = ±0,5 V ± 0,2 V = ±0,7 V.

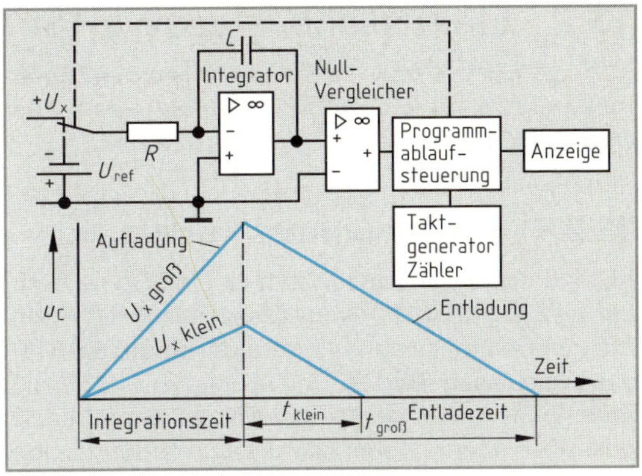

Bild 1: Blockschaltplan eines digitalen Messgeräts nach dem Dual-Slope-Verfahren

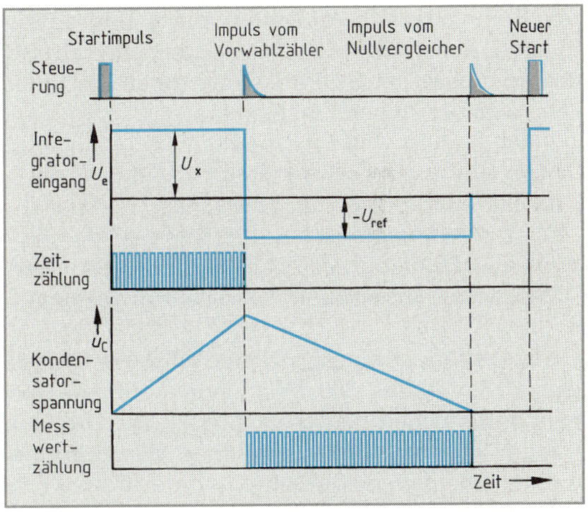

Bild 2: Spannungsabläufe beim Dual-Slope-Umsetzer

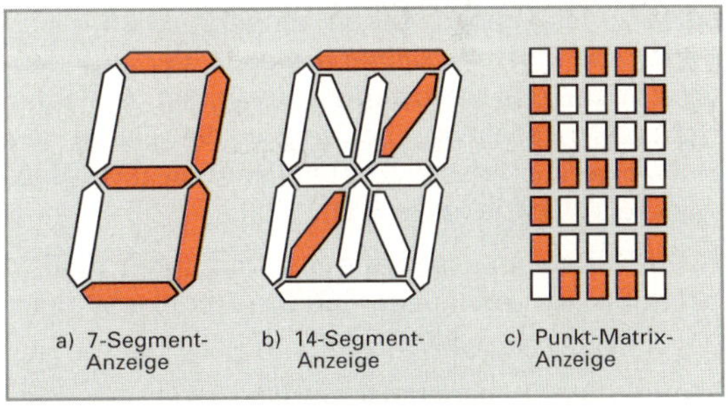

Bild 3: Anzeigen digitaler Messgeräte

Wiederholungsfragen

1. **Wodurch unterscheiden sich Messwerk, Messgerät und Messeinrichtung?**
2. **Nennen Sie Teile eines Messwerks.**
3. **Warum können Messwerke mit Spannbandlagerung mit größerer Empfindlichkeit gebaut werden als Messwerke mit Spitzenlagerung?**
4. **Warum muss die Zeigerbewegung eines Messgeräts gedämpft werden?**
5. **Was bedeutet die Genauigkeitsklasse 0,5 eines elektrischen Zeigermessgeräts?**
6. **Wodurch unterscheidet sich eine analoge von einer digitalen Anzeige?**

[1] von integrare (lat.) = ergänzen, wiederherstellen
[2] Matrix = rechteckiges Schema

13.2 Elektrische Messwerke

Messwerk nennt man die aktiven Teile eines Zeigermessgerätes, die ein Drehmoment erzeugen. Zum Messwerk gehören auch Zeiger und Skale.

13.2.1 Drehspulmesswerk

Im Feld eines Dauermagneten ist eine Spule drehbar gelagert **(Bild 1)**. Beim Messwerk mit Außenmagnet befindet sich im Innern der Spule ein Kern aus Weicheisen **(Bild 2)**. Der Strom wird der Spule über zwei gegensinnig gewickelte Spiralfedern oder über Spannbänder (keine Lagerreibung) zugeführt. Fließt Strom durch die Spule im Magnetfeld, so entsteht ein Drehmoment. Die Spule dreht sich so weit, bis das Drehmoment der beiden gespannten Spiralfedern dem Drehmoment der stromdurchflossenen Spule das Gleichgewicht hält. Bei entgegengesetzter Stromrichtung durch die Spule kehrt sich der Zeigerausschlag um.

Beim Drehspulmesswerk dreht sich eine stromdurchflossene Spule im Feld eines Dauermagneten. Die Anzeige ist von der Stromstärke und von der Richtung des Stromes abhängig. Das Messwerk allein ist nur für Gleichstrom geeignet.

Die Drehspule ist je nach Empfindlichkeit des Messwerks mit 20 bis 300 Windungen auf ein Aluminiumrähmchen gewickelt (Bild 2). Die Drehung erzeugt in dem Aluminiumrahmen Wirbelströme, welche die notwendige Dämpfung des Messwerks bewirken.

Hochempfindliche Drehspulmesswerke haben anstelle eines mechanischen Zeigers einen Lichtzeiger: Das ist ein kleiner Spiegel, der auf dem Spannband des Messwerks befestigt ist und einen Lichtstrahl reflektiert. Je größer die Länge des Lichtzeigers ist, desto empfindlicher ist das Messwerk (bis 10 pA je Skalenteil).

Beim Drehspulmesswerk mit Kernmagnet **(Bild 3)** befindet sich im Innern der Drehspule ein zylindrischer Dauermagnet.

Vorteile des Drehspulmesswerks:

- sehr hohe Empfindlichkeit,
- hohe Genauigkeit,
- geringer Eigenverbrauch (1 µW bis 100 µW),
- lineare, d. h. gleichmäßig geteilte Skale,
- Messung von Wechselströmen möglich durch Vorschalten eines Gleichrichters,
- Fremdfeldeinfluss gering (wegen des eigenen Magnetfeldes),
- der Nullpunkt kann auch in Skalenmitte liegen, weil das Drehmoment mit dem Strom seine Richtung ändert.

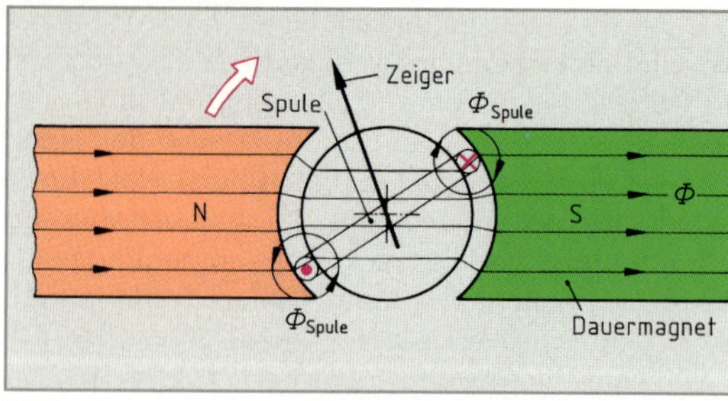

Bild 1: Prinzip des Drehspulmesswerks

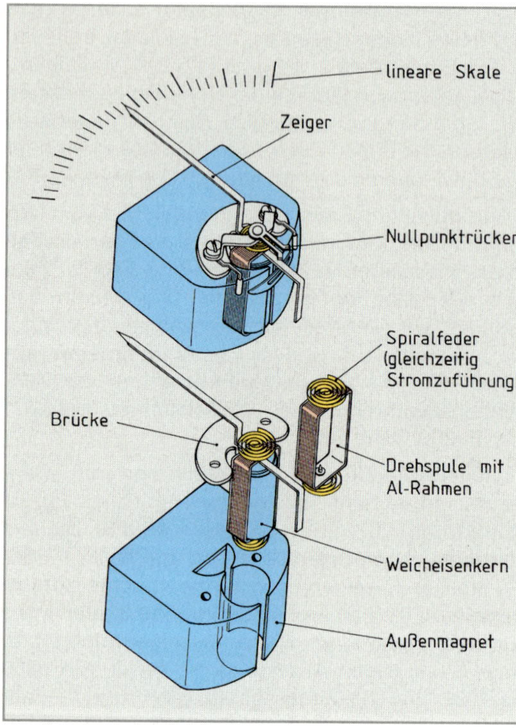

Bild 2: Drehspulmesswerk mit Außenmagnet

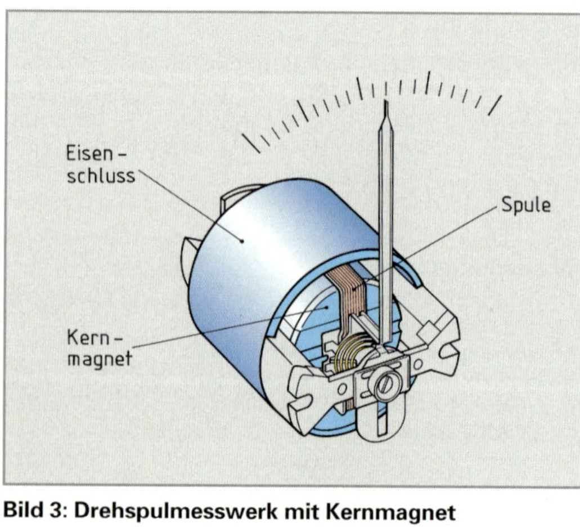

Bild 3: Drehspulmesswerk mit Kernmagnet

13.2.2 Dreheisenmesswerk

Das Dreheisenmesswerk beruht auf der Kraftwirkung ferromagnetischer Stoffe aufeinander, die sich in einem Magnetfeld befinden, z. B. Eisen **(Bild 1)**. Die Richtung der Kraft und damit das Drehmoment ist unabhängig von der Stromrichtung.

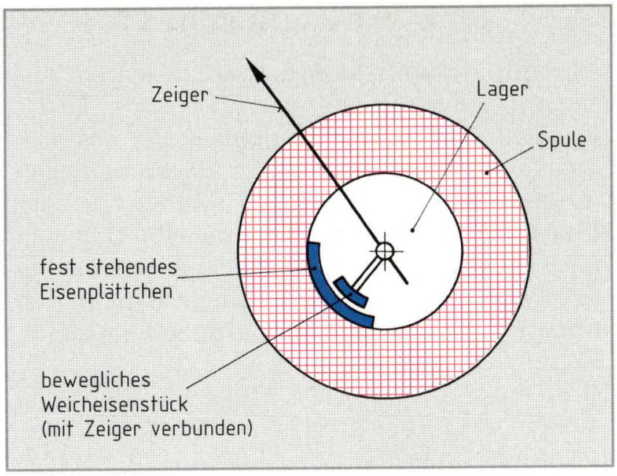

Bild 1: Aufbau des Dreheisenmesswerks

Im Innern einer Spule sind ein festes und ein an der Zeigerachse befestigtes bewegliches Eisenplättchen angeordnet **(Bild 2)**. Beide Plättchen bestehen aus magnetisch weichem Eisen. Beim Stromdurchgang entsteht in der Spule ein Magnetfeld, das die beiden Weicheisenstücke gleichsinnig magnetisiert. Sie stoßen sich deshalb ab. Das bewegliche Weicheisenstück dreht die Zeigerachse so weit, bis sein Drehmoment so groß ist wie das Rückstellmoment der Spiralfedern. Die Größe des Drehmoments und damit des Zeigerausschlags ist ein Maß für den Strom, der durch die Spule fließt.

> Beim Dreheisenmesswerk stoßen sich magnetisierte Eisenplättchen ab.

Dreheisenmesswerke sind für Gleichstrom und Wechselstrom geringer Frequenz (bis 300 Hz) verwendbar, da beide Kerne unabhängig von der Stromrichtung immer gleichsinnig magnetisiert werden.

> Dreheisenmesswerke sind für Wechselstrom und für Gleichstrom verwendbar.

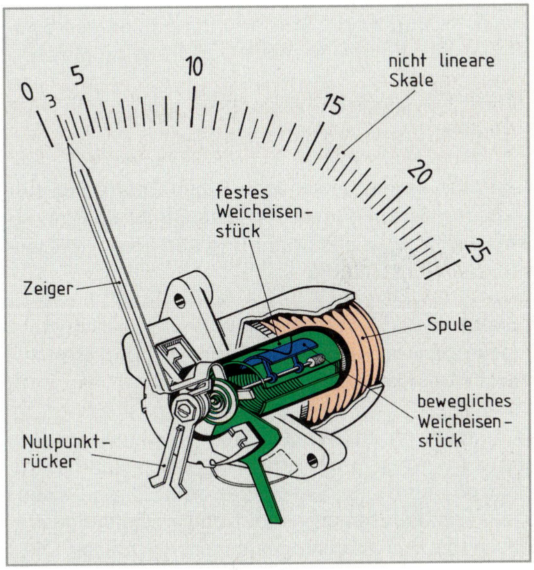

Bild 2: Dreheisenmesswerk

Vorteile des Dreheisenmesswerks:

- einfacher, betriebssicherer Aufbau,
- unempfindlich gegen kurzzeitige Überlastungen,
- für Gleich- und Wechselstrom geeignet,
- unempfindlich gegen magnetische Fremdfelder,
- direkter Anschluss an Strom- und Spannungswandler möglich, dadurch einfache Messbereicherweiterung,
- der Temperatureinfluss kann ausgeglichen werden.

Der Skalenverlauf des Dreheisenmesswerks ist im Prinzip quadratisch, d. h., der doppelte Strom ergibt eine vierfache Auslenkung, weil die Kraft proportional dem Quadrat der magnetischen Flussdichte und diese proportional der Stromstärke in der Spule ist. Durch die besondere Formgebung der Eisenplättchen kann man einen nahezu linearen (gleichmäßigen) Skalenverlauf im Messbereich erreichen. Der Anzeigebereich ist oft größer als der Messbereich.

Dreheisenmesswerke haben bei Gleich- und Wechselstrom eine Genauigkeitsklasse von 1,5 bis 2,5. Zeigerschwingungen werden durch Luftkammerdämpfung verhindert.

Der Eigenverbrauch des Dreheisenmesswerks ist verhältnismäßig hoch (0,5 bis 1 VA). Es eignet sich daher nicht zum Messen kleiner Ströme und Spannungen (Messbereich etwa ab 6 V bzw. 20 mA).

Man verwendet das Dreheisenmesswerk als Schalttafelmessgerät, insbesondere für Betriebsinstrumente zur Strom- und Spannungsmessung bei Gleichspannung und niederfrequenter Wechselspannung bis etwa 300 Hz.

13.2.3 Elektrodynamisches Messwerk

Das **elektrodynamische Messwerk** gleicht im Aufbau dem Drehspulmesswerk. Anstelle des Dauermagneten beim Drehspulmesswerk hat das elektrodynamische Messwerk einen Elektromagneten. Das Messwerk besteht also aus zwei Spulen, einer **Stromspule,** in deren Feld sich wie beim Drehspulmesswerk eine drehbar angeordnete **Spannungsspule** befindet **(Bild 1).** Die Stromspule nennt man **Strompfad,** die Spannungsspule **Spannungspfad.**

Beim elektrodynamischen Messwerk dreht sich eine Spannungsspule im Feld einer fest stehenden Stromspule.

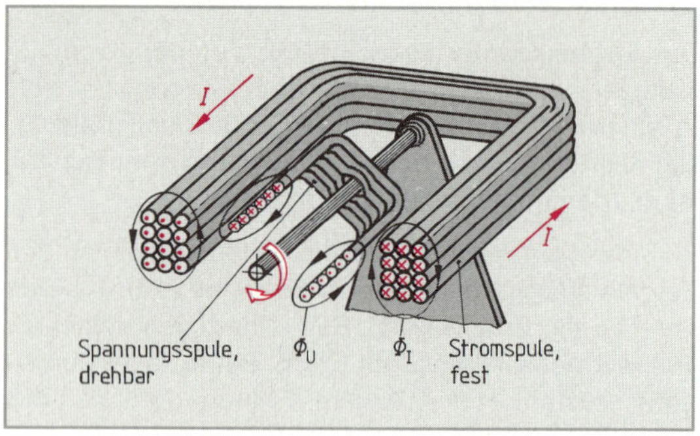

Bild 1: Prinzip des elektrodynamischen Messwerks

Fließt Strom durch die beiden Spulen, so entsteht in der Drehspule ein Drehmoment. Das Drehmoment ist sowohl der Spannung an der Drehspule als auch dem Strom durch die Stromspule proportional. Kehrt man die Stromrichtung in beiden Spulen gleichzeitig um, so bleibt der Drehsinn gleich.

Elektrodynamische Messwerke eignen sich für Gleichstrom und Wechselstrom.

Legt man an die bewegliche Spule Spannung und lässt den Strom durch die feste Spule fließen, so wird das Produkt aus Spannung und Strom gemessen, also die Leistung.

Elektrodynamische Messwerke eignen sich zur Leistungsmessung bei Gleichstrom und Wechselstrom. Sie zeigen Wirkleistung an.

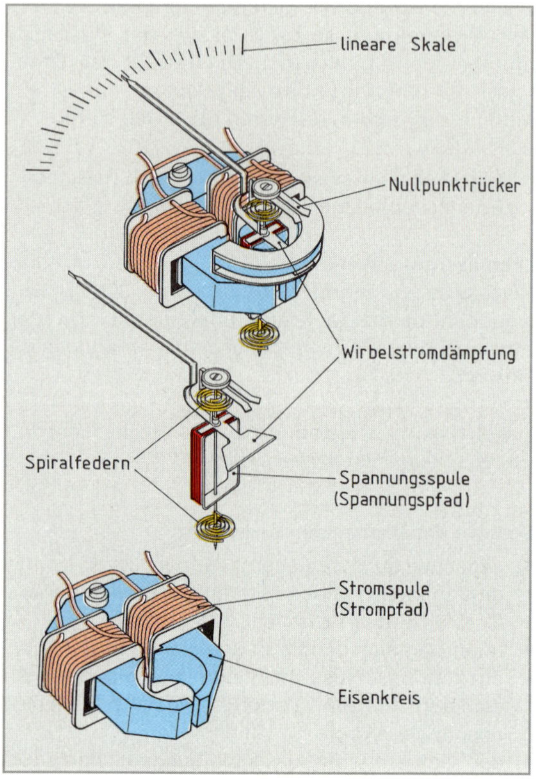

Bild 2: Elektrodynamisches Messwerk

Das Messwerk hat einen Eigenverbrauch von 1 W bis 3 W. Man unterscheidet eisengeschlossene elektrodynamische Messwerke **(Bild 2)** und eisenlose. Letztere haben eine höhere Genauigkeitsklasse (bis 0,1) als eisengeschlossene (Klasse 1,5).

Blindleistungsmessung. Zur Messung der Blindleistung schaltet man in den Spannungspfad eines Leistungsmessers eine Induktivität (Drosselspule) und einen Wirkwiderstand **(Bild 3).** Der Messstrom wird im Spannungspfad dadurch um 90° phasenverschoben.

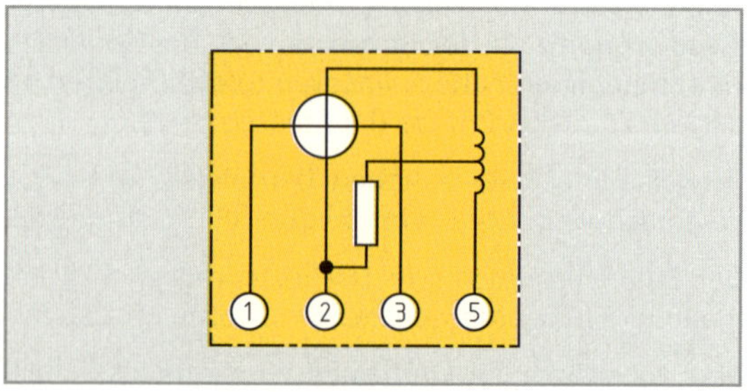

Bild 3: Schaltung des Blindleistungsmessers für Einphasenwechselstrom

Kreuzspulmesswerk. Werden auf den drehbar gelagerten Eisenkern zwei gekreuzte Spulen gelegt, so entsteht dadurch ein **Quotientenmesswerk,** d.h., man kann damit z.B. den Leistungsfaktor $\cos\varphi$ oder den Phasenverschiebungswinkel messen. Das Messwerk hat eine richtkraftfreie Stromzuführung und einen ungleichmäßigen Luftspalt. Die gekreuzten Drehspulen wirken einander entgegen und stellen sich auf den Punkt ein, in dem die entgegengesetzten Momente der beiden Spulen gleich groß sind.

13.2.4 Leistungsfaktormesser

Der Leistungsfaktor (cos φ) kann indirekt durch Messung der Wirkleistung P und über das Produkt aus Strom und Spannung ($S = U \cdot I$) ermittelt werden. Zur direkten Messung des cos φ benützt man ein elektrodynamisches Quotientenmesswerk (Kreuzspulmesswerk **Bild 1**).

Die beiden Spulen L2 und L3 **(Bild 2)** liegen an Wechselspannung. Durch Zuschalten eines Wirkwiderstandes R vor der Spule L2 (Wirkspannungspfad) und eines induktiven Blindwiderstandes X_L vor der Spule L3 (Blindspannungspfad) wird eine Phasenverschiebung der Spulenströme von nahezu 90° erreicht. Durch die Drehspule L1 fließt der Wechselstrom (Strompfad). Das Instrument zeigt die Phasenverschiebung zwischen dem Strom in der Drehspule und der Spannung an den festen Spulen an.

Sind im Instrument Strom und Spannung in Phase, so haben die Felder der Drehspule L1 und der Wirkspannungsspule L2 gleichzeitig ihren Höchstwert. Die Drehspule stellt sich in Richtung der Spule L2 ein. Eilt der Strom der Spannung um etwa 90° nach (induktive Belastung), so haben die Felder der Drehspule und der Blindspannungsspule L3 gleichzeitig ihren Höchstwert. Die Drehspule stellt sich in Richtung der Spule L3 ein. Bei einer Phasenverschiebung zwischen 0° und 90° hat die Drehspule eine Zwischenstellung.

Richtkraftlose Bänder führen der Drehspule den Strom zu. Der Zeiger des Leistungsfaktormessers kann daher in jeder beliebigen Lage stehen bleiben.

Bei der Verwendung in Drehstromnetzen wird nur der cos φ des Außenleiters angezeigt, in den die Stromspule geschaltet ist.

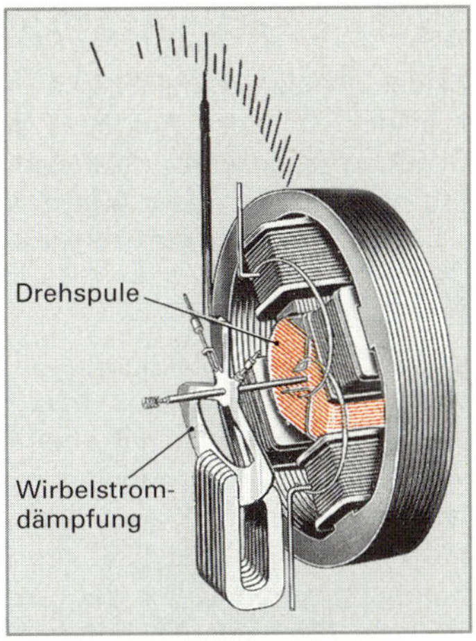

Bild 1: Leistungsfaktormesser mit Kreuzspulmesswerk

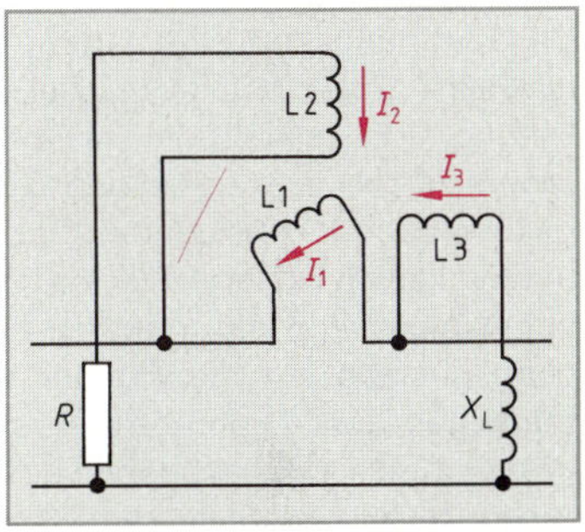

Bild 2: Spulen beim Leistungsfaktormesser

13.2.5 Frequenzmesser

Beim **Zungenfrequenzmesser** befindet sich eine Reihe federnder Stahlzungen im Feld eines Elektromagneten **(Bild 3)**.

Die Stahlzungen sind wie die Schenkel einer Stimmgabel auf bestimmte Schwingungszahlen abgestimmt. Fließt Wechselstrom durch die Spule des Magneten, so wird jeweils die Zunge zum Mitschwingen angeregt, deren Eigenschwingungszahl gleich der Anzahl der Polwechsel ist. Die Eigenfrequenz der schwingenden Zunge ist daher gleich der doppelten Frequenz des Wechselstromes. Außer der in **Resonanz** befindlichen Zunge schwingen auch die benachbarten Zungen mit, allerdings etwas schwächer. Dabei entstehen Schwingungsbilder, die ein Ablesen der Zwischenwerte gestatten. Der Frequenzmesser wird wie ein Spannungsmesser angeschlossen.

Außer mit Zungenfrequenzmessern kann man die Frequenz auch mit **Zeigerfrequenzmessern** oder digital erfassen. Beim Zeigerfrequenzmesser wird z. B. ein Kondensator über Z-Dioden (S. 170) aufgeladen und über zwei Gleichrichter sowie über das Messwerk im Takt der Netzfrequenz entladen. Digitalzähler erfassen die Zählerimpulse und leiten sie an eine elektronische Zählerschaltung weiter.

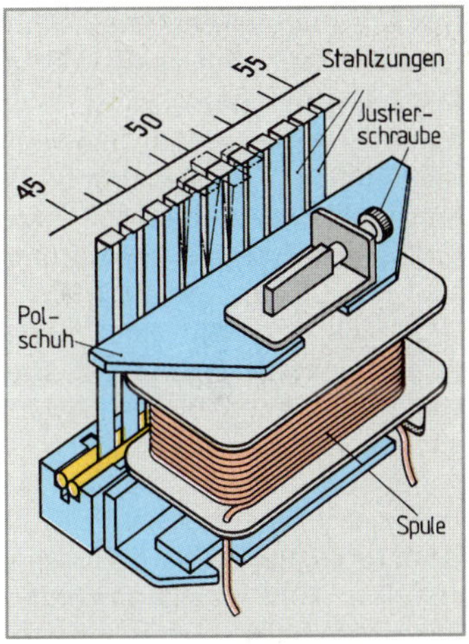

Bild 3: Zungenfrequenzmesser

Wiederholungsfragen

1. **Erklären Sie Aufbau und Wirkungsweise**
   a) des Drehspulmesswerks,
   b) des Dreheisenmesswerks.
2. **Für welche Stromarten ist a) das Drehspulmesswerk und b) das Dreheisenmesswerk geeignet?**
3. **Für welche Messinstrumente werden Dreheisenmesswerke verwendet?**
4. **Beschreiben Sie Aufbau und Wirkungsweise**
   a) des elektrodynamischen Messwerks,
   b) des Zungenfrequenzmessers.

13.3 Elektrizitätszähler

Zähler messen die elektrische Arbeit. Man unterscheidet nach der Aufgabe Wirkverbrauchzähler, Blindverbrauchzähler, Mehrtarifzähler und Maximumzähler, nach dem Messprinzip außerdem Induktionszähler und elektronische Zähler.

Induktionszähler

In Wechselstromanlagen und Drehstromanlagen werden meist Induktionszähler **(Bild 1)** verwendet. Der Induktionszähler hat eine ähnliche Wirkungsweise wie ein Asynchronmotor mit Kurzschlussläufer. Im Luftspalt zwischen den Polen zweier Magnetsysteme **(Bild 2)** ist eine Aluminiumscheibe drehbar gelagert. Durch das untere, zweischenklige System **(Stromspule)** fließt der zu messende Strom. Das obere, dreischenklige System trägt die **Spannungsspule** (Schaltung **Bild 1 Seite 347**).

Die Spannungsspule hat gegenüber der Stromspule eine sehr große Induktivität. Bei induktionsfreier Belastung sind deshalb die Ströme und die magnetischen Flüsse in den beiden Spulen um fast 90° gegeneinander phasenverschoben. Diese beiden magnetischen Flüsse erzeugen wie beim Einphasen-Induktionsmotor ein magnetisches Drehfeld und üben deshalb auf die Zählerscheibe ein Drehmoment aus. Das Drehmoment ist umso größer, je größer die Leistungsabgabe nach dem Zähler ist.

Ist die Belastung nicht induktionsfrei, so wird die Phasenverschiebung zwischen den Strömen in den beiden Spulen und ihren Flüssen kleiner als 90°. Das Drehmoment auf die Zählerscheibe verringert sich. Der Zähler misst also Wirkarbeit.

Ein **Bremsmagnet** erzeugt in der sich drehenden Scheibe Wirbelströme, die verhindern, dass sich die Scheibe schneller dreht, als es der Belastung entspricht. Seine Bremskraft wird umso größer, je größer die Drehzahl der Läuferscheibe ist. Die Anzahl der Umdrehungen je kWh (Zählerkonstante) lässt sich mit Hilfe eines verstellbaren **magnetischen Nebenschlusses** am Bremsmagneten einstellen. Der Leerlauf des Zählers wird durch einen an der Läuferachse angebrachten **Leerlaufwinkel** verhindert, der von einem an der Spannungsspule befestigten Gegenpol aus Eisenblech angezogen wird. Eine verstellbare Schelle auf einer **Widerstandsschleife** aus Konstantandraht dient dem **Phasenabgleich.**

Die Anzahl der Umdrehungen der Zählerscheibe wird mit Hilfe eines **Zählwerks** gezählt, das den Verbrauch direkt in kWh angibt. Der **Eigenverbrauch** (Eigenleistung) des Zählers beträgt etwa 1 W bis 3 W.

Die auf dem Leistungsschild des Zählers (Bild 1) angegebene Zählerkonstante gibt die Anzahl der Umdrehungen je kWh an.

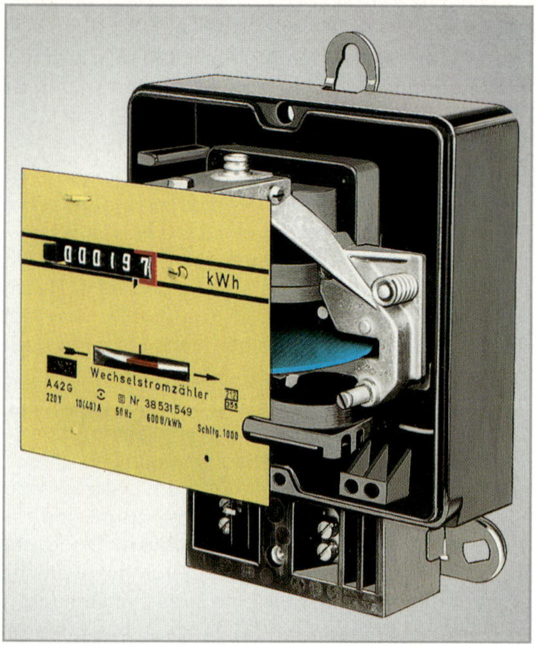

Bild 1: Wechselstrom-Induktionszähler

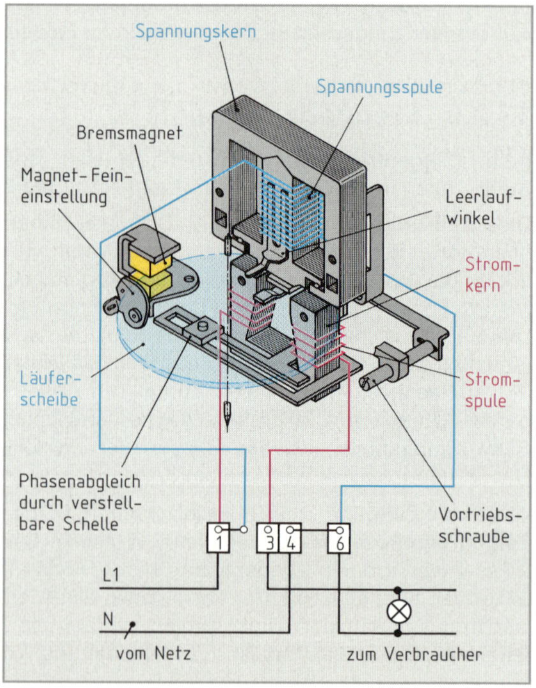

Bild 2: Messwerk des Induktionszählers

P elektrische Leistung in kW
n Umdrehungen der Zählerscheibe je Stunde
C_z Zählerkonstante in 1/kWh

$$P = \frac{n}{C_z}$$

Drehstromzähler für Vierleiternetze (Schaltung **Bild 2)** wirken mit 3 Triebsystemen auf zwei oder drei Scheiben. Zum Anschluss von Zählern in Niederspannungsnetzen verwendet man bei Anlagen mit einem Leistungsbedarf über 40 kW Stromwandler, in Hochspannungsanlagen Stromwandler und Spannungswandler.

Mehrtarifzähler, z. B. Doppeltarifzähler, bestehen aus mehreren Zählwerken mit gemeinsamem Antrieb. Ein Tarifschaltgerät, z. B. Schaltuhr oder Tonfrequenz-Rundsteuerempfänger, nimmt die Umschaltung der Zählwerke vor, sodass z. B. während der Zeit hoher Netzbelastung der Verbrauch auf dem Zählwerk für hohen Tarif, z. B. T1, während der übrigen Zeit auf dem Zählwerk für niederen Tarif, z. B. T2, angezeigt wird. Es gibt auch Drei- und Viertarif-Zähler.

Maximumzählwerke erfassen die bei einem Abnehmer auftretende Höchstbelastung. Dabei wird nicht die höchste Augenblicksleistung, wie sie z. B. beim Anlassen von Motoren auftritt, sondern der höchste Mittelwert innerhalb eines Ablesezeitraumes, z. B. 15 Minuten, angezeigt **(Bild 3)**.

Zähler mit Leistungsmessung messen die höchste bezogene elektrische Leistung innerhalb eines bestimmten Zeitraums, z. B. in 96 Stunden (4 Tagen). Dabei wird laufend die in einer Stunde bezogene elektrische Arbeit gemessen. Die in 96 Stunden erfasste, höchste stündliche Arbeit (in kWh) wird gespeichert und als Anzahl von Leistungswerten (LW) in einem Sichtfenster angezeigt. Die Abrechnung erfolgt nach dem so genannten verbrauchsbezogenen Leistungspreis-Anteil.

Elektronische Zähler haben keine beweglichen Teile. Ihre Genauigkeit ist größer als z. B. bei Induktionszählern.

Prüfen von Zählern. Tarifzähler müssen in bestimmten Zeitabständen durch eine amtliche Zählerprüfstelle geprüft werden: Wechsel- und Drehstromzähler z. B. alle 16 Jahre, Gleichstromzähler alle 4 Jahre. Nach der Eichung erhält der Zähler eine Plombe.

Plomben an Zählern dürfen nur vom Beauftragten des EVU entfernt werden.

Blindverbrauchzähler messen den induktiven Blindverbrauch. Diese Zähler haben den gleichen Aufbau wie Wirkverbrauchzähler, jedoch eine andere Schaltung und eine Phasenverschiebung der Triebsysteme. In Hochspannungsnetzen werden diese Zähler zusammen mit den Wirkverbrauchzählern an gemeinsame Stromwandler und Spannungswandler gelegt.

Weitere Zählerschaltungen und ihre Schaltungsnummern siehe Tabellenbuch Elektrotechnik.

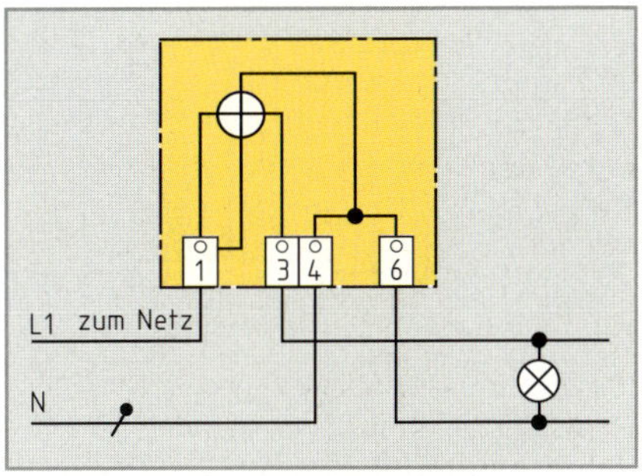

Bild 1: Wechselstromzähler-Schaltung, einpolig, Schaltung 1000

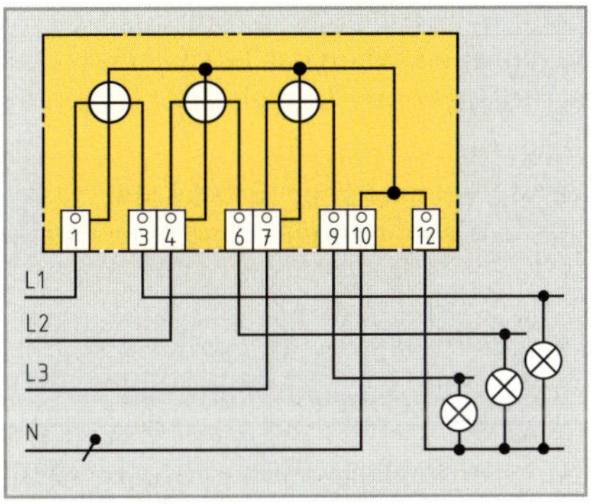

Bild 2: Drehstromzähler-Schaltung für Vierleiteranschluss, Schaltung 4000

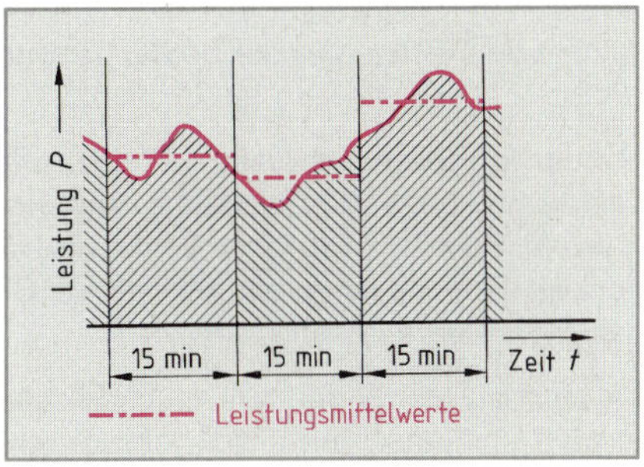

Bild 3: Ermittlung des Maximumtarifs

Wiederholungsfragen

1. **Welche Aufgabe haben Zähler?**
2. **Erklären Sie die Wirkungsweise des Induktionszählers.**
3. **Welche Aufgabe hat der Bremsmagnet beim Zähler?**
4. **Was gibt die Zählerkonstante an?**
5. **Was versteht man unter Doppeltarifzählern?**
6. **Welcher Wert wird von einem Maximumzähler angezeigt?**

13.4 Messbrücken

13.4.1 Gleichstrommessbrücken

Elektrische Widerstände lassen sich nicht direkt messen. Man kann sie aber z. B. indirekt durch gleichzeitige Strom- und Spannungsmessung bestimmen. Wesentlich genauer jedoch ist eine Vergleichsmessung zwischen dem unbekannten Widerstand und Präzisionswiderständen, z. B. einer Widerstandsdekade. Auf diesem Messprinzip beruhen die **Gleichstrommessbrücken.**

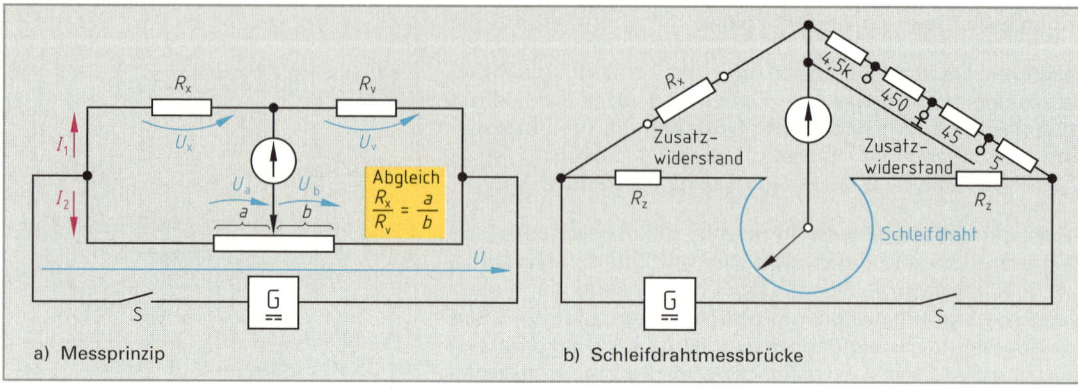

a) Messprinzip b) Schleifdrahtmessbrücke

Bild 1: Gleichstrommessbrücke

Eine Messbrücke besteht aus zwei parallel geschalteten Spannungsteilern, den Brückenzweigen. Der eine Zweig enthält den zu messenden Widerstand R_x und in Reihe dazu den Vergleichswiderstand R_v **(Bild 1 a).** Der andere Spannungsteiler ist ein Drehwiderstand oder ein Schleifdraht mit Abgriff. In der Brückendiagonale liegt ein empfindlicher Spannungsmesser mit dem Nullpunkt in der Skalenmitte. Die Brücke ist abgeglichen, wenn das Messgerät nicht mehr nach rechts oder nach links ausschlägt (Nullabgleich). Dann ist die Spannung U_x gleich der Spannung U_a, also auch U_v so groß wie U_b.

Bei abgeglichener Brücke teilt der obere Brückenzweig die Gesamtspannung im gleichen Verhältnis auf wie der untere.

$$\frac{U_x}{U_v} = \frac{U_a}{U_b} \quad \Rightarrow \quad \frac{R_x}{R_v} = \frac{a}{b} \quad \Rightarrow$$

$$R_x = \frac{a}{b} \cdot R_v$$

Das Messergebnis hängt nicht von der Höhe der Versorgungsspannung U ab, weil eine Spannungsänderung von U das Verhältnis der Spannungsabfälle in den Brückenzweigen nicht beeinflusst.

Bei einer Schleifdrahtmessbrücke **(Bild 1b)** teilt der Schleifer einen genau eingemessenen Draht mit überall gleichem Durchmesser seiner Länge nach auf. Die Teillängen verhalten sich somit wie die Widerstände. Der Vergleichswiderstand R_v besteht aus umschaltbaren Normalwiderständen. Damit erreicht man, dass R_v nicht zu sehr vom unbekannten Widerstand abweicht. Der Schleifer sollte beim Abgleich nämlich nicht zu weit von der Schleifdrahtmitte entfernt sein. In der Nähe eines der beiden Drahtenden wird der Messfehler zu groß.

Mit der **Einfachmessbrücke** (Wheatstone[1]-Brücke) lassen sich Widerstände von etwa 1 Ω bis 100 MΩ mit einer Fehlergrenze von ±0,01 % messen. Bei einer Betriebsmessbrücke **(Bild 2)** ist mit dem Drehknopf, der den Schleifer verstellt, direkt eine Skale verbunden, auf der man den Messwert ablesen kann.

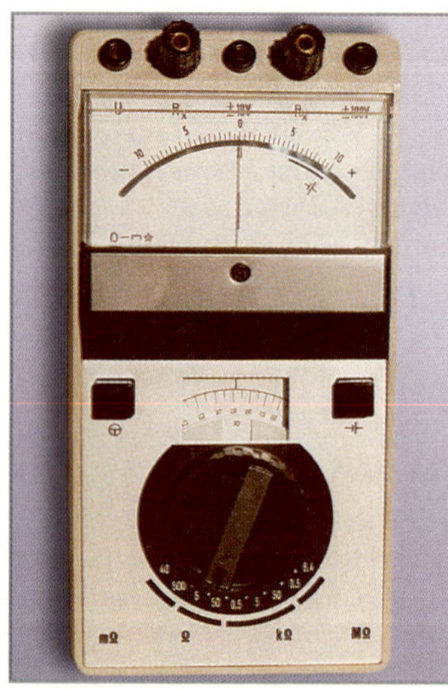

Bild 2: Betriebsmessbrücke (Wheatstone-Brücke)

Bei sehr kleinen Widerständen verfälschen die Widerstände der Zuleitungen und Anschlüsse das Messergebnis. Ihr Einfluss wird bei der

[1] Charles Wheatstone, engl. Physiker, 1802 bis 1875

Doppelmessbrücke (Thomson[1]-Brücke) ausgeglichen **(Bild 1)**, mit der Widerstände von etwa 0,1 mΩ bis 10 Ω gemessen werden können. Diese Brückenschaltung vergleicht ebenfalls den zu messenden Widerstand R_x mit einem bekannten Widerstand R_v, z. B. mit einem Normalwiderstand ausreichender Belastbarkeit. Der Spannungsabfall am Widerstand der Verbindung zwischen R_x und R_v wird beim Abgleich durch R_3 und R_4 im gleichen Verhältnis geteilt wie die Gesamtspannung durch R_1 und R_2.

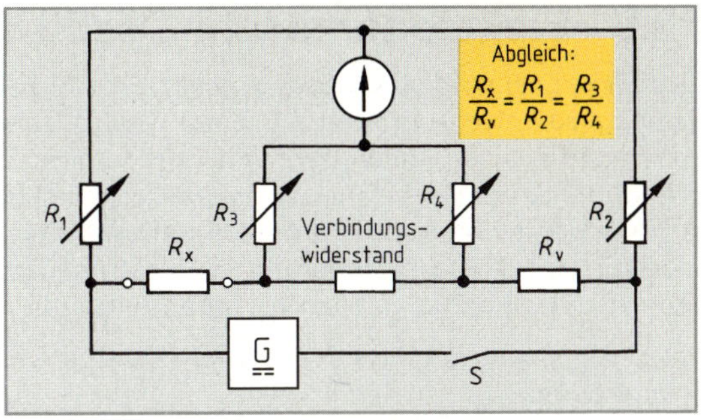

Bild 1: Doppelmessbrücke nach Thomson

13.4.2 Wechselstrommessbrücken

Messbrücken für Kapazitäten und Induktivitäten werden mit Wechselspannung meist im Niederfrequenzbereich betrieben, z. B. mit 800 Hz. Sie enthalten als Vergleichsnormale meist Kapazitäten. Kondensatoren genauer Kapazität lassen sich leichter herstellen als Präzisionsinduktivitäten. Zum Messen der Kapazität verwendet man häufig eine Messbrücke nach Wien[2] **(Bild 2)**. Die Kapazitäten C_x und C_v werden durch Verändern von R_1, die Kondensatorverluste in C_x durch Variieren von R_3 ausgeglichen.

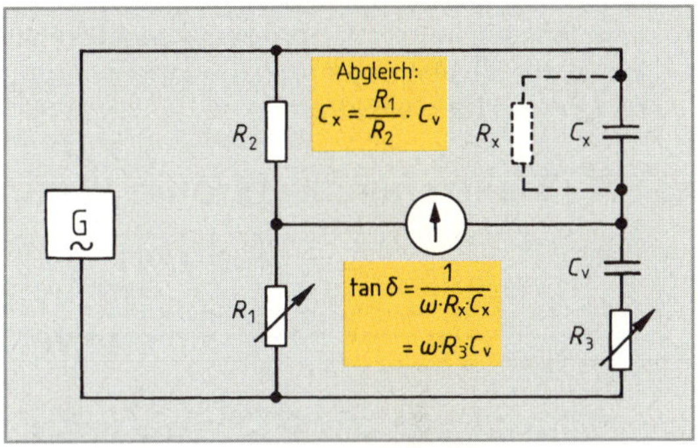

Bild 2: Kapazitätsmessbrücke nach Wien

Die Messbereiche reichen von 100 pF bis 100 µF, die Fehlergrenze beträgt etwa ±0,1 %.

Zum Messen der Induktivität eignet sich die von Maxwell[3] angegebene Schaltung **(Bild 3)**. Wegen der in Kapazität und Induktivität entgegengesetzten Phasenlage befinden sich die zu messende Induktivität und die Parallelschaltung von Vergleichskondensator und Drehwiderstand in gegenüberliegenden Brückenzweigen. Beim Abgleich, der durch Ändern der Widerstände R_1 und R_2 erreicht wird, kann man die unbekannte Induktivität durch $L_x = R_2 \cdot R_3 \cdot C_v$ und den Verlustfaktor mit $\tan \delta = 1/(\omega \cdot R_1 \cdot C_v)$ berechnen.

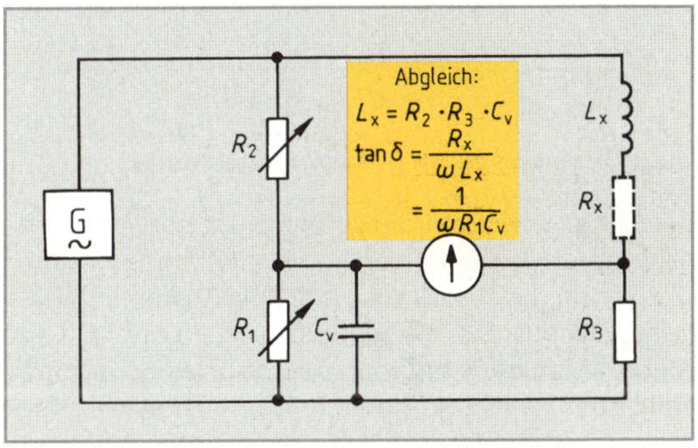

Bild 3: Induktivitätsmessbrücke nach Maxwell

Der Messbereich umfasst 0,01 mH bis 10 H, die Messunsicherheit ist etwa ± 1 %.

Betriebswechselstrom-Messbrücken können von Induktivitäts- auf Kapazitätsmessung umgeschaltet werden.

Als Nullindikator eignet sich anstelle des Spannungsmessers auch ein Elektronenstrahloszilloskop. Auf dem Bildschirm des Oszilloskops kann man sogar noch Oberschwingungen erkennen, die vielleicht vorhanden sind und die Messung stören.

Wiederholungsfragen

1 Erklären Sie die Wirkungsweise einer einfachen Gleichstrommessbrücke.

2 Wie ist eine Schleifdrahtmessbrücke aufgebaut?

3 Welche Brückenschaltung verwendet man zum Messen sehr kleiner Widerstandswerte?

4 Beschreiben Sie den Aufbau einer Wien-Brücke zur Kapazitätsmessung.

5 Welche Messgeräte und Instrumente eignen sich als Nullindikator in Wechselstrommessbrücken?

[1] William Thomson, engl. Physiker, 1824 bis 1907
[2] Wilhelm Wien, deutscher Physiker, 1864 bis 1928
[3] James Clerk Maxwell, englischer Physiker, 1831 bis 1879

13.5 Elektronenstrahl-Oszilloskop

Das Elektronenstrahl-Oszilloskop[1] dient zum Messen und zur bildlichen Darstellung der gegenseitigen Abhängigkeit zweier Größen, z. B. einer Wechselspannung abhängig von der Zeit. Meist wird auf dem Bildschirm die zeitliche Abhängigkeit elektrischer Vorgänge aufgezeichnet. Der Elektronenstrahl in der Braun'schen[2] Röhre lässt sich nahezu trägheitslos ablenken und ermöglicht dadurch, auch sehr schnelle zeitliche Änderungen einer elektrischen Größe abzubilden. Die zu messenden Eingangsspannungen werden erst verstärkt und dann zur Steuerung der Elektronenstrahlröhre zugeführt. Daher kann man mit dem Oszilloskop auch kleine Spannungen bis herab zu 0,1 mV messen und darstellen.

Ein Elektronenstrahl-Oszilloskop **(Bild 1)** enthält im Wesentlichen vier Baugruppen:

- Elektronenstrahlröhre (Bildröhre),
- Vertikalverstärker (Y-Verstärker),
- Zeitablenkgenerator mit Horizontalverstärker (X-Verstärker),
- Netzteil für die Versorgungsspannungen, darunter auch die Hochspannungen für die Bildröhre.

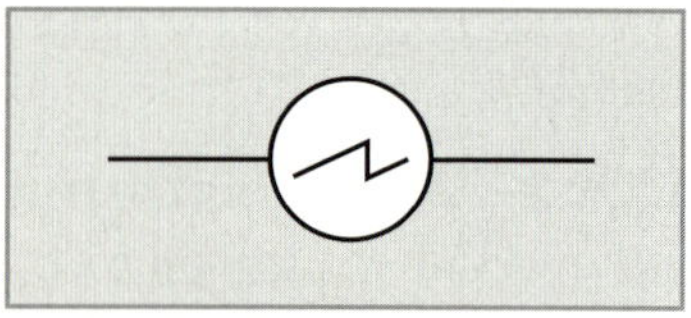

Bild 1: Schaltzeichen des Oszilloskops

13.5.1 Elektronenstrahlröhre (Braun'sche Röhre)

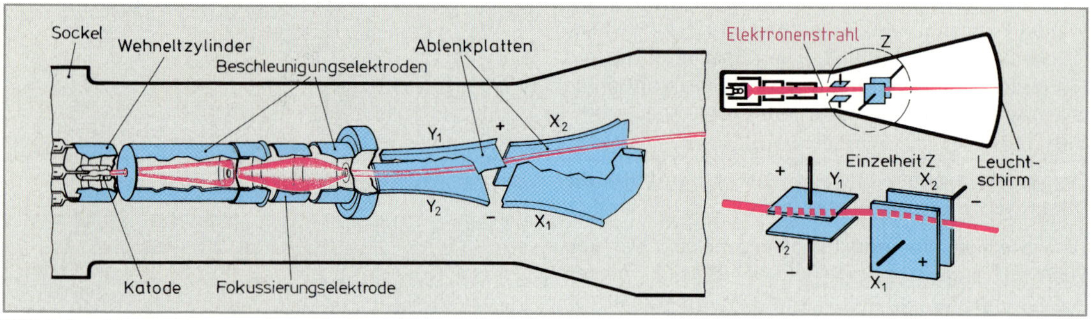

Bild 2: Strahlsystem der Elektronenstrahlröhre

Die Elektronenstrahlröhre **(Bild 2)** ist der wichtigste Teil des Oszilloskops. Sie besteht aus einem luftleer gepumpten, keulenförmigen Glaskolben. Im Kolbenhals befindet sich eine elektrisch beheizte Katode, die Elektronen ins Vakuum sprüht (Elektronenemission[3]). Die glühende Katodenoberfläche schleudert Elektronen hinaus. Die Katode wird von einem Nickelröhrchen gebildet, im Innern liegt elektrisch isoliert der Glühdraht. Die Oberfläche des Röhrchens ist außen mit einer Schicht aus Barium- oder Strontiumoxid überzogen. Diese Stoffe emittieren schon bei Rotglut (etwa 800 °C) genügend Elektronen aus ihrer Oberfläche. Die von der Katode ausgesandten Elektronen werden in der „Elektronenoptik" gebündelt und auf den Leuchtschirm zu beschleunigt. Dort treffen sie mit hoher Geschwindigkeit auf und regen die Atome der Leuchtschicht zum Ausstrahlen von Licht an. Verlässt der Elektronenstrahl das **Strahlsystem** (Katode, Wehnelt-Zylinder, Beschleunigungs- und Fokussierelektroden), verändert das **Ablenksystem** seine Richtung. Auf diese Weise kann der Strahl die ganze Fläche des Leuchtschirms bestreichen.

Der **Wehnelt-Zylinder**[4] umgibt die Glühkatode. Er hat die Form eines Topfes mit einem Loch in der Mitte des Bodens. Die Elektronen, von der Katode emittiert, können durch dieses Loch austreten. Eine gegenüber der Katode negative Spannung am Zylinder bremst die Elektronen ab, drängt sie bei genügend großer Spannung sogar zur Katode zurück.

> Eine negative Vorspannung am Wehnelt-Zylinder steuert die Helligkeit (Intensität) des Leuchtschirmbildes.

Der Bedienungsknopf des Stellwiderstandes, mit dem man die Größe der negativen Vorspannung einstellen kann, ist auf der Frontplatte des Oszilloskops **(Bild 1, Seite 351)** mit „Intensität" (INTENS) bezeichnet.

[1] Oszilloskop = Schwingungsbetrachter, von oscillare (lat.) = schaukeln, schwingen und skopein (griech.) = betrachten, schauen
[2] Karl Ferdinand Braun, deutscher Physiker, 1850 bis 1918
[3] von emittere (lat.) = aussenden
[4] Arthur Wehnelt, deutscher Physiker, 1871 bis 1944

Der Elektronenstrahl besteht aus negativ geladenen Teilchen, den Elektronen, die sich gegenseitig abstoßen. Der Strahl will sich also auffächern. Er muss durch eine besondere Elektrode des Strahlsystems gebündelt (fokussiert[1]) werden. Diese ringförmige Elektrode (Bild 2, Seite 350) ist zwischen zwei Beschleunigungselektroden angeordnet, die an sehr hohen positiven Spannungen liegen (einige tausend Volt). Die Fokussierungselektrode selbst ist an einer niedrigeren positiven Spannung angeschlossen (mehrere hundert Volt). Diese Spannung kann mit einem Drehwiderstand verändert werden.

Eine einstellbare Spannung an der Fokussierungselektrode bündelt (fokussiert) den Elektronenstrahl.

Der Bedienungsknopf des Drehwiderstandes trägt die Aufschrift „Fokus" (FOCUS) auf der Frontplatte (Bild 1).

Zwischen Strahlsystem und Leuchtschirm durchläuft der Elektronenstrahl nacheinander zwei Plattenpaare (Bild 2, Seite 350), die ihn in senkrechter Richtung (Y-Richtung) und waagerechter Richtung (X-Richtung) ablenken können. Zu diesem Zweck ist das zweite Plattenpaar gegenüber dem ersten um einen Winkel von 90° gedreht. Liegt an den Plattenpaaren eine elektrische Spannung, so wird der Strahl jeweils zur positiven Platte hin aus seiner geradlinigen Bahn abgelenkt.

Die senkrechte Ablenkung des Elektronenstrahls nennt man vertikale Ablenkung (Y-Ablenkung), die waagerechte Ablenkung heißt horizontale Ablenkung (X-Ablenkung).

Diese **elektrostatische Ablenkung** erfolgt fast trägheitslos, erfordert jedoch gegenüber einer auch möglichen elektromagnetischen Ablenkung (wie bei der Fernsehbildröhre) eine größere Baulänge der Elektronenstrahlröhre.

Die Elektronen des Strahls prallen mit hoher Geschwindigkeit auf dem Bildschirm auf und schlagen aus dem Leuchtstoff weitere Elektronen heraus (Sekundärelektronen). Die Sekundärelektronen werden von der Elektrode mit der höchsten positiven Spannung angezogen, nämlich von einem Grafitbelag an der Innenwand der Röhre in der Nähe des Leuchtschirms. Die Spannung an diesem Belag dient auch zur Nachbeschleunigung des Elektronenstrahls, einer Beschleunigung also erst nach der Ablenkung.

Die Vorderwand der Glasröhre ist innen mit einer Leuchtstoffschicht überzogen. Die Leuchtstoffe sind Sulfide, Oxide oder Silikate von Zink oder Cadmium, die durch Zusatz von etwas Silber, Gold, Kupfer oder Mangan aktiviert und dadurch leuchtfähig gemacht wurden. Die Leuchtstoffe unterscheiden sich durch Leuchtfarbe, Helligkeit und Nachleuchtdauer. Meist verwendet man grün leuchtende Stoffe, weil das menschliche Auge für Grün besonders empfindlich ist. Blau leuchtende Stoffe benutzt man, wenn das Schirmbild fotografiert werden soll.

[1] von focus (lat.) = Brennpunkt

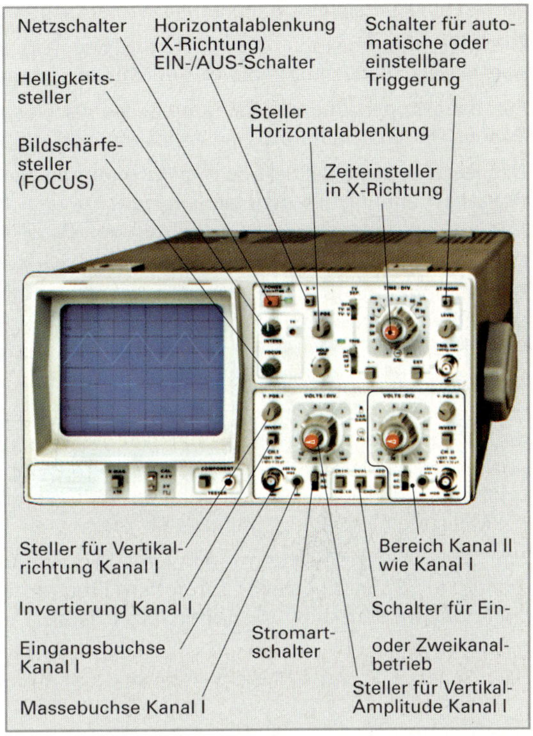

Bild 1: Frontplatte eines Oszilloskops (Bedienungsfeld)

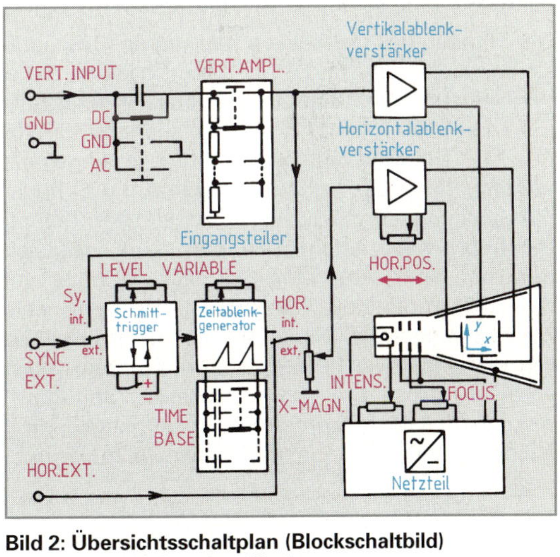

Bild 2: Übersichtsschaltplan (Blockschaltbild) eines Einkanaloszilloskops

Zweistrahlröhren enthalten zwei getrennte Strahl- und Ablenksysteme im gemeinsamen Röhrenkolben. Vielfach erzeugt auch eine Katode allein den Elektronenstrahl, der nach der Elektronenoptik durch eine Blende in zwei Strahlen aufgeteilt wird (Split-Beam-Röhre[1]). Die X-Ablenkung kann für beide Strahlen gemeinsam und dadurch zeitlich besonders genau erfolgen. Zwei Y-Verstärker steuern die beiden Y-Platten an und sorgen für getrennte vertikale Ablenkung.

13.5.2 Baugruppen des Oszilloskops

Das Oszilloskop enthält neben der Elektronenstrahlröhre elektronische Baugruppen, deren Zusammenwirken ein Übersichtsschaltplan, auch Blockschaltbild genannt, veranschaulicht **(Bild 2, Seite 351)**.

Die vielen Oszilloskope, die auf dem Markt sind, haben oft Bedienungselemente gleicher Funktion, die aber unterschiedlich bezeichnet, verschieden angeordnet und meist englisch benannt sind.

Die Baugruppen und die Bedienung des Oszilloskops werden an einem einfachen und übersichtlichen Trigger-Oszilloskop (Einkanal-Oszilloskop) erläutert.

Das **Netzteil** des Oszilloskops transformiert die Netzwechselspannung und richtet sie gleich. Es liefert die Betriebsspannung für die Halbleiterschaltungen sowie die Heiz- und Anodenspannungen für die Elektronenstrahlröhre. Die Anodenspannungen der Bildröhre können mehrere tausend Volt betragen.

Der **Eingangsteiler,** ein mehrstufiger und geeichter Spannungsteiler, schwächt die Eingangsspannung ab. Eine zu hohe Spannung lenkt den Elektronenstrahl über den Bildschirm hinaus. Mit dem Teiler stellt man die Schwingungsweite (Amplitude) der abzubildenden Kurve ein. Der geeichte Eingangsteiler ist auf der Frontplatte (Bild 1, Seite 351) mit VERT.AMPL. (für Vertikalamplitude) beschriftet.

Am Y-Eingang (VERT.INPUT[2]) lässt sich eine koaxiale Messleitung anschließen, die in einem **Tastkopf** endet, der vor allem für hochfrequente Messungen eingesetzt wird. Die Messleitung besteht aus einem Innen- und einem Außenleiter; nämlich aus dem isolierten, Spannung führenden Leiter in der Mitte, der von einem biegsamen, engen Drahtgeflecht umgeben ist. Das Drahtgeflecht wird mit Masse verbunden und schützt den inneren Leiter vor elektrischen Fremdfeldern oder magnetischen Wechselfeldern, die nun die Messung nicht mehr beeinflussen können.

Ein Tastkopf, der außerdem noch einen Spannungsteiler enthält, ist ein **Teilerkopf.** Meist bilden Widerstände den Spannungsteiler, für höhere Frequenzen auch Kondensatoren. Der Teilerkopf setzt die Messspannung im Verhältnis 10:1 oder 100:1 herab.

Ein Teilerkopf schwächt die zu messende Spannung ab, belastet aber auch das Messobjekt weniger.

Das vom Bildschirm des Oszilloskops ermittelte Messergebnis muss mit dem Teilerverhältnis multipliziert werden. Bewirkt z.B. die Messspannung U_x bei der Stellung des Eingangsteilers von 5 V/cm eine Ablenkung von 2 cm, so beträgt sie, gemessen mit einem Teilerkopf 10:1, $U_x = 2\,\text{cm} \cdot 5\,\text{V/cm} \cdot (10:1) = 100\,\text{V}$.

Der Eingang des Oszilloskop belastet das Messobjektiv mit einem Widerstand (etwa 1 MΩ) und mit einer kleinen Kapazität (rund 30 pF). Die Kapazität der abgeschirmten Koaxialleitung des Messkabels ist dazu parallel geschaltet **(Bild)**. Bei höheren Frequenzen beeinflussen diese Kapazitäten die Spannungsteilung. Ein Trimmerkondensator, der im Teilerkopf parallel zum Widerstand liegt, gleicht diesen Einfluss wieder aus. Der Trimmerkondensator muss so eingestellt werden, dass bei hohen Frequenzen die Spannungsteilung durch die Widerstände der Teilung durch die Kapazitäten entspricht. Zum Abgleich gibt man am besten eine Rechteckspannung auf den Teilerkopf, weil Rechteckimpulse sehr viele Oberschwingungen bis zu den höchsten Frequenzen enthalten. Die Rechteckspannung kann meist an einer Buchse direkt vom Oszilloskop abgenommen werden. Der Trimmer wird so eingestellt, dass auf dem Bildschirm eine unverzerrte Rechteckkurve erscheint (Bild).

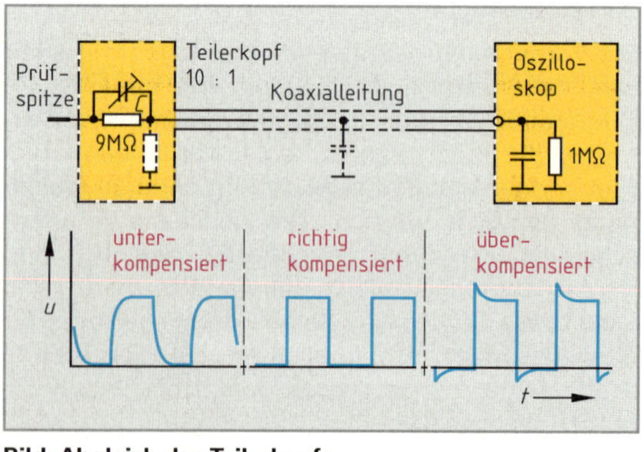

Bild: Abgleich des Teilerkopfs

[1] to split (engl.) = spalten, trennen; beam (engl.) = Strahl
[2] input (engl.) = Aufnahme, Eingang

Der **Vertikal-Ablenkverstärker** liefert die Ablenkspannungen (bis zu 100 V) für die Y-Ablenkplatten. Er besitzt eine hohe Verstärkung: Um den Elektronenstrahl z. B. um 1 cm abzulenken, sind am Y-Verstärker nur 50 mV oder noch weniger notwendig. Der Vertikalverstärker muss sowohl Gleichspannungen als auch Wechselspannungen bis in den MHz-Bereich gleichmäßig verstärken können. Mit der Höhe der Grenzfrequenz und der Größe der Bandbreite wachsen jedoch die Anforderungen an den Verstärker. Mit dem Schalter Cal (für Kalibrieren) kann man die Verstärkung kontrollieren: Das Einschalten verschiebt den Elektronenstrahl um eine bestimmte Höhe, z. B. um 3 cm. Die senkrechte Ruhelage des Strahls lässt sich mit dem Steller POS (bedeutet Position) einstellen (Bild 1, Seite 351).

Für die **Horizontalablenkung** liefert der X-Verstärker (Horizontalverstärker) die benötigte Spannung. Mit einem Oszilloskop untersucht man meist den zeitlichen Verlauf eines Signals. Dafür muss der Elektronenstrahl in gleichen Zeitabständen immer um jeweils die gleiche Strecke stetig waagerecht über den Bildschirm geführt werden. Dann kann man die horizontale Richtung mit einem Zeitmaßstab versehen.

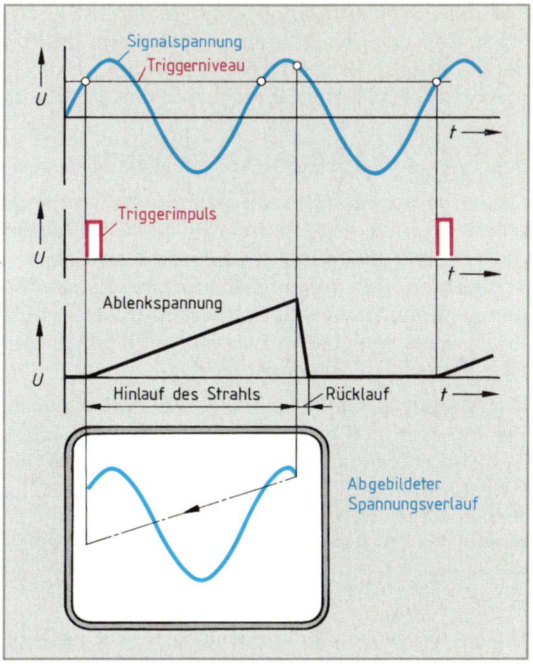

Bild: Getriggerte Zeitablenkung

Eine Sägezahnspannung, die linear ansteigt und dann rasch abfällt, bewirkt die Zeitablenkung.

Die Sägezahnspannung **(Bild)** an den X-Ablenkplatten steuert den Elektronenstrahl gleichmäßig von links nach rechts über den Bildschirm und holt ihn sehr schnell wieder nach links zum Ausgangspunkt zurück. Während der kurzen Zeit des Rücklaufs unterdrückt ein negativer Impuls am Wehnelt-Zylinder der Röhre den Elektronenstrahl (Dunkeltastung).

Der **Zeitablenkgenerator** (Bild 2, Seite 351) erzeugt die Sägezahnspannung, deren Frequenz in weiten Grenzen einstellbar ist. Ihre Periodendauer lässt sich mit einem Stufenschalter (TIME BASE = Zeitbasis) grob und mit einem Stellwiderstand (VARIABLE) fein einstellen.

Für Zeitmessungen muss die Feinabstimmung der Zeitablenkung in der Endstellung (cal) stehen.

Auf dem Leuchtschirm erscheint nur dann ein ruhig stehender Kurvenzug, wenn die Periodendauer der Sägezahnspannung gleich oder ein ganzzahlig Vielfaches der Periodendauer der Messspannung ist. Dies erzwingt man durch eine **Triggerung**[1], d. h. durch ein gezieltes Auslösen der Sägezahn-Ablenkspannung.

Beim Oszilloskop mit Triggerung erhält der Sägezahngenerator für jeden Ablenkvorgang einen neuen Startimpuls.

Nach jedem Durchlauf springt die Sägezahnspannung auf ihren tiefsten Wert zurück und verharrt dort so lange, bis der Schmitt-Trigger (Seite 243) einen neuen Startbefehl gibt. Die Höhe der augenblicklichen Spannung am Y-Eingang, die einen neuen Startimpuls durch den Schmitt-Trigger auslösen soll, kann man mit LEVEL[2] (Triggerniveau, Schwellenwert) einstellen.

Mit dem Stromartschalter am Y-Eingang DC (Direct Current = Gleichstrom) oder AC (Alternating Current = Wechselstrom) kann das Oszilloskop für Gleichspannungsmessung (Stellung DC) umgestellt werden. Bei der Stellung AC verarbeitet der Y-Verstärker nur Wechselspannungen, ein Kondensator am Eingang trennt Gleichspannungen ab. In Mittelstellung des Schalters ist der Eingang auf Masse (GND) gelegt und nur die Horizontalablenkung wirksam (Bild 1, Seite 351).

[1] trigger (engl.) = Drücker, Auslöser
[2] level (engl.) = Höhe, Niveau

Der mit „Synchronisation intern-extern" (Sy.ext.) beschriftete Schalter leitet das Signal vom Eingang SYNC.EXT. auf den Schmitt-Trigger, wenn die Triggerung durch eine Fremdspannung erfolgen soll. Mit dem Schalter (+/–) kann gewählt werden, ob die Triggerung bei ansteigender (positiver) oder abfallender (negativer) Flanke der Signal- bzw. Fremdspannung auslösen soll.

13.5.3 Zweikanal-Oszilloskop

Oft ist es notwendig, zwei periodische Vorgänge gleichzeitig auf dem Bildschirm des Oszilloskops darzustellen, um ihr zeitliches Zusammenwirken zu beobachten. Den Verlauf zweier Wechselspannungen kann ein Zweikanal-Oszilloskop **(Bild 1)** abbilden. Dieses Oszilloskop hat zwei Y-Eingänge und zwei getrennte Y-Verstärker **(Bild 2)**.

Das Zweikanal-Oszilloskop enthält eine normale Elektronenstrahlröhre mit nur einem Strahlsystem. Zwischen den beiden Y-Verstärkern für die beiden Eingangsspannungen schaltet ein elektronischer Schalter mit hoher Frequenz ständig um. Die beiden Eingangssignale beeinflussen dadurch die Strahlablenkung der Elektronenstrahlröhre abwechselnd kurz hintereinander.

Haben die beiden Eingangssignale eine niedrige Frequenz, wird der elektronische Umschalter auf eine hohe Umschaltfrequenz (50 kHz bis 500 kHz) eingestellt (Betriebsart „Chopper[1]"). Dadurch werden die beiden Kurvenzüge in kleine Abschnitte zerhackt und abwechselnd stückweise auf den Bildschirm geschrieben **(Bild 3, rechts)**. Die Umschaltfrequenz des elektronischen Schalters sollte etwa 10- bis 20-mal höher sein als die Frequenz der Eingangssignale, damit man die beiden Kurvenzüge deutlich unterscheiden kann.

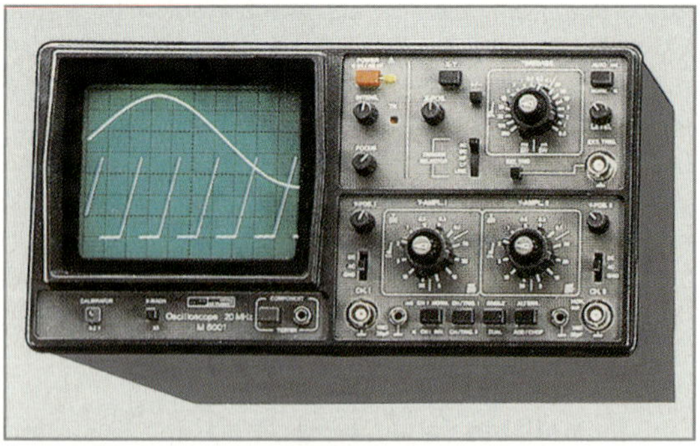

Bild 1: Zweikanal-Oszilloskop

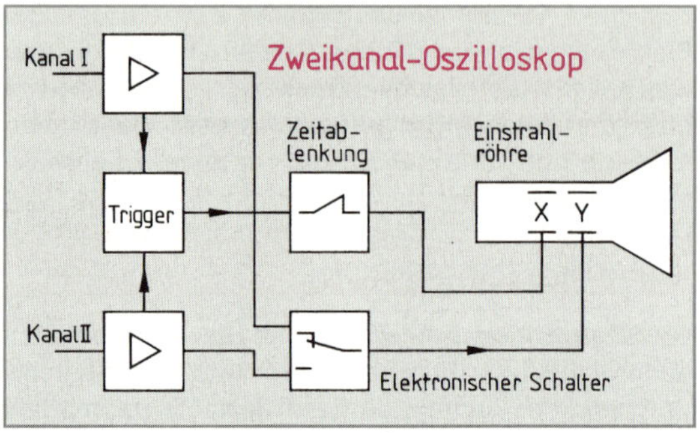

Bild 2: Zweikanal-Oszilloskop (Übersichtsschaltplan)

Für hohe Eingangsfrequenzen arbeitet der elektronische Umschalter mit niedriger Umschaltfrequenz (Betriebsart „Alternate[2]"). Dadurch erscheinen beide Kurvenzüge nacheinander auf dem Bildschirm **(Bild 3, links)**. Die Trägheit des Auges lässt jedoch beide Kurven miteinander verschmelzen.

Zweikanal-Oszilloskope sind billiger als Zweistrahloszilloskope, aber nur für verhältnismäßig niedrige Frequenzen der Eingangssignale geeignet (unterhalb 1 MHz).

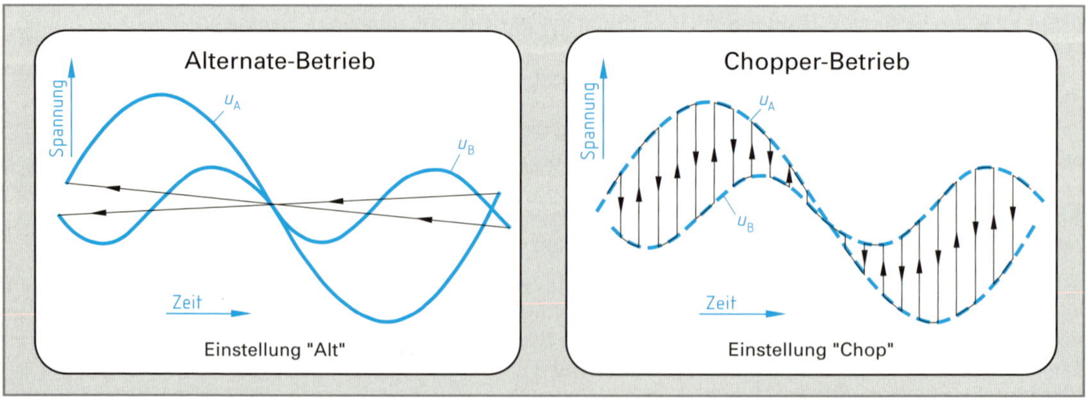

Bild 3: Betriebsarten des Zweikanal-Oszilloskops

[1] to chop (engl.) = zerhacken
[2] to alternate (engl.) = abwechseln

13.5.4 Messen mit dem Oszilloskop

Ein Oszilloskop misst grundsätzlich nur Spannungen gegen Masse (Gehäuse, Chassis). Daher muss man vor jeder Messung eine Masseverbindung vom Messobjekt zum Oszilloskop herstellen. Das Oszilloskopgehäuse ist außerdem oft mit dem Schutzleiter des Versorgungsnetzes verbunden. Es kann deshalb notwendig sein, das Messobjekt über einen Trenntransformator zu betreiben.

Das Oszilloskop kann nur Spannungen messen. Alle zu messenden oder darzustellenden Größen sind daher in entsprechende Spannungen umzuwandeln.

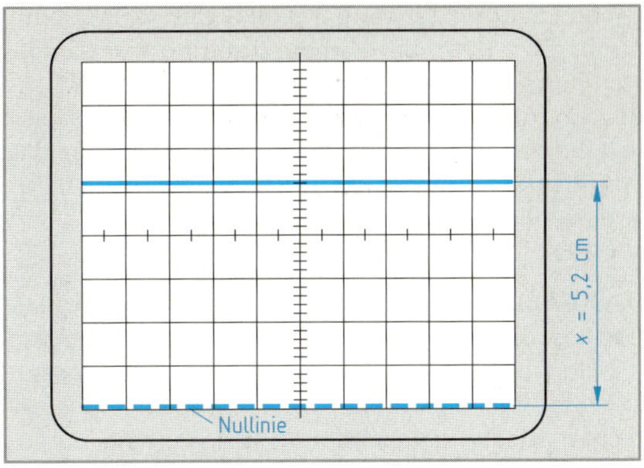

Bild: Gleichspannungsmessung mit dem Oszilloskop

Messen von Gleichspannungen. Auf dem Oszilloskop stellt man zunächst die waagerechte Zeitlinie ein. Sie darf auf dem Schirm nur so hell sein, dass man sie noch gut sehen kann. Bei zu großer Helligkeit wird die Leuchtmasse beschädigt, bei fehlender X-Ablenkung brennt der Elektronenstrahl sogar einen Punkt auf dem Schirm ein.

Eine Gleichspannung (Stromartschalter auf DC) lenkt den Strahl je nach Polarität nach oben oder unten ab. Für positive Spannungen (Ablenkung nach oben) sollte zum Erhöhen der Ablesegenauigkeit jetzt die Nulllage des Strahls auf die unterste Rasterlinie des Schirms gestellt werden **(Bild),** für negative Spannungen (Ablenkung nach unten) auf die oberste Bildschirmlinie. Die Größe der Ablenkung, z. B. 5,2 cm, liest man auf dem Bildschirm ab, der ein Raster mit Millimeterteilung hat. Diese Länge multipliziert man mit dem eingestellten Ablenkfaktor, z. B. mit 3 V/cm, sowie eventuell mit dem Teilverhältnis des Teilerkopfs, z. B. 10 : 1. Man erhält dann U = 5,2 cm · 3 V/cm · (10 : 1) = 156 V.

Der hohe Eingangswiderstand des Oszilloskops, der etwa 1 MΩ oder mit einem Teilkopf 10 : 1 rund 10 MΩ beträgt, belastet bei Gleichspannungsmessung das Messobjekt kaum.

Messen von Wechselspannungen. Eine Wechselspannung am Y-Eingang (Stromartschalter auf AC) lenkt den Elektronenstrahl in schneller Folge nach oben und unten ab. Bei eingeschalteter Zeitablenkung erscheint auf dem Bildschirm ein Leuchtband oder eine oder mehrere Kurven.

Mit dem Oszilloskop kann man nur Augenblickswerte, z. B. Scheitelwerte, einer Wechselspannung direkt messen.

Der doppelte Scheitelwert der Wechselspannung, der sog. Spitze-Spitze-Wert, auch Spitze-Tal-Wert genannt, ist der Abstand der obersten zur untersten Auslenkung des Strahls, multipliziert mit dem Ablenkfaktor in V/cm, der mit dem Stufenschalter VERT.AMPL. eingestellt wurde.

Darstellung der Kurvenform von Wechselgrößen. Die darzustellende Spannung liegt am Y-Eingang (VERT.INPUT) und an Masse (GND: ground = Grund, Erde, Masse). Die Zeitablenkung und die Triggerung stellt man so ein, dass die Kurve auf dem Bildschirm ruhig steht.

Der Verlauf eines Wechselstroms lässt sich ebenfalls auf dem Oszilloskop darstellen. Man benutzt hierzu den Spannungsabfall, den der Strom an einem Wirkwiderstand mit kleinem Widerstandswert hervorruft.

Frequenzmessung. Zur Messung der Periodendauer einer Wechselspannung (und damit ihrer Frequenz) stellt man die Feinregelung der Horizontalablenkung ab (Steller VARIABLE in die Stellung cal). Mit dem Stufenschalter TIME BASE wählt man dann eine horizontale Ablenkgeschwindigkeit, sodass eine Periode der Kurve möglichst einen großen Teil des Bildschirms ausfüllt. Die Triggerschwelle (LEVEL) wird so gelegt, dass der Kurvenzug an der Nulllinie beginnt. Dann misst man die Länge einer Periode auf dem Bildschirm ab. Ist die abgemessene Strecke z. B. 7,5 cm bei einer Horizontalablenkung von 0,3 ms/cm, dann entspricht dies der Frequenz $f = 1/T = 1/(7{,}5\,\text{cm} \cdot 0{,}3\,\text{ms/cm}) \approx 444\,\text{Hz}$.

Messen der Phasenverschiebung. Zwei elektrische Wechselgrößen lassen sich am besten auf einem Zweistrahl- oder auf einem Zweikanal-Oszilloskop abbilden. Zum Messen der Phasenverschiebung gibt man auf den einen Eingang (Kanal I) die erste Spannung, z. B. den Spannungsabfall an einem Widerstand, und auf den anderen Eingang (Kanal II) die zweite Spannung, die z. B. an der Reihenschaltung von Widerstand und Spule abgegriffen wird **(Bild 1)**. Auf dem Bildschirm misst man den Abstand Δt (in cm) und teilt ihn durch die Länge T (ebenfalls in cm), die der Periodendauer entspricht. Die Phasenverschiebung φ zwischen Gesamtspannung und Strom ist dann $\varphi = 360° \cdot \Delta t / T$.

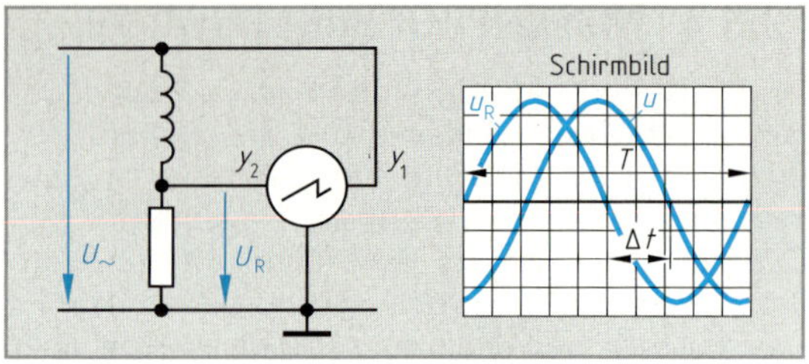

Bild 1: Phasenmessung am Bildschirm

Darstellung von Kennlinien. Bei einem Zweikanal-Oszilloskop kann man meist den zweiten Kanal auf die Horizontalablenkung umschalten. Dann lassen sich die Ablenkfaktoren in waagerechter und senkrechter Richtung bestimmen und beliebig verändern.

Die Kennlinie z. B. einer Diode, also der Zusammenhang zwischen Diodenspannung und Diodenstrom, lässt sich auf dem Bildschirm darstellen, wenn man zur Diode einen Widerstand, z. B. 1 kΩ, in Reihe schaltet. Die ganze Reihenschaltung wird an Wechselspannung (50 Hz) aus einem Trenntransformator gelegt **(Bild 2)**. Die Masse des Oszilloskops schließt man an der Verbindung zwischen Diode und Widerstand an. Die Diodenspannung an Kanal II lenkt den Elektronenstrahl nach links und rechts ab, der Spannungsabfall am Widerstand, mit Kanal I verbunden, nach oben und unten. Dieser Spannungsabfall ist dem Diodenstrom proportional.

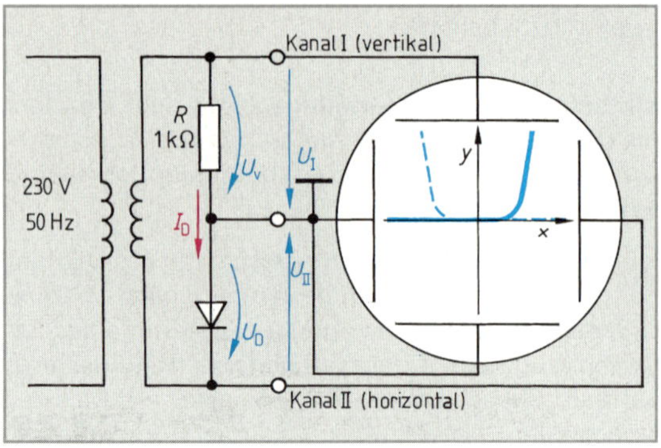

Bild 2: Kennliniendarstellung einer Diode

Der Elektronenstrahl schreibt jetzt die Diodenkennlinie spiegelbildlich (gestrichelte Linie in Bild 2), der Durchlassbereich der Diode erscheint im 2. Quadranten des Diagramms. Weil der Massenanschluss in der Mitte der Reihenschaltung aus Widerstand und Diode liegt, steht die Diodenspannung für das Oszilloskop „auf dem Kopf": $U_{II} = - U_F$. Schaltet man die Phasenumkehr (INVERT[1]) für den Kanal II ein, zeigt sich die Diodenkennlinie in gewohnter Form (blaue, dicke Volllinie in Bild 2).

Ist der Widerstandswert von R ein dekadisches Vielfaches von 1 Ω, z. B. 100 Ω oder 1 kΩ, so kann der Maßstab der senkrechten Achse für den Strom durch die Diode leichter berechnet werden. Beim Ablenkfaktor 2 V/cm und 1 kΩ ist der Maßstab 2 V/cm/1 kΩ = 2 mA/cm.

Wiederholungsfragen

1 **Welche Aufgaben haben die Ablenkelektroden der Elektronenstrahlröhre?**

2 **In welche Richtung wird der Elektronenstrahl abgelenkt, wenn an den vertikalen Ablenkplatten oben der negative Pol und unten der positive Pol der Ablenkspannung liegt?**

3 **Was versteht man unter der X-Ablenkung bei einem Elektronenstrahl-Oszilloskop?**

4 **Was versteht man unter der Y-Ablenkung eines Oszilloskops?**

5 **Beschreiben Sie die Bewegung des Elektronenstrahls auf dem Leuchtschirm, wenn nur die Zeitablenkung eingeschaltet ist.**

6 **Welche Kurvenform hat die vom Zeitablenkgenerator erzeugte Spannung?**

7 **Wie wirkt sich eine Vergrößerung der Amplitude der Zeitablenkspannung auf das Schirmbild aus?**

8 **Welche Gefahr tritt bei fehlender X- und Y-Ablenkung auf?**

9 **Welchen Vorteil hat die Triggerung der Zeitablenkung eines Oszilloskops?**

10 **Wozu benötigt man beim Oszilloskopieren einen Tastkopf bzw. einen Teilerkopf?**

11 **Was versteht man unter der Betriebsart „Chopper" bei einem Zweikanal-Oszilloskop?**

12 **Für welche Eingangsfrequenzen an den beiden Kanälen verwendet man die Betriebsart „Alternate"?**

[1] to invert (engl.) = umkehren, umstellen

14 Computertechnik

14.1 Grundbegriffe der Computertechnik

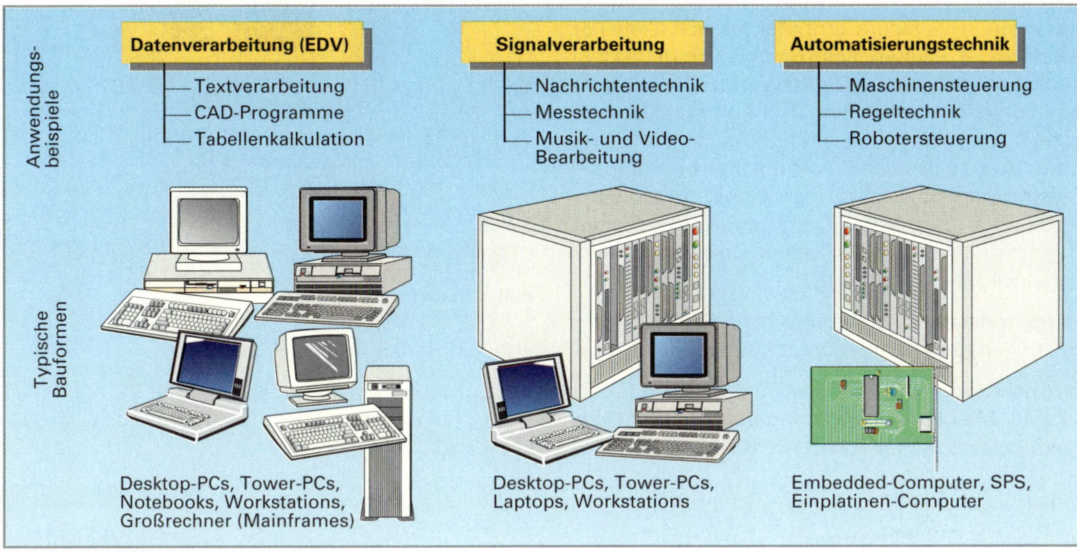

Bild 1: Einsatzbereiche von Computern

Unsere technische Welt ist durch Computertechnik und Automatisierung geprägt **(Bild 1)**. In elektrischen Anlagen steuern und überwachen **Computer**[1] z. B. technische Prozesse. In Büros und Labors werden mithilfe von Computern z. B. Texte und Zeichnungen erstellt, Rechnungen geschrieben, Betriebsdaten erfasst und verwaltet.

> Computer werden hauptsächlich in der **Datenverarbeitung**, der **Signalverarbeitung** und in der **Automatisierungstechnik** eingesetzt.

Die sogenannten **C-Technologien (Bild 2)** gewinnen immer mehr an Bedeutung. Die wichtigsten sind rechnerunterstütztes Zeichnen und Konstruieren **(CAD)**, rechnerunterstützte Fertigung **(CAM, CIM)**, rechnerunterstützte Steuerung von z. B. Werkzeugmaschinen oder Robotern **(CNC)** und die rechnerunterstützte Entwicklung **(CAE)**, z. B. mithilfe der Computersimulation.

Computer unterscheiden sich hauptsächlich in Aufbau, Verarbeitungsgeschwindigkeit, Speicherkapazität und den Möglichkeiten, externe Geräte anzuschließen. In großen Firmen kommen zentrale **Großrechner**, als Mainframes bezeichnet (mainframe, engl. = Hauptsystem), zum Einsatz, die sehr große Speicherkapazitäten besitzen und sehr leistungsfähig sind. An den einzelnen Arbeitsplätzen gibt es meist so genannte „dumme Terminals". Diese bestehen nur aus einem Monitor und den Eingabegeräten, z. B. einer Tastatur. Sie sind über ein Netzwerk mit dem Rechner verbunden. Alle Benutzer arbeiten also auf demselben Computer, bearbeiten aber unterschiedliche Aufgaben. Man spricht von einem **Mehrplatz-System**.

[1] Computer = Rechner von computare (lat.) = rechnen

Begriffe aus der Computertechnik

- Personalcomputer = Arbeitsplatzrechner
- Mainframe = Großrechner
- Workstation = Arbeitsplatzrechner für rechenintensive Anwendungen
- Embedded Computer = Computer aus Einschubplatinen
- CAD = Computer Aided Design (rechnerunterstütztes Konstruieren)
- CAM = Computer Aided Manufacturing (rechnerunterstützte Fertigung)
- CIM = Computer Intergrated Manufacturing (rechnerintegrierte Fertigung)
- CNC = Computerized Numerical Control (rechnerunterstützte numerische Steuerung)
- CAE = Computer Aided Engineering (rechnerunterstützte Entwicklung)

Bild 2: Computertechnik (Beispiele zu Begriffen)

Die am meisten verbreiteten Computer sind **Personalcomputer (Bild 1)**, kurz PCs (**p**ersonal **c**omputer, engl. = persönlicher Computer). Die Bezeichnung lässt erkennen, dass hier an jedem Arbeitsplatz ein eigener Computer zur Verfügung steht. Unabhängig davon, dass jeder Computer für sich alleine arbeitsfähig ist, können diese Rechner für den Datenaustausch über ein Netzwerk verbunden sein. Im Bereich Signalverarbeitung und Automatisierungstechnik kommen in der Industrie auch Computersysteme aus einzelnen Einschubkarten, z. B. für 19"-Rahmen oder speziell für den Einbau in ein Gerät entwickelte Einplatinen-Computer zum Einsatz. Man spricht auch von **Embedded Computern** (engl. = eingebettete Computer).

Bild 1: Personalcomputer

Computersystem ist der Oberbegriff für alle Teile, die zur Funktion zusammenarbeiten müssen. Man unterteilt in Hardware und Software.

Hardware sind alle mechanischen und elektronischen Baugruppen eines Computers **(Bild 2)**. Also alles „Harte". Man kann bildlich sagen: Hardware ist alles, was man anfassen kann. Dazu zählt auch das Zubehör wie z. B. Kabel, Disketten. **Software** sind Programme und Daten.

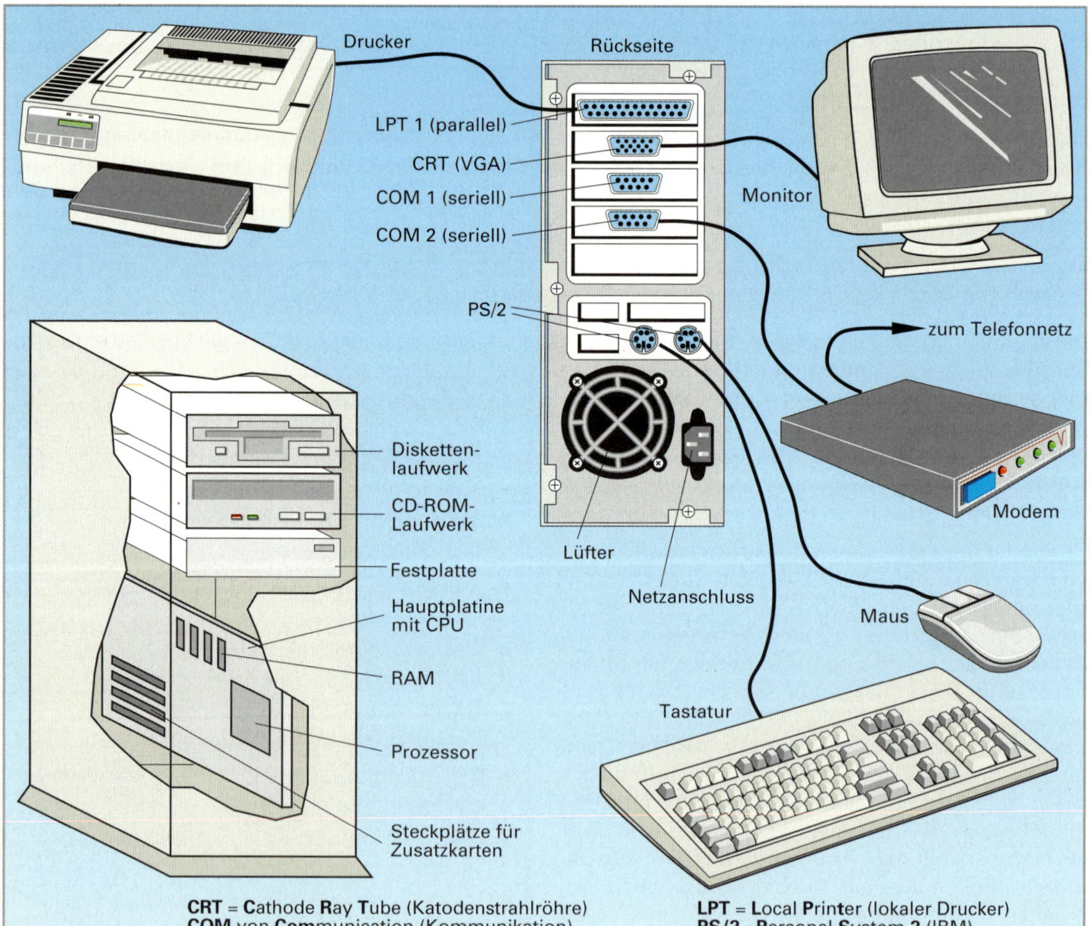

CRT = **C**athode **R**ay **T**ube (Katodenstrahlröhre)
COM von **Com**munication (Kommunikation)
LPT = **L**ocal **P**rin**t**er (lokaler Drucker)
PS/2 =**P**ersonal **S**ystem **2** (IBM)

Bild 2: Computer mit Peripheriegeräten

14.1.1 Arbeitsweise eines Computers

Alle Computersysteme bearbeiten Aufgaben nach demselben Prinzip. Dieses Prinzip beruht darauf, menschliche Fähigkeiten nachzubilden **(Bild)**. Für die Bearbeitung einer Aufgabenstellung benötigt ein Computer die Eingabe von Informationen. Diese werden verarbeitet und das Ergebnis wird wieder ausgegeben bzw. eine dem Ergebnis entsprechende Aktion ausgelöst.

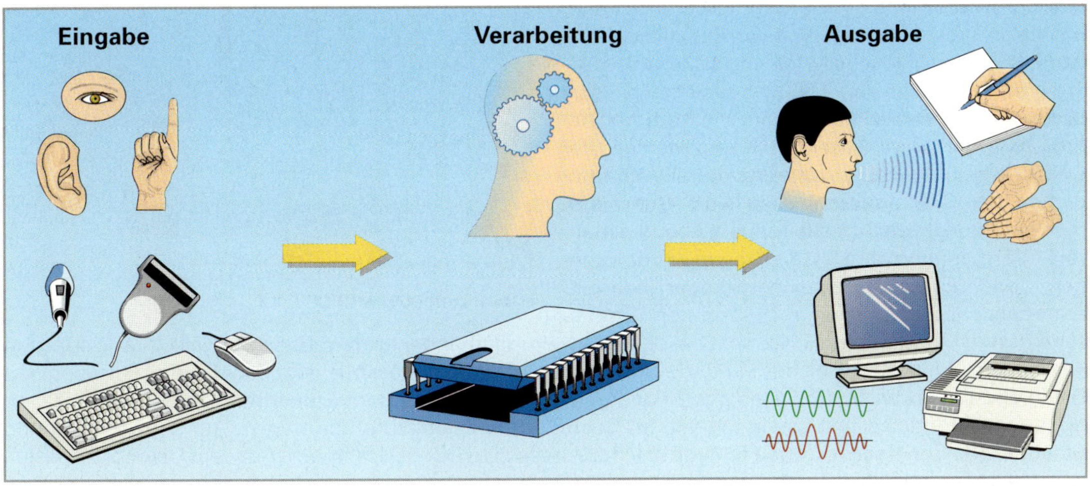

Bild: Verarbeitungsprinzip E-V-A (Eingabe – Verarbeitung – Ausgabe)

Die Geräte zur Eingabe und Ausgabe, auch **I/O-Systeme** (sprich: Ei-O-Systeme, von Input/Output, engl. = Eingang/Ausgang) genannt, bilden bei einem Computer menschliche Sinne und Fähigkeiten nach. Übernimmt beim Menschen das Gehirn die Steuerung der Vorgänge, so ist dies beim Computer die **CPU** (**C**entral **P**rocessing **U**nit, engl. = zentrale Verarbeitungseinheit). Hauptbestandteil der CPU ist ein Mikroprozessor (Seite 360).

Zusätzlich benötigt ein Computersystem **Software**. Mit diesem Begriff bezeichnet man Programme und Daten. **Programme** sind eine Abfolge von Befehlen, die der Computer abarbeiten soll, also eigentlich Arbeitsanweisungen vom Anwender an die Maschine Computer. **Daten** dagegen sind Informationen, die der Computer zur Erledigung seiner Aufgabe benötigt, bzw. dabei erzeugt. Nur das Zusammenwirken von Hard- und Software macht es einem Computersystem möglich, bestimmte Aufgaben zu erledigen.

Programme sind Anweisungen, die ein Computer ausführt. Daten sind Informationen, die ein Computer erfaßt, speichert, verarbeitet und ausgibt.

Zwischen Computersystem und den angeschlossenen Geräten werden Ziffern, Buchstaben, Satzzeichen und Steuerzeichen häufig mit dem international gebräuchlichen **ASCII[1]-Code (Tabelle)** übertragen. Der ursprüngliche Code besteht aus 8 Bit (Seite 361), wobei das Bit ganz links immer null ist. Daher wird er auch als ISO-7 Bit-Code bezeichnet. Dieser Code kann 2^7 = 128 Zeichen übertragen. Durch Benutzung des achten Bit können 128 weitere Bit benutzt und beliebig festgelegt werden, z. B. mit Steuerzeichen. Bei diesen frei verwendbaren Zeichen ist das Bit ganz links dann immer eins. Man spricht vom erweiterten ASCII-Code.

Tabelle : Auszug aus dem ASCII-Code

Hexadezimal (Sedezimal)	Binär	Bedeutung
30	0011 0000	0 (Null)
39	0011 1001	9 (Neun)
3A	0011 1010	: (Doppelpunkt)
3F	0011 1111	? (Fragezeichen)
41	0100 0001	A (großes A)
61	0110 0001	a (kleines a)
EA	1110 1010	Ω (Ohm)
40	1000 0000	@ (at)

[1] **ASCII** (sprich aski), Abk. für **A**merican **S**tandard **C**ode for **I**nformation **I**nterchange (engl. = Amerikanischer Standard-Code für Informationsaustausch)

14.2 Hardware

14.2.1 Mikroprozessor

Bei den meisten Computersystemen ist neben Speicher-, Ein- und Ausgabebausteinen ein Mikroprozessor der wichtigste Teil der CPU **(Bild 1)**. Ein **Mikroprozessor** ist ein programmierbarer Rechner mit vielen Tausenden von digitalen Funktionen. Obwohl es unterschiedliche Arten von Mikroprozessoren gibt, z. B. Z80, 586er, 68000er, gleichen sie sich in ihrem grundsätzlichen Aufbau. Die Kommunikation zwischen den einzelnen Komponenten der CPU erfolgt über Bussysteme, an die alle Komponenten der CPU angeschlossen sind. Bus nennt man ein Bündel von Signalleitungen, über die mehrere Informationen parallel übertragen werden können. Jede Einheit, bei Speichern sogar jede einzelne Speicherstelle, ist einer bestimmten Adresse zugeordnet. Der Mikroprozessor liest bei der Verarbeitung über den **Datenbus** schrittweise das Programm aus seinem Programmspeicher ein und führt es aus. Auf dem **Adressbus** liegt dabei die Information, wo Daten abgeholt bzw. wohin Daten geschrieben werden sollen. Auf dem **Steuerbus** werden der zur Übertragung erforderliche Takt sowie Signale für Schreib- und Leserechte übertragen. Auf dem Adress- und Steuerbus fließen Informationen nur vom Mikroprozessor zu den Teilnehmern. Auf dem Datenbus werden Informationen in beiden Richtungen übertragen. Die Anzahl der Leitungen des Datenbus gibt dem jeweiligen Prozessor den Namen. So kann ein 32-Bit-Prozessor Daten auf allen 32 Leitungen parallel senden oder empfangen. Das bedeutet, mit einem Takt werden also 32 Bit übertragen. Ein 8-Bit-Prozessor kann dagegen innerhalb eines Taktes nur 8 Bit übertragen, benötigt also zur Übertragung einer bestimmten Information die vierfache Anzahl von Takten. Neben der Übertragungsbreite ist auch die Taktfrequenz eines Prozessors ein Leistungsmerkmal. Je höher die Taktfrequenz, desto kürzer ist die für eine Aufgabe benötigte Rechen- und Übertragungszeit.

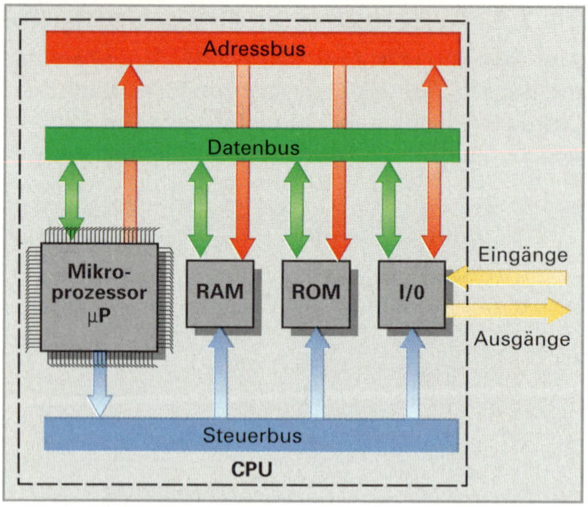

Bild 1: Aufbau der CPU

Funktionseinheiten des Mikroprozessors.

Ein Standard-Mikroprozessor enthält ein **Rechenwerk**, ein **Steuerwerk** und verschiedene kleinere Zwischenspeicher, so genannte **Register (Bild 2)**. Das Rechenwerk enthält die eigentliche Recheneinheit, die sogenannte **ALU** (**a**rithmetic **l**ogic **u**nit, engl. = arithmetische logische Einheit) und das Hauptregister, das Akkumulator[1]-Register, kurz Akku. Die ALU kann die Grundrechenarten ausführen (arithmetic) und Daten vergleichen (logic). Damit die ALU auch Schiebe-Operationen (Bitmuster nach rechts oder nach links schieben) durchführen kann, ist ihr ein Schieber nachgeschaltet. Das Statusregister, dessen einzelne Bits man Flags nennt, zeigt die Zustände des Prozessors an. So zeigt z. B. das Zeroflag (Z) an, dass das Ergebnis der vorangegangenen Operation null ist, oder das Carry-Flag (C) zeigt an, dass bei der vorangegangenen Operation ein Übertrag (Zahl größer als der maximal darstellbare Wert) war. Angetrieben vom Taktgenerator im Steuerwerk werden Daten vom externen Datenbus zu den Registern geladen. Die ALU führt mit den Inhalten der Register Rechenoperationen durch und trägt das Ergebnis wieder in Register ein. Von dort werden die Ergebnisse für weitere Berechnungen herangezogen bzw. zum externen Datenbus übertragen. Der Stapelzeiger (**St**ack**p**ointer SP) enthält die genaue Angabe einer bestimmten Speicherstelle, die beim Datenaustausch angesprochen wird. Ein Programmzähler (**P**rogram**c**ounter PC) enthält die Information, an welcher Speicherstelle innerhalb des Programms sich der nächste Verarbeitungsschritt befindet.

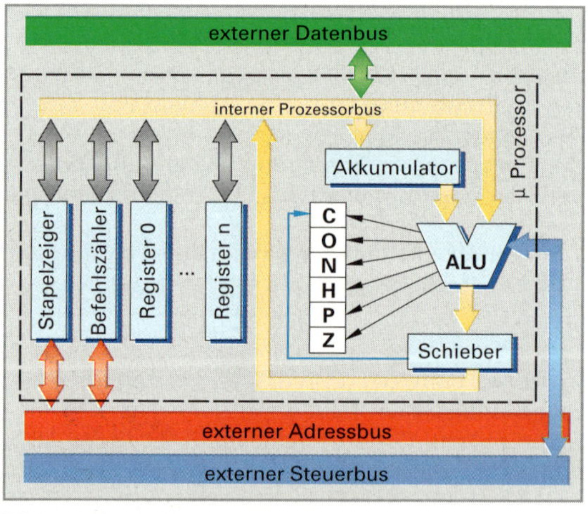

Bild 2: Aufbau eines Mikroprozessors

[1] Von accumulare (lat.) = einsammeln, aufsammeln

14.2.2 Speicher

Wie das menschliche Gehirn besitzt die CPU die Fähigkeit, bestimmte Aktionen auszuführen bzw. Informationen zu speichern. Damit Daten, Verarbeitungsergebnisse und Programme nicht verloren gehen, gibt es in der Computertechnik eine Vielzahl unterschiedlicher Speichermedien. Die Informationen werden bei einem Computer als digitale Werte gespeichert. Die kleinste Informationseinheit ist eine einzelne Speicherstelle, ein **Bit**. Diese Speicherstelle kann entweder den Wert 0 oder den Wert 1 annehmen. Um die Zahlenwerte übersichtlich zu halten, arbeitet man mit Vielfachen eines einzelnen Bits, z. B. Byte oder KB **(Bild 1)**. Bei Speichern unterscheidet man interne und externe Speicher.

Speichergrößen	
1 bit (1 Bit)	= kleinste Speichereinheit[1]
1 B (Byte[2])	= 8 Bit
1 KB (Kilobyte)	= 1024 Byte
1 MB (Megabyte)	= 1024 Kbyte
1 GB (Gigabyte)	= 1024 MB
	= 1 048 576 KB
	= 8 589 934 592 Bit

[1] kann den Wert 0 oder 1 annehmen
[2] sprich Bait

Bild 1: Beispiele von Speichergrößen

Interner Speicher (**Arbeitsspeicher**) ist der im Computer in Form von Chips (ICs) eingebaute Speicher **(Bild 2)**. Er wird während des Arbeitens vorrangig vom Computer selbsttätig benutzt.

Bild 2: PC-Speicherbausteine

Die Speicher **(Bild 3)** der CPU tragen die Bezeichnungen **RAM** und **ROM**. Der Ausdruck „wahlfreier Zugriff“ beim RAM bedeutet, man kann direkt auf einen bestimmten Speicherbereich schreiben bzw. von ihm lesen und muss nicht, wie bei einem Tonband, auf das Erscheinen bestimmter Informationen warten. RAMs sind flüchtige Speicher, das heißt, die darin enthaltenen Informationen gehen verloren, wenn der Computer ausgeschaltet wird. Daher wird das RAM auch als **Arbeitsspeicher** bezeichnet. In ihm befinden sich während des Betriebs das eigentliche Programm sowie Daten. Ein Computer wird umso leistungsfähiger, je schneller er auf Programm und Daten zugreifen kann. Damit ist nicht nur die Größe des Arbeitsspeichers wichtig, sondern auch eine kurze Zugriffszeit. Bei **DRAM** (dynamisches RAM) werden die Informationen in Kondensatoren gespeichert.

SRAM (statisches RAM) dagegen speichert die Informationen direkt in Transistoren. Dadurch ist die Zugriffszeit geringer. Die Chips sind jedoch in der Herstellung erheblich teurer.

Speicherarten	
ROM	= **R**ead **O**nly **M**emory (Nur-Lese-Speicher)
RAM	= **R**andom **A**ccess **M**emory (Speicher mit wahlfreiem Zugriff)
EPROM	= **E**lectrical **P**rogrammable **ROM** (Elektrisch programmierbarer Speicher)
EEPROM	= **E**lectrical **E**rasable & **P**rogrammable **ROM** (Elektrisch löschbares EPROM)

Bild 3: Wichtige Speicherarten

Damit ein Computer beim Einschalten automatisch bestimmte Aktionen ausführt, benötigt er auch einen **Systemspeicher**. Das ist ein nicht flüchtiger Speicher, der meist nur gelesen werden kann **(ROM)**, auch **Festwertspeicher** genannt. Obwohl der Computer von diesem Speicher nur lesen kann, muss das ROM natürlich irgendwann mit Information beschrieben werden. Bei einem **EPROM** geschieht dies durch Stromstöße, die im Speicherbaustein leitende Verbindungen herstellen bzw. durchtrennen. Damit bleibt der Informationsgehalt auch nach dem Abschalten der Stromversorgung bestehen. Ein EPROM kann durch Bestrahlung mit UV-Licht wieder gelöscht werden. Kann der Speicherinhalt durch einfaches elektrisches Überschreiben verändert werden, spricht man von einem **EEPROM**.

Externe Speicher befinden sich nicht unmittelbar auf der Hauptplatine. In PC-Systemen werden als externe Speicher hauptsächlich Festplatten, Disketten, CD-ROMs und Magnetbänder verwendet.

Im externen Speicher werden, vom Anwender gesteuert, Programme und Daten auf magnetischen oder optischen Datenträgern dauerhaft gespeichert.

Eine **Festplatte** (**harddisk**, engl. = feste Scheibe) besteht aus einer oder mehreren sich drehenden Aluminiumscheiben, die mit einem magnetischen Material beschichtet sind. Schreib/Lese-Köpfe **(Bild 1)** schweben auf einem sehr dünnen Luftpolster (etwa 0,001 mm) über den beschichteten Aluminiumscheiben und können diese beschreiben, lesen und nicht mehr benötigte Informationen löschen oder überschreiben.

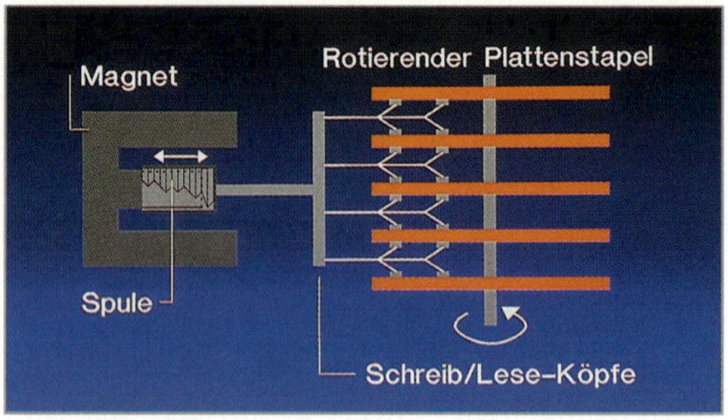

Bild 1: Festplatte

Damit z. B. keine Staubteilchen zwischen Schreib/Lese-Kopf und Platte geraten und damit die Festplatte zerstören können, sind Festplatten in luftdichte Gehäuse eingebaut. Festplattengehäuse dürfen deshalb nicht geöffnet werden. Sie werden dadurch unbrauchbar. Festplatten können sehr große Datenmengen speichern, z. B. 4,2 GB. Das entspricht dem Inhalt von ungefähr 1,3 Millionen DIN-A4-Schreibmaschinenseiten.

Wechselplatten sind Festplatten, die zum Transport aus dem Computer heraus genommen werden können. Durch das Einschieben in den Rahmen werden Stromversorgung, Daten- und Steuerleitungen wieder verbunden. Bei manchen Systemen bleibt die Schreib- und Lese-Einheit im Computer und es werden nur die Platten entnommen.

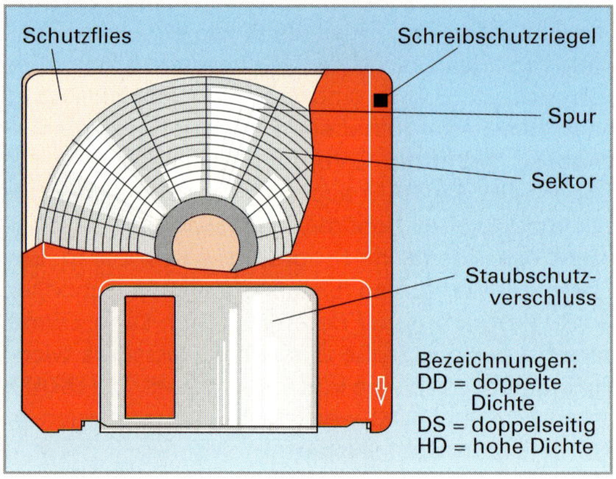

Bild 2: Diskette

Als transportable Datenträger haben sich vor allem **Disketten** (**floppy disk**, engl. = biegsame Scheibe) durchgesetzt. Disketten sind dünne, flexible Kunststoffscheiben, die mit einer magnetisierbaren Eisenoxid-Schicht überzogen sind. Diese Scheiben sind zum Schutz vor Verschmutzung und Beschädigung in ein Kunststoffgehäuse eingebaut. Das Beschreiben und Lesen von Daten geschieht ähnlich wie bei der Festplatte, jedoch liegt bei Diskettenlaufwerken der Schreib/Lese-Kopf beim Schreiben bzw. Lesen auf der Kunststoffscheibe auf. Daher kann der Kopf verschmutzen und soll von Zeit zu Zeit mit besonderen Reinigungsdisketten gereinigt werden. Heute werden hauptsächlich Disketten im Format 3,5" (3,5 Zoll = Durchmesser der Kunststoffscheibe) verwendet, bei denen man durch Verschieben eines kleinen Schreibschutzriegels eine Öffnung verschließen kann. Bei geschlossenem Schreibschutzriegel ist die Diskette zum Lesen und Schreiben freigegeben, bei offenem Schreibschutzriegel nur zum Lesen.

Disketten können auf unterschiedlichen Systemen benutzt werden. Sie müssen deshalb vor der ersten Verwendung mit einer vom Betriebssystem abhängigen Einteilung von Schreibspuren und Speichersektoren **(Bild 2)** beschrieben werden. Diesen Vorgang nennt man **Formatieren**. Disketten besitzen nur eine Datenträger-Scheibe und haben wegen der stärkeren mechanischen Beanspruchung eine geringere Speicherdichte. Deshalb ist die Speicherkapazität (für 3,5"-Disketten typisch bis 1,44 MB) geringer als die einer Festplatte. Wird eine bereits beschriebene Diskette oder Festplatte formatiert, werden vorhandene Dateien gelöscht.

Ebenfalls im Format 3.5" werden seit kurzem Disketten mit einer Speicherkapazität von 120 MB angeboten. Für diese SuperDISK genannten Datenträger sind allerdings spezielle Laufwerke nötig.

Disketten sind gegen magnetische Felder, Temperaturen größer als 60 °C und mechanische Stöße zu schützen.

Zur Sicherung großer Datenbestände werden auch Magnetband-Laufwerke eingesetzt, die im Prinzip wie eine Tonbandkassette funktionieren. Die Laufwerke werden als **Streamer** bezeichnet, die Magnetbandkassetten tragen die Bezeichnung **Data-Cartridge (Bild 2)**. Bandlaufwerke erreichen Speicherkapazitäten von ungefähr 4 GB und eine Übertragungsgeschwindigkeit von ungefähr 5 MB/s. Damit ist es z. B. möglich, den Datenbestand einer kompletten Festplatte in etwa 10 bis 15 Minuten zu sichern.

CD-ROMs (Compact Disk Read Only Memory, engl. = Nur-Lese-Speicher-CD) sind aus der Musikaufzeichnung übernommen worden. Allerdings trifft die Bezeichnung Nur-Lese-Speicher nicht mehr zu, denn CDs können heute auch beschrieben werden. CDs sind optische Speichermedien. Beim Lesen tastet ein Laserstrahl die unter einer schützenden Lackschicht befindliche Oberfläche der CD ab **(Bild 1)**. Jeder Übergang von einer Vertiefung auf Normalniveau (Land) repräsentiert ein Bit. Der Übergang, Pit genannt, wird über einen Umlenkspiegel zu einem Empfänger weitergeleitet, der die Information wieder in Bitkombinationen umwandelt. Durch die Präzision der Lasertechnologie sind heute Speicherkapazitäten von mehreren GB (Gigabyte) pro CD möglich. Herkömmliche CD-Laufwerke **(Bild 3)** können nur lesen. Spezielle **CD-Brenner** erlauben es auch, besondere CDs zu beschreiben. Es gibt CDs für einmaliges oder für mehrfaches Beschreiben.

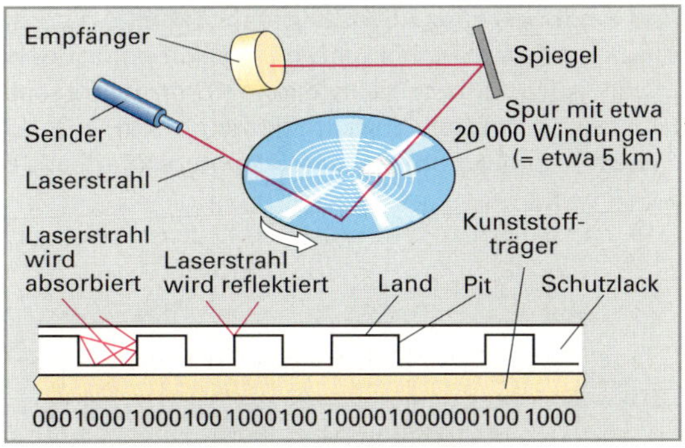

Bild 1: Prinzip der Speicherung auf CD

Bild 2: Streamer und Data Cartridge

Bild 3: CD-Laufwerk und CD-ROM

14.2.3 Eingabegeräte

Eingabegeräte, z.B. Tastatur, PC-Maus oder Scanner, wandeln Informationen in maschinenlesbare Form um. Die Tastatur **(Bild)** ist das wichtigste und meistverwendete Eingabegerät. Mit ihr gibt man Zeichen, z.B. Buchstaben, Zahlen und Sonderzeichen, ein. Die Computertastatur ähnelt der einer Schreibmaschine. Das alphanumerische Tastenfeld bzw. der Bereich der Schreibmaschinentastatur enthält Buchstaben, Ziffern und zusätzlich einige **Steuertasten (Tabelle)**. Das numerische Tastenfeld dient in erster Linie der schnelleren Eingabe von Zahlenreihen, ähnlich einer Rechenmaschine. Es enthält neben Zahlen auch Tasten für die Grundrechenarten sowie eine Kommandotaste (Enter). Die blinkende Markierung für das nächste einzugebende Zeichen, **Cursor**[1] genannt, wird mit den **Cursortasten** gesteuert. Die **Funktionstasten** F1 bis F12 steuern programmabhängig unterschiedliche Funktionen, z.B. Drucken oder Speichern.

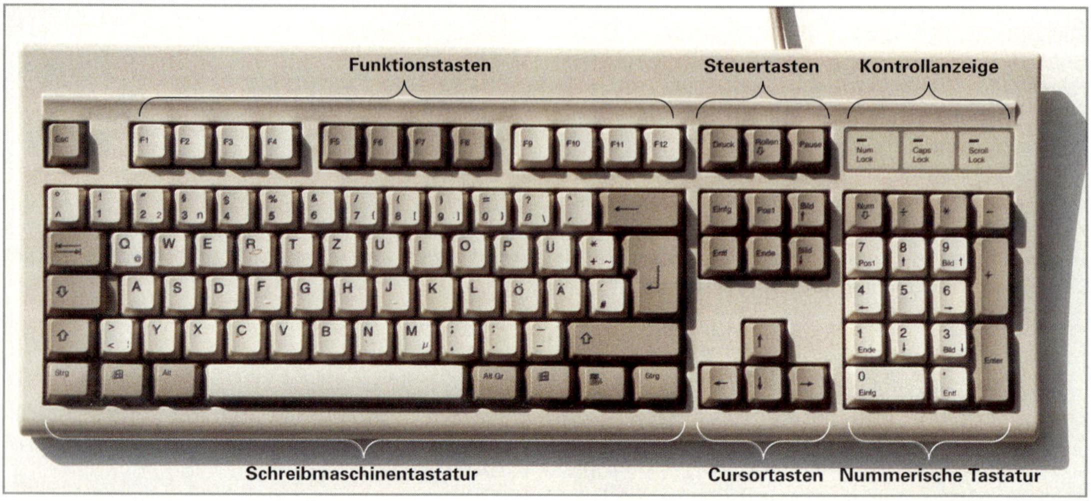

Bild: Erweiterte Tastatur eines Computers

Tabelle: Steuertasten und Funktionstasten beim Personalcomputer (Beispiele)

Symbol	**Bezeichnung** deutsch (engl.)	**Funktionsbeispiele**
↵	Zurück (Enter)	Anweisung wird ausgeführt
⇧	Schieber (Shift)	Umschaltung auf Großbuchstaben oder obenstehende Zeichen
Strg	Steuerung (Control)	Wird in Verbindung mit anderen Tasten für Sonderfunktionen genutzt, z.B. bewirkt die Kombination Strg Alt Entf einen Neustart des Computers
Alt	Alternativ (Alternate)	Ermöglicht in Kombination mit anderen Tasten die Anwahl von Pulldown-Menüs[2] ohne Maus, z.B. kann unter Windows das Pulldown-Menü Datei mit Alt D angewählt werden. Die Taste kann in Kombination mit dem numerischen Eingabefeld auch zur Eingabe von Zeichen benutzt werden, die nicht auf der Tastatur belegt sind, z.B. ergibt Alt 1 5 6 das Zeichen £.
Esc	Verlassen (Escape)	Bewirkt meist den Abbruch des aktuellen Bearbeitungsvorgangs oder das Verlassen der aktuellen Programmfunktion.
Druck	Druck (PrintScreen)	Erstellt eine Kopie des Bildschirminhaltes. Unter MS-DOS wird der Bildschirminhalt ausgedruckt, unter Windows 95/98 wird der Bildschirminhalt in die Zwischenablage kopiert.

[1] Cursor, engl. = Blinker, Lichtmarke
[2] Pulldown-Menü, engl.= Menü zum Herunterziehen

Um eine komfortable Bedienung des Computersystems und einer meist grafischen Benutzeroberfläche zu ermöglichen, verwendet man weitere Eingabegeräte **(Tabelle)**.

Tabelle: Eingabegeräte

Eingabegerät	Funktion
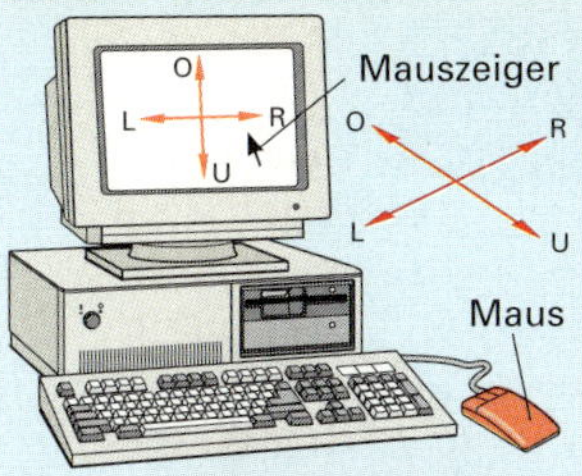	Die **Computer-Maus** wird wie ein verlängerter Zeigefinger zur Bedienung des Programms benutzt. Im Inneren der Maus befindet sich eine Kugel, die auf der Unterseite herausragt. Die Kugel wird beim Verschieben der Maus bewegt und überträgt die Bewegung auf Sensoren. Die Vor- und Rückwärtsbewegungen sowie die Links- und Rechtsbewegungen werden erfasst. Ein spezielles Programm (Maus-Treiber) rechnet die Signale der Sensoren in Bewegungsinformation um und verschiebt den Mauszeiger auf dem Bildschirm.
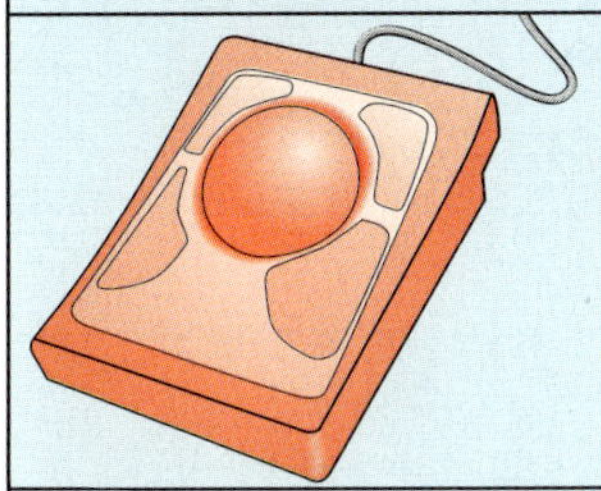	Der Maus sehr ähnlich ist der so genannte **Trackball** (engl. = Spur-Ball). Dabei handelt es sich um ein Gerät, das man als »umgedrehte Maus« bezeichnen könnte. Man bewegt nicht das ganze Gerät, sondern nur den aus dem Gehäuse herausragenden Ball.
 Digitalisiertablett	Für Aufgaben im Bereich CAD verwendet man für die Eingabe neben der Maus hauptsächlich das **Digitalisiertablett**, kurz Digitizer genannt. Im Unterschied zur Maus wird hier nicht die Bewegung erfasst, sondern es werden exakte X/Y-Koordinaten über einen Schreibstift oder eine Art Fadenkreuz (Tastenlupe) übertragen. Bei den meisten Digitizern befindet sich im Tablett ein feines Netz aus waagrechten und senkrechten Leiterbahnen. Über den Schreibstift wird darauf eine Spannung induziert, aus der eine exakte Position ermittelt wird. Auf das Tablett kann z. B. eine zu digitalisierende Vorlage aufgelegt werden. Schneller als mit der Computer-Maus lassen sich mit dem Digitizer genaue Positionen übertragen.
 Lichtgriffel	Ein **Lightpen** (engl. = Lichtgriffel) empfängt über eine in die Spitze eingebaute Fotozelle den bei der Ansteuerung des Bildschirms vorbeilaufenden Elektronenstrahl. Eine spezielle Software rechnet die Verzögerung zwischen Beginn des Bildaufbaus und dem Lichtimpuls im Lightpen in eine genaue Position um.
Flachbett-scanner Hand-scanner 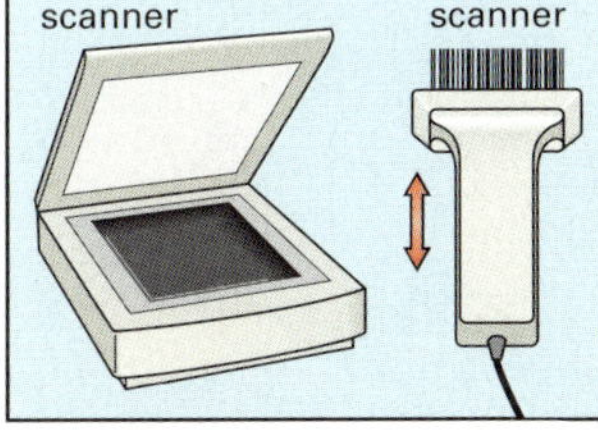	**Scanner** sind Geräte zum Einlesen grafischer Vorlagen. Bei der Anwendung des Scanners werden Bildpunkte zeilenweise abgetastet. Grundsätzlich sind Scanner nur in der Lage, grafische Informationen einzulesen. Texterkennungsprogramme, kurz OCR-Software (optical character recognition, engl. = optische Zeichenerkennung) ermöglichen es, Texte, die erst nur als Bildinformation vorliegen, buchstabenweise wieder in Texte umzuwandeln.

Wiederholungsfragen

1 **Was bedeutet der Begriff PC?**

2 **Erklären Sie die Begriffe Hard- und Software.**

3 **Was versteht man unter dem Verarbeitungsprinzip E-V-A?**

4 **Erklären Sie die Begriffe RAM und ROM.**

5 **Weshalb müssen Disketten vor der ersten Benutzung formatiert werden?**

6 **Was versteht man unter Data-Cartridge?**

14.2.4 Ausgabegeräte

Ausgabegeräte unterteilt man in Geräte für permanente und für flüchtige Ausgabe von Informationen **(Bild 1)**.

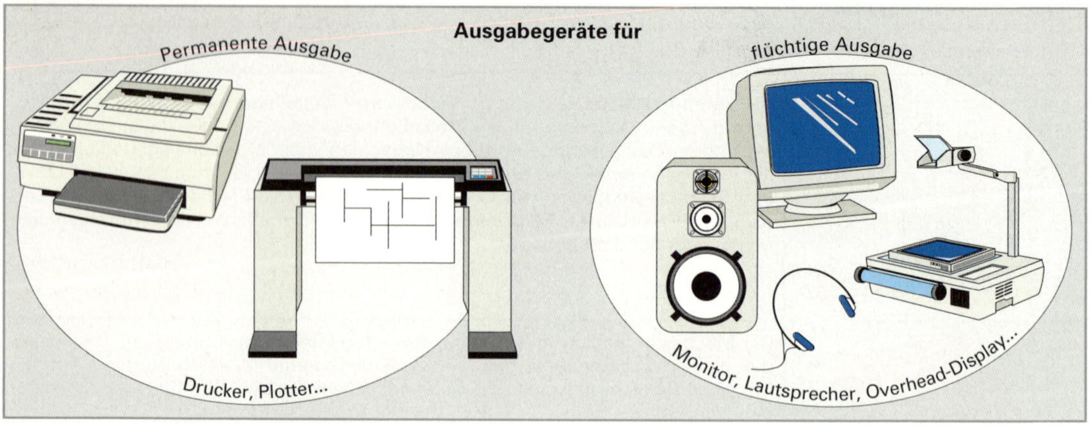

Bild 1: Einteilung von Ausgabegeräten

Geräte für permanente Ausgabe

Unter permanenter Ausgabe versteht man die Ausgabe z. B. über Drucker oder Plotter, also eine Ausgabe, die beim Abschalten des Gerätes erhalten bleibt.

Ein Matrixdrucker, z. B. Nadel- oder Tintenstrahldrucker, erzeugt Zeichen aus einer Anordnung von Bildpunkten in einem fest vorgegebenen Raster.

Beim **Nadeldrucker (Bild 2)** werden Nadeln im Druckkopf durch Elektromagnete auf ein Farbband geschlagen und hinterlassen Farbpunkte auf dem Papier. So entstehen zeilenweise bzw. zeichenweise Texte und Grafiken. Nadeldrucker liefern wegen ihrer geringen Auflösung[1] nur eine beschränkte Qualität.

Beim **Tintenstrahldrucker** (Bild 2) sind im Druckkopf Düsen in einem bestimmten Raster angeordnet. Durch sie werden mit hohem Druck Tintentröpfchen auf das Papier gespritzt. Tintenstrahldrucker sind im Vergleich zu Nadeldruckern sehr leise und erreichen hohe Druckgeschwindigkeiten. Die gute Qualität und geringe Betriebs- und Anschaffungskosten zeichnen diesen Druckertyp aus.

Laserdrucker (Bild 3) arbeiten ähnlich wie Kopierer. Eine mit fotoleitendem Material beschichtete Drucktrommel im Inneren wird mit einem Laserstrahl beschrieben. An den vom Laserstrahl belichteten Stellen verliert die Trommel die Ladung. Anschließend durchläuft die Trommel elektrostatisch geladenes Farbpulver, den so genannten **Toner**. Dieser bleibt an den unbelichteten Stellen kleben und wird dann auf das Papier übertragen. Durch Erhitzen wird der Toner anschließend auf dem Papier fixiert. Da ein Ausdruck nicht zeichen- oder zeilenweise entsteht, sondern eine Seite insgesamt aufgebaut wird, spricht man auch von einem Seitendrucker. Laserdrucker zeichnen sich vor allem durch hohe Auflösung (= hohe Druckqualität), hohe Geschwindigkeit und geringe Arbeitsgeräusche aus. Nachteilig sind aber die hohen Kosten für Tonerkassetten, die zudem eine hohe Umweltbelastung darstellen. Außerdem wird bei der Laserbelichtung Ozon freigesetzt, das bei schlechter Lüftung zu Haut- und Augenreizungen führen kann.

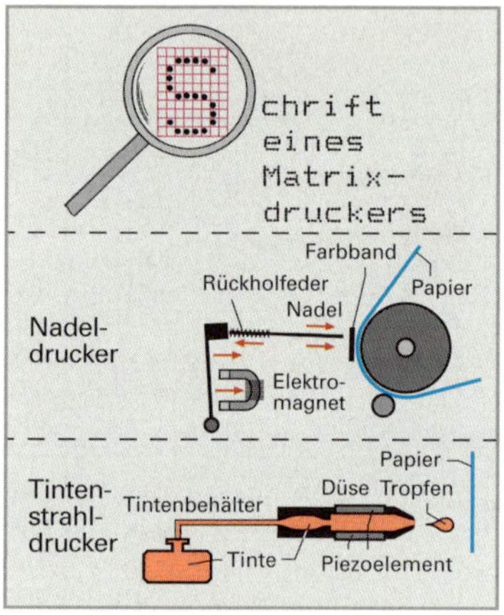

Bild 2: Nadel- und Tintenstrahldrucker

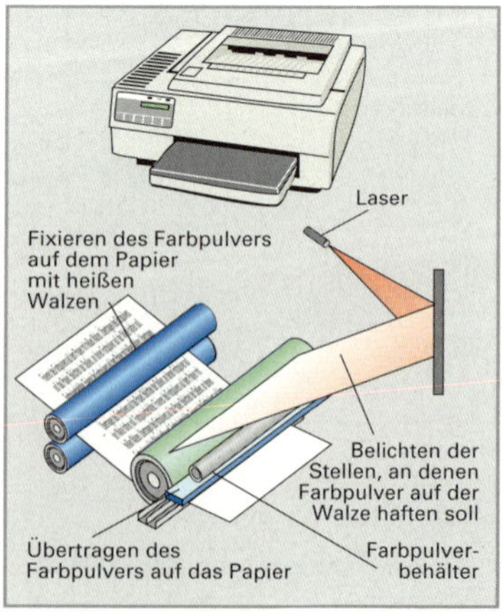

Bild 3: Laserdrucker

[1] Auflösung = Anzahl von Bildpunkten innerhalb einer definierten Fläche, z. B. 600 dpi (**d**ots **p**er **I**nch) = 600 Punkte pro Zoll

Detailgenaue Konstruktionszeichnungen werden meist auf zeichnenden Ausgabegeräten, so genannten Plottern, ausgegeben. Bei einem **Plotter (Bild 1)** wird ein Zeichenstift wie bei einem X-Y-Schreiber auf einem Blatt bewegt und somit eine Zeichnung auf Papier übertragen. Der Stift bewegt sich bei den meisten Fabrikaten nur in X-Richtung hin und her. Gleichzeitig bewegt sich das Papier in Y-Richtung vor und zurück.

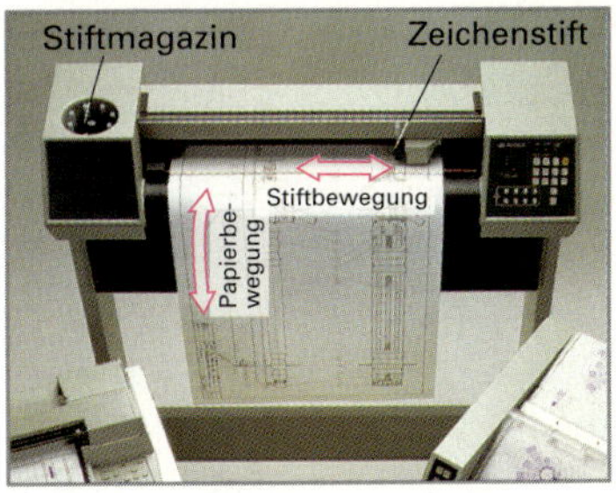

Bild 1: Zeichenplotter

Geräte für flüchtige Ausgabe

Unter flüchtiger Ausgabe versteht man die Ausgabe z. B. über Bildschirm, Lautsprecher oder Overhead-Displays, also eine Ausgabe, die beim Abschalten des Gerätes verloren geht.

Der Monitor wird heute vor allem in zwei verschiedenen Techniken verwendet. Meist kommen Katodenstrahl-Monitore, kurz **CRT** (**C**athode **R**ay **T**ube, engl.) zum Einsatz. Ihre Technik ist vergleichbar mit der eines Fernsehbildschirms. Die Anforderungen bezüglich Bildschirmgröße **(Bild 2)**, Bildwiederholfrequenz sind speziell auf Computeranwendungen angepasst. In tragbaren Computern werden meist **LCD**-Anzeigen (**L**iquid **C**rystal **D**isplay, engl. Flüssigkristall-Anzeigen, Seite 184) eingesetzt. Sie eignen sich wegen ihres geringen Platzbedarfs und des geringen Stromverbrauchs dafür besonders. Eine Grafikkarte, die meist über einen speziellen Grafik-Prozessor mit eigenem Speicher verfügt, setzt die Informationen im Computer in Bildschirmsignale um.

Tabelle: Grafik-Standards

Standard	Name	Anschluss	Auflösung	Bildwiederhol-Frequenz	Farben
EGA	Enhanced Graphics Array	RGB/TTL (9-polig)	640 x 350	60 Hz	16
VGA (VGA+)	Video Graphics Array	RGB analog (9-polig/15polig)	640 x 480 bis 1600 x 1200	60/70 Hz … max 95 Hz	16 … 256
SVGA	Super VGA	RGB analog (15-polig)	800 x 600 bis 1600 x 1280	56/60/72 Hz	256 … 16,7 Mio.

Das Bild auf dem Monitor wird aus einzelnen Bildpunkten aufgebaut. Einen Bildpunkt bezeichnet man als **Pixel**. Besitzt ein Monitor zum Beispiel 640 Pixel in der Waagrechten und 480 Pixel in der Senkrechten, so spricht man von einer Auflösung 640 x 480. Die Bildinformationen unterliegen bestimmten Standards **(Tabelle)**. Qualitätsmerkmale für Monitore sind hohe Auflösung, hohe Bildwiederholfrequenzen, hohe Anzahl darstellbarer Farben sowie verzerrungsfreie Darstellung. Bildschirme senden elektromagnetische Strahlen und elektrostatische Felder aus. Verschiedene Normen regeln die erlaubten Grenzwerte. Beim Kauf soll darauf geachtet werden, dass der Monitor ein entsprechendes Gütesiegel (z. B. MPR[1] II, TCO[2] 92 oder TCO 95) trägt, um die Strahlenbelastung am Arbeitsplatz möglichst gering zu halten.

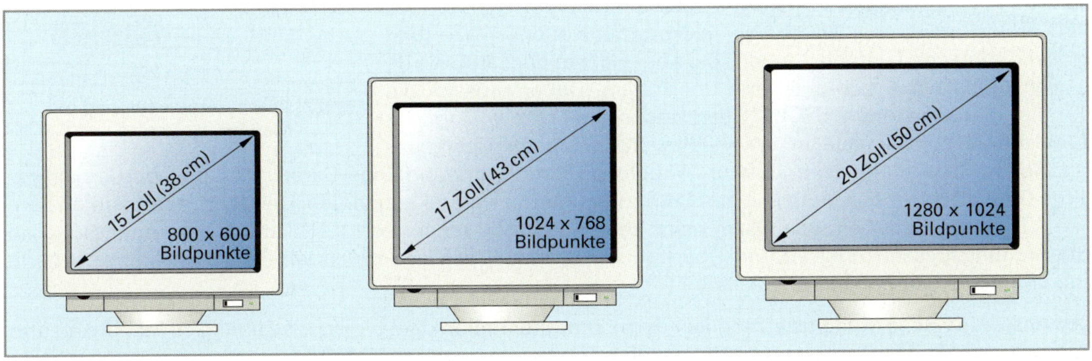

Bild 2: Bildschirmgröße und Bildauflösung

[1] MPR: Norm des schwedischen Staates für strahlungsarme Bildschirme
[2] TCO: Standard für strahlungsarme Bildschirme der schwedischen Gewerkschaft

14.2.5 Geräte für den Datenaustausch

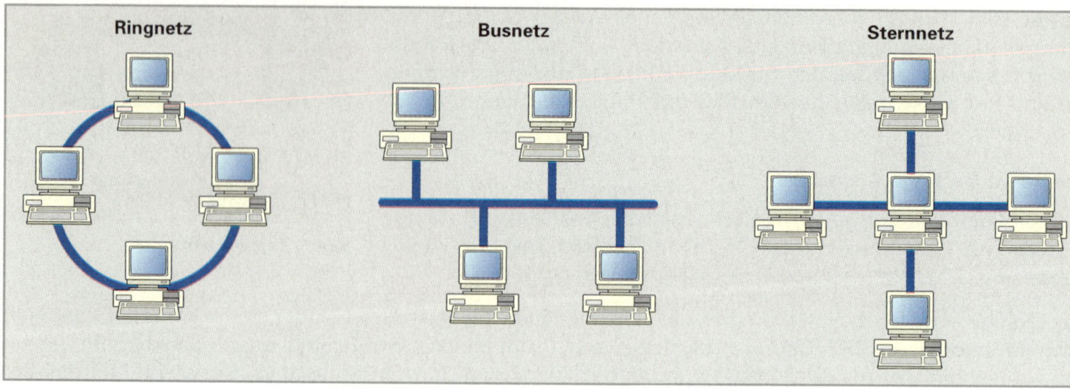

Bild 1: Netzwerk-Strukturen

Eine weitere Gruppe von Ausgabegeräten ermöglicht den Datenaustausch zwischen Computern. Dabei unterscheidet man zwischen internem und grundstücksüberschreitendem Datenaustausch.

In vielen Firmen werden die Informationen zwischen einzelnen Computern über Computer-Netzwerke ausgetauscht. Bei den Inhaus-Netzen **LAN** (**L**ocal **A**rea **N**etwork, engl. = Netzwerk innerhalb des eigenen Grundstücks) haben sich vor allem drei verschiedene Verbindungs-Strukturen durchgesetzt. Man spricht von **Netzwerk-Topologien**[1] **(Bild 1)**. Jeder Computer wird über eine spezielle Netzwerkkarte an das Netz angebunden. Die Netzwerkkarte stellt eine Verbindung zum Netz her. Moderne Netze übertragen die Daten über Koaxialleitungen oder häufig auch über Glasfaserleitungen. Jedem Computer können im Netz unterschiedliche Schreib- und Leserechte sowie Steuerfunktionen zugeordnet werden. Sind alle Computer gleichrangig, so spricht man von einem **Peer-to-Peer-Netz** (peer, engl. = Gleichrangiger). Ein **hierarchisches Netz** liegt vor, wenn ein (oder mehrere) Computer die Zugriffssteuerung übernimmt wie beim Sternnetz. Auch die Kommunikation über Netze ist an Standards gebunden, damit sich auch unterschiedliche Systeme verstehen. Den Standard, mit welchen Befehlsfolgen eine Verbindung aufgebaut wird und wie Daten übertragen werden, bezeichnet man als **Übertragungs-Protokoll**.

Handelt es sich um einen grundstücks- oder unternehmensübergreifenden Datenaustausch, spricht man von **Datenfernübertragung** (DFÜ) oder von einem **WAN** (**W**ide **A**rea **N**etwork, engl. = Netzwerk über große Distanzen). Zu unterscheiden ist dabei vor allem zwischen Direktverbindungen, so genannten Zweiplatzverbindungen, bei denen Daten zwischen zwei Computern direkt ausgetauscht werden, und Verbindungen zu lokalen oder öffentlichen Netzwerken. DFÜ erfolgt meist über öffentliche Telekommunikations-Netze **(Bild 2)**. Herkömmliche Telefonleitungen sind aber nicht in der Lage, die digitalen Signale des Computers zu übertragen. Daher müssen die Computerinformationen, z. B. bei Übertragung über eine analoge Telefonleitung, in Tonsignale umgewandelt werden. Man benötigt dazu ein **Modem** (**Mo**dulator-**Dem**odulator, Wandlungs- und Rückwandlungs-Gerät). Modems werden als externe Geräte und für den Einbau in den Computer (interne Geräte) angeboten. Die Übertragungsraten können z. B. 56 000 bps[2] betragen. Auch beim neuen digitalen Telefonnetz ISDN[3] muss eine Anpassung an Übertragungsgeschwindigkeit und Übertragungsprotokoll vorgenommen werden. Die dafür erforderlichen Modems nennt man ISDN-Adapter.

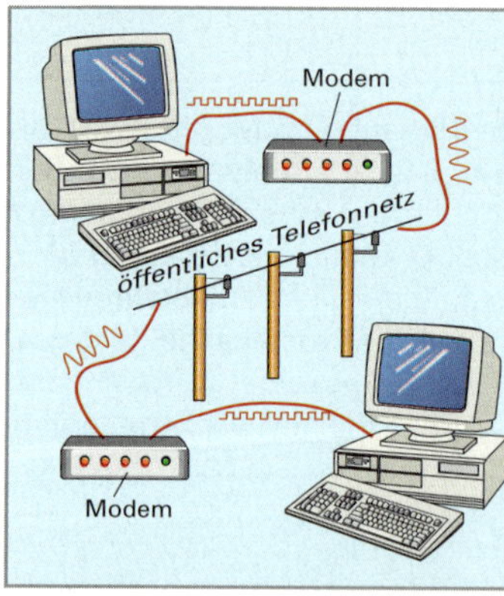

Bild 2: Datenfernübertragung mit Modem

Der Anschluss eines Modems ermöglicht dem Computer neben dem typischen Zugang zu Mailboxen und Internet auch die Möglichkeit von z. B. Faxversand oder Faxempfang.

[1] Topologie: Lehre von der Lage und Anordnung geometrischer Gebilde im Raum; von topos (griech.) = Ort, Gegend
[2] bps, Abk. für: Bits per Second (engl.) = Bit je Sekunde
[3] ISDN, Abk. für: **I**ntegrated **S**ervices **D**igital **N**etwork (engl.) = integrierte Dienste im digitalen Netz

14.3 Computerprogramme

Ein Programm ist eine Aneinanderreihung von Arbeitsanweisungen. Mit Programmen (Bild) werden Daten in der gewünschten Form bearbeitet und interne sowie externe Hardware gesteuert.

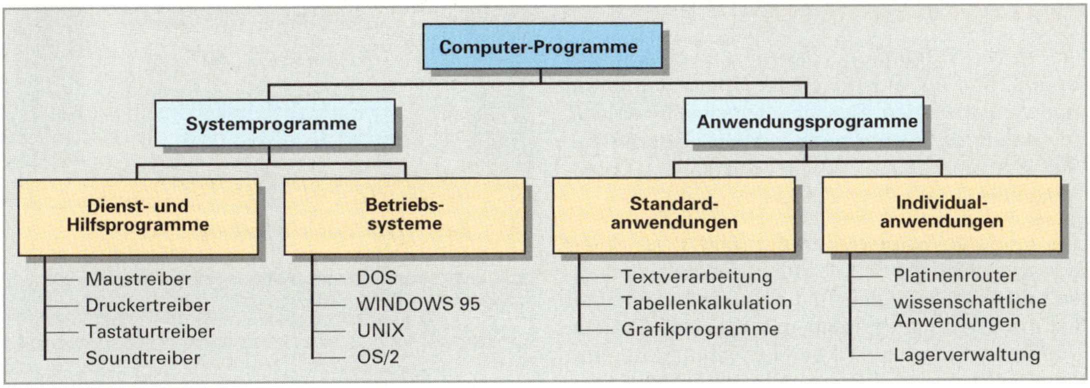

Bild: Einteilung Computerprogramme (Beispiele)

14.3.1 Systemprogramme

Für die Aufgaben innerhalb des eigentlichen Computersystems, z.B. für die Speicherverwaltung oder die Organisation von Geräteadressen, benötigt man nur wenige Programme. Diese Programme werden unter dem Sammelbegriff Betriebssystem **(Tabelle)**, kurz **OS** (engl. = **o**perating **s**ystem) zusammengefasst.

Es gibt Betriebssysteme, die für den Betrieb von nur einem Arbeitsplatz bestimmt sind, z. B. DOS oder Windows 95. Bei einem Mehrplatzbetriebssystem, z. B. Windows NT oder Unix, können mehrere Benutzer von Terminals aus auf einem Computersystem arbeiten.

Zusätzlich wird eine Reihe von eigenständigen Dienst- und Hilfsprogrammen benötigt. Sie sind z.B. für den Betrieb der Tastatur, des Monitors oder einer Computer-Maus zuständig. Diese Programme bezeichnet man auch als **Gerätetreiber**.

Tabelle: Betriebssysteme

Name	Erläuterung
DOS	**D**isk **O**perating **S**ystem (Disketten-Betriebssystem)
Windows 95/98	Betriebssystem für 32 Bit (grafische Benutzeroberfläche)
Windows NT	Betriebssystem für 32 Bit (**NT**: **N**eue **T**echnologie)
UNIX	Allgemeines Betriebssystem für den Einsatz vom µ-Prozessor bis zum Großrechner
OS/2 WARP	Operating System/Version2 (Objektorientiertes Betriebssystem mit grafischer Benutzeroberfläche)

Alle für den Betrieb eines Computersystems benötigten Programme werden unter dem Begriff Systemprogramme zusammengefasst.

Systemprogramme steuern vom Einschalten bis zum Abschalten des Systems den Datenfluss sowie interne und externe Hardware.

Der Benutzer benötigt dazu keine besonderen Kenntnisse über die Hardware. Die Aktivität mancher Systemprogramme bemerkt der Anwender nicht einmal.

Aktionen, die nach dem Einschalten automatisch ablaufen, z. B. das Laden der Systemprogramme, bezeichnet man auch als „Hochlaufen“ oder „Booten“. Die dazugehörigen Programme nennt man Boot-Routinen. Sie werden vom Hersteller ins ROM geschrieben. Boot-Routinen, die die Kommunikation zwischen Computer und angeschlossenen Peripherie-Geräten[1] festlegen, sind abhängig vom verwendeten Prozessor. Sie werden vom Hersteller im so genannten **BIOS** (**B**asic **I/O** **S**ystem, engl. = allgemeines Ein-Ausgabe-System) zur Verfügung gestellt.

[1] Peripherie, (griech.) = am Rande befindlich

14.3.2 Anwendungsprogramme

Anwendungsprogramme sind Programme, die der Lösung spezieller Aufgabenstellungen aus beruflichem und privatem Umfeld dienen.

Dabei gibt es Programme, die von vielen Benutzern benötigt und auf entsprechend vielen Computern angewendet werden. Typische Beispiele für solche, als Standardsoftware bezeichneten Programme, sind Textverarbeitung, Tabellenkalkulation, Datenbanken und Grafik- bzw. Zeichenprogramme.

Eine moderne **Textverarbeitung (Bild 1)** ist in der Lage, verschiedene Schriftarten darzustellen, Grafiken und Tabellen in den Text einzubinden und den Text in bestimmte Formate, z.B. mehrere Spalten, zu bringen. Sehr oft wird bereits während der Eingabe die Rechtschreibung überprüft und Flüchtigkeitsfehler, z.B. das Vertauschen von Buchstaben oder fehlende Großschreibung am Satzanfang, werden automatisch korrigiert.

Eine **Tabellenkalkulation (Bild 2)** ermöglicht das Rechnen (Kalkulieren). In einem elektronischen Arbeitsblatt werden Texte und Zahlen in Felder eingegeben. Durch die Festlegung einer Rechenvorschrift gibt der Benutzer an, wie die Zahlenwerte in den einzelnen Feldern miteinander verrechnet werden. Wird der Wert in einem Feld geändert, so ändern sich alle Folgeergebnisse automatisch.

Datenbanken sind Programme, die Inhalte verschiedener Dateien miteinander verknüpfen können. Der Anwender kann meist frei festlegen, aus welchen Dateien Informationen bezogen werden. Die Daten werden in einer Maske, einer Art Karteikarte, dargestellt.

Mit einem **Zeichenprogramm** oder einem **Grafikprogramm** erstellt und bearbeitet man Zeichnungen und Bilder. Auch das Bearbeiten von Fotos ist möglich. Konstruieren mit Hilfe des Computers nennt man **CAD** (**c**omputer **a**ided **d**esign) **(Bild 3)**.

Daneben gibt es Individual-Programme, die nur für bestimmte Anwendergruppen von Interesse sind. Dazu gehören z. B. Simulationsprogramme für elektronische Schaltungen **(Bild 4)** oder Software für die Programmierung einer Telefonanlage. Werden Standardanwendungen auf die besonderen Bedürfnisse bestimmter Berufsgruppen angepasst und/oder mit Individualsoftware kombiniert, spricht man von einer Branchenlösung. Ein Beispiel ist ein Programm, das besonders auf das Erstellen von Stücklisten, Bestelllisten, Kalkulationsunterlagen und Angeboten abgestimmt ist und gleichzeitig die Lagerverwaltung organisiert.

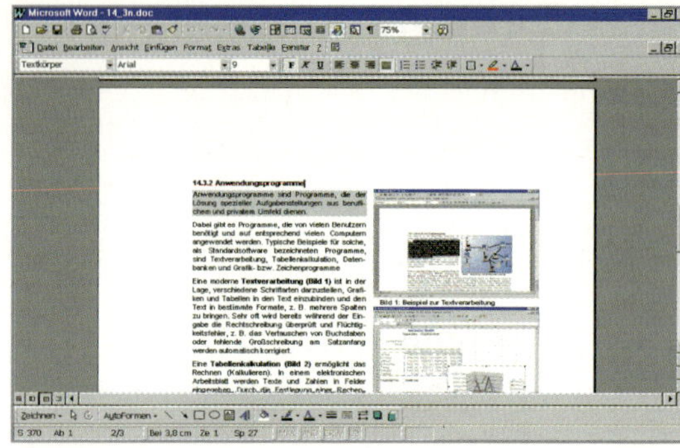

Bild 1: Beispiel zur Textverarbeitung

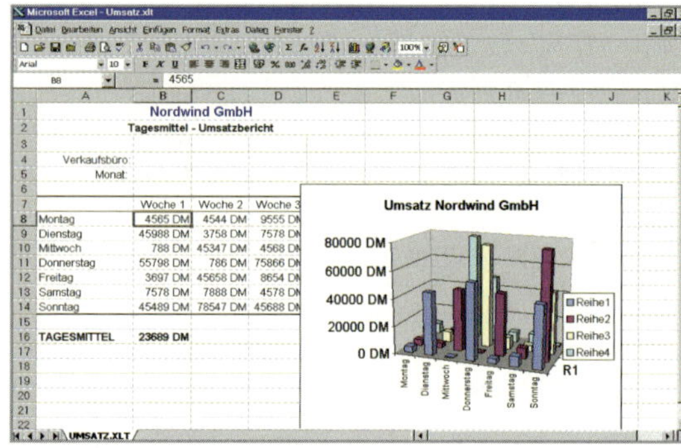

Bild 2: Beispiel zur Tabellenkalkulation

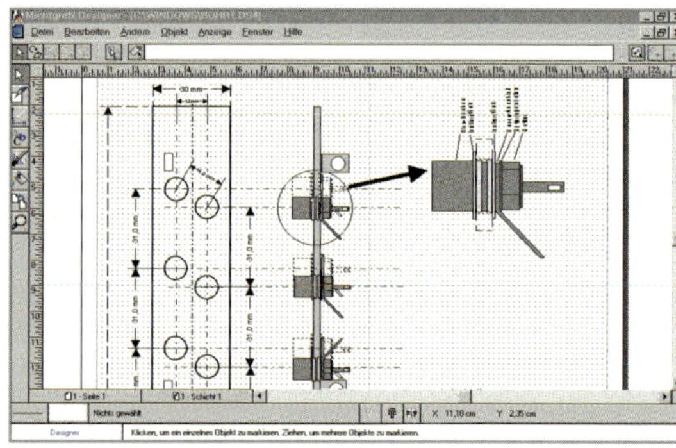

Bild 3: Beispiel zu CAD

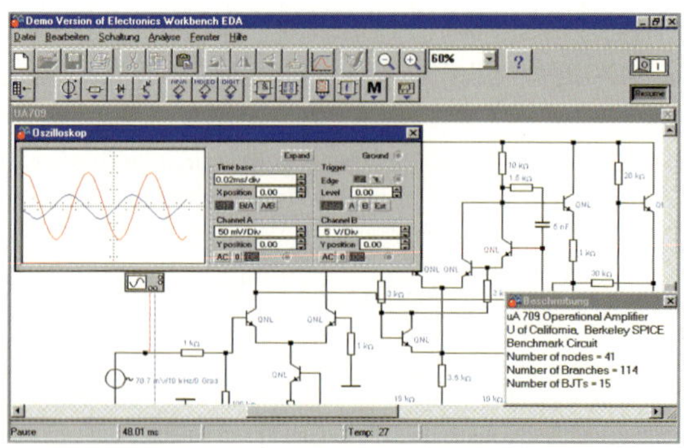

Bild 4: Beispiel zur Elektronik-Simulation

14.3.3 Arbeiten mit dem Computer

Die Bedienung der verschiedenen Anwendungsprogramme ist so unterschiedlich wie die Anforderungen. Das erschwerte lange Zeit das Arbeiten mit dem Computer. Durch den Einfluss einheitlicher Betriebssysteme, z. B. Windows 95, werden bei vielen Programmen Bedienung und Aussehen immer ähnlicher.

Dateien sind in Verzeichnissen und Unterverzeichnissen geordnet, ähnlich einer Kartei. Abhängig von der Art der in der Datei gespeicherten Daten trägt jede Datei eine Dateierweiterung (Suffix[1]), z. B. exe, txt oder bmp, in ihrem Namen **(Tabelle 1)**. In einer grafischen Benutzeroberfläche wird jedem Suffix ein Symbol zugeordnet, das auf den Dateityp schließen lässt.

Bei Betriebssystemen ohne grafische Benutzeroberfläche werden Dateiverwaltung und -bearbeitung durch Befehle gesteuert **(Bild 1)**. Zusätzlich zum eigentlichen Befehl und zum Dateinamen muss auch der Weg zum Ablageort, Pfad genannt, angegeben werden. Durch den Einsatz grafischer Benutzeroberflächen und grafischer Bedienelemente, z. B. bei der Dateiverwaltung **(Bild 2)**, entfallen komplizierte Befehle. Die Bedienung wird dadurch erheblich vereinfacht. Mit der Maus lassen sich viele Funktionen, z. B. Kopieren, Verschieben oder Formatieren, direkt anwählen oder starten **(Tabelle 2)**.

Tabelle 1: Gebräuchliche Dateierweiterungen

Datei.exe	lauffähiges Programm
Datei.dll	Gerätetreiber
Datei.hlp	Datei mit Hilfetexten
Datei.ini	Konfigurationsdatei
Datei.txt	Textdatei
Datei.doc	Textdatei (MS-Word)
Datei.wpd	Textdatei (Corel-WordPerfect)
Datei.html	Internet-Dokument
Datei.bmp	Bild-Datei
Datei.zip	komprimierte Datei

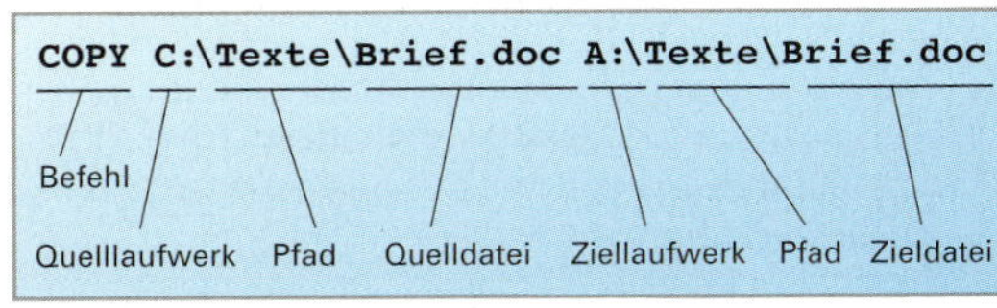

Bild 1: Kopierbefehl unter MS-DOS

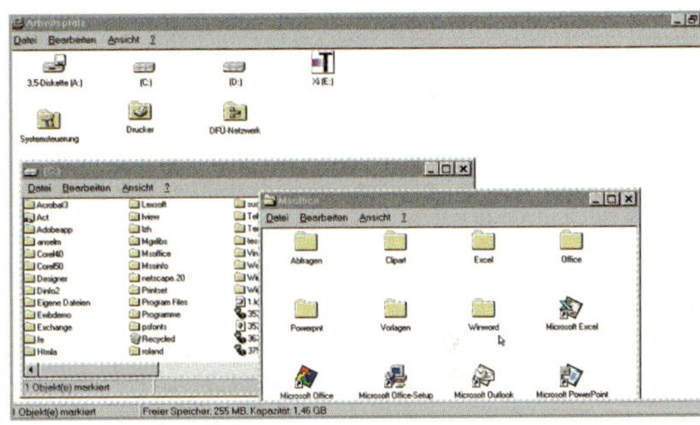

Bild 2: Grafische Dateiverwaltung

Tabelle 2: Beispiele für das Arbeiten mit Dateien unter MS-WINDOWS

Auswählen (Klicken)	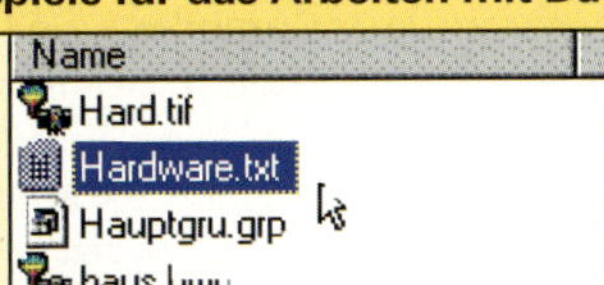	Durch Bewegen der Maus auf einer ebenen Fläche wird der Mauszeiger (Cursor) auf dem Bildschirm bewegt. Zur Steuerung wird der Cursor über die zu wählende Datei gebracht. Durch Drücken (**Klicken**) der linken Maustaste wird das Objekt mit einem Farbumschlag hinterlegt und damit markiert. Nun kann mit der rechten Maustaste ein **Pull-Down-Menü**[2] aufgerufen werden, das die weitere Bearbeitung ermöglicht.
Ausführen oder Öffnen (Doppelklicken)	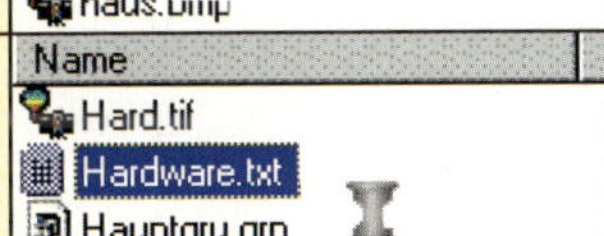	Durch zweimaliges schnelles Drücken der linken Maustaste (**Doppelklicken**) kann eine Datei direkt geöffnet werden. In der Konfiguration des Betriebssystems kann angegeben werden, welches Anwendungsprogramm dem Suffix entsprechend dazu verwendet wird. Ist kein Programm angegeben, erscheint automatisch ein Auswahlfenster.
Auslösen von Aktionen mit dem Pull-Down-Menü	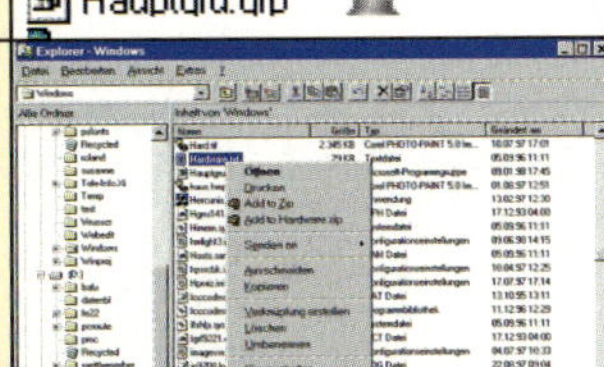	Durch Drücken der rechten Maustaste, nachdem eine Datei markiert wurde, erscheint ein Pull-Down-Menü. Durch Klicken auf die Zeile Kopieren wird die Datei in einen Speicher, die so genannte Zwischenablage, übertragen. Ein erneutes Klicken der rechten Maustaste an der Stelle, an der die Kopie erstellt werden soll, legt die Kopie durch Klicken der Zeile Einfügen ab. Im Pull-Down-Menü stehen auch noch andere Funktionen, z. B. Drucken, Öffnen, Löschen oder Umbenennen zur Verfügung.
Kopieren und Verschieben mit Drag & Drop	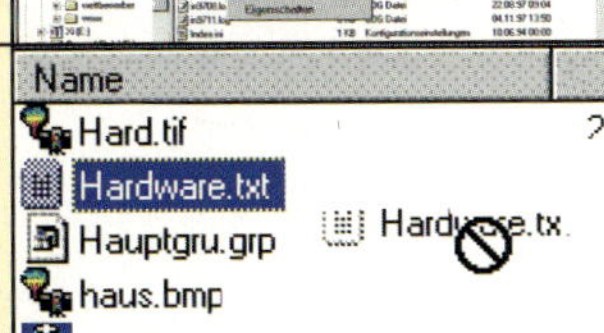	Hält man die Maustaste nach der Auswahl einer Datei gedrückt und bewegt die Maus, so wird die Datei mitgezogen (**Drag**). An der Stelle, an der man die Maustaste wieder losläßt, wird die Datei abgelegt (**Drop**). So können Dateien zwischen Verzeichnissen verschoben werden. Verschiebt man eine Datei mit Drag & Drop zu einem anderen Laufwerk, so wird die Quelldatei nicht verschoben, sondern es wird auf dem Ziellaufwerk eine Kopie der Datei erstellt.

[1] Suffix (engl.) = Anhängsel, Beisilbe
[2] Pull-Down-Menü (engl.) = Auswahlfenster zum Herunterziehen

14.4 Programmiersprachen

Der Prozessor eines Computers versteht nur Bitfolgen. Daher wurden Programmiersprachen entwickelt, bei denen für den Programmierer einfacher anwendbare Begriffe als Arbeitsanweisungen definiert wurden. Diese Begriffe nennt man Befehle. Ein **Befehl** hat einen vorgeschriebenen Aufbau, den man **Syntax** nennt. Der Computer kann den Befehl nur ausführen, wenn Schreibweise und die vorgegebene Folge der Variablen genau eingehalten werden. Man unterscheidet maschinenorientierte und problemorientierte Sprachen.

Maschinenorientiert bedeutet, dass die Programmiersprache speziell auf bestimmte Mikroprozessoren abgestimmt ist.

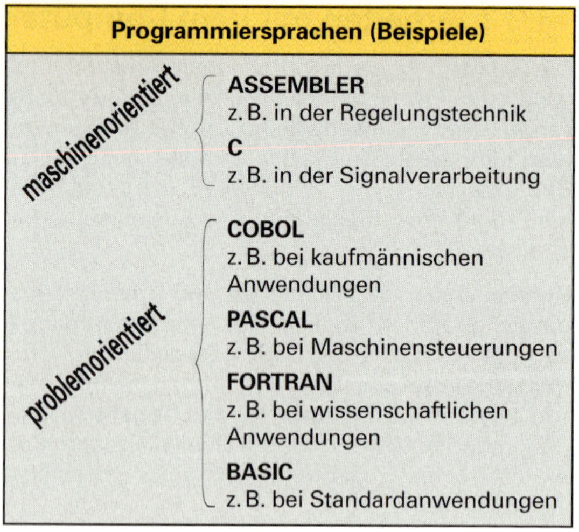

Bild 1: Einteilung der Programmiersprachen

Maschinenorientierte Programmiersprachen sind meist recht schwer zu erlernen, zeichnen sich aber durch eine extrem schnelle Programmausführung aus. Dazu gehören z. B. alle Assembler-Sprachen oder auch die Programmiersprache C.

Eine problemorientierte Programmiersprache ist für den Anwender wesentlich einfacher zu verstehen. Die Befehle entsprechen dabei eher der natürlichen Sprache und sind oft auch spezifisch auf ein Anwendungsgebiet zugeschnitten. Sie orientieren sich also eher an dem zu lösenden Problem als am Prozessor. Problemorientierte Programmiersprachen, z. B. BASIC, PASCAL, HTML, JAVA, sind übersichtlicher und einfacher zu erlernen als maschinenorientierte Sprachen, benötigen aber längere Ausführungszeiten.

Bei manchen Programmiersprachen, z.B. bei BASIC, muss während der Ausführung auf dem Prozessor immer ein Übersetzungsprogramm, der **Interpreter** (engl. = Dolmetscher), laufen.

Ein Interpreter übersetzt die Befehle einer Programmiersprache während der Programmausführung in einen für den Mikroprozessor verständlichen Code.

Bei anderen Programmiersprachen arbeitet man in mehreren Schritten **(Bild 2)**. Das eigentliche Eingeben der Befehle erfolgt über einen **Editor** und wird entsprechend als Editieren bezeichnet. Das Ergebnis ist eine Textdatei, der Quellcode. Er wird mit einem Übersetzungsprogramm, kurz **Compiler** (von to compile, engl. = zusammenstellen), in den Objektcode (Maschinensprache) übersetzt. Damit bestimmte Programmanteile nicht bei jeder Programmierung neu eingegeben werden müssen, kann innerhalb eines Programms auf andere Programme verwiesen werden. Das Einbinden von solchen externen Programmen bezeichnet man als „Linken“ (von to link, engl. = verbinden, zusammenfügen). Dazu benötigt man ein weiteres Programmierhilfsmittel, den sogenannten **Linker**. Es entsteht der so genannte „lauffähige Code“.

Ein Compiler übersetzt die Befehle einer Programmiersprache in einen für den Mikroprozessor verständlichen Code. Das Compilieren erfolgt vor der Programmausführung.

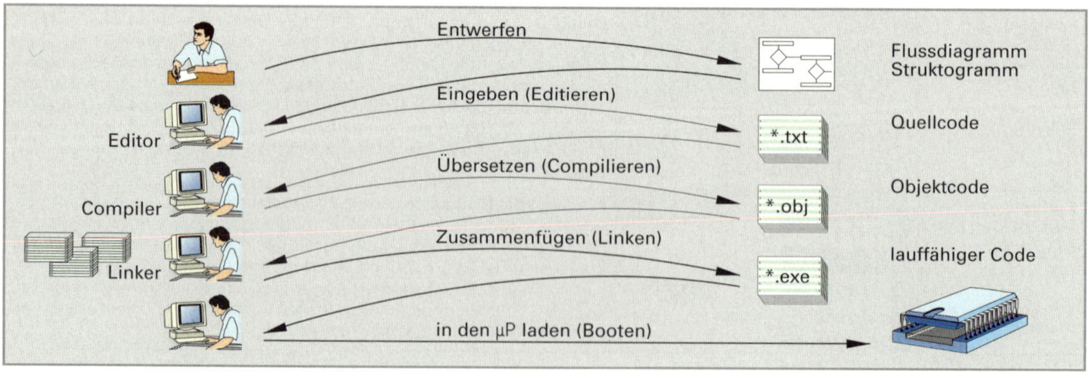

Bild 2: Schrittweises Erstellen eines Programms

Programmieraufgabe: *Es soll ein Programm erstellt werden, mit dem der Gesamtwiderstand einer Parallelschaltung von Widerständen errechnet werden kann.*

Vor der Erstellung eines Programms muss man sich zuerst über den Programmablauf Gedanken machen. Daraus entsteht ein Flussdiagramm, auch Ablaufdiagramm genannt. Das Flussdiagramm ist grundsätzlich unabhängig davon, in welcher Programmiersprache später geschrieben wird. Es ist jedoch sinnvoll, bereits hier besondere Möglichkeiten einer gewählten Programmiersprache mit einzubeziehen. Der Programmablauf für das Beispiel wird im Flussdiagramm oder Struktogramm **(Bild 1)** festgelegt.

Wird das Programm gestartet, erscheint auf dem Bildschirm ein Text, der den Benutzer zur Eingabe des ersten Widerstandswertes auffordert. Wurde der Wert eingegeben, erfolgt die Abfrage für den nächsten Widerstandswert. Wurde auch er eingegeben, errechnet das Programm (über den Leitwert) den Gesamtwiderstand und gibt das Ergebnis auf dem Bildschirm aus. Es folgt die Abfrage, ob weitere Widerstände parallel dazu geschaltet werden. Gibt der Benutzer ein „N" für Nein ein, wird das Programm beendet. Gibt er „J" für Ja ein, springt das Programm an die Stelle zurück, an der der zweite Widerstand eingegeben werden muss. Es wird nun der Gesamtwiderstand der Parallelschaltung des bisherigen Ergebnisses und des neu eingegebenen Widerstandes errechnet.

Bei der Programmierung in BASIC **(Bild 2)** wird jede Programmzeile mit einer fortlaufenden Nummer versehen. Beim Programmieren zählt man zu Beginn üblicherweise in 10er-Schritten. Das ermöglicht ein nachträgliches Einfügen von bei der Eingabe vergessenen Programmzeilen. Mit dem Vorsatz *REM*, z. B. Zeile 10, können Kommentare eingegeben werden. Der Interpreter erkennt an der Zeichenfolge *REM*, dass die nachfolgenden Zeichen nicht als auszuführende Befehle behandelt werden sollen. Befehle werden erst ab der nächsten Zeilennummer wieder ausgeführt. Die Werte für die Widerstände werden durch den Zusatz % als reelle Zahlen definiert. Ein BASIC-Progamm endet immer mit *END*.

Ein Programm in PASCAL **(Bild 3)** besteht immer aus mindestens einem Vereinbarungsteil und einem Programmteil. Im Vereinbarungsteil werden Angaben zu den verwendeten Variablen gemacht. So wurden hier z. B. r1, r2 und g als reelle Zahlen (von real, engl. = wirklich, tatsächlich) und frage als Zeichen (character, engl. = Zeichen) definiert. Danach beginnt mit dem Ausdruck *begin* der Programmteil. Der Programmteil endet mit dem Ausdruck *end*.

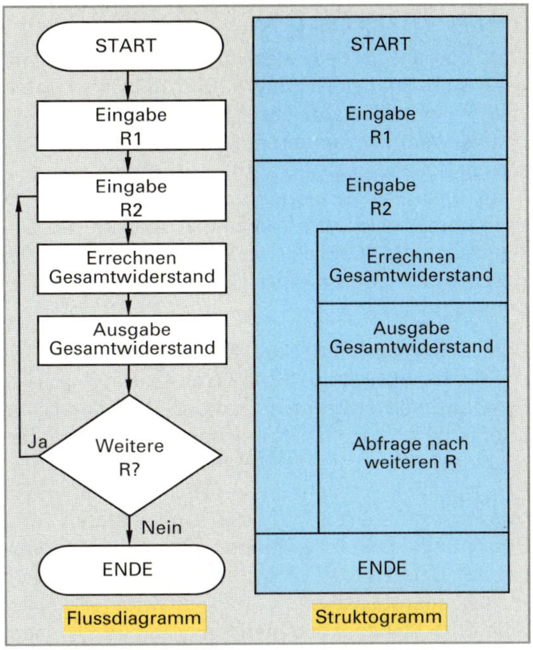

Bild 1: Flussdiagramm und Struktogramm zum Programmierbeispiel

```
10   REM  Parallelschaltung von Widerstaenden
20   INPUT "Erster Widerstand in Ohm "; R1%
30   INPUT "Naechster Widerstand in Ohm "; R2%
40   REM Berechnung Gesamtwiderstand
50   G = 1 / R1% + 1 / R2%
60   R1% = 1 / G
70   PRINT "Gesamtwiderstand =" ; R1% ; "Ohm"
80   INPUT "Weitere Widerstaende parallel dazu?
     j fuer Ja, n fuer Nein" , Frage$
90   IF Frage$ ="J" THEN 30
100  END
```

Bild 2: Programm in BASIC

```
program parallelschaltung;
var
  r1, r2,g:real;
  frage:char;

 begin
   g:=0; r1:=0; r2:=0;
   write ('Erster Widerstand in Ohm:  ');
   readln(r1);
   repeat
     write ('Naechster Widerstand in Ohm:  ');
     readln(r2);
     g:=1/r1 + 1/r2;
     r1:=1/g;
     writeln ('Gesamtwiderstand: ' , r1:6:2 , ' Ohm');
     writeln ('Weitere Widerstaende parallel dazu?
     j fuer Ja, n fuer Nein  ');
     readln (frage);
     until frage = 'n'
 end.
```

Bild 3: Programm in PASCAL

14.5 Internet

Das Internet ist ein dezentrales Datennetz mit gleichberechtigten Rechnern **(Bild 1)**, in dem Daten mithilfe einer angehängten Zieladresse von einem Netz-Knoten zum anderen weitergereicht werden, bis der Zielcomputer erreicht ist. Wird in einem solchen Netz eine Verbindung unterbrochen oder ist ein Knotenpunkt nicht erreichbar, so wird das Datenpaket einfach über einen anderen Weg zum Ziel geschleust – ähnlich einer Umleitung im Straßenverkehr.

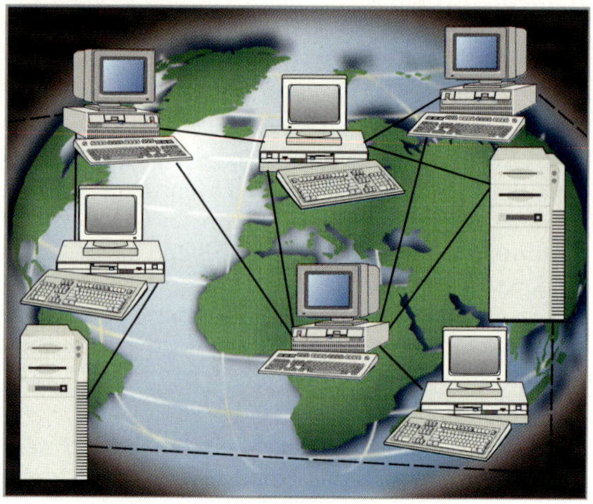

Bild 1: Auszug aus der Struktur des Internet

Dieses Standard-Protokoll zur Datenübertragung mit der Bezeichnung **TCP/IP** (**T**ransmission **C**ontrol **P**rotocol/**I**nternet **P**rotocol) hat den Vorteil, dass es unabhängig von Computerherstellern und Betriebssystemen ist. Basierend auf dieser Übertragungstechnik entstanden verschiedene, spezielle Wissenschaftsnetzwerke, die Universitäten und Forschungsinstitute verbinden. Das heutige Internet entstand aus der Vernetzung dieser Einzel-Netzwerke. Es gibt deshalb keine Institution oder Behörde, die das Internet als solches betreibt oder für das Funktionieren verantwortlich wäre. Vielmehr sind es viele staatliche Stellen, Forschungsinstitute und Firmen, die für den Betrieb eines von ihnen selbst organisierten Teilbereiches des Internet zuständig sind. Daher gibt es auch keine Institution, die rechtlich gesehen für den Inhalt des Internet verantwortlich ist. Man könnte sagen, es verhält sich ähnlich wie einzelne Telefongesellschaften in unterschiedlichen Ländern, die jeweils einen Teil des Netzes verwalten, für die Betriebssicherheit sorgen und die Kosten tragen.

Das Internet ist kein ganzheitliches Netz oder Dienst, sondern eine Ansammlung unterschiedlicher Dienste. Die wichtigsten Dienste sind E-Mail, World Wide Web, Gopher, FTP, Usenet und Telnet.

E-Mail ist der am häufigsten in Anspruch genommene Dienst im Internet. E-Mail bedeutet übersetzt „Elektronische Post" und ist eine Möglichkeit, Mitteilungen und Dateien zwischen Internet-Teilnehmern, den sogenannten Usern, zu verschicken. Jeder User besitzt eine eindeutige E-Mail-Adresse. Ähnlich einer herkömmlichen Postadresse besteht diese Adresse aus einem Namens- und einem Ortsteil **(Bild 2)**.

Bild 2: Aufbau einer E-Mail-Adresse

Das Internet ist nur mit sehr komplizierten Befehlen und ausführlichem Wissen zu bedienen. Das änderte sich, als am Europäischen Kernforschungszentrum *CERN* in Genf der Dienst **World Wide Web**, oft auch kurz als **WWW** oder **W3** bezeichnet, entwickelt wurde. Innerhalb des WWW werden Daten bereitgestellt, die vom User mit bedienungsfreundlichen grafischen Programmen, so genannten **Browsern**[1] **(Bild 3)**, abgerufen werden können. Natürlich braucht man auch im WWW einen Übertragungsstandard, den Standard **HTTP** (**Hyper**text **T**ransfer **P**rotocol = mehr als Text – Übertragungsprotokoll). Informationen werden in »**Hyper**text **M**arkup **L**anguage« (**HTML**) oder der Programmiersprache Java im Web gespeichert und dargestellt. Man bezeichnet Web-Seiten auch als **Homepages**.

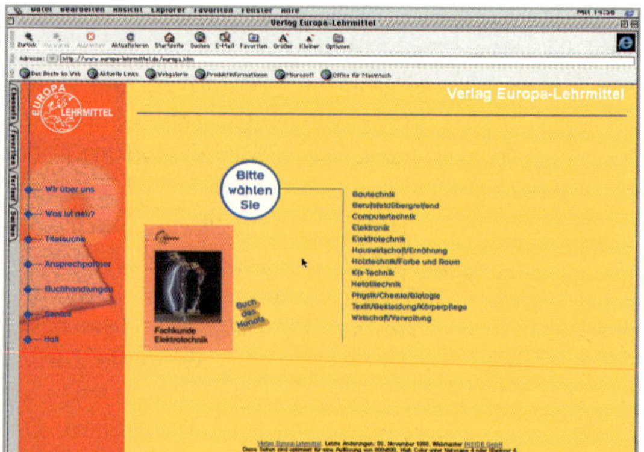

Bild 3: Beispiel für einen WWW-Browser

[1] Browser von to browse (engl.) = schmökern

14.6 Datensicherung und Datenschutz

14.6.1 Datensicherung

Datensicherung umfasst Maßnahmen gegen Verlust und vorsätzliche oder unbeabsichtigte Verfälschung von Daten.

Datenverlust kann verschiedene Ursachen haben **(Bild 3)**. Daten können verloren gehen, wenn Systemfehler in der Hardware auftreten, z. B wenn eine Festplatte einen mechanischen Defekt aufweist. Aber auch bei einem Softwarefehler können Daten verloren gehen. Stürzt z. B. ein Betriebssystem während des Speichervorganges ab, so kann dabei nicht nur die gerade erfolgte Änderung in einem Datenbestand verloren gehen, sondern auch die zu überschreibende Datei kann zerstört werden. Gegen einen solchen Datenverlust kann man sich durch regelmäßige Zwischenspeicherung und Sicherungskopien, sogenannte Backups, schützen. Viele Anwenderprogramme führen während des Arbeitens Zwischenspeicherungen selbsttätig aus. Bei manchen Anwendungsprogrammen, z. B. MS-Word **(Bild 1)**, kann der Anwender selbst angeben, in welchen zeitlichen Abständen eine Speicherung erfolgen soll. Stürzt das Anwenderprogramm oder das ganze System nun ab, so sind nur die Daten verloren, die zwischen letzter Zwischenspeicherung und dem Absturz eingegeben wurden.

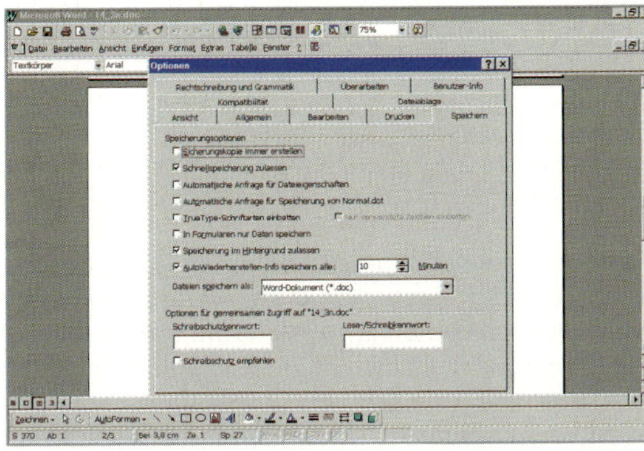

Bild 1: Einstellung der automatischen Zwischenspeicherung bei MS-Word

Computerviren sind Programme mit der Aufgabe, in einem fremden Computersystem Schaden anzurichten. Die Möglichkeiten reichen von einfacher Belegung von Speicherplatz, der dann nicht mehr vom eigentlichen Programm genutzt werden kann, über Löschen von Daten und Programmen bis zur Störung des Boot-Vorganges. Dadurch kann der Computer nicht mehr gestartet werden. Man spricht deshalb von Viren, weil diese Programme wie ein echter Krankheitserreger, über einfachen Datenaustausch über Disketten oder LAN von einem infizierten Computer auf einen nicht befallenen übergreifen können. Gegen Viren kann man sich schützen, indem man keine Programme oder Daten von einem Rechner zum anderen überträgt bzw. die zu übertragenden Dateien vorab mit einem Virenscanner, einem Programm, das in der Lage ist, Viren aufzufinden, überprüft. Ist ein Computer oder eine Datei bereits infiziert, so kann mit einem Anti-Virenprogramm **(Bild 2)** der Virus unschädlich gemacht werden. Da ständig neue Viren in Erscheinung treten, müssen auch Virenscanner und Anti-Virenprogramme ständig erneuert werden.

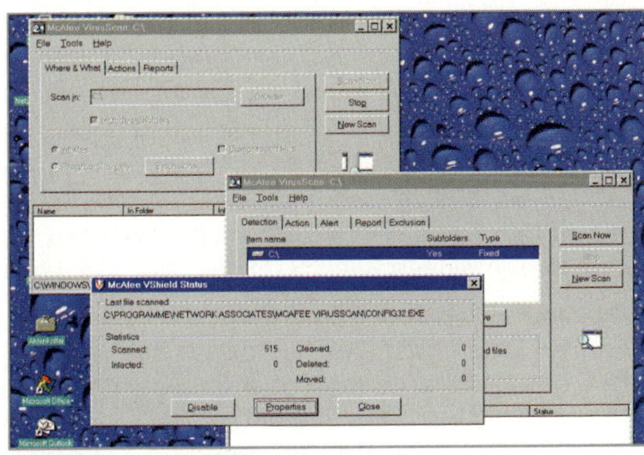

Bild 2: Anti-Virenprogramm

Datenverlust oder -verfälschung durch:

- Fehlerhafte Spannungsversorgung
- Umwelteinflüsse, magn. Felder, Temperatur
- Hardwarefehler, Softwarefehler
- Fehlbedienung
- Sabotage (Hacker, Computerviren)

Gegenmaßnahmen / Schadensbegrenzung

- USV-Anlagen, Blitzschutz
- sachgerechter Umgang
- Regelmäßige und automatische Zwischenspeicherung
- Zugangskontrollen, Passwörter, Schlüsselschalter, ID-Karten
- Virenscanner, Anti-Virenprogramme

Bild 3: Datensicherung

14.6.2 Datenschutz

Daten von allgemeinem Interesse sollen einer möglichst breiten Gruppe von Nutzern zugänglich gemacht werden. Spezielle Daten, z.B. betriebsinterne Informationen, oder **personenbezogene Daten** sollen aber vor unerlaubtem und missbräuchlichem Zugriff geschützt werden. Vor allem die Vernetzung über lokale Netzwerke und das Internet stellen die Datentechnik vor ein Problem, da auch aus der Ferne auf Daten zugegriffen werden kann. Alle Verfahren, die vor unberechtigten Zugriffen auf personenbezogene Daten, z.B. lesen, aneignen, verändern, schützen, werden als Maßnahmen des Datenschutzes bezeichnet. Ohne Datenschutz besteht die Gefahr, dass die Lebensumstände des Einzelnen gegen seinen Willen öffentlich werden.

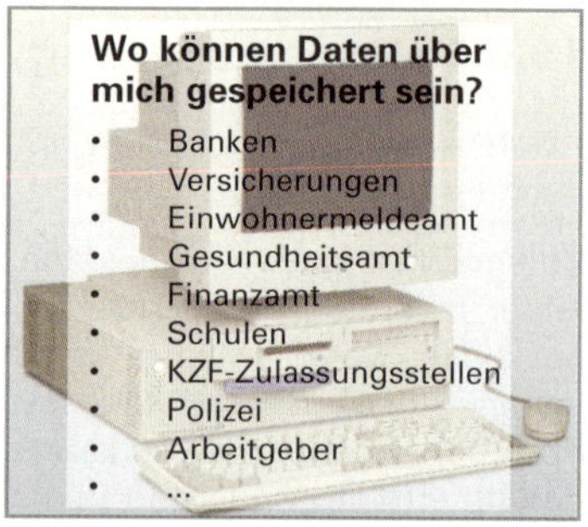

Bild 1: Speicherung persönlicher Daten

Datenschutz dient dem Schutz der Bürger vor Missbrauch der über sie gespeicherten Daten.

Kraft Gesetzes hat jeder das Recht, über die Speicherung, Weitergabe und die Verwendung seiner Daten selbst zu entscheiden. Alle Daten verarbeitenden Stellen **(Bild 1)**, insbesondere Behörden, müssen Auskunft über den Umfang gespeicherter Daten geben. Sollten Daten, auch nur in unerheblichen Teilen, falsch sein, muss auf Wunsch eine Berichtigung stattfinden. Daten, deren Wahrheitsgehalt von dem Betroffenen bestritten wird, müssen bis zur Klärung gesperrt werden. Daten, die nicht mehr benötigt werden und an deren Verwendung kein öffentliches Interesse besteht, sind auf Verlangen zu löschen.

Das **Datenschutzgesetz (Bild 2)** regelt aber nicht nur die Rechte der Bürger, sondern auch die Pflichten der Stellen, die personenbezogene Daten verarbeiten. Wer bei einer solchen Stelle beschäftigt ist, darf Daten nur zur rechtmäßigen Arbeit verarbeiten, bekannt geben, zugänglich machen oder sonst nutzen. Er darf sie also nicht für private Zwecke oder gar zu seiner persönlichen Bereicherung verwenden. Daten müssen durch technische Einrichtungen gegen Zugriff Unberechtigter und vor Missbrauch geschützt werden. Bei der Weitergabe von Daten dürfen fremde Personen nichts von den Daten erfahren. Die Rechte für die Weitergabe von Daten sind meist gesetzlich geregelt.

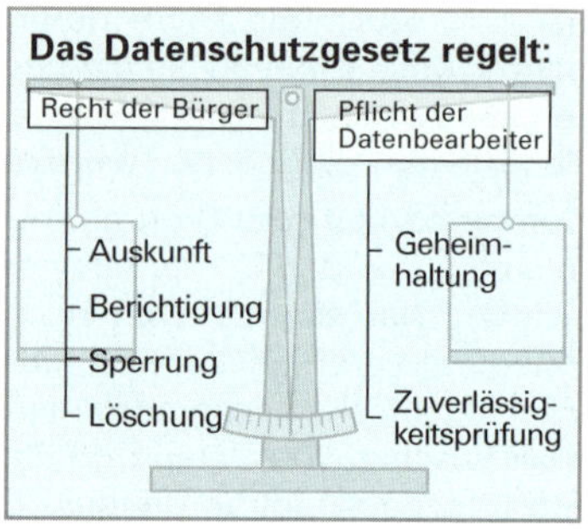

Bild 2: Datenschutzgesetz

So hat zum Beispiel das Finanzamt die Berechtigung, Zugang zu nahezu allen Daten über die Einkommensverhältnisse der Bürger zu erhalten, das Gesundheitsamt oder gar eine private Institution wie eine Bank hat dazu aber keine Berechtigung. Die Polizei hat einen gesetzlichen Anspruch auf die Daten der Kfz-Zulassungsstelle. Eine private Institution wie eine Kfz-Versicherung darf jedoch keinen Zugang zu diesen Daten haben. Es ist auch nicht erlaubt, mehr Daten zu speichern, als für die rechtmäßige Erfüllung der Aufgaben erforderlich ist. Eine schriftliche Einverständniserklärung, z.B. bei der Kfz-Anmeldung oder beim Antrag auf einen Telefonanschluss, kann die Weitergabe und die Speicherung von Daten über den unbedingt erforderlichen Rahmen hinaus dennoch möglich machen.

Firmen, die sich mit der Verarbeitung von personenbezogenen Daten beschäftigen, müssen ab einer Zahl von fünf Mitarbeitern einen **betrieblichen Datenschutzbeauftragten** stellen. Er hat über die Einhaltung der Vorschriften und die ordnungsgemäße Anwendung der einschlägigen Maßnahmen zu wachen.

Für den Datenschutz im öffentlichen Bereich, z.B. bei Behörden, Ämtern, sind **staatliche Datenschutzbeauftragte** des Bundes oder der Länder zuständig. Jeder, der meint, dass mit seinen Daten unrechtmäßig umgegangen wird, kann sich an die Bundes- bzw. Landesbeauftragten für Datenschutz wenden.

Wiederholungsfragen

1. **Welche Aufgabe hat ein Betriebssystem?**
2. **Nennen Sie mindestens drei Beispiele für Betriebssysteme.**
3. **Was bedeutet der Ausdruck „maschinenorientiert" bei einer Programmiersprache?**
4. **Welche Aufgaben haben Compiler und Linker?**
5. **Erklären Sie den Begriff HTML.**
6. **Erklären Sie den Unterschied zwischen Datenschutz und Datensicherheit.**

15 Steuern und Regeln

In der Technik können z.B. Spannungen, Ströme, Drehzahlen oder Temperaturen gesteuert oder geregelt werden. Ein Absinken der Raumtemperatur hat z. B. keinen Einfluss auf den gesteuerten Heizkörper **(Bild 1)**. Beim Regeln wird dagegen auch die Raumtemperatur erfasst. Deren Änderung wirkt auf die zu steuernde Wärmezufuhr zurück.

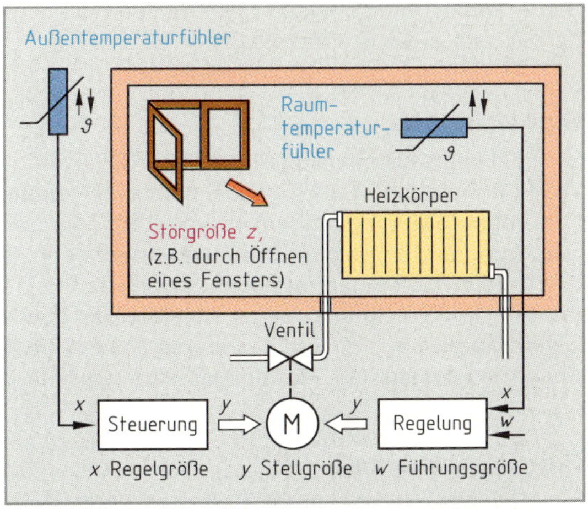

Bild 1: Steuerung und Regelung eines Heizkörpers

15.1 Steuern

Beim Steuern wird eine Größe beeinflusst, z. B. eine Temperatur oder eine Motordrehzahl. Das Steuern erfolgt z. B. durch Betätigen eines Schalters oder eines Stellwiderstandes. Steuern heißt, dass der in Bild 1 vorhandene Heizkörper eine Störung wie das Absinken der Raumtemperatur durch Öffnen eines Fensters nicht ausgleicht.

15.1.1 Begriffe und Größen

Man kann die Drehzahl eines Gleichstrommotors mit Hilfe eines Widerstandes einstellen **(Bild 2)**. In diesem Fall stellt z. B. ein Mensch den Schleifer des Widerstandes ein. Der Mensch wirkt dann als Signalgeber. Da die Stellung des Schleifers die Motordrehzahl „führt", wird sie als **Führungsgröße** *w* dieser Steuerung bezeichnet. Der Stellwiderstand formt die Stellung des Schleifers in eine entsprechende Spannung um. Er dient als **Steuereinrichtung,** der Schleifer als **Stellglied**. Die Ausgangsspannung *U* der Steuereinrichtung ist die **Stellgröße** *y* (Bild 2); sie wird im Motor in eine Ankerdrehzahl *n* umgeformt. Der Motor bildet die **Steuerstrecke,** seine Drehzahl die **Aufgabengröße** x_A der Steuerung. Eine einfache und übersichtliche Darstellung in einer Steuerung gibt der **Wirkungsflussplan (Bild 3)**. Ein Signalflussplan stellt eine Steuerung einfach und übersichtlich dar.

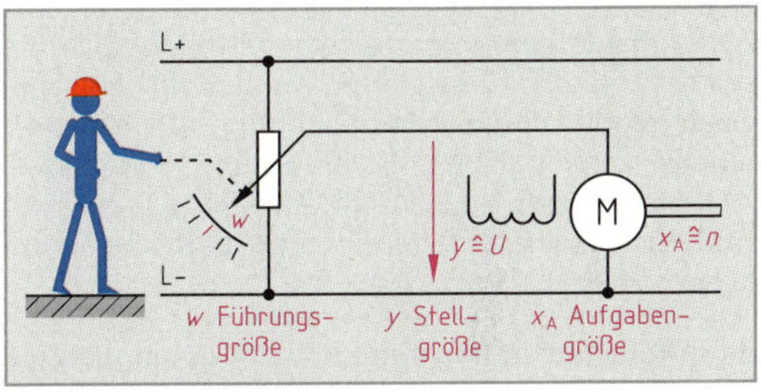

Bild 2: Drehzahlsteuerung (Schaltplan)

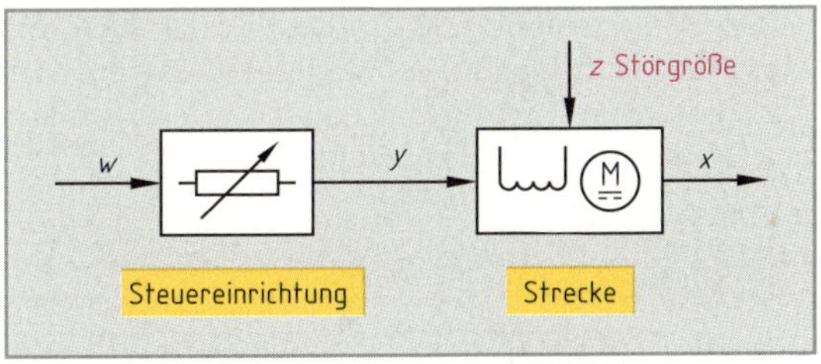

Bild 3: Wirkungsplan der Steuerung (Bild 2)

Die Ankerdrehzahl *n* im Beispiel (Bild 2) ist nicht nur von der Einstellung des Stellwiderstandes abhängig, sondern z. B. auch von der Belastung des Motors und von Änderungen der Versorgungsspannung. Bei konstanter Führungsgröße *w* bleibt die Aufgabengröße x_A (Motordrehzahl *n*) nicht konstant, weil so genannte **Störgrößen** *z* einwirken. Störgrößen sind z. B. die Änderung der Versorgungsspannung oder die Änderung der Belastung. Die Ausgangsgröße der Steuerstrecke (Aufgabengröße x_A) beeinflusst das Stellglied nicht; der Steuervorgang hat einen offenen Wirkungsweg (Bild 3).

Das Steuern erfolgt in einem offenen Wirkungsablauf, in der so genannten Steuerkette.

Im Beispiel Bild 2 wird die Stellgröße (Ankerspannung) durch die Führungsgröße (Stellung des Schleifers) selbst verändert. Diese Steuereinrichtung arbeitet ohne Hilfsenergie.

Bei einer Steuereinrichtung mit Hilfsenergie wird die Führungsgröße verstärkt, z. B. bei einer Schützsteuerung. Stellglied ist dabei das Schütz, das mithilfe eines Steuergeräts, z. B. mit einem Schalter, durch einen Menschen betätigt werden kann. Die Hilfsenergie ist immer kleiner als die Energie der Stellgröße.

15.1.2 Merkmale der Steuerungen

Steuerungen unterscheiden sich z. B. durch die Signaleingabe und Signalverarbeitung sowie durch die Art der Signale in der Steuerkette.

Signaleingabe

Bei der Drehzahlsteuerung Bild 2, Seite 377, kann die Führungsgröße in einem vorgegebenen Bereich alle Werte annehmen: die Eingabeeinheit wirkt **analog.** Bei der Schützsteuerung sind nur zwei Werte der Führungsgröße möglich, entweder „Ein" oder „Aus": in diesem Fall wirkt die Eingabeeinheit **binär.** Zur Steuerung umfangreicher Prozesse verwendet man Eingabeeinheiten, die **digital** arbeiten, also in Stufen. Am Anfang der Steuerkette befindet sich dann ein Mikrocomputer. Die Programme können als Führungsgrößen durch Betätigen eines Tastenfeldes oder Schalter eingegeben werden. Man ruft sie auch von Datenträgern ab, z. B. von Festwertspeichern (ROM), von Schreib-Lesespeichern (RAM) oder in Verbindung mit Lochstreifen, Plattenspeichern oder Magnetbändern.

Signalverarbeitung

Eine Schützsteuerung ist die einfachste Form einer **Verknüpfungs-Steuerung.** Bei einer derartigen Steuerung ist die Stellgröße mit der Eingangsgröße durch eine logische Funktion verknüpft.

Eine **Ablaufsteuerung** arbeitet in einzelnen Schritten, die in einer vorgegebenen Folge ablaufen. Sie geht nur dann einen Schritt weiter, wenn die Weiterschaltbedingungen für diesen Schritt erfüllt sind. Sind diese Bedingungen von der Zeit abhängig, spricht man von einer **zeitgeführten Ablaufsteuerung**. Die Eingabeeinheit enthält dann z. B. eine Schaltuhr oder elektronische Zeitglieder. Bei der **prozessabhängigen Ablaufsteuerung** bewirkt der gesteuerte Prozess das Weiterschalten. So können z. B. bei einer Werkzeugmaschine Drehzahl, Drehrichtung und Vorschub eines Werkzeugs durch die Stellung des Werkstücks bestimmt sein.

Eine Ablaufsteuerung kann sowohl durch die Zeit als auch durch den Prozess geführt sein, z. B. bei der selbsttätigen Stern-Dreieck-Steuerung eines Drehstrommotors **(Bild)**. Der **Stern-Dreieck-Anlauf** kann nach Betätigung von Taster S2 beginnen, wenn der Motor abgeschaltet war. Nur dann wird durch S2 das Sternschütz K1 angesteuert. K1 verhindert das Ansprechen des Dreieckschützes K3 und bewirkt, dass K2 den Motor ans Netz legt. K2 schaltet das Zeitrelais K4 ein und löst damit den zeitbedingten Ablaufschritt aus. Am Ende dieses Schrittes schaltet K4 das Sternschütz K1 aus. Erst durch das abgefallene Schütz K1 wird das Dreieckschütz K3 eingeschaltet.

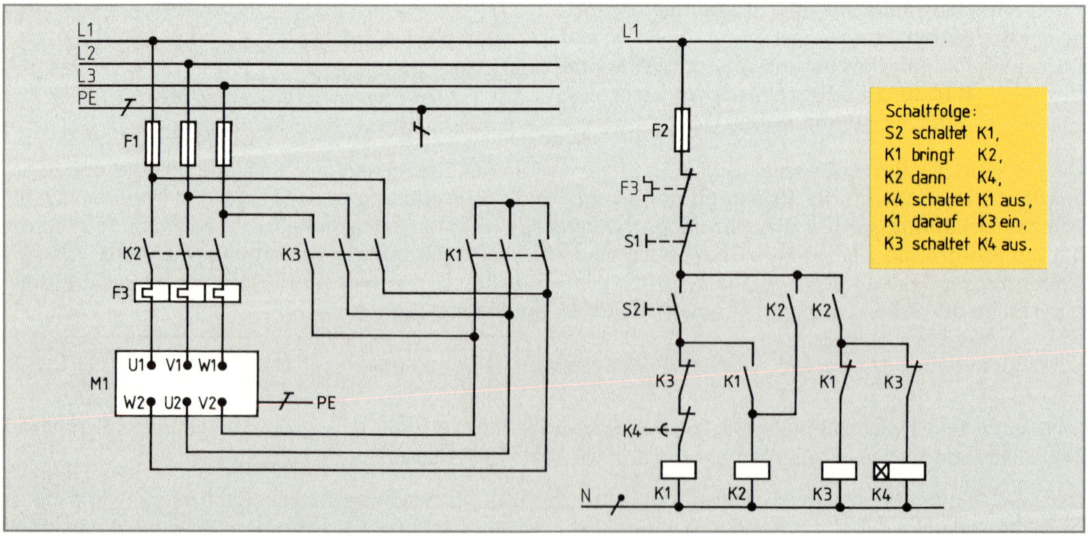

Bild: Selbsttätige Stern-Dreieck-Steuerung durch Schütze

Auch ein **Waschautomat** enthält eine Ablaufsteuerung. Meist befinden sich in der Eingabeeinheit Mikroschalter, die ein Synchronmotor über Nockenscheiben betätigt **(Bild 1)**. Durch diesen Antrieb ist die Steuerung zeitgeführt. Zusätzlich aber bestimmen z. B. Wasserhöhe und Temperatur im Waschautomaten, ob der Synchronmotor läuft und dabei die zeitgeführten Schritte der Steuerung auslöst. Die Steuerung ist also auch prozessabhängig. Mit dem Einschalten des Automaten beginnt der Synchronmotor zu laufen und steuert Ablaufventile und Pumpe für eine vorgegebene Zeit. Nach kurzer Zeit wird das Magnetventil für den Wassereinlauf geöffnet. Ist der erforderliche Wasserstand erreicht, schließt ein Druckfühler das Einlaufventil und schaltet die Heizung ein. Die zeitgeführten Schritte des eigentlichen Waschganges beginnen dann, wenn der Temperatursensor das Erreichen der vorgewählten Temperatur meldet. Nach Beendigung des Waschganges folgen mit dem Abpumpen und dem anschließenden Wassereinlauf prozessabhängige Schritte. Das Spülen ist zeitgeführt, ebenso das Schleudern. Statt dieser elektromechanischen Eingabeeinheit werden auch Schaltungen mit Mikroprozessoren verwendet; dadurch wird die Programmvielfalt vergrößert.

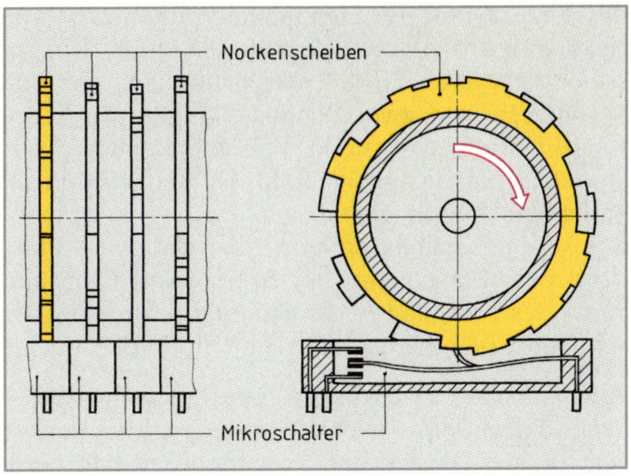

Bild 1: Elektromechanische Eingabeeinheit für einen Waschautomat

Art der Signale

Steuerungen unterscheiden sich voneinander durch die Art der Signale. Elektrische Steuerungen, z. B. mit Schützen, Thyristoren oder Operationsverstärkern, verarbeiten elektrische Spannungen oder Ströme. Pneumatische Steuerungen haben Luftdruck, hydraulische Steuerungen Flüssigkeitsdruck als Stellgröße.

15.1.3 Pneumatische Steuerungen

Die für eine pneumatische Steuerung erforderliche Luft saugt ein Verdichter über einen Filter an, verdichtet und drückt sie dann in einen Druckluftbehälter **(Bild 2)**. Die angesaugte Luft erwärmt sich beim Verdichten stark. Sie muss vor dem Speichern wieder abgekühlt werden. Der Druckluftspeicher ist gegen Überdruck durch ein Begrenzungsventil abgesichert. Je nach der benötigten Luftmenge kann sich der Druck im Speicher rasch ändern. Deshalb ist dem Speicher ein Druckregler nachgeschaltet, der den Luftdruck in der Steuerung ungefähr konstant hält. Die Reglereinheit enthält noch einen Filter und einen Öler, welcher der Luft zur Schmierung der Steuerglieder Ölnebel zuführt. Durch ein Hauptventil kann die Steuerung von der Druckerzeugeranlage getrennt werden. Die so aufbereitete Druckluft strömt zum Stellglied, das häufig elektromagnetisch betätigt wird. Als Steuerstrecke dient z. B. ein Pneumatikzylinder (Bild 2).

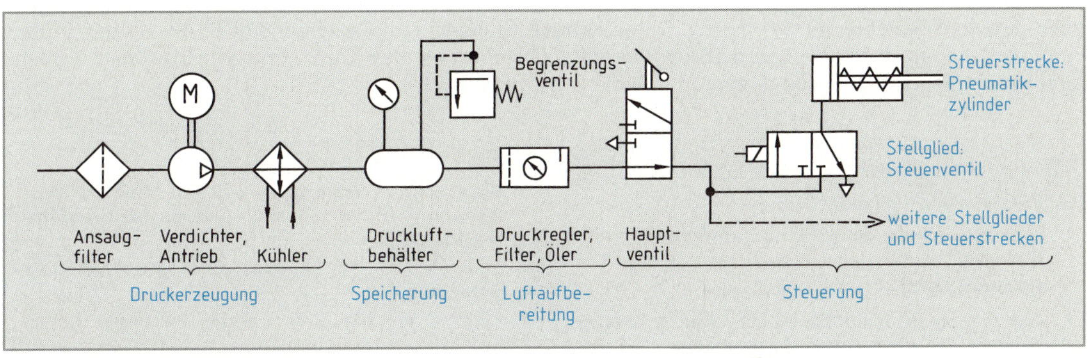

Bild 2: Aufbau einer pneumatischen Steuerung mit Druckerzeugeranlage (symbolische Darstellung)

Die Steuerventile als Stellglieder können mehrere gesteuerte Anschlüsse (Wege) und mehrere Schaltstellungen haben. Ein **3/2-Wegeventil** z. B. hat drei Anschlüsse und zwei Schaltstellungen. Es kann einen einfach wirkenden Pneumatikzylinder als Steuerstrecke ansteuern **(Bild 1)**. Bei stromloser Spule des Ventils haben Stellglied und Steuerstrecke Ruhestellung a und sind dabei belüftet. Nach dem Einschalten der Spule kann Druckluft durch das Stellglied in die Steuerstrecke strömen; Ventil und Zylinder gehen in Stellung b (Bild 1).

Pneumatische Steuerungen sind einfach aufgebaut, die Leitungen leicht zu verlegen. Eine Veränderung oder Erweiterung der Steuerung erfordern nur wenig Aufwand. Druckluft ist leicht zu erzeugen, einfach zu speichern und belastet die Umwelt nicht. Rückleitungen sind unnötig, da die Luft nach dem Arbeiten abgeblasen werden kann. Durch die Pneumatikzylinder lassen sich z. B. Werkzeuge und Werkstücke schieben.

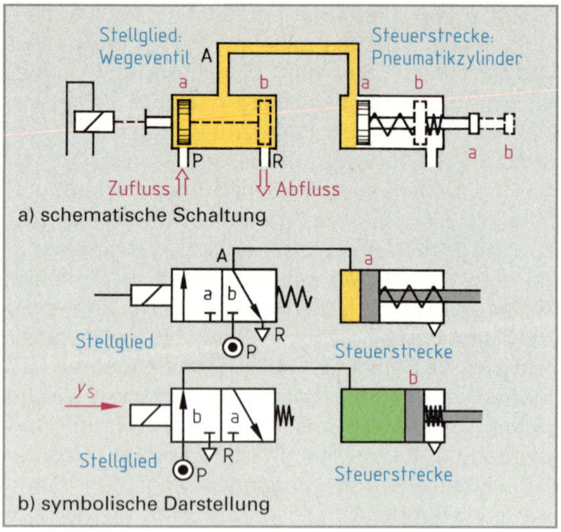

Bild 1: Steuerung eines einfach wirkenden Pneumatikzylinders über ein 3/2-Wegeventil

15.1.4 Hydraulische Steuerungen

Die Hydraulikflüssigkeit befindet sich bei einer derartigen Steuerung in einem geschlossenen Kreislauf. Der Flüssigkeitsdruck wird durch eine Pumpe erzeugt. Ein Ventil parallel zur Pumpe begrenzt den Druck **(Bild 2)**. Ein Hydraulikspeicher vermindert Druckschwankungen. Der Speicher enthält Hydraulikflüssigkeit und ein stark komprimiertes Gas. Im Beispiel Bild 2 dient ein elektromagnetisch betätigtes 5/3-Wegeventil als Stellglied und ein doppelt wirkender Hydraulikzylinder als Steuerstrecke. Je nach Schaltzustand des Stellglieds bewegt sich der Kolben der Steuerstrecke nach rechts, nach links oder bleibt in Ruhe.

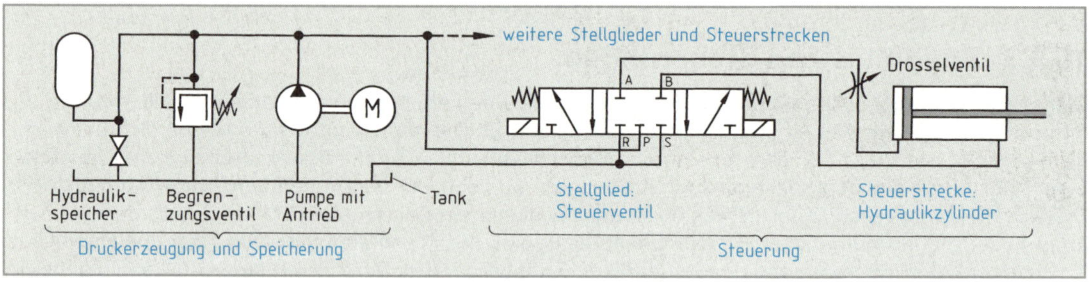

Bild 2: Aufbau einer hydraulischen Steuerung mit Druckerzeugungsanlage (symbolische Darstellung)

Die Elemente hydraulischer Steuerungen sind einfach aufgebaut und benötigen wenig Raum. Sie ermöglichen viel größere Kräfte in den Steuerstrecken als pneumatische oder elektrische Steuerungen. Flüssigkeiten lassen sich kaum komprimieren. Daher können Stellung und Geschwindigkeit der Kolben in den Hydraulikzylindern sehr genau und schwingungsfrei gesteuert werden. Durch undichte Stellen im System kann aber Hydraulikflüssigkeit austreten und die Umwelt belasten.

Wiederholungsfragen

1 **Was versteht man unter Steuern?**

2 **Nennen Sie zwei Beispiele für Störgrößen in einer Steuerung.**

3 **Erläutern Sie den Begriff Steuerkette.**

4 **Nennen Sie je ein Beispiel für eine a) analoge, b) binäre und c) digitale Eingabeeinheit.**

5 **Was versteht man unter einer a) Verknüpfungssteuerung, b) zeitgeführten und c) prozessgeführten Ablaufsteuerung?**

6 **Erklären Sie den Aufbau einer pneumatischen Steuerung.**

7 **Welche Vorteile und welche Nachteile haben hydraulische Steuerungen?**

15.2 Regeln

Durch Regeln wird eine physikalische Größe auf einem gewünschten Wert gehalten. Sie wird dabei ständig gemessen, mit einem Sollwert verglichen und an ihn angeglichen.

15.2.1 Begriffe und Größen

An einem elektrischen Heizkörper z. B. soll die Temperatur ständig 20 °C betragen. Dabei misst ein Mensch die Temperatur. Steigt sie über 20 °C, schaltet er den Heizstrom ab **(Bild 1).** Sinkt sie unter 20 °C, schaltet er den Strom wieder ein.

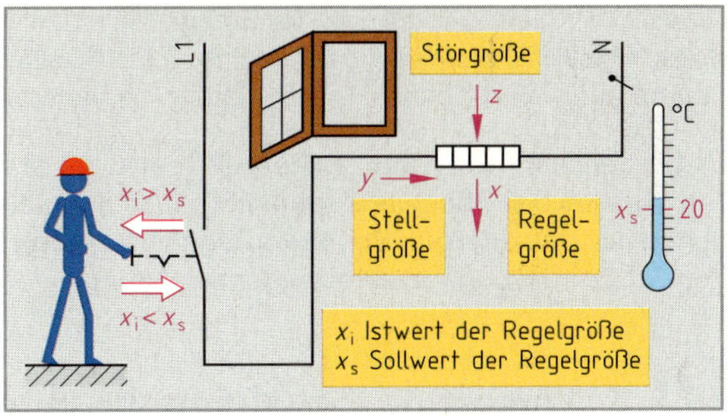

Bild 1: Regeln einer Temperatur von Hand

Das Heizgerät ist im Beispiel die **Regelstrecke,** der Strom die **Stellgröße** *y*, die Temperatur die **Regelgröße** *x*. Die gewünschte Temperatur nennt man **Sollwert** x_S der Regelgröße, die tatsächliche Temperatur **Istwert** x_i. Der Mensch misst den Istwert, vergleicht ihn mit dem Sollwert und schaltet die Stellgröße aus oder ein (Bild 1). Er wirkt so als **Regler.** Der Schalter ist das **Stellglied.** Regler und Stelleinrichtung bilden zusammen die **Regeleinrichtung.** Der Vorgang wird durch den Sollwert, z. B. 20 °C, „geführt". Diesen Wert nennt man **Führungsgröße** *w*. **Störgröße** *z* ist z. B. die Wärmeabfuhr.

Eine Temperaturregelung kann selbsttätig erfolgen **(Bild 2).** Dabei wird der Istwert x_i der Temperatur an der Regelstrecke (1) z. B. durch einen flüssigkeitsgefüllten Messfühler (2) gemessen, der auf eine Membrandose mit Druckstift (3) wirkt (Bild 2a). Fühler und Membrandose dienen als **Messumformer.** Den Sollwert x_S bzw. die Führungsgröße *w* gibt man durch eine Stellschraube (4) ein. Dadurch wird die Stellung eines Hebels (5) bestimmt, der auf das Stellglied einwirkt und den Sprungschalter (6) betätigt. Bei Temperaturerhöhung bewegt sich der Druckstift (3) nach unten. Steigt der Istwert x_i über den Sollwert x_S, wird durch den Hebel (5) die Stellgröße *y*, der Heizstrom, abgeschaltet. Sinkt die Temperatur x_i unter den Sollwert x_S, bewirkt eine Feder (7) wieder das Schließen des Stromkreises. Die Stellung des Hebels (5) hängt vom **Sollwerteinsteller** (4) und vom Druckstift (3) ab. Der Hebel (5) vergleicht den Istwert x_i mit dem Sollwert x_S bzw. der Führungsgröße *w*. Der Hebel (5) ist hier das Vergleichsglied.

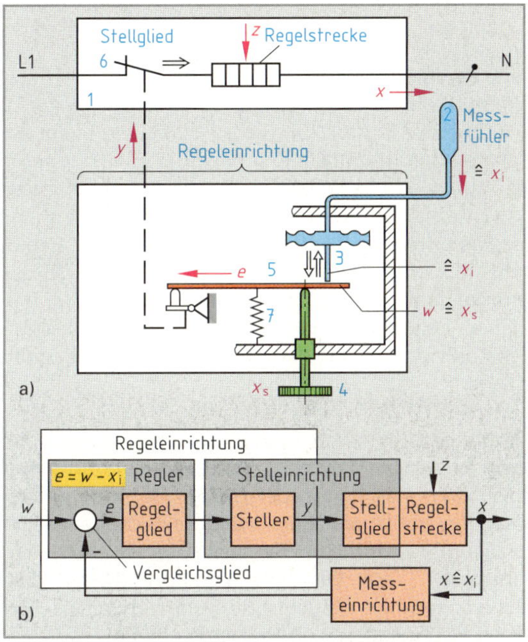

Bild 2: Regelkreis mit Zweipunkt-Regeleinrichtung

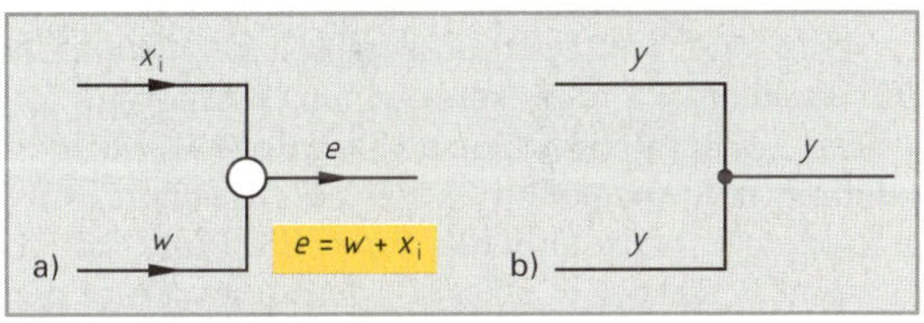

Bild 3: a) Additions- und b) Verzweigungsstelle

Eine Regeleinrichtung besteht aus dem Regler und der Stelleinrichtung.

Die Regelgröße *x*, beeinflusst über die Regeleinrichtung das Eingangssignal, die Stellgröße *y* (Bild 2 b). Es besteht also über Regelstrecke und Regeleinrichtung ein in sich geschlossener Wirkungsweg (Rückkopplung). Bei der Verzweigungsstelle **(Bild 3 b)** ist an jeder Wirkungslinie das ursprüngliche Signal vorhanden, während an der Additionsstelle das Ausgangssignal als algebraische Summe auftritt **(Bild 3 a).**

Das Regeln erfolgt in einem geschlossenen Kreis, dem Regelkreis.

Eine Regeleinrichtung verändert die Stellgröße, wenn die Regelgröße vom Sollwert abweicht. Wird bei einer Elektroheizung die Regelgröße Temperatur zu groß, so muss die Stellgröße Strom abnehmen.

Ursache für die Veränderung der Stellgröße ist die **Regeldifferenz,** $e = w - x_i$. Steigt z.B. bei der Führungsgröße $w = 20$ °C die Regelgröße auf $x_1 = 21$ °C , so ergibt sich die negative Regeldifferenz $e = w - x_1 = -1$ K. Das negative Vorzeichen der Regeldifferenz bedeutet Wirkungsumkehr.

Die Regeleinrichtung Bild 2, Seite 381, arbeitet ohne Hilfsenergie, da die Leistung des Messumformers zum Antrieb des Stellglieds ausreicht. Auch Regeleinrichtungen mit Bimetallen, z. B. in Bügeleisen, benötigen keine Hilfsenergie. Bei einer Regeleinrichtung mit Hilfsenergie liefert eine besondere Quelle die für den Stellantrieb (Aktor) erforderliche Leistung.

15.2.2 Unstetige Regeleinrichtungen

Bei einer unstetigen Regeleinrichtung kann die Stellgröße nur wenige unterschiedliche Werte annehmen.

Eine **Zweipunkt-Regeleinrichtung** z. B. arbeitet unstetig. Sie ermöglicht zwei verschiedene Werte der Stellgröße. Bei der Anlage Bild 2, Seite 381, wird der Heizstrom als Stellgröße aus- und eingeschaltet. Wählt man dabei z. B. den Sollwert $x_s = 20$ °C, so bleibt die Temperatur nicht genau auf diesem Wert. Der Regler schaltet den Heizstrom erst bei einer etwas höheren Temperatur ab und bei einer etwas niedrigeren Temperatur wieder ein **(Bild 1).** Der Unterschied zwischen dem oberen Ansprechwert des Stellglieds, z. B. $x_o = 21$ °C, und dem unteren Ansprechwert, z. B. $x_u = 19$ °C, wird als **Schaltdifferenz** oder **Hysterese** der Regeleinrichtung bezeichnet; sie beträgt im Beispiel $x_o - x_u = 2$ K. Die Regelgröße schwankt um einen Mittelwert x_m, der mit dem Sollwert $x_s = 20$ °C übereinstimmen kann. Bei sehr großer Leistung der Regelstrecke liegt der Wert x_m über dem Sollwert x_s, bei kleiner Leistung darunter. Eine große Schaltdifferenz bewirkt eine kleine **Schalthäufigkeit** des Stellglieds.

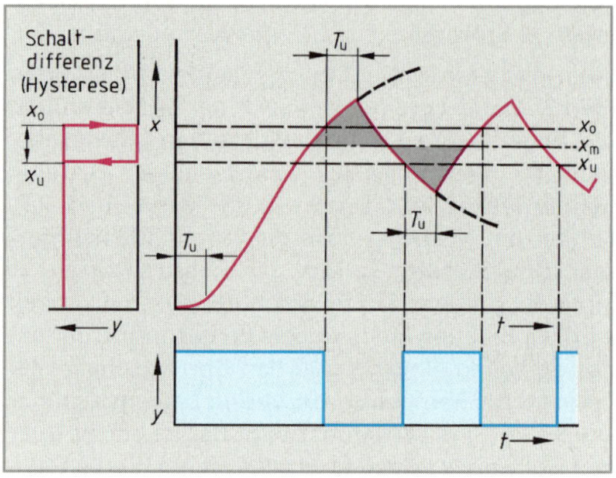

Bild 1: Regelgröße und Stellgröße bei einer Zweipunkt-Regeleinrichtung

Breitet sich in einer Temperatur-Regelstrecke die Wärme nur langsam aus, so steigt die Temperatur nach dem Abschalten der Stellgröße noch einige Zeit und geht nach dem Wiedereinschalten noch zurück (Bild 1). In der Regelstrecke tritt eine **Verzugszeit** T_u auf. Die Verzugszeit vergrößert das Schwanken der Regelgröße und verkleinert die Schalthäufigkeit, z. B. in Heizungsanlagen.

Eine **Dreipunkt-Regeleinrichtung** ermöglicht drei verschiedene Wert der Stellgröße. Ein Glühofen als Regelstrecke z. B. kann einen Heizkörper R1 großer Leistung und einen Heizkörper R2 kleiner Leistung enthalten **(Bild 2).** Bei den üblichen Störgrößen, z. B. beim Durchlauf des Glühguts, ist R1 dauernd in Betrieb. Stellgröße ist y_1, R1 bildet die **Grundlast**. Je nach Wärmebedarf wird noch R2 zugeschaltet. Die Stellgröße nimmt um y_2 auf y_{12} zu. R2 bildet die **Zusatzlast**. Die Stellgröße schwankt dann zwischen y_1 und y_{12}. Die Regelgröße bleibt etwas unter dem Sollwert x_s. Die Schwankungen der Regelgröße und die Änderung der gesteuerten Leistung sind kleiner als bei einem entsprechenden Regelkreis mit Zweipunktregler. Steigt bei kleinem Wärmebedarf des Ofens (Leerlauf) die Temperatur allein durch R1 weiter an, schaltet der Regler auch diesen Heizkörper ab. Die Stellgröße schwankt dann zwischen y_1 und null. Die Regelgröße bleibt etwas über dem Sollwert.

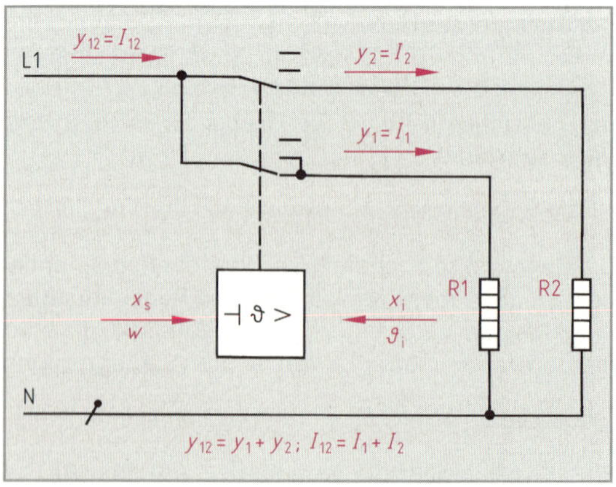

Bild 2: Regelkreis mit Dreipunkt-Regeleinrichtung

15.2.3 Stetige elektrische Regeleinrichtungen

Eine stetige Regeleinrichtung ermöglicht im Stellbereich sämtliche Werte der Stellgröße.

Die Regelgröße wird ständig gemessen und die Stellgröße jeder Änderung der Regelgröße sofort angepasst. Die Regeleinrichtung arbeitet kontinuierlich. Periodische Schwankungen der Regelgröße wie beim unstetigen Regeln (Bild 1, Seite 382) treten nicht auf.

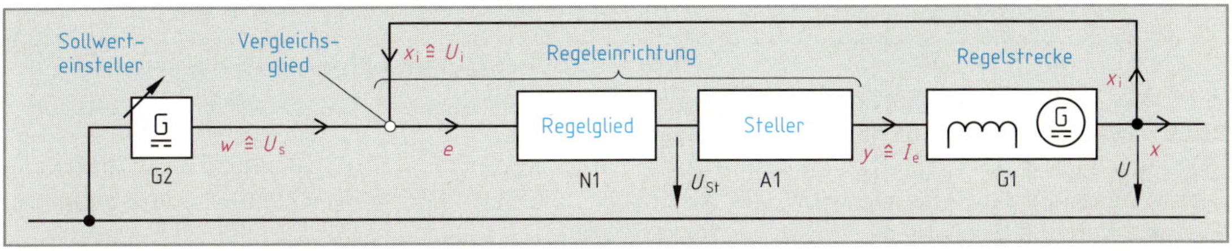

Bild 1: Regelkreis mit Gleichstromgenerator

Aufgabengröße einer stetigen elektrischen Regelung kann eine Spannung sein. Regelstrecke ist z.B. ein Gleichstromgenerator G1, die Regelgröße x seine Ausgangsspannung U und die Stellgröße y sein Erregerstrom I_e **(Bild 1)**. Der Sollwerteinsteller G2 liefert als Führungsgröße w eine Spannung, die dem Sollwert U_s der Spannung U entspricht. Aus Istwert x_i und Führungsgröße w bildet das Vergleichsglied die Regeldifferenz e, die durch Regler und Steller in die Stellgröße y umgewandelt wird.

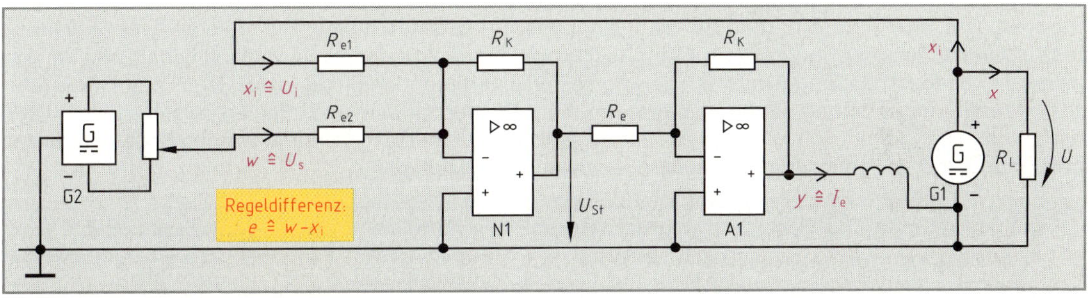

Bild 2: Regeleinrichtung mit Operationsverstärkern

Zur Spannungsregelung wie in Bild 1 sind **Operationsverstärker** geeignet **(Bild 2)**. Regelglied ist dann der Summierverstärker N1, Steller der invertierende Verstärker A1. Istwert x_i der Regelgröße und Führungsgröße w sind die Eingangsspannungen von N1; sie wirken gegeneinander. Ausgangssignal U_{St} des Regelglieds N1 und die Stellgröße y des Stellers A1 werden so von der Regeldifferenz e bestimmt. Bei den üblichen Störgrößen ist die Ausgangsspannung des Generators so groß wie der Sollwert. Steigt der Istwert U_i über den Sollwert U_s, z.B. bei Entlastung des Generators, werden das Regelglied N1 und der Steller A1 weniger angesteuert. Der Erregerstrom I_e nimmt ab. Die Spannung U_i des Generators G1 geht wieder zurück. Entsprechend steigt der Erregerstrom bei höherer Belastung des Generators G1.

Die Regeleinrichtung Bild 2 besteht aus zwei Baugruppen mit konstanter Verstärkung. Dadurch ist eine Änderung Δy proportional der Stellgröße der Regeldifferenz e und erfolgt unverzögert. Regler und Regeleinrichtung Bild 2 haben ein **Proportional-Verhalten** (P-Verhalten).

Man kann das Verhalten einer Regeleinrichtung untersuchen, indem man ihre **Stell-Sprungantwort** aufnimmt. Dabei ändert man das Eingangssignal x des Reglers sprunghaft um eine Regeldifferenz e und beobachtet die Änderung der Stellgröße Δy **(Bild 1, Seite 384)**. Bei Verwendung eines P-Reglers (Bild 1, Seite 384) ergibt sich die Sprungantwort Bild 1c, Seite 384. Das Blockschaltbild zeigt symbolisch das Zeitverhalten (Bild 1b, Seite 384). Wird der Generator mit P-Regler Bild 1, Seite 384, dauernd entlastet, so muss der Erregerstrom immer einen kleineren Wert haben. Das ist nur möglich, wenn der Istwert x_i über dem Sollwert x_s bleibt (Wirkungsumkehr). Entsprechend erfordert ein höherer Wert der Stellgröße einen Istwert x_i unter dem Sollwert x_s. Es tritt also eine **bleibende Regeldifferenz** auf, die von der Verstärkung der P-Regeleinrichtung abhängt.

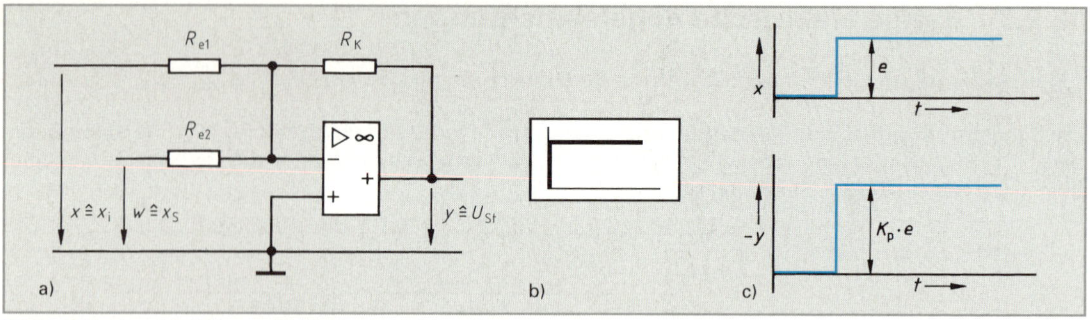

Bild 1: P-Regler a) Schaltung, b) Blockschaltbild, c) Sprungantwort

Proportional-Regler (P-Regler) verändern die Stellgröße proportional zur Regeldifferenz. Sie arbeiten unverzögert und bewirken eine bleibende Regeldifferenz.

Die bleibende Regeldifferenz wird klein, wenn die Verstärkung der Regeleinrichtung groß ist. P-Regler mit hoher Verstärkung haben einen hohen Proportionalbeiwert K_P ($K_P = R_K/R_{e1}$). Das schnelle Ansprechen des P-Reglers und eine große Verstärkung führen aber dazu, dass der Regelkreis bei Störungen instabil wird und zum Schwingen neigt.

Ein Operationsverstärker ist als Regler mit **Integral-Verhalten** (I-Verhalten) verwendbar, wenn man den Rückkopplungswiderstand R_K durch einen Kondensator C_K ersetzt **(Bild 2 a)**. Die Sprungantwort **(Bild 2 c)** der I-Regeleinrichtung zeigt, dass die Stellgrößenänderung Δy der Regeldifferenz *e* und der Zeit *t* proportional ist. Das Blockschaltbild **(Bild 2 b)** zeigt symbolisch das Zeitverhalten. Die unveränderte Regeldifferenz *e* bewirkt, dass der Kondensator C_K im Rückkopplungszweig seinen Ladezustand ändert und die veränderte Ausgangsspannung *y* mit Verzögerung an den invertierenden Eingang des Reglers gibt. Dies führt zu einer weiteren Änderung der Ausgangsspannung *y*. Die Verstärkung des I-Reglers ist zunächst null und nimmt dann im Stellbereich zu, solange eine Regeldifferenz *e* besteht. Dadurch werden Regeldifferenzen unabhängig von der erforderlichen Stellgröße vollständig beseitigt.

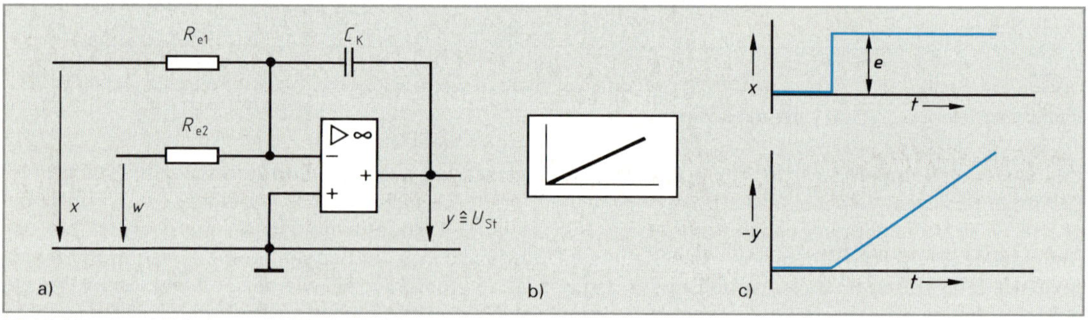

Bild 2: I-Regler a) Schaltung, b) Blockschaltbild, c) Sprungantwort

Integral-Regler (I-Regler) verändern die Stellgröße proportional zur Regeldifferenz *e* und zur Zeit *t*. Sie arbeiten verzögert und beseitigen die Regeldifferenz vollständig.

Ein Operationsverstärker hat als Regler ein **Differenzial-Verhalten** (D-Verhalten), wenn man den Eingangswiderstand R_{e1} durch einen Kondensator C_e ersetzt **(Bild 1 a, Seite 385)**. Eine Regeldifferenz *e* verursacht bei C_e eine Änderung des Ladezustandes. Zu C_e fließt kurzzeitig ein Strom über den Widerstand R_K. Nur während dieser Zeit verändern sich der Spannungsabfall an R_K, die Verstärkung des Reglers und die Stellgröße *y*. Die kurzzeitige Veränderung Δy der Stellgröße ist umso größer, je schneller die Regeldifferenz auftritt, d.h. je größer die Änderungsgeschwindigkeit der Regelgröße ist. Das Blockschaltbild **(Bild 1 b, Seite 385)** zeigt symbolisch das Zeitverhalten.

Differenzial-Regler (D-Regler) verändern die Stellgröße nur, solange sich die Regelgröße ändert.

Eine D-Sprungantwort müsste ein hoher und schmaler Impuls sein, da sich die Regelgröße bei einem Sprung um e rasch ändert. Die Widerstände und der Kondensator im Regler bewirken aber eine verzögerte Sprungantwort **(Bild 1c)**. Kennzeichen dieser Sprungantwort ist die Differenzierzeit $T_D = R_K \cdot C_e$. Das Blockschaltbild **(Bild 1b)** zeigt symbolisch das Zeitverhalten.

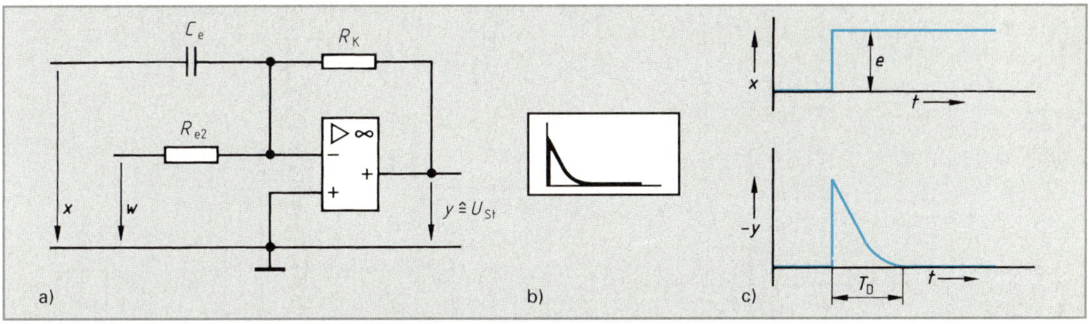

Bild 1: D-Regler a) Schaltung, b) Blockschaltbild, c) Sprungantwort

Beim Operationsverstärker als **PI-Regler** befindet sich ein R-C-Glied aus R_K und C_K im Rückkopplungszweig **(Bild 2a)**. Das Zeitverhalten zeigt symbolisch das Blockschaltbild **(Bild 2b)**. Bei einer sprunghaften Änderung e der Regelgröße ist der Widerstand von C_k zunächst null. Anschließend wächst die Ladung von C_K immer mehr an. Das ergibt zusätzlich ein I-Verhalten **(Bild 2c)**. Das I-Verhalten bestimmt vor allem die Nachstellzeit $T_n = R_K \cdot C_K$.

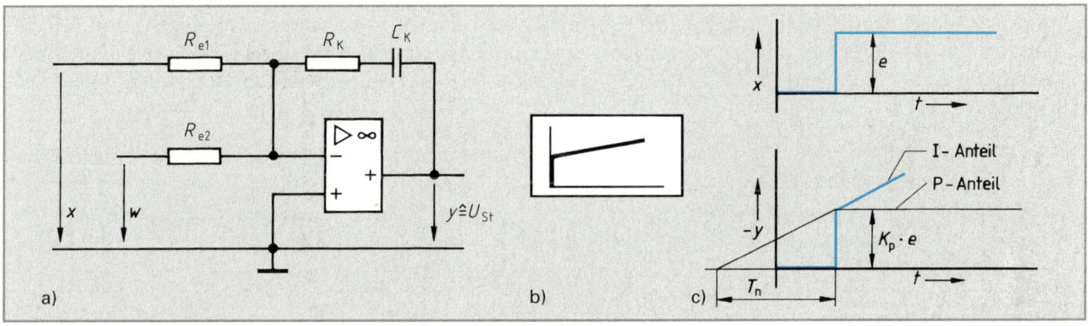

Bild 2: PI-Regler a) Schaltung, b) Blockschaltbild, c) Sprungantwort

PI-Regler vermindern die Regeldifferenz sofort und beseitigen die verbleibende Regeldifferenz.

Beim Operationsverstärker als **PD-Regler** liegt zum Widerstand R_{e1} ein Kondensator C_e parallel **(Bild 3a)**. C_e sperrt nach einiger Zeit. Es entsteht dann zusätzlich zum D- ein P-Verhalten **(Bild 3c)**. Das Blockschaltbild **(Bild 3b)** stellt das prinzipielle Zeitverhalten dar.

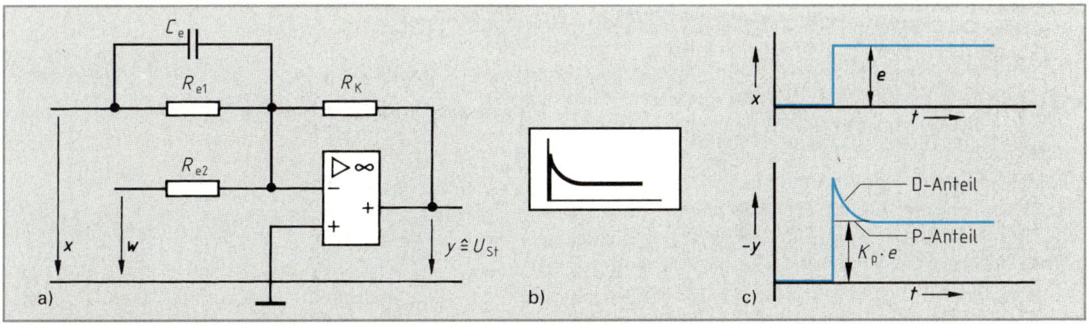

Bild 3: PD-Regler a) Schaltung, b) Blockschaltbild, c) Sprungantwort

PD-Regler verändern die Stellgröße proportional zur Änderungsgeschwindigkeit der Regelgröße und proportional zur Regeldifferenz. Sie bewirken eine bleibende Regeldifferenz.

Ein Operationsverstärker als PID-Regler **(Bild 1a)** ändert die Stellgröße, wenn sich die Regelgröße zu ändern beginnt (PD-Verhalten) und beseitigt mit Verzögerung Regeldifferenzen vollständig (I-Verhalten). Die Sprungantwort zeigt die Funktion **(Bild 1c)**, das Blockschaltbild **(Bild 1b)** das Zeitverhalten. Kenngrößen sind vor allem die Nachstellzeit $T_n = R_K \cdot C_K$ und der Proportionalbeiwert $K_p = R_K/R_{e1}$.

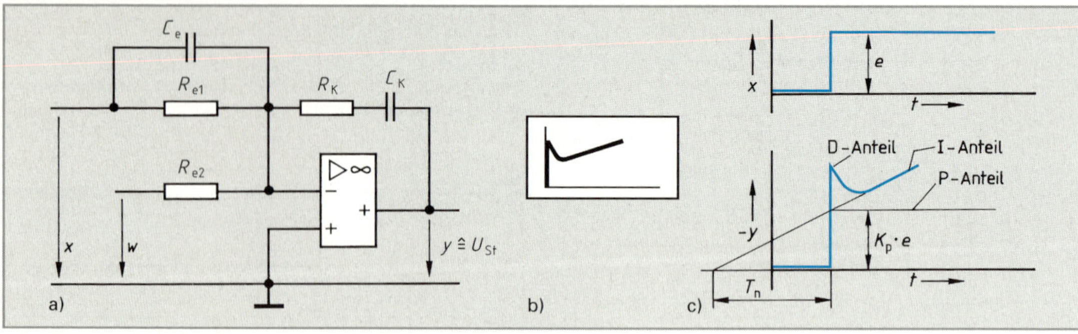

Bild 1: PID-Regler a) Schaltung, b) Blockschaltbild, c) Sprungantwort

PID-Regler arbeiten schneller als P-Regler und verursachen keine bleibende Regeldifferenz.

Durch einen PID-Regler kann man z.B. die Drehzahl eines Gleichstrommotors regeln **(Bild 2)**. Die Erregerspannung des Motors ist konstant. Stellgröße ist die Ankerspannung U_A, Regelgröße ist die Drehzahl n. Die Ausgangsspannung U_i des Messumformers B1 ist der Drehzahl proportional, sie liegt am Regler N1. Führungsgröße w ist die Spannung des Sollwerteinstellers G1. Die Ausgangsspannung U_{St} von N1 entspricht der Regeldifferenz e. Sie bestimmt über das Impulssteuergerät A1 und das Thyristorstellglied A2 die Höhe der Ankerspannung U_A und bewirkt, dass die Drehzahl n bei verschiedener Belastung des Motors konstant bleibt.

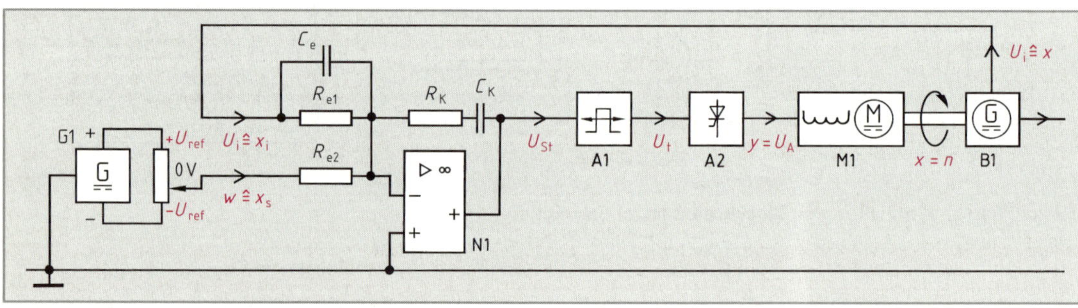

Bild 2: Drehzahlregelung mit PID-Regler

15.2.4 Stetige pneumatische Regeleinrichtungen

Die pneumatische Regeleinrichtung **Bild 3** regelt den Gasdruck in einem Druckbehälter als Regelstrecke S. Der zugeführte Gasstrom I_e wird so gesteuert, dass der Druck im Behälter unabhängig vom abgeführten Strom I_a auf dem Sollwert x_s bleibt. Messumformer MU ist ein Metallfaltenbalg. Er verformt sich bei Druckänderungen und bewegt dabei einen Hebel H. Eine Schraube als Sollwerteinsteller SE wirkt über eine Feder zusätzlich auf den Hebel. Am anderen Ende des Hebels wird aus einer Düse D Druckluft auf eine Prallplatte P geblasen. Der Druck y_A in der Druckluftleitung hängt vom Abstand y_R zwischen Prallplatte und Düse und damit von der Stellung des Hebels H ab. Der Druck y_A liegt an einer Membrandose A, die ein Ventil St als Stellglied bewegt.

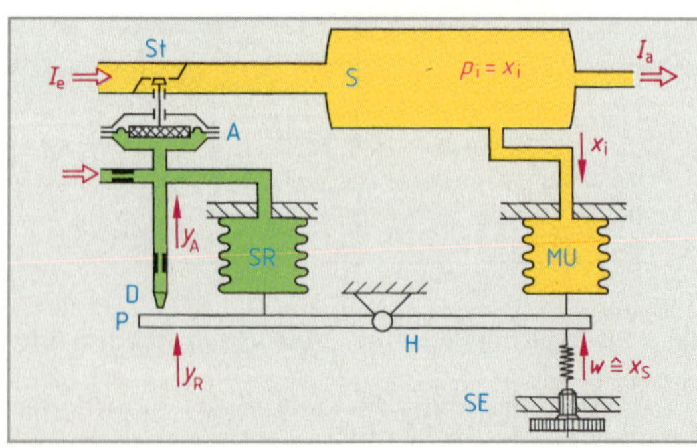

Bild 3: Pneumatische Regeleinrichtung mit P-Verhalten

Man stellt die Führungsgröße *w* so ein, dass der Druck x_i im Behälter gleich dem Sollwert ist. Bei kleinerer Gasentnahme I_a steigt der Druck x_i. Der Balg MU dehnt sich und bewegt den Hebel H, wobei der Abstand y_R zwischen Düse D und Prallplatte P abnimmt. Ebenso steigt der Druck y_A und bewegt die Membran in der Dose A. Dadurch verringert das Ventil St die Gaszufuhr I_e, und der Druck x_i im Behälter geht wieder zurück. Entsprechend öffnet die Regeleinrichtung das Ventil St, wenn der Druck x_i zu klein wird.

Diese Regeleinrichtung hat ein **P-Verhalten,** da die Änderungen von x_i und y_A einander proportional sind. Sie reagiert unverzögert. Durch den Balg MU allein wäre die Verstärkung sehr groß; der Regelkreis würde instabil werden. Das verhindert man durch einen zweiten Faltenbalg SR (Bild 3, Seite 386). Dieser Balg wird durch den Druck y_A verstellt und wirkt am Hebel H gegen den Balg MU. Er verkleinert die Verstärkung der Regeleinrichtung auf einen unkritischen Wert. Der Balg SR führt die Stellgröße auf die Regeleinrichtung zurück **(starre Rückführung).**

Das P-Verhalten der Regeleinrichtung Bild 3, Seite 386, ergibt eine **bleibende Regeldifferenz.** Bei einer kleinen Gasentnahme I_a muss das Ventil St dauernd mehr geschlossen bleiben. Das ist aber nur möglich, wenn der Druck x_i etwas über dem Sollwert x_s liegt. Eine große Gasentnahme I_a erfordert einen Druck x_i etwas unter dem Wert x_s. Durch einen zusätzlichen Faltenbalg NR **(Bild 1)** erhält die Regeleinrichtung ein **PI-Verhalten.**

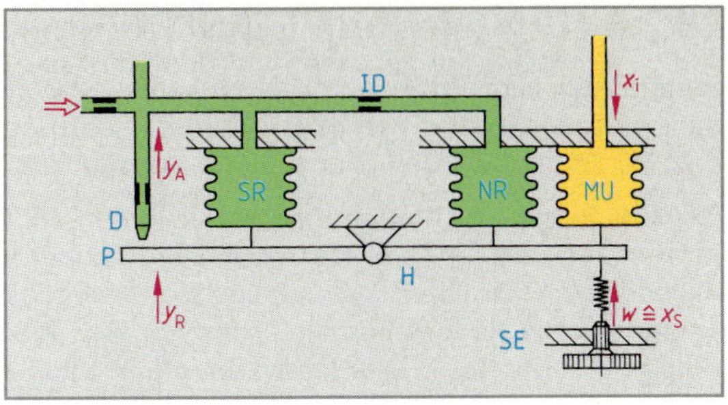

Bild 1: Pneumatische Regeleinrichtung mit PI-Verhalten (Prinzip)

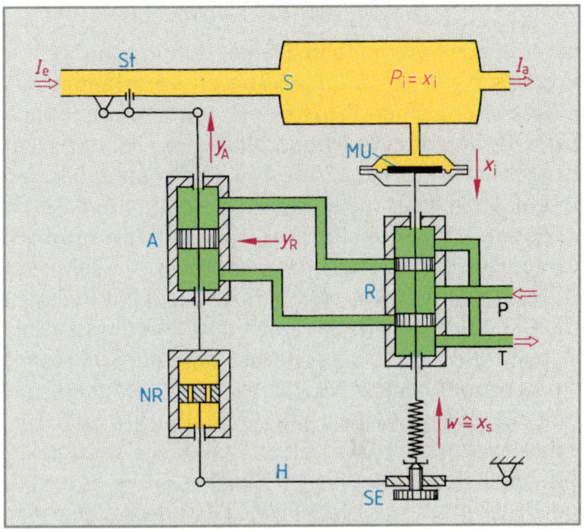

Bild 2: Hydraulische Regeleinrichtung mit PI-Verhalten (Prinzip)

15.2.5 Stetige hydraulische Regeleinrichtungen

Hydraulische Regeleinrichtungen verarbeiten Flüssigkeitsdrücke und Flüssigkeitsströme.

Der Gasdruck in einem Behälter kann auch hydraulisch geregelt werden **(Bild 2).** Messumformer MU ist z. B. eine Membrandose. Bei Änderung des Gasdrucks x_i verschiebt die Membran den Kolben in einem hydraulischen Wegeventil R. Der Sollwerteinsteller SE bestimmt zusätzlich die Stellung dieses Kolbens. Je nach Stellung steuert der Kolben einen doppelt wirkenden Zylinder A an. Dieser Zylinder ist Stellantrieb und beeinflusst einen Schieber als Stellglied.

Steigt z. B. der Druck x_i über den Sollwert x_s, so wird der Stellantrieb angesteuert und der Kolben im Ventil R bewegt sich nach unten. In der unteren Leitung zum Zylinder A entsteht ein Überdruck, der Schieber St schließt weiter und der Druck x_i nimmt wieder ab. Entsprechend öffnet der Schieber St, wenn der Druck x_i durch größere Gasentnahme I_a unter den Sollwert x_s sinkt.

Die Regeleinrichtung Bild 2 enthält eine **Rückführung,** weil der Stellantrieb A über einen Hebel H gegen den Kolben im Wegeventil R wirkt und dadurch die Verstärkung der Regeleinrichtung herabsetzt. Die Rückführung besteht aus einem Zylinder NR mit flüssigkeitsgedämpftem Kolben. Bei einer Regeldifferenz wird der Stellantrieb A unverzögert angesteuert. Die Rückführung ist zunächst voll wirksam. Die Verstärkung der Regeleinrichtung ist anfangs noch klein, ebenso die Verstellung des Schiebers St. Nun setzt aber durch die Bewegung des Kolbens im Zylinder NR eine **nachgebende Rückführung** ein. Dadurch steigt die Verstärkung. Die Regeleinrichtung hat ein **PI-Verhalten.**

15.2.6 Digitale Regeleinrichtungen

Stetige Regeleinrichtungen arbeiten kontinuierlich. Die Regelgrößen werden ständig gemessen und mit den Führungsgrößen verglichen. Regeldifferenzen werden direkt in Stellgrößenänderungen umgewandelt. Verarbeitet werden also analoge Signale, z. B. Temperaturen, Spannungen und Ströme.

Digitale Regeleinrichtungen enthalten einen Digitalrechner (Computer). Regelgrößen und Führungsgrößen liegen in digitaler Form vor. Der Rechner bildet die Regeldifferenz und berechnet die Stellgröße, die nach der Rechenzeit als digitales Signal abgegeben wird. Das Rechenschema, der **Regelalgorithmus**[1], entspricht z. B. dem PI-Verhalten des Reglers. Während der Rechenzeit werden Änderungen der Regeldifferenz nicht erfasst. Die Regeleinrichtung arbeitet in einzelnen Takten (diskret).

Ein digitaler Regler **(Bild)** enthält als wesentlichen Baustein der Zentraleinheit einen Mikroprozessor. Regelverhalten (Regelalgorithmus) und Führungsgrößen werden durch Programmieren des Prozessors festgelegt. Deshalb kann man mit derselben Zentraleinheit (Hardware) durch entsprechende Programme (Software) verschiedene und schwierige Regelaufgaben erfüllen.

Über denselben digitalen Regler können mehrere Regelkreise laufen, wenn z. B. bei einem umfangreichen Prozess mehrere Regelgrößen zu verarbeiten sind. Der Regler ist dann ein **Prozessrechner** (Bild). Bei einem chemischen Prozess z. B. regelt man neben anderen Größen das Mischungsverhältnis x_1 zwischen zwei Stoffen, die Reaktionstemperatur x_2, den Reaktionsdruck x_3 und die Reaktionsdauer x_4. Der Rechner berücksichtigt diese Größen zyklisch nacheinander. Er arbeitet im Abtast- oder **Multiplexbetrieb**[2]. Für jede Regelgröße steht die so genannte Abtastzeit zur Verfügung. Während der Abtastzeit vergleicht der Regler die gemessene Regelgröße x_1 mit der Führungsgröße w_1, berechnet die entsprechende Stellgröße y_1 und führt dann diese Größe dem Prozess zu. Dabei schaltet der durch den Rechner gesteuerte Analogmultiplexer (Mehrfachkoppler) AMUX1 auf die Größe x_1. Der Analog-Digital-Umsetzer ADU formt x_1 in ein digitales Signal um, das über den Verkehrsverteiler zum Rechner weiterläuft (Bild). Dieser gibt nach der Rechenzeit das entsprechende digitale Stellsignal ab. Über einen Digital-Analog-Umsetzer DAU, einen Analogmultiplexer AMUX2 und ein Halteglied HG wird dann die erforderliche Stellgröße y_1 zum Prozess geleitet. Das Halteglied hält die Stellgröße auf dem berechneten Wert y_1, bis die Regelgröße x_1 von neuem erfasst wird. Nach dem Einstellen von y_1 steuert der Rechner die Multiplexer und den Verkehrsverteiler so um, dass nacheinander die Größen x_2, x_3, x_4 und nach der Zykluszeit wieder die Größe x_1 verarbeitet werden. Während des Regelzyklus kann der Rechner, falls der Prozess dies erfordert, auch die Führungsgrößen korrigieren und an veränderte Bedingungen im Prozess anpassen.

Dem Prozessrechner wird während der Zykluszeit jede Regelgröße nur einmal kurzzeitig mitgeteilt. Das kann nachteilig sein, wenn sich die Regelgrößen rasch ändern und wenn die Regelstrecken zum Schwingen neigen. Die Abtastzeiten, Rechenzeiten und Zykluszeiten sind allerdings sehr kurz. Außerdem reagieren in vielen Prozessen die Regelgrößen bei Störungen träge, z. B. die Temperatur einer Heizung oder die Drehzahl einer großen Maschine. In diesen Fällen arbeitet der Prozessrechner praktisch wie eine kontinuierliche Regeleinrichtung.

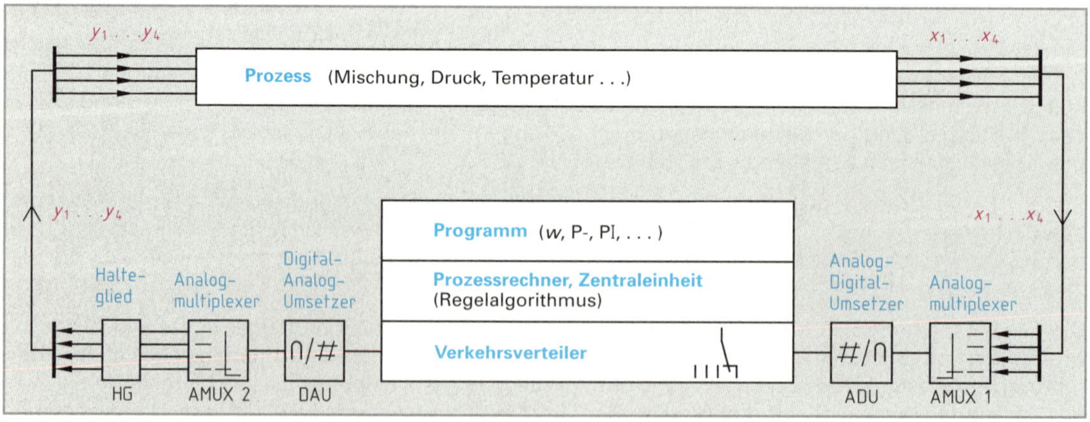

Bild: Digitale Regelung eines Prozesses

[1] Algorithmus = Verfahren zum schrittweisen Umformen von z. B. Zeichenreihen

[2] von multiplex (engl.) = vielfach

15.2.7 Anpassung der Regler an die Messgröße

Regler für industrielle Zwecke **(Bild 1)** sind an die zu regelnden Größen angepasst, z. B. für Druck, Temperatur oder Durchfluss. Die zur Istwert-Erfassung notwendigen Sensoren (Seite 392), so genannte Aufnehmer, z. B. Thermoelemente zur Temperaturmessung, können direkt an den Regler angeschlossen werden. Falls kein direkter Anschluss möglich ist, sind **Messumformer** vor den Regler zu schalten **(Bild 2)**. Messumformer erfassen eine Messgröße über einen Messfühler oder Sensor **(Bild 3)**, z. B. die Temperatur, und formen die Messgröße in ein eingeprägtes Gleichstrom- oder Gleichspannungs-Ausgangssignal um, in z. B. 6 mA oder in 8 V.

Messumformer haben vorzugsweise Einheitssignalausgänge mit den Werten 0 V bis 10 V, 0 mA bis 20 mA oder 4 mA bis 20 mA.

Einheitssignalausgänge von 4 mA bis 20 mA sind drahtbruchsicher. Bei einer Leiterunterbrechung fließt kein Strom. Dadurch ist eine Fehlererkennung möglich.

Die Ausgangssignale der Messumformer können z. B. zum Anzeigen, Registrieren, Steuern und Regeln in Einzelgeräten dienen oder in Rechnersystemen verarbeitet werden. Es gibt auch Messumformer für Größen der Energietechnik, z. B. für Strom, Spannung, Wirkleistung und Netzfrequenz. Die Ausgangssignale der Messumformer lassen sich über große Entfernungen übertragen.

Bei der Schaltung in Bild 2 wird die Regelgröße *x* (Temperatur) durch den Messumformer in einen der Temperatur proportionalen Ausgangsgleichstrom zwischen 0 mA und 20 mA umgeformt.

Regler für industrielle Zwecke sind meist **digitale Regler.** Dadurch ist eine Kommunikation mit Automatisierungsgeräten, z. B. speicherprogrammierbaren Steuerungen (Seite 405), oder mit Personalcomputern (Seite 359), zur zentralen Bedienung, Beobachtung und Auswertung möglich. Die zur Prozessregelung notwendigen Regler werden über eine serielle Schnittstelle und eine gemeinsame Busleitung an eine Zentraleinheit angeschlossen **(Bild 4)**. Über eine Adresse (Kenn-Nummer) kann jeder Regler gezielt abgefragt werden. Größere Entfernungen zwischen Zentraleinheit und Regler, z. B. einige hundertMeter, überbrückt ein Bustreiber. Bustreiber sind für das Einhalten normgerechter Signalpegel und zur galvanischen Trennung zwischen Regler und Zentraleinheit erforderlich.

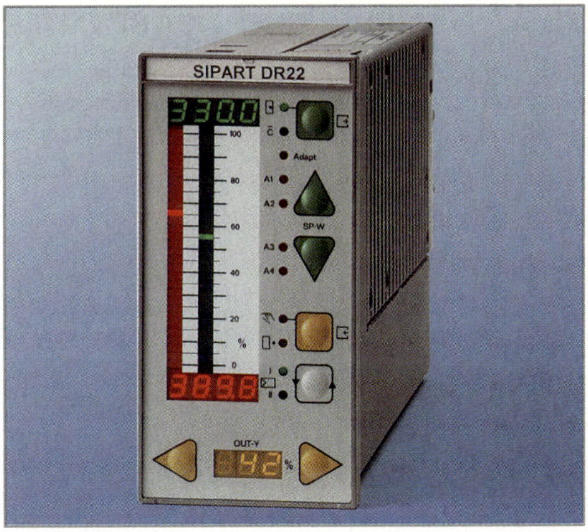

Bild 1: Regler zur Prozesssteuerung

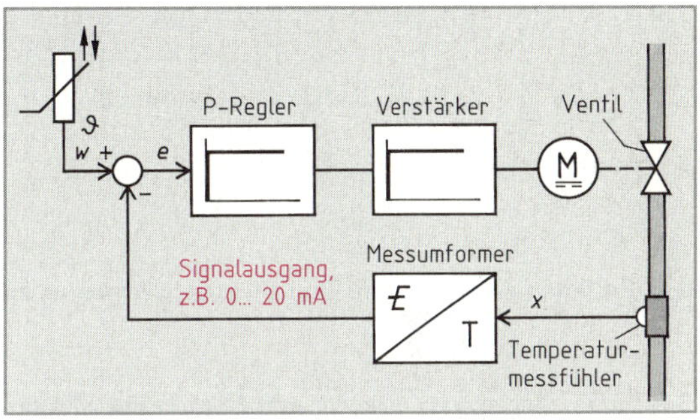

Bild 2: Temperaturregelung mit Messumformer

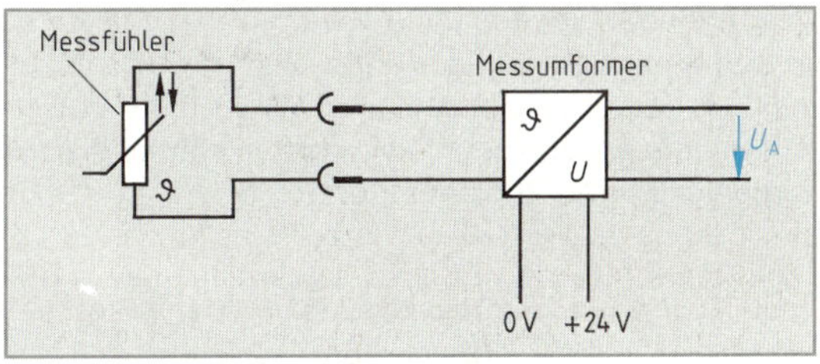

Bild 3: Messumformer mit Messfühler

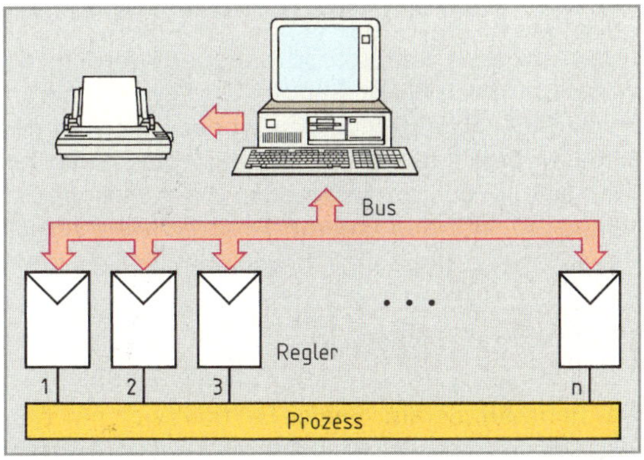

Bild 4: Prozessregelung mit dem Computer

15.3 Steuern und Regeln einer Elektro-Speicherheizung

Elektrische Energie ist in den Nachtstunden, etwa zwischen 22 Uhr abends und 6 Uhr morgens, preisgünstiger, weil in dieser Zeit das Netz durch andere Verbraucher weniger belastet ist. Elektro-Wärmespeicher werden deshalb in dieser Niedertarifzeit (NT-Zeit) aufgeladen und tagsüber bei Bedarf entladen.

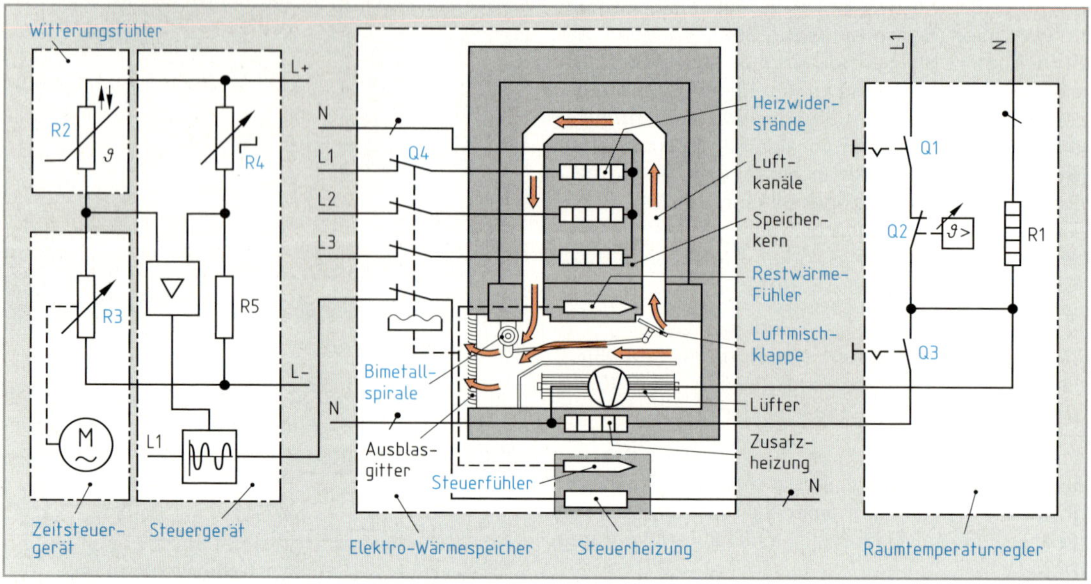

Bild: Entladen und Aufladen eines Elektro-Wärmespeichers (Prinzip)

15.3.1 Regeln der Luftaustrittstemperatur

Heizwiderstände heizen den Speicherkern eines Elektro-Wärmespeichers **(Bild)** in der NT-Zeit auf. Bei Wärmebedarf saugen Lüfter Raumluft an, blasen sie durch Luftkanäle des heißen Speicherkerns und dann in den Raum. Ein Teil der angesaugten Luft strömt direkt zum Ausblasgitter und mischt sich dort mit der Heißluft aus dem Speicherkern (Bild). Eine durch einen Regler, z.B. eine Bimetallspirale, betätigte Luftmischklappe stellt das Mischungsverhältnis je nach Temperatur der Heißluft so ein, dass die Luftaustrittstemperatur etwa konstant bleibt.

Der Elektro-Wärmespeicher regelt die Luftaustrittstemperatur.

15.3.2 Regeln der Raumtemperatur

Der Wärmespeicher soll so entladen werden, dass die Temperatur im beheizten Raum auf dem gewünschten Wert bleibt. Den Sollwert der Temperatur stellt man am **Raumtemperatur-Regler** (Bild) ein. Bei zu niedriger Raumtemperatur ist das Stellglied geschlossen. Das Stellglied ist der durch einen Temperaturfühler betätigte Schalter Q2 im Regler. Lüfter blasen Warmluft in den Raum. Beim Anstieg der Temperatur auf den oberen Ansprechwert des Stellglieds unterbricht Schalter Q2 die Entladung. Wenn die Raumtemperatur auf den unteren Ansprechwert zurückgeht, setzt die Entladung wieder ein. Entladung und Regelvorgang sind möglich, solange der Schalter Q1 geschlossen bleibt.

Die Elektro-Speicherheizung regelt die Raumtemperatur.

Der Raumtemperatur-Regler befindet sich nicht am Wärmespeicher. Dadurch entsteht beim Regeln eine **Verzugszeit.** Sie bewirkt zusammen mit der **Hysterese** des Reglers ständige Temperaturschwankungen im Raum (Bild 1, Seite 382), die durch eine **thermische Rückführung** verkleinert werden können.

Ein Widerstand R1 im Raumtemperatur-Regler (Bild, Seite 390) heizt den Fühler des Schalters Q2 während des Entladens auf. Dadurch erwärmt sich der Regler schneller als der Raum und spricht früher an. Nach dem Öffnen des Schalters Q2 geht die Temperatur im Regler in kürzerer Zeit zurück als im Raum: Der Schalter Q2 schließt früher. Die Rückführung vergrößert allerdings die Schalthäufigkeit des Stellglieds.

Die thermische Rückführung verkleinert beim Regeln die Schwankungen der Raumtemperatur.

Ist im Speicher zu wenig Wärme gespeichert, so kann bei Bedarf über den Schalter Q3 im Regler eine Zusatzheizung (Bild, Seite 390) eingeschaltet und dann geregelt werden.

15.3.3 Steuern der Aufladung

Die Aufladung eines Elektro-Wärmespeichers muss man so steuern, dass am folgenden Tag genügend Wärme zur Verfügung steht. Die gespeicherte Wärmemenge soll aber auch nicht zu groß sein. Ein überladener Speicher gibt ständig Wärme über seine Oberfläche ab (statische Entladung). Deshalb ist die Aufladedauer entsprechend zu steuern. Führungsgrößen dieser Steuerung sind die Restwärme im Speicherkern und die Witterung, z. B. die Außentemperatur.

Die Restwärme wird über die Kerntemperatur durch einen **Restwärmefühler** (Kernfühler, Bild, Seite 390) erfasst. Bei hoher Kerntemperatur dehnt sich die Flüssigkeit in diesem Fühler stark aus. In der angeschlossenen Membrandose ist der Druck entsprechend hoch: der Membranschalter Q4 öffnet und beendet damit den Ladevorgang.

Ein **Außentemperaturfühler** (Bild, Seite 390) ist außen am Gebäude angebracht. Dieser Fühler enthält einen temperaturabhängigen Widerstand R2, der zusammen mit den Widerständen R3, R4 und R5 eine Brücke bildet. Die Brückenspannung beeinflusst über einen Verstärker im Steuergerät (Bild, Seite 390) eine Schwingungspaketsteuerung und dadurch die Temperatur der Steuerheizung im Speicher. Der flüssigkeitsgefüllte Steuerfühler ist wie der Kernfühler am Membranschalter Q4 angeschlossen und bestimmt seinen Schaltzustand mit. Bei hoher Außentemperatur ist der für den nächsten Tag zu erwartende Wärmebedarf klein. Brückenspannung, Leistung der Steuerheizung und Druck im Steuerfühler sind groß. Dadurch wird das Öffnen des Schalters Q4 erleichtert und die Aufladedauer verkleinert. Entsprechend verlängert sich die Aufladedauer bei tiefer Außentemperatur: Der Außentemperaturfühler passt die Aufladung dem voraussichtlichen Wärmebedarf an.

Die Aufladung eines Elektro-Wärmespeichers wird durch die Restwärme im Speicherkern und durch die Witterung (Außentemperatur, Wind, Regen) gesteuert.

Das EVU gibt meist ab 22 Uhr die Aufladung durch Rundsteuerung frei. Um den Ladebeginn der vielen Speicher gegeneinander zu verschieben, sind **Zeitsteuergeräte** vorgeschrieben. Durch ein derartiges Gerät wird der Widerstand R3 in der Brücke (Bild, Seite 390) zeitabhängig verändert. Auch R3 beeinflusst die Leistung der Steuerheizung, den Beginn und eine eventuelle Unterbrechung der Aufladung. Die Ladedauer kann noch durch den Widerstand R4 im Steuergerät (Bild, Seite 390) eingestellt und dadurch besonderen Verhältnissen (normal, abgesenkt, verstärkt) angepasst werden. Auch von diesem Widerstand hängen Leistung und Temperatur der Steuerheizung ab.

Wiederholungsfragen

1 **Was versteht man unter Regeln?**
2 **Erläutern Sie den Begriff Regelkreis.**
3 **Wie berechnet man die Regeldifferenz?**
4 **Was versteht man unter einem a) unstetigen Regler und b) stetigen Regler?**
5 **Beschreiben Sie die Funktion eines stetigen Reglers mit a) P-Verhalten, b) I-Verhalten und c) D-Verhalten.**
6 **Welche Signale verarbeiten a) pneumatische und b) hydraulische Regeleinrichtungen?**
7 **Was versteht man unter einem Messumformer?**
8 **Welche genormten Größen haben die Ausgänge der Messumformer?**
9 **Wie wird die Raumtemperatur bei einer Elektrospeicherheizung geregelt?**
10 **Welche Aufgabe hat ein Zeitsteuergerät?**

16 Messen nichtelektrischer Größen mit Sensoren

16.1 Messketten mit Sensoren

Eine physikalische Größe, z. B. die Füllhöhe h einer Flüssigkeit in einem Ausgleichsgefäß **(Bild 1)**, kann direkt gemessen werden. Dabei muss ein Mensch ständig anwesend sein. Er muss die Füllhöhe ablesen, beurteilen und dann beeinflussen, z. B. durch Steuern einer Pumpe. Ob die Messung genau ist und die Pumpe richtig gesteuert wird, hängt von der menschlichen Zuverlässigkeit ab.

Die Füllhöhe ist auch indirekt messbar. Im Beispiel (Bild 1) bewegt die Flüssigkeit einen Schwimmer an einem Fühlerrohr entlang, das eine Widerstandskette mit Reedkontakten[1] enthält **(Bild 2)**. Ein Ringmagnet im Schwimmer schließt auf gleicher Höhe einen der Reedkontakte, der an der Widerstandskette eine Spannung U_1 abgreift, die der Füllhöhe proportional ist. Die Füllhöhe h ist die Messgröße x. Der Schwimmer und die Schaltung im Fühlerrohr wandeln die Messgröße x in die Spannung U_1 als Messsignal y_1 um; beide bilden zusammen den **Aufnehmer** oder **Sensor**.

> Ein Aufnehmer (Sensor) formt eine physikalische Größe in ein elektrisches Messsignal um.

Der Sensor in Bild 1 steuert nur die zugeführte Hilfsenergie; er verhält sich passiv. Ein aktiver Sensor erzeugt die Energie des Messsignals selbst, z. B. ein Thermoelement eine messbare Spannung.

> Aktive Sensoren erzeugen das Messsignal selbst, passive Sensoren benötigen eine Hilfsenergie.

Das Ausgangssignal eines Sensors wird meist durch Übertragungsglieder verstärkt und bei Bedarf linearisiert. Im Beispiel Bild 1 steuert der Sensor einen Verstärker mit hohem Eingangswiderstand und wirkt wie ein unbelasteter Spannungsteiler. Das Messsignal y_2 liegt am **Ausgeber**. Als Ausgeber verwendet man z. B. ein Anzeigeinstrument oder einen Schreiber für die Füllhöhe x.

> Aufnehmer (Sensor), Übertragungsglieder und Ausgeber bilden eine Messkette.

In großen Anlagen sind verschiedene Messgrößen zentral zu verarbeiten. Die Übertragungsglieder für die verschiedenen Sensoren müssen dann gleichartige Signale im gleichen Bereich abgeben, z.B. Gleichspannung im Bereich ± 10 V für den Wegbereich ± 500 mm oder für den Kraftbereich 0 N bis 800 N. Derartige Sensoren mit Übertragungsgliedern heißen **Einheitsmessumformer**. Einheitliche Ausgangssignale können z. B. auch ± 5 mA, 1 V bis 5 V, 4 mA bis 20 mA, 1 mA bis 5 mA oder 5 Hz bis 25 Hz sein.

> Einheitsmessumformer geben in einem normierten Bereich Spannungen, Ströme oder Frequenzen ab.

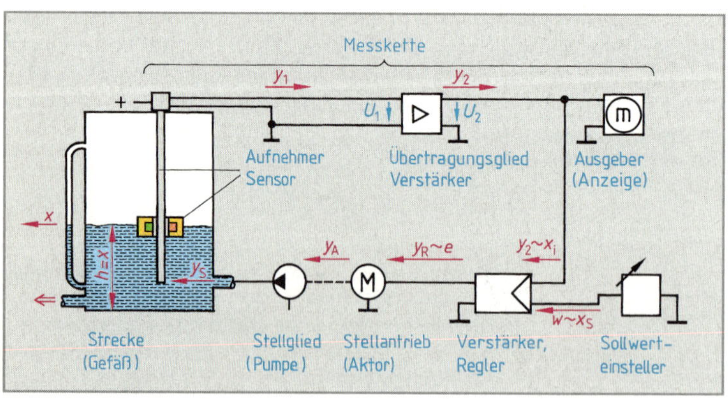

Bild 1: Messkette mit Sensor, Regelkreis

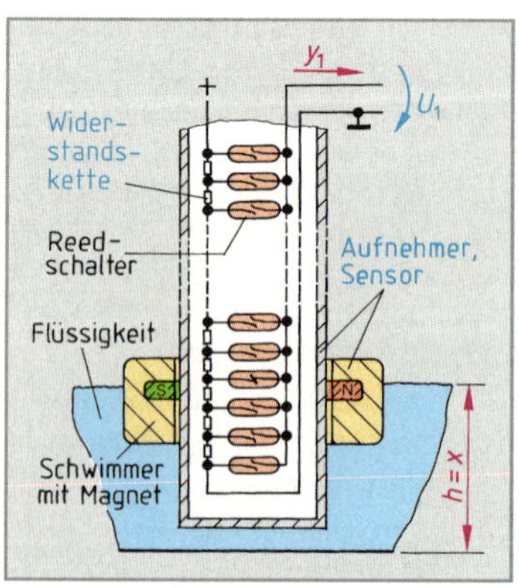

Bild 2: Sensor für Füllhöhe

[1] Reedkontakt = Zungenkontakte in einer Glasröhre mit Schutzgasfüllung

Bei großer Entfernung zwischen Messstelle und Ausgeber, z. B. 200 m, beeinflussen Spannungsfälle die Messgenauigkeit, wenn das Messsignal eine Spannung ist. Ein eingeprägter Strom als Messsignal (Stromanpassung) erlaubt eine Vernachlässigung derartiger Spannungsfälle. Auch bei einer Frequenz oder einer digitalen Zeichenfolge als Messsignal spielen große Entfernungen in der Messkette keine Rolle.

Ein eingeprägter Strom, eine Frequenz oder eine digitale Zeichenfolge als Messsignal haben auch bei einer großen Entfernung zwischen Messstelle und Ausgeber eine hohe Messgenauigkeit.

Die Messkette Bild 1, Seite 392, kann Teil eines Regelkreises sein. Das Messsignal y_2 entspricht dann dem Istwert x_i der Füllhöhe. Es liegt zusammen mit der Führungsgröße w am Regler. Durch den Regler wird eine Förderpumpe eingeschaltet, wenn die Füllhöhe den Sollwert unterschreitet, und ausgeschaltet, wenn die Füllhöhe zu groß wird. Ist das Ausgleichsgefäß Bild 1, Seite 392, Teil einer großen Anlage, besteht die Möglichkeit, das Ausgangssignal der Messkette einem Prozessrechner zuzuführen. Dieser Rechner kann dann andere Prozessgrößen der Füllhöhe anpassen.

Messketten mit Sensoren ermöglichen, Messgrößen über große Entfernungen zu übertragen, zu messen, registrieren, steuern, regeln und z. B. in Prozessrechnern weiter zu verarbeiten.

Sensoren werden immer häufiger mit Übertragungsgliedern und Mikroprozessoren direkt zusammengebaut, da diese Baugruppen als integrierte Schaltkreise sehr wenig Platz benötigen. Man spricht dann von intelligenten Sensoren (engl.: smart sensors). Derartige Sensoren können die Messgrößen umformen, Berechnungen durchführen, Entscheidungen fällen, Steuersignale abgeben oder auch eine Schnittstelle für einen zentralen Prozessrechner enthalten.

Intelligente Sensoren ersetzen umfangreiche Messketten.

16.2 Ohmsche Sensoren mit Potentiometern

16.2.1 Sensoren mit Linearpotentiometern

Sensoren mit Linearpotentiometern **(Bild 1)** sind passiv. Sie können Wege von null bis zu einigen Metern in einer Richtung aufnehmen, z. B. die Verschiebung eines Schneidwerkzeugs. Versorgt wird ein derartiger Sensor (B1) von einer stabilisierten Gleichspannungsquelle G1 **(Bild 2)**. Das Messobjekt bewegt den Schleifer des Potentiometers. Die abgegriffene Spannung U_1 ist dem Weg s des Messobjekts proportional, wenn der Belastungswiderstand sehr groß ist. Das wird z. B. dadurch erreicht, dass man als Übertragungsglied A1 (Bild 2) einen Verstärker verwendet. Der Ausgeber P1 kann die Verschiebung s in mm anzeigen. Soll das Messsignal y_2 zentral verarbeitet werden, sind Sensor und Übertragungsglied als Einheitsmessumformer gebaut.

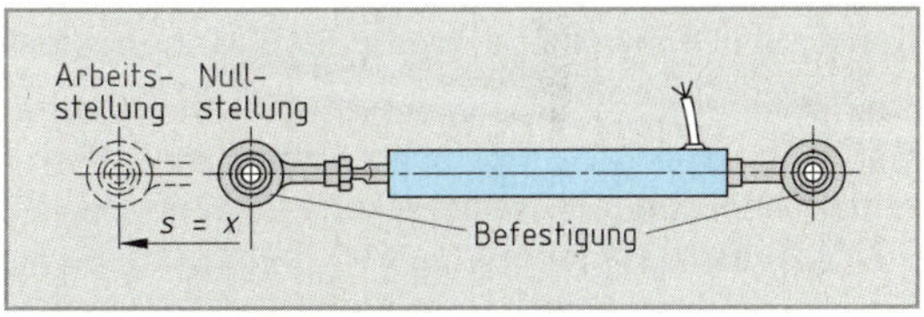

Bild 1: Linearpotentiometer

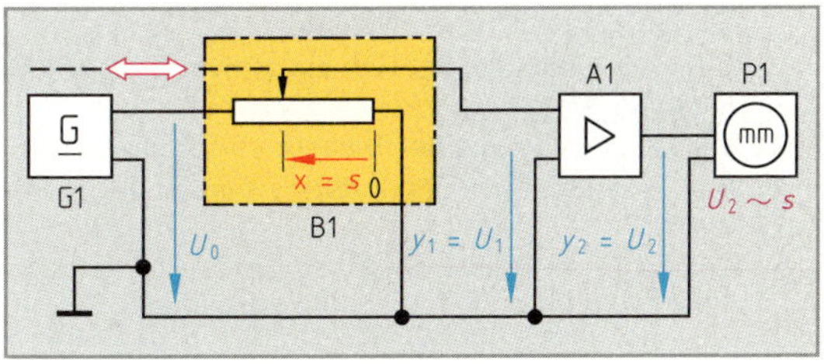

Bild 2: Sensor mit Linearpotentiometer

Für diesen Sensor ist ein Drahtwiderstand oder eine Schicht aus **Leitplastik** verwendbar. Ein Drahtwiderstand ändert seinen Wert bei Temperaturänderung kaum, ist aber nicht stetig verstellbar. Ein Widerstand aus Leitplastik erlaubt eine stetige Verstellung, ist aber temperaturabhängig und muss nach der Herstellung auf den genauen Wert abgeglichen werden.

Häufig verwendet man für die Sensoren **Hybridwiderstände (Bild 1, Seite 394)**. Das sind Drahtwiderstände, die mit einem schmalen Streifen aus Leitplastik belegt sind.

Hybridwiderstände haben wie Drahtwiderstände einen sehr kleinen Temperaturkoeffizienten. Am Leitplastikstreifen kann man eine Teilspannung stetig abgreifen. Sensoren mit Hybridwiderständen arbeiten besonders zuverlässig, wenn mehrere Schleifer gleichzeitig dieselbe Spannung U_1 abgreifen und sie Ausgängen zuführen, die voneinander unabhängig sind. Eine derartige Mehrfachanordnung wird als Redundanz[1] bezeichnet. Sie wird z. B. bei Sensoren für Flugzeuge und Kernkraftwerke verlangt.

Ein **Linearpotentiometer** in einem Sensor kann Teil einer Messbrücke sein **(Bild 2)**. Dieser Sensor (B1) ist z. B. dazu geeignet, entgegengesetzte Bewegungen eines Werkstücks aufzunehmen. Bei einer vorgegebenen Position des Messobjekts befindet sich der Schleifer des Potentiometers in der Mitte (Stellung 0). Die Ausgangsspannung des Sensors ist dann null, wenn die Widerstände R3 und R4 der Brücke gleich groß sind. Bewegen sich Werkstück und Schleifer um $+s$ oder $-s$ aus der Nullstellung, so ändern sich die Teilwiderstände proportional dazu um $+\Delta R$ bzw. $-\Delta R$, die Ausgangsspannung U_1 des Sensors wird positiv oder negativ. Die Spannung U_1 ist der Widerstandsänderung ΔR proportional, wenn die Widerstandssummen $R_1 + R_2$ und $R_3 + R_4$ gleich groß sind, wenn die Eingangsspannung U_0 konstant und wenn der Belastungswiderstand des Sensors groß gegenüber seinem Innenwiderstand ist. Man benutzt als Übertragungsglied A1 deshalb meist einen Operationsverstärker.

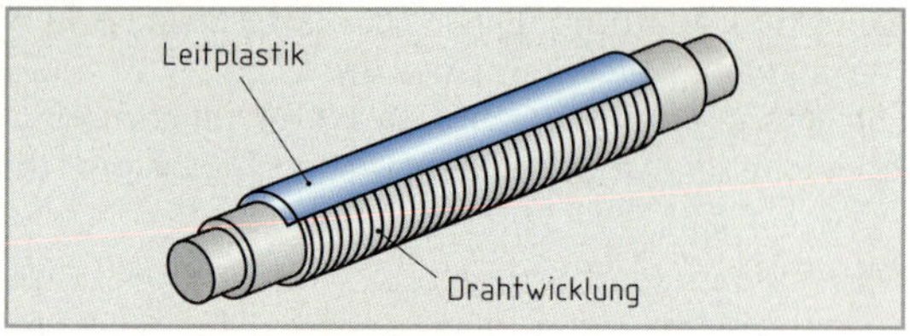

Bild 1: Präzisionswiderstand in Hybrid-Technik

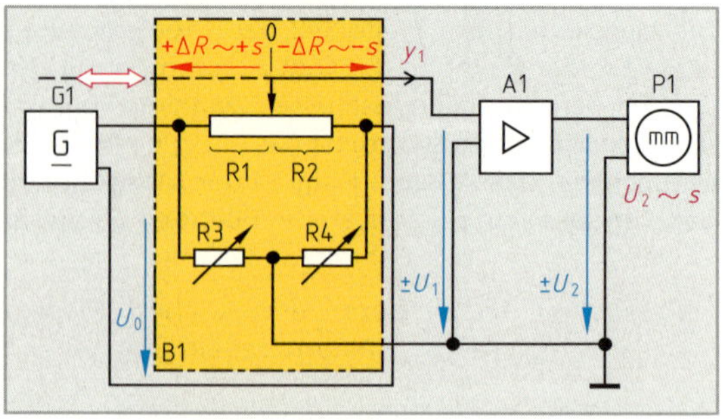

Bild 2: Sensor mit Linearpotentiometer (Halbbrücke)

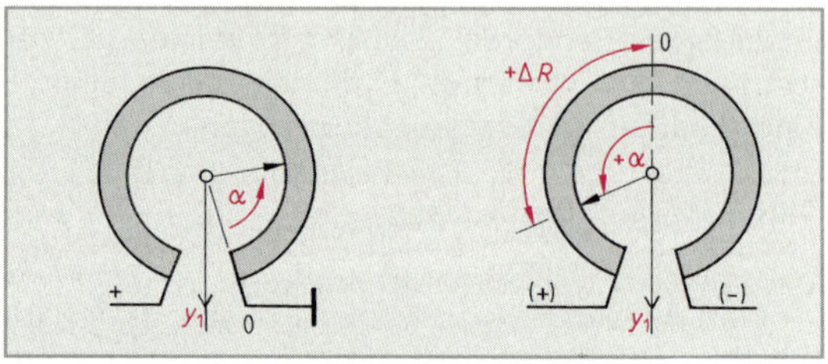

Bild 3: Potentiometer für Winkelmessung

Bei der Messung mit dem Sensor Bild 2 ändern sich die beiden Widerstände R1 und R2 in einem Brückenzweig entgegengesetzt; man spricht dann von einer **Halbbrücke**. Diese ist doppelt so empfindlich wie eine Viertelbrücke. In einer **Viertelbrücke** ändert sich nur einer der vier Widerstände.

16.2.2 Sensoren mit Drehpotentiometern

Auch diese Sensoren sind passiv. Sie dienen zur Messung von Winkeln oder von Wegen. Bei einem Potentiometer **(Bild 3)** mit linearer Kurve ändert sich die Ausgangsspannung U_1 als Messsignal y_1 proportional zum Drehwinkel α, wenn der Spannungsteiler unbelastet ist.

Drehpotentiometer arbeiten wie Linearpotentiometer sehr genau mit einem hohen Auflösungsvermögen. Der Messbereich beträgt beim Einfachpotentiometer 350° (Bild 3, links), beim Zehngangpotentiometer entsprechend 3600°. Die Messkette ist dann wie in Bild 2, Seite 393 geschaltet. Der Messbereich kann auch ± 175° (Bild 3, rechts) bzw. ± 1800° betragen; die Schaltung der Messkette zeigt Bild 2.

Wiederholungsfragen

1. **Welche Aufgabe hat ein Sensor?**
2. **Wodurch unterscheidet sich ein aktiver Sensor von einem passiven?**
3. **Aus welchen Bausteinen besteht eine Messkette?**
4. **Was versteht man unter einem Einheitsmessumformer?**
5. **Welche Messsignale sind bei großer Entfernung zwischen Sensor und Ausgeber vorteilhaft?**
6. **Welche Aufgaben kann ein intelligenter Sensor erfüllen?**
7. **Nennen Sie wichtige Eigenschaften von**
   a) Drahtwiderständen,
   b) Leitplastikwiderständen und
   c) Hybridwiderständen.
8. **Nennen Sie die Unterschiede zwischen einer Halbbrücke und einer Viertelbrücke.**

[1] von redundare (lat.) = Überfluss haben; hier: mehrfache Sicherung

16.3 Ohmsche Sensoren mit Dehnungsmessstreifen (DMS)

Ein Sensor mit Dehnungsmessstreifen (DMS) ist passiv. Der DMS ist ein Widerstandselement. Bei der Messung ändert sich seine Anfangslänge l um Δl, sein Widerstand R um ΔR. Die Widerstandsänderung $\Delta R/R$ ist umso größer, je größer die Dehnung $\varepsilon = \Delta l/l$ ist.

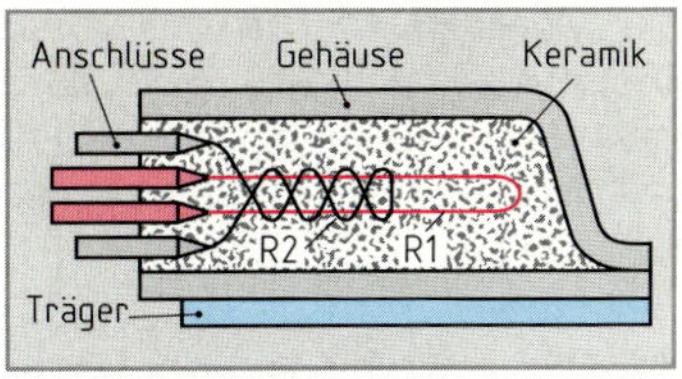

Bild 1: Draht-DMS, temperaturkompensiert

16.3.1 Sensoren mit Metall-DMS

Beim Dehnen eines metallischen Leiters nimmt der Widerstand zu, weil die Länge größer und der Querschnitt kleiner wird. Beim Stauchen nimmt der Widerstand ab. Die Leitfähigkeit ändert sich dagegen beim Verformen kaum. Deshalb gilt: $\Delta R/R \sim \Delta l/l$.

Der DMS kann im einfachsten Fall ein u-förmiger Draht R1 sein **(Bild 1)**. Eine größere wirksame Länge und höhere Empfindlichkeit erreicht man mit einem mäanderförmigen Messdraht **(Bild 2 a)**. Eine Widerstandsänderung durch Erwärmung des DMS würde eine Dehnung vortäuschen. Für Temperaturen bis 300 °C besteht der Streifen deshalb aus einer Chrom-Nickel-Legierung mit sehr kleinem Temperaturbeiwert. Für Temperaturen bis 700 °C verwendet man Messstreifen aus einer Platin-Wolfram-Legierung. Der Messfühler enthält dann außer dem U-Draht R1 noch einen zweiten gleichartigen Drahtwiderstand R2, der nur auf die Temperatur anspricht (Bild 1). Das dehnungsaktive Element R1 und das so genannte Dummy-Element[1] R2 sind in einer Halbbrücke so geschaltet **(Bild 3)**, dass Temperatureinflüsse kompensiert werden.

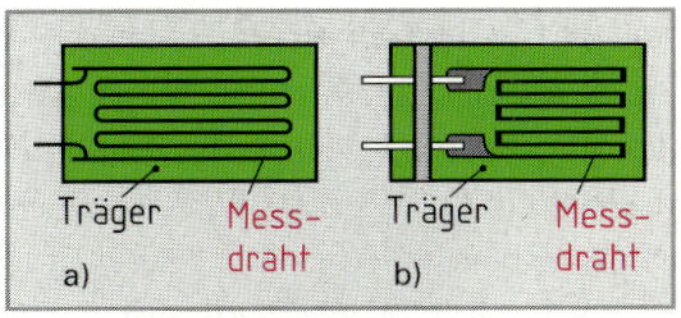

Bild 2: a) Draht-DMS und b) Folien-DMS in Mäanderform

Messfühler mit Draht-DMS werden verwendet, um Dehnungen zu messen und zu überwachen, z.B. an hochbelasteten Teilen von Fahrzeugen, Turbinengehäusen und Dampfleitungen. Die Träger der Messfühler werden meist durch Punktschweißen mit dem Messobjekt verbunden. Man kann die Fühler auch in Betondecken bzw. Betonpfeiler eingießen. Messfühler und Messobjekt müssen jedoch die gleiche Wärmedehnung haben, sonst wird bei Erwärmung eine Dehnung vorgetäuscht.

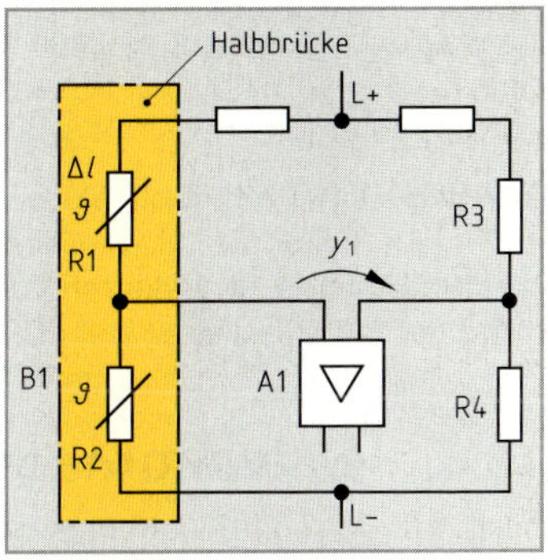

Bild 3: Halbbrücke mit DMS, temperaturkompensiert

Metall-DMS werden in vielerlei Formen auch als Folien **(Bild 2 b)** hergestellt. Das Messgitter ist dabei in einer Dicke von etwa 5 µm galvanisch auf dem Träger aufgebracht. Auch Mehrfach-DMS mit zwei, vier oder mehr Elementen sind bei diesen Herstellungsverfahren möglich. Die Anwendungen der Folien-DMS sind vielfältig. So kann z. B. auf den Messfederkörper eines Kraftsensors (Kraftmessdose) ein Doppel-DMS aufgeklebt sein **(Bild 4)**. Die beiden Widerstände R1 und R2 bilden einen Zweig in einer Halbbrücke (Bild 3). Eine Druckkraft auf den Messfederkörper bewirkt, dass R1 gestaucht und R2 gedehnt wird. Eine Zugkraft hat die entgegengesetzte Wirkung. Es ist möglich, auf der gegenüberliegenden Seite des Messfederkörpers einen zweiten Doppel-DMS anzubringen, dessen Widerstände R3 und R4 den zweiten Zweig einer Messbrücke bilden. Bei der Messung ändern sich dann alle vier Widerstände; diese so genannte **Vollbrücke** ist besonders empfindlich.

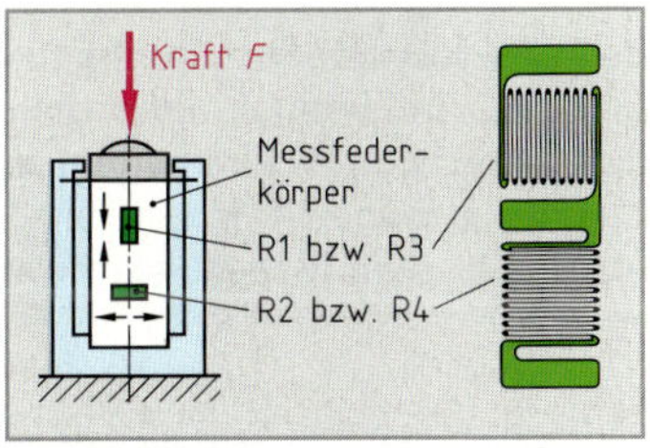

Bild 4: Kraftsensor (Kraftmessdose)

Als Kraftsensor lässt sich auch ein Biegebalken **(Bild 5)** verwenden, auf den ein Vierfach-DMS aufgeklebt ist. Durch die Kraft F am Balken werden die Elemente R1 und R3 gedehnt. Die Elemente R2 und R4 gestaucht. Die vier Widerstandselemente bilden eine Vollbrücke.

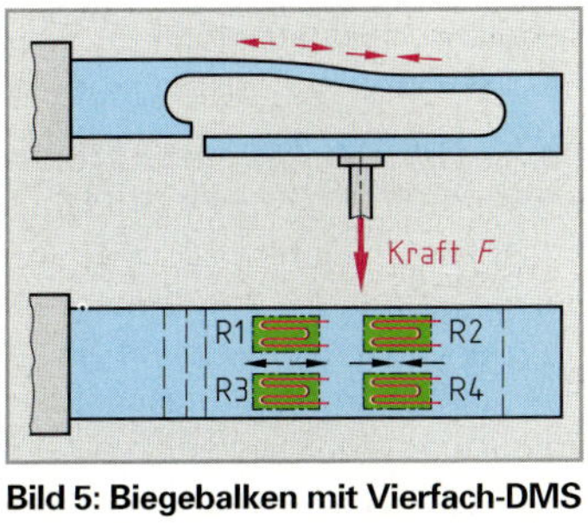

Bild 5: Biegebalken mit Vierfach-DMS

[1] Dummy (engl.) = Leerpackung, Attrappe

Für Druckmessungen wird eine aus vier Elementen bestehende DMS-Rosette mit einer Messmembran verbunden **(Bild 1)**. Bei Druck auf die Membran werden R1 und R3 gedehnt, R2 und R4 gestaucht. Drehmomente erfasst man durch Messwellen, die mit einem oder zwei Doppel-DMS beklebt sind **(Bild 2)**. Torsion (Verdrehung) bewirkt jeweils Dehnung eines Elements, z. B. R1, und Stauchung des zweiten, z. B. R2.

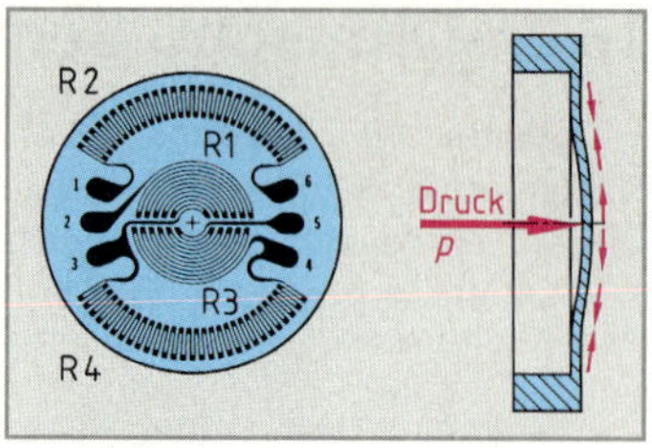

Bild 1: Drucksensor mit DMS-Rosette

16.3.2 Sensoren mit Halbleiter-DMS

Bei diesen DMS sind die Widerstandsbahnen in ein Substrat aus Reinsilicium eindiffundiert. Durch Verformen eines derartigen Widerstandes verändert sich die Beweglichkeit der Ladungsträger und damit die Leitfähigkeit sehr stark. Man spricht vom **piezo-resistiven Effekt**. Änderung von Länge und Querschnitt beeinflussen diese Halbleiterwiderstände wenig. Dehnung bewirkt bei einem P-leitenden DMS Widerstandszunahme, bei einem N-leitenden DMS Widerstandsabnahme. Halbleiter-DMS sind viel kleiner als Metall-DMS und haben eine 50- bis 60fache Empfindlichkeit gegenüber Metall-DMS.

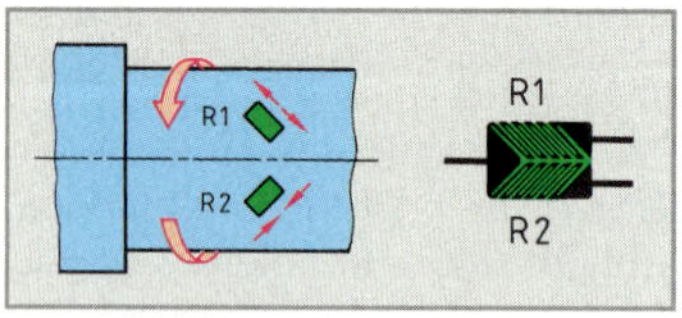

Bild 2: Messwelle mit DMS

Halbleiter-DMS gibt es in vielen Formen. Häufig sind auf demselben Träger mehrere P- und N-leitende Elemente aufgebracht, wie z.B. auf einer Druckmessmembran aus Silicium **(Bild 3)**. Dieser Sensor hat eine Fläche von nur 3,5 mm x 3,5 mm. Er besteht aus vier Widerstandselementen und ist als Vollbrücke geschaltet.

Bei Halbleiter-DMS ist die Widerstandsänderung $\Delta R/R$ der Dehnung $\Delta l/l$ nicht proportional. Außerdem ist ihr Widerstand stark temperaturabhängig. Messketten mit Halbleiter-DMS sind deshalb aufwendiger als Messketten mit Metall-DMS.

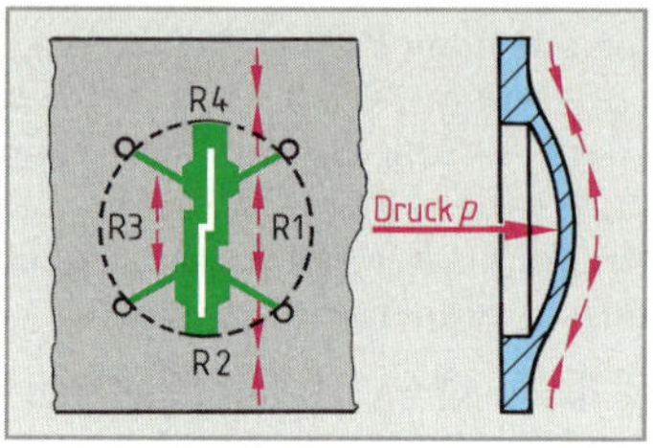

Bild 3: Drucksensor mit Halbleiter-DMS (Vollbrücke)

16.4 Galvanomagnetische Sensoren

Diese Sensoren enthalten Feldplatten oder Hallgeneratoren.

16.4.1 Sensoren mit Feldplatten

Beim **Feldplatten-Einzelfühler** für Wegmessung befindet sich die Feldplatte R1 im Luftspalt eines magnetischen Kreises, der einen Dauermagneten und weichmagnetische Joche enthält **(Bild 4)**. Dieser Magnet erzeugt die Flussdichte B_V zur Vormagnetisierung der Feldplatte. Mit dem Messobjekt bewegt sich ein Steuermagnet am Luftspalt vorbei. Seine Flussdichte B_{St} überlagert sich in der Feldplatte mit der Flussdichte B_V. Befindet sich der Steuermagnet in Punkt P0, hat sein Feld B_{St} keine Wirkung in der Platte. Wird er um $+x$ verschoben (Bild 4), vergrößern sich die Flussdichte in der Feldplatte und auch ihr Widerstand. Durch die Verschiebung $-x$ nimmt ihr Widerstand ab. Die Widerstandsänderungen $\pm\Delta R$ sind den Verschiebungen $\pm x$ proportional. Die Feldplatte ist Teil einer Brückenschaltung.

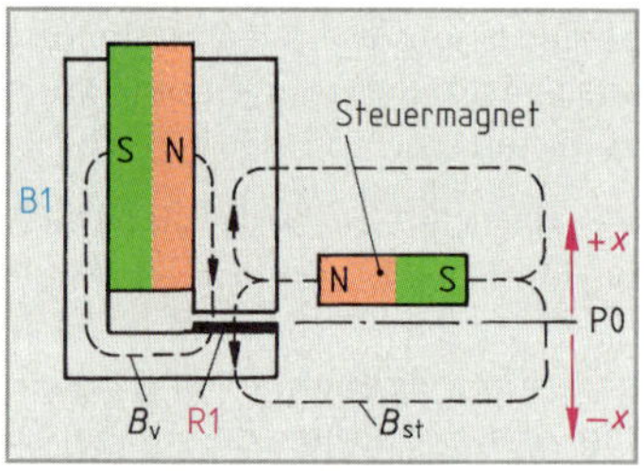

Bild 4: Feldplatten-Einzelfühler

Der **Feldplatten-Differenzialfühler** für Wegmessung besteht aus zwei Einzelfühlern B1 und B2 **(Bild 5)**. Befindet sich der Steuermagnet in P0, so ist die Gesamtflussdichte in beiden Feldplatten gleich groß. Bei Verschiebung des Steuermagneten um x ändern sich die Magnetisierung und die Widerstände R1 und R2 der beiden Feldplatten entgegengesetzt. In einer Messbrücke wird die Summe der Widerstandsänderungen ausgewertet; die Empfindlichkeit der Messung ist doppelt so groß wie beim Einzelfühler.

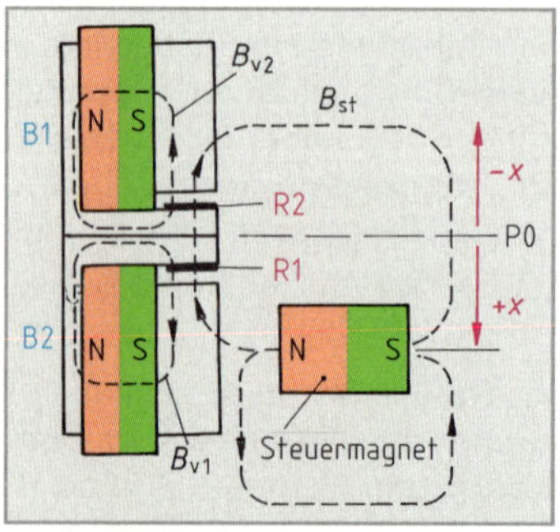

Bild 5: Feldplatten-Differenzialfühler für Wegmessung

Mit Feldplattenfühlern kann man auch Drehbewegungen aufnehmen. Dabei bewegen sich Zähne und Lücken eines magnetisch leitenden Zahnrades an einem oder zwei Differenzialfühlern B1 und B2 vorbei **(Bild 1)**. Flussdichteänderungen in den magnetischen Kreisen der Fühler verursachen pulsförmige Spannungsänderungen an den Fühlerausgängen. Für Winkelmessungen werden die Pulse gezählt. Vorwärtszählung bzw. Rückwärtszählung gibt über die Richtung des Winkels Auskunft. Impulszählung bedeutet, dass die Messung nicht mehr analog wie bei den bisher besprochenen Sensoren, sondern digital erfolgt. Außerdem hat dieser Sensor keine Nullstellung. Er gibt nicht die Winkel selbst, sondern nur Winkeländerungen an; die Messung ist **inkremental**[1]. Dieser Sensor kann auch Drehzahlen erfassen. Die Phasenverschiebung zwischen den Ausgangssignalen der beiden Fühler gibt dabei die Drehrichtung an.

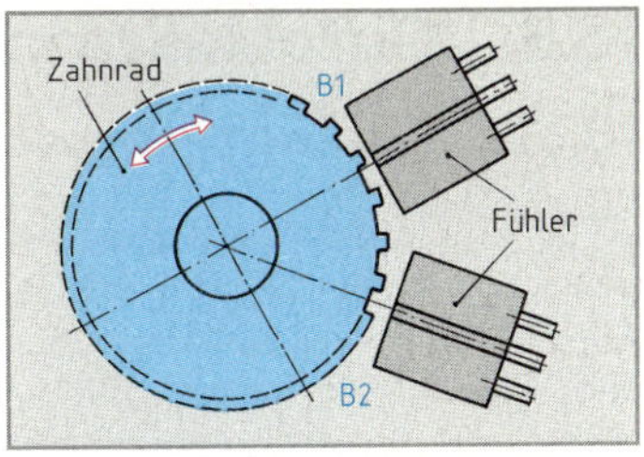

Bild 1: Feldplatten-Differenzialfühler für Drehbewegungen

Bei der Geschwindigkeitsmessung mit einem Differenzialfühler bewegt das Messobjekt eine leitende Scheibe durch den Luftspalt eines Magneten. Die zwei Feldplatten R1 und R2 des Fühlers **(Bild 2)** werden von der gleich großen Flussdichte durchsetzt, wenn die Scheibe in Ruhe ist. Bewegt sich die Scheibe, so werden in ihr Wirbelströme induziert. Das Magnetfeld dieser Ströme verändert die Widerstände der Feldplatten entgegengesetzt. Die Auswertung in einer Brückenschaltung ergibt ein Signal, das der Geschwindigkeit der Scheibe proportional ist.

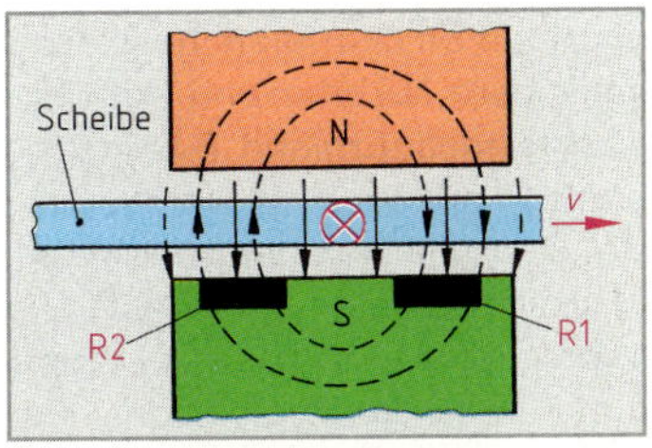

Bild 2: Feldplatten-Differenzialfühler für Geschwindigkeit

16.4.2 Sensoren mit Hallgeneratoren

Bei der Wegmessung mit diesem Sensor verschiebt das Messobjekt einen Steuermagneten am Hallgenerator **(Bild 3)**. Die Hallspannung ist null, wenn sich bei abgeglichenem Hallgenerator der Steuermagnet in Punkt P0 ($x = 0$) befindet. Beim Verschieben des Magneten um x entsteht eine Hallspannung U_H. Sie ist in einem kleinen Bereich der Verschiebung x proportional; ihre Richtung hängt von der Richtung der Verschiebung ab.

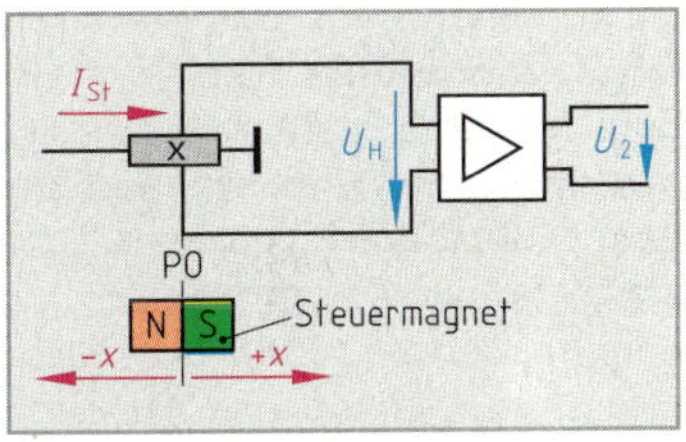

Bild 3: Wegsensor mit Hallgenerator

Dieses Prinzip ist auch zur Druckmessung geeignet **(Bild 4)**. Durch die Messgröße Druck verformt sich eine Federmembran und verschiebt dabei den Steuermagneten des Sensors am Hallgenerator vorbei. Die angeschlossenen Übertragungsglieder formen die Verschiebung so um, dass ein druckproportionales Messsignal entsteht.

Auch mit Hallgeneratoren lassen sich Drehwinkel und Drehzahlen messen. Der Aufbau des Sensors ist ähnlich wie in Bild 1; bei ihm dreht sich ein hartmagnetisches Polrad an den Hallgeneratoren vorbei.

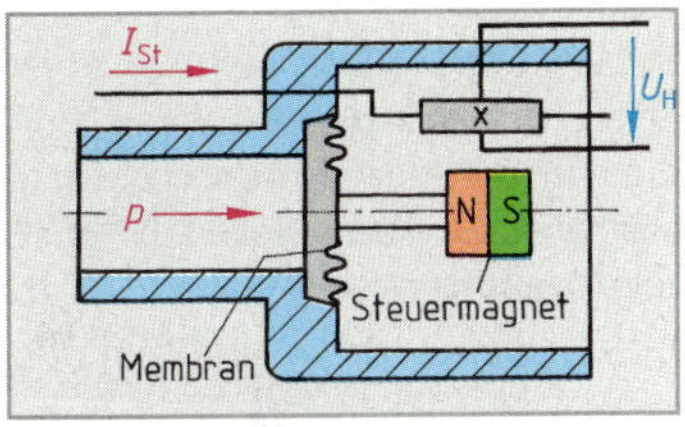

Bild 4: Drucksensor mit Hallgenerator

Wiederholungsfragen

1 **Beschreiben Sie das Funktionsprinzip eines Metall-Dehnungsmessstreifens.**

2 **Wie ist ein temperaturkompensierter Metall-DMS aufgebaut?**

3 **Nennen Sie Anwendungsbeispiele für Draht-DMS.**

4 **Beschreiben Sie Aufbau und Funktion eines Kraftsensors mit DMS.**

5 **Was versteht man unter einer Messwelle?**

6 **Beschreiben Sie den piezo-resistiven Effekt.**

7 **Welche Vorteile haben Halbleiter-DMS gegenüber Metall-DMS?**

8 **Warum sind Messketten mit Halbleiter-DMS aufwendiger aufgebaut als mit Metall-DMS?**

9 **Beschreiben Sie Aufbau und Funktion eines Sensors mit Feldplatte.**

10 **Was versteht man unter einer inkrementalen Messung?**

11 **Beschreiben Sie den Aufbau eines Wegsensors mit Hallgenerator.**

[1] von incrementum (lat.) = Zuwachs

16.5 Optoelektronische Sensoren

16.5.1 Analoge optoelektronische Sensoren

Bei analogen optoelektronischen Sensoren **(Bild 1)** gibt z.B. eine Lumineszenzdiode V1 Lichtstrahlung ab, die durch eine Linse zu einem Leuchtpunkt auf dem Messobjekt gesammelt wird. Die von dort reflektierte Strahlung geht zum Teil durch eine Blende und eine zweite Linse in den Sensor zurück und trifft als Bildpunkt M auf einen Fotodetektor V2 (Bild 1). Der Detektor besteht aus einem hochohmigen Siliciumplättchen, das auf der einen Seite mit einem N-Leiter und auf der anderen Seite mit einem hochohmigen P-Leiter belegt ist. Am Bildpunkt M ist die Grenzschicht des P-Leiters durchlässig. Dort teilt sich der über X0 zufließende Strom I_0 in die Teilströme I_1 und I_2 auf. Die Differenz der Teilströme wird verstärkt, als Messsignal y_1 linearisiert und z.B. einem Regler oder einem Prozessrechner zugeführt.

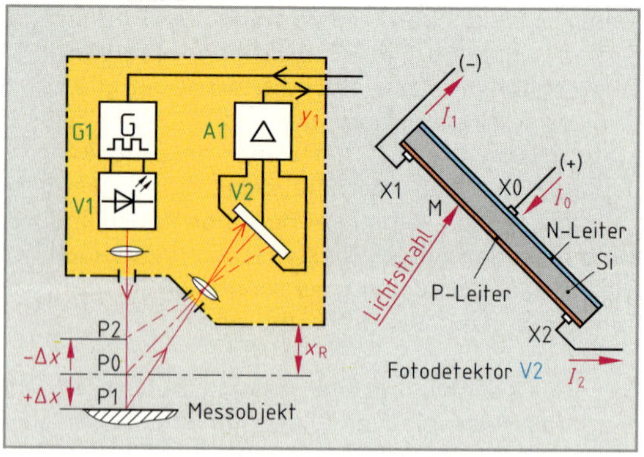

Bild 1: Optoelektronischer Sensor zur Abstandsmessung

Der Sensor wird auf das Ausgangssignal null abgeglichen, wenn sich das Messobjekt im so genannten **Referenzpunkt** P0 bzw. im Referenzabstand x_R befindet. Verschiebt sich das Messobjekt um $+\Delta x$ aus dieser Stellung, wandert der Bildpunkt M auf dem Detektor in Richtung X1. Der Widerstand zwischen M und X1 wird kleiner, zwischen M und X2 entsprechend größer. Die Stromdifferenz $I_1 - I_2$ nimmt zu, ebenso das Ausgangssignal y_1. Durch die Verschiebung in die Gegenrichtung $-\Delta x$ nimmt das Signal y_1 entsprechend ab.

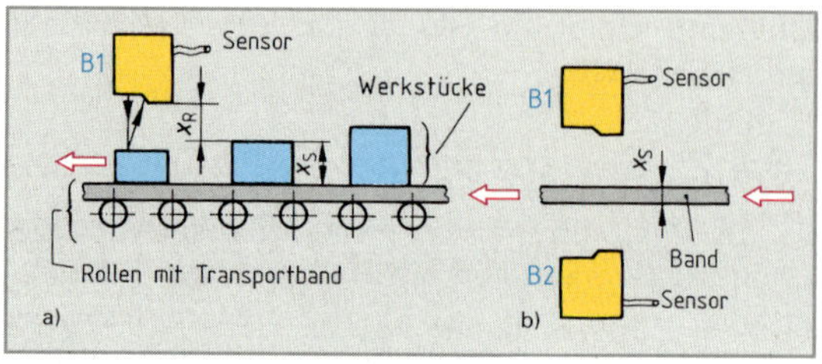

Bild 2: Erfassen von Höhe und Dicke

Diese Sensoren werden für Verschiebungen bis ± 60 mm bei Referenzabständen bis 180 mm gebaut. Sie erfassen z.B. Abweichungen von einer geforderten Höhe x_s beim Fräsen von Werkstücken **(Bild 2 a)** oder die Dicke x_s von Bändern beim Walzen **(Bild 2 b)**. Die Diode V1 (Bild 1) sendet Lichtpulse im MHz-Bereich aus; Messungen sind deshalb auch bei rasch bewegtem Messobjekt möglich. Weil der Sensor mit Infrarotstrahlung arbeitet, stört sichtbares Licht die Messung nicht.

16.5.2 Digitale optoelektronische Sensoren

Bei der **Wegmessung** mit digitalen Sensoren kann ein Stellmotor das Messobjekt, z.B. einen Werkzeugschlitten, zusammen mit einem **Strichmaßstab** bewegen **(Bild 1, Seite 399)**. Der Maßstab trägt ein regelmäßiges Strichraster, in dem sich durchsichtige und undurchsichtige Zonen abwechseln. Beim Verschieben des Maßstabes unterbricht das Strichraster eine Lichtschranke periodisch. Die Lichtschranke gibt dabei elektrische Impulse als Messsignal y_1 an einen Zähler ab.

Wird der Zähler beim Beginn einer Messung auf null gesetzt, ist die gemessene Pulszahl der Positionsänderung von Maßstab und Messobjekt proportional. Die Messung ist dann **inkremental.** Man kann die Messung an jedem Punkt des Maßstabs beginnen lassen, am Anfang oder auch an einem anderen Punkt (Referenzpunkt R). Das Zurücksetzen des Zählers auf null wird durch eine Markierung am Maßstab (Null intern) oder durch ein Signal von außen (Null extern) ausgelöst. Ersetzt man den Zähler durch einen Frequenzmesser, ist eine Geschwindigkeitsmessung möglich. Das Ausgangssignal y_2 von Zähler bzw. Frequenzmesser kann man z.B. einer Anzeige oder einem Positionsregler zuführen.

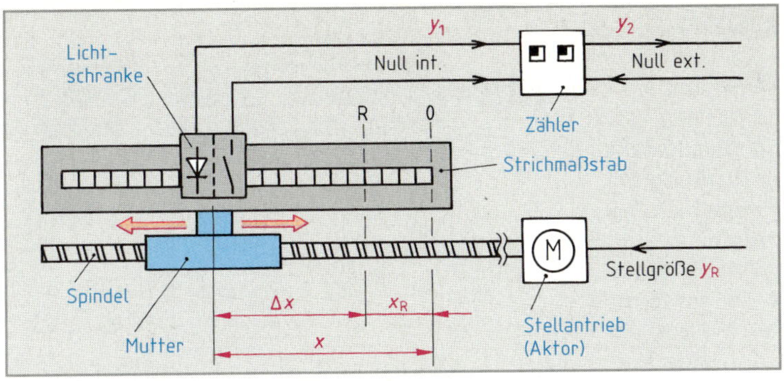

Bild 1: Inkrementale Wegmessung, Strichmaßstab und Lichtschranke als Sensor

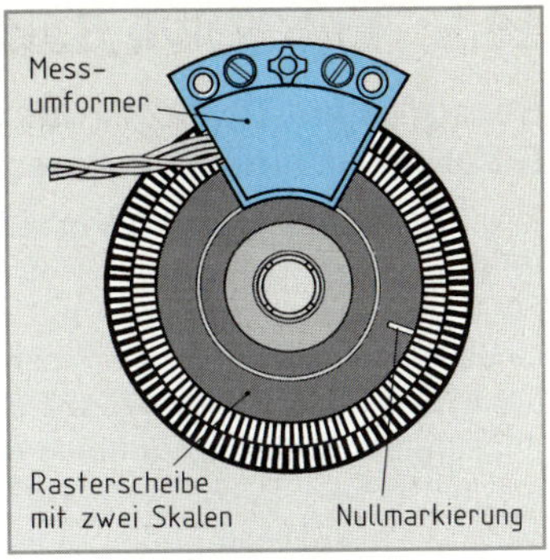

Bild 2: Inkrementaler Winkelsensor für Drehbewegung

Drehbewegungen kann man auch inkremental erfassen. Das Messobjekt verdreht dabei eine Rasterscheibe. Diese trägt zwei Skalen gleicher Strichzahl, die gegeneinander verschoben sind **(Bild 2)**. Als Messumformer dienen zwei Lichtschranken. Die Pulszahl am Ausgang der Lichtschranken ist dem Drehwinkel proportional. Durch eine spezielle Markierung der Scheibe in Verbindung mit einer dritten Lichtschranke kann der angeschlossene Zähler auf null gesetzt werden. Die beiden Ausgangssignale sind gegeneinander phasenverschoben; dadurch ist die Drehrichtung erfassbar. Dieser Sensor erlaubt auch eine Wegmessung, wenn man eine Vorwärtsbewegung in eine Drehung umsetzt. Da das Messen auf einer Zählung beruht, ist der Messbereich nur durch die Kapazität des angeschlossenen Zählers beschränkt. Man erreicht Messlängen bis 20 m bei einer Auflösung bis 2 µm. Auch das Erfassen von Drehzahl und Geschwindigkeit ist möglich.

Ähnlich wie in Bild 1 kann man Wege über die Bewegung eines Glaslineals erfassen, auf dem Dualzahlen, z. B. im **Gray-Code**[1], dargestellt sind **(Bild 3)**. Beim Gray-Code ändert mit jedem Schritt nur ein einziges Bit seinen Zustand. Jede waagerechte Bahn des Maßstabs bedeutet eine Stelle der Dualzahlen, jede senkrechte Spalte eine bestimmte Zahl. Bei n Bahnen ist die Linealländge in 2^n Zahlen bzw. Schritte aufgeteilt. Jede Bahn erfordert eine Lichtschranke. Alle Schranken zusammen bilden die Dualzahl als Messsignal y_1. Jede Dualzahl y_1 entspricht einer bestimmten Position des Code-Maßstabes. Man sagt: Die Wegmessung ist absolut codiert. Die Schritte bei diesem Messsystem sind umso kleiner, je mehr Dualzahlen auf einem Maßstab bestimmter Länge angeordnet sind. Eine hohe Auflösung und ein großer Messbereich erfordern einen langen Maßstab mit vielen Zahlen und viele Lichtschranken. Man erreicht einen Messbereich von 1500 mm und eine Auflösung von 0,1 mm.

Man kann auch Drehbewegungen absolut codiert auffassen. Im Sensor dreht sich dabei eine Codescheibe, auf der die Bahnen für die Stellen der Dualzahlen ringförmig angeordnet sind **(Bild 4)**. Die Auswertung der Dualzahlen als Messsignal erfolgt wie in Bild 3. Auch diese Sensoren sind für eine Wegmessung zu verwenden, wenn man die Vorwärtsbewegung in eine Drehbewegung umwandelt.

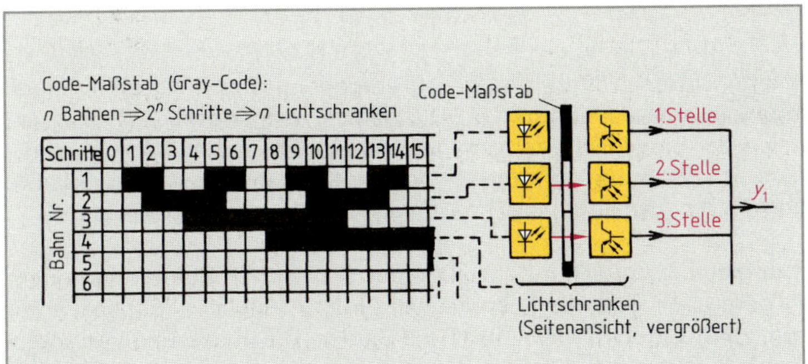

Bild 3: Absolut codierte Wegmessung (mit Gray-Code)

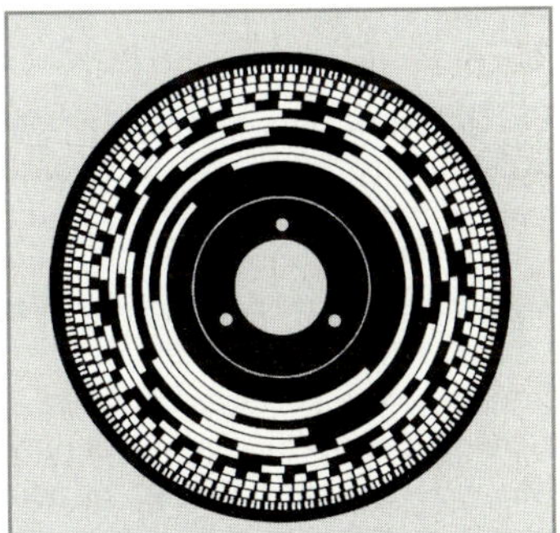

Bild 4: Codescheibe eines absolut codierten Winkelsensors (Gray-Code)

[1] Stephen Gray, engl. Naturwissenschaftler, 1667 bis 1736

16.6 Induktive Sensoren

Sensoren mit Drosseln oder Differenzialtransformatoren

Ein Sensor mit **Einfachdrossel** und Tauchanker **(Bild 1)** kann Verschiebungen in einer Richtung bis zu 1500 mm aufnehmen, z.B. die Verschiebung eines Werkstücks oder die Veränderung einer Füllhöhe. Die Drossel besteht aus einer Zylinderspule mit kleinem Wicklungsquerschnitt, in der ein ferromagnetischer Tauchanker durch das Messobjekt bewegt wird. Diese Fühlerspule L1 und eine Vergleichsspule L2 mit festem Anker bilden einen der Zweige in einer Induktivitätsmessbrücke (Bild 1). Die Brücke wird durch eine Wechselspannung U_0 mit konstanter Amplitude und Frequenz versorgt.

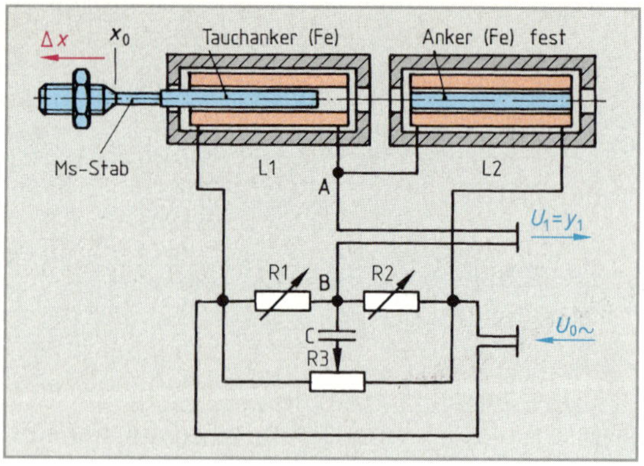

Bild 1: Wegsensor mit Einfachdrossel

Bei der gewählten Ausgangsstellung x_0 des Tauchankers wird die Brücke abgeglichen. Mit Hilfe des ohmschen Zweiges R1 und R2 setzt man die Potentiale der Punkte A und B auf den gleichen Betrag, mit dem kapazitiven Zweig aus C und R3 auf die gleiche Phasenlage.

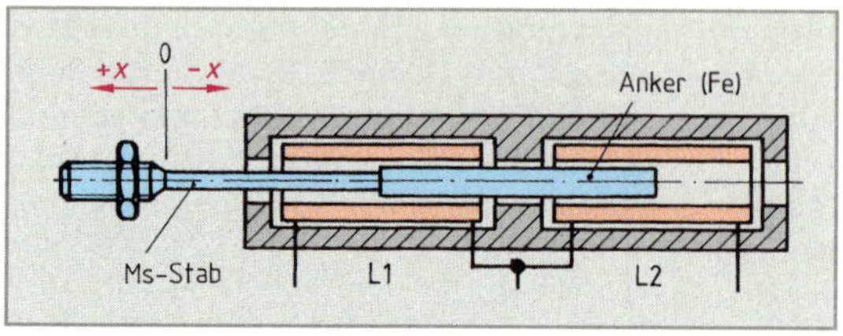

Bild 2: Differenzialdrossel

Wenn das Messobjekt den Tauchanker um Δx verschiebt, ändert sich der Scheinwiderstand Z_1 der Drossel L1. Die Viertelbrücke gibt eine Wechselspannung U_1 ab, deren Amplitude der Verschiebung Δx proportional ist.

Eine **Differenzialdrossel** kann entgegengesetzte Verschiebungen messen. Sie besteht aus zwei gleichartigen Zylinderspulen mit einem gemeinsamen ferromagnetischen Anker **(Bild 2)**. Die Spulen bilden einen Zweig in einer Induktivitätsmessbrücke wie in Bild 1. Bei Nullstellung befindet sich der Anker in der Mitte der Drossel. Die Scheinwiderstände der Spulen L1 und L2 sind dann gleich groß. Verschiebt das Messobjekt den Anker um $+x$ oder $-x$, so gibt die Brücke je nach Verschiebungsrichtung Wechselspannungen entgegengesetzter Phasenlage ab.

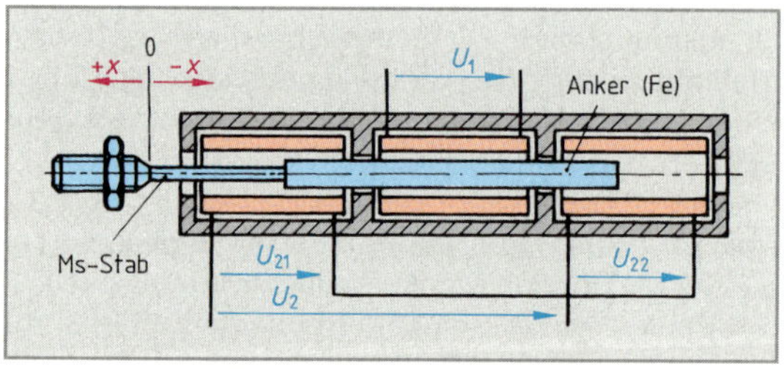

Bild 3: Differenzialtransformator

Ein **Differenzialtransformator (Bild 3)** kann wie eine Differenzialdrossel entgegengesetzte Verschiebungen aufnehmen. Erforderlich ist eine Eingangswechselspannung U_1. Die beiden Ausgangswicklungen sind gegeneinander geschaltet. Befindet sich der bewegliche ferromagnetische Anker in der Mitte, sind die induzierten Spannungen U_{21} und U_{22} gleich groß und summieren sich zur Ausgangsspannung null. Die Verschiebung des Ankers um $\pm x$ bestimmt die Amplitude und Phasenlage der Ausgangsspannung U_2.

Induktive Sensoren arbeiten fast reibungsfrei. Eine dichte Kapselung der Spulen hält Staub und andere Schadstoffe fern. Die Lebensdauer derartiger Sensoren ist deshalb hoch. Induktive Sensoren für besonders rauhen Betrieb haben einen Spielraum zwischen Anker und Spulen. Die Justierung von Messobjekt und Anker mit den Spulen erfordert dann wenig Aufwand. Sonderausführungen gibt es für Temperaturen von $-200\,°C$ bis $+600\,°C$. Im Gegensatz zu Halbleiter-Bauelementen werden induktive Sensoren durch radioaktive Strahlung nicht beeinflusst. Sie sind deshalb auch für Messungen an Kernreaktoren geeignet.

16.7 Sensoren mit Temperaturfühlern

16.7.1 Sensoren mit Widerständen als Fühler

Der Wert eines Widerstandes ist temperaturabhängig. Darauf beruht die Funktion dieser Sensoren.

Metallische Fühler enthalten Drahtwiderstände oder Schichtwiderstände. Verwendet werden meist Widerstände aus Platin oder Nickel mit dem Nennwert 100 Ω (Pt 100, Ni 100) bei 0 °C. Platinfühler benutzt man für den Temperaturbereich −220 °C bis +900 °C, Nickelfühler von −60 °C bis +180 °C. Widerstandsänderungen und Temperaturänderungen sind einander ungefähr proportional. Nickelfühler haben etwa den doppelten Temperaturbeiwert wie Platinfühler und sind deshalb empfindlicher.

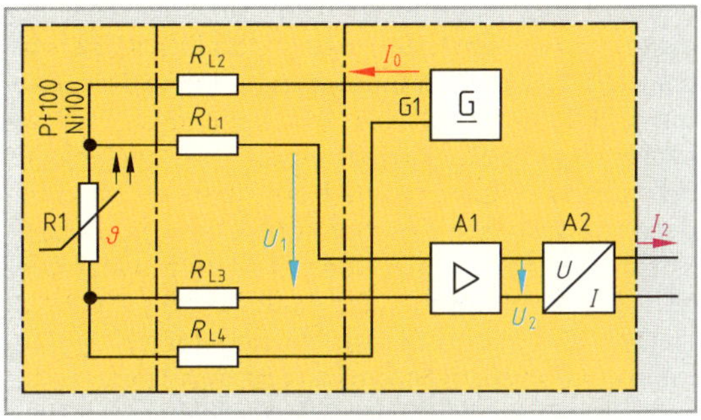

Bild 1: Temperatursensor R1 in Vierleiter-Konstantstromschaltung

Die Temperatur kann man über den Spannungsabfall am Fühlerwiderstand messen. Dabei wird der Fühler mit einem eingeprägten Strom I_0 versorgt **(Bild 1)**. Der Strom I_0 bleibt konstant, wenn sich die Leiterwiderstände R_{L2} und R_{L4} und der Fühlerwiderstand R1 durch Erwärmung ändern. Der Spannungsabfall U_1 am Fühler ist dann nur noch von der Temperatur abhängig. Da der Eingangswiderstand des angeschlossenen Verstärkers A1 sehr hochohmig ist, beeinflussen auch die Leiterwiderstände R_{L1} und R_{L3} die Messgenauigkeit nicht. Der Sensor Bild 1 wird in einer **Vierleiter-Konstantstromschaltung** betrieben, da vier Leiter zum Fühler führen. Diese Schaltung ist erforderlich, wenn die Leiter lang sind und große Temperaturänderungen auftreten. Bei kleinem Abstand zwischen Fühler und Verstärker kann man R_{L3} und R_{L4} zusammenfassen (Dreileiterschaltung) und zusätzlich R_{L1} und R_{L2} (Zweileiterschaltung).

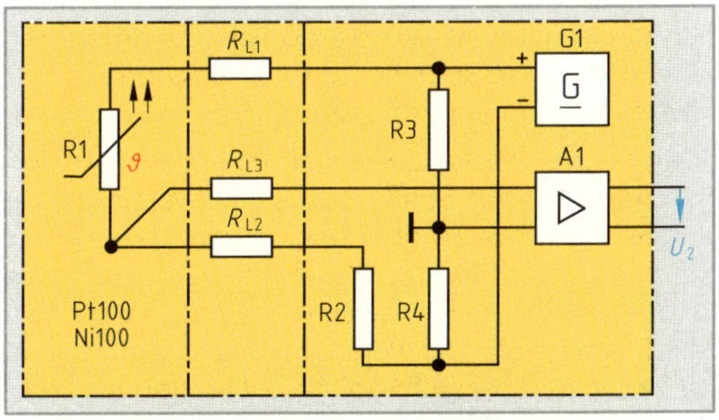

Bild 2: Temperatursensor mit Viertelbrücke in Dreileiterschaltung

Der Temperaturfühler kann auch Teil einer Messbrücke sein. Bei der **Dreileiterschaltung (Bild 2)** wird die Diagonalspannung so abgegriffen, dass sich Änderungen der Leiterwiderstände R_{L1} und R_{L2} gegenseitig ausgleichen. Der Leiterwiderstand R_{L3} wird vernachlässigt, weil der angeschlossene Verstärker A1 hochohmig ist.

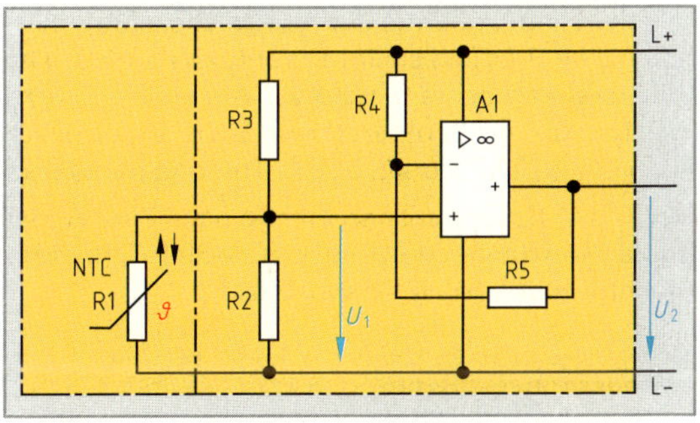

Bild 3: Temperatursensor mit Heißleiter, linearisiert

Halbleiterfühler sind für Temperaturen von −50 °C bis +180 °C geeignet. Sie enthalten NTC-Widerstände aus dotierten Halbleitern oder PTC-Widerstände aus Reinsilicium. Diese Fühler sind klein, reagieren rasch auf Temperaturänderungen und haben gegenüber Metallfühlern die 20fache Empfindlichkeit. Widerstandsänderungen sind Temperaturänderungen aber nur in einem kleinen Bereich proportional. Bei Temperaturänderungen von weniger als 100 K kann in Verbindung mit einem Parallelwiderstand R2 und einem Reihenwiderstand R3 **(Bild 3)** eine ausreichende Linearität erreicht werden. Die Empfindlichkeit des Sensors wird dabei aber herabgesetzt. Der Spannungsabfall U_1 am Fühler wird einem hochohmigen Verstärker zugeführt.

Falls es die Temperatur zulässt, vereinigt man in der Nähe des Messorts sämtliche Baugruppen der oben beschriebenen Sensoren zu Einheitsmessumformern mit Ausgangsströmen z. B. im Bereich 4 mA bis 20 mA.

16.7.2 Sensoren mit Thermoelementen als Fühler

Die Verbindungsstelle zweier verschiedener Metalle erzeugt bei Erwärmung eine Thermospannung (Kontaktspannung). Sie wird als Thermoelement bezeichnet, die beiden Metalle als **Thermopaar.** Die Thermospannung steigt mit der Temperatur und hängt auch vom Material des Thermopaares ab. Im Stromkreis eines Thermoelements befinden sich noch andere Kontaktstellen verschiedener Metalle. Bei gleicher Temperatur im ganzen Stromkreis heben sich aber die Thermospannungen gegenseitig auf. Ein Sensor mit Thermoelement als Messfühler spricht also nur auf Temperaturdifferenzen im Stromkreis an. Am Thermopaar des Fühlers schließt man jeweils Leiter aus dem gleichen Material an. Diese **Ausgleichsleitungen** verhindern zusätzliche Thermospannungen an den Fühleranschlüssen. Die Ausgleichsleitungen können direkt mit dem Anzeigeinstrument verbunden sein; dieses misst dann die Temperaturdifferenz zwischen Instrument und Messort.

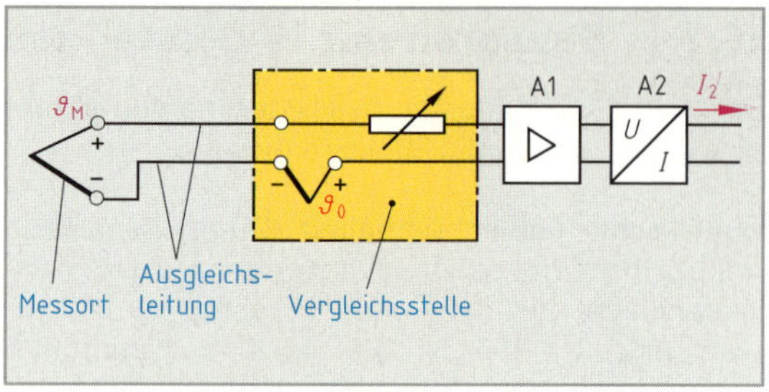

Bild 1: Temperatursensor R1 mit Thermoelement und Vergleichsstelle

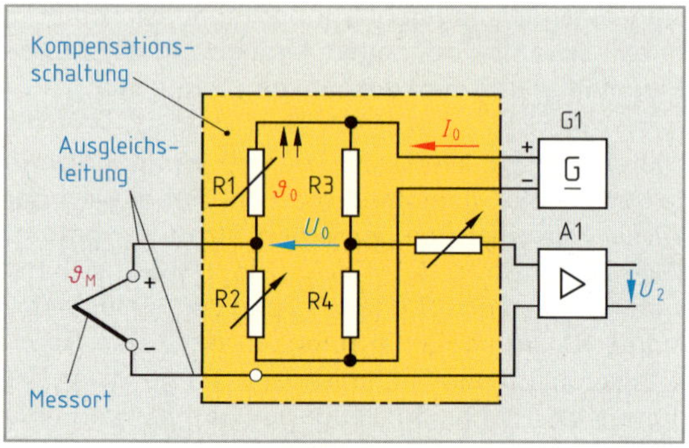

Bild 2: Temperatursensor R1 mit Thermoelement und Kompensationsschaltung

Meist führen die Ausgleichsleitungen zu einer **Vergleichsstelle.** Dort befindet sich ein zweites gleichartiges Thermoelement, das gegen den Fühler geschaltet ist **(Bild 1).** Gemessen wird dann die Temperaturdifferenz zwischen Messort und Vergleichsstelle. Für die Vergleichsstelle nimmt man die Bezugstemperatur 20 °C an, wenn dort die Temperaturschwankungen relativ klein sind. Im anderen Fall heizt man die Vergleichsstelle auf eine konstante Bezugstemperatur, z. B. $\vartheta_0 = 50\,°C$, auf.

Kontaktstellen im Stromkreis des Fühlers, welche die Messgenauigkeit beeinträchtigen können, befinden sich vor allem am Ende der Ausgleichsleitungen. Temperaturschwankungen in diesem Bereich kann man durch eine Brückenschaltung kompensieren, die aus dem Kaltleiter R1 und drei temperaturunabhängigen Widerständen besteht **(Bild 2).** Abgeglichen wird diese Brücke bei der Bezugstemperatur, z. B. 20 °C. Weicht dann die Temperatur im Bereich der Brücke von diesem Wert ab, so entsteht die Diagonalspannung U_0, welche die störenden Thermospannungen kompensiert.

Mit diesen Sensoren kann man je nach Thermopaar verschiedene Temperaturbereiche erfassen, z. B. mit Kupfer-Konstantan von –60 °C bis +350 °C, mit Eisen-Konstantan von –200 °C bis +750 °C oder mit Platinrhodium-Platin von 0 °C bis +1600 °C.

Wiederholungsfragen

1 **Nennen Sie Anwendungsbeispiele für analoge optoelektronische Sensoren.**

2 **Beschreiben Sie allgemein Aufbau und Funktion eines Sensors a) für inkrementale Wegmessung und b) für absolut codierte Wegmessung.**

3 **Wie funktioniert a) eine Einfachdrossel, b) eine Differenzialdrossel und c) ein Differenzialtransformator für Wegmessung?**

4 **Welche Auflösung erreicht man bei a) inkrementalen und b) absolut codierten Wegmesssystemen?**

5 **Welchen Code verwendet man meist bei absolut codierten Winkelmesssystemen?**

6 **Welche Vorteile haben Längenmesssysteme mit induktiven Sensoren gegenüber Messsystemen mit Glasmaßstäben?**

7 **Unter welcher Bedingung verwendet man zur Temperaturmessung die**
a) Dreileiterschaltung und
b) die Vierleiter-Konstantstromschaltung?

8 **Beschreiben Sie Aufbau und Funktion eines Temperatursensors in Vierleiter-Konstantstromschaltung.**

9 **Nennen Sie Vorteile und Nachteile, die ein Halbleiterfühler für Temperatur gegenüber einem metallischen Fühler hat.**

10 **Welche Aufgabe haben Ausgleichsleitungen bei Sensoren mit Thermoelementen?**

11 **Welche Temperaturbereiche können Temperatursensoren**
a) mit Fühlerwiderständen und
b) mit Thermoelementen erfassen?

16.8 Sensoren mit Schaltausgang

Induktiver Näherungsschalter. Mit dem Anlegen der Betriebsspannung an den Näherungsschalter erzeugt ein LC-Oszillator **(Bild 1)** ein hochfrequentes elektromagnetisches Wechselfeld. Dieses Feld wird durch einen Ferritkern gebündelt, ausgerichtet und tritt aus der aktiven Fläche des Sensors aus **(Bild 2)**. Ein Metallteil, das in das Wechselfeld des induktiven Näherungsschalters eintaucht, dämpft die Oszillatorspannung. Die gleichgerichtete Spannung des Oszillators fällt unter einen vorgegebenen Schwellwert ab. Die Schaltstufe bewirkt dann über den Ausgangsverstärker eine Signaländerung am Ausgang des Sensors.

Induktive Näherungsschalter erfassen alle Metallarten.

Der **Schaltabstand** des Sensors wird mithilfe eines quadratischen Stahlplättchens ermittelt (Bild 2). Seine Kantenlänge entspricht dem Durchmesser des Sensors. Die Differenz zwischen dem Ein- und dem Ausschaltpunkt bezeichnet man als Schalthysterese (Bild 2). Verwendet man zur Bedämpfung des Sensors nichtmagnetische Metalle, z. B. Kupfer oder Aluminium, so verringert sich der Schaltabstand des Sensors.

Kapazitive Näherungsschalter (Bild 3) enthalten einen RC-Oszillator. Die aktive Fläche des Näherungsschalters wird durch becherförmige Kondensatorbeläge begrenzt. Nähert sich ein Gegenstand der aktiven Fläche, erhöht sich die Kapazität des Kondensators und das Ausgangssignal des Sensors ändert sich.

Kapazitive Näherungsschalter erfassen außer Metallen und Nichtmetallen auch flüssige, körnige und pulverisierte Stoffe.

Der Schaltabstand des Sensors ist bei Stahl und bei Wasser ungefähr gleich groß. Bei einer Bedämpfung durch Glas verringert er sich auf den 0,5fachen, bei Öl auf den 0,1fachen Wert.

Ausführung von Näherungsschaltern. Näherungsschalter für den Betrieb an Gleichspannung (10 V bis 30 V) werden meist in Dreidrahtausführung, für den Einsatz an Wechselspannung bis 250 V in Zweidrahtausführung gebaut **(Bild 4)**.

Ein eingebauter Verstärker erlaubt z. B. Relais oder Magnetventile mit einer Stromaufnahme bis 200 mA direkt anzusteuern. Nach dem Schaltverhalten unterscheidet man Öffner- und Schließerfunktion. Bei der Schließerfunktion ist der Ausgang des bedämpften Sensors leitend, bei der Öffnerfunktion dagegen gesperrt.

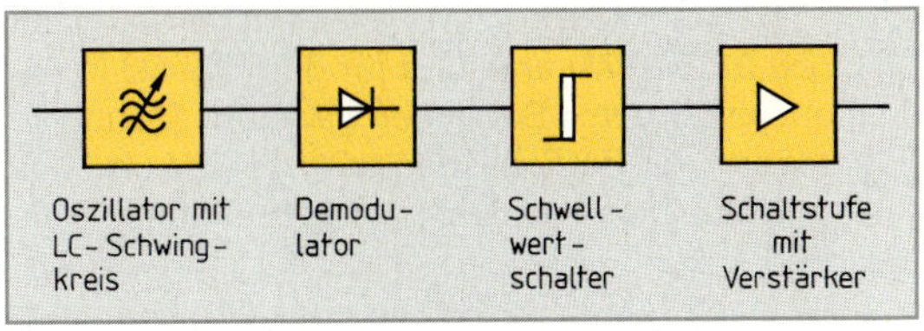

Bild 1: Baugruppen des Näherungsschalters

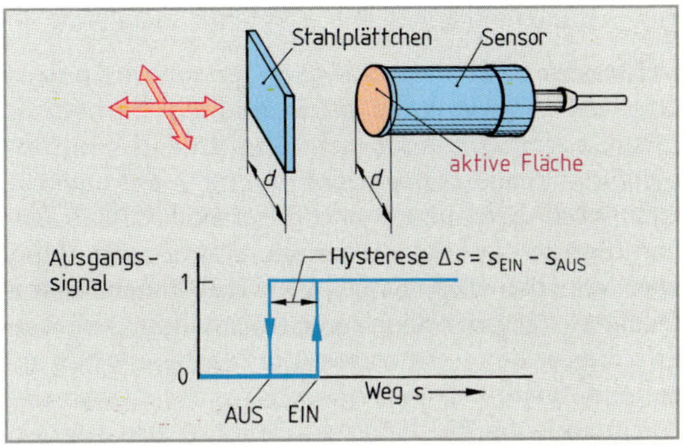

Bild 2: Schaltabstände und Hysterese des Näherungsschalters

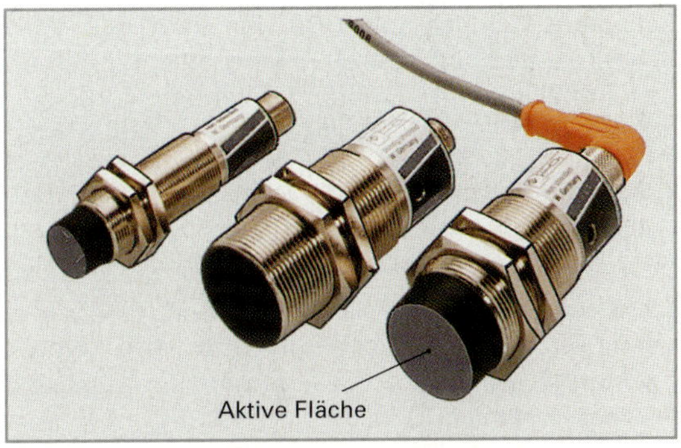

Bild 3: Kapazitive Näherungsschalter

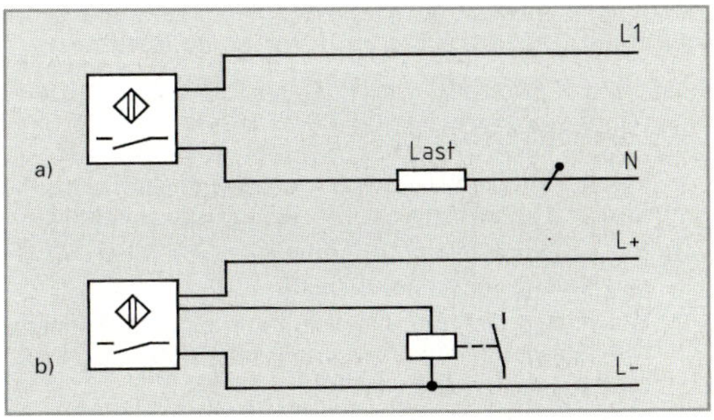

Bild 4: Sensoren in a) Zweidrahtausführung und b) Dreidrahtausführung

Näherungsschalter nach NAMUR[1] werden in Zweidrahtausführung hergestellt (DIN 19234). Sie entsprechen der Zündschutzart i (Eigensicherheit nach DIN VDE 0170/0171) und sind für den Einsatz in explosionsgefährdeten Bereichen geeignet. Durch die Begrenzung der Betriebsspannung auf 9 V und des Ausgangsstromes auf 6 mA sind zündfähige elektrische Funken nicht zu erwarten. Näherungsschalter nach NAMUR enthalten nur den Oszillator mit dem Schwingkreis und den Demodulator. Der zum Betrieb notwendige Schaltverstärker ist vom Näherungsschalter getrennt und wird außerhalb des explosionsgeschützten Bereiches installiert.

Lichttaster bestehen aus einem Sender- und einem Empfängerelement, die beide in einem gemeinsamen Gehäuse untergebracht sind **(Bild 1)**. Sie senden ein diffuses, d. h. ein sich von der Lichtquelle in alle Richtungen ausbreitendes Infrarotlicht aus. Die vom Senderelement ausgehende Infrarotstrahlung wird von der Oberfläche eines Gegenstandes reflektiert und trifft dann zum Teil wieder auf den Empfänger des Lichttasters. Die Reichweite (Erfassungsbereich) beträgt bis zu 0,4 m. Sie ist von der Farbe und Oberflächenstruktur des zu erfassenden Gegenstandes abhängig.

Lichttaster arbeiten ohne Reflektoren.

Reflexions-Lichtschranke. Bei ihr wird das vom Senderelement ausgestrahlte Infrarotlicht durch einen Reflektor zum Empfängerelement zurückgeworfen **(Bild 2)**. Die Reichweite von Reflexions-Lichtschranken beträgt etwa 5 m. Als Reflektoren verwendet man meist prismatische Reflektoren (Tripelreflektoren).

Reflexions-Lichtschranken erfassen Gegenstände, die den Lichtstrahl auf dem Weg zwischen Sender, Reflektor und Empfänger unterbrechen.

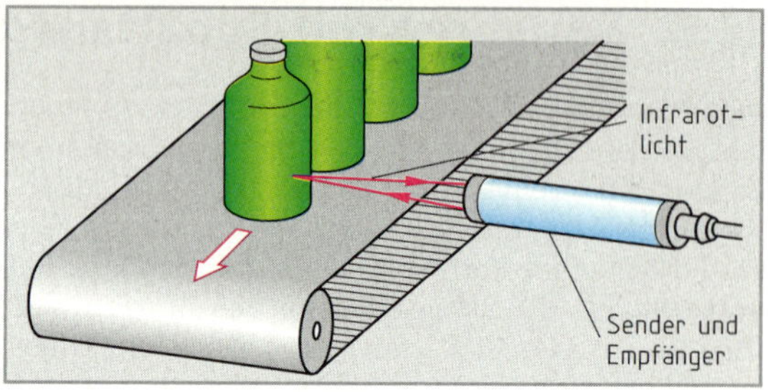

Bild 1: Lichttaster

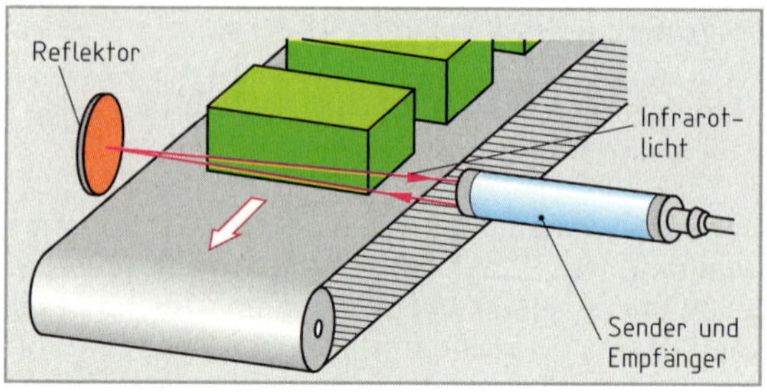

Bild 2: Reflexions-Lichtschranke

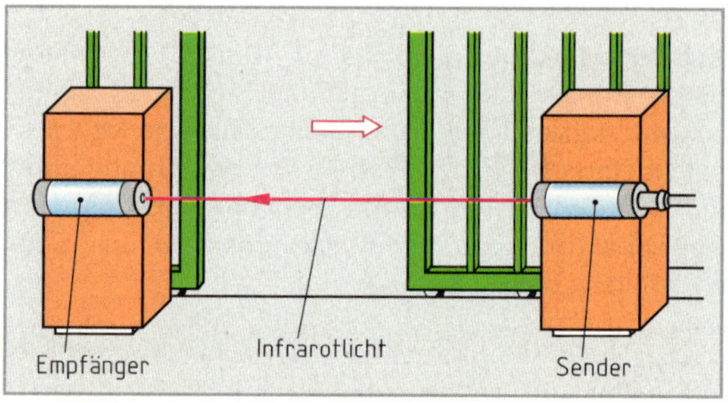

Bild 3: Einweg-Lichtschranke

Einweg-Lichtschranken bestehen aus räumlich getrennten Sender- und Empfängerelementen **(Bild 3)**. Vom Senderelement wird ein gerichteter Lichtstrahl zum Empfängerelement ausgesandt. Die Reichweite beträgt bis zu 20 m. Einweg-Lichtschranken werden hauptsächlich zur Torüberwachung für größere Reichweiten eingesetzt, z. B. in Einfahrten zu Parkhäusern.

Wiederholungsfragen

1 **Welche Werkstoffe werden erfasst a) durch induktive und b) durch kapazitive Näherungsschalter?**

2 **Mit welchem Werkstoff wird der Schaltabstand eines Näherungsschalters bestimmt?**

3 **Wie ändert sich der Schaltabstand eines induktiven Näherungsschalters, wenn anstatt Stahl der Werkstoff Kupfer erfasst wird?**

4 **Worin unterscheiden sich Lichttaster von Reflexions-Lichtschranken?**

5 **Welche Reichweiten erreicht man üblicherweise a) mit Lichttastern, b) mit Reflexions-Lichtschranken und c) mit Einweg-Lichtschranken?**

[1] NAMUR, Abkürzung für: Normenarbeitsgemeinschaft für Mess- und Regelungstechnik

17 Speicherprogrammierbare Steuerung (SPS)

17.1 Aufbau

Speicherprogrammierbare Steuerungen (SPS) sind Mikrocomputersysteme. Man verwendet sie für unterschiedliche Steuerungsaufgaben **(Bild 1)**. Solche Steuerungsaufgaben nennt man auch Steuerungsprozess oder kurz Prozess.

Die SPS nimmt über Eingabebaugruppen Signale aus dem Prozess auf, z. B. Endschalter geschlossen **(Bild 2)**. Diese Signale werden entsprechend dem Steuerungsprogramm verarbeitet. Über Ausgabebaugruppen beeinflusst die SPS den Prozess, z. B. Heizung einschalten. Eine SPS kann also einen Prozess steuern, aber auch regeln.

Mit einem **Programmiergerät (PG)** und einer Programmiersoftware, z. B. STEP[1] 5 oder STEP 7, wird das Steuerungsprogramm erstellt und in den **Programmspeicher** der SPS übertragen. Das Programmiergerät ist z. B. ein Laptop (Bild 2).

Die SPS bezeichnet man auch als **Automatisierungssystem (AS)**. Ein Automatisierungssystem **(Bild 3)** besteht aus der Stromversorgungsbaugruppe, der Zentraleinheit (CPU[2]) und den Ein- und Ausgabebaugruppen.

Bei **verbindungsprogrammierten Steuerungen**, z. B. Schützsteuerungen, ergibt sich die Funktion der Steuerung aus der Verdrahtung.

Bei der SPS ist das Steuerungsprogramm als Software im Programmspeicher abgelegt. Eine Programmänderung ist bei einer SPS einfach durchzuführen, da keine Verdrahtung geändert werden muss. Man ändert nur das Steuerungsprogramm.

Anwendungen (Beispiele)

Steuerungen für:

- Autowaschanlagen
- Förderanlagen
- Verpackungsanlagen
- Abfüllanlagen
- Pressen

Bild 1: Beispiele für SPS-gesteuerte Anlagen

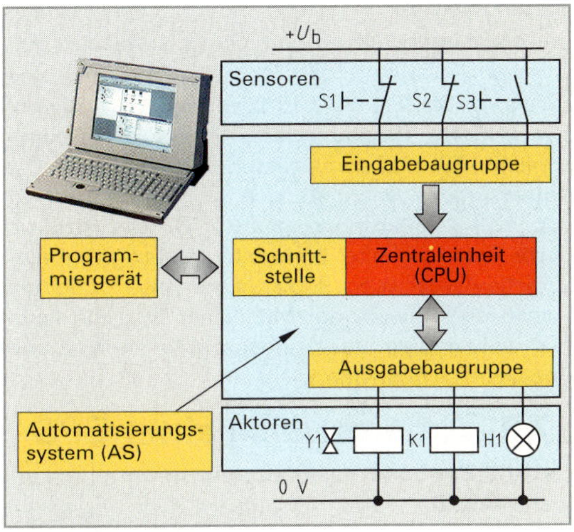

Bild 2: Aufbau einer SPS

Bild 3: Automatisierungssystem

[1] Programmiersoftware für S5- bzw. S7-Automatisierungssysteme
[2] CPU, Abk. für: **C**entral **P**rocessing **U**nit (engl.) = zentrale Verarbeitungseinheit

17.2 Programmiersprachen

Speicherprogrammierbare Steuerungen kann man in verschiedenen Sprachen **(Bild 1)** programmieren. Die wichtigsten Programmiersprachen sind:

- **Funktionsplan (FUP)**
- **Anweisungsliste (AWL)**
- **Kontaktplan (KOP)**

Der **Funktionsplan** stellt das Programm grafisch mit Symbolen der Digitaltechnik **(Bild 2a)** dar. Funktionale Zusammenhänge sind so leicht zu überschauen.

In der **Anweisungsliste** werden die einzelnen Programmzeilen untereinander geschrieben **(Bild 2b)**. Die AWL kann den gesamten Befehlsvorrat der SPS ausschöpfen.

Der **Kontaktplan** ähnelt dem Stromlaufplan in aufgelöster Darstellung **(Bild 2c)**.

Die Norm DIN EN 61131-3 bzw. IEC[1] 1131-3 kennt zwei weitere Programmiersprachen, die Ablaufsprache (AS) und den strukturierten Text (ST). Die **Ablaufsprache** orientiert sich an der Darstellung von Ablaufsteuerungen (Seite 418). Der **strukturierte Text** beinhaltet Elemente der Programmiersprache Pascal, wie z. B. die „if then else"- oder die „while do"-Anweisung. Mit dieser Sprache kann man aufwendige Steuerungsprogramme kurz und übersichtlich gestalten.

17.3 Arbeitsweise einer SPS

Die SPS bearbeitet das Steuerungsprogramm zyklisch[2] **(Bild 3)**.

- Zuerst werden die aktuellen Signalzustände der Eingänge gelesen und im **Prozessabbild der Eingänge (PAE)** gespeichert. Das PAE ist ein Speicher mit einem Speicherplatz für jeden Eingang.
- Das Steuerungsprogramm, z. B. Bild 2b, wird Steuerungsanweisung für Steuerungsanweisung bearbeitet. Die SPS greift bei der Programmbearbeitung jedoch nicht auf die Eingänge selbst, sondern auf das PAE zu. Soll durch die Programmbearbeitung ein Ausgangssignal verändert werden, geschieht dies zunächst im **Prozessabbild der Ausgänge (PAA)** und nicht am Ausgang selbst. Das PAA ist, ähnlich wie das PAE, ein Speicher mit einem Speicherplatz für jeden Ausgang.
- Nach der letzten Anweisung werden die im PAA gespeicherten Zuweisungen an die Ausgabebaugruppe weitergegeben.

Dann wird wieder das PAE gebildet und die Programmbearbeitung beginnt von neuem.

Diesen sich immer wiederholenden Ablauf nennt man **zyklische Programmbearbeitung**.

[1] Die internationale Norm IEC 1131 wurde als deutsche Norm DIN EN 61131 übernommen.
[2] Zyklus (griech.) = Kreislauf

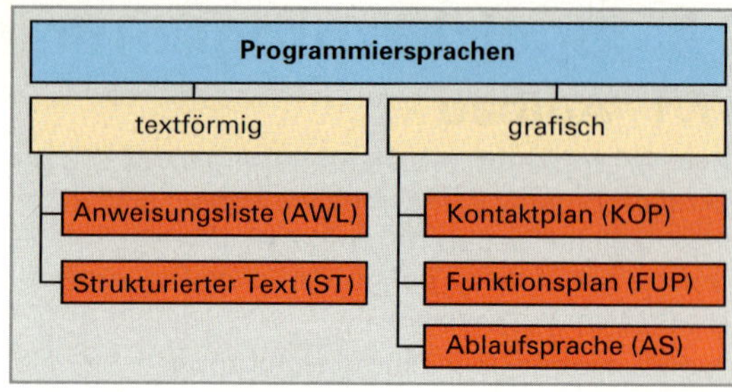

Bild 1: Programmiersprachen

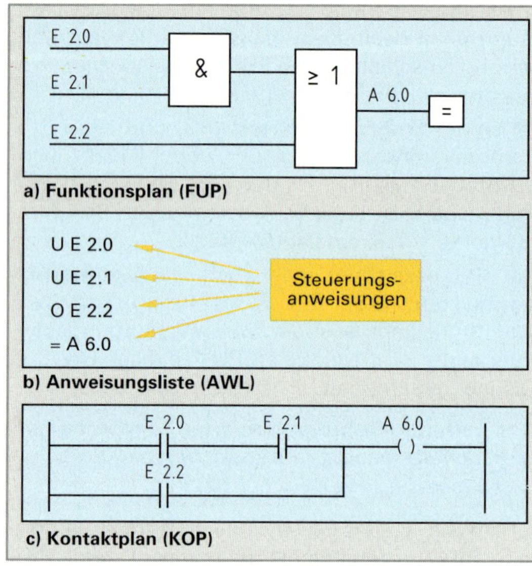

a) Funktionsplan (FUP)
b) Anweisungsliste (AWL)
c) Kontaktplan (KOP)

Bild 2: Programmdarstellung in FUP, AWL und KOP

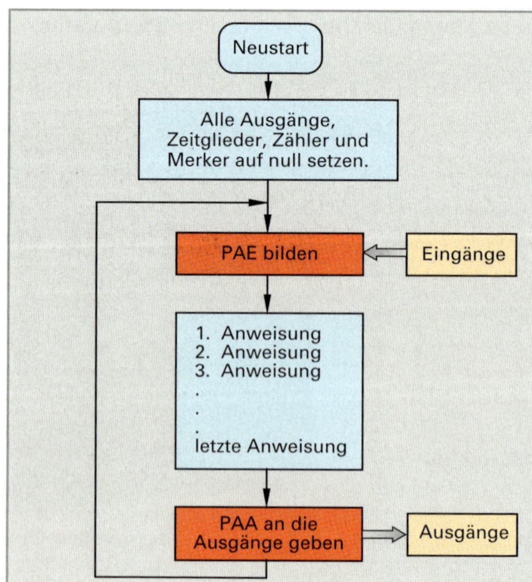

Bild 3: Ablaufplan für die zyklische Bearbeitung eines SPS-Programms

Ändert sich der Signalzustand eines Eingangs während des Programmzyklus, so wird diese Änderung erst beim nächsten Programmzyklus wirksam. Dadurch entstehen bei der SPS Reaktionszeiten, die im ungünstigsten Fall zweimal so lang wie die **Zykluszeit** sein können. Die Zykluszeit ist abhängig von der Länge des Anwenderprogrammes, z. B. 8 ms pro 1000 Steuerungsanweisungen.

Die SPS bearbeitet das Programm zyklisch. Während der Programmbearbeitung wird auf das PAE zugegriffen und die Ausgangssignale ins PAA geschrieben. Nach der letzten Anweisung wird das PAA an die Ausgabebaugruppe übertragen. Durch die zyklische Programmbearbeitung haben SPS-gesteuerte Anlagen Reaktionszeiten.

Programmbearbeitung

Das Anwenderprogramm besteht aus einzelnen, aufeinander folgenden Steuerungsanweisungen. Beispiele für Steuerungsanweisungen in der Programmiersprache STEP 5 und in der Schreibweise nach DIN EN 61131-3 sind in **Bild 1** aufgeführt.

Bevor die SPS ein Steuerungsprogramm bearbeiten kann, wird es vom Programmiergerät automatisch in den Maschinencode[1] übersetzt und in den Programmspeicher der SPS übertragen. Der Maschinencode entspricht in seiner Struktur weitgehend der AWL. Deshalb wird mit dieser Programmiersprache die Arbeitsweise einer SPS erklärt (Beispiel 1).

Beispiel 1: Der Ausgang A 6.0 soll 1-Signal führen, wenn 1-Signal an Eingang E 2.0 **UND** Eingang E 2.1 anliegt **ODER** wenn Eingang E 2.2 ein 1-Signal hat **(Bild 2)**.

Die SPS bildet zuerst das Prozessabbild der Eingänge (PAE), z. B. E 2.0 = 1, E 2.1 = 0, E 2.2 = 1. Dann bearbeitet sie das Programm Anweisung für Anweisung **(Bild 3)**. Jede Programmzeile führt zu einem **Verknüpfungsergebnis (VKE)**. Bei der Bearbeitung von Beispiel 1 ist in der ersten Zeile der Signalzustand **1** des Eingangs E 2.0 aus dem Prozessabbild der Eingänge sofort Verknüpfungsergebnis, da es sich um eine Erstabfrage handelt. In der folgenden Programmzeile 2 wird der Signalzustand des angesprochenen Operanden (E 2.1) mit dem Verknüpfungsergebnis aus der vorherigen Zeile nach der Operationsvorschrift (UND) verknüpft. Dieses Ergebnis bildet das neue Verknüpfungsergebnis und überschreibt das bestehende. Abschließend wird dieses neue VKE in der Programmzeile 3 nach der Operationsvorschrift (ODER) mit dem Signalzustand des Operanden (E 2.2) verknüpft. Dieses Ergebnis bildet wieder das neue VKE. Weist das Programm durch den Befehl „=" in Programmzeile 4 dem Ausgang A 6.0 das Verknüpfungsergebnis zu, steht dieses Signal zunächst nur im Prozessabbild der Ausgänge (PAA). Das PAA wird erst nach Bearbeitung der letzten Programmzeile an den Ausgang A 6.0 übertragen.

[1] Code = verschlüsselte Darstellung

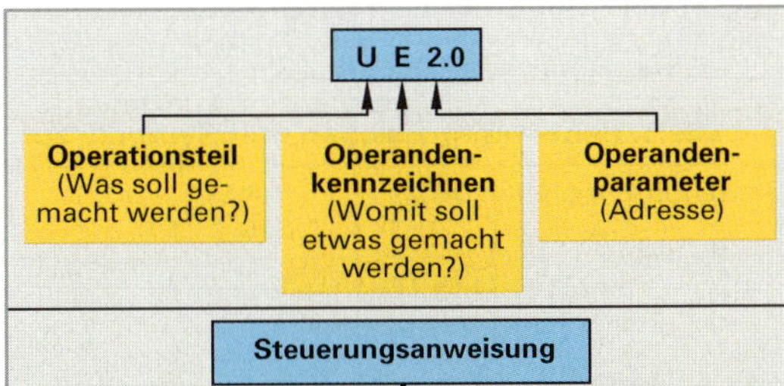

Operationsteil			Operandenteil		
Operationen			Kennzeichen		
STEP 5	DIN EN 61131-3	Bedeutung	STEP 5	DIN EN 61131-3	Bedeutung
U	AND	UND	E	I	Eingang
O	OR	ODER	A	Q	Ausgang
N	N	NICHT	M	M	Merker
=	ST	Zuweisung	T	TR	Zeitglied
S	S	Setzen	Z	CT	Zähler
R	R	Rücksetzen			
ZV	U	Vorwärtszählen			
ZR	D	Rückwärtszählen			

Bild 1: Aufbau und Arten von Steuerungsanweisungen für eine SPS (Auswahl)

Funktionsplan	AWL
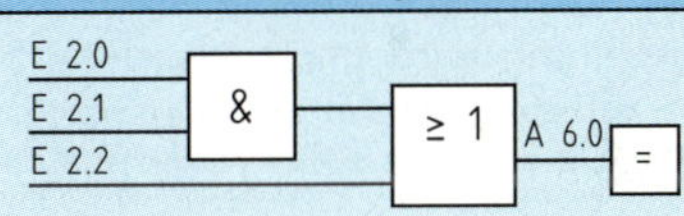	U E 2.0 U E 2.1 O E 2.2 = A 6.0

Bild 2: Funktionsplan (FUP) und Anweisungsliste (AWL) zu Beispiel 1

Programmzeile	AWL	Signalzustand im PAE	Verknüpfungsvorschrift	VKE	PAA (A 6.0)
1	U E 2.0	1		1	
2	U E 2.1	0	U	0	
3	O E 2.2	1	O	1	
4	= A 6.0		=		1

Bild 3: Arbeitsweise einer SPS

17.4 Programmierung

17.4.1 Grundverknüpfungen

Bei der Umsetzung einer Steuerungsaufgabe in ein SPS-Programm werden zuerst die Taster und Sensoren den Eingängen der SPS zugeordnet. Die Funktion der Eingänge ist in DIN VDE 0113 festgelegt: Einschalten mit 1-Signal, also durch einen Schließer, Ausschalten mit 0-Signal, also durch einen Öffner. Dann werden die Stellglieder, z. B. Schütze, den Ausgängen der SPS zugeordnet **(Bild 1)**.

In **Tabelle 1** sind die Operationen UND, ODER, NICHT und die Zuweisung in den drei Programmiersprachen AWL, FUP und KOP dargestellt. Die AWL in Tabelle 1 ist in STEP 5 und in der Darstellung nach DIN EN 61131-3 angegeben. Eine Zuweisung bezieht sich immer auf einen Ausgang A oder einen **Merker** M. Ein Merker speichert Zwischenergebnisse. Er hat die gleiche Funktion wie ein Ausgang, kann aber nur innerhalb der SPS benutzt werden.

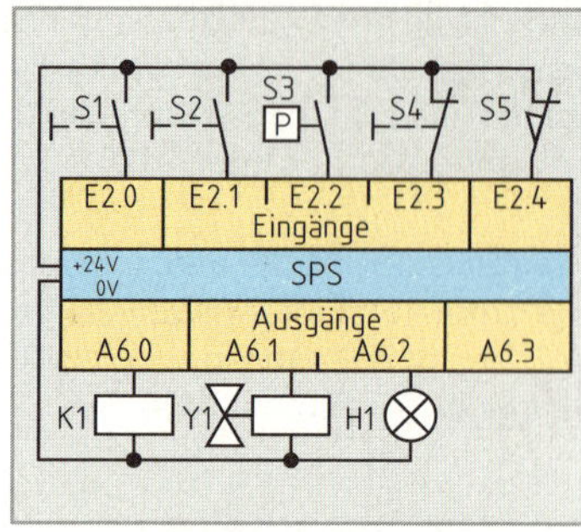

Bild 1: Beschaltung einer SPS

Tabelle 1: Benennung, Zeichen und Symbole zur Programmierung

Operation	Zeichen	AWL (STEP 5)	AWL (DIN EN 61131-3)	FUP	KOP
UND	U	U E 2.0 U E 2.1 = A 6.0	LD I 2.0 AND I 2.1 ST Q 6.0		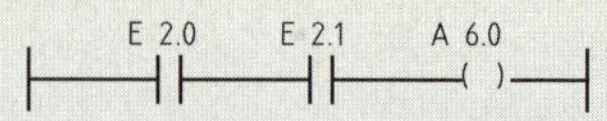
ODER	O	O E 2.0 O E 2.1 = A 6.1	LD I 2.0 OR I 2.1 ST Q 6.1	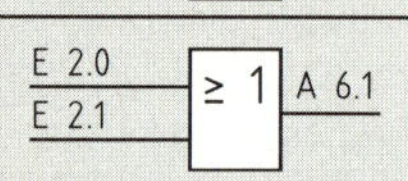	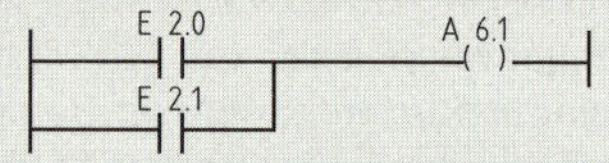
NICHT	N	UN E 2.0 U E 2.1 = A 6.2	LDN I 2.0 AND I 2.1 ST Q 6.2	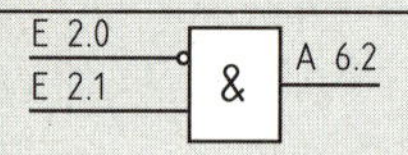	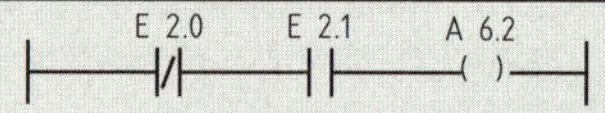
Zuweisung	=	= A 6.3 = M 3.6	ST Q 6.3 ST M 3.6	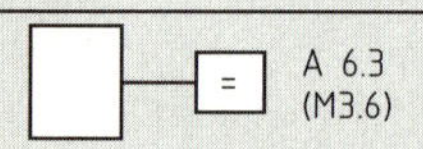	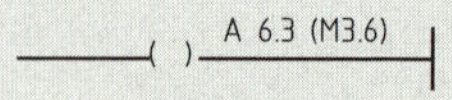

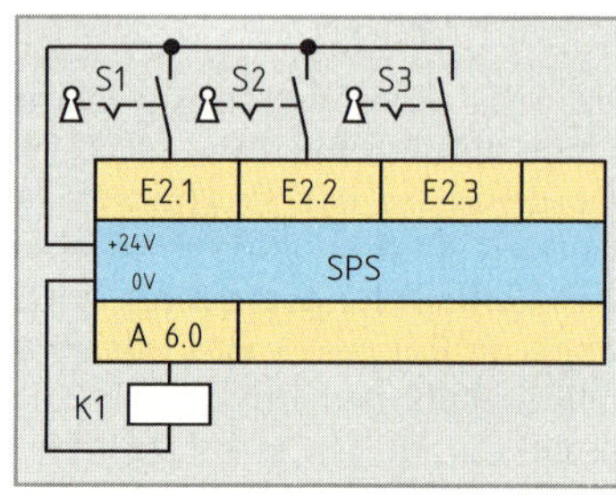

Bild 2: Beschaltung der SPS zu Beispiel 2

> **Beispiel 2:** In einer Fabrik darf der Meister alleine über Schlüsselschalter S1, die beiden Schichtführer nur gemeinsam über die Schlüsselschalter S2 und S3 eine Anlage bedienen. Die Anlage ist betriebsbereit, wenn K1 anzieht. Erstellen Sie die Zuordnungsliste und ein SPS-Programm.

Zuerst erstellt man die Zuordnungen **(Tabelle 2)**.

Tabelle 2: Zuordnungen

Operand	Symbol	Kommentar
E 2.1 E 2.2 E 2.3	S1 S2 S3	Meister Schichtführer 1 Schichtführer 2
A 6.0	K1	Anlage betriebsbereit

Zur Programmerstellung wird geklärt, welche Signale an den Eingängen anliegen müssen, damit der Ausgang 1-Signal führt. Die Frage, ob ein Schalter betätigt oder nicht betätigt ist, hilft dagegen wenig.

Für Beispiel 2 ergibt sich folgende Formulierung des Steuerungsproblems: Der Ausgang A 6.0 führt dann 1-Signal, wenn E 2.2 **UND** E 2.3 ein 1-Signal führen **ODER**, wenn E 2.1 alleine 1-Signal führt. Daraus ergibt sich der Funktionsplan **Bild 3a** und mit dessen Hilfe die Anweisungsliste **(Bild 3b)** und der Kontaktplan **(Bild 3c)**.

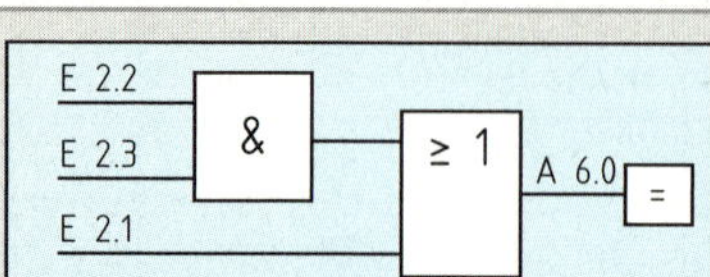

a) Funktionsplan

STEP 5	DIN EN 61131-3
U E 2.2 U E 2.3 O E 2.1 = A 6.0	LD I 2.1 AND I 2.3 O I 2.1 ST Q 6.0

b) Anweisungsliste

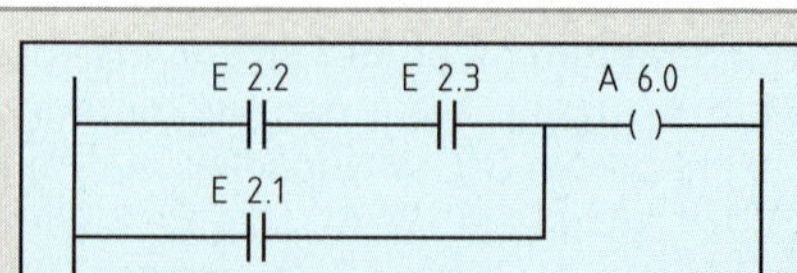

c) Kontaktplan

Bild 3: SPS-Programm zu Beispiel 2

17.4.2 Öffner und Schließer

Beispiel 3: Das Tor einer Elektro-Werkstatt wird durch den Taster S1 (AUF) und den Taster S2 (AB) im Tippbetrieb geöffnet und geschlossen. Die obere Endstellung meldet Endschalter S3, die untere Endstellung meldet Endschalter S4 **(Bild 1a)**. Entwerfen Sie das SPS-Programm.

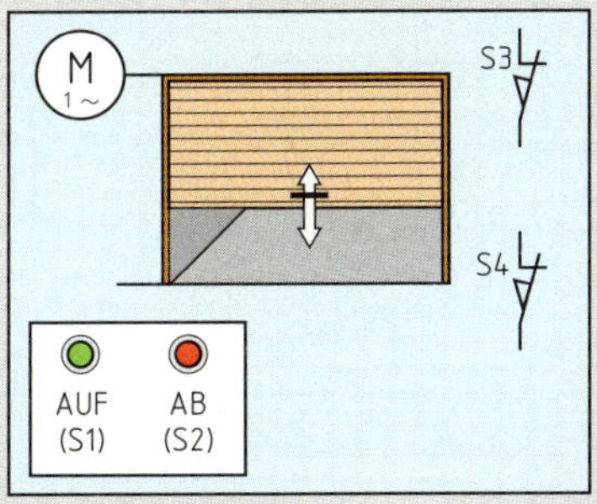

a) Technologieschema

Operand	Symbol	Kommentar
E 2.1	S1	Taster AUF
E 2.2	S2	Taster AB
E 2.3	S3	Endschalter oben
E 2.4	S4	Endschalter unten
A 6.1	K1	Schütz AUF
A 6.2	K2	Schütz AB

b) Zuordnungen

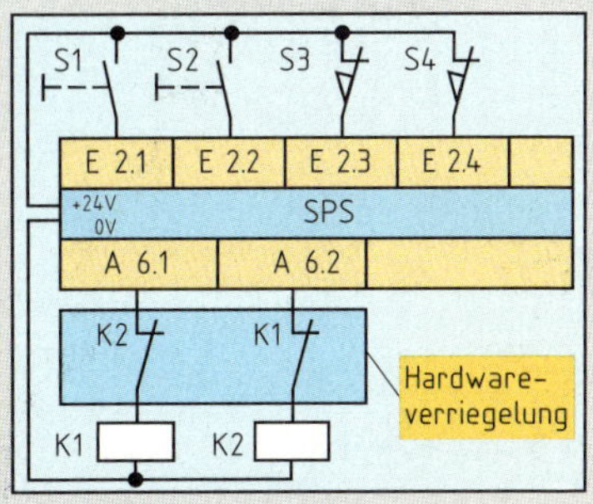

c) Beschaltung der SPS

Bild 1: Torantrieb mit Wendeschaltung (Beispiel 3)

Die beiden Ausgänge dürfen wegen Kurzschlussgefahr nicht gleichzeitig eingeschaltet sein. Sie müssen deshalb gegeneinander verriegelt werden. Die Verriegelung erfolgt im SPS-Programm **(Bild 2)** und hardwaremäßig **(Bild 1c)**. Eine Verriegelung nur im Programm ist nach DIN VDE 0113 unzulässig.

Zur Programmerstellung ist festzustellen, bei welchen Eingangssignalen an der SPS der zugehörige Ausgang 1-Signal haben soll. Es ergibt sich folgende Beschreibung:

- **Öffnen:** Das Tor öffnet, wenn A 6.1 ein 1-Signal führt. Der Ausgang A 6.1 hat dann 1-Signal, wenn an E 2.1 **UND** an E 2.3 ein 1-Signal anliegt **UND** E 2.2 **UND** A 6.2 ein 0-Signal haben (Verriegelung).
- **Schließen:** Das Tor schließt, wenn A 6.2 ein 1-Signal hat. Der Ausgang A 6.2 führt dann 1-Signal, wenn an E 2.2 **UND** E 2.4 ein 1-Signal anliegt **UND** E 2.1 **UND** A 6.1 ein 0-Signal haben (Verriegelung).

Diese Beschreibung führt zu einem Funktionsplan nach **Bild 2a**. Aus dem Funktionsplan lässt sich die zugehörige Anweisungsliste ermitteln **(Bild 2b)**. Den Kontaktplan zeigt **Bild 2c**.

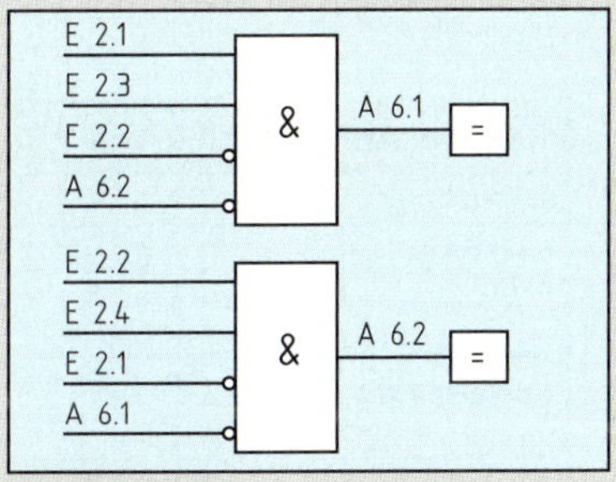

a) Funktionsplan

STEP 5		DIN EN 61131-3	
U	E 2.1	LD	I 2.1
U	E 2.3	AND	I 2.3
UN	E 2.2	ANDN	I 2.2
UN	A 6.2	ANDN	Q 6.2
=	A 6.1	ST	Q 6.3
***		***	
U	E 2.2	LD	I 2.2
U	E 2.4	AND	I 2.4
UN	E 2.1	ANDN	I 2.1
UN	A 6.1	ANDN	Q 6.1
=	A 6.2	ST	Q 6.2

b) Anweisungsliste

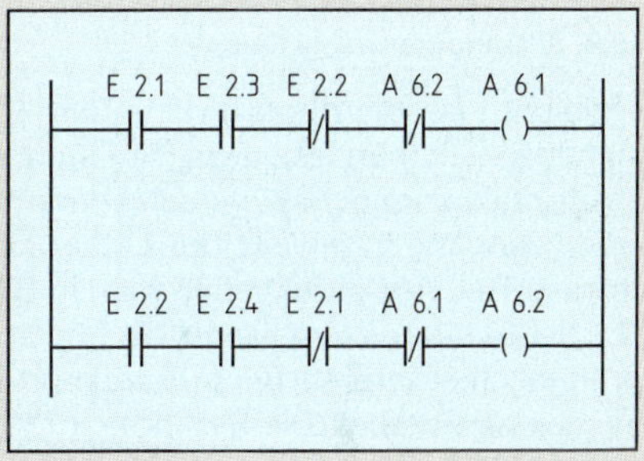

c) Kontaktplan

Bild 2: SPS-Programm zu Beispiel 3

Hinweis: Beim Testen von Beispiel 3 ist zu beachten, dass die Schaltelemente an den Eingängen einer Schulungs-SPS meist Schließer sind. Zum Simulieren der beiden Endschalter (Öffner) S3 und S4 an E 2.3 bzw. an E 2.4 müssen die entsprechenden Schalter geschlossen werden, damit sie 1-Signal liefern. Dann erst entsprechen sie den **unbetätigten** Endschaltern. Ein 1-Signal am Eingang erkennt man am Leuchten der jeweiligen Eingangs-LED. Erreicht das Tor einen Endschalter, wird der entsprechende Schalter **geöffnet**, sodass er 0-Signal hat.

Aus dem Programm (Bild 2) kann man nicht erkennen, ob E 2.3 bzw. E 2.1 mit einem Öffner oder einem Schließer beschaltet sind. Eine SPS kann nur die logischen Signale 1 oder 0 registrieren, nicht aber, ob ein Öffner oder ein Schließer angeschlossen ist. In Beispiel 3 müssen die Eingänge E 2.1 und E 2.3 jeweils ein 1-Signal liefern, damit das Tor öffnet. Man sagt, es erfolgt eine **Abfrage auf 1**. Ob an den jeweiligen Eingang ein Öffner oder ein Schließer angeschlossen wird, legt der Programmierer der Steuerung aufgrund der Sicherheitsvorschriften nach DIN VDE 0113 fest.

Beispiel 4: Beispiel 3 soll so erweitert werden, dass im Büro des Meisters durch die beiden Kontrollleuchten H1 und H2 die Endstellung des Tores angezeigt wird. H1 leuchtet, wenn das Tor ganz geöffnet ist, H2 leuchtet, wenn das Tor geschlossen ist **(Bild 1)**. Erstellen Sie das SPS-Programm.

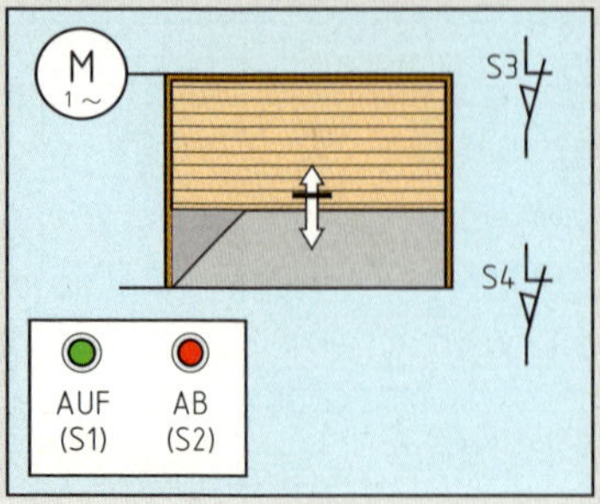

a) **Technologieschema**

Operand	Symbol	Kommentar
E 2.1	S1	Taster AUF
E 2.2	S2	Taster AB
E 2.3	S3	Endschalter oben
E 2.4	S4	Endschalter unten
A 6.1	K1	Schütz AUF
A 6.2	K2	Schütz AB
A 6.3	H1	Tor geöffnet
A 6.4	H2	Tor geschlossen

b) **Zuordnungen**

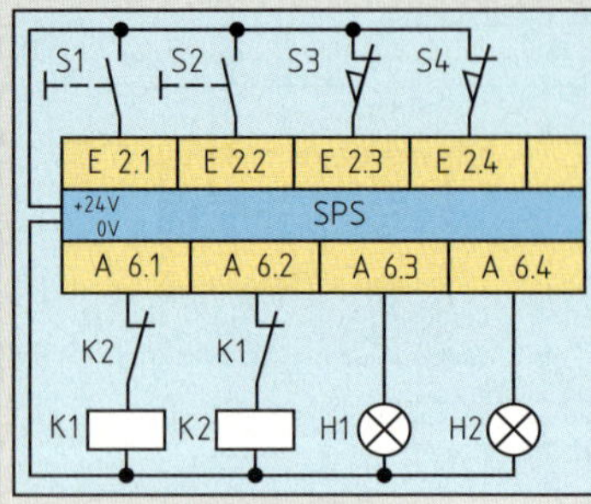

c) **Beschaltung der SPS**

Bild 1: Meldeleuchten für Torantrieb (Beispiel 4)

Der obere Endschalter S3 liefert ein 0-Signal, wenn das Tor ganz geöffnet ist. Bei geschlossenem Tor hat der untere Endschalter S4 ein 0-Signal.

Die Beschreibung der Steuerungsaufgabe lautet: Ausgang A 6.3 hat dann 1-Signal, wenn E 2.3 ein 0-Signal hat. Ausgang A 6.4 führt 1-Signal, wenn E 2.4 ein 0-Signal liefert. Man sagt, es erfolgt eine Abfrage auf 0. Aus der Beschreibung ergibt sich der Funktionsplan nach **Bild 2a**. Die Anweisungsliste **(Bild 2b)** folgt aus dem Funktionsplan. Den Kontaktplan zeigt **Bild 2c**.

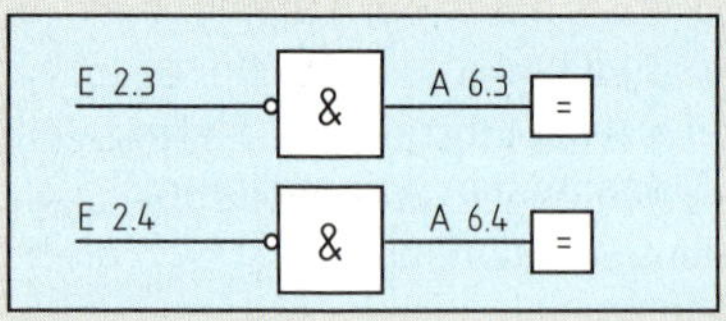

a) **Funktionsplan**

STEP 5		DIN EN 61131-3	
UN	E 2.3	LDN	I 2.3
=	A 6.3	ST	Q 6.3
***		***	
UN	E 2.4	LDN	I 2.4
=	A 6.4	ST	Q 6.4

b) **Anweisungsliste**

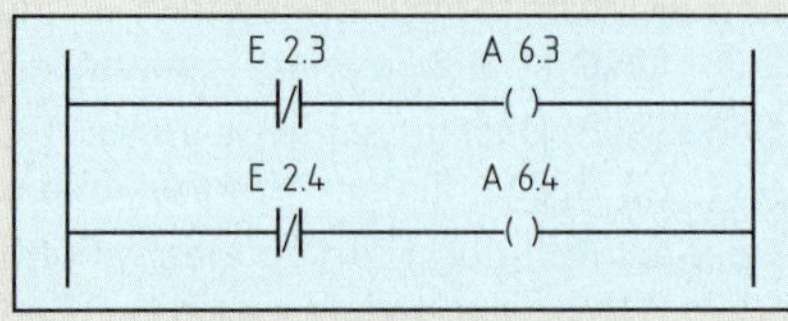

c) **Kontaktplan**

Bild 2: SPS-Programm zu Beispiel 4

Vergleicht man die Kontaktpläne **Bild 2c** und **Bild 2c, Seite 409** miteinander, stellt man fest, dass die Eingänge E 2.3 und E 2.4 in den beiden Kontaktplänen zwei verschiedene Symbole haben, obwohl an beiden Eingängen jeweils der Öffnerkontakt von S3 bzw. S4 angeschlossen ist. Außerdem stellt man in **Bild 2c, Seite 409** fest, dass an E 2.1 der Schließerkontakt von S1 und an E 2.3 der Öffnerkontakt von S3 angeschlossen ist. Beide Eingänge haben aber im Kontaktplan das gleiche Symbol. Die Symbole im Kontaktplan stellen also nicht Schaltzeichen wie im Stromlaufplan dar, sondern bedeuten **Negation** oder **keine Negation**, bzw. **Abfrage auf 0** oder **Abfrage auf 1 (Tabelle)**.

Tabelle: Abfrage auf 0 und 1

Abfrage auf:	**0**	**1**
Funktionsplan	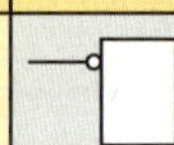	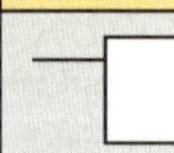
Kontaktplan	–|/|–	–| |–
Anweisungsliste	UN... ON...	U... O...

Die Symbole im Kontaktplan entsprechen nicht den Schaltzeichen im Stromlaufplan.

Wiederholungsfragen

1 **Beschreiben Sie die Arbeitsweise einer SPS.**

2 **Was versteht man unter dem Begriff SPS?**

3 **Was ist zu beachten, wenn eine Wendesteuerung mit einer SPS aufgebaut wird?**

4 **Welchen Vorteil hat eine SPS-gesteuerte Anlage bei einer Programmänderung gegenüber einer verbindungsprogrammierten Steuerung?**

5 **In einem Wasserwerk sind drei Pumpen A, B, und C installiert. Es müssen immer zwei Pumpen eingeschaltet sein. Die Funktion der Pumpen wird von je einem Strömungswächter B0 (E 2.0) für Pumpe A, B1 (E 2.1) für Pumpe B und B2 (E 2.2) für Pumpe C erfasst. Die Meldeleuchte H1 zeigt den Normalbetrieb an, die Meldeleuchte H2 den Störfall. Zeichnen Sie die Beschaltung der SPS und erstellen Sie ein SPS-Programm.**

17.4.3 Speicherfunktionen

Im Gegensatz zur Digitaltechnik, die eine Vielzahl von Speicherbauelementen kennt, unterscheidet man bei der SPS nur zwei Speicherfunktionen. Die vorrangig rücksetzende Speicherfunktion und die vorrangig setzende Speicherfunktion **(Bild 1)**. Die vorrangig setzende Speicherfunktion nennt man auch **setzdominant**[1], die vorrangig rücksetzende Speicherfunktion **rücksetzdominant**.

Wenn gleichzeitig die Setz- und Rücksetzbedingung an den Eingängen einer Speicherfunktion anliegen, hat die vorrangig rücksetzende Speicherfunktion ein 0-Signal am Ausgang, die vorrangig setzende Speicherfunktion ein 1-Signal.

Die vorrangig rücksetzende Speicherfunktion benutzt man z. B. zur Ansteuerung von Maschinen und Anlagen, die vorrangig setzende z. B. bei Gefahrenmelde-Einrichtungen.

Maschinen und Anlagen müssen abschalten, wenn der AUS-Taster betätigt ist, auch wenn gleichzeitig eingeschaltet wird. Gefahrenmelde-Einrichtungen, z. B. Störmeldungen, müssen eingeschaltet bleiben, solange die Störung ansteht, auch dann, wenn die Störmeldung ausgeschaltet (quittiert) wird.

Rücksetzdominante Speicherfunktionen werden z. B. für Maschinen und Anlagen, setzdominante Speicherfunktionen werden z. B. für Gefahrenmelde-Einrichtungen verwendet.

Speicherfunktionen

vorrangig rücksetzend		vorrangig setzend	
Funktionsplan			

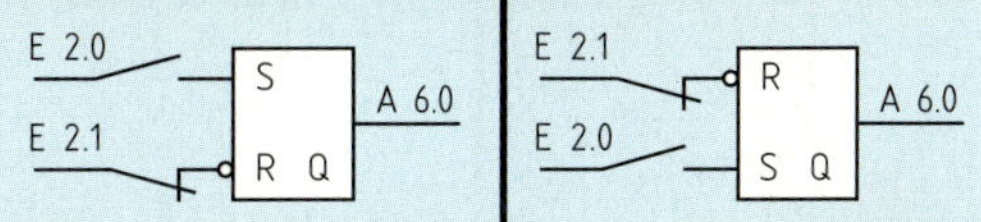

Anweisungsliste			
STEP 5	DIN EN 61131-3	STEP 5	DIN EN 61131-3
U E 2.0	LD I 2.0	UN E 2.1	LDN I 2.1
S A 6.0	S Q 6.0	R A 6.0	R Q 6.0
UN E 2.1	LDN I 2.1	U E 2.0	LD I 2.0
R A 6.0	R Q 6.0	S A 6.0	S Q 6.0
Einsatzbereich z.B. bei:			
• Antrieben • Förderanlagen		• Spannvorrichtungen • Gefahrenmelde-Einrichtungen	

Bild 1: Vorrangig setzende und rücksetzende Speicherfunktionen

Die Vorrangigkeit wird bei der SPS durch die Reihenfolge der Programmierung bestimmt.

Am Beispiel einer vorrangig rücksetzenden Speicherfunktion wird die Funktionsweise erklärt **(Bild 2)**. Wegen der seriellen Programmbearbeitung der SPS wird zuerst die Setzanweisung bearbeitet. Die Setzbedingung ist erfüllt. Deshalb wird im **Prozessabbild der Ausgänge (PAA)** der Ausgang A 6.0 auf **1** gesetzt. Danach wird die Rücksetzanweisung bearbeitet. Weil auch die Rücksetzbedingung erfüllt ist, wird der Signalzustand **1** im **Prozessabbild der Ausgänge** mit einer **0** überschrieben. Nach der letzten Anweisung übergibt das PAA seine Signale an die Ausgänge. Dann hat der Ausgang den letzten Signalzustand, der ins PAA geschrieben wurde, hier eine **0**. Die Speicherfunktion ist also vorrangig rücksetzend.

Programmzeile	AWL	Signalzustand im PAE	Verknüpfungsvorschrift	VKE	PAA (A 6.0)
1	U E 2.0	1	→	1	
2	S A 6.0		← S →		1
3	U E 2.2	1	→	1	
4	R A 6.0		← R →		0

Bild 2: Arbeitsweise einer SPS

Bei gleichzeitiger Erfüllung der Setz- und Rücksetzbedingungen dominiert die im Programm zuletzt bearbeitete Anweisung.

Aus Gründen der **Drahtbruchsicherheit** und der **Erdschlusssicherheit** werden elektrische Anlagen und Maschinen mit 1-Signal, also durch einen Schließer, eingeschaltet und mit 0-Signal, also durch einen Öffner, ausgeschaltet. Dies ist bei Gefahrmelde-Einrichtungen, z. B. Störmeldungen, genau umgekehrt. Sie werden mit 0-Signal eingeschaltet und mit 1-Signal ausgeschaltet.

[1] von dominare (lat.) = herrschen

Beispiel 5: Das Tor einer Elektro-Werkstatt wird durch Betätigen des Tasters S1 (AUF) geöffnet und durch S2 (AB) geschlossen (**Bild 1a**). Die obere Endstellung meldet der Endschalter S3, die untere Endstellung der Endschalter S4. Das Tor öffnet in Selbsthaltung, schließt aber nur im Tippbetrieb. Das Öffnen kann durch den STOP-Taster unterbrochen werden. Ein Sicherheitskontakt S5 ist unten am Tor angebracht. Er bewirkt ein sofortiges Abschalten des Tores, wenn das Tor beim Schließen auf ein Hindernis fährt. Erstellen Sie ein SPS-Programm.

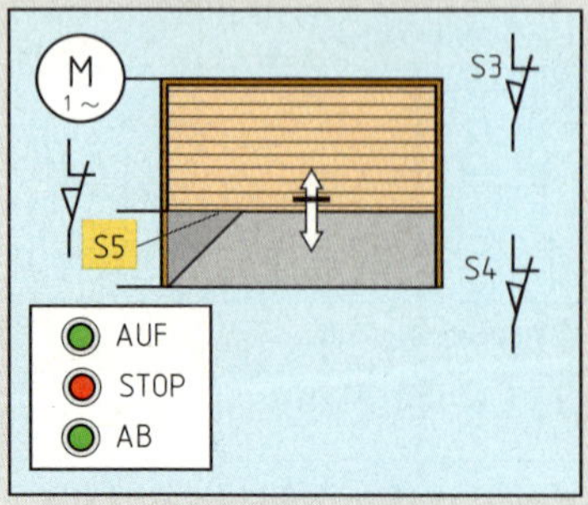

a) Technologieschema

Operand	Symbol	Kommentar
E 2.0	S0	Taster STOP
E 2.1	S1	Taster AUF
E 2.2	S2	Taster AB
E 2.3	S3	Endschalter oben
E 2.4	S4	Endschalter unten
E 2.5	S5	Sicherheitskontakt
A 6.1	K1	Schütz AUF
A 6.2	K2	Schütz AB

b) Zuordnungen

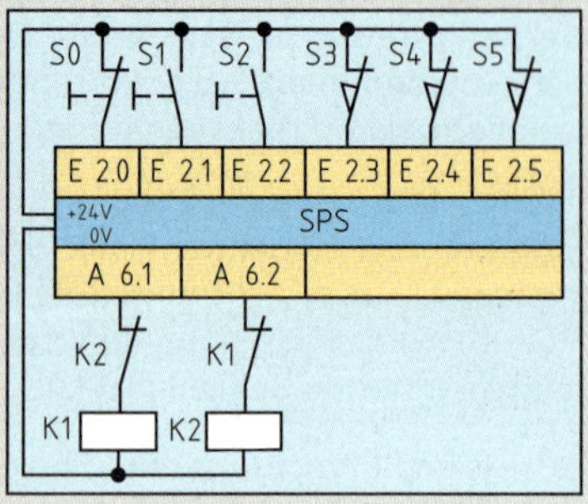

c) Beschaltung der SPS

Bild 1: Torantrieb mit Sicherheitskontakt (Beispiel 5)

Die verbale[1], logische Beschreibung des Steuerungsproblems lautet:

- **Öffnen:** Wenn Taster S1 ein 1-Signal hat, wird der Ausgang A 6.1 **gesetzt**. A 6.1 wird **rückgesetzt**, wenn S0 **ODER** S3 ein 0-Signal liefern **ODER** A 6.2 ein 1-Signal hat (Verriegelung).
- **Schließen:** Ausgang A 6.2 hat ein 1-Signal, wenn S2 **UND** S4 **UND** S5 **UND** S0 ein 1-Signal liefern **UND** A 6.1 ein 0-Signal hat (Verriegelung).

Diese Beschreibung führt zum Funktionsplan (**Bild 2a**) und zur Anweisungsliste (**Bild 2b**).

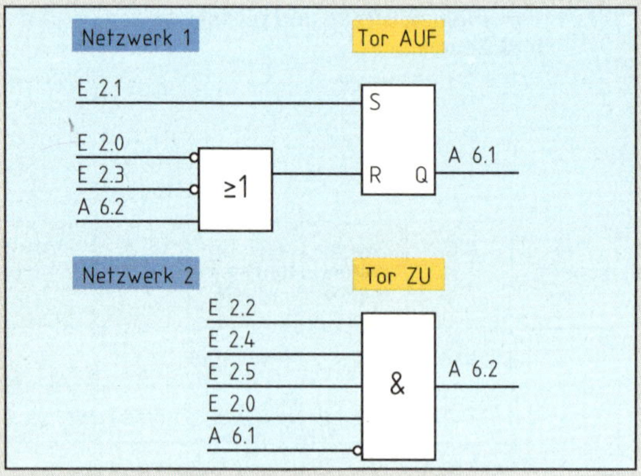

a) Funktionsplan

STEP 5		DIN EN 61131-3	
U	E 2.1	LD	I 2.1
S	A 6.1	S	Q 6.1
ON	E 2.0	LN	I 2.0
ON	E 2.3	ORN	I 2.3
O	A 6.2	OR	Q 6.2
R	A 6.1	R	Q 6.1
***[2]		***	
U	E 2.2	LD	I 2.2
U	E 2.4	AND	I 2.4
U	E 2.5	AND	I 2.5
U	E 2.0	AND	I 2.0
UN	A 6.1	ANDN	Q 6.1
=	A 6.2	ST	Q 6.2

b) Anweisungsliste in STEP 5 und nach DIN EN 61131-3

Bild 2: SPS-Programm zu Beispiel 5

Um ein SPS-Programm übersichtlich zu gestalten, wird es in Netzwerke aufgeteilt. In der Darstellungsart Funktionsplan kann in einem Netzwerk nur eine Verknüpfung programmiert werden.

Wiederholungsfragen

1 Das Werkstatttor aus Beispiel 5 darf jetzt auch in Selbsthaltung schließen. Aus Sicherheitsgründen ist direktes Umschalten nur von »Tor schließen« nach »Tor öffnen« möglich. Erstellen Sie ein Programm in FUP und AWL.

2 Ein Drehstrommotor kann von zwei Stellen aus mit Tastern ein- und ausgeschaltet werden. Bestimmen Sie die Beschaltung der SPS. Formulieren Sie die Ein- und Ausschaltbedingungen für den Motor. Erstellen Sie ein SPS-Programm in FUP und AWL.

[1] verbal (lat.) = sprachlich

[2] *** = Netzwerkende in der Darstellung Anweisungsliste

17.4.4 Zeitfunktionen

Zeitfunktionen einer SPS können Signale zeitlich begrenzen oder verzögern **(Tabelle 1)**. Meistens beinhaltet eine SPS Zeitfunktionen mit mehreren unterschiedlichen Eigenschaften, z. B. Impuls, Einschaltverzögerung oder Ausschaltverzögerung. Der Mindestumfang jeder SPS ist die Einschaltverzögerung. Aus ihr kann man alle gewünschten Zeitfunktionen nachbilden.

In einem Automatisierungssystem stehen immer mehrere Zeitfunktionen zur Verfügung. Sie werden zur Unterscheidung numeriert, z. B. T0 oder T34. Impuls und Einschaltverzögerung werden von der positiven Flanke des Starteingangs gestartet, die Ausschaltverzögerung durch die negative Flanke.

Tabelle 1: Zeitfunktionen (Auswahl aus STEP 5)

Funktionsplan	Anweisungsliste	Impuls-Zeit-Diagramm
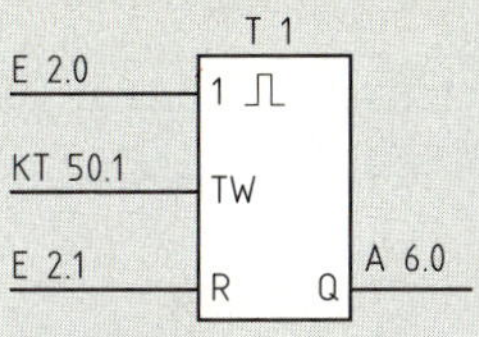 **Impuls (SI)**	U E 2.0 L KT 50.1 SI T 1 U E 2.1 R T 1 U T 1 = A 6.0	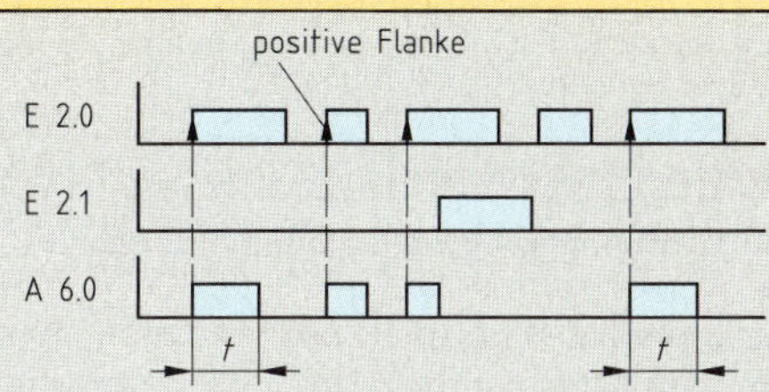
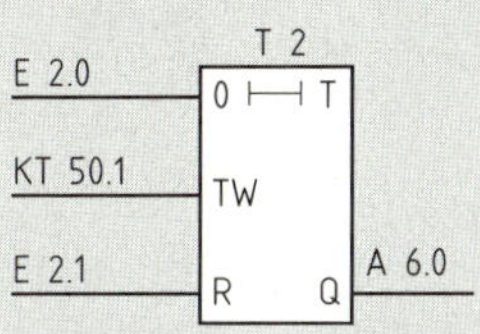 **Ausschaltverzögerung (SA)**	U E 2.0 L KT 50.1 SA T 2 U E 2.1 R T 2 U T 2 = A 6.0	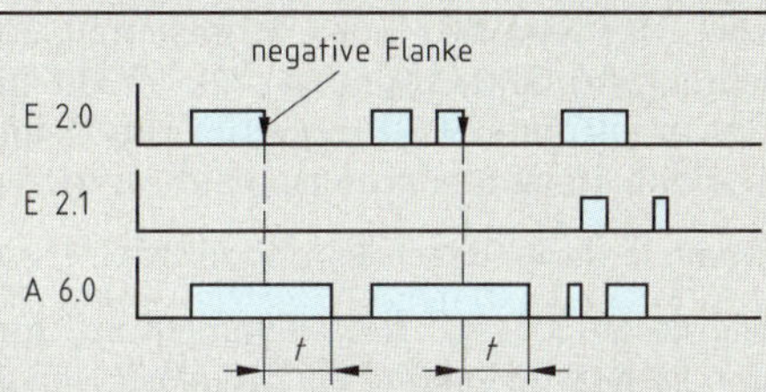
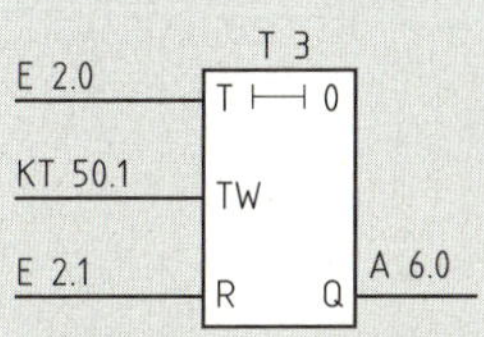 **Einschaltverzögerung (SE)**	U E 2.0 L KT 50.1 SE T 3 U E 2.1 R T 3 U T 3 = A 6.0	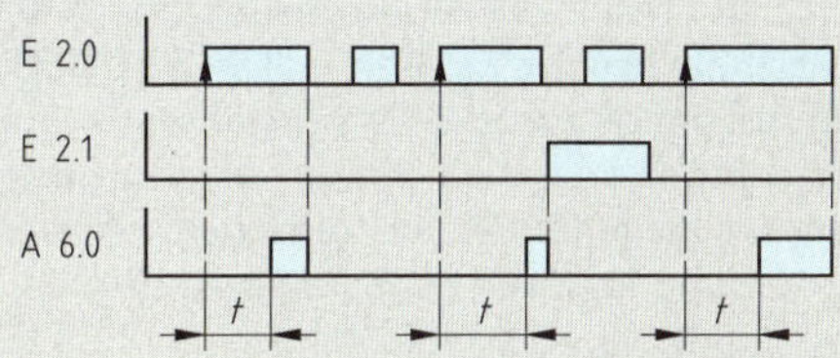

Die Programmierung der Zeitdauer ist herstellerabhängig. Bei Automatisierungssystemen der S5-Serie setzt sich die Zeitangabe aus dem Zeitfaktor und der Zeitbasis zusammen **(Bild 2)**. Die eingestellte Zeitdauer ergibt sich aus der Multiplikation von Zeitfaktor mal Zeitbasis. Die Genauigkeit der Zeitdauer ist abhängig von der gewählten Zeitbasis **(Tabelle 2)**.

Je genauer eine Zeitdauer eingehalten werden muss, desto kleiner muss die Zeitbasis gewählt werden. Je kleiner die Zeitbasis ist, desto länger wird die Zykluszeit der SPS.

Bei den Automatisierungssystemen PS3 oder PS4 folgt bei der Programmierung einer Zeitfunktion der Konstanten **KW** die Zeitdauer in 1/10 Sekunde. Eine Zeitdauer von z. B. 5 s wird also mit **KW 50** programmiert.

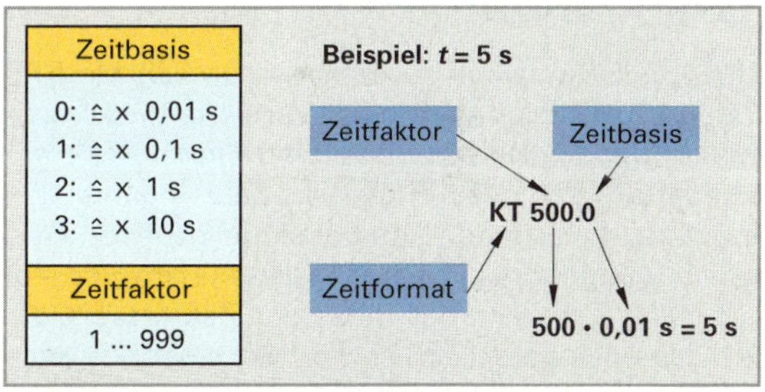

Bild: Zeitformat für S5-Automatisierungsgeräte

Tabelle 2: Toleranz von Zeitfunktionen

Zeitbasis	Programmierbeispiel		mögliche Zeitdauer	Toleranz
0 = 0,01 s	*t* = 5 s	KT 500.0	4,99 s ... 5,00 s	– 0,01 s
1 = 0,1 s	*t* = 5 s	KT 50.1	4,9 s ... 5,0 s	– 0,1 s
2 = 1 s	*t* = 5 s	KT 5.2	4 s ... 5 s	– 1 s
3 = 10s	*t* = 50 s	KT 5.3	40 s ... 50 s	– 10 s

Beispiel 6: Eine automatische Stern-Dreieckschaltung wird durch eine SPS ersetzt **(Bild 1a)**. Nach Anlauf des Motors in Stern wird nach 4 Sekunden in Dreieck umgeschaltet. Der Motor kann mit EIN (S1) eingeschaltet und mit AUS (S0) ausgeschaltet werden. Bei Auslösen des Überstromrelais (F4) stoppt der Motor. Erstellen Sie ein SPS-Programm.

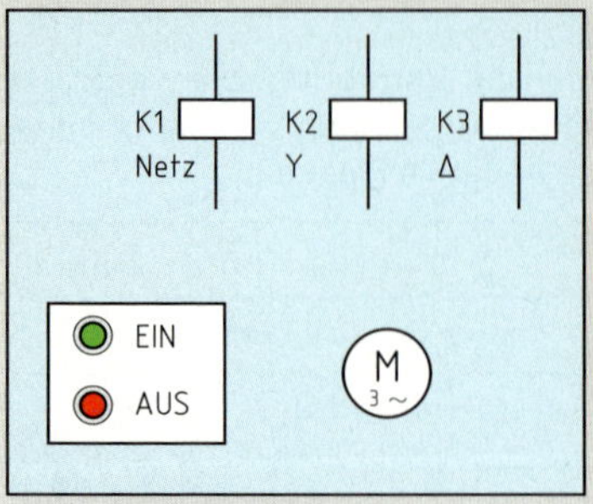

a) Technologieschema

Operand	Symbol	Kommentar
E 2.0	S0	Taster AUS
E 2.1	S1	Taster EIN
E 2.2	F4	Überstromrelais
A 6.1	K1	Netzschütz
A 6.2	K2	Sternschütz
A 6.3	K3	Dreieckschütz

b) Zuordnungen

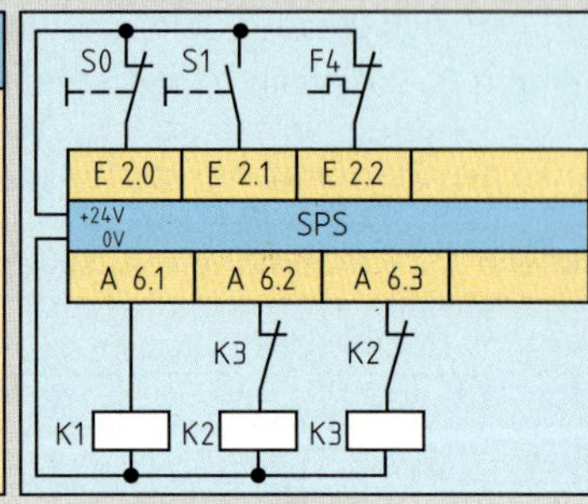

c) Beschaltung der SPS

Bild 1: Automatische Y-Δ-Schaltung (Beispiel 6)

Zur Lösung des Beispiels soll man nicht versuchen, aus dem Stromlaufplan das SPS-Programm zu erstellen. Die verbale, logische Beschreibung führt leichter zum SPS-Programm. Es ist oft hilfreich, wenn man dem SPS-Programm die Reihenfolge der Aktionen im Steuerungsablauf zugrunde legt.

Verbale logische Beschreibungen des Beispiels:

1-Signal an S1 setzt **A 6.1** (Netzschütz) und **A 6.2** (Sternschütz) und startet die Zeit als Einschaltverzögerung. Nach Ablauf der eingestellten Zeit wird **A 6.2** (Sternschütz) zurückgesetzt und **A 6.3** (Dreieckschütz) gesetzt. Ein 0-Signal an S0 **ODER** F4 setzt alle Ausgänge zurück. Die Ausgänge für Stern- und Dreieckschütz sind an den jeweiligen Rücksetzeingängen gegeneinander verriegelt. Aus der Beschreibung folgt der Funktionsplan **(Bild 2)**.

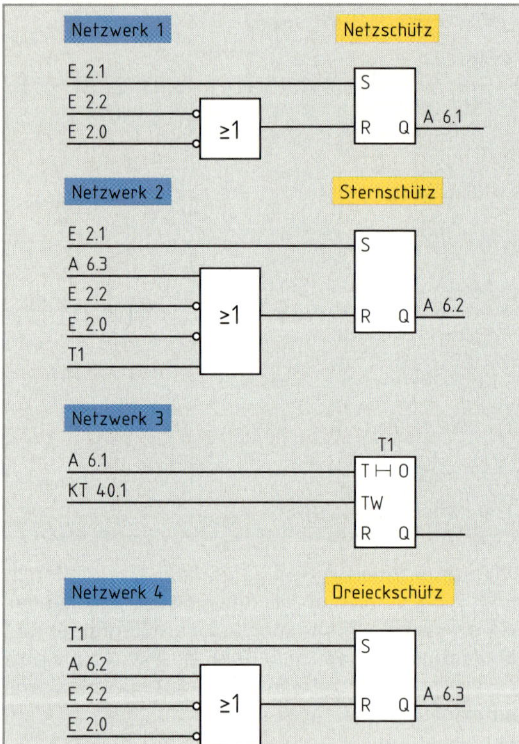

Bild 2: SPS-Programm zu Beispiel 6

17.4.5 Zähler

Um z. B. Stückzahlen zu erfassen, enthält die SPS Zähler. Die Zähler sind meist Vorwärts-Rückwärtszähler **(Bild 3)**. Mit einer positiven Signalflanke am Vorwärts- (ZV) oder Rückwärts-Zähleingang (ZR) erhöht bzw. verringert sich der aktuelle Zählerstand um 1. Bei einer positiven Signalflanke am Setzeingang (S) übernimmt der Zähler den Zahlenwert, der am Zahleneingang (ZW) anliegt. Bei einer positiven Flanke am Rücksetzeingang R nimmt der Zähler den Zählwert 0 an. Der Ausgang Q ist bei S5 und S7 ein binärer Ausgang. Er hat 1-Signal, wenn der Zählerstand ungleich 0 ist. Nur bei Zählerstand 0 führt der Ausgang Q ein 0-Signal. Wenn ein Zähler von einem bestimmten Zahlenwert aus rückwärts zählt, wechselt der binäre Ausgang Q von 1-Signal auf 0-Signal, wenn der Zählerstand 0 erreicht ist. Dieser Signalwechsel kann zum Schalten benutzt werden.

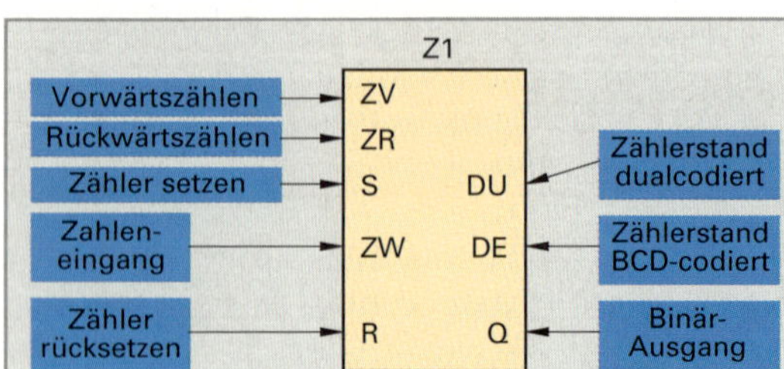

Bild 3: Symbol des Zählers bei STEP 5 und STEP 7

Der aktuelle Zählerstand steht bei S5- und S7-Steuerungen am Ausgang DU dualcodiert, am Ausgang DE BCD-codiert zur Ausgabe an (Bild 3, Seite 414). Zur Weiterverarbeitung werden die Zählerstände, z.B. in Merkerworten (MW), gespeichert. Merkerworte bestehen aus 16 Merkern. Sie können in 2 Merkerbytes (MB) aufgeteilt sein **(Bild 1)**.

PS 3- und PS 4-Steuerungen **(Bild 2)** haben nur bei Zählerstand 0 am Ausgang Z ein 1-Signal, sonst hat Z ein 0-Signal. Sie geben den momentanen Zählerstand dualcodiert an Ausgang QW ab (Bild 2).

Beispiel 7: Im Qualitätssicherungs-Labor einer Möbelfabrik wird eine Schublade von einem Exzenterantrieb 500-mal ein- und ausgeschoben. Bei Betätigung von EIN (S1) startet der Testzyklus. Die Kontrollleuchte H1 zeigt an, dass der Testzyklus läuft. Der Endschalter S2 schließt, wenn die Schublade eingeschoben ist. AUS (S0) unterbricht den Testlauf. Bei Neustart werden wieder 500 Testzyklen gefahren **(Bild 3)**.

MW 2 (Merkerwort 2)							
MB 2 (Merkerbyte 2)				MB 3 (Merkerbyte 3)			
M 2.7	...	M 2.1	M 2.0	M 3.7	...	M 3.1	M 3.0
a) Aufteilung des Merkerwortes MW 2 bei S 5 und S 7							
MW 2 (Merkerwort 2)							
M 2.15	...	M 2.9	M 2.8	M 2.7	...	M 2.1	M 2.0
b) Aufteilung des Merkerwortes MW 2 bei PS 3 und PS 4							

Bild 1: Aufteilung eines Merkerwortes

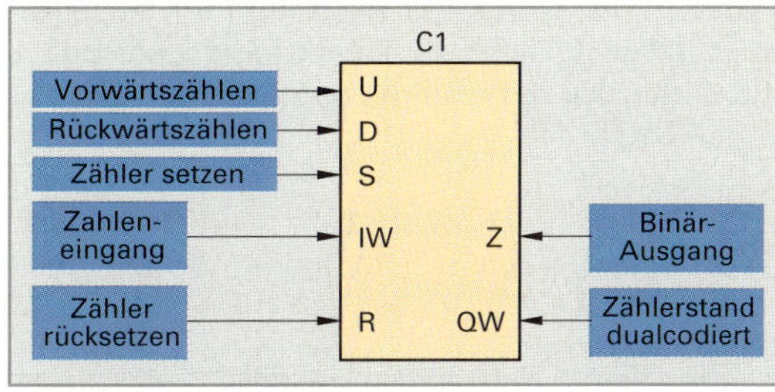

Bild 2: Symbol eines Zählers bei PS3 und PS4

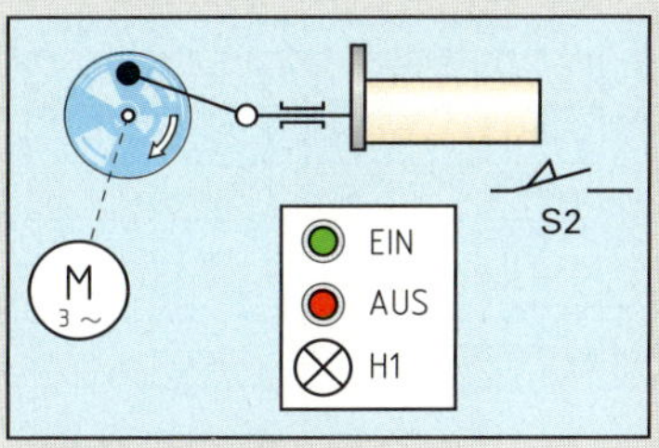

a) Technologieschema

Operand	Symbol	Kommentar
E 2.0	S0	Taster AUS
E 2.1	S1	Taster EIN
E 2.2	S2	Endschalter
A 6.1	K1	Motorschütz
A 6.2	H1	Kontrollleuchte

b) Zuordnungen

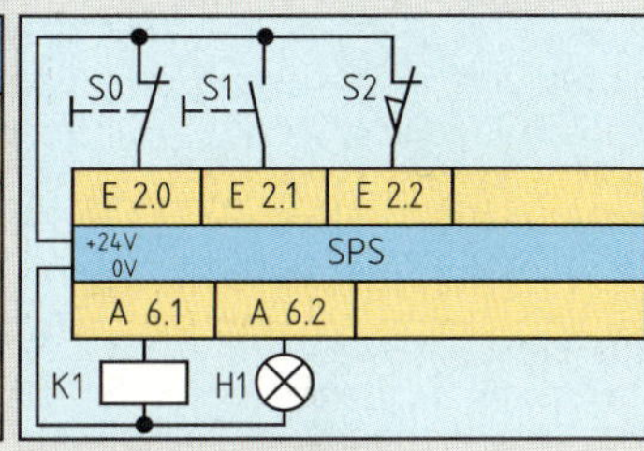

c) Beschaltung der SPS

Bild 3: Exzenterantrieb (Beispiel 7)

Verbale, logische Beschreibung des Beispiels:

Der Ausgang A 6.1 wird gesetzt, wenn der Eintaster S1 ein 1-Signal hat. Ausgang A 6.1 wird zurückgesetzt, wenn der Zähler 500 Zyklen gezählt hat, **ODER** der Austaster S0 ein 0-Signal führt. Der Zähler ist als Rückwärtszähler programmiert. Die Zählimpulse liefert der Endschalter S2. Der Zähler wird auf den Zählwert 500 gesetzt, wenn S1 ein 1-Signal hat, **UND** der Zählerstand noch 0 ist. (Hinweis: Wenn der Zähler nur von S1 gesetzt wird, nimmt er bei einem zufälligen Betätigen von S1 während des Testzyklus wieder den Wert 500 an.) Aus der Beschreibung folgt der Funktionsplan **(Bild 4)**.

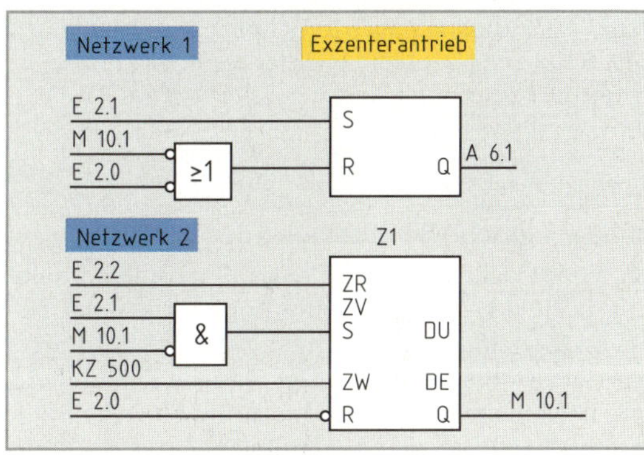

Bild 4: SPS-Programm zu Beispiel 7

Wiederholungsfrage

Eine Zentrifuge läuft in der niedrigen Drehzahl n_1 an und kann frühestens nach 10 s in die hohe Drehzahl n_2 umgeschaltet werden. Die Kontrollleuchte H1 zeigt die Umschaltbereitschaft an. Ein Überstromrelais F2 schützt die Motorwicklung für die hohe Drehzahl, F3 die Motorwicklung für die niedrige Drehzahl. Die Zentrifuge kann mit dem AUS-Taster jederzeit abgeschaltet werden.

a) Legen Sie eine Zuordnungstabelle an.

b) Zeichnen Sie die Beschaltung der SPS.

c) Formulieren Sie die Bedingungen zum Ein- und Ausschalten der Drehzahlen n_1 und n_2.

d) Erstellen Sie aus der Formulierung ein SPS-Programm.

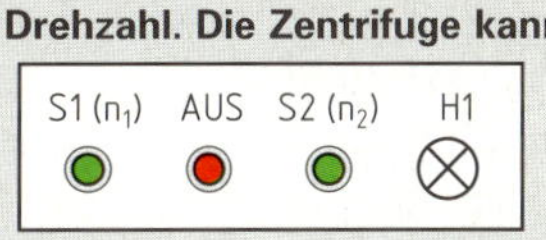

K1: Schütz für niedrige Drehzahl n_1

K2: Schütz für hohe Drehzahl n_2

17.4.6 Vergleicher

Beim Einsatz eines Zählers als Vorwärtszähler oder Vorwärts-Rückwärtszähler benötigt man Vergleicher **(Bild 1)**, um bei vorgegebenen Zählerständen eine Steuerungsfunktion auszulösen. Dazu speichert man den Zählerstand, z. B. in einem Merkerwort (MW), und vergleicht dieses Merkerwort mit einer konstanten Zahl. Die konstante Zahl, z. B. 20, wird bei STEP 5 mit KF 20, bei STEP 7 mit 20 aufgerufen. Diese konstanten Zahlen sind dualcodiert und dürfen nur mit anderen dualcodierten Zahlenwerten verglichen werden.

Ein Vergleicher vergleicht Zahl 1 mit Zahl 2. Er hat 1-Signal, wenn die Relation[1] im Schaltsymbol erfüllt ist.

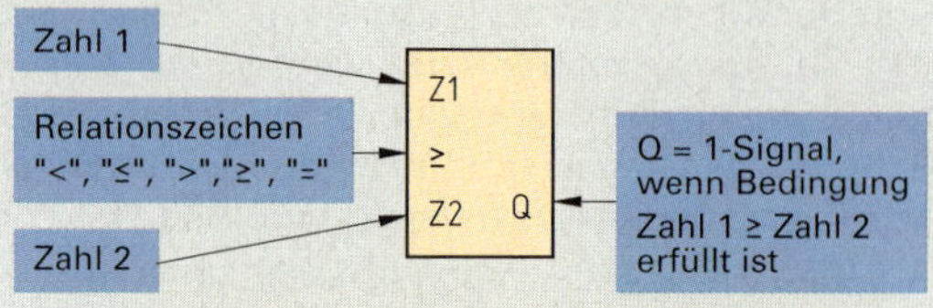

Relations-zeichen	Q = 1 wenn:
<	Z1 kleiner Z2
≤	Z1 kleiner oder gleich Z2
=	Z1 gleich Z2
≥	Z1 größer oder gleich Z2
>	Z1 größer Z2

Bild 1: Vergleicher am Beispiel: Z1 ≥ Z2

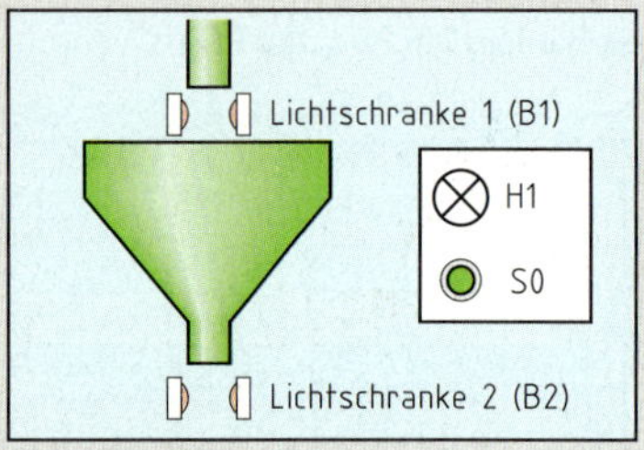

a) Technologieschema

Operand	Symbol	Kommentar
E 2.0	S0	Quittiertaster
E 2.1	B1	Lichtschranke 1
E 2.2	B2	Lichtschranke 2
A 6.1	H1	Kontrollleuchte

b) Zuordnungen

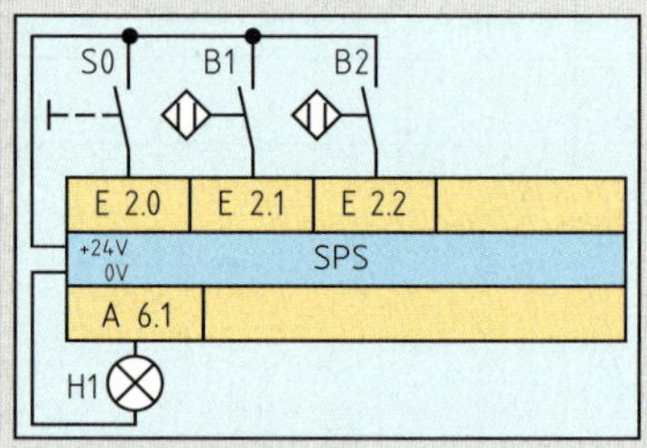

c) Beschaltung der SPS

Bild 2: Verpackungsanlage (Beispiel 8)

Beispiel 8: In einer Tennisballverpackungsanlage fallen Bälle oben in ein Silo und werden zum Abfüllen unten entnommen **(Bild 2a)**. Die hineinfallenden und die entnommenen Bälle werden durch Lichtschranken erfasst und gezählt. Fällt der Bestand im Silo unter 100 Bälle, leuchtet die Kontrollleuchte H1 auf. H1 kann nur mit dem Quittiertaster S0 abgeschaltet werden, wenn wieder mindestens 100 Bälle im Silo sind.

Verbale, logische Beschreibung des Beispiels:

Bei einer positiven Signalflanke der Lichtschranke B1 erhöht sich der Zählerstand um 1, bei einer positiven Signalflanke der Lichtschranke B2 verringert sich der Zählerstand um 1. Der aktuelle Zählerstand wird in Merkerwort MW10 dualcodiert zwischengespeichert und an einem Vergleicher mit der konstanten Zahl 100 verglichen. Wenn der Zählerstand kleiner als 100 ist, liefert der Vergleicher 1-Signal und setzt den Ausgang A 6.1 (Kontrollleuchte H1). A 6.1 kann durch Quittiertaster S0 zurückgesetzt werden, wenn wieder mindestens 100 Bälle im Magazin sind. Aus der Beschreibung ergibt sich der Funktionsplan **(Bild 3)**.

Hinweis: Die Kontrollleuchte H1 ist eine Gefahrenmeldeeinrichtung. Sie wird als vorrangig setzendes Speicherglied programmiert. Um Drahtbruchsicherheit zu gewährleisten, setzt man dieses Speicherglied mit 1-Signal zurück.

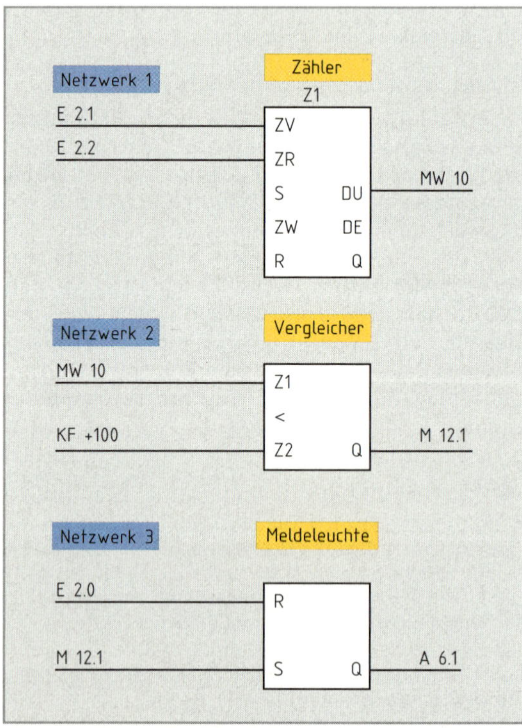

Bild 3: SPS-Programm zu Beispiel 8

[1] Relatio (lat.) = Beziehung

17.5 Ablaufsteuerungen

17.5.1 Arten von Ablaufsteuerungen

Viele Steuerungen **(Bild 1)** lassen sich in zwangsläufig aufeinander folgende Schritte zerlegen. Solche Steuerungen sind besonders übersichtlich als Ablaufsteuerung zu programmieren. Ein typisches Beispiel für eine Ablaufsteuerung ist eine Aufzugsteuerung. Die Kabine hält vor der Stockwerktür, dann öffnet die Tür. Nach einer bestimmten Zeit schließt die Tür. Ist sie geschlossen, darf der Fahrstuhl weiterfahren. Dieser Ablauf muss zwangsweise eingehalten werden. Auch eine Waschmaschinensteuerung ist ein Beispiel für eine Ablaufsteuerung. Man unterscheidet zeitgeführte und prozessgeführte Ablaufsteuerungen **(Bild 2)**.

Bei zeitgeführten Ablaufsteuerungen ist das Schalten in die einzelnen Schritte von der Zeit abhängig. Bei prozessgeführten Ablaufsteuerungen erfolgt das Weiterschalten in die folgenden Schritte durch Signale aus der gesteuerten Anlage, dem so genannten Steuerungsprozess. Solche Weiterschaltbedingungen können z. B. das Erreichen einer Temperatur, eines Drucks, einer bestimmten Position oder die Endlage eines pneumatischen Zylinders sein. Die meisten Ablaufsteuerungen sind Mischformen, wie die Aufzugsteuerung. Das Öffnen der Tür und das Weiterfahren der Kabine sind prozessabhängig. Wie lange die Tür geöffnet ist, ist zeitabhängig. Prozessgeführte Weiterschaltbedingungen sind zeitabhängigen Weiterschaltbedingungen vorzuziehen.

Beispiele für Ablaufsteuerungen

- Verpackungsanlagen
- Sortieranlagen
- Förderanlagen
- Waschmaschinen

Bild 1: Beispiele für Ablaufsteuerungen

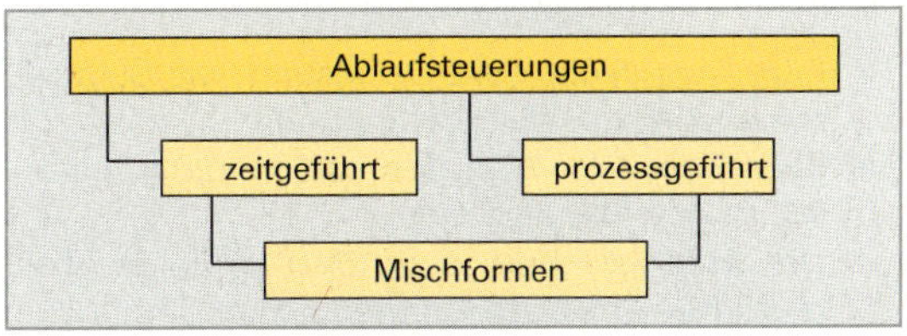

Bild 2: Arten von Ablaufsteuerungen

17.5.2 Betriebsarten

Eine Ablaufsteuerung kann man in den Betriebsartenteil, die Ablaufkette und die Befehlsausgabe einteilen **(Bild 3)**.

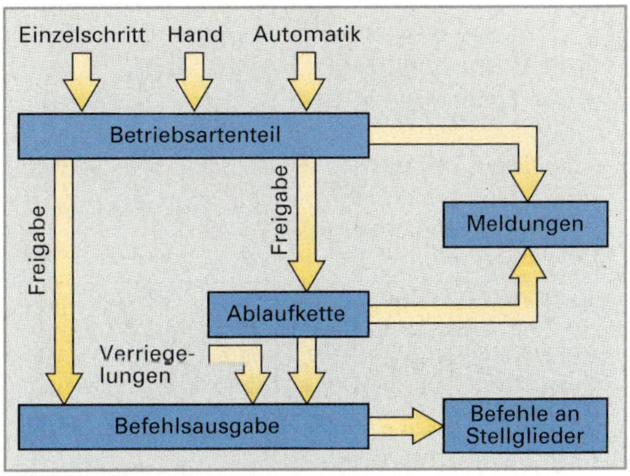

Bild 3: Struktur einer Ablaufsteuerung

Als Betriebsart unterscheidet man **Handbetrieb**, **Automatikbetrieb** und **Einzelschrittbetrieb**. Bei Handbetrieb können die einzelnen Stellglieder unabhängig vom Steuerungsprogramm von Hand aktiviert werden. Sicherheitsverriegelungen sind jedoch weiterhin wirksam. Im Automatikbetrieb durchläuft die Steuerung selbstständig und ohne Eingriffe des Bedieners die einzelnen Programmschritte. Im Einzelschrittbetrieb wird die Anlage von Hand schrittweise weitergeschaltet. Dazu ist im Bedientableau **(Bild 4)** eine Schrittanzeige installiert. Die zugehörigen Befehle können nur durch eine Freigabe aktiviert werden. Diese Betriebsart vereinfacht Inbetriebnahme und Fehlersuche.

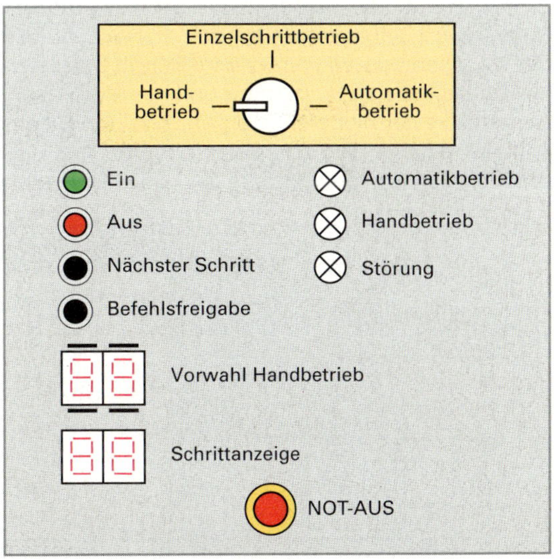

Bild 4: Beispiel für ein Bedientableau bei Anlagen mit Ablaufsteuerungen

Ablaufsteuerungen erzwingen eine strukturierte Programmierung und ermöglichen eine einfache Fehlersuche und Inbetriebnahme.

17.5.3 Ablaufkette

Wichtigster Teil der Ablaufsteuerung ist die Ablaufkette **(Bild 1)**. In ihr wird das Programm in die einzelnen, zwangsläufig aufeinander folgenden Schritte aufgeteilt. Den Schritten sind Befehle zugeordnet, die der jeweilige Schritt auslöst. Die einzelnen Schritte werden durch die erfüllten Weiterschaltbedingungen aktiviert.

Regeln für Ablaufketten (DIN 40719)

- Eine Ablaufkette (Bild 1) besteht aus Schritten und Weiterschaltbedingungen.
- Zwischen zwei Schritten steht immer eine Weiterschaltbedingung.
- Der Anfangsschritt ist zu Beginn einer Ablaufkette ohne Bedingungen aktiv.
- In linearen Ablaufketten ist immer nur ein Schritt aktiv.
- Man gelangt von einem Schritt in den nächsten, wenn der vorherige Schritt aktiv ist **UND** die Weiterschaltbedingung erfüllt ist.
- Der nachfolgende Schritt setzt den vorherigen Schritt zurück.
- In einem Befehlsfeld **(Bild 2)** sind den Schritten Aktionen zugeordnet, die vom jeweiligen Schritt ausgelöst werden.

Beispiel 9: Ein Motor mit zwei getrennten Wicklungen wird mit Taster S1 in der niederen Drehzahl eingeschaltet und frühestens nach 5 s durch Taster S2 in die hohe Drehzahl umgeschaltet. Die Kontrollleuchte H1 zeigt die Umschaltbereitschaft **(Bild 3a)**.

Die Ablaufkette (Bild 1) beschreibt die Aufgabe. Bevor die Ablaufkette startet, ist der Anfangsschritt gesetzt. Ein 1-Signal an S1 aktiviert Schritt 2. In Schritt 2 läuft die niedere Drehzahl und Merker M 20.0 wird zeitverzögert logisch 1. Nach Ablauf der Verzögerungszeit von 5 s wird Schritt 3 gesetzt, die Kontrollleuchte H1 leuchtet und der Motor läuft weiterhin in der niederen Drehzahl. Hat nun S2 ein 1-Signal, gelangt die Ablaufkette in Schritt 4. In diesem Schritt 4 läuft der Motor in der hohen Drehzahl.

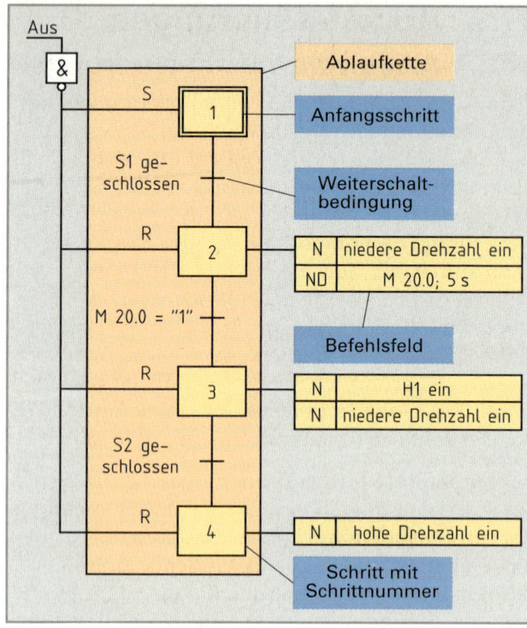

Bild 1: Allgemeiner Funktionsplan nach DIN 40719 (Beispiel)

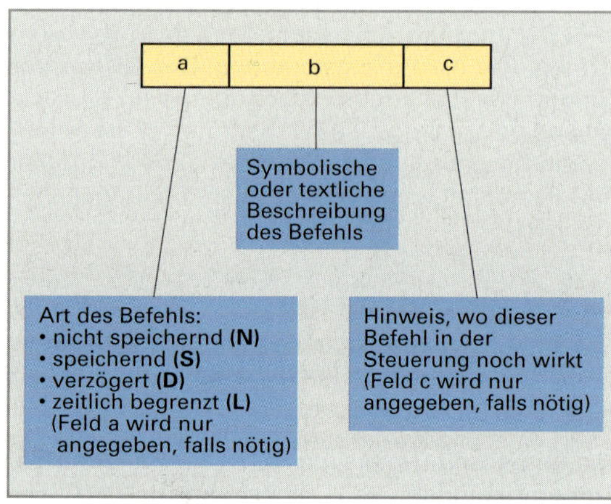

Bild 2: Befehlsfeld

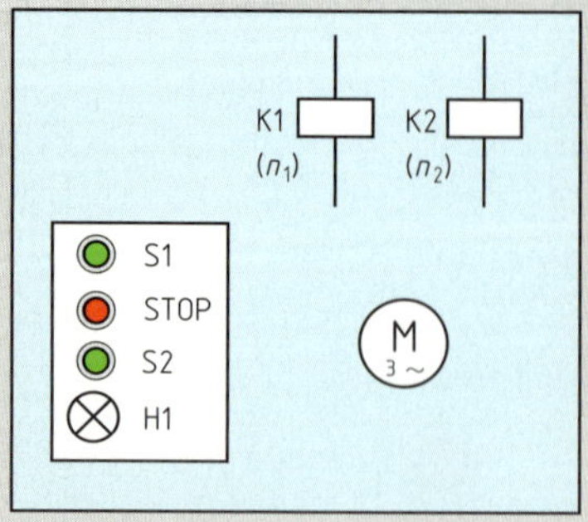

a) Technologieschema

Operand	Symbol	Kommentar
E 2.0	S0	Taster STOP
E 2.1	S1	Taster für n_1
E 2.2	S2	Taster für n_2
A 6.0	K1	Schütz für n_1
A 6.1	K2	Schütz für n_2
A 6.2	H1	Kontrollleuchte

b) Zuordnungen

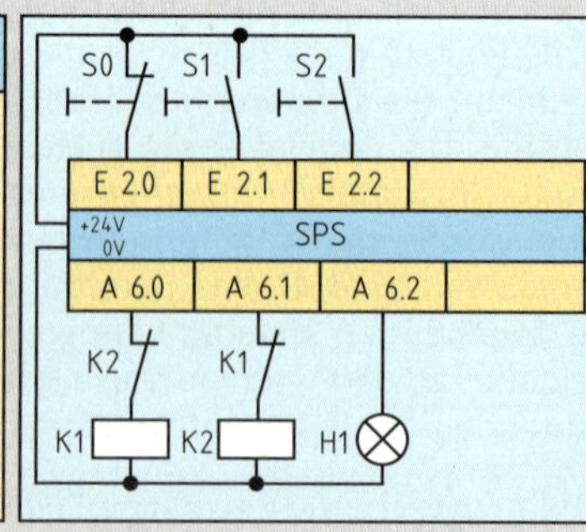

c) Beschaltung der SPS

Bild 3: Motorsteuerung für zwei Drehzahlen (Beispiel 9)

17.5.4 Programmierung einer Ablaufkette mit SPS

Den Schritten werden Merker zugeordnet. Diese Merker nennt man **Schrittmerker**. Logische Verknüpfungen der Schrittmerker aktivieren die Befehle. Beim Einschalten der SPS wird der Anfangsschritt gesetzt. Dazu benutzt man einen Sondermerker, der nur im ersten SPS-Zyklus ein 1-Signal führt. Hat eine SPS diesen Sondermerker nicht, wird der **Richtimpuls** durch ein Programm **(Bild 1)** erzeugt.

```
UN  M 128.0
=   M 128.1
S   M 128.0
```

a) AWL

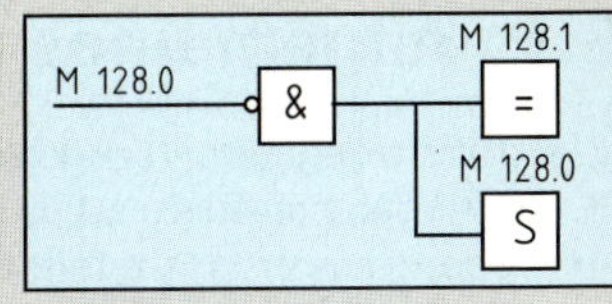

b) FUP

Bild 1: SPS-Programm für den Richtimpuls in AWL und FUP

Programmerklärung: Im ersten SPS-Zyklus führt der Merker M 128.0 ein 0-Signal. Also hat in der zweiten Programmzeile M 128.1 logisch 1 und in der dritten Programmzeile wird Merker M 128.0 auf 1 gesetzt. Im nächsten SPS-Zyklus hat M 128.0 also ein 1-Signal. Durch die Negation in der ersten Programmzeile führt M 128.1 in der zweiten Programmzeile dann ein 0-Signal. Da M 128.0 im gesamten SPS-Programm nicht zurückgesetzt wird, kann M 128.1 nicht mehr logisch 1 werden. Er hat daher nur im ersten SPS-Zyklus ein 1-Signal. Den Merker M 128.1 nennt man Richtimpuls. Er setzt den Anfangsschritt.

Für Beispiel 9 soll aus der Ablaufkette (Bild 1, Seite 418) ein SPS-Programm **(Bild 2)** entwickelt werden. Dazu sind die Regeln für Ablaufketten (Seite 418) zu beachten.

Programmerklärung: Die Schrittmerker werden gesetzt, wenn jeweils der vorherige Schrittmerker aktiv ist **UND** die Weiterschaltbedingung erfüllt ist. Der nachfolgende Schrittmerker setzt den vorherigen zurück. Damit der Motor zu jedem Zeitpunkt abzuschalten ist, setzt der STOP-Taster (E 2.0) alle Schritte zurück, nur Schritt 1 muss gesetzt werden, damit man die Ablaufkette neu starten kann. Schritt 4 hat keinen Nachfolger und wird daher nur vom STOP-Taster zurückgesetzt. Die niedrige Drehzahl ist in Schritt 2 **ODER** Schritt 3 eingeschaltet, die hohe Drehzahl nur in Schritt 4. Die Befehle für die hohe und die niedrige Drehzahl werden durch eine UND-Verknüpfung gegeneinander verriegelt. Die Kontrollleuchte H1 leuchtet in Schritt 3.

Wiederholungsfragen

1 **Erstellen Sie ein SPS-Programm als Ablaufsteuerung für einen automatischen, dreistufigen Schleifringläufermotor-Anlasser. Der Anlasser soll in jeder Stufe 5 s lang betrieben werden, bevor er in die nächste Stufe umschaltet.**

2 **In einem Lebensmittelbetrieb werden Rohstoffe in einer Trommel gemischt. Nach Einschalten dreht sich die Trommel erst 20 s nach links, hält 2 s lang an, dreht dann 20 s nach rechts und hält wieder 2 s lang an. Dieser Zyklus wiederholt sich 5-mal. Dann stoppt die Maschine. Mit AUS kann sie jederzeit abgeschaltet werden. Erstellen Sie ein SPS-Programm als Ablaufsteuerung.**

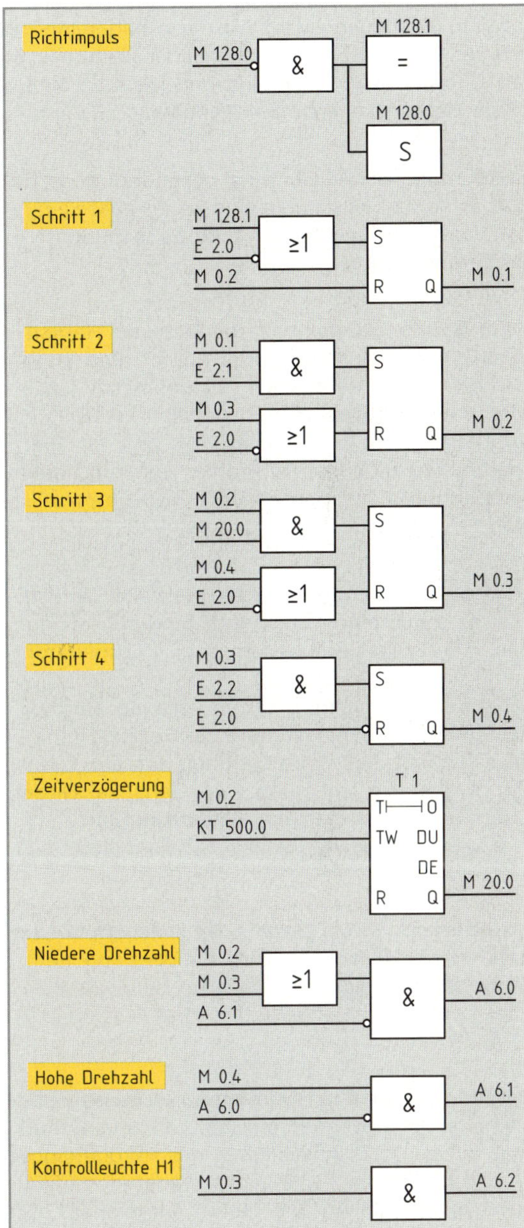

Bild 2: SPS-Programm zu Beispiel 9

18 Elektrogeräte

18.1 Allgemeines über Elektrowärmegeräte

In Elektrowärmegeräten wird fast die gesamte aufgenommene elektrische Energie in Wärme umgewandelt. Die Angabe auf dem Leistungsschild gibt die Leistungsaufnahme an. Hat das Gerät mehrere Schaltstufen oder mehrere Heizstellen, so wird die höchste Leistung angegeben, die eingeschaltet sein kann. Diese höchste Leistungsaufnahme bezeichnet man als **Anschlusswert (Tabelle).** Nach dem Anschlusswert ist die Anschlussleitung des einzelnen Gerätes zu bemessen.

Bei den meisten Haushaltsgeräten und Wärmeanlagen in der Industrie wird Wärme in Widerständen erzeugt. Die Heizkörper sind aus Heizleitern, z.B. aus Chrom-Nickel, aufgebaut und meist in einem mineralischen Isolierstoff eingebettet.

Stabförmige Heizkörper sind besonders hoch belastbar, da der Heizleiter in eine Isoliermasse eingebettet ist und nicht mit dem Luftsauerstoff in Berührung kommt.

Beim **Rohrheizkörper** befindet sich der Heizleiter in einem Rohr aus Stahl oder Kupfer **(Bild 1).** Der Heizleiter wird durch eine festgepresste Isoliermasse aus Magnesiumoxid gehalten. Außer den Rohrheizkörpern mit Metallmantel gibt es Quarzrohrheizkörper, z.B. für Strahler, die für höhere Temperaturen geeignet, jedoch stoßempfindlich sind.

Bei Heizkörpern mit isoliertem Heizleiter wird die Wärme durch einen Isolierstoff hindurch abgegeben. Da Isolierstoffe gleichzeitig Wärmedämmstoffe sind, ist man bestrebt, die Isolierschicht möglichst dünn zu halten. Dadurch verschlechtert sich aber der **Isolationswiderstand** des Gerätes. Infolgedessen fließt bei Wärmegeräten oft ein kleiner Strom über die Isolierung zum Gehäuse. Diesen Strom bezeichnet man als **Ableitstrom (Bild 2).**

Ableitstrom ist ein Strom, der in einem sonst fehlerfreien Stromkreis zur Erde oder zu einem fremden leitfähigen Teil fließt.

Der Ableitstrom ist bei Wärmegeräten meist größer als bei anderen Geräten gleicher Leistung. Schutzmaßnahmen, z.B. Anschließen des Herdgehäuses an den Schutzleiter, sind schon wegen des Ableitstromes notwendig. Bei einem Elektroherd mit $P > 6\,\text{kW}$ darf der Ableitstrom **(Seite 431)** höchstens 15 mA betragen (DIN VDE 0701).

Tabelle: Anschlusswerte einiger Elektrogeräte (Beispiele)

Elektrogerät	Anschlusswert in kW	Spannung in V
Kühl-Gefrier-Gerät	0,1 ... 0,3	230
Bügeleisen	bis 1,2	230
Mikrowellenherd	0,5 ... 1,5	230
Warmwasserspeicher 5 l	2	230
Kaffeemaschine	2	230
Durchlauferhitzer	bis 33	400
Geschirrspüler	bis 3,2	230
Wäschetrockner	2 ... 3,3	230
Waschmaschine	bis 3,3	230
Elektroherd	4,4 ... 14	230 oder 400

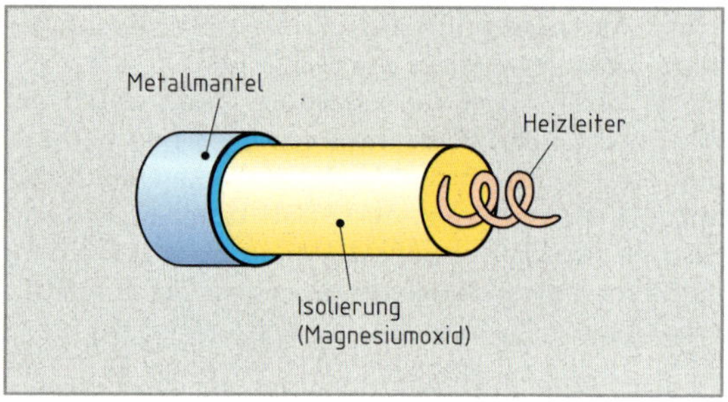

Bild 1: Rohrheizkörper

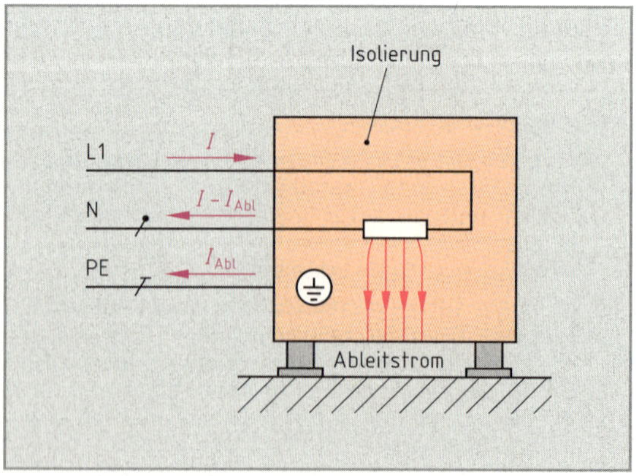

Bild 2: Abfließen des Ableitstromes über den Schutzleiter

18.2 Bügeleisen

Man unterscheidet Reglerbügeleisen und Dampfbügeleisen. Als Heizkörper dienen beim **Reglerbügeleisen** in die Sohle eingegossene Rohrheizkörper oder mit Magnesiumoxid isolierte Masseheizkörper. Meist lässt sich die zum Bügeln erforderliche Temperatur an einem Temperaturwähler einstellen. Über den Öffner des Reglers **(Bild 1)** nimmt der Heizkörper solange die volle Leistung auf, bis ein Bimetallstreifen den Sprungschalter des Reglers betätigt und den Heizstromkreis unterbricht. Bei Abnahme der Temperatur wird der Kontakt erneut geschlossen und der Heizkörper nimmt wieder die volle Leistung auf.

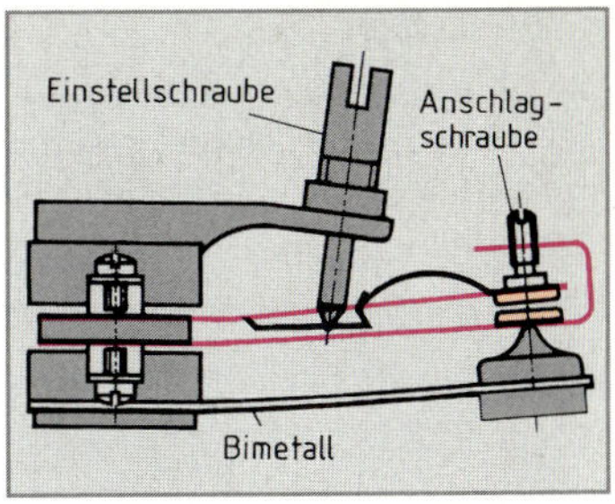

Bild 1: Regler mit Sprungschalter

Wegen der dauernden Wärmeabfuhr beim Bügeln wird der Kontakt fortlaufend geöffnet und geschlossen. Ein entstehender Lichtbogen erlischt bei Wechselstrom beim Spannungsnulldurchgang. Bei Gleichstrom würde der Lichtbogen bestehen bleiben, da die Reglerkontakte nahe beieinander liegen.

Beim **Dampfbügeleisen** kann wahlweise mit oder ohne Dampf gebügelt werden.

Das Dampfsystem von Dampfbügeleisen sollte nur mit chemisch reinem Wasser gefüllt werden, um ein Verkalken und Verstopfen der Dampfaustrittsöffnungen zu verhindern.

Da bei Bügeleisen die Zuleitung mit der etwa 250 °C heißen Sohle in Berührung kommen kann, sind wärmebeständige Leitungen, z. B. H05RR-F oder Leitungen mit Umspinnung, z. B. H03RT-F, zu verwenden. Nicht erlaubt sind wärmeempfindliche Leitungen, z. B. H05VV-F (isolierte Leitungen Seite 432 und Tabellenbuch Elektrotechnik).

18.3 Elektroherde

Elektroherde haben zwei bis vier Kochplatten und meist einen Backofen. In der Kochplatte sind masseisolierte Heizleiter eingepresst. Einbaukochfelder haben auch Glaskeramikscheiben mit eingebauten Strahlungsheizkörpern. Glaskeramikkochflächen sind unempfindlich gegen Hitze- und Kälteschock. Um die Glaskeramikkochfläche gegen zu hohe Temperaturen (über 600 °C) zu schützen, müssen zusätzliche Temperaturbegrenzer eingebaut werden. Glaskeramikfelder lassen sich gut reinigen.

Der Backofen wird beim Elektroherd meist durch Heizstäbe beheizt. Zusätzlich baut man Rohrheizkörper zur Strahlungsheizung ein. Beim **Umluft-Elektroherd** wälzt im Innern ein Lüfter die Warmluft um. Die „Selbstreinigung“ in Backöfen wird durch sehr starke Aufheizung auf mehr als 350 °C bewirkt. Dabei verbrennen die Speiserückstände.

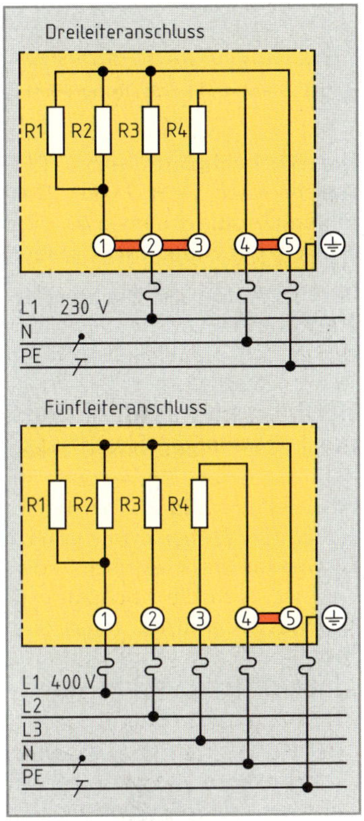

Bild 2: Anschlüsse eines Elektroherdes
(R1 = Backröhre
R2, R3, R4 = Kochplatten)

Die Heizkörperspannung beträgt meist 230 V. Je nach Spannung und Art der Anschlussleitung ergeben sich beim Elektroherd verschiedene Schaltungsmöglichkeiten **(Bild 2)**. Aus der Aderzahl der verlegten Herdleitung ist nicht sicher zu entnehmen, ob der Herd an Einphasenwechselspannung oder an Dreiphasenwechselspannung angeschlossen wird. Bei Geräten mit einem Anschlusswert von über 4,4 kW ist meist eine Leitung mit 5 Adern verlegt, auch wenn der Anschluss an Einphasenwechselspannung erfolgt. Dann ist später eine Umstellung an Dreiphasenwechselspannung möglich.

Elektroherde sind ortsveränderliche Verbraucher. Sie müssen ab der Herdanschlussdose mit einer beweglichen Leitung, z. B. H07RN-F, angeschlossen werden.

Kochplatten

Die Standard-Kochplatte enthält drei Heizwicklungen. Über einen 7-Takt-Schalter lassen sich nach Wärmebedarf 6 Leistungsstufen schalten **(Bild 1)**. Die Leistungsaufnahme ist in den einzelnen Schaltstufen den Bedürfnissen des Haushalts angepasst.

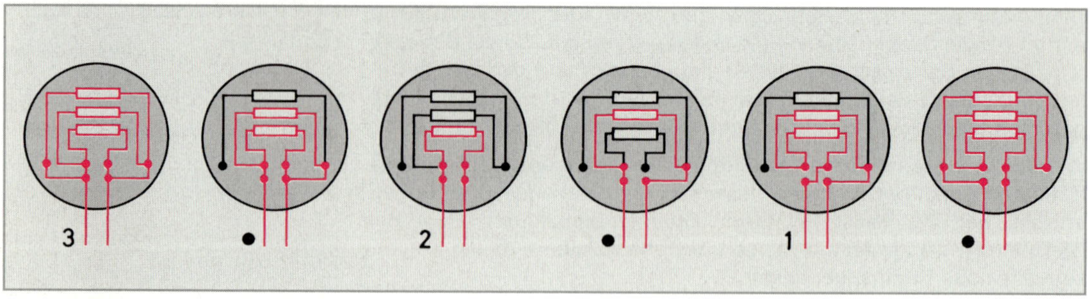

Bild 1: Siebentakt-Schaltung einer Kochplatte mit 6 Leistungsstufen

Die **Blitzkochplatte** mit 7-Takt-Schaltung hat ebenfalls 3 Heizwiderstände. Sie hat einen großen Anschlusswert, z. B. 2,6 kW. Deshalb ist bei ihr ein Temperaturwächter eingebaut, der bei einer Kochplattentemperatur von etwa 400 °C die Leistungsaufnahme begrenzt. Die Blitzkochplatte ist durch einen roten Punkt in der Plattenmitte gekennzeichnet.

Bei den **Automatik-Kochplatten** wird, ähnlich wie beim Reglerbügeleisen, die Heizleistung nur solange aufgenommen, bis die eingestellte Temperatur erreicht ist. Dann öffnet der Regler. Er schließt bei Unterschreiten der eingestellten Temperatur wieder.

Herdplatten mit Induktionskochfeld

Unter einer Platte aus Glaskeramik erzeugt man mithilfe einer Spule ein elektromagnetisches Wechselfeld **(Bild 2)**. Die dabei im Topfboden entstehenden Wirbelströme erhitzen das Kochgefäß. Da Glaskeramik elektrisch und magnetisch nichtleitend ist, wird die Kochplatte nicht heiß. Um das Kochgut zu erhitzen, muss das Geschirr bzw. der Topf jedoch aus ferromagnetischem Material sein, z. B. aus Stahl oder Gusseisen.

Bei Herdplatten mit Induktionskochfeld ist die Gefahr einer Verbrennung viel geringer als bei anderen Herdplatten.

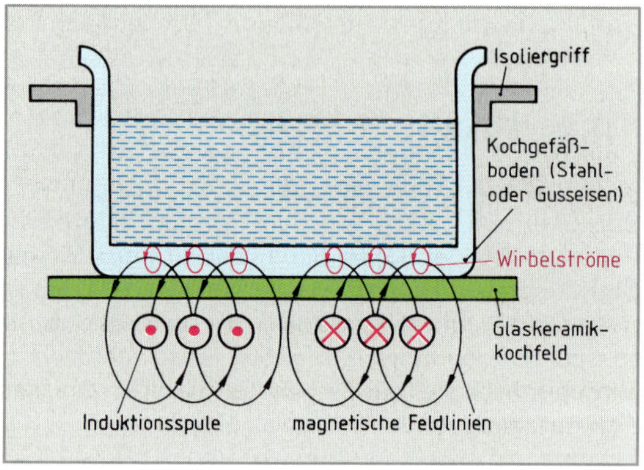

Bild 2: Prinzip des Induktionskochfeldes

Durch ein Induktionskochfeld kann auch Energie gespart werden, da beim Einschalten der Platte sofort die volle Leistung übertragen wird. Beim Ausschalten wird die Wärmeerzeugung sofort eingestellt. Da das Magnetfeld nur im Topfboden wirkt, ist eine Verwendung von Töpfen mit verschiedenem Durchmesser möglich. In einer Hotelküche z. B. wird es bei der Verwendung von Induktionskochfeldern nicht allzu heiß.

Wiederholungsfragen

1 **Erklären Sie den Begriff Anschlusswert.**

2 **Was versteht man unter einem Ableitstrom?**

3 **Warum ist der Ableitstrom bei Wärmegeräten verhältnismäßig groß?**

4 **Warum dürfen Bügeleisen nicht mit der Leitung H05VV-F angeschlossen werden?**

5 **Wodurch wird ein Verkalken und Verstopfen der Dampfaustrittsöffnungen beim Dampfbügeleisen verhindert?**

6 **Welche Anschlussleitung verwendet man bei Elektroherden?**

7 **Nennen Sie Vorteile des Induktionskochfeldes.**

Mikrowellengerät

Beim Mikrowellengerät wird das Erwärmen der Speisen durch Verstärken der molekularen Wärmebewegungen verursacht. Die Mikrowellen versetzen die elektrisch polarisierten Moleküle (Dipole) des Kochgutes in heftige Drehung und Vibration, und rufen so die Wärme hervor. Die Wärme entsteht also im Innern des Kochgutes. Mikrowellen sind elektromagnetische Wellen im Bereich von 300 MHz bis 30 000 MHz (= 30 GHz). Für Mikrowellengeräte wird meist die Frequenz 2450 MHz (12-cm-Band) verwendet. Die elektromagnetischen Wellen werden von einem **Magnetron** (Senderöhre für hochfrequente elektromagnetische Schwingungen) erzeugt und gelangen über einen Hohlleiter in den Garraum. Sie werden dort an den Wänden reflektiert und dringen in das Gargut ein **(Bild 1).** Ein Reflektorflügel (Bild 1) verteilt die Wellen, sodass sie gleichmäßig im Garraum wirken können.

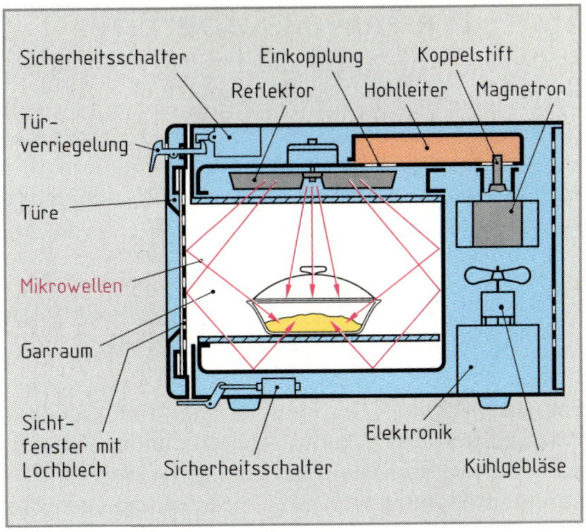

Bild 1: Haushalt-Mikrowellengerät

Kunststoffe, Porzellan, Keramik und vor allem Glas lassen Mikrowellen durch. Mikrowellen werden von Metallen reflektiert. Daher darf man im Mikrowellenherd kein Metallgeschirr verwenden.

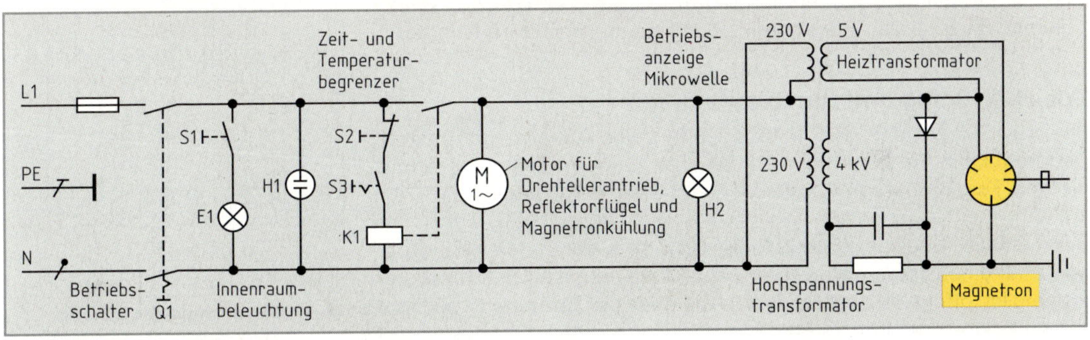

Bild 2: Schaltungsbeispiel eines Mikrowellengerätes (vereinfacht)

Mikrowellen sind für Menschen und Tiere, insbesondere für Augen, sehr gefährlich.

Strenge Sicherheitsbestimmungen schreiben daher vor, dass nur eine geringe Leckstrahlung von höchstens 5 mW/cm² aus dem Gerät austreten darf, gemessen in 5 cm Abstand vom Gerät bei Lastbetrieb. Ein Lochblech in der Tür erlaubt die Beobachtung des Gargutes, verhindert jedoch wegen des kleinen Durchmessers der Löcher (weniger als 3 mm) das Austreten von unzulässig hoher Strahlung. Mehrere Sicherheitsschalter schalten unabhängig voneinander den Mikrowellengenerator beim Öffnen der Türe ab. Weitere Schutzmaßnahmen sind z. B. ein Thermofühler, ein Kurzschlussschutz sowie optische und akustische Signale beim Versagen des Türschalters **(Bild 2).**

Reparaturen an Mikrowellengeräten dürfen nur Elektrofachkräfte mit einer entsprechenden Zusatzausbildung durchführen.

Haushalt-Mikrowellengeräte haben eine Anschlussleistung von etwa 1,5 kW bei einem Wirkungsgrad von etwa 50 %. Sie haben jedoch einen hohen Anlaufstrom.

Mikrowellengeräte werden im Haushalt bevorzugt zum Garen, zum Erwärmen vorgefertigter Gerichte und zum Auftauen von Tiefkühlkost eingesetzt. Braten ist nicht oder nur eingeschränkt möglich. In der Industrie benützt man Mikrowellengeräte z. B. zum Auftauen, Sterilisieren und Pasteurisieren von Nahrungsmitteln, zum Erwärmen von Stoffen mit schlechter Wärmeleitfähigkeit, z. B. von Gummiteilen (Reifen) und Kunststoffen, als Durchlauftrockner und in der Elektromedizin.

18.4 Warmwasserbereiter

Bei Warmwasserbereitern unterscheidet man **offene (drucklose) Geräte** und **geschlossene Geräte.** Auf dem Leistungsschild ist der zulässige Wasserdruck im Innenbehälter von Warmwasserbereitern angegeben. Der tatsächliche Wasserdruck im Behälter hängt aber vom Wasseranschluss ab, also von der Lage der Armaturen vor oder nach dem Warmwasserbereiter.

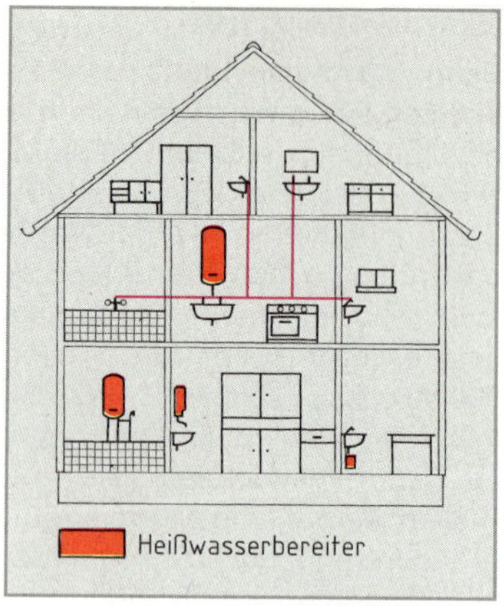

Bild 1: Warmwasserversorgung
oben: zentrale Anlage
unten: dezentrale Anlage

> Für offene Warmwasserbereiter müssen drucklose Armaturen verwendet werden, weil das Gerät sonst platzen kann.

Bei geschlossenen Geräten steht der Innenbehälter unter dem vollen Wasserdruck. Das „Warm"-Ventil befindet sich bei diesen Geräten in der Warmwasserleitung. Bei zu hohem Wasserleitungsdruck muss bei geschlossenen Geräten ein Druckminderer den Druck herabsetzen.

Man unterscheidet zwischen **dezentralen Anlagen** (Warmwasserversorgung mit Einzelgeräten) und **zentralen Anlagen** (Warmwasserversorgung mit einem Gerät) **(Bild 1).**

> Für dezentrale Anlagen werden offene Geräte oder geschlossene Geräte, für zentrale Anlagen nur geschlossene Geräte verwendet.

Speicher, Boiler und Durchlauferhitzer

Speicher haben um den Innenbehälter einen Wärmedämmstoff. Dadurch kann in ihnen heißes Wasser längere Zeit gespeichert werden. Es gibt mehrere Bauformen von Speichern **(Tabelle).**

Beim offenen Speicher **(Bild 2)** fließt der Strom durch den Heizkörper und über einen Temperaturregler. Sobald die eingestellte Temperatur erreicht ist, öffnet ein Kontakt. Nach Absinken der Temperatur schließt der Kontakt wieder und es wird erneut geheizt.

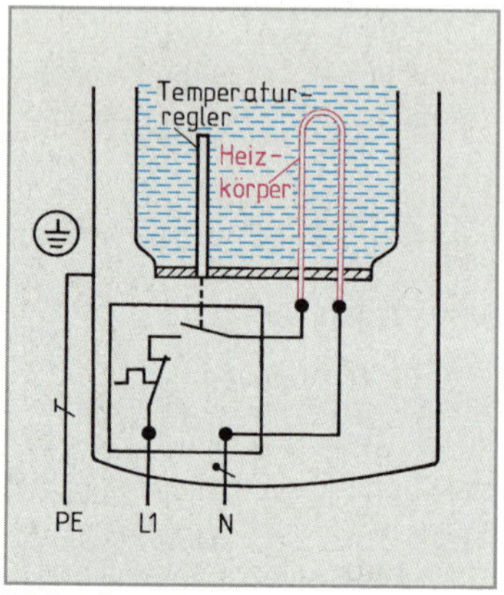

Bild 2: Schaltung eines offenen Speichers

Tabelle: Bauformen elektrischer Warmwasserspeicher

Aufbau	Bezeichnung	Inhalt in l	Leistung in kW		Anschluss in V	Anwendung
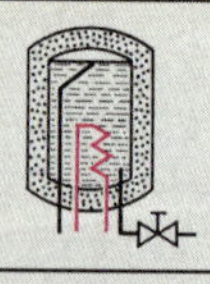	offener Einkreis-Speicher	5 10 15 80	2 2 2 und 4 4 und 6		230 230 230 230 und 400	Waschbecken Küche Dusche Wanne
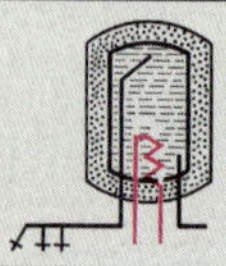	geschlossener Einkreis-Speicher	10 15 80 80	2 4 4 6		230 230 230 400	2 Waschbecken und Dusche, zentrale Versorgg.
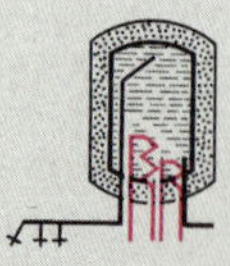	geschlossener Zweikreis-Speicher	30 80 80 120	Grundheizung allein 0,4 1 1 2	mit Zusatzheizung 4 4 6 6	230 230 400 400	Dusche und Waschbecken zentrale Versorgg. zentrale Versorgg.

Aus Sicherheitsgründen ist im Warmwasserbereiter eine Temperaturbegrenzung eingebaut. Beim geschlossenen Speicher ist über einen Temperaturregler eine Temperatureinstellung von etwa 35 °C bis 85 °C möglich. Versagt der Temperaturregler, so wird der Speicher über einen Sicherheits-Temperaturbegrenzer abgeschaltet.

Zweikreisspeicher sind Speicher, die für großen Wasserbedarf eine zusätzliche Heizung haben **(Bild 1)**. Die **Grundheizung** (Niedertarifheizung) kann während der Schwachlastzeit, z. B. nachts, erfolgen, die **Zusatzheizung** (Schnellheizstufe) wird bei Bedarf zugeschaltet. Bei der Grundheizung fließt der Heizstrom über den Temperaturbegrenzer und den Temperaturregler nur zu einem Heizkörper. Die Zusatzheizung wird durch ein Schütz eingeschaltet.

Boiler werden als offene Geräte gebaut und haben keine Wärmeisolierung. Dadurch sind sie kleiner und billiger als Speicher mit gleichem Inhalt. Die Wirkungsweise des Boilers ist ähnlich wie die des Speichers. Anstelle des Temperaturreglers hat der Boiler einen Temperaturbegrenzer. Dieser schaltet nach Erreichen einer eingestellten Temperatur ab. Bei Absinken der Temperatur erfolgt kein Wiedereinschalten. Zu den Boilern gehören auch die Elektro-Badeöfen (Badeboiler) und die Kochendwasser-Geräte.

Mit Boilern kann man Warmwasser nicht über längere Zeit speichern, weil sie keine Wärmeisolierung haben.

Durchlauferhitzer erwärmen während der Wasserentnahme das zulaufende kalte Wasser. Der Heizstrom kann durch Wärme oder durch Wasserdruck gesteuert werden. Druck-Durchlauferhitzer erhalten zur größeren Sicherheit oft zwei Schalter, z. B. einen Temperaturregler und einen Strömungsschalter. Dadurch wird eine zu hohe Temperatur verhindert, und zwar auch beim Ausbleiben des Wassers. Die elektrische Anschlussleistung kann zwischen 18 kW und 33 kW betragen.

Durchlauferhitzer haben große Anschlusswerte und dürfen deshalb nur mit Genehmigung des EVU angeschlossen werden.

Aufbau und Wirkungsweise der Temperaturregler

Die Temperaturregelung erfolgt bei den Warmwasserbereitern meist durch **Kapillarrohrregler (Bild 2)**. Bei diesem Regler befindet sich eine Flüssigkeit mit hohem Siedepunkt im Fühler, d. h. im Kapillarrohr[1] und in einer Ausdehnungsmembran. Bei Erwärmung dehnt sich die Flüssigkeit im Fühler aus und wird so teilweise durch das Kapillarrohr in die Membran verdrängt. Dadurch wird die Membran verformt. Ein Arbeitshub entsteht, der einen Sprungschalter betätigt.

Kapillarrohrregler sind zur Regelung der Temperatur von festen, flüssigen und gasförmigen Stoffen geeignet. Sie werden z. B. in Warmwasserbereitern, Heizgeräten, Geschirrspülmaschinen, Waschmaschinen und in Saunaanlagen angewendet.

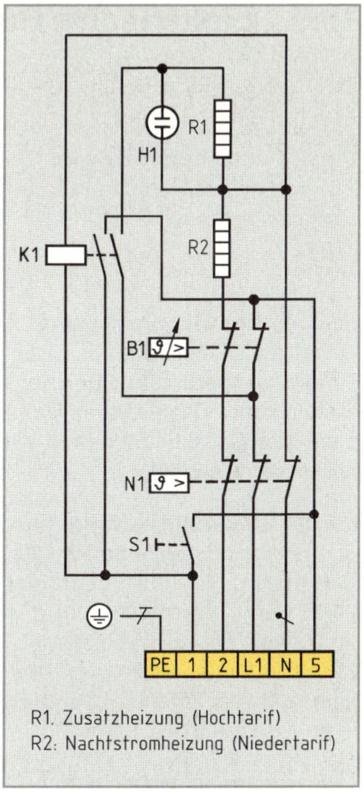

Bild 1: Stromlaufplan eines Zweikreisspeichers

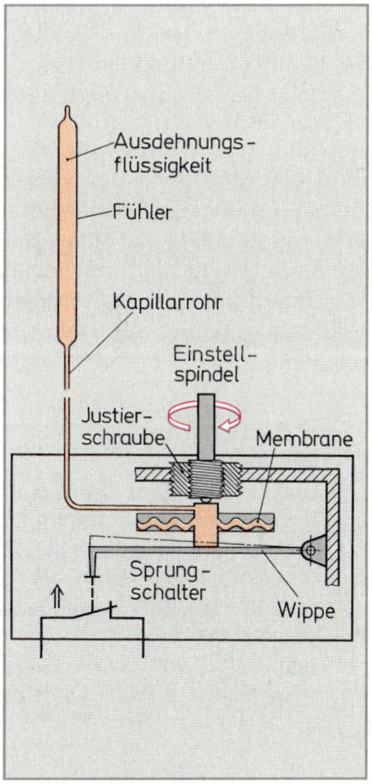

Bild 2: Kapillarrohrregler

[1] Kapillarrohr = haardünnes Rohr, von capillus (lat.) = Haar

18.5 Elektrische Raumheizung

Die elektrische Raumheizung ist nur dann wirtschaftlich, wenn eine sorgfältige Wärmedämmung vorgenommen wird. Die Wärmeübertragung vom Heizgerät zur Umgebung kann durch Konvektion oder Strahlung hervorgerufen werden.

Bei der **Konvektionsheizung**[1] dient die Luft des Raumes als Übertragungsmittel. Heizlüfter und mit Lüftern ausgerüstete Speicheröfen wirken hauptsächlich durch Konvektion. Der Anschlusswert wird nach dem Rauminhalt des zu beheizenden Raumes bemessen **(Tabelle).**

Bei der **Strahlungsheizung** muss der zu erwärmenden Fläche ausreichend Wärme zugeführt werden. Wärmestrahler (Infrarotstrahler) wirken vorwiegend durch Wärmestrahlung. Der Anschlusswert wird nach der zu beheizenden Fläche bemessen. Für Strahlungsheizung von oben rechnet man mit einer erforderlichen Leistung von 100 W bis 150 W je m² Bodenfläche.

Elektrowärmespeicher haben als Heizkörper Heizrohre oder Masseheizkörper **(Bild 1).** Die entwickelte Wärme wird in einer mineralischen oder keramischen Masse gespeichert. Elektrowärmespeicher können mit preiswerter Energie in der Schwachlastzeit aufgeheizt werden. Bei Wärmebedarf fördert ein Ventilator **(Bild 2)** die Wärme aus der Speichermasse in den zu beheizenden Raum.

Anlagen mit Wärmespeicher erhalten mehrere Regeleinrichtungen. Der **Laderegler** bewirkt die Aufladung des Wärmespeichers, wobei über einen Witterungsfühler und einen Restwärmefühler der voraussichtliche Wärmebedarf berücksichtigt wird. Der **Raumthermostat (Entladeregler)** steuert die Wärmeabgabe des Wärmespeichers an die Raumluft.

Tabelle: Elektrische Raumheizung (Erfahrungswerte)

Rauminhalt in m³	Anschlusswert in W/m³
10 bis 50	80
51 bis 100	60 bis 80
101 bis 150	40 bis 60
über 150	40

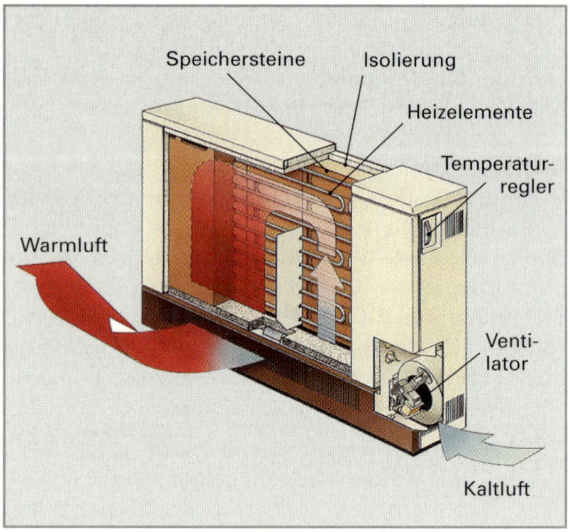

Bild 1: Elektrowärmespeicher

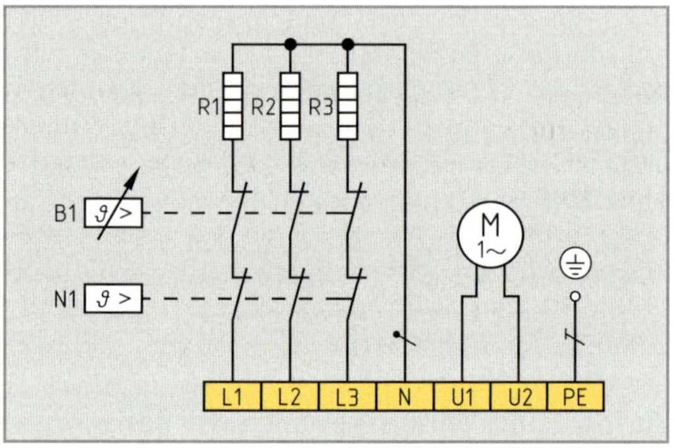

Bild 2: Stromlaufplan eines Elektrospeichers

Wiederholungsfragen

1 **Welche Folge tritt ein, wenn man einen offenen Speicher mit einer Druckarmatur anschließt?**

2 **Welche Maßnahme ist bei zu hohem Wasserdruck für geschlossene Warmwassergeräte erforderlich?**

3 **Warum muss bei einem offenen Warmwasserbereiter eine drucklose Armatur verwendet werden?**

4 **Erklären Sie Aufbau und Wirkungsweise von Warmwasserspeicher und Durchlauferhitzer.**

5 **Welche Arten von Warmwasserbereitern kommen für eine zentrale Warmwasseranlage in Frage?**

6 **Warum dürfen Durchlauferhitzer nur mit Genehmigung des EVU angeschlossen werden?**

7 **Welche zwei grundsätzlichen Arten von elektrischer Raumheizung unterscheidet man?**

8 **Beschreiben Sie die Wirkungsweise eines Elektrowärmespeichers.**

[1] Konvektion = Mitführen der Wärme durch oder im Flüssigkeitsstrom, von convectio (lat.) = das Zusammenbringen, Zusammenfahren

18.6 Elektrische Fußbodenheizung

Bei der Fußbodenheizung wird elektrische Wärmeenergie über die Fußbodenoberfläche an den zu beheizenden Raum abgegeben. Die dazu notwendigen Heizleitungen werden im Fußboden eingebettet. Man unterscheidet direkte und indirekte Einbettung. Bei der **direkten Einbettung** sind die Heizelemente vom Estrich umgeben. Werden die Heizelemente z. B. in Rohren oder in Kanälen verlegt, so spricht man von **indirekter Einbettung.** Zur Vermeidung eines Wärmestaus sind Heizelemente z. B. nicht unter Möbeln zu verlegen. Als Bodenbeläge können alle gängigen Materialien verlegt werden, z. B. keramische Platten und Fliesen, Naturstein, PVC-Beläge und Parkett. Textile Beläge, z. B. Teppichboden, müssen für Fußbodenheizungen besonders geeignet sein.

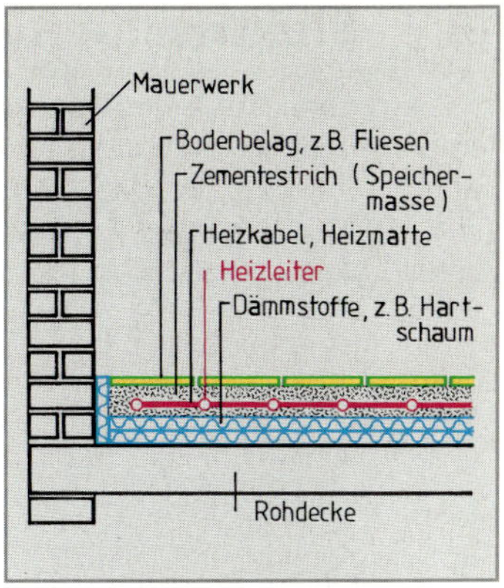

Bild 1: Aufbau einer Fußboden-Speicher-Heizung

Die Fußbodenheizung kann als Speicherheizung oder als Direktheizung ausgeführt werden.

Bei der elektrischen **Fußboden-Speicher-Heizung** wird das Wärmespeichervermögen durch die Dicke des Estrichs, durch die Isolation der Rohdecke und durch den Bodenbelag bestimmt **(Bild 1).** Der Speicher lädt sich während der Niedertarifzeit auf. Ein Zentralsteuergerät überwacht mithilfe eines Witterungs- und Restwärme-Fühlers alle Funktionen der Anlage.

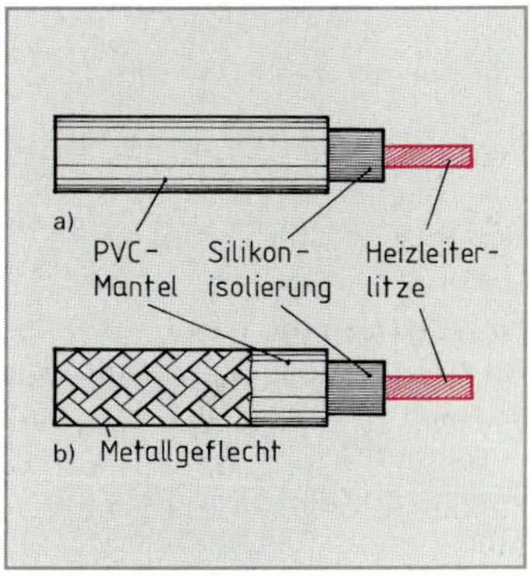

Bild 2: Heizleitungen
a) ohne Schutzumflechtung
b) mit Schutzumflechtung

Zum Erzielen einer Fußboden-Oberflächentemperatur von 27 °C ist bei der Fußboden-Speicher-Heizung eine Wärmeleistung von etwa 70 W/m² notwendig.

Bei der elektrischen **Fußboden-Direkt-Heizung** wird die Wärme ohne Verzögerung über die Fußbodenoberfläche direkt in den Raum abgegeben. Da die Dicke des Estrichs gering ist, ist nur ein geringes Speichervermögen vorhanden. Die Fußboden-Direkt-Heizung wird als Zusatzheizung eingesetzt, z. B. für Bäder oder Hobby-Räume. Die Heizleistung soll etwa 180 W/m² betragen.

Heizelemente

Die Heizelemente können Heizleitungen oder Heizmatten sein. **Heizleitungen** haben einen mehrdrähtigen Aufbau. Der elektrische Leiter besteht aus einer Kupfer-Mangan- oder Kupfer-Nickel-Legierung und ist mit Silikon-Kautschuk umhüllt **(Bild 2 a).** Als Mantelwerkstoff wird PVC (Seite 529) verwendet. Heizleitungen können zusätzlich mit einer metallenen Schutzumflechtung versehen sein **(Bild 2 b).** Für feuchte und nasse Räume werden Heizleitungen verwendet, die mit einem Bleimantel umhüllt sind. Heizleitungen sind in Längen von 10 m bis 200 m bei Heizleistungen zwischen 10 W/m bis 30 W/m erhältlich.

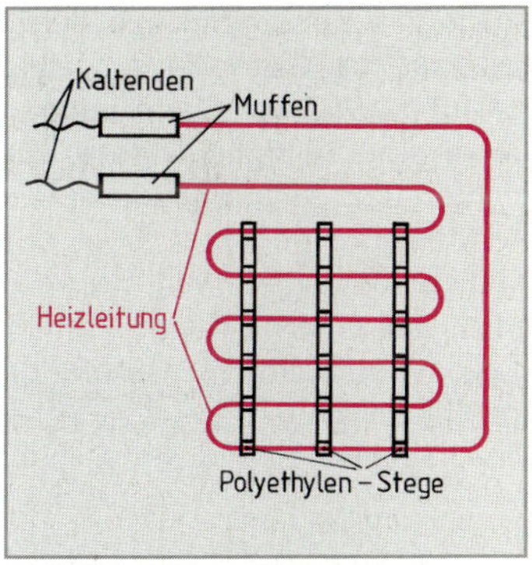

Bild 3: Aufbau einer Heizmatte

Heizmatten bestehen aus Heizleitungen, die in einer Kunststofffolie eingeschweißt sind. Sie können auch mithilfe von Stegen, z. B. aus Polyethylen, im erforderlichen Abstand gehalten werden **(Bild 3).** Heizmatten werden in Größen von 1 m² bis 12 m² hergestellt und haben Heizleistungen von 100 W/m² bis 250 W/m².

18.7 Elektrische Kühlgeräte

In elektrischen Kühlschränken hält man Lebensmittel im Temperaturbereich von etwa +2 °C bis etwa +10 °C haltbar. Tiefkühlgeräte kühlen das Gefriergut auf Temperaturen von −18 °C und tiefer. Lebensmittel in tiefgefrorenem Zustand bleiben meist viele Monate lang genießbar.

Beim Kühlen wird Wärme entzogen. Dies kann durch Verdampfen einer Flüssigkeit erreicht werden.

Gibt man z. B. einige Tropfen einer leicht flüchtigen Flüssigkeit, wie Alkohol oder Benzin, auf die Haut, so tritt eine kühlende Wirkung auf. Die Flüssigkeit benötigt für den Übergang in den dampfförmigen Zustand Wärme (Verdampfungswärme), die sie der Haut entzieht. Auch im Kühlschrank wird eine leicht flüchtige Flüssigkeit zum Verdampfen gebracht. Die Verdampfungswärme wird dabei dem Kühlgut entzogen. Das Kühlgut lagert in einem wärmeisolierten Kühlraum.

Verringert man den Druck über einer Flüssigkeit, so sinkt ihre Siedetemperatur. So siedet z. B. Wasser in größeren Höhen schon bei Temperaturen unter 100 °C, weil dort der Luftdruck niedrig ist. In Kühlanlagen verwendet man ein Kältemittel, z. B. R600 (Isobutan). Das Kältemittel verdampft bei etwa 3 bar schon bei Raumtemperatur. Setzt man den Kältemitteldampf unter Druck, so wird er wieder flüssig und gibt die beim Verdampfen aufgenommene Wärme ab **(Bild 1).** Diese Wärme muss nach außen abgeführt werden. Der Verflüssiger befindet sich deshalb außerhalb des Kühlraumes. Man unterscheidet bei Kühlgeräten das Kompressionsverfahren und das Absorptionsverfahren.

Beim **Kompressor-Kühlschrank** treibt ein Elektromotor einen Verdichter (Kompressor) an **(Bild 2).** Der Verdichter saugt das Kältemittel aus dem **Verdampfer,** einer Rohrschlange im Gefrierfach. Dabei verringert sich im Verdampfer der Druck. Das Kältemittel verdampft und entzieht dabei dem Kühlgut Wärme. Gleichzeitig drückt der Verdichter den Kältemitteldampf in den **Verflüssiger** (auch Kondensator genannt), über dessen Kühlrippen die dem Kühlgut entzogene Wärme an die Außenluft abgegeben wird. Das flüssige Kältemittel wird durch ein Kapillarrohr (Drosselrohr) zum Verdampfer geleitet, der kältesten Stelle im Kühlschrank. Das (dünne) Kapillarrohr verhindert den Druckausgleich zwischen Verflüssiger und Verdampfer.

Je nach Leistung unterscheidet man Ein-Stern-Fach-, Zwei-Stern-Fach- und Drei-Stern-Fach-Verdampfer **(Tabelle).** Das Drei-Stern-Fach ist das Tiefkühlfach.

Gefriergeräte dienen zum Gefrieren von Lebensmitteln und zum langfristigen Lagern von Gefriergut bei Temperaturen von −18 °C und kälter. Sie tragen ein 4-Stern-Symbol.

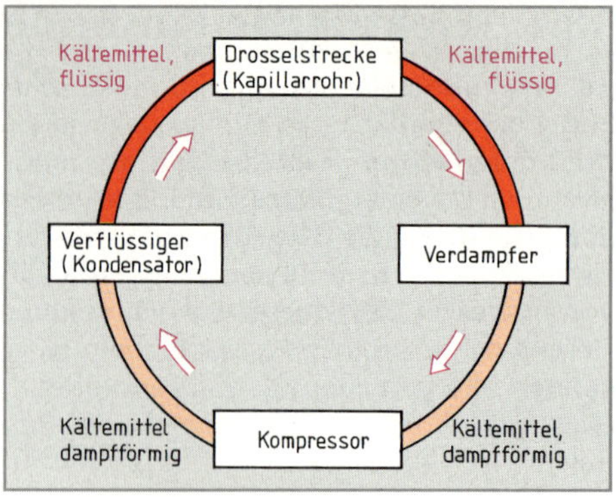

Bild 1: Kältemittel-Kreislauf beim Kompressor-Verfahren

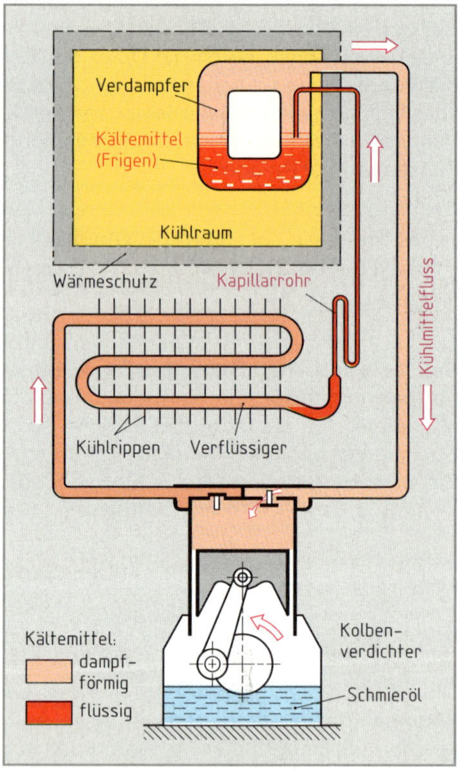

Bild 2: Kompressor-Kühlschrank

Tabelle: Verdampfertemperaturen bei Kühlgeräten	
(*) Ein-Stern-Fach	− 6 °C und kälter
(**) Zwei-Stern-Fach	− 12 °C und kälter
(***) Drei-Stern-Fach	− 18 °C und kälter

Beim **Absorber-Kühlschrank (Bild 1)** durchfließt das Kältemittel (meist Ammoniak) ebenfalls einen Kreislauf in einem geschlossenen Röhrensystem. Das Kältemittel wird dabei im Absorber in Wasser gelöst (absorbiert). In einem beheizten Kocher wird aus dieser Lösung das Ammoniakgas wieder ausgetrieben. Während das Wasser in den Absorber zurückkehrt, gibt das Ammoniakgas im Kondensator Wärme an die Umgebung ab und verflüssigt sich dabei. Das verflüssigte Ammoniak gelangt in den innerhalb des Kühlraumes liegenden Verdampfer, verdampft dort und entzieht dem Kühlraum Wärme. Durch das Absorbieren des Ammoniakdampfes entsteht ein Unterdruck, der den Dampf aus dem Verdampfungsraum absaugt. Um das Verdampfen des flüssigen Ammoniaks zu erleichtern, verwendet man ein Hilfsgas, z. B. Wasserstoff.

Absorber-Kühlschränke haben keine beweglichen Teile und arbeiten geräuschlos. Man verwendet sie daher z. B. in Hotelzimmern, Büros oder beim Camping (12-V-Betrieb).

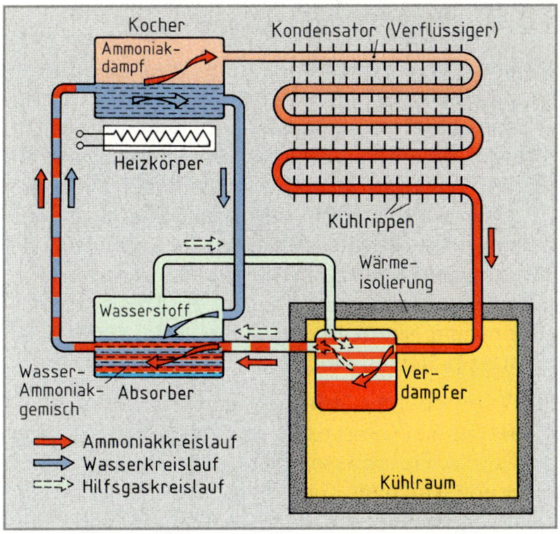

Bild 1: Absorber-Kühlschrank

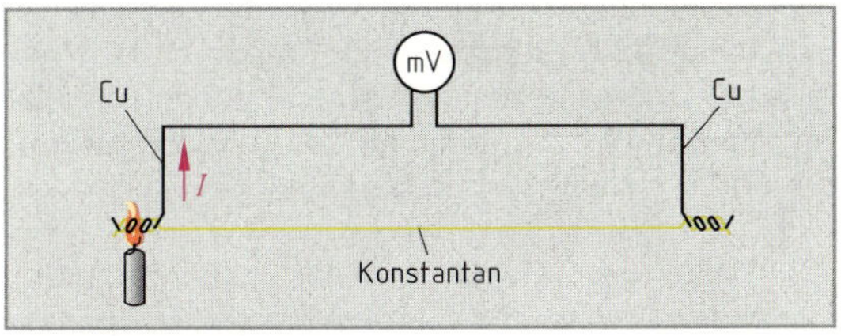

Bild 2: Thermoelement

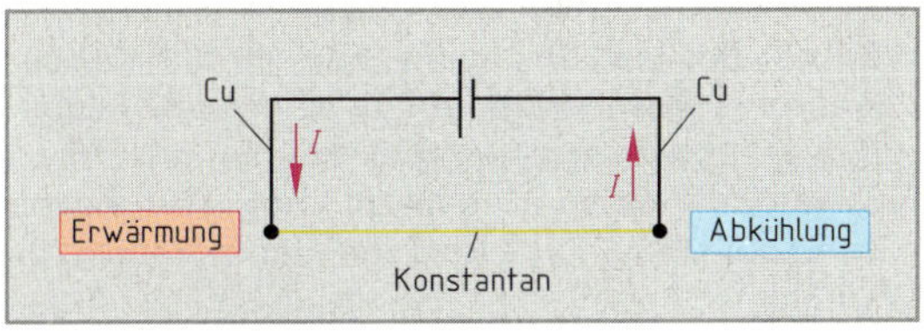

Bild 3: Peltier-Effekt

Peltier-Element

Erhitzt man die Verbindungsstelle zweier verschiedener Metalle, z. B. Kupfer und Konstantan, so treten an dieser Stelle Elektronen von einem Metall in das andere über, sodass eine Gleichspannung entsteht und genutzt werden kann (Thermoelement **Bild 2**).

Schickt man Gleichstrom durch einen Stromkreis mit z. B. zwei Thermoelementen **(Bild 3)**, so verändern sich die Temperaturen an den beiden Verbindungsstellen. Je nach Stromrichtung tritt an der einen Verbindungsstelle eine Temperaturerhöhung auf, während die Temperatur an der anderen Seite sinkt (Peltier[1]-Effekt).

Der Peltier-Effekt wird zum Bau von Kühl- und Klimaanlagen ausgenutzt. An die Stelle des Verdampfers im Kompressorkühlschrank tritt das Peltier-Element, anstelle des Kondensators ein Wärmeaustauscher aus Aluminium. Als Werkstoff für das Peltier-Element verwendet man Halbleiterwerkstoffe, z. B. Wismuttellurid. Mehrere Peltier-Elemente hintereinander geschaltet bilden einen Kühlblock. Sie sind so geschaltet, dass die kalten Kontaktstellen auf der einen Seite, die warmen auf der entgegengesetzten Seite liegen **(Bild 4)**. Dadurch wird auf der einen Seite des Kühlblocks **(Bild 5)** Wärme aufgenommen und auf der anderen abgegeben. Kehrt man die Stromrichtung um, so gibt die Stelle, die zuvor gekühlt wurde, Wärme ab.

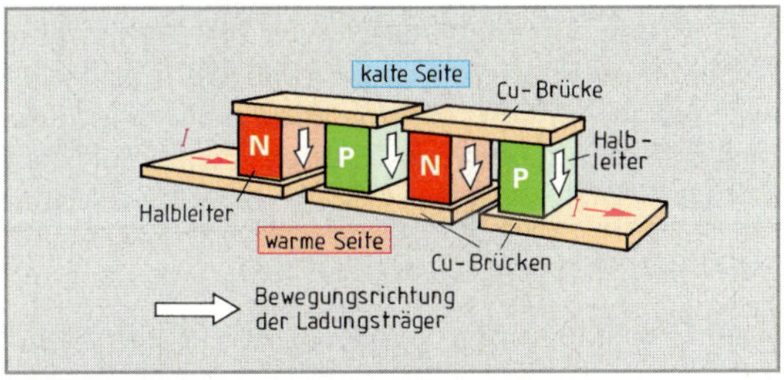

Bild 4: Schaltung von Peltier-Elementen

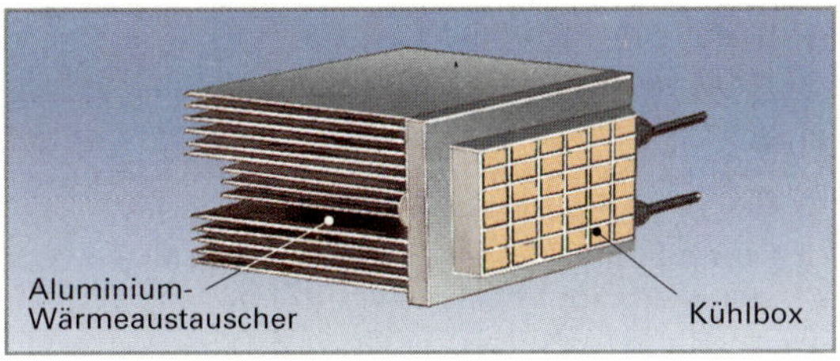

Bild 5: Kühlblock mit Wärmeaustauscher

[1] Jean C.A. Peltier, franz. Physiker, 1785 bis 1845

18.8 Wärmepumpe

Mithilfe der Wärmepumpe kann man der Umgebung, z. B. der Luft, dem Wasser oder dem Erdreich, Wärme entziehen und sie einer zu beheizenden Anlage, z. B. einem Haus oder einem Schwimmbad zuführen. Während konventionelle Wärmeerzeuger, z. B. elektrische Heizöfen, elektrische Energie in Heizwärme (Wärmeenergie) umwandeln, benötigt die Wärmepumpe nur zum Antrieb des Kompressors elektrische Energie. Den restlichen Anteil an Energie entzieht sie der Umgebung **(Bild 1)**. Wärmepumpen helfen somit Energie zu sparen.

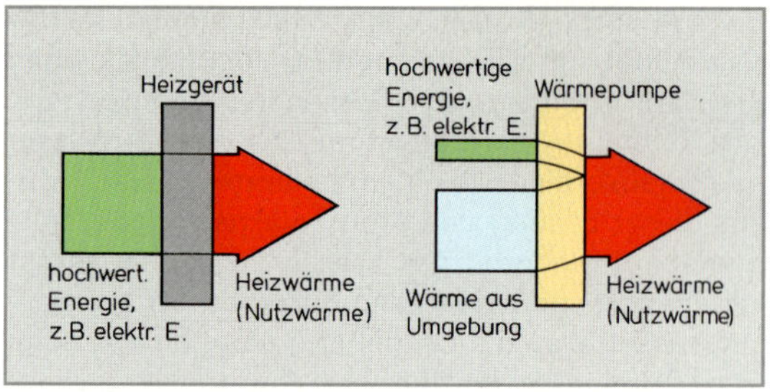

Bild 1: Konventioneller Wärmeerzeuger und Wärmepumpe

Die Wärmepumpe arbeitet nach dem Prinzip des Kühlschranks (Kompressor-Verfahren). Eine Wärmequelle, z. B. Flusswasser, wird an einem Wärmetauscher abgekühlt. Als Kältemittel verwendet man eine bei niedriger Temperatur, z. B. –10 °C, siedende Flüssigkeit. Der Kältemitteldampf wird aus dem Verdampfer abgesaugt und im Verdichter unter Druck gebracht **(Bild 2)**. Er erhöht seine Temperatur im Verflüssiger und kann dann Wärme abgeben. Bei diesem Vorgang muss nur die für den Verdichter (Kompressor) erforderliche Energie zugeführt werden.

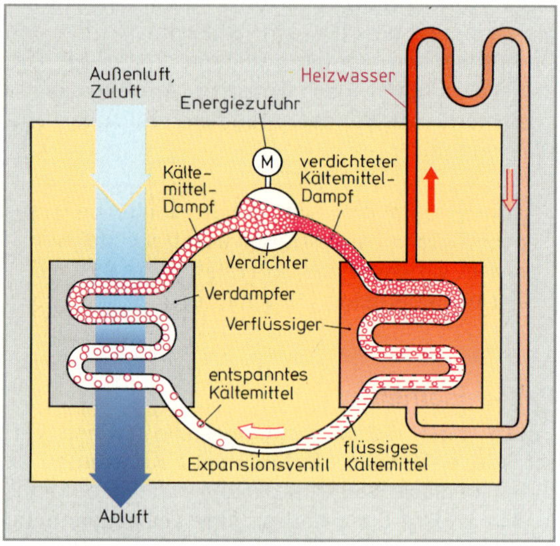

Bild 2: Prinzip der Wärmepumpe

> Die Wärmepumpe bringt Wärmeenergie von niedriger Temperatur auf eine höhere Temperatur.

Wird die der Luft entzogene Energie auf Wasser übertragen, so spricht man von einer Luft-Wasser-Wärmepumpe. Wärmepumpen werden vielfach in **bivalentem**[1] Betrieb eingesetzt, d. h., es arbeiten zwei voneinander unabhängige Heizsysteme, die Wärmepumpe und ein zweiter Wärmeerzeuger, z. B. eine Ölheizung. Bis zu einer bestimmten Außentemperatur, z. B. +3 °C, deckt die Wärmepumpe den Wärmebedarf. Sinkt die Temperatur weiter ab, so übernimmt der zweite Wärmeerzeuger die Heizung (bivalenter Alternativbetrieb). Es ist aber auch möglich, Wärmepumpe und zweite Heizanlage gemeinsam arbeiten zu lassen (bivalenter Parallelbetrieb). Bei **monovalentem**[2] Betrieb funktioniert die Wärmepumpe ohne ein weiteres Heizsystem.

ε Leistungszahl
Q_2 vom Verflüssiger abgegebene Wärmearbeit
W dem Elektromotor zugeführte elektrische Arbeit

$$\varepsilon = \frac{Q_2}{W}$$

Die Wirtschaftlichkeit einer Anlage mit Wärmepumpe wird durch die **Leistungszahl**[3] ε ausgedrückt. Sie liegt im günstigsten Fall bei $\varepsilon = 4$.

> Mit Wärmepumpen werden z. B. Schwimmbäder beheizt, Wohnhäuser und Verwaltungsgebäude klimatisiert.

Wiederholungsfragen

1. **Beschreiben Sie den Aufbau eines Mikrowellengerätes.**
2. **Warum darf im Mikrowellengerät kein Metallgeschirr verwendet werden?**
3. **Welche Temperaturänderung ergibt sich beim Verdampfen einer Flüssigkeit?**
4. **Welche Aufgabe hat der Verdichter eines Kühlschranks?**
5. **Welches ist die kälteste Stelle im Kühlschrank?**
6. **Was versteht man unter dem Peltiereffekt?**
7. **Welche Energiequellen werden bei der Wärmepumpe genutzt?**

[1] zweiwertig, von bis (lat.) = zweimal und valere (lat.) = wert sein; [2] monovalent = einwertig [3] ε griech. Buchstabe epsilon

18.9 Instandsetzung von Elektrogeräten

Elektrische Geräte müssen nach dem Instandsetzen, nach dem Ändern und nach jedem Einbau von Einzel- oder Ersatzteilen überprüft werden (DIN VDE 0701).

Diese Überprüfung ist vorgeschrieben, um festzustellen, ob die elektrische Sicherheit gewährleistet ist und ob die Geräte richtig funktionieren **(Tabelle)**. Das Ergebnis der Überprüfung muss in einem Reparatur-Abnahmeprotokoll nachgewiesen werden.

<table>
<tr><th colspan="2">Tabelle: Prüfen elektrischer Geräte — Nach DIN VDE 0701</th></tr>
<tr><th>Prüfungsart/Messung</th><th>Durchführung</th></tr>
<tr><td>Sichtprüfung</td><td>Alle sichtbaren Teile, z.B. Gehäuse, Abdeckungen, Leistungsschild, einschließlich Isolierungen und Isolierteile, sind auf ordnungsgemäße Beschaffenheit zu kontrollieren.</td></tr>
<tr><td>Prüfen der Anschlussleitungen</td><td>Die Anschlussleitung mit Zugentlastungen, Knickschutztüllen und Kabeleinführungen sind auf äußere Mängel durch Besichtigung zu kontrollieren.</td></tr>
<tr><td>Schutzleiterprüfung</td><td>Der Schutzleiterverlauf, der Schutzleiteranschluss und die Schutzleiterverbindungen sind durch Besichtigung, Handproben (Hin- und Herbiegen der Leitung) und durch Mess- oder Prüfgeräte zu kontrollieren. Ferner ist zu prüfen, ob eine Schutzleiterunterbrechung vorliegt oder gefährliche Berührungsspannungen anstehen. Der Durchgangswiderstand des Schutzleiters darf über seine gesamte Länge nicht mehr als etwa 1 Ω betragen, bei handgeführten Elektrowerkzeugen ≤ 0,3 Ω. Dabei wird mit einem niederohmigen Widerstandsmesser zwischen dem Gerätegehäuse und dem Schutzkontakt des Netzsteckers gemessen.</td></tr>
<tr><td>Isolationswiderstands-Prüfung</td><td>Die Prüfung der Isolation erfolgt durch Messung des Isolationswiderstandes mithilfe eines Isolationsmessgerätes (Seite 262).

Gemessen wird der Widerstandswert zwischen betriebsmäßig unter Spannung stehenden Teilen und dem metallischen Gehäuse. Dabei sind Mindest-Isolationswiderstände je nach Schutzklasse einzuhalten.

<table>
<tr><th>Schutzklasse</th><th>Zeichen</th><th>Mindest-Isolationswiderstand</th></tr>
<tr><td>I (Gerät mit Schutzleiteranschluss)</td><td></td><td>0,5 MΩ</td></tr>
<tr><td>II (Gerät mit Schutzisolierung)</td><td></td><td>2,0 MΩ</td></tr>
<tr><td>III (Gerät für Kleinspannung, SELV oder PELV)</td><td>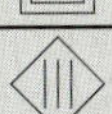</td><td>0,25 MΩ</td></tr>
</table>
</td></tr>
<tr><td>Messung des Ersatz-Ableitstromes</td><td>Eine Ersatz-Ableitstrom-Messung ist immer dann durchzuführen, wenn der geforderte Isolationswiderstand von 0,5 MΩ bei Geräten der Schutzklasse I, die Heizelemente enthalten und/oder bei denen Funkentstörkondensatoren geändert, ersetzt oder eingebaut wurden, nicht erreicht wird.

Der Ersatz-Ableitstrom darf 7 mA, bei Geräten mit einer Heizleistung über 6 kW 15 mA, nicht überschreiten.

Die Messung des Ersatz-Ableitstromes wird mit Wechselspannung von 50 Hz und einer Leerlaufspannung von mindestens 25 V und höchstens 250 V durchgeführt. Das Messergebnis wird auf den Spannungswert $U = 1{,}06 \times U_n$ hochgerechnet. Die höchste Spannung beträgt 250 V.</td></tr>
<tr><td>Funktionsprüfung</td><td>Nach erfolgter Reparatur oder Änderung ist das Gerät auf seine Funktion zu prüfen. Dabei ist nach den Bestimmungen des Herstellers und nach der zu erwartenden Anforderung in der Praxis zu verfahren.

Auftretende Sicherheitsmängel sind zu beseitigen.</td></tr>
</table>

19 Isolierte Leitungen, Kabel und Freileitungen

19.1 Farbkennzeichnung von isolierten Leitungen und Kabel

Die in elektrischen Anlagen verlegten isolierten Leitungen und Kabel müssen den VDE-Bestimmungen entsprechen.

Leitungen und Kabel, die diesen Prüfbestimmungen genügen, dürfen den schwarz-roten **VDE-Kennfaden** bzw. nach den „Harmonisierungsbestimmungen für Starkstromleitungen" den schwarz-rot-gelben Kennfaden führen. Die Leitungen müssen ferner den Firmenkennfaden des Herstellers tragen. Kunststoffisolierte Leitungen haben anstelle der Kennfäden auf der ganzen Länge in kurzen Abständen das Firmenzeichen und das VDE-Kennzeichen, bei den harmonisierten Leitungen zusätzlich die Zeichenfolge ◁HAR▷ aufgedruckt. Einzelne Adern in mehradrigen Leitungen und Kabeln müssen z.B. durch verschiedene Farben voneinander unterscheidbar sein.

Leitungen und Kabel sind nach Aderzahl, Farbkennzeichnung **(Tabelle 1)** und Kurzzeichen **(Tabelle 2)** sowie nach Aufbau und Querschnitt genormt.

Für den Schutzleiter und den PEN-Leiter ist im gesamten Verlauf die Aderfarbe Grüngelb vorgeschrieben. Der PEN-Leiter ist an den Enden zusätzlich hellblau zu kennzeichnen (DIN VDE 0100 Teil 510).

19.2 Isolierte Leitungen

Man unterscheidet isolierte Leitungen mit grüngelb gekennzeichneter Schutzleiterader (Kurzzeichen „J" bzw. „G") und Leitungen ohne Schutzleiterader (Kurzzeichen „0" bzw. „X"). Die Zeichen „J" und „0" gelten für die Leitungen, die noch nicht den Harmonisierungsbestimmungen entsprechen und für zugelassene nationale Typen.

Für den Schutzleiter und den PEN-Leiter ist die grüngelbe Ader vorgeschrieben.

Der Neutralleiter ist in seinem ganzen Verlauf blau zu kennzeichnen. Ist kein Neutralleiter vorhanden, so darf die blaue Ader für einen Außenleiter, jedoch nie für den Schutzleiter bzw. PEN-Leiter verwendet werden.

Isolierte Leitungen kennzeichnet man nach DIN VDE 0250 **(Tabelle 2)**, soweit es sich noch nicht um harmonisierte Bauarten handelt.

Typ-Kurzzeichenschlüssel für harmonisierte Starkstromleitungen siehe **Tabelle 1, Seite 433,** Beispiele **Tabelle 2, Seite 433.**

Tabelle 1: Farbkennzeichnung der Adern für isolierte Starkstromleitungen

Aderzahl	Leitungen mit Schutzleiter	Leitungen ohne Schutzleiter
Leitungen für feste Verlegung		
2	–	sw/bl
3	gnge/sw/bl	sw/bl/br
4	gnge/sw/bl/br	sw/bl/br/sw
5	gnge/sw/bl/br/sw	sw/bl/br/sw/sw
Leitungen für ortsveränderliche Stromverbraucher		
2	–	br/bl
3	gnge/br/bl	sw/bl/br
4	gnge/sw/bl/br	sw/bl/br/sw
5	gnge/sw/bl/br/sw	sw/bl/br/sw/sw
6 und mehr	gnge/weitere Adern sw mit Zahlenaufdruck	Adern sw mit Zahlenaufdruck

Farbkurzzeichen: br = braun, gnge = grüngelb, bl = blau, sw = schwarz

Farbkurzzeichen: nach DIN IEC 757: BN = braun, GNYE = grüngelb, BU = blau, BK = schwarz

Tabelle 2: Buchstaben-Kurzzeichen für isolierte Starkstromleitungen Nach DIN VDE 0250

Kurzzeichen	Bedeutung	Beispiele
A	Ader	NYF**A**W
B	Bleimantel	NY**B**UY
F	feindrähtig	NY**F**AW
FF	feinstdrähtig	NSL**FF**ÖU
G	Gummiisolation	NZ**G**AFÖ
I	Stegleitung	NY**IF**
J	Leitung mit grüngelbem Schutzleiter	NYM-**J**
L	Leitung	NIF**L**ÖU
	Leuchtröhrenleitung	NY**L**
M	Mantelleitung	NY**M**
N	genormte Leitung	**N**...
O	Leitung ohne Schutzleiter	NYM-**O**
PL	Pendellitze	NY**PL**YW
R	Rohrdraht	NY**R**UZY
Y	Kunststoffisolierung	N**Y**M
ÖU	ölbeständig und flammwidrig	NIFL**ÖU**
W	erhöhte Wärmebeständigkeit	NYFA**W**

Weitere Leitungsbezeichnungen für isolierte Leitungen siehe Tabellenbuch Elektrotechnik.

Tabelle 1: Typ-Kurzzeichenschlüssel für harmonisierte Starkstromleitungen

Kennzeichen der Bestimmung
- Harmonisierte Bestimmung – H
- Anerkannter nationaler Typ[1] – A

Nennspannung[2] U_0/U
01: 100/100 V; 03: 300/300 V; 05: 300/500 V; 07: 450/750 V – 03, 05, 07

Isolierwerkstoff
- PVC – V
- Natur- und/oder Styrol-Butadienkautschuk – R
- Silikon-Kautschuk – S

Mantelwerkstoff
- Polychloroprenkautschuk – N
- Glasfasergeflecht – J
- Textilgeflecht – T

Besonderheiten im Aufbau
- flache, aufteilbare Leitung – H
- flache, nicht aufteilbare Leitung – H2

Leiterart
- U eindrähtig
- R mehrdrähtig
- K feindrähtig bei Leitungen für feste Verlegung
- F feindrähtig bei flexiblen Leitungen
- H feinstdrähtig bei flexiblen Leitungen
- Y Lahnlitze (hochflexible Litze)

Aderzahl …

Schutzleiter
- X ohne Schutzleiter
- G mit Schutzleiter (gnge Ader)

Nennquerschnitt des Leiters …

[1] Anerkannte nationale Typen von isolierten Leitungen, die eine Ergänzung der harmonisierten Leitungstypen darstellen, z.B. hinsichtlich Aderzahl und Querschnitt, erhalten anstelle des Anfangsbuchstabens H den Buchstaben A.
Beispiel: A07RN-F 3 G 2,5 (NMHÖU)

[2] U_0 Größte zulässige Spannung zwischen Leiter und Metallmantel oder Erde
U Größte zulässige Spannung zwischen den Außenleitern

Tabelle 2: Leitungsarten und ihre Verwendungsmöglichkeiten (Beispiele)

Isolierte Leitungen für feste Verlegung

Kurzzeichen	Bezeichnung	Bild	Nennspannung U_0/U	Aderzahl	Verwendung
H07V-U H07V-R H07V-K	Kunststoffaderleitung		450/750 V	1	Zur Verlegung in Rohren in trockenen Räumen. Zur inneren Verdrahtung von z.B. Lampen, Motoren, Verteilungen.
NYIF	Stegleitung		230/400 V	2 ... 5	Nur in trockenen Räumen zur Verlegung in Putz oder unter Putz. Nicht auf Holz!
NYM	Mantelleitung		300/500 V	1 ... 7	Zur Verlegung unter Putz, im Putz und auf Putz in trockenen, feuchten, nassen, feuer- und explosionsgefährdeten Räumen. Einschränkung: Nicht im Erdboden.

Isolierte Leitungen für flexible Verlegung

Kurzzeichen	Bezeichnung	Bild	Nennspannung U_0/U	Aderzahl	Verwendung
H03VH-H	Zwillingsleitung		300/300 V	2	Bei sehr geringen mechanischen Beanspruchungen für Haushaltsgeräte und Büromaschinen.
H03VV-F	Leichte Kunststoffschlauchleitung		300/300 V	2 ... 3	Bei geringen mechanischen Beanspruchungen für Haushaltsgeräte und Büromaschinen.
H05VV-F	Mittlere Kunststoffschlauchleitung		300/500 V	2 ... 5	Bei mittleren mechanischen Beanspruchungen für Haushaltsgeräte und Büromaschinen, z.B. Waschmaschinen, Kühlschränke, Wärmegeräte.
H05RR-F	Gummischlauchleitung		300/500 V	2 ... 5	Bei geringer mechanischer Beanspruchung, für Haushaltsgeräte und Büromaschinen, z.B. Staubsauger, Lötkolben, Küchengeräte.

19.3 Kabel für Starkstromanlagen

Neben Freileitungen übertragen und verteilen auch Kabel elektrische Energie (Beispiele **Tabelle**). Kabelnetze sind weniger störanfällig und benötigen fast keine Wartung. Sie sind jedoch teurer als Freileitungsnetze. Bei Kabeln zur Verlegung im Erdreich müssen die Adern gegen mechanische und elektrische Einflüsse und gegen Eindringen von Feuchtigkeit genügend geschützt bzw. isoliert sein.

Man unterscheidet nach der Verlegungsart Innenraum-, Erd- und Unterwasserkabel (Seekabel), nach der Leiterzahl Einleiter- und Mehrleiterkabel. Eine weitere Einteilungsart ist die nach der Übertragungsspannung, nämlich in Niederspannungskabel, Mittel-, Hoch- und Höchstspannungskabel. Man kann Kabel ferner nach der Isolierung einteilen z. B. in Papier-Bleimantelkabel, Aluminiummantel-Kabel, Kunststoffmantel-Kabel, Gummi- und Kunststoffkabel (bleimantellose Kabel) und Ölkabel. Kabelarten und Kennzeichnung der Kabel siehe Tabellenbuch Elektrotechnik.

Tabelle: Kabel (Beispiele)

Aufbau	Typ	Nennspannung[1] U_0/U in kV	Verwendung
	Kunststoffkabel mit Al-Leitern NAYY	0,6/1	Energiekabel für Ortsnetze und für Industrieanlagen
	Kunststoffkabel mit konzentrischem Schutzleiter NYCWY	0,6/1	Energiekabel mit konzentrischem Schutzleiter für Hausanschlüsse und Straßenbeleuchtungen, wo mit nachträglichen Beschädigungen zu rechnen ist.
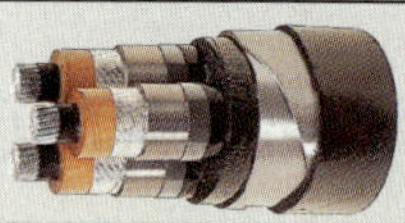	Dreimantelkabel NAEKEBA	11,6/20 17,3/30	Energiekabel als Netzkabel (Mittelspannung); jede Ader mit Bleimantel und Abschirmung.

[1] U_0: Größte zulässige Spannung zwischen Leiter und Metallmantel oder Erde; U: Größte zulässige Spannung zwischen Außenleitern

19.4 Freileitungen

Unter Freileitungen versteht man mehrdrähtige blanke oder umhüllte und wetterfeste Leitungen, die mit Spannweiten über 20 m an Isolatoren verlegt sind. Der Mindestquerschnitt für Niederspannungs-Freileitungen ist 10 mm² Cu. Als Leiterwerkstoff wird Kupfer (eindrähtig oder mehrdrähtig) verwendet. Bei Querschnitten über 25 mm² verwendet man meist Leitungsseile aus Aluminium, Stahlaluminium oder aus Aldrey.

Aluminium-Stahl-Seile enthalten einen verseilten Aluminiummantel mit einer Stahlseele **(Bild)**. Das Querschnittsverhältnis von Aluminium zu Stahl ist genormt, z. B. 25/4 mm².

Aldrey (E-AlMgSi) ist eine Legierung aus 99 % Aluminium, 0,5 % Magnesium und 0,5 % Silicium. Es hat eine höhere Zugfestigkeit als Aluminium und ist beständiger gegen Korrosion.

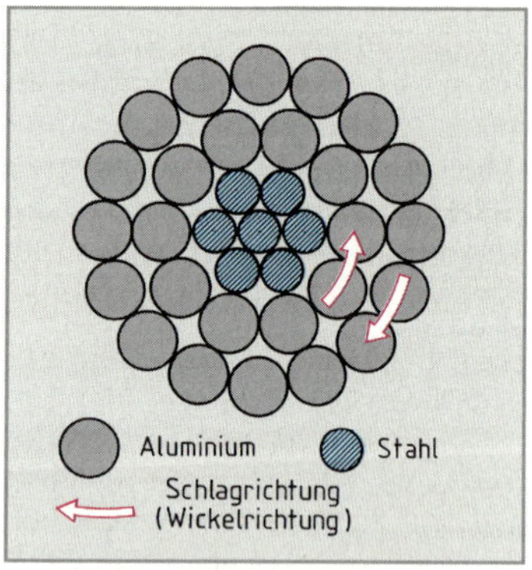

Bild: Aufbau eines Aluminium-Stahl-Seiles

Wiederholungsfragen

1. **Welche Aderfarbe ist für den Schutzleiteranschluss vorgeschrieben?**
2. **Welche Bedeutung haben folgende Buchstaben-Kurzzeichen bei isolierten Starkstromleitungen a) F, b) J, c) O, d) W, e) ÖU?**
3. **Welche harmonisierten Starkstromleitungen liegen vor bei a) H07V-K, b) H05VV-F, c) H03VH-Y, d) H07RN-F, e) H03VVH2-F?**
4. **Was bedeuten bei harmonisierten Starkstromleitungen die Zahlenangaben a) 03, b) 05, c) 07?**
5. **Nennen Sie die Vorteile von Kabelnetzen gegenüber Freileitungen.**
6. **Welche Leiterwerkstoffe werden für Freileitungen verwendet?**
7. **Beschreiben Sie den Aufbau eines Aluminium-Stahl-Seiles.**

20 Licht- und Beleuchtungstechnik

20.1 Licht

Wird die Wendel einer Glühlampe durch elektrischen Strom zum Glühen gebracht, so entsteht Licht.

c Lichtgeschwindigkeit
f Frequenz
λ Wellenlänge

$$\lambda = \frac{c}{f}$$

Licht ist Energie in Form elektromagnetischer Wellen.

Elektromagnetische Strahlen breiten sich im leeren Raum mit Lichtgeschwindigkeit (c = 300000 km/s) aus. Ihre Wellenlänge wird durch die Frequenz der Lichtstrahlen bestimmt.

Licht ist ein Teilbereich der elektromagnetischen Wellen **(Bild 1)**. Das menschliche Auge nimmt Licht der Wellenlängen im Bereich zwischen 380 nm und 780 nm wahr. Jede Wellenlänge dieses Bereichs empfindet das Auge als eine bestimmte Farbe, z. B. eine Strahlung mit der Wellenlänge 700 nm als rotes Licht.

Die Wellenlänge des Lichts bestimmt seine Farbe.

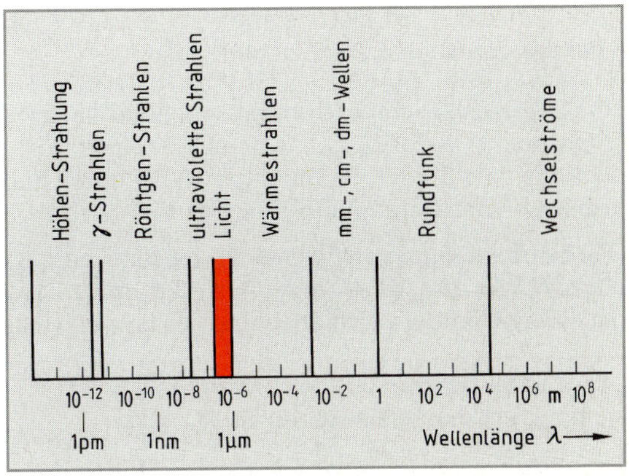

Bild 1: Elektromagnetische Strahlung und ihre Wellenlänge

Farbspektrum. Die im Licht enthaltenen Farben bilden das sichtbare Spektrum **(Bild 2)**. Weißes Licht enthält alle diese Farben. Ein Prisma zerlegt Licht in seine einzelnen Farbstrahlen **(Bild 3)**. Die einzelnen Farben werden wegen ihrer unterschiedlichen Wellenlängen verschieden stark gebrochen.

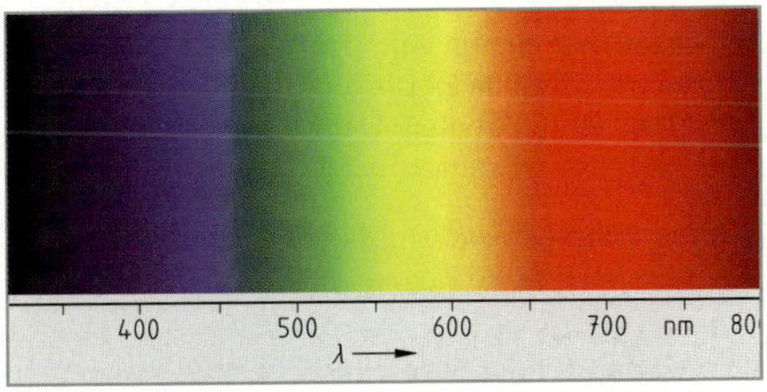

Bild 2: Farbspektrum: Wellenlänge und Lichtfarbe

Werden mehrere Lichtfarben zusammengefügt, so erhält man andere Farben. Weißes Licht und alle Farben können bereits durch Mischen der Lichtfarben Rot, Grün und Blau erzeugt werden. Das Farbspektrum von Leuchtstofflampen wird meist durch Leuchtschichten bestimmt. Diese wandeln die unsichtbare UV-Strahlung im Lampeninneren in sichtbares Licht größerer Wellenlängen um.

Farbwiedergabe. Gegenstände erscheinen in der Farbe, deren Licht reflektiert (zurückgeworfen) wird. Ein roter Körper, z.B. ein Verkehrsschild, strahlt vorwiegend die Rotanteile des auf ihn fallenden Lichtes zurück. Andere Lichtfarben werden absorbiert[1]. Lichtquellen ohne Rotanteil, z. B. Natriumdampflampen, können daher die rote Farbe eines Körpers nicht sichtbar machen.

Die Farbe eines Körpers erkennt man nur, wenn die Lichtquelle Strahlungsanteile dieser Farbe hat.

Bei der Auswahl von Lichtquellen muss daher auf eine ausreichend gute Farbwiedergabe geachtet werden.

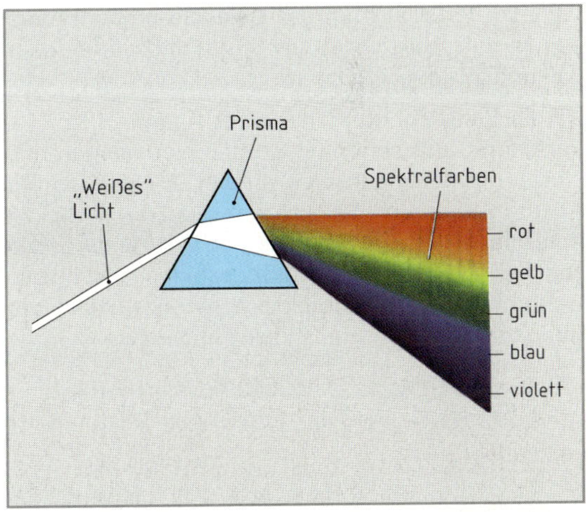

Bild 3: „Weißes" Licht, zerlegt in seine Spektralfarben

[1] absorbieren (lat.) = aufsaugen

20.2 Größen der Lichttechnik

Lichttechnische Größen **(Tabelle 1)** geben über die Eigenschaften von Lampen Auskunft und ermöglichen die Berechnung von Beleuchtungsanlagen.

Lichtstrom und **Lichtausbeute.** Lampen nehmen elektrische Energie auf und geben sie zum Teil als Lichtenergie ab. Die abgegebene Lichtleistung wird als Lichtstrom Φ_v bezeichnet und in Lumen[1] (lm) gemessen.

Der Lichtstrom ist die gesamte, von einer Lichtquelle nach allen Richtungen abgestrahlte Lichtleistung.

Eine Energiesparlampe (Kompaktleuchtstofflampe) mit der Leistungsaufnahme P = 20 W hat z. B. einen Lichtstrom Φ_v von 1200 lm, während eine Standardglühlampe 100 W durch die hohen Wärmeverluste nur einen geringfügig größeren Lichtstrom von 1380 lm abgibt.

Die **Lichtausbeute** η **(Formel 1)** dieser Energiesparlampe beträgt 60 lm/W, die der Glühlampe nur 13,8 lm/W. Die Energiesparlampe hat eine viel höhere Lichtausbeute, sie ist also wirtschaftlicher.

Die Lichtausbeute gibt den erzeugten Lichtstrom im Verhältnis zur aufgewendeten elektrischen Leistung an.

Beleuchtungsstärke. Die Beleuchtungsstärke E_v ist ein Maß für das auf eine Fläche auftreffende Licht **(Bild)**. Ihre Einheit ist das Lux[2] (lx). Sie nimmt mit der Entfernung zur Lichtquelle ab. Bei doppelter Entfernung verteilt sich also der Lichtstrom auf die vierfache Fläche **(Formel 2)**.

Je besser man sehen will, desto höher ist die erforderliche Beleuchtungsstärke **(Tabelle 2)**. Die Messung erfolgt mit einem Beleuchtungsstärkemesser (Luxmeter). Der Messfühler befindet sich hierbei auf der Arbeitsebene, z. B. einer Tischplatte bzw. 0,85 m über dem Fußboden.

Durch Mindestbeleuchtungsstärken werden gute Sehbedingungen für bestimmte Räume und Tätigkeiten erreicht.

Ein Teil des von einer Lampe abgestrahlten Lichtstromes trägt nicht zur Beleuchtung des Raumes oder des Arbeitsplatzes bei, sondern wird z. B. bereits beim Lichtdurchgang von der Leuchte absorbiert (verschluckt). Ebenso absorbieren die Raumwände das Licht. Diese Verluste berücksichtigt der **Beleuchtungswirkungsgrad** η_B, der sich aus dem Produkt von Leuchtenbetriebswirkungsgrad η_{LB} mal Raumwirkungsgrad η_R ergibt.

Da die Beleuchtungsstärke einer Anlage durch Lampenalterung und Verschmutzung abnimmt, werden Neuanlagen mit einer höheren Beleuchtungsstärke geplant, als nach DIN 5035 empfohlen. Bei normaler Alterung wird eine Beleuchtungsstärke von 125 % der Nennbeleuchtungsstärke (Tabelle 2) angestrebt. Der **Planungsfaktor** p beträgt in diesem Fall 1,25. Eine Beleuchtungsanlage ist spätestens dann zu warten, wenn die Beleuchtungsstärke an Arbeitsplätzen auf 80 % der Beleuchtungsstärke des Neuzustandes abgesunken ist.

Eine ausreichende Beleuchtungsstärke trägt zum Wohlbefinden des Menschen bei. Sie steigert das Leistungsvermögen und verhindert Unfälle.

[1] von lumen (lat.) = Licht
[2] von lux (lat.) = Licht

Tabelle 1: Lichttechnische Größen

Größe	Formelzeichen	Einheit
Lichtstrom	Φ_v	Lumen (lm)
Lichtstärke	I_v	Candela (cd)
Leuchtdichte	L_v	cd/m²
Beleuchtungsstärke	E_v	Lux (lx) = lm/m²
Lichtausbeute	η	lm/W

Weitere Informationen siehe Rechenbuch Elektrotechnik und Tabellenbuch.

$$\eta = \frac{\Phi_v}{P} \quad (1) \qquad [\eta] = \frac{\text{lm}}{\text{W}}$$

$$E_v = \frac{\Phi_v}{A} \quad (2) \qquad [E_v] = \text{lx}$$

η Lichtausbeute
Φ_v Lichtstrom der Lichtquelle
P Leistungsaufnahme
E_v Beleuchtungsstärke
A beleuchtete Fläche

Tabelle 2: Richtwerte für Nennbeleuchtungsstärken

Raum/Tätigkeit	E_v in lx
Lagerräume	50
Büroräume	500
Klassenzimmer	500
Zeichenbüros	750
grobe Arbeiten	200
Drehen/Fräsen	300
Wickeln von Spulen	500
Farbprüfen	1000

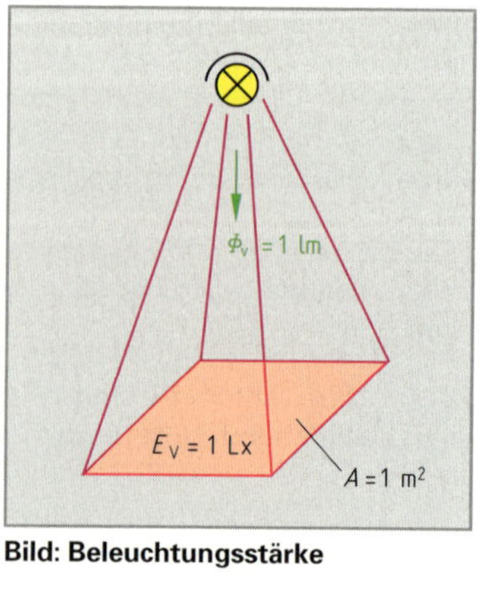

Bild: Beleuchtungsstärke

Lichtstärke. Eine Lichtquelle strahlt mit unterschiedlicher Stärke in die einzelnen Richtungen. Den in einer bestimmten Richtung abgestrahlten Lichtstrom (Lichtstrom je Raumwinkeleinheit) nennt man Lichtstärke I_v. Sie hat die Einheit Candela[1] (cd).

Lichtstärkeverteilung. Werden die Lichtstärken einer Lichtquelle in den verschiedenen Abstrahlwinkeln einer Ebene ermittelt und miteinander verbunden, erhält man ihre Lichtstärkeverteilungskurve **(Tabelle)**. Die Lichtstärkeverteilungskurve (LVK) zeigt meist die Lichtstärkewerte bei einem Lichtstrom von 1000 lm. Da sie symmetrisch ist, wird meist nur ihre rechte Hälfte dargestellt.

Lichtstärkeverteilungskurven zeigen die Abstrahlungseigenschaften von Lampen und Leuchten.

Man unterscheidet 5 Arten der Lichtverteilung: direkt (Tabelle), vorwiegend direkt, gleichförmig, vorwiegend indirekt und indirekt.

Leuchtdichte. Die Leuchtdichte L_v ist ein Maß für den Helligkeitseindruck, den das Auge von einer leuchtenden oder beleuchteten Fläche hat. Sie ist das Verhältnis der Lichtstärke zur Größe der sichtbaren leuchtenden Fläche ($L_v = I_v/A$) und wird in cd/m^2 angegeben.

Eine zu hohe Leuchtdichte verursacht Blendung.

Leuchtstofflampen haben eine kleinere Leuchtdichte als Glühlampen, da ihre abstrahlende Oberfläche größer ist. Die Blendung ist geringer **(Bild 1)**.

Reflexion und Streuung. Reflexion bedeutet Rückstrahlvermögen. Je rauher die Oberfläche und je dunkler die Farbe eines Körpers ist, umso geringer ist die Reflexion. Der Reflexionsgrad wird in % angegeben. Eine helle Wand kann z. B. etwa 80 % des auftreffenden Lichtes reflektieren. Eine rauhe Oberfläche reflektiert das Licht in unterschiedlichen Richtungen **(Bild 2)**. Das Licht wird gestreut.

Lichtbrechung. Treffen Lichtstrahlen schräg auf einen durchsichtigen Körper, z. B. Glas, so wird ein Teil der auftreffenden Lichtstrahlen reflektiert, während der andere Teil durch den Körper geht. Beim Lichtdurchgang werden die Lichtstrahlen an der Eintrittsstelle und an der Austrittsstelle gebrochen **(Bild 3)**. Die Brechung des Lichtes erfolgt immer zum dichteren Medium hin. Z. B. beim Eintritt in eine Glasplatte verläuft ein Lichtstrahl näher am Lot. Reflexion, Streuung und Lichtbrechung werden in Lampen und Leuchten genutzt, um die Lichtstrahlen in die gewünschte Richtung zu lenken.

[1] Candela (lat.) = Kerze

Tabelle: Lichtstärkeverteilungskurven von 2 Leuchtenformen

Grundform der Leuchte und Lichtverteilung	Lichtabstrahlung in % nach unten	Lichtabstrahlung in % nach oben	Lichtstärkeverteilungskurve für 1000 lm
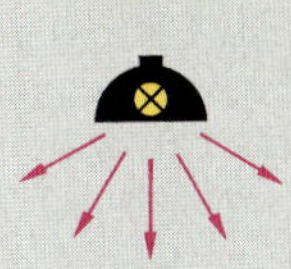 direkte	100 bis 90	0 bis 10	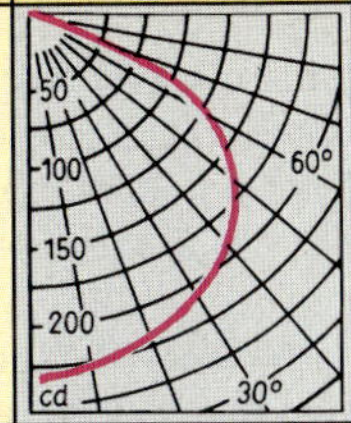
 gleichförmige	60 bis 40	40 bis 60	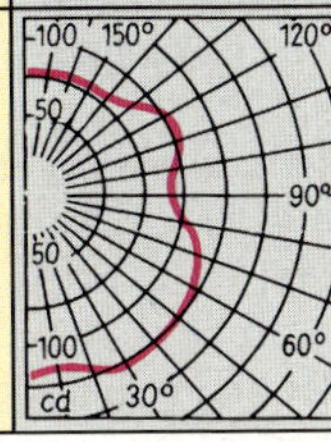

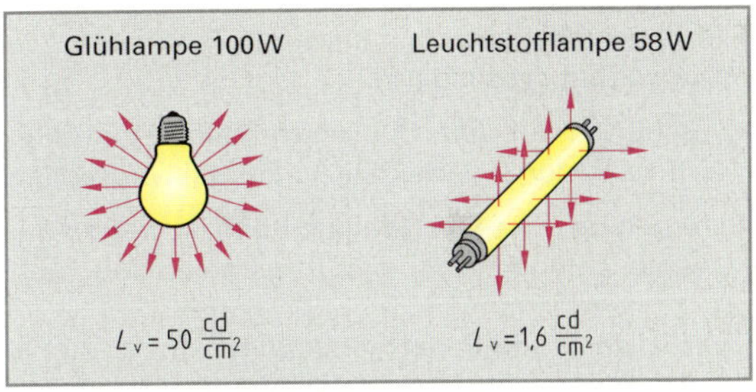

Bild 1: Geringe Blendung durch große Abstrahlungsfläche

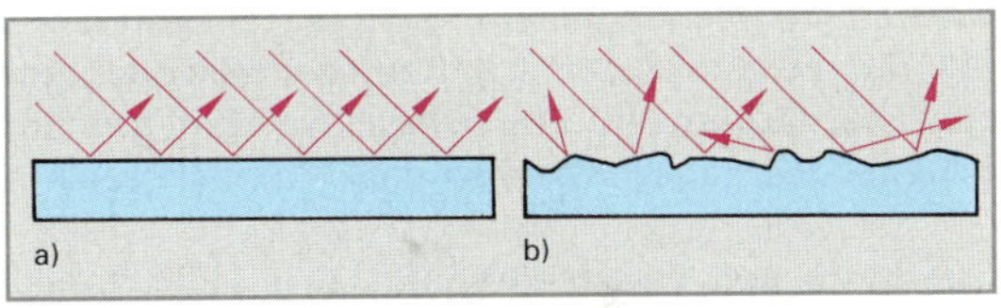

Bild 2: Reflexion a) an glatter und b) an rauher Oberfläche

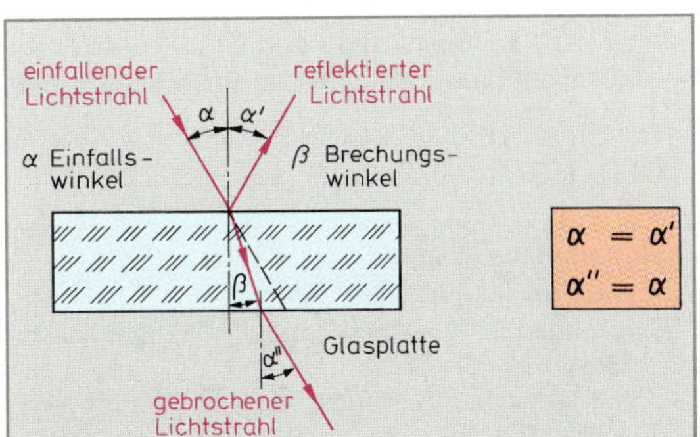

Bild 3: Reflexion und Lichtbrechung

20.3 Anforderungen an eine gute Beleuchtung

Beleuchtungsniveau. Unter Beleuchtungsniveau[1] versteht man die für einen Arbeitsplatz geforderte Nennbeleuchtungsstärke. Vom Beleuchtungsniveau ist die Sehleistung abhängig, aber auch die Stimmung der Menschen und damit deren Leistungsbereitschaft sowie ihre Fähigkeit, sich zu entspannen. Das Beleuchtungsniveau wird von den Reflexionseigenschaften von Decke, Fußboden und Wänden und von den Einrichtungsgegenständen beeinflusst, ferner vom Kontrast. Kontrast ist der **Leuchtdichteunterschied** zwischen dem zu erkennenden Objekt und seiner unmittelbaren Umgebung.

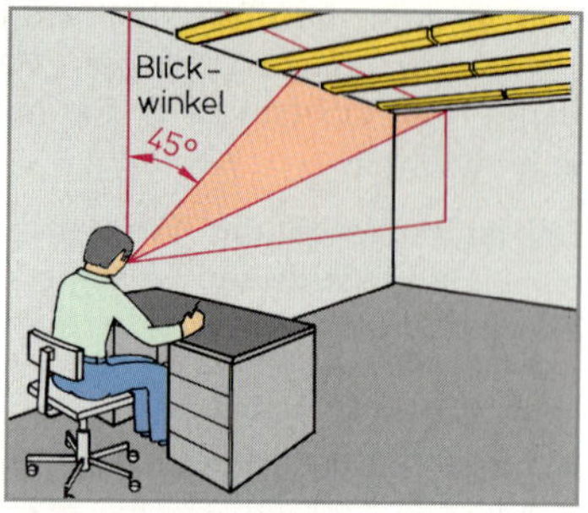

Bild 1: Direktblendung

Farbklima. Maßgebend für den Eindruck eines beleuchteten Raumes sind u. a. die Farben (Farbtöne, Farbwiedergabe) sowie die Verteilung der Helligkeiten und der Farben. So kommt ein Farbklima zustande.

Blendung ist zu vermeiden. Sie wird oft durch falsche Anordnung von Leuchten mit hoher Leuchtdichte, z. B. von Glühlampen mit Klarglas ohne Abdeckung, verursacht. Direktblendung setzt die Sehleistung herab und ruft Ermüdung hervor. Blendung entsteht meist dann, wenn sich Lampen oder Leuchten im Blickfeld befinden. Sie ist besonders groß im Blickwinkel unterhalb von 45° **(Bild 1).**

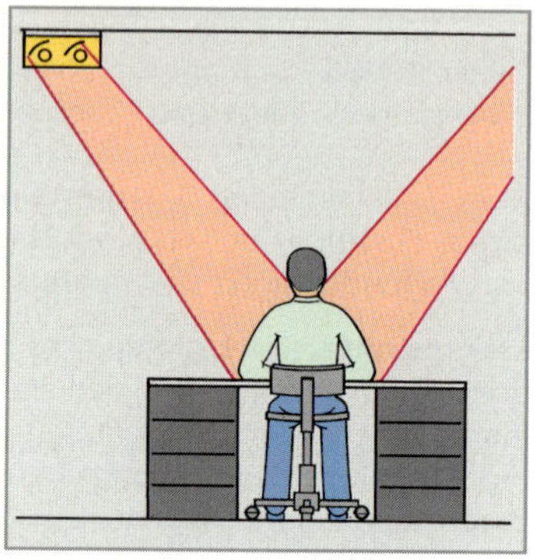
Bild 2: Richtig angeordnete Leuchte (seitlich und parallel zur Blickrichtung)

Bildschirmarbeitsplätze unterscheiden sich lichttechnisch von üblichen Büroarbeitsplätzen:

- Es dürfen auf dem Bildschirm keine Lichtreflexe entstehen. Dies wird z. B. durch seitlichen Lichteinfall vermieden.
- Neben der Einzelplatzbeleuchtung ist wegen der ungleichmäßigen Ausleuchtung immer eine Allgemeinbeleuchtung vorzusehen.

Lichtrichtung und Schattenbildung. Die Lichtrichtung ergibt sich aus der Art der Leuchten und ihrer Anordnung im Raum. Sie beeinflusst die Schattenbildung und die Blendung. Eine Beleuchtung wird dann als natürlich empfunden, wenn das Licht seitlich von oben kommt **(Bild 2).** Eine Schattenbildung ist zum Erkennen des Objekts notwendig. Bei gleichmäßiger, schattenloser Ausleuchtung kann man Werkstoffoberflächen und Werkzeuge weniger gut unterscheiden. Harte Schatten (Schlagschatten) sind im Arbeitsbereich aber zu vermeiden.

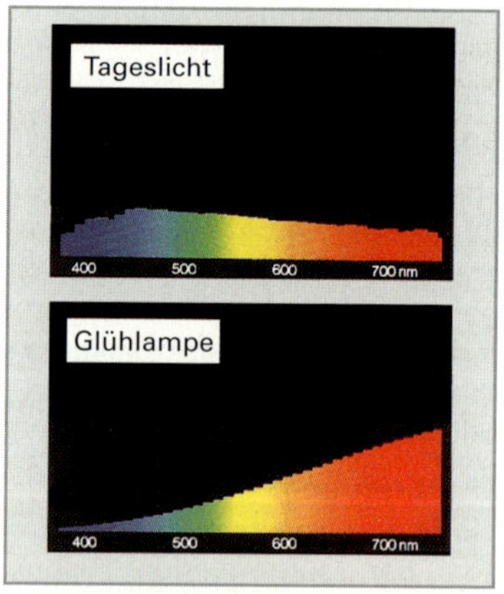

Bild 3: Spektrale Farbverteilung bei Tageslicht und Glühlampenlicht

Lichtfarbe und Farbwiedergabe. Das Licht künstlicher Lichtquellen enthält wie das Sonnenlicht Strahlen verschiedener Wellenlängen. Das Spektrum der Lampen ist verschieden. Im Vergleich zum Tageslicht **(Bild 3)** enthält das Spektrum einer Glühlampe einen viel geringeren Anteil an Violett, Blau und Grün. Diese Farbtöne können daher bei Tageslicht besser erkannt werden als bei Glühlampenlicht.

[1] Niveau (sprich: niewo), franz. = Stufe, Rang

Wiederholungsfragen

1. **Was versteht man unter Licht?**
2. **Worauf ist bei einer Beleuchtung mit guter Farbwiedergabe zu achten?**
3. **Was versteht man unter dem Lichtstrom einer Lichtquelle?**
4. **Erklären Sie den Begriff Beleuchtungsstärke.**
5. **Wozu benötigt man die Lichtstärkeverteilungskurve einer Leuchte?**
6. **Warum ist eine zu hohe Leuchtdichte zu vermeiden?**
7. **Wie hängen Reflexionsgrad und Streuung voneinander ab?**
8. **Wodurch wird Blendung am Arbeitsplatz vermieden?**

20.4 Glühlampen

Glühlampen sind **Temperaturstrahler.** Ein elektrischer Strom erhitzt eine Heizwendel so stark, dass sie glüht. Dadurch strahlt sie Licht aus. Hierbei ist die Lichtausbeute umso größer und das Licht um so weißer, je höher die Temperatur ist. Leuchtdrähte aus Wolfram ermöglichen hohe Betriebstemperaturen (Schmelzpunkt etwa 3400 °C). Eine Gasfüllung im Glaskolben von Allgebrauchslampen, z. B. mit Argon oder Krypton, verzögert das Verdampfen der Wolframglühwendel. Um eine hohe Leuchtdichte zu erhalten, sind die Glühfäden meist doppelt gewendelt **(Bild 1).**

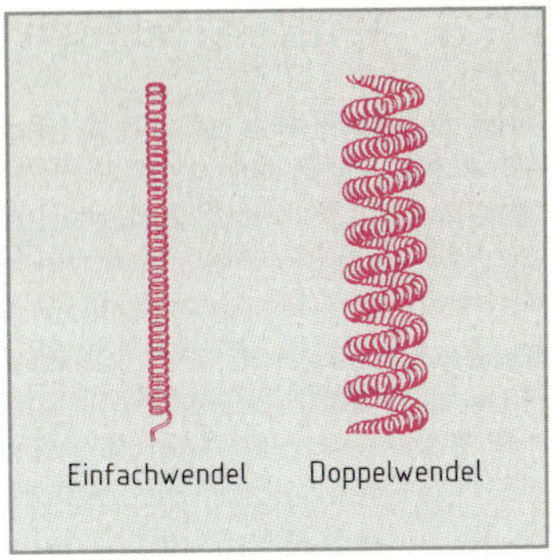

Bild 1: Glühlampenwendel

Beläge aus verdampftem Wolfram auf der Innenseite des Lampenkolbens verringern den Lichtstrom von Glühlampen.

Glühlampen haben eine sehr gute Farbwiedergabe und werden in vielfältigen Arten hergestellt, z. B. als Allgebrauchslampen zur Allgemeinbeleuchtung, als Röhrenlampen für Dekorationszwecke und Haushaltsgeräte oder als Reflektorlampen mit gebündelter Lichtausstrahlung sowie als Fahrzeuglampen.

Eigenschaften: Standard-Glühlampen werden mit Leistungen von 15 W bis 1000 W für den Betrieb an Netzspannung 230 V hergestellt. Sie sind problemlos dimmbar (Dimmer Seite 201) und erreichen sofort nach dem Einschalten ihre volle Helligkeit. Standard-Glühlampen sind durch ihre hohen Wärmeverluste von über 90 % im Betrieb jedoch unwirtschaftlich. Ihre Lichtausbeute ist gering. Eine 25-W-Glühlampe hat z. B. eine Lichtausbeute von 9,2 lm/W, eine 100-W-Glühlampe von 13,8 lm/W. Die Lebensdauer von Glühlampen beträgt etwa 1000 Betriebsstunden und wird durch Überspannung stark verkürzt (5 % Überspannung verringert die Lebensdauer um etwa 40 %).

Bild 2: Niedervolt-Halogenlampe mit Reflektor

Halogenlampen. Dem Füllgas von Halogen-Glühlampen sind geringe Mengen eines Halogens, z. B. Jod oder Brom, zugesetzt. Diese Halogene verbinden sich mit dem von der Wendel verdampften Wolfram zu gasförmigem Wolframjodid. Gelangt dieses Jodid in die Nähe der Glühwendel, so wird es durch die hohe Temperatur (über 1450 °C) wieder in Wolfram und Jod zerlegt. Das Wolfram schlägt sich dadurch wieder auf der Wendel nieder.

Niedervolt-Halogenlampen haben Betriebsspannungen von 6, 12 oder 24 V. Sie werden ohne und mit Reflektor **(Bild 2)** hergestellt. Die erforderliche Spannung wird von speziellen Vorschaltgeräten geliefert. Diese so genannten „elektronischen Transformatoren" haben Ferritkerne und einen vorgeschalteten Wechselrichter, der die Netzfrequenz auf etwa 35 kHz erhöht. Dadurch sind die Transformatorverluste um etwa 50 % geringer als bei herkömmlichen Transformatoren, und die Baugröße verringert sich. Dimmerbetrieb ist möglich.

Halogenlampen für Netzspannung (230 V) benötigen keine Vorschaltgeräte. Sie werden z. B. mit Edisongewinde E 27 (bis 250 W) oder bei höheren Leistungen zweiseitig gesockelt hergestellt **(Bild 3).**

Bild 3: Halogenlampen für Netzspannung

Eigenschaften: Halogenlampen haben gegenüber Standard-Glühlampen eine höhere Lebensdauer (etwa 2000 Stunden), eine bessere Lichtausbeute (bis 25 lm/W) und eine etwas weißere Lichtfarbe. Da im Betrieb keine Kolbenschwärzung eintritt, verringert sich der Lichtstrom nicht. Die Abmessungen von Halogenlampen sind bei gleicher Leistung geringer.

20.5 Gasentladungslampen

Bei Gasentladungslampen entsteht Licht durch Entladungsvorgänge in Gasen oder Metalldämpfen und durch Strahlungsumwandlung in Leuchtstoffen.

Gasentladung tritt bei Stromdurchgang durch Gase auf. Als Füllgase in Entladungslampen werden Edelgase oder Metalldämpfe verwendet. Bei der Gasentladung wird Strahlung abgegeben. Das Strahlungsspektrum und damit die Lichtfarbe sind von der Art des Füllgases abhängig. Neon z. B. gibt vorwiegend rotes Licht, Natriumdampf fast nur gelbes Licht, Quecksilberdampf bläuliches Licht ab.

Stoßionisation. Legt man an die Elektroden eines gasgefüllten Rohres eine Spannung an, so bewegen sich die im Füllgas befindlichen freien Elektronen zur positiven Elektrode **(Bild 1)**. Dabei stoßen sie mit Gasatomen zusammen. Bei genügend hoher Spannung haben einzelne Elektronen eine so große Bewegungsenergie, dass sie beim Zusammenprall mit einem Gasatom ein oder mehrere Elektronen aus dem Atom herausschlagen. Das Atom selbst wird zum positiv geladenen Ion. Durch diese Stoßionisation entstehen also Ionen und freie Elektronen. Das Gas wird elektrisch leitend.

Strombegrenzung. Die herausgeschlagenen freien Elektronen werden ebenfalls beschleunigt und ionisieren weitere Gasatome (Lawineneffekt). Der Widerstand des Gases verringert sich dadurch. Der ansteigende Strom würde eine Lampe zerstören.

Gasentladungslampen benötigen zur Zündspannungserzeugung und zur Strombegrenzung ein Vorschaltgerät.

Eine Drosselspule **(Bild 2)** begrenzt bei Leuchtstofflampen den Strom nach der Zündung.

Licht und Lichtfarbe. Prallt ein freies Elektron auf ein Gasatom, wird ab einer bestimmten Aufprallenergie kurzzeitig ein Elektron des Gasatoms aus seiner Umlaufbahn geworfen **(Bild 3)**. Beim Zurückfallen des Elektrons wird die beim Stoß aufgenommene Energie als Strahlungsenergie wieder abgegeben. Außer sichtbarem Licht entsteht bei vielen Gasen und bei Quecksilber vor allem ultraviolette Strahlung, die vom Auge nicht wahrgenommen wird. Leuchtstoffe auf der Kolbeninnenwand (Bild 3) erhöhen die Wellenlänge der UV-Strahlung: es entsteht sichtbares Licht. Bei Leuchtstofflampen werden meist drei Leuchtschichten (Silikate, Wolframate, Phosphate) verwendet. Sie bestimmen die Lichtfarbe der Lampe **(Bild 4)**.

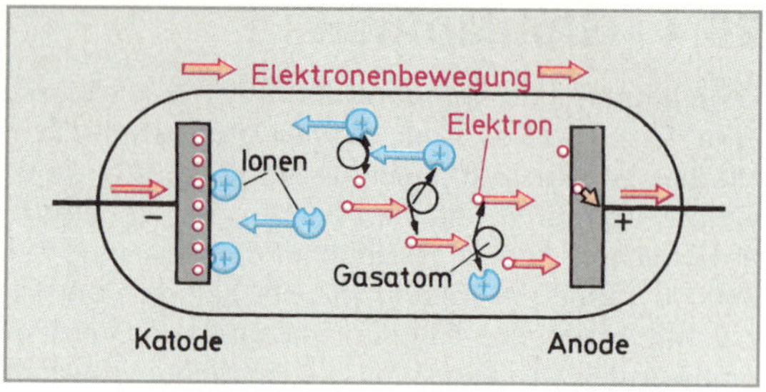

Bild 1: Stoßionisation

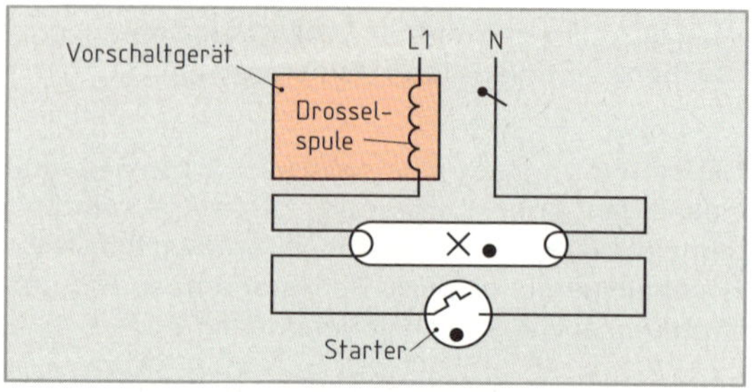

Bild 2: Grundschaltung einer Leuchtstofflampe mit konventionellem Vorschaltgerät

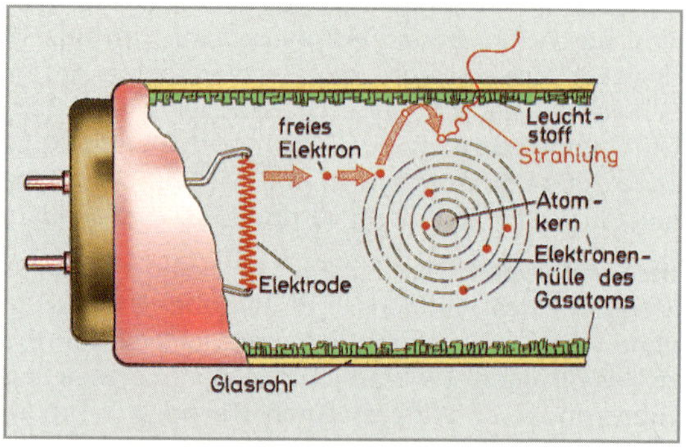

Bild 3: Strahlungserzeugung bei der Gasentladung in einer Leuchtstofflampe

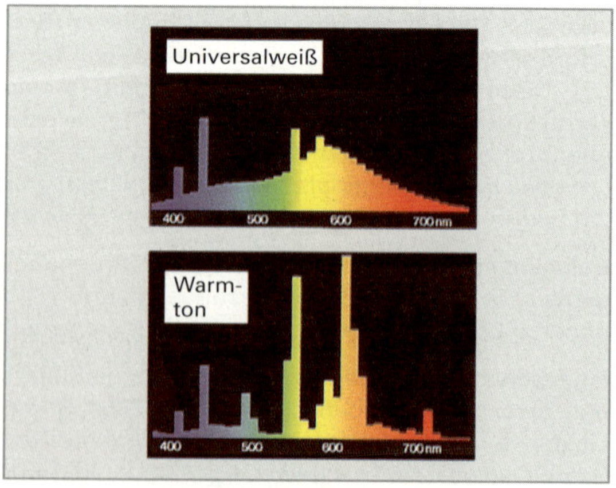

Bild 4: Spektrale Farbverteilung bei Leuchtstofflampenlicht (Beispiele)

20.5.1 Leuchtstofflampen

Aufbau. In einem Glasrohr mit eingeschlämmten Leuchtschichten befindet sich außer Quecksilberdampf eine geringe Menge Edelgas, z. B. Argon oder Krypton. Als Elektroden dienen Wolframwendel an den Rohrenden. Eine Beschichtung mit Metalloxiden, z. B. Bariumoxid, erleichtert den Elektronenaustritt aus den Wendeln.

Leuchtstofflampen werden meist in Stabform hergestellt. Die Stablänge ist von der Lampenleistung abhängig **(Tabelle)**. Sie werden mit Vorschaltgeräten betrieben. Der abgegebene Lichtstrom nimmt vor allem unterhalb der Raumtemperatur stark ab. Bei 20 °C beträgt die Lichtausbeute das 3- bis 8fache von Glühlampen. Leuchtstofflampen werden vor allem zur Allgemeinbeleuchtung verwendet. Lampen in U- oder Ringform ermöglichen kleinere Leuchtenabmessungen.

Leuchtstofflampen haben eine lange Lebensdauer (etwa 7500 Stunden) und eine hohe Lichtausbeute von 30 … 85 lm/W.

Kompaktleuchtstofflampen (Bild 1) sind Leuchtstofflampen mit kleinstmöglicher Baugröße. Das erforderliche Vorschaltgerät kann extern, also getrennt von der Lampe angeordnet oder in der Lampe eingebaut sein. Kompaktleuchtstofflampen mit Gewinde E 27 können ohne Installationsänderung an Stelle von Glühlampen z. B. zur Wohnraumbeleuchtung verwendet werden. Wegen des geringen Energieverbrauchs gegenüber Glühlampen **(Bild 2)** bezeichnet man Kompaktleuchtstofflampen auch als Energiesparlampen.

Vorschaltgeräte

Leuchtstofflampen benötigen Vorschaltgeräte zur Zündung und zur Strombegrenzung im Betrieb.

Konventionelle Vorschaltgeräte (KVG) bestehen aus einer Drosselspule (Bild 2, Seite 440). Zum Zünden wird ein Starter, meist mit Bimetallelektroden, benötigt **(Bild 3)**.

Prinzip: Wird die Leuchtstofflampe eingeschaltet, fließt ein kleiner Strom über Drossel, Lampenelektroden und Starter. Durch Glimmentladung erwärmen sich die Bimetallstreifen des Starters, biegen sich durch und schließen den Stromkreis. Der jetzt fließende höhere Strom erhitzt die Lampenelektroden; Elektronen treten aus. An den geschlossenen Kontakten des Starters tritt keine Glimmentladung auf, dadurch kühlen die Bimetalle ab und der Starter öffnet.

Tabelle: Standard-Leuchtstofflampen (Rohrdurchmesser d = 26 mm)

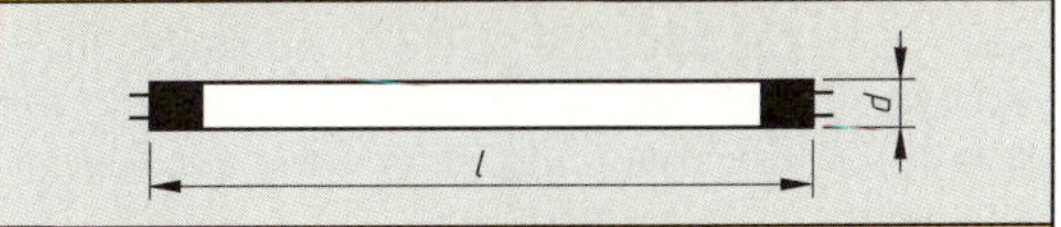

Leistung in W	Länge l in mm	Lichtstrom in lm
18	590	1000 ... 1200
36	1200	2500 ... 3100
58	1500	4000 ... 5000

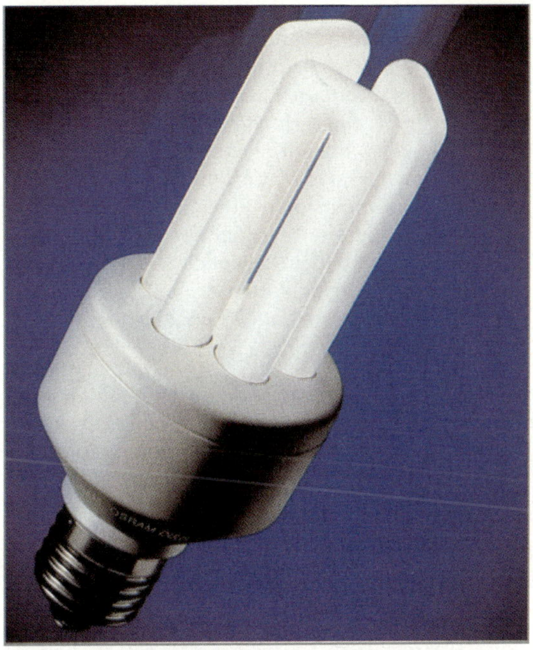

Bild 1: Kompaktleuchtstofflampe mit integriertem Vorschaltgerät

Bild 2: Energieverbrauch

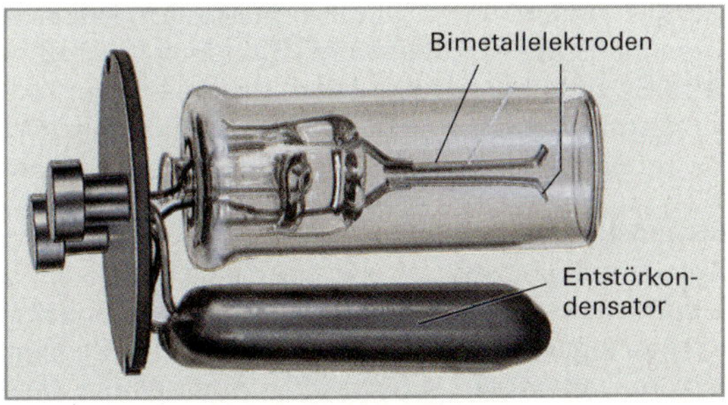

Bild 3: Starter einer Leuchtstofflampe (ohne Gehäuse)

Die Unterbrechung des Stromflusses hat durch die Selbstinduktion der Drossel einen Spannungsstoß von etwa 1000 V zur Folge, der die Lampe zündet. Nach dem Zünden begrenzt der induktive Blindwiderstand der Drossel die Lampenspannung auf etwa 80 V. Diese Spannung ist für eine neue Glimmentladung im Starter zu gering.

Konventionelle Vorschaltgeräte haben Wärmeverluste und verursachen eine Phasenverschiebung ($\cos \varphi \approx 0{,}4$).

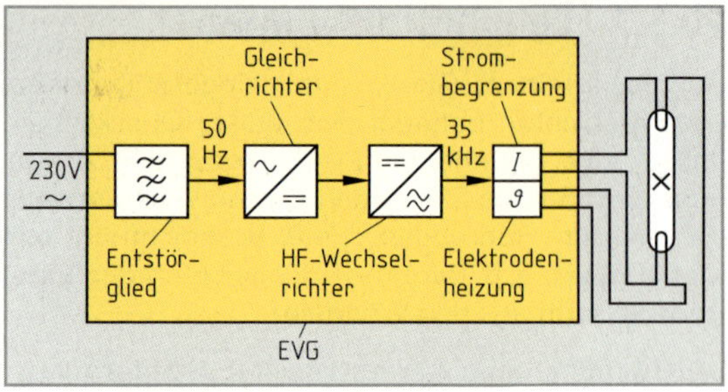

Bild 1: Leuchtstofflampe mit elektronischem Vorschaltgerät

Elektronische Vorschaltgeräte (EVG) versorgen die Lampe mit hochfrequenter Spannung. Zum Zünden ist kein Starter erforderlich. Im EVG **(Bild 1)** wird die Netzspannung zunächst gleichgerichtet und dann durch einen Hochfrequenzwechselrichter (Gegentakt-Leistungsstufe) in eine Rechteckspannung mit etwa 35 kHz umgeformt. Ein Kaltleiter im Heizkreis sorgt nach dem Einschalten dafür, dass die Lampenelektroden vorgeheizt werden. Nach dem Zünden wird der Lampenstrom auf seinen Nennwert begrenzt. Das Entstörglied hält unzulässige Störspannungen und Funkstörungen vom Netz fern.

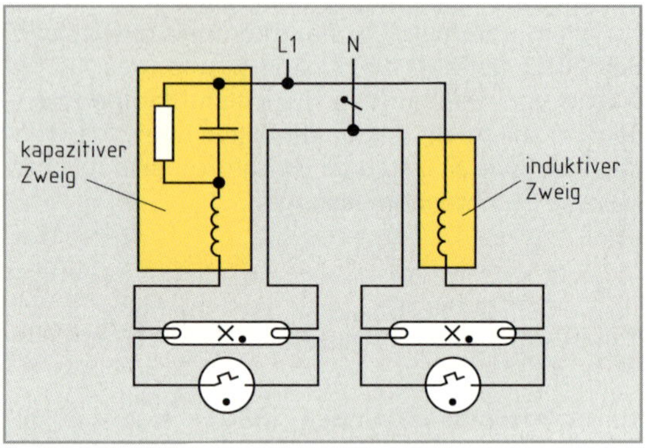

Bild 2: Leuchtstofflampen in Duoschaltung

EVG haben wesentlich geringere Verluste als konventionelle Vorschaltgeräte. Durch den Betrieb mit Hochfrequenz haben Leuchtstofflampen eine höhere Lichtausbeute und flackerfreies Licht. EVG werden für den direkten Anschluss von ein oder zwei Leuchtstofflampen hergestellt.

Elektronische Vorschaltgeräte ermöglichen den Betrieb von Leuchtstofflampen praktisch ohne stroboskopischen Effekt. Die Kompensation von Blindleistung entfällt ($\cos \varphi$ etwa 0,95).

Schaltungen von Leuchtstofflampen mit konventionellen Vorschaltgeräten (KVG)

Durch geeignete Schaltungen wird die Blindleistung der Drosselspule kompensiert und der stroboskopische Effekt vermieden.

Die **Parallelkompensation** ist die einfachste Kompensationsart. Sie ist aber nur zulässig, wenn sie die Tonfrequenz-Rundsteueranlagen des EVU nicht beeinflusst. Daher wird bei mehreren Leuchtstofflampen meist die **Reihenkompensation** in Verbindung mit der Duo-Schaltung angewendet.

Die **Duoschaltung (Bild 2)** besteht aus einer Parallelschaltung zweier Leuchtstofflampen, wobei eine Lampe direkt über die Drossel (induktiver Zweig) und die andere Lampe über eine Reihenschaltung von Drossel und Kompensationskondensator (kapazitiver Zweig) angeschlossen ist. Der kapazitive Blindwiderstand des Kondensators ist doppelt so groß wie der induktive Blindwiderstand der Drossel. Dadurch wird ein zu hoher Lampenstrom im kapazitiven Zweig vermieden und eine Kompensation beider Lampen auf etwa $\cos \varphi = 1$ erreicht. Durch die unterschiedliche Phasenverschiebung im kapazitiven und induktiven Zweig sind auch die Hell-Dunkelphasen der Lampen gegeneinander verschoben.

Stroboskopischer Effekt. Da Gasentladungslampen im Rhythmus der Frequenz leuchten, entsteht bei der Anleuchtung bewegter Teile, z. B. eines Rades, der Eindruck des Stillstandes, bzw. einer langsameren oder entgegengesetzten Bewegung. Diese als **stroboskopischer Effekt** bezeichnete optische Täuschung ist z. B. in Maschinenhallen eine Unfallgefahr. Man kann sie durch die Duo-Schaltung oder durch Aufteilung der anzuschließenden Leuchtstofflampen auf die Außenleiter des Drehstromnetzes **(Dreiphasenschaltung)** vermindern.

20.5.2 Quecksilberdampf-Hochdrucklampen und Natriumdampflampen

Quecksilberdampf-Hochdrucklampen (Bild 1) haben einen Kolben mit ellipsenförmigem Querschnitt. Im Kolben befindet sich ein Entladungsrohr aus Quarz mit zwei Hauptelektroden, das Quecksilberdampf enthält. Die Zündung erfolgt durch 2 Zündelektroden direkt an 230 V Netzspannung. Die Lampe benötigt als Vorschaltgerät eine Drossel **(Bild 2)**, um den Strom zu begrenzen. Dadurch wird der Leistungsfaktor auf etwa 0,5 herabgesetzt.

Die Lichtausbeute der Quecksilberdampflampe beträgt etwa 30 bis 60 lm/W und ist damit etwa dreimal so groß wie die von Glühlampen gleicher Leistungsaufnahme. Ihre mittlere Lebensdauer beträgt 6000 Stunden. Das Licht der Lampen ohne Leuchtstoff ist bläulich-weiß. Ein Leuchtstoff auf der Innenseite des Glaskolbens verbessert die Lichtfarbe. Hg-Lampen benötigen eine Anlaufzeit von 3 bis 5 Minuten und zünden erst wieder nach Abkühlung. Sie eignen sich z. B. zum Beleuchten von hohen Fabrikhallen, Werften, Straßen, Sportplätzen und zum Anstrahlen von Bauwerken.

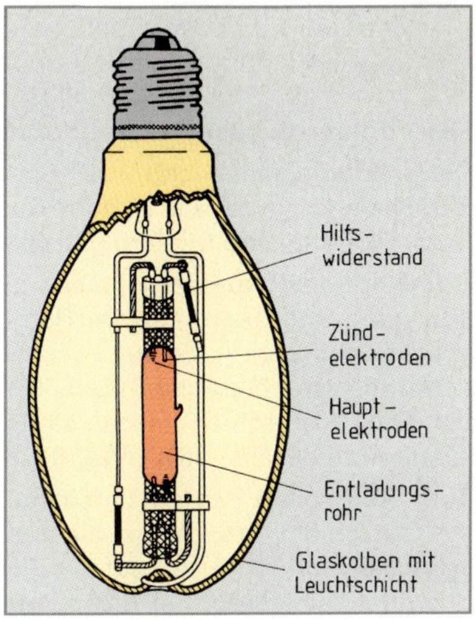

Bild 1: Quecksilberdampf-Hochdrucklampe

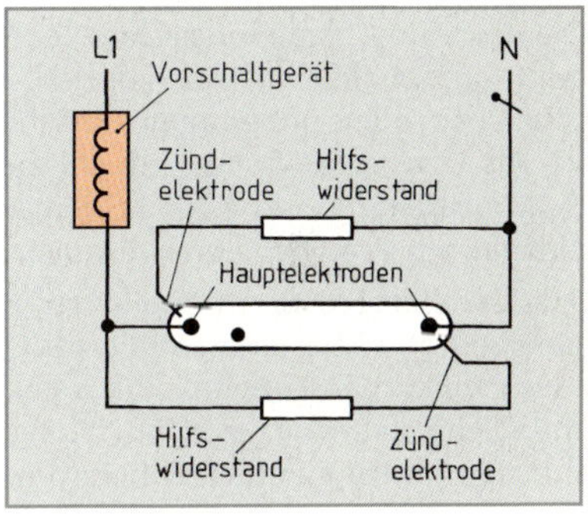

Bild 2: Schaltung der Quecksilberdampflampe

Halogen-Metalldampflampen. Halogenlampen haben denselben Aufbau wie Hg-Hochdrucklampen. Durch Zusätze von Metalljodiden und -bromiden können Lichtausbeute und Farbwiedergabe gegenüber Quecksilber-Hochdrucklampen wesentlich verbessert werden. Diese Lampen erreichen eine Lichtausbeute bis etwa 92 lm/W. Sie haben eine weiße Lichtfarbe. Man betreibt sie über Drosselspulen mit Wechselspannung. Ihre Anlaufzeit beträgt etwa 3 bis 8 Minuten, die Abkühlzeit etwa 5 Minuten. Bei einigen Lampenarten ist die zulässige Brennstellung zu beachten.

Halogen-Metalldampflampen werden wegen ihrer tageslichtähnlichen Lichtfarbe eingesetzt in Messehallen, Industrie- und Verkehrsanlagen sowie für Flutlichtanlagen in Sportstadien.

Mischlichtlampen. In Mischlichtlampen sind ein Quecksilberdampf-Hochdruckbrenner und eine Wendel aus Wolfram in Reihe geschaltet. Die Wendel dient als Lichtquelle und zugleich als Vorschaltwiderstand für den Quecksilberbrenner. Diese Lampen benötigen daher keine Vorschaltgeräte. Die mittlere Lebensdauer der Mischlichtlampe beträgt etwa 6000 Stunden, die Lichtausbeute 18 bis 33 lm/W. Auch Mischlichtlampen werden mit Leuchtstoff versehen. Man verwendet sie für Fabrikhallen, Straßen, Sportplätze und zum Anstrahlen von Bauwerken.

Natriumdampflampen gibt es in Niederdruck- und in Hochdruckausführung. Die **Natriumdampf-Niederdrucklampe** besteht aus einem u-förmig gebogenen Entladungsgefäß, das neben Neon Natriumdampf enthält. Um die Wärmeverluste möglichst klein zu halten, setzt man das Entladungsrohr in ein doppelwandiges, luftleeres Wärmeschutzgefäß. Na-Niederdrucklampen werden für Leistungen von 18 W bis 180 W hergestellt. Sie haben eine sehr hohe Lichtausbeute (bis 183 lm/W). Sie sollen erst nach einer Abkühlzeit von 5 bis 10 Minuten erneut gezündet werden. Zur Zündung benötigen sie eine höhere Spannung als die Netzspannung. Diese liefert ein Streufeldtransformator. Die Lebensdauer der Lampen ist sehr hoch (etwa 7500 Stunden). Ihre Farbe ist intensiv gelb. Sie erzeugen nur gelbes, monochromatisches (einfarbiges) Licht (λ = 589 nm) und haben deshalb eine schlechte Farbwiedergabe. Na-Niederdrucklampen eignen sich besonders zur Beleuchtung von Außenanlagen wie Fußgängerüberwege, Hafenanlagen und Schleusen, weil das gelbe Licht besonders gut Umrisse erkennen läßt.

Natriumdampf-Hochdrucklampen werden für Leistungen von 50 W bis 1000 W gebaut. Sie benötigen wie die Na-Niederdrucklampen ein Zündgerät, zünden jedoch schon nach einigen Sekunden wieder. Sofort-Heiß-Wiederzündgeräte ermöglichen ein sofortiges Wiederzünden. Die Hochdrucklampe hat ein breites Lichtspektrum und bringt bei einer etwas geringeren Lichtausbeute (bis 130 lm/W) alle Körperfarben, die Farbe Gelb wird jedoch überbetont.

20.5.3 Leuchtröhrenanlagen

Leuchtröhren sind gasgefüllte Glasröhren, an deren Enden unbeheizte Elektroden angebracht sind. Sie benötigen für Zündung und Betrieb Hochspannung (1000 V bis 10000 V).

Leuchtröhren werden meist zur Lichtwerbung eingesetzt.

Die Lichtfarbe der Leuchtröhren hängt von der Gasfüllung und den Leuchtstoffen ab. Als Füllgase werden z. B. **Neon** (für rotes Licht) oder **Quecksilberdampf** (für blaues Licht) zusammen mit **Argon** verwendet. Durch Kombination mit farbigen Gläsern kann man jede beliebige Lichtfarbe erzielen.

Streufeldtransformatoren liefern die hohe Zündspannung und begrenzen im Betrieb den Strom, wie die Drosselspule bei der Leuchtstofflampe. Der Leistungsfaktor beträgt 0,5 bis 0,65. Bei der Installation von Leuchtröhrenanlagen sind besondere Vorschriften zu beachten (DIN VDE 0128).

Zum Abschalten des Niederspannungsstromkreises bei einem Erdschluss dient ein **Erdschlussschutzschalter (Bild),** der auf der Eingangsseite angeordnet sein muss. Bei Erdschluss soll er innerhalb von 0,2 s abschalten (DIN VDE 0128). An jeden Leuchtröhrentransformator darf nur ein Leuchtröhrenstromkreis angeschlossen werden.

Die gesamte Anlage muss durch einen Hauptschalter freigeschaltet werden können, der gegen irrtümliches oder unbefugtes Einschalten gesichert ist. Als Überstrom-Schutzeinrichtungen dürfen nur Schmelzsicherungen oder LS-Schalter mit einem Nennstrom von höchstens 16 A verwendet werden.

Alle der Berührung zugänglichen leitfähigen Teile einer Leuchtröhrenanlage, die im Fehlerfall Spannung annehmen können, sind an einen gemeinsamen Schutzleiter anzuschließen. Dazu gehören z. B. metallische Traggerüste, Schutzrohre und Gehäuse aus Metall. Ferner ist darauf zu achten, dass mechanisch besonders gefährdete Stellen der Leitung durch Schutzrohre oder Abdeckungen geschützt werden und dass die Anschlüsse gegen Eindringen von Wasser gesichert sind. Leuchtröhrenleitungen dürfen nur durch Schutztüllen oder durch Verschraubungen in Gehäuse eingeführt werden.

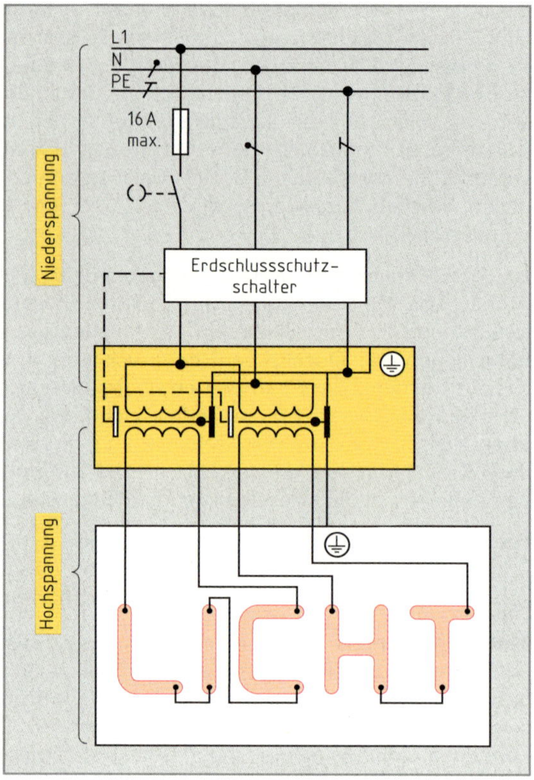

Bild: Schaltung einer Leuchtröhrenanlage

Hochspannungsseitig dürfen nur Leuchtröhrenleitungen nach DIN VDE 0250, z. B. NYL, NYLC oder NYLRZY, verwendet werden. Der Mindestquerschnitt beträgt 1,5 mm². Diese Leitungen sind für die Nennspannungen 5 kV und 10 kV gebaut.

In Leuchtröhrenanlagen darf die Nennspannung 10 kV, die Spannung gegen Erde 5 kV nicht überschreiten.

Wiederholungsfragen

1 **Wie unterscheiden sich Glühlampen von Energiesparlampen in Stromverbrauch und Leuchtdichte?**

2 **Wie groß ist die durchschnittliche Lebensdauer a) einer Glühlampe, b) einer Leuchtstofflampe?**

3 **Welche Vorteile haben bei Leuchtstofflampen elektronische Vorschaltgeräte gegenüber konventionellen Vorschaltgeräten?**

4 **Welche Vorteile haben Mischlichtlampen gegenüber Quecksilberdampflampen?**

5 **Für welche Beleuchtungsaufgaben werden Natriumdampflampen verwendet?**

6 **Wodurch wird bei Leuchtröhrenanlagen die Stromstärke begrenzt?**

7 **Welche Leitungen sind zum Anschluss von Leuchtröhrenanlagen vorgeschrieben?**

21 Elektrische Anlagen

21.1 Kraftwerke

Elektrische Energie muss man im gleichen Augenblick im Kraftwerk erzeugen, in dem sie vom Verbraucher benötigt wird.

In **Wärmekraftwerken** werden die fossilen Energieträger, d.h. Steinkohle, Braunkohle, Erdöl und Erdgas sowie der Kernbrennstoff Uran, eingesetzt. In **Wasserkraftwerken** verwendet man die Energie des aufgestauten Wassers zum Antrieb der Turbinen. Die Anteile der Energieträger bei der Stromerzeugung in der Bundesrepublik Deutschland sind in **Bild 1** dargestellt.

Die rechtzeitige und ausreichende Bereitstellung elektrischer Energie liegt in der Verantwortung der Energieversorgungsunternehmen (EVU). Über das Verbundnetz (Bild, Seite 453) sind die EVU Westeuropas untereinander verbunden. Damit sind die Voraussetzungen für den Austausch elektrischer Energie auch über Landesgrenzen hinaus erfüllt.

Die EVU schätzen täglich den Leistungsbedarf des nächsten Tages ab. Diese Voraussage dient den EVU bei der Planung des Kraftwerkeinsatzes. Die **Lastverteiler** der EVU stehen über eigene Nachrichtensysteme, z.B. über Telefon oder Richtfunkstrecken, mit den Kraftwerken, Umspannwerken und den Verbundpartnern in Kontakt.

Aus dem Belastungsdiagramm **(Bild 2)** ist zu erkennen, dass eine **Grundlast** während des ganzen Tages benötigt wird. Kernkraftwerke, Braunkohlekraftwerke und Laufwasserkraftwerke decken diese Grundlast ab.

Kraftwerke, die den Grundlastbereich versorgen, sind ununterbrochen im Einsatz.

Im **Mittellastbereich** setzt man Steinkohlekraftwerke, selten Erdgas- oder Heizölkraftwerke, ein. Diese Kraftwerke können in den Nachtstunden abgeschaltet werden.

Der **Spitzenlastbereich** wird durch Speicher-, Pumpspeicher- oder durch Gasturbinen-Kraftwerke versorgt. Spitzenlastkraftwerke liefern innerhalb weniger Minuten elektrische Energie, die aber große Kosten verursacht.

21.1.1 Wärmekraftwerke

Dampfkraftwerke erzeugen in der Kesselanlage überhitzten, hochgespannten Dampf. Dieser Frischdampf (Druck bis etwa 20 MPa, Temperatur etwa 530 °C) wird der Hochdruckturbine zugeführt, durchströmt dann den Zwischenüberhitzer im Kessel und anschließend die Mitteldruck- und Niederdruckturbine.

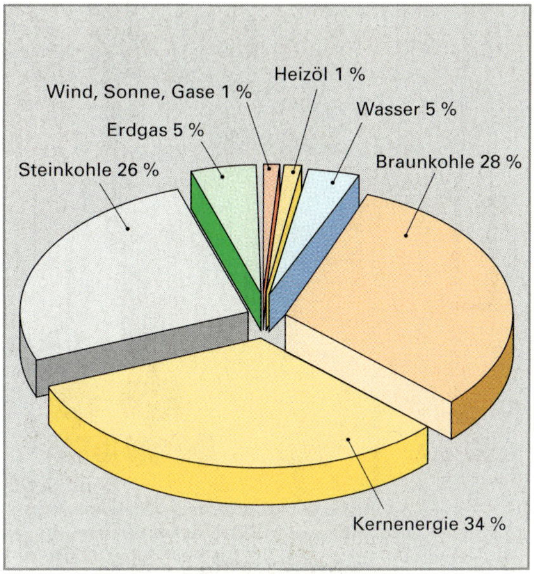

Bild 1: Anteile an der Stromerzeugung in der Bundesrepublik Deutschland

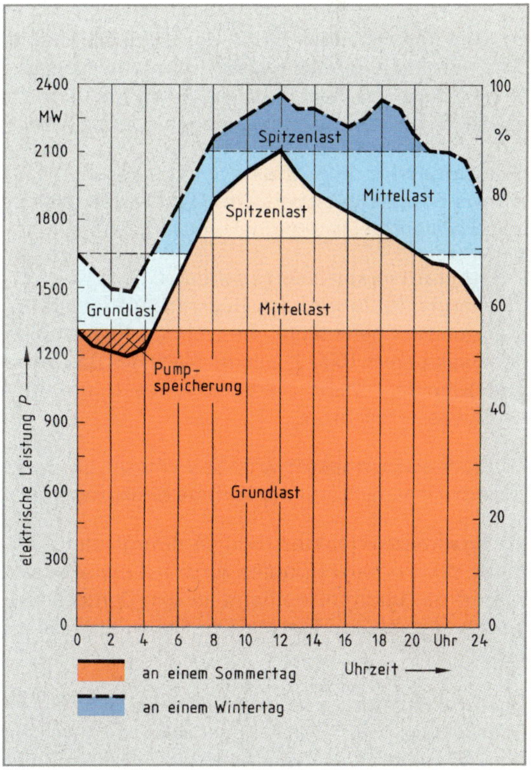

Bild 2: Tagesbelastungsdiagramm eines EVU

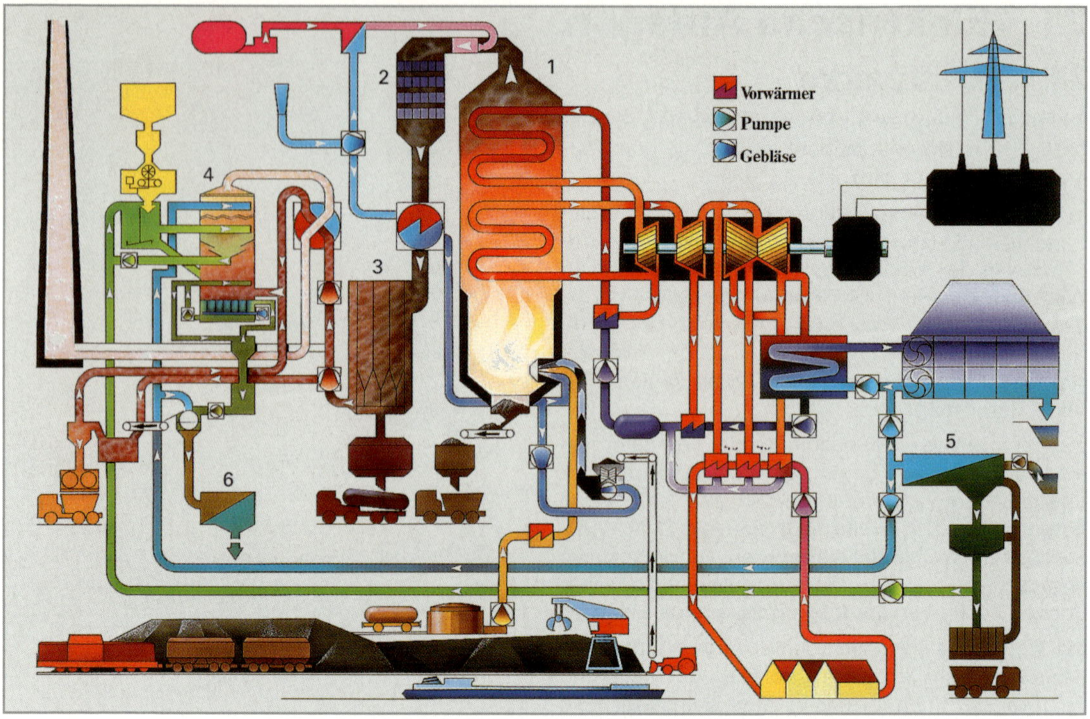

Bild 1: Prinzip eines modernen Steinkohlekraftwerkes: 1 Kesselanlage, 2 Entstickungsanlage, 3 Entstaubungsanlage, 4 Rauchgasentschwefelungsanlage, 5 Wasseraufbereitungsanlage, 6 Abwasseraufbereitungsanlage

Ein Generator wandelt die in der Dampfturbine erzeugte Bewegungsenergie in elektrische Energie um. Der Energieumwandlung sind Grenzen gesetzt, da sich nur ein Teil der Wärme in Bewegungsenergie umformen lässt. Der Rest muss als Abwärme über Kühlsysteme abgeführt werden. Dampfkraftwerke, deren Abwärme nicht in Heizungsanlagen genutzt wird, haben einen Wirkungsgrad von höchstens 45 %.

Heizkraftwerke (Bild 1) sind wirtschaftlicher. Sie arbeiten nach dem Prinzip der so genannten **Kraft-Wärme-Kopplung.** Dabei wird dem Dampfkreislauf nach den Turbinen Wärmeenergie entzogen, die man über Fernwärmesysteme Heizungsanlagen zuführt.

In **Kernkraftwerken** liefert spaltbares Uran die Wärmeenergie. Im Innern des Reaktorbehälters befinden sich Brennelemente, die mit den Regelstäben den Reaktorkern **(Bild 2)** bilden. Nach der Bauweise unterscheidet man Siedewasserreaktoren und Druckwasserreaktoren.

Im **Siedewasserreaktor** wird das Wasser im Reaktorkern verdampft und der Turbine direkt zugeführt.

Im **Druckwasserreaktor** (Bild 2) nimmt das Kühlmittel des Primärkreislaufes zunächst die erzeugte Wärme auf und gibt sie dann an den Dampferzeuger ab, der mit der Turbine den Sekundärkreislauf bildet.

Gasturbinenkraftwerke betreibt man mit Heizöl oder Erdgas. Sie können innerhalb von zwei bis drei Minuten ihre volle Leistung abgeben und decken damit den Spitzenlastbereich ab.

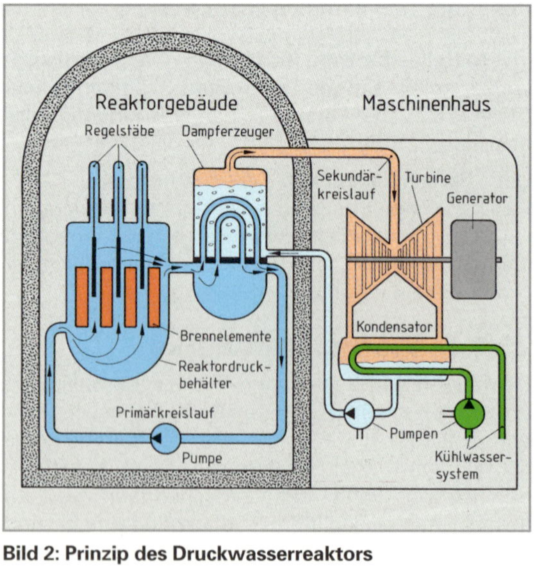

Bild 2: Prinzip des Druckwasserreaktors

21.1.2 Umweltschutz in Kraftwerken

Der Umweltschutz bei der Stromerzeugung umfasst in erster Linie den Schall- und den Gewässerschutz, bei Wärmekraftwerken zusätzlich Maßnahmen zum Reinhalten der Luft.

Primärmaßnahmen verringern Umweltbelastungen bei der Stromerzeugung. Turbinen, Generatoren und Kühltürme werden deshalb mit einem Schallschutz versehen. In Kohlekraftwerken kann die Bildung von Stickoxiden (NO und NO_2) gemindert werden, wenn man die Feuerungstemperatur auf einen Wert von etwa 1350 °C begrenzt und Stufen-Mischbrenner einsetzt. Die Emissionswerte[1] von Stickoxiden lassen sich auf diese Weise auf 650 mg/m³ Rauchgas senken.

Sekundärmaßnahmen entziehen den Rauchgasen von Wärmekraftwerken Schadstoffe, z. B. Stickoxide, Staub und Schwefeldioxid. Die **Entstickungsanlage (Bild)** zerlegt die in den Rauchgasen enthaltenen Stickoxide unter Zugabe von Ammoniak im Katalysator in Stickstoff und Wasser. Der Stickoxidanteil wird dabei auf einen Wert unter 200 mg/m³ Rauchgas verringert.

In der **Entstaubungsanlage** wird durch **Elektrofilter** die Flugasche aus den Rauchgasen herausgefiltert. Dabei wird bis zu 99,5 % des Staubes zurückgehalten. Den abgeschiedenen Staub verwertet man in der Baustoffindustrie.

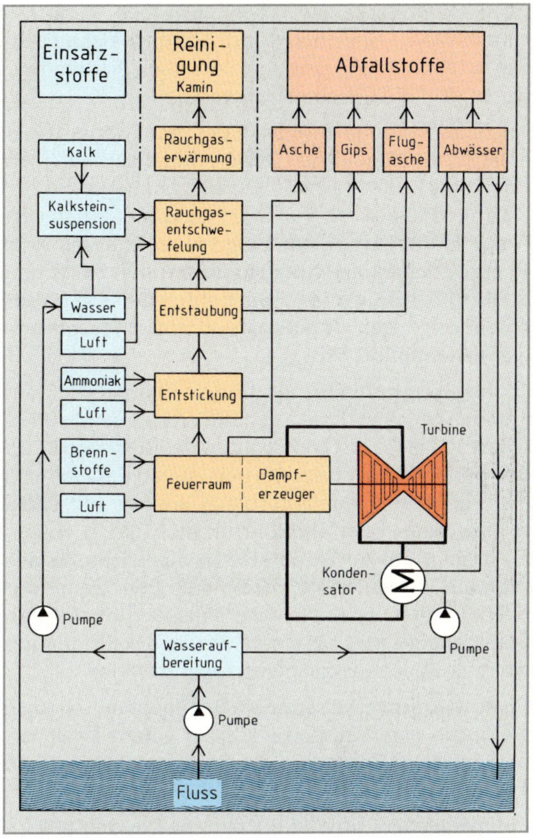

Bild: Prinzip der Rauchgasreinigung in einem Steinkohlekraftwerk

Rauchgasentschwefelungsanlagen entziehen den Rauchgasen Schwefeldioxid (SO_2). Sie arbeiten meist nach dem Nasswasch-Verfahren. Dabei werden die Rauchgase mit einer Kalkstein-Suspension[2] ($CaCO_3$) besprüht. Das Schwefeloxid reagiert mit dem Kalk zu Calciumsulfit ($CaSO_3$), das durch Einblasen von Luft zu Gips ($CaSO_4 \cdot 2H_2O$) oxidiert wird. Die entstehende Gipssuspension wird in Trommelfiltern entwässert. Als Abfallprodukt fällt Gips an und wird in der Bauindustrie verarbeitet. Die Rauchgasentschwefelung entzieht den Rauchgasen bis zu 85 % Schwefel bzw. Schwefeldioxid.

Die Rauchgase treten aus der Kesselanlage mit einer Temperatur von etwa 150 °C aus und werden beim Durchlaufen der Entstickungsanlage, des Staubfilters und der Rauchgasentschwefelung auf etwa 50 °C abgekühlt. Ein Gasvorwärmer erhitzt die Rauchgase vor der Einleitung in den Kamin wieder, damit bei ihrem Austritt aus dem Kamin ein genügender Auftrieb vorhanden ist.

Das zum Betrieb von Kraftwerken erforderliche Rohwasser wird in einer **Wasseraufbereitungsanlage** gereinigt, speist den Kühlkreislauf und dient anschließend als Prozesswasser in der Rauchgasentschwefelungsanlage. Vor der Rückleitung in den Fluss werden die Abwässer von Feststoffen, meist Gipsteilchen, befreit und neutralisiert. Man kann den Wasserbedarf durch diese Mehrfachnutzung verringern.

Wiederholungsfragen

1 Welche Kraftwerksarten decken bei der Stromerzeugung a) den Grundlastbereich, b) den Mittellastbereich, c) den Spitzenlastbereich?

2 Wodurch unterscheiden sich Dampfkraftwerke von Heizkraftwerken?

3 Welcher hauptsächliche Unterschied besteht zwischen Kernkraftwerken mit Siedewasserreaktoren und Kernkraftwerken mit Druckwasserreaktoren?

4 Nennen Sie Maßnahmen zum Umweltschutz in Wärmekraftwerken.

[1] Emission = Abblasen von Gasen, Ruß oder Staubteilchen in die Luft
[2] Suspension = Aufschwemmung feinstverteilter fester Stoffe in einer Flüssigkeit

21.1.3 Wasserkraftwerke

Wasserkraftwerke teilt man nach der Bauart in Laufwasser-, Speicher- und Pumpspeicherkraftwerke ein. Eine besondere Art der Wasserkraftwerke sind die Gezeitenkraftwerke.

Nach der Fallhöhe unterscheidet man Niederdruckanlagen (Fallhöhe bis 25 m), Mitteldruckanlagen (25 m bis 100 m) und Hochdruckanlagen (über 100 m). In Niederdruckanlagen verwendet man vorwiegend **Kaplanturbinen**[1] **(Bild 1)**, in Mittel- und in Hochdruckanlagen **Francisturbinen**[2]. Bei Fallhöhen über 400 m baut man Freistrahl- oder **Peltonturbinen**[3] ein. Der Wirkungsgrad der Wasserkraftwerke beträgt bis 85 %.

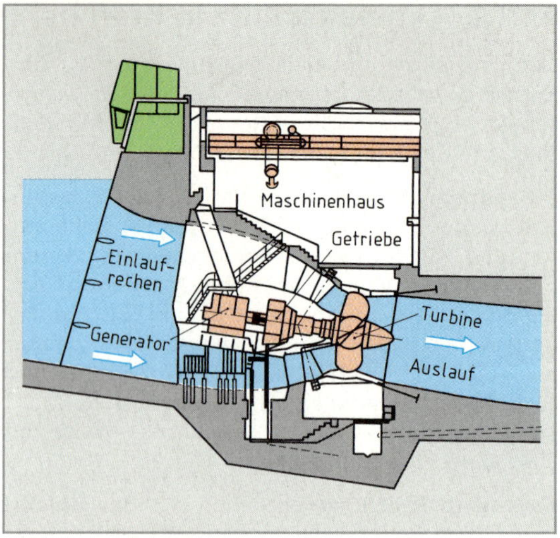

Bild 1: Kaplan-Rohrturbine

Laufwasserkraftwerke werden an Flussläufen oder Kanälen errichtet. Das durch die Wehranlage aufgestaute Wasser wird dem Kraftwerk direkt zugeführt. Bei geringer Fallhöhe werden meist Kaplanturbinen verwendet. Kaplanturbinen können mit senkrechter Welle oder als Rohrturbine (Bild 1) ausgeführt sein. Rohrturbinen sind in Fließrichtung des Wassers angeordnete Turbinen. Der Generator befindet sich in einem von Wasser umströmten Stahlgehäuse, das auf einem Betonsockel steht und von der Maschinenhalle aus zugänglich ist.

Speicherkraftwerke sammeln Regen- oder Schmelzwasser in einer Talsperre oder in einem Speicherbecken. Nach ihrem Volumen unterscheidet man Tages-, Wochen-, Monats- und Jahresspeicher.

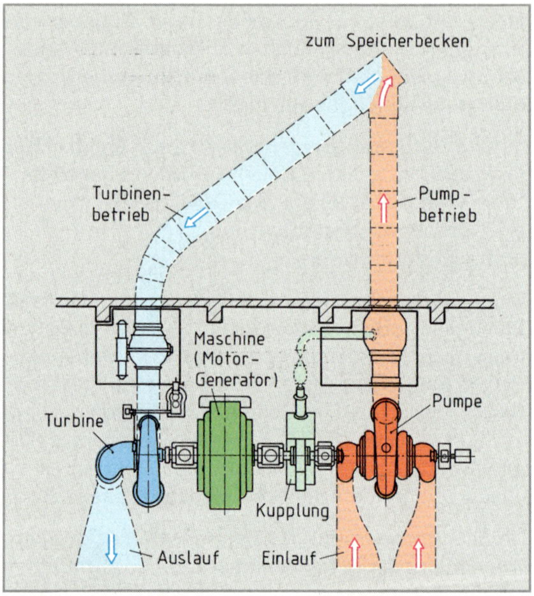

Bild 2: Maschinensatz eines Pumpspeicherkraftwerkes

Pumpspeicherkraftwerke (Bild 2) erzeugen elektrische Energie, wenn aus dem hochgelegenen Speicherbecken Wasser über die Turbine in das Unterbecken fließt. In Schwachlastzeiten, z. B. in den Nachtstunden, wird das Wasser aus dem Unterbecken wieder in das Speicherbecken hochgepumpt. Jeder Maschinensatz besteht aus Turbine, Maschine (Motor-Generator) und Pumpe (Bild 2). Die Maschine kann wahlweise als Generator oder als Motor arbeiten. Die Turbine ist mit der Maschine durch eine starre Kupplung verbunden. Zwischen Maschine und Pumpe ist zur Kraftübertragung im Motorbetrieb ein Drehmomentwandler eingebaut. Bei Turbinenbetrieb wird die Pumpe entleert und von der Maschine abgekuppelt, um unnötige Verluste zu vermeiden. Beim Übergang zum Pumpbetrieb wird zuerst das Turbinengehäuse durch Pressluft entleert und dann die Pumpe auf Nenndrehzahl gebracht. Haben Pumpe und Maschine gleiche Drehzahl, wird im Drehmomentwandler eine starre Kupplung eingerückt.

Pumpspeicherkraftwerke können innerhalb weniger Minuten zwischen Pumpbetrieb und Turbinenbetrieb wechseln. Pumpspeicherkraftwerke decken nur den Spitzenlastbereich ab.

Gezeitenkraftwerke nutzen das durch Ebbe und Flut zu- bzw. abfließende Wasser. In Gezeitenkraftwerken kann elektrische Energie nur wirtschaftlich gewonnen werden, wenn ausgeprägte Gezeiten vorhanden sind, z. B. an der französischen Atlantikküste.

[1] Viktor Kaplan, österreichischer Ingenieur, 1876 bis 1934
[2] James Francis, amerikanischer Ingenieur, 1815 bis 1892
[3] Lester Allan Pelton, amerikanischer Ingenieur, 1829 bis 1908

21.1.4 Erneuerbare Energiequellen

Windkraftwerke werden mit horizontaler oder mit vertikaler Achse gebaut **(Bild 1)**. Geeignete Standorte für Windkraftwerke sind Küstenregionen und teilweise auch die Hochflächen von Mittelgebirgen. Voraussetzung ist, dass die durchschnittliche Windgeschwindigkeit mindestens 5 m/s beträgt. Mit Windkraftwerken lassen sich bei einer Windgeschwindigkeit von 12,5 m/s und einem Rotordurchmesser von etwa 17 m Nennleistungen bis 80 kW erreichen. Die abgegebene Leistung steigt mit der dritten Potenz der Windgeschwindigkeit, d.h., die doppelte Windgeschwindigkeit ergibt die achtfache Leistung. Die Anlagen laufen meist bei einer Windgeschwindigkeit von etwa 3 m/s an und müssen bei etwa 25 m/s abgeschaltet werden, um eine mechanische Überlastung zu vermeiden.

Wind- und Wasserkraftwerke gewinnen elektrische Energie bei Tag und Nacht.

Fotovoltaik-Anlagen wandeln Sonnenenergie in elektrische Energie um. Hauptbestandteile dieser Anlage sind Solarzellen, die zu großflächigen Solarmodulen zusammengeschaltet werden. Die Stromerzeugung einer Fotovoltaik-Anlage **(Bild 2)** schwankt, weil die Sonne je nach Jahreszeit und Bewölkung unterschiedlich stark scheint. An einem klaren Sommertag und bei senkrechter Einstrahlung gibt die Sonne an eine Fläche von 1 m^2 etwa 1000 W ab. Bei einem Wirkungsgrad von rund 9 % verbleiben von dieser Strahlungsleistung also nur etwa 90 W elektrische Leistung **(Bild 3)**. Fotovoltaik-Anlagen für den so genannten Inselbetrieb, z. B. zur Versorgung von Notrufsäulen, sind mit Speicherbatterien ausgerüstet.

Deponie- und Bio-Gasanlagen nutzen das bei der Verrottung von Müll oder beim Ausfaulen tierischer bzw. pflanzlicher Rückstände entstehende, für die Umwelt schädliche Gas Methan. Aus einer Tonne Hausmüll treten innerhalb von 20 Jahren etwa 150 bis 200 m^3 Deponiegas mit einem Heizwert von 5 kWh/m^3 aus. Sammelt man das Gas in Deponiegasanlagen und führt es einem Verbrennungsmotor zu, kann man damit aus einer Tonne Hausmüll etwa 30 kWh elektrische Arbeit gewinnen. In Deponiegasanlagen fängt man dieses Gas in Gasbrunnen auf **(Bild 4)**. **Gasbrunnen** sind senkrecht in die Deponie eingetriebene Filterrohre, die durch Rohre miteinander verbunden sind. Ein Gebläse sorgt für leichten Unterdruck im Gasbrunnen und für den Transport des Deponiegases zum Verbrennungsmotor. Klärgase aus den Faultürmen von Kläranlagen oder aus der tierhaltenden Landwirtschaft lassen sich ähnlich verwerten.

Bild 1: Windkraftwerke mit vertikaler Achse (links/Typ Darrieus) und mit horizontaler Achse (rechts)

Bild 2: Fotovoltaik-Versuchsanlage

Wetter	klarer, blauer Himmel	Sonne bricht durch	Hochnebel, diesig	trüber Wintertag
Sonnen-einstrahlung	1000 W/m^2	600 W/m^2	300 W/m^2	100 W/m^2
abgegebene elektrische Leistung	90 W/m^2	54 W/m^2	27 W/m^2	9 W/m^2

Bild 3: Wetterverhältnisse und Energieeinstrahlung

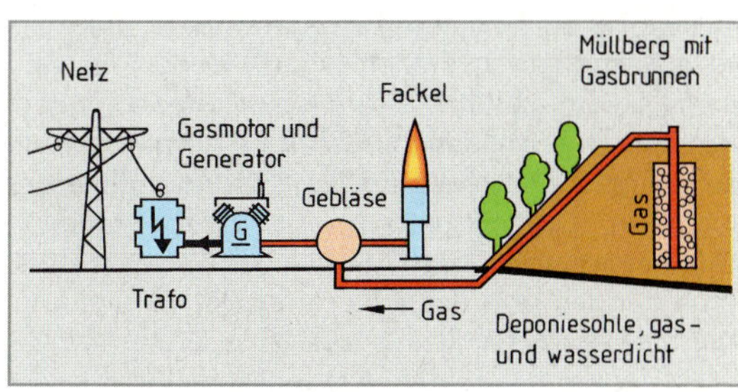

Bild 4: Prinzip einer Deponiegasanlage

21.2 Umspannwerke

21.2.1 Spannungsebenen

Elektrische Energie kann in größeren Mengen nur über elektrische Leitungen übertragen werden. Kleine Leitungsverluste (Wärmeverluste) erreicht man, wenn die Spannung hoch und die Stromstärke klein gehalten wird. Damit die erforderlichen Energiemengen wirtschaftlich übertragen und verteilt werden können, gibt es vier Spannungsebenen **(Bild 1)**.

Die Generatoren in den Kraftwerken erzeugen, durch ihre Ausführung und Bauart bedingt, eine Spannung zwischen 6 kV und 30 kV. Durch einen Maschinentransformator wird die Generatorspannung auf die gewünschte Spannungsebene hochtransformiert. Braunkohle- und Kernkraftwerke speisen in die 400-kV-Ebene ein, Steinkohle- und Wasserkraftwerke meist in die 230-kV-Ebene.

Spannungen von 400 kV bzw. 230 kV (bisher 380 kV bzw. 220 kV) bezeichnet man als **Höchstspannung**. Sie dienen dem Transport elektrischer Energie über große Entfernungen, z.B. innerhalb des europäischen Verbundnetzes (Bild, Seite 453). Kleinere Kraftwerke geben elektrische Energie an das **115-kV-Hochspannungsnetz** (bisher 110 kV) ab. Aus dieser Spannungsebene wird auch die Großindustrie versorgt. Am **Mittelspannungsnetz** (11 kV bis 35 kV, früher 10 kV bis 30 kV) sind Tarifkunden mit abnehmereigenen Transformatorenstationen und die Ortsnetzstationen für den **Niederspannungsbereich** (0,4 kV) angeschlossen. Die einzelnen Spannungsebenen sind über Transformatoren miteinander verbunden (Bild 1).

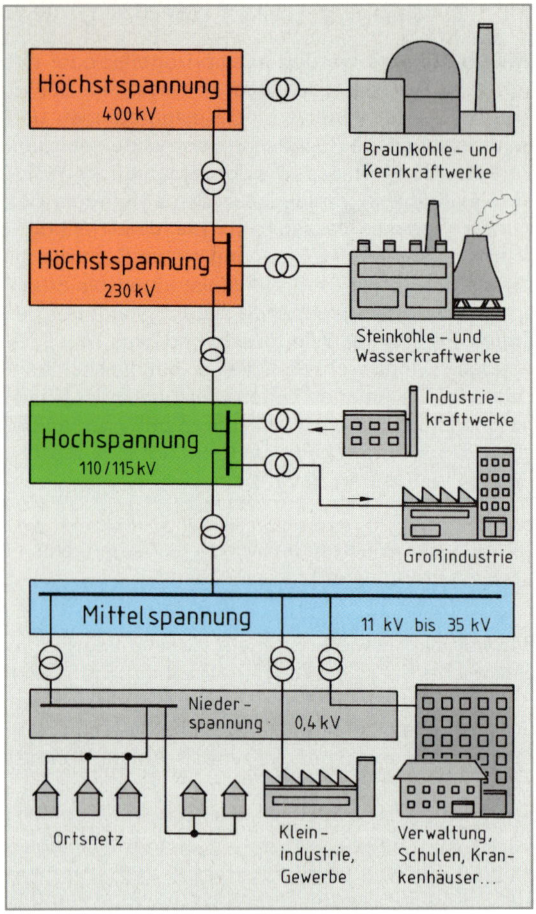

Bild 1: Spannungsebenen der Stromversorgung

21.2.2 Umspannanlagen

Umspannwerke und Umspannstationen für Hoch- und Höchstspannung werden meist als **Freiluftanlagen (Bild 2)** ausgeführt. In Freiluftanlagen sind Umspanner, Strom- und Spannungswandler auf Sockeln aufgestellt, Trenn- und Leistungsschalter sind meist an Schaltgerüsten montiert (Bild 2). Die ankommenden Freileitungen werden an Abspanngerüste geführt. Die Verbindungsleitungen zwischen zwei Abspanngerüsten nennt man Überspannungen. Unterhalb der Überspannungen verlaufen in Querrichtung meist zwei Sammelschienensysteme. Durch Trennschalter werden die Verbindungen von der ankommenden Freileitung über die Sammelschienen zum Umspanner hergestellt. Trennschalter und Leistungsschalter werden meist von der Schaltwarte aus ferngesteuert.

Bild 2: Freiluftschaltanlage

Innenraumanlagen werden vorwiegend im Mittelspannungsbereich bis 30 kV eingesetzt. Man erstellt sie bei Freileitungsanschlüssen als Turmstationen, bei Kabelanschlüssen meist als Kompakt-Umspannstationen **(Bild 1)**. Innenraumanlagen sind in Schaltfelder, auch Zellen genannt, unterteilt. Dabei ist für jede ankommende oder abgehende Leitung, für Spannungswandler und Stromwandler sowie für den Trennschalter und den Lasttrennschalter des Transformators ein eigenes Schaltfeld erforderlich. Innenraumanlagen müssen ausreichend belüftet sein, um die Verlustwärme des Transformators abzuführen. Unterhalb von Öltransformatoren müssen sich öldichte Auffangwannen befinden.

Innenraumanlagen führt man häufig als gekapselte, gasisolierte Schaltanlagen aus **(Bild 2)**. Das Isoliergas **Schwefelhexafluorid** (SF_6) hat bei einem Druck von 0,1 MPa (1 bar) ein dreimal so hohes Isoliervermögen wie Luft. Der Platzbedarf für gasisolierte Schaltanlagen beträgt nur etwa 20% gegenüber herkömmlichen Anlagen. Durch die vollständige Kapselung ist eine Berührung spannungsführender Anlagenteile durch das Bedienungspersonal ausgeschlossen.

21.2.3 Hochspannungsschalter

Nach ihrem Verwendungszweck unterscheidet man Trennschalter, Lasttrennschalter und Leistungsschalter. Sie werden nach ihrer Nennspannung und ihrem Schaltvermögen unter Berücksichtigung der erforderlichen Schutzart ausgewählt. Hochspannungsschalter können mit Handantrieb, mit elektromotorischem Antrieb, mit Federspeicherantrieb oder mit Druckluftantrieb ausgestattet sein.

Trennschalter (Bild 3) trennen Anlagenteile, z.B. Leistungsschalter, im stromlosen Zustand von der unter Spannung stehenden Anlage ab. Durch die sichtbare Trennstelle kann sich das Bedienungspersonal vom Schaltzustand des Schalters überzeugen. Trennschalter betätigt man meist mit einer Schaltstange (Handantrieb), oder durch einen Motorantrieb.

Trennschalter dürfen Stromkreise nur öffnen oder schließen, wenn sie einen vernachlässigbar kleinen Strom schalten oder wenn kein wesentlicher Spannungsunterschied zwischen den Schalteranschlüssen entsteht.

Durch Trennschalter mit angebautem **Erdungsschalter** können abgeschaltete Netzteile geerdet und kurzgeschlossen werden. Der Antrieb des Erdungsschalters ist mit dem Antrieb des Trennschalters so verriegelt, dass eine Betätigung des Erdungsschalters nur bei ausgeschaltetem Trennschalter möglich ist.

Bild 1: Kompakt-Umspannstation

Bild 2: Innenraum-SF_6-Anlage

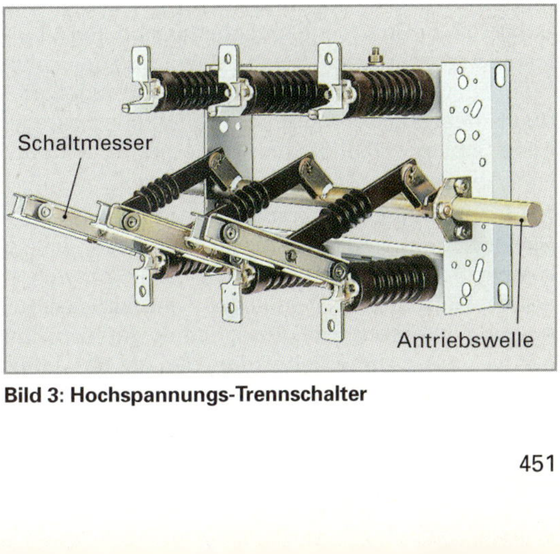

Bild 3: Hochspannungs-Trennschalter

Lasttrennschalter (Bild 1) werden zum Schalten von Umspannern, Freileitungen und Kabeln sowie zum Öffnen und Schließen von Ringleitungen verwendet. Sie sind mit einem **Federspeicherantrieb** (Sprungantrieb) ausgerüstet. Eine mechanische Auslösevorrichtung ermöglicht eine Fernschaltung (Abschaltung) mit Hilfe eines Arbeitsstromauslösers. Lasttrennschalter werden meist im Mittelspannungsbereich (11 kV bis 35 kV) eingesetzt. Ihr Schaltvermögen beträgt etwa 40 kA bis 63 kA.

Sicherungslasttrennschalter sind Lasttrennschalter, die zusätzlich mit Kontakten und Auslösevorrichtungen für **HH-Sicherungen** ausgerüstet sind. Beim Ansprechen einer HH-Sicherung wird der Schalter durch die Freiauslösung allpolig abgeschaltet.

Leistungsschalter (Bild 2) haben ein sehr großes Schaltvermögen (80 kA bis 160 kA). Sie können Betriebsmittel oder Anlageteile sowohl im ungestörten als auch im gestörten Zustand schalten, z. B. bei Kurzschluss. Leistungsschalter lösen selbsttätig über ein Schutzrelais aus. Auslösestrom und Auslösezeit können am Schutzrelais eingestellt werden. Nach der Art des Löschmittels unterscheidet man Strömungsschalter und Druckgasschalter. Beim **Strömungsschalter** zersetzt die hohe Temperatur des Lichtbogens einen Teil des Öles in den Löschkammern zu einem Gas. Der Gasdruck bewirkt eine Ölströmung, die den Lichtbogen löscht. Strömungsschalter werden für Spannungen bis 230 kV und für Nennströme bis 4000 A gebaut. Anstelle von Öl wird auch SF_6-Gas verwendet.

Beim **Druckgasschalter** benutzt man als Löschmittel Luft oder SF_6-Gas. Er wird bevorzugt in Anlagen eingesetzt, die häufig zu- oder abgeschaltet werden müssen. Druckgasschalter ersetzt man wegen der geringeren Baugröße immer häufiger durch SF_6-Schalter.

Hochleistungs-Sicherungen

HH-Sicherungen (**H**ochspannungs-**H**ochleistungs-Sicherung) dienen dem Kurzschlussschutz bei Nennspannungen von 3,6 kV bis 36 kV. Sie haben mehrere, parallel angeordnete Schmelzleiter aus Silber, die in Quarzsand eingebettet sind. Bei Überlastung schmelzen die Schmelzleiter und der Haltedraht ab. Der Quarzsand löscht den Lichtbogen. Der durch den abgeschmolzenen Haltedraht freigegebene Schlagbolzen löst den Sicherungs-Lasttrennschalter oder eine Meldeeinrichtung aus.

NH-Sicherungen (**N**iederspannungs-**H**ochleistungs-Sicherungen) sind mit Messerkontakten ausgerüstete Schmelzsicherungen. Der NH-Sicherungseinsatz **(Bild 3)** enthält mehrere Schmelzleiter aus einem Kupferband mit Ausschnitten für den Lotauftrag. Die Schmelzleiter und die Art des Lotes bestimmen die Auslösecharakteristik (Seite 44).

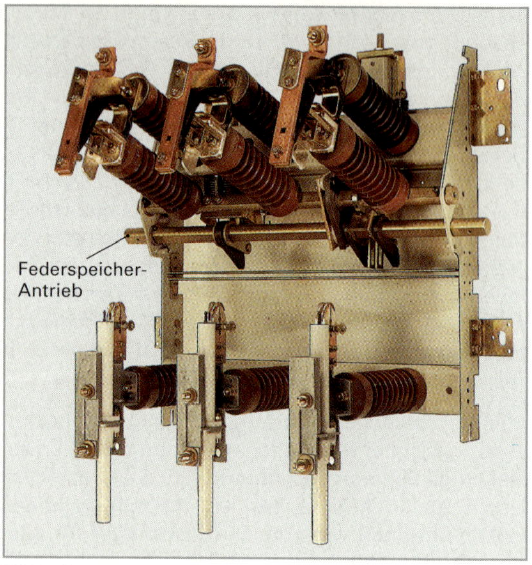

Bild 1: Lasttrennschalter

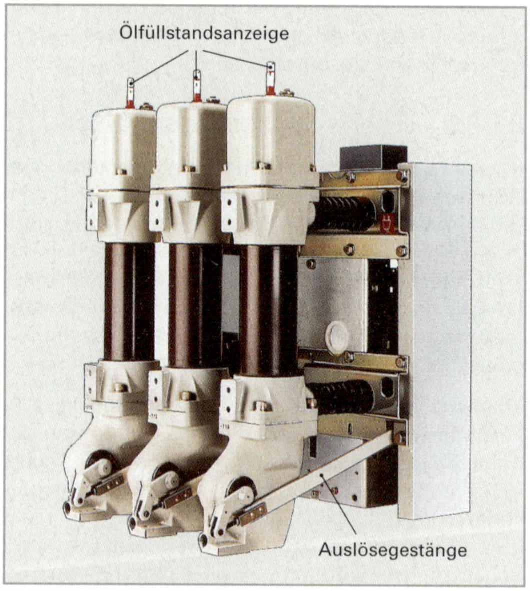

Bild 2: Leistungsschalter

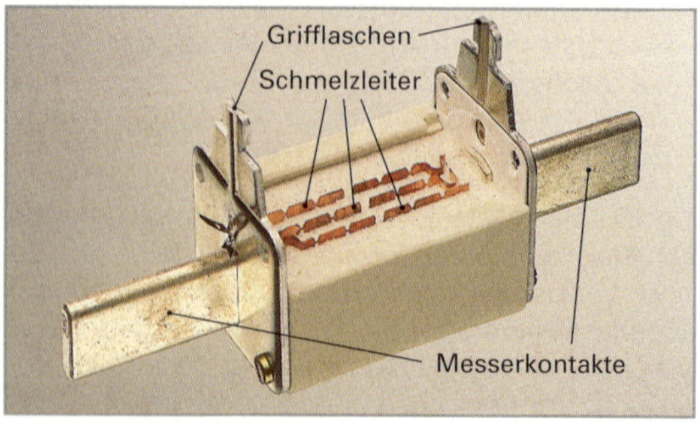

Bild 3: Schnitt durch eine NH-Sicherung

21.3 Übertragungsnetze

21.3.1 Höchst-, Hoch- und Mittelspannungsnetze

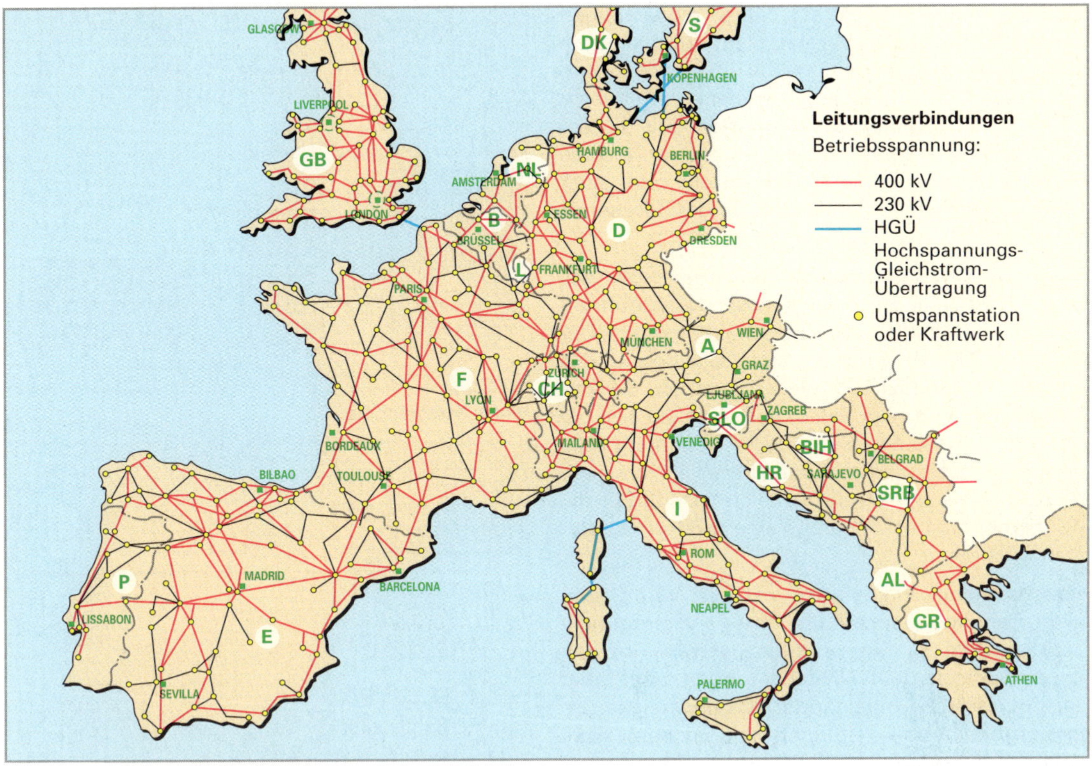

Bild: Internationaler Stromaustausch (Europäisches Verbundnetz)

Die Länder Westeuropas tauschen untereinander elektrische Energie aus. Der **UCPTE** (Union für die Koordinierung der Erzeugung und des Transports elektrischer Energie) haben sich bereits 1951 die 12 Länder Belgien, Bundesrepublik Deutschland, Frankreich, Italien, Luxemburg, Niederlande, Österreich und Schweiz, später auch Griechenland, das ehemalige Jugoslawien sowie Portugal und Spanien angeschlossen. Diese Länder tauschen heute etwa 10 % ihres jährlichen Stromverbrauchs aus. Das bringt jedem Land Vorteile, weil die verschiedenen Kraftwerksarten nicht immer wirtschaftlich eingesetzt werden können. Im Sommer z. B. geben die Alpenländer Energie aus Wasserkraftwerken ab und beziehen dafür im wasserarmen Winter Energie aus Wärmekraftwerken. Das **Europäische Verbundnetz (Bild)** bildet die Grundlage für den internationalen Austausch elektrischer Energie und garantiert gleichzeitig eine hohe Versorgungssicherheit.

Höchst- und Hochspannungsnetze übertragen elektrische Energie von den Kraftwerken zu den Umspannwerken. In der Höchst- und Hochspannungsebene verwendet man aus wirtschaftlichen Gründen meist Freileitungsnetze, in der Mittel- und Niederspannungsebene möglichst Erdkabel.

21.3.2 Hochspannungs-Gleichstrom-Übertragung (HGÜ)

Hochspannungs-Drehstromleitungen nehmen im Betrieb kapazitive Blindleistung auf. Die kapazitive Blindleistung ist bei Kabeln wesentlich größer als bei Freileitungen und steigt mit der Höhe der Wechselspannung und mit der Leitungslänge. In Gleichstromnetzen wird dagegen nur Wirkleistung übertragen. Deshalb setzt man bei Freileitungen mit Übertragungsstrecken von mehr als 600 km, bei Kabeln ab etwa 30 km, möglichst die Hochspannungs-Gleichstrom-Übertragung ein. Am Speisepunkt der HGÜ wird Drehstrom durch Hochspannungs-Thyristoren gleichgerichtet. Am Ende der HGÜ wandelt ein Wechselrichter Gleichstrom wieder in Drehstrom um. Durch HGÜ wird die Kopplung von Netzen mit unterschiedlicher Spannung und/oder Frequenz möglich (Bild).

21.3.3 Netzformen

Strahlennetze werden einseitig eingespeist **(Bild 1)**. Vom Speisepunkt, z.B. von der Umspannstation oder einem Knotenpunkt aus, führen die Leitungen strahlenförmig zu den Verbrauchern. Strahlennetze sind einfach aufzubauen, gut zu überwachen und leicht zu berechnen. Nachteilig ist der zum Leitungsende hin ansteigende Spannungsfall und die dadurch begrenzte Belastbarkeit. Ein weiterer Nachteil ist, dass bei Ausfall der Einspeisestelle oder einer Leitung alle nach der Fehlerstelle angeschlossenen Verbraucher vom Netz abgetrennt sind.

Ringnetze versorgen Abnehmer immer von zwei Seiten **(Bild 2)**. In Störfällen können durch Auftrennen Teile der Ringleitung abgeschaltet werden. Der Rest des Netzes wird bis zur Beseitigung des Fehlers als Strahlennetz weiterbetrieben. Bei der Einspeisung von zwei Seiten aus verteilen sich die Ströme nach beiden Seiten. Die Spannungsfälle und die Verluste sind dadurch kleiner als in einseitig eingespeisten Netzen (Strahlennetzen). Für die Abnehmer ergibt sich daraus eine größere **Versorgungssicherheit.**

Maschennetze entstehen durch die Verbindung aller Leitungen innerhalb eines Versorgungsbezirkes **(Bild 3)**. Die Leitungen werden an den Knotenpunkten über NH-Sicherungen oder über Leistungsschalter miteinander verbunden. Die Leiterquerschnitte der Leitungen sind so bemessen, dass sie im Fehlerfall die Belastungsströme für andere Netzmaschen mitführen können. Abnehmeranlagen werden in Maschennetzen immer von zwei Seiten und von zwei oder mehreren Speisepunkten aus versorgt. Bei Ausfall einer Umspannstation übernehmen Reservetransformatoren oder nicht ausgelastete Transformatoren in anderen Umspannstationen die Energieversorgung. Bei steigender Belastung des Netzes können weitere Speisepunkte ohne größere Änderungen eingefügt werden.

Maschennetze haben die größte Versorgungssicherheit. Im Fehlerfall treten im Netz jedoch große Kurzschlussströme auf. Der finanzielle Aufwand für Schaltgeräte, z.B. Lasttrennschalter oder Leistungsschalter mit einstellbaren Schutzrelais, ist größer als bei allen anderen Netzformen.

Wiederholungsfragen

1. **Nennen Sie die vier Spannungsebenen der Energieversorgung.**
2. **Warum dürfen Trennschalter nicht unter Last betätigt werden?**
3. **Wozu dienen a) HH-, b) NH-Sicherungen?**
4. **Welche Vorteile haben das Ring- und das Maschennetz gegenüber dem Strahlennetz?**

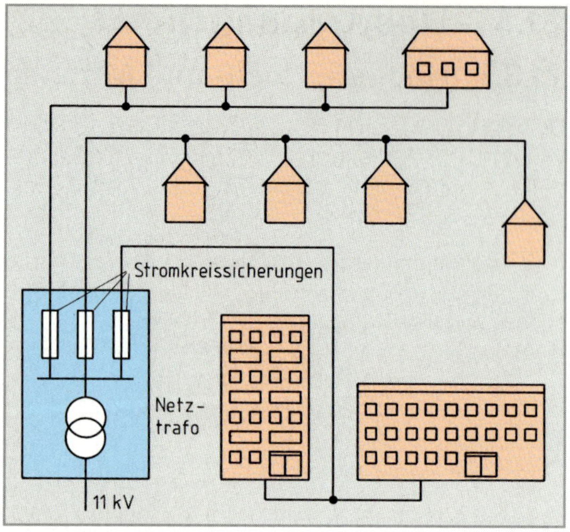

Bild 1: Strahlennetz

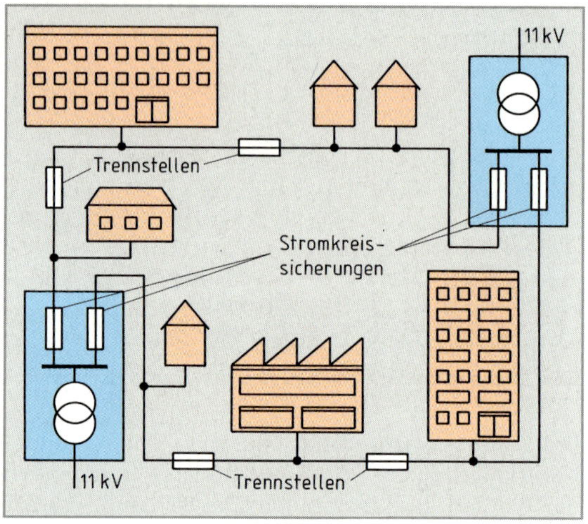

Bild 2: Ringnetz

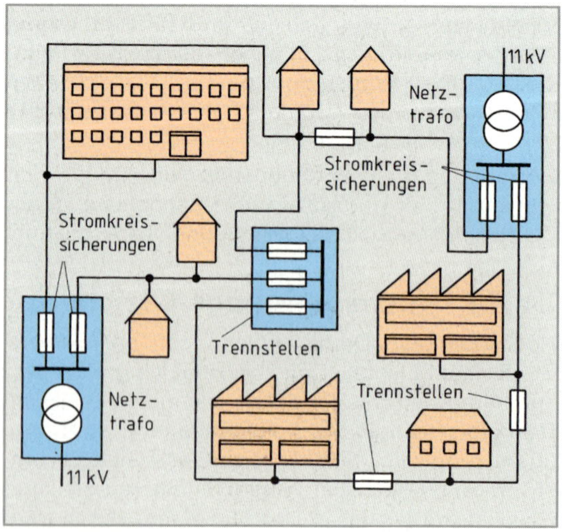

Bild 3: Maschennetz

21.4 Niederspannungsanlagen

21.4.1 Netzaufbau

Bei enger Bebauung, z. B. in der Innenstadt, verwendet man in Ortsnetzen meist Erdkabel. Bei aufgelockerter Bauweise ist jedoch ein Freileitungsnetz wirtschaftlicher.

Im Niederspannungs-Freileitungsnetz verwendet man als Stützpunkte Dachständer, Holzmaste, Betonmaste oder Stahlmaste. Nach ihrer Funktion unterscheidet man Tragstützpunkte, Winkelstützpunkte, Abzweigstützpunkte und Endstützpunkte. Winkel-, Abzweig- und Endstützpunkte müssen den Zug der Leitungen aufnehmen. Sie erhalten deshalb einen Anker oder eine Verstrebung.

Dachständer (Bild) bestehen aus feuerverzinkten Stahlrohren mit einem Durchmesser von 75 mm bis 100 mm. Die Dachständer sind am Dachgebälk schutz- oder standortisoliert mit einem Fußwinkel und zwei Befestigungsschellen befestigt. An der Austrittsstelle ins Freie müssen die Dachständer gegen das Eindringen von Wasser einen **Dachschutz** (Dachverwahrung) erhalten. Als Träger für die Isolatoren dienen Isolatorenstützen auf Querträgern aus U-Profilstahl. Am oberen Ende wird der Dachständer durch einen Dachständereinführungskopf abgeschlossen.

Dachständer dürfen wegen Brandgefahr durch Erdschluss nicht geerdet und nicht in eine netzabhängige Schutzmaßnahme einbezogen werden.

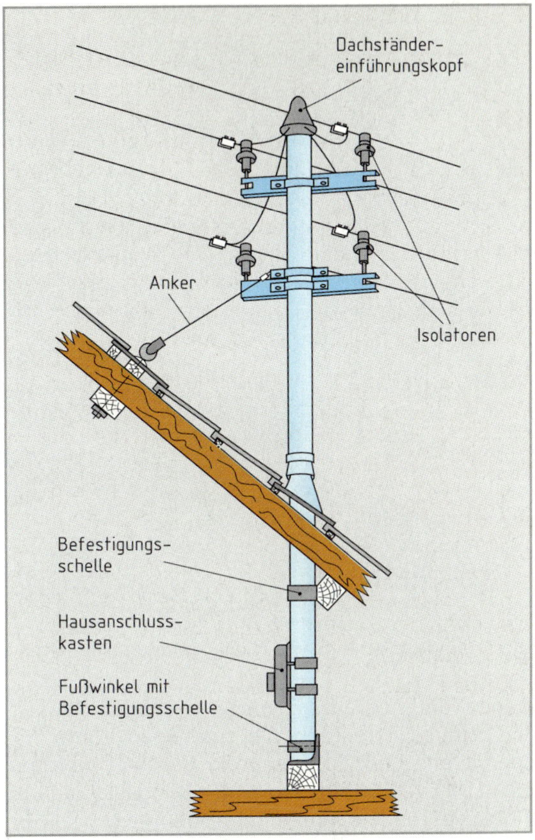

Bild: Dachständer mit Abspannanker

Stützpunkte. Holzmaste als Stützpunkte müssen gegen Fäulnis und Insektenbefall imprägniert sein. Die Isolatoren werden meist an gebogenen Stützen befestigt. An Betonmasten montiert man die Isolatoren vorzugsweise auf Querträgern.

In **Freileitungsnetzen** werden Leiterseile aus Kupfer oder aus Aluminium verlegt. Der Mindestquerschnitt für Kupferseile beträgt 10 mm², für Aluminiumseile 25 mm². Die blanken Leiterseile sind an den Stützenisolatoren aus Glas oder Porzellan durch einen einfachen oder doppelten Kreuzbund befestigt. Die Leitung ist so anzubinden, dass sie beim Reißen eines Bundes von der gebogenen Stütze bzw. vom Querträger aufgefangen wird. Zum Anschluss von abzweigenden Leitern, z. B. Hausanschlussleitungen, verwendet man zugentlastete Abzweigklemmen. Endbunde an Isolatoren werden durch Endbundklemmen hergestellt. Zur Verbindung von Leiterseilen verwendet man Kerb- oder Rohrverbinder. An Übergangsstellen von Kupfer- auf Aluminiumleitungen, z. B. bei Dachständeranschlüssen, setzt man so genannte Al-Cu-Klemmen ein, um eine Korrosion und damit die Zerstörung des Aluminiumleiters zu verhindern.

Für **isolierte Freileitungen** wird als Leiterwerkstoff Aluminium mit einem Querschnitt von 25 mm² bis 70 mm² verwendet. Die mit vernetztem Polyethylen isolierten Leiter **(NFA2X)** sind zu einem Leiterbündel verseilt. Zur Befestigung an den Stützpunkten verwendet man isolierte Hängeklemmen. Die Kennzeichnung der Außenleiter L1, L2 und L3 erfolgt durch eine entsprechende Anzahl von längs verlaufenden Noppen auf der Leiterisolation. Der Neutralleiter bzw. der PEN-Leiter trägt keine Kennzeichnung.

Zum Schutz gegen Überspannungen durch Blitzschlag werden an den Abzweigungen, am Speisepunkt und am Ende der Freileitung sowie an Übergangsstellen vom Freileitungsnetz auf Erdkabelnetze **Überspannungsableiter** (Seite 491) eingebaut. In TN-Systemen sind Ableiter an den Außenleitern (L1, L2 und L3) erforderlich. Der PEN-Leiter wird mit den Ableitungen der Überspannungsableiter verbunden und direkt geerdet. Im TT-System und im IT-System ist ein zusätzlicher Ableiter für den Neutralleiter anzubringen.

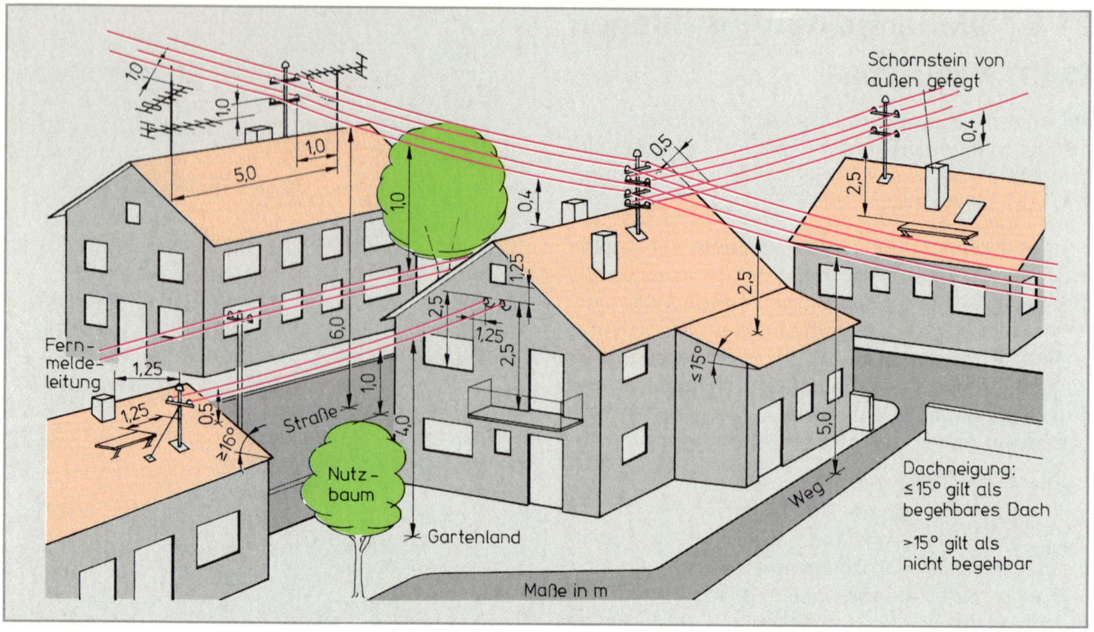

Bild 1: Mindestabstände von Niederspannungsfreileitungen und Antennen

Wegen der begrenzten mechanischen Festigkeit der Leiterseile müssen die zulässigen Werte für Spannweite und Zugspannung beachtet werden. Die in DIN VDE 0211 festgelegten Mindestabstände für blanke Niederspannungsfreileitungen zwischen den Leitern und Gebäudeteilen, Antennen oder dem Erdboden zeigt **Bild 1**.

Bild 2: Verlegen von Erdkabel

Kabelnetze sind betriebssicherer als Freileitungsnetze und beeinträchtigen das Ortsbild nicht. Unmittelbar im Erdreich darf man nur Kabel verlegen, z. B. PVC-isolierte Kunststoffkabel (NYY), PVC-isolierte Kunststoffkabel mit Kupferadern und einem konzentrischen, wellenförmig aufgebrachten Kupferleiter (NYCWY). In Ortsnetzen verlegt man Kabel bevorzugt im Bereich von Gehwegen in einer Mindesttiefe von 0,6 m. Unter Fahrbahnen ist eine **Bettungstiefe** von mindestens 0,8 m einzuhalten. Die Sohle des Kabelgrabens soll eben und möglichst steinfrei sein. Sie wird vor dem Auslegen des Kabels mit einer etwa 10 cm hohen Sandschicht bedeckt. Beim Abziehen des Kabels von der Kabeltrommel **(Bild 2)** darf die zulässige Zugkraft nicht überschritten werden. Sie beträgt bei Kupferadern 50 N/mm², bei Aluminiumadern 30 N/mm². Als Schutz gegen mechanische Beschädigungen deckt man die in Sand gebetteten Kabel mit Ziegelsteinen, Kabelhauben oder roten Kunststoffplatten ab.

Bei Kreuzungen oder Näherungen zwischen Starkstromleitungen und Fernmeldeleitungen muss ein Abstand von mindestens 300 mm eingehalten werden.

Wird der Mindestabstand unterschritten, ist bei Näherungen eine feuerhemmende Zwischenlage, bei Kreuzungen ein mechanischer Schutz zwischen den Kabeln, z. B. in Form von Kabelschutzhauben, Formsteinen aus Beton, Schutzrohren aus Kunststoff oder Metall, erforderlich.

21.4.2 Hausanschluss

Der Hausanschluss verbindet über die Hausanschlussleitung und die Hauseinführungsleitung das Verteilungsnetz des EVU mit der Kundenanlage.

In Freileitungsnetzen erfolgt die Hauseinführung durch einen Giebelanschluss oder durch einen Dachständer (Bild, Seite 455).

Dachständereinführungen in Normalausführung müssen in trockenen, nicht feuergefährdeten Räumen enden.

Hauseinführungsleitung. Diese Leitung endet an den Klemmen des **Hausanschlusskastens.** Man verwendet z. B. Leitungen des Typs NFA2X, NFYW, Mantelleitungen (NYM) oder Kunststoffkabel (NYY). Hauseinführungsleitungen sind so zu verlegen, dass bei einem Lichtbogenkurzschluss ein Leitungsstück ausbrennen kann, ohne dass die Gefahr einer Ausweitung des Brandes besteht. Dies ist bei der Verlegung auf feuerfesten Wänden möglich. Auf nicht feuerfesten Wänden, z. B. auf blechverkleideten Holzwänden, sind die Leitungen auf einer 300 mm breiten lichtbogenfesten Unterlage oder mit einem Abstand von mindestens 150 mm auf Halteschellen mit Isolierstoffeinlagen zu verlegen. Lichtbogenfest ist z. B. eine 20 mm dicke Fiber-Silikatplatte.

Dachständereinführungen in feuchte oder feuergefährdete Räume, z. B. in Holzbearbeitungsbetriebe oder Heulager, müssen in **Sonderausführung S** erstellt werden. Dabei liegen die einadrigen Hauseinführungsleitungen in einem wärme- und feuchtigkeitsbeständigen Mehrkanalrohr aus Kunststoff.

Damit Freileitungsanschlüsse später problemlos auf Kabelanschlüsse umgestellt werden können, ist vom Zählerplatz ein Leerrohr mit mindestens 36 mm lichter Weite bis in das Untergeschoss zu verlegen.

Hausanschluss mit Erdkabel. Das Erdkabel endet am Hausanschlusskasten **(Bild 2)**, den das EVU im **Hausanschlussraum (Bild 1)** montiert. Er soll an die Außenmauern des Gebäudes angrenzen und die Mindestabmessungen von 2 m x 1,8 m haben.

Das **Hausanschlusskabel** schließt man in einer Abzweigmuffe am Ortsnetzkabel unter Spannung an. Die Leiter des Ortsnetzkabels müssen dazu nicht abisoliert werden, wenn man zum Anschluss Zahnkabelabzweigklemmen verwendet. Beim Festziehen der Klemmen wird die Leiterisolation durchtrennt und eine sichere elektrische Verbindung hergestellt. Die Abzweigmuffe wird anschließend mit einer Kaltfüllmasse oder mit Gießharz ausgegossen.

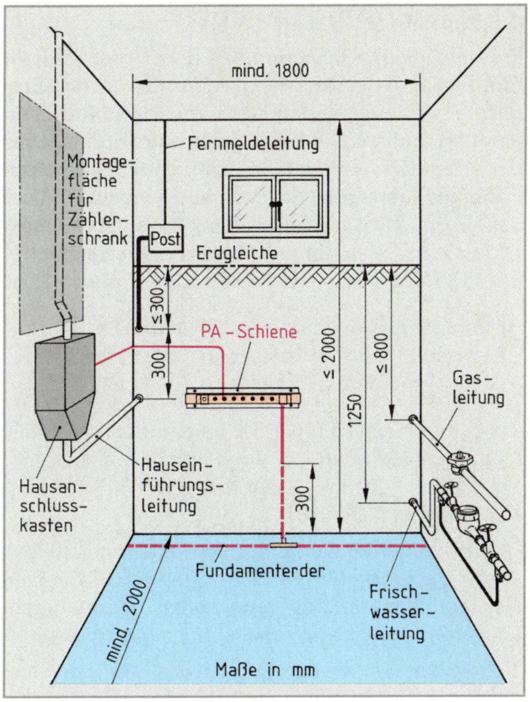

Bild 1: Hausanschlussraum

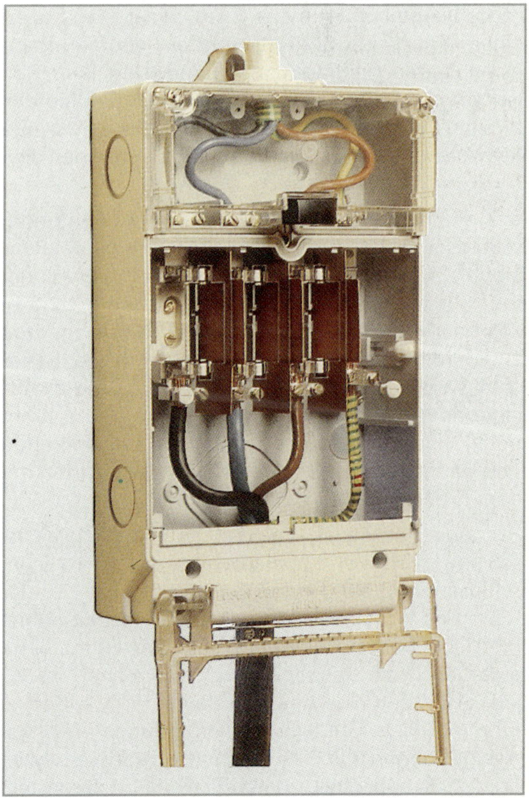

Bild 2: Hausanschlusskasten

21.4.3 Erdungsanlagen

Erdungsanlagen bestehen aus dem Erder und der Erdungsleitung. **Erder** sind Leiter, die in das Erdreich eingebettet sind und mit ihm in leitender Verbindung stehen. Die **Erdungsleitung** verbindet die zu erdenden Anlageteile mit dem Erder. Der **Erdungswiderstand** setzt sich aus dem Widerstand der Erdungsleitung und dem Erdausbreitungswiderstand zusammen. Mindestquerschnitte für Erdungsleitungen siehe **Tabelle 1** und **Tabelle 2**.

Erdungsanlagen verhindern gefährliche Berührungsspannungen zwischen der geerdeten Anlage und dem Erdreich.

Als Leiterwerkstoff für Erder verwendet man meist feuerverzinkten Bandstahl mit einem Mindestquerschnitt von 100 mm², Kupferband mit 50 mm² oder Kupferseil mit 35 mm².

Oberflächenerder sind Erder, die in geringer Tiefe in die Erde eingegraben werden, z. B. 0,8 m. Sie können als Strahlenerder, Ringerder oder Maschenerder ausgeführt sein (siehe Tabellenbuch Elektrotechnik).

Tiefenerder werden senkrecht in größere Tiefen eingerammt. Tiefenerderstäbe können aus verzinktem Stahl oder aus Kupfer mit Durchmessern von 16 mm, 20 mm oder 30 mm bestehen. Die Einzelstablänge beträgt meist 1,5 m. Jeder Stab hat an einem Ende eine Bohrung und am anderen Ende einen Zapfen mit Ringnut und Rändelung. Beim Eintreiben der Erderstäbe steckt man den Zapfen des zweiten Erderstabes in die Bohrung des bereits eingetriebenen Stabes. Die Erderstäbe verbinden sich beim Eintreiben selbsttätig.

Der **Fundamenterder** wird in die Außenfundamente von Gebäuden als geschlossener Ring eingelegt **(Bild 1)**. Als Leiterwerkstoff verwendet man verzinkten Bandstahl 30 mm × 3,5 mm, 25 mm × 4 mm oder verzinkten Rundstahl mit einem Mindestdurchmesser von 10 mm. Der Bandstahl wird hochkant in Abstandhaltern **(Bild 2)** verlegt und zum Schutz gegen Korrosion in eine 10 cm hohe Betonschicht eingebettet. Baustahlmatten und Bewehrungseisen des Kellerbodens dürfen mit dem Erder verbunden werden.

Für den Anschluss an der Potentialausgleichsschiene wird bei Kabelanschlüssen im Hausanschlussraum, bei Freileitungsanschlüssen in der Nähe des Wasseranschlusses eine Anschlussfahne im Mauerwerk hochgeführt. Wird der Fundamenterder auch als Blitzschutzerder verwendet, ist für jede Ableitung eine Anschlussfahne nach außen zu führen (Bild 1). Gut leitende Verbindungen und Abzweige können durch Keilverbinder, Federverbinder, durch Schrauben oder durch Schweißen hergestellt werden.

Tabelle 1: Zuordnung von Schutzleiter und Erdungsleiter zum Außenleiter
DIN VDE 0100 Teil 540

Außenleiterquerschnitt in mm² Kupfer	Schutzleiter getrennt verlegt oder Erdungsleiter	
	mechanisch geschützt *A* in mm² Kupfer	mechanisch ungeschützt *A* in mm² Kupfer
0,5 bis 2,5	2,5	4
4	4	4
6	6	6
10	10	10
16 bis 35	16	16
50	25	25
70	35	35
95 bis 300	50	50

Tabelle 2: Leiterquerschnitte von Erdungsleitungen in Erde

Verlegung	mechanisch geschützt	mechanisch ungeschützt
isoliert	wie PE-Leiter (Tabelle 1)	16 mm² Cu 16 mm² Fe
blank	25 mm² Kupfer 50 mm² Fe, feuerverzinkt	

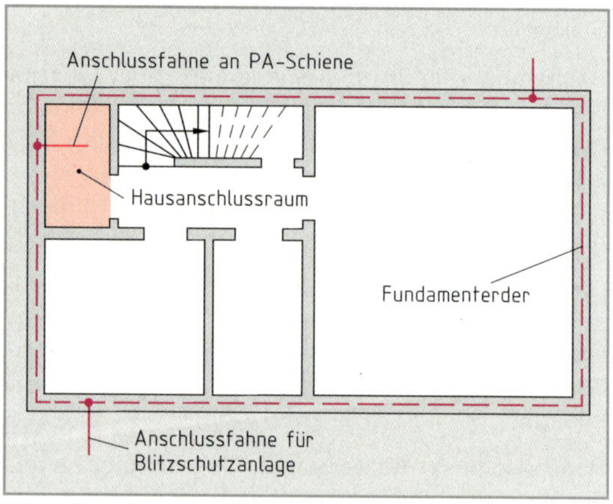

Bild 1: Fundamenterder

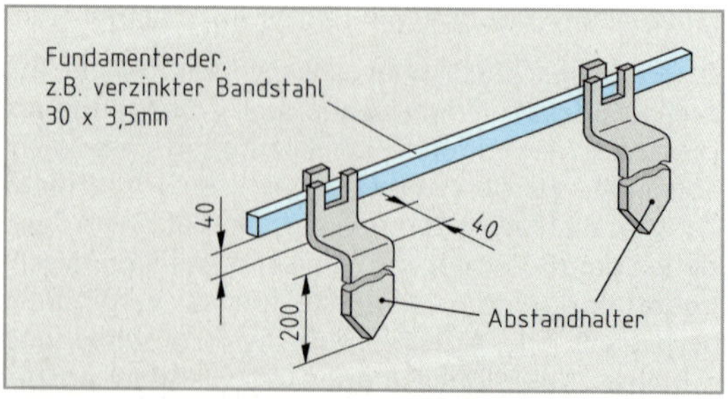

Bild 2: Abstandhalter für Fundamenterder

21.4.4 Hauptpotentialausgleich

Der Potentialausgleich beseitigt Potentialunterschiede zwischen Körpern und fremden leitfähigen Anlagenteilen oder zwischen verschiedenen leitfähigen Anlagenteilen.

Man unterscheidet den Hauptpotentialausgleich und den zusätzlichen örtlichen Potentialausgleich. Der **Hauptpotentialausgleich (Bild)** muss in allen Gebäuden mit elektrischem Hausanschluss oder mit einer gleichwertigen Versorgungseinrichtung durchgeführt werden. Den **zusätzlichen örtlichen Potentialausgleich** führt man z. B. in Räumen mit Badewanne oder Dusche (Seite 466) durch.

Die **Potentialausgleichsschiene** (Bild) wird bei Kabelanschluss im Hausanschlussraum, bei Freileitungsanschluss meist in der Nähe der Hauptwasserleitung montiert und mit der Anschlussfahne des Fundamenterders verbunden. An der PA-Schiene sind alle metallischen Leitungssysteme, z. B. Frischwasserleitung, Abwasserleitung, Heizungsanlage und Gasinnenleitung, die Antennenanlage und soweit möglich Metallteile der Gebäudekonstruktion anzuschließen (Bild). Der Potentialausgleichsleiter wird an Gas-, Wasser- und Fernwärmeleitungen immer hinter der Trennstelle, z. B. nach Absperrventilen, angeschlossen.

In TN-Systemen wird eine Verbindung mit dem PEN-Leiter, in TT-Systemen und in IT-Systemen mit dem PE-Leiter hergestellt.

Der Leiterquerschnitt der **Hauptpotentialausgleichsleitung** wird nach dem Schutzleiterquerschnitt der stärksten, vom Hausanschluss oder von der Hauptverteilung abgehenden Hauptleitung bemessen.

Der Leiterquerschnitt der Hauptpotentialausgleichsleitung muss dem halben Querschnitt des Hauptschutzleiters entsprechen, mindestens jedoch 6 mm² Kupfer betragen.

Die Aderfarbe für Potentialausgleichsleitungen ist Grüngelb. Bei einadriger Mantelleitung (NYM) oder bei Kabel (NYY) genügt eine dauerhafte grüngelbe Kennzeichnung der Leitungsenden. Querschnitte für Hauptpotentialausgleichsleitungen siehe **Tabelle.**

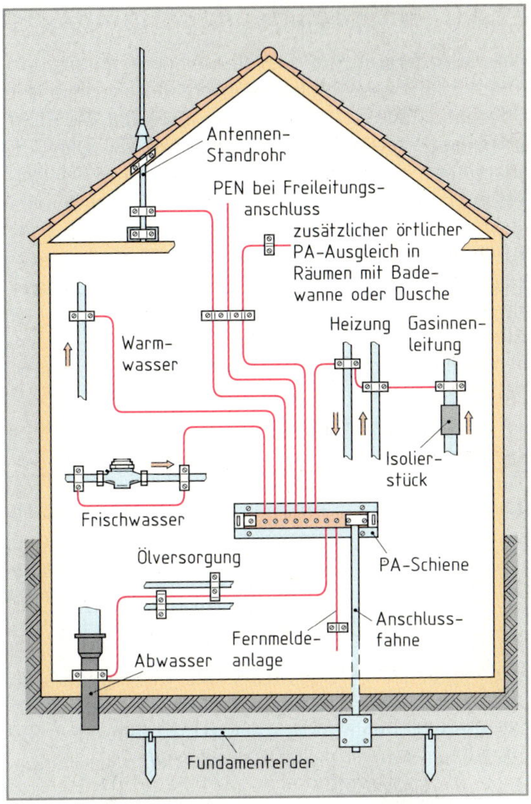

Bild: Hauptpotentialausgleich in Wohngebäuden

Tabelle: Leiterquerschnitte für Hauptpotentialausgleichsleitungen nach DIN VDE 0100 Teil 540

Leiterquerschnitte in mm² Cu		
Außenleiter	Hauptschutzleiter	Hauptpotentialausgleichsleiter
10	10	6
16	16	10
25	16	10
35	16	10
50	25	16
70	35	25
95	50	25

Der Querschnitt der Hauptpotentialausgleichsleitung darf auf 25 mm² begrenzt werden.

Wiederholungsfragen

1 **Nennen Sie Stützpunkte für Niederspannungsfreileitungen.**

2 **Aus welchen Teilen besteht ein Hausanschluss?**

3 **Welche Mindestabmessungen muss ein Hausanschlussraum haben?**

4 **In welcher Tiefe verlegt man Kabel im Erdreich a) im Gehwegbereich, b) unter Fahrbahnen?**

5 **Aus welchen Teilen besteht eine Erdungsanlage?**

6 **Welche Mindestabmessungen sind für den verzinkten Bandstahl eines Fundamenterders vorgeschrieben?**

7 **Welche Anlagenteile müssen durch den Hauptpotentialausgleich miteinander verbunden werden?**

21.4.5 Hauptstromversorgungssysteme

Hauptstromversorgungssysteme bestehen aus den Hauptleitungen und allen Betriebsmitteln nach der Übergabestelle des EVU (Hausanschluss), die nicht gemessene elektrische Energie führen. Die Abdeckungen von Hausanschlusssicherung, Hauptleitungsabzweigkästen und unterem Anschlussraum des Zählerplatzes sind deshalb vom EVU durch **Plomben** verschlossen. Hauptstromversorgungssysteme sind nach DIN 18015 als Strahlennetze auszuführen.

Hauptleitungen sind Drehstromleitungen mit einer Mindestbelastbarkeit von 63 A. Der Leiterquerschnitt muss mindestens 10 mm² Kupfer betragen.

Hauptleitungen verlegt man in leicht zugänglichen Räumen, z. B. in Treppenräumen. Die Leitungen sind oberhalb der Kellerdecke in Rohren, Schächten, Kanälen oder unter Putz zu verlegen. Überstrom-Schutzeinrichtungen für Hauptleitungsabzweige ordnet man in unmittelbarer Nähe der Abzweigstelle in Gehäusen mit getrennten Abdeckungen an. Der Abstand der Abzweigstelle vom Fußboden soll mindestens 0,5 m und nicht mehr als 1,85 m betragen. Mindestbelastbarkeit von Hauptleitungen siehe **Bild 1**.

Messeinrichtungen und Tarifsteuergeräte sind in Zählerschränken **(Bild 2)** zu montieren.

Messeinrichtungen und Steuergeräte müssen frei zugänglich und ohne Hilfsmittel ablesbar sein.

Als Montageort wählt man z. B. den Hausanschlussraum oder Zählernischen (Mindestabmessungen der Zählernischen, siehe **Tabelle**).

Der Abstand der Zählermitte vom Fußboden muss mindestens 1,1 m und darf höchstens 1,85 m betragen (DIN 18015).

Messeinrichtungen sind gegen mechanische Beschädigung, Verschmutzung und Feuchtigkeit zu schützen. Deshalb ist eine Montage in feuergefährdeten Betriebsstätten, in Räumen mit erhöhter Temperatur oder in feuchten Räumen verboten. Im Zählerschrank ist neben den Feldern für die Zähler ein Montageplatz für das **Tarifsteuergerät** vorzusehen, z. B. für den Rundsteuerempfänger oder die Tarifschaltuhr. Vom Steuergerät ist zu jedem Zähler eine Steuerleitung ohne grüngelbe Ader, z. B. NYM-O 7 × 1,5 mm² mit nummerierten Adern, oder ein Leerrohr mit einer lichten Weite von mindestens 29 mm zu verlegen.

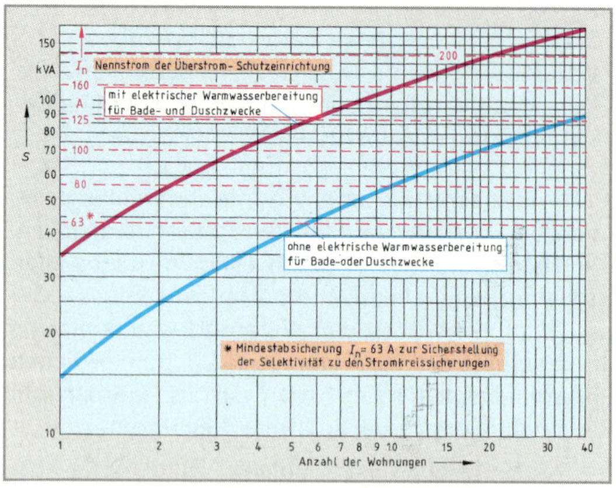

Bild 1: Mindestbelastbarkeit von Hauptleitungen für Wohnungen ohne Elektroheizung

Bild 2: Zählerschrank mit eingebautem Stromkreisverteiler

Tabelle: Mindestabmessungen für Zählernischen nach DIN 18013

Anzahl der Zähler	Zählernische		
	Breite	Tiefe	Höhe[1]
1	300 mm	140 mm	950 mm,
2	550 mm	140 mm	1100 mm,
3	800 mm	140 mm	1250 mm
4	1050 mm	140 mm	oder
5	1300 mm	140 mm	1400 mm

[1] Abhängig von der Bauart des Zählers

Stromkreisverteiler (Bild) dienen dem Verteilen gemessener elektrischer Energie auf die einzelnen Stromkreise.

Stromkreisverteiler in gemeinsamer Umhüllung mit dem Zählerplatz (Bild 2, Seite 460) haben meist sechs Reihen zum Einbau von Schaltgeräten. In Mehrraumwohnungen sind getrennt angeordnete Stromkreisverteiler mindestens zweireihig auszuführen. Jede Einbaureihe darf höchstens zwölf Teilungseinheiten haben, z. B. für den Einbau von LS-Schaltern. Ist der Einbau weiterer Betriebsmittel, z. B. Fehlerstrom-Schutzschalter (RCD), Klingeltransformatoren, Schütze oder Fernschalter vorgesehen, ist ein dreireihiger Verteiler zu empfehlen.

Die Verbindungsleitung vom Zählerplatz zum Stromkreisverteiler ist als Drehstromleitung mit einer Mindestbelastbarkeit von 63 A auszuführen.

Zur Ansteuerung von Tarifschaltgeräten, z. B. Relais zur Steuerung von Zweikreisspeichern, muss eine Steuerleitung mit 7 bezeichneten Adern oder ein Leerrohr vom Zählerplatz bis zum Verteiler mitgeführt werden.

Zum Freischalten der Stromkreisverteiler sind Trennvorrichtungen, z. B. Trennschalter, Fehlerstrom-Schutzschalter oder Hauptsicherungen mit einem Nennstrom von mindestens 63 A einzubauen. Die Art und die Anordnung der Trennvorrichtung sind den TAB des zuständigen EVU zu entnehmen.

Stromkreisverteiler befinden sich meist innerhalb der Wohnung. Damit ergeben sich kurze Leitungswege zu Geräten mit hoher Anschlussleistung, z. B. zum Elektroherd oder Durchlauferhitzer.

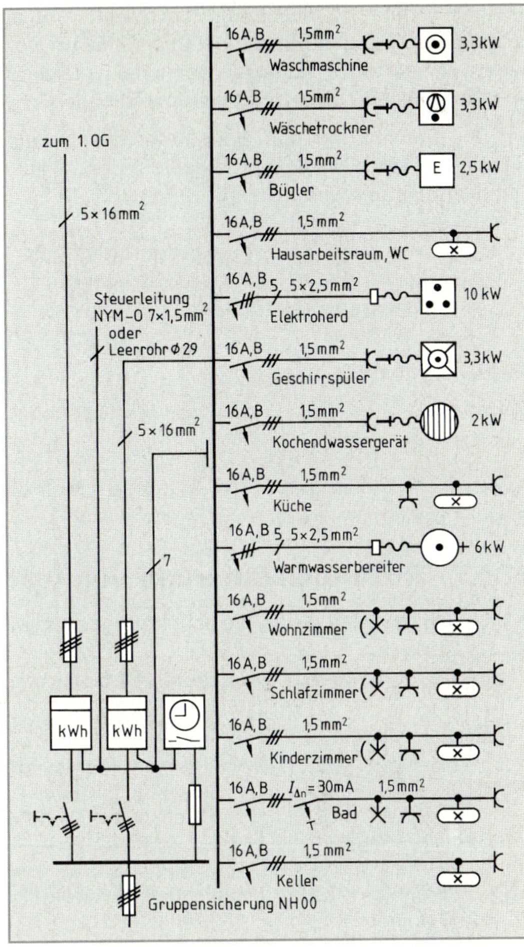

Bild: Hauptleitung, Zähler und Stromkreisverteiler

Die Zahl der Stromkreise soll etwa so groß sein wie die Zahl der Haupträume einer Wohnung. Elektrische Großgeräte mit einer Anschlussleistung über 2 kW müssen eigene Stromkreise erhalten (Bild).

Als Überstrom-Schutzeinrichtungen sind in Stromkreisverteilern LS-Schalter mit einem Schaltvermögen von mindestens 6 kA vorgeschrieben (TAB der VDEW).

Stromkreise für verschiedene Tarife müssen in getrennten Verteilern installiert werden oder sind innerhalb eines Verteilers mindestens durch Stege voneinander zu trennen und abzudecken. Stromkreise verschiedener Kundenanlagen dürfen nicht in demselben Stromkreisverteiler angeordnet sein.

21.5 Bemessung und Schutz von Leitungen und Kabeln

21.5.1 Mechanische Festigkeit und Spannungsfall

Leitungen und Kabel müssen gegen mechanische, thermische und chemische Einflüsse ausreichend geschützt sein. Beim Verlegen an besonders gefährdeten Stellen, z. B. an Treppenabgängen oder in mechanischen Werkstätten, muss die Leitung einen zusätzlichen Schutz durch ein Schutzrohr oder durch eine Verkleidung erhalten.

Leitungen für Leistungs- und Lichtstromkreise müssen bei fester, geschützter Verlegung einen Mindestquerschnitt von 1,5 mm² Kupfer oder 16 mm² Aluminium haben (DIN VDE 0100 Teil 520).

Bei der Ermittlung des Leiterquerschnitts muss neben der zulässigen Strombelastbarkeit I_z von isolierten Kabeln und Leitungen auch der zulässige Spannungsfall berücksichtigt werden **(Tabelle 1)**.

Bei der Berechnung des Spannungsfalls ist die Nennstromstärke der vorgeschalteten Überstrom-Schutzeinrichtung einzusetzen.

Der Spannungsfall an den Leitungen nach der Messeinrichtung darf 3% der Netzspannung nicht übersteigen (DIN 18015).

Tabelle 1: Zulässiger Spannungsfall zwischen der Übergabestelle des EVU und der Messeinrichtung (TAB der VDEW)

Leistungsbedarf	Spannungsfall	Beispiele
bis 100 kVA	≤ 0,5 %	Hausanschluss
über 100 kVA bis 250 kVA	≤ 1 %	Hochhäuser, Krankenhäuser, Schulen, Industrieanlagen
über 250 kVA bis 400 kVA	≤ 1,25 %	
über 400 kVA	≤ 1,5 %	

Berechnung des Spannungsfalls bei:

Gleichstrom:

$$\Delta U = \frac{2 \cdot l \cdot I}{\gamma \cdot A}$$

Einphasenwechselstrom:

$$\Delta U = \frac{2 \cdot l \cdot I \cdot \cos\varphi}{\gamma \cdot A}$$

Drehstrom:

$$\Delta U = \frac{\sqrt{3} \cdot l \cdot I \cdot \cos\varphi}{\gamma \cdot A}$$

ΔU Spannungsfall
l Leitungslänge
I Stromstärke
γ Leitfähigkeit
A Leiterquerschnitt
$\cos\varphi$ Leistungsfaktor

21.5.2 Strombelastbarkeit von fest verlegten Kabeln und Leitungen

In DIN VDE 0298 Teil 4 sind die acht Verlegearten A1, A2, B1, B2, C, E, F und G festgelegt **(Tabelle 2)**.

Tabelle 2: Verlegearten von Kabeln und isolierten Leitungen DIN VDE 0298 Teil 4 (Auszug)

Verlegeart		Verlegebedingungen (Beispiele)
A1	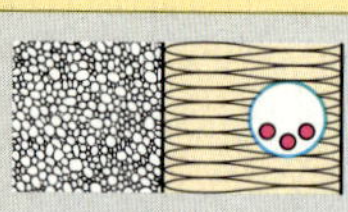	**Verlegung in wärmegedämmten Wänden** • Aderleitungen im Elektroinstallationsrohr, • Aderleitungen in Formleisten oder in Formteilen.
A2	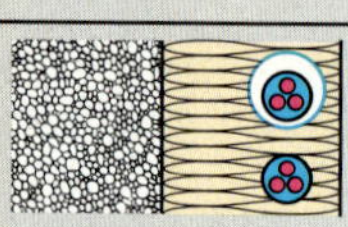	• Mehradrige Kabel oder mehradrige Mantelleitungen im Elektroinstallationsrohr, • mehradrige Kabel oder mehradrige Mantelleitungen in einer wärmegedämmten Wand.
B1	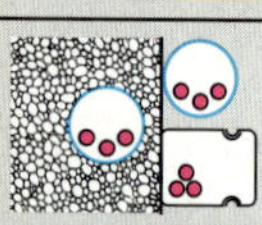	**Verlegung in Elektroinstallationsrohren** • Aderleitungen im Elektroinstallationsrohr auf oder in der Wand, • Aderleitungen, einadrige Kabel oder Mantelleitungen im Elektroinstallationskanal.
B2	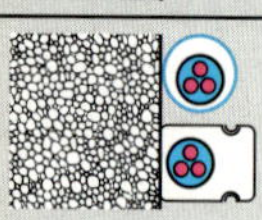	• Mehradrige Kabel oder Mantelleitungen im Elektroinstallationsrohr auf der Wand, • mehradrige Kabel oder Mantelleitungen im Elektroinstallationskanal, • mehradrige Kabel oder Mantelleitungen im Sockelleisten- oder im Unterflurkanal.
C	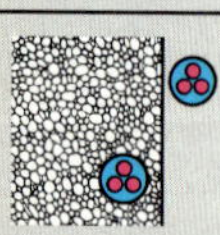	**Verlegung direkt auf dem Untergrund (Wand)** • Ein- oder mehradrige Kabel oder Mantelleitungen auf oder in der Wand oder unter der Decke, • Stegleitungen im und unter Putz.
E	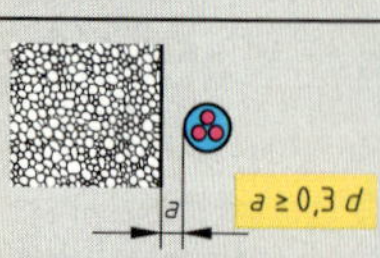	**Verlegung frei in der Luft** • Mehradrige Kabel oder mehradrige Mantelleitungen frei in der Luft verlegt mit einem Abstand zur Wand $a \geq 0{,}3 \cdot$ Kabel- oder Leitungsdurchmesser d, • Kabel oder Leitungen auf gelochten Kabelrinnen oder auf Kabelkonsolen.
F	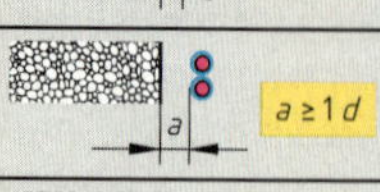	• Einadrige Kabel oder einadrige Mantelleitungen verlegt mit gegenseitiger Berührung und einem Mindestabstand $a \geq 1 \cdot d$ zur Wand.
G	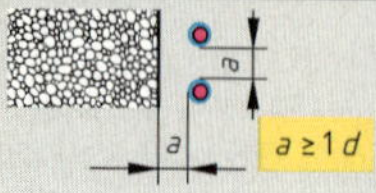	• Einadrige Kabel oder einadrige Mantelleitungen verlegt mit einem gegenseitigen Mindestabstand $a \geq 1 \cdot d$ und einem Mantelabstand $a \geq 1 \cdot d$ zur Wand, • Blanke Leiter oder Aderleitungen auf Isolatoren.

21.5.3 Schutz von Kabeln und Leitungen gegen zu hohe Erwärmung

Überstrom-Schutzeinrichtungen schützen Kabel und Leitungen gegen Überlastung und gegen Kurzschluss. In fehlerfreien Stromkreisen treten Überlastströme durch eine zu hohe Verbraucherleistung auf. Kurzschlussströme entstehen in Stromkreisen bei nahezu widerstandslosem Fehler (Kurzschluss) zwischen zwei Punkten, die betriebsmäßig gegeneinander unter Spannung stehen. In elektrischen Anlagen sind deshalb Schutzeinrichtungen vorzusehen, die Überlast- und Kurzschlussströme unterbrechen, ehe sie eine für die Leiterisolation oder für die Umgebung schädliche Erwärmung hervorrufen.

Zuordnung von Überstrom-Schutzeinrichtungen zu den Nennquerschnitten isolierter Kabel und Leitungen. Die in **Tabelle 1** angegebenen **Bemessungswerte** I_r für die Strombelastbarkeit von Kabeln und Leitungen gelten für eine Umgebungstemperatur von 30 °C. Bei abweichenden Betriebsbedingungen, z. B. bei höherer Temperatur als 30 °C oder bei Häufungen, muss man die **Strombelastbarkeit** I_Z der Leitung berechnen (Beispiel Seite 464). Dabei multipliziert man den Bemessungswert I_r mit dem Umrechnungsfaktor f_1 für abweichende Temperaturen aus **Tabelle 1, Seite 464,** und bei Häufungen mit dem Umrechnungsfaktor f_2 aus **Tabelle 2, Seite 464** oder **Tabelle 3, Seite 464.**

Die Nennströme I_n von Überstrom-Schutzeinrichtungen, deren Abschaltstrom I_a kleiner oder höchstens gleich groß ist wie das 1,45fache ihres Nennstromes, z. B. bei LS-Schaltern Typ B und C oder bei Ganzbereichssicherungen gL, lassen sich wie folgt ermitteln: Ihr Nennstrom I_n muss kleiner oder höchstens gleich groß sein wie die Strombelastbarkeit I_z der Leitung ($I_n \leq I_Z$). Die Nennströme von Schutzeinrichtungen mit einem Abschaltstrom $I_a > 1{,}45 \cdot I_n$ muss man nach **Tabelle 2** berechnen.

Tabelle 1: Bemessungswert I_r der Strombelastbarkeit von Kabeln und Leitungen für feste Verlegung in Gebäuden in den Verlegearten A1, A2, B1, B2, C und E bei einer Umgebungstemperatur von 30 °C — DIN VDE 0298 Teil 4 (Auszug)

Verlegeart	A1		A2		B1		B2		C		E	
belastete Adern	2	3	2	3	2	3	2	3	2	3	2	3
Nennquerschnitt in mm² Cu	Bemessungswert I_r der Strombelastbarkeit in A für PVC-isolierte Kabel und Leitungen mit einer Betriebstemperatur am Leiter bis 70 °C											
1,5	15,5	13,5	15,5	13	17,5	15,5	16,5	15	19,5	17,5	22	18,5
2,5	19,5	18	18,5	17,5	24	21	23	20	27	24	30	25
4	26	24	25	23	32	28	30	27	36	32	40	34
6	34	31	32	29	41	36	38	34	46	41	51	43
10	46	42	43	39	57	50	52	46	63	57	70	60
16	61	56	57	52	76	68	69	62	85	76	94	80
25	80	73	75	68	101	89	90	80	112	96	119	101
35	99	89	92	83	125	110	111	99	138	119	148	126

Bemessungswerte I_r für die Verlegearten F und G siehe Tabellenbuch Elektrotechnik und DIN VDE 0298 Teil 4

Tabelle 2: Strombelastbarkeit I_Z und Nennstrom I_n der Überstrom-Schutzeinrichtung

Berechnung der Strombelastbarkeit I_Z bei abweichender Umgebungstemperatur oder bei Häufung von Leitungen:	Berechnung des Nennstromes I_n von Überstrom-Schutzeinrichtungen mit einem Abschaltstrom von: $I_a \leq 1{,}45 \cdot I_n$	$I_a > 1{,}45 \cdot I_n$
$I_Z = I_r \cdot f_1 \cdot f_2$	$I_n \leq I_Z$	$I_n \leq \frac{1{,}45}{\chi} \cdot I_Z$

- I_Z Strombelastbarkeit der Leitung bei abweichenden Betriebsbedingungen
- I_r Bemessungswert der Strombelastbarkeit der Leitung nach Tabelle 1
- I_n Nennstrom der Überstrom-Schutzeinrichtung
- I_a Abschaltstrom der Überstrom-Schutzeinrichtung
- f_1 Umrechnungsfaktor bei abweichender Umgebungstemperatur (Tabelle 1, Seite 464)
- f_2 Umrechnungsfaktor bei Häufung von Leitungen (nach Tabelle 2 oder 3, Seite 464)
- χ Faktor zur Berechnung des Auslösestromes

Beispiele für χ-Faktoren: LS-Schalter Typ B und C: $\chi = 1{,}45$; Typ K: $\chi = 1{,}2$; Typ L 16 A (nur in Altanlagen): $\chi = 1{,}75$

Beispiel: Die Zuleitung zu einer CEE-Steckdose ist in Mantelleitung NYM 5 × 2,5 mm² Kupfer ausgeführt und zusammen mit 3 weiteren Drehstromleitungen in einem Elektroinstallationskanal verlegt. Die Umgebungstemperatur beträgt 25 °C. Mit welcher Nennstromstärke darf die Mantelleitung abgesichert werden?

Lösung: Aus der Tabelle 2, Seite 462, entnimmt man die Verlegeart, aus den Tabellen der Seiten 463 und 464 den Bemessungswert I_r der Strombelastbarkeit und die Werte der Umrechnungsfaktoren f_1 und f_2.

Aus Tabelle 2, Seite 462: Verlegeart B2.

Aus Tabelle 1, Seite 463: Bemessungswert I_r der Strombelastbarkeit bei drei belasteten Adern: $I_r = 20$ A.

Aus Tabelle 1, Seite 464: Umrechnungsfaktor f_1 für 25 °C und PVC-Isolation: $f_1 = 1{,}06$.

Aus Tabelle 2, Seite 464: Umrechnungsfaktor f_2 für Häufung (4 Leitungen): $f_2 = 0{,}65$.

$I_Z = I_r \cdot f_1 \cdot f_2 = 20\ \text{A} \cdot 1{,}06 \cdot 0{,}65 = 13{,}8\ \text{A}$. Die Leitung darf mit einem LS-Schalter Typ C 13 A oder mit einer Schmelzsicherung gL 10 A abgesichert werden.

Tabelle 1: Umrechnungsfaktoren f_1 für abweichende Umgebungstemperaturen nach DIN VDE 0298 Teil 4 (Auszug)

Zulässige Betriebstemperatur am Leiter in °C (Grenzwert des Isolierwerkstoffes)	Umgebungstemperatur												
	10	15	20	25	30	35	40	45	50	55	60	65	70
60 °C, z. B. Kautschuk*, ERP**	1,29	1,22	1,15	1,08	1,0	0,91	0,82	0,71	0,58	0,41	–	–	–
70 °C, z. B. PVC	1,22	1,17	1,12	1,06	1,0	0,94	0,87	0,79	0,71	0,61	0,5	0,35	–

* Natürlicher Kautschuk (NR) oder synthetischer Kautschuk (SR); ** Ethylen-Propylen-Kautschuk

Tabelle 2: Umrechnungsfaktoren f_2 für Häufung von Kabeln oder Leitungen auf der Wand, im Rohr oder Kanal oder auf dem Fußboden nach DIN VDE 0298 Teil 4 (Auszug)

Anordnung der Leitungen		Anzahl der mehradrigen Leitungen oder Anzahl der Wechsel- oder Drehstromkreise aus einadrigen Leitungen									
		1	2	3	4	5	6	7	8	9	10
Gebündelt direkt auf der Wand, dem Fußboden, im Elektroinstallationsrohr oder -kanal, auf oder in der Wand	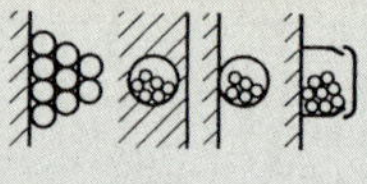	1,0	0,8	0,7	0,65	0,6	0,57	0,54	0,52	0,5	0,48
Einlagig auf der Wand oder auf dem Fußboden ohne Zwischenraum		1,0	0,85	0,79	0,75	0,73	0,72	0,72	0,71	0,7	0,7
Einlagig auf der Wand oder auf dem Fußboden mit Zwischenraum	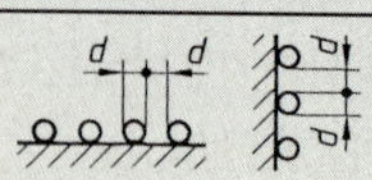	1,0	0,94	0,9	0,9	0,9	0,9	0,9	0,9	0,9	0,9

Tabelle 3: Umrechnungsfaktoren f_2 für Häufungen von mehradrigen Kabeln oder Leitungen auf Kabelrinnen oder Kabelkonsolen nach DIN VDE 0298 Teil 4 (Auszug)

Verlegeanordnung Verlegeart E und F		Anzahl der Rinnen/Konsolen	Anzahl der mehradrigen Kabel oder Leitungen					
			1	2	3	4	6	9
Ungelochte Kabelrinnen	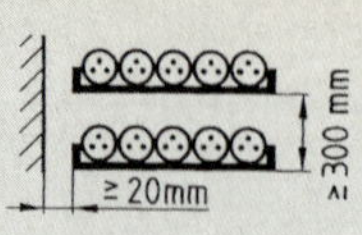	1	0,97	0,84	0,78	0,75	0,71	0,68
		2	0,97	0,83	0,76	0,72	0,68	0,63
		3	0,97	0,82	0,75	0,71	0,66	0,61
Kabelkonsolen Auflagefläche ≤ 10 %	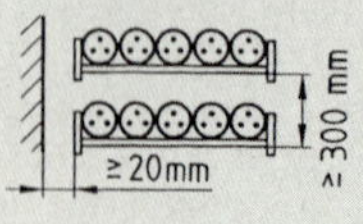	1	1,0	0,87	0,82	0,8	0,79	0,78
		2	1,0	0,86	0,81	0,78	0,76	0,73
		3	1,0	0,85	0,79	0,76	0,73	0,70

Anordnung der Schutzeinrichtungen. Schutzeinrichtungen gegen Überlastung müssen am Anfang des Stromkreises und an jeder Stelle vorhanden sein, an der sich die Strombelastbarkeit I_Z der Leitung verringert (DIN VDE 0100 Teil 430). Überlastsicherungen dürfen jedoch im Zuge einer Leitung beliebig versetzt werden, wenn die Leitung oder das Kabel vor der Schutzeinrichtung gegen Kurzschluss geschützt ist und keine Abzweige oder Steckvorrichtungen enthält. Ein Versetzen der Überlastsicherung bis zu 3 m ist erlaubt, wenn die Leitung kurzschluss- und erdschlusssicher sowie nicht in der Nähe von brennbaren Stoffen verlegt wird. Als kurzschluss- und erdschlusssicher gelten z. B. Strombahnen oder einadrige Leitungen, die in getrennten Kabelkanälen oder Kunststoffrohren geführt sind.

Der Schutz gegen Überlastung darf entfallen, wenn mit Überlastströmen nicht gerechnet werden muss, z. B. in Steuerstromkreisen, oder wenn im Stromkreis keine Steckvorrichtungen oder Abzweige enthalten sind, z. B. in Verbindungsleitungen zwischen elektrischen Maschinen und den dazugehörenden Anlassern. Aus Sicherheitsgründen verzichtet man ferner auf Überlastsicherungen z. B. in Sekundärstromkreisen von Stromwandlern, in Stromkreisen von Hubmagneten, in Erregerstromkreisen umlaufender Maschinen und in Sicherheitsstromkreisen.

Kurzschlussschutz. Ein Kurzschluss kann zu Stromstärken führen, welche die Dauerbelastbarkeit der Leitungen und Kabel um ein Vielfaches überschreiten. Im Gegensatz zur Überlastung entsteht in den Leitern bei einem Kurzschluss die Wärme so schnell, dass eine Wärmeableitung nach außen nicht rasch genug möglich ist. Die durch den Kurzschluss hervorgerufene Stromwärme wird dann im Leiter gespeichert. Steigt die Temperatur des Leiters erheblich über die zulässige Grenztemperatur der Leiterisolation, zerstört sie die Isolation. Deshalb sind als Schutz bei Kurzschluss Schutzeinrichtungen vorzusehen, die den Stromkreis unterbrechen, bevor eine schädliche Temperatur für die Leiterisolation, an den Anschluss- oder Verbindungsstellen oder in der Umgebung von Leitungen und Kabeln, auftritt.

Schutzeinrichtungen müssen den Stromkreis bei Kurzschluss selbsttätig unterbrechen, bevor die Grenztemperatur der Leiterisolation erreicht ist.

Die bei vollkommenem Kurzschluss auftretende Stromstärke muss entweder berechnet, an einem Netzmodell des EVU untersucht oder in der Anlage gemessen werden (Seite 262). Das Schaltvermögen von Kurzschluss-Schutzeinrichtungen muss mindestens der größten Stromstärke bei vollkommenem Kurzschluss entsprechen. Die Ausschaltzeit der Schutzeinrichtung darf dabei die Zeit nicht überschreiten, in welcher der Kurzschlussstrom den Leiter auf die Grenztemperatur erwärmen würde. Die zulässige Ausschaltzeit für Kurzschlüsse mit einer Dauer bis 5 Sekunden kann man mit den in der **Tabelle** angegebenen Materialbeiwerten berechnen.

Die vorgeschaltete Überstrom-Schutzeinrichtung muss vor Ablauf der zulässigen Ausschaltzeit abschalten. Die tatsächlichen Ausschaltzeiten von Ganzbereichssicherungen (gL) entnimmt man der Strom-Zeit-Kennlinie aus Bild 1, Seite 44, und für Leitungsschutzschalter Typ B und C aus Bild 2, Seite 90.

Berechnung der Ausschaltzeit:

$$[t] = \left(\frac{\sqrt{s}\cdot A}{mm^2}\cdot\frac{mm^2}{A}\right)^2 = s$$

$$t = \left(k\,\frac{A}{I_k}\right)^2$$

t zulässige Ausschaltzeit bei Kurzschluss
k Materialbeiwert, z. B. bei PVC-isolierten Cu-Leitern 115
A Leiterquerschnitt
I_k Kurzschlussstrom bei vollkommenem Kurzschluss

Tabelle: Materialbeiwerte *k* zur Berechnung der zulässigen Abschaltzeit bei Kurzschluss
nach DIN VDE 0100 Teil 540

Leiterwerkstoff	Werkstoff der Leiterisolierung			
	Gummi	PVC	PE-X[1]	IIK[2]
Cu	141	115	143	134
Al	–	76	94	89

[1] PE-X – Isolierung aus vernetztem Polyethylen
[2] IIK – Isolierung aus Butyl-Kautschuk

Wiederholungsfragen

1 **Welche Verlegeart liegt bei einer unter Putz verlegten Mantelleitung vor?**

2 **In welchen Fällen muss die Strombelastbarkeit I_Z von isolierten Leitungen verringert werden?**

3 **Wodurch unterscheiden sich Teilbereichssicherungen von Ganzbereichssicherungen?**

4 **An welcher Stelle sind im Stromkreis Kurzschluss-Schutzeinrichtungen anzuordnen?**

5 **Geben Sie den zulässigen Spannungsfall hinter einer Messeinrichtung an.**

6 **In welchen Stromkreisen verzichtet man auf den Überlastschutz?**

21.6 Räume und Anlagen besonderer Art

21.6.1 Räume mit Badewanne oder Dusche

Bei elektrischen Installationen in Räumen mit Badewanne oder Dusche unterscheidet man nach DIN VDE 0100 Teil 701 die Bereiche 0, 1, 2 und 3. Durch die Einteilung in diese Bereiche grenzt man Gefahrenzonen ab, in denen durch Feuchtigkeit, durch die Verringerung des elektrischen Widerstandes des menschlichen Körpers und durch Verbindung mit Erdpotential gefährliche Körperströme auftreten können.

> Die elektrische Installation in Räumen mit Badewanne oder Dusche ist so auszuführen, dass Personen nicht durch gefährliche Körperströme gefährdet werden (DIN VDE 0100).

Bereichseinteilung. Bereich 0 umfasst das Innere der Bade- oder Duschwanne **(Bild 1 und 2).** In diesem Bereich besteht der größte Gefährdungsgrad.

Bereich 1 wird durch die senkrechte Fläche um die Bade- bzw. Duschwanne begrenzt (Bild 1 und 2). Bei Duschen ohne Duschwanne verläuft der Bereich 1 entsprechend der Mantelfläche eines Zylinders mit $r = 0{,}6\,\text{m}$ um den Brausekopf.

Bereich 2 schließt seitlich an Bereich 1 mit einer Breite von 0,6 m an **(Sprühbereich).**

Bereich 3 grenzt an den Bereich 2 mit einer Breite von 2,4 m. Die Höhe der Bereiche 1, 2 und 3 beträgt 2,25 m über dem Fußboden.

Bei der Festlegung der Bereiche 2 und 3 um Bade- oder Duschwannen mit fester Trennwand muss die Dicke der Trennwand einbezogen werden (Bild 1).

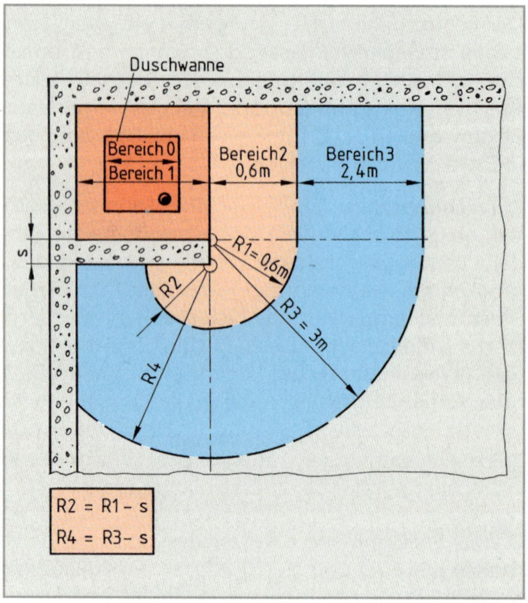

Bild 1: Bereichseinteilung bei Bade- oder Duschwannen mit fester Trennwand

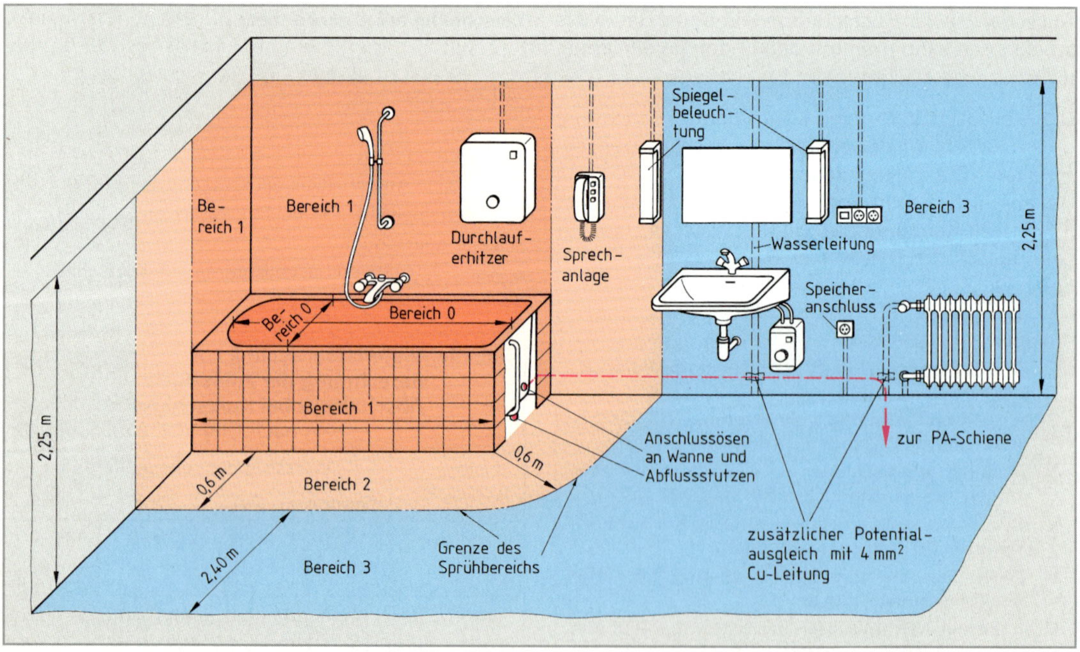

Bild 2: Bereichseinteilung für Räume mit Badewanne oder Dusche und zusätzlichem Potentialausgleich

Verlegen von Leitungen und Kabeln. In Räumen mit Badewanne oder Dusche sind zur Installation Kunststoffkabel NYY, Mantelleitungen NYM und Kunststoffaderleitungen H07V-U in Kunststoffrohren zugelassen. Stegleitungen NYIF dürfen nur im Bereich 3 verlegt werden. In den Bereichen 0, 1 und 2 sind keine Leitungen im oder unter Putz oder hinter Wandverkleidungen erlaubt. Ausgenommen sind Leitungen zu fest montierten Verbrauchsmitteln, z. B. zu Warmwasserbereitern oder Abluftgeräten, wenn die Leitung senkrecht verlegt und direkt von hinten in das Verbrauchsmittel eingeführt wird.

Durch die Bereiche 0, 1, 2 und 3 dürfen keine Leitungen oder Kabel geführt werden, die zur Stromversorgung anderer Räume dienen.

Tabelle: Schutzarten für Betriebsmittel in Räumen mit Badewanne oder Dusche

Bereich	Schutzart und Schutzartzeichen bei Nässebildung durch Betauung: in öffentlichen Bädern und in Sportanlagen (häufig)		im Wohnbereich (selten)	
0	IP X7		IP X7	
1	IP X5		IP X4	[1]
2	IP X5		IP X4	
3	IP X5		IP X1	[2]

[1] bei Auftreten von Strahlwasser IP X5
[2] bei Leuchten genügt IP X0

Bei Installationsarbeiten an der Rückseite von Wänden, die an die Bereiche 1 und 2 grenzen, muss zwischen Leitungen oder Wandeinbaugehäusen und der Wandoberfläche der Bade- oder Duschräume eine Restwanddicke von mindestens 60 mm erhalten bleiben. Dadurch soll verhindert werden, dass bei der Montage von Haltegriffen oder Brausestangen Leitungen oder Wandeinbaugehäuse durch Dübel oder Schrauben beschädigt werden.

Anordnung elektrischer Betriebsmittel. Innerhalb des Bereiches 0 dürfen nur solche Betriebsmittel angewendet werden, die ausdrücklich zur Verwendung in Badewannen zugelassen sind. Sie müssen mit Kleinspannung von höchstens 12 V versorgt werden. Die Stromquelle muss sich außerhalb des Bereiches 0 befinden, z. B. unterhalb der Wanne oder in einem Nebenraum.

In den Bereichen 0, 1 und 2 dürfen keine Steckdosen, Schalter oder Verbindungsdosen montiert werden, ausgenommen sind Einbauschalter in Geräten, die im Bereich 1 oder 2 fest eingebaut sind.

Im **Bereich 3** sind Steckdosen erlaubt, wenn sie einzeln von einem Trenntransformator oder mit Kleinspannung gespeist werden. Im TN-System oder TT-System dürfen Steckdosen direkt am Netz betrieben werden, wenn sie durch RCDs (Fehlerstrom-Schutzeinrichtungen) mit einem Bemessungs-Differenzstrom $I_{\Delta n} \leq 30$ mA geschützt sind. Verbindungsdosen oder Geräteeinbaudosen aus Kunststoff sind im Bereich 3 zulässig.

Im **Bereich 1** dürfen nur ortsfeste Warmwasserbereiter und Abluftgeräte angebracht sein. Im **Bereich 2** sind zusätzlich Leuchten erlaubt. Ruf- und Signalanlagen in den Bereichen 1 und 2 müssen mit Kleinspannung von höchstens 25 V Wechselspannung oder 60 V Gleichspannung betrieben werden. (Geforderte Schutzart der Betriebsmittel: **Tabelle).**

Zusätzlicher Potentialausgleich. In den Bereichen 1, 2 und 3 ist ein zusätzlicher Potentialausgleich durchzuführen (Bild 2, Seite 466). Damit soll Potentialgleichheit innerhalb der Bereiche hergestellt und das Auftreten von gefährlichen Berührungsspannungen verhindert werden. Der Potentialausgleich muss auch in Räumen mit Badewanne oder Dusche ohne elektrische Einrichtungen durchgeführt sein. Durch den zusätzlichen Potentialausgleich sind metallene Bade- oder Duschwannen, der leitfähige Ablaufstutzen, metallene Warm- und Kaltwasserleitungen und sonstige Rohrsysteme aus Metall untereinander zu verbinden. Der Potentialausgleichsleiter muss einen Mindestquerschnitt von 4 mm² Kupfer haben und mit dem Schutzleiter verbunden werden. Die Verbindung kann an zentraler Stelle erfolgen, z. B. im Unterverteiler oder an der Potentialausgleichsschiene. Die Verbindung zur PA-Schiene kann auch über eine leitfähige Wasserleitung erfolgen, wenn diese mit der Potentialausgleichsschiene bereits verbunden ist.

In Kunststoffwannen mit Metallablaufventilen und Kunststoffrohren ist ein Potentialausgleich nicht erforderlich. Türzargen aus Metall, Metallfenster, Metallrahmen von Duschkabinen oder Haltestangen in den Bereichen 1, 2 oder 3 müssen nur dann in den zusätzlichen Potentialausgleich einbezogen werden, wenn der Raum medizinisch genutzt wird.

21.6.2 Überdachte Schwimmbäder und Schwimmbäder im Freien

Befinden sich Schwimmbäder in Räumen, so gilt DIN VDE 0100 Teil 702 nur für den Raum mit dem Schwimmbecken. Die **Schutzbereiche (Bild)** erstrecken sich nur auf den Raum mit dem Schwimmbecken oder auf Schwimmbäder im Freien, jedoch nicht auf benachbarte Räume.

Grenzen der Schutzbereiche. Der **Bereich 0** umfasst das Innere von Schwimmbecken und Fußwaschrinnen. Der **Bereich 1** endet in einem Abstand von 2 m vom Beckenrand, in Schwimmbädern mit Fußwaschrinnen zwei Meter nach der äußeren Kante der Fußwaschrinne. Der **Bereich 2** schließt an Bereich 1 mit einem seitlichen Abstand von 1,5 m an. Die Höhe der Bereiche 1 und 2 beträgt 2,5 m. Sie wird von der Standfläche, z. B. vom Fußboden oder vom Sprungbrett aus gemessen.

Schutzmaßnahmen. Innerhalb der Bereiche 0 und 1 ist als Schutz gegen direktes als auch bei indirektem Berühren die Schutzmaßnahme Kleinspannung (SELV) mit einer Nennspannung bis 12 V Wechselspannung oder bis 30 V Gleichspannung anzuwenden. Die Stromquelle für die Kleinspannungs-Stromkreise muss sich dabei außerhalb der Bereiche 0, 1 und 2 befinden.

In den Bereichen 0, 1 und 2 ist ein zusätzlicher Potentialausgleich durchzuführen. Bei nicht isolierendem Fußboden ist das Metallgeflecht der Potentialsteuerung in den Potentialausgleich einzubeziehen.

Betriebsmittel. In den Bereichen 0 und 1 dürfen keine Installationsgeräte, z. B. Schalter, angebracht werden. Besteht keine Möglichkeit, die Installationsgeräte außerhalb des Bereiches 1 anzuordnen, sind Steckdosen im Abstand von 1,25 m zum Bereich 0 zulässig. Sie müssen einzeln hinter einem Trenntransformator betrieben, oder durch eine RCD (Fehlerstrom-Schutzeinrichtung) mit $I_{\Delta n} \leq 30\,mA$ geschützt sein. In den Bereichen 0 und 1 sind nur fest installierte Geräte erlaubt, die für die Verwendung in Schwimmbädern geeignet sind. Leuchten im Bereich 2 müssen schutzisoliert ausgeführt sein. **(Wasserschutzgrad: Tabelle).**

Leitungen und Kabel. In den Bereichen 0 und 1 dürfen nur Leitungen und Kabel ohne metallene Umhüllungen verlegt werden, z. B. Mantelleitungen NYM oder Kabel NYY. Im Bereich 2 ist das Verlegen von Leitungen in berührbaren Metallrohren verboten.

In den Bereichen 0 und 1 sind nur Kabel und Leitungen zulässig, die für die Versorgung von Geräten in diesen Bereichen erforderlich sind.

Tabelle: Wasserschutzgrad für Betriebsmittel in den Bereichen 0, 1 und 2 nach DIN VDE 0100 Teil 702

Bereich	Wasserschutzgrad	
0	IP X8	
1	IP X4	
	IP X5	bei Reinigung mit Strahlwasser
2	IP X2	bei überdachten Schwimmbädern
	IP X4	bei Schwimmbädern im Freien
	IP X5	bei Reinigung mit Strahlwasser

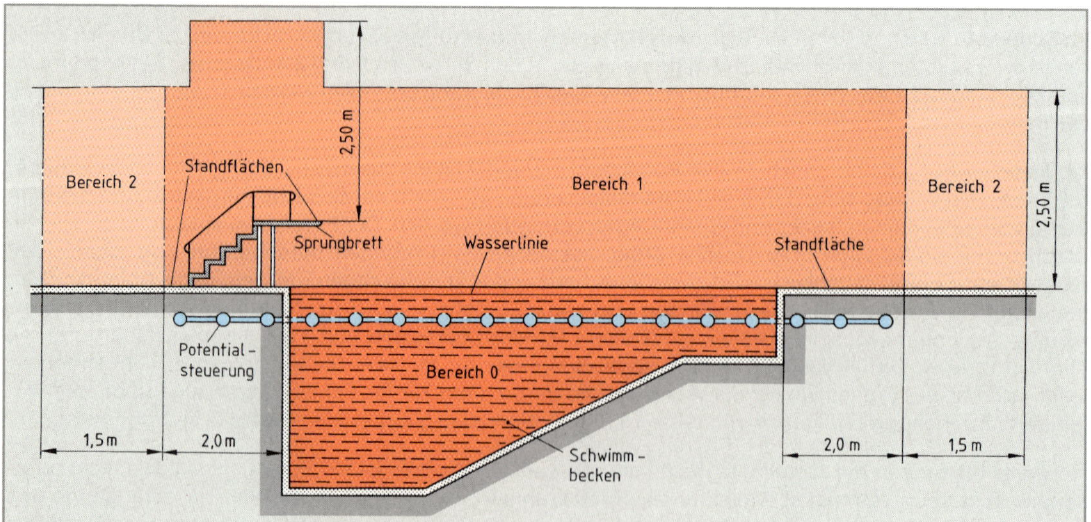

Bild: Bereichseinteilung in Schwimmbädern ohne Fußwaschrinne

21.6.3 Sauna-Anlagen

Heißluftsaunen gelten als trockene Räume, wenn sie nicht abgespritzt werden und nicht innerhalb von feuchten oder nassen Räumen aufgestellt sind. In Heißluftsaunen unterscheidet man die Bereiche 1, 2, 3 und 4 **(Bild 1)**.

Im **Bereich 1** dürfen nur elektrische Betriebsmittel montiert werden, die zu den Sauna-Heizgeräten gehören. Betriebsmittel im **Bereich 2** brauchen keine besonderen Anforderungen an die Wärmefestigkeit erfüllen. Betriebsmittel im **Bereich 3** müssen einer Temperatur von 125 °C standhalten. Im **Bereich 4** sind nur Leuchten mit Überhitzungsschutz und Steuereinrichtungen für Sauna-Heizgeräte mit einer Temperaturfestigkeit von mindestens 125 °C zugelassen.

Kabel und Leitungen in Sauna-Anlagen müssen schutzisoliert sein und dürfen weder Metallmäntel haben noch in metallenen Schutzrohren verlegt sein. Schaltgeräte, die nicht in Sauna-Heizgeräten eingebaut sind, sind außerhalb des Saunaraumes anzubringen.

In Saunaräumen sind die Schutzmaßnahmen Schutz durch Hindernisse oder durch Abstand sowie Schutz durch nichtleitende Räume unzulässig.
In Sauna-Räumen dürfen keine Steckdosen sein.

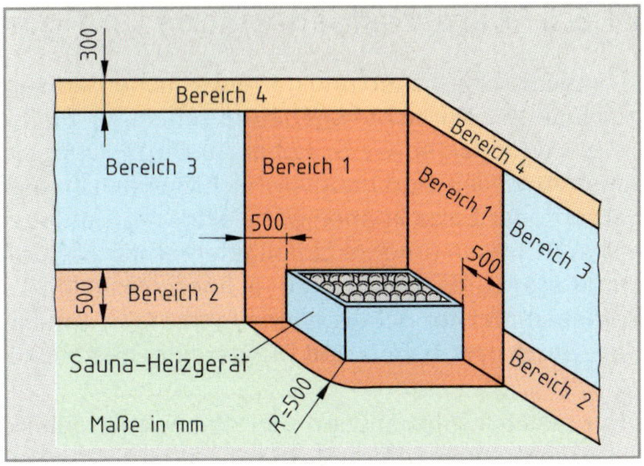

Bild 1: Bereichseinteilung in Heißluftsaunen

21.6.4 Baustellen

Auf Baustellen sind alle Betriebsmittel von besonderen Speisepunkten aus zu versorgen (DIN VDE 0100 Teil 704). Speisepunkte sind **Baustromverteiler (Bild 2),** Abzweige von ortsfesten Verteilungen, steckbare Verteiler mit höchstens zwei Steckdosen, die durch eine RCD (Fehlerstrom-Schutzeinrichtung) mit $I_{\Delta n} \leq 30$ mA geschützt sind oder Ersatzstromerzeuger.

Baustellen dürfen nicht über Steckvorrichtungen von Hausinstallationen versorgt werden.

Hinter dem Speisepunkt für Baustellen dürfen die Netzsysteme TN-S-System, TT-System oder IT-System angewendet werden.

Bei Steckdosenstromkreisen bis 16 A darf der Bemessungs-Differenzstrom der RCD (Fehlerstrom-Schutzeinrichtung) $I_{\Delta n} \leq 30$ mA betragen, bei allen anderen Steckdosenstromkreisen $I_{\Delta n} \leq 500$ mA.

Baustromverteiler müssen der Schutzart IP 43 entsprechen und durch einen Hauptschalter freischaltbar sein. Bewegliche Leitungen sind mindestens in der Bauart H07RN-F auszuführen.

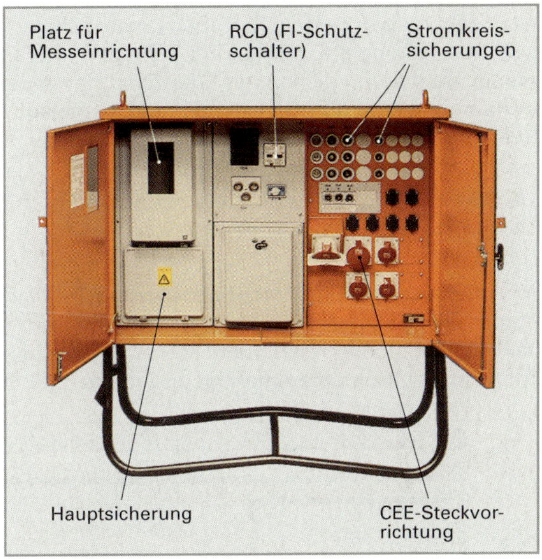

Bild 2: Baustromverteiler als Anschluss- und Verteilerschrank

Tabelle: Schutzarten und Ausführung von Betriebsmitteln für den Einsatz auf Baustellen

Betriebsmittel	Schutzart bzw. Ausführung
Installationsschalter	IP X4
Steckvorrichtungen	IP X4, Isolierstoffgehäuse
Abzweigdosen	IP X4
Steckvorrichtungen, 2-polig	für erschwerte Bedingungen (DIN VDE 0620)
Leuchten	IP X3
Handleuchten	IP X5
Elektr. Handwerkzeuge	schutzisoliert

21.6.5 Landwirtschaftliche und gartenbauliche Anwesen

In landwirtschaftlichen und gartenbaulichen Anwesen unterscheidet man Wohngebäude und Wirtschaftsgebäude. Als **Wirtschaftsgebäude** gelten z.B. Ställe, Brut- und Aufzuchträume, Räume zur Futtervorbereitung, Heuböden sowie Speicher für Stroh, Düngemittel und Getreide. Wirtschaftsgebäude in gartenbaulichen Anwesen sind hauptsächlich Gewächshäuser. Feuchtigkeit, Staub, chemisch angreifende Dämpfe, Säuren oder Salze können auf elektrische Betriebsmittel einwirken. Dadurch bestehen in landwirtschaftlichen Anwesen erhöhte Unfallgefahren für Menschen und Nutztiere. In Gewächshäusern z.B. ist ständig mit großer Luftfeuchtigkeit zu rechnen. Deshalb ist dort neben dem mechanischen Schutz der elektrischen Betriebsmittel der Schutz gegen Eindringen von Feuchtigkeit besonders wichtig. Durch die Lagerung von Heu, Stroh bzw. Futter- und Düngemittel besteht zusätzlich eine erhöhte Brandgefahr.

Für die Elektroinstallation von Wohngebäuden in landwirtschaftlichen und gartenbaulichen Anwesen gelten die allgemeinen Bestimmungen für die Hausinstallation nach DIN 18015.

Für die feste Installation sind die Netzsysteme TN-, TT- und IT-System zugelassen (DIN VDE 0100 Teil 705). Bei Anwendung des TN-Systems in Räumen oder Orten mit Brandgefahr, z.B. in Ställen, Vorratsschuppen oder Scheunen, ist die elektrische Anlage als TN-S-System auszuführen, d.h., Neutralleiter und Schutzleiter werden getrennt verlegt. Setzt man Schutzmaßnahmen bei indirektem Berühren durch automatische Abschaltung ein, z.B. das TN-S-System mit RCD (Fehlerstrom-Schutzeinrichtung), so ist für Bereiche, die der Tierhaltung dienen, als Grenzwert der dauernd zulässigen Berührungsspannung U_L = 25 V Wechselspannung oder 60 V Gleichspannung festgelegt. In allen anderen Bereichen, z.B. in Wohngebäuden, ist eine Berührungsspannung U_L = 50 V Wechselspannung bzw. 120 V Gleichspannung zulässig.

In Bereichen für die Tierhaltung beträgt die höchstzulässige Berührungsspannung U_L = 25 V Wechselspannung oder 60 V Gleichspannung.

Potentialausgleich und Potentialsteuerung. Im Standbereich der Tiere müssen alle durch Tiere berührbare Körper der elektrischen Betriebsmittel und sämtliche leitfähigen Teile, z.B. Wasserleitungen, Selbsttränken, Anbindevorrichtungen, Melkanlagen oder Teile der Stahlkonstruktion, durch einen zusätzlichen Potentialausgleich untereinander und mit dem Schutzleiter der Anlage verbunden sein **(Bild)**.

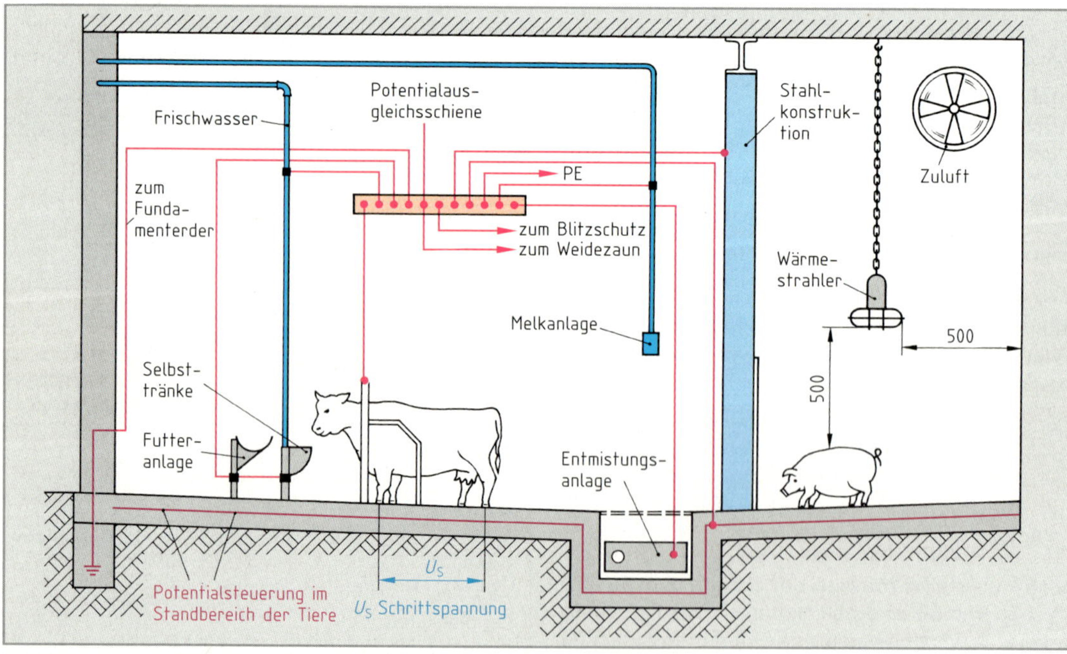

Bild: Potentialausgleich und Potentialsteuerung im Standbereich der Nutztiere

Im Fußboden von Ställen soll eine Potentialsteuerung verlegt sein, z. B. miteinander verschweißte Baustahlmatten. Die Potentialsteuerung ist in den zusätzlichen Potentialausgleich einzubeziehen und mit dem Schutzleiter zu verbinden (Bild Seite 470). Im Fehlerfall wird dadurch die Schrittspannung für die Nutztiere klein gehalten.

Für die feste Installation sind Mantelleitungen (NYM) oder Kabel mit Kunststoffmantel, z. B. NYY, zu verwenden. Leitungen auf Putz müssen an besonders gefährdeten Stellen einen mechanischen Schutz erhalten, z. B. durch Verlegung in Kunststoffpanzerrohren. Innerhalb von Ställen sind Leitungen möglichst außerhalb des Handbereiches zu installieren. Sie sind so zu führen, dass Nutztiere die Leitungen nicht erreichen und nicht beschädigen können.

Leitungen und Kabel, die Orte oder Räume mit Brandgefahr versorgen oder durchqueren, z. B. Lagerräume für Heu und Stroh, müssen gegen Überlast und gegen Kurzschluss geschützt sein. Die Überstrom-Schutzeinrichtungen sind dabei vor den brandgefährdeten Räumen anzuordnen. Sind Leitungen oder Kabel durch Räume geführt, zu deren Stromversorgung sie nicht beitragen, sollen die Leitungen in diesen Räumen keine Verbindungsstellen haben.

Die elektrische Anlage in landwirtschaftlichen oder gartenbaulichen Anwesen ist durch RCDs (Fehlerstrom-Schutzeinrichtungen) mit einem Bemessungs-Differenzstrom $I_{\Delta n} \leq 0{,}5\,A$ zu überwachen. Stromkreise mit Steckdosen sind durch RCDs mit $I_{\Delta n} \leq 30\,mA$ zu schützen.

Elektrische Betriebsmittel für normalen Gebrauch müssen mindestens der Schutzart IP 4X entsprechen. Bei Bedarf sind höhere Schutzarten anzuwenden, z. B. bei Staubanfall mindestens Schutzart IP 5X. Leuchten müssen gegen mechanische Beschädigung geschützt sein. Bei Betriebsmitteln, die mit Kleinspannung versorgt werden, ist der Schutz gegen direktes Berühren mindestens durch die Schutzart IP 2X oder durch ein Isolierstoffgehäuse sicherzustellen.

Motoren, die nicht ständig beaufsichtigt oder über Fernschalter betrieben werden, sind mit einem Motorschutzschalter auszurüsten. In Anlagen mit Intensiv-Tierhaltung, z. B. Betriebe zur Schweinemast, müssen die Lüfter auf mehrere Fehlerstrom-Schutzeinrichtungen verteilt werden, damit beim Auftreten eines Isolationsfehlers nicht alle Lüfter gleichzeitig ausfallen.

21.6.6 Feuergefährdete Betriebsstätten

In feuergefährdeten Betriebsstätten sind zur Vermeidung von Bränden durch Lichtbögen, Isolationsfehler oder durch erhöhte Temperaturen an den Betriebsmitteln, bei der Ausführung der elektrischen Installationen besondere Bestimmungen zu beachten (DIN VDE 0100 Teil 720). Feuergefährdete Betriebsstätten sind z. B. Holzverarbeitungsbetriebe, Papierfabriken, Lagerräume für Heizöl, Holz, Papier, Heu, Stroh oder Zellwollfasern. Im Zweifelsfall sind bei der Einstufung als feuergefährdete Betriebsstätte behördliche Verordnungen zu berücksichtigen, z. B. der Berufsgenossenschaft oder des Verbandes der Sachversicherer (VdS).

Zur Verhütung von Bränden infolge von Isolationsfehlern in festverlegten Leitungen oder Kabeln ist eine der drei folgenden Maßnahmen anzuwenden. Diese Bestimmungen müssen auch eingehalten werden, wenn Leitungen durch feuergefährdete Betriebsstätten hindurchführen oder an der Außenseite von nicht feuerfesten Wänden verlegt sind.

1. Auswahl der Überstrom-Schutzeinrichtung und der Leitung. Der Leiterquerschnitt muss bei dieser **Brandschutzmaßnahme** so bemessen werden, dass bei einem vollkommenen Kurzschluss am Ende der Leitung die vorgeschaltete Überstrom-Schutzeinrichtung innerhalb von 5 Sekunden abschaltet ($I \geq I_a$, **Bild**). Die verlegten Leitungen oder Kabel müssen einen Kunststoffmantel aus PVC haben, z. B. Mantelleitungen NYM, aus PE-X (vernetztes Polyethylen) bei Kunststoffkabel NYY oder aus EPR (Ethylen-Propylen-Kautschuk).

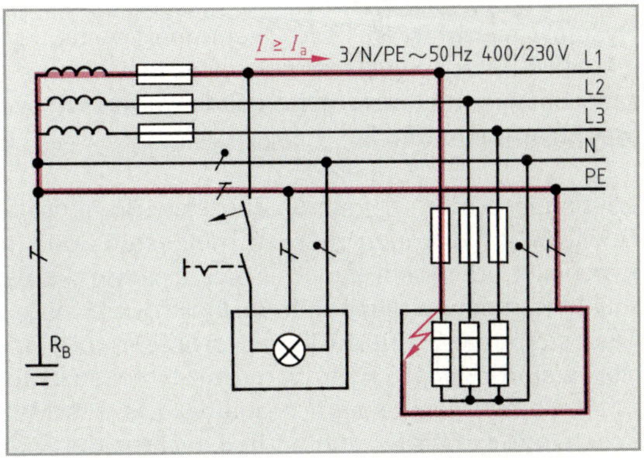

Bild: Brandschutz durch Auswahl der Überstrom-Schutzeinrichtung und der Leitung

2. RCD (Fehlerstrom-Schutzeinrichtung) mit Schutzleiter. Die elektrische Anlage wird durch eine RCD mit einem Bemessungs-Differenzstrom $I_{\Delta n}$ von höchstens 0,5 A überwacht. Innerhalb der Umhüllungen von Leitungen oder Kabeln muss ein Schutzleiter (Überwachungsleiter ü) mitgeführt werden **(Bild 1)**. Als Schutzleiter kann eine isolierte Ader in Mehraderleitungen, ein isolierter oder blanker Leiter in der gemeinsamen Umhüllung mit den Außenleitern und dem Neutralleiter verwendet werden, z. B. bei Verlegung in Kabelkanälen oder in Schutzrohren oder der konzentrische Leiter von Kabeln.

Der besondere Vorteil dieser Maßnahme besteht darin, dass die Fehlerstrom-Schutzeinrichtung nicht nur den Schutz bei indirektem Berühren übernimmt, sondern gleichzeitig gegen Erdschluss schützt. Im Falle eines widerstandsbehafteten Erdschlusses entsteht an der Fehlerstelle eine Wärmeleistung $P = U \cdot I = 230\,\text{V} \cdot 0{,}5\,\text{A} = 115\,\text{W}$. Diese Wärmeleistung reicht normalerweise nicht zur Zündung eines elektrischen Brandes. Ein Fehlerstrom von $I_{\Delta n} \geq 0{,}5\,\text{A}$ löst jedoch die allpolige Abschaltung der Anlage aus.

In feuergefährdeten Betriebsstätten darf der Bemessungs-Differenzstrom $I_{\Delta n}$ der RCD höchstens 0,5 A betragen.

3. Leitungsverlegung mit Schutzabstand. Bei der Leitungsverlegung mit Schutzabstand werden einadrige Mantelleitungen, einadrige Kabel oder je eine PVC-Aderleitung in Schutzrohren getrennt verlegt. Der Einsatz von Schienenverteilern gilt als gleichwertige Verlegungsart. Durch die getrennte isolierte Leitungsführung verhindert man Isolationsfehler, z. B. Kurzschluss oder Erdschluss.

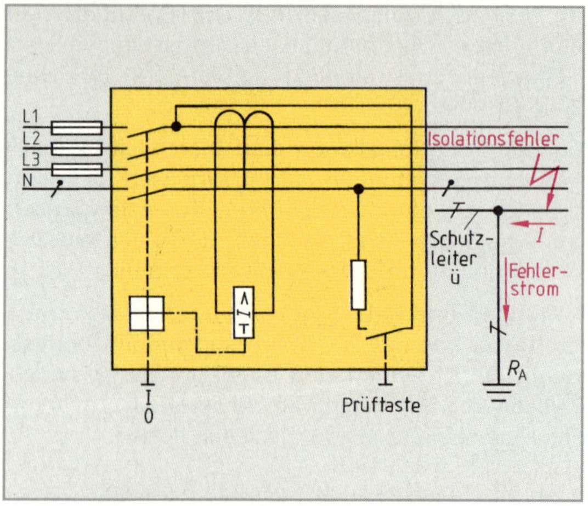

Bild 1: Isolationsüberwachung durch Fehlerstrom-Schutzeinrichtung und Schutzleiter (Überwachungsleiter ü)

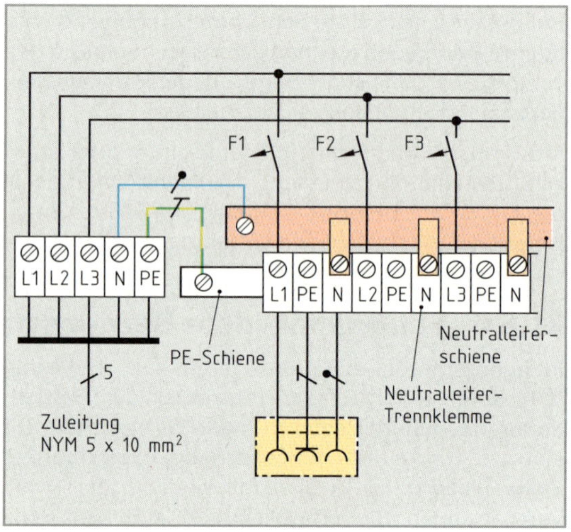

Bild 2: Beispiel einer Klemmenanordnung in Verteilungen für feuergefährdete Betriebsstätten

TN-Systeme sind ab der letzten Verteilung außerhalb der feuergefährdeten Betriebsstätte als TN-S-System auszuführen. Die Neutralleiterschiene des Verteilers muss bei Leiterquerschnitten bis $10\,\text{mm}^2$ Kupfer so gestaltet sein, dass der Isolationswiderstand der abgehenden Leitungen ohne Abklemmen des Neutralleiters gegen Erde gemessen werden kann, z. B. durch den Einbau von **Neutralleiter-Trennklemmen (Bild 2)**.

Leitungen dürfen in feuergefährdeten Betriebsstätten nicht offen, z. B. auf Isolatoren, verlegt werden. Bewegliche Leitungen müssen mindestens der Bauart H07RN-F entsprechen. Motoren, die selbsttätig geschaltet oder nicht dauernd beaufsichtigt werden, sind durch einen Motorschutzschalter zu schützen. Für Maschinen, ausgenommen Elektrowerkzeuge, ist die Schutzart IP 4X, bei Feuergefährdung durch Faserstoffe die Schutzart IP 5X vorgeschrieben. Installationsschalter, Steckvorrichtungen oder Abzweigdosen sind mindestens in Schutzart IP 4X auszuführen. Die Gehäuse von Leuchten müssen aus schwer entflammbarem Werkstoff bestehen, z. B. aus Metall oder Duroplast. In Räumen, die durch Staub oder Faserstoffe gefährdet sind, ist für Leuchten die Schutzart IP 5X erforderlich. Muss mit einer mechanischen Beschädigung der Leuchten gerechnet werden, sind zusätzliche Abdeckungen oder Schutzkörbe anzubringen.

21.6.7 Explosionsgefährdete Bereiche

Explosionsgefährdete Bereiche sind Plätze im Freien oder Räume, in denen bei der Herstellung oder Verarbeitung brennbarer Stoffe, z.B. Benzin, Lack oder Stadtgas, Dämpfe oder Gase entstehen. Diese können in Verbindung mit dem Sauerstoff der Luft ein explosionsfähiges Gemisch bilden. Eine explosionsfähige Atmosphäre kann auch durch eine Konzentration von Stäuben in der Luft auftreten. Durch Schaltlichtbögen oder durch zu hohe Oberflächentemperaturen an Betriebsmitteln kann sich diese explosionsfähige Atmosphäre entzünden.

Bei der Einteilung der explosionsgefährdeten Bereiche durch Gase, Dämpfe oder Nebel unterscheidet man die Zonen 0, 1 und 2, bei Gefährdung durch explosionsfähige Stäube die Zonen 10 und 11.

Zonen mit Gefährdung durch Gase, Dämpfe oder Nebel

Zone 0: Bereiche, in denen eine explosionsfähige Atmosphäre ständig oder über längere Zeit auftritt. In Zone 0 sollen deshalb möglichst keine elektrischen Einrichtungen angebracht sein.

Zone 1: Bereiche, in denen eine explosionsfähige Atmosphäre nur gelegentlich besteht. In Zone 1 dürfen Betriebsmittel eingesetzt werden, die in einer Zündschutzart nach **Tabelle 1** ausgeführt sind.

Zone 2: Bereiche, in denen eine explosionsfähige Atmosphäre nur selten und auch nur kurzzeitig auftritt.

Tabelle 1: Zündschutzart schlagwetter- und explosionsgeschützter Betriebsmittel nach DIN VDE 0170/171

Kurzzeichen	Zündschutzart	Anwendungsbeispiele
d	Druckfeste Kapselung	Verteilungen, Leuchten
e	Erhöhte Sicherheit	Motoren, Schalter
q	Standkapselung	Kondensatoren
ia, ib	Eigensicherheit	Mess- und Grenzwertgeber
o	Ölkapselung	Transformatoren, Schütze
p	Überdruckkapselung	Verteilungen, Motoren

In Zone 2 sind Betriebsmittel für die Zonen 0 und 1 zugelassen, außerdem solche Betriebsmittel, deren Eignung für den Einsatz in der Zone 2 durch eine Baumuster-Prüfbescheinigung nachgewiesen ist.

Zonen mit Gefährdung durch brennbare Stäube

Zone 10: Bereiche, in denen eine explosionsfähige Atmosphäre häufig oder langzeitig auftritt. In Zone 10 dürfen nur Betriebsmittel eingesetzt werden, die durch Baumuster-Prüfbescheinigung für diese Zone zugelassen sind.

Zone 11: Bereiche, in denen eine explosionsfähige Atmosphäre nur gelegentlich oder kurzzeitig, z.B. durch Aufwirbeln von Staub, vorkommt. In Zone 11 ist keine Prüfbescheinigung erforderlich.

Tabelle 2: Temperaturklassen und höchstzulässige Oberflächentemperaturen DIN VDE 0165

Temperaturklasse	T1	T2	T3	T4	T5	T6
Höchstzulässige Oberflächentemperatur in °C	450	300	200	135	100	85
Zündtemperatur der brennbaren Stoffe in °C	> 450	> 300	> 200	> 135	> 100	> 85

Die Oberflächentemperatur der Betriebsmittel darf keine Werte erreichen, die zur Zündung des aufgewirbelten Staubes führen kann. Steckvorrichtungen sind immer so anzuordnen, dass die Einführungsöffnung für den Stecker nach unten zeigt. Das Einstecken oder Ziehen des Steckers darf nur im spannungslosen Zustand möglich sein. Diese Forderung kann z.B. durch eine Kombination aus Schalter und Steckdose erreicht werden.

Kennzeichnung der Betriebsmittel. Schlagwettergeschützte Betriebsmittel werden durch das Kennzeichen **EExI,** explosionsgeschützte Betriebsmittel durch das Zeichen **EExII** gekennzeichnet. Ein Kleinbuchstabe kennzeichnet die Schutzart (Tabelle 1). Zusätzlich wird das Kurzzeichen der Temperaturklassen **(Tabelle 2),** die Explosionsgruppe und die Schutzart für den Fremdkörper- und den Wasserschutz angegeben.

21.6.8 Medizinisch genutzte Räume

Als medizinisch genutzte Räume bezeichnet man Räume, in denen ärztliche Untersuchungen, Massagen oder Behandlungen an Menschen oder Tieren durchgeführt werden.

Medizinisch genutzte Räume teilt man in **Anwendungsgruppen** (AWG) ein **(Tabelle)**.

In den Räumen der **AWG 0** dürfen nur systemunabhängige elektromedizinische Geräte verwendet werden. Zulässig ist auch der Einsatz von Geräten, die für eine Anwendung außerhalb medizinisch genutzter Räume zugelassen sind.

In den Räumen der **AWG 1** führt man mit systemabhängigen elektromedizinischen Geräten Untersuchungen oder Behandlungen durch, die bei Ausfall der Stromversorgung ohne Gefahr für den Patienten abgebrochen oder wiederholt werden können, z. B. Messen der Herztätigkeit mit dem Elektrokardiograph (EKG).

Tabelle: Anwendungsgruppen und Schutzmaßnahmen in medizinisch genutzten Räumen nach DIN VDE 0107

Anwendungsgruppe (AWG)	Beispiele	Schutzmaßnahmen
AWG 0	Bettenräume, Operations-Waschräume, Sterilisationsräume	Schutzisolierung, Kleinspannung SELV, PELV und FELV RCD mit $I_{\Delta n} \leq 30\,mA$
AWG 1	Praxisräume, Entbindungsräume, Intensivuntersuchungsräume, chirurgische Ambulanzen	Schutzisolierung, Kleinspannung SELV und PELV bis AC 25 V, DC 60 V, RCD mit $I_{\Delta n} \leq 30\,mA$[1], IT-System
AWG 2	Operations- und -Vorbereitungsräume, Aufwachräume, Intensiv-Behandlungsstationen, Endoskopieräume	Schutzisolierung, Kleinspannung SELV und PELV bis AC 25 V, DC 60 V, RCD mit $I_{\Delta n} \leq 30\,mA$[1], IT-System

[1] Die Auslösezeit der Fehlerstrom-Schutzeinrichtung muss kleiner als 40 ms sein.

In den Räumen der **AWG 2** werden Untersuchungen oder Behandlungen durchgeführt, die nicht abgebrochen werden können, ohne das Leben oder die Gesundheit der Patienten zu gefährden. Dort darf deshalb ein Stromkreis beim Auftreten des ersten Körperschlusses noch nicht ausfallen. Das Versorgungsnetz muss deshalb als IT-System mit Isolationsüberwachung ausgeführt sein. Bei Netzausfall wird auf eine **Sicherheitsstromversorgung** umgeschaltet.

In der Tabelle sind die für die Anwendungsgruppen vorgeschriebenen Schutzmaßnahmen angegeben.

Die Elektroinstallation muss in Räumen, in denen Körperaktionsspannungen gemessen werden, z. B. in EKG- oder Operationsräumen, so ausgeführt sein, dass keine Störungen durch elektrische Fernwirkungen auf die elektromedizinischen Messeinrichtungen übertragen werden. Diese Forderung kann erfüllt werden durch die Verwendung von Leitungen mit leitfähigen, abschirmenden Umhüllungen oder durch eine Verlegung in metallenen Installationskanälen. Die leitfähigen Umhüllungen der Leitungen, oder die Teilstücke der Installationskanäle müssen untereinander und mit dem Potentialausgleichsleiter gut leitend verbunden sein, z. B. durch gelötete Drahtbrücken oder durch Schweißpunkte. Die Verlegung abgeschirmter Leitungen kann entfallen, wenn in Wände, Decken und in die Fußböden der zu schützenden Räume eine isoliert verlegte **Abschirmfolie** angebracht wird (Bild, Seite 475).

Stromkreisverteiler oder Verteilerabschnitte zur Versorgung der IT-Systeme in Räumen der **AWG 2** müssen über zwei Zuleitungen eingespeist werden. Die erste Leitung geht von der Sammelschiene des Hauptverteilers ab, die der Sicherheitsstromversorgung dient. Die zweite Leitung wird aus dem Netz gespeist. Stromkreisverteiler müssen außerhalb medizinisch genutzter Räume angebracht und jederzeit zugänglich sein. Stromkreise für Räume der AWG 0 und 1 sowie für nicht medizinisch genutzte Räume sind in getrennten Verteilern anzuordnen. Beide Verteiler dürfen in einem gemeinsamen Gehäuse untergebracht sein, wenn sie durch eine Zwischenwand getrennt sind und eigene Abdeckungen haben. Zur Prüfung des Isolationswiderstandes sind **Neutralleiter-Trennklemmen** vorzusehen.

Jeder Raum der Anwendungsgruppe 2 wird über ein IT-System mit eigenem Transformator versorgt. Der Transformator muss getrennte Wicklungen und eine verstärkte Isolierung haben. Die Ausgangsspannung des Transformators darf höchstens 230 V betragen.

Isolationsüberwachung. Für jedes installierte IT-System ist in medizinisch genutzten Räumen eine Isolationsüberwachungseinrichtung mit einem Wechselstrominnenwiderstand von mindestens 100 kΩ vorzusehen. Sinkt der Isolationswiderstand auf einen Wert unter 50 kΩ ab, wird eine optische und akustische Meldung ausgelöst. Die akustische Meldung kann gelöscht werden, die optische Meldung (gelbe Leuchte) muss jedoch bis zur Beseitigung des Isolationsfehlers bestehen bleiben.

Stromkreise, die bei Auftreten des ersten Isolationsfehlers nicht abschalten dürfen, müssen über ein IT-System mit Isolationsüberwachungs-Einrichtung gespeist werden.

In den Räumen der Anwendungsgruppe 1 und 2 müssen bei Ausfall der Stromversorgung mindestens eine Operationsleuchte und alle Einrichtungen zur Aufrechterhaltung lebenswichtiger Körperfunktionen, z. B. Beatmungsgeräte, durch eine **Sicherheitsstromversorgung** weiterbetrieben werden. Die zulässige Umschaltzeit für Operationsleuchten beträgt 0,5 Sekunden, für alle anderen Einrichtungen 15 Sekunden. Steckdosen, die über die Sicherheitsstromversorgung bei Netzausfall weiterversorgt werden, sind dauerhaft zu kennzeichnen.

Die Sicherheitsstromversorgung für medizinisch genutzte Räume muss für einen mindestens dreistündigen Betrieb ausgelegt sein.

In medizinisch genutzten Räumen der AWG 1 und 2 ist in einem Bereich von 1,25 m um die Position des Patienten ein **zusätzlicher Potentialausgleich** durchzuführen. In ihn sind leitfähige Teile einzubeziehen deren Widerstand gegenüber dem Schutzleiter in Räumen der AWG 1 kleiner als 7 kΩ und in Räumen der AWG 2 kleiner als 2,4 MΩ ist. In den zusätzlichen Potentialausgleich sind auch die Abschirmfolie gegen elektrische Störfelder, die Ableitnetze elektrostatisch leitender Fußböden, ortsfeste Operationstische und mit Kleinspannung betriebene Operationsleuchten einzubinden **(Bild).** Die Potentialausgleichsleiter sind einzeln lösbar an der PA-Schiene anzuschließen. Die Querschnitte der PA-Leitungen müssen nach DIN VDE 0100 Teil 540 mindestens halb so groß sein wie der Querschnitt des Hauptschutzleiters, jedoch mindestens 6 mm² Kupfer (Tabelle Seite 459).

Die elektrische Anlage in medizinisch genutzten Räumen ist regelmäßig durch eine Elektrofachkraft zu warten. In Abständen von 6 Monaten sind Fehlerstrom-Schutzeinrichtungen, Isolationsüberwachungseinrichtungen und der Isolationswiderstand von Kleinspannungsstromkreisen ohne Isolationsüberwachung zu prüfen. Sicherheitsstromversorgungen mit Verbrennungsmotor und deren Umschalteinrichtungen sind monatlich mit mindestens 50 % der Nennlast über eine Zeit von 60 Minuten zu betreiben. Die Prüfung des Potentialausgleichs nach DIN VDE 0107 muss jährlich erfolgen. Die Ergebnisse der Prüfungen sind in einem **Prüfbuch** festzuhalten.

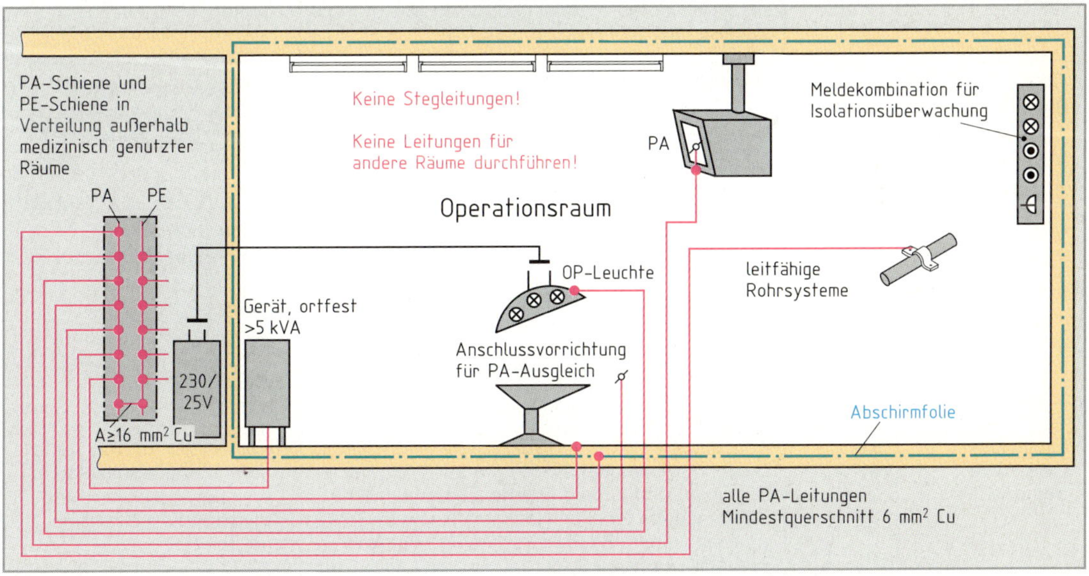

Bild: Zusätzlicher Potentialausgleich in medizinisch genutzten Räumen der Anwendungsgruppen 1 und 2

21.6.9 Übersicht der Raumarten und Betriebsstätten

Tabelle: Raumarten, Betriebsstätten und besondere Vorschriften

Raumart	DIN VDE	Besonders zu beachten	Beispiele
Elektrische Betriebsstätten	0100 Teil 731	Einrichtungen sollen nur von unterwiesenen Personen bedient werden.	Schalträume, Prüffelder, Maschinenräume in Kraftwerken.
Abgeschlossene elektrische Betriebsstätten	0100 Teil 731	Der Verschluss darf nur von beauftragten Personen geöffnet werden. Zutritt ist nur unterwiesenen Personen erlaubt.	Abgeschlossene Schalt- und Verteilungsanlagen, Transformatorenzellen.
Trockene Räume	0100 Teil 200	Räume und Orte, in denen kein Kondenswasser auftritt. Betriebsmittel müssen Berührungsschutz (IP 2X) haben.	Wohnräume, Hotelzimmer, Büroräume, beheiz- und belüftbare Kellerräume.
Feuchte und nasse Bereiche und Räume, Anlagen im Freien	0100 Teil 737	Elektrische Betriebsmittel müssen mindestens tropfwassergeschützt (IP X1) sein, in Räumen, die abgespritzt werden, strahlwassergeschützt (IP X5), bei ungeschützten Anlagen im Freien sprühwassergeschützt (IP X3).	Spülküchen, Waschküchen, Futterküchen, Backstuben, Bierkeller, Gewächshäuser, Nasswerkstätten.
Räume mit Badewanne oder Dusche	0100 Teil 701	In den Bereichen 0, 1 und 2 dürfen keine Steckdosen oder Schalter angebracht werden, im Bereich 3 nur Steckdosen nach Trenntrafos oder RCD mit $I_{\Delta n} \leq 30$ mA. Keine Leitungen für andere Räume hindurchführen. Örtlicher Potentialausgleich ist notwendig.	Baderäume in Wohngebäuden, Hotels und Sporthallen, Räume, in denen fabrikfertige Duschkabinen montiert sind.
Elektrische Anlagen auf Baustellen	0100 Teil 704	Stromversorgung nur über besondere Speisepunkte, z.B. Baustromverteiler. Hauptschalter ist erforderlich. RCDs für Steckdosen bis 16 A mit $I_{\Delta n} \leq 30$ mA, sonst mit $I_{\Delta n} \leq 0{,}5$ A.	Aufbau, Umbau oder Abbruch von Gebäuden oder Gebäudeteilen.
Landwirtschaftliche und gartenbauliche Anwesen	0100 Teil 705	Anlage muss über Hauptschalter abschaltbar sein. RCD mit $I_{\Delta n} \leq 0{,}5$ A, bei Steckdosenstromkreisen $I_{\Delta n} \leq 0{,}03$ A. Berührungsspannung AC 25 V, DC 60 V. Potentialausgleich und in Ställen Potentialsteuerung durchführen.	Landwirtschaftliche Anwesen, Ställe, Scheunen, Gartenbaubetriebe.
Feuergefährdete Betriebsstätten	0100 Teil 720	TN-S-System vom Verteiler vor feuergefährdeten Betriebsstätten aus. Brandschutz durch Auswahl von Überstrom-Schutzeinrichtung und Leitung, FI-Schutzeinrichtung mit Schutzleiter, oder Leitungsverlegung mit Schutzabstand.	Arbeits-, Trocken- und Lagerräume von Textil- und Holzbearbeitungsbetrieben, Lager für Heu, Stroh, Papier.
Medizinisch genutzte Räume	0107	Raumeinteilung in Anwendungsgruppen 0, 1 und 2. Zulässige Schutzmaßnahmen: Schutzisolierung, Kleinspannung bis 25 V, RCD mit $I_{\Delta n} \leq 30$ mA, IT-System mit Isolationsüberwachung. In Räumen der AWG 2 keine Leitungen für andere Räume hindurchführen und keine Stegleitungen verlegen. Besonderer Potentialausgleich erforderlich.	**AWG 0:** Bettenräume, Waschräume, Bäder. **AWG 1:** Ambulanzen, Untersuchungsräume. **AWG 2:** Operations- und OP-Vorbereitungsräume, Intensivstationen.
Explosionsgefährdete Bereiche	0165 0170/171	Bereiche mit Gefährdung durch explosionsfähige Gase, Dämpfe oder Nebel: Zonen 0, 1 und 2. Bei Gefährdung durch Stäube: Zonen 10 und 11. Betriebsmittel für explosionsgefährdete Bereiche müssen einer Baumusterprüfung unterzogen und gekennzeichnet sein.	Tankbehälter für Kraftstoffe und Kraftstoffabfüllanlagen, Lackieranlagen, Silos für Kunststoffpulver, Zucker und Getreide.

21.6.10 Elektrische Ausrüstung von Industriemaschinen

Die elektrische Ausrüstung von Industriemaschinen, z. B. Drehmaschinen, Pressen oder Scheren, muss so ausgeführt sein, dass von der Anlage keine Gefahr für Personen, für die Maschine oder für das Produktionsgut ausgeht (DIN VDE 0113).

Die Maschine soll nach Möglichkeit nur von einer Stelle aus mit elektrischer Energie versorgt werden. Jede Maschine muss mit einem **Hauptschalter** ausgerüstet sein, der die gesamte Anlage für Reinigungs-, Wartungs- oder Reparaturarbeiten freischaltet. Der Hauptschalter braucht jedoch Steckdosen- und Lichtstromkreise zur Instandhaltung und Wartung der Maschine, Hilfsstromkreise mit Spannungen bis 50 V sowie Stromkreise für Unterspannungsauslöser nicht vom Netz trennen. Der Hauptschalter ist als Lastschalter auszuführen und muss mindestens für die Summe der Nennströme aller Verbraucher bemessen sein. Er muss zusätzlich Trennereigenschaft haben, d. h. mit einer sichtbaren Trennstelle oder mit einer Schaltstellungsanzeige ausgestattet sein.

> Anlageteile, die nach dem Abschalten des Hauptschalters noch unter Spannung stehen, sind gegen zufälliges Berühren abzudecken und als noch unter Spannung stehend zu kennzeichnen.

Steuerstromkreise, die direkt aus dem Netz gespeist werden, sind grundsätzlich an Steuertransformatoren zu betreiben. Als Steuertransformatoren verwendet man Trenntransformatoren mit kleiner Kurzschlussspannung. Die Nennausgangsspannung der Steuertransformatoren darf 250 V nicht übersteigen. Auf Steuertransformatoren darf man nach DIN VDE 0113 nur verzichten, wenn die Bemessungsleistung der Maschine kleiner als 3 kW ist, die Maschine nur einen Motoranlasser hat und höchstens zwei äußere Steuergeräte, z. B. Druck- oder Verriegelungsschalter, vorhanden sind. Damit Erdschlüsse in den Hilfsstromkreisen nicht zu einem unbeabsichtigten Start der Maschine führen, sind die Hilfsstromkreise einseitig zu erden oder mit einer Isolationsüberwachungs-Einrichtung zu versehen.

Bei Anwendung von Schutzmaßnahmen mit Schutzleiter (Seite 253), müssen alle voneinander getrennt aufgestellten Maschinenteile oder Schaltschränke Schutzleiteranschlüsse haben. Alle leitfähigen Teile der Anlage, die im Fehlerfall Spannung annehmen können, sind untereinander und mit dem Schutzleitersystem zu verbinden. Die durchgehende Verbindung des Schutzleitersystems wird durch Einspeisen eines Stromes von mindestens 10 A Wechselstrom zwischen der PE-Schiene und den Anschlusspunkten des Schutzleiters geprüft. Die Prüfzeit beträgt mindestens 10 s. Die gemessene Spannung zwischen der PE-Schiene und dem Anschlusspunkt des Schutzleiters darf z. B. bei einem Schutzleiterquerschnitt von 1,5 mm^2 2,6 V, bei 2,5 mm^2 1,9 V und bei 4 mm^2 1,4 V nicht überschreiten. Bei Querschnitten über 6 mm^2 darf der Spannungsfall am Schutzleitersystem höchstens 1 V betragen.

Schutzleiter-Anschlussschrauben dürfen keinem anderen Zweck dienen, z. B. nicht zur mechanischen Halterung. Sie müssen gegen Selbstlockern gesichert sein.

Von Maschinen, die nach einem Spannungsausfall wieder selbsttätig anlaufen, darf keine Gefahr ausgehen. Ein selbsttätiger Wiederanlauf nach Spannungsrückkehr kann z. B. durch den Einbau eines Hauptschalters mit Unterspannungsauslösung verhindert werden.

Befehlsgeber (Steuertaster oder Schalter) müssen vom Standplatz des Bedienenden leicht und gefahrlos zugänglich sein. Grenztaster, die der Sicherheit dienen, z. B. zum Abschalten von Anlagenteilen, sind mit Öffnerkontakten zu bestücken. Für Befehlsgeräte sind Kennfarben festgelegt **(Tabelle)**.

> Die Kennfarbe Rot darf bei Befehlsgeräten nur für Aus-Taster verwendet werden.

Tabelle: Farbkennzeichnung und Bedeutung von Befehlsgebern

nach DIN VDE 0113

Kennfarbe	Bedeutung	Anwendungsbeispiele
Rot	Notfall	Halt oder Not-Aus-Funktion einleiten
Gelb	Anormaler Zustand	Eingriff, um anormalen Zustand zu unterdrücken, Neustart
Grün	Sicher	Start, Ein, bei sicherer Bedingung betätigen
Weiß	Keine spezielle Bedeutung	Start/Ein (bevorzugt)
Grau		Start, Stopp (bei Kennzeichnung durch Symbole)
Schwarz		Stopp/Aus, bevorzugt

Zusätzlich zur Farbkennzeichnung können Befehlsgeber durch Beschriftung oder durch Symbole gekennzeichnet sein. Für Aus-Taster ist das Symbol 0, für Ein-Taster das Symbol I zu verwenden.

Das Starten einer Anlage soll immer durch an Spannung legen, das Stillsetzen möglichst durch Abschalten der Spannung eingeleitet werden.

Meldeleuchten zeigen den Zustand einer Anlage an oder bestätigen die Ausführung eines Befehls. Die Kennfarben von Meldeleuchten zur Anzeige eines Betriebszustandes sind in **Tabelle 1** angegeben.

Leitungen und Kabel müssen der zu erwartenden mechanischen und chemischen Beanspruchung entsprechen. Für feste Verlegung dürfen eindrähtige Leiter nur verwendet werden, wenn sie keinen Erschütterungen ausgesetzt sind. Leitungen, die betriebsmäßig bewegt werden, müssen immer feindrähtig sein. Der Mindestquerschnitt von einadrigen Verbindungsleitungen außerhalb von Steuerschränken beträgt bei feindrähtigen Leitern 1 mm², bei eindrähtigen Leitern 1,5 mm² Cu. Mehradrige Verbindungsleitungen müssen bei feindrähtigen Leitern einen Mindestquerschnitt von 0,75 mm² Cu, bei eindrähtigen Leitern mindestens 1,5 mm² haben. Die Strombelastbarkeit isolierter Kupferleitungen ist in **Tabelle 2** angegeben.

Isolations- und Funktionsprüfung. Der Isolationswiderstand zwischen den Leitern des Hauptstromkreises, den Leitern der Hilfsstromkreise und dem mit dem Maschinenkörper verbundenen Schutzleiter darf 1 MΩ nicht unterschreiten. Die gesamte Ausrüstung einer Anlage muss einer Spannungsprüfung zwischen den kurzgeschlossenen Leitern der Haupt- und der Hilfsstromkreise und dem Schutzleiter unterzogen werden. Die Prüfspannung muss mindestens 1000 V Wechselspannung bei einer Mindestprüfzeit von 1 Sekunde betragen. Bei der Funktionsprüfung wird der ordnungsgemäße Arbeitsablauf der gesamten Anlage nachgewiesen. Dabei muss man insbesondere prüfen, ob bei Ausfall und Wiederkehr der Spannung weder Bedienungspersonal noch die Maschine gefährdet wird.

Tabelle 1: Farbkennzeichnung und Bedeutung von Meldeleuchten
nach DIN VDE 0113

Kennfarbe	Bedeutung	Anwendungsbeispiele
Rot	Notfall	Druck, Temperatur außerhalb sicherer Grenzen
Grün	Normaler Zustand	Druck oder Temperatur innerhalb vorgegebener Werte
Gelb	Anormaler Zustand	Druck bzw. Temperatur übersteigt vorgegebene Werte
Blau	Handlung erforderlich	Anweisung, vorgegebene Werte einzugeben

Tabelle 2: Strombelastbarkeit I_z von PVC-isolierten, einadrigen Kupferleitungen in Drehstromsystemen, für Dauerbetrieb bei einer Umgebungstemperatur von 40 °C
nach DIN VDE 0113 (Auszug)

Verlegeart	B1	B2	C	E
Querschnitt in mm²	Strombelastbarkeit I_z[1]			
1	10,4	9,6	11,7	11,5
1,5	13,5	12,2	15,2	16,1
2,5	18,3	16,5	21	22
4	25	23	28	30
6	32	29	36	37
10	44	40	50	52
16	60	53	66	70
25	77	67	84	88
35	97	83	104	114
50	–	–	123	123

[1] Häufung nicht berücksichtigt

Wiederholungsfragen

1 **Geben Sie die Grenzen der Bereiche 0, 1, 2 und 3 in Räumen mit Badewanne oder Dusche an.**

2 **Welche Anlageteile werden in Räumen mit Badewanne oder Dusche durch den zusätzlichen Potentialausgleich miteinander verbunden?**

3 **Nennen Sie Speisepunkte für elektrische Betriebsmittel auf Baustellen.**

4 **Welche Berührungsspannung U_L ist in landwirtschaftlichen und gartenbaulichen Anwesen noch zulässig?**

5 **In welche Zonen unterteilt man explosionsgefährdete Bereiche bei Gefährdung durch a) Gase, Dämpfe oder Nebel, b) explosionsfähige Stäube?**

6 **Welche Schutzmaßnahmen sind in medizinisch genutzten Räumen der Anwendungsgruppe 1 vorgeschrieben?**

7 **Welche Kennfarbe ist für Not-Aus-Taster vorgeschrieben?**

21.7 Gebäudeautomation

21.7.1 Gebäudeleittechnik

Gebäudeleittechnik[1] **(GLT, Bild)** ist eine Installationstechnik, bei der betriebstechnische Anlagen in Gebäuden mit dem **Installationsnetz** als Informationsträger oder einem **Installations-Bus (I-Bus)** verbunden sind. In einer zentralen **Leitstelle** treffen alle für ein Gebäude wichtigen Informationen zusammen, werden dort ausgewertet und weitergeleitet.

Durch die Verknüpfung von Informationen, die zur automatischen Steuerung von Abläufen führen, werden Versorgungseinrichtungen großer Gebäude besser genutzt und sicherer. Zentrale Rechner steuern und überwachen **Betriebstechnische Anlagen (BTA),** wie z.B. Beleuchtung, Heizung, Lüftung, Aufzüge und Sicherheitseinrichtungen **(Tabelle).** Die Gebäudeleittechnik hilft z.B. den Energiebedarf um etwa 20% zu senken. Eine geringere Störanfälligkeit verringert die Reparaturkosten.

Funktion einer Anlage mit Gebäudeleittechnik

In Anlagen mit Gebäudeleittechnik schaltet ein Rechner in der wirtschaftlichsten Reihenfolge große Stromverbraucher zu bzw. ab und nutzt Niedertarifzeiten. Klimaanlagen mit hohen Anschlussleistungen werden z.B. erst bei geringer Netzbelastung in Betrieb gesetzt. Ist die Energieversorgung des Gebäudes durch Lastspitzen gefährdet, prüft der zentrale Rechner, welche Gerätefunktionen entbehrlich sind, und schaltet sie gezielt ab. Der zentrale Rechner steuert auch die Beleuchtung je nach Außenhelligkeit, misst den Energieverbrauch und registriert jeden Schaltvorgang.

Anlagen mit Gebäudeleittechnik (Bild) enthalten **Unterstationen** von Mess- und Stelleinrichtungen, die von der **Leitstelle (LS)** geführt, gesteuert und überwacht werden können. Die Steuerung der Anlage erfolgt über Tastatureingaben in den PC oder über Hilfsprogramme.

In der Gebäudeleittechnik steuert eine zentrale Leitstelle mehrere Unterstationen.

Die Unterstationen können wahlweise örtlich oder zentral gesteuert werden. Überwacht wird die Anlage über Bildschirm, Datensichtgerät oder Drucker. Der Drucker gibt Störungsmeldungen aus mit Hinweisen über Ort und Art der Störungen und erteilt Wartungshinweise. Die Gebäudeleittechnik gehört heute in Bürohochhäusern, Krankenhäusern, Flughäfen, Universitäten, Industriegebäuden oder Festhallen zur unerlässlichen Gebäudeausstattung.

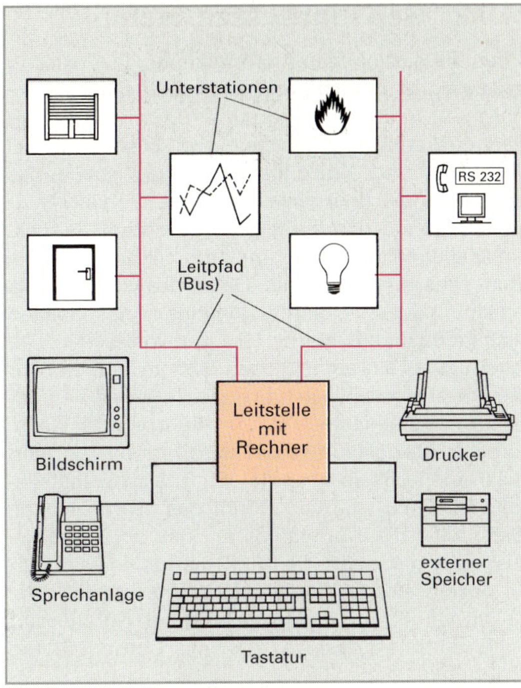

Bild: Anlage mit Gebäudeleittechnik

Tabelle: Steuerung betriebstechnischer Anlagen

Symbol	Einsatzgebiet	Anwendung (Beispiele)
	Beleuchtungssteuerung	Schalten und Dimmen von Beleuchtungsanlagen zu festgelegten Zeiten.
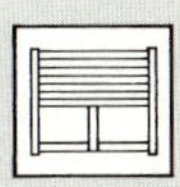	Jalousiensteuerung	Verhindern von Sonneneinstrahlung; Vortäuschen von Anwesenheit durch einen Zufallsgenerator.
	Heizung, Klima, Lüftung (Überwachung)	Zeitabhängiges Regeln von Raumtemperatur und Belüftung; Energieeinsparung.
	Überwachungs- und Meldeeinrichtungen	Überwachen durch Drucksensoren und Kontakte; Melden, ob Fenster und Türen offen oder geschlossen sind.
	Schnittstellen	Ankoppeln von Personalcomputern, Bus-Systemen und TEMEX[2].
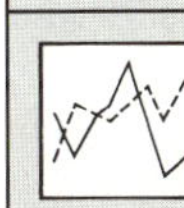	Lastmanagement (Spitzenlastüberwachung)	Gezieltes Abschalten von Verbrauchern; Energieeinsparung.

[1] Building Automation, Building Services Control System (engl.) = Gebäudeleittechnik
[2] TEMEX = Telemetry Exchange oder Teleaction Exchange (engl.) = Fernwirken, Fernmessen

21.7.2 Gebäudesystemtechnik

Durch die gestiegenen Ansprüche an die Elektroinstallation tritt die **Gebäudesystemtechnik (GST)** immer mehr in den Vordergrund. Wünsche nach Bedienungskomfort, Sicherheit und Flexibilität bei Umbauten und Nutzungsänderungen sowie das Bestreben, die Energiekosten eines Gebäudes zu senken, lassen sich durch die konventionelle Elektroinstallation nur in begrenztem Maße verwirklichen. Dies führte zu einer Gebäudesystemtechnik mit einem auf die Elektroinstallation abgestimmten **Installationsbus-System**. Um auf dem europäischen Markt ein einheitliches System anbieten zu können, schlossen sich führende Unternehmen der Elektroinstallationstechnik zur **E**uropean **I**nstallation **B**us **A**ssociation **(EIBA)** zusammen. Aus dem Zusammenschluss ging der **E**uropäische **I**nstallations **B**US **(EIB)** hervor. Durch das Warenzeichen **EIB** wird die Kompatibilität[1] der angebotenen Busgeräte garantiert. Beim EIB handelt es sich um ein **dezentrales** Gebäudeinstallationssystem, d. h., für die Vernetzung elektrotechnischer Geräte wird keine zentrale Leitstelle, z. B. ein Computer, benötigt **(Bild 1)**.

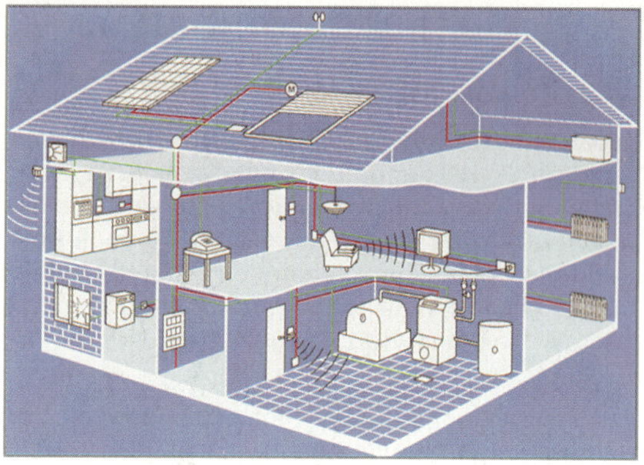

Bild 1: Einsatzmöglichkeiten der Gebäudesystemtechnik

> Mit dem EIB steht ein dezentrales Gebäudeinstallationssystem zum Messen, Steuern, Regeln, Schalten, Melden und Überwachen zur Verfügung.

Bei der konventionellen Installation wird das 230-V-Netz gleichzeitig für die Steuerung und Energieübertragung verwendet. Die Installation, z. B. von Heizungs-, Klima- oder Beleuchtungsanlagen, erfordert oft eine unübersehbare Anzahl von Steuerleitungen mit einem hohen Installationsaufwand. Beim EIB **(Bild 2)** dagegen erfolgt die Informationsübertragung und die Energieversorgung der Elektronik über eine zusätzliche zum Energienetz verlegte zweipaarige Busleitung, z. B. PYCYM 2 x 2 x 0,8 **(Bild 3)** oder J-Y(St)Y 2 x 2 x 0,8.

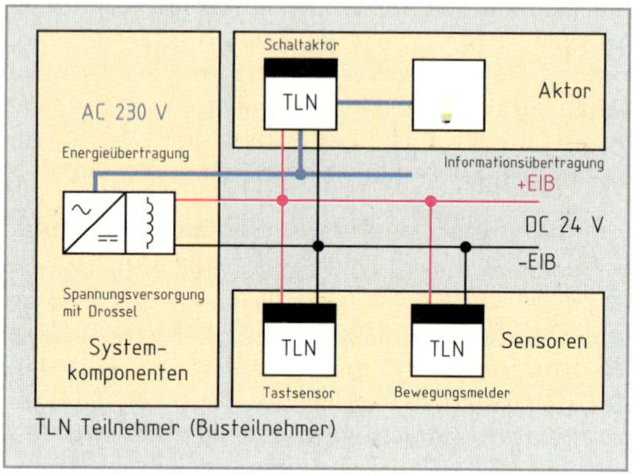

Bild 2: Installation mit EIB

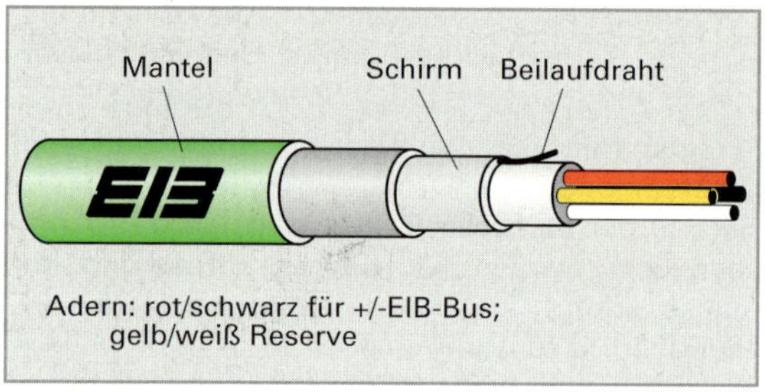

Bild 3: Busleitung

Die an die Busleitung angeschlossenen busfähigen Geräte unterteilt man in Sensoren, Aktoren und Systemkomponenten (Bild 2).

Sensoren sind Befehlsgeber, z. B. Helligkeitssensor oder Taster, die physikalische Zustände erfassen und in Form elektrischer Signale als Datentelegramme auf die Bus-Leitung übertragen.

Aktoren sind Befehlsempfänger, z. B. Dimmer oder Schaltausgänge, die Datentelegramme empfangen und die gewünschte Aktion, z. B. Dimmen oder Schalten, ausführen.

Die **Systemkomponenten** sorgen für die Grundfunktion. Sie übernehmen die Busspannungsversorgung (DC 24 V) sowie die Kopplung zwischen verschiedenen Busabschnitten und sind die Schnittstelle zum Anschluss von Programmiergeräten.

> Eine EIB-Anlage besteht mindestens aus einer Busleitung, einem Busteilnehmer als Sensor und einem Busteilnehmer als Aktor, sowie aus Systemkomponenten.

[1] von compatible (engl.) = austauschbar, kombinierbar

Die Busteilnehmer sind beim EIB durch eine Struktur von Linien und Bereichen **(Bild 1)** geordnet. Eine **Linie** stellt die kleinste Einheit mit höchstens 64 Teilnehmern dar. Jede Linie benötigt eine eigene Spannungsversorgung (SV). Einzelne Linien, bis zu maximal 12 Linien, können über eine **Hauptlinie** mit Spannungsversorgung und durch **Linienkoppler** miteinander zu einem **Bereich** verbunden werden. Mit **Bereichskoppler** lassen sich bis zu 15 Bereiche über die **Bereichslinie** verbinden.

Zur Verständigung der Busteilnehmer untereinander werden die Informationen in binär codierter Form als **Datentelegramme** übertragen. Möchte ein Busteilnehmer, z. B. nach Betätigung eines Tastsensors, ein Datentelegramm senden, so muss der Bus für die Zeit t_1 frei sein **(Bild 2)**. Ist dies der Fall, sendet der Busteilnehmer sein Datentelegramm. Er erhält bei einer erfolgreichen Übertragung von allen angesprochenen Aktoren nach der Zeit t_2 eine Quittung.

Ein **Datentelegramm** besteht aus einer Folge von binären Zeichen zur Übertragung von Informationen zwischen den Busteilnehmern.

Damit die Busteilnehmer gezielt angesprochen werden können, erhält jeder Teilnehmer eine **physikalische Adresse (Bild 3)**. Die Adresse wird automatisch durch die Planungssoftware vergeben.

Durch die **Gruppenadresse** wird die Zuordnung der Busteilnehmer vorgenommen. Es wird festgelegt, welcher Sensor über die Gruppenadresse einen oder mehrere Aktoren anspricht. Die Gruppenadresse wird unterteilt in **Hauptgruppe** und **Untergruppe**. Je nach Funktion können für einen strukturierten Aufbau in der Hauptgruppe Unterscheidungen vorgenommen werden, z.B. Hauptgruppe 1 für Beleuchtung oder Hauptgruppe 2 für Heizung. In den Untergruppen wird dann genau unterschieden, welche Teilnehmer am Bus zusammenarbeiten. Die Gruppenadresse wird in der Schreibweise **Hauptgruppe/Untergruppe** angegeben, z. B. 1/3.

Am Beispiel einer Beleuchtungssteuerung sollen folgende Funktionen gezeigt werden **(Bild 4)**:

- Tastsensor S1 steuert die Leuchten E1 und E2,
- Tastsensor S2 steuert die Leuchte E2.

Die Gruppenadressen beginnen alle mit 1/..., da es sich um eine Beleuchtungsfunktion handelt. Bei Betätigung von S1 wird das Datentelegramm mit der Gruppenadresse 1/1 gesendet. Die Schaltaktoren, bei denen die Gruppenadresse 1/1 eingetragen ist, reagieren mit einem Schaltbefehl, d. h., Leuchte E1 und E2 wird angesteuert. Tastsensor S2, mit der Gruppenadresse 1/2, steuert nur die Leuchte E2.

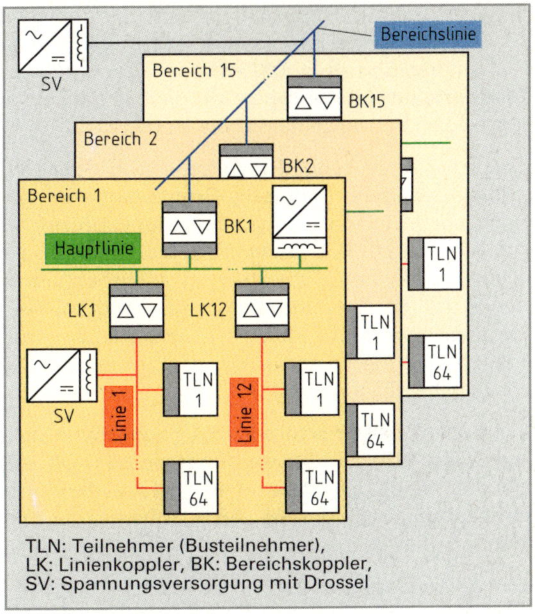

Bild 1: Linien und Bereiche des EIB

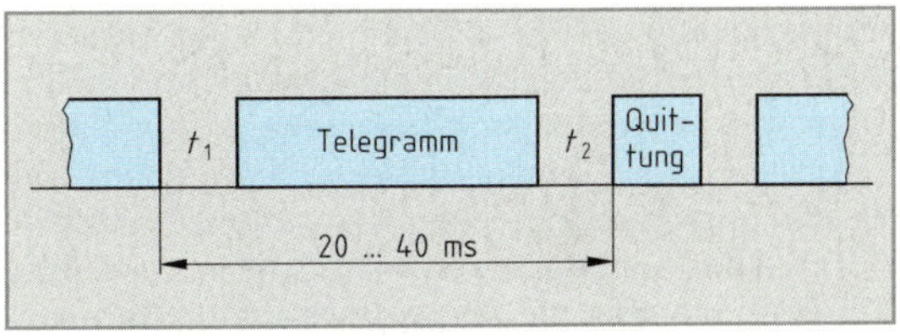

Bild 2: Rahmen des Datentelegramms

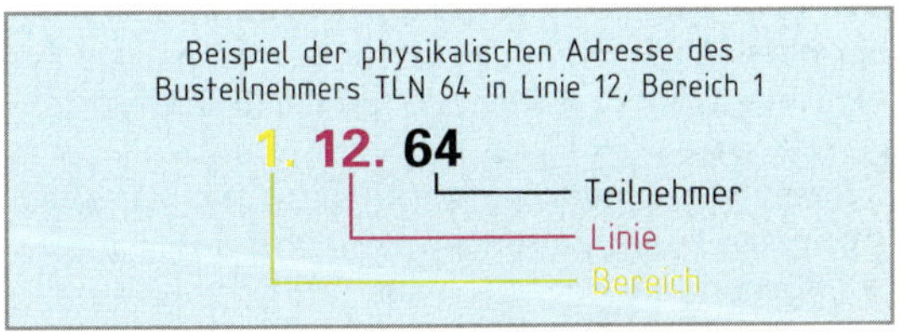

Bild 3: Aufbau einer physikalischen Adresse

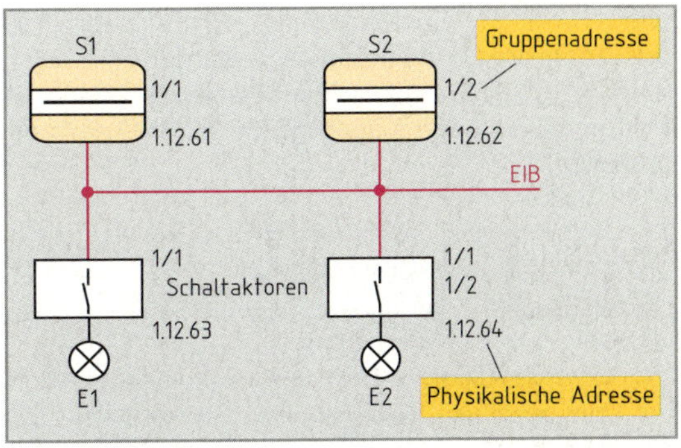

Bild 4: Gruppenadressen (Beispiele)

Bei größeren Projekten kann für eine übersichtliche Strukturierung die Gruppenadresse in einer Dreifachunterteilung benutzt werden: Hauptgruppe/**Mittelgruppe**/Untergruppe. Mit der Mittelgruppe lassen sich z. B. einzelne Räume festlegen.

Die Programmierung der Aktoren und Sensoren mit physikalischer Adresse, Gruppenadresse wie auch der jeweiligen Anwendungsfunktion erfolgt mit Hilfe der **E**IB **T**ool **S**oftware **(ETS)**. Die Software dient zur Planung, Projektierung, Inbetriebnahme sowie für Service und Diagnose. Programmiert wird mit einem üblichen Personalcomputer oder Laptop. Der Anschluss erfolgt über eine serielle Datenschnittstelle am EIB-Bus.

Die Busteilnehmer sind aus den Baugruppen **Busankoppler (BA)** und **Anwendungsmodul (AM)** aufgebaut. Beide sind über eine Steckverbindung, **Anwendungsschnittstelle (AST)**, miteinander verbunden **(Bild 1)**.

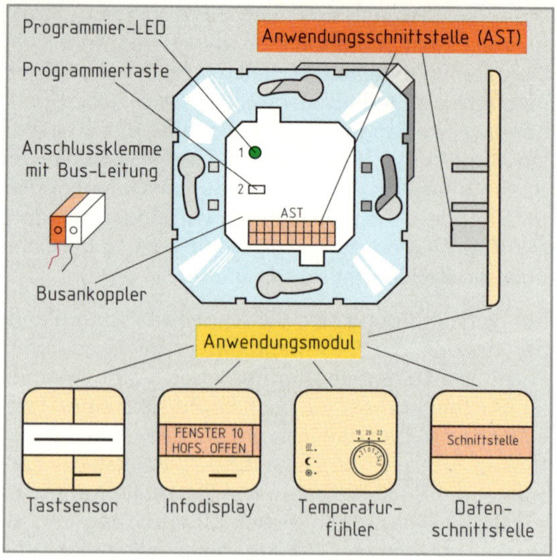

Bild 1: Busankoppler und Anwendungsmodule

Das **Anwendungsmodul** und das dazugehörige Anwendungsprogramm legen die Funktion des Busteilnehmers fest. Ein Sensor als Anwendungsmodul setzt physikalische Vorgänge bzw. Abläufe, z.B. Betätigung eines Tastsensors oder Helligkeitserfassung über einen Sensor, in elektrische Signale um. Über die **Anwendungsschnittstelle** werden diese Signale an den **Busankoppler** weitergeleitet. Der Busankoppler sendet die elektrischen Signale in Form eines Datentelegramms auf den Datenbus. Die Busankoppler der angesprochenen Aktoren erkennen ein für sie bestimmtes Datentelegramm. Sie entschlüsseln die darin enthaltene Information, z. B. Verbraucher ein- oder ausschalten, und geben sie über die Anwendungsschnittstelle an das Anwendungsmodul weiter, z. B. an den Schaltaktor.

Der Busankoppler ist unterteilt in die zwei Komponenten Übertragungsmodul und Busankopplungscontroller.

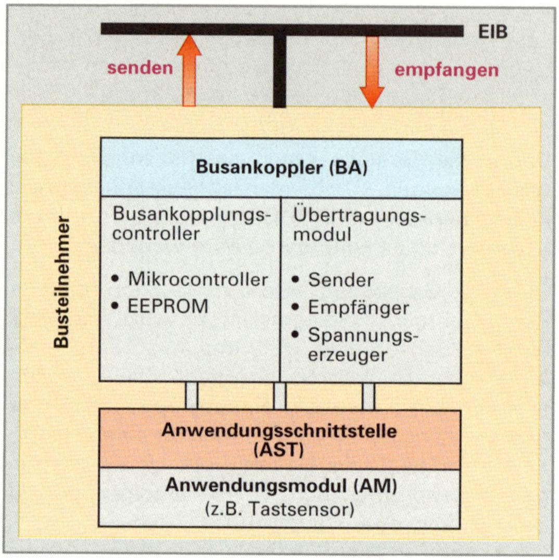

Bild 2: Baugruppen eines Busteilnehmers

Im **Übertragungsmodul** befindet sich die Sende- und Empfangslogik sowie die Spannungsversorgung (DC 5 V) für die Elektronik **(Bild 2)**. Wichtige Daten wie z. B. für die eigene physikalische Adresse, das Anwendungsprogramm mit Parametern sowie eine oder mehrere Gruppenadressen werden im Speicher des **Busankopplungscontrollers** abgelegt. Die Koordination übernimmt ein **Mikrocontroller**. Jeder Busteilnehmer besitzt so seine eigene Intelligenz. Das System wird dadurch **dezentral**, d. h., die Informationen lassen sich somit **ohne eine zentrale Station** austauschen.

Wiederholungsfragen

1 **Nennen Sie die Aufgaben der zentralen Leitstelle bei der Gebäudeleittechnik.**

2 **Wieviele Adern benötigt die Busleitung des EIB?**

3 **Aus welchen Komponenten besteht eine EIB-Anlage?**

4 **Welche Aufgaben erfüllen a) Sensoren und b) Aktoren?**

5 **Wie setzt sich die physikalische Adresse eines Busteilnehmers zusammen?**

6 **Beschreiben Sie den Aufbau eines Busteilnehmers.**

21.8 Gefahrenmeldeanlagen

Gefahrenmeldeanlagen warnen vor Einbrüchen und Bränden. **Einbruchmeldeanlagen (Tabelle)** sollen bereits bei unbefugter Annäherung, spätestens jedoch beim gewaltsamen Eindringen in einen geschützten Bereich, Alarm auslösen. **Brandmeldeanlagen** reagieren z. B. auf Brandgase, Rauch oder auf einen steilen Temperaturanstieg. Sie machen bereits beim Entstehen des Brandes auf die drohende Gefahr aufmerksam.

21.8.1 Einbruchmeldeanlagen

Einbruchmeldeanlagen **(EMA)** können aus einer Vorfeldüberwachung, der Außenhautüberwachung und einer Raumüberwachung bestehen. Die **Vorfeldüberwachung** wird hauptsächlich im Hochsicherheitsbereich industrieller Anlagen angewandt. Sie soll bereits alarmieren, wenn ein Unbefugter das gesicherte Grundstück betritt. Die **Außenhautüberwachung (Bild)** sichert z. B. Fenster und Türen gegen gewaltsames Öffnen und gegen Durchbruch.

Vorfeldüberwachung und Außenhautüberwachung lösen bereits Alarm aus, wenn ein Unbefugter in den überwachten Bereich eindringt.

Die **Raumüberwachung** (Bild) löst durch Bewegungsmelder Alarm aus, wenn sich innerhalb des überwachten Bereiches Personen bewegen. Sie ist deshalb erst in Betrieb zu nehmen, wenn sich niemand mehr im überwachten Bereich aufhält.

Tabelle: Symbole für Einbruchmeldeanlagen (Auszug)

	Körperschallmelder	Z	Zentrale der EMA
	Ultraschall-Bewegungsmelder		Schalteinrichtung
	Infrarot-Bewegungsmelder		Blockschloss
	optischer Signalgeber		Glasbruchmelder
	akustischer Signalgeber		Alarmdrahtglas
V	Verteiler		Magnetkontakt

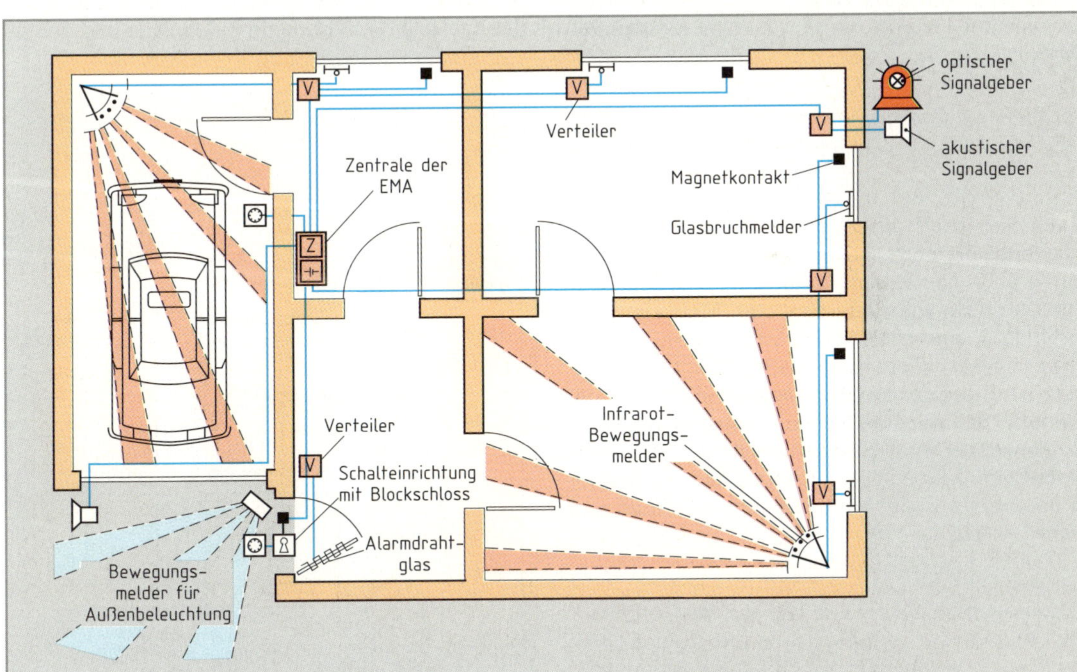

Bild: Überwachungsbereiche einer Einbruchmeldeanlage (Außenhaut- und Raumüberwachung)

Aufbau der Einbruchmeldeanlage (EMA). Die Zentrale der Einbruchmeldeanlage wird an einer frei zugänglichen, aber nicht unmittelbar einsehbaren Stelle innerhalb des geschützten Bereiches angeordnet. Einbruchmeldeanlagen der Klasse 1A haben zum Einschalten (Scharfschalten) einen Schlüsselschalter mit Schließzylinder. In EMA der Klasse 1B ist eine Schalteinrichtung mit mechanischer Verriegelung eingebaut. Eine Rücknahme der Scharfschaltung ist dort erst nach der Freigabe durch eine Zeitsteuerung oder durch das Einstellen einer digitalen Schalteinrichtung möglich. Digitale Schalteinrichtungen, man nennt sie auch „geistige Schalteinrichtungen", lassen Schaltvorgänge erst nach dem Einstellen einer vorgegebenen Zahlen- oder Buchstabenkombination zu. Um den Zeitaufwand zum Einstellen aller Zahlenkombinationen groß zu halten, sind nach DIN VDE 0833 mindestens 10^5 Zahlen- oder Buchstabenkombinationen vorgeschrieben. Meldeleuchten müssen die Zustände der Einbruchmeldeanlage, d.h. Betrieb, Störung und Alarm anzeigen.

Die Einbruchmeldeanlage wird durch einen eigenen Stromkreis mit Energie versorgt. Bei Netzausfall übernimmt ein Akkumulator sofort die weitere Stromversorgung. Die Akkumulatorkapazität muss für einen 60stündigen, uneingeschränkten Betrieb ausgelegt sein. Vor Ablauf dieser Frist muss es dann immer noch möglich sein, die optischen und akustischen Alarmgeber über eine Minute lang zu betreiben. Einbruchmeldeanlagen mit nur örtlicher Alarmierung sind mit mindestens zwei akustischen und einem optischen Signalgeber auszurüsten. Nach einer Alarmauslösung müssen die optischen Signalgeber bis zur manuellen Abschaltung in Betrieb sein. Die Betriebszeit der akustischen Signalgeber begrenzt man meist auf 20 s bis 180 s. Die Signalgeber sind mit der Zentrale der Einbruchmeldeanlage durch so genannte **Primärleitungen** zu verbinden.

Primärleitungen werden im Betrieb auf Manipulation überwacht, z. B. auf Unterbrechungs- oder Überbrückungsversuche.

Weicht der Widerstandswert einer Primärleitung von seinem Sollwert ab, z. B. durch Unterbrechung oder durch Überbrückung, muss die Störung innerhalb von 10 s angezeigt werden.

Der Überwachungsbereich einer Einbruchmeldeanlage wird in **Meldebereiche** unterteilt. In einem Meldebereich dürfen höchstens fünf benachbarte Räume zusammengefasst sein. Die Gesamtfläche des Meldebereiches darf 400 m² nicht übersteigen. Die Melder innerhalb eines Meldebereiches sind über eine gemeinsame Leitung, die so genannte **Meldelinie,** mit der Zentrale der Einbruchmeldeanlage verbunden **(Bild).**

In einer Meldelinie dürfen höchstens zwanzig Melder zusammengefasst werden.

Durch die scharf geschaltete Meldelinie wird die Auswerteelektronik aktiver Melder versorgt, z. B. von Glasbruchmeldern (Bild). Um eine Manipulation an nicht scharf geschalteten Meldelinien zu verhindern, sind alle Melder, Verteiler und Alarmgeber mit Deckelkontakten ausgerüstet. Diese Kontakte sind in einer zweiten Meldelinie, der so genannten **Sabotagemeldelinie,** zusammengefasst. Damit wird bereits der Versuch erkannt, nicht scharf geschaltete Meldelinien zu unterbrechen, Melder zu überbrücken oder Verteilerdosen zu öffnen und Alarm ausgelöst.

Sabotagemeldelinien überwachen die Gehäuse der Melder und Verteiler gegen unbefugtes Öffnen, auch im unscharf geschalteten Zustand der Einbruchmeldeanlage.

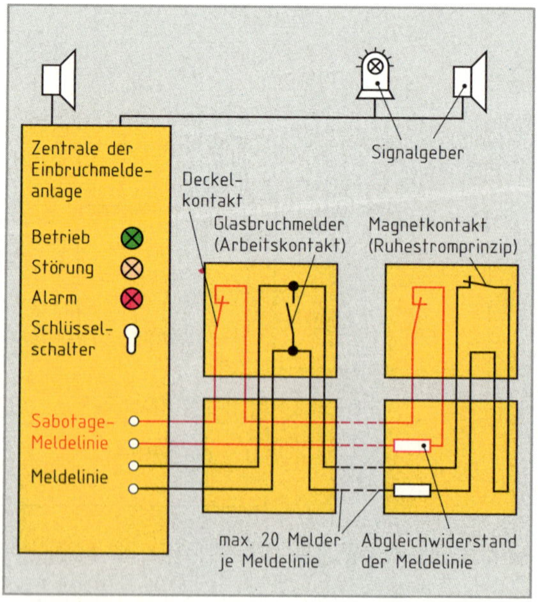

Bild: Meldelinien einer Einbruchmeldeanlage

Die Leitungen der Meldelinien sollen unauffällig, vorzugsweise unter Putz, verlegt werden. Außerhalb des Sicherungsbereiches sind die Leitungen unter Putz oder in Stahlpanzerrohr zu führen. Die Aderzahl und der Leitungsquerschnitt muss für die angeschlossenen Melder ausgelegt sein. Es wird empfohlen, eine abgeschirmte Installationsleitung, z. B. J-Y(St)Y, mit mindestens vier Doppeladern und einem Aderdurchmesser von mindestens 0,6 mm zu verlegen.

Der Leiterwiderstand einer Meldelinie darf höchstens 40 % der zur Alarmauslösung notwendigen Widerstandsänderung betragen.

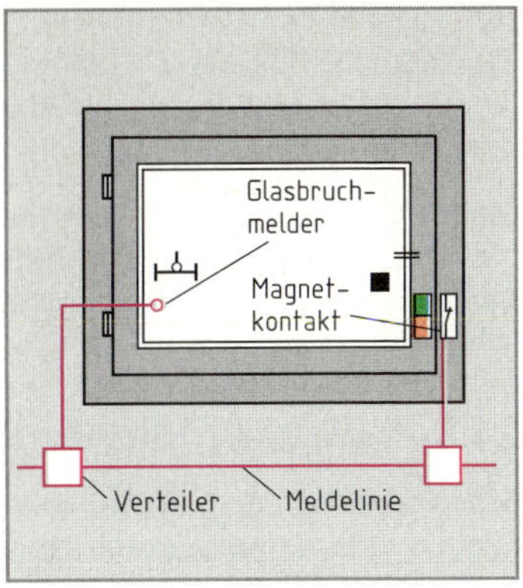

Bild 1: Fenstersicherung durch Glasbruchmelder und Magnetkontakt

Meldeeinrichtungen. Zur **Vorfeldüberwachung** setzt man hauptsächlich **Infrarot-Lichtschranken** mit moduliertem Lichtstrahl ein. Wird der Lichtstrahl unterbrochen oder durch eine nicht modulierte Infrarot-Lichtquelle gestört, wird der Alarm ausgelöst. Bei der **Mikrowellen-Richtstrecke** richtet ein Sender ein stark gebündeltes, hochfrequentes Signal auf den Empfänger. Ein Eindringen in den Wirkbereich der Richtstrecke führt zu Feldänderungen und damit zum Auslösen des Alarms. Im privaten Bereich kann man Infrarot-Lichtschranken oder Mikrowellen-Richtstrecken nur bedingt einsetzen, weil Grundstücke oft nicht lückenlos eingezäunt sind und Kleintiere, z. B. Hunde oder Katzen, beim Durchlaufen der Überwachungsstrecken auch Alarm auslösen würden.

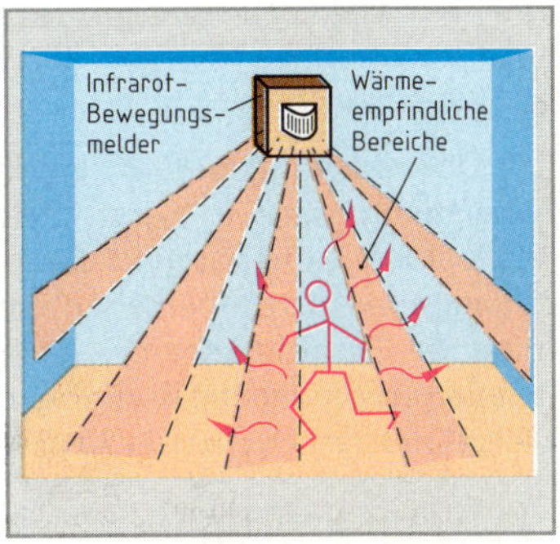

Bild 2: Raumüberwachung durch Infrarot-Bewegungsmelder

Die **Außenhautsicherung** sichert Fenster und Türen gegen gewaltsames Öffnen und gegen Durchstieg. Magnetkontakte, z. B. Reedkontakte, überwachen Türen und Fenster **(Bild 1)** gegen Öffnen und gegen Durchbruch. Riegelschaltkontakte erkennen zusätzlich nicht verschlossene Türen oder Fenster.

Glasbruchmelder (Bild 1) enthalten einen Piezo-Kristall, der in Verbindung mit der Auswerteelektronik auf Frequenzen reagiert, die beim Bruch des Glases entstehen. Man unterscheidet passive und aktive Glasbruchmelder. Während der **passive Glasbruchmelder** nur Frequenzen auswertet, sendet der **aktive Glasbruchmelder** zusätzlich über einen Zeitraum Schwingungen an die Glasscheibe aus und vergleicht dann in der Sendepause die reflektierten Schwingungen. Er erkennt damit auch eine defekte Glasscheibe.

Alarmdrahttapeten sichern Wände und Decken gegen Durchbruch. Die Alarmdrahttapete enthält im Abstand von etwa 80 mm parallel verlaufende, nicht sichtbare Kupferdrähte. An der Ober- und Unterkante der Alarmdrahttapete werden zur Verbindung der einzelnen Alarmdrähte Anschlussleisten mit Lötstützpunkten montiert. Der Anschluss kann durch Einfügen von Widerständen so vorgenommen werden, dass eine Unterbrechung oder ein Überbrückungsversuch Alarm auslöst. **Fadenzugkontakte** sichern Dachluken oder Oberlichter gegen Durchstieg.

Zur **Raumüberwachung** setzt man vorwiegend Infrarot- oder Ultraschall-Bewegungsmelder ein. Der **Infrarot-Bewegungsmelder (Bild 2)** wertet Änderungen der Infrarot-Strahlung, z. B. die Wärmeabstrahlung von Menschen oder Tieren, innerhalb seiner Erfassungszone aus. Ein Alarm wird ausgelöst, wenn die Temperaturänderung einen einstellbaren Grenzwert überschreitet. Durch die Überwachung der Änderungsgeschwindigkeit lassen sich Fehlalarme durch normalen Temperaturanstieg, z. B. durch Sonneneinstrahlung, verhindern. Auswechselbare und verstellbare Linsensysteme erlauben eine Anpassung an den zu schützenden Bereich.

Der **Ultraschall-Bewegungsmelder (Bild 1, Seite 486)** ist ein aktiver Melder. Er sendet Ultraschallwellen aus und empfängt die reflektierten Schwingungen wieder. Weicht die Empfangsfrequenz von der Sendefrequenz ab, weil sich ein bewegender Körper im Überwachungsbereich befindet, wird Alarm ausgelöst.

Die Reichweite des Melders lässt sich durch die abgegebene Ultraschall-Strahlung einstellen. Ultraschall-Bewegungsmelder sind jedoch zur Überwachung von Räumen mit starker Luftströmung oder mit hohem Geräuschpegel nicht geeignet.

Die Innenraumsicherung kann man durch den Einbau von Überfallmeldern, Fadenzugmeldern und Tretmatten ergänzen. Schränke und Vitrinen sichert man durch Erschütterungsmelder oder durch Körperschallmelder.

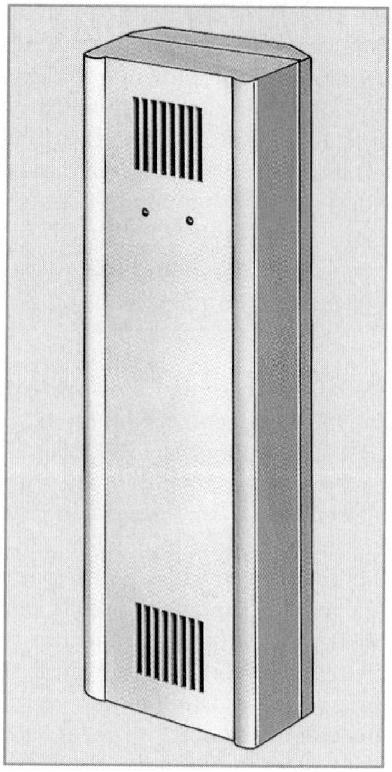

Bild 1: Ultraschall-Bewegungsmelder

21.8.2 Brandmeldeanlagen

Brandmeldeanlagen **(BMA)** bestehen aus der Brandmeldezentrale, Brandmeldern und den Alarmgebern. Sie können durch Baugruppen ergänzt werden, die im Brandfall Rauchabzugsklappen und die Feststellanlagen für Feuerschutztüren steuern. Die Brandmeldezentrale wird über einen eigenen Stromkreis versorgt. Bei Netzausfall übernimmt ein Akkumulator den Betrieb der Anlage über eine Dauer von mindestens 72 Stunden. Die Kapazität des Akkumulators muss danach noch zum Betrieb der Alarmgeber über mindestens eine halbe Stunde ausreichen.

Der Überwachungsbereich einer Brandmeldeanlage wird in **Meldebereiche** unterteilt. In einem Meldebereich dürfen höchstens fünf benachbarte Räume mit einer Gesamtfläche bis 400 m^2 oder, wenn alle Zugänge leicht zu übersehen sind, bis zu zehn benachbarte Räume mit einer Gesamtfläche bis 1000 m^2 zusammengefasst werden. Meldelinien verbinden die Brandmelder mit der Brandmeldezentrale. Eine Meldelinie darf höchstens 30 automatische Brandmelder enthalten.

Optische Brandmelder arbeiten nach dem Streulichtprinzip. In der Messkammer des Melders ist eine Sende- und eine Empfangsdiode so angeordnet, dass der vom Sender ausgehende Lichtstrahl den Empfänger nicht trifft. Dringt Rauch in die Messkammer ein, wird ein Teil des abgestrahlten Lichtes reflektiert, trifft nun auf den Empfangsteil und löst damit den Alarm aus. Optische Brandmelder setzt man insbesondere zur Branderkennung bei Kunststoffen und bei organischen Stoffen ein.

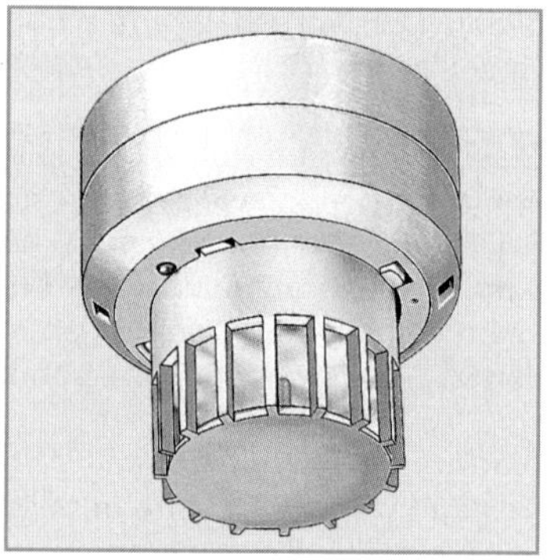

Bild 2: Differenzial-Wärmemelder

Ionisationsmelder dienen der Früherkennung von Bränden. Sie sind mit einer Referenzkammer und einer Messkammer ausgestattet. Während die Referenzkammer nach außen nahezu geschlossen ist, wird die Messkammer von den Rauchgasen durchströmt. Die durch die Rauchgase verursachte Widerstandsänderung des Sensors wird in der Messkammer ausgewertet und führt zum Alarm.

Differenzial-Wärmemelder (Bild 2) reagieren nur auf den Temperaturanstieg innerhalb einer festgelegten Zeitspanne. Daher führen langsame Temperaturänderungen, z. B. durch Heizen oder Sonneneinstrahlung, nicht zu Fehlalarmen. **Flammenmelder** sprechen nur auf die UV-Anteile der Flammenstrahlung an und nicht auf Lichtstrahlung von Glühlampen, Leuchtstofflampen oder auf Sonnenstrahlung.

Wiederholungsfragen

1 **Welche Aufgabe haben a) Vorfeld-, b) Außenhaut- und c) Raumüberwachung bei Einbruchmeldeanlagen?**

2 **Nennen Sie Melder der a) Außenhautüberwachung und b) Raumüberwachung.**

3 **Worin unterscheidet sich ein aktiver Glasbruchmelder von einem passiven?**

4 **Beschreiben sie die Stromversorgung einer Einbruchmeldeanlage.**

5 **Wie viele Melder dürfen in einer Meldelinie zusammengefasst werden a) in Einbruchmeldeanlagen und b) in Brandmeldeanlagen?**

6 **Wodurch unterscheiden sich optische Rauchmelder von Ionisations-Rauchmeldern?**

22 Blitzschutz

Blitzschutzanlagen sollen Gefahren und Schäden durch Blitzeinwirkungen vermeiden.

22.1 Entstehung des Blitzes

Voraussetzung für das Entstehen des Blitzes ist eine Konzentration elektrischer Ladung innerhalb einer Gewitterwolke. Gewitter entstehen durch warmfeuchte Luft, die mit großer Geschwindigkeit aufsteigt und sich mit zunehmender Höhe abkühlt. Durch Kondensation des Wasserdampfes bilden sich dann große Gewitterwolken. Beim Unterschreiten der Null-Grad-Grenze werden die Wassertröpfchen zu Eis in Form von Schnee, Hagel- oder Graupelkörnern. Die Eisteilchen fallen gegen den Aufwind und geben dabei Ladungsteilchen ab. Ein Wolkengebilde mit zwei oder drei übereinander angeordneten Ladungsgebieten entgegengesetzter Polarität bezeichnet man als **Gewitterzelle (Bild 1)**.

In der Gewitterzelle ergeben sich große elektrische Feldstärken zwischen den unterschiedlichen Ladungsansammlungen innerhalb der Wolke sowie in den Ladungsgebieten zwischen der Wolke und der Erde.

Zur Blitzentladung kommt es, wenn die elektrische Feldstärke an einer Stelle die elektrische Durchschlagfestigkeit der Luft überschreitet.

Man unterscheidet Erde-Wolke-Blitze (Aufwärtsblitze), bei denen die Blitzverästelungen nach oben zeigen **(Bild 2)**, Wolke-Erde-Blitze (Abwärtsblitze) mit Verästelungen nach unten und Wolke-Wolke-Blitze.

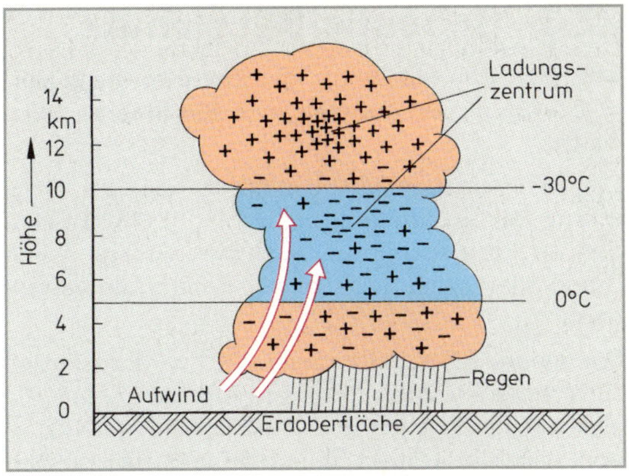

Bild 1: Ladungsverteilung einer Gewitterzelle

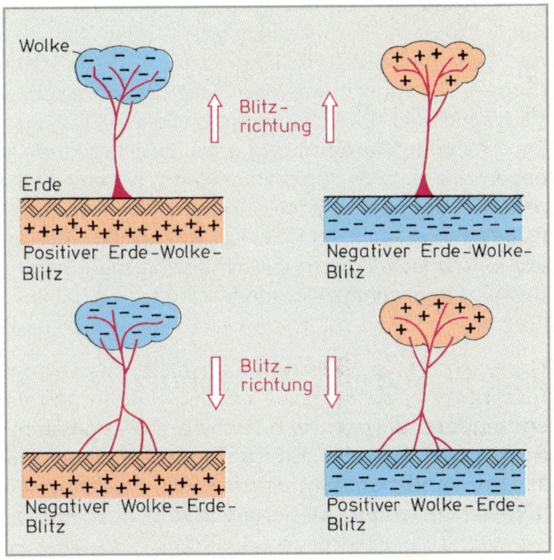

Bild 2: Aufwärtsblitze und Abwärtsblitze

22.2 Wirkungen des Blitzstromes

Der Blitzstrom hat thermische, dynamische, elektromagnetische und akustische Wirkungen. Die Blitzstromstärke bei der Hauptentladung liegt zwischen 10 kA und 100 kA. Der Hauptentladung können in kurzen Abständen weitere Entladungen mit Stromstärken bis zu einigen 100 A folgen. Die in einem Blitzschlag transportierte Elektrizitätsmenge kann Werte von 10 Coulomb bis über 400 Coulomb erreichen.

Thermische Wirkungen des Blitzstromes zeigen sich z. B. an Blechverkleidungen, aus denen Löcher herausschmelzen. Dynamische Beanspruchungen können sich an Elementen von Antennen durch parallele Stromwege auswirken. Bei Direkteinschlägen in Blitzschutzanlagen entstehen durch den steilen Anstieg des Blitzstromes in den Ableitungen starke elektromagnetische Felder. In Leiterschleifen der Elektroinstallation, z. B. aus der Antennenleitung und der Netzleitung eines Fernsehgerätes gebildet, können dabei hohe Überspannungen induziert werden, die angeschlossene elektronische Geräte zerstören.

Der Einschlag eines Blitzes in die Erdungsanlage hebt das Potential des Gebäudes mit seinen metallenen Installationen gegenüber der nicht Blitzstrom führenden Erde stark an. Ein Blitzstrom von z. B. 80 kA bewirkt am Blitzschutzerder mit einem Erdungswiderstand von 5 Ω einen Spannungsfall von 400 kV. Eine Spannung in dieser Höhe führt zu Überschlägen innerhalb der Gebäudeinstallation und zur Zerstörung der Leiterisolierungen.

22.3 Gebäude-Blitzschutz

Den Gebäude-Blitzschutz gliedert man nach DIN VDE 0185 in den **äußeren** und den **inneren Blitzschutz.**

Der ordnungsgemäß ausgeführte äußere Blitzschutz soll bei einem Blitzeinschlag **(LEMP[1])** Schäden an der geschützten baulichen Anlage durch Brand oder durch mechanische Zerstörung verhindern.

Der innere Blitzschutz (Seite 490) wird zusätzlich zum äußeren Blitzschutz ausgeführt. Er soll die elektromagnetischen und elektrischen Auswirkungen des Blitzstromes innerhalb der geschützten Anlage auf ungefährliche Werte begrenzen.

Zum Schutz von Datenverarbeitungsanlagen, z. B. Rechenzentren, Fernmeldeanlagen oder Anlagen der Gebäudeleittechnik, sind zusätzliche Maßnahmen zur Sicherstellung der **Elektromagnetischen Verträglichkeit** (EMV) notwendig (Seite 491). Diese sollen durch Abschirmung und durch gestaffelt angeordnete Schutzeinrichtungen sicherstellen, dass elektronische Geräte durch die elektromagnetischen oder elektrischen Auswirkungen infolge von Blitzeinschlägen in ihrer Funktion nicht beeinträchtigt oder zerstört werden.

22.3.1 Äußerer Blitzschutz

Der äußere Blitzschutz besteht aus Fangeinrichtungen, Ableitungen und der Erdungsanlage **(Bild 1)**. Fangeinrichtungen werden als **Fangstangen (Bild 2)** oder als **Fangleitungen (Bild 3)** ausgeführt.

> Der äußere Blitzschutz umfasst alle Einrichtungen zum Auffangen und Ableiten des Blitzstromes in die Erdungsanlage.

Fangeinrichtungen mit einer Höhe von höchstens 20 m schützen einen Bereich, der unter der Fangstange durch eine Kegelform mit einem Winkel von 45° festgelegt ist (Bild 2). Die Höhe der Fangstange muss so bemessen sein, dass die zu schützende bauliche Anlage vollständig innerhalb des Schutzbereiches liegt. Der Schutzbereich unter Fangleitungen schließt sich unter 45° zu einem zeltförmigen Raum (Bild 3). Blitzschutzanlagen mit einer Fangleitung auf dem First des Gebäudes sind nur dann zulässig, wenn sich alle Gebäudeteile innerhalb des Schutzbereiches befinden. Dies lässt sich z. B. bei einem Satteldach mit einer Dachneigung von mindestens 45° erreichen (Bild 3). Fangleitungen auf Gebäuden mit einer Dachneigung unter 45° werden in Form von Maschen angeordnet **(Bild 4)**.

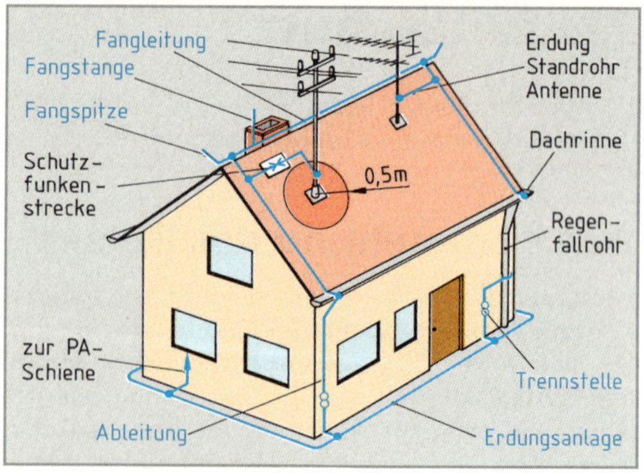

Bild 1: Blitzschutzanlage

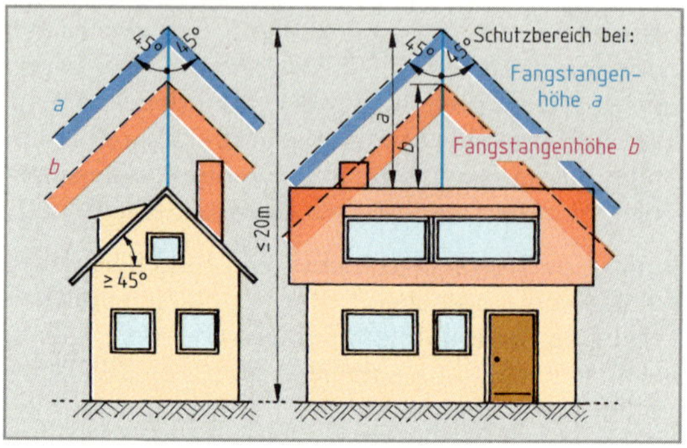

Bild 2: Schutzbereich unter Fangstangen (Höhe a ausreichend, Höhe b nicht ausreichend)

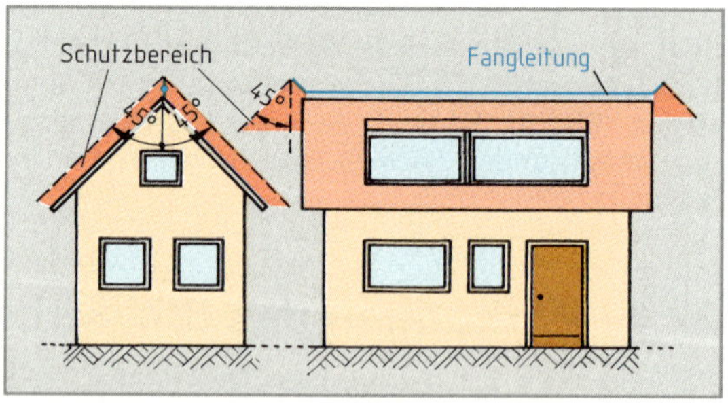

Bild 3: Schutzbereich unter Fangleitungen

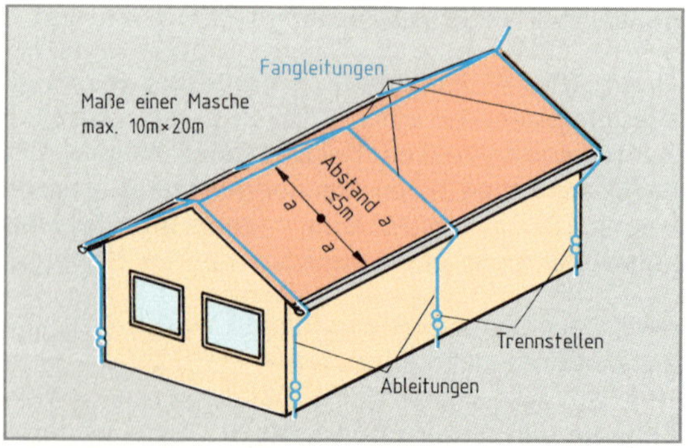

Bild 4: Fangleitungen in Maschen angeordnet

[1] LEMP, Abkürzung für Licht-Elektro-Magnetischer Puls

Eine **Masche** darf nicht größer als 10 m × 20 m sein. Die Fangleitungen sind so anzuordnen, dass kein Punkt der Dachfläche mehr als 5 m von einer Fangleitung entfernt ist (Bild 4, Seite 488). Fangleitungen an bevorzugten Einschlagstellen für den Blitz, z. B. entlang von Giebeln, Firsten oder Traufkanten, sind möglichst dicht an den Kanten zu verlegen. Stehen Dachaufbauten aus nicht leitendem Material mehr als 30 cm aus der Maschenebene oder dem Schutzbereich hervor, müssen sie mit einer Fangeinrichtung ausgestattet werden **(Bild 1)**. Dachaufbauten aus Metall sind mit der Blitzschutzanlage zu verbinden, wenn sie mehr als 30 cm aus der Maschenebene oder dem Schutzbereich herausragen, mehr als 2 m lang sind, eine größere Fläche als 1 m² haben oder weniger als 0,5 m von einer Fangeinrichtung entfernt sind (Bild 1, Seite 488).

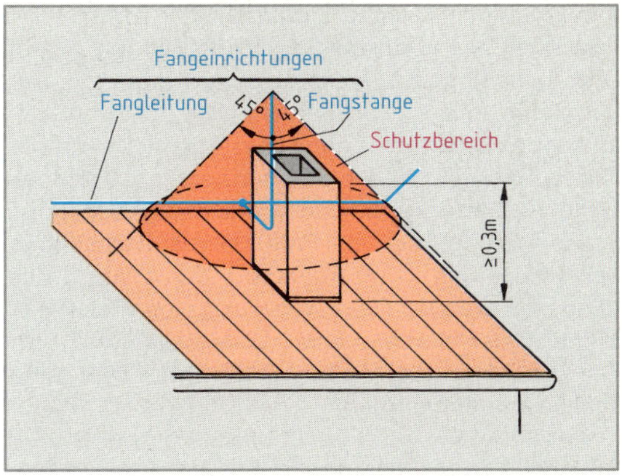

Bild 1: Schutz von Dachaufbauten durch Fangstangen

Freileitungsdachständer mit einem Abstand von weniger als 0,5 m zu einer Fangeinrichtung müssen über eine geschlossene Schutzfunkenstrecke in die Blitzschutzanlage einbezogen werden.

> Freileitungsdachständer dürfen wegen Brandgefahr durch Erdschluss nicht direkt geerdet werden.

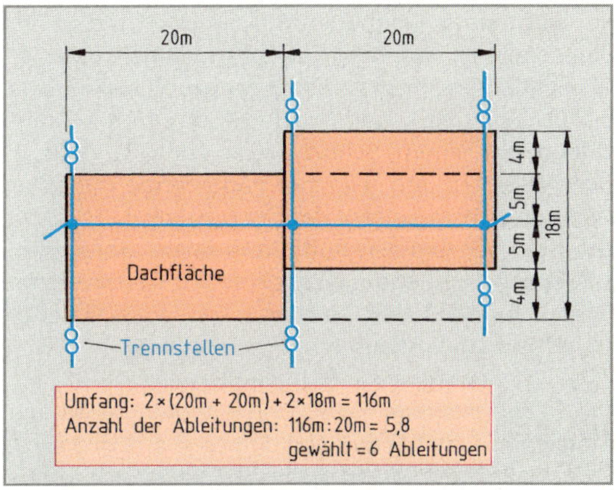

Bild 2: Anzahl der Ableitungen (Beispiel)

Ableitungen verbinden die Fangeinrichtungen über Trennstellen **(Bild 2)** mit der Erdungsanlage. Die Anzahl der Ableitungen wird aus dem Umfang der Dachaußenkante (Projektion der Dachfläche auf die Grundfläche) ermittelt. An Bauwerken mit einem Umfang von weniger als 20 m, z. B. bei Türmen oder Schornsteinen, genügt bei Bauhöhen bis 20 m eine Ableitung. Bei Bauhöhen über 20 m sind mindestens zwei Ableitungen erforderlich. Ist der Umfang eines Bauwerks größer als 20 m, teilt man den Umfang durch 20 und rundet das Ergebnis auf eine ganze Zahl (Bild 2). Erhält man eine ungerade Zahl von Ableitungen, ist bei symmetrischen Gebäuden die Zahl der Ableitungen um eins zu erhöhen.

In Gebäuden mit geschlossenen Innenhöfen sind ab 30 m Umfang des Innenhofes zusätzliche Ableitungen vorzusehen. Im Innenhof ist dann für je 20 m Umfang eine Ableitung zu verlegen. Die Ableitungen von vermaschten Fangeinrichtungen sollen nach Möglichkeit an den Eck- und Knotenpunkten als Fortsetzung der Fangleitungen zur Erdungsanlage geführt werden (Bild 2). An Fenstern, Türen oder anderen Öffnungen soll der seitliche Abstand zu Ableitungen mindestens 0,5 m betragen. Die Verbindung zwischen Fangeinrichtung und Erdungsanlage muss möglichst kurz sein. Ableitungen werden auf Putz, im Putz oder unter Putz verlegt. Metallene Regenfallrohre dürfen als Ableitungen herangezogen werden, wenn die Stoßstellen der Regenfallrohre gelötet oder durch genietete Laschen verbunden sind. In Stahlbetonbauten verwendet man die Bewehrungsstähle als Ableitungen, wenn eine sichere elektrisch leitfähige Verbindung, z. B. durch Verschweißen der Bewehrungsstähle, möglich ist.

Näherungen zwischen Fangeinrichtungen oder Ableitungen und metallenen Installationssystemen im Gebäude, z.B. Wasser-, Gas- und Heizungsleitungen, Lüftungskanälen oder Aufzugschienen, müssen vermieden werden. Man kann hierzu den Abstand *D* **(Bild 1, Seite 490)** vergrößern oder die metallene Installation mit der Blitzschutzanlage verbinden. Näherungen sollen aber vorzugsweise durch Erhöhen des Abstandes *D* beseitigt werden, weil bei einer direkten Verbindung der Installationssysteme mit der Blitzschutzanlage elektrische Einrichtungen bereits durch Blitzteilströme beschädigt werden können.

Kann man den Abstand *D* **(Bild 1)** nicht vergrößern, verbindet man elektrische Einrichtungen meist über geschlossene Trennfunkenstrecken mit der Blitzschutzanlage. Zur Berechnung des Mindestabstandes *D* wird die Länge *l* der Ableitung von der Näherungsstelle (Stelle des geringsten Abstandes zwischen Blitzschutzanlage und leitfähigen Installationssystemen) bis zur Potentialausgleichsebene gemessen (Bild 1). Formeln zur Berechnung des Mindestabstandes *D* bei Näherung siehe **Tabelle 1.** Mindestquerschnitte und Leiterwerkstoffe für Fangeinrichtungen, Ableitungen und Erder sind **Tabelle 2** zu entnehmen.

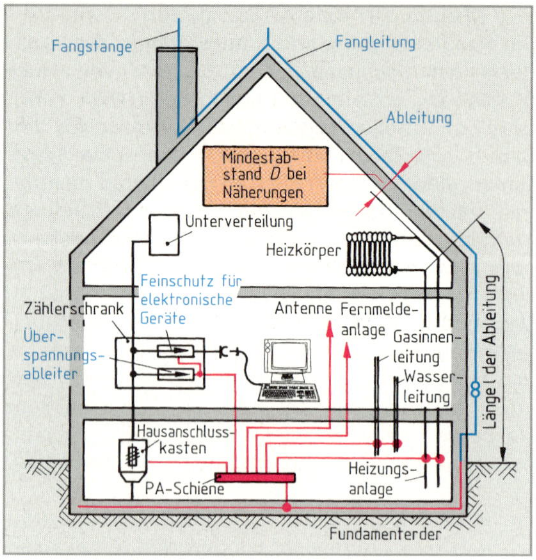

Bild 1: Näherung in einer Blitzschutzanlage

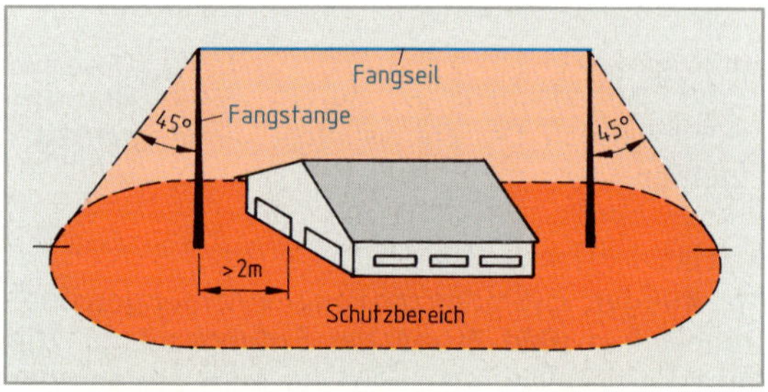

Bild 2: Isolierte Fangeinrichtungen

Isolierte Fangeinrichtungen bestehen aus Fangstangen, Fangleitungen oder Fangnetzen, die keine Verbindung mit der baulichen Anlage haben. Das zu schützende Gebäude muss jedoch völlig im Schutzbereich der Fangeinrichtung liegen **(Bild 2).** Als Schutzbereich einer Fangstange mit einer Höhe bis 10 m gilt der kegelförmige Raum um die Fangstange mit einem Schutzwinkel von 45° (Bild 2, Seite 488). Für den Teil einer Fangstange mit einer Höhe über 10 m beträgt der Schutzwinkel 30°. Zum Schutz von explosivstoffgefährdeten Bereichen, z. B. Sprengstofflagern oder explosionsgefährdeten Bereichen (Seite 473), werden meist isolierte Fangeinrichtungen verwendet.

Die **Erdungsanlage** ist so einzurichten, dass ein möglichst kleiner Erdungswiderstand erreicht wird. Erdungsanlagen sind korrosionsfest und kontaktsicher auszuführen. Sie müssen ohne Mitverwendung von metallischen Leitungssystemen, z. B. eines Wasserrohrnetzes, für sich alleine wirksam sein. Erder für Erdungsanlagen werden als Banderder, z. B. als Ringerder, meist jedoch als Fundamenterder, ausgeführt. Fundamenterder (Bild 1, Seite 458) müssen die notwendigen Anschlussfahnen für die Ableitungen der Blitzschutzanlage und einen Anschluss für den Blitzschutz-Potentialausgleich (Bild 1) haben.

Tabelle 1: Berechnung des Mindestabstandes *D* bei Näherungen nach DIN VDE 0185

Anlagen mit Potentialausgleich und nur einer Ableitung	$D \geq \frac{l}{5}$
Anlagen mit Potentialausgleich und mehreren Ableitungen	$D \geq \frac{l}{7 \cdot n}$
l Länge; *D* Abstand; *n* Anzahl der Ableitungen	

Tabelle 2: Werkstoffe und Abmessungen für Fangleitungen, Ableitungen und Erder

Fangleitungen, Ableitungen	Rundstahl verzinkt	∅ 8 mm
	nicht rostender Rundstahl	∅ 10 mm
	Bandstahl verzinkt	20 × 2,5 mm
	Kupfer	∅ 8 mm, 20 × 2,5 mm
Fangstangen	Rundstahl verzinkt	∅ 16 mm
	Kupfer	∅ 16 mm
Erder	Bandstahl verzinkt	30 × 3,5 mm
	Kupfer	∅ 8 mm, 25 × 2 mm

22.3.2 Innerer Blitzschutz

Der innere Blitzschutz soll elektrische Anlagen, leitfähige Installationen und Anlageteile im Innern von baulichen Anlagen gegen die Auswirkungen des Blitzstromes, z. B. seiner elektrischen und magnetischen Felder, schützen. Er besteht aus dem Blitzschutz-Potentialausgleich und dem Schutz elektrischer Anlagen vor Überspannungen. Durch den Potentialausgleich werden alle leitfähigen Systeme, z. B. Wasser-, Gas-, Heizungs-, Lüftungs- und Klimaanlagen, über die Potentialausgleichschiene mit dem Fundamenterder verbunden.

Zum Schutz vor Überspannungen in Verbraucheranlagen baut man in alle aktiven Leiter **Überspannungsableiter** ein **(Bild 2)**. Diese bestehen meist aus der Reihenschaltung einer Funkenstrecke mit einem spannungsabhängigen Widerstand (VDR) und der Trennvorrichtung. Tritt in der Verbraucheranlage eine gefährliche Überspannung auf, spricht die Funkenstrecke an und der VDR-Widerstand wird niederohmig. Werden Funkenstrecke oder VDR-Widerstand durch direkten Blitzeinschlag zerstört, unterbricht die Trennvorrichtung die Verbindung mit dem Versorgungsnetz.

Im TN-C-System ist für die Außenleiter L1, L2 und L3 jeweils ein Überspannungsableiter erforderlich, im TN-S-System ein Ableiter zusätzlich für den Neutralleiter **(Bild 1)**. Überspannungsableiter sollen möglichst nahe an der Hauseinführung angeordnet sein. Als Einbauort wählt man in Wohngebäuden meist den Zählerschrank (Bild 2). Die Erdungsleitung der Ableiter ist mit der Potentialausgleichsschiene, im TN-System zusätzlich mit dem PEN-Leiter, zu verbinden.

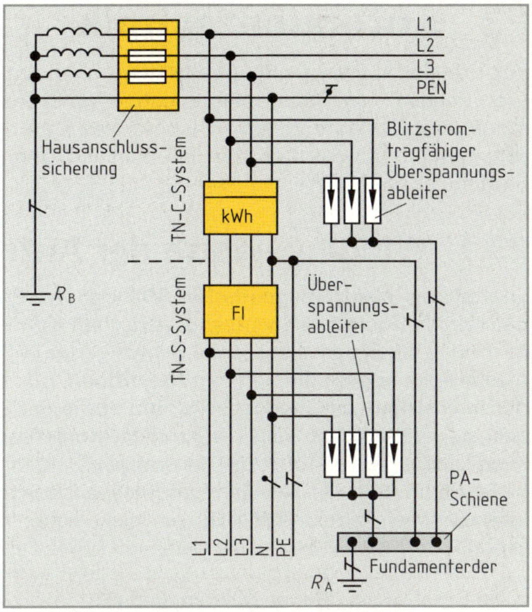

Bild 1: Überspannungsschutz im TN-System

Bild 2: Überspannungsableiter

Blitz-Schutzzonen-Konzept (EMV-Konzept)

In Gebäuden mit umfangreichen elektronischen Einrichtungen, z. B. in Kraftwerken, Rechenzentren oder bei angewandter Hausleittechnik, unterteilt man die zu schützende Anlage in Blitz-Schutzzonen. Den Bereich außerhalb der geschützten Anlage ordnet man den Blitz-Schutzzonen 0 und E zu. In der Zone E sind direkte Blitzeinschläge möglich. Auf die Zonen 0 und E, in denen bei Blitzeinschlägen hohe elektromagnetische Felder wirken, folgen innerhalb des Gebäudes Schutzzonen mit abnehmender Gefährdung. Schutzzonen können kostengünstig durch Verbinden der Baustahlarmierung in Form von Schirmkäfigen gebildet werden. Die Armierung aller Außenwände schirmt die Blitz-Schutzzone 1 ab. Die Bewehrungsstähle innenliegender Räume bilden z. B. den Schirmkäfig der Blitz-Schutzzone 2. Die Bewehrungsstähle einschließlich aller verbundenen Metallteile, wie Metallverkleidungen, bezieht man in den Blitzschutz-Potentialausgleich ein.

Alle energietechnischen und datentechnischen Leitungen werden an den Übergängen der Blitz-Schutzzonen mit Überspannungsableitern ausgerüstet. Am Übergang zwischen Blitz-Schutzzone 0 und 1, also an der Eintrittsstelle in das Gebäude, werden so genannte **Blitzstromableiter** angebracht. Sie können hohe Blitzströme, z. B. bis 100 kA, ableiten. An den Schnittstellen zwischen den Blitz-Schutzzonen 1 und 2 setzt man Überspannungsableiter ein. Sie können meist nur kleine Blitzströme führen, haben aber einen niedrigeren Schutzpegel. Durch diesen gestaffelten Einsatz der Überspannungsschutzgeräte wird die Gefährdung durch Überspannung in Richtung zum Endgerät hin geringer.

Wiederholungsfragen

1. **Welche Anlageteile umfasst a) der äußere und b) der innere Blitzschutz?**
2. **Beschreiben Sie den Schutzbereich unter einer a) Fangstange, b) Fangleitung.**
3. **Ermitteln Sie die Anzahl der Ableitungen bei einem Gebäudeumfang von 140 m bei a) symmetrischem Grundriss und b) unsymmetrischem Grundriss.**

23 Antennentechnik

Zur drahtlosen Nachrichtenübertragung sind Antennen notwendig. Die Sendeantenne strahlt elektromagnetische Energie ab, die Empfangsantenne nimmt davon an einem weit entfernten Ort nur einen sehr kleinen Teil auf und führt sie über ein Übertragungsnetz dem Empfänger zu.

23.1 Wirkungsweise der Antennen

Entstehung elektromagnetischer Wellen. Im Parallelschwingkreis pendelt die Energie fast verlustlos zwischen Kondensator und Spule hin und her. Beim geschlossenen Schwingkreis befindet sich das elektrische Feld, abgesehen von den Randzonen, nur zwischen den Kondensatorplatten, das magnetische Feld nur in der Spule und in deren nächster Nähe. Zieht man die Kondensatorplatten mehr und mehr auseinander, so verlaufen die elektrischen Feldlinien zunehmend im freien Raum **(Bild 1 a)**. Aus dem geschlossenen Schwingkreis wird ein offener Schwingkreis **(Bild 1 b)**, ein elektrischer Dipol[1] (gestreckter Dipol).

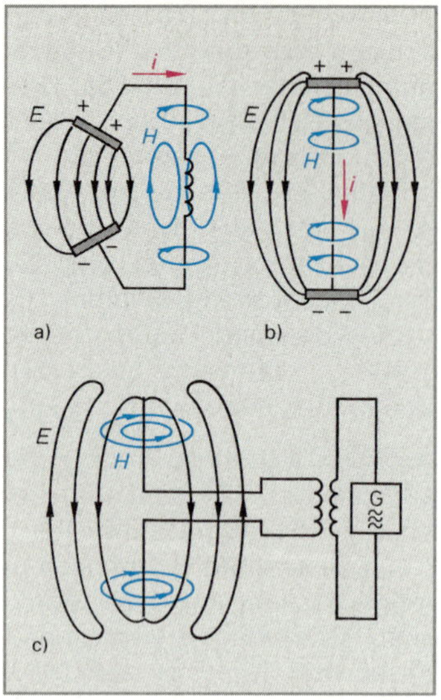

Bild 1: Offener Schwingkreis

> Der Dipol ist ein offener Schwingkreis.

Erregt man einen gestreckten Dipol mit einer hoch frequenten Wechselspannung **(Bild 1 c)**, so bewegen sich die freien Elektronen des Dipolstabes im Rhythmus der Erregerfrequenz hin und her. In der Dipolmitte ist die Elektronenbewegung am größten und die Spannung am geringsten **(Bild 2, Seite 493)**. Die Elektronenbewegung hat ein magnetisches, die Spannung ein um 90° phasenverschobenes elektrisches Wechselfeld zur Folge. Diese Felder stehen senkrecht aufeinander und bauen sich mit großer Geschwindigkeit auf. Während der Vergrößerung des elektrischen Wechselfeldes, also während der wachsenden Änderungsgeschwindigkeit der elektrischen Spannung zwischen den Dipolenden, entfernen sich die elektrischen Feldlinien mit großer Geschwindigkeit vom Dipol. Nicht die gesamte Energie kann während der nächsten Halbwelle in den Dipol zurückfließen, da viele Feldlinien bereits so weit von ihm entfernt sind, dass sie auf das inzwischen aufgebaute magnetische Feld treffen. Dieser Teil des elektrischen Feldes trennt sich von der Antenne. Entsprechend trifft ein Teil des nun entstandenen magnetischen Feldes beim Rücklauf auf das erneut entstandene Feld umgekehrter Richtung. Auch dieses magnetische Feld trennt sich vom Dipol und schiebt das zuvor abgetrennte elektrische Feld vor sich her. Die vom Dipol abfließende Energie wird von einem Generator (Bild 1c) ersetzt und in der Mitte (Speisepunkt) des Dipols eingespeist.

$$[\lambda] = \frac{\frac{\text{m}}{\text{s}}}{\frac{1}{\text{s}}} = \text{m}$$

$$\lambda = \frac{c}{f}$$

λ Wellenlänge
c Ausbreitungsgeschwindigkeit
f Frequenz

> Elektromagnetische Wellen sind wandernde magnetische und elektrische Felder, die senkrecht zueinander verlaufen, aber den gleichen Raum mit Lichtgeschwindigkeit durchdringen.

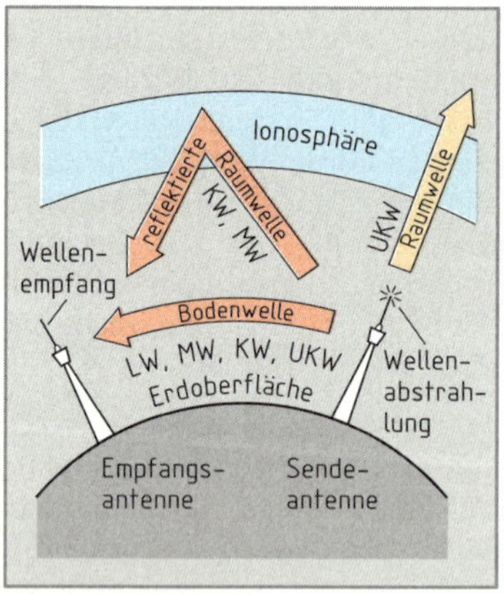

Bild 2: Wellenarten

Elektromagnetische Wellen breiten sich mit einer Geschwindigkeit c von nahezu 300 000 km/s im freien Raum aus. Den Abstand zwischen zwei Punkten gleicher magnetischer bzw. elektrischer Feldstärke in Ausbreitungsrichtung bezeichnet man als Wellenlänge λ. Die Reichweite der elektromagnetischen Wellen wächst in Bodennähe (Bodenwellen) **(Bild 2)** mit der Wellenlänge. Raumwellen kurzer Wellenlänge, z. B. Mittelwellen (MW) oder Kurzwellen (KW), werden an ionisierten Luftschichten (Ionosphäre) reflektiert (Bild 2).

[1] Dipol = Zweipol

23.2 Kenngrößen der Antennen

Empfangsantennen sollen dem Empfangsgerät Signalenergie zuführen. Auf das elektrische Feld einer elektromagnetischen Welle kann z. B. eine Stabantenne, auf das magnetische Feld, z. B. eine Ferritantenne, ansprechen. Stabantennen mit zwei gleichwertigen, vertauschbaren Anschlüssen nennt man Dipole **(Bild 1)**. Da sowohl die Wellenausbreitung als auch die Strom- und Spannungsänderungen entlang eines Dipols nahezu mit Lichtgeschwindigkeit erfolgt, müssen die Dipollänge und die Wellenlänge zueinander in einem Verhältnis stehen. Man nennt solche Antennen abgestimmte Antennen, z. B. $\lambda/2$ und $\lambda/4$. Sie haben einen hohen Wirkungsgrad.

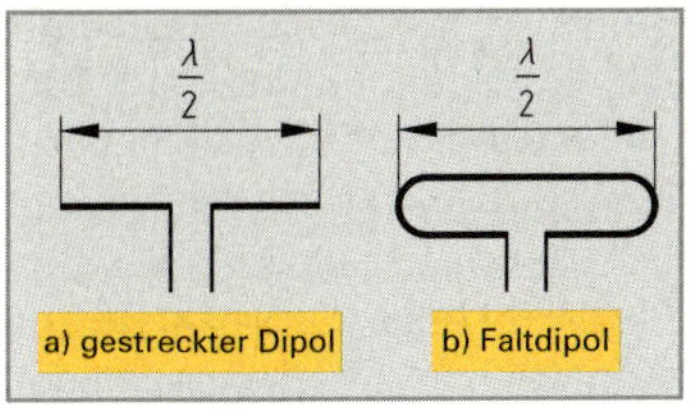

Bild 1: Abgestimmte Antennen (Halbwellendipole)

23.2.1 Strahlungswiderstand, Verkürzungsfaktor und Empfangsspannung

Halbwellendipole (Bild 1) werden durch elektromagnetische Wellen zum Schwingen angeregt. Bei $\lambda/2$-Dipolen entsteht eine Spannungsverteilung und Stromverteilung längs des Dipols, die symmetrisch zur Antennenmitte verläuft **(Bild 2)**. Ein abgestimmter Halbwellendipol verhält sich wie ein Reihenschwingkreis in Resonanz. Es bleibt nur ein Wirkwiderstand (Innenwiderstand) übrig, der beim gestreckten Dipol 75 Ω und beim Faltdipol (Bild 1) 300 Ω beträgt. Diesen Widerstand nennt man **Strahlungswiderstand.**

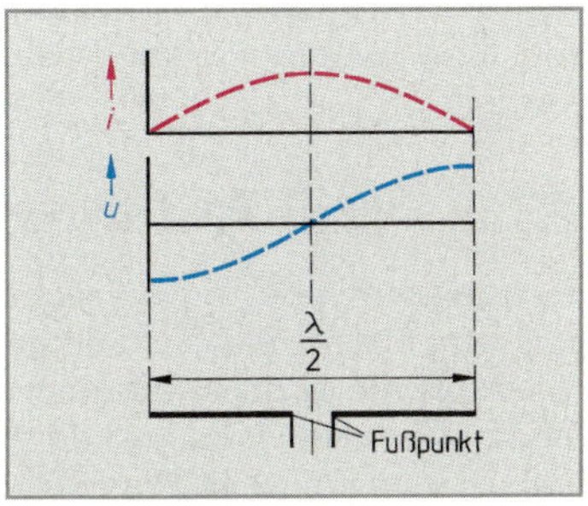

Bild 2: $\lambda/2$-Dipol, Strom- und Spannungsverteilung

Elektromagnetische Wellen breiten sich auf Leitungen wegen der Induktivitäten und den Kapazitäten etwa um den Faktor 0,75 langsamer aus als im freien Raum. Deshalb sind $\lambda/2$-Antennen um diesen **Verkürzungsfaktor** kürzer als die halbe Wellenlänge der Empfangswelle (wirksame Antennenlänge). Die **Empfangsspannung** *U* an der Antenne ist umso größer, je größer die elektrische Feldstärke *E* und die wirksame Antennenlänge *h* sind.

23.2.2 Richtdiagramm

Störspannungen in der Empfangsantenne entstehen meist durch Reflexionen der elektromagnetischen Wellen an Gebäuden, Bergen und anderen Hindernissen. Richtantennen können diese Störungen weitgehend ausblenden. Eine Richtwirkung kann sowohl in waagrechter als auch in senkrechter Richtung bestehen.

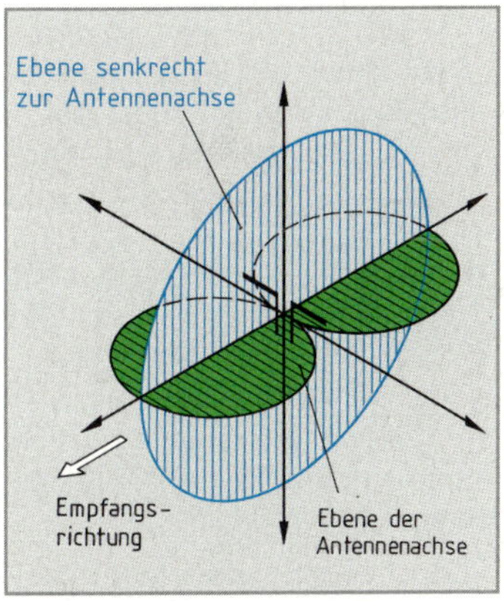

Bild 3: Richtdiagramm eines Halbwellendipols

Ein einzelner $\lambda/2$-Dipol hat in waagrechter Richtung nur eine geringe, in senkrechter Richtung jedoch keine Richtwirkung. Sein Diagramm besitzt in waagrechter Lage die Form einer Acht und senkrecht die eines Kreises **(Bild 3)**. Zur Darstellung der Richtwirkung trägt man die Empfangsspannung in Abhängigkeit vom Drehwinkel der Antenne ein. Durch Verbinden der Einzelpunkte erhält man das Strahlungsdiagramm einer Richtantenne (Bild 1, Seite 494).

23.2.3 Antennengewinn

Durch sinnvolle Anordnung mehrerer Dipole in bestimmten Abständen lässt sich die Richtwirkung verbessern. Ordnet man mehrere Dipole übereinander (Dipolwand, Querstrahler, **Bild 4 a)** oder nacheinander (Yagi[1]-Antenne, Längsstrahler, **Bild 4 b)** an, so erhält man in einer Vorzugsrichtung eine erhöhte Empfangsspannung. Das Verhältnis der Empfangsspannung der Mehrelementeantenne in Vorzugsrich-

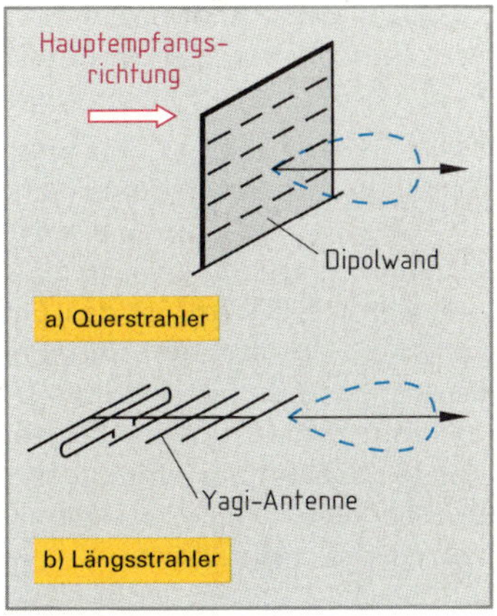

Bild 4: Mehrelementeantennen

[1] Yagi, japanischer Physiker, 1886 bis 1976; Yagi entwickelte 1928 die nach ihm benannte Antenne

tung und der Empfangsspannung eines gestreckten $\lambda/2$-Dipols am gleichen Ort nennt man Antennengewinn. Das Verhältnis wird in dB[1] angegeben.

Öffnungswinkel. Die Richtwirkung einer Mehrelementeantenne wird durch ihren Öffnungswinkel bestimmt **(Bild 1).** Die Angabe des Öffnungswinkels dient dem Vergleich verschiedener Antennen.

Vor-Rück-Verhältnis. Zur Vermeidung von Empfangsstörungen soll eine Antenne möglichst nur aus einer Richtung Empfangsenergie aufnehmen. Ein Maß für diese Eigenschaft ist das Vor-Rück-Verhältnis.

23.3 Yagi-Antenne

Kurzgeschlossene, angepasste Dipole strahlen die aus dem elektrischen Feld aufgenommene Energie wieder ab. Je nach Entfernung vom Anschlussdipol und nach Lage zum Sender befinden sich die reflektierten Wellen in Phase bzw. Gegenphase zum Empfangssignal. Die vom Sender abgewandten Elemente nennt man **Reflektoren,** die dem Sender zugewandten **Direktoren (Bild 2).**

Die Richtwirkung von Yagi-Antennen hängt von der Empfangsfrequenz, der Anzahl der Direktoren und Reflektoren, ihren gegenseitigen Abständen sowie ihrer Länge und Dicke ab.

Je nach Frequenzbereich haben sich bestimmte Antennenformen bewährt **(Bild 3).** Die Antennen können z.B. einen Kanal, eine Kanalgruppe oder einen ganzen Kanalbereich **(Tabelle, Seite 495)** empfangen. Die Kanal- bzw. Frequenzbereiche sind durch eine internationale Norm (CCIR[2]-Norm) festgelegt.

Stabantennen verwendet man für Tonrundfunk im LW-, MW- und KW-Bereich. Ein Dipol, besser ein Faltdipol, ist für den UKW-Empfang geeignet, da dieser eine Richtwirkung hat. Ein Kreuzdipol (Bild 3) ist für den Rundumempfang geeignet. Für den Fernsehempfang im Bereich VHF (**V**ery **H**igh **F**requency) und UHF (**U**ltra **H**igh **F**requency) haben sich Yagi-Antennen bewährt.

Satelliten-Rundfunksignale werden im Bereich von 11,7 GHz bis 12,5 GHz übertragen. Wegen der großen Entfernung zwischen Satellit und Empfänger, etwa 35 000 km, ist das Empfangssignal sehr schwach. Um trotz der geringen Energie, die den Empfangsort erreicht und um trotz der hohen Sendefrequenz die Empfänger mit einer ausreichenden Eingangsspannung versorgen zu können, sind großflächige Reflektorantennen, z. B. Parabolantennen (Bild 3), erforderlich.

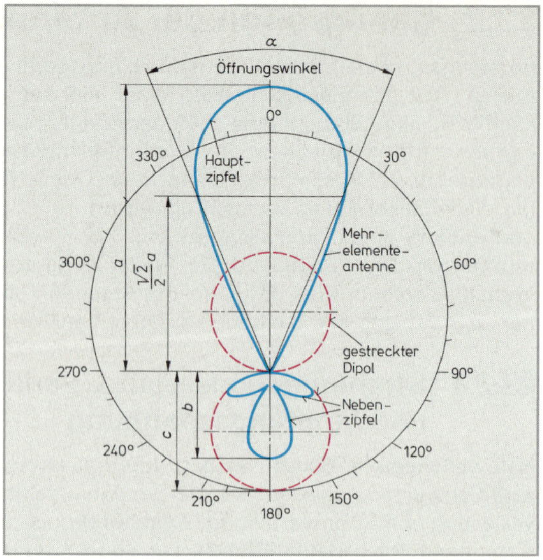

Bild 1: Strahlungsdiagramm einer Richtantenne

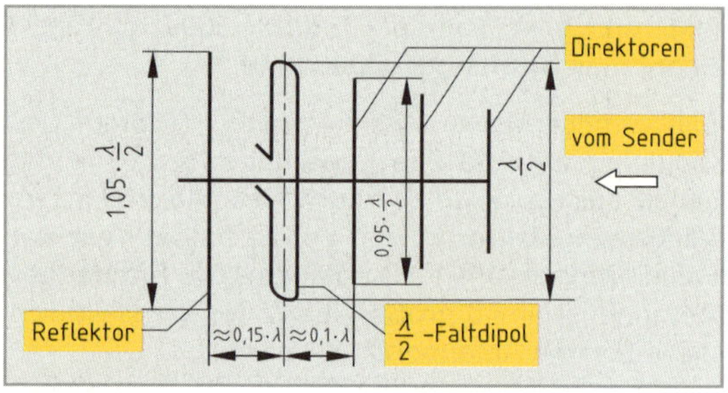

Bild 2: Elemente und Abmessungen der Yagi-Antenne

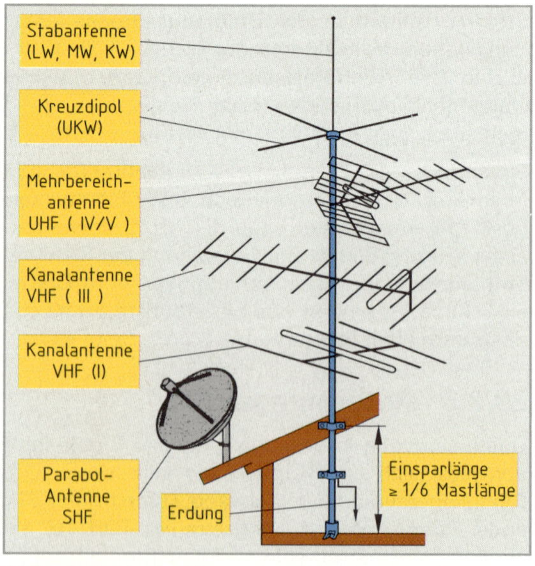

Bild 3: Antennenbauformen und Montageanordnung

[1] dB (sprich: dezi-bel oder de-be); benannt nach Alexander Graham Bell, amerikanischer Wissenschaftler, 1847 bis 1922

[2] CCIR = **C**omité **C**onsultatif **I**nternational des **R**adio-Communications = International beratender Ausschuss für Rundfunkfragen

23.4 Parabolantenne

Bei der Parabolantenne **(Bild 1)** reflektiert ein großflächiger Parabolspiegel die Empfangssignale zur eigentlichen Antenne, die sich im Brennpunkt des Spiegels befindet. Benutzt man eine offset[1] gespeiste Parabolantenne **(Bild 2),** so entsteht keine Abschattung durch den Empfangskopf. Der Flächenwirkungsgrad der Antenne wird dadurch verbessert. Außerdem nutzt man die Teilfläche eines vollständigen Parabolspiegels aus, die fast senkrecht zum Empfangssignal steht. Eine witterungsbedingte Verschlechterung des Empfangs ist dadurch fast ausgeschlossen.

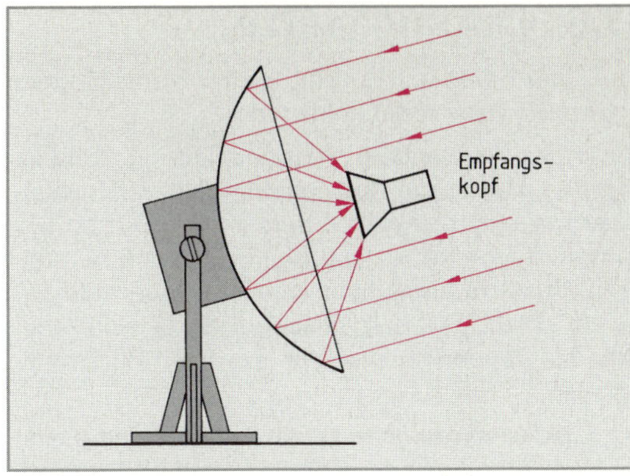

Bild 1: Parabolantenne (zentral gespeist)

23.5 Satelliten-Empfangsanlagen

Von einer Bodenstation werden Programme zum Satelliten übertragen. Der Sender im Satelliten setzt die Programme in den SHF-Bereich (Supra High Frequency, 12 GHz) um, verstärkt sie und strahlt sie gerichtet auf den zu versorgenden Bereich zur Erde zurück. Die Fernmeldesatelliten (Fernsehsatelliten), z. B. der EUTEL-SAT, sind geostationäre[2] Satelliten. Sie stehen in einer Entfernung von rund 35000 km über dem Äquator und drehen sich gleichmäßig mit der Erde.

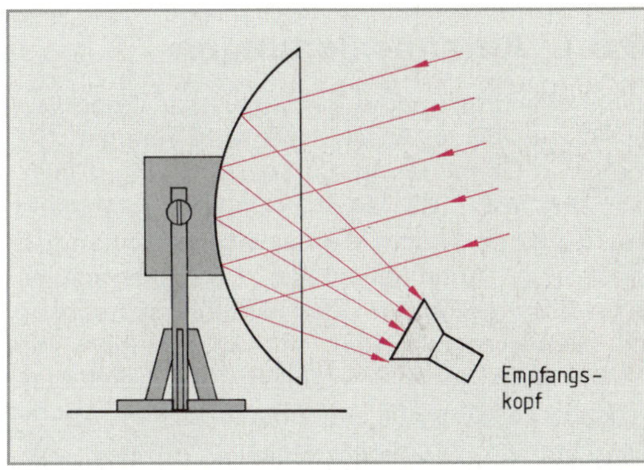

Bild 2: Parabolantenne (offset gespeist)

Die **Außenbaugruppe** einer Satelliten-Empfangsanlage besteht aus einer parabolförmigen Empfangsantenne und dem Empfangskopf, der mehrere Funktionen erfüllt. Er nimmt die hochfrequenten Sendesignale auf, verstärkt sie und setzt die Empfangssignale im SHF-Bereich auf die erste Zwischenfrequenz (ZF = 950 MHz bis 1750 MHz) herab. Da sich die Fernmeldesatelliten mit derselben Geschwindigkeit drehen wie die Erde, ist ein Nachführen der Empfangsantennen nicht notwendig. Aus der Position der Satelliten ergibt sich für die Bundesrepublik Deutschland ein mittlerer Einfallswinkel (Elevationswinkel[3]) von etwa 20°.

Die **Innenbaugruppe** besteht vor allem aus dem Stromversorgungsteil, der die Gleichspannungsspeisung über die ZF-Signalleitung für den SHF-Umsetzer in der Außenbaugruppe ermöglicht. Der Satellitentuner[4] setzt die Signale aus dem ersten ZF-Bereich in einen zweiten ZF-Bereich (UHF und VHF) um. Das Satellitenprogramm kann so auf einem freien Kanal im UHF- oder VHF-Bereich empfangen werden.

Tabelle: Empfangsantennenarten und Kanalbereiche nach CCIR-Norm

Antennenart				Bereichsantennen								Mehrbereichsantennen					Parabolantennen
Fernsehen	Kanalantennen			Kanalgruppenantennen Kanalantennen								Bereichsantennen Kanalgruppenantennen		Bereichsantennen Kanalgruppenantennen			Satellitenkanäle
Kanal	2	3	4	5	6	7	8	9	10	11	12	21 bis 29	23 bis 39	38 bis 47	40 bis 56	43 bis 69	1 bis 40
Bereich	I (VHF)			III (VHF)								IV (UHF)		V (UHF)			SHF
Frequenzbereich	47 bis 68 MHz			174 bis 230 MHz								470 bis 622 MHz		622 bis 862 MHz			11,7 bis 12,5 GHz
Tonfunk-Bereich	Langwelle (LW) 150 bis 285 kHz			Mittelwelle (MW) 510 bis 1605 kHz								Kurzwelle (KW) 3,95 bis 26,1 MHz		Ultrakurzwelle (UKW) 87,5 bis 108 MHz			

[1] offset = versetzt
[2] geostationär = im gleichen Abstand zur Erde befindlich und immer über demselben Ort
[3] Elevation (lat.) = Erhebung
[4] Tuner = Umsetzer

23.6 Leitungsnetze

Zum Übertragen von Rundfunk- und Fernsehsignalen braucht man Antennenleitungen.

Die meist verwendete Antennenleitung **(Bild 1 a** und **Bild 1 b)** ist die **Koaxialleitung**[1] bzw. Koaxialkabel mit einem Wellenwiderstand von 75 Ω. Die Dämpfung von Koaxialleitungen wird vom Hersteller in dB/100 m angegeben. Sie ist frequenzabhängig **(Bild 1 d)**. Doppelt geschirmtes Koaxialkabel **(Bild 1 c)** verwendet man für Satelliten-Rundfunksignale.

Der **Abschlusswiderstand** einer Antennenleitung ist der Widerstand, mit dem eine Leitung abgeschlossen werden muss, damit keine Energie reflektiert wird. Dieser Abschlusswiderstand muss dem Wellenwiderstand der Antennenleitung entsprechen.

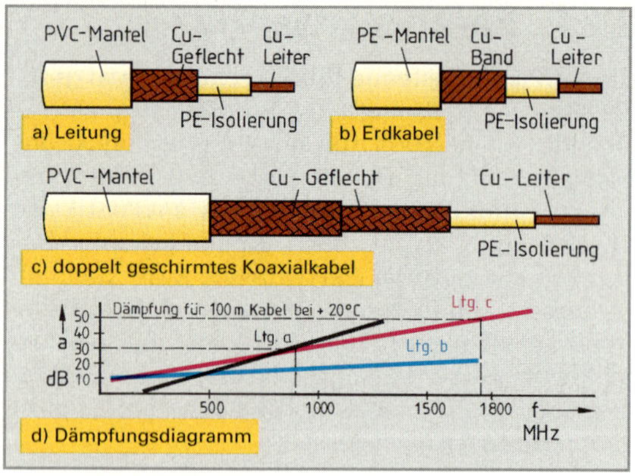

Bild 1: Koaxialleitungen 75 Ω mit dazugehörendem Dämpfungsdiagramm

23.6.1 Antennenleitungen

Antennenleitungen sind auf kürzestem Wege von der Antenne bis zur Anschlussdose zu verlegen. Sie werden in Gebäuden in ein Leerrohr eingezogen. Nach DIN VDE 0855 Teil 1 ist ein Mindestabstand von 10 mm, im Freien 20 mm zwischen leitfähigen Teilen einer Antennenanlage, z. B. Antennenleitung, Erdungsleitung oder Antennenverstärker, und elektrischen Anlagen mit Spannungen von 50 V bis 1000 V gegen Erde einzuhalten. Zum Verteilungsnetz gehören die Antennenleitungen, Antennenverstärker, Antennenweichen, Verteiler, Abzweiger und Antennensteckdosen **(Bild 2)**.

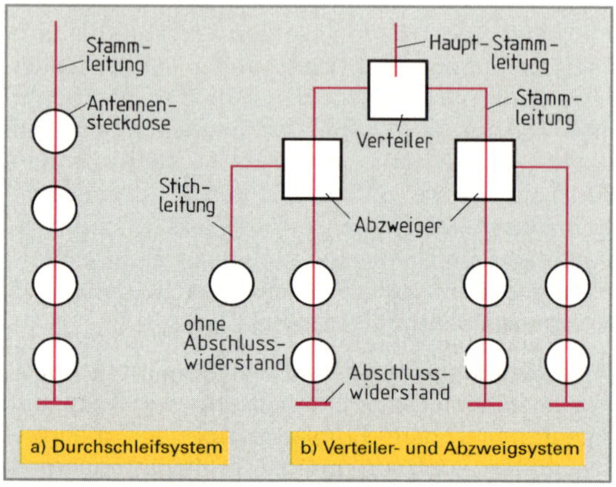

Bild 2: Verteilungsnetze

23.6.2 Antennenverstärker

Antennenverstärker heben die Empfangsenergie an und gleichen die Dämpfung des Verteilernetzes aus. Je nach Empfangsverhältnissen und Antennenarten setzt man Mehrbereichsverstärker **(Bild 3)** oder Kanalverstärker ein. Für den Empfang von Satellitenprogrammen braucht man eine Fernspeise-Stromversorgung für den SHF-Einzel- oder Doppelumsetzer, der sich im Empfangskopf der Antenne befindet. Der Empfangskopf (Depolarisator, Polarisationsweiche, Vorverstärker, Mischer und ZF-Verstärker), wird über die Koaxialleitung z. B. mit 12 V Gleichspannung versorgt.

> Zwischen Außen- und Innenleiter von Koaxialleitungen sind maximal 50 V Fernspeisespannung zulässig (DIN VDE 0855).

Eine **Antennenweiche** schaltet die Signale auf den verschiedenen Antennenniederführungen zusammen (Bild 3) und führt sie z. B. einem Mehrbereichsverstärker zu.

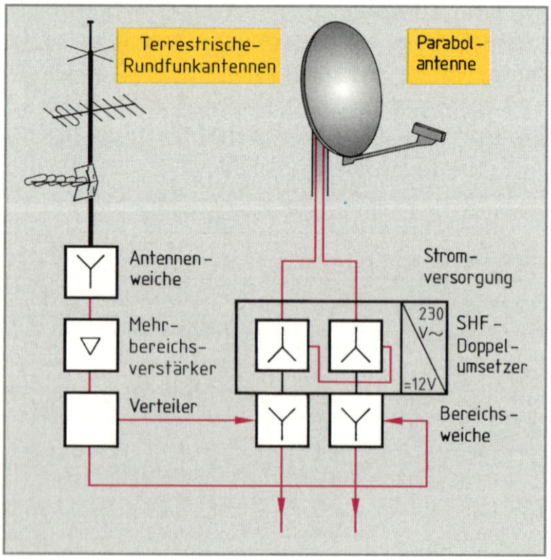

Bild 3: Verstärker-Antennenweichen

[1] koaxial = mit gleicher Achse, mit gleichem Abstand; Koaxialleitung = Leitung, bei der ein Leiter von einem meist flexiblen rohrförmigen geerdetem Außenleiter umgeben ist.

23.7 Berechnung von Empfangsantennen-Anlagen

Rechnen mit dB. Ein dB ist der zehnte Teil eines Bel. Das Bel ist ein logarithmisches Maß für das Verhältnis zweier Spannungen U_2 und U_1 bei gleichen Widerstandswerten ($R_i = Z = R_L$) **(Bild 1)**. Ist das Spannungsverhältnis U_2 zu U_1 kleiner als 1, so erhält man das Spannungsdämpfungsmaß A_U (den negativen dB-Wert). Das Spannungsverstärkungsmaß G_U ergibt sich aus einem Spannungsverhältnis U_2 zu U_1 größer als 1 (den positiven dB-Wert).

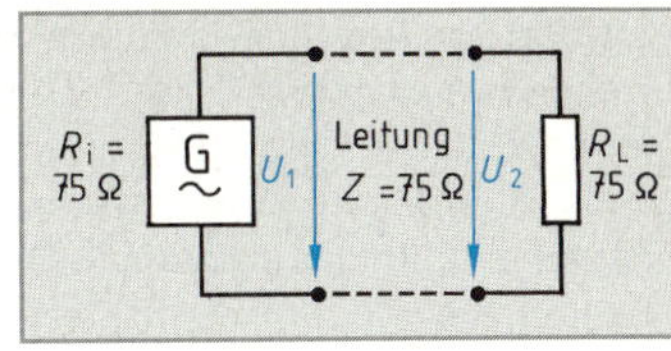

Bild 1: Angepasste Leitung

Dämpfung entsteht bei passiven Bauelementen, z. B. Weichen, Verteilern, Abzweigern, Leitungen und Anschlussdosen. Verstärkung ergibt sich bei aktiven Bauteilen, z. B. Verstärkern und Umsetzern.

Beispiel 1: Die Eingangsspannung an einer Antennenniederführung beträgt 0,8 mV. Am Ende dieser Leitung wird eine Spannung von 0,3 mV gemessen. Das Ausgangssignal wird in einem Antennenverstärker um 24 dB erhöht. Berechnen Sie a) das Spannungsdämpfungsmaß des Antennenniederführungskabels, b) die Signalspannung am Verstärkerausgang und c) das Gesamtverstärkungsmaß.

a) $A_U = 20 \lg \frac{U_1}{U_2} = 20 \lg \frac{0{,}8\ \text{V}}{0{,}3\ \text{V}} = \mathbf{8{,}52\ dB}$

b) $\frac{U_2}{U_1} = 10^{\frac{A_U}{20\ \text{dB}}}$; $\quad U_2 = U_1 \cdot 10^{\frac{A_U}{20\ \text{dB}}} = 0{,}3\ \text{mV} \cdot 10^{\frac{24\ \text{dB}}{20\ \text{dB}}} = \mathbf{4{,}75\ mV}$

c) $G_{ges} = G_1 + G_2 = -A_1 + G_2 = -8{,}52\ \text{dB} + 24\ \text{dB} = \mathbf{15{,}48\ dB}$

$$A_U = 20 \lg \frac{U_1}{U_2} \qquad \frac{U_1}{U_2} = 10^{\frac{A_U}{20\ \text{dB}}}$$

$[A_U] = \text{dB} \qquad [G_U] = \text{dB}$

$$\lg \frac{U_1}{U_2} = -\lg \frac{U_2}{U_1} \qquad A_U = -G_U$$

$$A_{ges} = A_1 + A_2 + A_3 + \ldots$$

$$G_{ges} = G_1 + G_2 + G_3 + \ldots$$

A_U	Spannungsdämpfungsmaß
$A_1, A_2, \ldots$	Einzeldämpfung
A_{ges}	Gesamtdämpfungsmaß
U_1	Eingangsspannung
U_2	Ausgangsspannung
G_U	Spannungsverstärkungsmaß
$G_1, G_2, \ldots$	Einzelverstärkung
G_{ges}	Gesamtverstärkungsmaß

Der **Antennenpegel** ist ein Maß für die Größe der Empfangsspannung. Er wird mit einem Pegelmessgerät **(Bild 2)** in dBµV[1] gemessen. Als Bezugsspannung ist 1 µV am Bezugswiderstand von 75 Ω festgelegt: dies entspricht 0 dBµV. Der Pegel gibt an, um wie viel dB die gemessene Antennenspannung über der Bezugsspannung liegt.

In der Antennentechnik werden die Spannungen als Pegel in dBµV gemessen.

Verstärkungs- und Dämpfungswerte der eingesetzten Bauteile addiert man unter Beachtung des Vorzeichens. Als Mindestpegel sind für die Antennensteckdosen in Einzel- und Gemeinschafts-Antennenanlagen 52 dBµV im Fernsehbereich I, 54 dBµV im Bereich III, 57 dBµV im Bereich IV/V, 40 dBµV im UKW-Bereich für Monoempfang, 50 dBµV im UKW-Bereich für Stereoempfang und für den LW-, MW- und KW-Bereich notwendig. Ein erforderlicher Verstärker soll ungefähr 6 dB größer gewählt werden, damit bei Empfangsanlagenalterung oder Feldstärkeschwächung eine Reserve zur Verfügung steht.

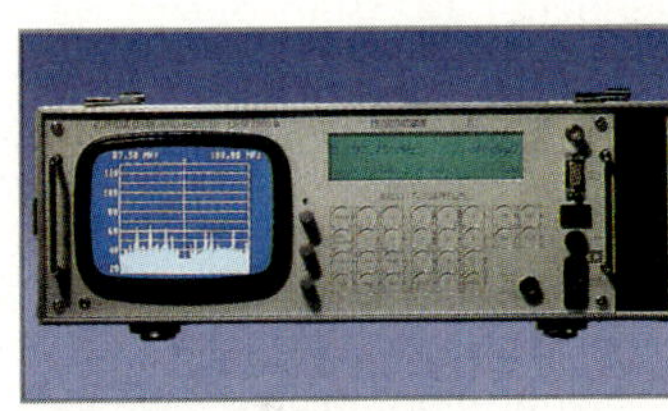

Bild 2: Pegelmessgerät

Beispiel 2: Für eine störungsfreie Ton- und Bildwiedergabe ist am Empfängereingang im Bereich III ein Mindestpegel von 54 dBµV an 75 Ω erforderlich. Die gemessene Antennenspannung beträgt jedoch nur 0,2 mV an 75 Ω. Die Empfangsanlage hat ein Gesamtdämpfungsmaß von 24 dB für Weichen, Abzweiger, Leitungen und Anschlussdosen einschließlich Empfängerleitung. Berechnen Sie a) das Spannungsverstärkungsmaß des erforderlichen Antennenverstärkers, wenn eine Leistungsreserve von 6 dB eingeplant wird und b) die Spannung am Verstärkerausgang.

a) $L_U = 20 \lg \frac{0{,}2\ \text{mV}}{1\ \mu\text{V}} = 20 \lg 200 = 46\ \text{dB}\mu\text{V}$

$G_U = L_{Umin} + A_{Anl} - L_U + G_{Res} = 54\ \text{dB}\mu\text{V} + 24\ \text{dB} - 46\ \text{dB}\mu\text{V} + 6\ \text{dB} = \mathbf{38\ dB}$

b) $U_2 = U_1 \cdot 10^{\frac{A_U}{20\ \text{dB}}} = 0{,}2\ \text{mV} \cdot 10^{\frac{38\ \text{dB}}{20\ \text{dB}}} = \mathbf{16\ mV}$

$$L_U = 20 \cdot \lg \frac{U}{U_0}$$

$$L_P = 10 \cdot \lg \frac{P}{P_0}$$

L_U	Spannungspegel in dBµV
U	Spannung in µV
U_0	Bezugsspannung 1 µV an 75 Ω
L_P	Leistungspegel in dBmW
P	Leistung in mW
P_0	Bezugsleistung 1 mW

[1] dBµV sprich: de-be über ein Mikrovolt

23.8 Errichten von Empfangsantennen-Anlagen

Beim Bau von Antennenanlagen unterscheidet man Einzel-, Gemeinschafts- und Großgemeinschaftsanlagen. Einzelanlagen (EA) dienen zur Versorgung jeweils einer Wohneinheit, Gemeinschaftsanlagen (GA) versorgen mindestens 2 Wohneinheiten mit Antennensteckdosen. Großgemeinschaftsanlagen (GGA) werden zur Versorgung von Wohngebieten oder Stadtteilen errichtet. Bei Gemeinschafts-Antennen-Anlagen **(Bild 1 a)** verteilt sich das Signal von oben nach unten, bei Breitband-Kommunikations-Anlagen (BK-Anlagen) vom Hausübergabepunkt nach oben **(Bild 1 b)**.

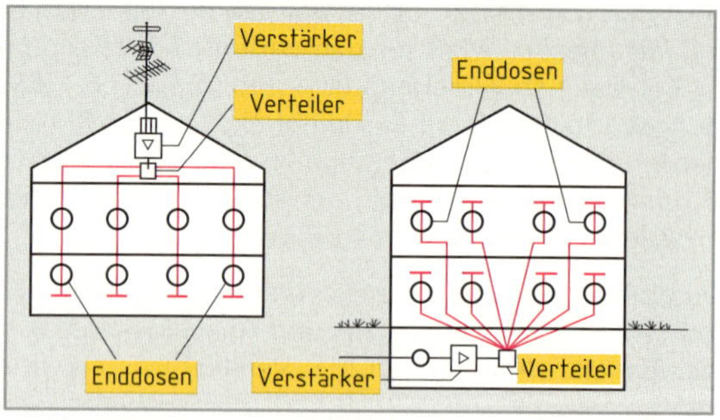

Bild 1: Aufbau von Verteilanlagen

Antennen müssen nach den VDE-Bestimmungen DIN VDE 0855 errichtet und betrieben werden. Wichtig ist vor allem, dass die Antennen mechanisch und elektrisch sicher sind.

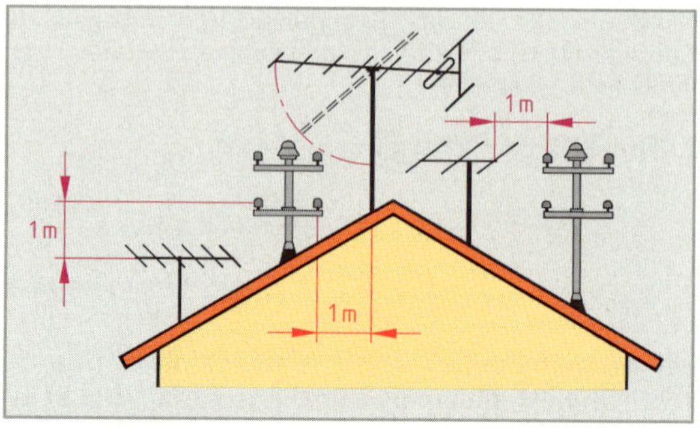

Bild 2: Abstände von Antennen und Freileitungen

23.8.1 Mechanische Sicherheit von Antennen

Um Empfangsstörungen zu vermeiden, müssen Antennen einen ausreichenden Abstand untereinander haben. Es sind auch bestimmte Abstände zu Starkstromfreileitungen einzuhalten **(Bild 2)**. Beim Abknicken von Antennen muss eine Berührung mit Freileitungen ausgeschlossen bleiben.

Antennenstandrohre müssen an tragenden Bauteilen, mit Schellen gegen Verdrehen gesichert, befestigt werden. Die Mindesteinspannlänge muss ein Sechstel der Standrohrlänge betragen **(Bild 3)**. Für die Befestigung der Schellen sind mindestens je zwei Schlüsselschrauben mit 8 mm Durchmesser zu verwenden. Dübel aus thermoplastischem Werkstoff oder Gips dürfen zum Befestigen von Antennenstandrohren nicht verwendet werden. Zur Befestigung in Mauerwerk, Beton oder an Stahlkonstruktionen sind mindestens Schrauben M8 erforderlich. Montageteile und das Standrohr müssen korrosionsgeschützt sein. Das vom Hersteller angegebene maximale Biegemoment des Antennenstandrohres darf nicht überschritten werden. Hierzu ist die Summe des Biegemomentes, das vom Antennenstandrohr selbst verursacht wird (M_R), und der Biegemomente, die durch die montierten Antennen entstehen (M_1, M_2), zu bilden (Bild 3). Für Antennenstandrohre, die eine freie Länge von 6 m überschreiten oder deren Gesamtbiegemoment an der oberen Einspannstelle 1650 Nm übersteigt, ist die ausreichende Festigkeit der zur Befestigung genutzten Gebäudeteile nachzuweisen.

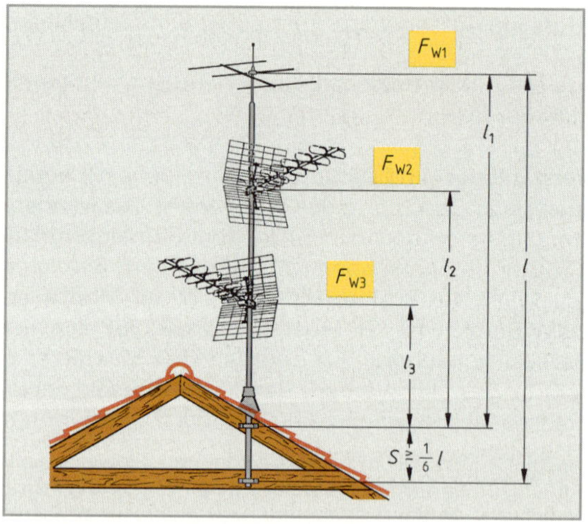

Bild 3: Antennen-Montage

$$M_1 = F_{w1} \cdot l_1$$

$$M_G = M_R + M_1 + M_2 + \ldots$$

$[M] = \mathrm{N} \cdot \mathrm{m} = \mathrm{Nm}$

$M_1, M_2, \ldots$	Biegemomente der Antennen
M_R	Eigenbiegemoment des Antennenstandrohres
$F_{w1}, F_{w2}, \ldots$	Windlasten
$l_1, l_2, \ldots$	Abstände von der oberen Einspannstelle
M_G	Gesamtbiegemoment

23.8.2 Elektrische Sicherheit von Antennen

Die elektrische Sicherheit von Antennen ist abhängig von der Erdung, dem Potentialausgleich, der vorschriftsmäßigen Verlegung und Montage von Antennenkabeln und Betriebsmitteln. Alle Antennen (außer Zimmerantennen, eingebauten Antennen, Fensterantennen und Antennen unter dem Dach) müssen geerdet werden.

Das Antennenstandrohr ist mit der Blitzschutzanlage oder einem Erder zu verbinden, und zwar mit einer Kupferleitung von mindestens 16 mm² Querschnitt, einer Aluminiumleitung von mindestens 25 mm² Querschnitt oder einem verzinktem Stahldraht von 8 mm Durchmesser oder mit einem verzinkten Stahlband 2,5 × 20 mm.

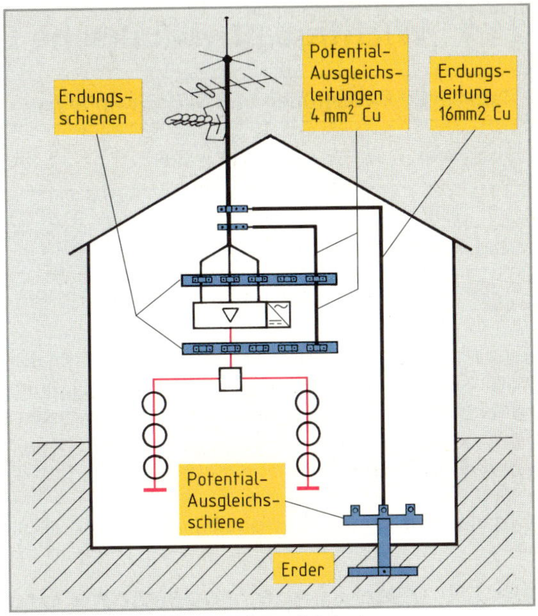

Bild: Erdung und Potentialausgleich einer Antennenanlage

Als **Erder** können z.B. Fundament-, Band-, Stab- oder Blitzschutzerder verwendet werden **(Bild)**.

Als Erdungsleitung lassen sich bei Eignung z.B. Stahlskelette, Armierungen oder Eisentreppen benutzen. Das Antennenstandrohr, die Abschirmung der Koaxialleitungen vor und hinter Verstärkern und Umsetzern sind mit einem **Potentialausgleich** zu versehen (Bild 1). In Lagerräumen für leichtentzündliche Stoffe, z.B. Heu oder Stroh, ebenso in Räumen, in denen sich explosive Gase bilden, und an Orten, die sich auf über 55 °C erwärmen können, dürfen Antennenkabel nicht verlegt werden.

23.8.3 Sicherheitsvorkehrungen für den Antennenerrichter

Nach den Unfallverhütungsvorschriften der Berufsgenossenschaften hat sich der Errichter vor Montage- bzw. Reparaturbeginn davon zu überzeugen, dass zwischen Antenne und Erde keine gefährliche Berührungsspannung besteht. Werden Arbeiten in der Nähe von Starkstromfreileitungen durchgeführt, sind Sicherheitsmaßnahmen zu treffen. Vor Betreten eines Gebäudedaches hat sich der Antennenerrichter vorschriftsmäßig anzuseilen. Bei Arbeiten an Antennenanlagen auf dem straßenseitigen Teil des Daches ist der Gehweg durch Schranken und Warnschilder abzusichern.

23.8.4 Genehmigung von Antennenanlagen

Aufgrund der „Bestimmungen über Empfangs- und Verteilanlagen für Rundfunksignale (EVA)" gelten für Einzel- und Gemeinschaftsantennenanlagen, Breitband-Anlagen und Satelliten-Empfangsanlagen, allgemein als Empfangsanlagen bezeichnet, folgende Regelungen:

Allgemeingenehmigt sind ortsfeste Empfangsanlagen mit einer unbegrenzten Anzahl von Wohneinheiten auf einem Grundstück sowie ortsfeste Empfangsanlagen auf mehreren zusammenhängenden Grundstücken bis zu 25 Wohneinheiten und nicht ortsfeste Empfangsanlagen.

Einzelgenehmigungspflichtig sind Empfangsanlagen auf mehreren zusammenhängenden Grundstücken mit mehr als 25 Wohneinheiten und Empfangsanlagen mit Inanspruchnahme von öffentlichen Wegen und Plätzen.

Wiederholungsfragen

1. **Welche Wellenlänge gehört zur Sendefrequenz 96 MHz?**
2. **Was versteht man unter einem Antennendipol?**
3. **Nennen Sie Bauteile, die zum Verteilernetz einer Antennenanlage gehören.**
4. **Welche Aufgaben haben Antennenverstärker?**
5. **Warum muss für ein Antennenstandrohr eine Windlastberechnung erfolgen?**
6. **Welchen Querschnitt muss eine Kupferleitung zum Erden des Antennenstandrohres mindestens haben?**
7. **Nennen Sie Sicherheitsvorkehrungen beim Errichten von Antennen.**

24 Physikalische und chemische Grundlagen

24.1 Wichtige physikalische Größen und Einheiten

Tabelle: SI[1]-Basisgrößen und SI-Basiseinheiten

Basisgröße	Länge	Zeit	Masse	elektrische Stromstärke	Temperatur	Stoffmenge	Lichtstärke[2]
Formelzeichen	l	t	m	I	T	n	I_v
Basiseinheit	Meter	Sekunde	Kilogramm	Ampere	Kelvin	Mol	Candela
Einheitenzeichen	m	s	kg	A	K	mol	cd

Eine physikalische Größe ist bestimmt durch Maßzahl und Einheit. Sie wird z.B. als Gleichung angegeben **(Bild 1)**. Namen, Formelzeichen und Einheiten der physikalischen Größen müssen eindeutig sein.

In der Technik dürfen nur SI-Einheiten verwendet werden.

Das sind Basiseinheiten **(Tabelle)** oder davon abgeleitete Einheiten.

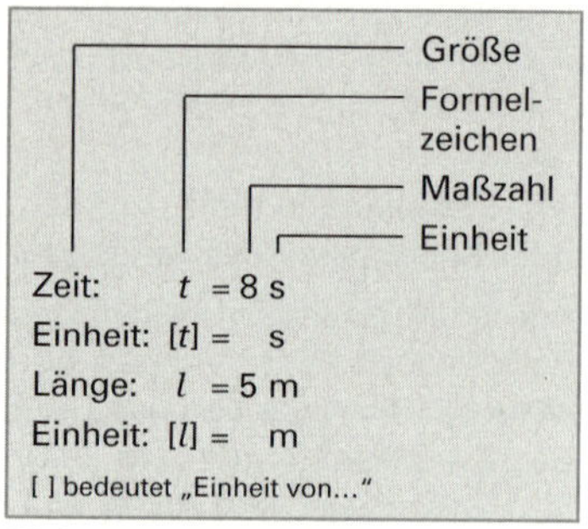

Bild 1: Darstellung einer physikalischen Größe und ihrer Einheit

24.1.1 Zeit, Länge, abgeleitete Größen

Zeit. Der Zeitmessung liegen periodische Vorgänge zugrunde, z.B. das Schwingen eines Pendels oder eines Quarzes. Die Zeitdauer 1 s ist die 9192631770fache Periodendauer einer Cäsium-Lichtstrahlung.

Länge. Die Länge gibt einen Abstand oder einen Weg an. 1 m ist der vom Licht während 1/299792458 s im Vakuum zurückgelegte Weg.

Geschwindigkeit. Die Geschwindigkeit ist eine abgeleitete Größe. Sie gibt an, wie schnell sich ein Körper bewegt.

Beschleunigung. Auch diese Größe ist abgeleitet. Sie gibt die Geschwindigkeitsänderung je Sekunde an. Wird die Geschwindigkeit reduziert, spricht man von Verzögerung oder negativer Beschleunigung. Wenn z.B. ein Aufzug in $\Delta t = 0{,}8\,\text{s}$ seine Geschwindigkeit um $\Delta v = 2\,\text{m/s}$ ändert, ist die Beschleunigung $a = 2{,}5\,\text{m/s}^2$. Die Fallbeschleunigung im Vakuum beträgt ungefähr $g = 9{,}81\,\text{m/s}^2$.

$[v] = \frac{\text{m}}{\text{s}}$

$$v = \frac{s}{t}$$

$[a] = \frac{\text{m}}{\text{s}^2}$

$$a = \frac{\Delta v}{\Delta t}$$

v Geschwindigkeit
s Weg, Verschiebung
t Zeitdauer, Zeit
a Beschleunigung
Δv Geschwindigkeitsänderung
Δt Zeitdifferenz

24.1.2 Masse und Dichte

Die Masse eines Körpers bewirkt, dass er schwer ist. 1 kg ist die Masse des Urkilogramms, eines Zylinders aus Platin-Iridium. Zwei Körper haben die gleiche Masse, wenn sie am gleichen Ort gleich schwer sind. Man bestimmt die Masse eines Körpers, indem man seine Schwerkraft mit der Schwerkraft geeichter Massestücke vergleicht **(Bild 2)**. Die Masse eines Körpers bewirkt auch, dass er träge ist. Deshalb ist zur Beschleunigung eines Körpers eine Kraft erforderlich.

Die **Dichte** eines Werkstoffs ist die Masse pro Volumeneinheit. Die Dichte (Formelzeichen[3] ϱ) ist für einen Werkstoff charakteristisch. Sie beträgt z.B. bei Kupfer 8,96 kg/dm³, bei Aluminium 2,7 kg/dm³, bei Luft 1,29 kg/m³. Die Massendichte wird auch in kg/dm³ oder in g/l angegeben, z.B. 1,29 g/l bei Luft. Die Einheit kg/dm³ ist 1000-mal größer als die Einheit g/l.

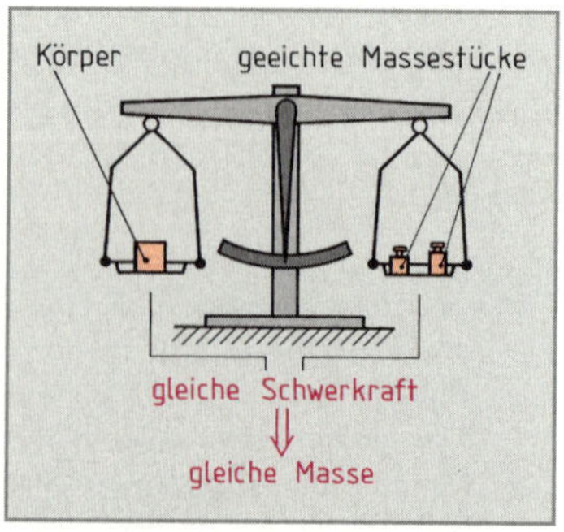

Bild 2: Massenbestimmung mit der Hebelwaage

[1] von **S**ystème **I**nternational d'Unités (franz.) = Internationales Einheitensystem
[2] Index v in I_v für „visuell"
[3] ϱ griech Kleinbuchstabe rho

24.1.3 Kraft und Moment

Kraft. Die Beschleunigung eines Körpers wird durch eine Kraft verursacht. Die Kraft muss umso größer sein, je größer die Körpermasse und je größer die Beschleunigung ist. Die Einheit der Kraft ist das Newton[1] (N).

Die Kraft ist gleich Masse mal Beschleunigung.

Ein Körper erfährt auf der Erde im Vakuum die Fallbeschleunigung 9,81 m/s². Die Gewichtskraft ist daher 9,81 N je kg Masse.

Moment. Drehbewegung (Rotation) oder Verdrehung (Torsion) wird durch ein Moment verursacht, z. B. die Drehung einer Schraube **(Bild 1)**. Das Moment ergibt sich aus Kraft und Hebelarm. Der Hebelarm ist der Abstand zwischen Wirklinie der Kraft und Drehachse.

Das Moment ist gleich Kraft mal Hebelarm.

Drehmoment. Bei einer umlaufenden Maschine wie z. B. dem Elektromotor oder den Pkw-Motoren wird das Moment als Drehmoment bezeichnet.

Das Drehmoment *M* ist ein Maß für die Drehwirkung einer Kraft.

Das Drehmoment ist für einen Motor mit gleich bleibender Leistungsabgabe stets konstant. Mit einer Vorrichtung **(Bild 2)** kann man die Gegenkraft *F* zum Anzugsmoment *M* messen. Für unterschiedliche Hebelarmlängen ergeben sich davon abhängige Gegenkraftwerte.

Beispiel: Welches Anzugsmoment entwickelt ein Drehstrommotor mit einer Nennleistung von 5,5 kW, wenn bei einem Hebelarm von $r = 0{,}5\,\text{m}$ eine Gegenkraft von 90 N aufgewendet werden muss?

Berechnung: $M = F \cdot r = 90\,\text{N} \cdot 0{,}5\,\text{m} = \mathbf{45\,Nm}$

$$F = m \cdot a$$

$$M = F \cdot r$$

$[F] = \text{kgm/s}^2 = \text{N}$

$[M] = \text{Nm}$

F Kraft
m beschleunigte Masse
a Beschleunigung
M Kraftmoment, Drehmoment
r Hebelarm

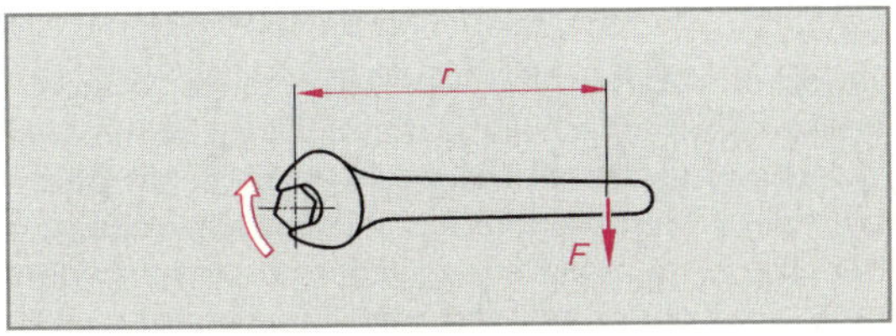

Bild 1: Moment beim Schrauben

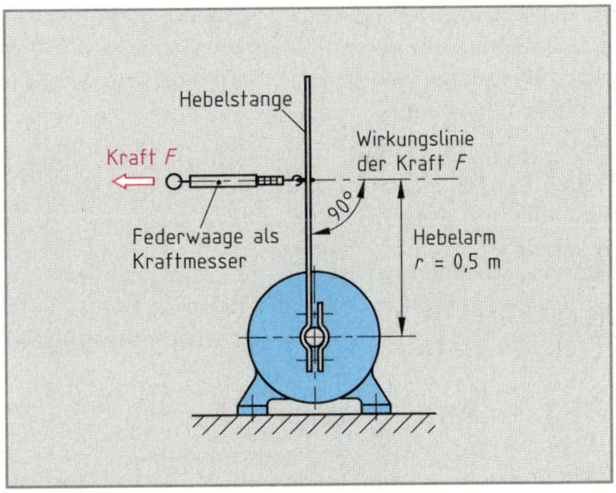

Bild 2: Messen des Anzugsmoments

24.1.4 Druck

Auf Flüssigkeiten und Gase werden Kräfte über Flächen ausgeübt, z. B. die Kolbenkraft *F* über den Kolbenquerschnitt *A* auf die Flüssigkeit in einem Pumpenzylinder **(Bild 3)**. Dadurch entsteht in der Flüssigkeit ein Druck *p*. Dieser Druck ist umso größer, je größer die Kraft und je kleiner der Kolbenquerschnitt sind. Druckeinheiten sind Pascal[2] (Pa), Hektopascal (hPa), Bar (bar) und Millibar (mbar).

$\text{Pa} = 1\,\text{N/m}^2$; $1\,\text{bar} = 10^5\,\text{Pa}$; $1\,\text{mbar} = 1\,\text{hPa}$

Der Druck ist gleich Kraft durch Fläche.

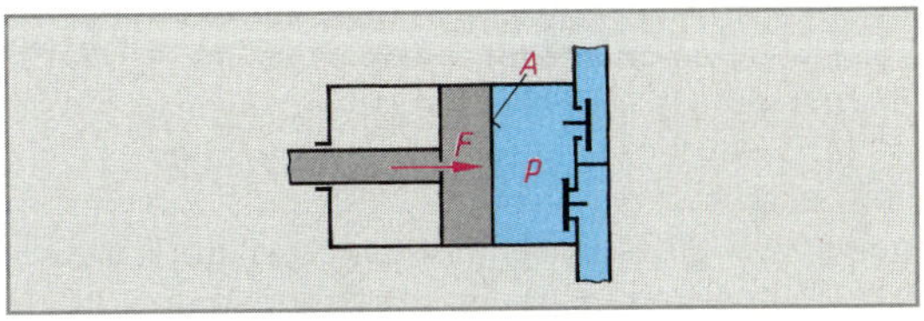

Bild 3: Druckerzeugung

$[p] = \dfrac{\text{N}}{\text{m}^2} = \text{Pa}$

$$p = \frac{F}{A}$$

p Druck
F Kraft
A Fläche

[1] Newton, engl. Physiker, 1643 bis 1727
[2] Pascal, franz. Naturforscher, 1623 bis 1662

24.1.5 Mechanische Beanspruchungsarten

Kräfte und Momente können Werkstücke vielfältig beanspruchen **(Bild 1)**. Beanspruchung auf **Zug** tritt z. B. bei Schrauben und Seilen auf, auf **Druck** z. B. bei Stützisolatoren. Druck kann bei langen Stäben zur **Knickung** führen. Auf **Biegung** werden z. B. Wellen beansprucht, auf **Abscherung** Nieten und Bolzen, auf **Verdrehung** (Torsion) z. B. Bohrer. Oft tritt eine zusammengesetzte Beanspruchung auf, z. B. Biegung und Torsion bei einer Kurbelwelle. Ständig wechselnde (dynamische) Belastung, z. B. zwischen Zug und Druck, ermüdet den Werkstoff mehr als bleibende (statische) Belastung.

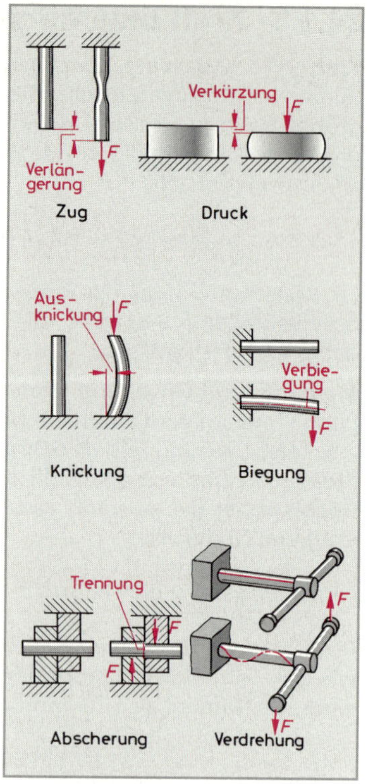

Bild 1: Mechanische Beanspruchungsarten

24.1.6 Kohäsion, Aggregatzustand

Zwischen Atomen und Molekülen eines Körpers wirken **Kohäsionskräfte** (Zusammenhangskräfte). Diese Kräfte halten die Abstände zwischen Atomen und Molekülen möglichst klein. Gleichzeitig wollen sich diese Teilchen durch ihre **Wärmebewegung** voneinander entfernen. Die kinetische Energie dieser Bewegung nimmt mit der Temperatur zu. Kohäsionskräfte und Temperatur des Körpers bestimmen seinen Aggregatzustand (Zustandsform) fest, flüssig oder gasförmig.

Beim **festen** Körper sind die Kohäsionskräfte so groß, dass die Atome bzw. Moleküle den kleinstmöglichen Abstand voneinander haben und bei der Wärmebewegung nur geringfügig um ihre Ruhelage gegeneinander schwingen können. Der feste Körper hat eine feste Form und ein festes Volumen.

Beim **flüssigen** Körper haben Atome bzw. Moleküle einen geringen Abstand voneinander, sind aber gegeneinander verschiebbar. Die Flüssigkeit hat ein festes Volumen, aber keine feste Form.

Beim **gasförmigen** Körper ist die Kohäsion kaum mehr wirksam. Atome und Moleküle füllen durch die Wärmebewegung den Raum ganz aus. Volumen und Form eines Gases lassen sich deshalb verändern.

24.1.7 Temperatur

> Die Temperatur bestimmt viele Eigenschaften eines Körpers, z. B. Volumen, Aggregatzustand und elektrischen Widerstand.

Die Temperatureinheit kann man an einem Flüssigkeitsthermometer verdeutlichen **(Bild 2)**. In Eiswasser ist die Anzeige als 0 °C, beim Normdruck (1013 hPa) in siedendem Wasser als 100 °C festgelegt. Bei −273 °C würden sich Atome und Moleküle nicht mehr bewegen. Diese Temperatur ist der **absolute Nullpunkt.** Sie wird mit 0 Kelvin (K) festgelegt. Bei 0 Kelvin beginnt die absolute Temperaturskale. Die absolute Temperatur heißt auch thermodynamische Temperatur, weil sie der Energie der Teilchenbewegung proportional ist. Temperaturdifferenzen sind auf der Celsius-Skala und auf der Kelvin-Skala gleich.

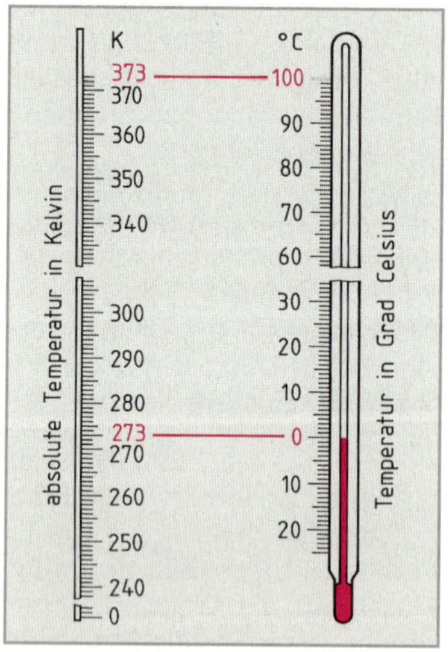

Bild 2: Temperaturskalen

Wiederholungsfragen

1 **Nennen Sie die sieben SI-Basisgrößen und die jeweils zugehörige Basiseinheit.**
2 **Was versteht man unter Beschleunigung?**
3 **Mit welcher Formel berechnet man die Dichte eines Körpers?**
4 **Wie berechnet man das Moment einer Kraft?**
5 **Nennen Sie zwei Wirkungen einer Kraft.**
6 **Beschreiben Sie die sechs Beanspruchungsarten.**
7 **Geben Sie die Temperatur 100 °C in K an.**

24.2 Wichtige Grundstoffe und chemische Verbindungen

24.2.1 Chemische Grundbegriffe

Vermischt man verschiedene Stoffe miteinander, z. B. Eisenpulver und Schwefelpulver, so entsteht ein **Gemenge (Bild 1)**. Die Eigenschaften der Ausgangsstoffe eines Gemenges bleiben erhalten.

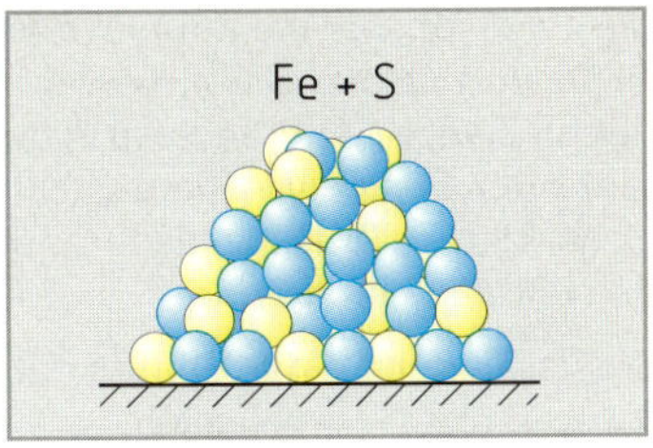

Bild 1: Gemenge

Ein Gemenge lässt sich durch physikalische Vorgänge wieder in seine Ausgangsbestandteile zerlegen, z.B. kann man das Eisen durch einen Magneten abscheiden oder den Schwefel nach Aufschlämmen mit Wasser abschütten. Erhitzt man aber ein Gemenge aus z. B. 7 g Eisenpulver und 4 g Schwefel, so entsteht durch chemische Reaktion eine neue **chemische Verbindung (Bild 2)**, das Eisensulfid (FeS). Dieser neue Stoff hat andere Eigenschaften als die Ausgangsstoffe Eisen und Schwefel. Er lässt sich durch physikalische Vorgänge nicht mehr in seine Ausgangsstoffe zerlegen.

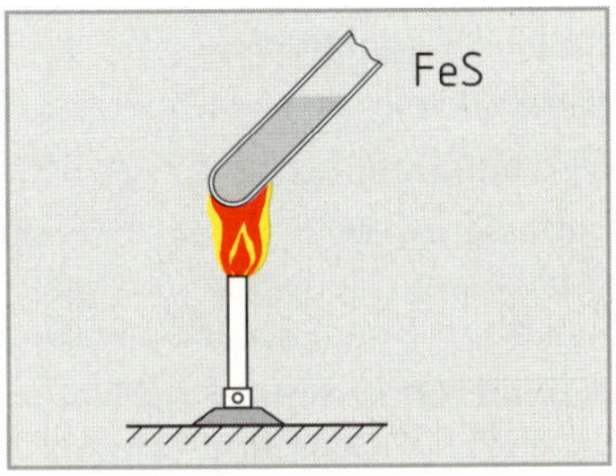

Bild 2: Synthese von Eisensulfid

Chemische Reaktionen verändern dauerhaft die Stoffe und deren Eigenschaften.

Die Herstellung einer chemischen Verbindung aus verschiedenen Ausgangsstoffen nennt man **Synthese** (Stoffaufbau). Zerlegt man eine chemische Verbindung durch physikalische oder chemische Vorgänge in ihre Bestandteile, so bezeichnet man das als **Analyse** (Stoffzerlegung). Stoffe, die durch chemische Analyse nicht weiter zerlegbar sind, heißen **Grundstoffe** oder **chemische Elemente.**

Es gibt 92 natürliche Elemente und noch einige künstlich erzeugte radioaktive Elemente, die sehr kurzlebig sind. Die Grundstoffe sind im Periodensystem der Elemente geordnet dargestellt (siehe Tabellenbuch Elektrotechnik).

24.2.2 Chemische Bindungsarten

Bis auf die Edelgase (Helium, Neon, Argon, Krypton, Xenon, Radon) sind alle Grundstoffe in der Lage, chemische Bindungen einzugehen. Man unterscheidet die Bindungsarten Metallbindung, Ionenbindung und Atombindung.

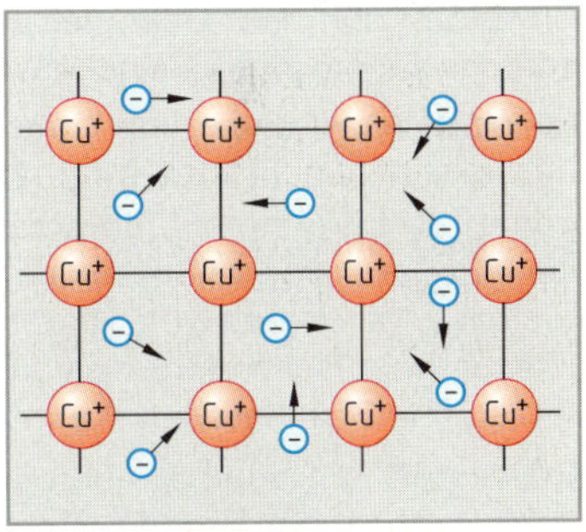

Bild 3: Metallbindung

Metallbindung. Die Metallatome können sich untereinander verbinden. Sie sind regelmäßig wie in einem Gitter angeordnet. Bei dieser engen Anordnung der Metallatome (dichteste Kugelpackung) können sich Außenelektronen von den Atomen lösen und innerhalb des Gitters frei bewegen **(Bild 3).** Sie halten das Metall durch elektrische Anziehung zusammen. Ihre Beweglichkeit ist die Ursache für die gute elektrische Leitfähigkeit und Wärmeleitfähigkeit der Metalle.

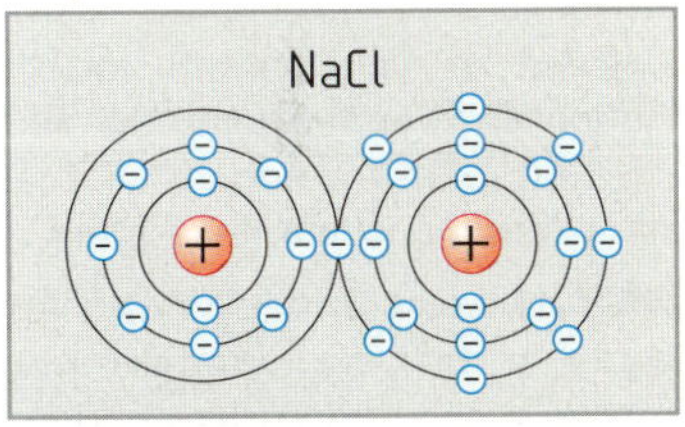

Bild 4: Ionenbindung

Ionenbindung. Die Ionenbindung entsteht bei der Verbindung von Metallen oder Wasserstoff mit Nichtmetallen und mit Halogenen (Fluor, Chlor, Brom, Jod) **(Bild 4).** Löst man eine Ionenverbindung in Wasser, so entsteht eine elektrisch leitfähige Lösung (Elektrolyt).

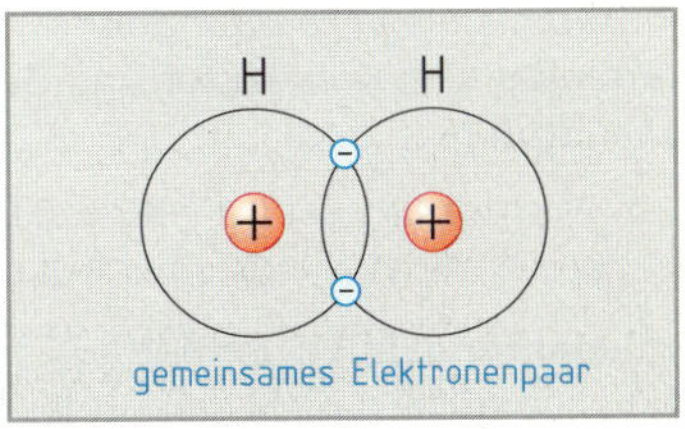

Bild 5: Atombindung

Atombindung. Zwei Atome können sich aneinander binden, indem sie ihre Außenelektronen gemeinsam benutzen **(Bild 5).** Bei dieser chemischen Bindung entsteht ein chemisch neutrales Molekül. Alle Isolierstoffe haben Atombindungen.

24.2.3 Wichtige Grundstoffe

Sauerstoff ist das häufigste Element der Erdkruste (46,6 Massenprozent). Er findet sich in der Luft (etwa 20 Volumenprozent) und im Meerwasser. Der weitaus meiste Sauerstoff ist in Form von Wasser (H_2O) und Quarz (SiO_2), sowie in Organismen gebunden. Für technische Zwecke wird Sauerstoff durch Luftverflüssigung (Linde-Verfahren) oder Elektrolyse hergestellt und in Stahlflaschen (blaue Kennfarbe, 150 bar Druck) in den Handel gebracht zum Schweißen, Schneiden und für Atemgeräte.

Sauerstoff, O_2	
Dichte	1,43 kg/m³
Siedepunkt	– 183 °C

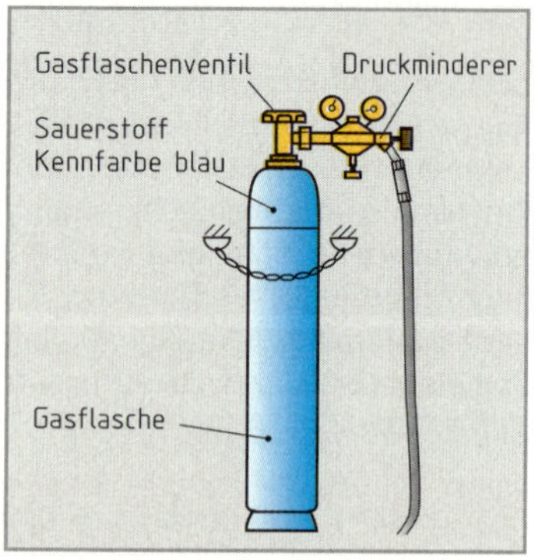

Bild: Sauerstoffflasche für den Schweißbetrieb

Die Verbindung eines Stoffes mit Sauerstoff nennt man **Oxidation.**

Beispiel: Eisen + Sauerstoff → Eisen(III)-oxid;

$$4\,Fe + 3\,O_2 \rightarrow 2\,Fe_2O_3 \quad (+H_2O = \text{Rostbildung})$$

Wird einem Oxid Sauerstoff entzogen, bezeichnet man diesen Vorgang als **Reduktion**.

Beispiel: $Fe_2O_3 + 3\,CO \rightarrow 2\,Fe + 3\,CO_2$ (Eisengewinnung)

Wird ein Stoff rasch oxidiert, so spricht man von einer **Verbrennung.**

Explosionsgefahr: Ist ein brennbarer Stoff fein in Luft verteilt (z. B. Kohlestaub, Mehlstaub, Erdgas), so kann es auch durch elektrische Funken zu einer Explosion kommen.

Wasserstoff kommt in der Natur fast nur gebunden vor, z. B. in Wasser, Erdöl, Erdgas und organischen Stoffen. Für technische Zwecke wird er in Stahlflaschen (Kennfarbe Rot, Druck 150 bar, Linksgewinde) geliefert und zusammen mit Sauerstoff zum Hochtemperaturschweißen und Schneiden verwendet. Mit Sauerstoff bildet Wasserstoff das sehr explosive Knallgas.

Wasserstoff, H_2	
Dichte	0,09 kg/m³
Siedepunkt	– 252,8 °C

Stickstoff ist zu etwa 80 % in der Luft enthalten. Stickstoff gewinnt man durch Luftverflüssigung. Das Gas ist farblos, geruchlos und brennt nicht. Bei hoher Temperatur und großem Druck kann er sich aber mit Sauerstoff zu Stickoxiden verbinden, welche die Ozonschicht zerstören. Verwendet wird Stickstoff z. B. als Schutzgas in Glühlampen und zur Oberflächenhärtung von Stahl. In den Handel gebracht wird Stickstoff in Stahlflaschen (Kennfarbe Grün, Druck 150 bar).

Stickstoff, N_2	
Dichte	1,25 kg/m³
Siedepunkt	– 196 °C

Kohlenstoff ist Hauptbestandteil aller Organismen und organischen Verbindungen. Es können aber auch anorganische Verbindungen Kohlenstoff enthalten. Elementarer Kohlenstoff kommt als Diamant und Grafit vor.

Kohlenstoff, C		
Dichte		
	Diamant	3,51 kg/dm³
	Grafit	2,22 kg/dm³
Schmelzpunkt		
	Diamant	3850 °C
	Grafit	3450 °C

Diamant ist nicht leitend und durchsichtig. Er ist der härteste aller Stoffe. Man verwendet in der Technik Diamanten z. B. zum Bestücken von Schneidwerkzeugen. Diamantstaub dient als Schleifmittel. Diamant kann künstlich hergestellt werden.

Grafit ist weich und leitet den elektrischen Strom. Aus diesem Grund eignet er sich als Schmiermittel und als Werkstoff für Elektroden, Kohlebürsten und Widerstände.

Kohlenstoffverbindungen

Anorganische Verbindungen

Verbindet sich Kohlenstoff mit Sauerstoff, erfolgt die Verbrennung in zwei Stufen:

$$2\,C + O_2 \rightarrow 2\,CO \quad (\text{bei Luftmangel})$$
$$2\,CO + O_2 \rightarrow 2\,CO_2 \quad (\text{bei genügend Sauerstoff})$$

Kohlenmonoxid ist farblos, geruchlos und sehr giftig. Es wird von Aktivkohlefiltern nicht gebunden. Mehr als 0,5 % Kohlenmonoxid in der Atemluft wirken tödlich.

Kohlenmonoxid, CO	
Dichte	1,25 kg/m³
Siedepunkt	– 192 °C

Kohlendioxid ist farblos, geruchlos und ungiftig. Man verwendet es zum Löschen von Flammen, da es schwerer ist als Luft und sich nicht mehr weiter oxidieren läßt. Mehr als 3 % Kohlendioxid in der Atemluft führen zum Ersticken.

Kohlendioxid, CO_2	
Dichte	1,98 kg/m³
Verdampfungspunkt	– 78 °C

Kohlenmonoxid und Kohlendioxid in der Atemluft werden vom Menschen nicht wahrgenommen.

Silicium, Si	
Dichte	2,33 kg/dm³
Schmelzpunkt	1413 °C

Carbide sind Verbindungen von Kohlenstoff mit Metallen. Wolframcarbid (WC) z. B. wird wegen seiner großen Härte für Werkzeugschneiden verwendet (Hartmetall), Siliciumcarbid (SiC) für Schleifscheiben, als Heizleiter und für Varistoren.

Organische Verbindungen

Sie bestehen vorwiegend aus Kohlenstoff und Wasserstoff, manchmal auch zusammen mit Sauerstoff, Stickstoff, Phosphor, Schwefel, Chlor und Fluor. Natürlich kommen die Verbindungen vor in Erdöl, Erdgas und Steinkohle. Durch Weiterverarbeitung in chemischen Fabriken entstehen Kunststoffe wie z. B. Polyethylen, Polyvinylchlorid (PVC), Acrylglas und Kunstharze.

Silicium: Mit 27 % Massenanteil an der Erdkruste ist Silicium das zweithäufigste Element. Es ist der wichtigste Halbleiterwerkstoff für elektronische Bauteile und Solarzellen. Werden in organischen Verbindungen Kohlenstoffatome durch Silicium ersetzt, so entstehen die **Silicone.**

Säuren entstehen, wenn sich eine Verbindung aus Wasserstoff und einem Halogen (z. B. Fluor, Chlor, Brom, Jod) oder Nichtmetalloxide in Wasser lösen.

Tabelle: Wichtige Säuren und ihre Eigenschaften

	Schwefelsäure	Salzsäure	Salpetersäure	Flußsäure
Formelzeichen	H_2SO_4	HCl	HNO_3	HF
physikalische Eigenschaften	1,84 kg/dm³ flüssig farblos geruchlos Wasser anziehend	1,19 kg/dm³ flüssig farblos stechender Geruch	1,52 kg/dm³ flüssig farblos rauchend	1,13 kg/dm³ flüssig farblos stechender Geruch
chemische Eigenschaften	zerstört die meisten organischen Stoffe	löst unedle Metalle auf	greift außer Gold und Platin alle Metalle an	zerstört organische Stoffe, greift Glas an
Verwendung	Beizen von Metallen, als Elektrolyt in Bleiakkumulatoren	Beizen von Metallen	Kunststoffherstellung, Sprengstoffherstellung	Ätzen von Glas
Salze	Sulfate	Chloride	Nitrate	Fluoride

Säuren sind Elektrolyte, leiten also den elektrischen Strom.

Laugen

Metall oder Metalloxid bildet mit Wasser ein Hydroxid, z. B. Kaliumhydroxid (KOH). Laugen sind Metallhydroxide in wässriger Lösung. Auch Ammoniak (NH_3) bildet mit Wasser eine Lauge (NH_4OH). **Laugen** sind **Elektrolyte.** Sie greifen organische Stoffe an. Laugen wirken stark ätzend.

Salze

Lauge und Säure neutralisieren sich. Dabei entsteht ein Salz und Wasser. Salze sind ebenfalls Elektrolyte, d. h., sie leiten geschmolzen oder in wässriger Lösung den elektrischen Strom.

Bild: Arbeiten mit Säuren und Laugen

Wiederholungsfragen

1 **Nennen Sie je ein Beispiel für eine Oxidation und eine Reduktion.**

2 **Welche Kennfarbe hat eine Sauerstoffflasche, welche eine Wasserstoffflasche?**

3 **Wie reagieren Säuren mit Laugen?**

4 **Was versteht man unter Carbiden?**

5 **Nennen Sie die Verwendung von vier Säuren.**

25 Elektrochemie

25.1 Umwandlung elektrischer Energie in chemische Energie

Versuch: Bringen Sie in ein sauberes Gefäß chemisch reines Wasser und zwei Kohleelektroden **(Bild 1)**. Legen Sie dann eine Gleichspannung von z. B. 6 V über einen Strommesser an die Elektroden. Lösen Sie danach Natriumchloridkristalle (NaCl, Kochsalz) im Wasser auf. Beobachten Sie den Strommesser.

Erst nach dem Auflösen des Kochsalzes fließt ein Strom.

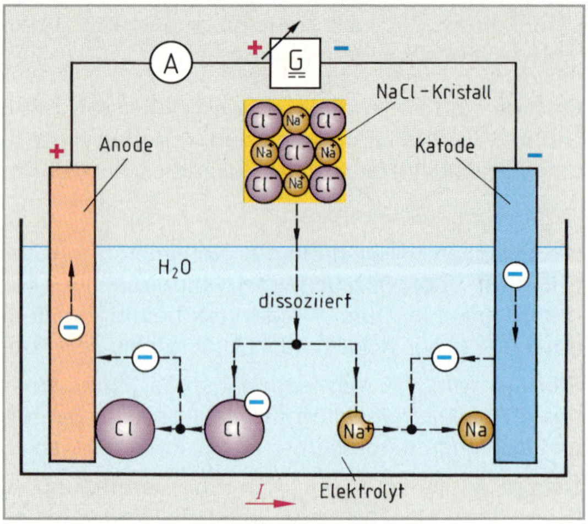

Bild 1: Ionenbewegung im Elektrolyten

Reines Wasser enthält nur sehr wenige frei bewegliche Ladungsträger. Deshalb leitet es den elektrischen Strom fast nicht. Säuren, Basen und Salze zerfallen in wässriger Lösung in frei bewegliche **Ionen**. Diese Spaltung nennt man **Dissoziation (Tabelle)**. Die Lösungen sind somit elektrisch leitend.

> Wässrige Lösungen von Säuren, Basen, Salzen und deren Schmelzen sind elektrisch leitfähig. Man nennt sie Elektrolyte.

Tabelle: Beispiele für Dissoziationsvorgänge

NaCl	→	$Na^+ + Cl^-$
KOH	→	$K^+ + OH^-$
$CuCl_2$	→	$Cu^{2+} + 2Cl^-$
H_2SO_4	→	$2\,H^+ + SO_4^{2-}$

Die positiven Ionen bewegen sich in technischer Stromrichtung zum negativen Pol, der **Katode**. Die negativen Ionen bewegen sich entgegen der technischen Stromrichtung zum positiven Pol, der **Anode** (Bild 1). Infolge der Ladungsträgerbewegung entsteht auch im Elektrolyt Wärme. In ihm fällt eine Spannung ab.

An den **Elektroden** geben die Ionen ihre Ladung ab und werden wieder zu Atomen. Je nach Art der Ionen können sich an der Katode Gase bilden (Versuch) oder metallische Schichten ablagern. Dabei kann die Anode zersetzt werden, oder Ionen verbinden sich mit ihr. Es kann auch zur Reaktion mit dem Lösungsmittel kommen.

> Das Zerlegen eines Stoffes durch den elektrischen Strom nennt man Elektrolyse. Dabei wird elektrische Energie in chemische Energie umgewandelt.

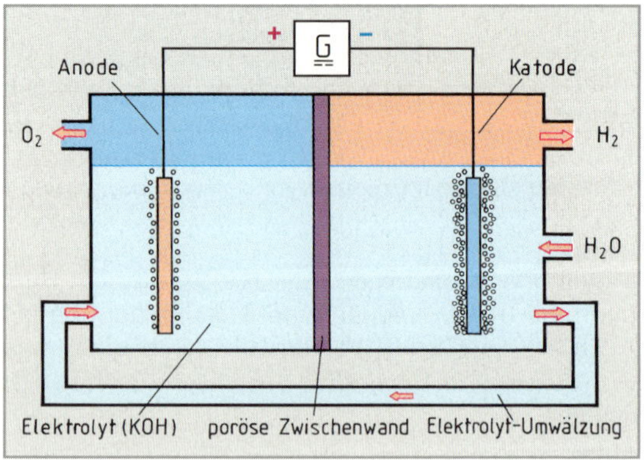

Bild 2: Elektrolyse von Wasser

Durch Elektrolyse kann man dünne Metallschichten auftragen, z. B. als Korrosionsschutz oder als leitende Schicht auf Leiterplatten. Beim **Eloxieren**[1] wird ein Werkstück aus Aluminium, z. B. eine Antenne, als Anode geschaltet. Der elektrolytisch abgeschiedene Sauerstoff erzeugt eine dichte Schutzschicht aus Aluminiumoxid. Durch Elektrolyse kann man z. B. reines Kupfer gewinnen. Die Anode besteht dabei aus verunreinigtem Rohkupfer. Sie löst sich bei Stromfluss auf und an der Katode schlägt sich reines Kupfer nieder. Wasserstoff als Energieträger wird durch Elektrolyse von Wasser gewonnen **(Bild 2)**. Zur Erhöhung der Leitfähigkeit wird z. B. Kalilauge zugesetzt.

1 Eloxieren, Kunstwort aus **el**ektrolytisch **ox**id**ieren**

25.2 Umwandlung chemischer Energie in elektrische Energie

25.2.1 Grundlagen

Versuch: Tauchen Sie paarweise Metallproben (Draht oder Blechstreifen) in eine Natriumlösung, z.B. Eisen und Kupfer, Eisen und Zink, Kupfer und Zink. Verbinden Sie die Elektroden über ein empfindliches Spannungsmessgerät mit Nullpunkt in der Skalenmitte **(Bild 1)**. Beobachten Sie den Zeiger.

Es entstehen unterschiedliche Spannungen und Polaritäten zwischen den Elektroden.

Ein **galvanisches Element** gewinnt elektrische Energie direkt aus chemischer Energie. An den Grenzflächen zwischen Metall und Elektrolyten findet durch chemische Reaktionen eine Ladungstrennung statt. Von der Metallelektrode geht ein Lösungsbestreben aus und im Elektrolyten sind die Metallionen bestrebt, sich abzuscheiden. Je nach Art des Metalls und des Elektrolyten führen diese Kräfte zur Bildung einer positiven oder negativen Elektrode, bzw. zur positiven oder negativen Ladung des Elektrolyten. Zwischen beiden Elektroden entsteht eine **Quellenspannung.**

Zur Festlegung der Spannungshöhe und der Polarität der Elektrodenwerkstoffe wird eine Wasserstoffelektrode als neutrale Bezugselektrode verwendet. Nach der Ordnung der Spannungsbeträge und -vorzeichen ergibt sich die **elektrochemische Spannungsreihe (Bild 2).** Der Betrag der Gesamtspannung berechnet sich aus den Potentialdifferenzen gegenüber Wasserstoff **(Bild 3).**

> Zwei verschiedene Metalle in einem Elektrolyten ergeben eine elektrochemische Spannungsquelle.

Die elektrochemische Spannungserzeugung kann nach zwei Arten erfolgen **(Bild 4):**

1. Der elektrochemische Prozess läuft einmalig und nur in einer Richtung ab. Die chemische Energie kann nur einmal umgewandelt werden; das Element ist nicht wieder aufladbar. Das negative Elektrodenmaterial wird verbraucht. Elemente dieser Gruppe nennt man **Primärelemente.**

2. Der elektrochemische Prozess ist umkehrbar, d.h., das elektrochemische Element kann wiederholt entladen und aufgeladen werden. Elemente dieser Gruppe bezeichnet man als **Sekundärelemente.**

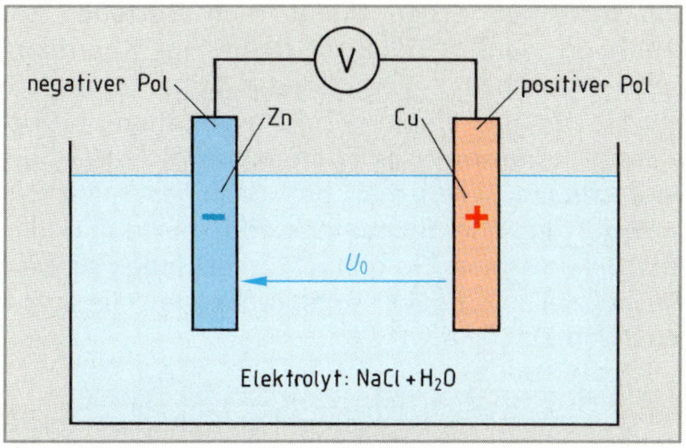

Bild 1: Galvanisches Element (Beispiel)

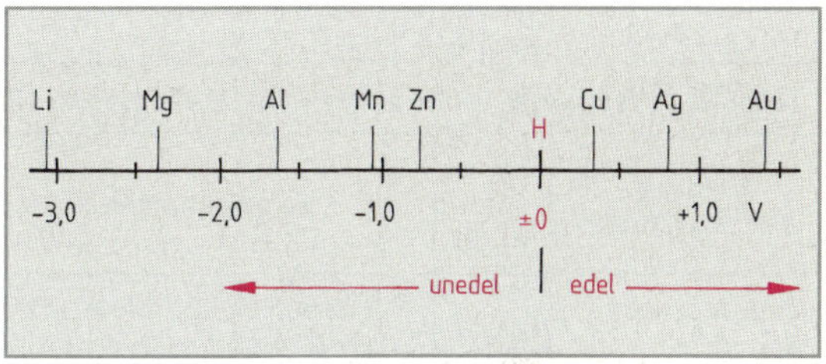

Bild 2: Elektrochemische Spannungsreihe

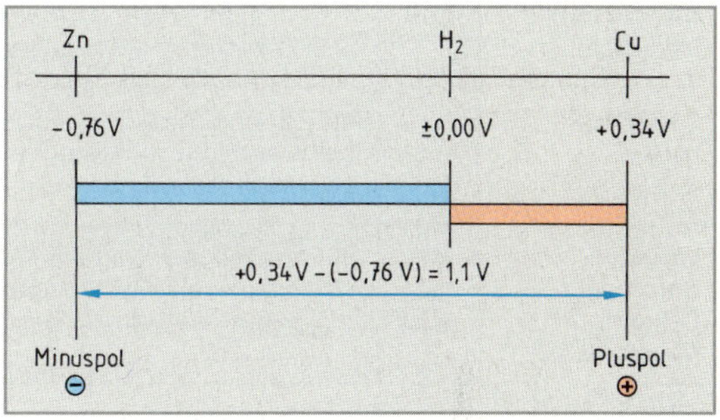

Bild 3: Spannungswerte bei Elektrodenkombination am Beispiel von Zink und Kupfer

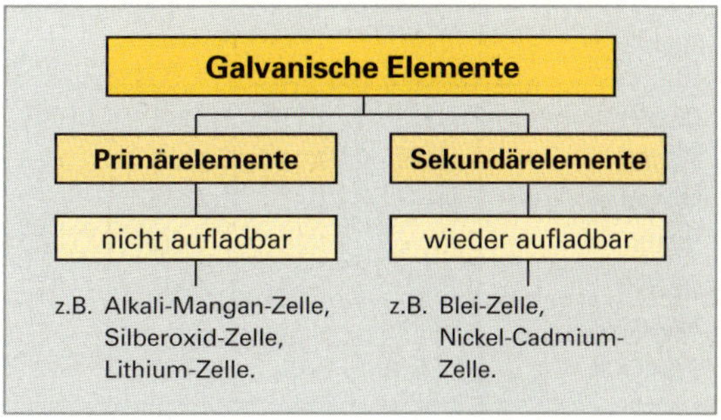

Bild 4: Einteilung der Galvanischen Elemente

25.2.2 Technische Primärelemente

Für den technischen Einsatz eines Elements bzw. einer Zelle sind eine Reihe von Kriterien zu berücksichtigen **(Tabelle 1).** Ein System aus mehreren Zellen nennt man **Batterie.** Zur Spannungserhöhung werden Zellen in Reihe, zur Kapazitätsvergrößerung parallel geschaltet. Ein Element hoher **Energiedichte** (Einheit: Wh/cm^3) hat bei einem geringen Volumen und bei einer kleinen Masse ein Maximum an Energie gespeichert. Hohe Energiedichte wird erreicht, wenn man großflächiges Anoden- und Katodenmaterial mit hoher Spannungsdifferenz (in V) und hoher Kapazität (in Ah) kombiniert. So gibt es für fast jeden Anwendungsfall eine den speziellen Aufgaben entsprechende Zelle bzw. Batterie **(Tabellen 2** und **3).**

Primärelemente enthalten umweltschädigende Stoffe und dürfen nicht in den Hausmüll gelangen, sondern müssen zu den Schadstoff-Sammelstellen gebracht werden.

Tabelle 1: Auswahlkriterien für Primärelemente

- Nennspannung
- Kapazität (entnehmbare Ladungsmenge)
- Innenwiderstand
- Spannungskonstanz (während der Entladung)
- Überlastverträglichkeit
- Zuverlässigkeit
- Lebensdauer
- Lecksicherheit
- Lagerfähigkeit (Selbstentladung)
- Umweltverträglichkeit
- Größe und Gewicht
- Anschlussmöglichkeit
- Temperaturbedingungen
- Preis

Tabelle 2: Wichtige technische Primärelemente (Auswahl)

Element Anode/Katode	Nennspannung	Eigenschaften, Vorteile, Nachteile	Energiedichte in Wh/cm^3	Anwendungsbeispiele
Zink/Mangandioxid (Leclanché)	1,5 V	bei niedriger Temperatur 2 Jahre lagerfähig, nach Tiefentladung auslaufgefährdet, preiswert	0,08 bis 0,15	Taschenlampen, Spielzeuge
Zinkpulvergel/Mangandioxid (alkalisch)	1,5 V	hohe Leistung (auch bei großen Strömen) hohe Belastbarkeit, geringe Selbstentladung (≈3% pro Jahr), hohe Auslaufsicherheit	0,15 bis 0,4	Blitzlichtgeräte, Kameras, Kassettengeräte
Zink/Silberoxid	1,55 V	gute Spannungskonstanz, lange Lebensdauer, Selbstentladung ≈5% pro Jahr, 2 Jahre lagerfähig bei Raumtemperatur, teuer	0,4 bis 0,6	Uhren, Fotoapparate, Taschenrechner
Lithium/Chromoxid, Lithium/Mangandioxid	1,5 V bis 3,5 V	geringe Selbstentladung (≈1% pro Jahr), hohe Lagerzeit (bis 10 Jahre), rückstromgefährdet, hoher Preis	0,4 bis 1,0	Speicherpufferung (Memory back-up), Uhren, Fotogeräte, Alarmanlagen

Tabelle 3: Handels- und Normbezeichnungen von Primärelementen (Auswahl)

Handelsname	IEC-Nr.		Andere Bezeichnung			Abmessungen in mm			
						Durchmesser	Länge	Breite	Höhe
LADY	LR1	R1	AM5	UM5	N	12,0	–	–	30,2
MICRO	LR03	R03	AM4	UM4	AAA	10,5	–	–	44,5
MIGNON	LR6	R6	AM3	UM3	AA	14,5	–	–	50,5
BABY	LR14	R14	AM2	UM2	C	26,2	–	–	50,0
MONO	LR20	R20	AM1	UM1	D	34,2	–	–	61,5
NORMAL	–	3R12	–	–	–	–	62,0	22,0	67,0
E-BLOCK	6LR61	6F22	6AM6	–	PP3	–	26,5	17,5	48,5

Abkürzungen nach IEC: R = Rundzelle, F = Flachzelle, z.B. 3R12 = 3 in Reihe geschaltete Rundzellen R12, L = Alkali-Mangan-Zelle

Alkalische Zink-Mangandioxid-Zellen (Bild 1) haben die früher verwendeten Leclanché-Zellen weitgehend abgelöst. Auch moderne Leclanché-Zellen sind nach Tiefentladung auslaufgefährdet, da der Zinkbecher (Minuspol) zersetzt wird. Im Gegensatz dazu ist die alkalische Zelle in sich völlig dicht und somit auch nach Tiefentladung auslaufsicher. Durch den dichten Verschluss der Zelle wird eine große Lagerfähigkeit erreicht (z. B. 36 Monate). Diese Zellen sind auch zur Hochstromentladung geeignet, weil der Innenwiderstand konstant bleibt. Alkalische Zellen eignen sich als Rund- oder Knopfzellen auch zum Einsatz in hochwertigen Geräten, z. B. in Fotoapparaten.

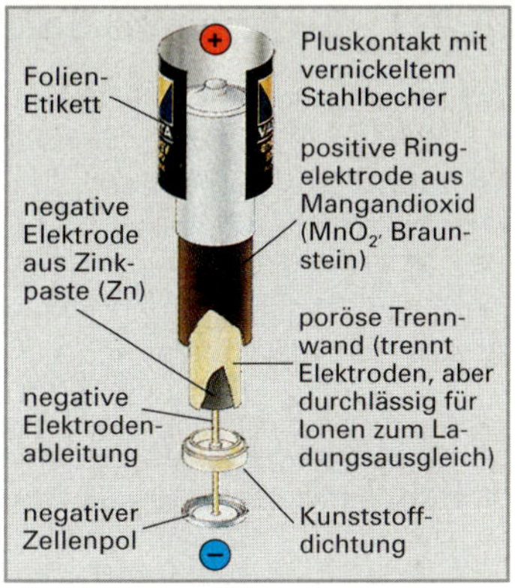

Bild 1: Alkali-Mangan-Rundzelle

Zink-Silberoxid-Zellen (Bild 2) sind wie Alkali-Mangan-Zellen aufgebaut, nur dass statt Mangandioxid als Katodenmaterial Silberoxid verwendet wird. Durch Werkstoffauswahl und Konstruktion wird eine hohe Energiedichte erreicht. Diese Zelle wird meist in Knopfform hergestellt und dort eingesetzt, wo hohe Anforderungen, z. B. für Uhren, erfüllt werden müssen. Wegen des verwendeten Silbers ist die Zelle teuer.

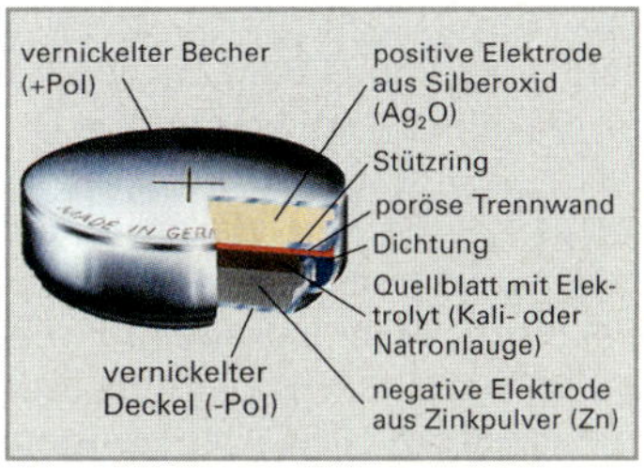

Bild 2: Silberoxid-Knopfzelle

Lithium-Zellen sind Elemente mit der höchsten Energiedichte, da Lithium das höchste negative Potential aller Metalle besitzt. Als positiver Pol wird z.B. Mangandioxid oder Chromoxid eingesetzt. Diese Zellen werden als Knopf- und als Rundzellen hergestellt. Knopfzellen sind weniger belastbar als Rundzellen. Ihre Dauerstromentnahme beträgt etwa 500 µA und die Impulsbelastung 1 bis 5 mA. Unter dieser Belastung versteht man einen kurzzeitigen Stromfluss, z. B. für eine Signalübertragung. Rundzellen **(Bild 3)** sind wegen ihrer gewickelten und damit größeren Elektrodenoberfläche höher belastbar. Die gute Lagerfähigkeit und Zuverlässigkeit auch unter extremen klimatischen Bedingungen macht diese Zellen zu sicheren Energiequellen für elektronische Baugruppen. Die Lebensdauer beträgt etwa 10 Jahre. Sie sind jedoch teuer.

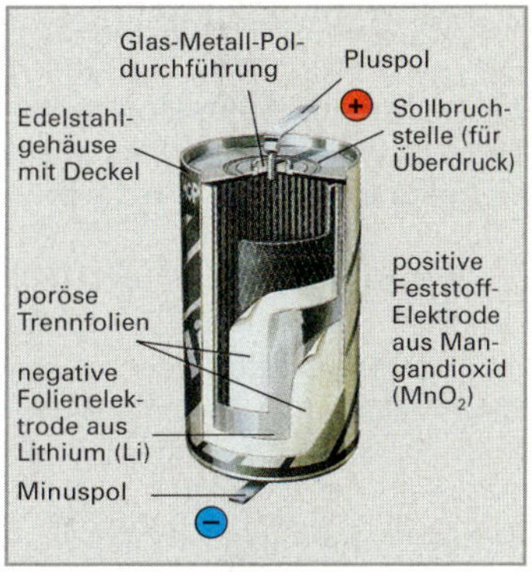

Bild 3: Lithium-Zelle

Brennstoffzellen (Bild 4) sind Primärelemente, in denen keine Veränderung der Elektroden stattfindet. Durch ständige Zufuhr von Brennstoff, z. B. Wasserstoff (H_2) und dem Oxidationsmittel Sauerstoff (O_2), wird chemische Energie direkt in elektrische Energie umgewandelt. Prinzipiell handelt es sich um eine Verbrennung (Oxidation), wobei die frei werdende Energie nicht als Wärme, sondern als elektrische Energie (Gleichspannung) entnommen wird. Diesen Umwandlungsprozess nennt man auch „Sanfte Verbrennung" (ohne Flamme). Daher heißen diese Zellen Brennstoffzellen.

In der Brennstoffzelle findet eine chemische Reaktion zwischen Gas und einem Elektrolyten statt. Das Gas wird über poröse (durchlässige) Elektroden in den Elektrolyten geführt. Bei der Reaktion gibt jeweils ein Wasserstoffatom ein Elektron an der Elektrode ab. Die Elektronen fließen über den Verbraucher zur Gegenelektrode, wo sich OH^--Ionen bilden. Diese wandern nun im Elektrolyten und verbinden sich mit den H^+-Ionen zu Wasser (H_2O). Das sich bildende Wasser muss laufend aus der Zelle abgeführt werden. Der Wirkungsgrad kann über 60 % erreichen. Die Brennstoffzelle ist im Prinzip die Umkehrung der Elektrolyse von Wasser (Bild 2, Seite 506).

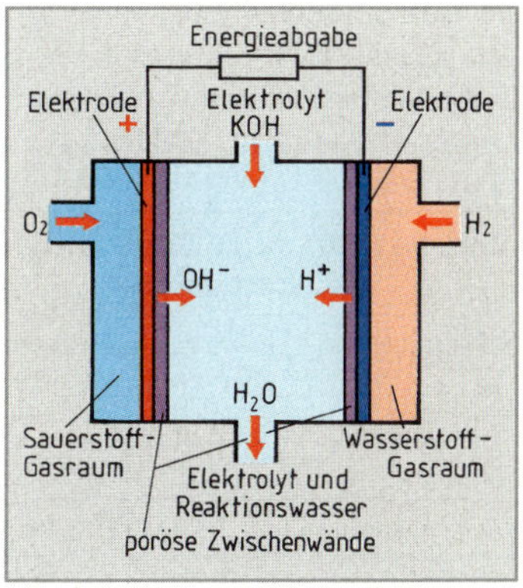

Bild 4: Prinzip der Brennstoffzelle

25.2.3 Technische Sekundärelemente (Akkumulatoren)

Galvanische Elemente, die wiederholt geladen werden können, nennt man **Sekundärelemente** oder **Akkumulatoren** (Sammler). Zuerst muss man im Akkumulator durch elektrische Energiezufuhr chemische Energie speichern (Laden). Anschließend kann dem Akkumulator elektrische Energie entnommen werden (Entladen).

> Am häufigsten werden Blei-Akkumulatoren und Nickel-Cadmium-Akkumulatoren verwendet.

Zum Laden wird Gleichspannung an die Elektroden gelegt **(Bild 1 a)**: Ein Ladestrom fließt durch den Elektrolyten (Elektrolyse). Die positiven Ionen wandern zum Minus-Pol, die negativen zum Plus-Pol. An den Elektroden werden die Ionen wieder zu neutralen Atomen bzw. Atomgruppen entladen und reagieren mit dem Elektrodenmaterial. Es entstehen zwei verschiedene Elektroden und somit ein elektrisches Element. Beim Entladen **(Bild 1 b)** verlaufen die chemischen Prozesse umgekehrt. Der Entladestrom fließt entgegengesetzt zur Ladestromrichtung. Die Elektroden bilden sich allmählich wieder zum Ausgangsmaterial zurück; die Säurekonzentration nimmt ab. Die Zellenspannung verringert sich dabei. Akkumulatoren dürfen nur bis zur **Entladeschlussspannung (Tabelle 1** und **2)** entladen werden. Die Zellen lassen sich sonst nicht wieder voll aufladen, ihre Lebensdauer sinkt.

Wenn Akkumulatoren überladen werden, wird der Elektrolyt zersetzt. Ab der **Gasungsspannung,** die im Endstadium des Ladens erreicht wird, bilden sich bei Bleizellen an der positiven Elektrode Sauerstoff und an der negativen Elektrode Wasserstoff. Dieses Gasgemisch $2\,H_2 + O_2$ (Knallgas) erfordert ein Lüften der Akkumulatorenräume. Geschlossene Gehäuse könnten auch aufplatzen. Deshalb werden besondere wartungsfreie Akkumulatoren gebaut, die das „Gasen" einschränken oder verhindern. Das Wasserstoff-Sauerstoff-Gemisch wird wieder zu Wasser rekombiniert[1] **(Bild 2).** So bleibt das notwendige Wasser im Elektrolyten erhalten.

Tabelle 2: Wichtige Spannungswerte von Akkumulatoren

Zellenart	Nenn-spannung in V/Zelle	Entladeschluss-spannung in V/Zelle	Gasungs-spannung in V/Zelle
Blei	2,0	1,60 bis 1,90	2,40 bis 2,45
Nickel-Cadmium	1,2	0,85 bis 1,14	1,55 bis 1,60

[1] Rekombination = Zurückführung, Wiedervereinigung

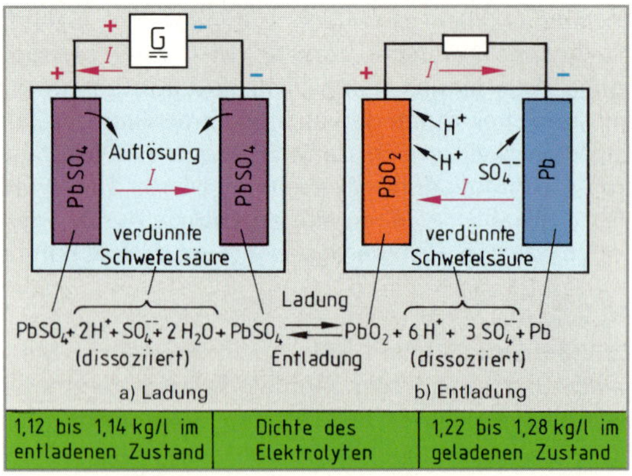

Bild 1: Ladung und Entladung eines Blei-Akkumulators

Tabelle 1: Wichtige elektrische Größen für Akkumulatoren

Nenn-spannung U_N	Festgelegter Spannungswert für eine Zelle, bzw. Batterie.
Nenn-kapazität K_N $K_N = I_N \cdot t_N$ $[K_N] = A \cdot h$	Entnehmbare Elektrizitätsmenge eines Akkumulators. Entladedauer t_N, zugehöriger Entladestrom I_N, Dichte und Temperatur des Elektrolyten sind für K_N festgelegt. Die Entladeschlussspannung U_S wird dann nicht unterschritten. Es bedeutet z.B. K_{20} = 44 Ah, dass 20 h lang eine Stromstärke von 2,2 A entnommen werden kann.
Entlade-schluss-spannung U_S	Festgesetzte Spannung, die beim Entladen mit dem zugeordneten Strom nicht unterschritten werden darf.
Gasungs-spannung U_G	Ladespannung, oberhalb der die Zelle/Batterie deutlich zu gasen beginnt.

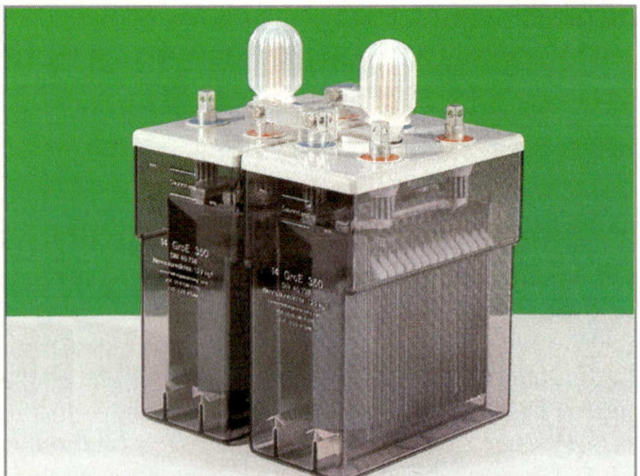

Bild 2: Zwei Blei-Akkumulatoren mit Wasserstoff-Sauerstoff-Rekombinator

Nickel-Cadmium-Akkumulatoren enthalten als Elektrolyt Kalilauge, d.h. wasserverdünntes Kaliumhydroxid ($KOH + H_2O$). In geladenem Zustand besteht die positive Elektrode aus Nickel(III)-oxidhydroxid ($NiOOH$), die negative Elektrode aus Cadmium (Cd). Beim Entladen erfolgt eine Umwandlung in Nickelhydroxid $Ni(OH)_2$ bzw. Cadmiumhydroxid $Cd(OH)_2$. Der Elektrolyt nimmt an der Reaktion nicht teil. Die Dichte des Elektrolyten beträgt gleichbleibend 1,19 kg/l. Beim Überladen entsteht an der Anode Sauerstoff, der aber von der Katode aufgenommen wird. Es findet ein interner Sauerstoffkreislauf statt, der eine sichere gasdichte Bauweise ermöglicht. Damit beim Nichtbeachten der Betriebsbedingungen ein Aufplatzen der Zelle vermieden wird, ist ein Sicherheitsventil eingebaut.

Eine Nickel-Cadmium-Zelle nimmt infolge der kleineren Nennspannung je Zelle (1,2 V) bei gleicher Kapazität einen größeren Raum ein als ein Bleiakkumulator. Im Unterschied zu Schwefelsäure greift Kalilauge die meisten Metalle nicht an. Die Zellengefäße können daher aus Stahlblech oder Kunststoff hergestellt sein. Gasdichte Zellen **(Bild 1)** haben zum Teil die gleichen Abmessungen wie Primärzellen und können sie ersetzen. Gasdichte Akkumulatoren werden auch als Knopfzellen gebaut.

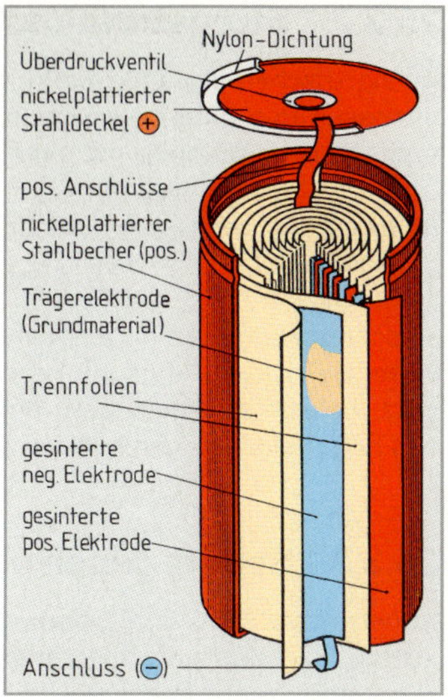

Bild 1: Gasdichte Nickel-Cadmium-Rundzelle

25.3 Elektrochemische Korrosion

> Korrosion ist die Zerstörung von Werkstoffen durch chemische oder elektrochemische Vorgänge.

Bei der chemischen Korrosion verbinden sich Metalle mit Nichtmetallen, z.B. Aluminium mit Sauerstoff zu Aluminiumoxid (Al_2O_3) oder Silber mit Schwefel zu Silbersulfid (Ag_2S). Bei der elektrochemischen Korrosion sind die Vorgänge ähnlich wie in der galvanischen Zelle.

25.3.1 Korrosion durch Elementbildung

Verschiedene Metalle oder Metallverbindungen und Elektrolyte bilden Korrosionselemente. Durch Korrosionsströme löst sich das weniger edle Metall auf.

An der Berührungsstelle zweier Metalle entsteht in Verbindung mit Feuchtigkeit **Kontaktkorrosion** (Berührungskorrosion), z.B. zwischen einer Stahlschraube und Aluminiumblech **(Bild 2)**. Aluminium ist weniger edel als Eisen und wird als negative Elektrode zerstört. Es ist Stromaustrittsstelle, da es positive Ionen an den Elektrolyten abgibt. Positive Ionen (H^+) wandern im Elektrolyten zum Eisen. Dieses Metall ist Stromeintrittsstelle und wird vor Korrosion geschützt.

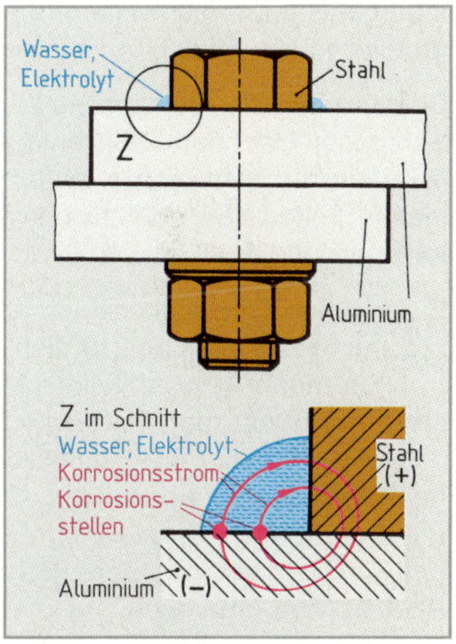

Bild 2: Kontaktkorrosion

> Nur an der Austrittsstelle des Stromes aus einem Metall in einen Elektrolyten entsteht Korrosion.

Schutzüberzüge aus Metall sollen chemische Korrosion verhindern. Risse und Lücken in diesen Überzügen ermöglichen aber Korrosionselemente, wenn ein Elektrolyt eindringt, z.B. Wasser. Ist der Überzug edler, z.B. Zinn auf Stahl, so wird das Grundmetall zerstört **(Bild 3)**. Der Überzug blättert dann ab. Bei weniger edlen Überzügen, wie z.B. Zink auf Stahl **(Bild 4)**, wird das Grundmetall geschützt, solange Korrosionsströme fließen und sich der Überzug löst.

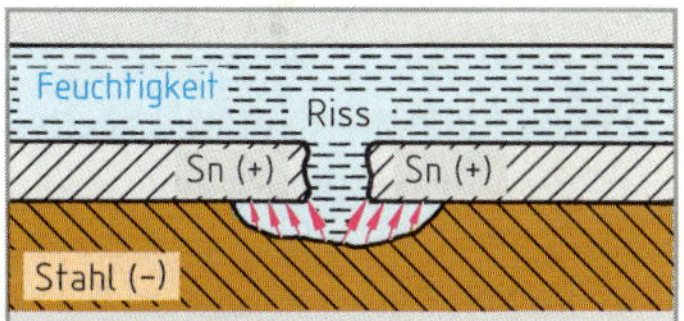

Bild 3: Zinnschicht auf Stahl

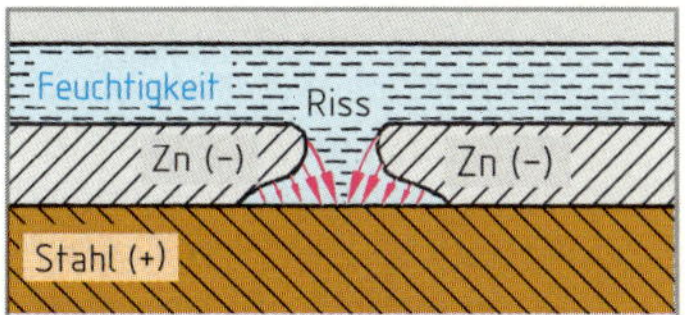

Bild 4: Zinkschicht auf Stahl

25.3.2 Streustromkorrosion

In elektrischen Anlagen kann Gleichstrom den Betriebsstromkreis verlassen und einen **Streustrom** bilden. An der Stromaustrittsstelle entsteht in Verbindung mit einem Elektrolyten Korrosion.

Streustrom zerstört an seiner Austrittsstelle in den Elektrolyten jedes Metall.

Anschlussklemmen in Kraftfahrzeugen sind besonders gefährdet, wenn sie locker und gegen Feuchtigkeit nicht geschützt sind, z. B. die hoch belasteten Anschlüsse einer Batterie **(Bild 1)**. Auch Erdströme aus Fernmeldeanlagen können Korrosion bewirken.

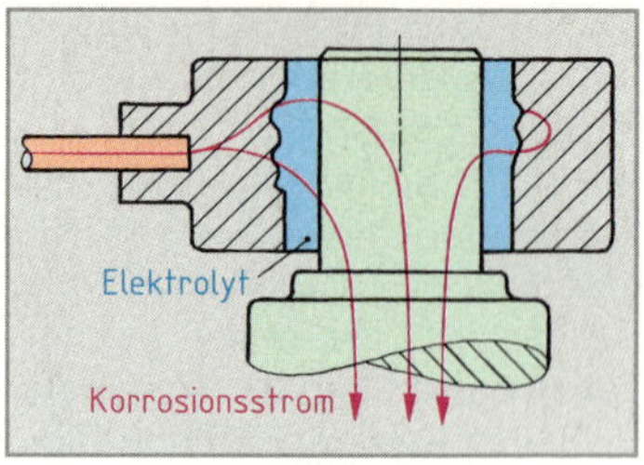

Bild 1: Streustromkorrosion an einer lockeren Batterieklemme

25.3.3 Schutz gegen elektrochemische Korrosion

Konstruktive Schutzmaßnahmen verhindern, dass ein Elektrolyt zwischen Teile aus verschiedenen Metallen eindringt. Bei leitendem Übergang trennt man die Teile durch isolierende Zwischenlagen **(Bild 2)**. An einem leitenden Übergang muss die Verbindung zwischen den Metallen gegen Feuchtigkeit geschützt sein. Z. B. muss man beim Übergang von einem Aluminium- zu einem Kupferleiter eine Übergangsklemme **(Bild 3)** verwenden.

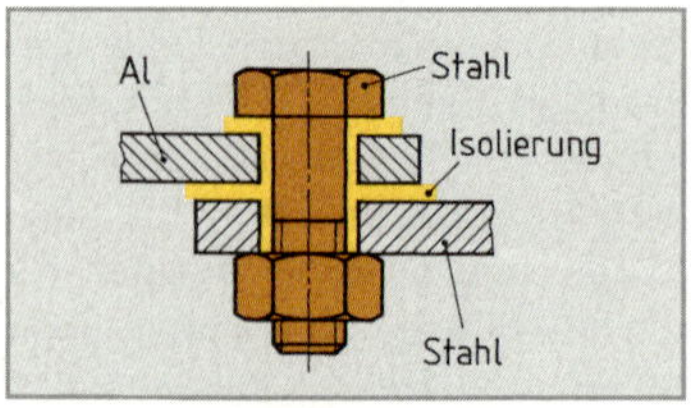

Bild 2: Geschützte Schraubverbindung

Elektrischer Korrosionsschutz verhindert, dass Strom aus dem Schutzobjekt in den Elektrolyten fließt. Streuströme aus Fernmeldeanlagen, die Metallrohre in der Erde zerstören könnten, müssen an vielen Stellen über metallische Verbindungen aus den Rohren abgeleitet werden. Man spricht dann von **Streustromableitung**.

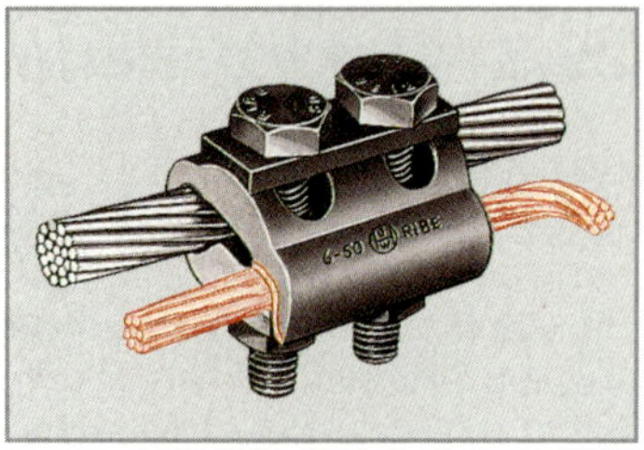

Bild 3: Übergangsklemme (Cupalklemme)

Elektrischer Korrosionsschutz ist auch durch Schutzströme möglich, z. B. bei Metalltanks im Erdreich. Die Schutzströme werden dem Elektrolyten durch Austrittselektroden zugeführt. Eine derartige Austrittselektrode nennt man **Opferanode,** da sie sich allmählich auflöst. Das Schutzobjekt als Eintrittselektrode ist die Katode. Dieses Verfahren heißt **katodischer Korrosionsschutz**. Die Opferanode kann aktiv sein. Sie besteht dann aus einem unedlen Metall, wie z. B. Magnesium oder Zink, und bildet mit dem Schutzobjekt ein galvanisches Element **(Bild 4)**. Man kann auch an Opferanode und Schutzobjekt eine Gleichspannung legen **(Bild 5)**. Die Anode wird dann als **Fremdstromanode** bezeichnet; sie muss nicht unedler als das zu schützende Objekt sein.

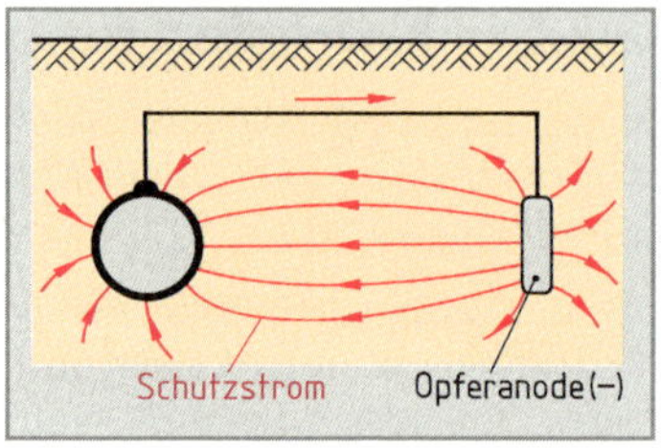

Bild 4: Korrosionsschutz mit aktiver Anode

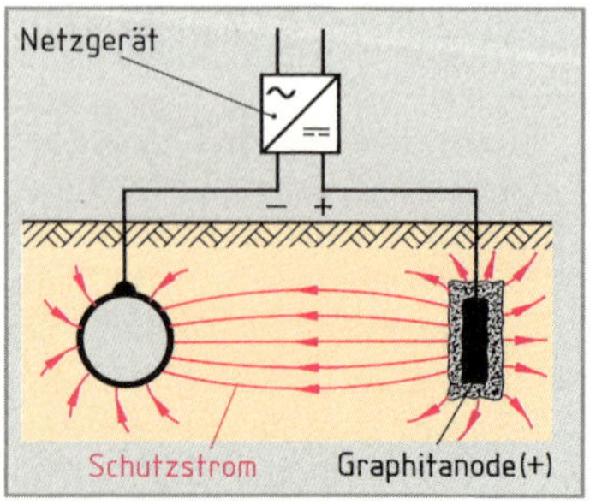

Bild 5: Korrosionsschutz mit Fremdstromanode

Wiederholungsfragen

1. **Was versteht man unter einem Elektrolyten?**
2. **Erklären Sie den Begriff Elektrolyse.**
3. **Welche Stoffe entstehen bei der Elektrolyse von Wasser?**
4. **Beschreiben Sie den Aufbau eines galvanischen Elements.**
5. **Wovon hängt die Höhe der Quellenspannung einer galvanischen Zelle ab?**
6. **Warum dürfen Akkumulatoren nur bis zum Erreichen der Entladeschlussspannung entladen werden?**
7. **Nennen Sie die wesentlichen Unterschiede zwischen einem Bleiakkumulator und einem Nickel-Cadmium-Akkumulator.**
8. **Welcher Vorgang spielt sich ab, wenn Strom aus einem Metall in einen Elektrolyten fließt?**
9. **Was versteht man unter a) Streustrom und b) unter Opferanode?**

26 Umweltschutz

Umweltschutz umfasst alle Maßnahmen zum Schutz der natürlichen Lebensgrundlagen von Menschen und Tieren.

Wichtig sind vor allem die Reinhaltung der Luft, aber auch der Gewässer-, Boden- und Landschaftsschutz, die Lärmminderung und die Abfallbeseitigung (besser: Abfallvermeidung und Wiederverwertung der Abfallstoffe, das sog. Recycling). Rechtsgrundlage sind das Bundes-Immissionsschutzgesetz (BImSchG: Gesetz zum Schutz des Menschen und seiner Umwelt vor schädlichen Einwirkungen durch Luftverunreinigung, Geräusche oder Erschütterungen) sowie weitere Gesetze, die z. B. den Wasserhaushalt und die Abwasserbeseitigung regeln.

Jährl. Schadstoffemission in Mio. Tonnen				
Schadstoffe	Haushalt und Kleingewerbe	Kraftwerke	Industrie	Verkehr
Schwefeldioxid	0,14	0,37	0,42	0,08
Stickoxid	0,11	0,47	0,29	1,85
Kohlenmonoxid	0,7	0,04	1,45	6,1
Kohlenwasserstoffe	0,52	0,01	0,45	0,62
Staub	0,03	0,03	0,33	0,07
Summe	1,50	0,92	2,94	8,72

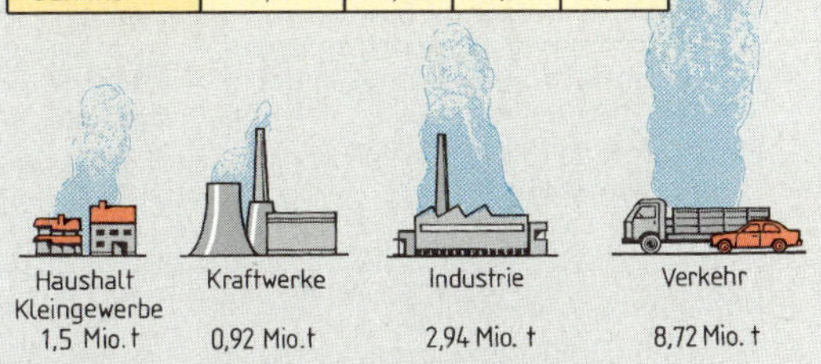

Bild: Anteile an der Schadstoffemission

Eine große Umweltbelastung entsteht bei der Energieumwandlung durch Emission[1] von Gasen, Ruß oder Staubteilchen in die Luft, aber auch durch Schall und Abwärme. Die jährliche Schadstoffemission in der Bundesrepublik Deutschland, aufgeteilt in vier Verursacherbereiche, zeigt das nebenstehende **Bild.** Zum Umweltschutz gehört auch, dass Anlagen und Geräte bezüglich ihrer Störaussendung und Störfestigkeit den Bestimmungen der **EMV**[2]-Vorschriften und EN-Normen entsprechen. In der Öffentlichkeit wird u. a. zunehmend die Frage diskutiert, ob sich elektromagnetische Felder z. B. als Elektrosmog auf die Gesundheit negativ auswirken.

Umweltschutz ist unverzichtbar und lebensnotwendig. Wirtschaftliches Handeln muss den Umweltschutz berücksichtigen.

26.1 Umweltschutz im Betrieb

Am Arbeitsplatz sind die Menschen neben der physischen und psychischen Belastung einer Reihe von Umwelteinflüssen, die durch die Fertigungsverfahren oder durch Hilfs- und Betriebsstoffe entstehen, ausgesetzt. Physische Belastungen können zum Teil durch geeignete Werkzeuge, z. B. elektrische Schrauber, verringert werden. Psychische Belastung, also nicht-körperliche Belastung, lässt sich z. T. durch eine ansprechende Arbeitsplatzgestaltung abbauen, z. B. durch helle, freundliche Räume und durch eine gute Arbeitsorganisation, die auch soziale Aspekte berücksichtigt wie Kinderbetreuungszeiten oder gleitende Arbeitszeit. Umgebungseinflüsse durch schädigende Stoffe in Form von Stäuben, Nebel, Dämpfen oder Gasen, durch Lärm, Vibration oder durch Strahlung beeinträchtigen die Gesundheit und das Wohlbefinden des Menschen zusätzlich. Sie können auch eine Erkrankung fördern und zu Arbeitsunfällen führen.

Gesundheitsschädigende Stoffe im Betrieb

Gesundheitsschäden lassen sich vermeiden, wenn Verfahren oder Hilfs- und Betriebsstoffe nicht ausschließlich nach betriebswirtschaftlichen Gesichtspunkten ausgewählt werden. Viele schädliche Stoffe können durch schadstofffreie oder zumindest durch weniger schädliche Stoffe ersetzt werden. Durch Absauganlagen oder durch Filter lassen sich Schadstoffe entfernen. Um eine Gefährdung der Menschen durch gefährliche Stoffe gering zu halten werden die **MAK-Werte** (Werte für die maximale Arbeitsplatzkonzentration) jährlich neu festgelegt **(Tabelle 1, Seite 514)**. So darf z. B. in einem Kubikmeter Luft nur ein Feinstaubanteil von maximal 0,1 mg Blei enthalten sein. Ein Stoff ist umso schädlicher, je geringer der zulässige MAK-Wert ist. Durch sachgemäßen, verantwortungsvollen Umgang mit gesundheitsschädigenden Stoffen kann jeder am Fertigungsprozess Beteiligte beitragen, schädigende Auswirkungen auf die Gesundheit zu vermeiden **(Tabelle 2, Seite 514)**.

[1] Emission (in der Technik) = Abblasen von Gasen, Ruß oder Staubteilchen in die Luft
[2] EMV, Abkürzung für: Elektromagnetische Verträglichkeit

Tabelle 1: Werte für die maximale Arbeitsplatzkonzentration (MAK-Werte)								
Schadstoffe	Blei-staub	Zinn-staub	Queck-silber	Phenol	Tetrachlor-methan	Trichlor-ethen	Toluol	Aceton
MAK-Werte in mg/m³	0,1	0,1	0,1	19	65	270	380	2400

Tabelle 2: Gesundheitsschädigende Stoffe, Umgang und Auswirkungen		
Gesundheitsschädigende Stoffe	Umgang mit Schadstoffen	Gesundheitsschädigende Wirkung
• Reinigungs- und Entfettungsmittel, z.B. Trichlorethen (Tri) Perchlorethen (Per) Tetrachlormethan (Tetra)	• Hautkontakt vermeiden, Dämpfe nicht einatmen! • Abluft- und Belüftungs-einrichtungen vorsehen!	• Häufiger Hautkontakt und Einatmen der Dämpfe kann zu schweren Lungen-, Nieren- und Leberschäden führen (Krebsgefahr!)
• Kühl- und Schmierstoffe • Mineralöle mit chemischen Zusätzen	• Hautkontakte verhindern, Schutzhandschuhe tragen! • Ölnebel absaugen, Maschinen kapseln!	• Erkrankungen der Haut (Öl-Akne, Öl-Ekzem), Reizung oder Infektion der Atemwege.
• Schwermetallhaltige Feinstäube und Dämpfe beim Löten: Blei, Cadmium; beim Schweißen: Zink, Chrom, Mangan	• Feinstäube und Dämpfe nicht einatmen! • In geschlossenen Räumen: Absaugvorrichtung benutzen, bei Umluftanlagen Filter einsetzen!	• Schwere Vergiftung und Schädigung des Blutes!
• Feinstäube und Rußpartikel, Schleifstäube • Abgase z.B. in Härtereien und bei der Stahlherstellung	• Durch Belüftung für staubfreie Atemluft sorgen, Absaug-vorrichtung benutzen! • Staubschutzmaske tragen!	• Bei lang andauerndem Einatmen staubhaltiger Luft werden Atmungsorgane geschädigt (Staublunge, Krebsgefahr!)
• Asbest z.B. in Wärmedämmungen, Dichtungen, Bremsbelägen und als Asbestzement	• Staubschutzmaske tragen! • Asbeststaub nicht einatmen! • Asbest-Verbundstoffe nicht trennschleifen!	• Einatmen von Asbeststaub verursacht Asbestose und Lungenkrebs!

26.2 Wiederverwertung und Entsorgung von Abfallstoffen

Der Einsatz von Hilfs- und Betriebsstoffen verursacht bei der Herstellung von Produktionsgütern einen erheblichen Anteil an den Produktionskosten. Durch sparsamen Werkstoffeinsatz kann man diese Kosten senken und gleichzeitig aktiven Umweltschutz betreiben. Die meisten Werkstoffabfälle, vor allem aus Aluminium, Kupfer, Stahl oder aus Kunststoff, sind ohne großen Aufwand zur Aufbereitung und Wiederverwertung (Recycling) geeignet **(Tabelle, Seite 515)**.

Manche Elektrogeräte, z.B. Kühlschränke, Waschmaschinen oder Transformatoren, enthalten Stoffe, die unbedingt fachgerecht entsorgt werden müssen. In Kühl- oder Gefrierschränken z.B. werden noch Fluorchlorkohlenwasserstoffe **(FCKW)** als Kältemittel und als Treibmittel für die Isolation (Polyurethanschaum) eingesetzt. FCKW schädigen die Ozonschicht. Das im Kältekreislauf enthaltene FCKW muss daher vor der Verschrottung abgesaugt und an die Hersteller zur Wiederverwertung zurückgegeben werden.

Ältere Anlauf- und Betriebskondensatoren von Kleinmotoren, z. B. in Waschmaschinen, Wäschetrocknern oder in Kühlschränken früherer Baujahre, enthalten als Isolieröl polychlorierte Biphenyle **(PCB).** Diese, auch unter der Handelsbezeichnung Clophen, Askarel oder Aroclor vertriebenen Isolieröle dürfen heute nicht mehr eingesetzt werden. Sie zersetzen sich im Temperaturbereich zwischen 400 °C und 800 °C in hochgiftige Dämpfe, darunter das gefährliche Dioxin. Deshalb müssen PCB-haltige Kondensatoren vor der Verschrottung ausgebaut und als Sondermüll behandelt werden. Isolieröle von Transformatoren sind vor der Instandsetzung oder Verschrottung auf PCB-Belastung zu untersuchen **(Bild)**. Einer Ölprobe werden nacheinander unter Schütteln zwei Kontrollösungen beigemischt. Nimmt die Ölprobe eine andere Farbe als die Kontrollfarbe (z. B. Gelb) an, liegt eine PCB-Belastung vor. Der genaue PCB-Gehalt wird dann im Labor ermittelt. Bei einem PCB-Anteil von mehr als 50 mg/kg Isolieröl muss der Transformator mit einem gelben Schild mit der Aufschrift „PCB" gekennzeichnet werden. Der Transformator darf dann längstens bis zum 31.12.1999 betrieben werden. Bei der Entsorgung des Transformators wird das PCB-belastete Isolieröl in einer Hochtemperaturanlage verbrannt. Der entleerte Transformator wird mit Bindemittel gefüllt und zur Endlagerung gebracht.

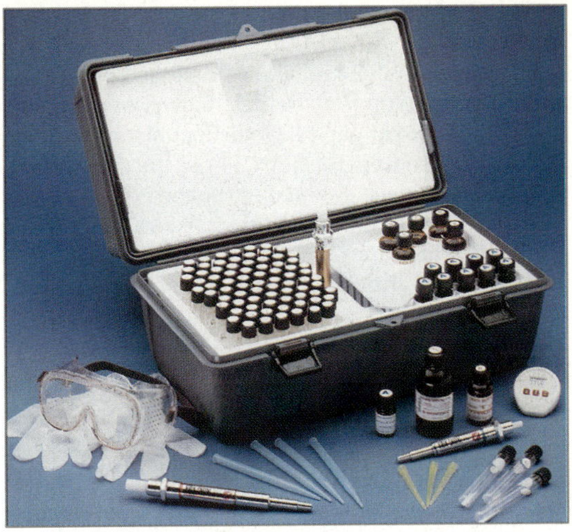

Bild: Messkoffer zum Prüfen einer Ölprobe auf ihren PCB-Gehalt

Tabelle: Wiederverwertung und Entsorgung von Abfallstoffen

Abfallstoffe	Wieder verwertbare Stoffe	Zu entsorgende Reststoffe
• Leitungen und Kabel; nach Leitermaterial getrennt sammeln	Aluminium, Kupfer, Blei, Stahlblech	Kunststoff- und Gummiisolierung (Sondermüll)
• Leuchtstofflampen und Quecksilberdampflampen	Glas, Quecksilber	Leuchtstoffe und Lampenfassungen (Sondermüll)
• Blei-Akkumulatoren	Blei, Batteriesäure	Bleischlämme und Batteriegehäuse (Sondermüll)
• Nickel-Cadmium-Akkumulatoren • Quecksilber-Batterien	Nickel, Cadmium, Quecksilber	Entsorgung durch den Hersteller, Nicht zum Hausmüll geben!
• Lösungsmittel, z.B. Tri, Per oder Tetra und die gelösten Stoffe	Lösungsmittel; Aufbereitung in Spezialbetrieben	Klärschlamm zur Hochtemperaturverbrennung (Sondermüll)
• Isolieröle, Schmieröle, Fette	Öle und Fette; getrennt sammeln, nicht mischen!	Aufbereitung bzw. Entsorgung durch Spezialbetriebe
• Papier, Pappe, Kartonagen	Papier, Pappe, unbeschichtete Kartonagen	Beschichtete Kartonagen zur Müllverbrennung

Wiederholungsfragen

1 **Geben Sie die vier Verursacherbereiche und ihren Anteil an der Schadstoffemission an.**

2 **Nennen Sie wieder verwertbare Werkstoffe der Elektrotechnik.**

3 **Geben Sie den Grenzwert der maximalen Arbeitsplatzkonzentration (MAK-Wert) an für a) Quecksilber, b) Trichlorethen.**

4 **Auf welche Schadstoffe muss man bei der Entsorgung von Kühlschränken besonders achten?**

5 **Wie sind Kondensatoren oder Transformatoren mit PCB-haltigen Isolierölen zu entsorgen?**

6 **Nennen Sie wiederverwertbare Abfallstoffe, die in Ihrem Betrieb anfallen.**

27 Eisen und Stahl

Das Schwermetall Eisen (Fe) und seine Legierungen sind die am meisten benutzten Werkstoffe für technische Anwendungen. Reines Eisen ist wegen seiner geringen Festigkeit von 150 N/mm² nicht als Konstruktionsstoff verwendbar. Technisch wichtig sind jedoch Legierungen von Eisen mit Nichtmetallen, z. B. mit Kohlenstoff, Silicium, Phosphor, Schwefel sowie mit den Metallen Nickel, Mangan, Vanadium und Molybdän. Je nach Anteil der zugesetzten Werkstoffe erhält man Stähle mit gewünschten Eigenschaften wie große Härte, geringe Verformbarkeit, hohe Zugfestigkeit, große Elastizität, gute Zerspanbarkeit oder der Stahl wird unmagnetisch, rostbeständig, säurebeständig. Diese Eigenschaften erhält man durch verschiedenen Kohlenstoffgehalt, entsprechende Legierungsbestandteile und unterschiedliche Nachbehandlung.

27.1 Herstellung von Stahl oder Eisen-Gusswerkstoffen

Eisen kommt in der Natur nur gebunden als Eisenerz vor. Die wichtigsten Eisenerze sind Magneteisenstein Fe_3O_4 und Roteisenstein Fe_2O_3. Im Hochofen wird aus dem Erz durch Reduktion mit Kohlenstoff (Koks) graues bzw. weißes Roheisen erzeugt. Roheisen ist hart, spröde und nicht schmiedbar. Bei der Stahlherstellung wird der Anteil der unerwünschten Begleitelemente verringert: Kohlenstoff auf weniger als 1,7 %, Phosphor und Schwefel werden möglichst ganz beseitigt. Dies geschieht durch Verbrennung bei möglichst hoher Temperatur.

Beim **Sauerstoff-Blasverfahren,** z. B. beim **LD[1]-Verfahren,** werden die Begleitelemente mit reinem Sauerstoff verbrannt. Man bläst dabei durch ein wassergekühltes Rohr Sauerstoff von oben auf die Schmelze **(Bild 1).** Das Roheisen befindet sich in einem kippbaren, feuerfest ausgemauerten Behälter mit einem Fassungsvermögen bis 300 t. Durch die Verbrennungswärme erhöht sich die Temperatur des Roheisens. Der Kohlenstoff und unerwünschte Begleitelemente, z. B. Phosphor und Schwefel, werden verbrannt. Der Blasvorgang dauert etwa 15 Minuten. Ausgangsstoffe sind weißes Roheisen, Stahlschrott und Zuschläge, z. B. Kalk.

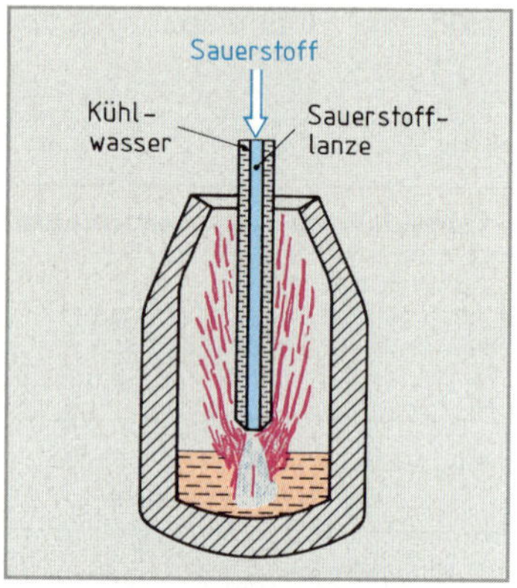

Bild 1: Sauerstoff-Blasverfahren

Elektro-Verfahren. Hochlegierte und damit hoch schmelzende Stahlsorten, z. B. Werkzeugstähle, werden entweder in einem Lichtbogenofen oder in einem Induktions-Tiegelofen umgeschmolzen. Dabei werden Verunreinigungen sowie Phosphor und Schwefel verbrannt und in der Schlacke gebunden. Anschließend wird der Stahl durch Zugabe der Legierungselemente auf die gewünschte Zusammensetzung gebracht.

Der **Lichtbogenofen (Bild 2)** wird meist mit Drehstrom bei niedriger Spannung, aber hoher Stromstärke betrieben. Er hat 3 Elektroden aus Elektrokohle (Grafit), die von oben auf die Schmelze geführt werden. Der von den Elektroden zum Schmelzgut führende Lichtbogen erzeugt Temperaturen bis 3500 °C. Dabei können auch schwer schmelzbare Legierungselemente wie z. B. Wolfram, Molybdän oder Tantal erschmolzen werden.

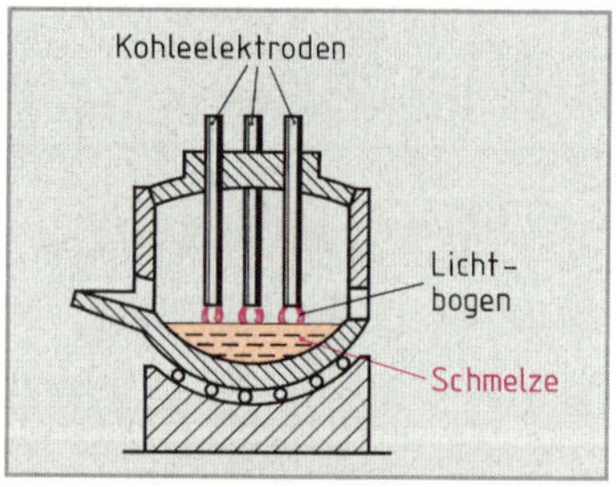

Bild 2: Lichtbogenofen

Der **Induktions-Tiegelofen (Bild 3)** beruht auf dem Prinzip der Induktion. Durch eine um den Schmelztiegel geführte wassergekühlte Spule aus Kupferrohr fließt Wechselstrom, meist mit der Netzfrequenz 50 Hz. Die im Schmelzgut erzeugten Wirbelströme erwärmen und verflüssigen das Material. Im Tiegelofen werden z. B. Magnetstähle erschmolzen.

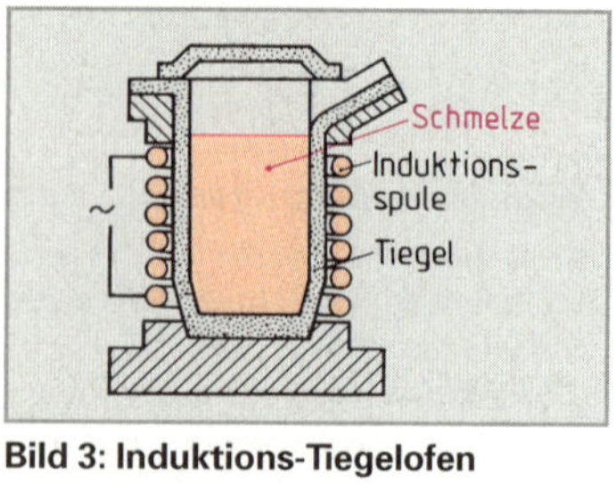

Bild 3: Induktions-Tiegelofen

Gusseisen mit Lamellengrafit (Grauguss, Kurzzeichen GGL) wird in Elektroöfen aus grauem Roheisen und Schrott hergestellt. Der Grafit bewirkt gute Gleiteigenschaften, leichte Zerspanbarkeit und die Fähigkeit, Schwingungen zu dämpfen. Man kann Grauguss leicht gießen.

Gusseisen mit Kugelgrafit (Kurzzeichen GGG) enthält man durch Zufuhr von Magnesium-Grafit in Kugelform. Man erhält dadurch stahlähnliche Eigenschaften. Aus GGG stellt man z. B. Pumpen, Zahnräder und Kurbelwellen her.

[1] LD, benannt nach den beiden österreichischen Städten Linz und Donawitz

27.2 Einteilung und Normung des Stahls und der Eisen-Gusswerkstoffe

Stahl wird in den unterschiedlichsten Eigenschaften gebraucht. Es ist notwendig, diese Eigenschaften zu normen. Die Normung kann sowohl nach **DIN** als auch nach **EURONORM** erfolgen.

Nach DIN 17006 unterscheidet man Stähle nach ihren Legierungsbestandteilen **(Bild)**.

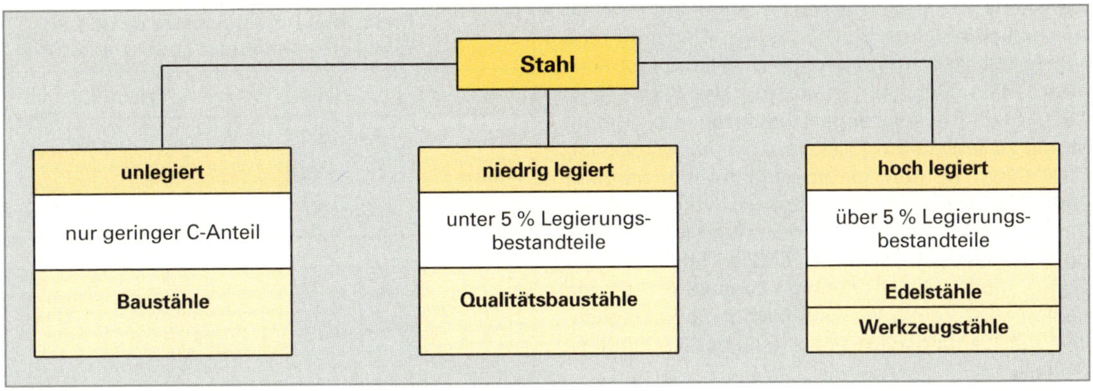

Bild: Einteilung der Stähle

Allgemeine Baustähle erkennt man am Kurzzeichen St und einer Festigkeits-Kennzahl. Durch Multiplikation der Festigkeitskennzahl mit 9,81 erhält man die Mindestzugfestigkeit in N/mm². Eine angehängte Zahl gibt die Gütegruppe (2 oder 3) an. Die Baustähle sind nicht für Wärmebehandlung geeignet.

Beispiel: **St 42-2:** Allgemeiner Baustahl mit 42 · 9,81 N/mm² = 410 N/mm² Mindestzugfestigkeit; Gütegruppe 2.
Verwendung: Gehäuse, Behälter, Gestelle, insbesondere für Schweißkonstruktionen.

Als niedrig **legierte Stähle** bezeichnet man Stähle mit weniger als 5 % Legierungsbestandteilen. Ihre Kurzbezeichnung setzt sich aus der Kohlenstoff-Kennzahl, den chemischen Zeichen der wesentlichen Legierungselemente und den Kennzahlen der Legierungselemente zusammen. Den Gehalt der Legierungselemente erhält man, wie bei der Kohlenstoff-Kennzahl, durch Dividieren der Kennzahl durch einen Faktor, den so genannten Multiplikator. Nickel, Chrom und Wolfram z.B. haben den Multiplikator 4.

Beispiel: **60 NiCrMoV 12 4:** Legierter Stahl mit 60/100 = 0,6 % C, 12/4 = 3 % Ni, 4/4 = 1 % Cr und geringem Molybdän- und Vanadiumgehalt.
Verwendung: Kolbenbolzen, Lehren, Feinmessgeräte.

Zu den Werkzeugstählen gehören die **Schnellarbeitsstähle.** Es sind hoch legierte Stähle. Ihre Kurzbezeichnung setzt sich aus dem vorangestellten Großbuchstaben **S** und 3 oder 4 durch Bindestriche getrennte Zahlen zusammen. Die Zahlen geben die Anteile in % (ohne Multiplikator) der Legierungselemente Wolfram, Molybdän, Vanadium, Kobalt (in dieser Reihenfolge) an.

Beispiel: **S 12-1-2-5:** Schnellstahl (SS-Stahl) mit 12 % W, 1 % Mo, 2 % V und 5 % Co.
Anwendung bei Oberflächentemperatur des Werkzeugs bis etwa 600 °C, z.B. Spiralbohrer, Gewindebohrer, Sägeblätter, Fräsen, Räumwerkzeuge.

Eisen-Gusswerkstoffe haben zur Kennzeichnung ein Gusszeichen, bestehend aus 1 bis 3 Buchstaben mit einem Bindestrich und einer Festigkeitskennzahl.

Beispiel: **GG-20**: Gusseisen mit Lamellengrafit (Grauguss) mit 20 · 9,81 N/mm² = 196 N/mm² ≈ 200 N/mm² Zugfestigkeit.
Verwendung: Motorengehäuse, Lagerschilde, Schaltergehäuse.

Wiederholungsfragen

1. **Nach welchen Verfahren wird Stahl hergestellt?**
2. **Aus welchem Roheisen stellt man**
   a) Stahl und
   b) Eisen-Gusswerkstoffe her?
3. **Wie wird Stahl nach seinem Legierungsgehalt eingeteilt?**
4. **Was versteht man unter a) Baustahl und b) Werkzeugstahl?**

28 Leiterwerkstoffe, Widerstandswerkstoffe und Kontaktwerkstoffe

28.1 Leiterwerkstoffe

Die wichtigste Eigenschaft, die elektrische Leiterwerkstoffe besitzen müssen, ist eine große elektrische **Leitfähigkeit** γ[1]. Dazu ist im Werkstoff eine sehr große Anzahl frei beweglicher Ladungsträger erforderlich. Bei der Herstellung der Nichteisen-Metalle und -Legierungen erstarren die Metallatome zu ionisierten Kristallen. Die abgestoßenen Elektronen werden **Leitungselektronen** genannt **(Tabelle 1)**. Diese freien Elektronen werden wegen ihrer großen Anzahl und der regellosen Bewegungsrichtung im Leiter, ähnlich den Teilchen eines Gases, auch „Elektronengas" genannt. Auf die Leitfähigkeit γ eines Werkstoffes hat die Beweglichkeit der Leitungselektronen *b* ebenfalls Einfluss (Tabelle 1).

Vorgänge, welche die Beweglichkeit der Leitungselektronen vermindern, verringern auch die Leitfähigkeit. Beispiele dafür sind die Häufigkeit der Zusammenstöße der Leitungselektronen mit den Metallionen beim Stromfluss und die Temperaturerhöhung des Leiters. Auch Störungen des gleichmäßigen Kristallaufbaus, z. B. regellose Einlagerungen fremder Atome durch Legieren oder Verunreinigen **(Bild)** sowie Kaltumformungen im Herstellungsprozess des Leiters, verringern die Leitfähigkeit. So wird z. B. bei der Drahtherstellung ein kaltgezogener Cu-Draht nachgeglüht, um seine inneren Störungen zu beseitigen und die Leitfähigkeit wieder zu vergrößern.

Die Leitfähigkeit γ eines Leiterwerkstoffes ist von der Anzahl der Leitungselektronen je cm^3 und ihrer Beweglichkeit sowie von seiner Reinheit, vom Herstellungsverfahren und der Leitertemperatur abhängig.

Weitere Forderungen an die Leiterwerkstoffe sind in **Tabelle 2** angegeben. Der Anwendungszweck des Werkstoffes bestimmt die Werkstoffauswahl und die Wichtigkeit einzelner Eigenschaften. Wird z. B. ein Leiterwerkstoff für Kabel eingesetzt, so ist eine große Leitfähigkeit und gute Dehnbarkeit gefordert. Aber für den Einsatz als Freileitungsmaterial ist vor allem eine hohe Zugfestigkeit und hohe Korrosionsfestigkeit wichtig.

Tabelle 1: Anzahl der Leitungselektronen *n*, Elektronenbeweglichkeit *b* und Leitfähigkeit γ wichtiger Leiterwerkstoffe

Werkstoff	*n* je cm^3	*b* in cm^2/Vs	γ in $m/(\Omega \cdot mm^2)$
Silber	$5{,}9 \cdot 10^{22}$	66	60
Kupfer	$8{,}5 \cdot 10^{22}$	43	58
Aluminium	$8{,}3 \cdot 10^{22}$	27	36

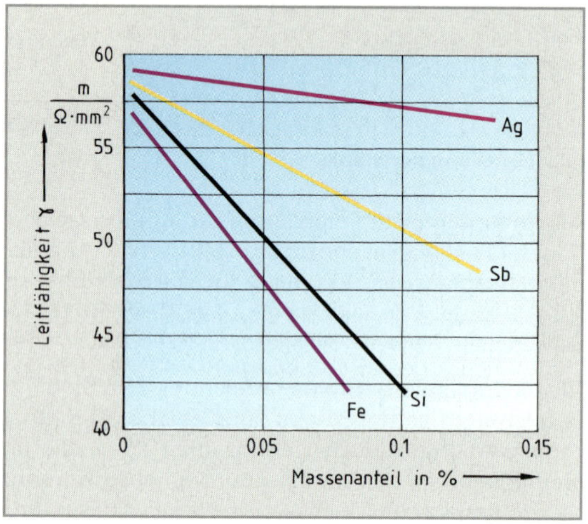

Bild: Einfluss von Verunreinigungen auf die Leitfähigkeit von reinem Kupfer

Tabelle 2: Wichtige Anforderungen an Leiterwerkstoffe

elektrisch	• hohe elektrische Leitfähigkeit γ • kleiner Temperaturkoeffizient α
mechanisch	• hohe Zugfestigkeit • gute Biegbarkeit und Dehnbarkeit • Formbeständigkeit unter Druck
thermisch	• hohe Temperaturbeständigkeit • gute Löt- und Schweißbarkeit
chemisch	• Korrosionsfestigkeit • geringe chemische Reaktionsfähigkeit mit Umgebungsstoffen

[1] γ griech Kleinbuchstabe gamma. Nach DIN 1304 sind anstelle γ auch die Formelzeichen σ oder $\varkappa$ möglich.

Kupfer (Cu)

Ein hoher Reinheitsgrad von etwa 99,98 % wird bei Kupfer durch elektrolytische Herstellungsverfahren erreicht. Dieses Metall wird als **Katodenkupfer** bezeichnet und trägt die genormte Bezeichnung KE-Cu. Durch Umschmelzen entsteht das in der Elektrotechnik vorrangig eingesetzte **Elektrolytkupfer** (E-Cu). Es enthält einen sehr geringen Sauerstoffanteil (0,01 bis 0,05 %). Soll Kupfer geschweißt oder hart gelötet werden, muss sauerstofffreies Kupfer (SE-Cu) verwendet werden.

Eigenschaften. Kupfer ist ein sehr guter elektrischer Leiter. Es besitzt nach Silber die beste elektrische und thermische Leitfähigkeit **(Tabelle)** und wird von trockener Luft nicht angegriffen. In feuchter Luft bildet sich eine undurchlässige Patinaschicht (Kupfercarbonat), die das Kupfer vor weiterer Korrosion schützt. Gegen Schwefeleinwirkung, z.B. bei der Isolierung von flexiblen Leitungen durch Naturgummi, muss Kupfer durch Verzinnen geschützt werden. Kupfer ist weich (es schmiert) und lässt sich deshalb schlecht zerspanen. Kupfer lässt sich aber leicht spanlos verformen, z. B. durch Walzen oder Ziehen (Leiterherstellung). Kaltverformung macht Kupfer spröde. Durch Glühen wird das Metall aber wieder weich. Kupferverbindungen sind giftig. Gegenüber Wasser ist Kupfer beständig.

Anwendung. Elektrolytkupfer (E-Cu) wird in der Elektrotechnik vorrangig als Leiterwerkstoff für elektrische Leitungen, Stromschienen, Wickeldrähte und für Leiterbahnen in gedruckten Schaltungen verwendet. Im Motoren- und Generatorenbau wird E-Cu für Kommutatoren eingesetzt. Es eignet sich ferner als Kontaktwerkstoff und ist Hauptbestandteil der Kupferlegierungen (Seite 520). Als sehr guter Wärmeleiter wird Kupfer auch für Lötkolbenspitzen und als Kühlkörperwerkstoff für Halbleiterbauelemente verwendet.

Aluminium (Al)

Die elektrische Leitfähigkeit γ von Aluminium beträgt etwa 60 % der Leitfähigkeit von Kupfer (Tabelle). Es wird elektrolytisch aus Bauxit, einem rotbraunen Erz mit etwa 55 % bis 65 % Aluminiumoxid (Al_2O_3), hergestellt. Zur Herstellung von 1 t Aluminium werden 4 t Bauxit sowie 15 MWh Elektroenergie benötigt. Der Reinheitsgrad von E-Al beträgt 99,5 % bis 99,99 %.

Eigenschaften. Aluminium ist ein guter elektrischer Leiter mit guter Wärmeleitfähigkeit. Es überzieht sich an der Luft mit einer Oxidschicht, die den Werkstoff vor weiterer Oxidation schützt. In Verbindung mit Schwermetallen, z. B. Kupfer, und Wasser wird Aluminium elektrochemisch zersetzt (Kontaktkorrosion). Alkalische Flüssigkeiten lösen Aluminium auf. Gegenüber Kupfer ist Aluminium leicht, es ist weich, dehnbar und hat eine geringe Festigkeit (Tabelle). Unter Einwirkung von Druck „fließt" das Material, das heißt, es weicht dem Druck aus (Schraubverbindungen von Al-Stromschienen können sich lockern).

Anwendung. Reinaluminium (E-Al) wird z. B. für Stromschienen, Kabeladern und -mäntel sowie für Freileitungen (meist in Kombination mit Stahl) eingesetzt. Auch für Folienwicklungen bei Transformatoren und als Kondensatorfolie ist Aluminium gut geeignet. Man verwendet es ferner für Kühlkörper bei Halbleiterbauelementen. Beim Schweißen und Löten muss mit einem speziellen Flussmittel die Oxidschicht aufgelöst werden. Für direktes Verbinden mit Kupferleitungen ist Aluminium ungeeignet. Als Leiterwerkstoff für Installationsleitungen wird Aluminium nicht mehr verwendet. Durch Legieren von Aluminium (Seite 520) werden weitere Anwendungen in der Elektrotechnik möglich.

Tabelle: Leiterwerkstoffangaben

Werkstoff	Dichte ϱ in kg/dm³	elektrische Leitfähigkeit γ in m/(Ω · mm²)	Wärmeleitfähigkeit λ in W/(m · K)	Schmelzpunkt in °C	Temperaturbeiwert α in 1/K (0 bis 100 °C)	Zugfestigkeit R_m in N/mm²	Bruchdehnung A in %
Kupfer	8,9	> 57	372	1085	0,0039	200 bis 250	20 bis 45
Aluminium	2,7	> 36	209	658	0,0040	65 bis 170	4 bis 40

Kupfer-Legierungen und Aluminium-Legierungen

Die Eigenschaften reiner Metalle lassen sich durch **Legieren** verändern. Unter Legieren versteht man das Auflösen mehrerer Metalle oder von Metallen und Nichtmetallen in einer Schmelze. Härte und Festigkeit werden durch Legieren meist höher, während die Dehnbarkeit abnimmt. Die elektrische Leitfähigkeit wird durch Legieren immer geringer. Legierungen haben meist einen niedrigeren Schmelzpunkt als ihre Grundmetalle. Die Legierungsbezeichnung besteht aus dem chemischen Symbol des Grundmetalls, dem die Legierungselemente, meist mit den Masseanteilen in %, angefügt sind. Die Benennung einer Legierung erfolgt nach dem Metallbestandteil, der mit mehr als 50% enthalten ist. Die Kupferlegierung CuZn 10 z. B. besteht aus 90% Cu und 10% Zink. Kupfer- und Aluminiumlegierungen sind wichtige Leiterwerkstoffe.

Niedrig legierte Kupferwerkstoffe (Tabelle 1). Geringe Zusätze von Beryllium (Be), Cadmium (Cd), Mangan (Mn), Nickel (Ni), Phosphor (P), Silicium (Si) und Tellur (Te) verbessern z.B. die Festigkeit und Zerspanbarkeit. Dabei bleiben die hohe elektrische und thermische Leitfähigkeit sowie die Korrosionsbeständigkeit weitgehend erhalten. Der Anteil der Legierungselemente liegt bei etwa 1 bis 2%.

Tabelle 1: Niedrig legierte Kupferwerkstoffe

Kurzzeichen	Anwendungsbeispiele
CuTe P CuCd 1 CuBe 2 CuNi 2 Si	Freileitungsdrähte, Fahrdrähte, Stecker, Buchsen, Strom führende Federn, Gehäuse für Dioden und Transistoren

Kupfer-Zink-Legierungen (Tabelle 2) mit einem Zinkgehalt von 5 bis 45 % nennt man auch **Messing**. Es hat eine goldgelbe bis gelbrote Farbe. Die elektrische Leitfähigkeit von Messing ist wesentlich schlechter als bei Kupfer. Sie beträgt 10 bis 30 m/(Ω · mm²). Die Zugfestigkeit hat Werte von 300 bis 600 N/mm².

Tabelle 2: Kupfer-Zink-Legierungen

Kurzzeichen	Anwendungsbeispiele
CuZn 5 CuZn 10 G-CuZn 35 (G = Guss)	Fassungen, Klemmen, Ösen, Schrauben, Muttern, Kontaktfedern, Freileitungsarmaturen

Kupfer-Zinn-Legierungen, auch **Bronzen** genannt, enthalten 2 bis 13 % Zinn und geringe Zusätze, z. B. Blei, Zink oder Nickel. Die elektrische Leitfähigkeit beträgt nur noch 25 bis 10 m/(Ω · mm²). Die Festigkeit lässt sich durch Kaltverformen von 300 auf über 1200 N/mm² steigern und so dem jeweiligen Anwendungszweck anpassen. Die Korrosionsbeständigkeit ist sehr gut. Kupfer-Zinn-Legierung wird als Leiterwerkstoff vor allem für Flachstecker und andere Kleinteile verwendet **(Bild)**.

Aluminium-Legierungen. Als Leiterwerkstoff für Freileitungen und Stromschienen ist eine Legierung aus Aluminium, Magnesium und Silicium (E-AlMgSi) bedeutend. Sie wird auch **Aldrey** genannt. Gegenüber Reinaluminium ist seine Zugfestigkeit größer (mindestens 300 N/mm²), aber die elektrische Leitfähigkeit geringer (30 bis 33 m/(Ω · mm²).

Bild: Elektrokleinteile aus CuSn-Legierung

Wiederholungsfragen

1 **Nennen Sie Faktoren, die auf die Leitfähigkeit eines Leiterwerkstoffes Einfluss haben.**

2 **Warum hat Silber eine größere Leitfähigkeit als Kupfer, obwohl Kupfer mehr Leitungselektronen je cm³ besitzt?**

3 **Nennen Sie einige Eigenschaften von E-Cu.**

4 **Welche Nachteile hat Aluminium gegenüber Kupfer?**

5 **Was versteht man unter Legieren?**

6 **Wie verändert sich die elektrische Leitfähigkeit durch Legieren?**

28.2 Widerstandswerkstoffe

Widerstandswerkstoffe werden in der Elektrotechnik für Widerstandsbauelemente und als **Heizleiter** (Heizwiderstände) eingesetzt. Die Einsatzbreite reicht von der Dünnschichttechnik über Einzelbauelemente für integrierte Schaltungen und Messwiderstände bis zu den Hochlastwiderständen. Entsprechend dieser unterschiedlichen Einsatzbereiche der Widerstandswerkstoffe sind auch die Werkstoffanforderungen sehr verschieden **(Tabelle 1)**.

Die notwendige Verringerung der elektrischen Leitfähigkeit wird durch Legieren erreicht. Der spezifische Widerstand ϱ des Werkstoffes kann damit erheblich erhöht werden. Gleichzeitig lassen sich mit manchen Legierungsbestandteilen die thermischen, mechanischen und chemischen Eigenschaften beeinflussen.

Widerstandswerkstoffe haben einen großen spezifischen Widerstand ϱ bei hoher Temperaturbeständigkeit.

Tabelle 1: Wichtige Anforderungen an Widerstandswerkstoffe

elektrisch	• entsprechend hoher spezifischer Widerstand ϱ, • kleiner Temperaturkoeffizient α, • hohe Stromdichte J, • kleine Thermospannung gegenüber Kupfer (bei Messwiderständen),
mechanisch	• gute Bearbeitbarkeit, • gute Ziehbarkeit, • Beständigkeit der Werkstoffeigenschaften bei Kaltverformung
thermisch	• geringe Längenänderung bei Temperaturerhöhung, • hohe Dauertemperaturbelastbarkeit, • gute Lötbarkeit, • hoher Schmelzpunkt
chemisch	• hohe Korrosionsbeständigkeit, • geringe Zunderneigung bei höheren Temperaturen.

Kupfer- und Nickellegierungen gehören zu den wichtigsten Widerstandswerkstoffen **(Tabelle 2)**. Für Heizleiter ist auch Eisen ein Ausgangsstoff zum Legieren. Neben Drähten zur Herstellung von Widerstandsbauelementen und Heizleitern werden für Schichtwiderstände auch Metall-Legierungen, z. B. PtAg, NiCr, sowie Gemenge bestimmter Metalloxide, z. B. Zinnoxid und Kohle, eingesetzt. Für Massewiderstände verwendet man z. B. Gemenge aus Kohlenstoffteilchen und isolierenden Bindemitteln.

Tabelle 2: Widerstands- und Heizleiterlegierungen (Auswahl)

Kurzzeichen	Zusammensetzung in %	spezifischer Widerstand ϱ in $\Omega \cdot mm^2/m$ bei 20 °C	zulässige Höchsttemperatur an Luft in °C	Anwendungsbeispiele
CuNi2 CuNi6	2 % Ni, Rest Cu 6 % Ni, Rest Cu	0,05 0,10	300 300	Widerstände für kleine Ohmwerte, Heizleiter
CuMn12Ni	12 % Mn, 2 % Ni, Rest Cu	0,43	140	Mess- und Präzisionswiderstände
CuNi44 (Konstantan)	44 % Ni, 1 % Mn, Rest Cu	0,49	600	Widerstände, Potentiometer, Heizleiter
NiCr8020	20 % Cr, Rest Ni	1,08	600 1200	Widerstände für große Ohmwerte, Heizleiter

Wiederholungsfragen

1 **Welche Werkstoffeigenschaften werden von Widerstandswerkstoffen gefordert?**

2 **Warum muss die Thermospannung der Werkstoffe für Messwiderstände gegenüber Kupfer klein sein?**

3 **Warum werden für Widerstandswerkstoffe Legierungen verwendet?**

4 **Nennen Sie Anwendungen von Heizleitern.**

28.3 Kontaktwerkstoffe

Schaltkontakte, ebenso Gleit- oder Schleifkontakte, sind unterschiedlichen Beanspruchungen ausgesetzt. Ströme von wenigen mA bis etwa 60 kA müssen in sehr kurzer Zeit, z. B. in 10 ms unterbrochen werden. An den geschlossenen Kontakten soll die Verlustleistung gering sein, sodass spezielle Leiterwerkstoffe als Kontaktwerkstoffe zur Anwendung kommen. Die wichtigsten Anforderungen an Kontaktwerkstoffe sind in der **Tabelle** angegeben. Die Anforderungen an die Kontakte werden nicht nur durch den Einsatz verschiedener Kontaktwerkstoffe gelöst, sondern auch durch unterschiedliche Kontaktformen **(Bild 1)**. Die Kontaktwerkstoffe sind auf Trägerwerkstoffen, z. B. SE-Cu, CuSn6, als Kontaktnieten verarbeitet oder mit den Trägerwerkstoffen verschweißt oder aufplattiert.

Wenn Strom führende Schaltkontakte geöffnet, bzw. geschlossen werden, kann dabei ein Teil des Kontaktwerkstoffes schmelzen und verdampfen. Es bildet sich ein **Schaltfunke** oder **Schaltlichtbogen** mit Temperaturen bis 6000 °C. Dabei bildet sich **Kontaktabbrand (Bild 2)**. Beim Schließen dürfen die Kontaktstücke nicht verschweißen, da sich sonst der Schalter nicht wieder öffnen lässt. Die Veränderungen der Kontaktoberflächen begrenzen die Lebensdauer der Kontakte und vergrößern den Kontaktwiderstand und damit die Verluste an den Kontakten.

Eine große elektrische Leitfähigkeit und gleichzeitig eine gute Abbrandfestigkeit lassen sich durch einen Werkstoff allein nicht erfüllen. So hat z. B. Silber zwar eine sehr gute Leitfähigkeit $\gamma \geq 60\,\text{m}/(\Omega \cdot \text{mm}^2)$, aber einen niedrigen Schmelzpunkt (960 °C). Wolfram dagegen hat eine niedrige Leitfähigkeit $\gamma = 18\,\text{m}/(\Omega \cdot \text{mm}^2)$, aber einen hohen Schmelzpunkt (3410 °C). Durch Verbundwerkstoffe (Seite 523) werden hohe Leitfähigkeit bei hohem Schmelzpunkt teils erreicht.

Auch findet man bei Geräten für größere Ausschaltleistung Kontaktausführungen, die diese beiden Werkstoffeigenschaften (große elektrische Leitfähigkeit und gute Abbrandfestigkeit) auf getrennt angeordnete Kontaktwerkstoffe aufteilen **(Bild 3)**. Der **Hauptkontakt** (Hk) ist aus einem Werkstoff mit guter Leitfähigkeit und der **Abbrandkontakt** (Ak) aus einem Werkstoff mit hoher Abbrandfestigkeit gefertigt. Beim Ausschalten öffnet zuerst, ohne den Stromkreis zu unterbrechen, der Hauptkontakt und danach der Abbrandkontakt, an dem der Lichtbogen entsteht. Beim Einschalten schließt zuerst der Abbrandkontakt und dann der Hauptkontakt.

Tabelle: Wichtige Anforderungen an Kontaktwerkstoffe
• hohe elektrische Leitfähigkeit γ
• hohe Wärmeleitfähigkeit
• hoher Schmelzpunkt, hoher Siedepunkt
• geringe Materialwanderung
• geringer Materialverlust durch Lichtbogenabbrand
• geringe Neigung zum Verschweißen
• ausreichende mechanische Festigkeit und Härte
• beständig gegen chemische Einflüsse

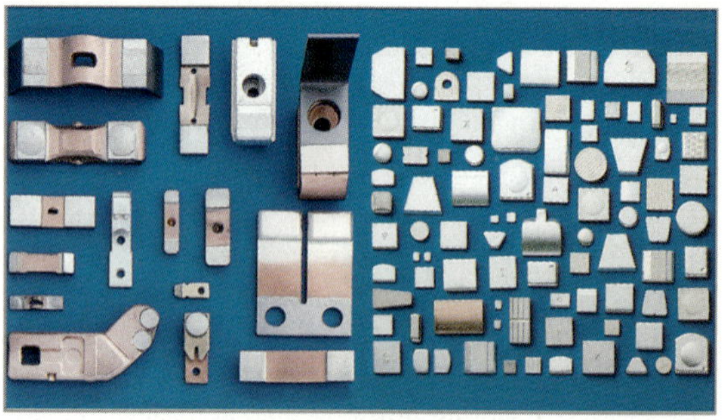

Bild 1: Kontaktformen (Beispiele)

Bild 2: Kontaktoberfläche mit Abbrandspuren

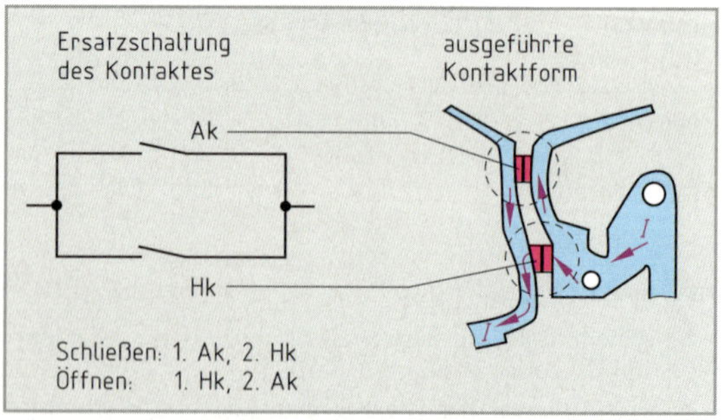

Bild 3: Kontaktausführung eines Niederspannungs-Leistungsschalters 100 A (Beispiel)

Schaltkontakte können entsprechend ihrer Beanspruchungen in Gruppen eingeteilt werden. Die **Tabelle** zeigt, welche Werkstoffe hauptsächlich zum Einsatz kommen (spezielle Kennwerte siehe Tabellenbuch Elektrotechnik).

Reines Silber (Ag) ist oxidationsbeständig, neigt jedoch zur Sulfidbildung. Dieses Anlaufen durch Schwefel wird meist durch galvanische Überzüge, z. B. Gold (Au), verhindert. Ag wird zum Versilbern von Kontakten der HF-Technik eingesetzt. Wegen des Skineffekts (Seite 103) wird die hohe elektrische Leitfähigkeit ausgenutzt. Überwiegend wird Silber jedoch als Grundwerkstoff für Legierungen, z. B. Feinkornsilber (AgNi 10), und für Verbundwerkstoffe, z. B. Silber-Zinnoxid ($AgSnO_2$ 90), verwendet.

Reines Gold (Au) setzt man dort ein, wo ein kleiner und konstanter Kontaktwiderstand gefordert wird. Beispiele: vergoldete Steckverbindungen der HF-Technik, Kontaktierungen bei IC-Anschlüssen und Überzüge auf Kontaktnieten für Relais. Gold als Grundwerkstoff für Legierungen und Verbundwerkstoffe wird in der Nachrichtentechnik verwendet.

Reines Kupfer wird selten als Kontaktwerkstoff eingesetzt, weil es leicht oxidiert. Es ist jedoch der häufigste Legierungswerkstoff für Kontaktwerkstoffe.

Legierungen als Kontaktwerkstoffe werden eingesetzt, um eine größere mechanische Festigkeit sowie Härte und Verschleißfestigkeit zu erhalten. Die Fähigkeit zum Verschweißen und zur Materialwanderung wird verringert, die Abbrandfestigkeit gesteigert. Nachteilig ist die herabgesetzte Leitfähigkeit. Bedeutende Kontaktlegierungen sind Kupfer-, Silber-, Gold-, Platin(Pt)-, und Palladium(Pd)-Legierungen.

Tabelle: Kontaktwerkstoffe (Beispiele)

Einsatzbereiche Anwendungsbeispiele	Kontaktwerkstoffe
fast leistungslos schaltende Kontakte – Mikroschalter	Ag, Au, Pt, Rh, AgCd, AgNi, AgPd, PtIr
Kontakte für geringe Schaltleistungen – Hilfsstromschalter, – Geräteschalter, – Programmschalter, – Regler	CuAg, CuAgCd, AgCd, AgPd, $AgSnO_2$, Pd, PdCu, Pt, PtIr
Kontakte für mittlere Schaltleistungen – Schütze, – Schutzschalter, – Niederspanungs-Leistungsschalter	AgC, AgCd, AgNi, $AgSnO_2$, AgZn, CuAg, CuAgCd, PdCu, PtIr
Kontakte mit höchster Abbrandfestigkeit – Niederspannungs- – Hochspannungs-Leistungsschalter	CuCr, WAg, WCu
Schleif- und Gleitkontakte – Schleifbürsten für elektrische Maschinen, – Stromabnehmer für Elektrobahnen	C, AgC, Cu,

Verbundwerkstoffe für Kontakte werden durch Sintern oder im Tränkverfahren hergestellt. Sie vereinigen die Eigenschaften mehrerer Einzelstoffe z.B. Metalle, Metallverbindungen oder Grafit in einem neuen Werkstoff. Insbesondere Werkstoffe mit hoher Leitfähigkeit, hoher Härte, geringer Verschweißneigung und hoher Abbrandfestigkeit werden miteinander verbunden. So kann ein Kontaktwerkstoff hergestellt werden, der mehrere Anforderungen gleichzeitig erfüllt. Bevorzugter Grundwerkstoff ist poröses Wolfram wegen seiner hohen Abbrandfestigkeit. Durch Tränken mit Silber oder Kupfer wird die elektrische Leitfähigkeit und die Wärmeleitfähigkeit zusätzlich erhöht.

Kohle hat eine geringere Leitfähigkeit als Metalle, ist aber so beständig wie Edelmetalle. Ferner tritt keine Materialwanderung und kein Abbrand beim Schalten kleiner Gleichströme auf. Für Schleifkontakte wird die **Selbstschmierung** der Kohle ausgenutzt. Kohle schmilzt nicht, sondern geht bei 3847 °C direkt vom festen in den gasförmigen Zustand über. Man unterscheidet Hart-, Grafit-, Elektrografit- und metallhaltige Kohle.

Wiederholungsfragen

1 Nennen Sie Anforderungen an Kontaktwerkstoffe.

2 Welche vorrangige Eigenschaft hat a) ein Abbrandkontakt und b) ein Hauptkontakt eines Leistungsschalters?

3 Warum werden überwiegend Legierungen und Verbundwerkstoffe für Kontakte in Schaltgeräten eingesetzt?

29 Magnetwerkstoffe

Magnetwerkstoffe teilt man in magnetisch harte und magnetisch weiche Werkstoffe ein.

Magnetisch harte Werkstoffe müssen mit hohem Energieaufwand magnetisiert werden und behalten dann ihre magnetischen Eigenschaften. Magnetisch weiche Werkstoffe sind mit geringem Energieaufwand magnetisierbar und leicht ummagnetisierbar. Sie weisen geringe **Hysteresisverluste** (Ummagnetisierungsverluste) auf.

29.1 Magnetisch harte Werkstoffe

Dauermagnete werden aus magnetisch harten Werkstoffen hergestellt. Sie haben eine breite Hysteresisschleife (Seite 83) mit hoher Koerzitivfeldstärke H_c etwa 10 bis 10 000 A/cm.

Um den Magnetismus technisch nutzen zu können, ist ein Luftspalt nötig. Die nutzbare Magnetflussdichte ist kleiner als die Remanenzflussdichte B_r. Starke Dauermagnete mit kleinen Abmessungen erhält man, wenn das Produkt von Flußdichte B und Feldstärke H ein Maximum bildet. Dieses maximale Energieprodukt $(B \cdot H)_{max}$ mit der Einheit J/m³ ist eine Gütekennzeichnung der Dauermagnetwerkstoffe und entspricht der größten rechteckigen Fläche unter der Entmagnetisierungskurve **(Bild 1)**. Der vom Hersteller angegebene Arbeitspunkt A bestimmt die Flussdichte B_D des Dauermagneten mit Luftspalt und die zugehörige Feldstärke H_D.

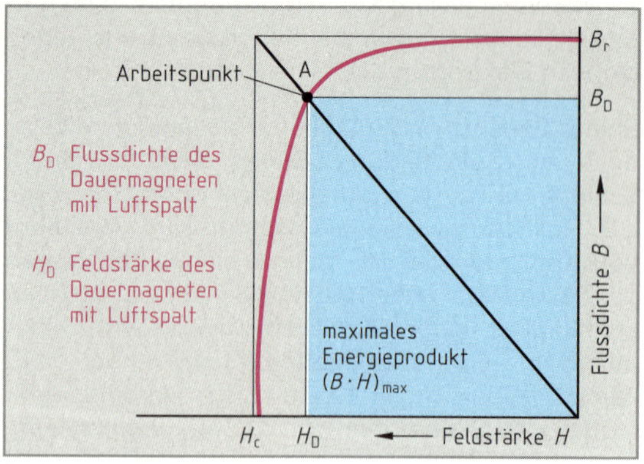

Bild 1: Zusammenhang zwischen Arbeitspunkt und Energieprodukt von Dauermagnetwerkstoffen

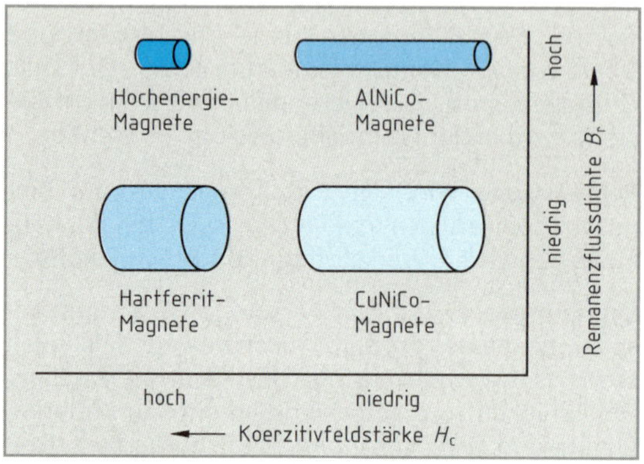

Bild 2: Größenvergleich unterschiedlicher Magnetwerkstoffe bei gleicher Wirkung

Hartferrit-Magnete sind die am häufigsten verwendeten Dauermagnete. Bariumferrit und Strontiumferrit sind Sinterwerkstoffe der Metalloxide BaO_2 und SrO_2 in Verbindung mit Eisenoxid (Fe_2O_3). Hartferrite entsprechen in der Härte und Sprödigkeit einem keramischen Werkstoff. Sie können nur mit Diamantwerkzeugen bearbeitet werden.

AlNiCo-Magnete sind Legierungsmagnete aus Aluminium, Nickel, Cobalt sowie Eisen, Kupfer und Titan (weitere Legierungswerkstoffe für Dauermagnete siehe Tabellenbuch Elektrotechnik).

Hochenergie-Magnete. Die Seltenen Erden Samarium (Sm) und Neodym (Nd) bilden die Grundstoffe zur Herstellung von Magnetwerkstoffen mit höchstem Energieprodukt. Pulvermetallurgisch werden Samarium-Cobalt-Magnete und als Legierung Neodym-Eisen-Bor-Magnete hergestellt. Die hohen Energieprodukte von über 280 kJ/m³ ermöglichen eine wesentliche Verkleinerung der Magnete oder wesentlich stärkere Magnete, bei gleicher Größe gegenüber anderen Dauermagnetwerkstoffen **(Bild 2)**.

Kunststoffgebundene Magnete. Die Magnetwerkstoffe werden pulverisiert und mit Duro- oder Thermoplasten vermischt. Durch Pressen oder Spritzgießen werden Magnete hergestellt. Kunststoffgebundene, flexible Magnetplatten und Magnetbänder durchlaufen bei der Fertigung ein gleichbleibendes Magnetfeld, um so die Magnetteilchen in eine Vorzugsrichtung zu bringen.

Verwendung: Magnetisch harte Werkstoffe werden z. B. für Erregermagnete von Gleichstrommotoren und Fahrraddynamos, Messwerke, Sensoren, Lautsprecher, Mikrofone, Hörgeräte, zur Bildkorrektur bei Fernsehbildröhren sowie für magnetische Kupplungen und Spannplatten im Maschinenbau verwendet.

29.2 Magnetisch weiche Werkstoffe

Spulenkerne, die den Magnetismus einer stromdurchflossenen Spule verstärken und nach Abschalten des Stromes unmagnetisch sein sollen, werden aus magnetisch weichen Werkstoffen hergestellt. Auch Spulenkerne, die ständig ummagnetisiert werden, z. B. beim Einsatz in Wechselstrommaschinen, werden aus magnetisch weichen Werkstoffen hergestellt, um die Eisenverluste gering zu halten. Magnetisch weiche Werkstoffe besitzen eine schmale Hysteresisschleife (Seite 83) mit geringer Koerzitivfeldstärke $H_c \approx 0{,}001$ bis 10 A/cm.

Eisenverluste setzen sich aus den Hysteresisverlusten und den Wirbelstromverlusten zusammen.

Elektrobleche bestehen meist aus Baustahl, dem zur Erhöhung des spezifischen Widerstandes und somit zur Verringerung der Wirbelströme bis etwa 4 % Silicium zulegiert wurde. Ein höherer Si-Gehalt macht den Werkstoff spröde. Die Bleche sind mit einer Isolationsschicht, z. B. Glasfilm und Phosphatschicht, überzogen. Die Schichtdicke beträgt etwa 1 bis 10 µm. Den Wirkungsgrad von Wechselstrommaschinen kann man so durch die Werkstoffwahl beeinflussen. Die Ummagnetisierungsverluste hängen wesentlich vom Herstellungsverfahren der Bleche ab.

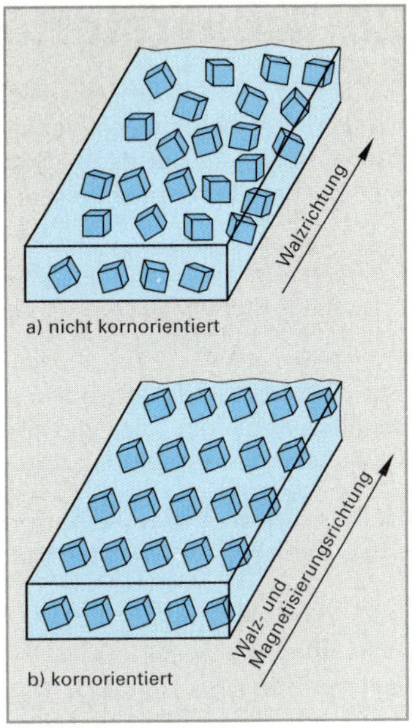

Bild: Gefügebausteine im Elektroblech

Nichtkornorientierte Elektrobleche (Bild a) werden vorrangig auf eine Dicke von 0,35 bis 0,65 mm warm oder kalt gewalzt. Die Ummagnetisierungsverluste betragen bei diesen Blechsorten 2,35 bis 13 W/kg bei 1,5 T und 50 Hz. Diese Bleche werden in elektrische Maschinen, Schweißtransformatoren, Vorschaltgeräte und Magnetantriebe, z. B. in Schütze, eingesetzt.

Kornorientierte Elektrobleche (Bild b) werden durch eine Glüh- und Kaltwalzbehandlung hergestellt. Dabei werden die Kristalle so angeordnet, dass ihre Kanten in gleicher Richtung verlaufen (kornorientiert). Dadurch erhält das Blech eine **magnetische Vorzugsrichtung.** In dieser Richtung, die der Walzrichtung entspricht, lassen sich kornorientierte Elektrobleche besonders leicht magnetisieren. Für eine vorgegebene magnetische Flussdichte benötigt man einen kleineren Magnetisierungsstrom als bei nicht kornorientierten Blechen. Kornorientierte Bleche werden in Dicken von 0,2 bis 0,35 mm gefertigt. Die Ummagnetisierungsverluste betragen dann nur 0,6 bis 1,2 W/kg. Kornorientierte Bleche werden vorrangig für Leistungstransformatoren und für Strom- und Spannungswandler eingesetzt.

Eisen-Nickel-Legierungen mit 45 bis 83 % Nickel lassen sich durch verschiedene Walz- und Glühverfahren vielen magnetischen Anforderungen anpassen und in der Schutz-, Schalt- und Steuertechnik sowie in der Leistungselektronik (Impulsbetrieb) einsetzen.

Für **Massivkerne** werden magnetisch weiche Legierungen (FeNi, FeCo, FeSi) und Reinsteisen pulverisiert, gepresst und dann gesintert. Breite Anwendung finden diese Kerne in Relais. Magnetisch weiche Gussteile werden aus FeAl-, FeSi-, FeCo-, FeCrAl- und FeAlSi-Legierungen gefertigt, z. B. für Steuermagnete bei Magnetventilen und Schaltmagnete. Magnetisch weiche Verbundwerkstoffe werden aus Eisenpulverteilchen, eingebettet in Isolations- und Bindemittel, hergestellt. Sie werden als Massivkerne bei höheren Frequenzen eingesetzt. **Ferrite** aus oxidischen und magnetisch weichen Werkstoffen werden für Leistungsübertrager ab 10 kHz und in der Nachrichten-, Mikrowellen- und Informationstechnik eingesetzt.

Wiederholungsfragen

1. **Welche Eigenschaften haben a) magnetisch harte und b) magnetisch weiche Werkstoffe?**
2. **Welcher Kennwert eines Dauermagnetwerkstoffes bestimmt seine Unempfindlichkeit gegen magnetische Störfelder?**
3. **Welchen Einfluss hat der Legierungsanteil Silicium bei Elektroblechen?**
4. **Wie wird der Wirkungsgrad von Transformatoren beeinflusst, wenn kornorientierte Bleche für den Magnetkern eingesetzt werden? Begründen Sie Ihre Antwort.**

30 Isolierstoffe

Isolierstoffe sind elektrisch schlecht leitende Stoffe. Sie verhindern das unkontrollierte Fließen eines elektrischen Stromes, z. B. bei der Isolierung einer elektrischen Leitung. Isolierstoffe vermeiden, dass sich die Leiter metallisch berühren (Betriebsisolierung) oder dass bei Berührung des Kabelmantels ein Strom fließen kann (Schutzisolierung).

Isolierstoffe unterteilt man in anorganische und organische Stoffe. Sie sind meist fest, können aber auch flüssig oder gasförmig sein.

Die Verwendbarkeit von Isolierstoffen ist von ihren elektrischen, thermischen und mechanischen Eigenschaften abhängig. Die Auswahl hängt ferner von der Beständigkeit gegen Umwelteinflüsse, den Möglichkeiten der Formgebung und der Verarbeitung ab.

Isolierstoffe der Elektrotechnik werden in Isolierstoffklassen eingeteilt (Seite 328). Sie sind für eine unterschiedliche Wärmebeanspruchung, z. B. 90 °C bei Papier, 180 °C bei Glimmer nach DIN VDE 0530 geeignet.

30.1 Elektrische Beanspruchung von Isolierstoffen

Zu den elektrischen Eigenschaften zählen der spezifische Durchgangswiderstand ϱ_D, der Oberflächenwiderstand R_O, die Lichtbogenfestigkeit, die Kriechwegbildung und die Durchschlagfestigkeit. Bei den dielektrischen Eigenschaften unterscheidet man die Permittivitätszahl (früher Dielektrizitätszahl) ε_r und den dielektrischen Verlustfaktor tan δ.

Der **spezifische Durchgangswiderstand** ϱ_D **(Tabelle)** ist der Widerstand eines Würfels mit der Seitenlänge 1 cm. Seine Einheit ist $\Omega \cdot$ cm.

Tabelle: Spezifischer Durchgangswiderstand ϱ_D in $\Omega \cdot$ cm

Holz	10^9	Glas	10^{14}
Porzellan	10^{11}	Glimmer	10^{17}
Polyamid	10^{12}	PVC	10^{16}
Phenolharz	10^{12}	Polystyrol	10^{16}
Epoxidharz	10^{16}	Polyethylen	10^{15}
Polyesterharz	10^{11}	Polytetrafluorethylen	10^{18}
Siliconharz	10^{15}		

Zum Messen werden zwei Elektroden an eine Isolierstoffprobe gelegt **(Bild 1)**. Eine ringförmige Schutzelektrode gewährleistet, dass nur der Durchgangswiderstand gemessen wird. Der spezifische Durchgangswiderstand verringert sich bei den meisten Stoffen mit zunehmender Temperatur.

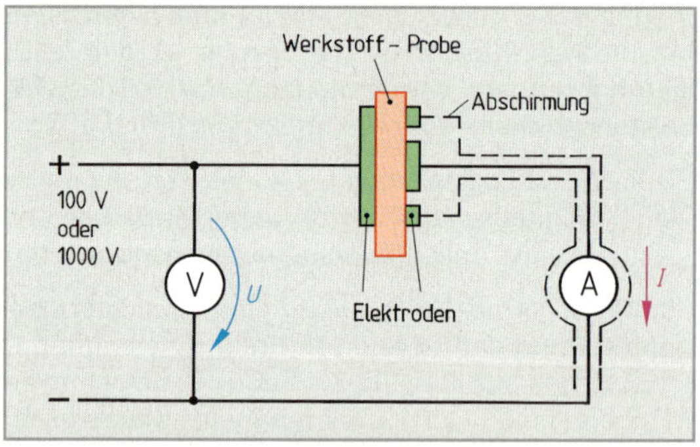

Bild 1: Messen des spezifischen Durchgangswiderstandes

Der **Oberflächenwiderstand** R_O gibt Aufschluss über den Isolationszustand an der Oberfläche eines Isolierstoffs. Er wird in Ω gemessen. Zur Verbesserung des Oberflächenwiderstandes wird z. B. bei gedruckten Schaltungen ein Isolierlack aufgetragen. Dadurch wird eine Veränderung des Oberflächenwiderstandes durch Feuchtigkeit, Staubablagerungen oder andere Verunreinigungen verhindert. Der Oberflächenwiderstand beträgt bei Phenolharz etwa $10^9\ \Omega$ und bei Gummi etwa $10^{11}\ \Omega$.

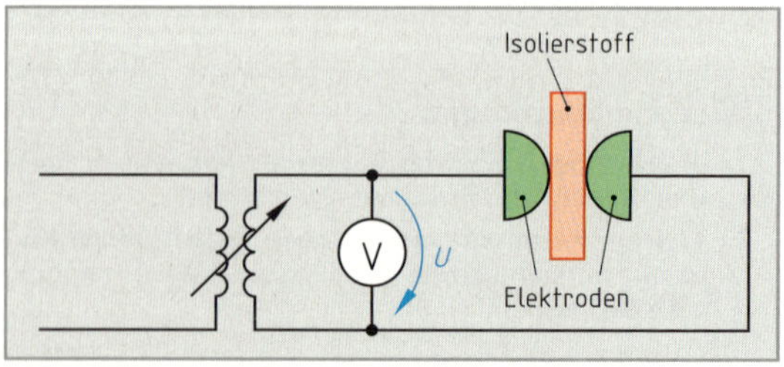

Bild 2: Messen der Durchschlagfestigkeit

Bei der Prüfung auf **Lichtbogenfestigkeit** erzeugen zwei aufgesetzte Elektroden auf einen Probekörper, z. B. bei 220 V Gleichspannung, einen Lichtbogen. Dadurch prüft man, in welchem Maße der Isolierstoff lichtbogenfest ist oder ob er sich unter dem Einfluss des Lichtbogens wesentlich verändert.

Unter **Durchschlagfestigkeit** E_D versteht man die elektrische Feldstärke, bei der ein Durchschlag zwischen zwei Elektroden erfolgt. Zum Messen der Durchschlagfestigkeit **(Bild 2, Seite 526)** werden Elektroden auf die beiden Seiten eines Isolierstoffs aufgesetzt und an Spannung gelegt. Die Spannung wird dabei langsam auf den Prüfwert erhöht und dann eine Minute lang gehalten.

Die Durchschlagfestigkeit hängt vom Werkstoff und von der Dicke des Isolierstoffes ab. Meist gelten die Werte für eine Schichtdicke von 1 mm **(Tabelle 1)**. Außerdem hängt die Durchschlagfestigkeit noch von der Temperatur, dem zeitlichen Verlauf der Spannungssteigerung, den Elektroden und dem umgebenden Stoff ab.

Durch Verunreinigungen fließen auf der Oberfläche eines Isolierstoffes **Kriechströme**. Dabei kann der Isolierstoff verkohlen oder darin rillenartige **Kriechspuren** entstehen. Die ununterbrochene Kriechspur zwischen Spannung führenden Teilen nennt man **Kriechweg**. Unter **Kriechstromfestigkeit** versteht man die Widerstandsfähigkeit des Isolierstoffes gegen das Entstehen von Kriechspuren durch Ströme auf der Oberfläche der Werkstücke.

Zur Prüfung auf **Kriechwegbildung (Bild)** wird zwischen zwei auf das Prüfstück aufgesetzten Elektroden eine elektrisch leitende Flüssigkeit, z.B. eine 0,1%ige Ammoniumchlorid-Lösung, aufgetropft. Bei einer Wechselspannung von 100 V bis 600 V und maximal 50 Auftropfungen wird der Strom gemessen. Fließen mindestens 0,5 A länger als 2 Sekunden, so ist ein Ausfall, d. h. eine Zerstörung der Isolierstoffoberfläche vorhanden.

In der Praxis ist die Kriechwegbildung, z. B. bei gedruckten Schaltungen, bei Hochspannungsisolatoren und in Schaltgeräten von Bedeutung.

Tabelle 1: Durchschlagfestigkeit E_D in kV/mm

Luft	2,1	Glas	10 ... 40
Phenolharz	20	Glimmer	30 ... 70
Porzellan	35	Polyvinylchlorid	20 ... 50
Polyamid	50 ... 60	Polyethylen	70 ... 100
Epoxidharz	35	Polytetrafluorethylen	20 ... 40
Polyesterharz	10 ... 15		
Siliconharz	20 ... 70		

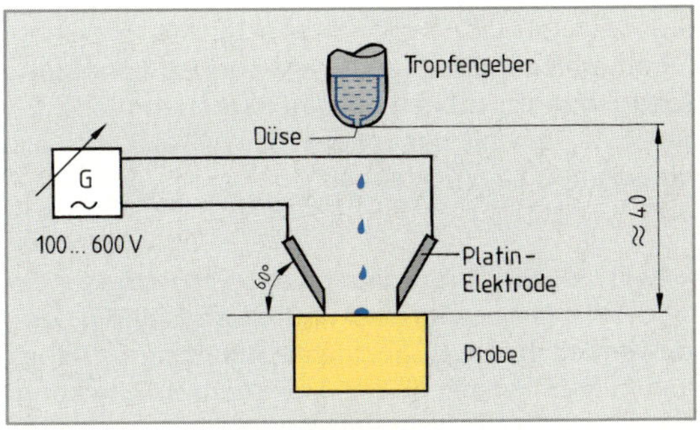

Bild: Prüfen auf Kriechwegbildung

Tabelle 2: Permittivitätszahl ε_r und Verlustfaktor tan δ

Isolierstoff	ε_r	tan δ 50 Hz	tan δ 1 MHz
Luft	1	–	–
Glimmer	6 ... 8	0,002	0,0002
Phenolharz	5	0,3	0,03
Polyethylen	2,3	0,0004	
Polyvinylchlorid	3,4 ... 4	0,02	0,015
Polytetrafluorethylen	2	0,0005	

Permittivitätszahl

Die Permittivitätszahl (früher Dielektrizitätszahl) ε_r gibt an, um wievielmal die Kapazität eines Kondensators größer wird, wenn man anstelle von Luft einen anderen Isolierstoff als Dielektrikum verwendet.

Bei Isolierstoffen ist eine möglichst kleine, bei Kondensatoren eine möglichst große Permittivitätszahl erwünscht **(Tabelle 2)**. Die Permittivitätszahl mancher Stoffe ist frequenzabhängig, z. B. bei Polyvinylchlorid.

Dielektrischer Verlustfaktor

Der dielektrische Verlustfaktor tan δ ist ein Maß für die dielektrischen Verluste.

Je größer der Wert von tan δ ist, umso größer ist der Energieverlust, wobei die Energie einem elektrischen Wechselfeld entzogen und in Wärme umgewandelt wird.

Bauelemente, z. B. Kondensatoren, sollen einen möglichst kleinen dielektrischen Verlustfaktor haben, um die Wärmeverluste gering zu halten (Tabelle 2). Auch Isolierstoffe, z. B. für Hochspannungs- und Hochfrequenz-Kabel, erfordern einen kleinen Verlustfaktor.

30.2 Anorganische Isolierstoffe

Die anorganischen Isolierstoffe bestehen aus Mineralien der Erdkruste und sind kristallin[1] aufgebaut. In der Elektrotechnik sind vor allem Silikatminerale, z. B. Glimmer, wichtig. Häufig werden Naturstoffe als Beimengung zur Herstellung von anderen Stoffen, z. B. von Keramik, Glas oder Porzellan, verwendet.

Glimmer ist ein durchsichtiges, in dünne Blättchen spaltbares, elastisch-biegsames Gestein. Es ist hitzebeständig und hat sehr gute Eigenschaften als elektrischer Isolator. Gespalten verwendet man Glimmer als Dielektrikum in Kondensatoren und zur Isolation, z. B. in Stromwendern von Elektromotoren, sowie zur Montage von Transistoren auf Kühlkörper.

Glimmererzeugnisse unter Verwendung von Spaltglimmer werden als **Mikanit** bezeichnet. Dabei werden Spaltglimmerplättchen mit einem Bindemittel, z. B. einem Harz, unter hohem Druck zu Platten gepresst. In der Elektrotechnik verwendet man Mikanit, z. B. als Träger für Heizwendel oder im Elektromaschinenbau, zur Isolation bei Wicklungen.

Asbest ist ein Silikatmineral mit Faserstruktur. In faserigem Zustand ist Asbest weich und biegsam. Astbest ist ferner säurefest und hitzebeständig, wird aber durch längeres Erhitzen brüchig. Als Ersatzstoffe verwendet man z. B. hochfeste Acrylfasern. Asbest ist leicht brüchig und fasert. Asbestfasern sind gesundheitsschädlich, da sie in die menschliche Lunge eindringen, aber nicht mehr mit ausgeatmet werden. Asbest wird nicht mehr verwendet.

Bei Asbest ist das Einatmen des gesundheitsschädlichen Asbeststaubes zu vermeiden.

Keramik-Isolierteile werden wegen ihrer besonders guten elektrischen und thermischen Isoliereigenschaften und wegen der hohen mechanischen Festigkeit, Lebensdauer und Temperaturbeständigkeit in der Elektrotechnik häufig verwendet.

Keramische Werkstoffe sind Sinterprodukte (Seite 536), die aus anorganischen Rohstoffen, z. B. Ton, Kaolin oder Speckstein, geformt werden und durch Sintern ihre Festigkeit erhalten. Werkstoffe aus Oxidkeramik, z. B. Aluminiumoxid (Al_2O_3) erreichen eine außergewöhnlich hohe Festigkeit. Sie ist um ein Vielfaches größer als die von anderen herkömmlichen Werkstoffen, z. B. Stahl. Oxidkeramik ist etwa doppelt so hart wie Hartmetall, hat einen hohen Schmelzpunkt (etwa 2000 °C bis 3000 °C), ist chemisch beständig, temperatur- und thermoschockbeständig und ist ein sehr guter elektrischer Isolator. Ein Trennen des Werkstoffes erfolgt z. B. mit Diamant oder mit Hilfe des Lasers (Seite 542).

Keramik (Kondensatorkeramik) benutzt man als Dielektrikum z. B. für Kondensatoren. Oxidkeramik findet Verwendung z. B. als Chipwiderstand, Trimmer, Thermo-Druckkopf oder als Substrat[2] bei der Herstellung von integrierten Schaltungen **(Bild)**.

Glas ist durchsichtig, farblos, klar, hart und spröde. Seine Isolierfähigkeit ist temperaturabhängig. Glas findet in der Elektrotechnik z. B. bei der Herstellung von Glühlampen, Leuchtstofflampen und Elektronenröhren Verwendung. In der optischen Nachrichtenübertragung werden Glasfasern als Lichtwellenleiter verwendet.

Bild: Keramik-Substrat einer integrierten Schaltung

[1] kristallin (griech.) = aus vielen kleinen Kristallen bestehend
[2] Substrat = Unterlage

30.3 Organische Isolierstoffe

30.3.1 Aufbau und Einteilung der organischen Isolierstoffe

Organische Isolierstoffe sind aus Makromolekülen[1] aufgebaut. Man unterscheidet makromolekulare Naturstoffe, chemisch abgewandelte Naturstoffe und synthetische Stoffe. Synthetische Stoffe sind auch Kunststoffe oder Plaste.

Kunststoffe sind Werkstoffe, die auf synthetischem (künstlichem) Wege hergestellt werden.

30.3.2 Organische Naturstoffe

Als organische Isolierstoffe werden in der Elektrotechnik vor allem die Naturstoffe Papier, Mineralöle, Paraffine und Baumwolle verwendet. Zu den wichtigen chemisch abgewandelten Naturstoffen zählen z. B. vulkanisierter Kautschuk und Cellulose-Erzeugnisse.

30.3.3 Vollsynthetische Stoffe (Kunststoffe)

Die wichtigsten Grundstoffe bei der Herstellung von Kunststoffen sind Erdöl und Erdgas. Durch die Möglichkeit, Makromoleküle entstehen zu lassen, haben Kunststoffe vielfältige Eigenschaften. Sie sind u. a. leicht, wasserbeständig, wenig wärmeleitend, elektrisch isolierend und chemisch beständig.

Durch **Polymerisation, Polykondensation** oder **Polyaddition** kann man Einzelmoleküle zu Makromolekülen verknüpfen und somit Kunststoffe herstellen. Nach ihrem unterschiedlichen Verhalten unterteilt man Kunststoffe in Thermoplaste, Duroplaste und Elastomere.

Thermoplaste (Plastomere)

Thermoplastische Werkstoffe **(Tabelle)** lassen sich beim Erwärmen sehr gut spanlos verformen, spritzgießen und verschweißen. Thermoplaste sind wiederholt plastisch verformbar.

Tabelle: Wichtige Thermoplaste

Werkstoff	Eigenschaften	Verwendung
Polyvinylchlorid (PVC)	Dichte: 1,35 kg/dm³, höchste Gebrauchstemperatur 80 °C, farblos, durchsichtig, klebbar, schweißbar.	Leitungs- und Kabelisolation, Isolierbänder, Installationsrohre, Folien, Steckvorrichtungen.
Polyethylen (PE)	Dichte: 0,92 kg/dm³, höchste Gebrauchstemperatur 110 °C, farblos bis milchig, wachsartig, schweißbar, nicht klebbar,	Isolation für Kabel und Leitungen (vor allem in der HF-Technik), Folien, Formteile, Schrumpfschläuche.
Polyamid (PA)	Dichte: 1,14 kg/dm³, höchste Gebrauchstemperatur 150 °C, hornartig, milchig weiß, gleitfähig, schweißbar, abriebfest.	Dübel, Schutzhelme, Steuernocken, Steckvorrichtungen, Gehäuse für Elektrogeräte, Isolierstoffträgerteile.
Polytetrafluorethylen (PTFE)	Dichte: 2,2 kg/dm³, höchste Gebrauchstemperatur 250 °C, wachsartig, nicht klebbar, sehr gleitfähig, beständig gegen fast alle Chemikalien.	Beschichtung von Haushaltsgeräten, Dichtungen, Isolierschläuche, Leitungsisolation, Spulenkörper, gedruckte Schaltungen.
Polystyrol (PS)	Dichte: 1,1 kg/dm³, höchste Gebrauchstemperatur 90 °C, glasklar, polierfähig, klebbar, hart, spröde, beständig gegen verdünnte Säuren und Laugen	Drucktasten, Zeichenschablonen, Gehäuse für Elektrogeräte, Schaugläser, geschäumtes Polystyrol, z.B. für Dämmstoffe und Verpackungsmittel.
Weitere Thermoplaste siehe Tabellenbuch Elektrotechnik.		

[1] makros (griech.) = groß

Duroplaste (Duromere)

Duroplaste **(Tabelle)** sind Kunststoffe, die nach dem Aushärten spanabhebend, nicht aber spanlos verformt werden können. Erwärmt man Duroplaste, so erweichen sie nicht, sondern verbrennen oder verkohlen. Bei normaler Temperatur, z. B. 20 °C, sind sie hart und spröde. Bei einer Grenztemperatur, die vom Werkstoff abhängt (Tabelle), werden sie zersetzt.

Duroplaste sind in gehärtetem Zustand nicht mehr erweichbar, nicht lösbar und schwer entflammbar.

Die zu den Duroplasten zählenden Harze, z. B. Epoxidharze, verwendet man häufig als Bindemittel. Daraus stellt man **Schichtpressstoffe** her, deren Harzträger z. B. aus Papier, Chemie- oder Glasfasern bestehen kann. Sind die Harzträger endlose Fasern, z. B. Kohlenstofffasern, so entstehen bei richtiger Anordnung der Fasern so genannte Faser-Verbundwerkstoffe oder Hochleistungs-Verbundwerkstoffe. Dadurch erhält man Werkstoffe hoher Festigkeit bei geringer Dichte. Faserverbundwerkstoffe werden z. B. im Flugzeugbau, Schiffsbau und für Schutzhelme, verwendet.

Tabelle: Wichtige Duroplaste

Werkstoff	Eigenschaften	Verwendung
Phenol-Formaldehyd-Harz (PF)	Dichte: 1,25 kg/dm³, höchste Gebrauchstemperatur 130 °C, hart, spröde, gut kriechstromfest, dunkle Farbtöne.	Als Basismaterial für gedruckte Schaltungen (Seite 544), Spulenkörper, Klemmbretter, Schalterteile.
Epoxidharz (EP)	Dichte: 1,2 kg/dm³, höchste Gebrauchstemperatur 150 °C, hart, zäh, vergießbar, gut klebfähig, chemisch beständig.	Als Gießharz bei Elektromotoren, Kabelmuffen und Multilayern (Seite 545), gedruckten Schaltungen, Gehäuse.
Ungesättigte Polyesterharze (UP)	Dichte: 1,2 kg/dm³, höchste Gebrauchstemperatur 150 °C, hart bis weich, zäh, klar, klebbar, gut vergießbar.	Verteiler- und Schaltschränke, als Magnetdatenträger bei Ton- und Videobändern, Disketten, Gießharz, Gehäuse.
Polyurethanharz (PUR)	Dichte: 1,25 kg/dm³, höchste Gebrauchstemperatur 100 °C, hart bis weich, elastisch, schäumbar, gute Haftfähigkeit.	Rundfunk- und Fernsehgehäuse, zur Klebstoffherstellung, für Lacke, zum Ausschäumen, z.B. von Kühlschränken, Gießharz.
Melamin-Formaldehyd-Harz (MF)	Dichte: 1,5 kg/dm³, höchste Gebrauchstemperatur 120 °C, hart, schlagzäh, kriechwegfest, lichtbeständig, zerbrechlich.	Schalter, Steck- und Abzweigdosen, Bügeleisengriffe, für Leime, Lacke und Bindemittel, Teile der Autoelektrik.
Siliconharz (SI)	Dichte: 1,9 kg/dm³, höchste Gebrauchstemperatur 300 °C, hart bis weich bzw. elastisch, sehr geringe Wasseraufnahme, ölbeständig.	Imprägnieren von Wicklungen, von Motoren und Transformatoren, Einbetten von Elektronikteilen, Formmasse.

Harze bringt man mithilfe eines Härters zum Erstarren. Sie sind nur während einer beschränkten Zeit, der so genannten **Topfzeit**, gießbar.

Wird z. B. Epoxidharz mit Glasseide vergossen, so erhält man sehr stabile Platten.

Harze können ätzend wirken. Beim Umgang und beim Verarbeiten von Harzen ist daher der direkte Kontakt, insbesondere jede Berührung mit Schleimhäuten und den Augen, zu vermeiden.

Elastomere (Elaste)

Kunststoffe mit gummiähnlichem (elastischem) Verhalten heißen Elastomere.

Elastomere bestehen aus langen Polymerketten, die durch Vulkanisation vernetzt sind, wie z. B. Naturkautschuk, Styrol-Butadien-Kautschuk, Nitrilkautschuk und Chloroprenpolymerisate. Die Elastomere können aber auch im Polyadditionsverfahren, z. B. als Polyurethanelastomere, hergestellt werden.

Wird **Naturkautschuk** erwärmt und mit Schwefel behandelt, so erhält man **Gummi**. In der Elektrotechnik verwendet man Gummi vor allem zur Isolation flexibler Leitungen. **Styrol-Butadien-Kautschuk** und **Butadien-Kautschuk** sind synthetisch (künstlich) hergestellte Kautschukarten. Beide Arten werden für technische Gummiartikel wie Mantelisolierungen von Leitungen und Kabeln sowie für Steckvorrichtungen verwendet.

Chloropren-Kautschuk hat eine besonders hohe Temperaturbeständigkeit, ist beständig gegen verdünnte Säuren, ist schwer entflammbar und witterungsfest. Deshalb verwendet man Chloropren-Kautschuk in der Elektrotechnik, z. B. als Isolation von Schlauchleitungen für mittlere mechanische Beanspruchungen **(Bild)**.

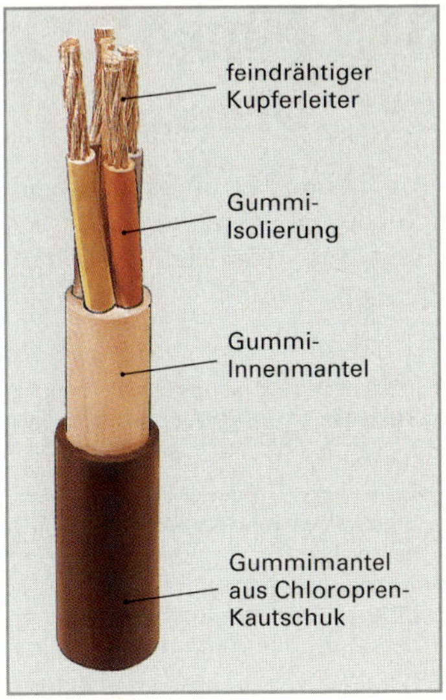

Bild: Schlauchleitung

30.4 Flüssige Isolierstoffe

Flüssige und wachsartige Stoffe werden in der Elektrotechnik zur Isolierung, zum Tränken von Papier und Geweben sowie als Vergussmassen benutzt. Es kommen dafür Erdölerzeugnisse in Frage, wie z. B. Vaseline, Paraffine und Bitumen. Neben diesen Naturprodukten werden auch synthetische Stoffe verarbeitet, z. B. Fluorkohlenwasserstoffe und Silicone.

Isolieröle haben die Aufgabe, die Isolation zu verbessern, schädliche Hohlräume auszufüllen und Verlustwärme abzuführen, z. B. bei Transformatoren. Sie dürfen andere Isolierstoffe, z. B. Papier oder Gewebe, nicht angreifen und sollen saugfähige Isolierstoffe tränken und so vor Feuchtigkeitsaufnahme schützen.

Isolieröle teilt man ein in Kabel-, Transformatoren-, Schaltgeräte- und Kondensatoröle.

Polychlorierte Biphenyle (PCB), z. B. Chlophen, werden aus Benzol und Chlor hergestellt und als Isolierflüssigkeit verwendet. Chlophen ist feuerhemmend. Man verwendet Chlophen als Kühl- und Isoliermittel, in Transformatoren und Kondensatoren. Wird Chlophen auf Temperaturen von 300 °C bis 1000 °C erwärmt, z. B. bei einem Brand, können hochgiftige Stoffe entstehen, z. B. Dioxin. Deshalb ersetzt man heute Chlophen durch Siliconöle. Heute sind polychlorierte Biphenyle verboten. Altanlagen mit PCB müssen bis zum 31.12.1999 saniert werden.

Siliconöle sind klare, geruchs- und farblose Flüssigkeiten. Siliconöl bleibt bis zu einer Temperatur von etwa –50 °C flüssig und neigt nicht zum Verharzen. In der Elektrotechnik verwendet man Siliconöl als Isolieröl in Transformatoren und Schaltgeräten.

Bitumen ist ein teerähnliches Produkt und wird in der Elektrotechnik als Tränk- und Vergussmasse verwendet, z. B. bei Kabelmuffen.

Wiederholungsfragen

1. **Was versteht man unter einem Isolierstoff?**
2. **Nennen Sie drei anorganische Isolierstoffe.**
3. **Wozu verwendet man Glimmer?**
4. **Was versteht man unter Oxidkeramik?**
5. **Nennen Sie drei Eigenschaften von Oxidkeramik.**
6. **Was versteht man unter einem Thermoplast?**
7. **Nennen Sie drei wichtige Thermoplaste.**
8. **Welche besondere Eigenschaft hat Polytetrafluorethylen?**
9. **Was versteht man unter einem Duroplast?**
10. **Welche Vorsichtsmaßnahmen sind bei der Verarbeitung von Harzen zu beachten?**

31 Fügen

31.1 Übersicht

Durch Fügen werden lösbare oder unlösbare Verbindungen hergestellt. Lösbare Verbindungen entstehen z.B. durch Schrauben oder Stecken, unlösbare Verbindungen z.B. durch Nieten, Kleben, Löten oder Schweißen **(Tabelle)**. Unlösbare Verbindungen können nur durch Zerstörung des Verbindungsmittels getrennt werden.

Tabelle: Fügeverfahren (Auswahl)

Beispiele	Darstellung
Schraubverbindungen stellt man mit **Durchsteckschraube** und Mutter her. Die zu verbindenden Teile werden durch Anziehen der Mutter zusammengepresst. Es kann auch ein Innengewinde in ein Teil eingearbeitet sein. Die Teile verbindet dann eine **Einziehschraube.** Schrauben unterscheiden sich durch **Kopfform** und Abmessungen. Nach der Kopfform werden z. B. Sechskant-, Zylinder-, Senk- und Linsensenkschrauben unterschieden. Die wichtigsten Mutterarten sind die Sechskant-, Vierkant-, Hut- und Rändelmutter (weitere Schrauben und Muttern siehe Tabellenbuch Elektrotechnik). Schrauben und Muttern werden aus Metall (Stahl und Nichteisenmetallen) oder aus Kunststoff hergestellt. Die Verwendung von Schrauben, Muttern und Scheiben aus Kunststoff setzt sich in der Elektrotechnik immer mehr durch, weil diese leicht, elektrisch isolierend, beständig gegen viele Chemikalien und korrosionsbeständig sind. Zur Herstellung der Schraubverbindung werden als Werkzeuge Schraubenschlüssel, Drehmomentschlüssel und Schraubendreher verwendet. Schrauben verwendet man in der Elektrotechnik z. B. zum Verbinden von Sammelschienen oder von Gehäuse und Deckel, zum Befestigen von Drehknöpfen und Schaltern, als Befestigung von Leitungen in Klemmleisten sowie zum **Klemmen** von Leitern. Klemmen kann durch eine Schraubverbindung oder schraubenlos erfolgen. Der notwendige Kontaktdruck wird entweder durch die Schraube oder durch Federkraft erreicht.	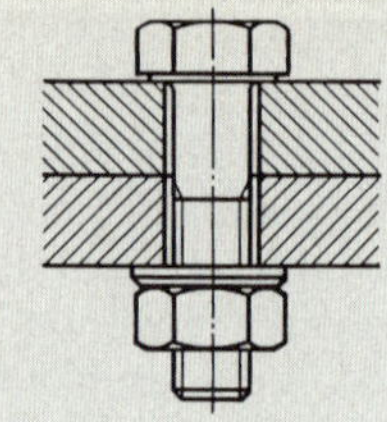 Durchsteckschraube 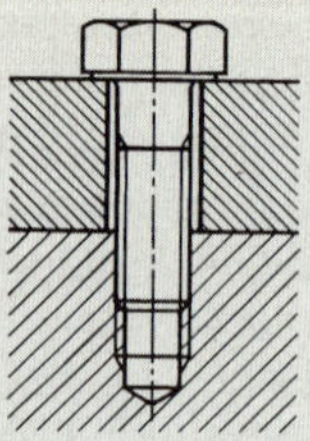 Einziehschraube 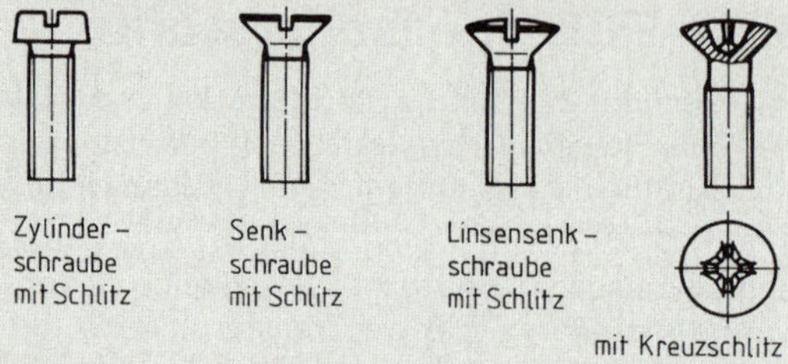 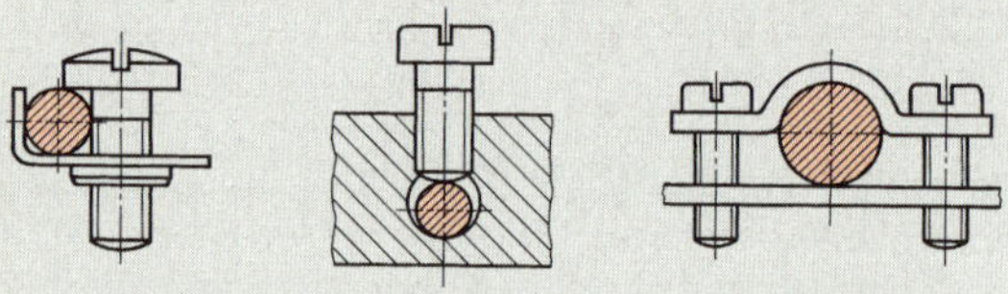
Nietverbindungen. Niete werden meist im kalten Zustand geformt **(Kaltniet)**. Stahlniete ab 10 mm Durchmesser verformt man dagegen bei etwa 1000 °C. **Hohlniete** werden oft zum Verbinden von Metallen mit nichtmetallischen Werkstoffen benutzt. Niete haben verschiedene Kopfform, z. B. Halbrund-, Senk-, Flachrund-, Hohlniet. Als Nietwerkstoff verwendet man Stahl, Kupfer und Kupfer-Legierungen, Aluminium und Aluminium-Legierungen.	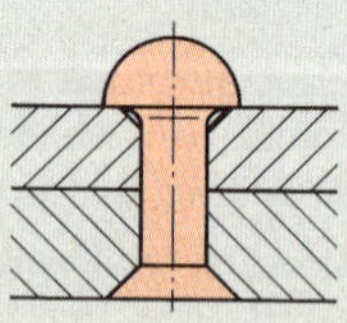 Kaltniet 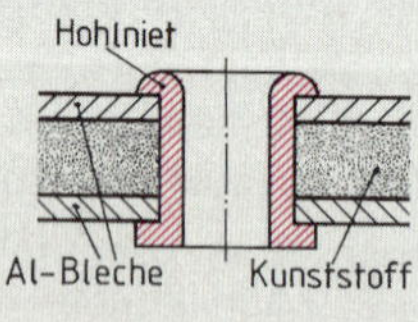 Hohlniet
Schweißverbindungen für Metalle werden durch Schmelz- oder Press-Verbindungsschweißen hergestellt. Zum Schmelz-Verbindungsschweißen gehören das Gasschmelz- und das Lichtbogenschmelzschweißen. Ein Beispiel für das Press-Verbindungsschweißen ist das Widerstandspressschweißen. Dazu zählt auch das **Punktschweißen.** Schweißverfahren gibt es ebenfalls für thermoplastische Kunststoffe.	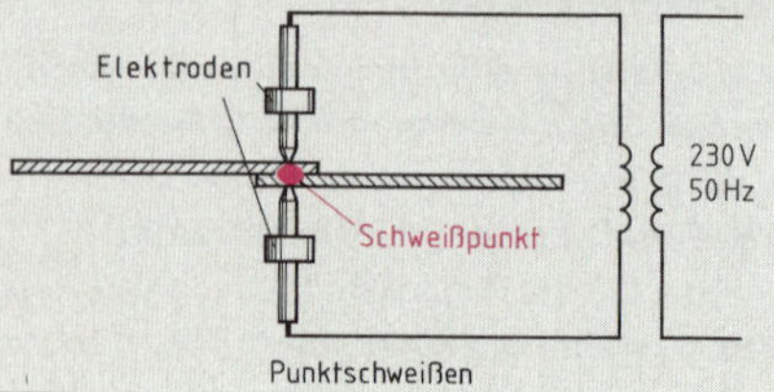 Punktschweißen

31.2 Kleben

Kleben ist das Zusammenfügen von Teilen durch eine Hilfsschicht, den Kleber. Der Kleber haftet an der sauberen, meist aufgerauhten, fettfreien Oberfläche der zu verbindenden Teile durch **Adhäsion** (Anhangkraft). Wird die Oberfläche der zu verbindenden Teile angelöst, kommt die Verbindung durch **Kohäsion** (Zusammenhangskraft) zustande. Klebeverbindungen werden außer zum Verbinden von Teilen auch zum Sichern von Schrauben oder zum Abdichten, z. B. von Gehäusen, verwendet **(Bild)**.

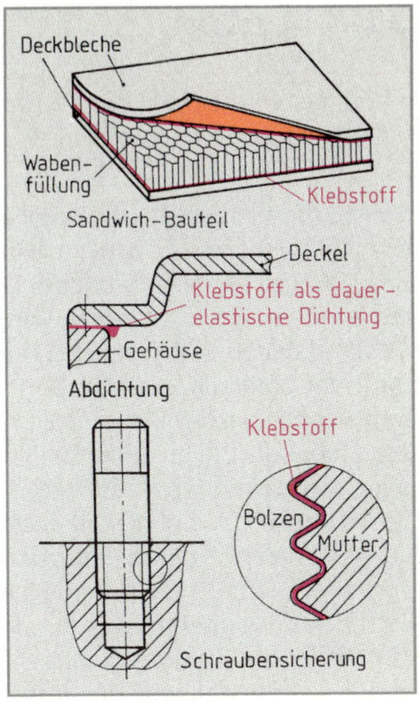

Bild: Klebeverbindungen

Oberflächenvorbereitung. Die Klebestellen sind von Schmutz, Fett, Feuchtigkeit und Oxidschichten zu reinigen. Kurz vor dem Kleben wird die Oberfläche mit Schmirgelleinen oder durch Schleifen angerauht und sorgfältig entfettet. Ein Aufrauhen der Klebestelle ist nicht bei allen Werkstoffen erforderlich. Bei keramischen Stoffen und Glas ist die Oberfläche nur sorgfältig zu reinigen. Oft ist es notwendig, durch eine Klebeprobe die günstigste Oberflächenvorbereitung zu ermitteln.

Einige Kleber enthalten entzündbare Lösungsmittel. Beim Kleben größerer Klebeflächen ist der Arbeitsraum gut zu lüften. Feuer und andere Zündmöglichkeiten sind zu vermeiden.

Beim Kleben ist die Gebrauchsanweisung des Herstellers zu beachten.

Einkomponentenkleber auf Cyan-Acrylat-Basis eignen sich zum Kleben von Metallen, von Kunststoffen, von Metallen mit Kunststoff, von Porzellan, Keramik, Hartpapier, Gummi und von Metallen mit Gummi. Mit ihnen können z. B. auch Ferritschalen verklebt oder Bauelemente auf Platinen befestigt werden.

Der Kleber wird auf der Klebestelle mit einem Spachtel dünn verteilt. Die zu verbindenden Teile werden sofort aufeinandergebracht und kurzzeitig angedrückt.

Die Schichtdicke des Klebers soll weniger als 0,2 mm betragen.

Die Klebeverbindung härtet im Zeitraum von wenigen Sekunden bis Minuten teilweise aus. Die Teile lassen sich dann nicht mehr gegeneinander verschieben. Die vollständige Aushärtung ist erst nach Stunden abgeschlossen. Die Vorteile dieses Verfahrens sind der geringe Kleberverbrauch und die rasche, einfache Arbeitsweise.

Die Arbeitsgeräte lassen sich bei noch nicht ausgehärtetem Kleber leicht reinigen. Ist der Kleber bereits hart, so kann die Reinigung mechanisch, z. B. durch Schleifen, oder chemisch z. B. mit Natronlauge erfolgen. Die Klebeverbindung läßt sich lösen durch Lagern in geeigneten chemischen Lösungen oder durch Erwärmen auf 200 °C bis 250 °C.

Zweikomponentenkleber auf Epoxidharzbasis ergeben bei festen, unelastischen Stoffen hochwertige Verbindungen. Der Kleber besteht aus dem **Binder** und dem **Härter**. Die beiden Komponenten werden kurz vor dem Klebevorgang im vorgeschriebenen Mengenverhältnis gemischt. Die **Topfzeit** (die Zeit, in der die Mischung verarbeitet werden kann) beträgt je nach Temperatur z. B. 30 bis 45 Minuten.

Die Zeit für die vollständige Aushärtung bei + 20 °C beträgt oft mehrere Stunden. Erst danach ist die höchste Festigkeit erreicht. Erhöhte Temperatur beschleunigt die Aushärtung. Dabei tritt zusätzlich noch eine Erhöhung der Festigkeitswerte ein. So lässt sich die Härtungszeit bei einer Härtungstemperatur von z. B. + 150 °C auf etwa 10 Minuten herabsetzen, gleichzeitig steigt der Festigkeitswert um rund 20 %. Die Gefahr einer Überhärtung ist bei hohen Temperaturen groß. Ebenso soll die Härtungszeit nicht wesentlich überschritten werden. In beiden Fällen wird die Festigkeit der Klebeverbindung herabgesetzt. Eine Aushärtung ist auch durch induktive Erwärmung möglich. Die Klebeverbindung mit Zweikomponentenkleber kann bei Temperaturen zwischen 150 °C und 200 °C gelöst werden.

31.3 Löten

Löten ist ein Verfahren zum Verbinden von metallischen Werkstoffen, die mit dem geschmolzenen Lot eine Legierung bilden.

Beim Löten muss das flüssige Lot die Lötstelle benetzen. Dies wird erreicht, wenn die Lötstelle metallisch rein ist und der Werkstoff und das Lot eine Legierung bilden. Dazu müssen Werkstück und Lot ausreichend erwärmt werden. Von entscheidender Bedeutung ist der Abstand der zu verbindenden Teile. Die niedrigste Oberflächentemperatur der Lötstelle, die zum Benetzen notwendig ist, wird als **Arbeitstemperatur** bezeichnet. Bei dieser Temperatur fließt und legiert das Lot **(Tabelle)**. Bei zu niedriger Temperatur entsteht ein hoher Übergangswiderstand (Kaltlötstelle), bei zu hoher Temperatur verdampfen Bestandteile des Lotes. Die Lötstelle wird spröde. Eine einwandfreie Lötstelle hat eine glatte und metallisch glänzende Oberfläche. Die Lötverfahren können nach der Arbeitstemperatur und nach der Art der Erwärmung eingeteilt werden. Die Festigkeit der meist verwendeten Zinn-Blei-Lote ist gering. Das Weichlöten wird in der Elektrotechnik häufig verwendet, weil die Verbindung gut leitfähig ist.

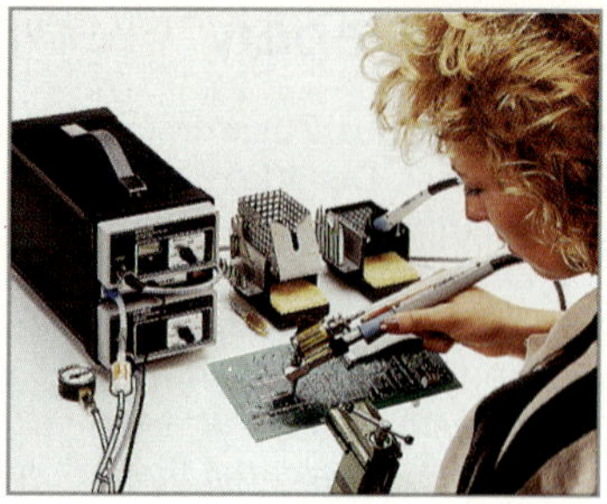

Bild 1: Löt- und Entlötstation

Beim Weichlöten liegt die Arbeitstemperatur unter 450 °C, beim Hartlöten über 450 °C.

Nach der Art der Erwärmung unterscheidet man beim Weichlöten hauptsächlich das Kolben-, Tauch-, Schwall- und Induktionslöten. Bei der **Kolbenlötung** erwärmt der Lötkolben eine Lötspitze. Für Lötarbeiten an empfindlichen Bauteilen, wie z. B. MOS-IC, werden temperaturgeregelte Lötstationen **(Bild 1)** verwendet. Bei **industriellen Lötverfahren** werden das Tauchlöten, das Schwalllöten **(Bild 2)** und das Induktionslöten angewendet.

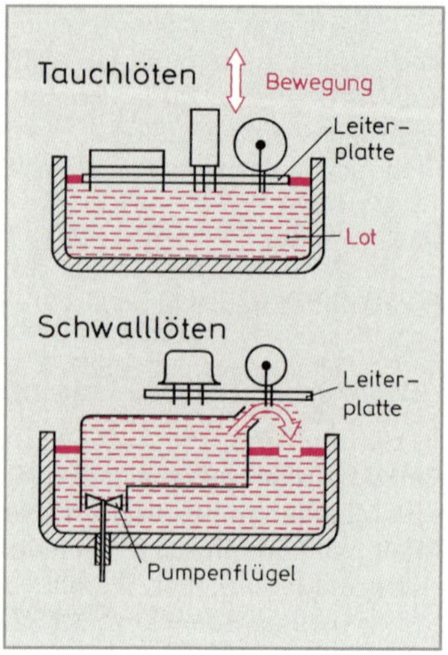

Bild 2: Industrielle Lötverfahren

Zum **Entlöten** mit dem Lötkolben wird ein Metallgeflecht mit Flussmittel verwendet, welches das Lötzinn aufsaugt. Die Lotsauglitze wird mit der Lötkolbenspitze auf die Lötstelle gedrückt. Nach Erwärmung der Litze wird durch Kapillarwirkung, das schmelzende Lot aufgesaugt. Entlötarbeiten werden auch mit Entlötgeräten ausgeführt, bei denen die Saugleistung eingestellt werden kann (Bild 1).

Tabelle: Weichlote und Hartlote

Benennung	Kurzzeichen	Zusammensetzung	Arbeitstemperatur in °C	Verwendung
Sickerlot	S[1]-Sn 63 Pb 37	63 % Sn; 37 % Pb	183	Verzinnen von Drähten; Elektrogerätebau
Zinn-Blei-Weichlot	S-Sn 60 PbAg	60 % Sn; 3...4 % Ag; Rest Pb	178 ... 180	Elektronik
Silberlot (Hartlot)	L-Ag 40 Cd	40 % Ag; 20 % Cd; 19 % Cu; Rest Zn	610	Löten von Kupfer, Nickel, Stahl und ihren Legierungen

Flussmittel sollen Oxide lösen oder chemisch binden und eine weitere Oxidation verhindern, um ein Benetzen der Lötstelle mit dem Lot zu ermöglichen. Die Wahl des Flussmittels richtet sich nach dem Lötverfahren und dem Werkstoff des Werkstücks. Zum Weichlöten wird in der Elektrotechnik als Flussmittel häufig **Kolophonium** verwendet.

[1] Weichlote werden mit dem Werkstoffkurzzeichen S (für solder (engl.) = Lot) bezeichnet.

31.4 Weitere Verbindungstechniken

Bei der **Quetschverbindung** werden die abisolierten Leiter in eine Anschlusshülse oder in eine Verbindungshülse eingeführt **(Bild 1)**. Die leitende Verbindung wird mithilfe einer Zange hergestellt. Der Leiter kann ein- oder mehrdrähtig sein.

Wickelverbindung. Die Entwicklung der lötfreien Verbindungstechnik hat u.a. zur besonders bewährten Wickeltechnik geführt. Dabei wird ein eindrähtiger Leiter mit einem elektrisch betriebenen Wickelwerkzeug, der Wickelpistole, um den kantigen Anschlussstift gewickelt **(Bild 2)**. Durch das Wickelwerkzeug wird der Draht während des Wickelvorgangs abisoliert und abgeschnitten. Das Verfahren ist einfach und hat einen breiten Anwendungsbereich.

Steckverbindungen werden in der Elektrotechnik häufig verwendet, z.B. bei Stecker und Steckdose.

Federklemmverbindungen sind universelle Verbindungssysteme für ein-, mehr- und feindrähtige Kupferleiter von 0,08 mm^2 bis 35 mm^2. Dabei verwendet man z.B. das Käfigzugfeder-Anschlusssystem **(Bild 3)**. Zum Anschließen des Leiters wird die Käfigzugfeder heruntergedrückt und der abisolierte Leiter in die Klemmstelle eingeführt. Der Leiter wird im Bereich der sog. Kontaktzone mit querschnittsgerechter Klemmkraft von der Käfigzugfeder gegen die Stromschiene gedrückt. Käfigzugfeder-Verbindungen sind lösbar, rüttelsicher und wartungsfrei.

In der Installationstechnik verwendet man Klemmverbindungen mit **Steckklemm-Anschluss**. Dabei wird der abisolierte eindrähtige Leiter bis zum Anschlag in die Klemme gesteckt. Steckklemm-Anschlüsse sind lösbar.

Steckverbinder für gedruckte Schaltungen auf Leiterplatten (Seite 544) bestehen aus einer Messer- und einer Federleiste **(Bild 4)**. Die Messerleiste wird auf der Leiterplatte montiert, die Federleiste am Aufbaurahmen. Es gibt auch Leiterplatten, die direkt in die Federleiste gesteckt werden. Die Kontaktzahl der Steckverbinder ist je nach Packungsdichte der Bauelemente auf der Leiterplatte und Aufgabe der gedruckten Schaltung unterschiedlich.

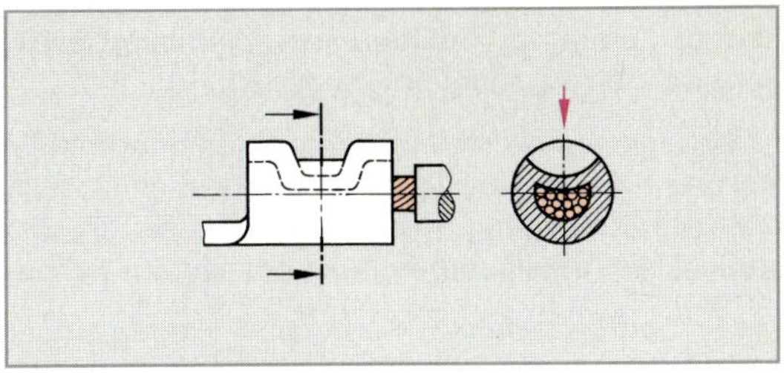

Bild 1: Quetschverbindung

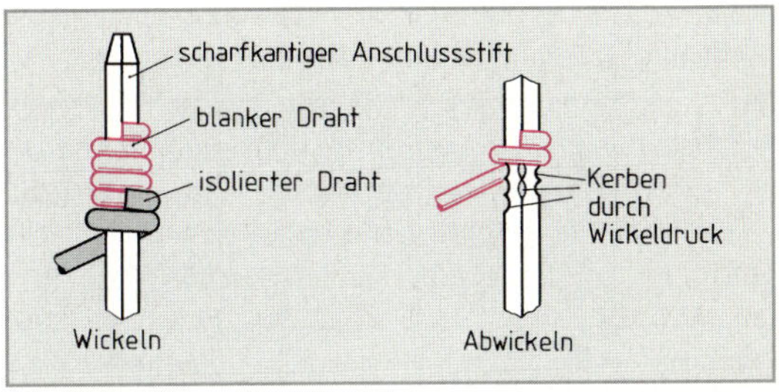

Bild 2: Wickelverbindung

Bild 3: Käfigzugfeder-Anschlusssystem

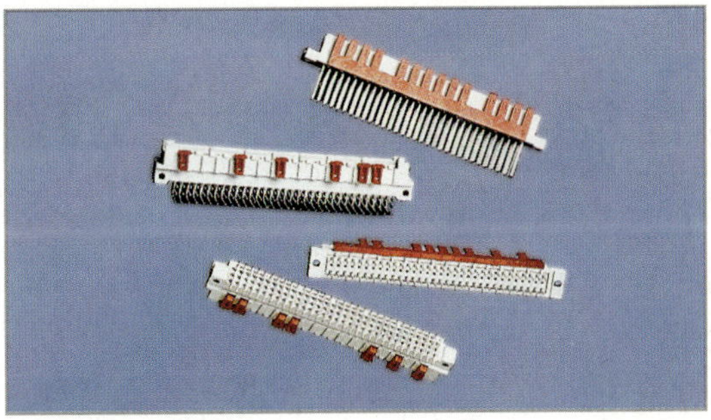

Bild 4: Steckverbinder für Leiterplatten

Wiederholungsfragen

1 **Nennen Sie Vor- und Nachteile der Klebeverbindungen gegenüber anderen Verbindungstechniken.**

2 **Wodurch unterscheiden sich Weich- und Hartlöten?**

3 **Nennen Sie industrielle Lötverfahren.**

4 **Welches Weichlot wird in der Elektrotechnik bevorzugt verwendet?**

5 **Warum ist beim Löten ein Flussmittel erforderlich?**

6 **Womit werden Leiter in Direktsteckverbindern gehalten?**

32 Fertigungsverfahren und Werkstoffbearbeitung

Bei der Fertigung verändert man schrittweise die Form bzw. die Stoffeigenschaft eines Körpers vom Rohzustand zu einem Fertigungszustand.

Fertigungsverfahren können von Hand oder mithilfe von Maschinen ausgeführt werden, z. B. bei der Herstellung einer gedruckten Schaltung. Einen einzelnen Schritt innerhalb eines Fertigungsverfahrens nennt man **Arbeitsvorgang.** Arbeitsvorgänge setzen sinnvolle Planungen, z. B. durch die Arbeitsvorbereitung, voraus. Die Arbeitsvorbereitung besteht aus Arbeitsplanung, Arbeitssteuerung und Arbeitsüberwachung.

Die Fertigungsverfahren werden in 6 Hauptgruppen unterteilt **(Tabelle 1).**

Tabelle 1: Fertigungsverfahren

Verfahren	Urformen	Umformen	Trennen	Fügen	Beschichten	Stoffeigenschaft ändern
Erklärung	Fertigen eines festen Körpers aus formlosem Stoff.	Ändern der Form eines festen Körpers.	Ändern der Form eines festen Körpers durch Abtragen, Spanen oder Zerteilen.	Form ändern durch Zusammenbringen von zwei oder mehreren Werkstücken.	Aufbringen einer festhaftenden Schicht aus formlosem Stoff auf das Werkstück.	Fertigen (eines festen Körpers) durch Umlagern, Aussondern oder Einbringen von Stoffteilen.
Beispiele	Gießen, Sintern, Pressen	Biegen, Pressen, Schmieden, Walzen, Ziehen	Abtragen: Brennschneiden, Ätzen, Erodieren Spanen: Bohren, Drehen, Fräsen, Feilen Zerteilen: Scheren, Lochen	Löten, Schweißen, Kleben, Nieten, Schrauben	Anstreichen, Aufdampfen, Galvanisieren, Plattieren	Härten, Legieren, Vergüten, Nitrieren

32.1 Urformen

Beim Urformen erhält ein Werkstoff seine Form durch z. B. Gießen, Pressen oder Sintern **(Tabelle 2).**

Tabelle 2: Urformen

Verfahren	Beschreibung	Anwendungsbeispiele
Gießen 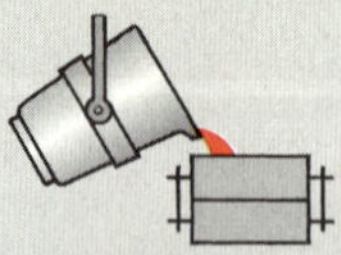	Unter Gießen versteht man die Herstellung eines Werkstückes oder Gussstückes durch Füllen einer Form mit dem flüssigen Werkstoff, z. B. mit einem Metall.	Motorengehäuse, Schaltergehäuse
Pressen 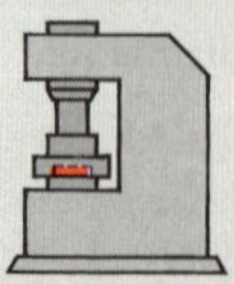	Beim Urformen durch Pressen werden feste, körnige oder pulverige Stoffe z.B. Kunststoffgranulat, zu Halbzeugen oder Fertigteilen in Formwerkzeugen unter Druck hergestellt.	Installations-Schalter, Reglerknöpfe, Kunststofftafeln
Sintern 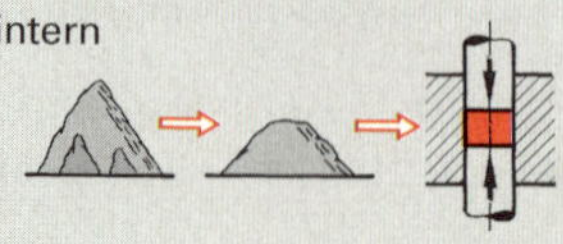	Das Sintern dient zur Herstellung von Werkstoffen oder Formteilen, z.B. aus Metalloxiden unter der Einwirkung von Druck und Wärme.	Spulenkerne, Dauermagnete, Speicherkerne

32.2 Umformen

Beim Umformen **(Tabelle)** wird dem Werkstoff durch Anwenden von Kräften eine andere Form gegeben.

Man unterscheidet die **Massiv-Umformung,** z.B. Walzen, Schmieden, Pressen oder Ziehen, und die **Blech-Umformung,** z.B. durch Biegen. Das Umformen von Werkstoffen kann durch eine Warm- oder Kaltumformung durchgeführt werden. Die Warmumformung benötigt einen geringeren Kraft- und Arbeitsaufwand. Bei der Kaltumformung tritt im Werkstück eine Kaltverfestigung ein, wobei die Dehnung des Materials geringer wird. Kaltumformung ermöglicht die Herstellung von Werkstücken mit kleinen Toleranzen und wird vor allem bei Blechen durchgeführt. Die meisten Umformverfahren dienen der Massenfertigung.

Tabelle: Umformen

Verfahren	Beschreibung	Anwendungsbeispiele
Schmieden 	Beim Schmieden wird durch Schlag oder Druck von Hand oder mithilfe von Maschinen ein Werkstück unter Wärme in eine andere Form gebracht. Das Schmieden erfolgt mithilfe von Schmiedehämmern oder Schmiedepressen. Dabei unterscheidet man vor allem das Gesenk- und das Freiformschmieden.	Kurbelwellen, Werkzeuge, z. B. Meißel, Hammer, Zangen
Pressen 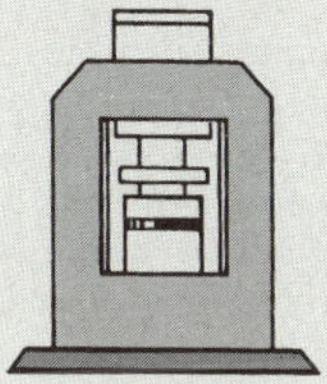	Beim Umformen durch Pressen werden mithilfe von Druckkräften Werkstücke oder Werkstoffe hergestellt. Man unterteilt in Kalt- und Warmpressen. Kaltpressen eignet sich besonders für Nichteisenmetalle, z. B. für Aluminium-Kühlkörper. Ein Warmpressen wird vor allem bei Kunststoff-Produkten, z. B. Schalterabdeckungen, durchgeführt.	Kühlkörper, Gehäuse, Schalter, Abdeckungen für Schaltanlagen
Biegen 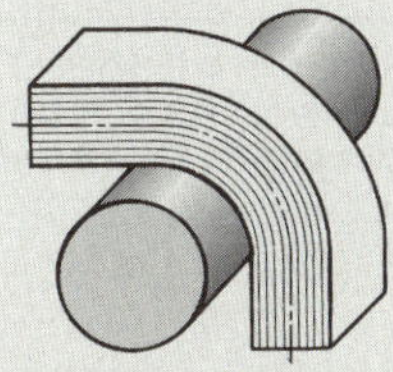	Umformen durch Biegen wendet man z. B. bei Blechen, Drähten oder Rohren an. Es kann von Hand oder maschinell erfolgen. Wichtige Biegeverfahren sind das freie Biegen, das Gesenkbiegen und das Schwenkbiegen. Kaltbiegen wird z. B. bei Blechen oder Drähten durchgeführt. Das Warmbiegen ist bei Materialdicken ab etwa 10 mm notwendig.	Installationsrohre, Antennen, Blechteile, z. B. für Schaltschränke, Karosserien
Walzen 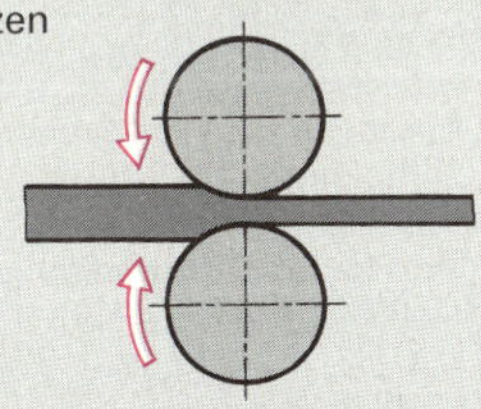	Durch Walzen werden Werkstoffe, z. B. Stahl oder Kupfer, im kalten oder warmen Zustand durch den Spalt zwischen zwei sich entgegengesetzt drehenden Walzen hindurchgeführt. Dadurch wird die Dicke des Werkstückes kleiner und der Werkstoff verdichtet. Stahl muss ab etwa 5 mm warm gewalzt werden. Das dünne Material kühlt zu schnell ab.	Bleche, z. B. Trafobleche, Kupferbleche, Banderder, Rohre, Stromschienen
Ziehen 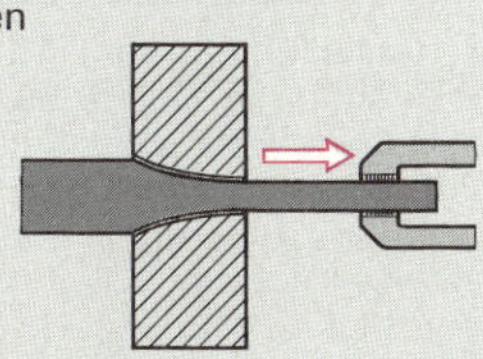	Erhält ein Werkstoff dadurch seine Form, dass er durch eine Öffnung gezogen wird, so spricht man von Ziehen. Dazu notwendig sind Ziehbänke mit Ziehdüsen aus Werkzeugstahl, Hartmetall oder Diamant, die dem Werkstoff seine Form geben. Zur Verbesserung der Oberflächengüte und zur Verminderung der Reibung sind Schmiermittel notwendig.	Drähte, z. B. Kupferdrähte; Stangen, Installationsrohre, Profilkupfer

32.3 Trennen

Trennen ist ein Fertigungsverfahren, um Werkstoffe oder Werkstücke durch Ändern ihrer Größe die verlangte Form zu geben.

Beim Trennen unterscheidet man die spanenden Verfahren: Abtragen und Zerteilen.

32.3.1 Spanende Verfahren

Spanen ist das mechanische Bearbeiten von Werkstoffen, wobei Späne entstehen.

Beim Spanen unterscheidet man das Arbeiten mit geometrisch bestimmter Schneidenform (Schneidkeil), z. B. beim Feilen, Sägen, Bohren, Drehen oder Fräsen **(Tabelle)** und mit geometrisch unbestimmter Schneidenform, z. B. beim Läppen oder Schleifen.

Tabelle: Spanende Verfahren

Verfahren	Beschreibung	Anwendungsbeispiele
Feilen 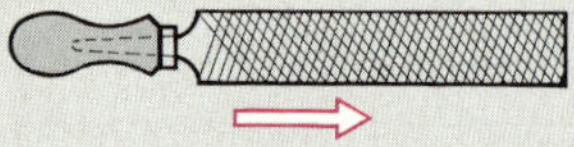	Feilen ist ein Abtragen kleiner Spanmengen zum Herstellen beliebiger Werkstücksformen. Feilen werden nach der Herstellung (gehauen oder gefräst), der Hiebart, z. B. Ein- oder Kreuzhieb, der Größe, z. B. Handfeile, und der Querschnittsform, z. B. Vierkantfeile, eingeteilt.	Zur Oberflächenbearbeitung, für Nuten, Rundungen, Aussparungen, z. B. bei Schaltschränken und Werkzeugen.
Sägen 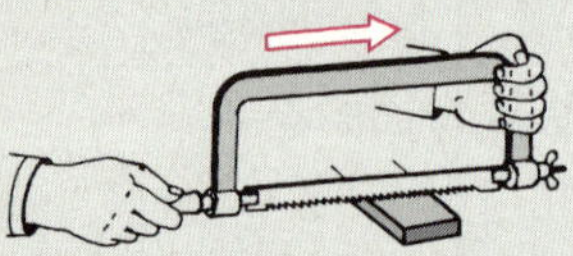	Sägen ist ein Verfahren, das zum Trennen von Werkstücken, Halbzeugen oder Werkstoffen verwendet wird. Das Sägen mit einem Sägeblatt kann von Hand, z. B. mit einer Einstichsäge, Bügelsäge oder maschinell, z. B. mit einer Hubsäge, durchgeführt werden. Jedes Sägeblatt besteht aus einer bestimmten Anzahl von Sägezähnen und Lücken zur Spanaufnahme.	Trennen von Rohren, Rund- oder Vierkantmaterialien, von Profilen. Sägen von Nuten, Schlitzen und Kollektorlamellen.
Bohren 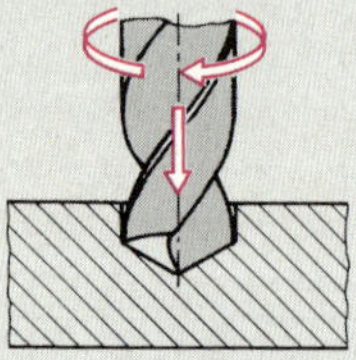	Bohren ist ein spanendes Verfahren mit einem zweischneidigen Werkzeug, einer kreisförmigen Schnittbewegung und einer geradlinigen Vorschubbewegung. Bohrerarten: Drall-, Spitz- und Spiralbohrer. Bohrertyp: H für harte Werkstoffe, z. B. Stahl, N (normale Ausführung), z. B. für Kupfer, W für weiche Werkstoffe, z. B. Aluminium.	Bohren in den vollen Werkstoff, Aufbohren, Glätten von Bohrlöchern.
Drehen 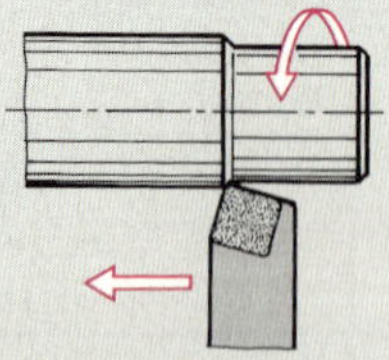	Beim Drehen führt das Werkstück eine drehende Bewegung aus, wobei das Werkzeug (Drehmeißel) längs oder quer (Plandrehen) zur Drehachse des Werkstückes verschoben wird. Zum Drehen werden vor allem Leit- und Zugspindeldrehmaschinen verwendet.	Herstellung zylindrischer oder kegeliger Formen, Gewinde, Einarbeiten von Nuten, Abtrennen von Materialien.
Fräsen 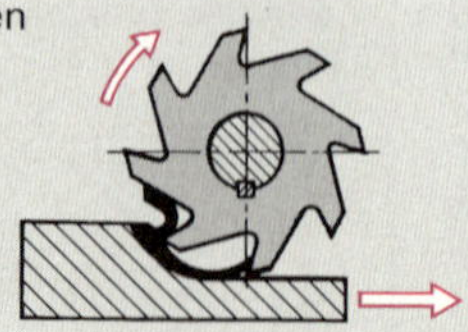	Fräsen ist ein Spanen mithilfe eines mehrschneidigen Werkzeuges, dem Fräser. Dabei führt das Werkzeug eine drehende Schnittbewegung, das Werkstück meist eine Vorschub- und Zustellbewegung aus. Für verschiedene Fräsarbeiten gibt es entsprechende Fräserformen.	Herstellung planer Flächen, Rundungen, Nuten, Langlöchern, Gewinde. Z. B. für Motorwellen, Werkzeuge und Klemmen.

32.3.2 Abtragen

Abtragen ist das Trennen von Werkstoffen durch thermische Verfahren, z. B. durch Brennschneiden, durch chemische Verfahren, z. B. Elysieren oder Metallätzen, sowie durch elektrische Verfahren, z. B. Erodieren.

Elysieren[1] (Formabtragen) ist eine Methode zum Abtragen von Metallen durch elektrolytische Auflösung. Das Werkstück, dessen Oberfläche abgetragen werden soll, wird als Anode in einen Stromkreis geschaltet und einer Katode, z. B. aus Kupfer, gegenübergestellt **(Bild 1)**. Der Abstand zwischen Anode und Katode beträgt einige hundertstel Millimeter. Zum Elysieren sind Gleichspannungen zwischen 5 V und 20 V bei hoher Stromstärke notwendig, z. B. 20000 A. Zwischen den beiden Elektroden lässt man einen Elektrolyten, d. h. eine Lösung verschiedener Salze, zirkulieren.

Durch Stromeinwirkung erfolgt eine Anodenabtragung, sodass eine glatte Oberfläche entsteht. Die Katode unterliegt im Gegensatz zur Anode keinem Verschleiß.

Ein chemisches Abtragen ohne äußeren Spannungserzeuger ist das **Metallätzen.**

Unter **Erodieren**[2] versteht man das Abtragen von elektrisch leitenden Werkstoffen, z. B. Stahl, durch elektrische Entladungsvorgänge zwischen zwei Elektroden in einem Dielektrikum. Das Erodieren nennt man deshalb auch **Funkenerodieren** oder **Elektroerodieren.** Es erfolgt mithilfe von Funkenerosions-Maschinen **(Bild 2).**

Die Herstellung eines Werkstückes durch Erodieren erfolgt meist mit einer Kupfer-Elektrode. Elektrode und Werkstück sind durch den Funkenspalt getrennt. Das Werkstück bildet die Anode, die Kupferelektrode die Katode. Mit einer pulsierenden Gleichspannung werden aufeinander folgende elektrische Entladungen (Funken) erzeugt. Jede einzelne Entladung hinterlässt eine kraterförmige Vertiefung, sodass ein Abtragen des Werkstückes erfolgt. Das Werkstück wird dabei mehr als die Elektrode abgetragen. Die Tiefe der Bearbeitung ist von der Energie abhängig, die zwischen den Elektroden entladen wird. Energiereiche Funken bewirken einen stärkeren Materialabtrag als Funken mit geringerer Energie. Deshalb kann man bei der Funkenerodierung zwischen Schruppen, Vorschlichten und Schlichten unterscheiden. Dazu sind unterschiedliche Elektroden notwendig. Mithilfe von Drahtelektroden kann ein funkenerodierendes Schneiden erfolgen. Messing- oder Kupferdraht-Elektroden mit einem Durchmesser unter 0,2 mm ermöglichen das Herstellen schwierig geformter Teile, z. B. eines Prägestempels.

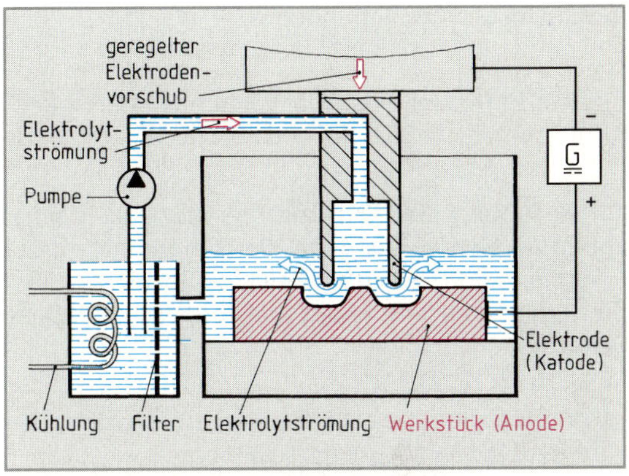

Bild 1: Elektrochemisches Formabtragen

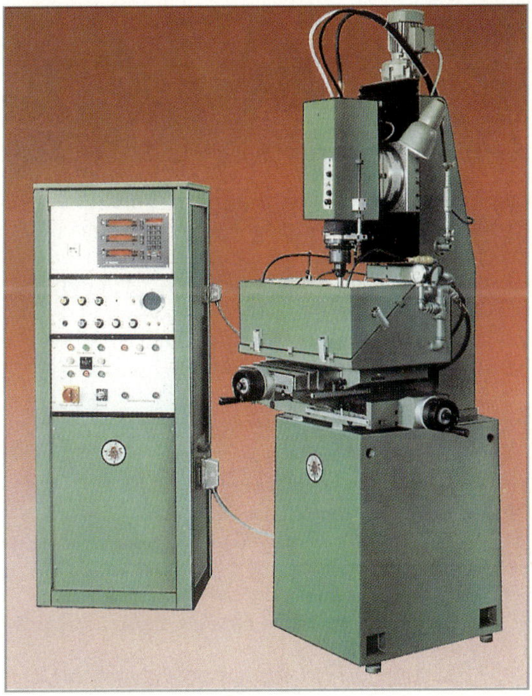

Bild 2: Funkenerodier-Maschine

[1] elysieren = Kunstwort aus dem Begriff Elektrolyse
[2] von erodere (lat.) = aus-, wegnagen

Wichtig für den Arbeitsablauf beim Erodieren ist die Regelung des Abstandes zwischen Elektrode und Werkstück, d. h. die Nachstellung der Elektrode im Verhältnis zum abgetragenen Volumen. Dies erfolgt durch eine elektronische Regelung in Verbindung mit einem hydraulischen Servosystem **(Bild)**.

Zur Aufnahme der Werkstücke sind Präzisions-Koordinatentische notwendig. Werkstück, Werkstückauflage und Elektrode sind vom Dielektrikum umgeben (Bild). Als Dielektrikum verwendet man Mineralöle mit hohem Flammpunkt. Ein Absinken der Flüssigkeit unter den Pegel der Arbeitsstelle (Brennstelle) ist zu verhindern.

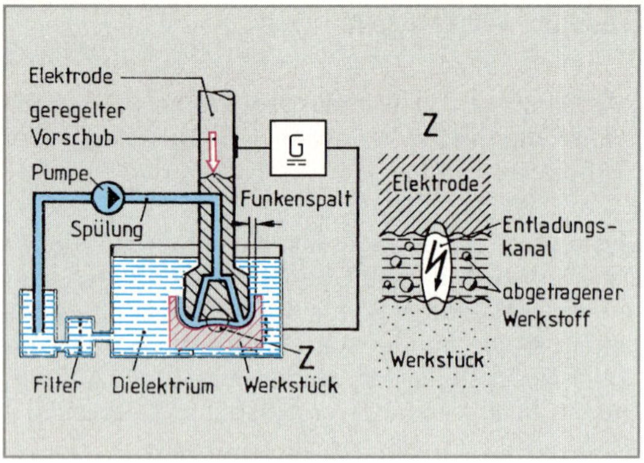

Bild: Prinzip des Funkenerodierens

Ist die Brennstelle der Elektrode nicht genügend vom Dielektrikum bedeckt, so besteht Brandgefahr. Ein Feuerlöscher ist deshalb beim Erodieren in Bereitschaft zu halten.

Zur Reinigung der dielektrischen Flüssigkeit sind Filter notwendig, da ein Werkstück- und Elektrodenabtrag vorhanden ist. Auch die Temperatur muss überwacht werden. Das Abschalten der Anlage muss erfolgen, wenn sich das Dielektrikum bis auf 15 °C unterhalb des Flammpunktes erwärmt, weil sonst Brandgefahr besteht. Hautberührung mit dem Dielektrikum ist zu vermeiden. Zum Schutz der Augen sind Schutzbrillen zu tragen.

Durch Erodieren werden vor allem schwierig herzustellende Senkungen, Durchbrüche oder komplizierte Werkstückformen hergestellt.

Funkenerosionsmaschinen dürfen nur von eingewiesenen Personen bedient werden. Bei der Einweisung ist besonders auf Gefahren und Schutzmaßnahmen hinzuweisen.

32.4 Zerteilen

Unter Zerteilen versteht man ein Trennen ohne Spanbildung, z. B. durch Scheren oder Lochen.

Das **Scheren** verwendet man zum Trennen von Blech und von Formstahl geringer Dicke. Mithilfe von Hand- oder Maschinenscheren wird der Werkstoff abgeschert; er reißt an den Schnittflächen auseinander. Mit Handscheren kann man Bleche bis etwa 1 mm Dicke trennen. Nach dem Verwendungszweck teilt man Handscheren in linke oder rechte Blechscheren, in Durchlaufscheren oder in Lochscheren ein. So kann z. B. mithilfe einer Lochschere in eine Abdeckung die Öffnung für ein Messinstrument geschnitten werden oder in einen Schaltschrank der Ausschnitt für einen Taster. Beim **Lochen** wird mit Hilfe eines Stempels eine beliebige Innenform durchstoßen.

Wiederholungsfragen

1 **Erklären Sie den Begriff Fertigung.**
2 **Nennen Sie Verfahren des Urformens.**
3 **Welche Bauteile werden in der Elektrotechnik durch Sintern hergestellt?**
4 **Geben Sie drei spanende Verfahren an.**
5 **Durch welche Verfahren erhalten Transformatorenbleche ihre Form?**
6 **Beschreiben Sie das Ziehen von Kupferdrähten.**
7 **Was versteht man unter elektrochemischem Formabtragen?**
8 **Nach welchem Prinzip erfolgt das Erodieren?**
9 **Wodurch kann beim Erodieren Brandgefahr entstehen?**
10 **Für welche Metalle wird das Erodieren vor allem verwendet?**
11 **Nennen Sie zwei Verfahren zum Trennen ohne Spanbildung.**

32.5 Lasertechnik

Unter einem Laser[1] versteht man eine Vorrichtung zur Erzeugung, Verstärkung und Aussendung besonderer elektromagnetischer Strahlen, den Laserstrahlen.

Die Wellenlänge der Laserstrahlung liegt meist zwischen 0,2 µm und 300 µm (sichtbares Licht hat eine Wellenlänge von 0,4 µm bis 0,7 µm).

Laserstrahlen haben eine hohe Leistungsdichte. Daraus ergeben sich Vorteile bei Anwendungen, z. B. in der Materialbearbeitung oder in der Medizin. Halbleiterlaser werden auch zur Nachrichtenübertragung eingesetzt.

32.5.1 Physikalische Grundlagen des Lasers

Das physikalische Prinzip des Lasers ist darauf zurückzuführen, dass man Atome und Moleküle z. B. durch Einstrahlen von Licht mithilfe einer Pumplichtquelle von einem Grundzustand in einen höheren Energiezustand bringen kann. Erfolgt dann ein Rücksprung in den Grundzustand oder in einen Zustand niedriger Energie, so wird die dabei entstehende Energiedifferenz vom Laser abgestrahlt.

Überlässt man Atome, die sich im höheren Energiezustand befinden, sich selbst, so kehren diese Teilchen nach kurzer Zeit (etwa 10^{-9} Sekunden) ungeordnet in den Grundzustand zurück. Diesen Vorgang bezeichnet man als **spontane Emission.** Neben dem Prozess der spontanen Emission gibt es noch die **induzierte Emission.** Darunter versteht man die Rückkehr eines Atoms aus einem hohen Energiezustand in einen tiefer liegenden durch ein vorhandenes elektromagnetisches Feld. Die bei der induzierten Emission entstehende Strahlung führt zu einer Verstärkung der eingestrahlten Lichtwelle. Die Lichtverstärkung ist vom verwendeten Material, z. B. Rubin, abhängig und kann etwa den zehnfachen Wert annehmen. Das durch den Rücksprung ausgesandte Licht bzw. Lichtquant hat dieselbe Frequenz, Richtung und Phase wie die eingestrahlten Lichtquanten. Man sagt, es ist **kohärent**[2]. Weiterhin ist dieses Licht streng **monochrom**[3], d. h., die abgestrahlten Lichtwellen haben eine einzige, ganz bestimmte Wellenlänge, also nur eine Farbe. Außerdem sind sie bei kleinem Öffnungswinkel (Divergenz[4]) stark gebündelt.

Die Funktion des Lasers beruht auf die Lichtverstärkung durch induzierte Emission. Dadurch entsteht eine hohe Leistungsdichte.

32.5.2 Aufbau und Funktion von Lasersystemen

Ein Lasersystem besteht aus dem verstärkenden Material, z. B. Rubin, Argon oder Galliumarsenid, das meist von zwei Spiegeln eingeschlossen ist. Einer der Spiegel ist undurchlässig, während der andere nur teilweise oder nur zu bestimmten Zeiten durchlässig ist. Ferner sind noch optische Bauteile notwendig, die den Strahl umlenken und bündeln **(Bild).** Nach Inbetriebnahme des Systems wird durch induzierte Emission Licht beim Durchgang durch das Material verstärkt und durch die Spiegel wieder in das Material zurückreflektiert. Dazu ist eine Pumplichtquelle notwendig, z. B. eine Quecksilberbogenlampe, die durch Einstrahlung von Licht die Lasertätigkeit anregt. Zwischen den Spiegeln, am so genannten Resonator, bildet sich eine stehende Welle, die den gesamten Laserkristall ausfüllt und zu einer induzierten Emission führt. Dadurch wird die Strahlung verstärkt.

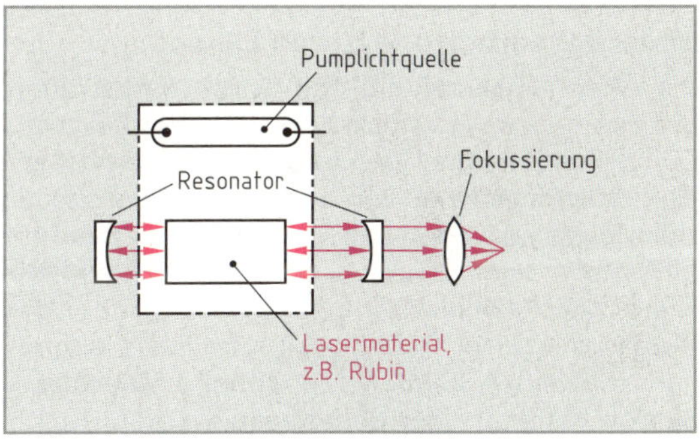

Bild: Prinzip eines Festkörperlasers

Lasersysteme können so betrieben werden, dass am Ausgang stets eine gleichmäßige Leistung abgegeben wird. Man spricht dann von einem **Dauerstrichlaser.** Beim **Impulslaser** wird die Strahlung in Form von Impulsen ausgesendet. Dadurch kann man höhere Leistungen (während der Impulsdauer) erreichen.

[1] Laser: Abkürzung von **L**ight **a**mplification by **s**timulated **e**mission of **r**adiation (engl.) = Lichtverstärkung durch angeregte Strahlungsemission
[2] von cohaerere (lat.) = zusammenhängen
[3] monochromatisch = zu einer einzigen Wellenlänge gehörend
[4] Divergenz = Auseinandergehen von Lichtstrahlen

32.5.3 Laserarten

Je nach Art des verwendeten, verstärkenden Materials unterscheidet man **Gaslaser, Festkörperlaser** und **Halbleiterlaser (Tabelle)**.

Tabelle: Laserarten

Laserarten (Beispiele)	Wellenlänge in µm	max. Leistung in W	max. Impulsenergie in J	Anwendungsbeispiele
Gaslaser				
Kohlendioxid (CO_2)	10,6	15000	10000	Schneiden, Schweißen, Bohren.
Stickstoff (N_2)	0,3371	–	0,01	Fotochemie, Datenspeicherung.
Argon (Ar)	0,35 ... 0,53	20	–	Holografie, Spektroskopie, Informationsverarbeitung.
Helium-Neon (HeNe)	0,63, 1,15 und 3,39	0,05 0,05	–	Vermessungswesen, Informationsverarbeitung
Festkörperlaser				
Neodym-Yttrium-Aluminium-Granat (Nd: YAG)	1,06	1000	400	Schneiden, Bohren, Schweißen, Abtragen.
Rubin (Cr: Al_2O_3)	0,69	–	400	Schneiden, Bohren
Halbleiterlaser				
Galliumarsenid (GaAs)	0,85	1 bis 30	–	Nachrichtenübertragung, Sicherheitssysteme, Laserdrucker, CD-Plattenspieler
Galliumaluminiumarsenid (GaAlAs)	0,47 ... 0,88	0,015 bis 20	–	

32.5.4 Anwendungen von Lasersystemen

Ein Laser erzeugt elektromagnetische Wellen mit einer genau bestimmbaren Energie und Frequenz. Daraus ergeben sich vielfältige Anwendungen, z. B. in der Messtechnik, Mikroelektronik, Nachrichtentechnik, Medizin und zur Materialbearbeitung.

Materialbearbeitung durch Laser

Die Materialbearbeitung mit Laser findet ohne Berührung des Werkstückes oder Werkstoffes statt. Durch Fokussierung des Laserstrahles lässt sich eine Leistungsdichte von etwa 10^{14} W/cm^2 erreichen. Dann verdampft das Material an der Bearbeitungsstelle. Dadurch lassen sich, z. B. mit Neodym-Laser oder Kohlenstoff-Laser, Kunststoffe oder Metalle mit hoher Genauigkeit schneiden, bohren oder schweißen **(Bild)**. Ferner können Metalloberflächen gehärtet oder abgetragen werden. Durch Laserschneiden lassen sich Metalle bis etwa 12 mm Dicke und Kunststoffe bis etwa 40 mm Dicke sauber trennen. Der dabei entstehende Schnitt hat nur eine Breite von etwa 0,1 mm bis 0,7 mm. Beim Bohren mithilfe des Laserstrahles können Bohrtiefen in Stahl von etwa 10 mm erreicht werden. Der Bohrlochdurchmesser kann dabei etwa 50 µm bis 1,5 mm betragen. In der Elektrotechnik werden Bohrungen z. B. in Diamantziehsteinen für die Drahterzeugung oder bei gedruckten Schaltungen mit Lasern gefertigt.

Bild: Laserschweißen

Neben dem Laserschneiden wird in der industriellen Fertigung vor allem das **Schweißen** mithilfe von CO_2- oder Nd-YAG-Lasern durchgeführt. Dadurch können Metalle oder Kunststoffe ab etwa 10 µm bis 30 mm Dicke geschweißt werden. Mit einem Laser kann man überlappend, auf Stoß, mehrlagig oder punktförmig schweißen. Durch eine schmale Wärmeeinflußzone entsteht beim Laserschweißen nur ein sehr geringer Verzug. Dadurch erreicht man eine hohe Genauigkeit, wie sie z. B. bei Turbinenschaufeln für Wasserkraftwerke notwendig ist.

Das **Löten** mithilfe von Lasern wird im Bereich der Elektrotechnik benützt, um elektronische Bauteile, z. B. integrierte Schaltungen, auf Leiterplatten vollautomatisch einzulöten **(Bild 1)**. Ein Laserstrahl wird dabei über ein computergesteuertes Spiegelsystem auf die Lötstelle gerichtet, was eine zielgenaue Positionierung ermöglicht. Schädigungen des Materialträgers, z. B. von Kunststoff oder benachbarter Bauteile, werden vermieden.

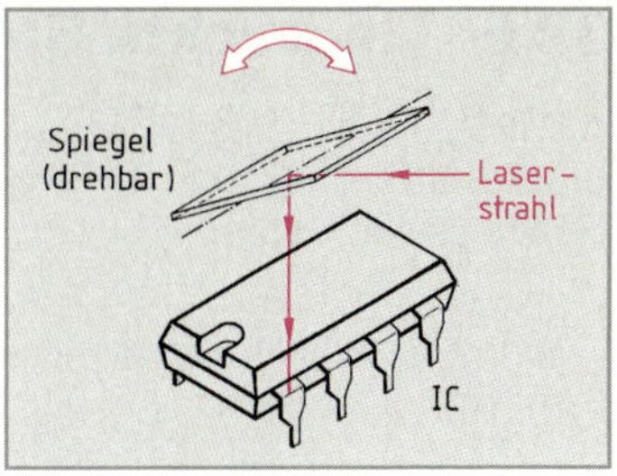

Bild 1: Laserlöten

32.5.5 Laser in der Mikroelektronik

Bei der Herstellung von hochintegrierten Schaltkreisen wird der Laser auch zum Schmelzen von hochreinem Silicium sowie zum Trennen von Silicium-Scheiben eingesetzt.

Beim Trennen verdampft ein fokussierter Laserstrahl entlang der gewünschten Linie das Material an der Oberfläche und ritzt es dadurch. Wird das Werkstück anschließend an der Ritzlinie gebrochen, so erhält man einen so genannten Silicium-**Wafer**[1], der zu einer integrierten Schaltung weiterverarbeitet wird. Als Laser wird ein YAG-Dauerstrichlaser benutzt. Die Breite der entstehenden Ritzlinie beträgt etwa 20 µm. Um gesundheitliche Schäden bei der Bearbeitung der Silicium-Wafer zu vermeiden, müssen die beim Ritzen entstehenden Dämpfe und Partikel abgesaugt werden.

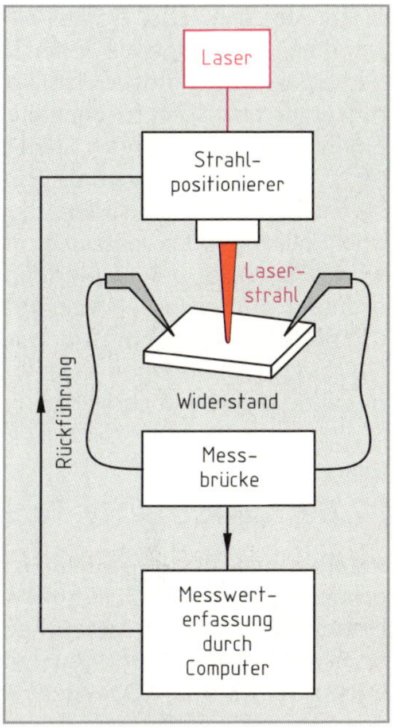

Bild 2: Lasertrimmen von Widerständen

Ein Abgleichen (Trimmen) von Hybridschaltungen[2] kann mit dem Laser genauer durchgeführt werden **(Bild 2)** als durch herkömmliche Verfahren, z. B. durch Sandstrahlen. Das Verfahren eignet sich z. B. zum Trimmen von Dünnfilm-, Dickschicht- und Chip-Widerständen. Der Laserstrahl hinterlässt in den 0,1 µm bis 50 µm dicken Widerstandsschichten Punkte mit einem Durchmesser zwischen 5 µm und 30 µm. Die Aneinanderreihung vieler Punkte ergibt einen Einschnitt, wodurch sich der Widerstandswert des Materials erhöht. Das Trimmen wird solange durchgeführt, bis die Messwerterfassung den gewünschten Widerstandswert misst. Lasergetrimmte Widerstände haben Toleranzen unter 0,1%. Mithilfe von Spiegelgalvanometer-Systemen lassen sich etwa 50 000 Widerstände je Stunde abgleichen.

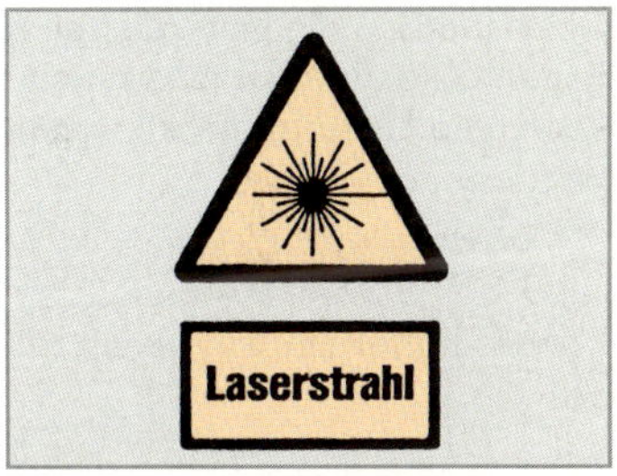

Bild 3: Sicherheitszeichen

Laserschutz

Beim Umgang mit Lasern sind die Unfallverhütungsvorschriften „Laserstrahlen" VBG[3] 93 sowie die Bestimmung DIN 57 863 zu beachten. Anlagen, die mithilfe von Lasern betrieben werden, sind mit einem Sicherheitszeichen gekennzeichnet **(Bild 3)**.

Besonders sind die Augen zu schützen, z. B. mit Laserschutzbrillen, da schon bei Laserstrahlen mit geringer Energiedichte schwere Schädigungen eintreten können. Weiterhin können Hautverbrennungen entstehen.

[1] Wafer (engl.) = Waffel, Halbleiterscheibe zur Herstellung von Halbleiterbauelementen
[2] hybrid = gemischt
[3] VBG; Abk. für: Unfallverhütungsvorschriften des Hauptverbandes der gewerblichen Berufsgenossenschaften

32.6 Gedruckte Schaltungen

Als Träger von Bauelementen und Verbindungsleitern ist die gedruckte Schaltung **(Bild 1)** Bestandteil vieler elektrotechnischer und elektronischer Geräte.

Bild 1: Gedruckte Schaltung

Gedruckte Schaltungen halten und verbinden elektrische und elektronische Bauelemente.

Gedruckte Schaltungen ermöglichen Automatisierung und Serienfertigung elektrischer Geräte bei gleichbleibenden elektrischen Eigenschaften. Als Ausgangs- oder Basismaterial werden zur Herstellung gedruckter Schaltungen isolierende Materialien, z. B. Epoxidharze, mit unterschiedlichen mechanischen, elektrischen und chemischen Eigenschaften verwendet. Daneben werden als Basismaterial Phenolharz, Polyester, Polyamid, Polyolefine oder Keramik verwendet. Dieses Basismaterial ist der Träger für die Bauelemente, das als Platte oder Folie ein- oder beidseitig mit einer Kupferfolie bedeckt (kaschiert) wird. Die Dicke der Kupferfolie beträgt meist 35 µm. Je nach Anordnung der Leiterbahnen unterscheidet man einseitige **(Bild 2 a)**, doppelseitige **(Bild 2 b)** und durchkontaktierte Leiterplatten **(Bild 2 c)**. Gedruckte Schaltungen stellt man meist durch die Subtraktiv- oder durch die Additiv-Technik her.

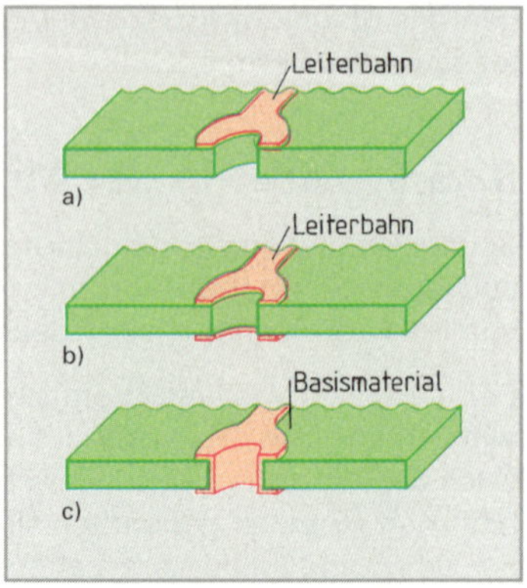

Bild 2: Arten von Leiterplatten

32.6.1 Subtraktiv-Technik

Mihilfe eines Druckprozesses, z. B. Foto- oder Siebdruck, wird ein Ätzschutz als Positivdruck auf das kupferkaschierte Basismaterial aufgebracht **(Bild 3)**. Das Druckbild enthält die späteren Leiterzüge der gedruckten Schaltung und darf von den verwendeten Ätzmitteln nicht angegriffen werden. Das Ätzen erfolgt in Ätzmaschinen, die Lösungsmittel, z. B. Eisen(III)-chlorid oder Ammoniumpersulfat auf die Platinen sprühen. Durch den Ätzvorgang wird das freiliegende Kupfer abgeätzt, das nicht durch das Druckbild abgedeckt ist. Nach dem Ätzen werden die Leiterplatten gereinigt, die Druckfarbe entfernt und gegen Oxidation mit einem Schutzüberzug versehen. Falls notwendig kann eine Lötstoppmaske und ein Kennzeichnungsdruck aufgebracht werden.

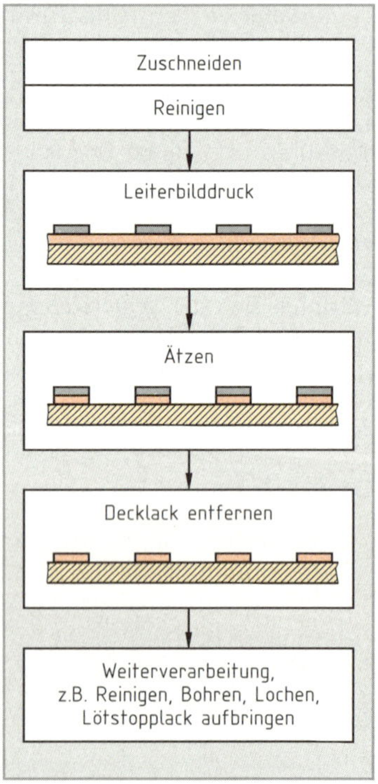

Bild 3: Subtraktiv-Technik

Bei der Subtraktiv-Technik entsteht das Leiterbild durch chemisches Entfernen von überschüssigem Material, also durch Ätzen.

32.6.2 Additiv-Technik

Bei der Additiv-Technik wird durch Metallabscheidung das Leiterbild auf unkaschiertes Basismaterial aufgebracht.

Durch die Additiv-Technik können sehr schmale Leiterbahnen von etwa 0,1 mm Breite und engen Leiterbahnabständen hergestellt werden, da keine Unterätzung entstehen kann. Weiterhin ermöglicht die Additiv-Technik auch **Durchkontaktierung**, d. h. Verbindungen von der einen Seite zur anderen (Bild 2 c).

Bei der Additiv-Technik unterscheidet man zwischen Voll-Additiv-Technik und Semi-Additiv-Technik. Die Herstellung gedruckter Schaltungen nach der Additiv-Technik erfordert unkaschiertes Basismaterial, das mit einem besonderen Haftgrund (Kleber) beschichtet ist. Nach dem Lochen oder Bohren der Platine wird ein negatives Leiterbild aufgebracht. Ein negatives Leiterbild bedeutet ein Ausfüllen der Zwischenräume, z. B. mit Druckfarbe, sodass der vorgesehene Platz für die Leiterbahnen und Lötaugen frei bleibt. Nach dem Aktivieren des Haftgrundes verkupfert man in einem Metallbad stromlos an den gewünschten Stellen. In mehreren Arbeitsgängen wird dann das Leiterbild auf 35 µm verstärkt.

Um Durchkontaktierungen oder metallische Schutzüberzüge zu erhalten, ist die Anwendung des Semi-Additiv-Verfahrens von Vorteil **(Bild 1)**.

Als Schutzüberzüge gegen Umwelteinflüsse verwendet man eine Schicht z. B. aus 40 % Blei und 60 % Zinn oder auch Silber- und Goldauflagen.

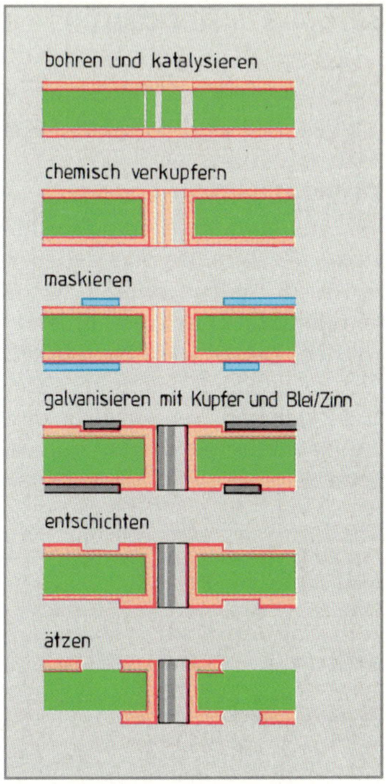

Bild 1: Semi-Additiv-Verfahren

32.6.3 Mehrlagen-Leiterplatten

Bei aufwendigen elektronischen Schaltungen reichen zwei Leiterebenen doppelseitiger Schaltungen nicht mehr aus. Weitere Ebenen sind zur Aufnahme von Leiterbahnen notwendig. Mehrlagen-Leiterplatten **(Multilayer)** bestehen aus mehr als zwei Leiterebenen. Die Leiterebenen befinden sich vor allem im Inneren des Isolierwerkstoffes **(Bild 2)** und ermöglichen so eine sehr hohe Packungsdichte.

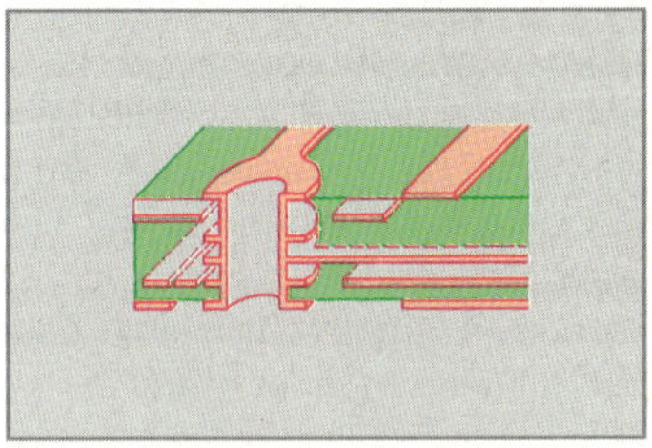
Bild 2: Mehrebenen-Leiterplatte

Zur Herstellung von Mehrlagen-Leiterplatten werden meist dünne kupferkaschierte Epoxidharz-Platinen verwendet. Dabei stellt man die einzelnen Lagen durch Ätzen her, wobei die Durchkontaktierung sehr genau sein muss. Beim Übereinanderstapeln werden als Zwischenlagen Klebefolien, so genannte **Prepregs**[1], eingelegt. Anschließend erfolgt ein Pressen, wobei die Zwischenräume unter Druck und Wärme ausgefüllt werden und dadurch ein homogener Block entsteht.

In der Praxis können Mehrlagen-Leiterplatten bis zu 24 Ebenen hergestellt werden. Gängig sind vor allem Vierebenen-Leiterplatten. Mehrlagen-Leiterplatten werden für aufwendige elektronische Schaltungen, z. B. in der Mess- und Computertechnik, verwendet.

32.6.4 Drucktechniken

Die Grundlage einer gedruckten Schaltung ist das Leiterbild, das auf das Basismaterial übertragen wird. Dazu muss das Leiterbild kantenscharf, maßgenau und chemisch beständig gegenüber den verwendeten Ätzlösungen sein. Zum Übertragen des Leiterbildes verwendet man vor allem den Siebdruck oder den Fotodruck. Der Siebdruck ermöglicht Leiterbreiten und Leiterabstände über 0,3 mm. Leiterbreiten unter 0,3 mm mit einer Toleranz von ± 0,05 mm erreicht man mit dem Fotodruck. Das Leiterbild kann positiv bei der Subtraktiv-Technik oder negativ bei der Additiv-Technik aufgebracht werden. Notwendig dazu ist eine Ablichtung des Layouts, d. h. einer Druckvorlage, die aufgrund des Schaltbildes erstellt wurde. Das Layout kann manuell, z. B. durch eine Klebetechnik, oder teilweise maschinell mithilfe von Computern erstellt sein.

[1] nicht ausgehärtete Kunststofffolien

32.6.4.1 Siebdruck

Das Siebdruck-Verfahren ermöglicht wirtschaftlich große Stückzahlen von gedruckten Schaltungen.

Beim Siebdruck wirkt ein Drucksieb als Schablone. Drucksiebe bestehen aus feinmaschigem Gewebe aus Textil, Kunststoff oder Metall, wobei die Maschen des Siebes mit Lack oder Folie teilweise geschlossen sind. An den offenen Stellen, dem Leiterbild, kann Druckfarbe vom Drucksieb auf die kupferkaschierte Platinenoberfläche gepresst werden. Die Druckfarbe schützt das darunter liegende Kupfer beim Ätzen, sodass die nicht abgedeckten Zwischenräume des Kupfers in Lösung gehen können. Nach dem Ätzen wird die Druckfarbe entfernt, die Platine gereinigt und zu einer gedruckten Schaltung weiterverarbeitet.

Das Leiterbild wird auf das Drucksieb im Maßstab 1:1 fotografisch übertragen.

32.6.4.2 Fototechnik

Bei der Fototechnik wird die Platinenoberfläche mit einer lichtempfindlichen Schicht versehen und darauf das Leiterbild kopiert. Dadurch erreicht man höhere Genauigkeiten als bei der Siebdrucktechnik.

Werden keine vorbeschichteten Platinen verwendet, so kann kupferkaschiertes Material mit einem Fotolack, dem **Fotoresist**[1], versehen werden. Ultraviolettes Licht überträgt das Leiterbild auf die Platine. Sollen die Leiterbahnen zusätzlich mit einem Schutzüberzug, z.B. einer Zinn-Blei-Legierung, versehen sein, so wird dazu das Negativ-Verfahren verwendet. Beim Positiv-Verfahren **(Bild)** ist ein zusätzlicher Schutzüberzug nicht möglich.

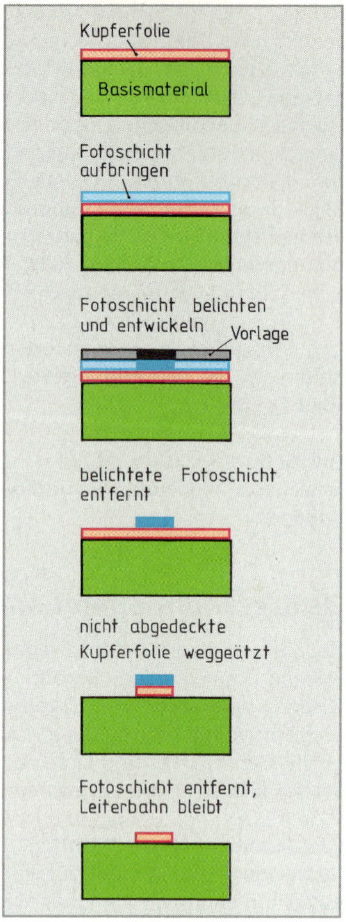

Bild: Fotodruck (Positiv)

32.6.5 Prüfen von gedruckten Schaltungen

Nach dem Ätzen der Platinen sind optische Kontrollen und elektrische Prüfungen notwendig. Bei der optischen Kontrolle werden z.B. Leiterbreiten, Lötaugen oder Leiterbahnabstände auf ihre Sollwerte überprüft. Auch darf ein Versatz (Verschiebung) zwischen dem Lochbild und Druckbild bestimmte Toleranzen nicht überschreiten.

Elektrische Prüfungen gedruckter Schaltungen umfassen auch den richtigen Stromfluss und die Kurzschlussfreiheit zwischen unabhängigen Leiterbahnen. Weiterhin prüft man den ohmschen Widerstand der Leiterbahnen. Bei höheren Stückzahlen werden zur Überprüfung Testsysteme mit Testadaptern benutzt. Werden die Platinen als fehlerfrei erkannt, folgt die Bestückung.

Wiederholungsfragen

1. **Welche Aufgaben haben gedruckte Schaltungen?**
2. **Nennen Sie 3 Basismaterialien für gedruckte Schaltungen.**
3. **Was versteht man unter einer Durchkontaktierung?**
4. **Erklären Sie die Subtraktiv-Technik.**
5. **Nennen Sie zwei Vorteile der Additiv-Technik.**
6. **Wozu verwendet man Mehrlagen-Leiterplatten?**
7. **Welche zwei Drucktechniken verwendet man bei gedruckten Schaltungen?**

[1] von resistens (lat.) = Widerstand leisten

32.7 SMD-Technik

Bei der SMD-Technik[1] bringt man elektrische Bauelemente, z.B. Widerstände, Kondensatoren, Dioden, Transistoren und integrierte Schaltungen, auf die Oberfläche von Leiterplatten auf **(Bild 1)**. Hierbei werden die Bauelemente nicht durch Bohrungen gesteckt wie bei herkömmlichen gedruckten Schaltungen (Seite 544), sondern eben auf der Oberfläche der Leiterplatte mit Lötpaste oder nichtleitendem Kleber fixiert und dann an den Anschlussflächen verlötet. Dazu sind Miniaturbauelemente mit Anschlussflächen oder kurzen Anschlussbeinen notwendig **(Bild 2)**. Solche kleinere Bauelemente ergeben eine höhere Packungsdichte; die Leiterplatten werden kleiner. Bei der Mischtechnik (Seite 548) werden Bauelemente mit herkömmlichen Anschlussdrähten und SMD-Bauteile kombiniert. Eine Mischbestückung ist dann notwendig, wenn die Schaltung Bauelemente enthält, die es als SMD-Bauelement noch nicht gibt. Als Trägerwerkstoffe (Substrate) für Leiterplatten verwendet man bei der SMD-Technik z.B. Epoxidharz, Polyamid und Keramik.

Bild 1: SMD-Platine

Die SMD-Technik (Oberflächenmontage von Bauelementen) ermöglicht eine leichte, kompakte und wirtschaftliche Bauweise von Geräten. Sie erhöht die Zuverlässigkeit und verbessert das hochfrequente Verhalten von Schaltungen.

Automatische Bestückungsmaschinen ermöglichen eine flexible Produktgestaltung und beschleunigen die Fertigung.

Bild 2: Bauelemente für die SMD-Technik (Beispiele)

32.7.1 Bestückungsverfahren

Oberflächenmontierbare Bauelemente werden auf der Leiterplatte nur aufgesetzt. Im Gegensatz zur automatischen Bestückung von Bauelementen mit Anschlussdrähten sind deshalb bei diesem Verfahren keine besonderen Führungswerkzeuge zum Einfädeln der Anschlussdrähte erforderlich.

Beim Bestücken von Leiterplatten mit SMD-Bauteilen unterscheidet man eine manuelle und automatische Bestückung.

Automatische Bestückung kann simultan[2] oder sequenziell[3] erfolgen.

Bei **manueller Bestückung** (Handbestückung) werden die Bauteile mit Bestückungshilfen, z.B. einer Unterdruckpumpe mit Vakuumpipette, aus Vorratsmagazinen entnommen und der Leiterplatte von Hand zugeführt. Die manuelle Bestückung wird vor allem für Labormuster und Einzelstücke verwendet.

Unter **automatischer Simultanbestückung** versteht man das Bestücken einer Leiterplatte mit möglichst allen Bauteilen in einem Arbeitsgang. Dazu werden mithilfe eines Greifers zwischen 30 und 200 Bauelemente gleichzeitig (simultan) aufgenommen und auf der Leiterplatte abgesetzt. Diese Bestückungsmethode ist für eine hohe Bestückungsleistung (zwischen 30000 und 300000 Bauelemente je Stunde) ausgelegt, ist aber auf quader- und zylinderförmige Bauformen beschränkt.

[1] SMD: Abkürzung von **S**urface **M**ounted **D**evices (engl.) = oberflächenmontierte Bauteile
[2] simultaneous (engl.) = gleichzeitig, gemeinsam
[3] sequence (engl.) = fortlaufend, nacheinander zu verarbeiten

Bei der **sequenziellen Einzelbestückung** werden die Bauelemente einzeln (sequenziell) aus einem Vorratsbehälter entnommen und auf der Leiterplatte aufgesetzt. In einer Stunde lassen sich etwa 1000 bis 3500 Bauteile verarbeiten. Diese Bestückungsmethode wird mithilfe von Computern gesteuert, wodurch die Reihenfolge der Bestückung und die Koordinaten zum Ablegen des Bauteiles auf der Platine programmierbar sind. Bei Änderung der Leiterplatte wird die Fertigung durch Bauteil- und Programmwechsel schnell angepasst. Während der sequenziellen Einzelbestückung kann eine Bauelemente-Identitätsprüfung[1] erfolgen, d. h., während des Bestückungsvorganges wird geprüft, ob jeweils das richtige Bauelement zugeführt wird.

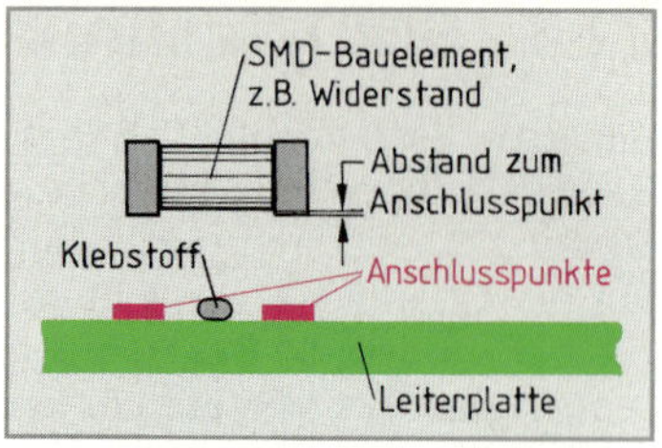

Bild 1: Aufbringen des Klebers bei der SMD-Technik

32.7.2 Kleben von SMD-Bauteilen

SMD-Bauteile müssen, z. B. bei der Mischbestückung **(Bild 2)** und beim Wellenlöten, durch Kleber auf der Leiterplatte befestigt werden, da die Leiterplatte im Lötbad um 180° gewendet wird. Dazu muss ein Kleber mit ausreichender Haftfestigkeit verwendet werden, damit die Bauelemente auf der Oberfläche der Leiterplatte halten. Bestimmend ist die Form des so genannten Kleberpunktes, der so gestaltet sein muss, dass das Bauelement sicher benetzt wird und dass die Anschlussflächen frei von Klebstoff bleiben **(Bild 1)**. Den Kleber kann man z. B. mit einem Dosiergerät (Bild 2 a), mit dem Stift-Übertragungsverfahren oder mit dem Siebdruckverfahren (Seite 546) aufbringen.

32.7.3 Lötverfahren der SMD-Technik

Nach dem Bestücken und Kleben der SMD-Bauelemente auf die Leiterplatte beginnt der Lötprozeß (Bild 2 e).

An die Bauelemente für Oberflächenmontage werden beim Löten hohe thermische Anforderungen gestellt.

Man verwendet bei Reparaturen neben der Handlötung auch maschinelle Verfahren, z. B. das Wellen- oder Schwalllöten (Seite 534), das Laserlöten (Seite 543) und das Reflowlöten[2]. Beim **Reflowlöten** werden die Bauelemente in die zuvor auf die Platine aufgebrachte Lötpaste gesetzt und durch Aufschmelzen eine Verbindung hergestellt. Erwärmt wird z. B. durch Infrarot-Strahlung, Heizplatte oder Heißluft.

Nach dem Abschluss aller Fertigungsschritte wird die Leiterplatte geprüft.

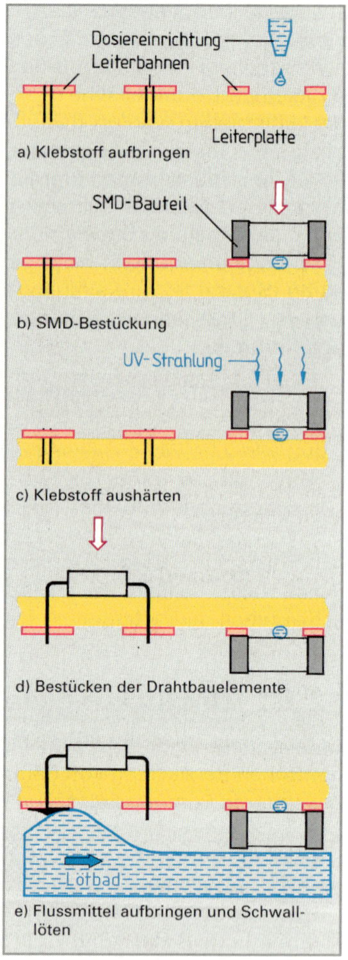

Bild 2: Fertigungsschritte einer Mischbestückung

Wiederholungsfragen

1. **Nennen Sie Vorteile der SMD-Technik.**
2. **Was versteht man unter der Mischtechnik bei der Oberflächenmontage von Bauelementen?**
3. **Welche Bestückungsverfahren verwendet man bei der SMD-Technik?**
4. **Warum müssen SMD-Bauteile aufgeklebt werden?**
5. **Was versteht man unter Reflowlöten?**
6. **Nennen Sie maschinelle Lötverfahren bei der SMD-Technik.**

[1] von identitas (lat.) = Übereinstimmung, völlige Gleichheit

[2] to reflow (engl.) = überfluten

Firmenverzeichnis

Die nachfolgend aufgeführten Firmen haben die Bearbeiter der einzelnen Abschnitte durch Beratung, durch Druckschriften bei der Textbearbeitung und bei der bildlichen Gestaltung des Buches unterstützt. Es wird Ihnen hierfür herzlich gedankt.

Akkumulatorenwerke HOPPECKE
59929 Brilon

Aluminiumzentrale e. V.
40003 Düsseldorf

Amphenol Tuchel Electronics GmbH
74080 Heilbronn

ASEA Brown Boverie AG
Geschäftsbereich Elektromotoren
66121 Saarbrücken

Gebhardt Balluf
73765 Neuhausen

BASF AG
67069 Ludwigshafen

Eberhard Bauer GmbH & Co
73725 Esslingen

Gebr. Berger GmbH & Co
58567 Schalksmühle

Bleiberatung e. V.
40045 Düsseldorf

Berufsgenossenschaft der Feinmechanik und Elektrotechnik
50968 Köln

Com Pro Hard- und Software Vertriebs GmbH
70718 Stuttgart

C. Conradty GmbH & Co KG
90552 Rötenbach

Daimon Duracell GmbH
50827 Köln

Degussa AG
63403 Hanau

Dehn & Söhne
92306 Neumarkt

Deutsche Lichttechnische Gesellschaft
10787 Berlin

Deutsches Museum
80331 München

Deutsches Kupferinstitut e. V.
10623 Berlin

EBERLE Controls GmbH
90113 Nürnberg

Eltako
70734 Fellbach

Energieversorgung Schwaben
70174 Stuttgart

ERSA Ernst Sachs GmbH
97877 Wertheim

Felten & Guilleaume Carlswerk AG
26954 Nordenham

FRAKO Kondensatoren- und Apparatebau
79331 Teningen

Fritz Fuss GmbH & Co
72458 Albstadt

Christian Geyer GmbH & Co
90441 Nürnberg

GOSSEN-METRAWATT GmbH
90471 Nürnberg

Haller & Co, Relaisfabrik
78564 Wehingen

Hameg
60528 Frankfurt

Hartmann & Braun AG
60484 Frankfurt

HEA Hauptberatungsstelle für Elektrizitätsanwendung
60329 Frankfurt

hps SystemTechnik
45131 Essen

Heraeus Industrielaser GmbH
63801 Kleinostheim

Hewlett-Packard GmbH
71034 Böblingen

Richard Hirschmann GmbH & Co
72606 Nürtingen

Hoechst Ceram Tec AG
95100 Selb

IBM Deutschland
70548 Stuttgart

Informationszentrale der Elektrizitätswirtschaft e. V.
60055 Frankfurt

Franz Kessler KG
88422 Bad Buchau

Klöckner Moeller GmbH
53115 Bonn

Kopp Elektrotechnik-Elektronik
63796 Kahl

Lindner GmbH
96052 Bamberg

Gebrüder Merten
51643 Gummersbach

Mattke GmbH – Elektronik Antriebstechnik
79108 Freiburg

Gustav Merz GmbH & Co KG
74405 Gaildorf

Metabowerke GmbH & Co
72602 Nürtingen

Neckarwerke Elektrizitätsversorgungs AG
73728 Esslingen

OSRAM GmbH
81536 München

Philips Industrial Electronics
34123 Kassel

Phywe Systeme GmbH
37079 Göttingen

Rausch & Pausch
95100 Selb

Reich Ges. m.b.H Schweiß-Schneidemaschinen
A-4030 Linz

RFE-Funkenerosionsmaschinen
53757 St. Augustin

Ringsdorff-Werke GmbH
53170 Bonn

RWE
45128 Essen

Schiele Industriewerke AG
78132 Hornberg

Sicherungen Bau GmbH
44509 Lünen

SIEMENS AG
– Zentralstelle für Information
80312 München

Sony Deutschland GmbH
81617 München

Wilhelm Sihn jr. KG
75223 Niefern-Öschelbronn

Stiebel ELTRON GmbH & Co KG
37603 Holzminden

Thyssen Transrapid System GmbH
34112 Kassel

Trafo-Union AG
90461 Nürnberg

Vakuumschmelze GmbH
63412 Hanau

VALVO
– Unternehmensbereich Bauelemente
20095 Hamburg

VARTA Batterie AG
30419 Hannover

WAGO-Kontakttechnik GmbH
32423 Minden

Wickmann-Werke AG
58415 Witten

Zentralverband des Deutschen Elektrohandwerks
60450 Frankfurt

Sachwortverzeichnis

C

D

E

F

G

H

L

M

N

O

P

T

U

V

W

X, Y, Z